AF177635

Grundlagen der Systemtheorie und Signalverarbeitung

Volker Sommer

Grundlagen der Systemtheorie und Signalverarbeitung

Einsichten in die Welt der Signale und Übertragungssysteme

Mit 252 Abbildungen und 6 Tabellen

Springer

Volker Sommer
Fachbereich VI – Informatik und Medien
Berliner Hochschule für Technik
Berlin, Deutschland

ISBN 978-3-662-72125-4 ISBN 978-3-662-72126-1 (eBook)
https://doi.org/10.1007/978-3-662-72126-1

Die Deutsche Nationalbibliothek verzeichnet diese Publikation in der Deutschen Nationalbibliografie; detaillierte bibliografische Daten sind im Internet über https://portal.dnb.de abrufbar.

Springer ist ein Imprint der eingetragenen Gesellschaft Springer-Verlag GmbH, DE und ist ein Teil von Springer Nature.
Die Anschrift der Gesellschaft ist: Heidelberger Platz 3, 14197 Berlin, Germany

Es ist nicht das Wissen, sondern das Lernen,
nicht das Besitzen, sondern das Erwerben,
nicht das Dasein, sondern das Hinkommen,
was den größten Genuss gewährt.

Carl Friedrich Gauß

Für Ulrike und Alexander

Vorwort

Das vorliegende Buch basiert auf einem Modul, das ich seit 20 Jahren als Hochschullehrer für Studierende der technischen Informatik anbiete, und das sich immer wieder gewandelt hat, um neue Inhalte zu berücksichtigen, aber vor allem, um wichtige Erfahrungen bei der Vermittlung des durchaus anspruchsvollen und gleichzeitig faszinierenden Stoffes einfließen zu lassen.

Es gibt wohl kaum ein anderes Grundlagenfach der Ingenieurwissenschaften, das bei Studierenden einerseits Respekt hervorruft, da es in wesentlichen Teilen auf höherer Mathematik beruht und damit als schwierig gilt, dessen Inhalte aber gleichzeitig anfangs weitgehend unbekannt sind. Erst im Verlauf eines Kurses erkennen viele, dass dieses Modul keinesfalls trocken und anwendungsfern ist, sondern dass hier Einsichten und ein tiefes Verständnis von Signalen und Systemen entstehen, die in zahlreichen Facetten der modernen Technik zum Einsatz kommen.

Dieses Verständnis ist für einen Ingenieur oder eine Ingenieurin von besonderer Wichtigkeit, ermöglicht es doch, wesentliche Wirkzusammenhänge durch eine abstrakte, einheitliche Beschreibung zu verstehen. Hierdurch gelingt es, komplexe Systeme zu analysieren, zu zerlegen oder mit gewünschten Eigenschaften zu synthetisieren, um so Signale gezielt verändern oder auswerten zu können. Diese Fähigkeit zum systembezogenen Denken stellt für viele Anwendungen in der Elektrotechnik und verwandten Disziplinen eine entscheidende Qualifikation und Grundlage dar, weshalb diesem Modul eine fächerübergreifende Bedeutung zukommt.

Im Kontext der System- und Signaltheorie erkennen viele Studierende überdies, welche Bedeutung mathematischen Kompetenzen in einem Studium der Ingenieurwissenschaften zukommt, und welchen Erkenntnisgewinn sie ermöglichen. Um diesen zu erleichtern, führt das Buch zunächst anschaulich in neue Themengebiete ein, bevor mathematische Formulierungen verwendet werden. Hierbei erfolgt eine Beschränkung auf mathematische Voraussetzungen wie sie an Hochschulen im Curriculum der Ingenieurwissenschaften vermittelt werden. Darüber hinaus sollten zum Verständnis auch Grundkenntnisse der

Elektrotechnik vorhanden sein, und ein Basiswissen der Physik – insbesondere der Mechanik – ist ebenfalls hilfreich.

Während die Systemtheorie traditionell als Grundlage der Regelungstechnik verstanden wurde und in entsprechende Lehrveranstaltungen bzw. Fachbücher integriert war, ist sie heute als eigenständiges Fachgebiet etabliert, was auch im vorliegenden Buch zum Ausdruck kommt.

Wichtige Themen – wie z. B. die Stabilität von LTI-Systemen – durchziehen mehrere Kapitel und werden im jeweiligen Kontext mit entsprechenden Methoden untersucht, wobei auch Beispiele mehrfach aufgegriffen werden. Zustandsformen und Übertragungsfunktionen sind dabei zentrale Begriffe, die uns in verschiedenen Varianten immer wieder begegnen, angefangen bei der Modellbildung bis zur Analyse der Systemeigenschaften auf Basis der Laplace-Transformation. Für die Darstellung von Frequenzgängen gehen wir von einfachen Elementarsystemen aus, um darauf aufbauend auch für Kombinationen von Teilsystemen Bode-Diagramme zu erstellen.

Ein ähnliches methodisches Vorgehen erfolgt bei der Behandlung von Blockschaltbildern. Zunächst werden Strukturbildelemente, Grundschaltungen und Äquivalenzumformungen eingeführt, um anschließend beliebig verknüpfte Teilsysteme zusammenzufassen, bzw. Gesamtsysteme zu modularisieren. Besondere Bedeutung erhält auch die Umwandlung von Struktur- in Ersatzschaltbilder, um Rückwirkungen zwischen analogen Teilsystemen und Möglichkeiten zu deren Vermeidung zu analysieren.

Zeitdiskrete Systeme werden neben Zustandsformen und Übertragungsfunktionen durch rekursive und nicht rekursive Differenzengleichungen beschrieben. Die z-Transformation dient hierbei zur Untersuchung von Systemeigenschaften, zur Beschreibung von Signalübertragungen, aber auch als wichtiges Werkzeug zur Diskretisierung analoger Systeme.

Neben diesen eher regelungstechnischen Aspekten der Signal- und Systemtheorie erfolgt im vorliegenden Buch eine gleichwertige Betonung nachrichtentechnischer Grundlagen wie Faltungsalgebra, Fourier-Analyse, Modulation sowie Tiefpass- und Bandpass-Systeme mit Phasen- und Gruppenlaufzeiten. Hier sind Energie und Leistung von Signalen, deren Korrelation sowie Energie- und Leistungsdichte zentrale Begriffe, die anhand von zeitkontinuierlichen Signalen, Abtastsignalen und diskreten Signalen untersucht werden.

Ausführlich werden darüber hinaus Wandlungen zwischen analogen und digitalen Signalen behandelt. Hierbei bilden einfache schaltungstechnische Realisierungen zunächst ein Grundverständnis, bevor mathematische Formulierungen des Abtasttheorems für Tiefpass- und Bandpasssignale behandelt, sowie Verfahren zur Signalglättung vorgestellt werden.

Im Kontext der digitalen Signalverarbeitung hat die Diskrete Fourier-Transformation (DFT) zentrale Bedeutung. Nach einer gründlichen Einführung einschließlich Diskussion ihrer Eigenschaften und Veranschaulichung des FFT-Algorithmus' wird ihre Anwendung bei Leistungssignalen unter Beachtung des Leckeffektes betrachtet. In engem Zusammenhang mit den dabei gewonnenen Erkenntnissen steht das Modulationsverfahren OFDM, und auch die Vorteile der DFT zur Interpolation und schnellen Faltung von Signalen werden ausführlich dargestellt.

Einen weiteren Schwerpunkt bildet die Beschreibung von Zufallsprozessen und deren Übertragung mit zeitdiskreten Systemen, wozu signalangepasste Filter in vielfältigen Ausprägungen zum Einsatz kommen. In diesem Zusammenhang erfolgt auch eine grundlegende Einführung in die Begriffe der Stochastik, und es werden mit Wiener- und Kalman-Filter sowie RLS- und LMS-Algorithmus die wichtigsten Schätzverfahren präzise und gut nachvollziehbar erläutert.

Durch die enge Verknüpfung der Themen werden viele Synergien zwischen Regelungs- und Nachrichtentechnik sichtbar, die das Verständnis vertiefen und neue Anwendungen erschließen. Dies zeigt sich z. B. bei der Stoßantwort und der Übertragungsfunktion, oder bei der Fourier-Transformation der Stoßantwort in Bezug zum Frequenzgang, und dies wird ebenfalls am Beispiel des Delta-Sigma-Modulators zur Wandlung zwischen analogen und digitalen Signalen deutlich, der mit der Kreisschaltung ein zentrales Element der Regelungstechnik enthält. Wichtige Gemeinsamkeiten treten auch beim Kalman-Filter auf, das in der Regelungstechnik als optimaler Beobachter dient, während es in der Signalverarbeitung eine Grundlage adaptiver Filter bildet, und überdies zur Sensorfusion und Lokalisierung mobiler Roboter zum Einsatz kommt.

Das Buch ist vollständig neu entstanden. Viele Inhalte sind erstmalig veröffentlicht und finden sich so in keiner anderen Publikation. Dazu zählen im 5. Kapitel die gründliche Diskussion des transienten Systemverhaltens abhängig von Pol- und Nullstellen der Übertragungsfunktion, im 6. Kapitel der Bezug zwischen komplexer Wechselstromrechnung und allgemeiner komplexer Signalbeschreibung sowie im 7. Kapitel die systematische Umwandlung zwischen Struktur- und Ersatzschaltbildern zur Analyse von Rückwirkungen zwischen Teilsystemen. Ebenfalls neu sind im 9. Kapitel die präzise Modellierung des Delta-Sigma-Modulators im Laplace-Bereich, im 10. Kapitel die exakte Beschreibung des Leckeffektes und die vergleichende Analyse verschiedener Diskretisierungs-Transformationen mit ihren individuellen Vor- und Nachteilen. Auch die Inhalte im 11. Kapitel gehen über bekannte Darstellungen hinaus, etwa bei der Herleitung des Kalman-Filters mit dem Orthogonalitätsprinzip ohne Annahme gaußförmiger Rauschprozesse, und bei dessen Anwendung zur Lokalisierung mobiler Roboter mit präziser Schlupfmodellierung und einem linearen Messmodell für die Erfassung von Wänden.

Als Zielgruppe richtet sich das Buch sowohl an Einsteiger, die ausführliche und gut nachvollziehbare Erklärungen auch komplizierter Zusammenhänge erwarten, als auch an fortgeschrittene Leser, denen eine Vertiefung bestimmter Themengebiete und exakte mathematische Formulierungen wichtig sind. Um dabei den roten Faden nicht zu verlieren, enthält ein umfangreicher Anhang für den Einstieg nicht unbedingt erforderliche

Herleitungen und Ergänzungen. Dort sind auch Tabellen mit Korrespondenzen der vorgestellten Transformationen enthalten, für die Fourier-Transformation sowohl abhängig von der Frequenz f wie von der Kreisfrequenz ω.

Die Darstellung ist darauf ausgerichtet, in einer schrittweisen Vorgehensweise ein zusammenhängendes und belastbares Fundament der Systemtheorie und Signalverarbeitung zu schaffen. Um den Erkenntnisprozess zu erleichtern, enthält das Buch eine Vielzahl von Verknüpfungen, die in der pdf-Version auch elektronisch verlinkt sind, so dass ohne Blättern ein schnelles Springen zu Formeln oder Bildern möglich ist.

Aus didaktischen Gründen werden nach einem Einführungskapitel zunächst kontinuierliche Signale und Systeme behandelt, denn diese sind für uns als analoge Wesen einfacher zu begreifen, und viele dabei gewonnenen Erkenntnisse sind in der digitalen Welt weiterhin gültig. Anschließend erfolgt die Übertragung der Ergebnisse auf zeitdiskrete Signale und Systeme, von denen die Analogtechnik inzwischen bis auf wenige Nischen vollständig verdrängt wurde.

Neben der Verdeutlichung der Inhalte anhand zahlreicher Beispiele werden moderne technische Systeme aus den Bereichen Satellitennavigation, Mobilfunk oder Robotik einschließlich 1-Bit-Wandlern und *Active-Noise-Cancellation* vorgestellt. Diese interessanten Anwendungen können nur auf Basis der vermittelten Grundlagen verstanden werden, wodurch eine zusätzliche Bereitschaft entsteht, sich mit den anspruchsvollen Inhalten intensiv auseinanderzusetzen.

Auch diesbezüglich unterscheidet sich die vorliegende Abhandlung von anderen Lehrbüchern und Skripten desselben Fachgebietes. Außer zur Begleitung von entsprechenden Kursen an Hochschulen ist es aufgrund seiner verständlichen und gleichzeitig präzisen Darstellung daher zum Selbststudium bestens geeignet und kann auch als nützliches Nachschlagewerk dienen.

Berlin
im Februar 2026

Volker Sommer

Danksagungen Danken möchte ich an dieser Stelle Prof. Dr.-Ing. Dr. E.h. Hans Dieter Lüke†, der durch seine inspirierenden Vorlesungen der theoretischen Nachrichtentechnik an der RWTH Aachen bei mir die Begeisterung an der Signal- und Systemtheorie erweckte, und meinem früheren Kollegen Prof. Dipl.-Ing. Manfred Ottens, der mir nützliche Materialien überlies und anregende Diskussionen mit mir führte. Weitere wertvolle Kommentare erhielt ich von meinem Kollegen Prof. Dr.-Ing. Wolfgang Kesseler und von Dr. rer. nat. Enno Folkerts, denen ebenfalls mein Dank gebührt. Darüber hinaus haben zur Qualität des vorliegendes Buches durch sorgfältigen Review der Kapitel eins bis zehn des Manuskriptes die Mitarbeiter im Labor für Automatisierungstechnik, Dipl.-Ing. (FH) Heiko Lenger und Lennart Siefke M.Eng. wesentlich beigetragen.

Interessenkonflikt Der/die Autor*in hat keine für den Inhalt dieses Manuskripts relevanten Interessenkonflikte.

Aufbau des Buches

Zunächst erfahren wir in einem ausführlichen Einführungskapitel, warum die Systemtheorie zu Recht als Fundament der Technik bezeichnet wird. Um den Begriff des sogenannten *Übertragungssystems* zu schärfen, werden wir hier einen Überblick darüber gewinnen, wie sich die zunächst unübersichtliche Vielzahl von Systemen in gut unterscheidbare Klassen aufteilen lässt, und wir werden dies an vielen Beispielen weitgehend noch ohne Mathematik verdeutlichen. An den wenigen Stellen, an denen zur Konkretisierung dennoch eine mathematische Schreibweise gewählt wird, kann diese ohne Verlust des roten Fadens getrost übersprungen werden.

Anschließend beschäftigen wir uns im zweiten Kapitel mit kontinuierlichen, d. h. analogen Signalen und Systemen im Zeitbereich. Wir werden die Begriffe Energie, Leistung sowie Ähnlichkeit von Signalen definieren und mathematisch erfassen, bevor wir die Signalübertragung mit linearen und zeitinvarianten Systemen betrachten, wozu wir die Faltungsoperation einführen. Außerdem werden wir die Eigenschaften grundlegender Signale und Systeme untersuchen und allgemeine Stabilitätskriterien aufstellen.

Das dritte Kapitel führt uns in die Welt der *Fourier-Transformation,* und wir werden sehen, dass diese ebenfalls sehr anschauliche Betrachtungsweise unseren Erkenntnishorizont erheblich erweitert. Viele Eigenschaften von Signalen und Systemen sind im Frequenzbereich viel einfacher als im Zeitbereich zugänglich, wobei die Darstellung sowohl abhängig von der der Frequenz als auch von der Kreisfrequenz erfolgt. Zusätzlich werden wir die abstrakte aber allgemeiner anwendbare *Laplace-Transformation* kennenlernen, die für die Beschreibung der Übertragung von Signalen und für die Analyse von Systemen zentrale Bedeutung hat.

Das vierte Kapitel behandelt die Modellbildung, worunter wir die Bestimmung mathematischer Zusammenhänge für physikalische Wirkanordnungen verstehen. Hierbei konzentrieren wir uns auf Systeme mit einer endlichen Anzahl von Energiespeichern, für die sogenannte *Zustandsformen* aufgestellt werden können. Diese werden wir anhand eines linearen Beispiels einführen, mittels Laplace-Transformation lösen und auch für nichtlineare Systeme verallgemeinern, wobei letztere in einem Arbeitspunkt durch äquivalente lineare Systeme ersetzt werden können. Außerdem modellieren wir mit der elektrischen Übertragungsleitung ein wichtiges technisches System mit verteilten Parametern, das unter bestimmten Voraussetzungen nur eine Verzögerung bewirkt.

Die Anwendung der Laplace-Transformation zur Analyse von Systemen steht im Mittelpunkt des fünften Kapitels, wozu wir die sogenannte *Übertragungsfunktion* als algebraische und abstrakte Systembeschreibung einführen. Wir betrachten die Zusammenhänge mit der Stoßantwort und mit Zustandsformen, und können aus der Übertragungsfunktion die Eigenschaften von Systemen mit geringem Aufwand ablesen. Eine besondere Vertiefung erfolgt bei der Diskussion des dynamischen Verhaltens schwingfähiger Systeme, insbesondere im Zusammenhang mit dominanten Polstellen von Teilsystemen, welche die Systemeigenschaften maßgeblich bestimmen.

Im sechsten Kapitel begegnen wir einer Variante der Übertragungsfunktion, dem sogenannten *Frequenzgang,* der sich aus dieser einfach ermitteln lässt und wegen seiner Nähe zur Fourier-Transformation eine anschauliche Analyse von Systemen ermöglicht. Dazu führen wir aus dem Phasengang neben der *Phasenlaufzeit* auch den Begriff der *Gruppenlaufzeit* ein, die bei der Übertragung von Bandpass-Signalen beachtet werden muss. Sehr ausführlich wird die Darstellung von Frequenzgängen in *Bode-Diagrammen* behandelt, mit denen sich das Verhalten eines Gesamtsystems übersichtlich auf die in ihm enthaltenen Teilsysteme zurückführen lässt. Ein weiterer Schwerpunkt liegt in der komplexen Beschreibung von Bandpass-Signalen und deren Übertragung mit äquivalenten Tiefpass-Systemen. Auch die in der Elektrotechnik angewandte komplexe Wechselstromtechnik nutzt dieses Konzept, um Frequenzgänge und Übertragungsfunktionen für elektrische Netzwerke mit wenig Aufwand zu bestimmen.

Sogenannte Struktur- bzw. Blockschaltbilder, die zur Darstellung des inneren Aufbaus von Systemen aus einfachen Komponenten dienen, stehen im Mittelpunkt des siebten Kapitels. Mit dieser Betrachtungsweise lassen sich Systeme durch grafische Umformungen modifizieren ohne mathematische Gleichungen lösen zu müssen. Damit gelingt es, sowohl komplexe Systeme in einfache Teilsysteme zu zerlegen, als auch umgekehrt eine Vielzahl verknüpfter Teilsysteme zu einem Gesamtsystem zusammenzufügen, um dessen Eigenschaften zu bestimmen. Weiterhin werden wir zeigen, dass sich Strukturbilder und elektrische Ersatzschaltbilder systematisch ineinander umformen lassen, und wir werden uns mit unerwünschten Rückwirkungen und deren Vermeidung durch Halbleiterbauelemente beschäftigen.

Im achten Kapitel tauchen wir in die digitale Welt ein. Zunächst beschreiben wir die Eigenschaften diskreter Signale und deren Übertragung mit digitalen Systemen, anschließend leiten wir *zeitdiskrete Zustandsformen* aus Zustandsmodellen zeitkontinuierlicher Systeme her. Die Realisierung quasi beliebiger Filter im Digitalbereich als *rekursive* und *nicht-rekursive Differenzengleichungen* ermöglicht dabei eine besonders aufwandsgünstige und gleichzeitig allgemein anwendbare Signalverarbeitung.

Detailliert werden wir dann im neunten Kapitel untersuchen, wie sich analoge Signale ohne Informationsverlust zeitlich diskretisieren lassen, wozu wir das *Abtasttheorem* für

Tiefpass- und Bandpass-Signale aufstellen und auch die Wirkung der Abtastung auf Energie und Leistung beachten. Für die Umwandlung diskreter in kontinuierliche Signale werden wir Halteglieder im Zeit- und Frequenzbereich modellieren und uns mit der Glättung der Signale im Analog- wie Digitalbereich beschäftigen. Ein weiteres wichtiges Thema ist die *Quantisierung* analoger Signale, also die Diskretisierung im Wertebereich, und die Beschreibung des dabei entstehenden Fehlers. Darauf aufbauend lernen wir mit dem *Delta-Sigma-Wandler* ein modernes Übertragungssystem kennen, das zur quasi fehlerfreien 1-Bit-Wandlung zwischen analogen und digitalen Signalen vielfach eingesetzt wird, und wir werden dessen Eigenschaften exakt modellieren.

Im Mittelpunkt des zehnten Kapitels steht zunächst die *Diskrete Fourier-Transformation,* mit der die Möglichkeiten der digitalen Signalverarbeitung wesentlich erweitert werden, wozu insbesondere die *Fast-Fourier-Transformation* beiträgt. Als wichtige Anwendungen lernen wir die Interpolation von Signalen, die sogenannte schnelle Faltung sowie ein effizientes Übertragungsverfahren kennen, das bei WLAN und im Mobilfunk genutzt wird. Anschließend wenden wir die *z-Transformation* als nützliches Werkzeug zur Analyse und Synthese zeitdiskreter Systeme an. Die *z-Übertragungsfunktion* dient zur Beschreibung von Signalübertragungen und Bestimmung von Systemeigenschaften. Außerdem lassen sich mit der *z-Transformation* analoge Systeme äquivalent zeitdiskret nachbilden, was wir anhand der Impulsinvarianz-Transformation, der Sprunginvarianz-Transformation sowie der Tustin-Approximation untersuchen werden.

Das elfte Kapitel vermittelt die Grundlagen adaptiver Filter. Diese passen ihre Parameter automatisch an variable Signale oder unbekannte Systeme an und werden z. B. zur Unterdrückung von Störsignalen oder Entzerrung verwendet. Voraussetzung hierfür ist die Beschreibung von Signalen mit Mitteln der Stochastik, wozu wir die Begriffe Zufallsvariable und stochastischer Prozess einführen. Darauf aufbauend betrachten wir die Veränderung statistischer Kenngrößen von Zufallsprozessen bei Übertragung mit linearen Systemen und leiten das Wiener-Filter her, um Eingangssignale möglichst fehlerfrei an vorgegebene Referenzsignale anzupassen. Anschließend behandeln wir rekursive Algorithmen und lernen das Kalman-Filter kennen, das eine optimale Zustandsschätzung, aber durch geringfügige Modifikation auch die Bestimmung der Koeffizienten von FIR-Filtern ermöglicht. Die Anwendung des Kalman-Filters zur Zustandsschätzung nichtlinearer Systeme bildet den Abschluss des Buches, was wir am Beispiel der Lokalisierung eines mobilen Roboters untersuchen werden.

Formelzeichen

Darstellungskonventionen

- Zeitsignale wie $u(t)$ werden grundsätzlich durch kleine Buchstaben repräsentiert
- Zeitdiskrete Signale werden entweder abhängig von Vielfachen der Abtastzeit kT oder als Zahlenfolge nur abhängig vom Index k beschrieben, mit $u(kT) = u(k)$.
- Große Buchstaben zeigen Signale in einem Transformationsraum an, also $U(\omega)$ bzw. $U(f)$ im Frequenzbereich, $U(s)$ im Laplace-Bereich, $U(\mu F)$ bzw. $U(\mu)$ im DFT-Bereich und $U(z)$ im z-Bereich.
- Vektoren und Matrizen werden durch Unterstriche markiert, wobei für Vektoren kleine Symbole wie $\underline{u}$ und für Matrizen grundsätzlich große Symbole wie $\underline{U}$ verwendet werden.
- Ein tiefgestelltes d zeigt an, dass sich charakteristische Größen wie P_d oder Parameter wie $\underline{A}_d$ auf zeitdiskrete Signale oder Systeme beziehen. Wichtig ist diese Unterscheidung insbesondere für Korrelationsfunktionen, da z. B. $\varphi_{xx}(k)$ die abgetastete analoge AKF $\varphi_{xx}(t)$ beschreibt, während $\varphi_{xx,d}(k)$ die aus der Sequenz $x(k)$ berechnete AKF kennzeichnet.
- Für Zufallsvariablen werden kleine fettgeschriebene Buchstaben wie $\mathbf{u}$ verwendet, ggf. auch abhängig von k, wobei ein Unterstrich wie bei $\underline{\mathbf{u}}$ einen Zufallsvektor mit mehreren Zufallsvariablen anzeigt.
- Stochastische Prozesse werden durch große fettgeschriebene Buchstaben wie $\mathbf{U}$ bezeichnet.
- Geschätzte Signale wie $\hat{u}(k)$ oder Zufallsvariablen wie $\hat{\mathbf{u}}(k)$ sind durch ein Dach gekennzeichnet.
- Während für Kovarianzmatrizen zwischen zwei unterschiedlichen Zufallsvektoren $\underline{\mathbf{x}}$ und $\underline{\mathbf{y}}$ ausschließlich die Schreibweise $\underline{\mathrm{Cov}}(\underline{\mathbf{x}}, \underline{\mathbf{y}})$ verwendet wird, ist für sogenannte Autokovarianzmatrizen von nur einem Zufallsvektor auch die verkürzte Schreibweise $\underline{\Sigma}_{\mathbf{x}}$ alternativ zu $\underline{\mathrm{Cov}}(\underline{\mathbf{x}}, \underline{\mathbf{x}})$ möglich.
- Bei tiefgestellten Symbolen für Vektoren wird ohne Verlust der Eindeutigkeit auf dessen Unterstrich verzichtet, da das Hauptsymbol bereits unterstrichen ist, wie z. B. bei $\underline{\Sigma}_{\mathbf{x}}$.

Verwendete Symbole

α	allgemeiner Winkel; empirischer Parameter des NLMS-Algorithmus’
α_i	Filterkoeffizient von IIR-Systemen
β	Winkel; Phasenkonstante einer Leitung; Stromverstärkung
β_i	Filterkoeffizient von IIR- und FIR-Systemen
$\hat{\beta}_i$	geschätzter Filterkoeffizient
$\underline{\beta}$	Vektor mit Filterkoeffizienten
$\hat{\underline{\beta}}$	geschätzter Vektor mit Filterkoeffizienten
$\hat{\underline{\beta}}^-$	prädizierter Vektor mit Filterkoeffizienten
γ	Dämpfungsparameter der Laplace-Transformation
Δ	Intervallbreite
$\delta(t)$	Dirac-Stoß
$\delta(k)$	zeitdiskreter Einheitsimpuls
δ	inkrementelle Wegstrecke
δ_s	Sekantenlänge
$\in$	Element aus einer Menge
ϵ_0	elektrische Feldkonstante
ϵ_r	Permittivität
θ	Temperatur; Winkel
ϑ	Ausrichtung
λ	empirischer Parameter für KF und RLS
μ	Frequenzindex der DFT; Schrittweite des LMS-Algorithmus’
μ_0	magnetische Feldkonstante
$\mu_{\mathbf{x}}$	Erwartungswert der Zufallsvariablen $\mathbf{x}$
$\underline{\mu}_{\mathbf{x}}$	Vektor mit den Erwartungswerten von $\underline{\mathbf{x}}$
$\hat{\mu}_{\mathbf{x}}$	geschätzter Erwartungswert von $\mathbf{x}$
ν	Innovation eines Kalman-Filters
ρ	Abstand
$\underline{\Sigma}_{\mathbf{x}}$	Autokovarianzmatrix des Zufallsvektors $\underline{\mathbf{x}}$
$\sigma(t)$	Sprungfunktion
$\sigma(k)$	zeitdiskrete Sprungfunktion
$\sigma_{\mathbf{x}}$	Standardabweichung der Zufallsvariablen $\mathbf{x}$
$\sigma_{\mathbf{x}_1\mathbf{x}_2}$	Kovarianz der Zufallsvariablen $\mathbf{x}_1$ und $\mathbf{x}_2$
$\hat{\sigma}_{\mathbf{x}_1\mathbf{x}_2}$	geschätzte Kovarianz von $\mathbf{x}_1$ und $\mathbf{x}_2$
$\sigma_{\mathbf{x}}^2$	Varianz der Zufallsvariablen $\mathbf{x}$
$\hat{\sigma}_{\mathbf{x}}^2$	geschätzte Varianz von $\mathbf{x}$
$\text{Ш}(t)$	Folge von Dirac-Stößen im Zeitbereich
$\text{Ш}(f)$	Folge von Dirac-Stößen im Frequenzbereich
τ	Zeitvariable

Φ	Winkel
$\Phi_{ss}(\omega)$	Leistungsdichte des Signals $s(t)$
$\Phi_{s_a s_a}(\omega)$	Leistungsdichte des idealen Abtastsignals $s_a(t)$
$\Phi_{ss,d}(\mu)$	diskrete Leistungsdichte des periodischen Signals $s(k)$
$\overline{\Phi}_{ss,d}(\mu)$	über mehrere Fenster gemittelte diskrete Leistungsdichte des Signals $s(k)$
$\Phi_{uy,d}(\mu)$	diskrete Kreuzleistungsdichte der periodischen Signale $u(k)$ und $y(k)$
$\overline{\Phi}_{uy,d}(\mu)$	über mehrere Fenster gemittelte diskrete Kreuzleistungsdichte der Signale $u(k)$ und $y(k)$
φ	allgemeiner Winkel; Phasenwinkel; inkrementeller Drehwinkel
$\varphi_s(t)$	variabler Phasenwinkel eines Signals $s(t)$
$\varphi_{sg}(t)$	Korrelationsfunktion zwischen $s(t)$ und $g(t)$
$\varphi_{ss}(t)$	Autokorrelationsfunktion von $s(t)$
$\varphi_{sg}^E(t)$	Energiekorrelation zwischen $s(t)$ und $g(t)$
$\varphi_{ss}^E(t)$	Energieautokorrelation von $s(t)$
$\varphi_{sg}(k)$	Korrelation $\varphi_{sg}(t)$ zu den Abtastzeiten $t = kT$
$\varphi_{sg,d}(k)$	Korrelation der Sequenzen $s(k)$ und $g(k)$
$\varphi_{sg}^E(k)$	Energiekorrelation $\varphi_{sg}^E(t)$ zu den Abtastzeiten $t = kT$
$\varphi_{sg,d}^E(k)$	Energiekorrelation zwischen den Sequenzen $s(k)$ und $g(k)$
$\varphi_{\mathbf{xx}}(m)$	Autokorrelation der Zufallsvariablen $\mathbf{x}(k)$ und $\mathbf{x}(k+m)$ des stationären Prozesses $\mathbf{X}$
$\underline{\varphi}_{\mathbf{xx}}$	Autokorrelationsmatrix der Zufallsvariablen im Vektor $\underline{\mathbf{x}}(k)$
$\underline{\varphi}_{xx,d}$	Autokorrelationsmatrix des zeitdiskreten Signals $x(k)$
$\varphi_{\mathbf{yx}}(m)$	Korrelation der Zufallsvariablen $\mathbf{x}(k)$ und $\mathbf{y}(k)$
$\underline{\varphi}_{\mathbf{yx}}(m)$	Kreuzkorrelationsvektor der Zufallsvariablen $\mathbf{x}(k)$ und $\mathbf{y}(k)$
$\mathring{\varphi}_{ss,d}(k)$	zyklische Autokorrelation von $s(k)$
$\mathring{\varphi}_{ss,d}^E(k)$	zyklische Energieautokorrelation von $s(k)$
ϕ	magnetischer Bündelfluss
$\Psi(u(t))$	Systemfunktion angewandt auf das Signal $u(t)$
$\underline{\psi}(t)$	Übergangs- bzw. Transitionsmatrix
$\underline{\Psi}(s)$	Laplace-Transformierte der Transitionsmatrix
Ω	Ereignisraum
$\varnothing$	leere Menge
ω	Kreisfrequenz
ω_k	Kennfrequenz eines Systems
ω_i	Elementarereignis
ω_T	Abtastkreisfrequenz
ω	Winkelgeschwindigkeit
A	Amplitude; allgemeine Konstante
A_{dB}	Amplitude in dB
$\underline{A}$	Systemmatrix
$\underline{A}_d$	Systemmatrix eines zeitdiskreten Systems

a	reelle Konstante
a_x	Beschleunigung in x-Richtung
$\underline{B}$	Eingangsmatrix eines Systems
$\underline{B}_d$	Eingangsmatrix eines zeitdiskreten Systems
b	reelle Konstante
$b(k)$	zeitdiskretes Störsignal
$\underline{b}$	Eingangsvektor eines Systems
$\underline{b}_d$	Eingangsvektor eines zeitdiskreten Systems
$\mathbb{C}$	Menge der komplexen Zahlen
C	Kapazität; allgemeine Konstante
$\underline{\mathrm{Cov}}(\underline{\mathbf{x}}, \underline{\mathbf{x}})$	Autokovarianzmatrix des Zufallsvektors $\underline{\mathbf{x}}$
$\underline{\mathrm{Cov}}(\underline{\mathbf{x}}, \underline{\mathbf{y}})$	Kovarianzmatrix der Zufallsvektoren $\underline{\mathbf{x}}$ und $\underline{\mathbf{y}}$
$\underline{C}$	Ausgangsmatrix
c	reelle Konstante
c_R	Reibkoeffizient
c_0	Lichtgeschwindigkeit
$\underline{c}$	Ausgangsvektor
$\mathrm{cov}(\mathbf{x}_1, \mathbf{x}_2)$	Kovarianz der Zufallsvariablen $\mathbf{x}_1$ und $\mathbf{x}_2$
D	Systemabstand
D_N	Dämpfungsgrad im Nenner der Übertragungsfunktion
D_Z	Dämpfungsgrad im Zähler der Übertragungsfunktion
$\underline{D}$	Durchgangsmatrix
d	skalarer Durchgangsfaktor
d_1, d_2	Innen- und Außendurchmesser einer Leitung
$\det(\underline{R})$	Determinante der Matrix $\underline{R}$
E_s	Energie des Signals $s(t)$
$E_{s,d}$	Energie des zeitdiskreten Signals $s(k)$
E_Δ	Differenzenergie
$\underline{E}$	Einheitsmatrix
$\mathrm{E}(\mathbf{x})$	Erwartungswert der Zufallsvariablen $\mathbf{x}$
$\mathrm{E}(\underline{\mathbf{x}})$	Erwartungswerte des Zufallsvektors $\underline{\mathbf{x}}$
$\hat{\mathrm{E}}(\mathbf{x})$	geschätzter Erwartungswert von $\mathbf{x}$
$e(t)$	Quantisierungsfehler
$e(k)$	zeitdiskretes Fehlersignal
F	Kraft; Frequenzinkrement der DFT
$F_a(s)$	Laplace-Transformierte des Abtastsignals $f_a(t)$
$F(z)$	z-Transformierte der Sequenz $f(k)$
f	Frequenzvariable
f_{max}	maximale Frequenz eines Signals
f_{min}	minimale Frequenz eines Bandpass-Signals
f_T	Abtastrate

$\underline{f}(\underline{x}(t), u(t))$	nichtlineare vektorielle Systemfunktion
$\underline{f}_d(\underline{x}(k), \underline{u}(k))$	nichtlineare vektorielle Systemfunktion eines zeitdiskreten Systems
$\mathscr{F}\{s(t)\}$	Fourier-Transformation angewandt auf $s(t)$
$\mathscr{F}^{-1}\{S(\omega)\}$	inverse Fourier-Transformation angewandt auf $S(\omega)$
$f(t)$	Zeitsignal
$f_a(t)$	Abtastsignal von $f(t)$
$G(\omega)$	Fourier-Transformierte der Stoßantwort $g(t)$
$G(j\omega)$	Frequenzgang aus $G(s)$ mit $s = j\omega$
$G(s)$	Übertragungsfunktion
$G(z)$	z-Übertragungsfunktion
$G_{AF}(z)$	z-Übertragungsfunktion eines adaptiven Filters
$G(\mu)$	Frequenzgang eines zeitdiskreten Systems
$\hat{G}(\mu)$	geschätzter Frequenzgang eines zeitdiskreten Systems
$G_a(\omega)$	Fourier-Transformierte der abgetasteten Stoßantwort $g_a(t)$
$G_a(j\omega)$	Frequenzgang eines zeitdiskreten Systems aus $G(z)$ mit $z = e^{j\omega T}$
g	Erdbeschleunigung
$g(t)$	Stoßantwort
$g(k)$	Impulsantwort eines zeitdiskreten Systems
$\hat{g}(k)$	geschätzte Impulsantwort eines zeitdiskreten Systems; geschätzte Erdbeschleunigung
$g_{AF}(k)$	Impulsantwort eines adaptiven Filters
$g(\underline{x}(t), u(t))$	nichtlineare skalare Ausgangsfunktion
$\underline{g}(\underline{x}(k))$	nichtlineare vektorielle Ausgangsfunktion
$H(s)$	Laplace-Transformierte der Sprungantwort
$H(\mathbf{x})$	absolute Häufigkeit der diskreten Zufallsvariablen $\mathbf{x}$
$H(z)$	z-Transformierte der Sprungantwort
$h(t)$	Sprungantwort
$h(k)$	zeitdiskrete Sprungantwort
$h(\mathbf{x})$	relative Häufigkeit der diskreten Zufallsvariablen $\mathbf{x}$
I	konstanter Strom
I_{eff}	Effektivwert eines periodischen Stroms
$I_s(t)$	In-Phase-Komponente des Signals $s(t)$
$I_s(\omega)$	Spektrum der In-Phase-Komponente
i	Indexwert
i_0	Sperrstrom einer Diode
$i(t)$	zeitabhängiger Strom
$i_c(t)$	komplexer Wechselstrom
$i(x, t)$	zeit- und ortsabhängiger Strom
$\mathrm{Im}\{S(\omega)\}$	Imaginärteil des Spektrums $S(\omega)$
J	Massenträgheitsmoment
K	Konstante; variabler Parameter zur rekursiven Schätzung

$\underline{K}$	Kalman-Gain
k	zeitdiskreter Index $\in \mathbb{Z}$
k_i	Zählerkonstante der Übertragungsfunktion
k_m	Parameter der Gleichstrommaschine
k_s	Schlupfparameter
L	Induktivität; Länge
$\mathscr{L}\{f(t)\}$	Laplace-Transformation angewandt auf $f(t)$
$\mathscr{L}^{-1}\{F(s)\}$	inverse Laplace-Transformation angewandt auf $F(s)$
l_i	Nennerkonstante der Übertragungsfunktion
ℓ	Pendellänge; Länge einer elektrischen Leitung
M	Drehmoment
M_p	maximale Überschwingung eines Systems mit konjugiert komplexem Polpaar
m	Masse; Zählergrad; zeitdiskreter Index; Anzahl der Teilspektren bei FFT
N	Anzahl der Abtastwerte von zeitdiskreten Signalen; Größe einer Stichprobe
$N^{(i)}$	absolute Häufigkeit des Wertes $\mathbf{x}^{(i)}$ in einer Stichprobe
N_P	Periodenlänge, d. h. Anzahl der periodisch wiederholten Abtastwerte von periodischen zeitdiskreten Signalen
$N(s)$	Nennerpolynom der Übertragungsfunktion
$\mathbb{N}$	Menge der natürlichen Zahlen
n	Systemordnung; Länge von Impulsantworten; zeitdiskreter Parameter; Versuchsanzahl; Anzahl der Werte einer Zufallsvariablen
$\underline{\mathcal{O}}$	Beobachtbarkeitsmatrix
P	Wahrscheinlichkeit
P_s	Leistung des Signals $s(t)$
$P_{s,d}$	Leistung des zeitdiskreten Signals $s(k)$
$P_{\mathbf{X}}$	Leistung des stationären stochastischen Prozesses $\mathbf{X}$
$P(A)$	Wahrscheinlichkeit des Ereignisses A
P_A	Wahrscheinlichkeit des Ereignisses A
$P(A\|B)$	Bedingte Wahrscheinlichkeit des Ereignisses A abhängig vom Ereignis B
$P(A \cap B)$	Wahrscheinlichkeit der Schnittmenge der Ereignisse A und B
$P(A \cup B)$	Wahrscheinlichkeit der Vereinigungsmenge der Ereignisse A und B
$P(\mathbf{x})$	Wahrscheinlichkeitsfunktion der diskreten Zufallsvariablen $\mathbf{x}$
$P(\mathbf{x}^{(i)})$	Wahrscheinlichkeit für das Auftreten des i-ten Wertes der diskreten Zufallsvariablen $\mathbf{x}$
$P(\mathbf{x}_1, \mathbf{x}_2)$	Verbundwahrscheinlichkeitsfunktion der diskreten Zufallsvariablen $\mathbf{x}_1$ und $\mathbf{x}_2$
$P(\mathbf{x}_1^{(i)}, \mathbf{x}_2^{(j)})$	Wahrscheinlichkeit für das Auftreten des i-ten Wertes von $\mathbf{x}_1$ und j-ten Wertes von $\mathbf{x}_2$
$P_b(\mathbf{x})$	Binomialverteilung einer Zufallsvariablen $\mathbf{x}$
$P_C(\mathbf{x})$	Verteilungsfunktion der Zufallsvariablen $\mathbf{x}$

$p_s(t)$	Augenblicksleistung des Signals $s(t)$
$p(\mathbf{x})$	Verteilungsdichte der Zufallsvariablen $\mathbf{x}$
$p_g(\mathbf{x})$	Gauß-Verteilung einer Zufallsvariablen $\mathbf{x}$
$p(\mathbf{x}_1, \mathbf{x}_2)$	Verbundverteilungsdichte von $\mathbf{x}_1$ und $\mathbf{x}_2$
p_N	Konstante komplexer Polstellen
$Q_s(t)$	Quadratur-Komponente des Signals $s(t)$
$Q_s(\omega)$	Spektrum der Quadratur-Komponente
$Q(\underline{\mathbf{x}})$	quadratische Form des Zufallsvektors $\underline{\mathbf{x}}$
q	komplexe Konstante
q_N	Konstante komplexer Polstellen
R	ohmscher Widerstand; Radius
$\underline{R}$	Rotationsmatrix
$r(k)$	Referenzsignal eines adaptiven Filters
$r_{\mathbf{x}_1\mathbf{x}_2}$	Korrelationskoeffizient von $\mathbf{x}_1$ und $\mathbf{x}_2$
$\mathrm{Re}\{S(\omega)\}$	Realteil des Spektrums $S(\omega)$
$\mathrm{rect}(t)$	Rechteckfunktion
$S(\omega)$	Spektrum des Signals $s(t)$ abhängig von der Kreisfrequenz ω
$S(f)$	Spektrum des Signals $s(t)$ abhängig von der Frequenz f
$S(\mu)$	DFT-Spektrum des Signals $s(k)$ abhängig vom Frequenzindex μ
$S_a(\omega)$	Spektrum der Signale $s_a(t)$ sowie $s(k)$
$\|S(\omega)\|^2$	Energiedichtespektrum von $s(t)$
s	komplexe Laplace-Variable; Schlupf
$\underline{S}_N$	Vektor mit N Spektralwerten von $S(\mu)$
$\underline{s}_N$	Vektor mit N Signalwerten von $s(k)$
$s_a(t)$	ideal abgetastetes Signal
s_{eff}	Effektivwert eines periodischen Signals
s_x	Ortskoordinate in x-Richtung
s_N	Polstelle der Übertragungsfunktion
s_Z	Nullstelle der Übertragungsfunktion
$s(k)$	zeitdiskretes Signal als Zahlenfolge (Sequenz)
$s(kT)$	zeitdiskretes Signal zu Vielfachen der Abtastzeit T
$s(t)$	zeitabhängiges Signal
$\hat{s}(k)$	geschätztes zeitdiskretes Signal
$s_N(k)$	zeitdiskretes Signal der Länge N
Δs	Kleinsignal in einem Arbeitspunkt
$\hat{s}$	Scheitelwert eines sinusförmigen Signals
$\bar{s}(t)$	zu $s(k)$ korrespondierendes stufenförmiges Analogsignal
$\tilde{s}(t)$	Approximation des Signals $s(t)$
$\mathrm{si}(x)$	Sinc-Funktion
$\mathrm{sign}(t)$	Vorzeichenfunktion
T	Abtastzeit; beliebige Zeitkonstante

T_{CP}	Übertragungszeit des *Cyclic Prefix* bei OFDM
T_h	Haltedauer eines Abtast- & Halteglieds
T_l	Ladezeit eines Abtast- & Halteglieds
T_N	Zeitkonstante im Nenner von $G(s)$
T_P	Periodendauer
$T_{P,d}$	Periodendauer eines zeitdiskreten Signals
T_p	Peakzeit eines Systems mit konjugiert komplexen Polpaar
T_q	Wandelzeit eines Quantisierers
T_s	Einschwingzeit eines Systems mit konjugiert komplexen Polpaar
T_t	Totzeit eines Systems
T_w	Laufzeit einer Welle
T_Z	Zeitkonstante im Zähler von $G(s)$
t	Zeitvariable
t_{gr}	Gruppenlaufzeit
t_{nS}	Sättigungszeit eines Systems n-ter Ordnung mit reeller Polstelle
t_{nV}	Verzögerungszeit eines Systems n-ter Ordnung mit reeller Polstelle
t_{ph}	Phasenlaufzeit
t_0	Zeitkonstante
Δt	Zeitintervall
U_0	konstante Spannung
U_{eff}	Effektivwert einer periodischen Spannung
$U(s)$	Laplace-Transformierte des Signals $u(t)$
$U(z)$	z-Transformierte der Sequenz $u(k)$
$u(k)$	Eingangssignal eines zeitdiskreten Systems
$\underline{u}(k)$	zeitdiskreter Eingangssignalvektor
$u(t)$	Eingangssignal eines Systems; zeitabhängige Spannung
$\underline{u}(t)$	Eingangssignalvektor eines Systems
$u_c(t)$	komplexe Wechselspannung
$u_E(t)$	periodisches Eigensignal von LTI-Systemen
$u_h(t)$	treppenförmiges Haltesignal des Signals $u(t)$
u_i	Induktionsspannung
$u_q(t)$	quantisiertes Signal $u(t)$
u_T	Schwellenspannung einer Diode
$u_0(t)$	normierter Rechteckimpuls
$u(x, t)$	zeit- und ortsabhängige Spannung
V	Verstärkungsfaktor eines Systems
$\underline{V}$	Matrix mit Roboterkinematik
V_{dB}	Verstärkungsfaktor in dB
V_w	Skalierungsfaktor eines Fensterfunktion
v_w	Ausbreitungsgeschwindigkeit einer Welle
v	Geschwindigkeit

$\mathrm{var}(\mathbf{x})$	Varianz der Zufallsvariablen $\mathbf{x}$
$\underline{W}_N$	DFT-Matrix
w_N	Phasenfaktor der DFT
$w(k)$	Fensterfunktion
$\mathbf{X}$	Zufallsprozess
x	Ortskoordinate
$x_j(t)$	Zustandsvariable
$\underline{x}(k)$	zeitdiskreter Zustandsvektor
$\hat{\underline{x}}(k)$	geschätzter zeitdiskreter Zustandsvektor
$\underline{x}(t)$	Zustandsvektor
$\dot{\underline{x}}(t)$	nach der Zeit abgeleiteter Zustandsvektor
$\mathbf{x}$	Zufallsvariable
$\mathbf{x}(k)$	Zufallsvariable im stochastischen Prozess $\mathbf{X}$
$\underline{\mathbf{x}}$	Zufallsvektor
$\underline{\mathbf{x}}(k)$	Vektor mit aufeinanderfolgenden Zufallsvariablen $\mathbf{x}(k)$ im stochastischen Prozess $\mathbf{X}$
$\hat{\underline{\mathbf{x}}}(k)$	korrigierter Zufallsvektor für den Zeitindex k
$\hat{\underline{\mathbf{x}}}^-(k)$	prädizierter Zufallsvektor für den Zeitindex k
$\overline{x}$	Mittelwert einer Stichprobe von $\mathbf{x}$
$\overline{\mathbf{x}}$	Zufallsvariable der Mittelwerte von $\mathbf{x}$
$\mathbf{x}^{(i)}$	i-ter Wert der diskreten Zufallsvariablen $\mathbf{x}$
x_{off}	Abstand Normalenvektor – Wandmittelpunkt
$Y(s)$	Laplace-Transformierte des Signals $y(t)$
$Y(z)$	z-Transformierte der Sequenz $y(k)$
y	Ortskoordinate
$y(k)$	Ausgangssignal eines zeitdiskreten Systems
$\underline{y}(k)$	zeitdiskreter Ausgangssignalvektor
$\hat{y}(k)$	geschätztes Ausgangssignal eines zeitdiskreten Systems
$y(t)$	Ausgangssignal eines Systems
$Z(s)$	Zählerpolynom der Übertragungsfunktion
z	komplexe Variable der z-Transformation
Z_L	Wellenwiderstand der elektrischen Leitung
$\mathbf{Z}\{F(s)\}$	lateinisch Z-Transformation zur Abbildung von $F(s)$ auf $F(z)$
$\mathbb{Z}$	Menge der ganzen Zahlen
$\mathscr{Z}\{f(k)\}$	z-Transformation angewandt auf $f(k)$
$\mathscr{Z}^{-1}\{F(z)\}$	inverse z-Transformation von $F(z)$

Inhaltsverzeichnis

Abkürzungen

ADC	Analog Digital Converter
AMR	Adaptive Multi-Rate
ANC	Active Noise Cancellation
AKF	Autokorrelationsfunktion
AP	Arbeitspunkt
ASIC	Application Specific Integrated Circuit
A/D	Analog/Digital
B	Basis
BP	Bandpass
BIBO	Bounded Input Bounded Output
C	Kollektor (engl.: Collector)
CELP	Code-Excited Linear Prediction
CP	Cyclic Prefix
DAC	Digital Analog Converter
dB	Dezibel
DFT	Diskrete Fourier-Transformation
DGL	Differentialgleichung
DTFT	Discrete Time Fourier Transform
D/A	Digital/Analog
E	Emitter
EDS	Energiedichtespektrum
EKF	Extended Kalman-Filter
EKG	Elektrokardiogramm
ESB	Ersatzschaltbild
FET	Feldeffekttransistor
FFT	Fast Fourier Transformation
FIR	Finite Impulse Response
FPGA	Field Programmable Gate Array

GDGL	Gewöhnliche Differentialgleichung
HP	Hochpass
ICI	Inter-Carrier Interference
iDFT	inverse Diskrete Fourier-Transformation
iFFT	inverse Fast Fourier Transformation
IIR	Infinite Impulse Response
ISI	Inter-Symbol Interference
IT	Impulsinvarianz-Transformation
KF	Kalman-Filter
kgV	kleinstes gemeinsames Vielfaches
KKF	Kreuzkorrelationsfunktion
KNN	Künstliches Neuronales Netz
LDS	Leistungsdichtespektrum
LMS	Least Mean Square
LPC	Linear Predictive Coding
LSI	Linear and Shift-Invariant
LTI	Linear and Time-Invariant
MHT	Multi-Hypothesis-Tracking
MIMO	Multiple Input Multiple Output
MMSE	Minimum Mean Squared Error
MSE	Mean Squared Error
NLMS	Normalized Least Mean Square
OA	Overlap-Add
OFDM	Orthogonal Frequency Division Multiplexing
OP	Operationsverstärker
OpAmp	Operational Amplifier
OPV	Operationsverstärker
OS	Overlap-Save
OSR	Oversampling Ratio
PAPR	Peak-to-Average Power Ratio
PKW	Personenkraftwagen
PDGL	Partielle Differentialgleichung
RLS	Recursive Least Square
SDR	Software Defined Radio
SISO	Single Input Single Output
SNR	Signal-to-Noise Ratio
SLAM	Simultaneous Localization and Mapping
SOS	Second Order Structure
ST	Sprunginvarianz-Transformation
TP	Tiefpass
TU	Tustin-Approximation

UKF	Unscented Kalman-Filter
UKW	Ultrakurzwelle
WIFI	Wireless Fidelity
WKS	Whittaker Kotelnikow Shannon
4G	Mobilfunk 4. Generation
5G	Mobilfunk 5. Generation

Einführung

1

In diesem Kapitel geht es um Motivation und Strukturierung. Wir werden verstehen, warum es sinnvoll ist, sich mit Signalen und Systemen zu beschäftigen, und wir werden die zunächst unübersichtliche Vielzahl von Systemen in anschauliche und voneinander abgrenzbare Systemklassen einteilen, um damit die Grundlage für spätere detailliertere Betrachtungen zu legen.

1.1 Was ist eigentlich ein System?

»In der Natur ist alles mit allem verbunden«. Dieses Zitat von Lessing [25] drückt die Komplexität der Umwelt aus, in der wir leben. Alle Vorgänge sind untrennbar miteinander verknüpft und bedingen einander, Ursachen und Wirkungen lassen sich nicht unterscheiden. Auch wenn reale Kausalzusammenhänge tatsächlich häufig äußerst eng miteinander verwoben sind, ein tiefes Verständnis ist auf Basis dieser eher philosophischen Annahme kaum möglich, denn dadurch geht der Blick auf das Wesentliche verloren. Erst die Erkenntnis, dass komplexe Gebilde durch ein Zusammenspiel einer Vielzahl einzelner und überschaubarer Komponenten mit eindeutigen Abhängigkeiten entstehen, ermöglichte die beeindruckenden Durchbrüche in den Naturwissenschaften, neue Erkenntnisse in den Wirtschafts- und Sozialwissenschaften aber vor allem die gewaltigen Fortschritte in der modernen Technik.

Als Beispiele für die enormen Erfolge dieser grundsätzlichen Herangehensweise seien das Verständnis der Funktionsweise von biologischen Abläufen auf Basis von Zellen genannt, die Modellierung von Wirtschaftsordnungen aus einzelnen Geld- und Warenströmen, sowie die Entwicklung drahtloser Kommunikationsverfahren auf Basis elektronischer Datenverarbeitung mit vielen Teilsystemen zur Codierung, Modulation und Detektion von Informationen.

V. Sommer, *Grundlagen der Systemtheorie und Signalverarbeitung*,
https://doi.org/10.1007/978-3-662-72126-1_1

Die Systemtheorie schafft mit dem Begriff des Systems eine Kategorie, welche es ermöglicht, komplexe Wirkzusammenhänge in übersichtliche Funktionseinheiten aufzuteilen, die in sich abgeschlossen sind und jeweils nur über definierte Schnittstellen mit ihrer Umgebung und mit anderen Systemen wechselwirken. Jedes System wird durch Eingangsgrößen und Ausgangsgrößen gekennzeichnet, die wir als Signale bezeichnen, was von dem lateinischen Begriff *signalis* kommt und wörtlich bedeutet »dazu bestimmt ein Zeichen zu geben«.

Als Signale eines Systems können anwendungsabhängig beliebige zeitabhängige Größen gewählt werden, häufig elektrische Spannungen und Ströme, aber z. B. auch mechanische Bewegungen, Drücke oder Temperaturen. Dabei werden Eingangssignale in ein System eingeprägt und können beliebig vorgegeben werden, während Ausgangssignale von den Eingangssignalen und den Systemeigenschaften abhängen.

Im technischen Bereich spricht man auch von Übertragungssystemen, um den Systembegriff zu konkretisieren. In vielen Fällen weisen diese lediglich ein einziges Eingangssignal auf, das wir häufig als $u(t)$ bezeichnen, und formen dieses in ein einzelnes Ausgangssignal $y(t)$ um.

Abb. 1.1 zeigt die abstrakte Darstellung eines Übertragungssystems als Blockschaltbild. Die Signale werden dabei durch Pfeile repräsentiert, und eine Signalübertragung kann immer nur in Pfeilrichtung erfolgen. Üblicherweise werden Eingangssignale von links in ein System eintretend dargestellt, während Ausgangssignale auf der rechten Seite das System verlassen.

Ein wichtiges Ziel der Systemtheorie besteht darin, die Abhängigkeit zwischen Ausgangs- und Eingangssignalen abstrakt zu modellieren, d. h. unabhängig von deren physikalischer Beschaffenheit. Durch diesen Ansatz gelingt es, völlig unterschiedliche Systeme identisch zu beschreiben, komplizierte Wirkmechanismen zu verstehen und Gemeinsamkeiten zu erkennen.

In Abb. 1.2 ist eine solche Analogie anhand eines Ottomotors und eines RC-Glieds dargestellt. Der obere Teil (a) zeigt das Blockschaltbild des Ottomotors, wobei hier die Abhängigkeit der Drehzahl $n(t)$ von der Stellung des Gaspedals $\varphi(t)$ interessiert. Das Gaspedal werde zu einem gewissen Zeitpunkt ausgehend vom Leerlauf maximal durchgetreten, und man erkennt wie die Drehzahl des Motors ab diesem Zeitpunkt erst schnell und dann langsamer werdend ansteigt, bis sie einen Maximalwert erreicht. Ein Ottomotor ist nun ein recht kompliziertes mechanisches und thermodynamisches Gebilde, das sich nur mit viel Aufwand exakt beschreiben lässt. Viel einfacher gelingt dies bei dem in (b) dargestellten unbelasteten RC-Glied, das lediglich einen ohmschen Widerstand und einen Kondensator enthält, und dessen Ausgangsspannung sich über die Spannungsteilerregel direkt angeben lässt, siehe [48]. Bei Aufschaltung eines Spannungssprungs z. B. durch Umlegen eines Schalters zeigt

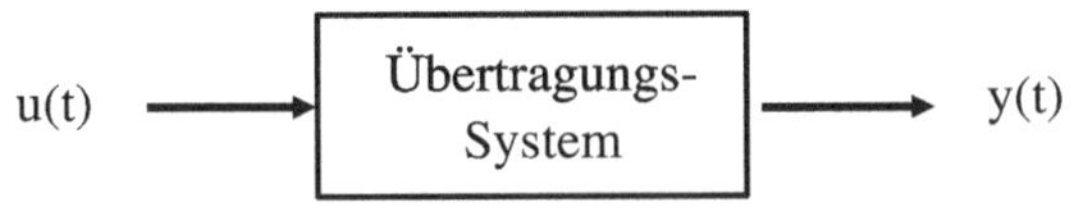

Abb. 1.1 Allgemeine Darstellung eines Systems mit einem Eingangssignal $u(t)$ und einem davon abhängigen Ausgangssignal $y(t)$

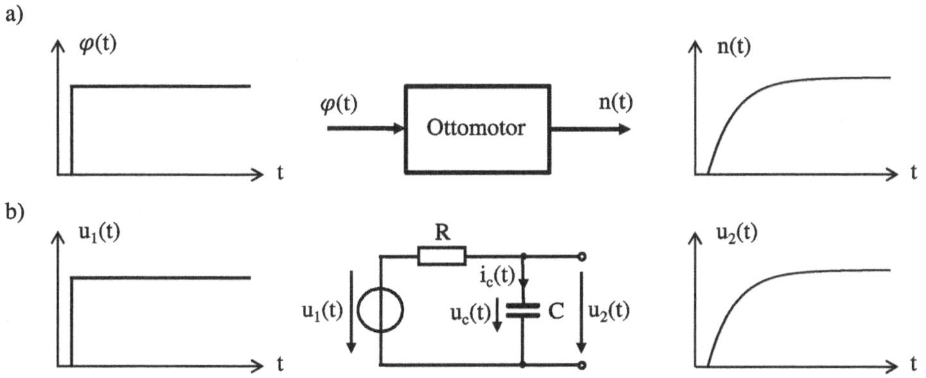

Abb. 1.2 Vergleich des Übertragungsverhaltens eines Ottomotors (**a**) und eines RC-Glieds, bestehend aus einem ohmschen Widerstand und einem Kondensator (**b**)

dieses System ein sehr ähnliches Verhalten wie der Ottomotor, so dass dessen Verhalten anhand des RC-Glieds studiert werden kann.

Vielfach besteht die Aufgabe auch darin, Systeme mit vorgegebenen Eigenschaften zu synthetisieren, die dann als Filter bezeichnet werden. Diese dienen dazu, entweder Signale gezielt zu verändern, um damit andere Systeme zu steuern, oder um Teilsignale zu selektieren, die gewünschte Informationen enthalten.

1.2 Systemklassen und deren grundlegende Eigenschaften

Nachdem im vorherigen Abschnitt der Begriff des Systems eingeführt wurde und wir die Vorteile einer abstrakten und dadurch allgemeingültigen Beschreibung von Wirkzusammenhängen kennengelernt haben, wollen wir uns nun mit verschiedenen Kategorien von Systemen beschäftigen. Diese sogenannte Klassifizierung nach verschiedenen Kriterien wird uns dabei unterstützen den zunächst unübersichtlichen Variantenreichtum von Systemen zu strukturieren und die anzuwendenden Methoden zu deren Analyse und Synthese zu erkennen, und sie wird dadurch insbesondere auch zu einer Vertiefung des Systembegriffs beitragen.

1.2.1 Kausale und realisierbare Systeme

Das Prinzip der sogenannten *Kausalität* nimmt in den Naturwissenschaften und auch in der Philosophie eine zentrale Bedeutung ein, bedeutet es doch, dass keine Wirkung ohne Ursache auftreten kann, was einem allgemeinen Grundsatz der Logik entspricht. In der Systemtheorie folgt hieraus, dass bei einem beliebigen System niemals ein Ausgangssignal auftreten kann, bevor ein Eingangssignal auf das System gegeben wird. Erfüllt ein System dieses elementare Prinzip, so nennt man es *kausal,* andernfalls *akausal,* vergleiche Abb. 1.3.

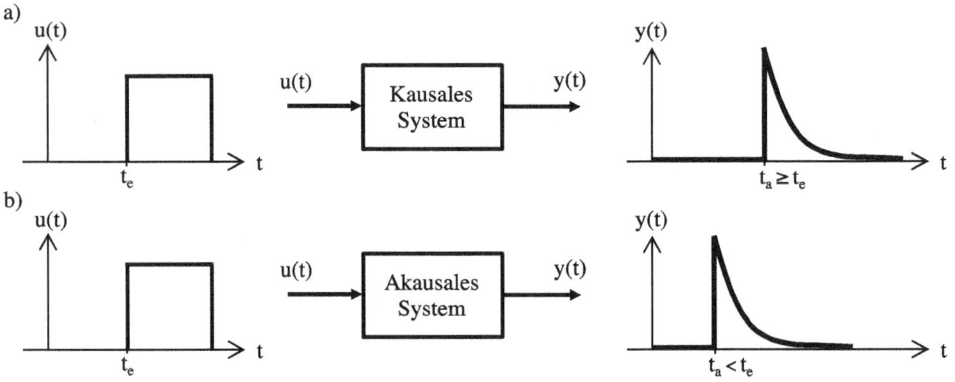

Abb. 1.3 Vergleich zwischen einem kausalen (**a**) und einem nicht kausalen (**b**) System. Grundsätzlich können nur kausale Systeme durch physikalische Wirkanordnungen realisiert werden

Kausale Systeme sind dadurch gekennzeichnet, dass bei ihnen das Ausgangssignal niemals vor dem Eingangssignal auftritt, was einem Grundprinzip der Logik entspricht. **Realisierbare Systeme** bestehen aus physikalischen Wirkanordnungen und sind damit auch immer kausal.

Man könnte einwenden, dass ein Ausgangssignal $y(t)$ auch aus dem Inneren eines Systems heraus autonom getriggert werden könnte ohne dass ein Eingangssignal anliegt, und so akausales Verhalten aufträte. Dieses Gedankenexperiment widerspricht allerdings der Grundannahme, dass $y(t)$ immer die Reaktion auf ein Eingangssignal beschreibt und daher von $u(t)$ abhängig sein muss, was bei einem internen Trigger nicht möglich wäre.

Grundsätzlich können nur kausale Systeme durch physikalische Wirkanordnungen realisiert werden. Wir werden später sehen, wie man die Kausalität von Systemen ebenfalls an spezifischen Systembeschreibungen ablesen kann ohne das Ein- und Ausgangssignal zu kennen.

1.2.2 Eingrößen- und Mehrgrößenübertragungssysteme

Obwohl wir uns weitgehend auf Systeme mit nur einem Ein- und Ausgang konzentrieren werden, sogenannte SISO-Systeme (Single Input, Single Output), bei denen sich das Ausgangssignal durch eine einzelne sogenannte Systemfunktion Φ angewandt auf das Eingangssignal mit $y(t) = \Phi\{u(t)\}$ beschreiben lässt, können Systeme im allgemeinen beliebig viele Eingangs- und Ausgangssignale aufweisen, und viele moderne Anwendungen im Bereich der Robotik, der Seismologie, im Mobilfunk und anderen Anwendungsfeldern basieren darauf. Abb. 1.4 zeigt ein solches Mehrgrößensystem mit n Ein- und m Ausgängen, wobei zwischen jedem Ein- und Ausgang eine Signalübertragung mittels einer Systemfunktion

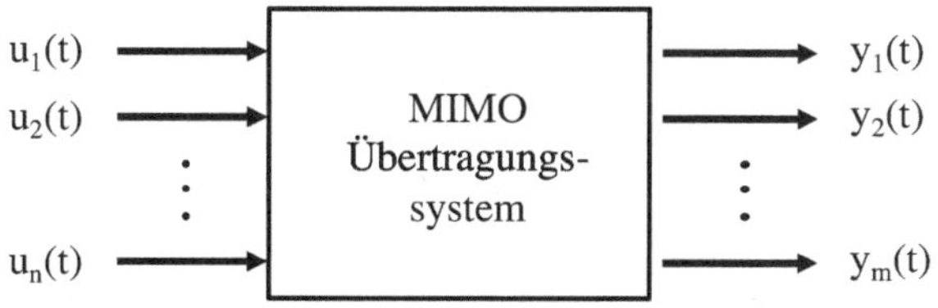

Abb. 1.4 Darstellung eines Mehrgrößenübertragungssystems (MIMO) mit n Ein- und m Ausgangssignalen

Φ_{kl} mit $1 \leq k \leq n$ und $1 \leq l \leq m$ erfolgen kann. Im englischen werden solche Systeme MIMO-Systeme (Multiple Input, Multiple Output) genannt. Dieser Begriff hat sich inzwischen weltweit etabliert.

SISO-Systeme verarbeiten nur ein einzelnes Eingangssignal und formen dieses über eine Systemfunktion Φ ebenfalls in ein einzelnes Ausgangssignal um, bei **MIMO-Systemen** treten hingegen im allgemeinen n Eingangs- und m Ausgangssignale auf, die durch insgesamt $n \cdot m$ Systemfunktionen Φ_{kl} mit $1 \leq k \leq n$ und $1 \leq l \leq m$ verknüpft werden.

Eine aktuelle Anwendung von Mehrgrößensystemen im Bereich des Mobilfunks zeigt schematisch Abb. 1.5. Durch den Einsatz sogenannter *Smart Antennas* lässt sich dort eine nahezu beliebige Erhöhung der Nutzeranzahl auch bei hohen Datenraten erreichen. Während klassische Antennen Radiosignale innerhalb eines festen Sektors von üblicherweise 120° abstrahlen und empfangen, lässt sich bei einer *Smart Antenna* durch das sogenannte *Beamforming* die Abstrahlrichtung innerhalb eines Bereiches beliebig einstellen. In dem gezeigten Beispiel wird das Signal $u_1(t)$ durch das MIMO-System in drei Ausgangssignale $y_1(t)$ bis

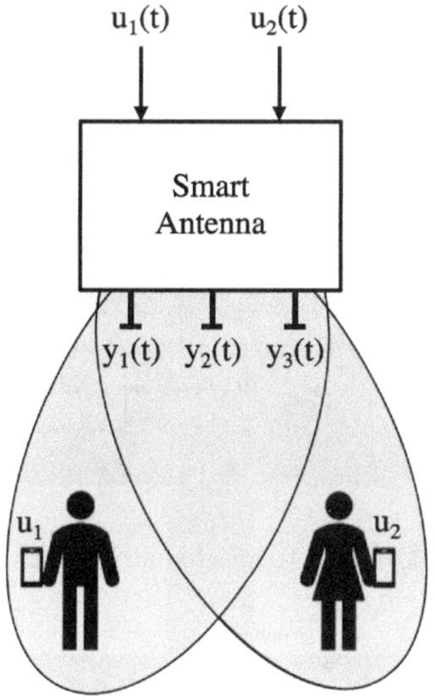

Abb. 1.5 *Smart Antenna* mit *Beamforming* als Beispiel für ein Mehrgrößenübertragungssystem im Bereich des Mobilfunks

$y_3(t)$ gewandelt und über Antennenelemente, die jeweils durch einen horizontalen Balken angedeutet sind, abgestrahlt. Diese Signale überlagern sich vereinfacht dargestellt derart, dass eine Antennenkeule in Richtung des links dargestellten Mannes entsteht und die Informationen aus $u_1(t)$ dorthin übertragen werden, ohne dass eine Störung am Smartphone der Frau rechts auftritt. Umgekehrt erreichen die Informationen aus $u_2(t)$ zuverlässig das Smartphone der Frau, ohne ein Störsignal am Standort des Mannes zu bewirken. Zur optimalen Justierung der Abstrahlcharakteristik kann hierbei das von den Antennen empfangene individuelle Sendesignal der beiden Smartphones verwendet werden. Moderne Varianten dieser auch adaptive Antennen genannten Systeme verwenden Abstrahlcharakteristiken, die nicht mehr anschaulich als Antennenkeule interpretiert werden können, sondern bei denen sich einzelne Antennensignale so überlagern, dass am gewünschten Ort eine möglichst hohe Signalstärke verfügbar ist, während Nachbarsysteme wenig gestört werden (Multi-Layer-Transmission, Space Diversity Multiple Access, siehe [6]).

1.2.3 Statische und dynamische Systeme

Statische Systeme stellen die einfachste Unterklasse von Systemen dar. Statische Systeme sind dadurch gekennzeichnet, dass sie keine Energiespeicher enthalten und damit auch keinen internen Zustand aufweisen.

Eine Wippe, wie in Abb. 1.6 oben gezeigt, ist ein einfaches Beispiel für ein solches System. Als Ausgangssignal dieses Systems verwenden wir die Auslenkung des rechten Auslegers $y(t)$. Wenn wir als Eingangssignal die Auslegung des linken Auslegers $x(t)$

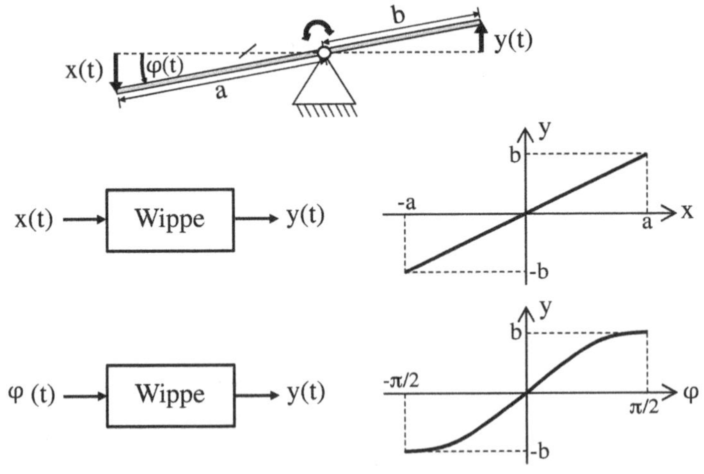

Abb. 1.6 Beispiel einer Wippe als statisches System mit verschiedener Wahl des Eingangssignals

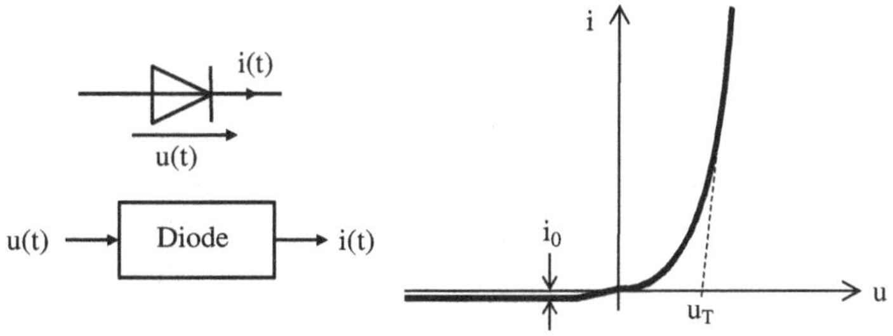

Abb. 1.7 Beispiel einer Diode als statisches System mit der Schwellspannung u_T und dem Sperrstrom i_0

wählen, folgt aus $\sin(\varphi) = x/a = y/b$ zwischen den Signalen die Beziehung $y = b/a \cdot x$, wie sie auf der rechten Seite oben als Gerade dargestellt ist. Die Abhängigkeit der Amplitude des Ausgangssignals von der des Eingangssignals wird Kennlinie genannt, und durch seine Kennlinie wird ein statisches System vollständig beschrieben. Die Form der Kennlinie hängt hierbei vom System und von der Wahl der Signale ab. Legt man als Eingangssignal z. B. statt $x(t)$ den Winkel $\varphi(t)$ der Wippe fest, so folgt als Zusammenhang mit der Ausgangsgröße $y = b \cdot \sin(\varphi)$ wie rechts unten in Abb. 1.6 dargestellt.

Ein weiteres Beispiel für ein statisches Systems stellt die in Abb. 1.7 gezeigte Diode dar. Dioden wirken als elektronisches Ventil und lassen den elektrischen Strom $i(t)$ nur in einer Richtung fließen. Die Abhängigkeit des Stromes von der über der Diode anliegenden Spannung $u(t)$ wird durch die Gleichung $i = i_0 \cdot \left(e^{u/u_T} - 1\right)$ festgelegt, siehe z. B. [24], parametrisiert durch den Sperrstrom i_0 und die Schwellenspannung u_T. Auch hier wird das System wieder vollständig durch die dargestellte Kennlinie beschrieben.

Wenn man den inneren Aufbau eines Systems nicht kennt, um zu prüfen, ob dort Energiespeicher enthalten sind, lassen sich statische Systeme anhand einer festen Beziehung zwischen Eingangs- und Ausgangssignal identifizieren. Diese Beziehung besteht mathematisch aus einer Gleichung, mit der sich für einen gegebenen Wert des Eingangssignals $u(t)$ ein zugehöriges Ausgangssignal $y(t)$ berechnen lässt. Dadurch hängt $y(t)$ zu einem beliebigen Zeitpunkt $t = t_0$ immer nur vom Eingangssignal $u(t_0)$ zum selben Zeitpunkt ab, vergangene Werte von $u(t)$ mit $t < t_0$ beeinflussen $y(t_0)$ also nicht, weshalb statische System auch gedächtnislos genannt werden.

Im Gegensatz zu statischen Systemen enthalten dynamische Systeme immer Energiespeicher, die Energie aus dem Eingangssignal entnehmen und diese zeitverzögert am Ausgang des Systems wieder abgeben können. Nicht jeder Energiespeicher erfüllt diese Bedingung. So kann der ohmsche Widerstand R des RC-Gliedes in Abb. 1.2 zwar Energie in Form von Wärme speichern, diese Energie steht aber am Systemausgang nicht zur Verfügung, sondern sie wird an die Umgebung des Systems abgestrahlt. Dennoch ist das RC-Glied ein dynamisches System, da der darin enthaltene Kondensator C Energie in seinem elektrischen Feld speichert, und diese am Ausgang wieder zur Verfügung steht. Auch dynamische Systeme können ohne Kenntnis ihres inneren Aufbaus nur anhand des Signalverhaltens eindeutig identifiziert werden, wobei bei ihnen kein fester mathematischer Zusammenhang zwischen Eingangs- und Ausgangssignal existiert, sondern $y(t)$ zu einem beliebigen Zeitpunkt $t = t_0$ immer auch von vergangenen Werten des Eingangssignals bis einschließlich t_0 abhängt. Mathematisch werden dynamische Systeme durch Differentialgleichungen (DGL) beschrieben, und wir werden im nächsten Abschnitt näher darauf eingehen. Um mit einem einfachen Experiment herauszufinden, ob ein statisches oder dynamisches System vorliegt, kann ein zeitbegrenzter Impuls als Eingangssignal auf das System geschaltet werden. Falls auch nach Ende des Impulses weiterhin ein Ausgangssignal auftritt, ist das System dynamisch, andernfalls statisch.

Statische Systeme enthalten keine Energiespeicher, bei ihnen hängt das Ausgangssignal $y(t)$ zu einem beliebigen festen Zeitpunkt $t = t_0$ nur vom Wert des Eingangssignals $u(t)$ zum selben Zeitpunkt ab, vergangene Werte von $u(t)$ mit $t < t_0$ beeinflussen $y(t)$ nicht.
Dynamische Systeme hingegen enthalten immer Energiespeicher, die Energie aus dem Eingangssignals entnehmen und diese zeitverzögert über das Ausgangssignal abgeben. Bei ihnen hängt $y(t)$ zu einem bestimmten Zeitpunkt $t = t_0$ von $u(t)$ im Zeitbereich $t \leq t_0$ ab, also auch von vergangenen Werten des Eingangssignals.

Als weiteres Beispiel für ein dynamisches System werde die in Abb. 1.8 dargestellte Heizungsanlage betrachtet, vergleiche [30]. Über ein Zuleitungsrohr und ein Steuerventil kann der Zustrom von Heizgas und hierdurch die über Flammen zugeführte Heizleistung gesteuert werden, wodurch sich Wasser, das durch einen Heizkessel gepumpt wird, erwärmt. Als Ausgangssignal werde die Temperatur $\vartheta(t)$ des aus dem Kessel auf der rechten Seite strömenden Wassers mit einem Sensor gemessen, während als Eingangssignal die Ventilstellung $s(t)$ für

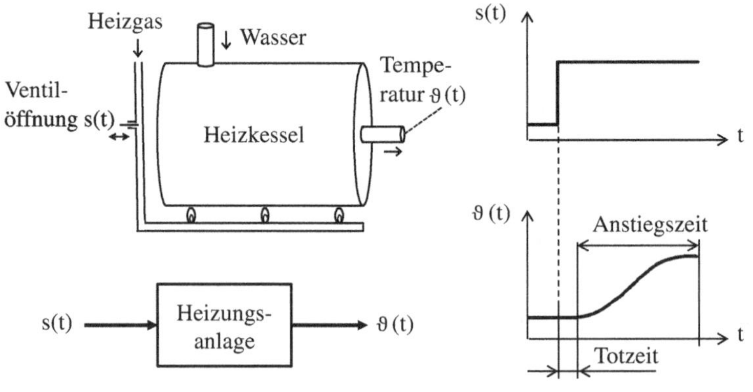

Abb. 1.8 Heizungsanlage als Beispiel für ein dynamisches System

die Heizgasmenge dient. Das System speichert im Wasser des Kessels die zugeführte thermische Energie und diese wird dann als Temperaturerhöhung des ausströmenden Wassers gemessen. Das Eingangssignal sei wie in Abb. 1.2 sprungförmig, dass heißt, die Ventilstellung werde zu einem bestimmten Zeitpunkt plötzlich von einem minimalen Erhaltungswert der Flammen auf einen Maximalwert geändert. Der dadurch bedingte Verlauf des Ausgangssignal ist unten rechts in Abb. 1.8 dargestellt und kann wie folgt erklärt werden: Zunächst tritt eine sogenannte Totzeit auf, während der das Ausgangssignal auch bei genauer Betrachtung noch keinen Anstieg zeigt. Dies liegt daran, dass die Messung der Temperatur nicht direkt an den Flammen erfolgt, so dass es eine gewisse Zeit dauert bis erwärmtes Wasser den Sensor erreicht. Anschließend kann eine Anstiegszeit beobachtet werden, während der die Temperatur erst langsam und dann immer schneller ansteigt, bis schließlich ein Maximalwert erreicht wird. Bei dieser Temperatur besteht ein Gleichgewicht zwischen der durch die Flammen zugeführten und der durch das gepumpte Wasser abgeführten Wärmeleistung. Man erkennt, dass sich dynamische Systeme nur durch genaue Kenntnis des zeitlichen Verlaufs des Ausgangssignals abhängig vom Eingangssignal beschreiben lassen, und dass dieses Zeitverhalten beliebigen Zeitfunktionen folgen kann.

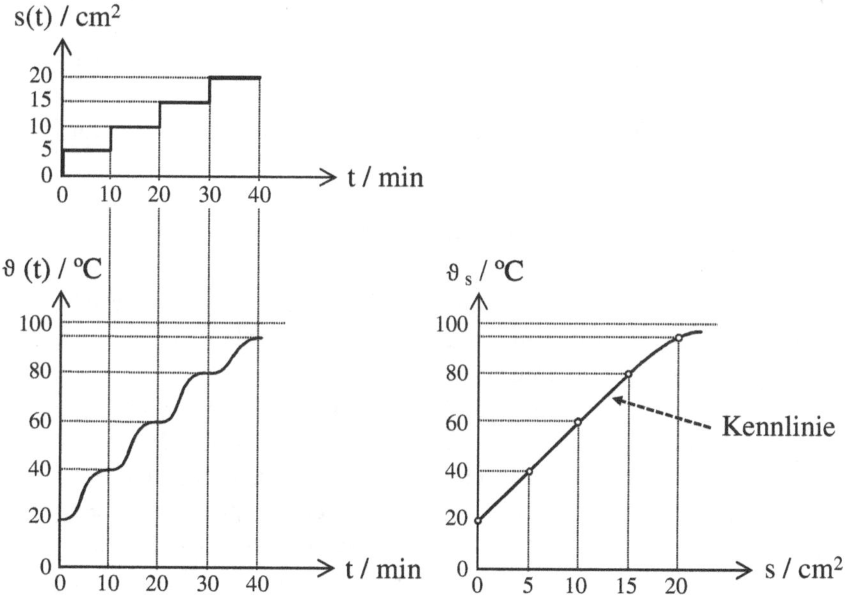

Abb. 1.9 Bestimmung einer Kennlinie für die Heizungsanlage aus Abb. 1.8. Nach jeder Änderung der Ventilstellung s wird solange gewartet, bis sich eine konstante Temperatur ϑ_s eingestellt hat

Dennoch kann auch für viele dynamische Systeme eine Kennlinie aufgenommen werden, was am Beispiel der Heizungsanlage gezeigt werden soll, siehe Abb. 1.9. Dazu werde das sprungförmige Eingangssignal $s(t)$ in mehrere kleine Sprünge aufgeteilt und nach jeder Änderung solange gewartet, bis das Ausgangssignal einen stationären, d. h. konstanten Wert ϑ_s annimmt. Die so entstehenden festen Wertepaare (s, ϑ_s) können dann in ein Diagramm übertragen werden, und die Kennlinie entsteht durch Verbindung dieser Punkte.

Grundsätzlich ist eine Unterscheidung in statische und dynamische Systeme anwendungsabhängig, denn bei genauer Betrachtung enthalten fast alle Systeme Energiespeicher. Wird z. B. bei der in Abb. 1.6 dargestellten Wippe eine schnelle Bewegung eingeprägt, so muss die Trägheit des Balkens beachtet werden, und es tritt abhängig von dessen Steifheit eine Durchbiegung auf, wobei aufgrund der Federwirkung Energie gespeichert und das System dynamisch wird. Auch die Diode aus Abb. 1.7 wird bei sehr schnellen Änderungen der Eingangsspannung zum dynamischen System, da in den zuführenden Leitungen dann kleine Induktivitäten berücksichtigt werden müssen, die Energie in magnetischen Feldern speichern. Außerdem bewirken die ungleichmäßige Ladungsverteilung in der Diode sowie die Kontaktflächen zur Verbindung der Halbleiterstruktur mit den Zuführungen kapazitive Effekte, so dass zusätzlich auch elektrische Energie gespeichert wird, die durch einen zur Diode parallel geschalteten kleinen Kondensator berücksichtigt wird. Bei der mathematischen Modellierung von Systemen muss daher beachtet werden, dass diese je nach Einsatzgebiet unterschiedlich genau erfolgen sollte. Bei Anwendungen im Ingenieurbereich kommt es häufig darauf an, technische Systeme so einfach wie möglich zu halten, um durch reduzierte Komplexität deren Fehleranfälligkeit und letztendlich die Kosten zu senken.

1.2.4 Systeme mit konzentrierten und verteilten Energiespeichern

Der Aufwand für die theoretische Modellbildung dynamischer Systeme, siehe Kap. 4, hängt entscheidend davon ab, ob die enthaltenen Energiespeicher zählbar sind und an festen Orten quasi punktförmig lokalisiert werden können, oder ob die Energie kontinuierlich verteilt ist und das System nicht durch eine endliche Anzahl von Energiespeichern beschreibbar ist.

Zur ersten Systemkategorie mit sogenannten konzentrierten Parametern zählt das RC-Glied aus Abb. 1.2(b), in dem der Kondensator als Energiespeicher punktförmig angenommen wird. Bei der Wippe in Abb. 1.6 kann mit Berücksichtigung der Federwirkung des Balkens als Energiespeicher dessen Ausdehnung ebenfalls mit guter Genauigkeit vernachlässigt werden. Auch die bei hohen Frequenzen zu beachtenden sogenannten parasitären Induktivitäten und Kapazitäten einer Diode, siehe Abschn. 1.2.3, dürfen wir als konzentrierte Bauelemente annehmen.

Diese Vereinfachung ist allerdings nicht mehr zulässig, falls eine relevante Signallaufzeit T_w zwischen Eingang und Ausgang auftritt, die sich aus Systemsicht als Totzeit bemerkbar macht. In diesem Fall spricht man von Systemen mit verteilten Parametern, und deren interne Signale müssen als Wellen beschrieben werden, die sich zeitlich und räumlich innerhalb des Systems ausbreiten. Ein anschauliches Beispiel hierfür ist ein Teich, in den ein Stein geworfen wird, der beim Eintauchen ein Signal einprägt. Von der Eintauchstelle wird sich ringförmig eine Wasserwelle ausbreiten, und der Pegel des Wassers an einer beliebigen Stelle des Teichs kann als Ausgangssignal des Systems betrachtet werden.

Da reale Energiespeicher immer ausgedehnt sind, und daher grundsätzlich in jedem physikalischen System Wellen auftreten, ist die Abgrenzung zwischen beiden Systemklassen anwendungsabhängig. Beachten wir die vom physikalischen Medium abhängige Geschwindigkeit v_w der Wellenausbreitung sowie die räumliche Ausdehnung ℓ eines Systems, so kann die Signallaufzeit mit $T_w = \frac{\ell}{v_w}$ angegeben werden. Übertragen wir daher über ein System sinusförmige Signale mit einer Periodendauer T_P deutlich größer als T_w, so darf die Laufzeit vernachlässigt werden, und wir können konzentrierte Parameter annehmen[1] Diese Bedingung lässt sich auch so formulieren, dass dazu die Wellenlänge $\lambda = \frac{v_w}{f}$ mit der Signalfrequenz $f = \frac{1}{T_P}$ groß gegenüber der Systemausdehnung ℓ sein muss[2].

Um den Unterschied zwischen Systemen mit konzentrierten und verteilten Parametern mathematisch zu verdeutlichen, leiten wir für das RC-Glied in Abb. 1.2(b) den Zusammenhang zwischen $u_1(t)$ und $u_2(t)$ her. Bei einem Kondensator ist der durch ihn fließende Strom proportional zur zeitlichen Ableitung der anliegenden Spannung mit der Kapazität C als Proportionalitätsfaktor, so dass $i_C(t)$ und $u_C(t)$ in folgendem Zusammenhang stehen, siehe z. B. [14][3].

$$i_C(t) = C \cdot \frac{du_C(t)}{dt} \,. \tag{1.1}$$

Unter der Voraussetzung, dass die Ausgangsspannung hochohmig gemessen wird, so dass kein Ausgangsstrom fließen kann, und mit $u_c(t) = u_2(t)$, folgt für das RC-Glied aus der Maschengleichung der gesuchte Zusammenhang zwischen $u_1(t)$ und $u_2(t)$

$$u_1(t) = RC \cdot \frac{du_2(t)}{dt} + u_2(t) \,. \tag{1.2}$$

Bei Vorgabe von $u_1(t)$ kann aus dieser Gleichung der Zeitverlauf von $u_2(t)$ mit wenig Aufwand berechnet werden, siehe z. B. [50], und wir werden sie im Abschn. 3.6.3 mit Hilfe der Laplace-Transformation lösen. Gleichungen wie (1.2), in denen Signale mit ihren zeitlichen Ableitungen ggf. auch höherer Ordnung verknüpft sind, werden gewöhnliche Differentialgleichungen (GDGL) genannt. GDGL sind dadurch gekennzeichnet, dass alle darin verknüpften Signale immer nur von einer Variablen – hier von der Zeit t – abhängen.

[1] Im dritten Kapitel werden wir sehen, dass beliebige Zeitsignale durch Überlagerung sinusförmiger Signale variabler Frequenz gebildet werden können.

[2] Bei elektronischen Systemen wie RC-Gliedern oder Dioden ist diese Bedingung bis in den hohen MHz-Bereich erfüllt, da die räumliche Ausdehnung ℓ klein ist, und v_w von elektromagnetischen Wellen quasi der Lichtgeschwindigkeit entspricht. Bei dem mechanischen System Wippe ist zwar ℓ wesentlich größer und v_w deutlich geringer, allerdings liegen die Frequenzen nur im KHz-Bereich, so dass auch hier keine Welle berücksichtigt werden muss.

[3] Diese Gleichung deckt sich gut mit der Anschauung, denn legt man eine Gleichspannung an einen Kondensator, der zwei elektrisch voneinander isolierte Elektroden enthält, so ist nach dem Ladevorgang kein Stromfluss möglich, während ein Kondensator für hochfrequente Wechselspannungen quasi einen Kurzschluss darstellt.

Systeme mit verteilten Parametern werden durch partielle Differentialgleichungen (PDGL) modelliert, und als Beispiel betrachten wir die sogenannte *Telegraphengleichung*, welche die Wellenausbreitung entlang einer verlustfreien Leitung beschreibt

$$\frac{d^2u(x,t)}{dx^2} = k \cdot \frac{d^2u(x,t)}{dt^2} \,. \tag{1.3}$$

Man erkennt, dass in dieser Gleichung die Spannung $u(x, t)$ als Funktion der Zeit und der Ortskoordinate x angenommen wird, und dass Ableitungen sowohl nach der Zeit als auch dem Ort auftreten. Den Zusammenhang zwischen Eingangs- und Ausgangsgröße einer PDGL erhält man durch einen allgemeinen Wellenansatz unter Beachtung von Randbedingungen. Ist dieser Zusammenhang bekannt, lässt sich die Übertragung von Signalen auch über Systeme mit verteilten Parametern häufig einfach beschreiben. Im Abschn. 4.3 werden wir sehen, dass sich ein durch (1.3) beschriebenes System unter bestimmten Voraussetzungen wie ein ideales Verzögerungsglied verhält. Wegen des häufigen Einsatzes elektrischer Leitungen werden wir dazu die Telegraphengleichung herleiten und auch lösen, uns sonst aber weitestgehend auf physikalische Systeme mit konzentrierten Parametern beschränken. Für eine vertiefte mathematische Modellierung von Systemen mit verteilten Parametern siehe z. B. [40].

Systeme mit konzentrierten Parametern enthalten eine endliche Anzahl von Energiespeicher, die sich lokalisieren lassen, und sie können mathematisch durch gewöhnliche Differentialgleichungen (GDGL) nur abhängig von der Zeit beschrieben werden. Die Energiespeicher von **Systemen mit verteilten Parametern** sind hingegen nicht lokalisierbar, sondern kontinuierlich über das System verteilt. Zur mathematischen Modellierung derartiger Systeme müssen partielle Differentialgleichungen (PDGL) abhängig von der Zeit und mindestens einer Ortskoordinaten aufgestellt werden.

1.2.5 Stabile und instabile Systeme

Bislang haben wir nur Systeme kennengelernt, die zur Klasse der sogenannten stabilen Systeme zählen. Diese Systeme sind dadurch gekennzeichnet, dass sie bei Einprägung eines beliebigen Eingangssignals mit beschränkter Amplitude ebenfalls immer mit einem amplitudenbegrenzten Ausgangssignal reagieren. Dieses Stabilitätskriterium wird mit der Abkürzung BIBO, (engl.: *Bounded Input, Bounded Output*) bezeichnet. Während statische Systeme aufgrund des festen Zusammenhangs zwischen Ein- und Ausgangssignals immer stabil sind, gibt es dynamische Systeme, die diese Eigenschaft nicht aufweisen, deren Ausgangssignale also auch bei beschränkten Eingangssignalen zumindest in der Theorie beliebig große oder kleine Werte annehmen. Derartige Systeme werden als instabil bezeichnet, und sie sind in den meisten Anwendungen ohne regelungstechnische Stabilisierungsschaltungen – auf deren Prinzip im Kap. 7 eingegangen wird – nicht gewünscht bzw. nicht einsatzfähig. In der Praxis

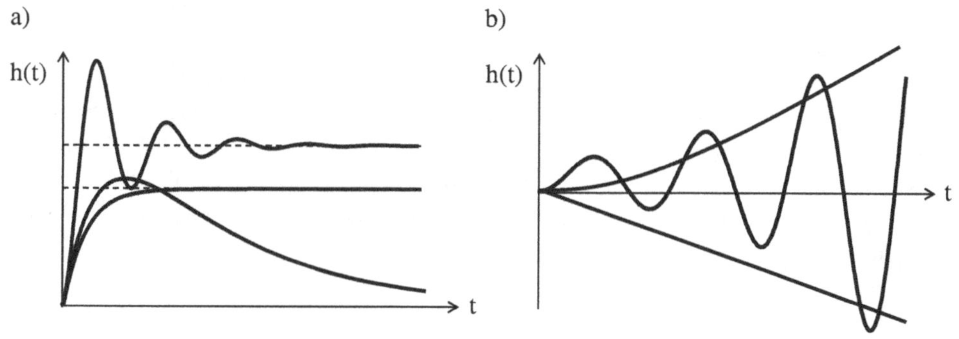

Abb. 1.10 Typische Sprungantworten $h(t)$ asymptotisch stabiler (**a**) sowie instabiler (**b**) Systeme; auch asymptotisch stabile Systeme können für bestimmte amplitudenbeschränkte Eingangssignale unbeschränkte Ausgangssignale aufweisen und sind damit gemäß BIBO-Definition instabil

sind allerdings die Ausgangssignale selbst von instabilen Systemen meistens beschränkt, z. B. durch die endliche Versorgungsspannung einer elektronischen Schaltung oder durch einen mechanischen Anschlag. Allerdings liegen diese Grenzen fast immer außerhalb des gewünschten Arbeitsbereiches und sollten vom Ausgangssignal nicht erreicht werden.

Zur praktischen Untersuchung des Stabilitätsverhaltens wird oft die sogenannte Sprungantwort verwendet, die mit dem Symbol $h(t)$ abgekürzt wird. Die Sprungantwort eines Systems ist definiert als dasjenige Ausgangssignal, welches als Reaktion auf ein sprungförmiges Eingangssignals auftritt, und jedes System weist i. Allg. eine individuelle Sprungantwort auf. Systeme mit amplitudenbegrenzter Sprungantwort werden *asymptotisch stabil* genannt. Wie wir noch sehen werden, ist diese Definition schwächer als BIBO-Stabilität, d. h. nicht jedes asymptotisch stabile System erfüllt die BIBO-Bedingung. In Abb. 1.10 sind beispielhaft für verschiedene asymptotisch stabile und instabile Systeme deren Sprungantworten dargestellt.

Die Untersuchung auf Stabilität hat in der Systemtheorie und der Regelungstechnik auch aus Sicherheitsaspekten eine zentrale Bedeutung. Wer kennt nicht Bilder von Hängebrücken, die durch Sturmböen zu Schwingungen angeregt werden, welche sich teilweise bis zur Zerstörungsgrenze aufschaukeln. Daher ist es von zentraler Bedeutung, bereits anhand eines mathematischen Modells die Stabilität zu analysieren, um instabile Betriebszustände zu vermeiden. In anderen Anwendungen kommt es gerade darauf an, instabile Systeme zu entwerfen, um z. B. Schwingkreise zu realisieren. Während die Beeinflussung von Systemeigenschaften der Regelungstechnik vorbehalten ist, die auf der Systemtheorie aufbaut, werden wir später die Stabilität von Systemen eingehend untersuchen und konkrete, leicht zu überprüfende Stabilitätskriterien kennenlernen.

Systeme, die auf beliebige in ihrer Amplitude beschränkte Eingangssignale mit einem Ausgangssignal reagieren, das betragsmäßig nicht über alle Grenzen wächst, werden **BIBO-stabile Systeme** genannt, während **asymptotisch stabile Systeme** zumindest eine in der Amplitude begrenzte Sprungantwort $h(t)$ aufweisen. **Instabile Systeme** reagieren auf mindestens ein amplitudenbeschränktes Eingangssignal mit einem unbeschränkten Ausgangssignal, wobei der praktische Nachweis meistens anhand einer nicht beschränkten Sprungantwort erfolgt.

1.2.6 Global proportional und integral wirkende Systeme

Eng gekoppelt mit dem Begriff der Stabilität ist das sogenannte Globalverhalten von dynamischen Systemen. Diese Eigenschaft gibt an, wie ein System über einen längeren Zeitraum auf ein konstantes Eingangssignal reagiert, z. B. nach Aufschalten eines sprungförmigen Eingangssignals, nachdem kurzfristige Effekte, die auch als transiente Eigenschaften bezeichnet werden, abgeklungen sind. Sogenannte global proportionale Systeme werden dann nach einer Übergangszeit auch am Ausgang immer ein konstantes Signal aufweisen. Global proportional wirkende Systeme sind daher auch immer asymptotisch stabil, und beide Begriffe können synonym verwendet werden. Die in Abb. 1.8 dargestellte Heizungsanlage ist ein Beispiel für ein global proportionales System, und für diese dynamischen Systeme lässt sich wie gezeigt mit wenig Aufwand eine Kennlinie aufnehmen, also die statische Abhängigkeit der Amplitude des Ausgangssignals von der des Eingangssignals ermitteln.

Auf der anderen Seite bezeichnet man solche dynamischen Systeme als global integral, deren Ausgangssignale bei einem sprungförmigen Eingangssignal auch nach einer Übergangszeit keinen konstanten Wert aufweisen, sondern proportional zur Zeit streng monoton zu- oder abnehmen. Derartige Systeme integrieren damit ihr Eingangssignal über die Zeit

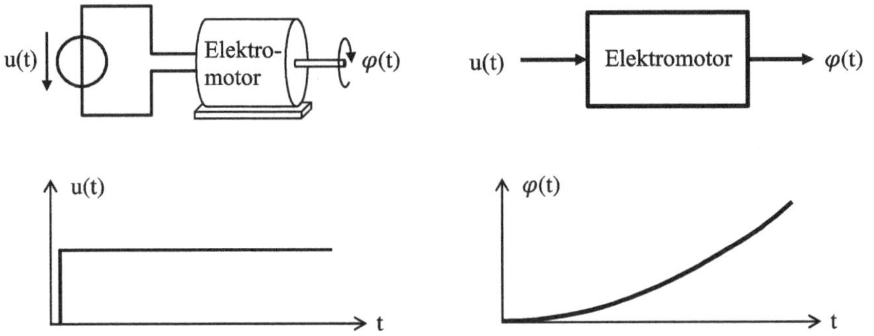

Abb. 1.11 Elektromotor und abstrakte Darstellung als System mit der Eingangsspannung $u(t)$ und dem Drehwinkel $\varphi(t)$ als Ausgangsgröße als Beispiel für ein global integrales System

auf, wodurch sich auch die Bezeichnung für diese Systemklasse ergibt[4]. Als Beispiel für eine global integrales System ist in Abb. 1.11 ein Elektromotor dargestellt, der sich bei anliegender Spannung zu drehen beginnt. Würde man als Ausgangssignal die Drehzahl $n(t)$ festlegen wie in Abb. 1.2(a), so erhielte man ein global proportionales System, da die Drehzahl bei einer konstanten Eingangsspannung immer einen konstanten Wert annimmt. In diesem Fall wirkt das System aber global integral, da als interessierende Ausgangsgröße nicht $n(t)$, sondern der Drehwinkel $\varphi(t)$ festgelegt wird, z. B. falls ein Motor zur Einstellung einer Lenkung oder eines Höhenruders verwendet werden soll. Aus Abb. 1.11 erkennt man, dass das Ausgangssignal $\varphi(t)$ als Reaktion auf eine sprungförmige Eingangsspannung $u(t)$ nach einer Beschleunigungszeit linear ansteigt und daher kein stationärer Endwert angenommen wird, sondern das System ein global integrales und damit auch instabiles Verhalten zeigt.

Bei **global proportionalen Systemen,** die auch Systeme mit Ausgleich genannt werden, läuft die Sprungantwort $h(t)$ gegen einen stationären Endwert, weshalb sie auch immer asymptotisch stabil sind. **Global integrale Systeme** – sogenannte Systeme ohne Ausgleich – zeigen hingegen eine kontinuierlich ansteigende oder abfallende Sprungantwort, die keinen stationären Endwert erreicht. Global integrale Systeme sind damit auch immer instabil, jedoch ändert sich die Ausgangsamplitude linear bzw. mit einer beliebigen Potenzfunktion abhängig von der Zeit aber nicht exponentiell.

Da global integrale Systeme bei festgehaltenem Eingangssignal wie alle instabilen Systeme kein konstantes Ausgangssignal zeigen, lässt sich für diese Systemklasse keine statische Kennlinie aufnehmen.

1.2.7 Lineare und nichtlineare Systeme

Obwohl lineare Systeme nur eine kleine Unterklasse sämtlicher Systeme bilden, sind diese doch von fundamentaler Bedeutung, da sehr viele Problemstellungen sich damit lösen lassen. Eine geschlossene Theorie zur Signalübertragung existiert nur für diese Systeme, und die meisten analytischen Methoden zur Analyse und Synthese von Systemen gelten nur, falls diese linear sind. Liegt die Kennlinie eines Systems vor, so kann diese Eigenschaft sehr einfach überprüft werden, da die Kennlinie linearer Systeme immer durch eine Geradengleichung beschreibbar ist. Falls eine Kennlinie nur in einem bestimmten Bereich des Eingangssignals einer Geraden entspricht, was aufgrund von Begrenzungen fast immer der Fall ist, so ist das System auch nur solange linear wie das Eingangssignal in diesem Bereich liegt. Die in Abb. 1.9 dargestellte Kennlinie der Heizungsanlage entspricht z. B. nur im Bereich von

[4] In Verallgemeinerung dieser Eigenschaft werden auch Systeme, die mit einem quadratisch oder sogar mit beliebiger Potenz wachsenden oder fallenden Ausgangssignal auf ein konstantes Eingangssignal reagieren, ebenfalls als global integral bezeichnet, da dies einer mehrfachen Integration des Eingangssignals entspricht.

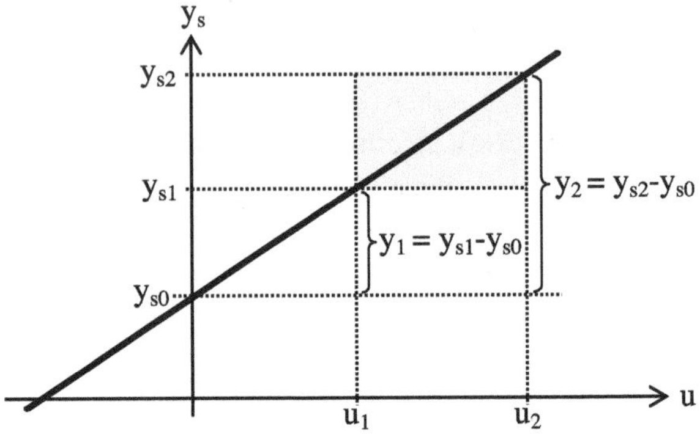

Abb. 1.12 Kennlinie eines linearen Systems, die immer durch eine Geradengleichung beschreibbar ist, deren Steigung den Verstärkungsfaktor V bestimmt

$s = 0$ bis ca. 15 cm^2 einer Geraden, und außerhalb dieses Eingangssignalbereichs verhält sich das System folglich nichtlinear.

Die Steigung der Kennlinie definiert den sogenannten *Verstärkungsfaktor* V, der einen wichtigen Parameter zur Charakterisierung linearer Systeme darstellt. Nach Abb. 1.12 kann V als Differenzenquotient aus zwei Punkten (u_1, y_{s1}) und (u_2, y_{s2}) auf der Kennlinie abgelesen werden

$$V = \frac{y_{s2} - y_{s1}}{u_2 - u_1} . \tag{1.4}$$

Das tiefgestellte s bei den Ausgangswerten weist darauf hin, dass es sich um stationäre Signalwerte handelt, die sich bei einem konstant gehaltenen Eingangssignal für $t \to \infty$ einstellen. Diese Festlegung ist für dynamische Systeme wichtig, denn wir hatten am Beispiel der Heizungsanlage erkannt, dass dort Ausgangs- und Eingangssignale unterschiedliches Zeitverhalten zeigen. Zu beachten ist, dass V auch negativ sein kann und eine Einheit besitzt, falls Ein- und Ausgangssignal verschiedene physikalische Größen beschreiben[5].

Geraden weisen i. Allg. neben der Steigung einen y-Achsenabschnitt auf, der in Abb. 1.12 mit y_{s0} bezeichnet ist, und auch nichtlineare Systeme können einen solchen konstanten Offset des Ausgangssignals zeigen. Zu diesem stationären Wert, der ohne anliegendes Eingangssignal auftritt, und der für das Beispiel der Heizungsanlage in Abb. 1.9 gerade 20 °C beträgt, bilden wir die Differenz, so dass jetzt zu $u = 0$ auch immer $y = 0$ korrespondiert

$$y = y_s - y_{s0} . \tag{1.5}$$

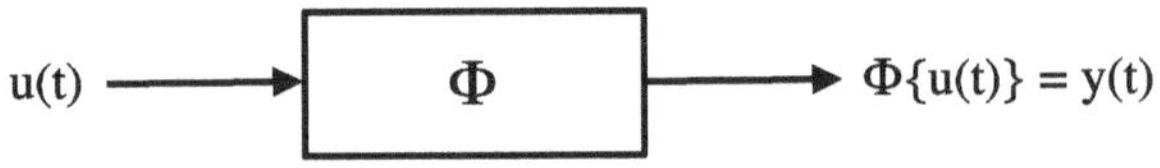

Abb. 1.13 Zur Bestimmung von Linearität und Zeitinvarianz eines Systems anhand des Signalverhaltens

[5] Wir werden die Einheiten von Signalen und damit auch von V im Hinblick auf eine einfache Darstellung meistens vernachlässigen und nur mit Zahlenwerten rechnen, die ein Signal in der jeweiligen SI-Basiseinheit kennzeichnen.

Über den Zusammenhang zwischen den jetzt zeitabhängig angenommenen Signalen $y(t)$ und $u(t)$ kann allgemein ein lineares System identifiziert werden, selbst wenn keine Kennlinie vorliegt[6]. Entsprechend Abb. 1.13 werde dazu ein beliebiges System mit seiner spezifischen Systemfunktion Φ beschrieben, die auf das Eingangssignal angewandt das Ausgangssignal ergibt, also $y(t) = \Phi\{u(t)\}$. Legt man an den Eingang des Systems ein erstes Signal $u_1(t)$, so erhält man das dazu gehörende Ausgangssignal $y_1(t) = \Phi\{u_1(t)\}$, während ein beliebiges zweites Eingangssignal $u_2(t)$ auf $y_2(t) = \Phi\{u_2(t)\}$ führt. Ein System ist nun genau dann linear, wenn eine beliebige Linearkombination aus $u_1(t)$ und $u_2(t)$ am Eingang mit den Konstanten a_1 und a_2 exakt dieselbe Linearkombination aus $y_1(t)$ und $y_2(t)$ am Ausgang ergibt, so dass gilt

$$\Phi\{a_1 \cdot u_1(t) + a_2 \cdot u_2(t)\} = a_1 \cdot \Phi\{u_1(t)\} + a_2 \cdot \Phi\{u_2(t)\} = a_1 \cdot y_1(t) + a_2 \cdot y_2(t)\ . \quad (1.6)$$

Gl. (1.6) muss auch für den Spezialfall $a_1 = a_2 = 0$ gelten, woraus $\Phi\{0\} = 0$ folgt und damit die Bedingung, dass für $u(t) = 0$ auch $y(t) = 0$ gelten muss. Diese Forderung an lineare Systeme begründet die Differenzbildung in (1.5). Auch Systeme mit einem konstanten Offset können linear sein, dieser muss allerdings als Arbeitspunkt getrennt berücksichtigt werden.

Ein System wird genau dann als **lineares System** bezeichnet, falls es auf eine Summe aus mit beliebigen Konstanten gewichteten Eingangssignalen genauso reagiert, als ob jedes Eingangssignal einzeln übertragen und dieselbe gewichtete Summe aus den dabei entstehenden individuellen Ausgangssignalen gebildet würde. Bei **nichtlinearen Systemen** entspricht das Ausgangssignal auf eine beliebig gewichtete Summe von Eingangssignalen nicht derselben gewichteten Summe aus den einzelnen Ausgangssignalen.

Als erstes Beispiel betrachten wir das statische System mit $y(t) = u(t)^2 = \Phi\{u(t)\}$. Setzen wir diese Systemgleichung in (1.6) ein, so wird deutlich, dass es sich hier um ein nichtlineares System handelt, was man auch an der Kennlinie in Form einer Parabel ablesen könnte

$$\begin{aligned}\Phi\{a_1 \cdot u_1(t) + a_2 \cdot u_2(t)\} &= (a_1 \cdot u_1(t) + a_2 \cdot u_2(t))^2 \\ &\neq a_1 \cdot u_1^2(t) + a_2 \cdot u_2^2(t) = a_1 \cdot y_1(t) + a_2 \cdot y_2(t)\ . \quad (1.7)\end{aligned}$$

Jetzt wollen wir einen sogenannten Integrator auf Linearität prüfen. Hierbei handelt es sich um ein System, welches am Ausgang das zeitliche Integral über das Eingangssignal $u(t)$ ausgibt, wobei $u(t)$ in der Vergangenheit unendlich ausgedehnt sein kann

[6] Während Kennlinien nur für global proportionale Systeme bestimmt werden können, lässt sich V auch von global integralen Systemen ermitteln, indem für ein konstantes Eingangssignal u die Veränderungsgeschwindigkeit des Ausgangssignals gemessen und diese durch u geteilt wird.

$$y(t) = \int_{-\infty}^{t} u(\tau)\,d\tau = \Phi\{u(t)\}\,. \tag{1.8}$$

In diesem Fall können wir unter Ausnutzung der Linearität der Integralrechnung schreiben

$$\begin{aligned} \Phi\,\{a_1 \cdot u_1(t) + a_2 \cdot u_2(t)\} &= \int_{-\infty}^{t} (a_1 \cdot u_1(\tau) + a_2 \cdot u_2(\tau))\,d\tau \\ &= \int_{-\infty}^{t} a_1 \cdot u_1(\tau)\,d\tau + \int_{-\infty}^{t} a_1 \cdot u_1(\tau)\,d\tau \\ &= a_1 \cdot y_1(t) + a_2 \cdot y_2(t)\,. \end{aligned} \tag{1.9}$$

Bei einem Integrator handelt es sich also um ein lineares System, für das man allerdings keine Kennlinie aufnehmen kann, da es sich definitionsgemäß global integral verhält.

Viele technischen Methoden und Erkenntnisse beruhen darauf, dass die betrachteten Systeme zumindest näherungsweise als linear angenommen werden können. Da es in den Ingenieurwissenschaften im Unterschied zu den Naturwissenschaften in den meisten Fällen nicht darauf ankommt, die Realität exakt zu modellieren, sondern bestimmte Toleranzen zulässig sind, solange technische Systeme verlässlich und zu vertretbaren Kosten funktionieren, kann diese Beschränkung auf lineare Systeme als eine wesentliche Errungenschaft bezeichnet werden, die den erfolgreichen Einzug mathematischer Verfahren in die Ingenieurwissenschaften und damit wesentliche Innovationen erst ermöglicht hat. Nichtlineare Systeme lassen sich – wie wir im Kap. 4 sehen werden – in vielen Fällen durch äquivalente lineare Systeme ersetzen, wenn wir diese in einem sogenannten Arbeitspunkt betreiben, weshalb die lineare Systemtheorie, auf die wir uns in diesem Buch weitgehend beschränken werden, die meisten technischen Anwendungen umfasst.

Dennoch werden seit einigen Jahren sehr erfolgreich auch Systeme auf Basis nichtlinearer Algorithmen eingesetzt, obwohl es keine geschlossene Theorie dafür gibt und wohl in absehbarer Zeit auch nicht geben kann, da die Komplexität und Variationsvielfalt zu groß ist. Aktuelle technische Realisierungen nichtlinearer Systeme, die unter Bezeichnungen wie *Künstliche Neuronale Netze* oder *Deep Learning* bekannt sind und zum maschinellen Lernen zählen, zeigen erstaunliche Fähigkeiten vor allem in der Mustererkennung, aber neuerdings mit der sogenannten *Generativen Künstlichen Intelligenz* (GenKI) auch bei der Erzeugung eigener Inhalte, z. B. von Texten, Musik oder Bildern. Sie basieren überwiegend auf heuristischen Ansätzen und sind auf sehr große Mengen von Trainingsdaten angewiesen. Aufgrund der nichtlinearen Algorithmen können bereits geringfügige Änderungen der Eingangsgrößen erhebliche Auswirkungen auf die Ausgangssignale bewirken, und wegen dieses grundsätzlich unberechenbaren Verhaltens sind sie in sicherheitsrelevanten Anwendungen kaum einsetzbar. Welches Potenzial aber auch welche Herausforderung in diesen Ansätzen steckt, mag man erahnen, wenn man realisiert, dass auch das menschliche Gehirn ein nichtlineares dynamisches System darstellt, dessen Funktionsweise sich unserer Erkenntnis trotz gewaltiger Forschungsanstrengungen jedoch weitestgehend entzieht.

1.2.8 Zeitinvariante und zeitvariable Systeme

Eng verbunden mit der Linearität von Systemen wird oft deren sogenannte Zeitinvarianz betrachtet, obwohl beide Eigenschaften sehr unterschiedlich sind und auch unabhängig voneinander auftreten können. Als zeitinvariant werden Systeme bezeichnet, wenn deren innere Parameter, die als Bestandteil der Systemfunktion Φ die Signalübertragung beeinflussen, als konstant angenommen werden können und sich damit zeitabhängig nicht ändern. Viele technische Systeme können zumindest näherungsweise als zeitinvariant bezeichnet werden, da Parameteränderungen – wenn überhaupt – nur geringfügig sind und langsam erfolgen. Bei einem sich drehenden Motor wird es durch Abrieb und Temperaturerhöhung zu einer leichten Veränderung der Übertragungseigenschaften kommen, diese können aber i. Allg. vernachlässigt werden. Bei analogen elektronischen Schaltungen wie z. B. Verstärkern tritt hingegen ein empfindlicher Einfluss der Temperatur auf die Ladungsträgerkonzentrationen von Halbleiterbauelementen und damit auf deren Leitungs- und Verstärkungseigenschaften auf. Diese müssen bei einem längerfristigen Einsatz entweder durch Schaltungsmaßnahmen kompensiert werden oder aber das System wird als zeitvariabel betrachtet. Bestimmte Systeme wie z. B. der Übertragungskanal über die Funkschnittstelle zwischen Mobiltelefon und Basisstation können ihre Eigenschaften durch variable Dämpfungen und Reflexionseigenschaften sehr schnell im Millisekundenbereich ändern, so dass diese Systeme für eine optimale Signalübertragung als zeitvariabel angenommen werden müssen.

Auch die Zeitinvarianz von Systemen kann anhand des Eingangs- und Ausgangssignal überprüft werden. Ausgehend von Abb. 1.13 betrachten wir dazu wieder die Systemfunktion Φ, und ein System reagiere auf ein beliebiges Eingangssignal $u(t)$ mit $y(t) = \Phi\{u(t)\}$. Ein System wird genau dann als zeitinvariant bezeichnet, falls es auf ein beliebig um t_0 verzögertes Eingangssignal mit einem Ausgangssignal reagiert, das dieselbe Signalform wir $y(t)$ aufweist aber ebenfalls um t_0 verzögert ist. Im nächsten Kapitel werden wir zeigen, dass sich mathematisch eine Signalverzögerung um t_0 durch Subtraktion dieser Konstanten von der Zeitvariablen t ausdrücken lässt, so dass für ein zeitinvariantes System gilt

$$\Phi\left\{u(t-t_0)\right\} = y(t-t_0) \; . \tag{1.10}$$

Viele Methoden der klassischen Systemtheorie setzen zeitinvariante Systeme voraus, d. h. Systeme, deren interne Parameter als konstant angenommen werden können.

> Ein System, das auf ein verzögertes Eingangssignal mit einem Ausgangssignal reagiert, das gegenüber dem Ausgangssignal auf ein identisches unverzögertes Eingangssignal um dieselbe Verzögerungszeit verspätet auftritt, jedoch die gleiche Signalform aufweist, wird als **zeitinvariantes System** bezeichnet. Ändert das Ausgangssignal bei einer Verzögerung des Eingangssignal jedoch seine Signalform, so spricht man von einem **zeitvariablen** System.

Systeme, die sowohl linear als auch zeitinvariant sind, werden zusammengefasst mit dem Begriff LTI-System (engl.: *Linear and Time-Invariant*) bezeichnet. Viele Systeme können zumindest näherungsweise als LTI-System modelliert werden, was die Anwendung analytischer Methoden ermöglicht, um in geschlossener Form Systemeigenschaften zu ermitteln oder die Übertragung von Signalen zu beschreiben. Falls die Zeitinvarianz eines Systems auch approximativ nicht vorausgesetzt werden darf, kommen adaptive Algorithmen zum Einsatz, bei denen variable Systemparameter durch statistische Auswertung von Signalen geschätzt werden, siehe Kap. 11.

1.2.9 Analoge und digitale Systeme

Eine letzte fundamentale Klassifizierung von Systemen, auf die hier eingegangen werden soll, ist die Unterscheidung in analoge und digitale Systeme. Alle bisher gezeigten Systeme gehören zur Kategorie der analogen Systeme, siehe Abb. 1.14. Diese sind dadurch gekennzeichnet, dass ihre Eingangs- und Ausgangssignale in einem kontinuierlichen Zeitfenster existieren, physikalisch messbaren Größen entsprechen und innerhalb eines Bereiches beliebige Amplitudenwerte annehmen können.

Mit dem Aufkommen von Computern ab den 30er Jahren des vorigen Jahrhunderts kamen erstmalig digitale Systeme zum Einsatz, die allerdings bis in die 70er Jahre nahezu ausschließlich zur Verarbeitung bereits digital vorliegender Daten in Form von Zahlen und Textzeichen eingesetzt werden konnten. Der entscheidende Durchbruch mit der sogenannten digitalen Revolution gelang durch die Diskretisierung von analogen Signalen und deren Rückumwandlung in physikalische Größen durch die Verfügbarkeit von hinreichend präzisen und schnellen Analog-Digital- sowie Digital-Analogwandlern[7] sowie einer gewaltigen Steigerung der Rechenleistung aufgrund von Fortschritten in der Halbleitertechnologie [28]. Digitale Systeme kommen daher heutzutage fast überall dort zum Einsatz, wo beliebige Informationen übertragen, gespeichert und verarbeitet werden, um darin Teilinformationen zu kombinieren, zu selektieren oder zu modifizieren. Ein letztes Refugium für analoge Signalverarbeitung besteht nur noch im Bereich höchster Frequenzen z. B. bei Filtern und

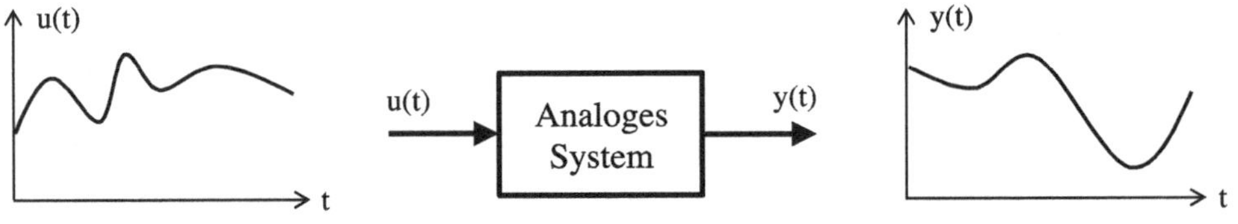

Abb. 1.14 Analoges System mit wert- und zeitkontinuierlichen Signalen, die innerhalb eines Intervalls zu jedem Zeitpunkt existieren und innerhalb eines Bereiches beliebige Werte annehmen können

[7] Derartige Systeme werden häufig auch mit ihren englischen Abkürzungen ADC (Analog Digital Converter) bzw. DAC (Digital Analog Converter) bezeichnet.

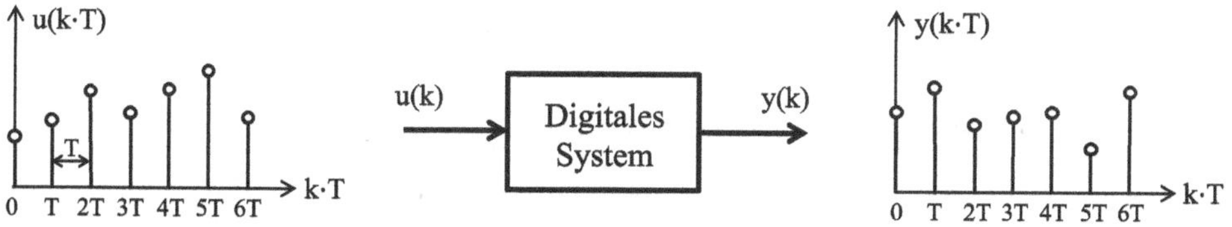

Abb. 1.15 Digitales System mit wert- und zeitdiskreten Signalen, die nur noch im Abstand mit der sogenannte Abtastzeit T aufgenommen und verarbeitet werden, und die ebenfalls nur noch diskrete Amplitudenwerte annehmen können

Frequenzumsetzern (Mischer), da dort die Grenzen der Digitaltechnik erreicht werden, die sich allerdings ständig in Richtung noch höherer Taktraten verschieben.

Daneben werden digitale Systeme ebenfalls vielfach eingesetzt, um vorhandene analoge Systeme nachzubilden, sei es um elektronische Filter durch digitale Algorithmen zu ersetzen oder aber, um reale physikalische Anlagen wie z. B. Motoren oder Maschinen zu simulieren bzw. mit anderen digitalen Systemen zu verknüpfen und gemeinsam beschreiben zu können.

Die entscheidende Idee der digitalen Signalverarbeitung kommt in Abb. 1.15 zum Ausdruck: Da ein Computer oder eine digitale Schaltung ein getaktetes System darstellt, können Signale aus der analogen Welt nur noch zu bestimmten Zeitpunkten, Vielfachen der sogenannten Abtastzeit T, eingelesen und verarbeitet werden. Dazu ist es erforderlich, analoge Signale zeitlich zu diskretisieren, also durch eine Folge einzelner Signalwerte zu ersetzen. Der Festlegung von T kommt hierbei entscheidende Bedeutung zu, denn es ist sofort verständlich, dass es bei Wahl einer zu großen Abtastzeit nicht gelingen kann alle Informationen aus dem analogen Signal in die digitale Welt zu übertragen, während eine zu geringe Abtastzeit zu einem unnötig hohen Speicher- und Verarbeitungsaufwand in digitalen Systemen führt.

Nach der Abtastung existieren zeitdiskrete Signale nur noch zu ganzzahligen Vielfachen der Abtastzeit, weshalb die Zeitvariable t durch $k \cdot T$ mit $k \in \mathbb{Z}$ ersetzt wird, und $s(kT)$ die Folge der Abtastwerte bezeichnet. Häufig verzichtet man in einer verkürzten Schreibweise auf die Angabe der Konstanten T im Argument, so dass wir ein aus $s(t)$ gewonnenes zeitdiskretes Signal auch mit $s(k)$ bezeichnen können.

Um die Abtastwerte in einem digitalen System als Binärzahlen im Fest- oder Gleitkomma-Format speichern und verarbeiten zu können, müssen zusätzlich auch deren Amplituden auf eine feste Anzahl vorgegebener Werte beschränkt werden. Man spricht hierbei von der sogenannten Quantisierung, die aus einem zeitdiskreten Signal ein Digitalsignal erzeugt, das sowohl im Zeit wie im Wertebereich diskret ist.

Daneben gibt es auch wertdiskrete Signale, die wie Analogsignale für beliebige Zeiten existieren, und mit der Sprungfunktion $\sigma(t)$ haben wir bereits ein wichtiges wertdiskretes Signal kennengelernt. Derartige Signale werden als Testsignale eingesetzt, sie spielen aber auch eine wesentliche Rolle bei der Übertragung digital vorliegender Informationen z. B. in

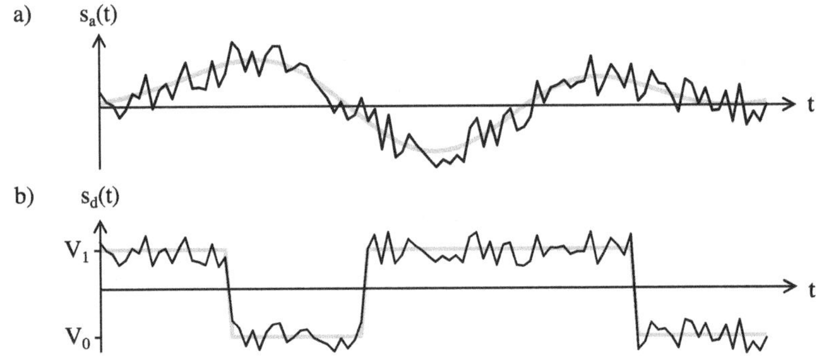

Abb. 1.16 Analoges Signal, das durch überlagertes Rauschen gestört ist (**a**) und kodiertes, wertdiskretes Signal zur Übertragung digital vorliegender Informationen mit zwei Spannungspegeln V_1 und V_2 ebenfalls mit Rauschen, wobei hier das Störsignal zu keinem Informationsverlust führt (**b**)

einem Mikroprozessor, über elektrische bzw. optische Leitungen oder im Mobilfunk[8]. Durch geeignete Festlegung der diskreten Amplitudenstufen kann dabei eine hohe Störsicherheit erreicht werden.

Um dies zu erläutern, zeigt Abb. 1.16(a) zunächst ein analoges Signal, z. B. einen Ausschnitt aus einem Musiksignal, mit überlagertem Rauschen. Da das Rauschen i. Allg. nicht entfernt werden kann, lässt sich das grau dargestellte analoge Signal nicht wiederherstellen und es gehen Informationen verloren. Überträgt man hingegen, wie in (b) gezeigt, ein binär codiertes Digitalsignal mit einem zweistufigen wertdiskreten Signal, dessen Spannungsstufen V_0 und V_1 den logischen Ziffern 0 und 1 zugewiesen werden, so tritt kein Informationsverlust auf, solange die maximale Rauschamplitude den halben Spannungshub $\Delta V = V_1 - V_0$ nicht erreicht[9].

Neben der Unempfindlichkeit gegenüber Störsignalen liegt ein weiterer wesentlicher Vorteil der digitalen Signalverarbeitung darin, dass durch den Einsatz von Software beliebig komplexe Algorithmen implementiert und standardisierte Einplatinenrechner – sogenannte *Embedded Systems* – eingesetzt werden können, die eine hohe Flexibilität bei niedrigen Kosten ermöglichen. Durch entsprechende Programmierung in Verbindung mit hochauflösenden Wandlern kann quasi eine beliebige Genauigkeit erreicht werden ohne dass wie bei analogen Filtern eine aufwändige Kalibrierung erforderlich wäre oder eine unbeabsichtigte Veränderung von Systemparametern (Drift) bzw. eine gegenseitige Beeinflussung von Teilsystemen (siehe Abschn. 7.5.2) aufträte.

[8] Je nach Übertragungsmedium bzw. -kanal können mit digitalen Informationen modulierte wertdiskrete Signale dabei entweder direkt übertragen werden, oder ihre unterschiedlichen Pegel beeinflussen Amplitude, Frequenz bzw. Phase hochfrequenter Sinusschwingungen.

[9] In Mikroprozessoren versucht man zur Maximierung der Taktraten den Spannungshub ΔV zu minimieren, da die Verlustleistung und damit die abzuführende Wärme proportional von der Taktrate aber quadratisch von ΔV abhängt. Dabei wird eine untere Grenze für den Spannungshub ΔV durch Rauschprozesse im Halbleiter gebildet.

Wir werden uns ab Kap. 8 ausführlich mit der digitalen Systemtheorie beschäftigen, nachdem wir zuvor die wesentlichen Mechanismen zur Beschreibung von Signalen und Systemen in der analogen Welt studiert haben, die für uns als ebenfalls analoge Wesen zunächst einfacher zu begreifen sind. Fast alle dabei gewonnenen Erkenntnisse bleiben auch in der digitalen Welt erhalten, und wir werden feststellen, dass die mathematische Beschreibung im Digitalbereich häufig sogar besonders einfach ist.

1.3 Sichtweisen der Systemtheorie

In der Systemtheorie gibt es verschiedene Betrachtungsweisen von Signalen und Systemen. Die zunächst einfachste Sichtweise, die wir bisher auch ausschließlich verwendet haben, ist die Interpretation von Signalen als zeitabhängige Größen. Auch im zweiten Kapitel werden wir das Verhalten von Systemen und die Eigenschaften von Signalen abhängig von der Zeit modellieren, und dieser naheliegende Zugang zur Systemtheorie deckt sich weitgehend mit unserer Anschauung. Allerdings haben wir an einigen Beispielen, bei denen Differentialgleichungen auftraten, bereits erkannt, dass die mathematische Behandlung im Zeitbereich aufwändig wird, sobald Systeme eine gewisse Komplexität überschreiten und zu übertragende Signale von einfachen Testsignalen abweichen.

Im dritten Kapitel werden wir daher die sogenannte *Fourier-Transformation* einführen, die es erlaubt, beliebige Signale als eine Überlagerung von Sinus- bzw. Cosinus-Funktionen variabler Frequenz darzustellen. Da diese Funktionen – wie wir zeigen werden – bei Übertragung über LTI-Systeme grundsätzlich in ihrer Form erhalten bleiben, ist ihre Zeitabhängigkeit unerheblich. Stattdessen wird uns die Veränderung dieser speziellen Signale in Amplitude und Phasenlage abhängig von ihrer Frequenz interessieren. Diese Betrachtungsweise ist ebenfalls sehr anschaulich, denn wenn wir z. B. das Übertragungsverhalten einer Lautsprecherbox beschreiben, würden wir intuitiv darauf hinweisen, dass die Box möglicherweise Bässe und Höhen, d. h. tiefe und hohe Frequenzen, besonders gut überträgt. Daher ist unsere Fähigkeit zur Vorstellung von frequenzabhängigen Signalen und Systemen eine wesentliche Motivation zur Einführung der Fourier-Transformation. Außerdem werden wir feststellen, dass im Frequenzbereich der mathematische Anspruch im Vergleich zum Zeitbereich geringer ist. Allerdings hat die Fourier-Transformation trotz dieser Stärken den Nachteil, dass sie nicht allgemeingültig ist, da sie für bestimmte Signale nur mit hohem Aufwand bzw. gar nicht berechnet werden kann.

Aus diesem Grund werden wir uns anschließend mit der sogenannten *Laplace-Transformation* beschäftigen, einer Verallgemeinerung der Fourier-Transformation, bei der die Anschauung zwar weitgehend verloren geht, die aber allgemeingültig ist und eine besonders einfache Darstellung von Signalen und Systemen ermöglicht. Sie hat sich deshalb zum

Standardwerkzeug insbesondere in der Regelungstechnik entwickelt, und wir werden sehen, dass man mit ihrer Hilfe Systemeigenschaften aus einfachen algebraischen Gleichungen ablesen kann.

Bei der Anwendung der Fourier-Transformation auf abgetastete Signale werden wir darüber hinaus die *Diskrete Fourier-Transformation* kennenlernen, die insbesondere eine effiziente Verarbeitung numerisch vorliegender Signale ermöglicht. Außerdem werden wir als Spezialfall der Laplace-Transformation die sogenannte *z-Transformation* einführen, die für den Entwurf und die Analyse digitaler Systeme besonders einfach anzuwenden ist.

1.4 Zusammenfassung

In diesem Kapitel haben wir zunächst definiert, was wir unter einem System verstehen und welche Vorteile eine systemorientierte Herangehensweise bietet, um die Komplexität realer Wirkzusammenhänge beherrschbar zu machen. Anschließend haben wir die Vielzahl der verschiedenen Systemvarianten in deutlich voneinander abgrenzbare Klassen eingeteilt und hierbei wesentliche Erkenntnisse über deren charakteristische Merkmale sowie Methoden zu ihrer Beschreibung gewonnen, wobei reale Systeme immer mehreren Systemklassen angehören. Zuletzt haben wir einen Überblick über die verschiedenen Betrachtungsweisen von Signalen und Systemen erhalten, die in den folgenden Kapiteln ausführlich behandelt und vertieft werden.

Zeitsignale und deren Übertragung mit LTI-Systemen

2

Nachdem wir bereits im ersten Kapitel Signale und Systeme ausschließlich abhängig von der Zeit betrachtet haben, wollen wir diesen Darstellungsbereich jetzt vertiefen, indem wir Signale und ihre Eigenschaften mathematisch beschreiben. Außerdem werden wir den Dirac-Stoß einführen und mit der Faltungsoperation eine grundlegende Verknüpfung von Signalen kennenlernen, die es ermöglicht, Ausgangssignale von LTI-Systemen für beliebige Eingangssignale zu berechnen.

2.1 Darstellung und Eigenschaften von Signalen

Signale dienen verschiedenen Zwecken. Häufig werden sie zur Informationsübertragung verwendet, z. B. von Audio- oder Video-Daten, oder sie enthalten Messgrößen wie eine zeitabhängige Drehzahl oder Temperatur bzw. den Verlauf einer Abstandsmessung. In anderen Anwendungen sollen mittels bestimmter Testsignale Systemeigenschaften ermittelt werden, indem Eingangs- und Ausgangssignal miteinander verglichen werden. Hierzu werden häufig sogenannte Elementarsignale verwendet, die leicht zu erzeugen sind und eine einfache Auswertung ermöglichen.

Ein wichtiges Elementarsignal ist die bereits aus dem letzten Kapitel bekannte Sprungfunktion, die wir mit dem griechischen Buchstaben σ (gesprochen: „*sigma*") bezeichnen, und die in Abb. 2.1(a) dargestellt ist[1]. Die Sprungfunktion ist für alle negativen Zeiten null, während sie ab dem Zeitpunkt $t = 0$ auf den Wert eins wechselt und diesen für $t > 0$

[1] Das Symbol σ lässt sich leicht merken, da es in seiner Form der Sprungfunktion ähnelt; in der Literatur wird die Sprungfunktion auch als Heaviside-Funktion bezeichnet.

V. Sommer, *Grundlagen der Systemtheorie und Signalverarbeitung*,
https://doi.org/10.1007/978-3-662-72126-1_2

konstant beibehält. Sprungfunktionen können mit hoher Genauigkeit durch das Schließen eines Schalters realisiert werden, und die Sprunghöhe lässt sich durch Multiplikation mit einer beliebigen Konstanten einstellen.

Neben $\sigma(t)$ wird auch die lineare Anstiegsfunktion oder Rampenfunktion $t \cdot \sigma(t)$ als Testsignal verwendet, siehe Abb. 2.1(b), deren Ableitung das Signal $\sigma(t)$ bildet, da die Steigung der Rampenfunktion für $t < 0$ null und für $t \geq 0$ gerade eins beträgt. Auch der in Abb. 2.1(c) abgebildete und zum Nullpunkt symmetrische Rechteckimpuls mit der Breite und Höhe eins stellt ein wichtiges Elementarsignal dar. Er wird mit *rect(t)* bezeichnet und lässt sich mathematisch als Differenz zweier verschobener Sprungfunktionen gleicher Amplitude beschreiben, wie wir im nächsten Abschnitt sehen werden.

Hochfrequente sinusförmige Signale werden oft als sogenannte Trägersignale eingesetzt, um Nutzsignale zu transportieren, falls deren direkte Übermittlung aus physikalischen Gründen nicht möglich ist, oder wenn mehrere Signale gleichzeitig übertragen werden sollen ohne sich gegenseitig zu stören. Man spricht in diesem Fall von einer Modulation, bei der die Amplitude, die Frequenz oder die Phasenlage des Trägersignals abhängig vom zu übertragenen Nutzsignal verändert wird, wodurch das Trägersignal dessen Information übernimmt. Eine wichtige Anwendung erfolgt im Mobilfunk, da dort der Übertragungskanal – die sogenannte Funkschnittstelle – nur für hochfrequente Signale mit hinreichend geringer

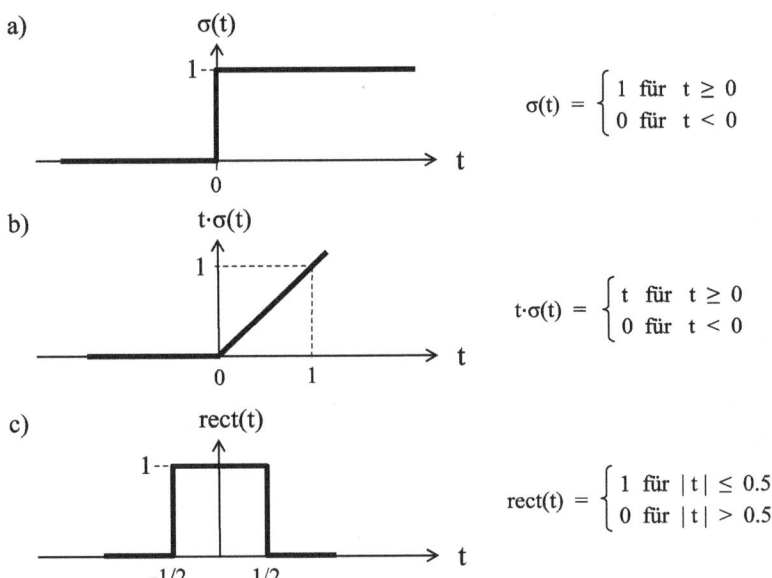

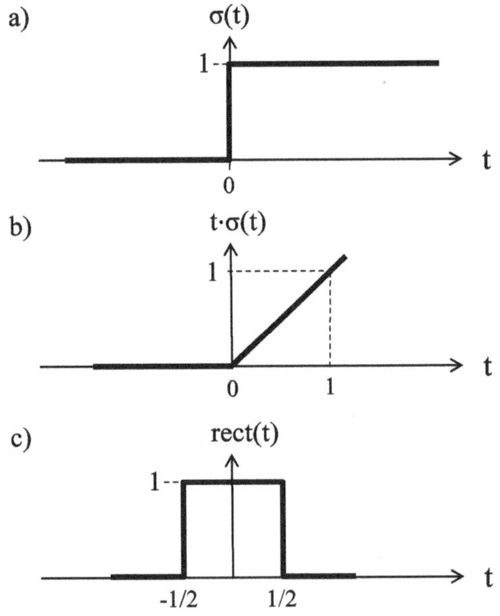

$$\sigma(t) = \begin{cases} 1 & \text{für } t \geq 0 \\ 0 & \text{für } t < 0 \end{cases}$$

$$t \cdot \sigma(t) = \begin{cases} t & \text{für } t \geq 0 \\ 0 & \text{für } t < 0 \end{cases}$$

$$\text{rect}(t) = \begin{cases} 1 & \text{für } |t| \leq 0.5 \\ 0 & \text{für } |t| > 0.5 \end{cases}$$

Abb. 2.1 Darstellung (**a**) der Sprungfunktion $\sigma(t)$, (**b**) der Rampenfunktion $t \cdot \sigma(t)$ und (**c**) des Rechteckimpulses rect(t) als wichtige Elementarsignale

Dämpfung überbrückbar ist, und außerdem sehr viele Teilnehmer mit ihren Smartphones gleichzeitig senden bzw. empfangen möchten.

Weiterhin können Signale auch vorrangig der Energieübertragung dienen ohne besondere Informationen zu enthalten. Ein einfaches Beispiel hierfür ist das Einschalten einer Spannungsversorgung durch Umlegen eines Schalters, ein anderes die drahtlose Übertragung von Energie durch ein Magnetfeld oder ein Mikrowellensignal.

2.1.1 Verschiebung, Dehnung und Spiegelung von Signalen

Für die Darstellung von Signalen dienen mathematische Funktionen wie z.B. die oben definierte Sprungfunktion. Allerdings kann man nicht für jedes benötigte Signal eine eigene Funktion definieren, daher kombiniert man Funktionen und verwendet Parameter, um sie für möglichst viele Signale anwenden zu können. Da häufig verschobene Signale, zeitlich gespiegelte oder auch gedehnte Signale auftreten, wird eine lineare Abbildung der Variablen t auf eine neue Variable τ (gesprochen: „*tau*") eingeführt mit $\tau(t) = b \cdot (t - t_0)$, abhängig von den Parametern $b, t_0 \in \mathbb{R}$.

Statt $s(t)$ betrachten wir jetzt das Signal $s(\tau)$, und den Zusammenhang zwischen t und τ zeigt Abb. 2.2(a) für $b > 0$: Anhand der Geraden lässt sich ablesen, dass der Wert $\tau = 0$ zu $t = t_0$ korrespondiert, und dass eine Änderung von τ um $\Delta\tau$ dem Intervall $\Delta t = \frac{\Delta\tau}{b}$ also einer Dehnung um $1/b$ entspricht. In (b) wird der Fall $b < 0$ betrachtet, wodurch zusätzlich eine Spiegelung an der Stelle $t = t_0$ auftritt.

Die Wirkung dieser linearen Abbildung wird in Abb. 2.3 oben am Beispiel einer Sinusfunktion verdeutlicht, von der nur eine Periode gezeichnet ist. Die linke Seite (a) zeigt die Funktion $\sin(\tau)$ mit einer Periodizität von $\Delta\tau = 2\pi$, während in (b) die Funktion $\sin(\omega \cdot (t - t_0))$, dargestellt ist mit der Kreisfrequenz ω als Dehnungsfaktor, so dass $b = \omega = 2\pi f = \frac{2\pi}{T_P}$ gilt. Hierdurch tritt neben einer Verschiebung um t_0 eine Dehnung auf die Periodendauer T_P auf, dem Kehrwert der Frequenz f.

Ein weiteres Beispiel zeigen die Teilgrafiken (c) und (d) in Abb. 2.3 anhand einer Sprungfunktion. Der negative Wert $b = -1$ bewirkt hier eine Spiegelung des Signals an der Stelle

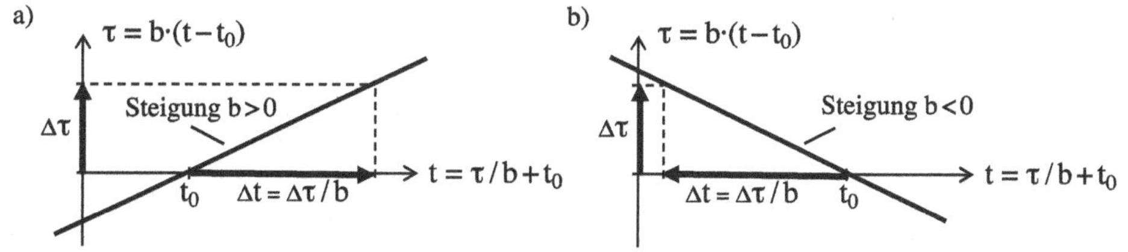

Abb. 2.2 Lineare Abbildung der Zeitvariablen t auf τ zur mathematischen Beschreibung von verzögerten, gedehnten und gespiegelten Signalen, mit positivem (**a**) bzw. negativem (**b**) Dehnungsfaktor, der jeweils der Steigung der Geraden entspricht

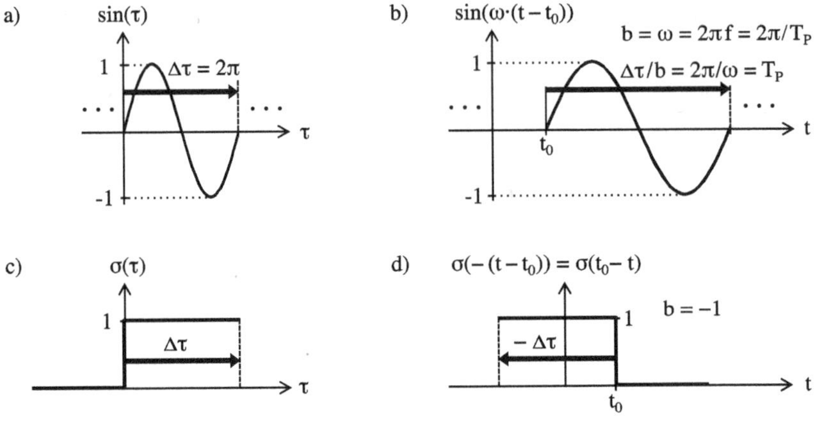

Abb. 2.3 Wirkung der linearen Abbildung zwischen den Zeitvariablen t und τ am Beispiel eines Sinussignals (**a**), das verzögert und auf die Periodendauer T_P gedehnt wird, während (**c**) eine Sprungfunktion zeigt, die verzögert und gespiegelt wird (**d**)

$t = t_0$. Da die Sprungfunktion unendlich ausgedehnt ist, würde in diesem Fall auch jeder andere negative Wert für b dasselbe gespiegelte Signal ergeben, siehe (3.80).

Mit Hilfe verschobener Sprungfunktionen können zeitbegrenzte Signale einfach mathematisch dargestellt werden. Dazu betrachten wir den Sägezahnimpuls $s_1(t)$ in Abb. 2.4(a), der sich als Differenz zweier Sprungfunktionen, multipliziert mit einer Ursprungsgeraden schreiben lässt.

$$s_1(t) = \frac{a \cdot t}{t_0} \cdot (\sigma(t) - \sigma(t - t_0)) \ . \tag{2.1}$$

Die einzelnen Teilsignale zeigt Abb. 2.4(b). Die Differenz der beiden zueinander verschobenen Sprungfunktionen $\sigma(t) - \sigma(t - t_0)$ mit derselben Sprunghöhe 1 erzeugt einen Rechteckimpuls von $t = 0$ bis $t = t_0$ der Amplitude 1. Durch Vergleich mit Abb. 2.1(c) wird deutlich, dass dieser Rechteckimpuls einer um t_0 gedehnten und um $t_0/2$ verschobenen rect-Funktion entspricht

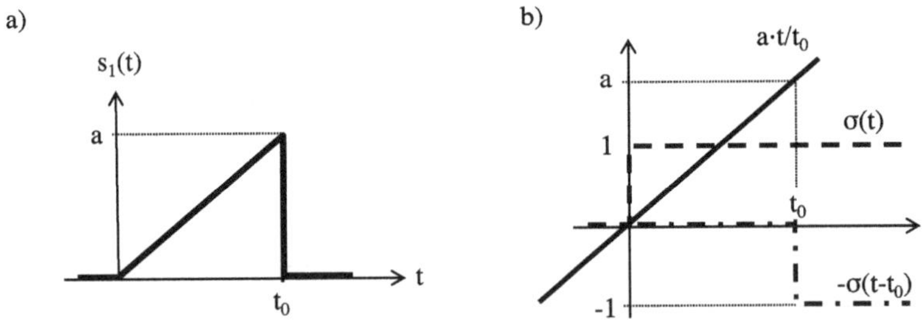

Abb. 2.4 Zerlegung eines Sägezahnimpulses in eine Ursprungsgerade und zwei gleich große, zueinander verschobene Sprungfunktionen

$$\sigma(t) - \sigma(t - t_0) = \text{rect}\left(\frac{1}{t_0}\left(t - \frac{t_0}{2}\right)\right) . \tag{2.2}$$

Das Produkt dieses rechteckförmigen Signals mit der Geraden $a \cdot t/t_0$ ergibt den in Abb. 2.4(a) dargestellten Dreieckimpuls.

2.1.2 Energie und Leistung von Signalen

Bei vielen Signalen spielt der Energieinhalt eine wichtige Rolle. Während dies bei Anwendungen zur Energieübertragung offensichtlich ist, werden auch in vielen anderen Fällen Signale nach ihrer Energie bzw. Leistung ausgewählt. Dies liegt daran, dass es in der Praxis nicht möglich ist Signale ohne Überlagerung von Störsignalen bzw. Rauschen zu übertragen. Um die Wirkung dieser unerwünschten Störungen gering zu halten, sollten Signale über eine hinreichende Energie verfügen, damit die in ihnen enthaltenen Informationen sicher beim Empfänger ankommen.

Bei allen physikalischen Größen, die als Signale dienen, wie Spannungen, Ströme, Lichtintensitäten oder Drücke, hängt die zum Zeitpunkt t übertragene Augenblicksleistung $p(t)$ vom Quadrat der jeweiligen Signalamplitude ab. In einem ohmschen Widerstand berechnet sich z. B. $p(t)$ aus dem Produkt des durch den Widerstand fließenden Stromes $i(t)$ und der daran abfallenden Spannung $u(t)$, und durch Anwendung des ohmschen Gesetzes $u = R \cdot i$ folgt die quadratische Abhängigkeit $p(t) = u(t) \cdot i(t) = u^2(t)/R = i^2(t) \cdot R$. Dieser Zusammenhang wird dahingehend verallgemeinert, dass für ein beliebiges Signal $s(t)$ dessen Quadrat als Maß für die transportierte Augenblicksleistung $p_s(t) = s^2(t)$ dient[2].

Da die Augenblicksleistung stark schwanken kann, ist sie zur Charakterisierung von Signalen ungeeignet. Für viele Signale $s(t)$ lässt sich statt dessen als Kenngröße deren Gesamtenergie E_s über den allgemeinen Zusammenhang als Integral der Leistung über der Zeit angeben

$$E_s = \int_{-\infty}^{\infty} p_s(t)\, dt = \int_{-\infty}^{\infty} s^2(t)\, dt . \tag{2.3}$$

Die unendlichen Integrationsgrenzen in dieser Gleichung sind so zu interpretieren, dass jeweils über den gesamten Existenzbereich eines Signals zu integrieren ist, und sie müssen für jedes Signal auf den konkreten Zeitbereich beschränkt werden, in dem das Signal existiert. Signale, deren Energie nach (2.3) einen endlichen Wert annimmt, werden *Energiesignale* genannt. Als Beispiel für die Energieberechnung eines Signals werde der in Abb. 2.4(a) dargestellte Sägezahnimpuls $s_1(t)$ betrachtet. Bei der Berechnung von dessen Energie bewirkt die Rechteckfunktion eine Beschränkung der Integrationsgrenzen, womit sich für die Signalenergie ergibt

[2] Wir beschränken uns hier auf physikalische und damit reellwertige Zeitsignale; bei komplexen Zeitsignalen, siehe Abschn. 6.5, entspricht die Augenblicksleitung dem Betragsquadrat $|s(t)|^2$ des Signals [26].

$$E_{s_1} = \int_{-\infty}^{\infty} {s_1}^2(t)\, dt = (a/t_0)^2 \cdot \int_0^{t_0} t^2\, dt = \frac{1}{3}\, a^2\, t_0 \,. \tag{2.4}$$

Soll die Energie eines Signals erhöht werden, kann dies aufgrund des quadratischen Zusammenhangs besonders effektiv durch eine größere Amplitude geschehen. Alternativ kann man ein Signal auch verlängern, was insbesondere dann vorteilhaft ist, falls die Störung aus kurzen Impulsen hoher Amplitude besteht oder die maximale Signalamplitude beschränkt ist.

Ist ein Signal $s(t)$ über einen langen Zeitraum oder sogar unendlich ausgedehnt, ist es wenig sinnvoll oder unmöglich dessen Gesamtenergie anzugeben. Derartige Signale heißen *Leistungssignale*, und zu ihrer Charakterisierung berechnet man die Energie nur in einem Zeitfenster von t_1 bis t_2 und teilt die darin ermittelte Energie durch diese Intervallänge, um eine davon unabhängige Kenngröße zu erhalten. Der so ermittelte Wert entspricht der in dem Betrachtungsfenster der Länge $\Delta t = t_2 - t_1$ übertragenen mittleren Leistung des Signals, ist aber aufgrund der Abhängigkeit von der Länge und Lage des Zeitfensters nur eine Näherung der mittleren Gesamtleistung P_s

$$P_s \approx \frac{\Delta E_s}{\Delta t} = \frac{1}{t_2 - t_1} \cdot \int_{t_1}^{t_2} s^2(t)\, dt \,. \tag{2.5}$$

Um die mittlere Leistung eines unendlich ausgedehnten Signals unabhängig von einer Zeitfensterlänge exakt zu ermitteln, muss i. Allg. ein Grenzübergang durchgeführt werden

$$P_s = \lim_{t_0 \to \infty} \frac{1}{2t_0} \cdot \int_{-t_0}^{t_0} s^2(t)\, dt \,. \tag{2.6}$$

Hierauf kann allerdings bei periodischen Signalen verzichtet werden, falls als Länge des Integrationsintervalls $t_2 - t_1$ die Periodendauer T_P gewählt wird, da dann die mittlere Signalleistung unabhängig von einer beliebigen Verschiebung des Zeitfensters um t_0 ist

$$P_s = \frac{1}{T_P} \cdot \int_{t_0}^{t_0+T_P} s^2(t)\, dt \qquad \text{falls gilt} \qquad s(t+T_P) = s(t) \,. \tag{2.7}$$

Dies soll anhand des Sinussignals $s_2(t)$ in Abb. 2.5 mit dem $\hat{s}_s$ verdeutlicht werden. Bei Integration über die Periodendauer T_P ab einem beliebigen Startzeitpunkt t_0 folgt mit (2.7)

$$P_{s_2} = \frac{1}{T_P} \int_{t_0}^{t_0+T_P} \hat{s}_2^2 \cdot \sin^2\left(\tfrac{2\pi\, t}{T_P}\right) dt = \frac{\hat{s}_2^2}{T_P} \cdot \int_{t_0}^{t_0+T_P} \tfrac{1}{2} \cdot \left(1 - \cos\left(\tfrac{4\pi\, t}{T_P}\right)\right) dt = \frac{\hat{s}_2^2}{2} \,. \tag{2.8}$$

Zur Lösung des Integrals wurde das folgende Additionstheorem verwendet mit $\alpha = \beta = \frac{2\pi \cdot t}{T_P}$

$$\sin\alpha \cdot \sin\beta = \tfrac{1}{2}\left[\cos(\alpha - \beta) - \cos(\alpha + \beta)\right] . \tag{2.9}$$

Außerdem haben wir ausgenutzt, dass die cos-Funktion der doppelten Frequenz keinen Beitrag liefert, da ihre Stammfunktion an der unteren wie oberen Integrationsgrenze denselben Wert annimmt. Alternativ wäre eine Lösung auch durch partielle Integration möglich, und besonders anschaulich lässt sich das Integral grafisch lösen, wenn man den Verlauf der quadrierten Sinusfunktion betrachtet, die in Abb. 2.5 grau dargestellt ist: Die zu berechnende Fläche unter $s_2^2(t)$ von t_0 bis $t_0 + T_P$ entspricht aus geometrischen Gründen exakt der hellgrau markierten Rechteckfläche $T_P \cdot \hat{s}_2^2/2$, woraus nach Teilung durch T_P die mittlere Leistung identisch zu (2.8) folgt.

Das Ergebnis zeigt, dass die Leistung eines sinusförmigen Signals genau der Hälfte der Leistung eines konstanten Signals entspricht, wenn dieses genauso groß wie der Scheitelwert der Schwingung ist. Aus diesem Grund wird in der Elektrotechnik der sogenannte Effektivwert verwendet, der die Vergleichbarkeit beliebiger periodischer Signalformen mit Gleichgrößen hinsichtlich ihrer mittleren Leistung ermöglicht. Bei sinusförmigen Signalen mit der Amplitude $\hat{s}$ hat dieser Effektivwert wegen (2.8) den Wert $s_{eff} = \hat{s}/\sqrt{2}$, vgl. Abschn. 6.5.3.

2.1.3 Ähnlichkeit von Signalen

In der Nachrichtentechnik werden häufig Ähnlichkeiten zwischen Signalen betrachtet, um diese vergleichen zu können oder bei der Suche nach charakteristischen Mustern. Während Energie und Leistung Eigenschaften einzelner Signale sind, werden zur Untersuchung der Ähnlichkeit immer genau zwei Signale benötigt. Es liegt nahe, als Maß für die Ähnlichkeit von Signalen deren Differenzenergie E_Δ zu verwenden, die ja null wird, falls die Signale sich vollständig entsprechen. Allerdings ist zu beachten, dass E_Δ von der Lage der Signale zueinander abhängt und ein Minimum dann auftritt, falls die Signale weitgehend überlappen.

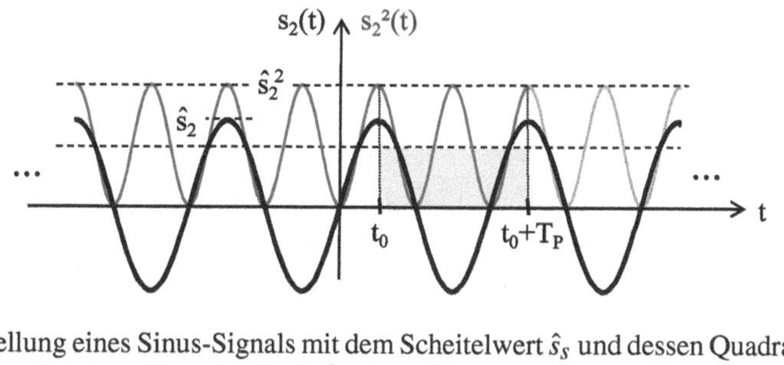

Abb. 2.5 Darstellung eines Sinus-Signals mit dem Scheitelwert $\hat{s}_s$ und dessen Quadrates zur Berechnung der mittleren Leistung über eine Periodendauer T_P von t_0 bis $t_0 + T_P$

Aus diesem Grund muss die Differenzenergie zweier Signale $s(\tau)$ und $g(\tau)$ abhängig von der Verschiebung t eines der beiden Signale betrachtet werden, so dass sie als Funktion von t definiert wird [3]

$$E_{\Delta}(t) = \int_{-\infty}^{\infty} (s(\tau) - g(t+\tau))^2 d\tau \,. \tag{2.10}$$

Durch Anwendung der zweiten binomischen Formel und aufgrund der Linearität der Integration kann dieses Integral in drei Einzelintegrale aufgeteilt werden

$$E_{\Delta}(t) = \int_{-\infty}^{\infty} s^2(\tau)\, d\tau + \int_{-\infty}^{\infty} g^2(t+\tau)\, d\tau - 2 \cdot \int_{-\infty}^{\infty} s(\tau) \cdot g(t+\tau)\, d\tau \,. \tag{2.11}$$

Das erste Integral in (2.11) beschreibt die Energie E_s des Signals s, während das zweite Integral die Energie des um t verschobenen Signals g angibt, die nicht von t abhängt und E_g entspricht. Diese beiden Energien sind zwar von den jeweiligen Signalen abhängig, enthalten aber keine Information über deren Ähnlichkeit, die daher ausschließlich durch das dritte Integral in (2.11) beschrieben wird. Dieses Integral ohne das Vorzeichen und den Faktor 2 weist die Einheit einer Energie auf und wird als *Energiekorrelationsfunktion* φ_{sg}^{E} der Signale s und g bezeichnet, angezeigt durch das hochgestellte E und die tiefgestellten Symbole s und g

$$\varphi_{sg}^{E}(t) = \int_{-\infty}^{\infty} s(\tau) \cdot g(t+\tau)\, d\tau \,. \tag{2.12}$$

Damit diese Funktion konvergiert, ist es hinreichend, wenn eines der beiden Signale eine endliche Zeitdauer aufweist. Größtmögliche Übereinstimmung der Signale ist immer mit einem Maximum von $\varphi_{sg}^{E}(t)$ für eine bestimmte Verschiebung t verbunden, wobei das Maximum auch zu verschiedenen Zeitpunkten oder in einem Zeitintervall von t auftreten kann. Als Beispiel für die Anwendung dieser Gleichung soll die Energiekorrelation zwischen den folgenden beiden Rechteckimpulsen $s(\tau)$ und $g(\tau)$ berechnet werden

$$s(\tau) = a_1 \cdot (\sigma(\tau) - \sigma(\tau - T_1)) = a_1 \cdot \mathrm{rect}\left(\frac{\tau - \frac{T_1}{2}}{T_1}\right), \tag{2.13}$$

$$g(\tau) = a_2 \cdot (\sigma(\tau - T_1) - \sigma(\tau - T_1 - T_2)) = a_2 \cdot \mathrm{rect}\left(\frac{\tau - \frac{T_2}{2} - T_1}{T_2}\right) \,. \tag{2.14}$$

Die beiden Signale sind in Abb. 2.6 (1) abhängig von τ dargestellt. Die anderen Darstellungen (2)–(5) zeigen verschobene Signale $g(\tau + t)$ für verschiedene Bereiche des Parameters t. Da die beiden Signale für den in (1) dargestellten Fall ohne Verschiebung

---

[3] Man beachte, dass zur Beschreibung der Zeitabhängigkeit der Signale hier die Variable τ verwendet wird, da t als Verschiebungsparameter dient.

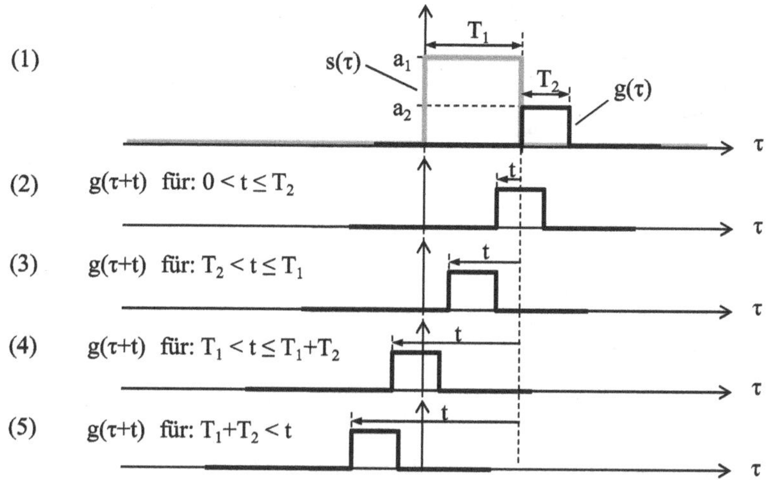

Abb. 2.6 Darstellung der Verschiebung des Signals $g(t + \tau)$ in verschiedenen Bereichen von t zur Berechnung der Energiekorrelation zwischen zwei Rechtecksignalen

($t = 0$) nicht überlappen, ist das Integral über ihr Produkt null. Dies gilt auch für beliebige Verschiebungen von $g(\tau)$ nach rechts, d. h. für $t < 0$, so dass für die Korrelation folgt

$$\varphi_{sg}^{E}(t \leq 0) = 0 . \tag{2.15}$$

In (2) ist $g(t + \tau)$ für $0 < t \leq T_2$ dargestellt. Man erkennt, dass $s(\tau)$ und $g(\tau + t)$ jetzt von $T_1 - t$ bis T_1 überlappen, und da beide Signale eine konstante Amplitude a_1 bzw. a_2 aufweisen, folgt

$$\varphi_{sg}^{E}(0 < t \leq T_2) = \int_{T_1-t}^{T_1} a_1 \cdot a_2 \, d\tau = a_1 \cdot a_2 \cdot t . \tag{2.16}$$

Im Bereich (3) mit $T_2 < t \leq T_1$ liegt $g(\tau + t)$ vollständig innerhalb von $s(\tau)$, und wir erhalten

$$\varphi_{sg}^{E}(T_2 < t \leq T_1) = \int_{T_1-t}^{T_1-t+T_2} a_1 \cdot a_2 \, d\tau = a_1 \cdot a_2 \cdot T_2 . \tag{2.17}$$

Bereich (4) stellt den Fall $T_1 < t \leq T_1 + T_2$ dar, in dem wieder nur eine Teilüberlappung, diesmal von 0 bis $T_1 - t + T_2$ auftritt

$$\varphi_{sg}^{E}(T_1 < t \leq T_1 + T_2) = \int_{0}^{T_1-t+T_2} a_1 \cdot a_2 \, d\tau = a_1 \cdot a_2 \cdot (T_1 + T_2 - t) . \tag{2.18}$$

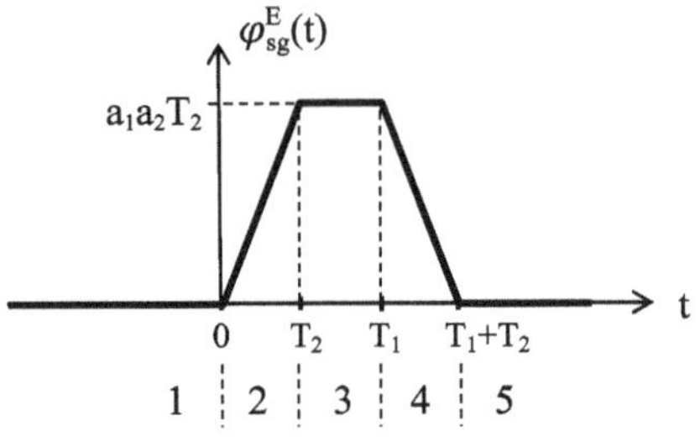

Abb. 2.7 Energiekorrelationsfunktion von zwei Rechtecksignalen der Breiten T_1 und T_2 sowie der Amplituden a_1 und a_2 mit $T_2 < T_1$

Im Bereich (5) für $t > T_1 + T_2$ überlappen die Impulse wiederum nicht, so dass gilt

$$\varphi^E_{sg}(t > T_1 + T_2) = 0 . \tag{2.19}$$

Die Energiekorrelation $\varphi^E_{sg}(t)$ ist in Abb. 2.7 mit den fünf getrennt betrachteten Bereichen dargestellt. Das Maximum tritt auf, solange beide Signale vollständig überlappen, was im Bereich 3 der Fall ist, und die Länge der Energiekorrelationsfunktion entspricht immer der Summe der beiden Signallängen.

Falls beide Signale $s(t)$ und $g(t)$ Leistungssignale sind, konvergiert das Integral der Energiekorrelation nicht. In diesem Fall verwendet man analog zur Berechnung der Leistung die sogenannte Leistungskorrelation, die auch nur Korrelation genannt wird und die Ähnlichkeit zweier Leistungssignale im Intervall von t_1 bis t_2 erfasst

$$\varphi_{sg}(t) \approx \frac{1}{t_2 - t_1} \cdot \int_{t_1}^{t_2} s(\tau) \cdot g(t + \tau)\, d\tau . \tag{2.20}$$

Auch hier kann analog zu (2.6) ein von t_1 und t_2 unabhängiger Wert i. Allg. nur ermittelt werden, wenn im Grenzfall ein unendlich langes Betrachtungsfenster gewählt wird

$$\varphi_{sg}(t) = \lim_{t_0 \to \infty} \frac{1}{2t_0} \cdot \int_{-t_0}^{t_0} s(\tau) \cdot g(t + \tau)\, d\tau . \tag{2.21}$$

Sind beide Signale $s(t)$ und $g(t)$ periodisch, kann analog zur Leistung eine exakte Berechnung auch ohne Grenzübergang erfolgen, wenn ein Integrationszeitintervall T_P festgelegt wird, dessen Länge dem kleinsten gemeinsamen Vielfachen (kgV) der beiden Periodendauern entspricht[4]. Die Korrelationsfunktion $\varphi_{sg}(t)$ wird dann ebenfalls periodisch mit T_P

[4] Da das kgV nur für ganze Zahlen definiert ist, müssen die Periodendauern ggf. durch Erweitern mit einer Zahl z ganzzahlig gemacht und das kgV anschließend durch z gekürzt werden.

$$\varphi_{sg}(t) = \frac{1}{T_P} \cdot \int_{t_0}^{t_0+T_P} s(\tau) \cdot g(t+\tau)\, d\tau$$

$$\text{falls gilt} \quad s(t+T_P) = s(t) \quad \text{und} \quad g(t+T_P) = g(t)\,. \qquad (2.22)$$

Ein wichtiger Sonderfall der Korrelation – die sogenannte *Autokorrelation* – liegt vor, wenn wir die Ähnlichkeit eines Signals $s(t)$ mit sich selbst betrachten, also $\varphi_{ss}^E(t)$ bzw. $\varphi_{ss}(t)$ berechnen. Die Autokorrelationsfunktion wird im deutschen Sprachraum häufig mit *AKF* abgekürzt, während in Abgrenzung dazu die Korrelation unterschiedlicher Signale als *Kreuzkorrelationsfunktion* oder kurz als *KKF* bezeichnet wird. Für $t = 0$ entspricht $\varphi_{ss}^E(0)$ der Energie und $\varphi_{ss}(0)$ der mittleren Leistung von $s(t)$ wie durch Vergleich von (2.12) mit (2.3) bzw. von (2.21) mit (2.6) für $g(t) = s(t)$ deutlich wird

$$\varphi_{ss}^E(t=0) = E_s \quad \text{und} \quad \varphi_{ss}(t=0) = P_s\,. \qquad (2.23)$$

Als Beispiel für die Korrelation von Leistungssignalen berechnen wir mit (2.22) und für $t_0 = 0$ die AKF des periodischen Signals $s_2(t) = \hat{s}_2 \cdot \sin\left(\frac{2\pi t}{T_P}\right)$

$$\begin{aligned}\varphi_{s_2s_2}(t) &= \frac{1}{T_P}\int_0^{T_P} \hat{s}_2^2 \cdot \sin\left(\frac{2\pi\tau}{T_P}\right)\cdot \sin\left(\frac{2\pi(t+\tau)}{T_P}\right) d\tau \\ &= \frac{1}{T_P}\int_0^{T_P} \hat{s}_2^2 \cdot \tfrac{1}{2}\left[\cos\left(\frac{2\pi t}{T_P}\right) - \cos\left(\frac{2\pi(t+2\tau)}{T_P}\right)\right] d\tau = \frac{\hat{s}_2^2}{2}\cdot\cos\left(\frac{2\pi t}{T_P}\right)\,. \qquad (2.24)\end{aligned}$$

Hierbei haben wir wieder das Additionstheorem nach (2.9) angewandt, und in der zweiten Zeile berücksichtigt, dass die erste Cosinus-Funktion nicht von τ abhängt, so dass wir sie vor das Integral ziehen können, während das Integral der zweiten Cosinus-Funktion über die Periodendauer null ergibt. Als Ergebnis erhalten wir eine gerade Funktion, deren Maximalwert bei $t = 0$ wie erwartet der Leistung P_{s_2} entspricht, die wir bereits in (2.8) berechnet hatten. Auch die AKF eines beliebig auf der Zeitachse um t_0 verschobenen Sinus-Signals liefert dasselbe Ergebnis, was sich zeigen lässt, indem vor der Integration die Substitution $\tau' = \tau - t_0$ ausgeführt wird.

Im Abschn. 2.2.4 werden wir allgemein zeigen, dass die Autokorrelation immer eine gerade Funktion ist, so dass $\varphi_{ss}^E(t) = \varphi_{ss}^E(-t)$ bzw. $\varphi_{ss}(t) = \varphi_{ss}(-t)$ gilt. Diese Symmetrie ist aber auch anschaulich verständlich, denn legt man zwei identische Signale übereinander, was $t = 0$ entspricht, so ist eine Verschiebung eines dieser Signale nach links nicht von dessen Verschiebung nach rechts zu unterscheiden, da diese einer Verschiebung des anderen Signals nach links entspricht, und beide Signale austauschbar sind.

Die Autokorrelation spielt insbesondere in der Nachrichtentechnik eine herausragende Rolle, da sich damit ein gesuchtes Signal in einem Signalgemisch detektieren lässt, indem

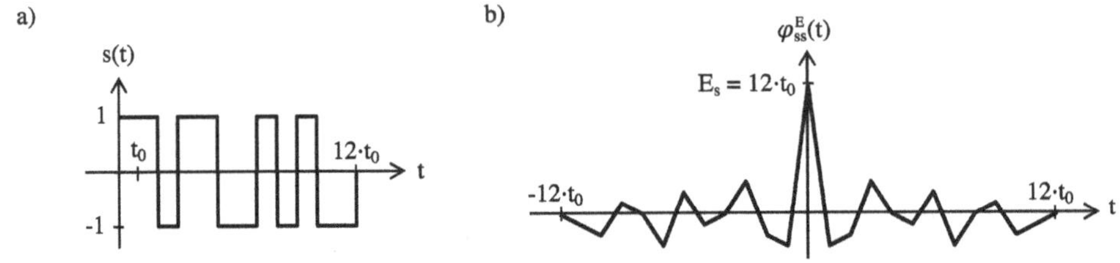

Abb. 2.8 Darstellung eines *Pseudo Noise* Signals $s(t)$ der Länge $12 \cdot t_0$, das quasi zufällig zwischen den Signalwerten ± 1 alterniert und dessen Energie proportional zur Signallänge ist (**a**); dazu gehörende Energieautokorrelation $\varphi_{ss}^{E}(t)$ mit einem ausgeprägten Maximum entsprechend der Signalenergie $E_s = 12 \cdot t_0$ proportional zur Signallänge von $s(t)$ (**b**)

das Signalgemisch mit einer Kopie des gesuchten Signals korreliert wird. Man spricht in diesem Zusammenhang von einem Optimalfilter (engl. *Matched Filter*), siehe z. B. [26].

Eine wichtige Anwendung, bei der es auf eine möglichst genaue Bestimmung der Zeitlage des AKF-Maximums ankommt, ist die Satelliten-gestützte Positionsbestimmung (z. B. GPS oder Galileo), die auf der exakten Messung von Signallaufzeiten zwischen die Erde umkreisende Satelliten und einem Empfangsgerät beruhen. Dazu werden Signale von den Satelliten gesendet, die quasi zufällig zwischen zwei Werten alternieren und *Pseudo-Noise* Signale genannt werden, in Anlehnung an den zufälligen Charakter von Rauschen. In Abb. 2.8(a) ist ein solches Signal $s(t)$ der Länge $12 \cdot t_0$ dargestellt, dessen Energie wegen $s^2(t) = 1$ gerade $12 \cdot t_0$ beträgt. Signale wie $s(t)$ weisen proportional zu ihrer Länge eine skalierbare Energie auf, so dass sie quasi unabhängig von Störsignalen sicher empfangen werden können. Darüber hinaus zeigen *Pseudo-Noise* (PN) Signale eine charakteristische AKF, die für $s(t)$ in Abb. 2.8(b) dargestellt ist. Typisch daran ist, dass ihre Signalwerte bis auf den Wert E_s bei $t = 0$ sehr klein sind, so dass die Zeitlage des Maximums sicher detektiert werden kann. Außerdem ist die KKF mit PN-Signalen, die von anderen Satelliten verwendet werden, sehr gering, so dass die Satelliten sich gegenseitig nicht stören[5]. Im Empfangsgerät wird das periodisch gesendete und mit einer unbekannten Laufzeit T_t verzögert ankommende Signal $s(t - T_t)$ mit einer Kopie von $s(t)$ korreliert, so dass das Maximum jetzt bei T_t auftritt. Aus der Laufzeit kann mit der Lichtgeschwindigkeit c der Abstand $d = c/T_t$ des Empfängers von der bekannten Satellitenposition bis auf wenige cm genau bestimmt werden, und gemessene Abstände zu mehreren Satelliten ermöglichen eine exakte Positionierung[6] Eine weiterführende Beschreibung von Satellitennavigationssystemen findet sich z. B. in [10].

[5] Bei GPS werden PN-Sequenzen der Länge 1023 verwendet, so dass das Maximum verglichen mit Abb. 2.8 wesentlich stärker ausgeprägt ist, und die AKF für $t \neq 0$ sowie die KKF sehr kleine Werte annehmen.

[6] Während die Sendezeitpunkte mittels Atomuhren in den Satelliten präzise bestimmt werden können, ist der absolute Empfangszeitpunkt unbekannt; um daher die Laufzeiten zu ermitteln, muss eine zusätzliche Messung vorliegen, weshalb für eine exakte dreidimensionale Positionierung mindestens vier Satellitensignale erfasst werden müssen.

2.2 Übertragung von Signalen über LTI-Systeme

Bisher haben wir uns in diesem Kapitel ausschließlich mit Signaleigenschaften beschäftigt. Jetzt wollen wir die Übertragung von Signalen über LTI-Systeme mathematisch beschreiben, so dass es möglich wird, für ein beliebiges Eingangssignal $u(t)$ und bei bekannter Systemfunktion Φ entsprechend Abb. 1.13 das Ausgangssignal $y = \Phi\{u(t)\}$ zu berechnen.

2.2.1 Überlagerte Impulsantworten

Dazu betrachten wir zunächst einen normierten Rechteckimpuls der Breite T_0 und der Höhe $1/T_0$, siehe Abb. 2.9, der sich als gedehnte und skalierte rect()-Funktion schreiben lässt

$$u_0(t) = \frac{1}{T_0} \cdot \text{rect}\left(\frac{t}{T_0}\right) . \tag{2.25}$$

Ein LTI-System reagiere auf diesen Impuls mit einem individuellen Ausgangssignal $y_0(t)$, das in Abb. 2.9 rechts beispielhaft dargestellt ist. Wenn wir ein beliebiges Eingangssignal $u(t)$ über dieses System übertragen, so kann $u(t)$ näherungsweise aus einer Summe um Vielfache von T_0 verschobener und jeweils mit einem Amplitudenfaktor gewichteter Rechteckimpulse $u_0(t)$ gebildet werden, siehe Abb. 2.10. Dieses approximierte Signal nennen wir $\tilde{u}(t)$ mit

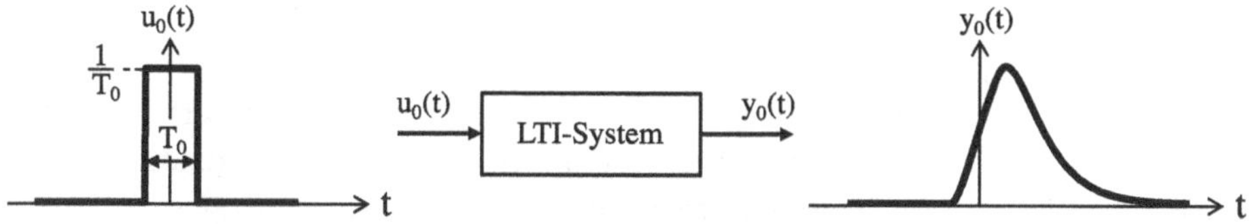

Abb. 2.9 Übertragung eines normierten Rechteckimpulses $u_0(t)$ über ein beliebiges LTI-System, das daraufhin mit einem systemspezifischen Ausgangssignal $y_0(t)$ reagiert

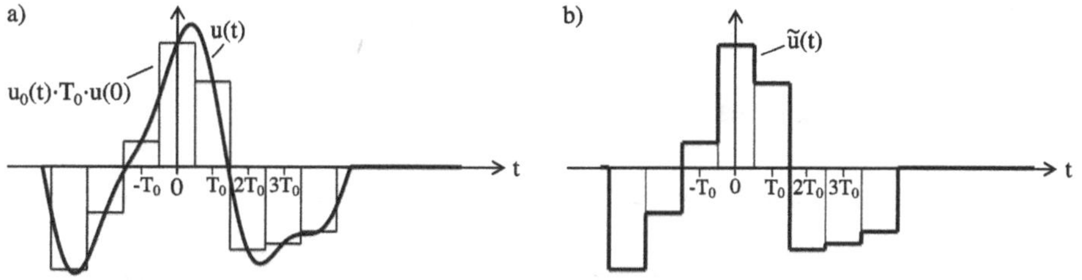

Abb. 2.10 Approximation eines beliebigen Eingangssignals $u(t)$ durch verschobene und gewichtete Rechteckimpulse $u_0(t)$ (**a**), und Darstellung des Summensignals $\tilde{u}(t)$ dieser Rechteckimpulse (**b**)

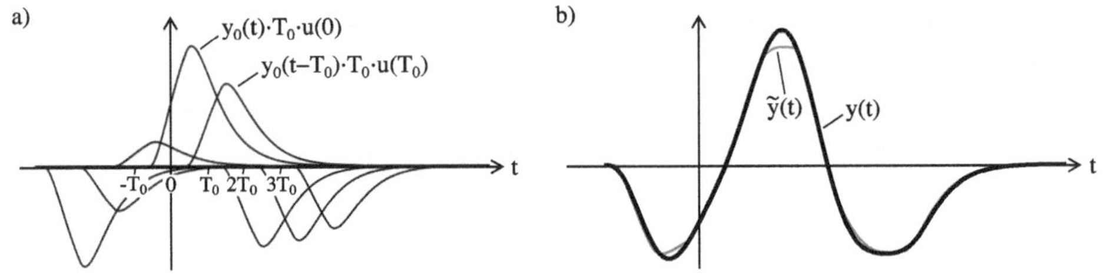

Abb. 2.11 Überlagerung der verschobenen und skalierten Systemantworten $y_0(t)$ auf $\tilde{u}(t)$ (**a**), und Summensignal $\tilde{y}(t)$ dieser Systemantworten als Näherung des Ausgangssignals $y(t)$ (**b**)

$$\tilde{u}(t) = \sum_{i=-\infty}^{\infty} u(i \cdot T_0) \cdot u_0(t - i \cdot T_0) \cdot T_0 \approx u(t) . \tag{2.26}$$

Der Term $u(i \cdot T_0) \cdot T_0$ entspricht dabei jeweils der Amplitude von $u(t)$ an der Stelle des um $i \cdot T_0$ verschobenen Rechteckimpulses und kompensiert außerdem dessen normierte Amplitude. Der Index i läuft über die gesamte Länge des Eingangssignals, das i. Allg. unendlich ausgedehnt sein kann. Wenn wir nun die LTI-Eigenschaft des Systems – also Linearität und Zeitinvarianz – ausnutzen, so folgt daraus, dass das System auf $\tilde{u}(t)$ genauso reagiert, als ob wir die verzögerten und gewichteten Rechteckimpulse einzeln auf das System gäben und dessen bekannte Systemantworten $y_0(t)$ aufaddierten. Wir können also nach Abb. 2.11 für das approximierte Ausgangssignal $\tilde{y}(t)$ als Näherung von $y(t)$ schreiben

$$\tilde{y}(t) = \sum_{i=-\infty}^{\infty} u(i \cdot T_0) \cdot y_0(t - i \cdot T_0) \cdot T_0 \approx y(t) . \tag{2.27}$$

Damit haben wir ein Verfahren gefunden, mit dem wir bei LTI-Systemen aus einem bekannten Ausgangssignal auf ein ganz bestimmtes Eingangssignal grundsätzlich auch Ausgangssignale für beliebige Eingangssignale bestimmen können, vergleiche [26]. Dieses Verfahren müssen wir nur noch dahingehend verbessern, dass es nicht nur approximativ gilt, sondern exakte Ergebnisse liefert. Der Weg dorthin scheint klar, denn offensichtlich hängt die Genauigkeit der Signalübertragung davon ab, welche Breite der normierte Rechteckimpuls aufweist.

2.2.2 Faltungsintegrale

Wir werden jetzt ein weiteres Elementarsignal einführen, das in der Systemtheorie eine besondere Bedeutung hat, aber außergewöhnlich ist, da man es nur näherungsweise realisieren kann. Dieses Signal wird Dirac-Stoß genannt[7] und mit dem griechischen Buchstaben

---

[7] Nach dem britischen Physiker Paul Dirac. Andere gebräuchliche Bezeichnungen sind auch Dirac-Impuls, Delta-Distribution, Stoßfunktion oder Impulsfunktion.

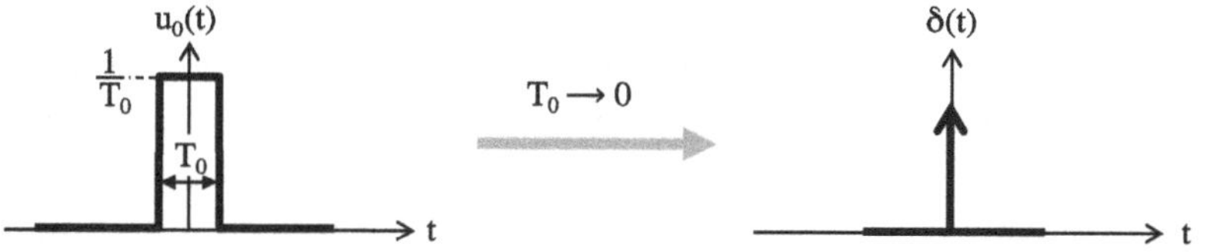

Abb. 2.12 Einführung des Dirac-Stoßes als Grenzfall des normierten Rechteckimpulses für $T_0 \to 0$

$\delta(t)$ (gesprochen: „*delta*") gekennzeichnet. Der Dirac-Stoß entsteht gedanklich aus unserem normierten Rechteckimpuls, wenn wir diesen unendlich schmal und gleichzeitig unendlich hoch machen, d. h. für $T_0 \to 0$, siehe Abb. 2.12. Er wird durch einen Pfeil nach oben dargestellt, um zu verdeutlichen, dass seine Amplitude gegen unendlich strebt. Anschaulich können wir uns $\delta(t)$ als einen sehr kurzen Entladeimpuls vorstellen, wie er z. B. beim Blitzschlag auftritt.

Geben wir $\delta(t)$ als Eingangssignal auf ein System, so reagiert dieses mit seiner sogenannten *Stoßantwort* $g(t)$, die sich aus dem Signal $y_0(t)$ für $T_0 \to 0$ ergibt, siehe Abb. 2.13. Der Name Stoßantwort drückt hierbei aus, dass dieses individuelle Ausgangssignal, welches charakteristisch für jedes System ist, als Reaktion auf einen Dirac-Stoß am Systemeingang auftritt.

Führen wir in (2.26) und (2.27) den Grenzübergang $T_0 \to 0$ durch, so gehen die Summen in Integrale über, in denen statt der Impulsbreite T_0 das Differential $d\tau$ und anstelle der diskreten Zeit $k \cdot T_0$ die Integrationsvariable τ auftreten. Außerdem ersetzen wir in (2.26) den Rechteckimpuls $u_0(t)$ durch den Dirac-Stoß $\delta(t)$ und in (2.27) das Signal $y_0(t)$ durch die Stoßantwort $g(t)$

$$u(t) = \lim_{T_0 \to 0} \left(\sum_{i=-\infty}^{\infty} u(i\,T_0) \cdot u_0(t - i\,T_0) \cdot T_0 \right) \xrightarrow[u_0(t) \to \delta(t)]{i\,T_0 \to \tau,\ T_0 \to d\tau} \int_{-\infty}^{\infty} u(\tau) \cdot \delta(t - \tau)\, d\tau \,, \tag{2.28}$$

$$y(t) = \lim_{T_0 \to 0} \left(\sum_{i=-\infty}^{\infty} u(i\,T_0) \cdot y_0(t - i\,T_0) \cdot T_0 \right) \xrightarrow[y_0(t) \to g(t)]{i\,T_0 \to \tau,\ T_0 \to d\tau} \int_{-\infty}^{\infty} u(\tau) \cdot g(t - \tau)\, d\tau \,. \tag{2.29}$$

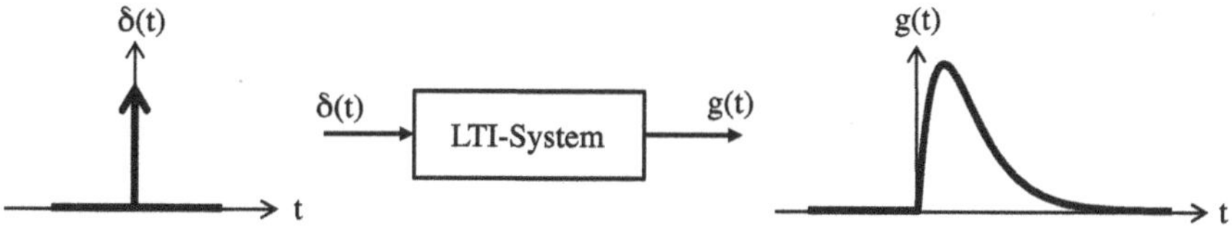

Abb. 2.13 Auf einen Dirac-Stoss $\delta(t)$ als Eingangssignal reagiert ein System am Ausgang definitionsgemäß mit seiner charakteristischen Stoßantwort $g(t)$

Die in (2.28) und (2.29) jeweils rechts stehenden Integrale definieren eine spezielle Verknüpfung zweier Signale mittels der sogenannten *Faltung*. Hierbei wird das Produkt aus dem ersten Signal mit dem zweiten gespiegelten und um t verschobenen Signal gebildet und darüber integriert, so dass die Faltung von dem Parameter t abhängt. Diese Verknüpfung wird in symbolischer und damit verkürzter Schreibweise durch den sternförmigen Faltungsoperator $*$ repräsentiert

$$u(t) = \int_{-\infty}^{\infty} u(\tau) \cdot \delta(t-\tau)\, d\tau \;=\; u(t) * \delta(t)\,, \tag{2.30}$$

$$y(t) = \int_{-\infty}^{\infty} u(\tau) \cdot g(t-\tau)\, d\tau \;=\; u(t) * g(t)\,. \tag{2.31}$$

Gl. (2.30) definiert den Dirac-Stoß $\delta(t)$, der bezüglich der Faltung als neutrales Element wirkt, und wir werden im nächsten Abschnitt genauer auf seine Eigenschaften eingehen. Das eigentliche Ziel unserer Herleitung ist das Faltungsintegral (2.31), denn es beschreibt für LTI-Systeme einen analytischen Zusammenhang zwischen Eingangs- und Ausgangssignal, der uns in die Lage versetzt beliebige Signale zu übertragen. Dazu müssen wir lediglich die Stoßantwort $g(t)$ kennen, die sämtliche Informationen eines LTI-Systems enthält, wodurch der enge Zusammenhang zwischen Signal- und Systemtheorie deutlich wird.

Zur Vertiefung des Verständnisses der Faltungsoperation betrachten wir eine konkrete Signalübertragung entsprechend Abb. 2.14. Das zu übertragende Eingangssignal sei ein Rechteckimpuls und als beispielhafte Stoßantwort des LTI-Systems werde ein Exponentialimpuls angenommen. Beide Signale sind in Abb. 2.15(a) und (b) dargestellt mit

$$u(t) \;=\; a \cdot \operatorname{rect}\left(\frac{t-\frac{T_0}{2}}{T_0}\right) \qquad \text{und} \qquad g(t) \;=\; \frac{1}{T} \cdot e^{-t/T}\,. \tag{2.32}$$

Zur Bestimmung des Ausgangssignals müssen wir das Faltungsintegral entsprechend (2.31) lösen und dazu analog zur Berechnung von Korrelationen eine Fallunterscheidung berücksichtigen. Abb. 2.15(c) zeigt die beiden Signale in dem Integral abhängig von τ, wobei die

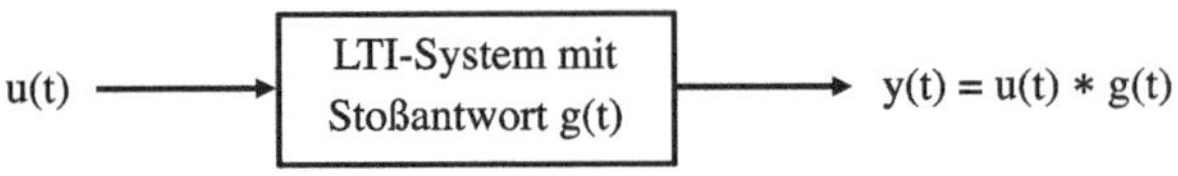

Abb. 2.14 Berechnung des Ausgangssignals $y(t)$ bei einem LTI-System durch Faltung eines Eingangssignals $u(t)$ mit der Stoßantwort $g(t)$

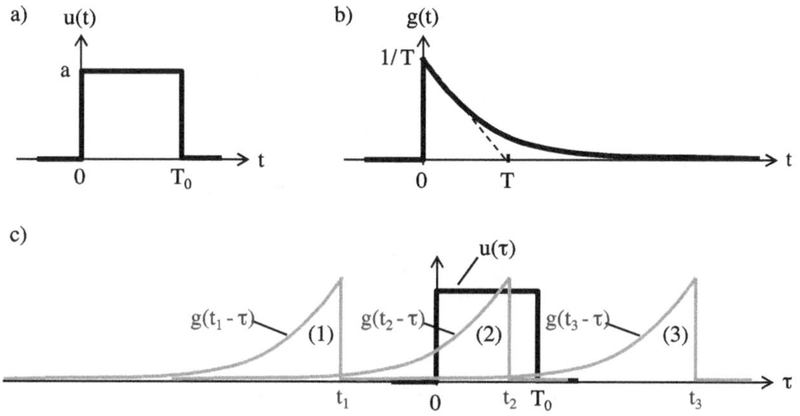

Abb. 2.15 Darstellung des Eingangssignals $u(t)$ (**a**) und der Stoßantwort $g(t)$ (**b**) eines LTI-Systems, sowie $u(\tau)$ und $g(t-\tau)$ für verschiedene Werte von t (c) zum Verständnis der Faltungsoperation

Stoßantwort gespiegelt und für verschiedene Werte t_1, t_2, t_3 des Verschiebungsparameters t dargestellt ist.

Der erste Bereich (1) ist durch die Bedingung $t < 0$ festgelegt. In diesem Bereich überlappen die beiden Signale $u(\tau)$ und $g(t-\tau)$ nicht, so dass ihr Produkt und damit auch das Integral null sind. In diesem Bereich gilt also

$$y(t < 0) = 0 . \tag{2.33}$$

Im Bereich (2) mit $0 \leq t < T_0$ überlappen die beiden Signale von $\tau = 0$ bis $\tau = t$, wodurch die Integrationsgrenzen festgelegt werden. Für das Ausgangssignal ergibt sich

$$y(0 \leq t < T_0) = \int_{-\infty}^{\infty} u(\tau) \cdot g(t-\tau)\, d\tau = \int_{0}^{t} a \cdot \frac{1}{T} \cdot e^{-(t-\tau)/T} d\tau . \tag{2.34}$$

Ziehen wir die konstanten Terme vor das Integral, so lässt sich dieses leicht lösen

$$y(0 \leq t < T_0) = \frac{a}{T} \cdot e^{-t/T} \cdot \int_{0}^{t} e^{\tau/T} d\tau = a \cdot e^{-t/T} \cdot e^{\tau/T}\Big|_0^t = a \cdot \left(1 - e^{\,t/T}\right) . \tag{2.35}$$

Bereich (3) mit $T_0 \leq t$ unterscheidet sich vom Bereich (2) nur dadurch, dass die beide Signale jetzt von $\tau = 0$ bis $\tau = T_0$ überlappen, weshalb lediglich die obere Integrationsgrenze verändert werden muss

$$y(T_0 \leq t) = a \cdot e^{-t/T} \cdot e^{\tau/T}\Big|_0^{T_0} = a \cdot e^{-t/T} \cdot \left(e^{\,t/T_0} - 1\right) . \tag{2.36}$$

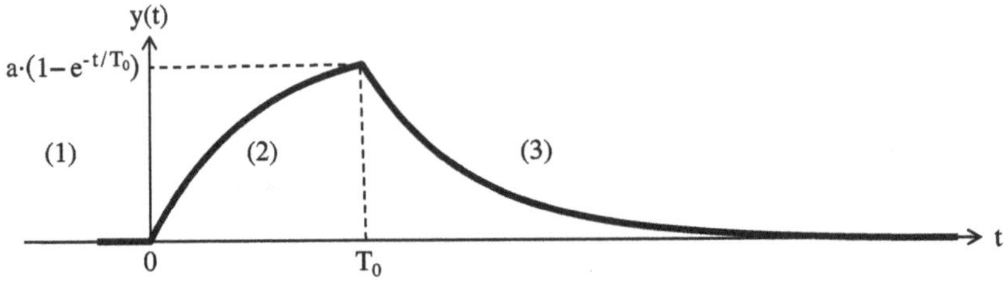

Abb. 2.16 Darstellung des Ausgangssignals $y(t)$ als Ergebnis der Faltung von $u(t)$ und $g(t)$ gemäß Abb. 2.15 mit den drei Bereichen (1), (2) und (3) entsprechend der Fallunterscheidung für t

Fassen wir die drei Bereiche zusammen, so können wir nun $y(t)$ zeichnen und erhalten das in Abb. 2.16 dargestellte Ausgangssignal.

Grundsätzlich darf als Stoßantwort eines LTI-Systems ein beliebiges Signal gewählt werden. Allerdings kann bei einem realen System das Ausgangssignal $y(t)$ niemals vor dem Eingangssignal $u(t)$ auftreten, da sonst das elementare Prinzip der Kausalität verletzt wäre, siehe Abschn. 1.2.1. Hieraus folgt eine einfache Bedingung für die Stoßantwort $g(t)$ eines kausalen Systems. In unserem Beispiel geben wir $u(t)$ zum Zeitpunkt $t = 0$ auf das System und erkennen, dass bis zu diesem Zeitpunkt auch $y(t)$ null, das System also kausal ist. Für $t = 0$ bestimmen wir das Ausgangssignal, indem wir $g(-\tau)$ bilden, mit $u(\tau)$ multiplizieren und darüber integrieren. Damit dieses Integral null ist, dürfen diese Signale nicht überlappen, woraus folgt, dass die Stoßantwort kausaler Systeme für negative Zeiten immer null sein muss. Diese Bedingung an die Stoßantwort kausaler Systeme folgt eigentlich bereits aus der Definition der Stoßantwort, denn diese entspricht ja dem Ausgangssignal eines LTI-Systems bei Anregung mit dem Dirac-Stoß $\delta(t)$. Da $\delta(t)$ für $t < 0$ null ist, muss dies auch für $g(t)$ gelten, denn sonst würde das Ausgangssignal vor dem Eingangssignal existieren.

Kausalität und Stoßantwort: Ein System wird als kausal bezeichnet, sofern seine Stoßantwort $g(t)$ für negative Zeiten nicht existiert, falls also $g(t < 0) = 0$ gilt.

Wir nehmen hier an, dass die Stoßantwort bekannt ist, oder dass wir sie näherungsweise messen können, indem wir einen sehr kurzen Impuls als Eingangssignal auf ein System geben. Natürlich lässt sich $g(t)$ auch exakt aus einer physikalischen Systembeschreibung ermitteln, wie wir im Kap. 5 sehen werden, und im Abschn. 2.2.6 dieses Kapitels wird der enge Zusammenhang zwischen $g(t)$ und der wesentlich einfacher zu erfassenden Sprungantwort $h(t)$ hergestellt.

Darüber hinaus beschäftigen wir uns in den nächsten Abschnitten mit den Eigenschaften des Dirac-Stoßes und der Faltung; außerdem werden wir mit dem Integrator und Differentiator zwei spezielle Systeme kennenlernen und ein Kriterium herleiten, um anhand der Stoßantwort die Stabilität von Systemen zu überprüfen.

Zuvor wollen wir noch ein weiteres Faltungsintegral berechnen, auch um zu zeigen, dass grundsätzlich beliebige Signale miteinander gefaltet werden können, ohne eines davon als Stoßantwort zu interpretieren. Dazu soll ein symmetrischer Rechteckimpuls $s(t)$ der Breite $2T$ und der Amplitude a mit sich selbst gefaltet werden, so dass jetzt das folgende Integral zu lösen ist

$$y(t) = s(t) * s(t) = \int_{-\infty}^{\infty} s(\tau) \cdot s(t-\tau)\, d\tau \quad \text{mit} \quad s(t) = a \cdot \mathrm{rect}\left(\frac{t}{2T}\right). \tag{2.37}$$

Abb. 2.17 (a) zeigt das Signal $s(\tau)$ sowie das gespiegelte und verschobene Signal $s(t-\tau)$ für vier zu unterscheidende Bereiche des Verschiebungsparameters t.

Im Bereich (1) mit $t \leq -2T$ tritt keine Überlappung von $s(\tau)$ mit $s(t-\tau)$ auf, so dass gilt

$$y(t \leq -2T) = 0. \tag{2.38}$$

Im Bereich (2), der durch die Bedingung $-2T \leq t < 0$ begrenzt wird, tritt eine Überlappung der beiden Impulse zwischen $\tau = -T$ und $\tau = t + T$ auf, so dass für $y(t)$ folgt

$$y(-2T \leq t < 0) = \int_{-T}^{t+T} a^2 d\tau = a^2 \cdot (t + 2T). \tag{2.39}$$

Im Bereich (3) ist $s(t-\tau)$ soweit verschoben, dass eine Überlappung mit $s(\tau)$ von $t - T$ bis T auftritt, wozu für t die Bedingung $0 \leq t < 2T$ erfüllt sein muss. Für $y(t)$ ergibt sich damit

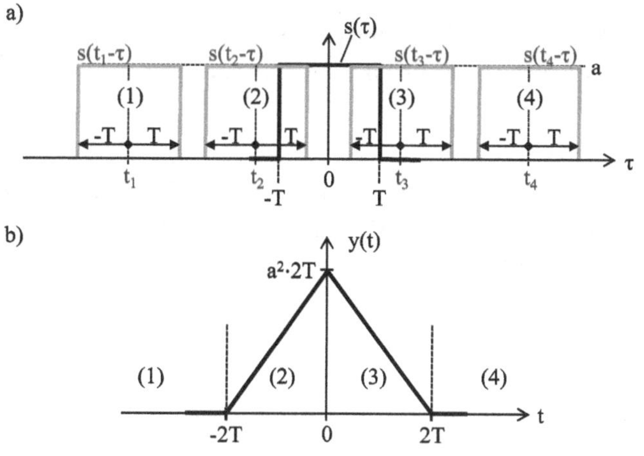

Abb. 2.17 Darstellung eines symmetrischen Rechteckimpulses $s(\tau)$ der Breite $2T$ und Höhe a sowie von $s(t-\tau)$ für vier verschiedene Bereiche von t (**a**) und Ergebnis der Faltung $y(t) = s(t) * s(t)$ (**b**)

$$y(0 \leq t < 2T) \;=\; \int\limits_{t-T}^{T} a^2 d\tau \;=\; a^2 \cdot (2T - t)\;. \tag{2.40}$$

Für den letzten Bereich (4) gilt die Bedingung $2T \leq t$, so dass keine Überlappung zwischen den beiden Impulsen auftritt und daher wie in Bereich (1) gilt

$$y(2T \leq t) \;=\; 0\;. \tag{2.41}$$

Fasst man die vier Bereiche zusammen, so ergibt sich der in Abb. 2.17(b) abgebildete symmetrische Dreiecksimpuls der Breite $4T$ und der maximalen Amplitude $a^2 \cdot 2T$.

2.2.3 Eigenschaften des Dirac-Stoßes

Anhand von (2.30) hatten wir bereits erkannt, dass der Dirac-Stoß bezüglich der Faltung als neutrales Element wirkt, genau wir die Null bei der Addition und Subtraktion bzw. die Eins bei der Multiplikation und Division. Diese Gleichung beschreibt auch die sogenannte Siebeigenschaft des Dirac-Stoßes, denn multipliziert man ein beliebiges Signal $s(t)$, das wir jetzt nicht mehr als Eingangssignal interpretieren müssen, mit einem verschobenen Dirac-Stoß und integriert darüber, so erhält man den Wert des Signals an der Stelle des Dirac-Stoßes

$$\int\limits_{-\infty}^{\infty} s(t) \cdot \delta(t - t_0) dt \;=\; \int\limits_{-\infty}^{\infty} s(t) \cdot \delta(t_0 - t) dt \;=\; s(t_0) * \delta(t_0) \;=\; s(t_0)\;. \tag{2.42}$$

Hierbei haben wir ausgenutzt, dass $\delta(t)$ eine gerade Funktion ist, was anschaulich bereits aus Abb. 2.12 folgt. Exakt können wir diese Eigenschaft zeigen, wenn wir einen mit einer Konstanten $b \neq 0$ gedehnten Dirac-Stoß betrachten, denn wir dürfen den Kehrwert dieser Konstanten betragsmäßig aus dem Dirac-Stoß herausziehen

$$\delta(b \cdot t) \;=\; \tfrac{1}{|b|} \cdot \delta(t)\;, \tag{2.43}$$

und für $b = -1$ ergibt sich daraus die gesuchte Symmetrie $\delta(-t) = \delta(t)$. Den Beweis von (2.43) werden wir im Abschn. 3.3.5 mit Hilfe der Fourier-Transformation nachholen.

Die Siebeigenschaft des Dirac-Stoßes gilt auch ohne Integration, was deutlich wird, wenn wir ein Signal $s(t)$ mit $\delta(t - t_0)$ multiplizieren und das Produkt mithilfe der Neutralitätseigenschaft des Dirac-Stoßes als Faltungsintegral schreiben

$$s(t) \cdot \delta(t-t_0) = [s(t) \cdot \delta(t-t_0)] * \delta(t) = \int_{-\infty}^{\infty} [s(\tau) \cdot \delta(\tau - t_0)] \cdot \delta(t-\tau)\, d\tau$$
$$= \int_{-\infty}^{\infty} [s(\tau) \cdot \delta(t-\tau)] \cdot \delta(\tau - t_0)\, d\tau \ . \tag{2.44}$$

Dabei haben wir in der letzten Zeile aufgrund der Kommutativität und Assoziativität der Multiplikation die Terme $\delta(\tau - t_0)$ und $\delta(t - \tau)$ vertauscht. Wegen der Siebeigenschaft von $\delta(\tau - t_0)$ bezogen auf das in der eckigen Klammer stehende Signal entspricht das letzte Integral nach (2.42) dem Klammerausdruck an der Stelle $\tau = t_0$. Ein Signal $s(t)$ multipliziert mit einem um t_0 verschobenen Dirac-Stoß ist also identisch zu dem Dirac-Stoß, wenn dieser mit dem Wert des Signals an der Stelle t_0 multipliziert wird und damit ein sogenanntes *Gewicht* erhält

$$s(t) \cdot \delta(t-t_0) = s(t_0) \cdot \delta(t-t_0) \ . \tag{2.45}$$

Dieser Zusammenhang ist in Abb. 2.18 veranschaulicht. In (a) ist ein beliebiges Signal $s(t)$ und ein Dirac-Stoß bei $t = t_0$ dargestellt. Deren Produkt ist wieder ein Dirac-Stoß an der Stelle t_0, der jetzt aber das Gewicht $s(t_0)$ erhält, das entweder in Klammern oberhalb des Dirac-Stoßes oder auf der y-Achse angegeben wird, siehe (b). Ein negatives Gewicht kann zwar das Vorzeichen von $\delta(t)$ verändern, allerdings darf ein Gewicht nicht mit der Amplitude des Dirac-Stoßes verwechselt werden, denn diese ist stets unendlich groß. Die Siebeigenschaft des Dirac-Stoßes werden wir im Abschn. 9.1.2 bei der Beschreibung abgetasteter Signale verwenden.

2.2.4 Eigenschaften der Faltung

Die Faltung definiert eine grundlegende mathematische Verknüpfung, und sie ist nicht auf die Signalübertragung mit LTI-Systemen beschränkt. Um ihre Eigenschaften zu bestimmen, betrachten wir entsprechend (2.31) allgemein das Faltungsprodukt zweier Signale $s_1(t)$ und

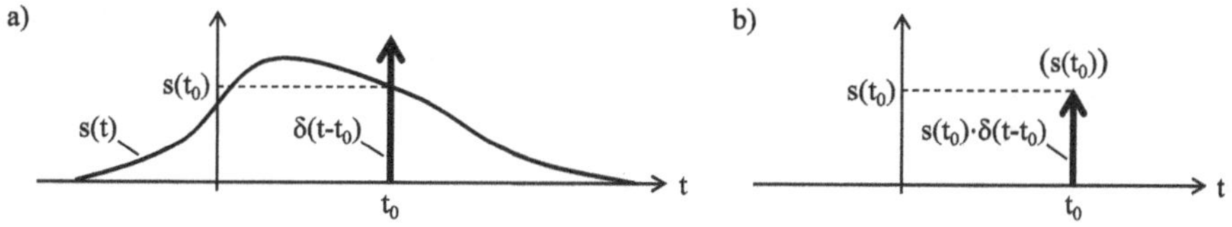

Abb. 2.18 Wird ein Signal $s(t)$ mit einem beliebig um t_0 verschobenen Dirac-Stoß multipliziert (**a**), so entspricht dies einem Dirac-Stoß an der Stelle t_0, der ein sogenanntes Gewicht $s(t_0)$ erhält (**b**)

$s_2(t)$. Dieses kann entweder mit dem symbolischen Operator $*$ oder als Integral dargestellt werden

$$s_1(t) * s_2(t) = \int_{-\infty}^{\infty} s_1(\tau) \cdot s_2(t - \tau)\, d\tau\ . \tag{2.46}$$

Zunächst wollen wir die Kommutativität der Faltung zeigen, indem wir die Reihenfolge der Signale vertauschen und in dem Integral durch Substitution eine neue Variable $\tau' = t - \tau$ einführen, so dass $\tau = t - \tau'$ und durch Ableitung von τ nach τ' auch $d\tau = -d\tau'$ folgt. Für $\tau \to \infty$ gilt damit $\tau' \to -\infty$ und umgekehrt, so dass sich die Integrationsgrenzen umdrehen

$$\begin{aligned} s_2(t) * s_1(t) &= \int_{-\infty}^{\infty} s_2(\tau) \cdot s_1(t - \tau)\, d\tau = -\int_{\infty}^{-\infty} s_2(t - \tau') \cdot s_1(\tau')\, d\tau' \\ &= \int_{-\infty}^{\infty} s_2(t - \tau') \cdot s_1(\tau')\, d\tau'\ . \end{aligned} \tag{2.47}$$

In der letzten Zeile haben wir das Minuszeichen vor dem Integral durch erneutes Vertauschen der Integrationsgrenzen äquivalent ersetzt. Formal kann jetzt noch die Reihenfolge der beiden Produktterme im Integral geändert und die Integrationsvariable τ' wieder durch τ ersetzt werden, wodurch (2.47) in (2.46) übergeht mit vertauschten Signalen $s_1(t)$ und $s_2(t)$

$$s_1(t) * s_2(t) = s_2(t) * s_1(t)\ . \tag{2.48}$$

Neben der Kommutativität gilt für die Faltungsoperation auch das Distributivgesetz zur Addition, wie sich durch Einsetzen einer Summe von Signalen in das Faltungsintegral und Ausmultiplizieren zeigen lässt

$$\begin{aligned} [s_1(t) + s_2(t)] * s_3(t) &= \int_{-\infty}^{\infty} [s_1(\tau) + s_2(\tau)] \cdot s_3(t - \tau)\, d\tau \\ &= \int_{-\infty}^{\infty} [s_1(\tau) \cdot s_3(t - \tau) + s_2(\tau) \cdot s_3(t - \tau)]\, d\tau = [s_1(t) * s_3(t)] + [s_2(t) * s_3(t)]\ . \end{aligned} \tag{2.49}$$

Zu beachten ist, dass zwischen dem Faltungsoperator und anderen Rechenoperatoren keine Prioritäten in der Mathematik definiert sind, weshalb grundsätzlich Klammern zu setzen sind.

Für die Faltung gilt weiterhin das Assoziativgesetz, also eine beliebige Klammerung verketteter Faltungsoperationen, wobei wir dessen Beweis im Abschn. 3.3.2 im Zusammenhang mit der Fourier-Transformation nachholen werden

$$[s_1(t) * s_2(t)] * s_3(t) \;=\; s_1(t) * [s_2(t) * s_3(t)] \;. \tag{2.50}$$

Ebenso ist das Assoziativgesetz für die Verkettung der Faltung von Signalen mit einem skalaren Faktor a gültig und leicht zu beweisen

$$\begin{aligned} a \cdot [s_1(t) * s_2(t)] &= \int_{-\infty}^{\infty} [a \cdot s_1(\tau)] \cdot s_2(t-\tau)\, d\tau = [a \cdot s_1(t)] * s_2(t) \\ &= \int_{-\infty}^{\infty} s_1(\tau) \cdot [a \cdot s_2(t-\tau)]\, d\tau = s_1(t) * [a \cdot s_2(t)] \;. \end{aligned} \tag{2.51}$$

Für die Verkettung von Signalen durch Multiplikation und Faltung gilt die Assoziativität allerdings i. Allg. nicht, was sich ebenfalls durch Einsetzen in das Faltungsintegral zeigen ließe

$$[s_1(t) \cdot s_2(t)] * s_3(t) \;\neq\; s_1(t) \cdot [s_2(t) * s_3(t)] \;. \tag{2.52}$$

Auf eine weitere wichtige Rechenregel der Faltung stoßen wir, wenn wir die Faltung eines verschobenen Signals $s_1(t - t_0)$ mit einem Signal $s_2(t)$ betrachten

$$s_1(t - t_0) * s_2(t) \;=\; \int_{-\infty}^{\infty} s_1(\tau - t_0) \cdot s_2(t - \tau)\, d\tau \;. \tag{2.53}$$

Hier substituieren wir $\tau' = \tau - t_0$, so dass $d\tau = d\tau'$ und $\tau = \tau' + t_0$ gilt. Aufgrund desselben Vorzeichens von τ und τ' ändern sich die Integrationsgrenzen nicht

$$\int_{-\infty}^{\infty} s_1(\tau - t_0) \cdot s_2(t - \tau)\, d\tau \;=\; \int_{-\infty}^{\infty} s_1(\tau') \cdot s_2(t - t_0 - \tau')\, d\tau' \;. \tag{2.54}$$

Das letzte Integral in dieser Gleichung entspricht definitionsgemäß der Faltung von $s_1(t)$ mit $s_2(t - t_0)$, so dass wir symbolisch schreiben können

$$s_1(t - t_0) * s_2(t) \;=\; s_1(t) * s_2(t - t_0) \;. \tag{2.55}$$

Die Verschiebung des ersten Signals kann also äquivalent auch im zweiten Signal berücksichtigt werden. Besonders hilfreich ist diese Beziehung, wenn wir sie mit der Neutralitätseigenschaft des Dirac-Stoßes nach (2.30) verbinden

$$s(t - t_0) \;=\; s(t - t_0) * \delta(t) \;=\; s(t) * \delta(t - t_0) \;. \tag{2.56}$$

Ein verschobenes Signal lässt sich also immer als Faltung des nicht-verschobenen Signals mit einem entsprechend verschobenen Dirac-Stoßes darstellen. Interpretieren wir $\delta(t)$ als Stoßantwort eines Systems, so sind Eingangs- und Ausgangssignal immer identisch, wäh-

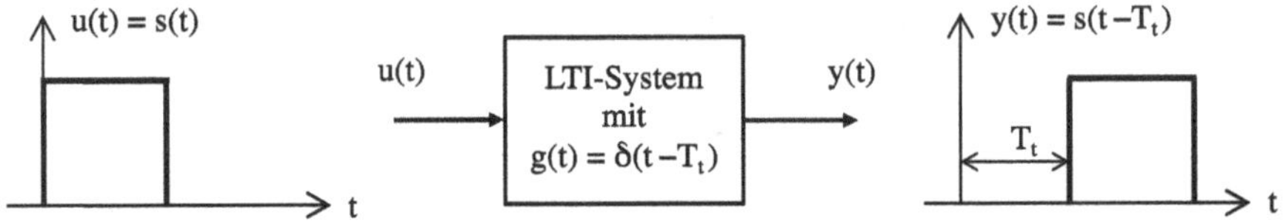

Abb. 2.19 Ein LTI-System mit der Stoßantwort $g(t) = \delta(t - T_t)$ wirkt wie ein ideales Totzeit- bzw. Laufzeitglied, das ein beliebiges Eingangssignal um die Zeitdauer T_t verzögert am Ausgang ausgibt

rend ein System mit der Stoßantwort $\delta(t - T_t)$ einem idealen Verzögerungsglied mit der Totzeit T_t entspricht, wie Abb. 2.19 am Beispiel eines Rechteckimpulses veranschaulicht.

Diese Beziehung ist auch nützlich, wenn ein beliebig um t_0 verschobenes Signal über ein LTI-System übertragen wird. In diesem Fall kann zur Berechnung von $y(t)$ die Zeitverschiebung des Eingangssignals bei der Lösung des Faltungsintegrals zunächst vernachlässigt werden, und erst dessen Ergebnis $y_0(t)$ wird anschließend um t_0 verschoben

$$y(t) = u(t - t_0) * g(t) = \underbrace{u(t) * g(t)}_{y_0(t)} * \delta(t - t_0) = y_0(t - t_0) . \qquad (2.57)$$

Zuletzt wollen wir in diesem Abschnitt den Zusammenhang zwischen Faltung und Energiekorrelation betrachten. Dass eine einfache Beziehung zwischen diesen Operationen besteht, können wir wegen der großen Ähnlichkeit der beiden Definitionen entsprechend (2.12) und (2.31) erwarten, obwohl diese aus unterschiedlichen Ansätzen hergeleitet wurden. Dazu gehen wir von (2.12) aus und substituieren $\tau' = -\tau$, so dass $d\tau = -d\tau'$ gilt und die Vertauschung der Integrationsgrenzen wieder durch einen Vorzeichenwechsel des Integrals kompensiert werden kann

$$\varphi^E_{s_1 s_2}(t) = \int_{-\infty}^{\infty} s_1(\tau) \cdot s_2(t + \tau)\, d\tau = \int_{-\infty}^{\infty} s_1(-\tau') \cdot s_2(t - \tau')\, d\tau' . \qquad (2.58)$$

Das letzte Integral entspricht der Faltung des gespiegelten Signals $s_1(-t)$ mit $s_2(t)$, so dass sich symbolisch schreiben lässt

$$\varphi^E_{s_1 s_2}(t) = s_1(-t) * s_2(t) . \qquad (2.59)$$

Die Korrelation ist nicht kommutativ, allerdings ergibt (2.59) mit der Kommutativität der Faltung

$$\varphi^E_{s_1 s_2}(-t) = s_1(-(-t)) * s_2(-t) = s_1(t) * s_2(-t) = s_2(-t) * s_1(t) = \varphi^E_{s_2 s_1}(t) . \quad (2.60)$$

Setzen wir in dieser Gleichung $s_2(t) = s_1(t) = s(t)$, so folgt hieraus, dass die Autokorrelation eine gerade Funktion ist, wie wir bereits im Abschn. 2.1.3 vermutet hatten

$$\varphi_{ss}^{E}(-t) = \varphi_{ss}^{E}(t) \,. \tag{2.61}$$

Die in diesem Abschnitt behandelten Regeln ermöglichen häufig eine Vereinfachung von Ausdrücken mit Faltungsoperatoren ohne komplizierte Faltungsintegrale lösen zu müssen.

2.2.5 Sprungfunktion und Dirac-Stoß

Zwischen den Elementarsignalen $\delta(t)$ und $\sigma(t)$ lässt sich ein einfacher Zusammenhang herleiten, wenn wir die Neutralität des Dirac-Stoßes bzgl. Faltung und deren Kommutativität nutzen

$$\sigma(t) = \delta(t) * \sigma(t) = \int_{-\infty}^{\infty} \delta(\tau) \cdot \sigma(t - \tau)\, d\tau \,. \tag{2.62}$$

Die Multiplikation mit der verschobenen und gespiegelten Sprungfunktion $\sigma(t - \tau)$ in dem Integral bewirkt nur eine Verschiebung der oberen Integrationsgrenze von unendlich auf t, wie Abb. 2.20 entnommen werden kann, so dass gilt

$$\sigma(t) = \int_{-\infty}^{t} \delta(\tau)\, d\tau \quad \text{bzw.} \quad \delta(t) = \frac{d}{dt}\,\sigma(t) \,. \tag{2.63}$$

Die Sprungfunktion $\sigma(t)$ und der Dirac-Stoß $\delta(t)$ sind also über die Integration bzw. die Ableitung miteinander verknüpft, was auch nachvollziehbar ist, da die Steigung der Sprungfunktion an der Stelle $t = 0$ unendlich und sonst null ist, also exakt der Definition von $\delta(t)$ entspricht.

2.2.6 Sprungantwort und Stoßantwort

Legt man einen Sprung $\sigma(t)$ an den Eingang eines LTI-Systems, so tritt am Ausgang definitionsgemäß die Sprungantwort $h(t)$ auf, die sich daher auch als Faltung der Sprungfunktion mit der Stoßantwort $g(t)$ des Systems schreiben lässt. Mit (2.48) folgt

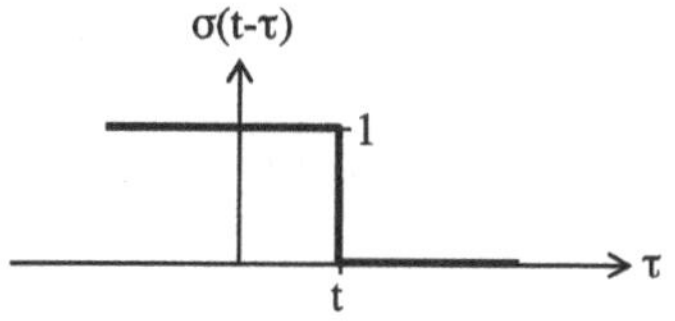

Abb. 2.20 Darstellung einer verschobenen und gespiegelten Sprungfunktion $\sigma(t - \tau)$

$$h(t) = \sigma(t) * g(t) = g(t) * \sigma(t) = \int_{-\infty}^{\infty} g(\tau) \cdot \sigma(t - \tau)\, d\tau \,. \tag{2.64}$$

Auch hier bewirkt die Multiplikation mit $\sigma(t - \tau)$ im Integranden nur eine Verschiebung der oberen Integrationsgrenze auf t, so dass $g(t)$ und $h(t)$ ebenfalls durch Ableitung bzw. Integration miteinander verknüpft sind

$$h(t) = \int_{-\infty}^{t} g(\tau)\, d\tau \qquad \text{bzw.} \qquad g(t) = \frac{d}{dt}\, h(t) \,. \tag{2.65}$$

Dieser Zusammenhang ist hilfreich, wenn man die schwierig direkt zu messende Stoßantwort $g(t)$ eines LTI-Systems bestimmen möchte. Man legt stattdessen einen einfach zu realisierenden Sprung an das System, misst dessen Sprungantwort, und leitet diese anschließend numerisch ab.

2.2.7 Integrator und Differentiator

Verallgemeinert man den Zusammenhang zwischen $h(t)$ und $g(t)$, so kann die Faltung eines beliebigen Signals $s(t)$ mit der Sprungfunktion $\sigma(t)$ auch als Integral über $s(t)$ geschrieben werden

$$s(t) * \sigma(t) = \int_{-\infty}^{\infty} s(\tau) \cdot \sigma(t - \tau)\, d\tau = \int_{-\infty}^{t} s(\tau)\, d\tau \,. \tag{2.66}$$

Ein System mit der Stoßantwort $g(t) = \sigma(t)$ wird daher auch Integrator genannt.

In Abb. 2.21(a) ist ein sogenannter idealer Differentiator dargestellt, der am Ausgang die Ableitung des Eingangssignals zeigt. Wenn wir einen Dirac-Stoß auf dieses System geben, reagiert er definitionsgemäß mit seiner Stoßantwort $g_{Diff}(t)$, so dass diese durch die Ableitung von $\delta(t)$ definiert wird

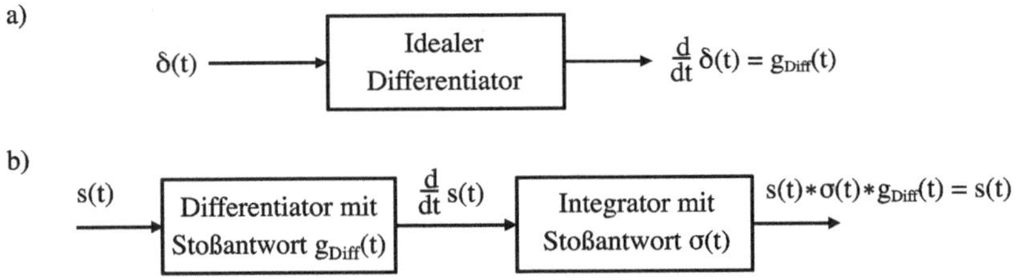

Abb. 2.21 Wirkung eines idealen Differentiators (**a**) und dessen Verkettung mit einem Integrator (**b**), die zueinander inverse Systeme bilden

$$g_{Diff}(t) = \frac{d}{dt}\delta(t) . \tag{2.67}$$

Bild (b) zeigt die zueinander inverse Wirkung bei Reihenschaltung eines Integrators mit einem idealen Differentiator, so dass die Faltung ihrer Stoßantworten den Dirac-Stoß ergibt. Ein idealer Differentiator ist allerdings kein kausales System und kann daher nicht realisiert werden, denn zur Bildung einer zeitlichen Ableitung muss immer auf vergangene Werte zugegriffen werden. Wir werden dies im Abschn. 3.3.6 mit Hilfe der Fourier-Transformation exakt begründen.

2.2.8 Stabilität von LTI-Systemen

Wir hatten im Abschn. 1.2.5 den Begriff der BIBO-Stabilität eingeführt und wollen nun ermitteln, welche Bedingung die Stoßantwort eines BIBO-stabilen Systems erfüllen muss. Wenn der Betrag des Ausgangssignals für ein beliebiges amplitudenbeschränktes Eingangssignal mit $|u(t)| \leq u_{max}$ endlich sein soll, so können wir diese Bedingung als Faltungsintegral schreiben und dessen Kommutativität nutzen, wobei wir zur Abschätzung die Dreiecksungleichung für Integrale anwenden

$$|y(t)| = \left| \int_{-\infty}^{\infty} u(t-\tau) \cdot g(\tau) d\tau \right| \leq \int_{-\infty}^{\infty} |u(t-\tau)| \cdot |g(\tau)| d\tau \leq u_{max} \cdot \int_{-\infty}^{\infty} |g(\tau)| d\tau . \tag{2.68}$$

Damit haben wir gezeigt, dass eine hinreichende Bedingung für ein amplitudenbegrenztes Ausgangssignal bei einem amplitudenbegrenzten Eingangssignal genau dann vorliegt, wenn das Integral über den Betrag der Stoßantwort endlich ist. Falls diese Bedingung nicht erfüllt sein sollte, lässt sich immer ein amplitudenbeschränktes Eingangssignal konstruieren, das zu einem unbeschränkten Ausgangssignal führt. Wählen wir z. B.

$$u(t_0 - \tau) = \begin{cases} -1 \text{ für } & g(\tau) < 0 \\ 1 \text{ für } & g(\tau) \geq 0 \end{cases} , \tag{2.69}$$

so erhalten wir für $y(t)$ zum Zeitpunkt $t = t_0$ ein unbegrenztes Ausgangssignal, da nach Voraussetzung das Betragsintegral über $g(t)$ unbeschränkt sein sollte

$$y(t_0) = \int_{-\infty}^{\infty} u(t_0 - \tau) \cdot g(\tau) d\tau = \int_{-\infty}^{\infty} |g(\tau)| d\tau , \tag{2.70}$$

womit wir auch die Notwendigkeit der Bedingung für $g(t)$ nachgewiesen haben. Da der Integrand nicht negativ werden kann, folgt aus der BIBO-Stabilität außerdem immer, dass das Integral über $|g(t)|$ monoton steigt und deshalb für $t \to \infty$ gegen eine positive Konstante konvergieren muss.

Jedes BIBO-stabile System ist auch immer asymptotisch stabil, denn aus der Dreiecksungleichung folgt, dass seine Sprungantwort $h(t)$ für $t \to \infty$ einem endlichen Wert zustrebt

$$\lim_{t\to\infty} |h(t)| = \lim_{t\to\infty} \left| \int_{-\infty}^{t} g(\tau)d\tau \right| \leq \lim_{t\to\infty} \int_{-\infty}^{t} |g(\tau)|d\tau = \int_{-\infty}^{\infty} |g(\tau)|d\tau \,. \tag{2.71}$$

Der Grenzwert der Sprungantwort muss nicht positiv sein, bleibt aber nach (2.71) betragsmäßig immer kleiner als das unendliche Integral über $|g(t)|$. Weiterhin läuft im Grenzfall $t \to \infty$ die Stoßantwort $g(t)$ von BIBO-stabilen Systemen immer gegen null, da sonst die Integrale nicht konvergieren würden. Falls $g(t)$ für $t \to \infty$ nicht gegen null konvergiert, existiert auch kein Grenzwert für die Sprungantwort und das System ist ebenfalls nicht BIBO-stabil. Umgekehrt kann allerdings aus der Konvergenz von $g(t)$ gegen null nicht auf die Konvergenz von $h(t)$ und auch nicht auf die BIBO-Stabilität eines Systems geschlossen werden. Als Beispiel dazu betrachten wir die Sprungantwort eines kausalen Systems mit $g(t) = 1/(t+1) \cdot \sigma(t)$

$$h(t) = \sigma(t) * g(t) = \int_{0}^{t} \frac{d\tau}{\tau + 1} = \ln(t+1) \,. \tag{2.72}$$

In diesem Fall besitzt $h(t)$ keinen Grenzwert, obwohl $g(t)$ für $t \to \infty$ gegen null konvergiert, und dieses System ist demnach auch nicht BIBO-stabil.

Asymptotisch stabile Systeme sind auch nicht immer BIBO-stabil, denn für bestimmte Stoßantworten mit alternierend positiven und negativen Werten kann für $t \to \infty$ das Integral über $g(t)$ zwar konvergieren, nicht aber das Integral über $|g(t)|$. Dies hatten wir auch bereits weiter oben exakt bewiesen durch Nachweis der absoluten Integrierbarkeit der Stoßantwort als notwendige Bedingung für BIBO-Stabilität. Bei der in Abschn. 1.2.6 eingeführten Systemklasse der global proportionalen Systeme ist es allerdings hinreichend, wenn die Sprungantwort konvergiert, BIBO-Stabilität wird nicht vorausgesetzt.[8]

[8] Für fast alle in der Praxis vorkommenden Systeme ist die Unterscheidung zwischen BIBO- und asymptotischer Stabilität irrelevant, beide Kriterien sind dann austauschbar und man spricht allgemein von stabilen Systemen. Für diese Systeme ist Stabilität auch gleichbedeutend mit einer für $t \to \infty$ gegen null konvergierenden Stoßantwort.

BIBO-stabile und asymptotisch stabile Systeme: Ein LTI-System ist genau dann BIBO-stabil, reagiert also auf ein beliebiges amplitudenbegrenztes Eingangssignal mit einem amplitudenbegrenzten Ausgangssignal, falls das unendliche Integral über den Betrag der Stoßantwort einen positiven Wert K annimmt, falls also gilt

$$\int_{-\infty}^{\infty} |g(t)|\,dt = K \quad \text{mit: } 0 < K < \infty .$$

Unter der Voraussetzung, dass ein System BIBO-stabil ist, ist es auch immer asymptotisch stabil, d. h. für seine Sprungantwort $h(t)$ und Stoßantwort $g(t)$ existieren folgende Grenzwerte

$$\lim_{t\to\infty} h(t) = C \quad \text{mit: } |C| \le K \qquad \text{und} \qquad \lim_{t\to\infty} g(t) = 0 .$$

Als Stoßantwort eines weiteren LTI-Systems betrachten wir die eingeschaltete Sinusfunktion, also $g(t) = \sin(\omega t)\cdot\sigma(t)$. Für den Grenzwert der Sprungantwort ergibt sich in diesem Fall

$$\lim_{t\to\infty} h(t) = \lim_{t\to\infty} \int_0^t \sin(\omega\tau)\,d\tau = \lim_{t\to\infty} \left(-\frac{1}{\omega}\cos(\omega\tau)\Big|_0^t\right) = \lim_{t\to\infty} \frac{1-\cos(\omega t)}{\omega} . \tag{2.73}$$

Die Sprungantwort konvergiert hier zwar nicht, bleibt aber immer innerhalb eines beschränkten Wertebereichs, in diesem Fall $0 \le h(t) \le 2/\omega$. Derartige Systeme werden als *grenzstabil* bezeichnet, sie sind aber nicht BIBO-stabil, denn die Stoßantwort konvergiert nicht gegen null. Wenn wir als Eingangssignal z. B. $u(t) = \sin(\omega t)\cdot\sigma(t)$ wählen, so erhalten wir für das Ausgangssignal $y(t) = u(t) * g(t)$ folgendes Faltungsintegral, das sich mittels des Additionstheorems (2.9) lösen lässt, und das für $t \to \infty$ divergiert

$$\begin{aligned} y(t) &= \int_0^\infty \sin(\omega\tau)\sin(\omega t - \omega\tau)\sigma(t-\tau)\,d\tau = \tfrac{1}{2}\int_0^t [\cos(2\omega\tau - \omega t) - \cos(\omega t)]\,d\tau \\ &= \tfrac{1}{2}\left[\tfrac{1}{2\omega}\sin(2\omega\tau - \omega t)\big|_0^t - \cos(\omega t)\cdot\tau\big|_0^t\right] = \tfrac{1}{2\omega}\sin(\omega t) - \tfrac{1}{2}\cos(\omega t)\cdot t . \end{aligned} \tag{2.74}$$

Wir werden später in Kap. 5 sehen, wie sich durch Analyse der sogenannten Übertragungsfunktion die Stabilität von Systemen einfach beurteilen lässt ohne das Zeitverhalten zu betrachten.

2.3 Zusammenfassung

In diesem Kapitel haben wir uns mit der Beschreibung von Signalen und Systemen im Zeitbereich beschäftigt. Neben Energie und Leistung ist insbesondere die Korrelation als Maß für die Ähnlichkeit zweier Signale von großer Bedeutung. Die Übertragung von Signalen können wir bei LTI-Systemen exakt durch eine Faltungsoperation darstellen, wobei neben dem Eingangssignal lediglich die Stoßantwort, also die Systemantwort auf den Dirac-Stoß benötigt wird. Dessen Eigenschaften haben wir anschließend genauer untersucht und für die Faltung die Gültigkeit des Kommunikativ-, Distributiv- und Assoziativgesetzes nachgewiesen. Weiterhin leiteten wir den Zusammenhang zwischen Dirac-Stoß und Sprungfunktion her, der bei LTI-Systemen auch zwischen Stoß- und Sprungantwort gilt. Mit Integrator und Differentiator lernten wir außerdem zwei grundlegende Systeme kennen, und darüber hinaus haben wir uns damit beschäftigt, wie anhand der Stoßantwort die Kausalität und Stabilität von Systemen untersucht werden kann.

Integraltransformationen 3

In diesem Kapitel werden wir die Fourier-Transformation kennenlernen, die es ermöglicht, Signale aus sinusförmigen Funktionen variabler Frequenz zusammenzusetzen und dadurch im sogenannten Frequenz- bzw. Spektralbereich zu beschreiben. Diese anschauliche Vorstellung von Signalen und Systemen werden wir darüber hinaus durch die Laplace-Transformation ergänzen, bei der die Anschauung zwar weitgehend verloren geht, die jedoch i. Allg. einfacher berechnet werden kann und überdies einen größeren Konvergenzbereich aufweist.

3.1 Übertragung sinusförmiger Signale über LTI-Systeme

Mit der Faltungsoperation haben wir einen grundlegenden Algorithmus eingeführt, mit dem wir die Übertragung beliebiger Signale über LTI-Systeme mathematisch beschreiben können. Während statische LTI-Systeme das Eingangssignal lediglich mit einem konstanten Verstärkungsfaktor multiplizieren, so dass das Ausgangssignal immer dieselbe Signalform wie das Eingangssignal aufweist, treten bei dynamischen Systemen i. Allg. voneinander abweichende Zeitverläufe des Eingangs- und Ausgangssignals auf.

Diese Aussage gilt jedoch nicht für Signale mit den trigonometrischen Funktionen $\sin(\omega t)$ und $\cos(\omega t)$, die sich nach *Euler*[1] auch zu komplexen Exponentialfunktionen $u_E(t)$ abhän-

[1] *Leonhard Euler* war einer der berühmtesten Mathematiker des 18. Jahrhunderts, dem wir fundamentale Beiträge zu vielen Bereichen der Mathematik verdanken.

V. Sommer, *Grundlagen der Systemtheorie und Signalverarbeitung*,
https://doi.org/10.1007/978-3-662-72126-1_3

gig von der Kreisfrequenz $\omega = 2\pi f$ mit der Frequenz f zusammenfassen lassen, siehe Anhang A.1, was die mathematische Behandlung erheblich vereinfacht

$$u_E(t) = \mathrm{e}^{j\omega t} = \cos(\omega t) + j \cdot \sin(\omega t)\ . \tag{3.1}$$

Derartige Signale heißen periodische *Eigensignale* oder *Eigenfunktionen* von LTI-Systemen. Werden Sie als Eingangssignal verwendet, weist auch das Ausgangssignal dynamischer Systeme immer einen sinusförmigen Verlauf auf. Dies lässt sich zeigen, indem wir $u_E(t)$ mit beliebiger Kreisfrequenz ω in das Faltungsintegral einsetzen, die Kommutativität der Faltung ausnutzen, und den Term $e^{j\omega t}$, der nicht von der Integrationsvariablen τ abhängt, vor das Integral ziehen

$$y(t) = g(t) * u_E(t) = \int_{-\infty}^{\infty} g(\tau) \cdot \mathrm{e}^{j\omega(t-\tau)} d\tau = \mathrm{e}^{j\omega t} \cdot \int_{-\infty}^{\infty} g(\tau) \cdot \mathrm{e}^{-j\omega\tau} d\tau = u_E(t) \cdot G(\omega)\ . \tag{3.2}$$

Hierbei tritt der Faktor $G(\omega)$ auf, der nicht von der Zeit t, sondern ausschließlich von ω abhängt, so dass das Zeitverhalten von $y(t)$ identisch zu dem von $u_E(t)$ ist. Voraussetzung dafür ist die Konvergenz des unendlichen Integrals über die mit dem komplexen Faktor $\mathrm{e}^{-j\omega\tau}$ gewichtete Stoßantwort und damit die Existenz von $G(\omega)$, die wir im 6. Kapitel untersuchen werden und hier zunächst voraussetzen. Die i. Allg. komplexe Funktion $G(\omega)$ können wir wie eine komplexe Zahl in Real- und Imaginärteil bzw. nach Betrag und Phase aufspalten[2]

$$G(\omega) = \int_{-\infty}^{\infty} g(\tau) \cdot \mathrm{e}^{-j\omega\tau} d\tau = \mathrm{Re}\{G(\omega)\} + j\ \mathrm{Im}\{G(\omega)\} = |G(\omega)| \cdot \mathrm{e}^{j\varphi\{G(\omega)\}}\ . \tag{3.3}$$

Wenn wir die Übertragung eines eingeschwungenen Sinussignals betrachten, das als Imaginärteil von $u_E(t)$ auch ein Eigensignal darstellt, lässt sich das zugehörige Ausgangssignal mit (3.2) und (3.3) ebenfalls leicht ermitteln. Die Stoßantwort $g(t)$ nehmen wir dabei als rein reelles Zeitsignal an, so dass wir sie in den Imaginärteil ziehen dürfen

$$\begin{aligned} y(t) &= g(t) * \sin(\omega t) = g(t) * \mathrm{Im}\{u_E(t)\} = \mathrm{Im}\{g(t) * u_E(t)\} \\ &= \mathrm{Im}\left\{\mathrm{e}^{j\omega t} \cdot |G(\omega)| \cdot \mathrm{e}^{j\varphi\{G(\omega)\}}\right\} = |G(\omega)| \cdot \mathrm{Im}\left\{\mathrm{e}^{j(\omega t + \varphi\{G(\omega)\})}\right\} \\ &= |G(\omega)| \cdot \sin\left(\omega t + \varphi\{G(\omega)\}\right) = |G(\omega)| \cdot \sin\left(\omega\left(t + \frac{\varphi\{G(\omega)\}}{\omega}\right)\right)\ . \end{aligned} \tag{3.4}$$

[2] Für die Phase bzw. den Phasenwinkel verwenden wir wie für die Korrelation das griechische Symbol φ. Von dieser lässt sich ein Phasenwinkel aber immer eindeutig aufgrund der fehlenden Indizes unterscheiden.

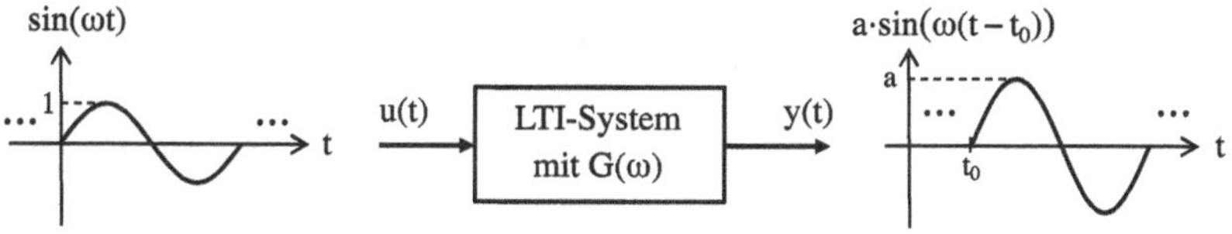

Abb. 3.1 Bei Übertragung eingeschwungener, d. h. unendlich ausgedehnter sinusförmiger Signale über LTI-Systeme, für die $G(\omega)$ existiert, bleibt die Signalform erhalten und es tritt eine Skalierung der Amplitude mit $a = |G(\omega)|$ und eine Verschiebung des Signals um $t_0 = -\varphi\{G(\omega)\}/\omega$ auf

Man erkennt, dass in diesem Fall am Ausgang des Systems ein skaliertes und zeitverschobenes Sinussignal auftritt, wobei der Betrag von $G(\omega)$ die Amplitude, und die Phase von $G(\omega)$ geteilt durch ω die Zeitverschiebung bewirkt. Dieser Zusammenhang ist in Abb. 3.1 anschaulich dargestellt mit der Skalierung um $a = |G(\omega)|$ und der Verzögerung um $t_0 = -\varphi\{G(\omega)\}/\omega$.

Legen wir ein Eigensignal an ein LTI-System, das die Stoßantwort $g(t) = \delta(t)$ aufweist, so erhalten wir mit (3.2) und der Neutralitätseigenschaft des Dirac-Stoßes für $G(\omega)$ unabhängig von ω einen besonders einfachen Wert[3]

$$g(t) = \delta(t) \quad \Rightarrow \quad y(t) = u_E(t) * \delta(t) = u_E(t) \stackrel{!}{=} u_E(t) \cdot G(\omega) \quad \Rightarrow \quad G(\omega) = 1 \,. \tag{3.5}$$

Würden wir nur Eigensignale übertragen, so könnten wir die Übertragungseigenschaften von LTI-Systemen alternativ zur Stoßantwort auch durch $G(\omega)$ beschreiben entsprechend (3.3). Dies wäre wesentlich einfacher, denn nach (3.2) müssten wir dann das Eingangssignal nur mit $G(\omega)$ multiplizieren anstatt eine komplizierte Faltungsoperation nach (2.31) auszuführen. Die Gleichwertigkeit von $g(t)$ und $G(\omega)$ lässt sich dadurch zeigen, dass $g(t)$ aus $G(\omega)$ über folgendes Integral eindeutig zurückgewonnen werden kann

$$g(t) = \frac{1}{2\pi} \cdot \int_{-\infty}^{\infty} G(\omega) \cdot e^{j\omega t} d\omega \,. \tag{3.6}$$

Diese Gleichung drückt aus, dass sich eine Stoßantwort als Integral über sämtliche Eigensignale jeweils gewichtet mit dem komplexen Funktionswert $G(\omega)$ abhängig von ω schreiben lässt, wie im Anhang A.2 hergeleitet wird. Dazu benötigen wir noch eine spezielle Darstellung des Dirac-Stoßes, die sich direkt aus (3.6) ergibt, wenn wir die zueinander korrespondierenden Signale $g(t) = \delta(t)$ und $G(\omega) = 1$ aus (3.5) einsetzen

$$\delta(t) = \frac{1}{2\pi} \cdot \int_{-\infty}^{\infty} e^{j\omega t} d\omega \,. \tag{3.7}$$

---

[3] Das Zeichen $\stackrel{!}{=}$ drückt mathematisch die Forderung aus, dass beide Seiten der Gleichung identisch sein müssen.

(3.3) und (3.6) bilden zwei zueinander inverse Integraltransformation, die eine Funktion in einem ersten Variablenraum auf einen neuen Variablenraum abbildet, indem die Funktion mit einem sogenannten *Kern* multipliziert und dann über das Produkt integriert wird. In unserem Fall wird so die Zeitfunktion $g(t)$ auf die frequenzabhängige Funktion $G(\omega)$ abgebildet, und den Kern bilden die periodischen Eigenfunktionen von LTI-Systemen.

3.2 Die Fourier-Transformation

Da sich jedes Signal als Stoßantwort interpretieren lässt, können wir den Zusammenhang zwischen $g(t)$ und $G(\omega)$ verallgemeinern und uns ein Zeitsignal als Überlagerung von Eigensignalen abhängig von ω vorstellen, die auch als Spektralkomponenten bezeichnet werden. Anstatt ein Signal durch seine Zeitfunktion $s(t)$ zu definieren, können wir daher völlig äquivalent die komplexe Funktion $S(\omega)$ angeben, welche die frequenzabhängige Veränderung der Eigensignale beschreibt. $S(\omega)$ wird als Frequenz- bzw. Spektralbereich oder auch nur als Spektrum bezeichnet, wobei Zeit- und Spektralbereich eindeutig ineinander umwandelbar sind, siehe Anhang A.2

$$S(\omega) = \int_{-\infty}^{\infty} s(t) \cdot \mathrm{e}^{-j\omega t} dt \quad \bullet\!\!-\!\!\circ \quad s(t) = \frac{1}{2\pi} \cdot \int_{-\infty}^{\infty} S(\omega) \cdot \mathrm{e}^{j\omega t} d\omega \,. \tag{3.8}$$

Man nennt das linke Integral *Fourier-Transformation* und das rechte Integral *Inverse Fourier-Transformation*[4]. Für Zeitsignale verwenden wir immer kleine Buchstaben, hingegen zeigt zur eindeutigen Kennzeichnung ein großer Buchstabe die Fourier-Transformierte eines Signals an. Das Hantelsymbol $\bullet\!\!-\!\!\circ$ zwischen den Integralen trennt den Zeit- und den Frequenzbereich übersichtlich voneinander, wobei die dunkle Seite der Hantel immer auf den Frequenzbereich und die helle auf den Zeitbereich ausgerichtet ist. Alternativ wird die Fourier-Transformation auch durch ein geschwungenes großes F, das Symbol $\mathscr{F}$ angewandt auf $s(t)$ und die inverse Fourier-Transformation durch $\mathscr{F}^{-1}$ angewandt auf $S(\omega)$ symbolisch angezeigt

$$S(\omega) = \mathscr{F}\{s(t)\} \quad \bullet\!\!-\!\!\circ \quad \mathscr{F}^{-1}\{S(\omega)\} = s(t) \,. \tag{3.9}$$

[4] *Jean Baptiste Joseph Fourier*, der im Jahr 1822 in seiner *Théorie analytique de la chaleur* erstmalig ein Signal im Spektralbereich beschrieb, war ein französischer Physiker und enger Mitarbeiter von Napoleon Bonaparte.

Die Fourier-Transformation ist neben davon abgeleiteten Transformationen, auf die wir später eingehen werden, die wichtigste Integraltransformation in der Systemtheorie[5]. Zusätzlich zu ihrer einfachen mathematischen Handhabung ist sie sehr anschaulich, da wir uns Zeitsignale als Überlagerung von Sinus- bzw. Cosinus-Funktionen mit frequenzabhängiger Amplitude und Phasenlage vorstellen können. Bei Übertragung dieser periodischen Eigensignale über stabile LTI-Systeme bleibt ihre Signalform grundsätzlich erhalten, lediglich Amplituden und Phasenlagen werden frequenzabhängig modifiziert. Diese Vorstellung ist uns sehr vertraut, denn wenn wir z. B. die Übertragungseigenschaften eines hochwertigen Hifi-Verstärkers beschreiben, werden wir wohl kaum dessen Stoßantwort erwähnen, sondern viel eher dessen brillante Höhen und satte Bässe betonen, instinktiv also eine Charakterisierung des Systems im Frequenzbereich wählen.

Wir wollen jetzt die Symmetrieeigenschaften der Fourier-Transformation untersuchen, wobei wir voraussetzen, dass das Zeitsignal $s(t)$ eine rein reelle Funktion ist. Dazu zerlegen wir $S(\omega)$ in seinen Real- und Imaginärteil

$$\begin{aligned} S(\omega) &= \int_{-\infty}^{\infty} s(t) \cdot \mathrm{e}^{-j\omega t} dt = \mathrm{Re}\{S(\omega)\} + j\,\mathrm{Im}\{S(\omega)\} \\ &= \int_{-\infty}^{\infty} s(t) \cdot \cos(\omega t) dt - j \int_{-\infty}^{\infty} s(t) \cdot \sin(\omega t) dt \ , \end{aligned} \tag{3.10}$$

und stellen fest, dass in den Integralen auf der rechten Seite die Kreisfrequenz ω nur in der cos- bzw. sin-Funktion auftritt. Da Cosinus gerade und Sinus ungerade ist, folgt daraus, dass der Realteil stets eine gerade und der Imaginärteil von $S(\omega)$ eine ungerade Funktion ist

$$\mathrm{Re}\{S(\omega)\} = \mathrm{Re}\{S(-\omega)\} \qquad \text{und} \qquad \mathrm{Im}\{S(\omega)\} = -\mathrm{Im}\{S(-\omega)\} \ . \tag{3.11}$$

In Abb. 3.2 sind für eine Frequenz ω die Fourier-Transformierte $S(\omega)$ und $S(-\omega)$ in der komplexen Ebene dargestellt. Aufgrund der Symmetrieeigenschaften von Real- und Imaginärteil nennt man $S(\omega)$ und $S(-\omega)$ zueinander konjugiert komplex bzw. $S(-\omega) = S(\omega)^*$, so dass auch der Betrag von $S(\omega)$ stets eine gerade und die Phase eine ungerade Funktion ist

$$|S(\omega)| = |S(-\omega)| \qquad \text{und} \qquad \varphi\{S(\omega)\} = -\varphi\{S(-\omega)\} \ . \tag{3.12}$$

Betrag und Phase von $S(\omega)$ werden auch Betragsspektrum bzw. Phasenspektrum genannt.

Setzen wir diese Erkenntnisse in die inverse Fourier-Transformation entsprechend der rechten Seite von (3.8) ein und zerlegen $S(\omega)$ und $\mathrm{e}^{j\omega t}$ jeweils in Real- und Imaginärteil, so erhalten wir

[5] Daneben existieren weitere Integraltransformationen, z. B. die *Wavelet*-Transformation zur Signalanalyse oder die *Radon*-Transformation zur Bildgewinnung in der Computertomographie, siehe [33].

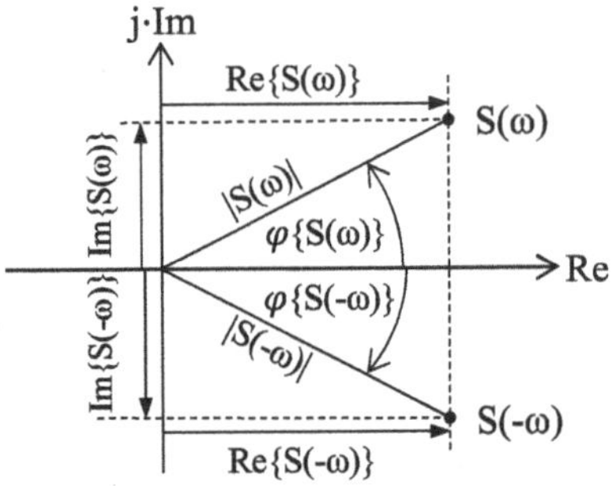

Abb. 3.2 Darstellung der Fourier-Transformierten $S(\omega)$ und $S(-\omega)$ in der komplexen Ebene

$$s(t) = \frac{1}{2\pi} \cdot \int_{-\infty}^{\infty} (\mathrm{Re}\,\{S(\omega)\} + j\,\mathrm{Im}\,\{S(\omega)\}) \cdot (\cos(\omega t) + j \cdot \sin(\omega t))\, d\omega\,. \tag{3.13}$$

Nach dem Ausmultiplizieren der Klammern können wir die beiden Produkte $\mathrm{Re}\,\{S(\omega)\} \cdot \sin(\omega t)$ und $\mathrm{Im}\,\{S(\omega)\} \cdot \cos(\omega t)$ ignorieren, da diese Terme ungerade sind und symmetrisch zum Ursprung integriert werden, so dass sie keinen Beitrag zum Integral liefern. Die beiden Terme $\mathrm{Re}\,\{S(\omega)\} \cdot \cos(\omega t)$ und $\mathrm{Im}\,\{S(\omega)\} \cdot \sin(\omega t)$ sind hingegen gerade, so dass ihre Integration für $\omega < 0$ denselben Beitrag wie für $\omega > 0$ liefert, so dass wir uns auf den positiven Frequenzbereich beschränken können

$$s(t) = \frac{1}{\pi} \cdot \int_{0}^{\infty} (\mathrm{Re}\,\{S(\omega)\} \cdot \cos(\omega t) - \mathrm{Im}\,\{S(\omega)\} \cdot \sin(\omega t))\, d\omega\,. \tag{3.14}$$

Man erkennt, dass Real- und Imaginärteil der Fourier-Transformierten den Amplituden der cos- bzw. sin-Funktionen jeweils bei der Kreisfrequenz ω entsprechen, aus denen sich das Zeitsignal $s(t)$ zusammensetzen lässt. Zudem folgt aus dieser Zerlegung, dass ein gerades Zeitsignal immer ein reelles Spektrum aufweist, während das Spektrum eines ungeraden Signals rein imaginär ist.

Spektren reeller Zeitsignale: Wird ein reelles Zeitsignal $s(t)$ in den Frequenzbereich transformiert, so gelten folgende allgemeine Aussagen für sein Spektrum $S(\omega)$:

- Der Realteil $\mathrm{Re}\,\{S(\omega)\}$ und der Betrag $|S(\omega)|$ sind gerade Funktionen
- Der Imaginärteil $\mathrm{Im}\,\{S(\omega)\}$ und die Phase $\varphi\,\{S(\omega)\}$ sind ungerade Funktionen
- Ist $s(t)$ ein reelles und gerades Zeitsignal, so ist auch das Spektrum $S(\omega)$ reell und gerade
- Ist $s(t)$ reell und ungerade, so ist $S(\omega)$ imaginär und ungerade

Alternativ können wir $s(t)$ auch abhängig von Betrag und Phase von $S(\omega)$ darstellen. Dazu setzen wir in (3.8) das komplexe Spektrum $S(\omega) = |S(\omega)| \cdot \mathrm{e}^{j\,\varphi\{S(\omega)\}}$ ein, fassen die Phasen zusammen und zerlegen dann die komplexe e-Funktion in einen cos- und sin-Anteil, den wir jeweils $f_1(\omega)$ und $f_2(\omega)$ nennen

$$s(t) = \frac{1}{2\pi} \cdot \int_{-\infty}^{\infty} |S(\omega)| \cdot e^{j(\omega t + \varphi\{S(\omega)\})} d\omega \tag{3.15}$$

$$= \frac{1}{2\pi} \cdot \int_{-\infty}^{\infty} |S(\omega)| \cdot [\underbrace{\cos(\omega t + \varphi\{S(\omega)\})}_{f_1(\omega)} + j \underbrace{\sin(\omega t + \varphi\{S(\omega)\})}_{f_2(\omega)}] \, d\omega \, . \tag{3.16}$$

Untersuchen wir die Symmetrien der Funktionen $f_1(\omega)$ und $f_2(\omega)$, so erhalten wir wegen der Symmetrien von $\varphi\{S(\omega)\}$ sowie von cos() und sin()

$$f_1(-\omega) = \cos(-\omega t + \varphi\{S(-\omega)\}) = \cos(-\omega t - \varphi\{S(\omega)\}) = f_1(\omega), \tag{3.17}$$

$$f_2(-\omega) = \sin(-\omega t + \varphi\{S(-\omega)\}) = \sin(-\omega t - \varphi\{S(\omega)\}) = -f_2(\omega) \, . \tag{3.18}$$

Die Funktion $f_1(\omega)$ ist also gerade, während $f_2(\omega)$ ungerade ist. Daraus folgt, dass auch der Produktterm $|S(\omega)| \cdot f_2(\omega)$ ungerade ist und keinen Beitrag zum Integral in (3.16) mit symmetrischen Integrationsgrenzen liefert, während der gerade Produktterm $|S(\omega)| \cdot f_1(\omega)$ im negativen wie positiven Frequenzbereich denselben Beitrag zum Integral liefert, so dass für $s(t)$ gilt

$$s(t) = \frac{1}{\pi} \cdot \int_{0}^{\infty} |S(\omega)| \cdot \cos(\omega t + \varphi\{S(\omega)\}) \, d\omega \, . \tag{3.19}$$

Eine Zeitfunktion kann also auch als Überlagerung ausschließlich von cos-Funktionen variabler Frequenz von null bis unendlich dargestellt werden, wenn neben der frequenzabhängigen Amplitude $|S(\omega)|$ der cos-Funktionen auch deren Phasenverschiebung $\varphi\{S(\omega)\})$ berücksichtigt wird.

Bei der Darstellung reeller Zeitsignale entsprechend (3.14) oder (3.19) treten keine negativen Frequenzen und auch keine komplexen Terme mehr auf, was eine anschauliche Beschreibung von Signalen durch Aufsummierung von Sinus- bzw. Cosinus-Funktionen ermöglicht, wie wir im nächsten Abschnitt zeigen werden.

3.2.1 Veranschaulichung der Fourier-Transformation

Gl. (3.19) gestattet die Realisierung von Zeitsignalen durch Überlagerung von skalierten und auf der Zeitachse verschobenen cos-Funktionen. Dazu approximieren wir das Integral durch eine Summe über k, wobei wir $d\omega$ durch $\Delta\omega$ sowie ω durch $k \cdot \Delta\omega$ ersetzen

$$s(t) \approx \frac{1}{\pi} \cdot \sum_{k=0}^{\infty} |S(k \cdot \Delta\omega)| \cdot \cos(k \cdot \Delta\omega \cdot t + \varphi\{S(k \cdot \Delta\omega)\}) \, \Delta\omega \, . \tag{3.20}$$

Der Gleichanteil von $s(t)$ ergibt sich für $k = 0$, und diesen ziehen wir vor das Summenzeichen; hierbei gilt, dass die Phase als ungerade Funktion bei $k = 0$ immer Null ist. Außerdem wählen wir als obere Grenze den endlichen Wert k_{max} und ersetzen die Kreisfrequenz ω durch die anschaulichere Frequenz f mit $\Delta\omega = 2\pi\Delta f$, so dass wir als Näherungsformel für $s(t)$ erhalten[6]

$$s(t) \approx \Delta f \cdot \left(|S(0)| + 2 \sum_{k=1}^{k_{max}} |S(k \cdot \Delta f)| \cdot \cos(2\pi \cdot k \cdot \Delta f \cdot t + \varphi\{S(k \cdot \Delta f)\}) \right) . \tag{3.21}$$

Alternativ können wir auch aus (3.14) eine entsprechende Näherungsformel für $s(t)$ herleiten, falls Real- und Imaginärteil des Spektrums bekannt sind. In diesem Fall ergibt sich mit den Abkürzungen $\mathrm{Re}\{S(k \cdot \Delta f)\} \mathrel{\widehat{=}} \mathrm{Re}\{S_k\}$ und $\mathrm{Im}\{S(k \cdot \Delta f)\} \mathrel{\widehat{=}} \mathrm{Im}\{S_k\}$

$$s(t) \approx \Delta f \cdot \left(\mathrm{Re}\{S_0\} + 2 \sum_{k=1}^{k_{max}} [\mathrm{Re}\{S_k\} \cdot \cos(2\pi k \Delta f \cdot t) - \mathrm{Im}\{S_k\} \cdot \sin(2\pi k \Delta f \cdot t)] \right) . \tag{3.22}$$

Damit diese Näherungen hinreichend genau sind, muss das Frequenzinkrement Δf entsprechend klein und k_{max} groß genug gewählt werden. Wegen der Periodizität der cos-und sin-Funktion sollte darüber hinaus der Zeitbereich für die Darstellung von $s(t)$ auf maximal eine Periodendauer dieser Funktionen mit der niedrigsten Frequenz ($k = 1$) beschränkt werden, denn das approximierte Zeitsignal wird durch die Frequenzdiskretisierung ebenfalls periodisch[7]

$$t_1 < t < t_2 \quad \text{und} \quad t_2 - t_1 \leq \frac{1}{\Delta f} . \tag{3.23}$$

Zur Vertiefung des Verständnisses der Fourier-Transformation wollen wir einige konkrete Zeitsignale aus Eigensignalen zusammensetzen, wozu wir jeweils zunächst das Spektrum berechnen. Als erstes Signal hatten wir in (3.5) den Dirac-Stoß in den Frequenzbereich transformiert. Da $\delta(t)$ eine gerade Funktion ist, kann die Zerlegung nach (3.14) nur Kosinus-Anteile enthalten, so dass das Spektrum erwartungsgemäß rein reell und gerade ist

$$\delta(t) \circ\!\!-\!\!\bullet 1 \quad \text{bzw.} \quad \mathcal{F}\{\delta(t)\} = 1 . \tag{3.24}$$

[6] Durch den Variablenwechsel von ω zu f muss in den konkreten Funktionen sin() und cos() die Variable ω durch $2\pi f$ ersetzt werden; in der symbolischen Schreibweise verwendet man als Übergabeparameter jedoch meist nur die variable Größe, so dass die Schreibweisen $S(2\pi f)$ und $S(f)$, hier mit $f = k \cdot \Delta f$ austauschbar sind.

[7] Dies ist ein grundsätzlicher Effekt bei der Beschreibung von Zeitsignalen durch ihre Spektren an äquidistanten Frequenzen, worauf wir bei der Einführung der diskreten Fourier-Transformation im Kap. 10 eingehen werden.

Man erkennt aus dem konstanten Spektrum, dass man sich einen Dirac-Stoß als Überlagerung von cos-Funktionen sämtlicher Frequenzen mit jeweils identischer Amplitude 1 vorstellen kann. Dies bestätigt sich auch, wenn wir das Spektrum in die Näherungsformel (3.22) einsetzen

$$\delta(t) \approx \Delta f \cdot \left(1 + 2\sum_{k=1}^{k_{max}} \cos(2\pi \cdot k \cdot \Delta f \cdot t)\right) . \tag{3.25}$$

In Abb. 3.3a sind die ersten zehn cos-Funktionen im Frequenzabstand $\Delta f = 0{,}2$ überlagert dargestellt, jeweils mit der Amplitude 1. Abb. 3.3b zeigt die Summe dieser Funktionen entsprechend (3.25), wobei sich bereits die grobe Form eines Dirac-Stoßes abzeichnet. In Abb. 3.3c ist diese Summe für $k_{max} = 100$ gezeichnet, und man kann erahnen, dass sich bei einer weiteren Erhöhung von k_{max} und Verringerung von Δf der Dirac-Stoß immer deutlicher herausbilden würde.

Als nächstes Beispiel betrachten wir den in Abb. 3.4a dargestellten Rechteckimpuls $s_1(t)$

$$s_1(t) = \mathrm{a} \cdot [\sigma(t+T) - \sigma(t-T)] = \mathrm{a} \cdot \mathrm{rect}\left(\frac{t}{2T}\right) . \tag{3.26}$$

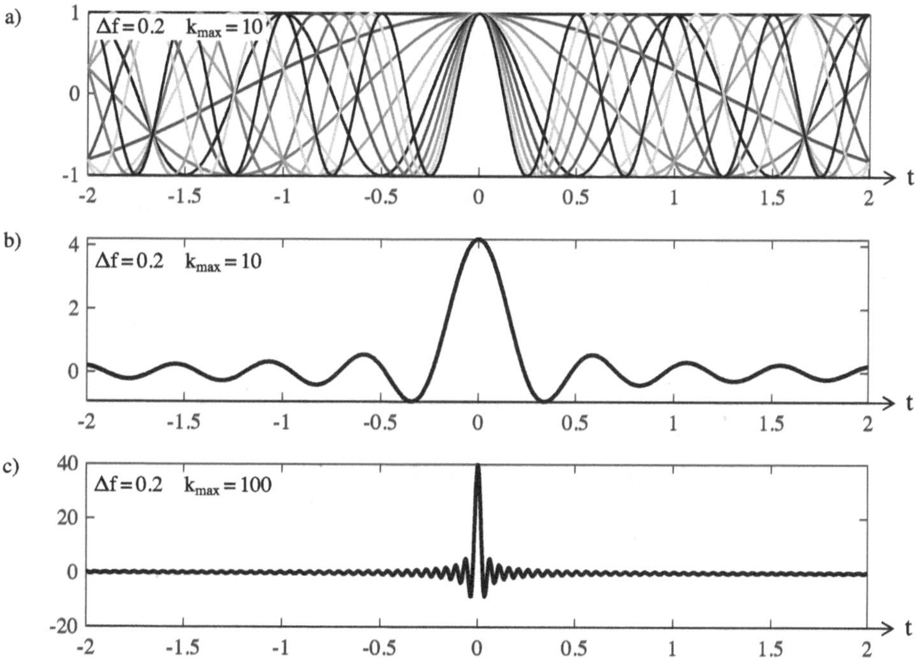

Abb. 3.3 Überlagerung der Funktionen $\cos(2\pi \cdot k \cdot \Delta f \cdot t)$ mit $\Delta f = 0.2$ und $1 \leq k \leq k_{max}$ für $k_{max} = 10$ im Zeitbereich $-2 \leq t \leq 2$ (**a**); Summe dieser cos-Funktionen (**b**) entsprechend Gl. (3.25) und Ergebnis der Summenbildung für $k_{max} = 100$ (**c**)

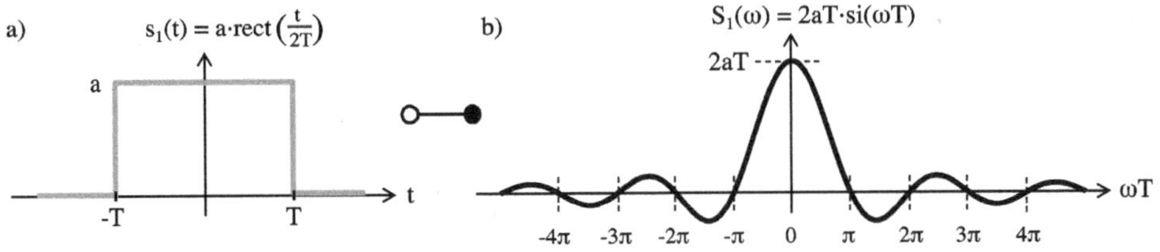

Abb. 3.4 Darstellung eines symmetrischen Rechteckimpulses (**a**) sowie seiner Fourier-Transformierten (**b**); aufgrund des hier betrachteten geraden und reellen Zeitsignals ist das durch die Fourier-Transformation ermittelte Spektrum ebenfalls gerade und rein reell

Dieses ebenfalls gerade Signal setzen wir in das Fourier-Integral ein, und erwartungsgemäß erhalten wir wieder ein reelles und damit auch gerades Spektrum, welches Abb. 3.4b zeigt

$$S_1(\omega) = \int_{-\infty}^{\infty} s_1(t) \cdot \mathrm{e}^{-j\omega t} dt = \mathrm{a} \cdot \int_{-T}^{T} \mathrm{e}^{-j\omega t} dt = \frac{2\mathrm{a}}{\omega} \cdot \frac{\mathrm{e}^{j\omega T} - \mathrm{e}^{-j\omega T}}{2j}$$
$$= 2\mathrm{a}T \cdot \frac{\sin(\omega T)}{\omega T} = 2\mathrm{a}T \cdot \mathrm{si}(\omega T) \,. \tag{3.27}$$

Hierbei haben wir die sogenannte si-Funktion definiert, die bei null den Wert eins annimmt, da $\sin(x)$ nach einer Taylor-Reihenentwicklung für kleine x durch x ersetzt werden darf[8]

$$\lim_{x \to 0} (\mathrm{si}(x)) = \lim_{x \to 0} \left(\frac{\sin(x)}{x} \right) = \frac{x}{x} = 1 \,. \tag{3.28}$$

Den Rechteckimpuls können wir nun ebenfalls näherungsweise mit Formel (3.22) ausdrücken

$$s_1(t) \approx \Delta f \cdot \left(1 + 2 \sum_{k=1}^{k_{max}} 2\mathrm{a}T \cdot \mathrm{si}(2\pi \cdot k \cdot \Delta f) \cdot \cos(2\pi \cdot k \cdot \Delta f \cdot t) \right) . \tag{3.29}$$

Auch hier treten nicht verschobene cos-Funktionen auf, die jedoch abhängig von ihrer Frequenz $k \cdot \Delta f$ entsprechend der si-Funktion unterschiedlich skaliert werden, und von denen die ersten zehn Abb. 3.5a zeigt. Die Summe dieser cos-Funktionen ist in Abb. 3.5b dargestellt, während das Ergebnis in Abb. 3.5c für $k_{max} = 100$ bereits deutlich die Form des Rechteckimpulses erkennen lässt.

Als letztes Beispiel transformieren wir den Exponentialimpuls $s_2(t)$, siehe Abb. 3.6a

$$s_2(t) = \sigma(t) \cdot \frac{1}{T} \cdot \mathrm{e}^{-\frac{t}{T}} \,. \tag{3.30}$$

[8] Die normierte Funktion $\mathrm{si}(\pi x)$ wird in der Literatur auch als $\mathrm{sinc}(x)$ bezeichnet.

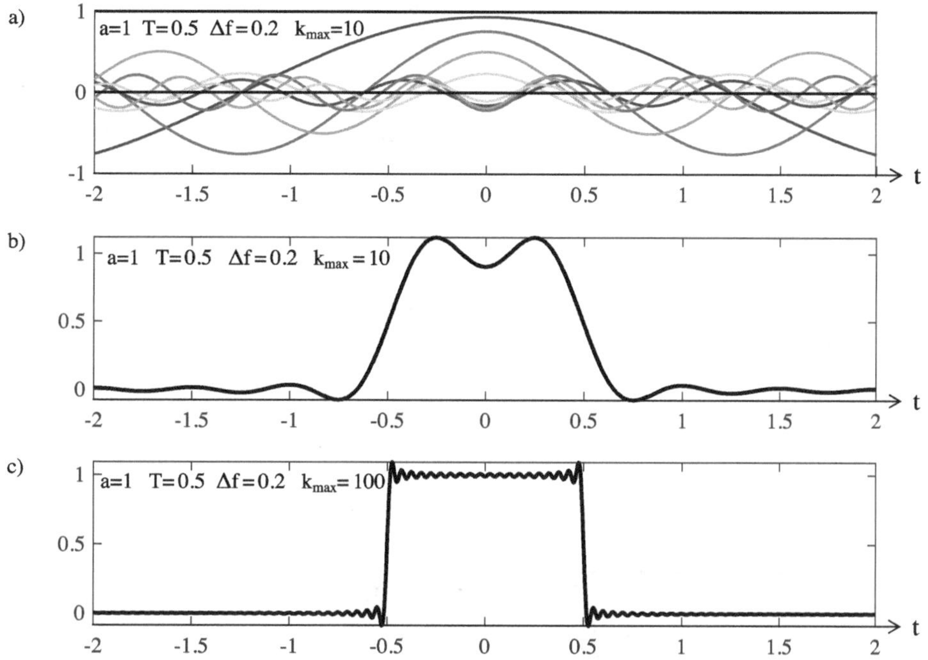

Abb. 3.5 Überlagerung der ersten zehn frequenzabhängig skalierten cos-Funktionen, aus denen sich ein Rechteckimpuls nach Gl. (3.29) zusammensetzt mit $a = 1$, $T = 0{,}5$ und $\Delta f = 0{,}2$ (**a**), Summe dieser cos-Funktionen (**b**), sowie Summe für $k_{max} = 100$ (**c**)

In diesem Fall ist $s_2(t)$ nicht symmetrisch, so dass sein Spektrum komplex wird

$$S_2(\omega) = \int_{-\infty}^{\infty} s_2(t) \cdot \mathrm{e}^{-j\omega t} dt = \frac{-1}{T\,(1/T + j\omega)} \cdot \left. \mathrm{e}^{-t(1/T+j\omega)} \right|_{t=0}^{t\to\infty} = \frac{1}{1 + j\omega T} . \tag{3.31}$$

Für die Darstellung des Spektrums zerlegen wir $S_2(\omega)$ in Betrag und Phase und erhalten[9]

$$|S_2(\omega)| = \frac{1}{\sqrt{1 + (\omega T)^2}} \qquad \text{und:} \qquad \varphi\,\{S_2(\omega)\} = -\arctan(\omega T) . \tag{3.32}$$

Beide Verläufe sind in Abb. 3.6b dargestellt. Wie nach (3.12) für beliebige reelle Zeitfunktionen zu erwarten war, ist der Betrag des Spektrums eine gerade Funktion während die Phase ungerade ist. Die Interpretation des Spektrums als die Amplituden und Phasenverschiebungen von cos-Funktionen, aus denen $s_2(t)$ zusammengesetzt werden kann, soll hier anhand unserer Näherungsformel (3.21) verifiziert werden, aus der mit (3.32) folgt

[9] Wir werden in Kap. 6 beim Behandeln von Frequenzgängen genauer auf die Zerlegung komplexer Funktionen eingehen; hier sei nur das Ergebnis angegeben.

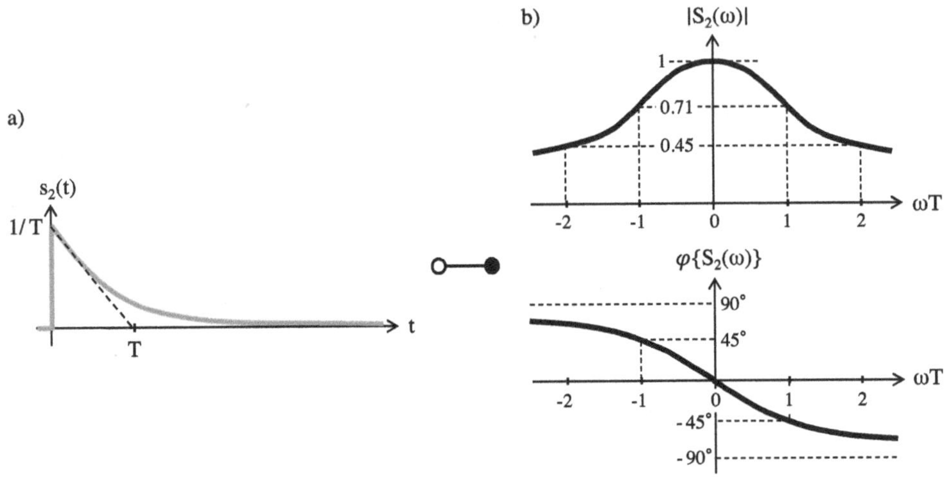

Abb. 3.6 Darstellung eines Exponentialimpulses (**a**) sowie Betrag und Phase seines Spektrums (**b**)

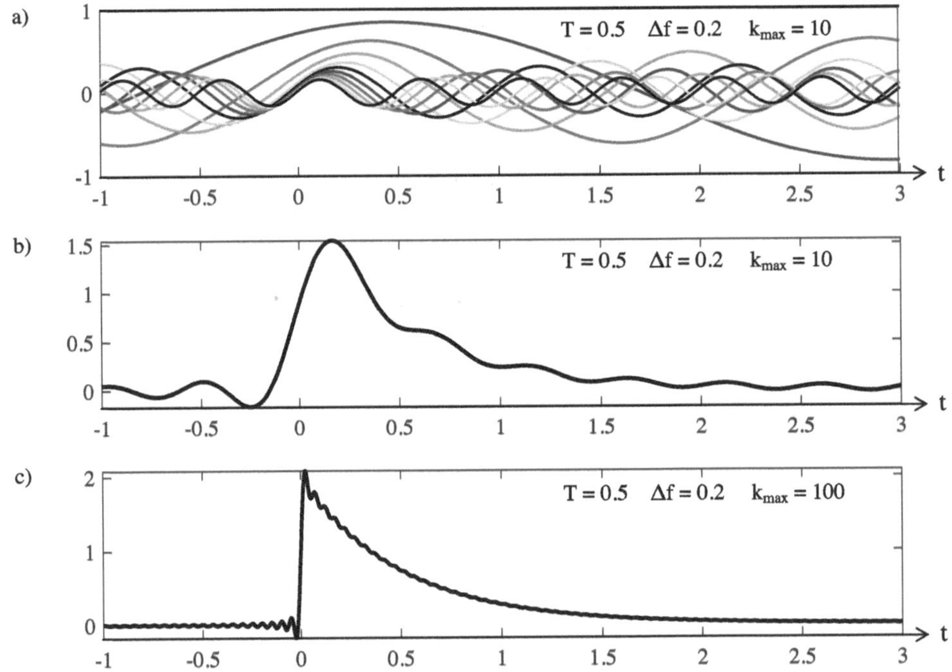

Abb. 3.7 Überlagerung der ersten zehn frequenzabhängig skalierten und verschobenen cos-Funktionen, aus denen sich ein Exponentialimpuls zusammensetzt mit $T = 0{,}5$ und $\Delta f = 0{,}2$ (**a**), die Summe dieser cos-Funktionen (**b**), sowie die Summe für $k_{max} = 100$ (**c**)

$$s_2(t) \approx \Delta f \cdot \left(1 + 2\sum_{k=1}^{k_{max}} \frac{\cos(2\pi \cdot k \cdot \Delta f \cdot t - \arctan(2\pi \cdot k \cdot \Delta f \cdot T))}{\sqrt{1 + (2\pi \cdot k \cdot \Delta f \cdot T)^2}}\right) . \tag{3.33}$$

Das Ergebnis dieser Formel ist in Abb. 3.7 dargestellt. Abb. 3.7a zeigt wieder die ersten zehn cos-Funktionen im Frequenzabstand $\Delta f = 0{,}2$, und man erkennt deutlich die für jede Frequenz $k \cdot \Delta f$ individuelle Skalierung und Phasenverschiebung. In Abb. 3.7b lässt die Summe für $k_{max} = 10$ bereits den Exponentialimpuls erahnen, und für $k_{max} = 100$ wird dessen Form gut wiedergegeben, siehe Abb. 3.7c.

3.3 Theoreme und Korrespondenzen der Fourier-Transformation

In diesem Abschnitt wollen wir uns mit sogenannten Theoremen der Fourier-Transformation beschäftigen, das sind Rechenregeln, die den Umgang mit der Transformation erheblich erleichtern, da wir damit die Spektren einer Vielzahl neuer Signale aus bekannten Signalen herleiten können. Außerdem erhalten wir dadurch ein tieferes Verständnis der Fourier-Transformation.

3.3.1 Linearkombinationen von Signalen im Frequenzbereich

Zunächst betrachten wir die Fourier-Transformierte eines Signals $s(t)$, das sich als Linearkombination zweier beliebiger Signale $s_1(t)$ und $s_2(t)$ schreiben lässt mit den konstanten Parametern a_1 und a_2. Aufgrund der Linearität der Integration dürfen wir dieselbe Kombination auch im Frequenzbereich bilden

$$\mathcal{F}\{s(t)\} = \mathcal{F}\{a_1 \cdot s_1(t) + a_2 \cdot s_2(t)\} = \int_{-\infty}^{\infty} [a_1 \cdot s_1(t) + a_2 \cdot s_2(t)] \cdot \mathrm{e}^{-j\omega t} dt \tag{3.34}$$

$$= a_1 \cdot \underbrace{\int_{-\infty}^{\infty} s_1(t) \cdot \mathrm{e}^{-j\omega t} dt}_{S_1(\omega)} + a_2 \cdot \underbrace{\int_{-\infty}^{\infty} s_2(t) \cdot \mathrm{e}^{-j\omega t} dt}_{S_2(\omega)} . \tag{3.35}$$

Damit gilt, dass sich das Spektrum einer Linearkombination von Zeitsignalen als dieselbe Linearkombination der Spektren dieser Zeitsignale ergibt

$$s(t) = a_1 \cdot s_1(t) + a_2 \cdot s_2(t) \quad \circ\!\!-\!\!\bullet \quad S(\omega) = a_1 \cdot S_1(\omega) + a_2 \cdot S_2(\omega) . \tag{3.36}$$

Als Anwendung dieses Theorems berechnen wir die Spektren der cos- und sin-Funktion. Dazu ermitteln wir zunächst durch Anwendung der inversen Fourier-Transformation die Zeitfunktion, deren Spektrum ein um ω_0 verschobener Dirac-Stoß ist. Hierbei berücksichtigen wir, dass der Dirac-Stoß eine gerade Funktion ist, so dass das Integral als Faltung geschrieben werden kann

$$\mathscr{F}^{-1}\left\{\delta(\omega-\omega_0)\right\} = \tfrac{1}{2\pi}\cdot\int_{-\infty}^{\infty}\underbrace{\delta(\omega-\omega_0)}_{\delta(\omega_0-\omega)}\cdot \mathrm{e}^{j\omega t}\,d\omega \;=\; \tfrac{1}{2\pi}\cdot\delta(\omega_0) * \mathrm{e}^{j\omega_0 t}\;. \tag{3.37}$$

Mit der Neutralitätseigenschaft des Dirac-Stoßes bezüglich Faltung gilt die Korrespondenz

$$\mathrm{e}^{j\omega_0 t} \quad \circ\!\!-\!\!\bullet \quad 2\pi\cdot\delta(\omega-\omega_0)\;. \tag{3.38}$$

Die cos- und sin-Funktion können wir als Summe bzw. Differenz von zwei komplexen Exponentialfunktionen schreiben, siehe Anhang A.1, so dass mittels (3.36) und (3.38) folgt

$$\cos(\omega_0\, t) \;=\; \frac{\mathrm{e}^{j\omega_0 t}+\mathrm{e}^{-j\omega_0 t}}{2} \quad \circ\!\!-\!\!\bullet \quad \pi\cdot\left[\delta(\omega+\omega_0)+\delta(\omega-\omega_0)\right]\;, \tag{3.39}$$

$$\sin(\omega_0\, t) \;=\; \frac{\mathrm{e}^{j\omega_0 t}-\mathrm{e}^{-j\omega_0 t}}{2j} \quad \circ\!\!-\!\!\bullet \quad j\pi\cdot\left[\delta(\omega+\omega_0)-\delta(\omega-\omega_0)\right]\;. \tag{3.40}$$

Diese Spektren zeigt Abb. 3.8, und wie erwartet ist das Spektrum von $\cos(\omega_0 t)$ reell und gerade, während $\sin(\omega_0 t)$ als ungerade Zeitfunktion ein imaginäres und ungerades Spektrum aufweist.

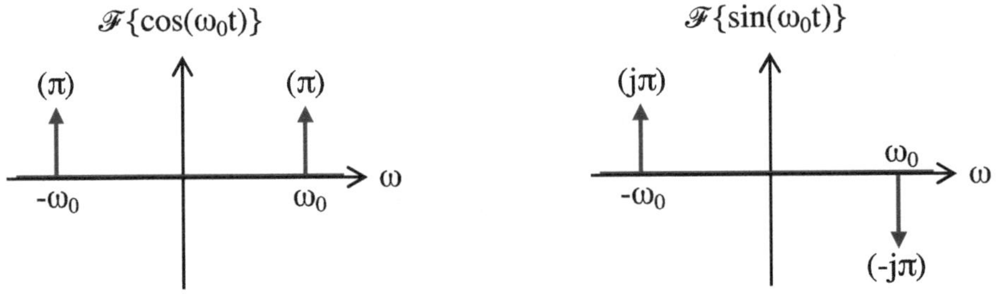

Abb. 3.8 Fourier-Transformierte der cos- und sin-Funktion. Da die Cosinus-Funktion gerade ist, besitzt sie ein rein reelles und gerades Spektrum, während die ungerade Sinusfunktion ein rein imaginäres und damit auch immer ungerades Spektrum aufweist

3.3.2 Fourier-Transformation der Faltung von Zeitsignalen

Wir hatten bereits bei der Einführung der Fourier-Transformation im Abschn. 3.1 erkannt, dass LTI-Systeme bei Übertragung von Eigensignalen lediglich die Multiplikation mit komplexen Amplitudenfaktoren bewirken. Dies wollen wir auch für beliebige Signale zeigen, wozu wir die Faltung zweier Signale $s_1(t)$ und $s_2(t)$ in das Fourier-Integral einsetzen

$$\mathscr{F}\{s_1(t) * s_2(t)\} = \mathscr{F}\left\{\int_{-\infty}^{\infty} s_1(\tau)s_2(t-\tau)d\tau\right\} = \int_{-\infty}^{\infty}\left[\int_{-\infty}^{\infty} s_1(\tau)s_2(t-\tau)d\tau\right]\mathrm{e}^{-j\omega t}dt\,. \tag{3.41}$$

Um die Variablen trennen zu können, substituieren wir $t-\tau$ durch t', so dass gilt $t = t' + \tau$ und $dt = dt'$. Damit können wir die von τ abhängigen Terme aus dem Integral über t' herausziehen

$$\begin{aligned}\mathscr{F}\{\,s_1(t) * s_2(t)\} &= \int_{-\infty}^{\infty}\int_{-\infty}^{\infty} s_1(\tau)\; s_2(t')\;\mathrm{e}^{-j\omega(t'+\tau)}dt'\,d\tau \\ &= \int_{-\infty}^{\infty} s_1(\tau)\,\mathrm{e}^{-j\omega\tau}\,d\tau\cdot\int_{-\infty}^{\infty} s_2(t')\,\mathrm{e}^{-j\omega t'}dt' = S_1(\omega)\cdot S_2(\omega)\,,\end{aligned} \tag{3.42}$$

so dass wir die folgende Korrespondenz erhalten

$$s_1(t) * s_2(t) \quad \circ\!\!-\!\!\bullet \quad S_1(\omega)\cdot S_2(\omega)\,. \tag{3.43}$$

Wenn wir Signale anstatt durch Zeitfunktionen durch ihre Spektren beschreiben, wirken also LTI-Systeme lediglich als Multiplikatoren, was den Umgang mit Signalen wesentlich vereinfacht. Dieses Theorem begründet die zentrale Bedeutung der Fourier-Transformation in der Systemtheorie, und damit können wir auch sehr einfach die Assoziativität der Faltung verifizieren, die wir in (2.50) ohne Beweis angegeben hatten. Dazu transformieren wir die Gleichung in den Frequenzbereich und nutzen die bekannte Assoziativität der Multiplikation

$$\begin{aligned}[s_1(t) * s_2(t)] * s_3(t) \;\circ\!\!-\!\!\bullet\; [S_1(\omega)\cdot S_2(\omega)]\cdot S_3(\omega) &= \\ S_1(\omega)\cdot[S_2(\omega)\cdot S_3(\omega)] \;\bullet\!\!-\!\!\circ\; s_1(t) * [s_2(t)] * s_3(t)]\,.\end{aligned} \tag{3.44}$$

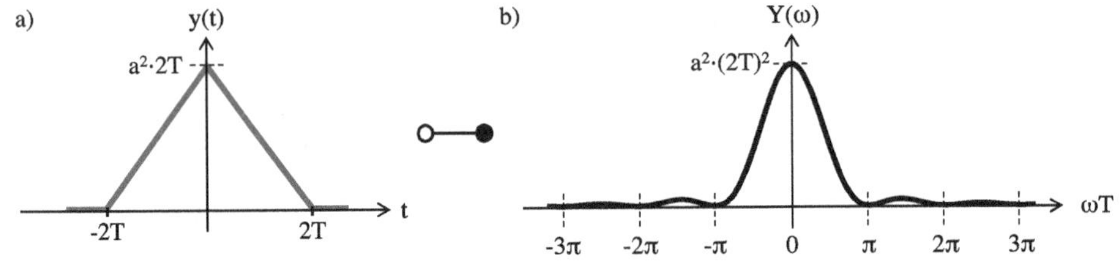

Abb. 3.9 Symmetrischer Dreieckimpuls der Breite $4T$ und der Höhe $a^2 \cdot 2T$ (**a**) und sein Spektrum (**b**)

Durch Anwendung dieses Faltungstheorems können wir ebenfalls das Spektrum des Dreiecksimpulses $y(t)$ aus Abb. 3.9a berechnen, den wir im Abschn. 2.2.2 nach (2.37) und Abb. 2.17 als Faltung zweier identischer Rechteckimpulse dargestellt haben. Damit erhalten wir $Y(\omega)$ einfach durch Quadrierung des bekannten Spektrums des Rechteckimpulses nach (3.27)

$$y(t) = \left[a \cdot \mathrm{rect}\left(\frac{t}{2T}\right)\right] * \left[a \cdot \mathrm{rect}\left(\frac{t}{2T}\right)\right] \circ\!\!-\!\!\bullet \; Y(\omega) = [2aT \cdot \mathrm{si}(\omega T)]^2 \; . \tag{3.45}$$

Das Spektrum ist in Abb. 3.9b dargestellt: Aufgrund der Achsensymmetrie von $y(t)$ ist $Y(\omega)$ rein reell und durch die Quadrierung außerdem niemals negativ, wobei an den Nulldurchgängen der si-Funktion bei Vielfachen von π jeweils der Wert null angenommen wird.

3.3.3 Symmetrie zwischen Signalen im Zeit- und Frequenzbereich

Vergleicht man die beiden Integrale für die Fourier- und die inverse Fourier-Transformation, so fällt eine große Übereinstimmung aus. Diese Symmetrie können wir nutzen, um Zeitsignale mit einem Funktionsverlauf identisch zu einem bekannten Spektrum besonders einfach zu transformieren. Dazu ersetzen wir in der inversen Fourier-Transformation zunächst die Zeitvariable t durch $-t$. Da t keine Integrationsvariable ist, hat dies keine weitere Auswirkung auf das Integral

$$s(-t) = \frac{1}{2\pi} \cdot \int_{-\infty}^{\infty} S(\omega) \cdot \mathrm{e}^{-j\omega t} d\omega \; . \tag{3.46}$$

In dieser Gleichung vertauschen wir die Variablen t und ω, was dazu führt, dass auf der rechten Seite jetzt die Fourier-Transformierte des Signal $S(t)$ steht, eines Zeitsignals mit dem funktionalen Verlauf des ursprünglichen Spektrums von $s(t)$

$$s(-\omega) = \frac{1}{2\pi} \cdot \int_{-\infty}^{\infty} S(t) \cdot \mathrm{e}^{-j\omega t} dt = \frac{1}{2\pi} \cdot \mathscr{F}\{S(t)\} \; . \tag{3.47}$$

Damit haben $s(t)$ und $S(\omega)$ bis auf das Vorzeichen quasi ihre Rollen vertauscht, und wir erhalten

$$s(t) \circ\!\!-\!\!\bullet\; S(\omega) \quad \Rightarrow \quad S(t) \circ\!\!-\!\!\bullet\; 2\pi \cdot s(-\omega)\,. \tag{3.48}$$

Wird also eine Fourier-Transformierte $S(\omega)$ als Zeitfunktion $S(t)$ aufgefasst, so hat deren Spektrum bis auf den Faktor 2π die gespiegelte Form des ursprünglichen Zeitsignals $s(t)$. Diese Beziehungen lassen sich alternativ auch durch folgende Gleichungen ausdrücken

$$S(t) = \mathscr{F}\{s(t)\}|_{\omega=t} \quad \Rightarrow \quad s(t) = \frac{1}{2\pi} \cdot \mathscr{F}\{S(t)\}\Big|_{\omega=-t}\,. \tag{3.49}$$

Erfüllen zwei Signale $s(t)$ und $S(t)$ den Zusammenhang nach (3.48) bzw. (3.49), so nennt man die Signale zueinander dual. Allerdings muss bei einer Realisierung beachtet werden, dass nach Abschn. 3.2 Fourier-Transformierte und damit auch $S(t)$ komplexe Funktionen sind, falls das reell angenommene Zeitsignal $s(t)$ keine gerade Funktion ist.

Als Anwendung dieses Symmetrietheorems soll ein sogenannter idealer Tiefpass (TP) betrachtet werden mit der Eigenschaft, Frequenzanteile oberhalb einer Grenzfrequenz ω_g zu sperren. Einen solchen Tiefpass zeigt Abb. 3.10a, erkennbar am rechteckförmigen Verlaufs seines Spektrums

$$G_{TP}(\omega) = \sigma(\omega + \omega_g) - \sigma(\omega - \omega_g) = \operatorname{rect}\left(\frac{\omega}{2\omega_g}\right)\,. \tag{3.50}$$

Beispielhaft werde ein Eingangssignal mit dem dargestellten Spektrum $U(\omega)$ auf dieses System gegeben, und das Ausgangsspektrum $Y(\omega)$ entsteht nach (3.43) durch Multiplikation von $U(\omega)$ mit $G_{TP}(\omega)$. Zur Bestimmung der zu $G_{TP}(\omega)$ korrespondierenden Stoßantwort $g_{TP}(t)$ verwenden wir das im Abschn. 3.2.1 transformierte rechteckförmige Zeitsignal $s_1(t)$ nach (3.26), und ein Vergleich mit $G_{TP}(\omega = t)$ liefert die Beziehungen $T = \omega_g$ und $a = 1$. Damit entspricht nach (3.49) die Stoßantwort $g_{TP}(t)$ dem Spektrum $S_1(\omega)$ aus (3.27) für $\omega = -t$ geteilt durch 2π, wobei $g_{TP}(t)$ hier eine gerade Funktion ist, so das wir $-t$ durch t ersetzen können

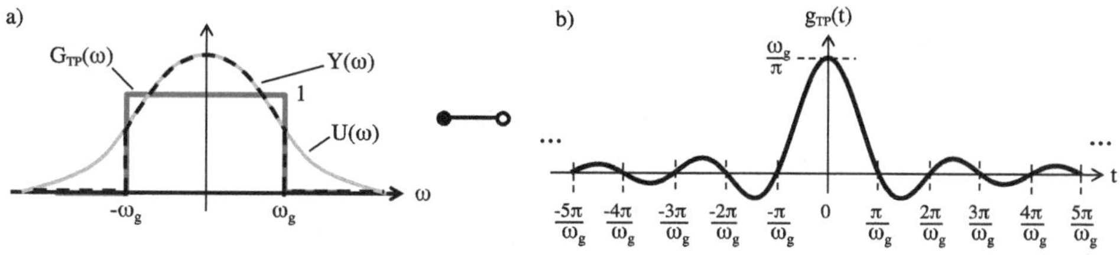

Abb. 3.10 Rechteckförmiges Spektrum $G_{TP}(\omega)$ eines idealen Tiefpasses mit dem Ausgangssignal $Y(\omega)$ für $U(\omega)$ am Eingang (**a**), und si-Funktion als zugehörige Stoßantwort $g_{TP}(t)$ des Systems (**b**)

$$g_{TP}(t) = \frac{1}{2\pi} \cdot \mathcal{F}\{G_{TP}(t)\}\Big|_{\omega=-t} = \frac{1}{2\pi} \cdot \mathcal{F}\left\{\mathrm{rect}\left(\frac{t}{2\omega_g}\right)\right\}\Big|_{\omega=-t}$$
$$= \frac{1}{2\pi} \cdot 2\omega_g \cdot \mathrm{si}(t \cdot \omega_g) = \frac{\omega_g}{\pi} \cdot \frac{\sin(t \cdot \omega_g)}{t \cdot \omega_g} \,. \qquad (3.51)$$

In Abb. 3.10b ist $g_{TP}(t)$ dargestellt, allerdings beschreibt diese Stoßantwort ein akausales und damit nicht realisierbares System, da die Bedingung $g_{TP}(t < 0) = 0$ nicht erfüllt ist, vergleiche Abschn. 2.2.2. Dennoch werden wir später im Abschn. 3.3.5 sehen, dass es möglich ist ein System zu realisieren, welches dem idealen Tiefpassverhalten quasi beliebig nahekommt.

3.3.4 Fourier-Transformierte von Produkten aus Zeitsignalen

Mit Hilfe des Faltungstheorems der Fourier-Transformation und des im vorherigen Abschnitt betrachteten Symmetrietheorems für duale Signale ist es möglich, beliebige Produkte von Zeitsignalen in den Frequenzbereich zu transformieren, sofern die Spektren der einzelnen Signale bekannt sind. Dazu wenden wir auf (3.43) das Symmetrietheorem an und erhalten

$$\mathcal{F}\{S_1(t) \cdot S_2(t)\} = 2\pi \cdot [s_1(-\omega) * s_2(-\omega)] = \frac{1}{2\pi} \cdot [\underbrace{2\pi \cdot s_1(-\omega)}_{\mathcal{F}\{S_1(t)\}} * \underbrace{2\pi \cdot s_2(-\omega)}_{\mathcal{F}\{S_2(t)\}}]$$
$$= \frac{1}{2\pi} \cdot \mathcal{F}\{S_1(t)\} * \mathcal{F}\{S_2(t)\} \,. \qquad (3.52)$$

Hierbei haben wir das Assoziativgesetz (2.51) für den skalaren Faktor 2π benutzt, und das Symmetrietheorem erneut einzeln auf die beiden Terme in dem letzten Faltungsprodukt der ersten Zeile angewandt. Damit lässt sich die Fourier-Transformierte des Produktes der beiden Zeitfunktion $S_1(t)$ und $S_2(t)$ als Faltung der beiden Einzelspektren schreiben. Die in der Gleichung auftretenden Signale $S_1(t)$ und $S_2(t)$ sind beliebig wählbar, und wir bezeichnen sie wieder mit den kleinen Buchstaben $s_1(t)$ und $s_2(t)$, so dass sich folgende allgemeine Korrespondenz ergibt

$$s_1(t) \cdot s_2(t) \quad \circ\!\!-\!\!\bullet \quad \frac{1}{2\pi} \cdot S_1(\omega) * S_2(\omega) \,. \qquad (3.53)$$

Wir erkennen anhand dieses Multiplikationstheorems, dass die Fourier-Transformation von Produkten aus Zeitfunktionen grundsätzlich aufwändig ist, denn wollen wir das resultierende Spektrum aus den Spektren der Einzelsignale ermitteln, müssen wir diese miteinander falten, was i. Allg. eine komplizierte mathematische Operation ist. Allerdings gibt es spezielle Funktionen, mit denen eine Faltung einfach ausgeführt werden kann. Insbesondere korrespondiert die komplexe e-Funktion nach (3.38) im Frequenzbereich zu einem verschobenen Dirac-Stoß, so dass wir durch Multiplikation einer komplexen e-Funktion mit einem beliebigen Zeitsignals $s(t)$ dessen Spektrum im Frequenzbereich beliebig verschieben können

$$s(t) \cdot e^{j\omega_0 t} \quad \circ\!\!-\!\!\bullet \quad \frac{1}{2\pi} \cdot S(\omega) * 2\pi \cdot \delta(\omega - \omega_0) = S(\omega - \omega_0) . \tag{3.54}$$

Eine Frequenzverschiebung lässt sich auch mit reellen Signalen ausführen, da die sin- und cos-Funktion als Summe zweier komplexer e-Funktionen geschrieben werden können, und ihr Spektrum daher nach Abschn. 3.3.1 aus jeweils zwei Dirac-Stößen besteht. Dies soll am Beispiel des Signals $g(t)$ gemäß (3.51) gezeigt werden, das wir jetzt nicht als Stoßantwort eines Systems sondern als beliebiges Zeitsignal interpretieren. Wenn wir dieses Signal mit $\cos(\omega_0 t)$ multiplizieren, erhalten wir entsprechend (3.53) und (3.39)

$$\begin{aligned} s(t) = g(t) \cdot \cos(\omega_0 t) \quad \circ\!\!-\!\!\bullet \quad S(\omega) &= \tfrac{1}{2} G(\omega) * [\delta(\omega + \omega_0) - \delta(\omega - \omega_0)] \\ &= \tfrac{1}{2} [G(\omega + \omega_0) + G(\omega - \omega_0)] . \end{aligned} \tag{3.55}$$

Die beiden Zeitsignale sind in Abb. 3.11a dargestellt, wobei $g(t)$ als sogenannte Hüllkurve auftritt, vgl. Abschn. 6.5.1. Man erkennt an den zugehörigen Spektren in (b), dass die Multiplikation mit $\cos(\omega_0 t)$ eine Verschiebung um $\pm\omega_0$ im Spektralbereich bewirkt. Diese sogenannte Amplitudenmodulation, bei der die Amplitude eines Trägersignals – der cos-Funktion – abhängig von einem Nutzsignal verändert wird, bildet eine wesentliche Grundlage der Nachrichtentechnik. Damit ist es z. B. möglich, mehrere Nutzsignale – $g(t)$ könnte z. B. auch ein Sprach- oder Musiksignal bezeichnen – gleichzeitig als sogenannte Bandpass-Signale in verschiedenen Frequenzbereichen zu übertragen, so dass dort keine Überlappungen auftreten und die Signale sich gegenseitig nicht stören.

3.3.5 Verschobene, gedehnte und gespiegelte Signale im Frequenzbereich

Wir hatten im Abschn. 2.1.1 die Verschiebung, Dehnung und Spiegelung von Zeitsignalen durch eine lineare Abbildung von t eingeführt und wollen nun untersuchen, wie sich diese im Frequenzbereich auswirkt. Dazu setzen wir ein Zeitsignal mit linear abgebildeter Zeit-

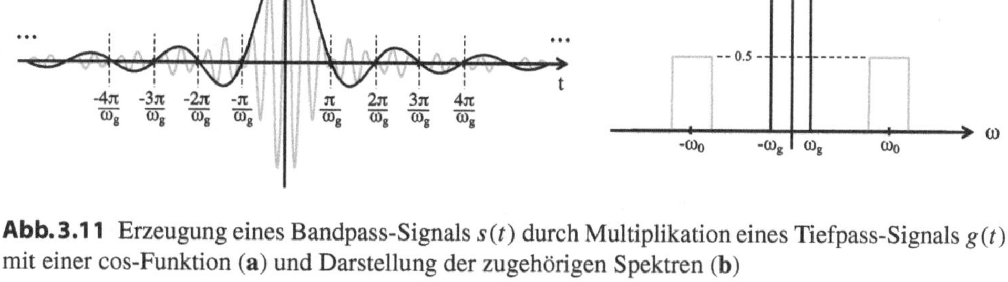

Abb. 3.11 Erzeugung eines Bandpass-Signals $s(t)$ durch Multiplikation eines Tiefpass-Signals $g(t)$ mit einer cos-Funktion (**a**) und Darstellung der zugehörigen Spektren (**b**)

variable $\tau = b \cdot (t - t_0)$ in das Fourier-Integral ein und substituieren t durch τ gemäß dieser Abbildung mit $d\tau = b \cdot dt$. Zunächst sei $b > 0$, d. h. es tritt nur eine Dehnung und Verschiebung auf, so dass sich durch die Substitution die Integrationsgrenzen nicht ändern

$$\mathscr{F}\{s(b \cdot (t - t_0))\} = \int_{-\infty}^{\infty} s(b \cdot (t - t_0)) \cdot \mathrm{e}^{-j\omega t}\, dt = \tfrac{1}{b} \int_{-\infty}^{\infty} s(\tau) \cdot \mathrm{e}^{-j\omega(\tau/b + t_0)}\, d\tau$$

$$= \tfrac{1}{b} \cdot \mathrm{e}^{-j\omega t_0} \cdot \int_{-\infty}^{\infty} s(\tau) \cdot \mathrm{e}^{-j \cdot \left(\frac{\omega}{b}\right) \cdot \tau}\, d\tau\,. \tag{3.56}$$

Das letzte Integral entspricht definitionsgemäß der Fourier-Transformierten von $s(t)$ bei Frequenzen ω/b, wobei wir τ formal wieder durch t ersetzen können, so dass wir erhalten

$$s(b \cdot (t - t_0)) \quad \circ\!\!-\!\!\bullet \quad \tfrac{1}{b} \cdot \mathrm{e}^{-j\omega t_0} \cdot S(\omega/b) \qquad \text{für:} \quad b > 0\,. \tag{3.57}$$

Betrachten wir mit $b < 0$ zusätzlich eine Spiegelung von $s(t)$, so vertauschen sich durch die Substitution die Integrationsgrenzen, was wir durch ein zusätzliches Minuszeichen vor dem Integral kompensieren können, so dass sich in diesem Fall ergibt

$$s(b \cdot (t - t_0)) \quad \circ\!\!-\!\!\bullet \quad -\tfrac{1}{b} \cdot \mathrm{e}^{-j\omega t_0} \cdot S(\omega/b) \qquad \text{für:} \quad b < 0\,. \tag{3.58}$$

Die Gl. (3.57) und (3.58) fassen wir durch Betragsbildung von $b \neq 0$ zusammen und erhalten als allgemeine Korrespondenz für verschobene, gedehnte und gespiegelte Zeitsignale

$$s(b \cdot (t - t_0)) \quad \circ\!\!-\!\!\bullet \quad \tfrac{1}{|b|} \cdot \mathrm{e}^{-j\omega t_0} \cdot S(\omega/b)\,. \tag{3.59}$$

Die wichtigsten Sonderfälle dieses Theorems erhalten wir für eine reine Verschiebung mit $b = 1$

$$s(t - t_0) \quad \circ\!\!-\!\!\bullet \quad S(\omega) \cdot \mathrm{e}^{-j\omega t_0}\,, \tag{3.60}$$

sowie für $t_0 = 0$ und $b = -1$, d. h. für eine reine Spiegelung

$$s(-t) \quad \circ\!\!-\!\!\bullet \quad S(-\omega) = S^*(\omega)\,. \tag{3.61}$$

Die Gleichheit in (3.61) gilt nur für reelle Zeitsignale aufgrund der Symmetrie ihres Spektrums.

Jetzt wollen wir eine weitere wichtige Eigenschaft sinusförmiger Signale zeigen. Dazu setzen wir das Signal $s(t) = \cos(\omega_1(t + t_0))$ in das Fourier-Integral (3.8) ein und betrachten nur den Realteil, den wir auch mit dem Spektrum der cos-Funktion (3.39) und (3.60) bestimmen können

$$\mathrm{Re}\{S(\omega)\} = \mathrm{Re}\left\{\int_{-\infty}^{\infty} \cos(\omega_1(t+t_0)) \cdot \mathrm{e}^{-j\omega t} dt\right\}$$
$$= \int_{-\infty}^{\infty} \cos(\omega_1(t+t_0)) \cdot \cos(\omega t)\, dt \;=\; \pi \cdot [\delta(\omega+\omega_1)+\delta(\omega-\omega_1)] \cdot \cos(\omega\, t_0)\;. \tag{3.62}$$

Wegen der Dirac-Stöße ist die Gleichung für alle Kreisfrequenzen $\omega \neq \pm\omega_1$ null. Wenn wir formal die Integrationsvariable t in τ umbenennen, die Zeitverschiebung t_0 in t und ω_2 anstelle von ω verwenden, definiert das Integral in (3.62) unten die Energiekorrelation (KKF) zwischen den Signalen $u(t) = \cos(\omega_2\, t)$ und $v(t) = \cos(\omega_1\, t)$,

$$\varphi_{uv}^{E}(t) \;=\; \int_{-\infty}^{\infty} \cos(\omega_1(\tau+t)) \cdot \cos(\omega_2 \tau)\, d\tau \;=\; 0 \qquad \text{für} \qquad \omega_2 \neq \pm\omega_1\;. \tag{3.63}$$

Damit gilt, dass die KKF zwischen sinusförmigen Signalen unterschiedlicher Frequenz immer null ergibt. Allgemein nennt man zwei beliebige Signale $u(t)$ und $v(t)$ mit der Eigenschaft $\varphi_{uv}^{E}(t) = 0$ *orthogonal* zueinander, und bereits in Kap. 2 hatten wir anhand von Abb. 2.8 sogenannte PN-Signale als Beispiel für orthogonale Signale kennengelernt.

Mit Hilfe von (3.59) können wir auch die Dehnungseigenschaft des Dirac-Stoßes nach (2.43) beweisen, indem wir $t_0 = 0$ setzen und das konstante Spektrum nach (3.24) berücksichtigen

$$\delta(b \cdot t) \quad \circ\!\!-\!\!\bullet \quad \tfrac{1}{|b|} \cdot \mathscr{F}\{\delta(t)\}|_{\omega/b} \;=\; \tfrac{1}{|b|} \quad \bullet\!\!-\!\!\circ \quad \tfrac{1}{|b|} \cdot \delta(t)\;. \tag{3.64}$$

Wenn wir (3.59) zusammen mit dem Multiplikationstheorem nach (3.53) auf das Produkt eines Zeitsignals $s(t)$ mit einer um $2T$ gedehnten und t_0 verschobenen Rechteckfunktion anwenden, können wir ein beliebiges zeitbeschränktes Signal beschreiben. Mit der Korrespondenz nach (3.26) und (3.27) erhalten wir

$$s(t) \;\cdot\; \mathrm{rect}\left(\frac{t-t_0}{2T}\right) \quad \circ\!\!-\!\!\bullet \quad \tfrac{1}{2\pi} \cdot S(\omega) \,*\, \left[2T \cdot \mathrm{si}(\omega T) \;\cdot\; \mathrm{e}^{-j\omega t_0}\right]. \tag{3.65}$$

Da die si-Funktion unendlich ausgedehnt ist, und die Faltung zweier Signale immer ein längeres Signal ergibt als die einzelnen Längen der miteinander gefalteten Signale, folgt hieraus die allgemeine Erkenntnis, dass jedes zeitlich begrenzte Signal stets ein unendlich ausgedehntes Spektrum aufweist. Umgekehrt gilt mit dem Theorem für duale Signale nach

(3.48) auch immer, dass ein bandbegrenztes Spektrum im Zeitbereich unendlich ausgedehnt ist.

Als Beispiel für die Anwendung der soweit kennengelernten Theoreme wollen wir jetzt ein realisierbares System betrachten, welches dem Verhalten des idealen Tiefpasses gemäß Abb. 3.10 nahekommt. Dazu begrenzen wir zunächst die Länge der Stoßantwort des idealen Tiefpasses nach (3.51) auf den Zeitbereich $-T \leq t \leq T$, indem wir $g_{TP}(t)$ mit einem Rechtecksignal der Breite $2T$ multiplizieren. Anschließend verschieben wir die so zeitbegrenzte Stoßantwort durch Faltung mit $\delta(t-T)$ in den positiven Zeitbereich von 0 bis $2T$, so dass die Kausalitätsbedingung erfüllt ist, und wir erhalten die in Abb. 3.12a dargestellte approximierte Stoßantwort $\tilde{g}_{TP}(t)$ eines idealen Tiefpasses

$$\tilde{g}_{TP}(t) = \left[\frac{\omega_g}{\pi} \cdot \mathrm{si}\left(t \cdot \omega_g\right) \cdot \mathrm{rect}\left(\frac{t}{2T}\right)\right] * \delta(t-T)\,. \tag{3.66}$$

Um die Filterwirkung dieses Systems zu erkennen, müssen wir das Spektrum von $\tilde{g}_{TP}(t)$ bestimmen, was durch Anwendung der Theoreme nach (3.43), (3.53) und (3.60) gelingt. Dazu falten wir zunächst das Spektrum des idealen Tiefpasses nach (3.50) mit dem Spektrum der Rechteckfunktion gemäß (3.27) für $a = 1$, und multiplizieren anschließend das Ergebnis mit dem Spektrum des verschobenen Dirac-Stoßes

$$\tilde{G}_{TP}(\omega) = \mathscr{F}\{\tilde{g}_{TP}(t)\} = \tfrac{1}{2\pi} \cdot \left[\mathrm{rect}\left(\frac{\omega}{2\omega_g}\right) * 2T \cdot \mathrm{si}(\omega T)\right] \cdot \mathrm{e}^{-j\omega T}\,. \tag{3.67}$$

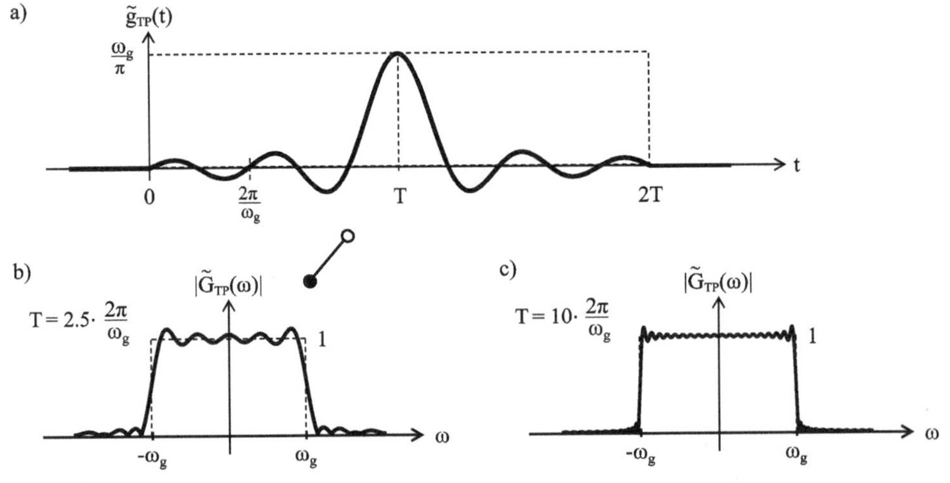

Abb. 3.12 Näherungsweise Realisierung eines idealen Tiefpasses durch Verschiebung der Stoßantwort um T und zeitliche Beschränkung auf $2T$ (**a**). Das zugehörige Spektrum ist in (**b**) dargestellt, während (**c**) den Fall für ein größeres T mit dadurch bedingt besserem Tiefpassverhalten zeigt

Ersetzt man in dieser Gleichung die Funktion rect() durch zwei um $\pm\omega_g$ verschobene Sprungfunktionen, berücksichtigt die Verschiebung um ω_g bzw. $-\omega_g$ nach (2.55) äquivalent in den si-Funktionen und ersetzt die Faltung mit der Sprungfunktion nach (2.66) durch eine Integration, so lässt sich $\tilde{G}_{TP}(\omega)$ ohne Faltungsoperation schreiben

$$\begin{aligned}\tilde{G}_{TP}(\omega) &= \tfrac{T}{\pi} \cdot \left[\left(\sigma(\omega+\omega_g) - \sigma(\omega-\omega_g)\right) * \mathrm{si}(\omega T)\right] \cdot \mathrm{e}^{-j\omega T} \\ &= \tfrac{T}{\pi} \cdot \left[\sigma(\omega) * \mathrm{si}((\omega+\omega_g)T) - \sigma(\omega) * \mathrm{si}((\omega-\omega_g)T)\right] \cdot \mathrm{e}^{-j\omega T} \\ &= \tfrac{T}{\pi} \cdot \int\limits_{-\infty}^{\omega} \left[\mathrm{si}\left((\tilde{\omega}+\omega_g)T\right) - \mathrm{si}((\tilde{\omega}-\omega_g)T)\right] d\tilde{\omega} \cdot \mathrm{e}^{-j\omega T} . \end{aligned} \tag{3.68}$$

Das Betragsspektrum entsprechend dieser Gleichung ist in Abb. 3.12b und c für zwei verschiedene Werte von T dargestellt. Während der Fall (b) zu der in (a) dargestellten Stoßantwort korrespondiert, wurde in (c) T um den Faktor 4 vergrößert, wodurch $\tilde{G}_{TP}(\omega)$ das ideale Tiefpassverhalten bereits deutlich besser approximiert. Allerdings muss beachtet werden, dass die durch das System bewirkte Signalverzögerung um T, die auch als Latenz bezeichnet wird, bei vielen Anwendungen nicht zu große Werte annehmen darf, so dass in der Praxis ein Kompromiss aus hinreichender Flankensteilheit des Filters und akzeptabler Latenz gefunden werden muss.

Aus (3.68) wird auch deutlich, dass das System einen linearen Phasenverlauf aufweist, da j nur im Exponenten der e-Funktion auftritt. Diese Eigenschaft haben alle Systeme mit Stoßantworten, die sich als gerade oder ungerade Funktion $s_g(t)$ bzw. $s_u(t)$ gefaltet mit einem verschobenen Dirac-Stoß schreiben lassen, da dann wegen der Symmetrie der Fourier-Transformation gilt

$$s_g(t) * \delta(t-T) \circ\!\!-\!\!\bullet \ \mathrm{Re}\left(S_g(\omega)\right) \cdot \mathrm{e}^{-j\omega T} \tag{3.69}$$

$$s_u(t) * \delta(t-T) \circ\!\!-\!\!\bullet \ j \cdot \mathrm{Im}\left(S_u(\omega)\right) \cdot \mathrm{e}^{-j\omega T} = \mathrm{Im}\left(S_u(\omega)\right) \cdot \mathrm{e}^{j\cdot\left(\frac{\pi}{2}-\omega T\right)} . \tag{3.70}$$

In Filtern zur Signalverarbeitung sind lineare Phasenverläufe sehr vorteilhaft, da in diesem Fall sämtliche Spektralkomponenten des Eingangssignals um dieselbe Zeit T verzögert werden, so dass impulsförmige Signale bei Übertragung über derartige Systeme nicht auseinander fließen. Wir werden im Zusammenhang mit der sogenannten Phasen- und Gruppenlaufzeit darauf zurückkommen, siehe Abschn. 6.3.

3.3.6 Fourier-Transformation von abgeleiteten und integrierten Zeitsignalen

Um das Spektrum der Ableitung eines beliebigen Zeitsignals $s(t)$ aus $S(\omega)$ zu bestimmen, stellen wir $s(t)$ über die inverse Fourier-Transformation dar. Durch Ableitung der Gleichung erhalten wir den gesuchten Zusammenhang, indem wir die Ableitung in das Integral ziehen und berücksichtigen, dass lediglich die komplexe e-Funktion von der Zeit t abhängt

$$\frac{d(s(t))}{dt} = \frac{d}{dt}\left[\frac{1}{2\pi}\cdot\int_{-\infty}^{\infty} S(\omega)\cdot e^{j\omega t}d\omega\right] = \frac{1}{2\pi}\cdot\int_{-\infty}^{\infty}\frac{d}{dt}\left[S(\omega)\cdot e^{j\omega t}\right]d\omega$$
$$= \frac{1}{2\pi}\cdot\int_{-\infty}^{\infty}[j\omega\cdot S(\omega)]\cdot e^{j\omega t}d\omega\;. \tag{3.71}$$

Hieraus können wir ablesen, dass die inverse Fourier-Transformierte des Terms $j\omega\cdot S(\omega)$ die abgeleitete Zeitfunktion ergibt, so dass folgt

$$\frac{d(s(t))}{dt} \quad \circ\!\!-\!\!\bullet \quad j\omega\cdot S(\omega)\;. \tag{3.72}$$

Mit Hilfe dieses Ableitungssatzes können wir zeigen, dass der im Abschn. 2.2.7 vorgestellte ideale Differentiator mit der Stoßantwort $g_{Diff}(t)$ nicht realisiert werden kann. Dazu transformieren wir $g_{Diff}(t)$ in den Spektralbereich und erhalten

$$g_{Diff}(t) = \frac{d}{dt}\delta(t) \quad \circ\!\!-\!\!\bullet \quad G_{Diff}(\omega) = j\omega\;. \tag{3.73}$$

Das Spektrum des Differentiators ist rein imaginär, woraus nach Abschn. 3.2 folgt, dass dessen Stoßantwort $g_{Diff}(t)$ eine ungerade Zeitfunktion ist. Als Folge davon muss aus Symmetriegründen $g_{Diff}(t)$ für Zeiten $t < 0$ existieren und für $t = 0$ den Wert null annehmen, denn sonst kann das Signal nicht ungerade sein. Damit ist aber die Kausalitätsbedingung verletzt, so dass sich kein System mit dieser Stoßantwort realisieren lässt.

Als weiteres Beispiel für die Anwendung des Ableitungssatzes wollen wir das Spektrum der Sprungfunktion und damit des Integrators berechnen und betrachten dazu zunächst die in Abb. 3.13a dargestellte Summe aus $\sigma(t)$ und $\sigma(-t)$, die offensichtlich für $t \neq 0$ immer eins ergibt. Berechnen wir deren Spektrum, so erhalten wir mit dem Linearitätstheorem sowie mit (3.48) und (3.61) eine Gleichung, aus der wir den Realteil des Spektrum von $\sigma(t)$ entnehmen können[10]

$$\mathcal{F}\{\sigma(t)+\sigma(-t)\} = \mathcal{F}\{\sigma(t)\} + \mathcal{F}^*\{\sigma(t)\} = 2\cdot\mathrm{Re}\{\mathcal{F}\{\sigma(t)\}\}$$
$$= \mathcal{F}\{1\} = 2\pi\cdot\delta(\omega)\;. \tag{3.74}$$

[10] Der einzelne Wert 2, den die Summe $\sigma(t)+\sigma(-t)$ an der Stelle $t = 0$ annimmt, beeinflusst nicht das Ergebnis der Fourier-Transformation, da er keinen Beitrag in dem dabei zu berechnenden Integral liefert.

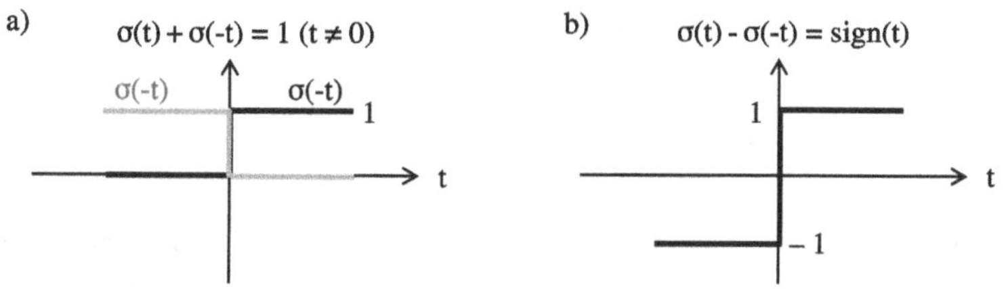

Abb. 3.13 Darstellung der Summe (**a**) und der Differenz (**b**) der Funktionen $\sigma(t)$ und $\sigma(-t)$; Man beachte, dass die Funktion sign(t) an der Stelle $t = 0$ den Wert 0 aufweist

Betrachten wir jetzt die in Abb. 3.13b dargestellte Vorzeichenfunktion sign(t) und deren Spektrum, das zunächst noch unbekannt ist, so ergibt sich ein Zusammenhang mit dem Spektrum des Imaginärteils der Sprungfunktion, denn wir können sign(t) als Differenz zweier Sprungfunktionen schreiben[11]

$$\begin{aligned}\mathcal{F}\{\text{sign}(t)\} &= \mathcal{F}\{\sigma(t) - \sigma(-t)\} \\ &= \mathcal{F}\{\sigma(t)\} - \mathcal{F}^*\{\sigma(t)\} = j \cdot 2 \cdot \text{Im}\{\mathcal{F}\{\sigma(t)\}\} \ . \end{aligned} \tag{3.75}$$

Das Spektrum der Ableitung von sign(t) können wir mit Hilfe von (2.63) sowie (3.24) bestimmen und aufgrund des Ableitungstheorems mit (3.75) verknüpfen

$$\begin{aligned}\mathcal{F}\left\{\frac{d}{dt}\text{sign}(t)\right\} = \mathcal{F}\left\{\frac{d}{dt}(\sigma(t) - \sigma(-t))\right\} &= \mathcal{F}\{\delta(t) - (-1) \cdot \delta(t)\} = 2 \\ &= j\omega \cdot \mathcal{F}\{\text{sign}(t)\} \ , \end{aligned} \tag{3.76}$$

so dass wir einen Ausdruck für das Spektrum der ungeraden Funktion sign(t) erhalten, das rein imaginär ist

$$\text{sign}(t) \quad \circ\!\!-\!\!\bullet \quad -j \cdot \frac{2}{\omega} \ . \tag{3.77}$$

Außerdem haben wir damit durch Kombination von Real- und Imaginärteil nach (3.74) und (3.75) das Spektrum der Sprungfunktion gefunden

$$\sigma(t) \quad \circ\!\!-\!\!\bullet \quad \text{Re}\{\mathcal{F}\{\sigma(t)\}\} + j \cdot \text{Im}\{\mathcal{F}\{\sigma(t)\}\} = \pi \cdot \delta(\omega) - \frac{j}{\omega} \ . \tag{3.78}$$

[11] Man beachte, dass die Funktion sign(t) bei $t = 0$ den Wert 0 aufweist, da sich an dieser Stelle die zueinander gespiegelten Sprungfunktionen kompensieren.

Eine um $b \neq 0$ gedehnte Sprungfunktion hat dann mit 3.59 und 3.64 das Spektrum

$$\sigma(b \cdot t) \quad \circ\!\!-\!\!\bullet \quad \frac{1}{|b|}\left(\pi \cdot |b| \cdot \delta(\omega) - \frac{jb}{\omega}\right) = \pi \cdot \delta(\omega) - \frac{j}{\omega} \cdot \frac{b}{|b|}\,, \tag{3.79}$$

das damit lediglich vom Vorzeichen von b abhängt, so dass wir schreiben können

$$\sigma(b \cdot t) = \sigma(\mathrm{sign}(b) \cdot t)\,. \tag{3.80}$$

Mit dem Spektrum der Sprungfunktion und dem Multiplikationstheorem (3.53) können wir auch das Spektrum der eingeschalteten Cosinus- und Sinusfunktion bestimmen, wozu wir die Distributivität der Faltung (2.49) ausnutzen. Für die eingeschaltete cos-Funktion folgt mit (3.39)

$$\begin{aligned} \cos(\omega_0 t) \cdot \sigma(t) \quad \circ\!\!-\!\!\bullet \quad & \frac{1}{2\pi} \cdot \pi \cdot [\delta(\omega + \omega_0) + \delta(\omega - \omega_0)] * \left[\pi \cdot \delta(\omega) - \frac{j}{\omega}\right] \\ &= \frac{\pi}{2}\,[\delta(\omega + \omega_0) + \delta(\omega - \omega_0)] - \underbrace{\frac{j}{2}\left(\frac{1}{\omega + \omega_0} + \frac{1}{\omega - \omega_0}\right)}_{\frac{j\omega}{\omega^2 - \omega_0^2}}, \end{aligned} \tag{3.81}$$

und entsprechend mit (3.40) für die eingeschaltete sin-Funktion

$$\sin(\omega_0 t) \cdot \sigma(t) \quad \circ\!\!-\!\!\bullet \quad = \frac{j\pi}{2}\,[\delta(\omega + \omega_0) - \delta(\omega - \omega_0)] - \frac{\omega_0}{\omega^2 - \omega_0^2}\,. \tag{3.82}$$

Da sich mit (2.66) das Integral über ein beliebiges Signal auch als Faltung mit $\sigma(t)$ schreiben lässt, ermöglicht (3.78) mit dem Faltungstheorem (3.43) und der Filterfunktion des Dirac-Stoßes (2.45) auch die Formulierung eines Theorems für integrierte Zeitsignale

$$\int_{-\infty}^{t} s(\tau)\, d\tau = s(t) * \sigma(t) \quad \circ\!\!-\!\!\bullet \quad \pi \cdot \delta(\omega) \cdot S(0) - \frac{j}{\omega} \cdot S(\omega)\,. \tag{3.83}$$

3.3.7 Auswirkung der Ableitung von Spektren auf das Zeitsignal

Mit der bekannten Fourier-Transformierten der Sprungfunktion können wir auch das Spektrum der Rampenfunktion $t \cdot \sigma(t)$ berechnen, deren Ableitung ja die Sprungfunktion bildet. Dazu benötigen wir ein Theorem für abgeleitete Spektren, das sich aus der Definition der Fourier-Transformierten sofort ergibt, da sich die Ableitung nach ω in das Integral hineinziehen lässt, und nur der Exponent der e-Funktion von ω abhängt

$$\frac{dS(\omega)}{d\omega} = \int_{-\infty}^{\infty} \frac{d}{d\omega}\left(s(t) \cdot \mathrm{e}^{-j\omega t}\right) dt = -j \cdot \int_{-\infty}^{\infty} t \cdot s(t) \cdot \mathrm{e}^{-j\omega t} dt = -j \cdot \mathscr{F}\{t \cdot s(t)\} . \tag{3.84}$$

Für das Spektrum der Rampenfunktion ergibt sich dann mit $s(t) = \sigma(t)$ und $1/(-j) = j$

$$\mathscr{F}(t \cdot \sigma(t)) = j \cdot \frac{d}{d\omega}\left(\pi \cdot \delta(\omega) - \frac{j}{\omega}\right) = j\pi \cdot \frac{d}{d\omega}\delta(\omega) - \frac{1}{\omega^2} . \tag{3.85}$$

Hier tritt die Ableitung eines Dirac-Stoßes an der Stelle $\omega = 0$ auf, analog zur Definition der Stoßantwort eines idealen Differentiators im Zeitbereich in Abschn. 2.2.7.

Betrachtet man in Verallgemeinerung von (3.84) die n-fache Ableitung nach ω, so erhält man jeweils die Multiplikation mit $-j \cdot t$, so dass wir mit $1/(-j)^n = j^n$ schreiben können

$$\mathscr{F}\left\{t^n \cdot s(t)\right\} = j^n \cdot \frac{d^n}{d\omega^n} S(\omega) . \tag{3.86}$$

Mit Hilfe dieses Theorems und dem Spektrum von $\sigma(t)$ können analog zu (3.85) die Spektren beliebiger eingeschalteter Potenzfunktionen $t^n \cdot \sigma(t)$ berechnet werden, wobei jeweils an der Stelle $\omega = 0$ ein n-fach abgeleiteter Dirac-Stoß berücksichtigt werden muss.

Als weitere Anwendung des Theorems für abgeleitete Spektren betrachten wir einen beidseitig gedämpften Exponentialimpulses, der auch als Gauß-Impuls bekannt ist und für den gilt

$$s(t) = \mathrm{e}^{-\pi t^2} \quad \circ\!\!-\!\!\bullet \quad S(\omega) = \mathrm{e}^{-\frac{\omega^2}{4\pi}} . \tag{3.87}$$

Zum Beweis dieses Zusammenhangs leiten wir $s(t)$ zunächst ab und transformieren die Gleichung dann in den Fourier-Bereich, wobei wir auf der linken Seite das Ableitungstheorem im Zeitbereich (3.72) und auf der rechten Seite für den Term $-2\pi \cdot t \cdot s(t) = -j\,2\pi \cdot (-j) \cdot t \cdot s(t)$ das Ableitungstheorem im Frequenzbereich (3.84) anwenden

$$\frac{ds(t)}{dt} = -2\pi\, t \cdot \mathrm{e}^{-\pi t^2} \quad \circ\!\!-\!\!\bullet \quad j\omega \cdot S(\omega) = -j\,2\pi \cdot \frac{dS(\omega)}{d\omega} . \tag{3.88}$$

Nach Trennung der Variablen ω und $S(\omega)$ kann die rechte Gleichung integriert werden

$$\frac{dS(\omega)}{S(\omega)} = -\frac{\omega}{2\pi} d\omega \quad \Rightarrow \quad \int_{S(0)}^{S(\omega)} \frac{dS(\tilde{\omega})}{S(\tilde{\omega})} = \int_0^{\omega} -\frac{\tilde{\omega}}{2\pi}\, d\tilde{\omega} \tag{3.89}$$

$$\Rightarrow \quad \int_{S(0)}^{S(\omega)} \frac{dS(\tilde{\omega})}{S(\tilde{\omega})} = \ln\left(S(\tilde{\omega})\right)\Big|_{S(0)}^{S(\omega)} = \ln\left(\frac{S(\omega)}{S(0)}\right) = -\frac{1}{2\pi} \cdot \frac{\tilde{\omega}^2}{2}\Big|_0^{\omega} = -\frac{\omega^2}{4\pi} . \tag{3.90}$$

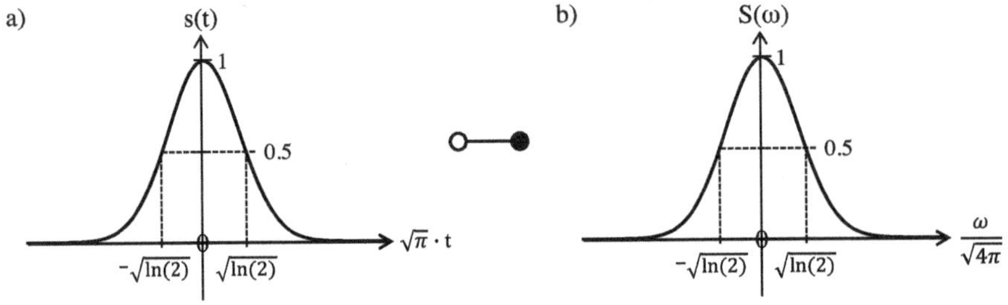

Abb. 3.14 Normierter Gauß-Impuls im Zeitbereich (**a**) und Darstellung seines Spektrums (**b**), das ebenfalls durch einen Gauß-Impuls beschrieben wird

Bildung der Umkehrfunktion zum natürlichen Logarithmus führt auf

$$S(\omega) \;=\; S(0)\cdot \mathrm{e}^{-\frac{\omega^2}{4\pi}}\;. \tag{3.91}$$

In dieser Gleichung bezeichnet $S(0)$ den Spektralwert an der Stelle $\omega = 0$, der nach (3.8) dem Integral über $s(t)$ entspricht. Im Anhang A.3 wird gezeigt, dass beim Gauß-Impuls $S(0) = 1$ gilt, und damit insgesamt die Korrespondenz (3.87) bewiesen ist.

Der Gauß-Impuls hat damit die erstaunliche Eigenschaft, dass sein Funktionsverlauf im Zeit- wie Frequenzbereich bis auf eine unterschiedliche Dehnung identisch ist, siehe auch Abb. 3.14. Damit weist er im Unterschied zu allen anderen bisher behandelten Signalen sowohl eine begrenzte zeitliche Länge als auch einen beschränkten Frequenzbereich auf, was ihn für die Übertragung von Informationen über schmalbandige Kanäle besonders geeignet macht[12].

3.4 Energie- und Leistungsberechnung im Spektralbereich

Wir haben bereits festgestellt, dass die Beschreibung von Signalen im Zeit- und Spektralbereich gleichwertig ist, und dass daher sämtliche Informationen aus beiden Darstellungsformen gewonnen werden können. Wir wollen nun die Energie von Signalen aus ihren Fourier-Transformierten berechnen. Dazu gehen wir von der Energie-AKF aus, die sich nach (2.59) auch als Faltung schreiben lässt und anschließend mit (3.61) in den Frequenzbereich transformiert werden kann

$$\varphi^E_{ss}(t) \;=\; s(-t) * s(t) \quad \circ\!\!-\!\!\bullet \quad S^*(\omega)\cdot S(\omega) \;=\; |S(\omega)|^2\;. \tag{3.92}$$

[12] Zwar ist der Gauß-Impuls im mathematischen Sinn unendlich ausgedehnt, aufgrund der exponentiellen Konvergenz gegen null kann er aber in allen Anwendungen als zeit- und bandbegrenzt betrachtet werden.

Damit können wir die Energie-AKF auch als invers Fourier-Transformierte des quadrierten Betragsspektrums schreiben. Da $|S(\omega)|^2$ gerade ist, dürfen wir im Integral die komplexe e-Funktion durch die cos-Funktion ersetzen, denn das Integral über die ungerade sin-Funktion ergibt null

$$\varphi_{ss}^{E}(t) = \frac{1}{2\pi}\int_{-\infty}^{\infty} |S(\omega)|^2 \cdot \mathrm{e}^{j\omega t}\, d\omega = \frac{1}{2\pi}\int_{-\infty}^{\infty} |S(\omega)|^2 \cdot \cos(\omega t)\, d\omega \,. \tag{3.93}$$

Wenn wir zusätzlich berücksichtigen, dass die Signalenergie E_s nach (2.23) dem Wert der Energie-AKF bei $t = 0$ entspricht, sind wir in der Lage E_s aus dem Betragsspektrum zu berechnen. Im Integral können wir ω auch durch die Frequenz f ersetzen, wodurch der Vorfaktor $\frac{1}{2\pi}$ entfällt

$$E_s = \varphi_{ss}^{E}(t=0) = \int_{-\infty}^{\infty} s^2(\tau)\, d\tau = \frac{1}{2\pi}\int_{-\infty}^{\infty} |S(\omega)|^2 d\omega \overset{(\omega=2\pi f)}{=} \int_{-\infty}^{\infty} |S(f)|^2 df \,. \tag{3.94}$$

Diese äquivalente Darstellung der Signalenergie im Zeit- wie im Spektralbereich wird als *Parsevalsches* Theorem bezeichnet. Das Betragsquadrat $|S(\omega)|^2$ bzw. $|S(f)|^2$ heißt Energiedichte bzw. Energiedichtespektrum (EDS), da nach (3.94) das Integral über ω bzw. f der Signalenergie entspricht. Mit dem Fourier-Integral (3.8) folgt das EDS auch direkt aus dem Zeitsignal $s(t)$

$$|S(\omega)|^2 = \left| \int_{-\infty}^{\infty} s(t) \cdot \mathrm{e}^{-j\omega \cdot t} dt \right|^2 . \tag{3.95}$$

Für Leistungssignale lässt sich – wie wir gesehen haben – mit Hilfe von Dirac-Stößen zwar häufig ebenfalls die Fourier-Transformierte in geschlossener Form darstellen, allerdings ist hier die Angabe einer Energiedichte nach (3.95) nicht sinnvoll, denn diese Signale weisen keine endliche Energie auf, weshalb die Integrale in (3.94) nicht konvergieren. In diesen Fällen bestimmen wir das EDS nur aus einem endlichen Zeitintervall von $-t_0$ bis t_0 und dividieren durch $2t_0$. Im Grenzfall $t_0 \to \infty$ definiert dieses Integral die sogenannte Leistungsdichte $\Phi_{ss}(\omega)$ bzw. $\Phi_{ss}(f)$

$$\Phi_{ss}(\omega) = \lim_{t_0 \to \infty} \frac{1}{2t_0} \left| \int_{-t_0}^{t_0} s(t) \cdot \mathrm{e}^{-j\omega \cdot t} dt \right|^2 . \tag{3.96}$$

Die Leistungsdichte, die auch als Leistungsdichtespektrum (LDS) bezeichnet wird, entspricht darüber hinaus nach dem *Wiener-Chintschin* Theorem der Fourier-Transformierten der Autokorrelationsfunktion $\varphi_{ss}(t)$, wie im Anhang A.4 gezeigt wird[13]

$$\varphi_{ss}(t) \quad \circ\!\!-\!\!\bullet \quad \Phi_{ss}(\omega) \; . \tag{3.97}$$

Das LDS kann wegen (3.96) nicht negativ werden, und da die AKF immer eine gerade und reelle Zeitfunktion ist, erhalten wir für beliebige Signale immer ein rein reelles und ebenfalls gerades LDS. Daher lässt sich die Korrespondenz (3.97) mit der eulerschen Formel aufgrund der Achsensymmetrie in reeller Form schreiben, wobei wie in (3.93) nur die cos-Funktion auftritt

$$\varphi_{ss}(t) = \frac{1}{2\pi} \int_{-\infty}^{\infty} \Phi_{ss}(\omega) \cdot \cos(\omega t) \, d\omega \quad \circ\!\!-\!\!\bullet \quad \Phi_{ss}(\omega) = \int_{-\infty}^{\infty} \varphi_{ss}(t) \cdot \cos(\omega t) \, dt \; . \tag{3.98}$$

Mittels (3.98) können wir die Signalleistung P_s auch abhängig von der Leistungsdichte angeben, wozu wir ausnutzen, dass P_s nach (2.23) dem Wert der AKF und damit dem invers Fourier-Transformierten LDS für $t = 0$ entspricht

$$\begin{aligned} P_s \; &= \; \varphi_{ss}(t=0) \; = \; \frac{1}{2\pi} \int_{-\infty}^{\infty} \Phi_{ss}(\omega) \cdot \cos(\omega t) \, d\omega \Big|_{t=0} \\ &= \; \frac{1}{2\pi} \int_{-\infty}^{\infty} \Phi_{ss}(\omega) \, d\omega \overset{(\omega = 2\pi f)}{=} \int_{-\infty}^{\infty} \Phi_{ss}(f) \, df \; . \end{aligned} \tag{3.99}$$

Durch Einschränkung der Integrationsgrenzen kann aus dem LDS auch nur die Leistung ermittelt werden, die ein Signal in einem bestimmten Frequenzbereich transportiert.

Als Beispiel wollen wir die Leistungsdichte des Sinussignals $s_2(t) = \hat{s} \cdot \sin(\frac{2\pi t}{T_P})$ bestimmen, dessen AKF wir in (2.24) berechnet hatten. Durch Fourier-Transformation erhalten wir mit (3.39) und der Periodendauer $T_P = \frac{2\pi}{\omega_0}$

$$\begin{aligned} \varphi_{s_2 s_2}(t) \; = \; \frac{\hat{s}_2^2}{2} \cdot \cos(\omega_0 t) \quad \circ\!\!-\!\!\bullet \quad \Phi_{s_2 s_2}(\omega) \; &= \; \frac{\hat{s}_2^2 \pi}{2} \cdot [\delta(\omega + \omega_0) + \delta(\omega - \omega_0)] \\ \Phi_{s_2 s_2}(f) \; &= \; \frac{\hat{s}_2^2}{4} \cdot [\delta(f + f_0) + \delta(f - f_0)] \; . \end{aligned} \tag{3.100}$$

[13] Das Theorem wurde ursprünglich für stationäre Zufallsprozesse hergeleitet; falls diese jedoch als ergodisch angenommen werden, siehe Kap. 11 und insbesondere Abschn. 11.3.1, lässt sich jedes Leistungssignal als repräsentative Musterfunktion eines solchen Prozesses interpretieren.

In der letzten Zeile haben wir die Dehnungseigenschaft des Dirac-Stoßes nach (2.43) verwendet, so dass wir den Faktor 2π von $\omega = 2\pi f$ bzw. von $\omega_0 = 2\pi f_0$ herausziehen, als Kehrwert vor die Dirac-Stöße schreiben und dann π kürzen können. Ein sinusförmiges Signal transportiert also nur Leistung bei den Frequenzen $\pm f_0$, und integrieren wir über $\Phi_{s_2 s_2}(f)$, so erhalten wir mit der Siebeigenschaft des Dirac-Stoßes nach (2.42) für $s(t) = 1$ und mit f statt t die Leistung P_{s_2}

$$P_{s2} = \int_{-\infty}^{\infty} \Phi_{s2s2}(f)\, df = \frac{\hat{s}_2^2}{4} \int_{-\infty}^{\infty} [\delta(f + f_0) + \delta(f - f_0)]\, df = \frac{\hat{s}_2^2}{2} . \tag{3.101}$$

Damit können wir die AKF eines beliebigen Leistungssignals $s(t)$ anschaulich interpretieren, indem wir das Integral auf der linken Seite von (3.98) näherungsweise durch die Summe einer Vielzahl von Cosinus-Funktionen unterschiedlicher Frequenzen $f_k = k \cdot \Delta f$ im Abstand eines schmalen Frequenzintervals Δf ersetzen

$$\varphi_{ss}(t) \approx \sum_k \underbrace{\Phi_{ss}(f_k) \cdot \Delta f}_{P_k} \cdot \cos(2\pi \cdot f_k \cdot t) = \sum_k \frac{\hat{s}_k^2}{2} \cdot \cos(2\pi \cdot f_k \cdot t) . \tag{3.102}$$

Das Produkt $\Phi_{ss}(f_k) \cdot \Delta f$ entspricht dabei der innerhalb von Δf transportierten Leistung P_k, also der Leistung $\hat{s}_k^2/2$ einer Eigenfunktion der Frequenz f_k, die mit der Amplitude $\hat{s}_k$ im Signal $s(t)$ enthalten ist. Für $t = 0$ erhalten wir die Leistung von $s(t)$ als Summe der Teilleistungen sämtlicher Cosinus-Funktionen, aus denen sich $s(t)$ zusammensetzen lässt. Im Abschn. 9.1.4 werden wir auf diese Interpretation der AKF zurückkommen.

3.5 Die Laplace-Transformation

Obwohl die Fourier-Transformation aufgrund ihrer Anschaulichkeit, Symmetrie und leichten Invertierbarkeit zentrale Bedeutung in der Signal- und Systemtheorie genießt, weist sie für bestimmte Anwendungen doch den Nachteil auf, dass das Fourier-Integral für Leistungssignale nicht oder zumindest nicht im gesamten Frequenzbereich konvergiert. Selbst wenn die Konvergenz bei allen nicht exponentiell ansteigenden Zeitsignalen durch Berücksichtigung von Dirac-Stößen in den Spektren gewährleistet werden kann, führt dies zu einem erhöhten mathematischen Aufwand, was wir z. B. am Spektrum der Sprungfunktion $\sigma(t)$ in (3.78) gesehen haben.

Um die Konvergenz des Fourier-Integrals auch ohne Verwendung von Dirac-Stößen im Spektralbereich zu erzwingen, führen wir eine Dämpfung des zu transformierenden Signals $f(t)$ mit einem reellen exponentiellen Faktor $e^{-\gamma \cdot t}$ ein und begrenzen zusätzlich den zulässigen Existenzbereich, indem wir $f(t < 0) = 0$ fordern. Signale mit dieser Eigenschaft werden kausal genannt, wobei kausale Signale als Stoßantworten kausaler LTI-Systeme auftreten. Durch diese Beschränkung kann die untere Integrationsgrenze auf null gesetzt werden, so dass für die Fourier-Transformierte folgt[14]

$$\mathscr{F}\{f(t) \cdot \mathrm{e}^{-\gamma \cdot t}\} = \int_0^\infty f(t) \cdot \mathrm{e}^{-(\gamma + j\omega)t} dt \qquad \text{mit} \qquad f(t<0) = 0\,. \tag{3.103}$$

Die Fourier-Transformierte hängt damit neben ω von dem Dämpfungsparameter γ (gesprochen: „*gamma*") ab, wobei wir $j\omega$ und γ zu der komplexen Variablen $s = \gamma + j\omega$ kombinieren und hierdurch die einseitige Laplace-Transformation[15] angewandt auf das Signal $f(t)$ einführen[16]

$$\mathscr{L}\{f(t)\} = \int_0^\infty f(t) \cdot \mathrm{e}^{-st} dt = F(s) \quad \bullet\!\!-\!\!\circ \quad f(t)\,. \tag{3.104}$$

Der Umgang mit dieser Gleichung ist einfacher als die Anwendung der Fourier-Transformation, denn bei der Lösung des Integrals kann s als reelle Variable betrachtet werden, und es ist nur ein Grenzübergang an der oberen Integrationsgrenze erforderlich. Bei einer genaueren Betrachtung muss allerdings der Konvergenzbereich berücksichtigt werden, der abhängig von der zu transformierenden Funktion $f(t)$ den Wertebereich von s umfasst, in dem das Integral konvergiert. Falls dieser Konvergenzbereich die imaginäre Achse mit $\gamma = 0$ einschließt, sind für kausale Signale Laplace- und Fourier-Transformierte mit der Substitution $s = j\omega$ identisch, vgl. Abschn. 6.1.

Für die Darstellung von Laplace-Transformierten, die auch als Bildfunktionen bezeichnet werden, verwenden wir ebenfalls große Buchstaben und das Hantelsymbol, wobei die Unterscheidung zur Fourier-Transformierten immer anhand der Variablen s statt ω bzw. f möglich ist.

Auch für (3.104) existiert eine Umkehrabbildung, die als inverse Laplace-Transformation bezeichnet wird, siehe z. B. [17]. Diese hat aber nicht dieselbe Bedeutung wie die inverse Fourier-Transformation, weil ihre Anwendung Kenntnisse der Funktionentheorie erfordert, die wir hier nicht voraussetzen. Stattdessen werden wir die Eigenschaften der Transformation aus (3.104) herleiten, und das Integral für verschiedene Signale lösen. Die Umkehrtransformation ersetzen wir durch Tabellen, aus denen man für eine gegebene Laplace-Transformierte die zugeordnete Zeitfunktion entnehmen kann.

---

[14] Wegen des als Laplace-Variable verwendeten Buchstabens $s = \gamma + j\omega$ bezeichnen wir ein beliebiges Zeitsignal hier zur eindeutigen Unterscheidung als $f(t)$.

[15] Die Laplace-Transformation wurde erstmalig erwähnt von Leonhard Euler und benannt nach Pierre-Simon Laplace (1749–1827). Auch die Laplace-Transformation kann wie die Fourier-Transformation zweiseitig definiert werden. Diese hat allerdings schlechte Konvergenzeigenschaften und spielt in der Systemtheorie nur eine untergeordnete Rolle, da überwiegend kausale Signale betrachtet werden [17].

[16] Die Funktion e^{st} ist ebenfalls ein Eigensignal von LTI-Systemen, allerdings für $\gamma \neq 0$ kein periodisches, wie durch Einsetzen in das Faltungsintegral analog zu (3.2) folgt.

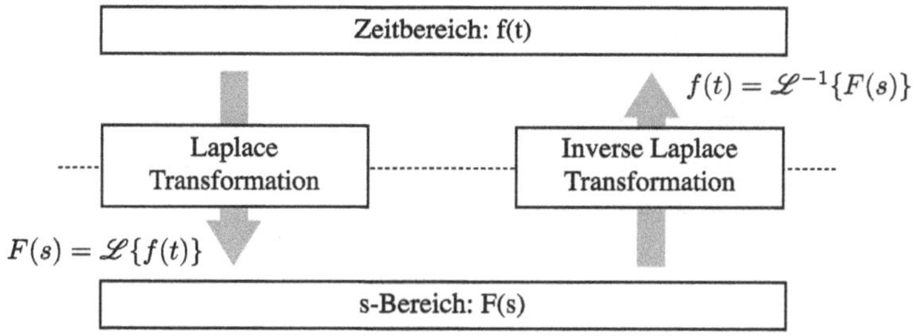

Abb. 3.15 Schematische Darstellung der Laplace-Transformation

Die Laplace-Transformation nutzen wir als effizientes Werkzeug, um die Übertragung von Signalen über Systeme mathematisch zu beschreiben. Außerdem werden wir im fünften Kapitel mit der Übertragungsfunktion eine abstrakte Darstellung von Systemen im Laplace-Bereich kennenlernen, die es ermöglicht Systemeigenschaften einfach zu bestimmen.

Abb. 3.15 zeigt schematisch die Verwendung der Laplace-Transformation, mit der wir jederzeit vom Zeitbereich in den sogenannten s- oder Bildbereich wechseln können, um dort eine Aufgabenstellung mit geringerem Aufwand zu lösen, wobei die Rücktransformation in den Zeitbereich vielfach gar nicht erforderlich ist.

Wir wollen die Anwendung der Laplace-Transformation an zwei wichtigen Signalen kennenlernen. Setzen wir die Sprungfunktion in (3.104) ein, so erhalten wir

$$\mathscr{L}\{\sigma(t)\} = \int_0^\infty \sigma(\mathrm{t})\,\mathrm{e}^{-\mathrm{st}}\mathrm{dt} = \int_0^\infty 1\cdot\mathrm{e}^{-\mathrm{st}}\mathrm{dt} = -\frac{1}{s}\,\mathrm{e}^{-st}\Big|_{t=0}^{t\to\infty} = \frac{1}{\mathrm{s}}\,. \tag{3.105}$$

Da $\sigma(t)$ der Stoßantwort eines Integrators entspricht, haben wir damit gleichzeitig dessen Laplace-Transformierte gefunden.

Der Dirac-Stoß lässt sich ebenfalls durch Einsetzen in das Laplace-Integral transformieren, wozu wir die Siebeigenschaft von $\delta(t)$ nach (2.42) an der Stelle $t_0 = 0$ mit $s(t) = \mathrm{e}^{-st}$ verwenden

$$\mathscr{L}\{\delta(t)\} = \int_0^\infty \delta(t)\,\mathrm{e}^{-st}\,dt = \mathrm{e}^{-s\cdot 0} = 1\,. \tag{3.106}$$

Auch wenn wir für $\delta(t)$ dasselbe Ergebnis wie bei Anwendung der Fourier-Transformation erhalten, sind die Ergebnisse beider Transformationen i. Allg. wie z. B. bei $\sigma(t)$ unterschiedlich.

3.6 Theoreme und Korrespondenzen der Laplace-Transformation

Aufgrund der großen Nähe zur Fourier-Transformation gelten viele der dort gefundenen Theoreme unverändert auch für die Laplace-Transformation. Zunächst formulieren wir den Linearitätssatz im Laplace-Bereich

$$f(t) = a_1 \cdot f_1(t) + a_2 \cdot f_2(t) \quad \circ\!\!-\!\!\bullet \quad F(s) = a_1 \cdot F_1(s) + a_2 \cdot F_2(s)\,. \tag{3.107}$$

Ebenso kann das Faltungstheorem aus Abschn. 3.3.2 in den Laplace-Bereich übernommen werden, so dass sich auch bei Anwendung der Laplace-Transformation die bei der Übertragung von Zeitsignalen über LTI-Systeme auftretende Faltung durch eine Multiplikation ersetzen lässt

$$f_1(t) * f_2(t) = \int_0^t f_1(\tau) \cdot f_2(t-\tau) d\tau \quad \circ\!\!-\!\!\bullet \quad F_1(s) \cdot F_2(s)\,. \tag{3.108}$$

Den Integrationsbereich können wir bei der Faltung zweier beliebiger Signale $f_1(t)$ und $f_2(t)$ mit den Bedingungen $f_1(t < 0) = 0$ und $f_2(t < 0) = 0$ auf den Bereich von null bis t beschränken, da für $\tau < 0$ das Signal $f_1(\tau)$ und für $\tau > t$ das Signal $f_2(t - \tau)$ null sind.

3.6.1 Laplace-Transformation von verzögerten und gedehnten Zeitsignalen

Grundsätzlich gilt das im Abschn. 3.3.5 hergeleitete Theorem für Signale, deren Zeitvariable entsprechend (3.59) linear abgebildet wird, auch für die Laplace-Transformation. Allerdings sind wegen der vorausgesetzten Kausalität der Signale nur solche Abbildungen zulässig, bei denen auch das verschobene, gedehnte und gespiegelte Signal für Zeiten $t < 0$ null ist. Um die damit verbundene Fallunterscheidung zu umgehen, beschränken wir uns hier zum einen auf eine reine Verzögerung von Signalen, also $b = 1$ und $t_0 > 0$, so dass folgender Verschiebungssatz gilt

$$f(t - t_0) \quad \circ\!\!-\!\!\bullet \quad \mathrm{e}^{-st_0} \cdot F(s) \qquad \text{für:} \quad t_0 > 0\,. \tag{3.109}$$

Zum anderen betrachten wir den Fall einer reinen Dehnung bzw. Stauchung mit $t_0 = 0$ und $b > 0$ und erhalten den sogenannten Ähnlichkeitssatz

$$f(b \cdot t) \quad \circ\!\!-\!\!\bullet \quad \frac{1}{b} \cdot F(s/b) \qquad \text{für:} \quad b > 0\,. \tag{3.110}$$

In diesen beiden Fällen, die auch kombiniert werden können, ist die Laplace-Bedingung, dass für negative Zeiten das linear abgebildete Signal null sein muss, immer erfüllt.

3.6.2 Laplace-Transformation von integrierten und abgeleiteten Zeitsignalen

Mit Hilfe des Faltungstheorems und der zuvor hergeleiteten Transformation der Sprungfunktion gemäß (3.105) kann direkt die Laplace-Transformierte von Integralen über Zeitfunktionen angegeben werden. Hierzu schreiben wir die Integration eines Signals $f(t)$ mit $f(t < 0) = 0$ nach (2.66) als Faltung und transformieren es anschließend in den Laplace-Bereich

$$\int_0^t f(\tau)\,d\tau = \int_{-\infty}^t f(\tau)\,d\tau = f(t) * \sigma(t) \quad \circ\!\!-\!\!\bullet \quad F(s) \cdot \frac{1}{s} \,. \tag{3.111}$$

Dieser sogenannte Integralsatz unterscheidet sich vom entsprechenden Integrationstheorem der Fourier-Transformation, da ja auch $\sigma(t)$ anders transformiert wird. Für die Transformation der Ableitung von Zeitfunktionen erhalten wir wegen der unteren Integrationsgrenze null ebenfalls ein etwas anderes Ergebnis als im Fourier-Bereich. Dazu setzen wir die Ableitung des Signals in das Laplace-Integral ein und lösen dieses dann mittels partieller Integration

$$\begin{aligned}\mathcal{L}\left\{\frac{d}{dt} f(t)\right\} &= \int_0^\infty \frac{df(t)}{dt} \cdot \mathrm{e}^{-st} dt = f(t) \cdot \mathrm{e}^{-st}\Big|_{t=0}^{t\to\infty} - \int_0^\infty f(t) \cdot (-s) \cdot \mathrm{e}^{-st} dt \\ &= -f(t=0) + s \cdot \int_0^\infty f(t) \cdot \mathrm{e}^{-st} dt \,. \end{aligned} \tag{3.112}$$

Das Integral in der letzten Zeile entspricht der Laplace-Transformierten von $f(t)$, so dass wir den folgenden Ableitungssatz formulieren können

$$\frac{df(t)}{dt} \quad \circ\!\!-\!\!\bullet \quad s \cdot F(s) - f(0) \,. \tag{3.113}$$

Im Unterschied zum entsprechenden Theorem der Fourier-Transformation müssen wir hier also den Wert des Signals zum Zeitpunkt $t = 0$ noch abziehen, um die Laplace-Transformierte des abgeleiteten Signals zu erhalten. Falls das Signal $f(t)$ zum Zeitpunkt $t = 0$ unstetig ist, also ein Sprung auftritt, muss für $f(0)$ in (3.113) der Wert direkt nach dem Sprung eingesetzt werden.

Soll die n-te Ableitung eines Signals transformiert werden, so können wir den Ableitungssatz mehrfach anwenden und erhalten

$$\frac{d^n f(t)}{dt^n} \quad \circ\!\!-\!\!\bullet \quad s^n \cdot F(s) - s^{n-1} \cdot f(0) - \sum_{k=1}^{n-1} s^{n-1-k} \cdot \left.\frac{d^k f(t)}{dt^k}\right|_{t=0} . \tag{3.114}$$

Wenden wir den Ableitungssatz (3.113) auf die Stoßantwort eines Differentiators $g_{Diff}(t)$ an, so erhalten wir mit der Bedingung $g_{Diff}(t = 0) = 0$ aus Abschn. 3.3.6

$$g_{Diff}(t) = \frac{d\delta(t)}{dt} \quad \circ\!\!-\!\!\bullet \quad s \cdot 1 - g_{Diff}(0) = s . \tag{3.115}$$

Differentiator und Integrator sind nach Abschn. 2.2.7 zueinander inverse Systeme, was sich auch daran zeigt, dass das Produkt ihrer Laplace-Transformierten erwartungsgemäß eins ergibt.

Mit Hilfe des Ableitungssatzes können wir auch die Laplace-Transformierte der linearen Anstiegsfunktion $f(t) = t \cdot \sigma(t)$ mit $f(0) = 0$ bestimmen, siehe Abb. 2.1, deren Ableitung ja die Sprungfunktion $\sigma(t)$ ist

$$\mathscr{L}\left\{\frac{d}{dt}(t \cdot \sigma(t))\right\} = s \cdot \mathscr{L}\{t \cdot \sigma(t)\} = \mathscr{L}\{\sigma(t)\} = \frac{1}{s}$$

$$\text{und daraus:} \quad t \cdot \sigma(t) \quad \circ\!\!-\!\!\bullet \quad \frac{1}{s^2} . \tag{3.116}$$

Entsprechend folgt für die quadratische Anstiegsfunktion

$$\mathscr{L}\left\{\frac{d}{dt}(t^2 \cdot \sigma(t))\right\} = s \cdot \mathscr{L}\left\{t^2 \cdot \sigma(t)\right\} = \mathscr{L}\{2t \cdot \sigma(t)\} = \frac{2}{s^2}$$

$$\text{also:} \quad t^2 \cdot \sigma(t) \quad \circ\!\!-\!\!\bullet \quad \frac{2}{s^3} . \tag{3.117}$$

Für beliebige Potenzen n von t mit $n \in \mathbb{N}$ ergibt sich damit folgende Korrespondenz

$$t^n \cdot \sigma(t) \quad \circ\!\!-\!\!\bullet \quad \frac{n!}{s^{n+1}} . \tag{3.118}$$

Als Beispiel für die Anwendung der bisher betrachteten Theoreme soll der in Abb. 3.16a dargestellte trapezförmige Impuls $y(t)$ transformiert werden. Aus der Darstellung ist ersichtlich, dass sich dieser Impuls als Summe der vier grau dargestellten und teilweise verschobenen Anstiegsfunktionen beschreiben lässt, deren Steigung jeweils $+a \cdot b$ oder $-a \cdot b$ beträgt

$$\begin{aligned} y(t) = {} & a \cdot b \cdot t \cdot \sigma(t) - a \cdot b \cdot (t - T_1) \cdot \sigma(t - T_1) \\ & - a \cdot b \cdot (t - T_2) \cdot \sigma(t - T_2) + a \cdot b \cdot (t - T_1 - T_2) \cdot \sigma(t - T_1 - T_2) . \end{aligned} \tag{3.119}$$

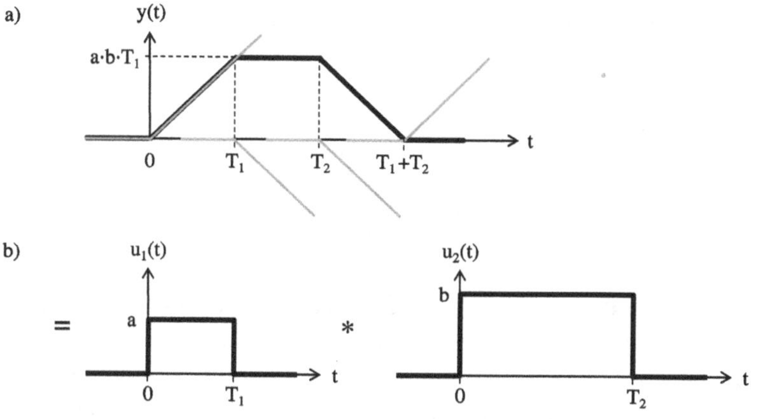

Abb. 3.16 Zusammenhang zwischen einem trapezförmigem Impuls (**a**) und zwei Rechteckimpulsen (**b**)

Mit der Korrespondenz (3.116), dem Linearitätssatz (3.107) und dem Verschiebungssatz (3.109) lässt sich $y(t)$ in $Y(s)$ transformieren

$$Y(s) = \frac{a \cdot b}{s^2}\left(1 - \mathrm{e}^{-sT_1} - \mathrm{e}^{-sT_2} + \mathrm{e}^{-s(T_1+T_2)}\right). \tag{3.120}$$

Den Klammerausdruck können wir in zwei Produktterme faktorisieren, so dass sich $Y(s)$ in zwei Laplace-Transformierte $U_1(s)$ und $U_2(s)$ zerlegen lässt

$$Y(s) = \frac{a}{s}\left(1 - \mathrm{e}^{-sT_1}\right) \cdot \frac{b}{s}\left(1 - \mathrm{e}^{-sT_2}\right) = U_1(s) \cdot U_2(s). \tag{3.121}$$

Durch Anwendung des Faltungssatzes können wir $Y(s)$ in den Zeitbereich zurücktransformieren, und erhalten $y(t)$ als Faltung von zwei Rechteckimpulsen $u_1(t)$ und $u_2(t)$ wie sie in Abb. 3.16b dargestellt sind

$$y(t) = a\,(\sigma(t) - \sigma(t - T_1)) \ * \ b\,(\sigma(t) - \sigma(t - T_2)) = u_1(t) * u_2(t). \tag{3.122}$$

Damit gilt allgemein, dass die Faltung von zwei Rechteckimpulsen der Amplitude a bzw. b und der Zeitdauer T_1 bzw. T_2 mit $T_1 \le T_2$ einen trapezförmigen Impuls der Zeitdauer $T_1 + T_2$ ergibt, dessen Amplitude $a \cdot b \cdot T_1$ beträgt, und dessen Anstiegs- wie Abfallzeit jeweils der Zeitdauer T_1 entspricht. Für $T_1 = T_2$ erhalten wir als Spezialfall statt des Trapezes einen Dreieckimpuls.

Mit Hilfe des Ableitungssatzes können wir auch zwei Grenzwertsätze herleiten, die insbesondere in der Regelungstechnik große Bedeutung haben. Zunächst betrachten wir den Grenzwert der Laplace-Transformierten einer abgeleiteten Funktion für $s \to 0$ und erhalten durch Einsetzen der Ableitung des Signals $f(t)$ in das Laplace-Integral und mit (3.113), wobei $\lim_{s\to 0} \mathrm{e}^{-st} = 1$ gilt

$$\lim_{s\to 0} \mathscr{L}\left\{\frac{d}{dt} f(t)\right\} = \lim_{s\to 0} \int_0^\infty \frac{d}{dt} f(t)\cdot \mathrm{e}^{-st}\, dt \;=\; \int_0^\infty df \;=\; \lim_{t\to\infty} f(t) - f(0)$$
$$= \lim_{s\to 0} \; s\cdot F(s) - f(0)\;. \tag{3.123}$$

Gleichsetzen der jeweils letzten Grenzwerte führt auf den sogenannten *Endwertsatz*, der es ermöglicht den Grenzwert einer Zeitfunktion für $t \to \infty$ äquivalent durch einen Grenzwert im Laplace-Bereich für $s \to 0$ zu ersetzen. Voraussetzung für die Anwendung ist allerdings die Existenz des Grenzwertes, d.h. man muss wissen, dass die Funktion $f(t)$ für $t \to \infty$ konvergiert, und der Satz gestattet dann die Berechnung des Grenzwertes

$$\lim_{t\to\infty} f(t) \;=\; \lim_{s\to 0} \; s\cdot F(s)\;. \tag{3.124}$$

Den sogenannten *Anfangswertsatz* erhalten wir durch Bildung des Grenzwertes für $s \to \infty$, wobei aufgrund der e-Funktion das Integral null wird

$$\lim_{s\to\infty} \mathscr{L}\left\{\frac{d}{dt} f(t)\right\} \;=\; \lim_{s\to\infty} \int_0^\infty \frac{d}{dt} f(t)\cdot \mathrm{e}^{-st}\, dt \;=\; 0$$
$$=\; \lim_{s\to\infty} \; s\cdot F(s) - f(0). \tag{3.125}$$

Damit können wir umgekehrt auch den Wert einer Zeitfunktion im Grenzfall $t \to 0$ mit $t \geq 0$ durch einen Grenzwert im Laplace-Bereich für $s \to \infty$ ersetzen

$$\lim_{t\to 0} f(t) \;=\; f(0) \;=\; \lim_{s\to\infty} \; s\cdot F(s)\;. \tag{3.126}$$

3.6.3 Laplace-Transformation von exponentiell gedämpften Zeitsignalen

Ein weiteres nützliches Theorem erhalten wir, wenn wir die Laplace-Transformierte eines beliebigen kausalen Signals multipliziert mit einer e-Funktion bilden

$$\mathscr{L}\{f(t)\cdot \mathrm{e}^{-at}\} \;=\; \int_0^\infty f(t)\cdot \mathrm{e}^{-(s+a)t} dt \;=\; F(s+a)\;. \tag{3.127}$$

Damit gilt folgende Korrespondenz, der sogenannten Dämpfungssatz

$$f(t) \cdot \mathrm{e}^{-at} \quad \circ\!\!-\!\!\bullet \quad F(s+a)\ . \tag{3.128}$$

Die Multiplikation mit der e-Funktion führt also im Laplace-Bereich nur zu einer Verschiebung der Variablen s. Von Dämpfung kann man hier natürlich nur sprechen, wenn der i. Allg. komplexe Parameter a einen positiven Realteil aufweist; das Theorem gilt aber für beliebige Werte.

Mit dem Dämpfungssatz und der Korrespondenz (3.118) können wir auch eine beliebige Potenz von t multipliziert mit einer e-Funktion in den Laplace-Bereich transformieren

$$\frac{t^{n-1}}{(n-1)!} \cdot \mathrm{e}^{-at} \cdot \sigma(t) \quad \circ\!\!-\!\!\bullet \quad \frac{1}{(s+a)^n}\ . \tag{3.129}$$

Als Beispiel wollen wir für das in Abb. 3.17a dargestellte RC-Glied die Ausgangsspannung $u_2(t)$ abhängig von $u_1(t)$ berechnen. Der Zusammenhang der Spannungen wurde bereits im Kap. 1 hergeleitet, siehe (1.2). Zum Zeitpunkt $t = 0$ wird die Spannung U_0 über einen Schalter auf das System geschaltet, so dass $u_1(t) = U_0 \cdot \sigma(t)$ gilt. Im Laplace-Bereich folgt damit aus (1.2)

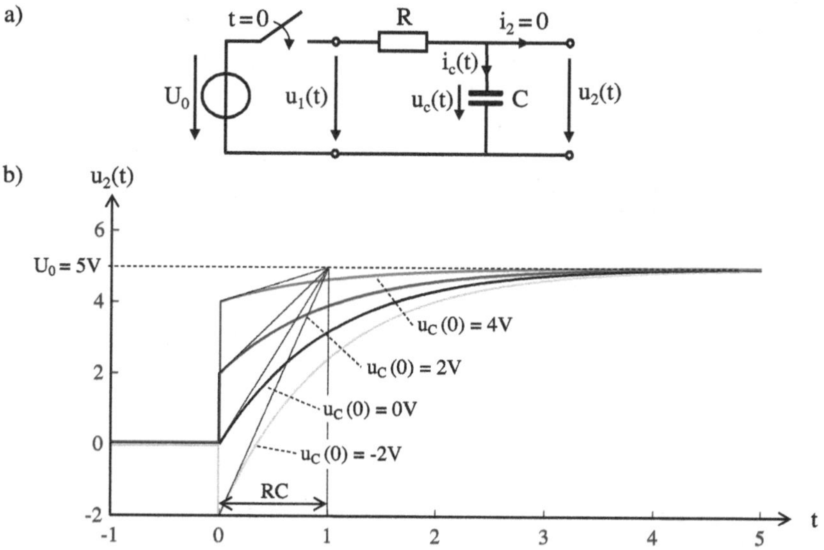

Abb. 3.17 **a** RC-Glied, auf das zum Zeitpunkt $t = 0$ eine Gleichspannung U_0 geschaltet wird; **b** Ausgangsspannung $u_2(t)$ des RC-Gliedes für $U_0 = 5V$ und $RC = 1s$. Die Anfangsspannung des Kondensators zum Zeitpunkt $t = 0$ variiert hierbei im Bereich von $-2V$ bis $4V$

$$U_0 \cdot \frac{1}{s} = RC \cdot [s \cdot U_2(s) - u_2(0)] + U_2(s) = U_2(s) \cdot (RC\,s + 1) - RC \cdot u_2(0)\,. \tag{3.130}$$

Der Wert $u_2(0)$ gibt die Ausgangsspannung zum Zeitpunkt null an und entspricht der Kondensatorspannung $u_C(t=0)$ direkt nach Schließen des Schalters. Umformung nach $U_2(s)$ ergibt[17]

$$U_2(s) = \frac{U_0}{s \cdot (1 + RC\,s)} + \frac{u_C(0) \cdot RC}{1 + RC\,s} = U_0 \cdot \left(\frac{1}{s} - \frac{1}{\frac{1}{RC} + s}\right) + u_C(0) \cdot \frac{1}{\frac{1}{RC} + s}\,. \tag{3.131}$$

Die Terme auf der rechten Seite können wir jetzt mit dem Linearitätssatz und der Korrespondenz entsprechend (3.129) mit $a = RC$ und $n = 1$ wieder in den Zeitbereich zurücktransformieren

$$u_2(t) = \mathscr{L}^{-1}\{U_2(s)\} = \left(U_0 \cdot (1 - \mathrm{e}^{-\frac{t}{RC}}) + u_C(0) \cdot \mathrm{e}^{-\frac{t}{RC}}\right) \cdot \sigma(t)\,. \tag{3.132}$$

Abb. 3.17b zeigt den zeitlichen Verlauf von $u_2(t)$ mit $U_0 = 5V$ und $RC = 1s$ für verschiedene Ladezustände des Kondensators zum Zeitpunkt $t = 0$. Man erkennt, dass sich die Ausgangsspannung exponentiell mit der Zeitkonstanten RC der Eingangsspannung annähert, wobei für $t = 0$ ein Sprung auftritt, falls der Kondensator zu diesem Zeitpunkt geladen ist.

Durch Anwendung des Dämpfungssatzes können wir auch die Laplace-Transformierten der zum Zeitpunkt $t = 0$ eingeschalteten cos- und sin-Funktion bestimmen ohne integrieren zu müssen. Dazu stellen wir diese Funktionen wie im Anhang A.1 beschrieben als Summe bzw. Differenz zweier komplexer e-Funktionen dar und erhalten mit (3.105) und (3.128)

$$\cos(\omega t) \cdot \sigma(t) = \frac{\mathrm{e}^{j\omega t} + \mathrm{e}^{-j\omega t}}{2} \cdot \sigma(t) \;\circ\!\!-\!\!\bullet\; \frac{1}{2}\left(\frac{1}{s - j\omega} + \frac{1}{s + j\omega}\right) = \frac{s}{s^2 + \omega^2}\,, \tag{3.133}$$

$$\sin(\omega t) \cdot \sigma(t) = \frac{\mathrm{e}^{j\omega t} - \mathrm{e}^{-j\omega t}}{2j} \cdot \sigma(t) \;\circ\!\!-\!\!\bullet\; \frac{1}{2j}\left(\frac{1}{s - j\omega} - \frac{1}{s + j\omega}\right) = \frac{\omega}{s^2 + \omega^2}\,. \tag{3.134}$$

Möchten wir die Laplace-Transformierte eines um t_0 verzögerten Sinussignals ermitteln, das wie zuvor zum Zeitpunkt $t = 0$ eingeschaltet wird, so zerlegen wir zunächst die verzögerte sin-Funktion in einen Sinus- und Cosinus-Anteil

---

[17] In (3.131) wird der links mit U_0 multiplizierte Term äquivalent rechts in der Klammer als Differenz zweier Partialbrüche geschrieben; auf die Technik der Partialbruchzerlegung werden wir im Abschn. 5.2.3 ausführlich eingehen.

$$\begin{aligned} \sin(\omega(t-t_0)) &= \mathrm{Im}\{e^{j\omega(t-t_0)}\} = \mathrm{Im}\{e^{j\omega t}\cdot e^{-j\omega t_0})\} \\ &= \mathrm{Im}\{(\cos(\omega t)+j\sin(\omega t))\cdot(\cos(\omega t_0)-j\sin(\omega t_0))\} \\ &= \sin(\omega t)\cdot\cos(\omega t_0)-\cos(\omega t)\cdot\sin(\omega t_0)\,. \end{aligned} \tag{3.135}$$

Anschließend wenden wir den Linearitätssatz an und erhalten mit (3.133) sowie (3.134)

$$\sin(\omega(t-t_0))\cdot\sigma(t) \quad \circ\!\!-\!\!\bullet \quad \frac{\omega\cdot\cos(\omega t_0)-s\cdot\sin(\omega t_0)}{s^2+\omega^2}\,. \tag{3.136}$$

Wollen wir stattdessen die Laplace-Transformierte eines Sinussignals bestimmen, das um t_0 verzögert ist, aber auch erst zum Zeitpunkt $t = t_0$ eingeschaltet wird, so entspricht dies dem um t_0 verzögerten Signal aus (3.134). In diesem Fall führen wir keine Zerlegung durch, sondern nutzen den Verschiebungssatz (3.109)

$$\sin(\omega(t-t_0))\cdot\sigma(t-t_0) \quad \circ\!\!-\!\!\bullet \quad \frac{\omega}{s^2+\omega^2}\cdot e^{-s\,t_0}\,. \tag{3.137}$$

Im Kap. 5 benötigen wir die Laplace-Transformierten der jeweils zum Zeitpunkt $t = 0$ eingeschalteten cos- und sin-Funktion, zusätzlich multipliziert mit einer e-Funktion. Diese erhalten wir mit dem Dämpfungssatz (3.128) angewandt auf (3.133) und (3.134), wobei wir die Konstante a auf reelle Werte beschränken können

$$\cos(\omega t)\cdot e^{-at}\cdot\sigma(t) \quad \circ\!\!-\!\!\bullet \quad \frac{s+a}{(s+a)^2+\omega^2}\,, \tag{3.138}$$

$$\sin(\omega t)\cdot e^{-at}\cdot\sigma(t) \quad \circ\!\!-\!\!\bullet \quad \frac{\omega}{(s+a)^2+\omega^2}\,. \tag{3.139}$$

3.7 Zusammenfassung

In diesem Kapitel haben wir mit der Fourier- und der Laplace-Transformation die beiden wichtigsten Integraltransformationen der Systemtheorie kennengelernt. Die Fourier-Transformation ermöglicht eine anschauliche Interpretation von Signalen als Überlagerung von in ihrer Amplitude und Phase veränderten Sinusfunktionen. Hierdurch kann auch die Signalübertragung mit LTI-Systemen mathematisch einfach beschrieben werden, und die Berechnung der Energie und Leistung von Signalen ist im Frequenzbereich ebenfalls möglich. Die Laplace-Transformation ist sehr eng mit der Fourier-Transformation verwandt, dabei für nahezu alle kausalen Signale anwendbar und i. Allg. einfacher zu berechnen. Allerdings geht hierbei die Anschauung weitgehend verloren, so dass wir die Laplace-Transformation als ein nützliches Werkzeug verwenden werden, um die Signalübertragung mathematisch zu beschreiben und die Eigenschaften von LTI-Systemen zu bestimmen. Im Anhang B.1 sowie B.3 sind Tabellen mit wichtigen Theoremen und Korrespondenzen der Fourier-Transformation enthalten, wobei der Spektralbereich sowohl abhängig von ω als auch von f beschrieben wird. Tab. B.3 fasst die entsprechenden Korrespondenzen für die Laplace-Transformation zusammen.

Modellbildung physikalischer Systeme 4

In den vorherigen Kapiteln haben wir das Übertragungsverhalten von LTI-Systemen anhand ihrer Sprung- und Stoßantwort bzw. deren Fourier- und Laplace-Transformierten beschrieben. Diese charakteristischen Signale eignen sich zwar durchaus zur Analyse der Systemeigenschaften, allerdings gestatten sie nur sehr begrenzte Aussagen über den inneren Aufbau von Systemen, und wir haben sie bisher als bekannt oder durch eine Messung bestimmt angenommen.

Im folgenden wollen wir uns mit der sogenannten theoretischen Modellbildung beschäftigen. Darunter verstehen wir die Aufstellung eines mathematischen Modells für ein physikalisches System, um dessen Verhalten abhängig von inneren Parametern exakt studieren zu können. Voraussetzung dafür ist natürlich, dass ein System detailliert bekannt ist und nicht lediglich als abstrakte *Black Box* vorliegt. Wir haben bereits im ersten Kapitel an einigen Beispielen theoretische Modelle für einfache Systeme hergeleitet, um daran die Einordnung in bestimmte Klassen zu verdeutlichen. Hier wird es vor allem darum gehen, eine allgemein gültige mathematische Form einzuführen, die für jedes System aufgestellt werden kann, das zumindest näherungsweise ausschließlich konzentrierte Energiespeicher enthält. Außerdem werden wir mit der Übertragungsleitung ein wichtiges System mit verteilten Parametern kennenlernen, das unter bestimmten Voraussetzungen eine reine Signalverzögerung bewirkt.

4.1 Die Zustandsform linearer Systeme

In der Systemtheorie hat neben der Stoßantwort die sogenannte Zustandsform zentrale Bedeutung, da sie für die meisten Systeme aufgestellt werden kann und deren Zeitverhalten unter Berücksichtigung von Anfangsbedingungen übersichtlich und detailliert erfasst. Wir

V. Sommer, *Grundlagen der Systemtheorie und Signalverarbeitung*,
https://doi.org/10.1007/978-3-662-72126-1_4

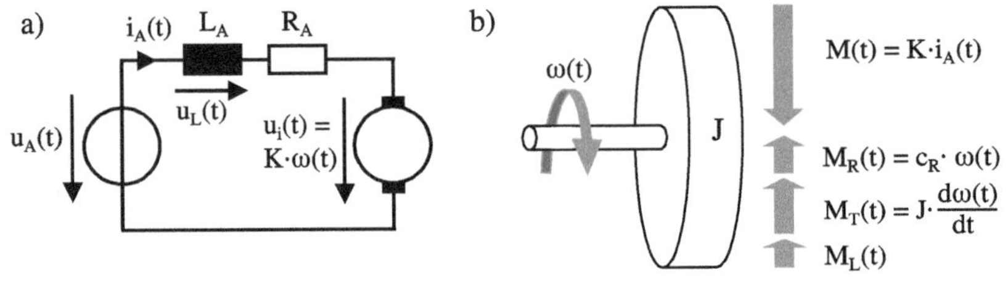

Abb. 4.1 Elektrisches (**a**) und mechanisches (**b**) Modell einer fremd- bzw. permanenterregten Gleichstrommaschine beim Antrieb einer Schwungscheibe

werden diese Beschreibungsform zunächst an einem Beispiel kennenlernen und anschließend verallgemeinern.

Dazu betrachten wir einen fremd- bzw. permanenterregten Gleichstrommotor, der zum Antrieb einer Schwungscheibe verwendet werde, siehe Abb. 4.1. Bei diesem Motortyp, der insbesondere in der Ausführung mit Permanenterregung inzwischen weit verbreitet ist[1], entsteht bei Drehung des Rotors bzw. Ankers im Magnetfeld eine induzierte Spannung $u_i(t)$ proportional zur Kreisfrequenz $\omega(t)$, die mit der Drehzahl der Welle über den Faktor 2π verknüpft ist. Als Proportionalitätsfaktor wirkt der vom Magneten erzeugte Bündelfluss ϕ multipliziert mit einem Maschinenparameter k_m, die wir zu der Konstanten K zusammenfassen [2]

$$u_i(t) = k_m \cdot \phi \cdot \omega(t) = K \cdot \omega(t) . \tag{4.1}$$

Das in Abb. 4.1a dargestellte elektrische Ersatzschaltbild zeigt den Ankerkreis des Motors mit dem Ankerstrom $i_A(t)$ und der durch eine Spannungsquelle eingeprägten Ankerspannung $u_A(t)$, in dem zusätzlich zu $u_i(t)$ der ohmsche Widerstand R_A und die Induktivität L_A der Ankerwicklung berücksichtigt werden müssen. Ein möglicherweise vorhandener Innenwiderstand der Spannungsquelle wird hierbei als Bestandteil von R_A angenommen. Für die ideale Spule mit der Induktivität L_A gilt, dass sich die an ihr abfallende Spannung $u_L(t)$ als Produkt der zeitlichen Ableitung des durch sie fließenden Stromes mit L_A ausdrücken lässt[2], siehe z. B. [14]

$$u_L(t) = L_A \cdot \frac{di_A(t)}{dt} . \tag{4.2}$$

[1] Der Grund hierfür liegt darin, dass bei Permanenterregung keine Erregungsverluste auftreten, und seit den 1990er Jahren Dauermagnete z. B. aus *Neodym* mit sehr hoher magnetischer Energiedichte verfügbar sind.

[2] Dieser allgemeine Zusammenhang ist analog zu (1.1) anschaulich verständlich, denn für Gleichstrom stellt eine reine Induktivität einen Kurzschluss dar, während schnelle Stromänderungen hohe Induktionsspannungen erzeugen.

Ein Maschenumlauf liefert uns den Zusammenhang zwischen den Signalen und den Parametern

$$u_A(t) \;=\; i_A(t) \cdot R_A + L_A \cdot \frac{di_A(t)}{dt} + K \cdot \omega(t)\;. \tag{4.3}$$

Die an der Welle abgegebene Leistung $p(t)$ des Motors kann sowohl elektrisch als Produkt des Stromes $i_A(t)$ mit $u_i(t)$, als auch mechanisch durch das antreibende Drehmoment des Motors $M(t)$ multipliziert mit $\omega(t)$ ausgedrückt werden, woraus sich $M(t)$ proportional zu $i_A(t)$ ergibt

$$p(t) \;=\; u_i(t) \cdot i_A(t) \;=\; K \cdot \omega(t) \cdot i_A(t) \;=\; \omega(t) \cdot M(t) \quad\Rightarrow\quad M(t) \;=\; K \cdot i_A(t)\;. \tag{4.4}$$

Abb. 4.1b zeigt das mechanische Modell der Gleichstrommaschine. Dieses besteht aus einer Schwungscheibe mit dem Massenträgheitsmoment J, wobei J sowohl die rotierende Masse des Motors als auch die der angetriebenen Last umfasst[3]. Das Drehmoment aufgrund der Trägheit M_T folgt aus der Grundgleichung der Mechanik als Produkt von J mit der Winkelbeschleunigung $\frac{d\omega}{dt}$ analog zu $F = m \cdot a$ bei Translationen. Außerdem wirkt ein Reibmoment M_R, das proportional zu ω angenommen wird mit dem Reibkoeffizienten c_R. Zusätzlich kann noch ein variables Lastmoment M_L auftreten, falls der Motor zum Antrieb eines Fahrzeugs oder einer Maschine dient. Das vom Motor erzeugte antreibende Moment M muss zu jedem Zeitpunkt der Summe aus M_R, M_T und M_L entsprechen, woraus folgt

$$K \cdot i_A(t) \;=\; J \cdot \frac{d\omega}{dt} + c_R \cdot \omega(t) + M_L(t)\;. \tag{4.5}$$

Nachdem die Zusammenhänge zwischen den inneren Größen des Motors bekannt sind, wollen wir das System in eine mathematische Normalform überführen. Dazu muss zunächst das Eingangs- und Ausgangssignal entsprechend der Aufgabenstellung festgelegt werden. In diesem Beispiel werden von außen zwei Signale in den Motor eingeprägt, zum einen die Ankerspannung $u_A(t)$ und zum anderen das Lastmoment $M_L(t)$, und wir wollen davon abhängig die Drehzahl bestimmen. Da wir uns jedoch auf Systeme mit nur einem Eingangs- und Ausgangssignal beschränken wollen, ignorieren wir das Lastmoment, setzen also $M_L(t) = 0$, und wählen mit $u(t) = u_a(t)$ und $y(t) = \omega(t)$ die Ankerspannung als Eingangs- und die Kreisfrequenz des Motors als Ausgangssignal des Systems.

Bei der Wahl der Ein- und Ausgangssignale sind wir nicht gebunden, sondern grundsätzlich kann jedes der in einem System auftretenden Signale als Eingangs- oder Ausgangsgröße verwendet werden. So wäre es alternativ möglich, $i_A(t)$ oder bei einer Anwendung als Generator auch $\omega(t)$ als Eingangsgröße einzuprägen und $u_A(t)$ als Ausgangssignal festzulegen.

[3] Das Massenträgheitsmoment beschreibt die Trägheit eines rotierenden Körpers gegenüber Änderungen der Winkelgeschwindigkeit abhängig von der Größe und Anordnung der Masse des Körpers relativ zu dessen Drehpunkt.

Ebenfalls könnte man ein beliebig vorgegebenes Lastmoment $M_L(t)$ als Eingangssignal definieren und dessen Auswirkung auf die Ankerspannung betrachten.

Im nächsten Schritt bestimmen wir sogenannte Zustandsgrößen oder -variablen $x(t)$ entsprechend der Anzahl vorhandener Energiespeicher. Bei dem hier betrachteten Motor müssen wir zwei Zustandsgrößen $x_1(t)$ und $x_2(t)$ festlegen, da unser System zwei Energiespeicher enthält: Die rotierende Schwungscheibe speichert mechanische und das Magnetfeld der Ankerwicklung magnetische Energie[4]. Wichtig für das Erkennen der Anzahl der Energiespeicher ist, dass diese unabhängig voneinander sein müssen, d. h. die in ihnen enthaltenen Energien dürfen nicht über feste Zusammenhänge miteinander in Verbindung stehen. Würden wir beispielsweise die Induktivität L_A durch mehrere in Reihe oder parallel geschaltete Induktivitäten ersetzen, so bliebe die Anzahl der unabhängigen Energiespeicher unverändert zwei, da wir bei Kenntnis der gespeicherten Energie in einer dieser Induktivitäten jederzeit den Energieinhalt der anderen Induktivitäten proportional dazu angeben könnten. Die Anzahl der Zustandsvariablen und damit die Anzahl unabhängiger Energiespeicher in einem System legt die sogenannte Ordnung n fest, die für die Eigenschaften eines Systems zentrale Bedeutung hat[5].

Konkret verwenden wir als Zustandsvariablen abhängige Signale des Systems, aus denen sich zu jedem Zeitpunkt der Energieinhalt der Energiespeicher berechnen lässt. In unserem Beispiel berechnet sich die im Magnetfeld enthaltene Energie zu $E_{mag} = \frac{1}{2} L_A \cdot i_A^2$, so dass wir als erste Zustandsgröße $x_1(t) = i_A(t)$ wählen. Die Energie einer rotierenden Schwungscheibe ist durch $E_{mech} = \frac{1}{2} J \cdot \omega^2$ gegeben, weshalb wir als zweite Zustandsvariable $x_2(t) = \omega(t)$ festlegen[6]. Damit kennen wir das Eingangs-, das Ausgangssignal sowie beide Zustandsvariablen

$$u(t) = u_A(t) \ , \qquad y(t) = \omega(t) \ , \qquad x_1(t) = i_A(t) \ , \qquad x_2(t) = \omega(t) \ , \tag{4.6}$$

und wir können das System Gleichstrommotor durch eine abstrakte Darstellung ersetzen, siehe Abb. 4.2. Anschließend müssen sogenannte Systemgleichungen aufgestellt werden, um die Signale miteinander zu verknüpfen. Dazu werden Abhängigkeiten aus der Physik bzw. Elektrotechnik verwendet, z. B. Kräfte- oder Momentengleichgewichte, Kontinuitätsgleichungen, Knoten- oder Maschengleichungen. In unserem Beispiel haben wir mit (4.3) und (4.5) die gesuchten Abhängigkeiten zwischen den Signalen bereits gefunden, und die Gleichungen müssen jetzt nur noch in eine Normalform gebracht werden. Dazu formen wir

---

[4] Der ohmsche Widerstand R_A speichert zwar ebenfalls Energie in Form von Wärme, allerdings wird diese thermische Energie nach außen abgegeben und ist innerhalb des hier betrachteten Systems nicht mehr verfügbar.

[5] Hierbei berücksichtigen wir nur relevante Energiespeicher abhängig von der Systemauslegung und der gewünschten Anwendung. Bei einer exakteren Modellierung des Antriebs müsste z. B. auch die Torsion der Welle als weiterer Energiespeicher betrachtet werden, sofern die Antriebswelle nicht hinreichend steif ausgelegt ist.

[6] Die gespeicherte Energie hängt zwar auch von der Induktivität L_A bzw. von J ab, allerdings sind L_A und J keine Signale, sondern konstante Parameter des Systems und daher als Zustandsvariablen ungeeignet.

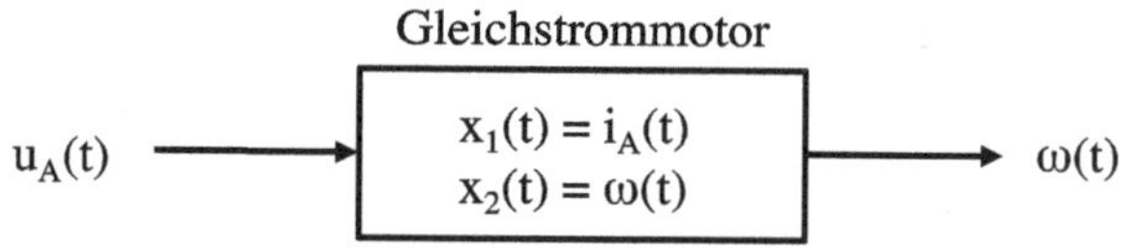

Abb. 4.2 Abstraktes Modell für einen Gleichstrommotor mit dem Eingangssignal $u(t) = u_A(t)$, dem Ausgangssignals $y(t) = \omega(t)$ sowie den beiden Zustandsvariablen $x_1(t) = i_A(t)$ und $x_2(t) = \omega(t)$

diese so um, dass die Ableitungen der Zustandsgrößen jeweils auf der linken Seite stehen

$$\frac{di_A(t)}{dt} = -i_A(t) \cdot \frac{R_A}{L_A} - \omega(t) \cdot \frac{K}{L_A} + u_A(t) \cdot \frac{1}{L_A} , \tag{4.7}$$

$$\frac{d\omega(t)}{dt} = i_A(t) \cdot \frac{K}{J} - \omega(t) \cdot \frac{c_R}{J} . \tag{4.8}$$

Aus diesen Gleichungen folgt unmittelbar, dass der betrachtete Motor ein lineares System ist, denn rechts der Gleichheitszeichen stehen nur lineare Verknüpfungen der Zustandsvariablen und des Eingangssignals. Dies lässt sich auch der Kennlinie entnehmen, die wir erhalten, wenn wir Ruhezustände des Systems betrachten. In diesen treten keine zeitlichen Änderungen auf, so dass die Ableitungen auf den linken Seiten von (4.7) und (4.8) null sein müssen. Damit kann nach Eliminieren von i_A eine stationäre Abhängigkeit zwischen Eingangs- und Ausgangssignal aufgestellt werden und es ergibt sich als Kennlinie $\omega = f(u_A)$ eine Geradengleichung, was nach Abschn. 1.2.7 immer ein lineares System anzeigt

$$\omega(u_A) = \frac{K}{R_A \cdot c_R + K^2} \cdot u_A . \tag{4.9}$$

Die Gl. (4.7) und (4.8) können wir verallgemeinern, indem wir statt der konkreten Signale jetzt $u(t)$, $x_1(t)$ und $x_2(t)$ verwenden, und die Parameter durch die Konstanten a_{ij} und b_i ersetzen mit $i, j = 1..2$, woraus folgt

$$\frac{dx_1(t)}{dt} = a_{11} \cdot x_1(t) + a_{12} \cdot x_2(t) + b_1 \cdot u(t) , \tag{4.10}$$

$$\frac{dx_2(t)}{dt} = a_{21} \cdot x_1(t) + a_{22} \cdot x_2(t) + b_2 \cdot u(t) , \tag{4.11}$$

mit

$$a_{11} = -\frac{R_A}{L_A}, \quad a_{12} = -\frac{K}{L_A}, \quad a_{21} = \frac{K}{J}, \quad a_{22} = -\frac{c_R}{J}, \quad b_1 = \frac{1}{L_A}, \quad b_2 = 0 . \tag{4.12}$$

Das Ausgangssignal $y(t)$ können wir ebenfalls abhängig von $u(t)$, $x_1(t)$ und $x_2(t)$ angeben, wobei wir hier die Parameter c_i mit $i = 1..2$ und d einführen

$$y(t) = c_1 \cdot x_1(t) + c_2 \cdot x_2(t) + d \cdot u(t) . \tag{4.13}$$

Da $y(t)$ in unserem Beispiel $x_2(t)$ entspricht, folgt

$$c_1 = 0 \,, \qquad c_2 = 1 \,, \qquad d = 0 \,. \tag{4.14}$$

Die Gl. (4.10), (4.11) und (4.13) definieren die sogenannte *Zustandsform* für ein System zweiter Ordnung. Besonders elegant und übersichtlich lässt sich diese mittels linearer Algebra schreiben, indem wir die Parameter a_{ij} zu der Matrix $\underline{A}$, und die Parameter b_i sowie c_i jeweils zu den Vektoren $\underline{b}$ und $\underline{c}$ zusammenfassen[7]

$$\underline{A} = \begin{bmatrix} a_{11} & a_{12} \\ a_{21} & a_{22} \end{bmatrix} , \qquad \underline{b} = \begin{bmatrix} b_1 \\ b_2 \end{bmatrix} , \qquad \underline{c} = \begin{bmatrix} c_1 & c_2 \end{bmatrix} . \tag{4.15}$$

Auch die Zustandsgrößen und deren Ableitungen schreiben wir in einen Vektor $\underline{x}(t)$ bzw. $\underline{\dot{x}}(t)$[8]

$$\underline{x}(t) = \begin{bmatrix} x_1(t) \\ x_2(t) \end{bmatrix} , \qquad \underline{\dot{x}}(t) = \begin{bmatrix} \dot{x}_1(t) \\ \dot{x}_2(t) \end{bmatrix} = \begin{bmatrix} \frac{dx_1(t)}{dt} \\ \frac{dx_2(t)}{dt} \end{bmatrix} . \tag{4.16}$$

Mit Hilfe der Definitionen aus (4.15) und (4.16) nimmt die Zustandsform folgende Gestalt an

$$\underline{\dot{x}}(t) = \underline{A} \cdot \underline{x}(t) + \underline{b} \cdot u(t) \,, \tag{4.17}$$

$$y(t) = \underline{c} \cdot \underline{x}(t) + d \cdot u(t) \,. \tag{4.18}$$

Es ist ersichtlich, dass sich diese Darstellung auf lineare Systeme beliebiger Ordnung n erweitern lässt. Wir definieren dazu den Zustandsvektor $\underline{x}(t)$ als Spaltenvektor der Dimension $n \times 1$ sowie den Vektor der abgeleiteten Zustandsgrößen $\underline{\dot{x}}(t)$ derselben Dimension; außerdem die sogenannte Systemmatrix $\underline{A}$ der Dimension $n \times n$, den Eingangsvektor $\underline{b}$ als Spaltenvektor der Dimension $n \times 1$ und den Ausgangsvektor $\underline{c}$ als Zeilenvektor der Dimension $1 \times n$

[7] Matrizen und Vektoren kennzeichnen wir mit einem Unterstrich in Abgrenzung zu skalaren Größen, wobei zur Unterscheidung für Vektoren grundsätzlich kleine und für Matrizen große Buchstaben verwendet werden.

[8] Die Schreibweise mit dem Punkt für zeitliche Ableitungen ist gegenüber Differentialquotienten kompakter und geht auf *Newton* zurück, neben *Leibniz* Mitbegründer der Differenzial- und Integralrechnung.

$$\underline{x}(t) = \begin{bmatrix} x_1(t) \\ x_2(t) \\ \vdots \\ x_n(t) \end{bmatrix}, \quad \underline{\dot{x}}(t) = \begin{bmatrix} \dot{x}_1(t) \\ \dot{x}_2(t) \\ \vdots \\ \dot{x}_n(t) \end{bmatrix}. \tag{4.19}$$

$$\underline{A} = \begin{bmatrix} a_{11} & a_{12} & \dots & a_{1n} \\ a_{21} & a_{22} & \dots & a_{2n} \\ \vdots & \vdots & \ddots & \vdots \\ a_{n1} & a_{n2} & \dots & a_{nn} \end{bmatrix}, \quad \underline{b} = \begin{bmatrix} b_1 \\ b_2 \\ \vdots \\ b_n \end{bmatrix}, \quad \underline{c} = \begin{bmatrix} c_1 & c_2 & \dots & c_n \end{bmatrix}. \tag{4.20}$$

Daneben tritt in Gl. (4.18) noch der skalare Durchgangsfaktor d auf, der – falls ungleich null – eine direkte Verbindung zwischen $y(t)$ und $u(t)$ bewirkt. Mit Hilfe der Gl. (4.17) und (4.18) und bekannten Parametern $\underline{A}$, $\underline{b}$, $\underline{c}$ und d ist das Verhalten eines Systems für Zeiten $t > 0$ vollständig determiniert, falls das Eingangssignal für $t \geq 0$ gegeben ist und falls mit

$$\underline{x}(0) = \begin{bmatrix} x_1(t=0) \\ x_2(t=0) \\ \vdots \\ x_n(t=0) \end{bmatrix} \tag{4.21}$$

der Wert aller n Zustandsgrößen zum Zeitpunkt $t = 0$ bekannt ist. Physikalisch bedeutet dies, dass zu Beginn der Signalaufschaltung der Energieinhalt sämtlicher Energiespeicher des Systems bekannt sein muss. Läge beispielsweise bereits zum Zeitpunkt $t = 0$ eine Ankerspannung am Motor an, so könnten wir davon abhängig einen Ankerstrom und eine Drehzahl und damit die Anfangswerte der Zustandsgrößen berechnen.

4.1.1 Ergänzungen zur Aufstellung von Zustandsformen

Im Gegensatz zur Stoßantwort, die für ein LTI-System immer eindeutig angegeben werden kann, lassen sich für jedes System beliebig viele gleichwertige Zustandsformen aufstellen, die sich jedoch in ihren Parametern $\underline{A}$, $\underline{b}$ und $\underline{c}$ unterscheiden. Dies liegt daran, dass die Festlegung der Zustandsvariablen nicht eindeutig ist, sondern dass eine beliebige lineare Abbildung des Zustandsvektors $\underline{x}$ auf einen neuen Zustandsvektor $\underline{\tilde{x}}$ mit $\underline{\tilde{x}} = \underline{S} \cdot \underline{x}$ ebenfalls auf eine zulässige Zustandsform führt, solange die Anzahl der unabhängigen Zustandsvariablen n gleich bleibt, also $\underline{S}$ eine quadratische und invertierbare $n \times n$-Matrix ist. Dies lässt sich zeigen, indem wir die inverse Abbildung $\underline{x} = \underline{S}^{-1} \cdot \underline{\tilde{x}}$ in die Gl. (4.17) und (4.18) einsetzen und dann die erste Gleichung von links mit $\underline{S}$ multiplizieren

$$\dot{\underline{\tilde{x}}}(t) = \underline{S} \cdot \underline{A} \cdot \underline{S}^{-1} \cdot \underline{\tilde{x}}(t) + \underline{S} \cdot \underline{b} \cdot u(t), \tag{4.22}$$

$$y(t) = \underline{c} \cdot \underline{S}^{-1} \cdot \underline{\tilde{x}}(t) + d \cdot u(t). \tag{4.23}$$

Damit haben wir eine neue, gleichwerte Zustandsform gefunden

$$\dot{\tilde{\underline{x}}}(t) = \tilde{\underline{A}} \cdot \tilde{\underline{x}}(t) + \tilde{\underline{b}} \cdot u(t) \ , \tag{4.24}$$

$$y(t) = \tilde{\underline{c}} \cdot \tilde{\underline{x}}(t) + d \cdot u(t) \ , \tag{4.25}$$

mit

$$\dot{\tilde{\underline{x}}}(t) = \underline{S} \cdot \dot{\underline{x}}(t), \quad \tilde{\underline{x}}(t) = \underline{S} \cdot \underline{x}(t), \quad \tilde{\underline{A}} = \underline{S} \cdot \underline{A} \cdot \underline{S}^{-1}, \quad \tilde{\underline{b}} = \underline{S} \cdot \underline{b}, \quad \tilde{\underline{c}} = \underline{c} \cdot \underline{S}^{-1}. \tag{4.26}$$

Beide Zustandsformen liefern mit den Startwerten $\tilde{\underline{x}}(0) = \underline{S} \cdot \underline{x}(0)$ und für ein gegebenes Eingangssignal $u(t)$ exakt denselben Verlaufs des Ausgangssignals $y(t)$. Wir werden diese verschiedenen Varianten von Zustandsmodellen nicht weiter untersuchen; in der Regelungstechnik gestattet die dadurch mögliche gezielte Veränderung der Parameter eine optimierte Systemauslegung. Zu beachten ist hierbei allerdings, dass die Zustände $\tilde{\underline{x}}$ nicht mehr einzelnen, physikalisch messbaren Signalen im System entsprechen, sondern sich aus beliebigen Linearkombinationen dieser Signale zusammensetzen. Für detaillierte Informationen muss auf die Literatur verwiesen werden [47].

Eine Zustandsform kann im Gegensatz zur Stoßantwort nicht für Systeme mit verteilten Energiespeichern aufgestellt werden, denn dazu wären nach Abschn. 1.2.4 unendlich viele Zustandsgrößen erforderlich. Allerdings weisen Zustandsformen den Vorteil auf, dass sie elegant auf MIMO-Systeme mit beliebig vielen Eingangs- und Ausgangssignalen erweitert werden können, die wir im Abschn. 1.2.2 kennengelernt haben[9]. Dazu müssen wir lediglich die im allgemeinen p Eingangssignale zu einem Vektor $\underline{u}(t)$ der Dimension $p \times 1$ und die m Ausgangssignale zu einem Vektor $\underline{y}(t)$ der Dimension $m \times 1$ zusammenfassen. Dies hat zur Folge, dass in den Gl. (4.17) und (4.18) statt des Vektors $\underline{b}$ jetzt die Eingangsmatrix $\underline{B}$ der Dimension $n \times p$, statt $\underline{c}$ die Ausgangsmatrix $\underline{C}$ der Dimension $m \times n$, und statt d die Durchgangsmatrix $\underline{D}$ der Dimension $m \times p$ auftreten, die übersichtliche Struktur der Zustandsform jedoch erhalten bleibt

$$\dot{\underline{x}}(t) = \underline{A} \cdot \underline{x}(t) + \underline{B} \cdot \underline{u}(t) \ , \tag{4.27}$$

$$\underline{y}(t) = \underline{C} \cdot \underline{x}(t) + \underline{D} \cdot \underline{u}(t). \tag{4.28}$$

Wir werden erst im Kap. 11 im Zusammenhang mit dem Kalman-Filter für zeitdiskrete Systeme diese Erweiterung nutzen und deshalb an dieser Stelle nicht weiter vertiefen; siehe [13] für weitere Details.

[9] Die Beschreibung von MIMO-Systemen mittels Stoßantworten ist zwar grundsätzlich ebenfalls möglich aber sehr aufwändig, denn dazu muss zwischen jedem Ein- und Ausgang eine individuelle Stoßantwort bestimmt werden.

4.1.2 Lösung der Zustandsform

Wir wollen jetzt die Zustandsform nach (4.17) und (4.18) lösen, indem wir die Zeitabhängigkeit des Ausgangssignals $y(t)$ und der Zustandsgrößen $\underline{x}(t)$ abhängig vom Eingangssignal $u(t)$ und vom Anfangszustand $\underline{x}(0)$ – also vom Energieinhalt zum Zeitpunkt $t = 0$ – explizit bestimmen. Da es sich bei Zustandsformen wegen der auftretenden Ableitungen um Differentialgleichungssysteme handelt, wäre eine direkte Lösung im Zeitbereich aufwändig, wohingegen die Anwendung der Laplace-Transformation einen erheblich einfacheren Lösungsweg ermöglicht.

Dazu transformieren wir (4.17) durch Anwendung des Linearitätssatzes (3.107) und des Ableitungssatzes (3.113) in den Laplace-Bereich. Diese Sätze gelten für die einzelnen Komponenten der Vektoren jeweils unabhängig voneinander, so dass die Vektoren und die Matrizengleichung auch im Laplace-Bereich erhalten bleiben

$$\dot{\underline{x}}(t) = \underline{A} \cdot \underline{x}(t) + \underline{b} \cdot u(t) \quad \circ\!\!-\!\!\bullet \quad s \cdot \underline{X}(s) - \underline{x}(0) = \underline{A} \cdot \underline{X}(s) + \underline{b} \cdot U(s)\,. \tag{4.29}$$

Gl. (4.29) kann nach dem Zustandsvektor im Laplace-Bereich $\underline{X}(s)$ unter Verwendung der Einheitsmatrix $\underline{E}$ aufgelöst werden

$$s \cdot \underline{X}(s) - \underline{A} \cdot \underline{X}(s) = \left(s \cdot \underline{E} - \underline{A}\right) \cdot \underline{X}(s) = \underline{b} \cdot U(s) + \underline{x}(0)$$

$$\Rightarrow \quad \underline{X}(s) = \left(s \cdot \underline{E} - \underline{A}\right)^{-1} \cdot \left[\underline{b} \cdot U(s) + \underline{x}(0)\right] \qquad \text{mit} \quad \underline{E} = \begin{bmatrix} 1 & 0 & \cdots & 0 \\ 0 & 1 & \cdots & 0 \\ \vdots & \vdots & \ddots & \vdots \\ 0 & 0 & \cdots & 1 \end{bmatrix}. \tag{4.30}$$

Wir definieren die inverse Matrix in (4.30) als $\underline{\Psi}(s)$ und die dazu korrespondierende Matrix im Zeitbereich als $\underline{\psi}(t)$, jeweils gesprochen *„Psi"*

$$\underline{\Psi}(s) = \left(s \cdot \underline{E} - \underline{A}\right)^{-1} \quad \bullet\!\!-\!\!\circ \quad \underline{\psi}(t)\,. \tag{4.31}$$

Für $\underline{X}(s)$ und den Zustandsvektor $\underline{x}(t)$ im Zeitbereich folgt damit aus (4.30)

$$\underline{X}(s) = \underline{\Psi}(s) \cdot \underline{b} \cdot U(s) + \underline{\Psi}(s) \cdot \underline{x}(0) \tag{4.32}$$

$$\underline{x}(t) = \int_0^t \underline{\psi}(t-\tau) \cdot \underline{b} \cdot u(\tau)\, d\tau + \underline{\psi}(t) \cdot \underline{x}(0)\,. \tag{4.33}$$

Hierbei haben wir den Faltungssatz der Laplace-Transformation angewandt, der auch für Produkte von Matrizen und Vektoren gilt, wie im Anhang A.5 gezeigt wird. Die Matrix $\underline{\psi}(t)$ wird in der Literatur als *Übergangs-* oder *Transitionsmatrix* bezeichnet, da sie nach (4.33) bestimmt, wie der aktuelle Zustand $\underline{x}(t)$ eines Systems für $u(t) = 0$ nur vom Anfangszustand $\underline{x}(0)$ abhängt. In diesem Fall erhalten wir die sogenannte freie Lösung der Zustandsgleichung, die nicht vom Eingangssignal abhängig ist

$$\underline{x}(t) = \underline{\psi}(t) \cdot \underline{x}(0) . \tag{4.34}$$

Hieraus können wir eine wichtige Eigenschaft von $\underline{\psi}(t)$ herleiten, die wir später im Kap. 8 für die Diskretisierung der Zustandsform benötigen. Verschieben wir dazu den Beobachtungszeitpunkt um t_0, indem wir $\underline{x}(t + t_0)$ berechnen, so müssen wir aufgrund der Zeitinvarianz des Systems die Transitionsmatrix weiterhin nur für das Zeitintervall t berechnen, wenn wir jetzt vom Anfangszustand $\underline{x}(t_0)$ statt von $\underline{x}(0)$ ausgehen. Andererseits gelangen wir in denselben Zustand, wenn wir im Zeitpunkt $t = 0$ beginnen, die Transitionsmatrix also für den gesamten Zeitraum $t + t_0$ berechnen und diese mit $x(0)$ multiplizieren

$$\underline{x}(t + t_0) = \underline{\psi}(t) \cdot \underline{x}(t_0) = \underline{\psi}(t + t_0) \cdot \underline{x}(0) = \underline{\psi}(t) \cdot \underline{\psi}(t_0) \cdot \underline{x}(0) . \tag{4.35}$$

Hinter dem letzten Gleichheitszeichen haben wir noch $x(t_0)$ durch (4.34) für $t = t_0$ ersetzt, so dass wir die gesuchte Eigenschaft der Transitionsmatrix ablesen können

$$\underline{\psi}(t + t_0) = \underline{\psi}(t) \cdot \underline{\psi}(t_0) . \tag{4.36}$$

Mit (4.33) erhalten wir auch die gesuchte Lösung für das Ausgangssignal des Systems, wenn wir $\underline{x}(t)$ in die zweite Zustandsgleichung (4.18) einsetzen

$$y(t) = \underline{c} \cdot \underline{x}(t) + d \cdot u(t) = \int_0^t \underline{c} \cdot \underline{\psi}(t - \tau) \cdot \underline{b} \cdot u(\tau)\, d\tau + \underline{c} \cdot \underline{\psi}(t) \cdot \underline{x}(0) + d \cdot u(t) . \tag{4.37}$$

Als Beispiel für die Anwendung dieser Gleichung wollen wir die Sprungantwort, also $u(t) = \sigma(t)$, für folgendes System erster Ordnung mit dem Anfangszustand $x(0) = 1$ berechnen

$$\dot{x}(t) = -2 \cdot x(t) + 4 \cdot u(t) , \tag{4.38}$$

$$y(t) = 5 \cdot x(t) - 3 \cdot u(t) . \tag{4.39}$$

Die Zustandsparameter können wir zu $\underline{A} = -2$, $\underline{b} = 4$, $\underline{c} = 5$ und $d = -3$ ablesen; die Transitionsmatrix ergibt sich in diesem Fall mit (4.31) und Tab. B.3 als skalare Funktion

$$\underline{\Psi}(s) = (s + 2)^{-1} = \frac{1}{s + 2} \quad \bullet\!\!-\!\!\circ \quad \underline{\psi}(t) = \mathrm{e}^{-2t} \cdot \sigma(t) . \tag{4.40}$$

Durch Einsetzen in (4.37) und Lösung des Integrals erhalten wir das Ausgangssignal[10]

$$
\begin{aligned}
y(t) &= \int_0^t 5 \cdot \mathrm{e}^{-2(t-\tau)} \cdot \sigma(t-\tau) \cdot 4 \cdot \sigma(\tau)\, d\tau \;+\; 5 \cdot \mathrm{e}^{-2t} \cdot \sigma(t) \cdot 1 - 3 \cdot \sigma(t) \qquad (4.41) \\
&= 20 \cdot \mathrm{e}^{-2t} \cdot \sigma(t) \cdot \int_0^t \mathrm{e}^{2\tau} d\tau \;+\; 5 \cdot \mathrm{e}^{-2t} \cdot \sigma(t) - 3 \cdot \sigma(t) \;=\; \left(7 - 5 \cdot \mathrm{e}^{-2t}\right) \cdot \sigma(t)\,.
\end{aligned}
$$

Mit Hilfe der Transitionsmatrix lassen sich aus der Zustandsform sämtliche Systemeigenschaften bestimmen, siehe z. B. [11], was allerdings bei Systemen höherer Ordnung aufgrund der Matrizeninvertierung hohen Aufwand erfordert. Wir werden stattdessen diese Analysen anhand der sogenannten Übertragungsfunktion durchführen, die im nächsten Kapitel eingeführt wird und für Systeme mit nur einem Ein- und Ausgang wesentlich einfacher auszuwerten ist.

4.2 Die allgemeine Zustandsform

Anhand einer weiteren Modellbildung soll gezeigt werden, dass sich nicht für jedes System mit konzentrierten Energiespeichern direkt eine Zustandsform entsprechend (4.17) und (4.18) aufstellen lässt. Dazu betrachten wir das in Abb. 4.3a dargestellte Pendel der Länge ℓ und der Masse m, das an einer Stange um seinen Drehpunkt mit den Koordinaten $(x_D, 0)$ in der xy-Ebene frei schwingen kann. Der Drehpunkt liegt in y-Richtung fest bei $y = 0$, kann aber entlang der x-Achse verschoben und hierdurch das Pendel ausgelenkt werden. Zwischen den Koordinaten des Pendelschwerpunktes $(x_S,\ y_S)$ und des Drehpunktes bestehen dabei abhängig vom Drehwinkel φ und von der effektiven Pendellänge ℓ gemäß Abb. 4.3a die folgenden geometrischen Beziehungen[11]

$$x_S = x_D - \ell \cdot \sin(\varphi)\,, \qquad (4.42)$$

$$y_S = -\ell \cdot \cos(\varphi)\,. \qquad (4.43)$$

Hieraus lassen sich durch zweifache Ableitung nach der Zeit unter Beachtung der Ketten- und der Produktregel die Beschleunigungen in x- und y-Richtung bestimmen, die auf den

[10] Dabei hat die Sprungfunktion $\sigma(t-\tau)$ innerhalb der Integrationsgrenzen den Wert eins und kann entfallen, vgl. Abb. 2.20, während $\sigma(\tau)$ die Bedingung $y(t < 0) = 0$ sicherstellt und aus dem Integral herausgezogen werden darf.

[11] In Abb. 4.3 wird die Pendelstange als masselos angenommen, so dass die geometrische Pendellänge identisch zum Abstand des Schwerpunktes des Pendels vom Drehpunkt und damit zur effektiven Länge ℓ ist.

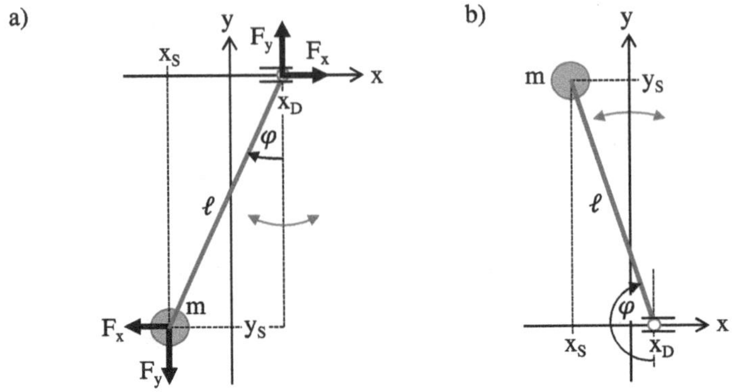

Abb. 4.3 Pendel (**a**) mit den auf den Massenschwerpunkt wirkenden Kräften F_x und F_y sowie invertiertes Pendel (**b**) als Beispiele für nichtlineare Systeme

Pendelschwerpunkt wirken, wenn der Drehpunkt mit $\ddot{x}_D$ in x-Richtung beschleunigt wird und sich damit der Drehwinkel φ durch Auslenkung des Pendels ändert[12]

$$\ddot{x}_S = \ddot{x}_D + \ell \cdot \left(\dot{\varphi}^2 \cdot \sin(\varphi) - \ddot{\varphi} \cdot \cos(\varphi)\right) , \tag{4.44}$$

$$\ddot{y}_S = \ell \cdot \left(\dot{\varphi}^2 \cdot \cos(\varphi) + \ddot{\varphi} \cdot \sin(\varphi)\right) . \tag{4.45}$$

Aus $\ddot{x}_S$ kann mit der Pendelmasse m die Trägheitskraft F_x bestimmt werden, die aufgrund des Grundprinzips *Actio gleich Reactio* entgegengesetzt zur Beschleunigung $\ddot{x}_S$ im Pendelschwerpunkt angreift, siehe Abb. 4.3a

$$F_x = m \cdot \ddot{x}_S . \tag{4.46}$$

Auch in y-Richtung wirkt auf den Masseschwerpunkt des Pendels eine Trägheitskraft F_y entgegen der Beschleunigung $\ddot{y}_S$, wobei hier zusätzlich noch die konstante Schwerkraft $m \cdot g$ berücksichtigt werden muss, die den Masseschwerpunkt des Pendels nach unten zieht

$$F_y = m \cdot g + m \cdot \ddot{y}_S . \tag{4.47}$$

Wir können jetzt analog zu (4.5) das Momentengleichgewicht bezogen auf den Drehpunkt des Pendels aufstellen, wonach die durch F_x und F_y eingeprägten Momente der Summe aus dem Drehmoment aufgrund der Trägheit $J \cdot \ddot{\varphi}$ und dem Reibmoment $c_R \cdot \dot{\varphi}$ entsprechen[13]. Die

---

[12] Die zwei Punkte auf den Variablen zeigen nach *Newton* die 2. Ableitung nach der Zeit also die Beschleunigung an; für eine verkürzte Schreibweise ist die Zeitabhängigkeit der Signale nicht explizit angegeben.

[13] Das Massenträgheitsmoment J kennzeichnet das Beharrungsvermögen eines starren Körpers gegenüber Drehbeschleunigungen und hängt von dessen Masse m und deren Anordnung zum Drehpunkt ab; nehmen wir die gesamte Masse konzentriert am Ende der quasi masselosen Pendelstange der Länge ℓ an, so gilt in guter Näherung $J = m \cdot \ell^2$.

Vorzeichen der eingeprägten Momente zeigen an, ob die entsprechende Kraft nach Abb. 4.3a ein Moment in Richtung von φ oder in Gegenrichtung bewirkt[14]. Wie man ablesen kann, beträgt dabei der zu F_x und F_y jeweils senkrechte und damit wirksame Hebelarm $\ell \cdot \cos(\varphi)$ bzw. $\ell \cdot \sin(\varphi)$, so dass gilt

$$F_x \cdot \ell \cdot \cos(\varphi) - F_y \cdot \ell \cdot \sin(\varphi) \;=\; J \cdot \ddot{\varphi} + c_R \cdot \dot{\varphi}\;. \tag{4.48}$$

Setzen wir in diese Gleichung F_x und F_y aus (4.46) und (4.47) unter Beachtung von (4.44) und (4.45) ein, so kompensieren sich die Terme mit $\dot{\varphi}^2$ und wir erhalten

$$(m \cdot \ell^2 + J) \cdot \ddot{\varphi} \;=\; m \cdot \ell \cdot \ddot{x}_D \cdot \cos(\varphi) - m \cdot g \cdot \ell \cdot \sin(\varphi) - c_R \cdot \dot{\varphi}\;. \tag{4.49}$$

Formen wir nach $\ddot{\varphi}$ um, führen die positiven Konstanten k_1, k_2 und k_3 ein und schreiben die Signale explizit als Funktionen der Zeit, ergibt sich

$$\ddot{\varphi}(t) \;=\; k_1 \cdot \ddot{x}_D(t) \cdot \cos\left(\varphi(t)\right) - k_2 \cdot \sin\left(\varphi(t)\right) - k_3 \cdot \dot{\varphi}(t) \tag{4.50}$$

$$\text{mit} \quad k_1 = \frac{m \cdot \ell}{m \cdot \ell^2 + J}\,, \qquad k_2 = \frac{m \cdot g \cdot \ell}{m \cdot \ell^2 + J}\,, \qquad k_3 = \frac{c_R}{m \cdot \ell^2 + J}\,. \tag{4.51}$$

Gl. (4.50) stellt eine gewöhnliche Differentialgleichung 2. Ordnung dar, die das Pendel vollständig beschreibt. Wir können diese GDGL mit wenig Aufwand in eine Zustandsform überführen, indem wir zwei Zustandsvariablen $x_1(t) = \varphi(t)$ und $x_2(t) = \dot{\varphi}(t) = \omega(t)$ einführen. Außerdem definieren wir als Eingangssignal $u(t) = \ddot{x}_D(t)$ und als Ausgangssignal $y(t) = \varphi(t)$, so dass wir schreiben können

$$\dot{x}_1(t) \;=\; x_2(t)\,, \tag{4.52}$$

$$\dot{x}_2(t) \;=\; k_1 \cdot u(t) \cdot \cos(x_1(t)) - k_2 \cdot \sin(x_1(t)) - k_3 \cdot x_2(t)\,, \tag{4.53}$$

$$y(t) \;=\; x_1(t)\,. \tag{4.54}$$

Auch bei diesem System lässt sich aus der Anzahl der Zustandsvariablen auf die Ordnung $n = 2$ und damit auf die Anzahl unabhängiger Energiespeicher schließen. Während aus x_1 zu jedem Zeitpunkt die im System gespeicherte und auch wieder entnehmbare potentielle Energie mit $E_{pot} = m \cdot g \cdot \ell \cdot \sin(\varphi)$ berechnet werden kann, ermöglicht x_2 über $E_{kin} = \frac{1}{2} J \cdot \dot{\varphi}^2$ die Bestimmung der in der bewegten Masse gespeicherten kinetischen Energie. Vergleicht man diese Zustandsform jedoch mit derjenigen des zuvor betrachteten Gleichstrommotors entsprechend (4.10), (4.11) und (4.13), so fällt auf, dass wir die Zustandsform des Pendels nicht als Matrizengleichung schreiben können, da (4.53) nichtlineare Verknüpfungen der Zustandsvariablen und des Eingangssignals enthält. Dies lässt sich auch anhand der Kennlinie erkennen, die wir analog zu (4.9) dadurch erhalten, dass wir Ruhezustände des Systems

[14] Im Drehpunkt $(x_D, 0)$ wirken aufgrund des Grundprinzips *Actio gleich Reactio* natürlich dieselben Kräfte F_x und F_y auf das Pendel, allerdings erzeugen diese wegen der Hebelarmlänge null kein Moment bezogen auf den Drehpunkt.

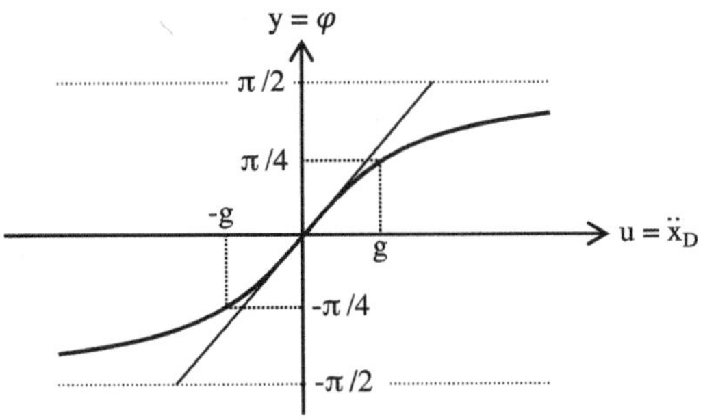

Abb. 4.4 Nichtlineare Kennlinie des Pendels und Approximation im Nullpunkt durch eine Gerade. Das Eingangssignal u entspricht hierbei der Beschleunigung in x-Richtung, während als Ausgangssignal der Winkel des Pendels betrachtet wird

betrachten, in denen die Ableitungen in (4.52) und (4.53) null werden. Aus (4.52) folgt zunächst $x_2 = 0$ und damit aus (4.53) und (4.54) eine Abhängigkeit zwischen u und y

$$0 = k_1 \cdot u \cdot \cos(y) - k_2 \cdot \sin(y) \; . \tag{4.55}$$

Durch Auflösen nach y erhalten wir eine arctan-Funktion, wobei wir die Konstanten k_1 und k_2 entsprechend (4.51) ersetzt haben

$$y = \arctan\left(\frac{u}{g}\right) \; . \tag{4.56}$$

Diese Kennlinie, die Abb. 4.4 zeigt, ermöglicht ein Pendel als einfaches Messgerät für horizontale Beschleunigungen zu verwenden. Ein Winkel von $\frac{\pi}{4} = 45°$ zeigt dabei eine Beschleunigung identisch zur Erdbeschleunigung $g \approx 9{,}81\frac{m}{s^2}$ an.

Die durch (4.52) bis (4.54) festgelegte Zustandsform des Pendels wollen wir nun auf beliebige nichtlineare Systeme n-ter Ordnung erweitern, indem wir den konkreten nichtlinearen Zusammenhang zwischen $x_1(t)$, $x_2(t)$ und $u(t)$ in (4.53) verallgemeinern und für alle n Zustandsgleichungen wie auch für die Ausgangsgleichung jeweils auf der rechten Seite beliebige Funktionen f_1 bis f_n sowie g abhängig vom Eingangssignal und von den n Zustandsgrößen zulassen

$$\dot{x}_1(t) = f_1\left(x_1(t), x_2(t), \ldots, x_n(t), u(t)\right) \; , \tag{4.57}$$

$$\dot{x}_2(t) = f_2\left(x_1(t), x_2(t), \ldots, x_n(t), u(t)\right) \; , \tag{4.58}$$

$$\vdots$$

$$\dot{x}_n(t) = f_n\left(x_1(t), x_2(t), \ldots, x_n(t), u(t)\right) \; , \tag{4.59}$$

$$y(t) = g\left(x_1(t), x_2(t), \ldots, x_n(t), u(t)\right) \; . \tag{4.60}$$

Man beachte, dass sich auch dieses Gleichungssystem nicht in Matrizenform schreiben lässt, da eine solche nur für lineare Systeme aufgestellt werden kann. Mit der vektoriellen Funktion $\underline{f} = \left(f_1\left(\underline{x}, u\right), f_2\left(\underline{x}, u\right), \ldots f_n\left(\underline{x}, u\right)\right)^T$ lassen sich (4.57) bis (4.60) aber zusammenfassen

$$\dot{\underline{x}}(t) = \underline{f}\left(\underline{x}(t), u(t)\right) , \tag{4.61}$$

$$y(t) = g\left(\underline{x}(t), u(t)\right) . \tag{4.62}$$

4.2.1 Linearisierung von Systemen

Nichtlineare Zusammenhänge zwischen Signalen entsprechend (4.57) bis (4.60) bestehen bei vielen realen Systemen, wobei es häufig möglich ist, diese Systeme durch lineare Systeme zu approximieren, um vereinfachte Methoden zu deren Analyse und Beeinflussung anwenden zu können. Die im Abschn. 4.1.2 hergeleitete explizite Lösung der Zustandsform setzt z. B. zwingend ein lineares System voraus. Da viele Systeme in einem sogenannten Arbeitspunkt betrieben werden, der durch einen konstanten Wert des Eingangssignals anwendungsabhängig vorgegeben wird, muss insbesondere dort eine genaue Nachbildung erfolgen.

Zunächst wollen wir Kennlinien linearisieren, durch die statische Systeme vollständig beschrieben werden, die aber auch für viele dynamische Systeme angegeben werden können, vgl. Abschn. 1.2.3. Dazu wählen wir einen Arbeitspunkt auf der Kennlinie und berechnen die Tangente durch diesen Punkt. Abb. 4.5 zeigt eine beliebige nichtlineare Kennlinie und ihre lineare Approximation durch eine Arbeitsgerade im durch (u_A, y_A) bezeichneten Arbeitspunkt (AP).

Zur Bestimmung der Arbeitsgerade entwickeln wir die Funktion der Kennlinie $y = f(u)$ im Arbeitspunkt in eine Taylor-Reihe, d. h. in eine Summe von Potenzfunktionen, siehe z. B.

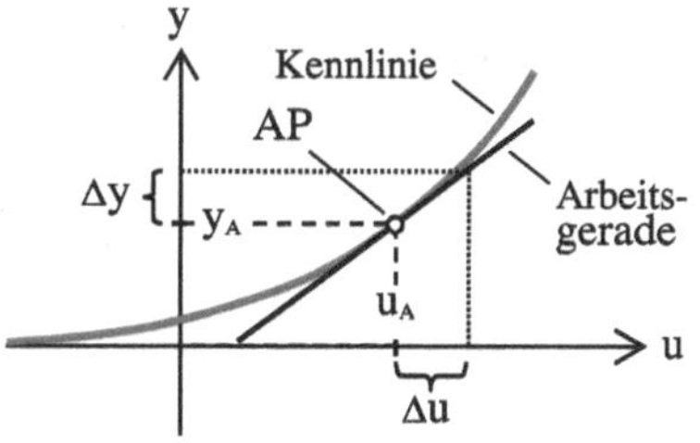

Abb. 4.5 Linearisierung einer Kennlinie in einem Arbeitspunkt (AP) mit den Koordinaten u_A und y_A durch eine Arbeitsgerade, deren Steigung der Ableitung der Kennlinie im AP entspricht. Im Arbeitspunkt wird das System durch sein Kleinsignalverhalten beschrieben, wozu kleine Signalveränderungen Δu und Δy, die positiv oder negativ sein können, dem Arbeitspunkt überlagert werden

[8]. Da wir an einer linearen Approximation interessiert sind, brechen wir die Reihe bereits nach dem ersten Term ($k = 1$) ab und erhalten die gewünschte Geradengleichung

$$y = f(u) = y_A + \sum_{k=1}^{\infty} \left(\frac{(u - u_A)^k}{k!} \cdot \left. \frac{d^{(k)} f}{(du)^k} \right|_{u=u_A} \right) \approx y_A + (u - u_A) \cdot \left(\frac{df}{du} \right)_{u=u_A} . \tag{4.63}$$

Als Beispiel wollen wir die Kennlinie des Pendels aus Abb. 4.4 durch ihre Tangente im Ursprung der Kennlinie annähern. Mit $y_A = u_A = 0$ erhalten wir

$$y \approx \frac{d}{du} \arctan\left(\frac{u}{g} \right) \Bigg|_{u=0} \cdot u = \left. \frac{1/g}{1 + (u/g)^2} \right|_{u=0} \cdot u = \frac{u}{g} . \tag{4.64}$$

Nachdem ein System linearisiert wurde, sollten die Signale nur noch geringfügig von ihren Werten im Arbeitspunkt abweichen, damit der Fehler zwischen tatsächlicher Kennlinie und Arbeitsgerade hinreichend klein bleibt. Man spricht hier vom sogenannten Kleinsignalverhalten eines Systems, das dadurch gekennzeichnet ist, dass kleine Signalamplituden Δu und Δy den konstanten Signalwerten im Arbeitspunkt überlagert werden, siehe Abb. 4.5. Das zeitabhängige Eingangssignal $\Delta u(t) = u(t) - u_A$ ist dann mit dem zeitabhängigen Ausgangssignal $\Delta y(t) = y(t) - y_A$ über den Verstärkungsfaktor V des äquivalenten linearen Systems gekoppelt, der die Steigung der Kennlinie im Arbeitspunkt angibt

$$\Delta y(t) = V \cdot \Delta u(t) \qquad \text{mit} \qquad V = \left(\frac{df}{du} \right)_{u=u_A} . \tag{4.65}$$

Bei dynamischen Systemen gehen wir prinzipiell genauso vor, indem wir die nichtlinearen Funktionen in (4.57) bis (4.60) ebenfalls durch Taylor-Reihen mit Beschränkung auf das erste Summenglied annähern, wobei die Reihe jetzt allerdings für alle Variablen $x_1(t)$ bis $x_n(t)$ und $u(t)$ berechnet werden muss. Zur Herleitung beschränken wir uns wegen der Übersichtlichkeit auf ein System erster Ordnung und werden das Ergebnis anschließend verallgemeinern. Für $n = 1$ folgt nach Bildung der partiellen Ableitungen der Funktionen f_1 und g nach x_1 und u

$$f_1\left(x_1(t), u(t)\right) \approx f_1\left(x_{1A}, u_A\right) + \left(x_1(t) - x_{1A}\right) \cdot \left. \frac{df_1}{dx_1} \right|_{AP} + \left(u(t) - u_A\right) \cdot \left. \frac{df_1}{du} \right|_{AP} , \tag{4.66}$$

$$g\left(x_1(t), u(t)\right) \approx g\left(x_{1A}, u_A\right) + \left(x_1(t) - x_{1A}\right) \cdot \left. \frac{dg}{dx_1} \right|_{AP} + \left(u(t) - u_A\right) \cdot \left. \frac{dg}{du} \right|_{AP} . \tag{4.67}$$

Das tiefgestellte AP weist darauf hin, dass nach Bildung der partiellen Abbildungen das Eingangssignal und die Zustandsgröße jeweils durch ihren Wert im Arbeitspunkt $AP = (u_A, x_{1A})$ ersetzt werden müssen, so dass alle Parameter konstante Werte annehmen. Mit

(4.57) können wir den Term $f_1\,(x_1(t), u(t))$ in (4.66) als Ableitung $\dot{x}_1(t)$ und $f_1\,(x_{1A}, u_A)$ als Ableitung $\dot{x}_{1A}$ im Arbeitspunkt identifizieren. Außerdem entspricht nach (4.60) der Term $g\,(x_1(t), u(t))$ in (4.67) dem Ausgangssignal $y(t)$ und der Ausdruck $g\,(x_{1A}, u_A)$ dem Ausgangssignal y_A im Arbeitspunkt, so dass wir schreiben können

$$\dot{x}_1(t) - \dot{x}_{1A} \approx (x_1(t) - x_{1A}) \cdot \left.\frac{df_1}{dx_1}\right|_{AP} + (u(t) - u_A) \cdot \left.\frac{df_1}{du}\right|_{AP}, \tag{4.68}$$

$$y(t) - y_A \approx (x_1(t) - x_{1A}) \cdot \left.\frac{dg}{dx_1}\right|_{AP} + (u(t) - u_A) \cdot \left.\frac{dg}{du}\right|_{AP}. \tag{4.69}$$

Definieren wir wieder die Differenzsignale $\Delta u(t) = u(t) - u_A$ sowie $\Delta y(t) = y(t) - y_A$ und außerdem $\Delta x_1(t) = x_1(t) - x_{1A}$ sowie $\Delta \dot{x}_1(t) = \dot{x}_1(t) - \dot{x}_{1A}$, so können wir das linearisierte dynamische System für kleine Δ-Werte im Arbeitspunkt kleinsignalmäßig äquivalent beschreiben

$$\Delta\dot{x}_1(t) = \Delta x_1(t) \cdot \left.\frac{df_1}{dx_1}\right|_{AP} + \Delta u(t) \cdot \left.\frac{df_1}{du}\right|_{AP}, \tag{4.70}$$

$$\Delta y(t) = \Delta x_1(t) \cdot \left.\frac{dg}{dx_1}\right|_{AP} + \Delta u(t) \cdot \left.\frac{dg}{du}\right|_{AP}. \tag{4.71}$$

Diese Gleichungen lassen sich nun problemlos auf Systeme mit n Zustandsvariablen erweitern. Dadurch treten statt nur einer Zustandsgleichung (4.70) jetzt n Gleichungen mit den Funktionen f_1 bis f_n auf, und außerdem enthalten die Gleichungen jetzt partielle Ableitungen nach allen n Zustandsvariablen. Dies führt auf die folgenden zwei Matrizengleichungen

$$\Delta\underline{\dot{x}}(t) = \underline{A} \cdot \Delta\underline{x}(t) + \underline{b} \cdot \Delta u(t)\,, \tag{4.72}$$

$$\Delta y(t) = \underline{c} \cdot \Delta\underline{x}(t) + d \cdot \Delta u(t)\,, \tag{4.73}$$

in denen die Vektoren $\Delta\underline{\dot{x}}(t)$ und $\Delta\underline{x}(t)$ wie folgt definiert sind

$$\Delta\underline{x}(t) = \begin{bmatrix} x_1(t) - x_{1A} \\ x_2(t) - x_{2A} \\ \vdots \\ x_n(t) - x_{nA} \end{bmatrix}, \quad \Delta\underline{\dot{x}}(t) = \begin{bmatrix} \dot{x}_1(t) - \dot{x}_{1A} \\ \dot{x}_2(t) - \dot{x}_{2A} \\ \vdots \\ \dot{x}_n(t) - \dot{x}_{nA} \end{bmatrix}. \tag{4.74}$$

Die Parameter in der Matrix $\underline{A}$ und in den Vektoren $\underline{b}$ und $\underline{c}$ sowie der skalare Durchgangsfaktor d sind als partielle Ableitungen der Funktionen f_1 bis f_n und g nach x_1 bis x_n sowie nach u im Arbeitspunkt festgelegt

$$\underline{A} = \begin{bmatrix} \frac{df_1}{dx_1} & \frac{df_1}{dx_2} & \cdots & \frac{df_1}{dx_n} \\ \frac{df_2}{dx_1} & \frac{df_2}{dx_2} & \cdots & \frac{df_2}{dx_n} \\ \vdots & \vdots & \ddots & \vdots \\ \frac{df_n}{dx_1} & \frac{df_n}{dx_2} & \cdots & \frac{df_n}{dx_n} \end{bmatrix}_{AP} \qquad \underline{b} = \begin{bmatrix} \frac{df_1}{du} \\ \frac{df_2}{du} \\ \vdots \\ \frac{df_n}{du} \end{bmatrix}_{AP} , \tag{4.75}$$

$$\underline{c} = \begin{bmatrix} \frac{dg}{dx_1} & \frac{dg}{dx_2} & \cdots & \frac{dg}{dx_n} \end{bmatrix}_{AP} \qquad d = \left. \frac{dg}{du} \right|_{AP} . \tag{4.76}$$

Bei dynamischen Systemen wird als Arbeitspunkt meistens eine sogenannte Ruhelage gewählt, die dadurch gekennzeichnet ist, dass dort alle Zustandsgrößen konstante Werte annehmen. Deren zeitliche Ableitungen müssen somit null sein, so dass in einer Ruhelage aus $\underline{f}\left(\underline{x}_A, u_A\right) = \dot{\underline{x}}_A = 0$ auch $\Delta\dot{\underline{x}}(t) = \dot{\underline{x}}(t)$ folgt[15]. Wir können daher eine Ruhelage genauso ermitteln wie die Kennlinien für den Gleichstrommotor und das Pendel entsprechend (4.9) und (4.56), indem wir die Ableitungen der Zustandsgrößen null setzen und dann für ein festes Eingangssignal das zugehörige Ausgangssignal und den Wert sämtlicher Zustandsvariablen im Arbeitspunkt berechnen. Da sämtliche Punkte auf einer Kennlinie Ruhelagen entsprechen, kann auch grundsätzlich in jedem dieser Punkte eine Systemlinearisierung durchgeführt werden.

Bei dem als Beispiel gewählten Pendel tritt als Eingangssignal die Beschleunigung $u = \ddot{x}_D$ auf, und das Einprägen eines konstanten Wertes ist hier i. Allg. unpraktikabel. Lediglich der durch $u_A = 0$ festgelegte Arbeitspunkt lässt sich leicht realisieren, weshalb wir das System hier linearisieren wollen. Zunächst setzen wir die Ableitungen der beiden Zustandsgrößen $\dot{x}_1(t)$ und $\dot{x}_2(t)$ im nichtlinearen Zustandsmodell null und erhalten damit direkt aus (4.52) den Wert $x_{2A} = 0$ und anschließend aus (4.53) mit $u_A = 0$

$$0 = -k_2 \cdot \sin(x_{1A}) . \tag{4.77}$$

Damit diese Gleichung erfüllt ist, kann x_{1A} zwei unterschiedliche Werte annehmen, nämlich $x_{1A} = 0$ oder $x_{1A} = \pi$. Wir wollen zunächst den Fall $x_{1A} = 0$ betrachten, wozu für das Ausgangssignal mit (4.54) der Wert $y_A = 0$ korrespondiert. In diesem Arbeitspunkt können wir mit Hilfe von (4.75) und (4.76) die Systemparameter des linearen Systems bestimmen, wobei wir zunächst die Funktionen f_1, f_2 und g aus (4.52)–(4.54) ablesen

$$f_1 = x_2 , \tag{4.78}$$

$$f_2 = k_1 \cdot u \cdot \cos(x_1) - k_2 \cdot \sin(x_1) - k_3 \cdot x_2 , \tag{4.79}$$

$$g = x_1 . \tag{4.80}$$

[15] Ruhelagen und damit feste Arbeitspunkte existieren nur für global proportionale und damit stabile Systeme, auf die wir uns hier beschränken. Ändert sich der Arbeitspunkt eines Systems, so muss eine neue Linearisierung erfolgen.

Damit ergibt sich für $\underline{A}$, $\underline{b}$, $\underline{c}$ und d des im Arbeitspunkt $u_A = 0$, $x_{1A} = 0$ und $x_{2A} = 0$ äquivalenten linearen Systems

$$\underline{A} = \begin{bmatrix} \frac{df_1}{dx_1} & \frac{df_1}{dx_2}\frac{df_2}{dx_1} & \frac{df_2}{dx_2} \end{bmatrix}_{AP} = \begin{bmatrix} 0 & 1 \\ -k_1 \cdot u \cdot \sin(x_1) - k_2 \cdot \cos(x_1) & -k_3 \end{bmatrix}_{AP} = \begin{bmatrix} 0 & 1 \\ -k_2 & -k_3 \end{bmatrix}, \tag{4.81}$$

$$\underline{b} = \begin{bmatrix} \frac{df_1}{du} \\ \frac{df_2}{du} \end{bmatrix}_{AP} = \begin{bmatrix} 0 \\ k_1 \cdot \cos(x_1) \end{bmatrix}_{AP} = \begin{bmatrix} 0 \\ k_1 \end{bmatrix}, \tag{4.82}$$

$$\underline{c} = \begin{bmatrix} \frac{dg}{dx_1} & \frac{dg}{dx_2} \end{bmatrix}_{AP} = \begin{bmatrix} 1 & 0 \end{bmatrix}, \tag{4.83}$$

$$d = \left.\frac{dg}{du}\right|_{AP} = 0\,. \tag{4.84}$$

Falls Teilsysteme des zu linearisierenden Systems bereits linear sind, ändern sich diese durch den Algorithmus übrigens nicht. Man erkennt dies an f_1 und g. Hier sind bereits die partiellen Ableitungen konstant ohne dass der Arbeitspunkt eingesetzt werden muss.

Für nichtlineare Systeme ist typisch, dass sie i. Allg. für dasselbe Eingangssignal mehrere Ruhelagen annehmen können, und sie können in diesen Ruhelagen auch sehr unterschiedliche Eigenschaften aufweisen. Für das Pendel hatten wir bereits erkannt, dass zu $u_A = 0$ mit $x_{1A} = \pi$ noch eine zweite Lösung existiert, wobei das Ausgangssignal dann ebenfalls den Wert $y_A = \pi$ annimmt. Man spricht in diesem Fall von einem invertierten Pendel, und das System verhält sich in dieser Ruhelage instabil, da bereits kleinste Eingangssignalwerte zu einem Verlassen des Arbeitspunktes führen, der dann für $u = 0$ auch nicht wieder angenommen wird, siehe Abb. 4.3b. Linearisieren wir das System in dieser zweiten Ruhelage, also für $u_A = 0$, $x_{1A} = \pi$ und $x_{2A} = 0$, so ergibt sich bis auf jeweils einen Vorzeichenwechsel in $\underline{A}$ und $\underline{b}$ dasselbe Ergebnis wie im ersten Arbeitspunkt

$$\underline{A} = \begin{bmatrix} 0 & 1 \\ k_2 & -k_3 \end{bmatrix}, \quad \underline{b} = \begin{bmatrix} 0 \\ -k_1 \end{bmatrix}, \quad \underline{c} = \begin{bmatrix} 1 & 0 \end{bmatrix}, \quad d = 0\,. \tag{4.85}$$

Wir werden später sehen, dass sich der fundamentale Unterschied des Systemverhaltens in beiden Ruhelagen aus diesen geringfügigen Unterschieden der Parameter eindeutig ablesen lässt.

4.3 Systeme mit verteilten Parametern als Laufzeitglieder

Ein wichtiges Übertragungssystem, das verteilte Energiespeicher enthält und deshalb nach Abschn. 1.2.4 nicht durch eine gewöhnliche Differenzialgleichung (GDGL) und auch nicht durch eine Zustandsform beschrieben werden kann, stellt eine elektrische Leitung dar. Übertragungsleitungen werden überall dort eingesetzt, wo mehrere räumlich getrennte elektrische Systeme teilweise über große Entfernungen verbunden werden sollen. Im Hochfrequenzbereich z. B. zum Anschluss einer Antenne werden elektrische Leitungen meistens als Koaxialkabel ausgeführt, siehe Abb. 4.6. Diese enthalten einen Innenleiter, der von einem zylindrischen Drahtgeflecht als Außenleiter durch einen Isolator mit der relativen Permittivität ε_r getrennt ist. Da elektrische und magnetische Felder aufgrund der hohen Symmetrie der Leitung sehr gut abgeschirmt sind, treten bei hochfrequenten Signalen kaum Verluste auf, so dass die Leitung nur durch eine über ihre Länge ℓ verteilte Kapazität C und Induktivität L beschrieben werden kann. Diese berechnen sich für ein Koaxialkabel abhängig von ℓ, vom Innen- und Außendurchmesser d_1 und d_2 der Leitung, von der magnetischen und elektrischen Feldkonstante μ_0 und ε_0, sowie von ε_r [54]

$$C = 2\pi \cdot \varepsilon_0 \cdot \varepsilon_r \cdot \frac{\ell}{\ln \frac{d_2}{d_1}} \quad \text{und} \quad L = \frac{\mu_0 \cdot \ell}{2\pi} \cdot \ln \frac{d_2}{d_1} \,. \tag{4.86}$$

Zur Signalübertragung wird die Leitung am Eingang mit einer Spannungsquelle beschaltet, die eine Spannung $u_0(t)$ einprägt und den Innenwiderstand R_1 aufweist, während am Ausgang der Widerstand R_2 die Leitung abschließt, der auch als Eingangswiderstand z. B. eines nachfolgenden Verstärkers interpretiert werden kann.

Das System kann als Zweidrahtleitung der Länge ℓ modelliert werden, wie sie in Abb. 4.7 ohne äußere Beschaltung dargestellt ist, wobei der obere Draht dem Innenleiter und der untere Draht dem Außenleiter des Koaxialkabels entspricht. Die Ortskoordinate x werde von rechts nach links positiv angenommen, so dass auf der linken Seite bei $x = \ell$ der Strom $i_1(t)$ in die Leitung hineinfließt und zwischen beiden Leitern dort die Spannung $u_1(t)$ anliegt, während am Leitungsausgang bei $x = 0$ der Strom $i_2(t)$ herausfließt und die Spannung $u_2(t)$ wirkt.

Zur mathematischen Beschreibung des Systems werde nun an beliebiger Stelle x ein kurzer Abschnitt der Leitung mit der Länge Δx durch sein elektrisches Ersatzschaltbild ersetzt, wie unten in Abb. 4.7 vergrößert dargestellt ist. In diesem Ausschnitt kann nähe-

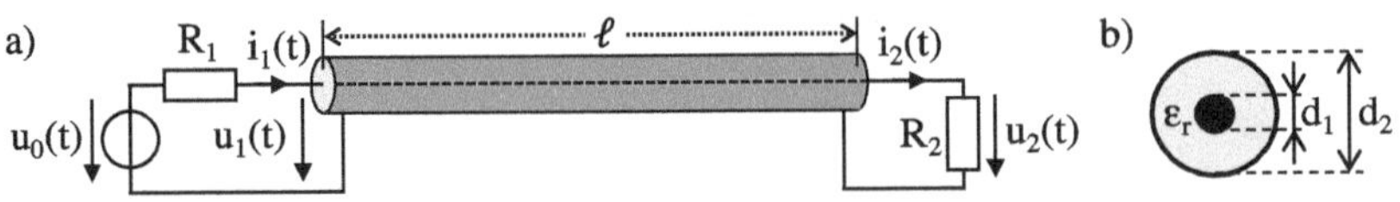

Abb. 4.6 Koaxialkabel mit äußerer Beschaltung als Beispiel für ein System mit verteilten Parametern (**a**) und Querschnitt des Kabels mit dem Durchmesser des Innen- und Außenleiters d_1 und d_2 (**b**)

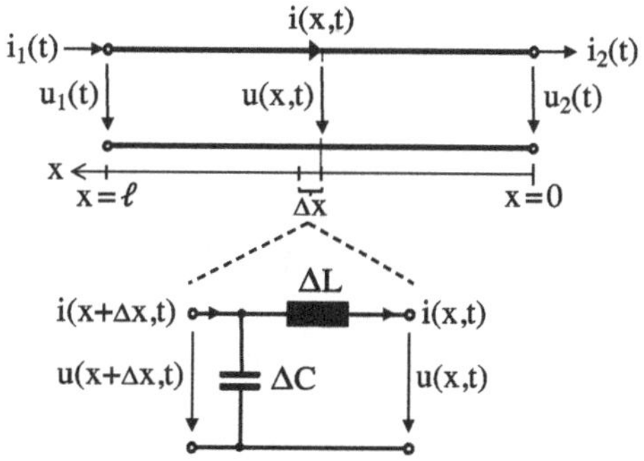

Abb. 4.7 Zweidrahtleitung und elektrisches Ersatzschaltbild eines Ausschnittes der Leitung an beliebiger Stelle x mit der Länge Δx, das aus einer kleinen Induktivität ΔL und Kapazität ΔC besteht

rungsweise die verteilte Induktivität der Leitung durch eine kleine Spule mit der Induktivität $\Delta L = L \cdot \Delta x/\ell$ und die verteilte Kapazität durch einen kleinen Kondensator der Größe $\Delta C = C \cdot \Delta x/\ell$ repräsentiert werden[16].

Mit (1.1) und (4.2) kann nun aus dem Ersatzschaltbild eine Knoten- und eine Maschengleichung für diesen Ausschnitt der Leitung aufgestellt werden, und es ergeben sich folgende Beziehungen zwischen den zeit- und ortsabhängigen Spannungen $u(x,t)$ sowie $u(x+\Delta x,t)$, und den Strömen $i(x,t)$ sowie $i(x+\Delta x,t)$

$$i(x+\Delta x,t) = i(x,t) + \Delta x \cdot C/\ell \cdot \frac{du(x+\Delta x,t)}{dt}, \tag{4.87}$$

$$u(x+\Delta x,t) = u(x,t) + \Delta x \cdot L/\ell \cdot \frac{di(x,t)}{dt}. \tag{4.88}$$

Diese Gleichungen formen wir so um, dass die Differenzenquotienten $\frac{\Delta i(x,t)}{\Delta x}$ bzw. $\frac{\Delta u(x,t)}{\Delta x}$ jeweils auf der linken Seite stehen

$$\frac{\Delta i(x,t)}{\Delta x} = \frac{i(x+\Delta x,t) - i(x,t)}{\Delta x} = C/\ell \cdot \frac{du(x+\Delta x,t)}{dt}, \tag{4.89}$$

$$\frac{\Delta u(x,t)}{\Delta x} = \frac{u(x+\Delta x,t) - u(x,t)}{\Delta x} = L/\ell \cdot \frac{di(x,t)}{dt}. \tag{4.90}$$

Durch den Grenzübergang $\Delta x \to 0$ gehen die Differenzenquotienten in die Differenzialquotienten $\frac{di(x,t)}{dx}$ bzw. $\frac{du(x,t)}{dx}$ über und in dem Ableitungsterm nach der Zeit in der ersten Gleichung entfällt Δx, woraus sich folgende partielle Differentialgleichungen (PDGL) ergeben, welche eine verlustfreie, elektrische Leitung vollständig und exakt beschreiben[17]

[16] Die auf die Leitungslänge bezogene Induktivität L/ℓ bzw. Kapazität C/ℓ werden als Induktivitäts- und Kapazitätsbelag der Leitung bezeichnet.

[17] Durch Ableitung von (4.91) partiell nach dt und von (4.92) nach dx tritt in beiden Gleichungen der Term $\frac{d^2 i(x,t)}{dx\,dt}$ auf; dieser lässt sich durch Gleichsetzen eliminieren, so dass die Telegraphengleichung (1.3) folgt mit $k = \frac{L}{C}$.

$$\frac{di(x,t)}{dx} = C/\ell \cdot \frac{du(x,t)}{dt}\,, \tag{4.91}$$
$$\frac{du(x,t)}{dx} = L/\ell \cdot \frac{di(x,t)}{dt}\,. \tag{4.92}$$

Da beide PDGL linear sind, gehören elektrische Leitungen zur Klasse der LTI-Systeme.

Zur Lösung der beiden PDGL wählen wir einen Ansatz mit komplexen e-Funktionen, wobei es sich nach Abschn. 3.2 um Eigensignale von LTI-Systemen handelt. Dies bedeutet, dass sämtliche Spannungen und Ströme auf der Leitung ebenfalls sinusförmig mit der Kreisfrequenz ω sind, und sich nur Amplituden und Phasen ändern. Um die Orts- und Zeitabhängigkeit zu berücksichtigen, verwenden wir für $u(x,t)$ und $i(x,t)$ dabei jeweils die Summe einer in positive und negative x-Richtung, d. h. nach links (l) und rechts (r) laufenden sinusförmigen elektromagnetischen Welle, die einer von t und x abhängigen Eigenfunktion entspricht

$$u(x,t) = U_r \cdot \mathrm{e}^{j(\omega t+\beta x)} + U_l \cdot \mathrm{e}^{j(\omega t-\beta x)}\,, \tag{4.93}$$
$$i(x,t) = \frac{U_r}{Z_L} \cdot \mathrm{e}^{j(\omega t+\beta x)} - \frac{U_l}{Z_L} \cdot \mathrm{e}^{j(\omega t-\beta x)}\,. \tag{4.94}$$

In diesen Lösungen bezeichnet Z_L den sogenannten *Wellenwiderstand* der Leitung, und β deren Phasenkonstante. Durch Einsetzen in (4.91) und (4.92) und Bildung der Ableitungen kann überprüft werden, dass der Wellenansatz beide PDGL erfüllt, wobei sich für Z_L und β folgende Abhängigkeiten ergeben

$$Z_L = \sqrt{\frac{L}{C}} \quad \text{und} \quad \beta = \frac{\omega}{\ell} \cdot \sqrt{L \cdot C}\,. \tag{4.95}$$

Eine elektromagnetische Welle können wir uns grundsätzlich wie eine Wasserwelle vorstellen, bei der sich Wellenberge und -täler mit konstanter Geschwindigkeit bewegen. Betrachten wir eine Welle zu einer festen Zeit $t = t_0$, so erhalten wir einen sinusförmigen Verlauf abhängig von x, während an einem beliebigen festen Ort $x = x_0$ ein sinusförmiges Zeitsignal auftritt. In unserem Fall treten zwei in entgegengesetzte Richtung laufende und sich überlagernde Wellen mit betragsmäßig identischer Ausbreitungsgeschwindigkeit v_w auf. Diese Geschwindigkeit v_w erhalten wir, indem wir eine konstante Phase φ der e-Funktionen betrachten, d. h. $\omega t \pm \beta x = \varphi$ setzen, nach x auflösen und anschließend nach der Zeit ableiten, wobei $\frac{d\varphi}{dt} = 0$ gilt

$$v_w = \frac{dx}{dt} = \pm\frac{\omega}{\beta} = \pm\frac{\ell}{\sqrt{L \cdot C}}\,. \tag{4.96}$$

Setzen wir L und C aus (4.86) ein, so hängt v_w nur von den Feldkonstanten μ_0, ε_0 und über ε_r von den Materialeigenschaften des Isolators ab, wobei der Kehrwert der Wurzel aus ε_0 und μ_0 der Lichtgeschwindigkeit c_0 im Vakuum entspricht

$$v_w = \pm \frac{1}{\sqrt{\varepsilon_r \cdot \varepsilon_0 \cdot \mu_0}} = \pm \frac{c_0}{\sqrt{\varepsilon_r}} . \tag{4.97}$$

Die Amplituden der Wellen hängen von den zunächst noch unbekannten Konstanten U_r und U_l ab. Diese lassen sich aus den Randbedingungen, d. h. aus den Strömen und Spannungen am Anfang bzw. Ende der Leitung entsprechend Abb. 4.6a eindeutig bestimmen, wobei wir diese ebenfalls als Eigensignale mit den Amplituden U_1 und U_2 bzw. I_1 und I_2 annehmen

$$u_1(t) = U_1 \cdot \mathrm{e}^{j\omega t} = u(\ell, t) \qquad i_1(t) = I_1 \cdot \mathrm{e}^{j\omega t} = i(\ell, t) , \tag{4.98}$$

$$u_2(t) = U_2 \cdot \mathrm{e}^{j\omega t} = u(0, t) , \qquad i_2(t) = I_2 \cdot \mathrm{e}^{j\omega t} = i(0, t) . \tag{4.99}$$

Einsetzen von $u_2(t)$ und $i_2(t)$ in (4.93) bzw. (4.94) führt mit $x = 0$ auf zwei Gleichungen, aus denen sich die Konstanten U_r und U_l berechnen lassen

$$U_2 \cdot \mathrm{e}^{j\omega t} = U_r \cdot \mathrm{e}^{j\omega t} + U_l \cdot \mathrm{e}^{j\omega t} , \tag{4.100}$$

$$I_2 \cdot \mathrm{e}^{j\omega t} = \frac{U_r}{Z_L} \cdot \mathrm{e}^{j\omega t} - \frac{U_l}{Z_L} \cdot \mathrm{e}^{j\omega t} . \tag{4.101}$$

Daraus folgt für U_r und U_l nach Kürzen des Terms $\mathrm{e}^{j\omega t}$, Multiplikation von (4.101) mit Z_L und anschließende Addition sowie Subtraktion der beiden Gleichungen

$$U_r = \frac{U_2 + I_2 \cdot Z_L}{2} , \tag{4.102}$$

$$U_l = \frac{U_2 - I_2 \cdot Z_L}{2} . \tag{4.103}$$

Nach Einsetzen dieser Werte in (4.93) und (4.94) sind die Spannungen und Ströme auf der Leitung abhängig von der äußeren Beschaltung vollständig bestimmt

$$u(x, t) = \frac{U_2 + I_2 \cdot Z_L}{2} \cdot \mathrm{e}^{j(\omega t + \beta x)} + \frac{U_2 - I_2 \cdot Z_L}{2} \cdot \mathrm{e}^{j(\omega t - \beta x)} , \tag{4.104}$$

$$i(x, t) = \frac{U_2 + I_2 \cdot Z_L}{2Z_L} \cdot \mathrm{e}^{j(\omega t + \beta x)} - \frac{U_2 - I_2 \cdot Z_L}{2Z_L} \cdot \mathrm{e}^{j(\omega t - \beta x)} . \tag{4.105}$$

Aus diesen sogenannten *Leitungsgleichungen* ergibt sich ein wichtiger Sonderfall, wenn die Leitung am Ausgang mit ihrem Wellenwiderstand abgeschlossen wird, also $R_2 = Z_L$ gilt. In diesem Fall tritt wegen $I_2 \cdot R_2 = U_2 = I_2 \cdot Z_L$ keine nach links laufende Welle auf, und für $u_1(t)$ und $i_1(t)$ am Eingang der Leitung mit $x = \ell$ ergibt sich

$$u_1(t) = U_1 \cdot \mathrm{e}^{j\omega t} = u(\ell, t) = U_2 \cdot \mathrm{e}^{j(\omega t + \beta \ell)} \quad \Rightarrow \quad U_1 = U_2 \cdot \mathrm{e}^{j\beta \ell} , \tag{4.106}$$

$$i_1(t) = I_1 \cdot \mathrm{e}^{j\omega t} = i(\ell, t) = I_2 \cdot \mathrm{e}^{j(\omega t + \beta \ell)} \quad \Rightarrow \quad I_1 = I_2 \cdot \mathrm{e}^{j\beta \ell} . \tag{4.107}$$

Diese Gleichungen besagen, dass für $R_2 = Z_L$ die Spannung und der Strom am Eingang der Leitung bis auf eine Phasenverschiebung um $\varphi = \beta \cdot \ell$, die aufgrund der Laufzeit T_w der Wellen über die Leitung entsteht, exakt den Werten am Ausgang der Leitung entsprechen.

Aus φ und der Kreisfrequenz ω, bzw. aus v_w und der Leitungslänge ℓ kann T_w bestimmt werden[18]

$$T_w = \frac{\varphi}{\omega} = \frac{\beta \cdot \ell}{\omega} = \frac{\ell}{v_w} = \frac{\ell}{c_0} \cdot \sqrt{\varepsilon_r} \,. \tag{4.108}$$

Betrachtet man als Beispiel eine Leitung der Länge $\ell = 100\,m$ und Polyethylen als Isolator mit $\varepsilon_r \approx 2{,}4$, so beträgt mit der Lichtgeschwindigkeit $c_0 = 3 \cdot 10^8\,\frac{m}{s}$ die Laufzeit $T_w \approx 0{,}5\,\mu s$.

Da sich mittels der Fourier-Transformation jedes Signal aus Sinusfunktionen zusammensetzen lässt, gilt allgemein, dass ein beliebiges Zeitsignal bei Übertragung über eine mit Z_L abgeschlossene, verlustfreie Leitung lediglich verzögert wird, in seiner Form jedoch erhalten bleibt. Eine verlustfreie Leitung verhält sich demnach bei Abschluss mit dem Wellenwiderstand wie ein ideales System, das Eingangssignale unverzerrt aber verzögert um die Laufzeit vom Eingang zum Ausgang proportional zur Leitungslänge ℓ überträgt. Systeme, die ausschließlich eine Verzögerung beliebiger Eingangssignale bewirken, werden auch als Totzeitsysteme bzw. Totzeitglieder bezeichnet mit $T_t = T_w$, und ihr ideales Übertragungsverhalten, das in Abb. 2.19 am Beispiel eines rechteckförmigen Impulses dargestellt ist, hatten wir bereits im 2. Kapitel noch ohne eine physikalische Realisierung abstrakt modelliert.

Betrachtet man den Eingangswiderstand Z_{in} von links in die Leitung, so entspricht dieser für $R_2 = Z_L$ mit (4.106) und (4.107) unabhängig von der Leitungslänge ebenfalls dem Wellenwiderstand Z_L, der für Koaxialkabel häufig 50 Ω beträgt

$$Z_{in} = \frac{U_1}{I_1} = \frac{U_2}{I_2} = Z_L \,. \tag{4.109}$$

Aus diesem Grund sollte darauf geachtet werden, dass auch der Innenwiderstand der Spannungsquelle am Eingang der Leitung $R_1 = Z_L$ beträgt, denn in diesem Fall wird das Spannungssignal mit maximal möglicher Leistung über die Leitung übertragen. Man spricht in diesem Fall von Leistungsanpassung [1].

Für eine genaue Betrachtung der Übertragungseigenschaften elektrischer Leitungen müssen auch deren Verluste berücksichtigt werden, indem in Reihe zu den Induktivitäten und parallel zu den Kapazitäten ohmsche Widerstände angenommen werden. Die Leitung verhält sich dann nicht mehr wie ein reines Verzögerungsglied, sondern es treten zusätzlich Verzerrungen und Dämpfungen bei der Signalübertragung auf. Zur genauen Betrachtung verlustbehafteter Übertragungsleitungen und auch zu deren Verhalten bei beliebigen Abschlusswiderständen muss auf die Literatur verwiesen werden [2, 54].

[18] Im Unterschied zur Bestimmung der Verzögerungszeit aus der Phase in (3.4) tritt hier kein negatives Vorzeichen auf, da wir $x = 0$ am Leitungsausgang festgelegt haben, und damit die Phase ein umgekehrtes Vorzeichen erhält.

4.4 Zusammenfassung

In diesem Kapitel haben wir uns damit beschäftigt, physikalische Systeme mathematisch zu beschreiben, wozu die Zustandsform eingeführt wurde, bei der das Systemverhalten abhängig vom Eingangssignal und von inneren Zustandsgrößen modelliert wird. Zustandsformen sind nicht eindeutig und können auch nur für Systeme mit konzentrierten Energiespeichern aufgestellt werden, sie lassen sich aber elegant auf Systeme mit beliebig vielen Ein- und Ausgängen erweitern, und auch nichtlineare Systeme sind dadurch beschreibbar. Für lineare Systeme kann die Zustandsform explizit gelöst werden, um die Zeitabhängigkeit der Zustands- und Ausgangsgrößen anzugeben. Nichtlineare Systeme lassen sich in einem vorgegebenen Arbeitspunkt durch dort äquivalente lineare Systeme approximieren. Als Beispiele für Systeme mit verteilten Parametern haben wir außerdem elektrische Leitungen kennengelernt, die sich unter bestimmten Voraussetzungen wie ideale Verzögerungs- bzw. Totzeitglieder verhalten.

Übertragungsfunktionen von LTI-Systemen 5

Im dritten Kapitel hat sich die Betrachtung von LTI-Systemen im Fourier- oder Laplace-Bereich als besonders vorteilhaft erwiesen, weil wir wegen des Faltungssatzes die bei der Signalübertragung im Zeitbereich zu berechnende Faltung durch eine Multiplikation ersetzen können. Bei Anwendung der Laplace-Transformation erhalten wir folgende Korrespondenz zwischen Zeit- und s-Bereich, die auch durch Abb. 5.1 verdeutlicht wird

$$y(t) = u(t) * g(t) \quad \circ\!\!-\!\!\bullet \quad Y(s) = U(s) \cdot G(s)\ . \tag{5.1}$$

Damit definieren wir die sogenannte Übertragungsfunktion $G(s)$ als Laplace-Transformierte der Stoßantwort $g(t)$

$$g(t) \quad \circ\!\!-\!\!\bullet \quad G(s)\ . \tag{5.2}$$

Für das im zweiten Kapitel eingeführte ideale Verzögerungsglied, das als Totzeitglied bezeichnet wird, und für das wir im Abschn. 4.3 eine Realisierung als elektrische Leitung kennengelernt haben, lässt sich die Übertragungsfunktion leicht ermitteln. Ausgehend von der Beschreibung im Zeitbereich erhalten wir die Stoßantwort und daraus mit dem Verschiebungssatz $G(s)$

$$y(t) = u(t) * \delta(t - T_t) \quad \Rightarrow \quad g(t) = \delta(t - T_t) \quad \circ\!\!-\!\!\bullet \quad G(s) = \mathrm{e}^{-sT_t}\ . \tag{5.3}$$

Entsprechend (5.1) lässt sich $G(s)$ auch als Quotient aus der Laplace-Transformierten des Ausgangssignals $Y(s)$ zur Laplace-Transformierten des Eingangssignals $U(s)$ definieren. Dies ermöglicht es, eine Übertragungsfunktion auch für Systeme aufzustellen, die im Zeitbereich durch eine Zustandsform beschrieben werden, siehe Kap. 4. Wir werden uns in diesem

V. Sommer, *Grundlagen der Systemtheorie und Signalverarbeitung*,
https://doi.org/10.1007/978-3-662-72126-1_5

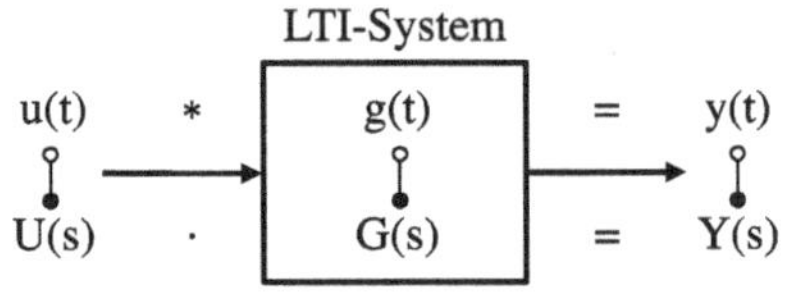

Abb. 5.1 Signalübertragung mit einem LTI-System im Zeit- und Laplace-Bereich, wobei die Übertragungsfunktion $G(s)$ als Laplace-Transformierte der Stoßantwort $g(t)$ definiert ist

Kapitel weitgehend auf die Analyse dieser Systeme mit konzentrierten Parametern, d. h. mit einer endlichen Anzahl von Energiespeichern, beschränken.

Bei der Anwendung der Laplace-Transformation ist zu beachten, dass alle Signale für $t < 0$ null sein müssen, da sonst Laplace-Transformierte und Zeitsignal nicht äquivalent sind. Während dies entsprechend der Korrespondenz (5.2) bei Stoßantworten von kausalen Systemen immer erfüllt ist, müssen wir bei einer Zustandsform, wenn wir ein Eingangssignal zum Zeitpunkt $t = 0$ auf das System geben, voraussetzen, dass alle Zustandsgrößen zu diesem Zeitpunkt null sind, da sonst $y(t)$ die Anfangsbedingung verletzen würde. Daher gilt folgende Berechnungsvorschrift zur Bestimmung der Übertragungsfunktion aus der Zustandsform

$$G(s) = \frac{Y(s)}{U(s)} = \left.\frac{\mathscr{L}\{y(t)\}}{\mathscr{L}\{u(t)\}}\right|_{\underline{x}(0)=0} . \tag{5.4}$$

5.1 Zusammenhang zwischen Übertragungsfunktionen und Zustandsformen

Wir sind jetzt in der Lage, $G(s)$ aus einer beliebigen linearen Zustandsform zu bestimmen, wozu wir (4.17) und (4.18) analog zu Abschn. 4.1.2 in den Laplace-Bereich transformieren

$$\dot{\underline{x}}(t) = \underline{A} \cdot \underline{x}(t) + \underline{b} \cdot u(t) \quad \circ\!\!-\!\!\bullet \quad s \cdot \underline{X}(s) - \underline{x}(0) = \underline{A} \cdot \underline{X}(s) + \underline{b} \cdot U(s) \tag{5.5}$$

$$y(t) = \underline{c} \cdot \underline{x}(t) + d \cdot u(t) \quad \circ\!\!-\!\!\bullet \quad Y(s) = \underline{c} \cdot \underline{X}(s) + d \cdot U(s) . \tag{5.6}$$

Aus diesen Gleichungen können wir die Zustände $X(s)$ eliminieren, um eine Abhängigkeit zwischen $Y(s)$ und $U(s)$ zu erhalten. Zu diesem Zweck setzen wir aufgrund der Randbedingung in (5.4) die Anfangswerte $\underline{x}(0)$ null, und formen dann (5.5) analog zu (4.30) nach $X(s)$ um

$$\begin{aligned} s \cdot \underline{X}(s) - \underline{A} \cdot \underline{X}(s) &= \left(s \cdot \underline{E} - \underline{A}\right) \cdot \underline{X}(s) = \underline{b} \cdot U(s) \\ \Rightarrow \quad \underline{X}(s) &= \left(s \cdot \underline{E} - \underline{A}\right)^{-1} \cdot \underline{b} \cdot U(s) . \end{aligned} \tag{5.7}$$

Einsetzen von $X(s)$ in (5.6) und Division durch $U(s)$ ergibt für die Übertragungsfunktion $G(s)$ abhängig von den Parametern der linearen Zustandsform

$$G(s) = \left.\frac{Y(s)}{U(s)}\right|_{\underline{x}(0)=0} = \underline{c} \cdot \left(s \cdot \underline{E} - \underline{A}\right)^{-1} \cdot \underline{b} + d \,. \tag{5.8}$$

Wir wollen uns zunächst auf Systeme maximal zweiter Ordnung mit $n \leq 2$ beschränken und (5.8) für diesen Fall explizit lösen, denn viele Systeme enthalten nicht mehr als zwei unabhängige Energiespeicher. Dazu invertieren wir die Matrix $s \cdot \underline{E} - \underline{A}$, indem wir deren Adjunkte durch die Determinante teilen

$$\begin{aligned}\left(s \cdot \underline{E} - \underline{A}\right)^{-1} &= \begin{bmatrix} s - a_{11} & -a_{12} \\ -a_{21} & s - a_{22} \end{bmatrix}^{-1} \\ &= \frac{1}{(s - a_{11})\,(s - a_{22}) - a_{12}a_{21}} \cdot \begin{bmatrix} s - a_{22} & a_{12} \\ a_{21} & s - a_{11} \end{bmatrix} .\end{aligned} \tag{5.9}$$

Multiplizieren wir diese Matrix von links mit dem 1×2 Zeilenvektor $\underline{c}$ und von rechts mit dem 2×1 Spaltenvektor $\underline{b}$, so ergibt sich eine skalare Funktion abhängig von s, deren Nenner durch die Determinante von $s \cdot \underline{E} - \underline{A}$ festgelegt wird. Addieren wir noch d, so folgt für $G(s)$

$$G(s) \overset{n \leq 2}{=} \frac{(c_1 b_1 + c_2 b_2)\,s + b_1\,(c_2 a_{21} - c_1 a_{22}) + b_2\,(c_1 a_{12} - c_2 a_{11})}{s^2 - (a_{11} + a_{22})\,s + a_{11}a_{22} - a_{12}a_{21}} + d \,. \tag{5.10}$$

Man erkennt, dass $G(s)$ eine gebrochen rationale Funktion ist, also ein Bruch, der im Zähler und im Nenner ein Polynom von s enthält. Die höchste Potenz von s tritt dabei im Nenner auf und entspricht der Ordnung $n = 2$ des betrachteten Systems, d. h. der Anzahl unabhängiger Energiespeicher. Das Polynom im Zähler hat ohne Berücksichtigung von d maximal den Grad $n - 1 = 1$ abhängig von den Zustandsparametern. Für den Fall $d \neq 0$ können beide Terme auf einen Hauptnenner gebracht werden, so dass sowohl Zähler- als auch Nennerpolynom den Grad 2 aufweisen. Die Formel ist auch für $n = 1$ gültig. In diesem Fall existieren nur die Zustandsparameter a_{11}, b_1, c_1 und d, so dass sich s kürzen lässt und für die Übertragungsfunktion folgt

$$G(s) \overset{n=1}{=} \frac{c_1 b_1 s}{s^2 - a_{11}s} + d = \frac{c_1\,b_1 + d(s - a_{11})}{s - a_{11}} = \frac{d\,s + c_1\,b_1 - d\,a_{11}}{s - a_{11}} \,. \tag{5.11}$$

Für den allgemeinen Fall eines Systems der Ordnung n erhalten wir mit (5.8) die Übertragungsfunktion ebenfalls als rationale Funktion von s, wobei wir auf eine Herleitung verzichten. Das Zählerpolynom bezeichnen wir als $Z(s)$ und das Nennerpolynom als $N(s)$

$$G(s) = \frac{Z(s)}{N(s)} = \frac{k_m s^m + k_{m-1} s^{m-1} + k_{m-2} s^{m-2} + \cdots + k_2 s^2 + k_1 s + k_0}{s^n + l_{n-1} s^{n-1} + l_{n-2} s^{n-2} + \cdots + l_2 s^2 + l_1 s + l_0} . \tag{5.12}$$

Die Eigenschaften des Systems werden neben der Ordnung durch die Konstanten k_0 bis k_m sowie l_0 bis l_{n-1} festgelegt, die wiederum von den Parametern des Zustandsmodells abhängen. Die Ordnung des System entspricht immer der höchsten Potenz n im Nenner, und der Zählergrad m kann ebenfalls maximal n betragen. Falls der Zählergrad m einer Übertragungsfunktion größer als der Grad n des Nenners wäre, beschriebe $G_{m>n}(s)$ ein nicht realisierbares System, denn eine Polynomdivision von $G_{m>n}(s)$ führte dann auf

$$G_{m>n}(s) = k \cdot s^{m-n} + G_{Rest}(s) . \tag{5.13}$$

Dies werde an folgendem Beispiel mit $n = 1$ und $m = 2$ verdeutlicht

$$G_{m>n}(s) = \frac{6s^2 + 20s + 5}{s + 3} = 6s + \frac{2s + 5}{s + 3} . \tag{5.14}$$

Während $G_{Rest}(s)$ mit $m \leq n$ realisierbar ist, beschreibt das System $k \cdot s^{m-n}$ die Hintereinanderschaltung von $m - n$ Differentiatoren, zusätzlich mit einer Konstanten k multipliziert. Nach Abschn. 3.3.6 ist ein Differentiator aber nicht kausal, da seine Stoßantwort für $t < 0$ existiert, weshalb es kein physikalischen System mit einer Übertragungsfunktion $G_{m>n}(s)$ geben kann.

Bevor wir uns näher mit Übertragungsfunktionen beschäftigen, wollen wir auch umgekehrt aus einer gegebenen Übertragungsfunktion Zustandsformen bestimmen. Dies kann z. B. erforderlich sein, um ein System im Zeitbereich zu simulieren, da $G(s)$ ja nur eine abstrakte Systembeschreibung im Laplace-Bereich darstellt.

Wir gehen davon aus, dass Zähler- und Nennerpolynom $Z(s)$ und $N(s)$ einer gegebenen Übertragungsfunktion nach (5.12) nicht dieselben Linearfaktoren enthalten, so dass der Nennergrad n von $G(s)$ die Systemordnung angibt, was sich ggf. durch eine Polynomdivision überprüfen lässt. Außerdem nehmen wir für die Umwandlung in eine Zustandsform an, dass der Zählergrad dem Nennergrad entspricht, also $m = n$ gilt[1]. Falls $k_m \neq 0$ ist, erhalten wir daher aus einer Polynomdivision den skalaren Durchgangsfaktor des Zustandsmodells

$$d = k_m . \tag{5.15}$$

[1] Diese Annahme schließt auch den allgemeinen Fall $m < n$ ein, denn die Zahlenwerte beliebiger Zähler- oder Nennerkoeffizienten in $G(s)$ können natürlich auch null sein.

Die Übertragungsfunktion nimmt jetzt die folgende Gestalt an, wobei das Zählerpolynom und auch die durch die Polynomdivision veränderten Zählerkoeffizienten durch einen Strich gekennzeichnet sind, und wir im Zähler m durch $n-1$ ersetzt haben

$$G(s) = \frac{Z'(s)}{N(s)} + d = \frac{k'_{n-1}\,s^{n-1} + k'_{n-2}\,s^{n-2} + \cdots + k'_2\,s^2 + k'_1\,s + k'_0}{s^n + l_{n-1}\,s^{n-1} + l_{n-2}\,s^{n-2} + \cdots + l_2\,s^2 + l_1\,s + l_0} + d\,. \tag{5.16}$$

Aus dieser Darstellung können die übrigen Zustandsparameter direkt abgelesen werden wie im Anhang A.6 gezeigt wird. Die letzte Zeile der $n \times n$ Systemmatrix $\underline{A}$ enthält die Koeffizienten des Nennerpolynoms von $G(s)$ in aufsteigender Ordnung aber mit negativem Vorzeichen. Der Rest der Matrix enthält Nullen mit Ausnahme der ersten Nebendiagonalen oberhalb der Hauptdiagonalen, die mit Einsen besetzt ist. Der $n \times 1$ Eingangsvektor $\underline{b}$ ist unabhängig von $G(s)$ und besteht bis auf das letzte Element, das eins ist, nur aus Nullen, während der $1 \times n$ Ausgangsvektor $\underline{c}$ die Koeffizienten des Zählerpolynoms ebenfalls in aufsteigender Ordnung enthält

$$\underline{A} = \begin{bmatrix} 0 & 1 & 0 & \dots & 0 \\ 0 & 0 & 1 & \dots & 0 \\ \vdots & \vdots & \vdots & \ddots & \vdots \\ 0 & 0 & 0 & \dots & 1 \\ -l_0 & -l_1 & -l_2 & \dots & -l_{n-1} \end{bmatrix}, \quad \underline{b} = \begin{bmatrix} 0 \\ 0 \\ \vdots \\ 0 \\ 1 \end{bmatrix}, \tag{5.17}$$

$$\underline{c} = \left[k'_0\; k'_1\; \dots\; k'_{n-2}\; k'_{n-1}\right].$$

Die so durch die Parameter $\underline{A}$, $\underline{b}$, $\underline{c}$ und d definierte Zustandsform wird *Regelungsnormalform* genannt. Wie bereits bei der Einführung von Zustandsformen im Abschn. 4.1 gezeigt wurde, lassen sich nach (4.26) für ein gegebenes System durch lineare Abbildung der Zustandsvariablen beliebig viele gleichwertige Zustandsformen mit anderen Parametern bestimmen.

Aus der Regelungsnormalform können wir mit wenig Aufwand eine weitere Normalform erzeugen, wenn wir die Übertragungsfunktion nach (5.8) transponieren, was keine Auswirkung auf die skalare Funktion $G(s)$ und auf den skalaren Parameter d hat. Durch Anwendung der Rechenregeln für transponierte Matrizen können wir die Gleichung aber umformen

$$\begin{aligned} G(s) = G^T(s) &= \left[\underline{c}\cdot\left(\underline{E}\cdot s - \underline{A}\right)^{-1}\cdot\underline{b} + d\right]^T = \underline{b}^T\cdot\left[\underline{c}\cdot\left(\underline{E}\cdot s - \underline{A}\right)^{-1}\right]^T + d \\ &= \underline{b}^T\cdot\left(\underline{E}\cdot s - \underline{A}^T\right)^{-1}\cdot\underline{c}^T + d\,, \end{aligned} \tag{5.18}$$

und aus einem Vergleich mit (5.8) lassen sich daraus neue Zustandsparameter ablesen, die offensichtlich zur selben Übertragungsfunktion korrespondieren

$$\underline{\tilde{A}} = \underline{A}^T = \begin{bmatrix} 0\,0 \ldots & 0 & 0 & -l_0 \\ 1\,0 \ldots & 0 & 0 & -l_1 \\ \vdots\,\vdots & \vdots & \ddots & \vdots \\ 0\,0 \ldots & 1 & 0 & -l_{n-2} \\ 0\,0 \ldots & 0 & 1 & -l_{n-1} \end{bmatrix}, \qquad \underline{\tilde{b}} = \underline{c}^T = \begin{bmatrix} k'_0 \\ k'_1 \\ \vdots \\ k'_{n-2} \\ k'_{n-1} \end{bmatrix}, \tag{5.19}$$

$$\underline{\tilde{c}} = \underline{b}^T = \begin{bmatrix} 0\,0 \ldots 0\,1 \end{bmatrix}, \qquad \tilde{d} = d = k'_n .$$

Zustandsformen, die über (5.18) miteinander verknüpft sind, werden *dual* genannt, und die spezielle Form der Zustandsparameter entsprechend (5.19) heißt *Beobachternormalform.*

5.2 Normalformen von Übertragungsfunktionen

Auch für Übertragungsfunktionen existieren verschiedene Normalformen, die wir im folgenden betrachten wollen. Eine erste haben wir mit (5.12) bereits kennengelernt, und diese wird *Polynomform* genannt, da sowohl im Zähler als auch im Nenner Polynome von s auftreten. Die Koeffizienten dieser Polynome hängen direkt von den physikalischen Parametern der Zustandsform ab, aus der $G(s)$ hergeleitet wurde und sind daher immer reelle Zahlen.

5.2.1 Produktform

Im nächsten Schritt berechnen wir die Pol- und Nullstellen von $G(s)$, so dass wir die Übertragungsfunktion in faktorisierter Form schreiben können, wobei wir $m \leq n$ annehmen

$$G(s) = \frac{Z(s)}{N(s)} = K \cdot \frac{(s - s_{Z1}) \cdot (s - s_{Z2}) \cdot \;\cdots\; \cdot (s - s_{Zm})}{(s - s_{N1}) \cdot (s - s_{N2}) \cdot \;\cdots\; \cdot (s - s_{Nn})} . \tag{5.20}$$

Wir erhalten dadurch neben dem Vorfaktor K im Zähler m Konstanten $s_{Z1} \ldots s_{Zm}$ und im Nenner n Konstanten $s_{N1} \ldots s_{Nn}$. Zu beachten ist, dass diese neuen Konstanten aufgrund der Faktorisierung reelle oder komplexe Zahlen und insbesondere auch null sein können, und dass Faktoren höherer Ordnung auftreten, falls mehrere Konstanten im Zähler oder Nenner denselben Wert aufweisen. Eine übersichtliche Darstellung dieser sogenannten *Produktform* bietet der *Pol-Nullstellen-Plan,* eine komplexe Ebene, in die wir alle Werte von $s = \gamma + j\omega$ eintragen, die zu Pol- oder Nullstellen von $G(s)$ korrespondieren. Zur Unterscheidung werden Polstellen dabei durch ein Kreuz und Nullstellen durch einen Kreis markiert. Pol- oder Nullstellen höherer Ordnung, die mehrfach in der Produktform auftreten, kennzeichnen wir

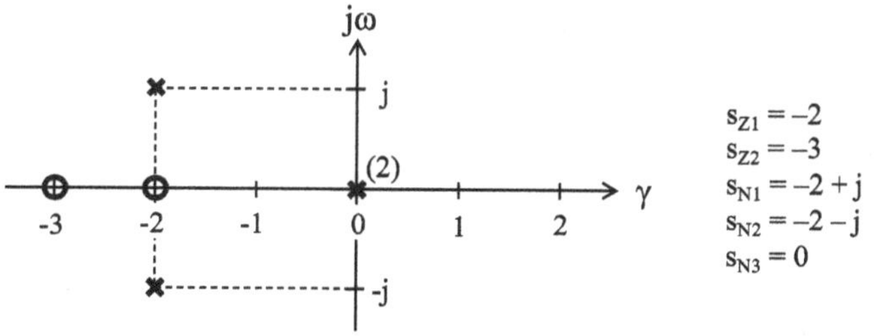

Abb. 5.2 Übersichtliche Darstellung einer Übertragungsfunktion im Pol-Nullstellen-Plan. Nullstellen des Zählers von $G(s)$ werden dabei in der komplexen Ebene durch einen Kreis gekennzeichnet, während zur Markierung von Polstellen – d. h. Nullstellen des Nenners – ein Kreuz verwendet wird; eine in Klammern geschriebene Zahl zeigt dabei eine mehrfache Pol- oder Nullstelle an

mit einer Zahl in Klammern. Als Beispiel betrachten wir die folgende Übertragungsfunktion, die wir durch Anwendung der pq-Formel faktorisieren können, wenn wir zuvor im Zähler 5 und im Nenner s^2 ausklammern

$$G(s) \;=\; \frac{5\,s^2 + 25\,s + 30}{s^4 + 4\,s^3 + 5\,s^2} \;=\; 5 \cdot \frac{(s+2)\cdot(s+3)}{s^2 \cdot (s+2+j)\cdot(s+2-j)}\,. \tag{5.21}$$

Der zugehörige Pol-Nullstellen-Plan ist in Abb. 5.2 dargestellt; dieser enthält sämtliche Informationen von $G(s)$ bis auf den Vorfaktor 5. Anhand der Produktform und ihrer übersichtlichen Darstellung im Pol-Nullstellen-Plan wird deutlich, dass für eine beliebige Übertragungsfunktion allgemeine Aussagen über ihre Pol- und Nullstellen möglich sind: Zum einen kann sie ein- oder mehrfache reelle Pol- und Nullstellen aufweisen, und sie kann zusätzlich konjugiert komplexe Pol- und Nullstellen aufweisen, die ebenfalls einfach oder mehrfach auftreten. In unserem Beispiel treten zwei einfache reelle Nullstellen bei $s = -2$ und $s = -3$ auf, sowie eine doppelte Polstelle an der Stelle $s = 0$. Außerdem tritt ein einfaches komplexes Polstellenpaar bei $s = -2 \pm j$ auf, das – wie wir später sehen werden – ein schwingfähiges System anzeigt.

5.2.2 V-Normalform

Zur leichteren Analyse von Systemen formen wir die Produktform von $G(s)$ entsprechend (5.20) um, vergleiche [30]. Dazu verzichten wir auf eine komplexe Schreibweise und behalten quadratische Ausdrücke im Zähler wie im Nenner bei, falls deren Zerlegung auf konjugiert komplexe Koeffizienten führt. Hierbei beschränken wir uns auf Systeme mit einfachen quadratischen Ausdrücken, reelle Null- und Polstellen dürfen hingegen mehrfach auftreten. Außerdem ziehen wir sämtliche Zähler- und Nenner-Koeffizienten vor den Bruch und fassen diese zum Verstärkungsfaktor V zusammen, so dass die Konstanten in den linearen und ggf. quadratischen Ausdrücken eins werden. Schließlich kombinieren wir etwaig vorhandene

Pol- und Nullstellen im Koordinatenursprung zu einem Term s^r im Nenner, wobei r auch null oder negativ sein kann

$$G(s) = \frac{V}{s^r} \cdot \frac{(1 + T_{Z1} \cdot s)^t \cdot (1 + T_{Z2} \cdot s)^u \cdot \ \cdots \ \cdot \left(1 + 2D_Z T_Z \cdot s + (T_Z \cdot s)^2\right) \cdot \ \cdots}{(1 + T_{N1} \cdot s)^v \cdot (1 + T_{N2} \cdot s)^w \cdot \ \cdots \ \cdot \left(1 + 2D_N T_N \cdot s + (T_N \cdot s)^2\right) \cdot \ \cdots} . \tag{5.22}$$

Diese spezielle Produktform nennen wir *V-Normalform.* Angewandt auf das Beispiel (5.21) erhalten wir durch Ausklammern der Koeffizienten folgendes Ergebnis

$$G(s) = 5 \cdot \frac{(s+2) \cdot (s+3)}{s^2 \cdot (s^2 + 4\,s + 5)} = \underbrace{\frac{5 \cdot 2 \cdot 3}{5}}_{V=6} \cdot \frac{1}{s^2} \cdot \frac{(1 + \frac{1}{2}\,s) \cdot (1 + \frac{1}{3}\,s)}{1 + \frac{4}{5}\,s + \frac{1}{5}\,s^2} . \tag{5.23}$$

Die linearen Terme in (5.22) werden jeweils durch eine Zeitkonstante T_{Zi} bzw. T_{Ni} mit $i = 1, 2, \cdots$, und die quadratischen Terme jeweils durch eine Zeitkonstante T_Z bzw. T_N sowie sogenannte *Dämpfungsgrade* D_Z bzw. D_N gekennzeichnet. Die physikalische Bedeutung dieser mit der V-Normalform eingeführten Parameter werden wir im Abschn. 5.4 genau betrachten.

5.2.3 Partialbruchform

Durch inverse Laplace-Transformation in den Zeitbereich erhalten wir aus der Übertragungsfunktion die Stoßantwort, um z. B. das Systemverhalten im Zeitbereich zu analysieren. Bei Systemen höherer Ordnung müssen wir $G(s)$ zuvor in eine Summe einfacher Terme aufspalten, die wir dann mittels des Linearitätssatzes einzeln transformieren dürfen. Dazu führen wir eine Partialbruchzerlegung durch, die allerdings voraussetzt, dass der Zählergrad echt kleiner als der Nennergrad ist, weshalb bei $m = n$ zunächst eine Polynomdivision erforderlich ist, welche die Konstante d liefert und das Zählerpolynom $Z'(s)$.

Für die anschließende Zerlegung lassen wir im Nenner wie bei der V-Normalform nur Partialbrüche mit reellen Koeffizienten zu, damit auch die zugehörige Stoßantwort reell bleibt. Daher schreiben wir die Produktform so um, dass quadratische Terme erhalten bleiben, falls deren Zerlegung komplex wäre. Außerdem beschränken wir uns auf Systeme mit einfachen quadratischen Ausdrücken im Nenner, lassen aber reelle Polstellen höherer Ordnung zu

$$G(s) = \frac{Z(s)}{N(s)} = \frac{Z'(s)}{(s - s_{N1})^v \cdot (s - s_{N2})^w \cdot \ \cdots \ \cdot \left(s^2 + p_N \cdot s + q_N\right) \cdot \ \cdots} + d . \tag{5.24}$$

Damit können wir folgenden Ansatz für die Partialbruchzerlegung machen, wobei für Polstellen höherer Ordnung jeweils mehrere Partialbrüche berücksichtigt werden müssen

$$
\begin{aligned}
G(s) \;=\;& \frac{A_v}{(s-s_{N1})^v} + \frac{A_{v-1}}{(s-s_{N1})^{v-1}} + \cdots + \frac{A_2}{(s-s_{N1})^2} + \frac{A_1}{s-s_{N1}} \\
&+ \frac{B_w}{(s-s_{N2})^w} + \frac{B_{w-1}}{(s-s_{N2})^{w-1}} + \cdots + \frac{B_2}{(s-s_{N2})^2} + \frac{B_1}{s-s_{N2}} \\
&+ \cdots \\
&+ \frac{C_1 \cdot s + C_0}{s^2 + p_N \cdot s + q_N} + \cdots + d\,.
\end{aligned} \tag{5.25}
$$

Als Beispiel wollen wir für das in (5.21) gegebene System die Partialbrüche bestimmen. In diesem Fall mit $m < n$ ist keine Polynomdivision erforderlich, und wir erhalten folgende Zerlegung

$$
G(s) \;=\; \frac{5\,s^2 + 25\,s + 30}{s^2 \cdot (s^2 + 4\,s + 5)} \;=\; \frac{A_2}{s^2} + \frac{A_1}{s} + \frac{C_1 \cdot s + C_0}{s^2 + 4\,s + 5}\,. \tag{5.26}
$$

Das Standardverfahren zur Bestimmung der Konstanten A_1, A_2, C_0 und C_1 besteht darin, die Partialbrüche auf ihren Hauptnenner zu bringen und den Zähler nach Potenzen von s zu ordnen

$$
\begin{aligned}
G(s) \;&=\; \frac{A_2 \cdot (s^2 + 4\,s + 5) + A_1 \cdot s \cdot (s^2 + 4\,s + 5) + (C_1 \cdot s + C_0) \cdot s^2}{s^2 \cdot (s^2 + 4\,s + 5)} \\
&=\; \frac{s^3 \cdot (A_1 + C_1) + s^2 \cdot (A_2 + 4A_1 + C_0) + s \cdot (4A_2 + 5A_1) + 5A_2}{s^2 \cdot (s^2 + 4\,s + 5)}\,.
\end{aligned} \tag{5.27}
$$

Ein Koeffizientenvergleich mit der linken Seite von (5.26) ergibt dann folgende Gleichungen

$$
5A_2 = 30 \qquad 4A_2 + 5A_1 = 25 \qquad A_2 + 4A_1 + C_0 = 5 \qquad A_1 + C_1 = 0\,, \tag{5.28}
$$

woraus sich von links nach rechts die Konstanten ablesen lassen

$$
A_2 = 6 \qquad A_1 = \frac{1}{5} \qquad C_0 = -\frac{9}{5} \qquad C_1 = -\frac{1}{5}\,. \tag{5.29}
$$

In vielen Fällen führt der Koeffizientenvergleich auf ein lineares Gleichungssystem, das z. B. mit dem Gaußschen Eliminationsverfahren gelöst werden muss. Die Berechnung ist daher aufwändig und auch fehleranfällig, weshalb meistens ein alternatives Verfahren vorteilhaft ist, das wir anhand desselben Beispiels erläutern wollen.

Die Konstante A_2 können wir viel einfacher ermitteln, indem wir (5.26) mit s^2 multiplizieren

$$
s^2 \cdot G(s) \;=\; \frac{5\,s^2 + 25\,s + 30}{s^2 + 4\,s + 5} \;=\; A_2 + s \cdot A_1 + s^2 \cdot \frac{C_1 \cdot s + C_0}{s^2 + 4\,s + 5}\,. \tag{5.30}
$$

Diese Gleichung muss für jedes s erfüllt sein, insbesondere auch für $s = 0$, so dass der zweite und dritte Term auf der rechten Seite entfallen und wir für A_2 erhalten

$$A_2 = \left.\frac{5\,s^2 + 25\,s + 30}{s^2 + 4\,s + 5}\right|_{s=0} = 6\,. \tag{5.31}$$

Man nennt diese Vorgehensweise zur Bestimmung der Zählerkonstanten auch *Zuhaltemethode*. Dabei decken wir in der Produktform von $G(s)$ jeweils im Nenner den Term mit der zur gesuchten Zählerkonstanten korrespondierenden Polstelle ab, und setzen in den Rest für s den Wert dieser Polstelle ein, um die jeweilige Konstante zu erhalten. In diesem Beispiel halten wir also zur Berechnung von A_2 in (5.26) auf der linken Seite s^2 im Nenner zu, und setzen dann für s null ein, woraus ebenfalls $A_2 = 6$ folgt.

Allerdings können wir diese Methode nur für Terme mit reellen Polstellen anwenden, da konjugiert komplexe Polstellen in der Partialbruchform nicht faktorisiert werden, weshalb im Zähler zwei Konstanten auftreten. Auch bei reellen Polstellen ist die direkte Anwendung der Zuhaltemethode auf den jeweils höchsten Grad dieser Polstellen beschränkt, so dass A_1 hier nicht bestimmt werden kann, wie man durch Ausprobieren leicht erkennt.

Um auch die anderen Konstanten zu ermitteln, ziehen wir auf beiden Seiten der Gleichung die bereits bestimmten Partialbrüche ab, bilden den Hauptnenner und sortieren die Zählerterme nach den Potenzen von s, woraus sich in diesem Beispiel mit $A_2 = 6$ ergibt[2]

$$\begin{aligned} \frac{5\,s^2 + 25\,s + 30}{s^2 \cdot (s^2 + 4\,s + 5)} - \frac{6}{s^2} &= \frac{A_1}{s} + \frac{C_1 \cdot s + C_0}{s^2 + 4\,s + 5} \\ \Leftrightarrow \quad \frac{-s^2 + s}{s^2 \cdot (s^2 + 4\,s + 5)} = \frac{-s + 1}{s \cdot (s^2 + 4\,s + 5)} &= \frac{s^2(A_1 + C_1) + s(4A_1 + C_0) + 5A_1}{s \cdot (s^2 + 4\,s + 5)}\,. \end{aligned} \tag{5.32}$$

Anschließend lassen sich durch Koeffizientenvergleich für die einzelnen Potenzen von s die noch fehlenden Konstanten direkt ablesen

$$5A_1 = 1 \Rightarrow A_1 = \frac{1}{5} \qquad 4A_1 + C_0 = -1 \Rightarrow C_0 = -\frac{9}{5} \qquad A_1 + C_1 = 0 \Rightarrow C_1 = -\frac{1}{5}\,, \tag{5.33}$$

und wir erhalten dieselbe Partialbruchzerlegung von $G(s)$ wie mit (5.29)

$$G(s) = \frac{6}{s^2} + \frac{1}{5\,s} - \frac{s + 9}{5 \cdot (s^2 + 4\,s + 5)}\,. \tag{5.34}$$

Die Partialbrüche können auch in die V-Normalform umgewandelt werden, um deren Systemverhalten einzeln zu studieren; wir werden im Abschn. 5.4 darauf zurückkommen.

[2] Hierbei muss sich auf der linken Seite nach der Subtraktion eine Polstelle kürzen lassen, was eine Kontrolle erlaubt.

5.3 Stabilität und Globalverhalten

Wir wollen jetzt die Stabilitätseigenschaften und das Globalverhalten von Systemen anhand ihrer Übertragungsfunktion analysieren. Bereits im Abschn. 1.2.6 hatten wir festgestellt, dass diese Begriffe eng zusammenhängen, wobei wir beim Globalverhalten zwischen proportional und integral wirkenden Systemen unterscheiden, abhängig von der Existenz eines Integrators in $G(s)$.

5.3.1 Stabilität von Systemen

Zur Untersuchung der Stabilität von $G(s)$ werden wir die in Abschn. 2.2.8 hergeleiteten Bedingungen anwenden, indem wir aus der Übertragungsfunktion die Stoßantwort ermitteln. Hierbei gehen wir von der Partialbruchzerlegung entsprechend (5.25) aus, die Terme vom Typ $G_n(s)$ mit einer reellen Polstelle beliebiger Ordnung n enthalten kann sowie Terme mit konjugiert komplexem Polstellenpaar $G_k(s)$, bei denen wir uns auf erste Ordnung beschränken; außerdem kann $G(s)$ noch die Konstante d enthalten, falls Zähler- und Nennergrad identisch sind

$$G(s) = \underbrace{\frac{A}{(s - s_N)^n}}_{G_n(s)} + \underbrace{\frac{C_1 \cdot s + C_0}{s^2 + p_N \cdot s + q_N}}_{G_k(s)} + d + \cdots . \tag{5.35}$$

Wenden wir die inverse Laplace-Transformation zunächst auf den ersten Term $G_n(s)$ an, so folgt mit der Korrespondenz (3.129), wenn wir im Zeitbereich die Konstanten zu $\tilde{A}$ zusammenfassen

$$G_n(s) = \frac{A}{(s - s_N)^n} \quad \bullet\!\!-\!\!\circ \quad g_n(t) = \tilde{A} \cdot t^{n-1} \cdot \mathrm{e}^{t \cdot s_N} \cdot \sigma(t) . \tag{5.36}$$

Für BIBO-Stabilität von $G_n(s)$ muss das Integral über den Betrag von $g_n(t)$ beschränkt sein. Für den Spezialfall $s_N = 0$, also bei einer Polstelle im Koordinatenursprung, folgt

$$\int_{-\infty}^{\infty} |g_{n0}(t)| \, dt = \int_{0}^{\infty} |\tilde{A}| \cdot t^{n-1} \, dt = \frac{|\tilde{A}|}{n} \cdot \lim_{t \to \infty} (t^n) . \tag{5.37}$$

Hieraus ist ersichtlich, dass eine Polstelle bei $s_N = 0$ mit $n \geq 1$ immer zu einem instabilen Systemverhalten führt, da das Integral divergiert. Für $s_N \neq 0$ betrachten wir zunächst den Fall $n = 1$, für den das Integral ebenfalls einfach gelöst werden kann

$$\int_{-\infty}^{\infty} |g_1(t)| \, dt = \int_{0}^{\infty} |\tilde{A}| \cdot \mathrm{e}^{t \cdot s_N} \, dt = \frac{|\tilde{A}|}{s_N} \cdot \lim_{t \to \infty} \left(\mathrm{e}^{t \cdot s_N} - 1\right) . \tag{5.38}$$

Damit der Grenzwert existiert, muss die e-Funktion für $t \to \infty$ gegen null laufen und damit $s_N < 0$ gelten. Für $n > 1$ lässt sich das Integral über $|g_n(t)|$ durch partielle Integration auf ein Integral über $|g_{n-1}(t)|$ mit um eins verminderter Potenz von t zurückführen

$$\int_{-\infty}^{\infty} |g_n(t)|\,dt = \int_0^{\infty} |\tilde{A}| \cdot t^{n-1} e^{t \cdot s_N}\,dt = \frac{|\tilde{A}|}{s_N} \cdot t^{n-1} e^{t \cdot s_N}\Big|_0^{\infty} + (n-1) \cdot \int_0^{\infty} |\tilde{A}| \cdot t^{n-2} e^{t \cdot s_N}\,dt$$
$$= \frac{|\tilde{A}|}{s_N} \cdot \lim_{t \to \infty} \left(t^{n-1} e^{t \cdot s_N}\right) + (n-1) \cdot \int_{-\infty}^{\infty} |g_{n-1}(t)|\,dt\,. \tag{5.39}$$

Diese partielle Integration kann rekursiv solange wiederholt werden bis $n = 1$ erreicht wird, und das letzte Integral lässt sich dann mit (5.38) berechnen. Damit können wir allgemein die Stabilität von $G_n(s)$ überprüfen, denn das Produkt einer beliebigen Potenz von t und einer e-Funktion mit $s_N \cdot t$ im Exponenten konvergiert für $t \to \infty$ genau dann, wenn die Bedingung $s_N < 0$ erfüllt ist. Ein System $G_n(s)$ beliebiger Ordnung n ist also genau dann stabil, wenn seine reelle Polstelle s_N in der negativen bzw. linken komplexen Halbebene liegt.

Betrachten wir den zweiten Summanden $G_k(s)$ in (5.35), so bestimmen wir zunächst mit der pq-Formel dessen Polstellen

$$s_{N\pm} = -\tfrac{p_N}{2} \pm \sqrt{\tfrac{p_N{}^2}{4} - q_N} = -\tfrac{p_N}{2} \pm j \cdot \sqrt{q_N - \tfrac{p_N{}^2}{4}}\,. \tag{5.40}$$

Der Term $-\frac{p_N}{2}$ muss hierbei dem Realteil und die Wurzel dem Imaginärteil entsprechen, da andernfalls keine konjugiert komplexen Polstellen aufträten und der quadratische Ausdruck im Nenner in zwei Terme mit reellen Polstellen zerlegt werden könnte. Anschließend formen wir den Nenner durch quadratische Ergänzung um, und definieren die Parameter a sowie ω

$$s^2 + p_N \cdot s + q_N = s^2 + p_N \cdot s + \tfrac{p_N{}^2}{4} + q_N - \tfrac{p_N{}^2}{4} = (s + \underbrace{\tfrac{p_N}{2}}_{a})^2 + \underbrace{q_N - \tfrac{p_N{}^2}{4}}_{\omega^2}\,. \tag{5.41}$$

In dieser Form lässt sich der Partialbruch auf die Laplace-Korrespondenzen (3.138) und (3.139) zurückführen und wir können für $G_k(s)$ die zugehörige Stoßantwort $g_k(t)$ angeben, die aus dem Produkt einer Schwingung mit einer e-Funktion besteht

$$G_k(s) = \frac{C_1 \cdot s + C_0}{(s+a)^2 + \omega^2} = \frac{C_1 \cdot (s+a) + C_0 - C_1 \cdot a}{(s+a)^2 + \omega^2}$$
$$\bullet\!\!-\!\!\circ$$
$$g_k(t) = \left(C_1 \cdot \cos(\omega t) + \frac{C_0 - C_1 \cdot a}{\omega} \cdot \sin(\omega t)\right) \cdot e^{-at} \cdot \sigma(t)\,. \tag{5.42}$$

Für die Stabilität dieses Teilsystems muss das Betragsintegral über $g_k(t)$ konvergieren, wobei $\cos(\omega t)$ und $\sin(\omega t)$ betragsmäßig kleiner gleich eins bleiben, so dass der Klammerausdruck eine Konstante k nicht überschreitet. Auch hier läuft das Integral für $a = 0$ wegen des positiven und nicht konvergierenden Integranden gegen unendlich. Für $a \neq 0$ erhält man

$$\int_{-\infty}^{\infty} |g_k(t)|\, dt \;<\; |k| \cdot \int_{0}^{\infty} \mathrm{e}^{-at}\, dt \;=\; |k| \cdot \frac{1}{(-a)} \cdot \lim_{t\to\infty} \left(\mathrm{e}^{-at} - 1\right) . \tag{5.43}$$

Stabilität liegt nur vor, falls die e-Funktion konvergiert, wozu $a = \frac{p_N}{2} > 0$ erfüllt sein muss. Diese Bedingung ist mit (5.40) gleichwertig zu der Aussage, dass bei einem stabilen System mit konjugiert komplexen Polstellen diese einen negativen Realteil aufweisen bzw. ebenfalls in der linken komplexen Halbebene liegen müssen.

Betrachten wir die Sprungantwort von $G_k(s)$ für den Fall $a = 0$, so erkennt man, dass dann $h_k(t)$ periodisch um seinen Mittelwert C_0/ω^2 alterniert, also weder divergiert noch konvergiert

$$\begin{aligned} h_k(t) \;&=\; \int_0^t g_k(\tau)\, d\tau \;=\; \int_0^t \left(C_1 \cdot \cos(\omega\tau) + \frac{C_0}{\omega} \cdot \sin(\omega\tau) \right) d\tau \\ &=\; \frac{C_1}{\omega} \cdot \sin(\omega\tau) \Big|_0^t - \frac{C_0}{\omega^2} \cdot \cos(\omega\tau) \Big|_0^t \;=\; \frac{C_1}{\omega} \cdot \sin(\omega t) + \frac{C_0}{\omega^2} \cdot (1 - \cos(\omega)) \; . \end{aligned} \tag{5.44}$$

Diese Schwingung der Sprungantwort mit konstanter Amplitude hatten wir im Abschn. 2.2.8 als grenzstabil bezeichnet, und wir erkennen jetzt, dass Grenzstabilität immer dann auftritt, falls ein konjugiert komplexes Polstellenpaar auf der imaginären Achse liegt, also $a = 0$ gilt[3]

Für den dritten Summanden in (5.35) lässt sich die Stoßantwort über die inverse Laplace-Transformation direkt angeben

$$G_d(s) = d \;\bullet\!\!-\!\!\circ\; g_d(t) = d \cdot \delta(t) \; . \tag{5.45}$$

Systeme, deren Partialbruchzerlegung eine Konstante enthält, werden auch als sprungfähige Systeme bezeichnet, da aus (5.45) für ihre Sprungantwort $h_d(t) = d \cdot \sigma(t)$ folgt und damit ein Sprung des Eingangssignals ebenfalls eine sprunghafte Veränderung des Ausgangssignals bewirkt. BIBO-Stabilität ist hierbei mit (2.42) für beliebige Werte von d gegeben

[3] Grenzstabilität liegt auch dann noch vor, falls mehrere rein imaginäre Polpaare existieren, solange die Ordnung jedes dieser Polpaare $n = 1$ beträgt, da sich dann mehrere Schwingungen unterschiedlicher Frequenz überlagern. Bei rein imaginären Polpaaren mit $n > 1$ führt eine Faktorisierung in lineare Terme auf Ausdrücke analog zu (5.36), so dass Stoß- und Sprungantwort divergieren und das System daher instabil ist.

$$\int_{-\infty}^{\infty} |g_d(t)|\,dt \;=\; \int_{-\infty}^{\infty} |d| \cdot \delta(t)\,dt \;=\; |d|\,. \tag{5.46}$$

Damit können für die Stabilität von LTI-Systemen insgesamt folgende allgemein gültige und einfach anwendbare Kriterien anhand der Übertragungsfunktion formuliert werden:

Stabilität von LTI-Systemen abhängig von Polstellen: Jedes LTI-System ist genau dann BIBO- und damit auch asymptotisch stabil, reagiert also auf ein beliebiges amplitudenbegrenztes Eingangssignal mit einem amplitudenbegrenzten Ausgangssignal und zeigt eine für $t \to \infty$ gegen eine Konstante konvergierende Sprungantwort, falls sämtliche Polstellen s_N seiner Übertragungsfunktion $G(s)$ in der linken komplexen Ebene liegen, also einen negativen Realteil aufweisen. Besitzt ein System einfache rein imaginäre Polstellenpaare aber keine Polstelle mit positivem Realteil und auch keine Polstelle im Koordinatenursprung, nennt man das System grenzstabil, in diesem Fall schwingen Stoß- und Sprungantwort mit konstanter Amplitude. In allen anderen Fällen liegen instabile Systeme vor.

Als Beispiel für die Anwendung dieser Kriterien wollen wir die Stabilität des Pendels aus Abschn. 4.2 untersuchen, dessen linearisierte Zustandsform durch die Parameter in (4.81) bis (4.84) beschrieben wird. Hieraus bestimmen wir mit (5.10) die Übertragungsfunktion zu

$$G_P(s) \;=\; \frac{k_1}{s^2 + s \cdot k_3 + k_2}\,, \tag{5.47}$$

mit den Polstellen $s_{N1} = -\frac{k_3}{2} + \sqrt{(\frac{k_3}{2})^2 - k_2}$ und $s_{N2} = -\frac{k_3}{2} - \sqrt{(\frac{k_3}{2})^2 - k_2}$ abhängig von den nach (4.51) positiven Parametern k_2 und k_3. Beide Polstellen weisen immer einen negativen Realteil auf, weshalb ein Pendel ein stabiles System darstellt, denn die Wurzel ist für $k_2 \leq (\frac{k_3}{2})^2$ reell aber kleiner als $\frac{k_3}{2}$ und für $k_2 > (\frac{k_3}{2})^2$ imaginär. Nur im letzteren Fall tritt eine Schwingung auf, was physikalisch bedeutet, dass der Reibungskoeffizient $c_R \sim k_3$ klein sein muss, und für die Kreisfrequenz ergibt sich mit (5.41) $\omega = \sqrt{k_2 - (\frac{k_3}{2})^2}$. Vernachlässigt man die Reibung und das Trägheitsmoment, so dass $k_3 = 0$ und $k_2 = g/\ell$ gilt, so folgt hieraus für die Periodendauer T_P des Pendels das bekannte Ergebnis $T_P = \frac{2\pi}{\omega} = 2\pi \cdot \sqrt{\frac{\ell}{g}}$

Ein ganz anderes Verhalten zeigt ein invertiertes Pendel mit den Parametern nach (4.85) und der entsprechenden Übertragungsfunktion, obwohl sich gegenüber G_P nur ein Vorzeichen ändert

$$G_{iP}(s) \;=\; \frac{k_1}{s^2 + s \cdot k_3 - k_2}\,. \tag{5.48}$$

In diesem Fall liegen die Polstellen bei $s_{N1} = -\frac{k_3}{2} + \sqrt{(\frac{k_3}{2})^2 + k_2}$ und $s_{N2} = -\frac{k_3}{2} - \sqrt{(\frac{k_3}{2})^2 + k_2}$. Da beide Polstellen reell sind und $s_{N1} > 0$ gilt, ist das System instabil und es tritt keine Schwingung auf. Zu beachten ist hierbei, dass diese Aussage nur in der Nähe des Arbeitspunktes gilt, in dem das invertierte Pendel linearisiert wurde, wobei dieser Arbeitspunkt aufgrund des dort instabilen Systemverhaltens bereits nach kurzer Zeit verlassen wird.

5.3.2 Globalverhalten von Systemen

Als Globalverhalten eines Systems hatten wir im Abschn. 1.2.6 das Verhalten der Sprungantwort $h(t)$ für $t \to \infty$ definiert. Falls ein System stabil ist, konvergiert $h(t)$ gegen einen Grenzwert, den wir mittels des Endwertsatzes (3.124) auch im Laplace-Bereich berechnen können. Aus der Darstellung von $h(t)$ entsprechend (2.64) erhalten wir zunächst den Zusammenhang zwischen der Laplace-Transformierten $H(s)$ von $h(t)$ und der Übertragungsfunktion $G(s)$ $\bullet\!\!-\!\!\circ$ $g(t)$

$$h(t) = \sigma(t) * g(t) \quad \circ\!\!-\!\!\bullet \quad H(s) = \frac{1}{s} \cdot G(s) \,. \tag{5.49}$$

Damit können wir den Grenzwert der Sprungantwort für $t \to \infty$ eines stabilen Systems angeben, wenn wir $G(s)$ in der V-Normalform nach (5.22) mit $k = 0$ in (3.124) einsetzen; das Zähler- bzw. Nennerpolynom bezeichnen wir dabei als $Z(s)$ bzw. $N(s)$

$$\begin{aligned}
\lim_{t\to\infty} h(t) &= \lim_{s\to 0}\left(s \cdot \frac{1}{s} \cdot G(s)\right) = \lim_{s\to 0}\left(s \cdot \frac{1}{s} \cdot V \cdot \frac{Z(s)}{N(s)}\right) \\
&= \lim_{s\to 0}\left(V \cdot \frac{(1 + T_{Z1}\cdot s)^t \cdot \;\cdots\; \cdot \left(1 + 2D_Z T_Z \cdot s + (T_Z \cdot s)^2\right) \cdot \;\cdots}{(1 + T_{N1}\cdot s)^v \cdot \;\cdots\; \cdot \left(1 + 2D_N T_N \cdot s + (T_N \cdot s)^2\right) \cdot \;\cdots}\right) = V \,.
\end{aligned} \tag{5.50}$$

Dieses Ergebnis rechtfertigt das Zusammenfassen der Zähler- und Nennerkoeffizienten zum Verstärkungsfaktor V in der V-Normalform. Stabile Systeme zeigen damit immer ein global proportionales Verhalten, da bei ihnen für $t \to \infty$ die Sprungantwort gegen den Verstärkungsfaktor konvergiert, so dass wir asymptotisch schreiben können

$$h(t) \overset{t\to\infty}{\simeq} V \,. \tag{5.51}$$

Jetzt betrachten wir ein System $G_0(s)$, wieder in V-Normalform mit Verstärkungsfaktor V, das außer einer einfachen Polstelle bei $s_N = 0$ nur Polstellen in der negativen komplexen Halbebene aufweist; diese fassen wir wieder im Nenner zu $N(s)$ zusammen, während $Z(s)$ das Zählerpolynom beschreibt. Dann können wir $G_0(s)$ mittels Zuhaltemethode in zwei Partialbrüche aufteilen, siehe Abschn. 5.2.3, wobei der Zähler des ersten Bruches V

beträgt; das Zählerpolynom des zweiten Bruches bezeichnen wir mit $Z_1(s)$ und dessen Verstärkungsfaktor als V_1

$$G_0(s) = \frac{V}{s} \cdot \frac{Z(s)}{N(s)} = \frac{V}{s} + V_1 \cdot \frac{Z_1(s)}{N(s)} . \tag{5.52}$$

Bilden wir jetzt $H_0(s)$ entsprechend (5.49), so erhalten wir mit (3.116) die Sprungantwort $h_0(t)$

$$H_0(s) = \frac{V}{s^2} + \frac{V_1}{s} \cdot \frac{Z_1(s)}{N(s)} \quad \bullet\!\!-\!\!\circ \quad h_0(t) = V \cdot t \cdot \sigma(t) + h_1(t) . \tag{5.53}$$

Betrachten wir das Globalverhalten des Systems für $t \to \infty$, so liefert der Grenzwertsatz für $h_1(t)$ analog zu (5.50) den konstanten Wert V_1, so dass für den asymptotischen Verlauf von $h_0(t)$ gilt

$$h_0(t) \overset{t\to\infty}{\simeq} V \cdot t + V_1 . \tag{5.54}$$

Ein System mit einer Polstelle bei $s_N = 0$ zeigt also für große Zeiten bei einem Sprung des Eingangssignals im wesentlichen ein linear ansteigendes oder bei negativem V abfallendes Ausgangssignal und verhält sich damit wie ein Integrator, nachdem der Einfluss aller anderen Polstellen abgeklungen ist. Diese Eigenschaft wird global integral genannt. Falls bei $s = 0$ eine mehrfache Polstelle vom Grad r vorliegt, entspricht dies im Zeitbereich einer mehrfachen Integration und damit einer proportional zu t^r veränderlichen Sprungantwort. Auch in diesem Fall spricht man von global integralem Verhalten. Damit gilt für das Globalverhalten eines LTI-Systems:

Globalverhalten von LTI-Systemen abhängig von Polstellen: Jedes stabile LTI-System wirkt global proportional, d. h. ein konstantes Eingangssignal führt für $t \to \infty$ zu einem ebenfalls konstanten Ausgangssignal mit dem Verstärkungsfaktor V als Proportionalitätsfaktor. Hingegen zeigt eine Polstelle an der Stelle $s_N = 0$ global integrales Verhalten an, sofern andere etwaig vorhandene Polstellen in der negativen komplexen Halbebene liegen, d. h. ein derartiges System wirkt für $t \to \infty$ abhängig vom Polstellengrad r wie ein r-facher Integrator.

5.4 Transientes Systemverhalten

Unter den transienten Eigenschaften verstehen wir das Verhalten eines Systems in der Übergangsphase direkt nach dem Anlegen eines Eingangssignals, bevor sich das Globalverhalten auswirkt. Die transienten Eigenschaften entscheiden darüber wie schnell und mit welcher

Signalform ein System auf ein Eingangssignal reagiert und ob eine Schwingung des Ausgangssignals auftritt. Wir hatten bereits in den vorherigen Abschnitten festgestellt, dass in der Partialbruchzerlegung von $G(s)$ eine Polstelle bei null global integrales Verhalten anzeigt, während eine Konstante sprungfähige Systeme kennzeichnet. Daneben können nur Terme mit reellen Polstellen ungleich null sowie Terme mit konjugiert komplexen Polstellen auftreten, die das transiente Systemverhalten festlegen, und die wir im folgenden untersuchen wollen. Dabei beschränken wir uns auf stabile Systeme, d. h. sämtliche Polstellen liegen in der negativen komplexen Halbebene, und Signale sind immer kausal, d. h. nur für $t \geq 0$ von null verschieden.

5.4.1 Transientes Verhalten von Systemen mit reeller Polstelle

Zunächst betrachten wir ein Teilsystem $G_n(t)$ beliebiger Ordnung n in V-Normalform mit $V = 1$ und nur einer reellen Polstelle bei $s_N = -\frac{1}{T_N}$. Dessen Stoßantwort $g_n(t)$ erhalten wir mit der Laplace-Korrespondenz nach (3.129), wozu wir im Nenner den Term $(T_N)^n$ ausklammern

$$G_n(s) = \frac{1}{(1 + T_N \cdot s)^n} \quad \bullet\!\!-\!\!\circ \quad g_n(t) = \frac{t^{n-1}}{T_N{}^n \cdot (n-1)!} \cdot e^{\frac{-t}{T_N}} . \tag{5.55}$$

Der zeitliche Verlauf von $g_n(t)$ ist in Abb. 5.3a mit $1 \leq n \leq 10$ dargestellt. An der Stelle $t = t_n$ tritt für $n > 1$ ein Maximum auf, und t_n berechnet sich durch Nullsetzen der Ableitung von $g_n(t)$

$$\begin{aligned} \frac{dg_n(t)}{dt} &= \frac{1}{T_N{}^n \cdot (n-1)!} \cdot e^{\frac{-t}{T_N}} \left((n-1) \cdot t^{n-2} - t^{n-1} \cdot \frac{1}{T_N} \right) = 0 \\ \Rightarrow \quad t_n &= (n-1) \cdot T_N . \end{aligned} \tag{5.56}$$

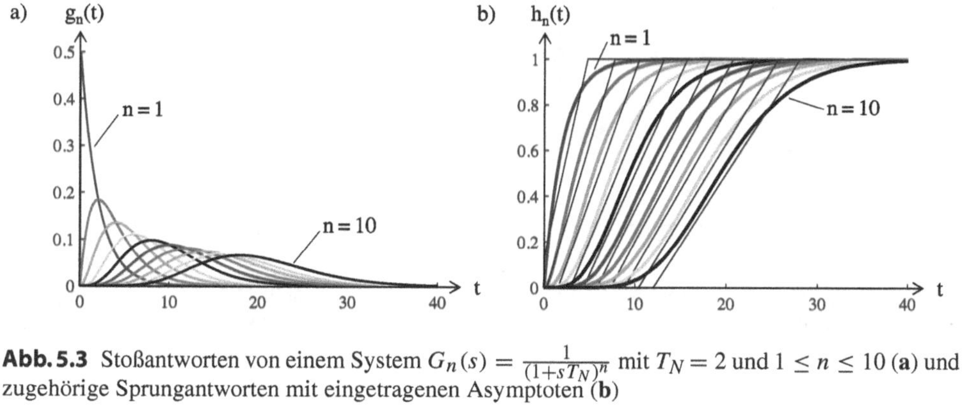

Abb. 5.3 Stoßantworten von einem System $G_n(s) = \frac{1}{(1+sT_N)^n}$ mit $T_N = 2$ und $1 \leq n \leq 10$ (**a**) und zugehörige Sprungantworten mit eingetragenen Asymptoten (**b**)

Für beliebiges $n > 1$ gilt überdies, dass $g_n(t_n)$ denselben Wert wie $g_{n-1}(t_n)$ annimmt, wie auch aus Abb. 5.3a ersichtlich ist. Die Sprungantwort $h_n(t)$ folgt durch Integration von $g_n(t)$ mittels (n-1)-facher partieller Integration entsprechend (5.39). Dies führt nach [37] auf eine Summe gewichteter Potenzen von t, die mit einer Exponentialfunktion multipliziert wird

$$h_n(t) = \int_0^t g_n(\tau)\,d\tau = 1 - \mathrm{e}^{\frac{-t}{T_N}} \cdot \sum_{i=0}^{n-1} \frac{1}{i!} \cdot \left(\frac{t}{T_N}\right)^i . \tag{5.57}$$

Man erkennt in Abb. 5.3b den streng monotonen Anstieg von $h_n(t)$ und die Konvergenz gegen $V = 1$, wobei mit zunehmendem n der Anstieg verzögert auftritt und die Flanke flacher verläuft. Die Zeitpunkte t_n der Maxima von $g_n(t)$ entsprechen den Wendestellen von $h_n(t)$. In die Abbildung sind auch Asymptoten eingetragen, um die Sprungantworten näherungsweise durch einen linearen Verlauf zu beschreiben. Aus Abb. 5.4a ist zu erkennen, dass jede dieser Asymptoten zwischen der Verzögerungszeit t_{nV} und der Sättigungszeit t_{nS} von 0 auf 1 anwächst, wobei die Steigung jeweils der Ableitung von $h_n(t)$, also $g_n(t)$ nach (5.55) im Wendepunkt entspricht. Für eine möglichst gute Approximation von $h_n(t)$ durch die Asymptote wählen wir als Wendepunkt statt t_n jeweils den Zeitpunkt $t_{n+1} = n \cdot T_N$, so dass die Asymptote symmetrisch zu $n \cdot T_N$ verläuft und eine Steigung von $g_n(n \cdot T_N)$ aufweist. Die Anstiegszeit $\Delta t_n = t_{nS} - t_{nV}$ ergibt sich als Kehrwert der Steigung und kann durch die Formel von *Stirling* [4] approximiert werden

$$\Delta t_n = \frac{1}{g_n(n \cdot T_N)} = T_N \cdot \frac{n!}{n^n} \cdot \mathrm{e}^n \approx T_N \cdot \sqrt{\frac{\pi}{3}(6 \cdot n + 1)} . \tag{5.58}$$

Die Verläufe von $t_{nV} = n \cdot T_N - \frac{\Delta t_n}{2}$ und $t_{nS} = n \cdot T_N + \frac{\Delta t_n}{2}$ abhängig von der Systemordnung n und jeweils normiert auf T_N zeigt Abb. 5.4b, wobei die quasi lineare Verschiebung beider Zeitpunkte und damit auch die Zunahme von Δt mit wachsendem n deutlich wird. Für praktische Anwendungen können wir die Parameter t_{nV}, t_{nS} und Δt_n der Asymptote im

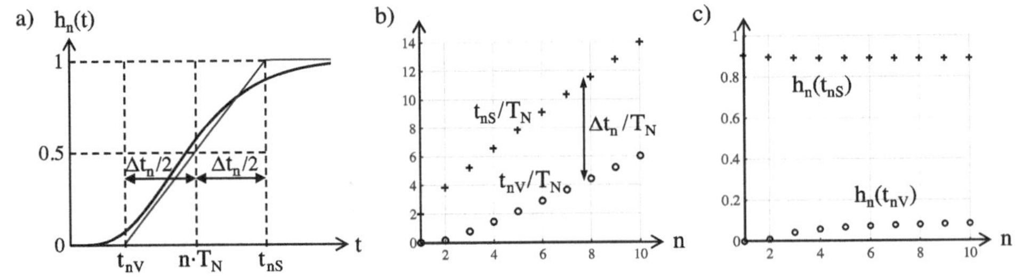

Abb. 5.4 Approximative Beschreibung der Sprungantwort von Systemen mit $G_n(s) = \frac{1}{(1+sT_N)^n}$ durch eine lineare Asymptote, die im Zeitintervall Δt_n von t_{nV} bis t_{nS} ansteigt (**a**), Veränderung von t_{nV}/T_N sowie t_{nS}/T_N abhängig von n (**b**), und Werte von $h_n(t)$ zu den Zeitpunkten t_{nV} und t_{nS} (**c**)

Bereich $2 \leq n \leq 10$ mit hinreichender Genauigkeit durch folgende einfache Ausdrücke nähern[4]

$$\frac{t_{nV}}{T_N} \approx 0{,}75 \cdot n - 1{,}5\,, \qquad \frac{t_{nS}}{T_N} \approx 1{,}25 \cdot n + 1{,}5\,, \qquad \frac{\Delta t_n}{T_N} \approx 0{,}5 \cdot n + 3\,. \tag{5.59}$$

In Abb. 5.4c sind zusätzlich die Werte der Sprungantwort jeweils bei $t = t_{nV}$ und $t = t_{nS}$ abhängig von n dargestellt. Während $h_n(t_{nV})$ immer unterhalb von 10 % bleibt, erreicht $h_n(t_{nS})$ quasi unabhängig von n ca. 90 % des Endwertes.

5.4.2 Transientes Verhalten von Systemen mit komplexem Polstellenpaar

Jetzt betrachten wir ein Teilsystem $G_k(s)$ in V-Normalform mit einem konjugiert komplexen Polstellenpaar und $V = 1$, das zunächst noch keine Nullstelle enthält. Im Nenner klammern wir den Term $T_N{}^2$ aus, um den Zusammenhang zwischen D_N und T_N mit p_N und q_N aus (5.35) zu erkennen

$$G_k(s) = \frac{1}{1 + 2D_N T_N \cdot s + (T_N\, s)^2} = \frac{1}{T_N{}^2} \cdot \frac{1}{\underbrace{\frac{1}{T_N{}^2}}_{q_N} + \underbrace{\frac{2D_N}{T_N}}_{p_N} \cdot s + s^2}\,. \tag{5.60}$$

Durch Vergleich mit (5.40) erhalten wir die Polstellen abhängig von D_N und T_N

$$s_{N\pm} = -\frac{D_N}{T_N} \pm \frac{j}{T_N}\sqrt{1 - D_N{}^2}\,. \tag{5.61}$$

Der Dämpfungsgrad kann nur Werte $|D_N| < 1$ annehmen, da sonst der Term in der Wurzel null oder negativ wäre und keine konjugiert komplexen Polstellen aufträten, sondern zwei Partialbrüche mit je einer reellen Polstelle. Für die in (5.41) definierten und für die Rücktransformation benötigten Parameter a und ω ergibt sich

$$a = \frac{D_N}{T_N} \quad \text{und} \quad \omega = \pm\frac{1}{T_N} \cdot \sqrt{1 - D_N{}^2}\,, \tag{5.62}$$

und mit der Laplace-Korrespondenz (3.139) erhalten wir die gewünschte Stoßantwort des Teilsystems abhängig von D_N und T_N [5]

---

[4] Die Formel für t_{nS} ist auch für $n = 1$ gültig, während in diesem Fall $t_{nV} = 0$ gilt und damit $\Delta t_n = t_{n1} \approx 2{,}75 \cdot T_N$ folgt.

[5] Das Vorzeichen von ω kann ignoriert werden, da es sich in dem Quotienten $\frac{\sin(\omega t)}{\omega}$ aufhebt.

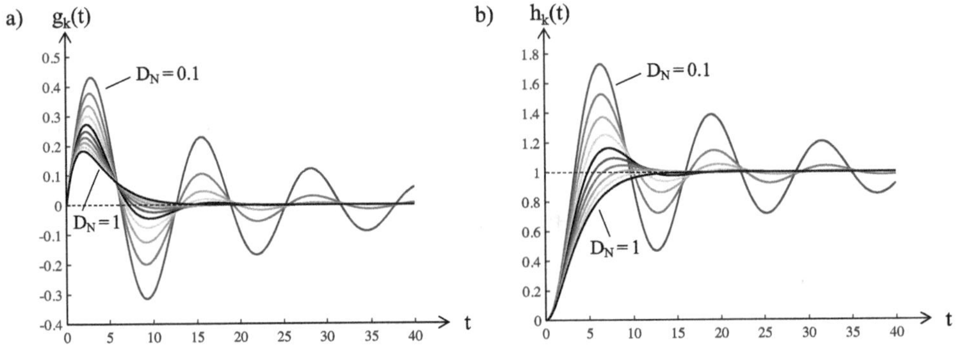

Abb. 5.5 Stoß- (**a**) und Sprungantwort (**b**) eines Systems $G_k(s)$ mit konjugiert komplexem Polstellenpaar ohne Nullstelle für $T_N = 2$ und D_N im Bereich $0{,}1 \leq D_N \leq 1$

$$g_k(t) = \frac{e^{-a \cdot t}}{{T_N}^2 \cdot \omega} \cdot \sin(\omega t) = \frac{e^{-\frac{D_N}{T_N} \cdot t}}{T_N \cdot \sqrt{1 - {D_N}^2}} \cdot \sin\left(\frac{t}{T_N} \cdot \sqrt{1 - {D_N}^2}\right) . \tag{5.63}$$

In Abb. 5.5a ist diese Funktion für ein festen $T_N = 2$ und mit D_N als variablen Parameter im Bereich $0{,}1 \leq D_N \leq 1$ dargestellt, und man erkennt den Verlauf einer exponentiell gedämpften Schwingung mit der Periodendauer

$$T_P = \frac{2\pi \cdot T_N}{\sqrt{1 - {D_N}^2}} \approx 2\pi \cdot T_N , \quad \text{falls} \quad D_N \ll 1 . \tag{5.64}$$

Durch Integration kann aus $g_k(t)$ die Sprungantwort des Teilsystems bestimmt werden, wie im Anhang A.7 gezeigt wird

$$h_k(t) = 1 - \frac{e^{-\frac{D_N}{T_N} \cdot t}}{\sqrt{1 - {D_N}^2}} \cdot \sin\left(\frac{t}{T_N} \cdot \sqrt{1 - {D_N}^2} + \arcsin(\sqrt{1 - {D_N}^2})\right) . \tag{5.65}$$

Die Amplitude der Schwingung von $g_k(t)$ bzw. $h_k(t)$ hängt maßgeblich von D_N ab und erklärt so dessen Bezeichnung als Dämpfungsgrad. Den zeitlichen Verlauf von $h_k(t)$ abhängig vom Dämpfungsgrad zeigt Abb. 5.5b, und dieser Verlauf kann durch sogenannte charakteristische Größen anschaulich beschrieben werden abhängig von den Parametern der Polstellen. Abb. 5.6a stellt dazu die Lage des Polstellenpaares in der komplexen Ebene abhängig von D_N und T_N dar, während Abb. 5.6b die Sprungantwort mit den charakteristischen Größen T_s, T_p und M_p zeigt.

T_s bezeichnet die sogenannte Einschwingzeit (engl.: *settling time*) und legt fest, wann die Schwingungsamplitude von ihrem stationären Endwert nur noch um ein vorgegebenes Fehlermaß $\pm\Delta$ abweicht. Der exakte Zusammenhang zwischen T_s und D_N ist nur numerisch bestimmbar; wenn wir aber die Wurzel näherungsweise durch eins abschätzen und dazu

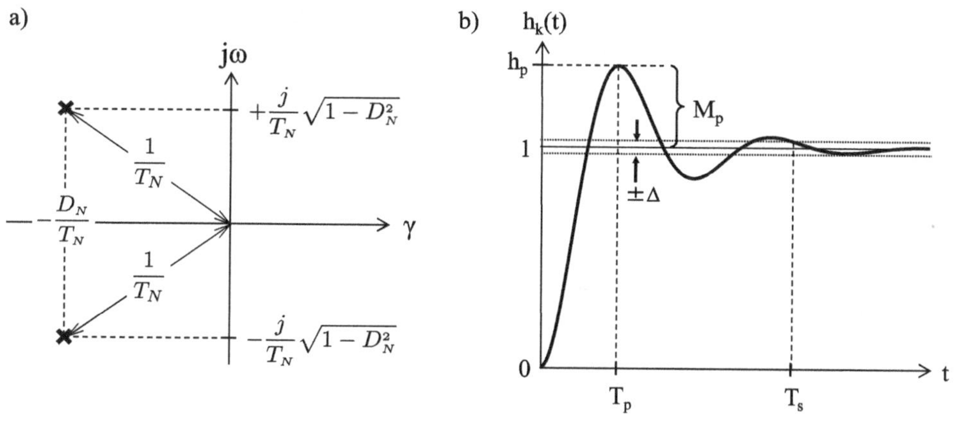

Abb. 5.6 Darstellung der konjugiert komplexen Polstellen eines Systems zweiter Ordnung abhängig von D_N und T_N (**a**) sowie dessen Sprungantwort mit den charakteristischen Größen T_s, T_p und M_p (**b**)

$D_N \ll 1$ annehmen, hängt T_s nur noch von der Zeitkonstanten im Exponenten der e-Funktion ab, so dass gilt

$$e^{-\frac{D_N}{T_N}\cdot T_s} = \Delta \quad \Rightarrow \quad T_s = -T_N \cdot \frac{\ln(\Delta)}{D_N} \,. \tag{5.66}$$

Für einen Restfehler von $\Delta = 5\%$ gegenüber dem eingeschwungenen Zustand folgt hieraus eine Einschwingzeit $T_s \approx \frac{3T_N}{D_N}$.

Die sogenannte Überschwingzeit T_p (engl.: *peak time*) kennzeichnet den Zeitpunkt $t > 0$ des Maximalwertes h_p und ist damit identisch zum Zeitpunkt des ersten Nulldurchgangs der Ableitung von $h_k(t)$, also von $g_k(t)$, bei dem das Argument der Sinusfunktion den Wert π annimmt[6]

$$g_k(T_p) = 0 \quad \Rightarrow \quad \frac{T_p}{T_N}\cdot\sqrt{1-{D_N}^2} = \pi \quad \Rightarrow \quad T_p = T_N \cdot \frac{\pi}{\sqrt{1-{D_N}^2}} \,. \tag{5.67}$$

Als maximale Überschwingung M_p (engl.: *peak overshoot*) wird die größte Abweichung der Sprungantwort von ihrem stationären Endwert $h_k(t \to \infty) = 1$ bezeichnet, die zum Zeitpunkt T_p auftritt. Mit (5.67) und wegen $\sin(\pi + \alpha) = -\sin(\alpha)$ folgt aus (5.65)

[6] Wir verwenden für T_p als Index ein kleines p, während die Periodendauer T_P durch ein großes P angezeigt wird.

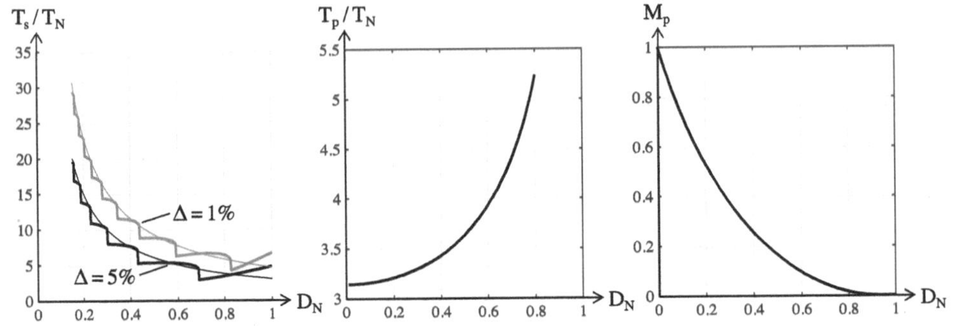

Abb. 5.7 Darstellung der exakten berechneten und der genäherten (dünne glatte Kurven) Einschwingzeit T_s/T_N für $\Delta = 5\%$ und 1% Restfehler, der Überschwingzeit T_p/T_N sowie der maximalen Überschwingung M_p abhängig vom Dämpfungsgrad D_N bei einem System 2. Ordnung mit konjugiert komplexen Polstellenpaar ohne Nullstelle

$$M_p = h_k(T_p) - 1 = -\frac{e^{-\frac{\pi \cdot D_N}{\sqrt{1-D_N{}^2}}}}{\sqrt{1-D_N{}^2}} \cdot \sin\left(\pi + \arcsin(\sqrt{1-D_N{}^2})\right)$$

$$= \frac{e^{-\frac{\pi \cdot D_N}{\sqrt{1-D_N{}^2}}}}{\sqrt{1-D_N{}^2}} \cdot \sin\left(\arcsin(\sqrt{1-D_N{}^2})\right) = e^{-\frac{\pi \cdot D_N}{\sqrt{1-D_N{}^2}}} . \quad (5.68)$$

Die Abhängigkeit der charakteristischen Größen vom Dämpfungsgrad D_N ist in Abb. 5.7 dargestellt, wobei T_s und T_p jeweils auf die Zeitkonstante T_N normiert sind. Für T_s ist für Restfehler von 5 % und 1 % sowohl das exakte Ergebnis angegeben sowie eine Näherung (dünne glatte Kurven), bei der nur jeweils das exponentielle Abklingen der Schwingung berücksichtigt wurde. Man erkennt aus den exakten Lösungen, dass für $\Delta = 5\%$ ein Minimum von T_s bei $D_N \approx 0{,}7$ auftritt, für $\Delta = 1\%$ jedoch bei $D_N \approx 0{,}82$, also abhängig vom zulässigen Restfehler. Die Überschwingzeit wird mit zunehmendem Dämpfungsgrad größer, während die maximale Überschwingung von $M_p = 1$ bei $D_N = 0$ auf $M_p = 0$ bei $D_N = 1$ abnimmt. Daher kann ein schneller Ausgleich, also ein möglichst kleines T_p, nicht gleichzeitig mit einer geringen Überschwingung realisiert werden, so dass bei der Festlegung der charakteristischen Größen ein Kompromiss erforderlich ist.

Zusätzlich zu dem konjugiert komplexen Polpaar enthalte die Übertragungsfunktion jetzt eine Nullstelle bei $s = 0$, die bei einer Partialbruchzerlegung nach (5.25) für $C_1 = 1$ und $C_0 = 0$ auftritt. Für $H_{k0}(s)$ und $h_{k0}(t)$ erhält man damit

$$H_{k0}(s) = \frac{1}{s} \cdot \frac{s}{1 + 2D_N T_N \cdot s + (T_N\, s)^2} = G_k(s) \quad \bullet\!\!-\!\!\circ \quad h_{k0}(t) = g_k(t) . \quad (5.69)$$

Die Sprungantwort entspricht also in diesem Fall der Stoßantwort für dasselbe System ohne Nullstelle entsprechend (5.63) und Abb. 5.5a. Zur Bestimmung der Überschwingzeit bilden wir die Ableitung und setzen diese null

$$\frac{dh_{k0}(t)}{dt} = \frac{e^{-at}}{{T_N}^2\omega} \cdot (-a \cdot \sin(\omega t) + \omega \cdot \cos(\omega t)) \stackrel{!}{=} 0\,. \tag{5.70}$$

Daraus ergibt sich für die Überschwingzeit:

$$T_p = \frac{1}{\omega} \cdot \arctan\left(\frac{\omega}{a}\right) = \frac{T_N}{\sqrt{1-{D_N}^2}} \cdot \arctan\left(\frac{\sqrt{1-{D_N}^2}}{D_N}\right)\,. \tag{5.71}$$

Aus (A.40) und (A.43) folgt $\arctan(\omega/a) = \arcsin(\sqrt{1-{D_N}^2})$, so dass sich nach Einsetzen von T_p in $g_k(t)$ nach (5.63) die Sinusfunktion darin durch $\sqrt{1-{D_N}^2}$ ersetzen und die Wurzel dann kürzen lässt. Wegen $h_{k0}(t \to \infty) = 0$ erhalten wir für die maximale Überschwingung M_p, die jetzt auch von der Zeitkonstanten T_N aus der V-Normalform abhängt

$$M_p = h_{k0}(T_p) = g_k(T_p) = \frac{1}{T_N} \cdot e^{-\frac{D_N}{\sqrt{1-{D_N}^2}} \cdot \arcsin\left(\sqrt{1-{D_N}^2}\right)}\,. \tag{5.72}$$

Abb. 5.8 zeigt links den Verlauf der Einschwingzeit T_s bezogen auf T_N abhängig vom Dämpfungsgrad D_N im Bereich $0 \leq D_N \leq 1$. Der approximative Wert hängt nur vom Exponenten der e-Funktion ab und entspricht daher (5.66), lediglich bei exakter numerischer Berechnung erkennt man geringfügig größere Werte von T_s gegenüber der Einschwingzeit des Systems ohne Nullstelle. Mittig ist T_p/T_N und rechts M_p für $T_N = 2$ jeweils im selben Bereich von D_N dargestellt. Im Unterschied zum Fall ohne Nullstelle verringert sich hier mit zunehmendem D_N sowohl die Überschwingzeit als auch die maximale Überschwingung, was auch aus

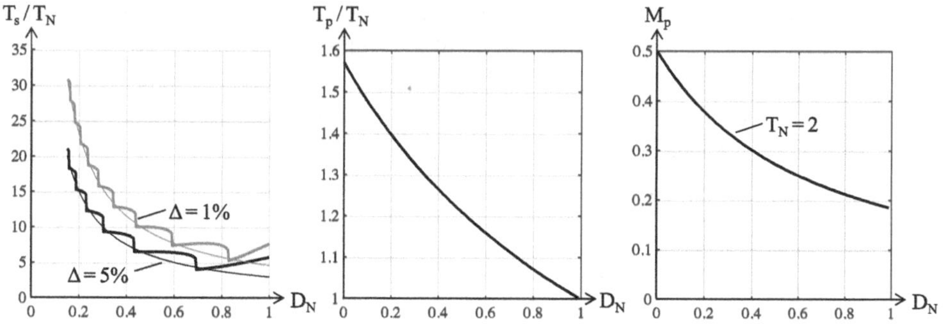

Abb. 5.8 Darstellung der exakt berechneten und der genäherten (dünne Kurven) Einschwingzeit T_s/T_N für $\Delta = 5\%$ und 1% Restfehler, der Überschwingzeit T_p/T_N sowie der maximalen Überschwingung M_p für $T_N = 2$ abhängig vom Dämpfungsgrad D_N bei einem System 2. Ordnung mit konjugiert komplexen Polstellenpaar und zusätzlicher Nullstelle im Koordinatenursprung

Abb. 5.5a ersichtlich ist. T_p ändert sich hierbei vom Wert $T_N \cdot \frac{\pi}{2}$ bei $D_N = 0$ auf den Wert T_N bei $D_N = 1$, während M_p im selben Intervall von $\frac{1}{T_N}$ auf $\frac{1}{e \cdot T_N} \approx \frac{0{,}37}{T_N}$ sinkt, allerdings nicht null erreicht.

Nun wollen wir die Sprungantwort eines Teilsystems mit konjugiert komplexem Polstellenpaar und zusätzlicher Nullstelle bei $s_Z = -\frac{1}{T_Z}$ betrachten, das ebenfalls als Ergebnis der Partialbruchzerlegung einer Übertragungsfunktion auftreten kann. Dieser Fall lässt sich als Linearkombination aus $G_k(s)$ und $G_{k0}(s)$ schreiben

$$G_{kZ}(s) \;=\; \frac{1 + T_Z \cdot s}{1 + 2D_N T_N \cdot s + (T_N\, s)^2} \;=\; G_k(s) + T_Z \cdot G_{k0}(s)\ . \tag{5.73}$$

Woraus für die Sprungantwort folgt, die für $T_Z = 0$ natürlich $h_k(t)$ entspricht

$$h_{kZ}(t) \;=\; h_k(t) + T_Z \cdot g_k(t)\ . \tag{5.74}$$

Im Anhang A.8 wird gezeigt, dass auch diese Sprungantwort als Produkt einer e-Funktion mit einer phasenverschobenen Sinus-Funktion dargestellt werden kann

$$h_{kZ}(t) \;=\; 1 - \frac{\mathrm{e}^{-\frac{D_N}{T_N}\cdot t}}{F} \cdot \sin\left(\frac{t}{T_N} \cdot \sqrt{1 - {D_N}^2} + \arcsin(F)\right) \tag{5.75}$$

$$\text{mit} \quad F = \text{sgn} \cdot \sqrt{\frac{1 - {D_N}^2}{1 - 2\left(\frac{T_Z}{T_N}\right) D_N + \left(\frac{T_Z}{T_N}\right)^2}} \qquad \text{und} \quad \text{sgn} = \begin{cases} +1 & D_N \cdot T_N \geq T_Z \\ \quad\text{für} & \\ -1 & D_N \cdot T_N < T_Z \end{cases} .$$

Der zeitliche Verlauf von $h_{kZ}(t)$ ist links in Abb. 5.9 für drei verschiedene Lagen der Nullstelle $s_Z = -1/T_Z$ dargestellt. Man erkennt, dass T_Z keine Auswirkung auf die Frequenz der Schwingung hat und auch die Einstellzeit T_s quasi nicht beeinflusst, da diese weitgehend durch den Exponenten der e-Funktion festgelegt ist. Allerdings hat T_Z erheblichen Einfluss auf die Phase der Sinus-Funktion und damit auf die zeitliche Lage des Schwingungsmaximums, und ebenfalls auf die Ausprägung der maximalen Amplitude. Zur genaueren Analyse ist in den rechten Grafiken die Abhängigkeit der auf T_N normierten Überschwingzeit T_p sowie der maximalen Überschwingung $M_p = h_{kZ}(T_p) - 1$ vom Dämpfungsgrad D_N dargestellt. Für T_p folgt nach Anhang A.9

$$T_p \;=\; \frac{T_N}{\sqrt{1 - {D_N}^2}} \cdot \left[\arctan\left(\frac{\sqrt{1 - {D_N}^2} \cdot T_Z}{D_N \cdot T_Z - T_N}\right) + \varphi_0\right] \tag{5.76}$$

$$\text{mit} \qquad \varphi_0 = \begin{cases} \pi & \text{für} \;\; D_N \cdot T_Z < T_N \\ 0 & \text{sonst} \end{cases} .$$

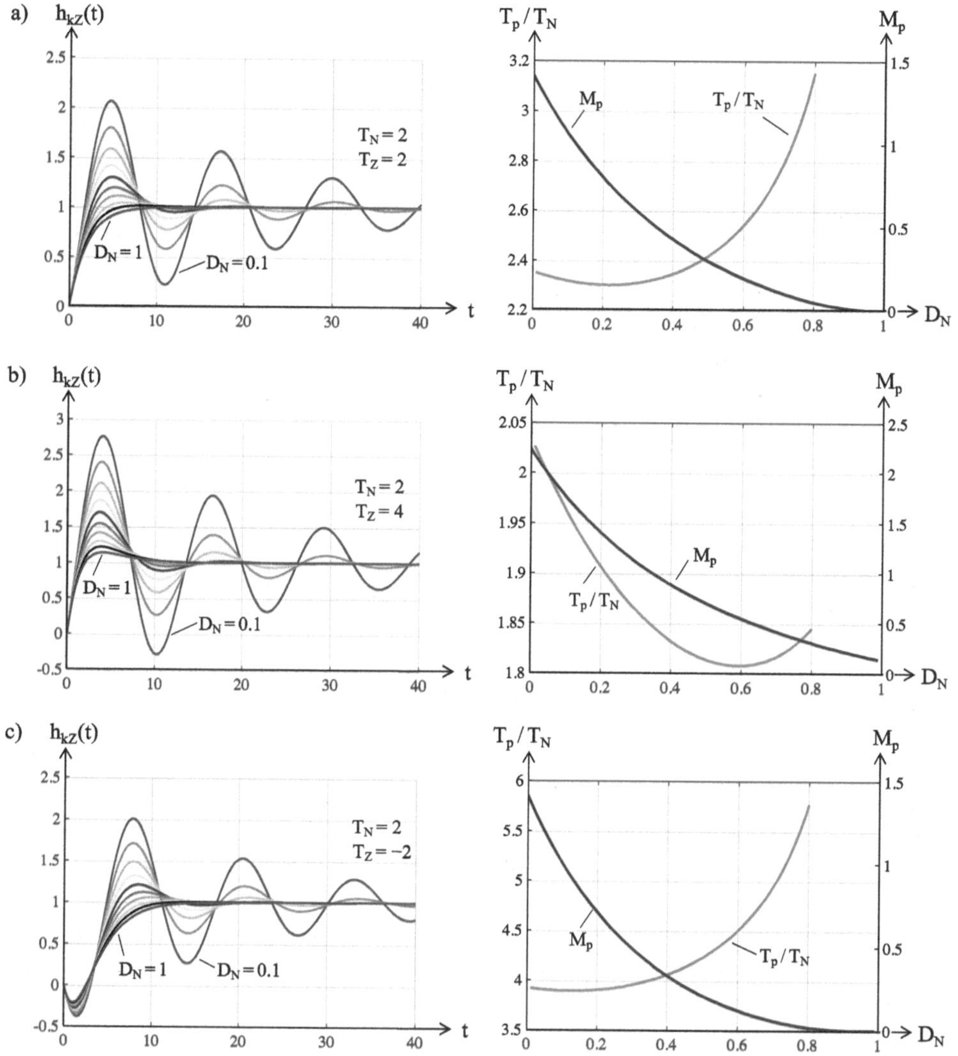

Abb. 5.9 Sprungantworten von Systemen 2. Ordnung mit konjugiert komplexem Polstellenpaar und zusätzlicher variabler Nullstelle bei $s = -\frac{1}{T_Z}$ für $T_Z = 2$ (**a**), $T_Z = 4$ (**b**) und $T_Z = -2$ (**c**) abhängig vom Dämpfungsgrad D_N und mit $T_N = 2$; rechts jeweils Darstellung der auf T_N normierten Überschwingzeit T_p und der max. Überschwingung M_p ebenfalls abhängig von D_N

Diese Formel entspricht für $T_Z = 0$ Gl. (5.67), und sie schließt im Grenzfall $T_Z \to \infty$ auch den Fall einer Nullstelle bei $s = 0$ entsprechend (5.71) mit ein, da dann T_N im Nenner vernachlässig und anschließend T_Z gekürzt werden kann. M_p ergibt sich durch Einsetzen von T_p in die Sprungantwort abzüglich des stationären Endwertes, also $M_p = h_{kZ}(T_p) - 1$. Im Vergleich zum in Abb. 5.7 gezeigten Fall ohne Nullstelle erkennt man aus den Zahlenwerten der maximalen Überschwingung M_p in Abb. 5.9, dass mit zunehmendem $T_Z > 0$ auch M_p größer wird und zudem früher auftritt, T_p also abnimmt und das System schneller auf einen Sprung reagiert als ohne Nullstelle. Die Überschwingzeit T_p weist überdies abhängig von T_Z jeweils für einen bestimmten Dämpfungsgrad ein Minimum auf, dieses liegt z. B. für $T_Z = 4$ bei $D_N \approx 0{,}6$, und die maximale Überschwingung beträgt hier ca. 50 %. Weiterhin ist erkennbar, dass M_p bei $T_Z = 4$ mit zunehmendem Dämpfungsgrad zwar wie bei $T_Z = 0$ ebenfalls abnimmt, allerdings für $D_N = 1$ nicht den Wert null erreicht. Für $T_Z < 0$, also bei einer Nullstelle in der positiven komplexen Halbebene, tritt zunächst eine Unterschwingung also $h_{kZ}(t) < 0$ auf, deren Amplitude umso größer wird, je kleiner T_Z ist, je näher die Nullstelle also am Koordinatenursprung liegt.

5.4.3 Dominante Polstellen

Mit den Ergebnissen der letzten beiden Abschnitte sind wir in der Lage die Sprungantwort für eine beliebige Übertragungsfunktion der Form nach (5.35) anzugeben

$$h(t) = d \cdot \sigma(t) + \sum_i V_i \cdot h_{n,i}(t) + \sum_j V_j \cdot h_{k0,j}(t) + \sum_k V_k \cdot h_{kZ,k}(t)\,. \tag{5.77}$$

Im allgemeinen tritt hierbei durch Überlagerung der einzelnen Sprungantworten mit individuellen Verstärkungsfaktoren V_i, V_j und V_k, Dämpfungsgraden und Zeitkonstanten ein nahezu beliebiger Signalverlauf auf, der nicht durch wenige Parameter beschrieben und auf einzelne Teilsysteme zurückgeführt werden kann. Unter bestimmten Voraussetzungen kann eine Übertragungsfunktion allerdings vereinfacht werden, so dass ihre transienten Eigenschaften weitgehend nur von einzelnen Polstellen abhängen, die dann als dominant bezeichnet werden.

Zunächst betrachten wir eine Übertragungsfunktion $G(s)$ mit $V = 1$, die zwei einfache reelle Polstellen sowie eine Nullstelle aufweist. Die Laplace-Transformierte der Sprungantwort $H(s) = G(s)/s$ lässt sich mittels der in Abschn. 5.2.3 eingeführten Zuhaltemethode direkt in drei Partialbrüche aufspalten

$$H(s) = \frac{1 + T_Z \cdot s}{s \cdot (1 + T_{N1} \cdot s) \cdot (1 + T_{N2} \cdot s)} = \frac{1}{s} + \frac{V_1}{1 + T_{N1} \cdot s} + \frac{V_2}{1 + T_{N2} \cdot s} \tag{5.78}$$

$$\text{mit} \quad V_1 = T_{N1} \cdot \frac{T_Z - T_{N1}}{T_{N1} - T_{N2}} \quad \text{und} \quad V_2 = T_{N2} \cdot \frac{T_Z - T_{N2}}{T_{N2} - T_{N1}}\,.$$

Durch inverse Laplace-Transformation folgt hieraus die Sprungantwort für $t \geq 0$

$$h(t) = 1 + \frac{T_Z - T_{N1}}{T_{N1} - T_{N2}} \cdot \mathrm{e}^{-\frac{t}{T_{N1}}} + \frac{T_Z - T_{N2}}{T_{N2} - T_{N1}} \cdot \mathrm{e}^{-\frac{t}{T_{N2}}}\,. \tag{5.79}$$

Wir wollen nun den Unterschied zu einem System $H_1(s)$ mit nur einer einfachen Polstelle bestimmen, das wie folgt gegeben ist

$$H_1(s) = \frac{1}{s \cdot (1 + T_{N1} \cdot s)} = \frac{1}{s} - \frac{T_{N1}}{1 + T_{N1} \cdot s} \quad \bullet\!\!-\!\!\circ \quad h_1(t) = 1 - \mathrm{e}^{-\frac{t}{T_{N1}}} . \tag{5.80}$$

Für die Differenz der Sprungantworten folgt im Laplace-Bereich

$$\begin{aligned} \Delta H(s) = H(s) - H_1(s) &= \frac{T_Z - T_{N2}}{T_{N2} - T_{N1}} \cdot \frac{T_{N2}}{1 + T_{N2} \cdot s} + \left(\frac{T_Z - T_{N1}}{T_{N1} - T_{N2}} + 1 \right) \cdot \frac{T_{N1}}{1 + T_{N1} \cdot s} \\ &= \frac{T_Z - T_{N2}}{T_{N2} - T_{N1}} \cdot \left(\frac{T_{N2}}{1 + T_{N2} \cdot s} - \frac{T_{N1}}{1 + T_{N1} \cdot s} \right) , \end{aligned} \tag{5.81}$$

und damit für die Abweichung zwischen beiden Sprungantworten

$$\Delta h(t) \;=\; h(t) - h_1(t) \;=\; \frac{T_Z - T_{N2}}{T_{N2} - T_{N1}} \cdot \left(\mathrm{e}^{-\frac{t}{T_{N1}}} - \mathrm{e}^{-\frac{t}{T_{N2}}} \right) . \tag{5.82}$$

Damit $\Delta h(t)$ möglichst klein bleibt, so dass $H(s)$ durch $H_1(s)$ näherungsweise ersetzt werden darf, muss entsprechend (5.82) eine von zwei Bedingungen erfüllt sein: Entweder sind T_{N2} und T_Z verglichen mit T_{N1} hinreichend klein, so dass der Bruch in (5.82) kleine Werte annimmt. Dies bedeutet, dass die Polstelle $s_{N2} = -1/T_{N2}$ und die Nullstelle $s_Z = -1/T_Z$ relativ zu $s_{N1} = -1/T_{N1}$ weit links auf der reellen Achse liegen. Derselbe Effekt tritt ein, falls $T_{N2} \approx T_Z$ gilt und damit die Polstelle s_{N2} in der Nähe der Nullstelle des Systems liegt. Dies ist für $T_{N2} = T_Z$ sofort verständlich, da sich dann in $H(s)$ die Pol- und die Nullstelle gegeneinander kürzen lassen.

Diese Zusammenhänge werden anhand der Abb. 5.10, 5.11 und 5.12 näher untersucht. Abb. 5.10a zeigt den Pol-Nullstellen-Plan eines Systems mit einer festen Polstelle bei $s_{N1} =$

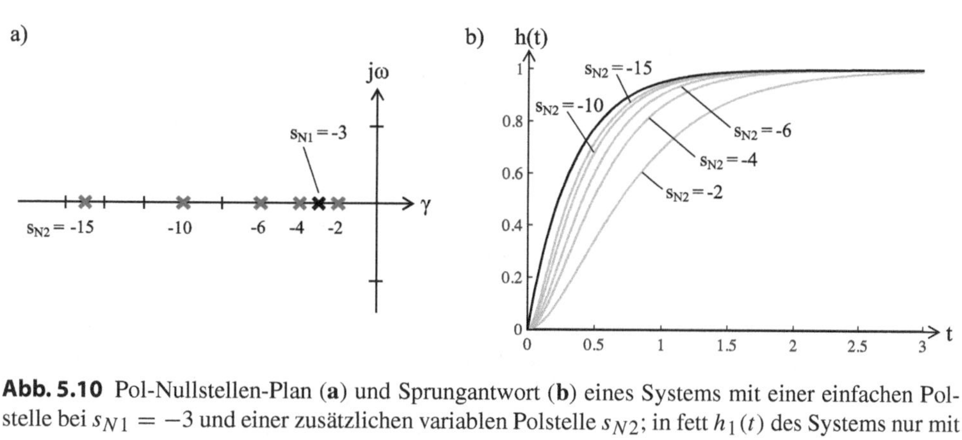

Abb. 5.10 Pol-Nullstellen-Plan (**a**) und Sprungantwort (**b**) eines Systems mit einer einfachen Polstelle bei $s_{N1} = -3$ und einer zusätzlichen variablen Polstelle s_{N2}; in fett $h_1(t)$ des Systems nur mit s_{N1}

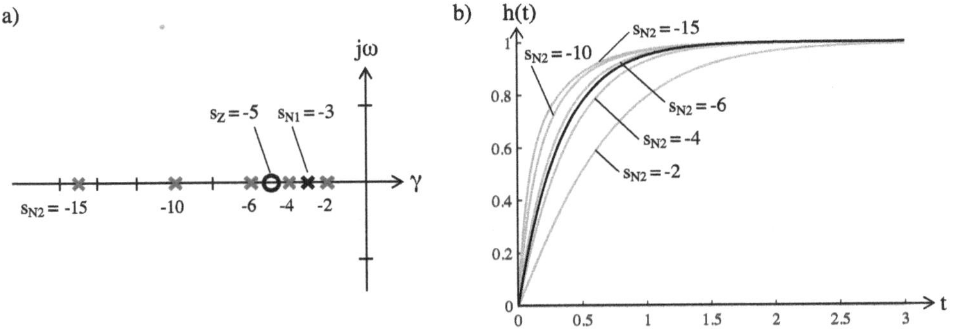

Abb. 5.11 Pol-Nullstellen-Plan (**a**) und Sprungantwort (**b**) eines Systems mit einer einfachen Polstelle bei $s_{N1} = -3$, einer Nullstelle bei $s_Z = -5$ und einer zusätzlichen variablen Polstelle s_{N2}; in fett auch hier $h_1(t)$ nur mit einer Polstelle bei s_{N1}

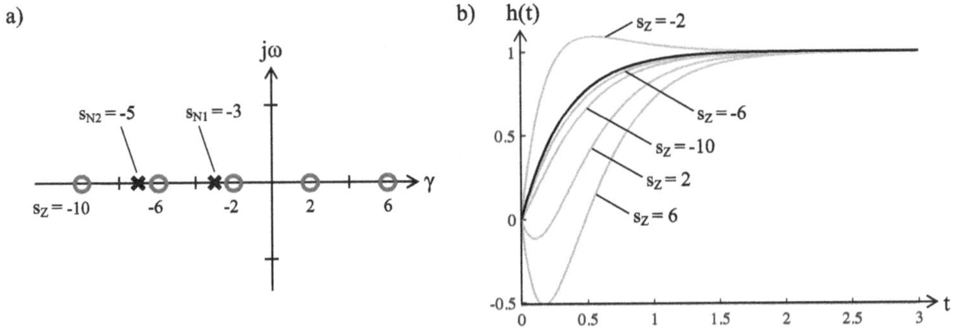

Abb. 5.12 Pol-Nullstellen-Plan (**a**) und Sprungantwort (**b**) eines Systems mit einfachen Polstellen bei $s_{N1} = -3$ und $s_{N2} = -5$ sowie einer variablen Nullstelle s_Z; in fett als Referenz wieder $h_1(t)$

-3 und einer zusätzlichen variablen Polstelle im Bereich $-15 \leq s_{N2} \leq -2$, jedoch noch ohne Nullstelle. In Abb. 5.10b sind die zugehörigen Sprungantworten dargestellt, wobei das fett gedruckte Signal $h_1(t)$ gemäß (5.80) entspricht. Man erkennt, dass für $s_{N2} = -15$ die Sprungantwort des Systems durch s_{N2} kaum beeinflusst wird, während für $s_{N2} = -4$ und insbesondere $s_{N2} = -2$ erhebliche Abweichungen zwischen $h(t)$ und $h_1(t)$ auftreten. In Abb. 5.11 wird zusätzlich noch eine Nullstelle an der Stelle $s_Z = -5$ berücksichtigt. Diese führt dazu, dass die Wirkung einer zusätzlichen Polstelle bei $s_{N2} = -4$ oder $s_{N2} = -6$ weitgehend kompensiert wird, da diese in geringem Abstand zur Nullstelle liegen. Eine zusätzliche Polstelle bei $s_{N2} = -15$ wirkt sich hier allerdings sogar stärker aus als zuvor, da die Nullstelle nun näher an s_{N1} liegt und diese stärker schwächt als s_{N2}.

Um die Wirkung von Nullstellen besser beurteilen zu können, veranschaulicht Abb. 5.12 den Fall für zwei feste Polstellen bei $s_{N1} = -3$ und $s_{N2} = -5$ und einer zusätzlichen variablen Nullstelle im Bereich $-10 \leq s_Z \leq 6$. Man erkennt, dass die Wirkung der Nullstelle dann am geringsten ist, wenn sie durch eine benachbarte Polstelle kompensiert wird.

Negative Nullstellen, wie hier $s_Z = -2$, die rechts von den Polstellen liegen, führen zu einem Überschwingen der Sprungantwort. Da Nullstellen die Stabilität eines Systems nicht beeinflussen, dürfen sie auch in der positiven komplexen Halbebene liegen, ohne dass die Sprungantwort divergiert. Wie an den Beispielen $s_Z = 2$ und $s_Z = 6$ erkennbar, führen positiven Nullstellen zu einem Unterschwingen der Sprungantwort, die dann temporär negative Werte annimmt.

Auch wenn wir hier bzgl. Dominanz nur Systeme mit einfachen reellen Polstellen analysiert haben, gelten die Erkenntnisse auch dann, wenn wir Polstellen höherer Ordnung betrachten. Weist hierbei eine dominante Polstelle bei s_{N1} eine Ordnung $v > 1$, eine zusätzliche Polstelle bei s_{N2} jedoch die Ordnung $w = 1$ auf, so ist der Einfluss von s_{N2} auf das Systemverhalten geringer als für $v = 1$, während bei $w > v$ deren Einfluss zunimmt. Insgesamt können wir festhalten:

Dominante Polstellen: Eine Polstelle einer Übertragungsfunktion wird als dominant bezeichnet, bestimmt also weitestgehend das transiente Systemverhalten, falls zusätzlich vorhandene Pol- und Nullstellen des Systems entweder weit links von dieser Polstelle liegen, oder aber sich diese aufgrund ihrer unmittelbaren Nähe zueinander gegenseitig kompensieren.

5.4.4 Dominante konjugiert komplexe Polpaare

Die Aussage bezüglich Dominanz von Polstellen gilt auch für Systeme mit konjugiert komplexen Polpaaren. Allerdings muss hierbei beachtet werden, dass sich die charakteristischen Größen T_p und M_p eines dominanten Polpaares durch die Existenz einer zusätzlichen Polstelle teilweise erheblich verändern. Um dies zu untersuchen, wird im Anhang A.10 gezeigt, dass sich die Laplace-Transformierte der Sprungantwort eines Systems mit einem Polpaar, einer Nullstelle sowie einer zusätzlichen Polstelle in drei bekannte Partialbrüche aufteilen lässt, von denen wir die ersten beiden zu $H_1(s)$ zusammenfassen. In der Zerlegung treten die beiden Verstärkungsfaktoren V und V_2 auf, außerdem enthält der mittlere Term jetzt eine Nullstelle bei $s = -1/T_Z{}'$

$$\begin{aligned} H(s) &= \frac{1 + T_Z \cdot s}{s \cdot (1 + 2D_N T_N \cdot s + {T_N}^2 \cdot s^2) \cdot (1 + T_{N2} \cdot s)} \\ &= \frac{V}{s} + \frac{(1 - V) \cdot (1 + T_Z{}' \cdot s)}{s \cdot (1 + 2D_N T_N \cdot s + {T_N}^2 \cdot s^2)} + \frac{V_2}{1 + T_{N2} \cdot s} = H_1(s) + \frac{V_2}{1 + T_{N2} \cdot s} \,. \end{aligned} \tag{5.83}$$

Hieraus folgt durch Anwendung der inversen Laplace-Transformation und mit $h_{kZ}(t)$ entsprechend Gl. (5.75) mit $T_Z{}'$ statt T_Z die zugehörige Sprungantwort für $t \geq 0$, wobei $h_1(t)$ zu $H_1(s)$ korrespondiert

$$h(t) = V + (1-V) \cdot h_{kZ}(t) + \frac{V_2}{T_{N2}} \cdot e^{-\frac{t}{T_{N2}}} = h_1(t) + \frac{V_2}{T_{N2}} \cdot e^{-\frac{t}{T_{N2}}} \tag{5.84}$$

$$= 1 - (1-V) \cdot \frac{e^{-\frac{D_N}{T_N} \cdot t}}{F_1} \cdot \sin\left(\frac{t}{T_N} \cdot \sqrt{1 - D_N{}^2} + \arcsin(F_1)\right) + \frac{V_2}{T_{N2}} \cdot e^{-\frac{t}{T_{N2}}} \tag{5.85}$$

$$\text{mit} \quad F_1 = \text{sgn} \cdot \sqrt{\frac{1 - D_N{}^2}{1 - 2\left(\frac{T_Z'}{T_N}\right) D_N + \left(\frac{T_Z'}{T_N}\right)^2}} \quad \text{und} \quad \text{sgn} = \begin{cases} +1 & D_N \cdot T_N \geq T_Z' \\ & \text{für} \\ -1 & D_N \cdot T_N < T_Z' \end{cases} .$$

Das Abklingen der Schwingung des Systems in (5.84) wird durch die zusätzliche e-Funktion mit der Zeitkonstante T_{N2} nicht beeinflusst, so dass wir weiterhin T_s aus (5.66) als Näherungswert für die Einstellzeit verwenden können. Für die drei Parameter V_2, V und T_Z' erhalten wir nach Anhang A.10

$$V_2 = \frac{(T_Z - T_{N2}) \cdot T_{N2}{}^2}{T_{N2}{}^2 - 2D_N T_{N2} T_N + T_N{}^2} , \qquad V = -\frac{V_2}{T_{N2}} = \frac{(T_{N2} - T_Z) \cdot T_{N2}}{T_{N2}{}^2 - 2D_N T_{N2} T_N + T_N{}^2}$$

$$\text{und} \qquad T_Z' = \frac{(T_Z - T_{N2}) \cdot T_N{}^2}{T_Z T_{N2} - 2D_N T_{N2} T_N + T_N{}^2} . \tag{5.86}$$

Zur Plausibilisierung dieser Formeln betrachten wir zunächst den Fall $T_{N2} = 0$, also ein System ohne zusätzliche Polstelle, für den V_2 und V erwartungsgemäß null werden, während T_Z' den Wert von T_Z annimmt. Für $T_{N2} = T_Z$ sind alle drei Parameter null, und $H(s)$ enthält in diesem Fall weder eine Nullstelle noch eine zusätzliche Polstelle. Man erkennt allgemein an der Formel für V_2, dass die zum dritten Partialbruch korrespondierende Sprungantwort vernachlässigt werden darf, falls T_{N2} sehr klein ist oder $T_{N2} \approx T_Z$ gilt, falls also entsprechend des oben formulierten Kriteriums die zusätzliche Polstelle entweder weit links oder in der Nähe einer Nullstelle liegt. Für eine genauere Analyse müssen wir allerdings auch die Auswirkung von T_{N2} auf $H_1(s)$ bzw. $h_1(t)$ über V und T_Z' berücksichtigen, wozu wir aus $h_1(t)$ mit Formel (5.76) die Überschwingzeit T_p berechnen und hier wieder T_Z' statt T_Z einsetzen. Außerdem tritt in der Formel noch ein weiterer Phasensprung um π auf, falls der Verstärkungsfaktor $(1-V)$ vor $h_{kZ}(t)$ negativ wird

$$T_p = \frac{T_N}{\sqrt{1 - D_N{}^2}} \cdot \left[\arctan\left(\frac{\sqrt{1 - D_N{}^2} \cdot T_Z'}{D_N \cdot T_Z' - T_N}\right) + \varphi_0 + \varphi_1\right] \tag{5.87}$$

$$\text{mit} \quad \varphi_0 = \begin{cases} \pi & \text{für} \quad D_N \cdot T_Z < T_N \\ 0 & \text{sonst} \end{cases} \qquad \text{und} \qquad \varphi_1 = \begin{cases} \pi & \text{für} \quad V > 1 \\ 0 & \text{sonst} \end{cases} .$$

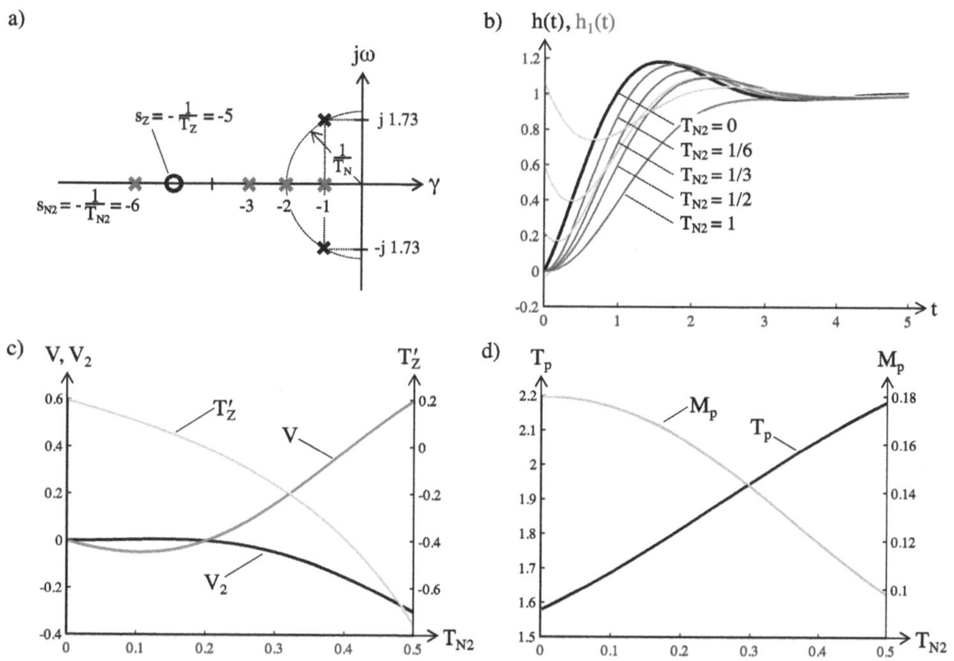

Abb. 5.13 Pol-Nullstellen-Plan eines Systems mit konjugiert komplexem Polstellenpaar ($T_N = D_N = \frac{1}{2}$), zusätzlicher Nullstelle bei $s_Z = -5$ und variabler zusätzlicher Polstelle s_{N2} (**a**); Sprungantworten $h(t)$ und $h_1(t)$ (grau) abhängig von $T_{N2} = -1/s_{N2}$ (**b**); Darstellung der Parameter V, V_2 und $T_Z{}'$ (**c**) sowie der charakteristischen Größen T_p und M_p (**d**), jeweils abhängig von T_{N2}

Die maximale Überschwingung M_p folgt auch hier als Wert der Sprungantwort nach (5.85) an der Stelle $t = T_p$ abzüglich des stationären Endwertes eins, also $M_p = h(t = T_p) - 1$.

Zur Veranschaulichung werde in Abb. 5.13 zunächst ein System mit einem konjugiert komplexen Polstellenpaar bei $s_{p\pm} = -1 \pm j1{,}73$ betrachtet, was den Werten $T_N = 0{,}5$ und $D_N = 0{,}5$ entspricht. Das System besitze überdies eine Nullstelle an der Stelle $s_Z = -1/T_Z = -5$ sowie eine zweite variable reelle Polstelle bei $s_{N2} = -1/T_{N2}$, wie aus dem Pol-/Nullstellenplan in Abb. 5.13a ersichtlich ist. Teilgrafik 5.13b zeigt die zugehörigen Sprungantworten $h(t)$ abhängig von T_{N2}; zusätzlich ist hier jeweils grau $h_1(t)$ dargestellt, d. h. die Sprungantwort des Systems ohne Berücksichtigung des Partialbruches mit V_2. Es ist deutlich erkennbar, dass mit größer werdendem T_{N2} das Maximum der Schwingung kleiner wird und sich zu größeren Zeiten nach rechts verschiebt. Um diesen Effekt quantitativ zu erfassen, werden zunächst abhängig von der Lage der Pol- und Nullstellen mit den Formeln in (5.86) die Parameter V, V_2 und $T_Z{}'$ bestimmt, deren Verlauf abhängig von T_{N2} Teilgrafik Abb. 5.13c zeigt, während Abb. 5.13d die Veränderung der daraus abgeleiteten Überschwingzeit T_p und der maximalen Überschwingung M_p wiedergibt. Man erkennt aus Abb. 5.13b, dass für Zeitkonstanten $T_{N2} \leq T_N$ die Lage des Maximums hinreichend genau

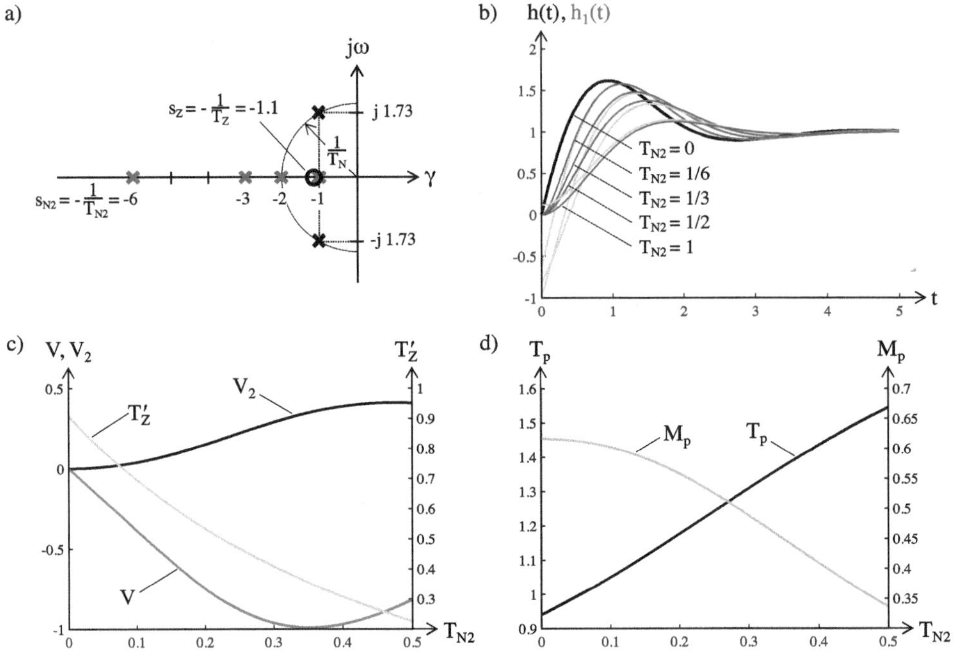

Abb. 5.14 Pol-Nullstellen-Plan eines Systems mit konjugiert komplexem Polstellenpaar ($T_N = D_N = \frac{1}{2}$), zusätzlicher Nullstelle bei $s_Z = -1{,}1$ und variabler zusätzlicher Polstelle s_{N2} (**a**); Sprungantworten $h(t)$ und $h_1(t)$ (grau) abhängig von $T_{N2} = -1/s_{N2}$ (**b**); Darstellung der Parameter V, V_2 und $T_Z{}'$ (**c**) sowie der charakteristischen Größen T_p und M_p (**d**), jeweils abhängig von T_{N2}

durch das Teilsystem $H_1(s)$ repräsentiert wird. Für $T_{N2} = 1$ dominiert dagegen das Polpaar nicht mehr das Verhalten des Gesamtsystems, da die Lage des Maximums von $h(t)$ und $h_1(t)$ aufgrund der großen Zeitkonstanten T_{N2} zueinander verschoben sind[7].

Abb. 5.14 kennzeichnet ein System, das bis auf die Nullstelle, die nun an der Stelle $s_Z = -1{,}1$ liegt, identisch zu dem vorherigen System ist. In diesem Fall weichen die Verläufe von T_N, D_N und $T_Z{}'$ in Abb. 5.14c aufgrund der veränderten Nullstelle zwar deutlich von denen in Abb. 5.13c ab, die typische Verschiebung und Abnahme des Maximums in Abb. 5.13d tritt aber auch hier auf. Der Vergleich der Sprungantworten in Abb. 5.13b zeigt, dass die Lage des Maximums auch für $T_{N2} = 1$ aufgrund der Kompensation durch die benachbarte Nullstelle weiterhin durch das Polpaar bestimmt wird.

In Abb. 5.15 ist schließlich ein System abgebildet, das neben einem durch $D_N = 0{,}2$ und $T_N = 0{,}5$ definierten Polpaar wiederum eine variable zweite reelle Polstelle und eine Nullstelle diesmal in der rechten komplexen Halbebene bei $T_Z = 2$ aufweist, siehe Abb. 5.15a.

[7] Man beachte, dass die Amplitudenabweichung zwischen $h(t)$ und $h_1(t)$ keine Veränderung von M_p bewirkt, solange die Lage der Maxima übereinstimmt, da M_p aus $h(t)$ berechnet wird.

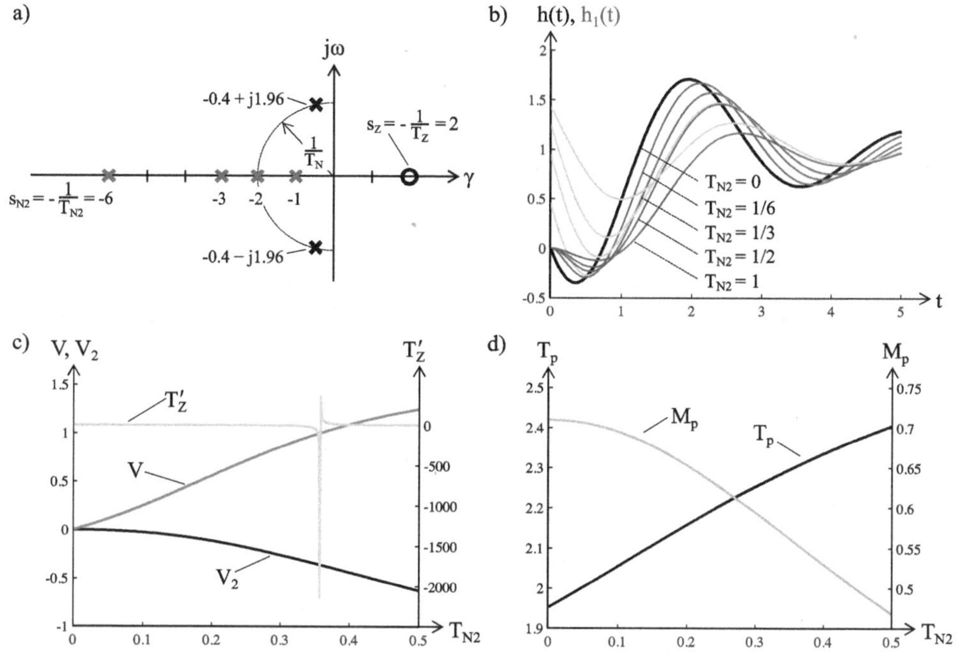

Abb. 5.15 Pol-Nullstellen-Plan eines Systems mit konjugiert komplexem Polstellenpaar ($T_N = \frac{1}{2}$, $D_N = \frac{1}{5}$), zusätzlicher Nullstelle bei $s_Z = 2$ und variabler zusätzlicher Polstelle s_{N2} (**a**); Sprungantworten $h(t)$ und $h_1(t)$ (grau) abhängig von $T_{N2} = -1/s_{N2}$ (**b**); Darstellung der Parameter V, V_2 und $T_Z{}'$ (**c**) sowie der charakteristischen Größen T_p und M_p (**d**), jeweils abhängig von T_{N2}

Anhand der Sprungantworten in Abb. 5.15b zeigt sich hier aufgrund der geringeren Dämpfung ein ausgeprägteres Überschwingen und wiederum eine deutliche Verschiebung des Maximums abhängig von T_{N2} bei gleichzeitiger Verringerung der Amplitude, was auch an den Verläufen von T_p und M_p in (d) deutlich wird. Allerdings weist der Verlauf von $T_Z{}'$ in Abb. 5.15c hier als Besonderheit eine Polstelle auf, was durch die Formel für $T_Z{}'$ in (5.86) erklärt wird, da der Nenner für $T_{N2} = T_N{}^2/(2D_N T_N - T_Z) = 0{,}36$ null wird. Gleichzeitig nimmt für dieses T_{N2} der Verstärkungsfaktor V den Wert eins an, und das System wird an dieser Stelle nicht mehr durch (5.83), sondern durch die Partialbruchzerlegung in (A.69) beschrieben, siehe Anhang A.10.

Um die Wirkung einer variablen zusätzlichen Polstelle bei $s_{N2} = -1/T_{N2}$ auf das transiente Systemverhalten abhängig von der Lage einer Nullstelle T_Z sowie vom Dämpfungsgrades D_N systematisch zu erfassen, sind in Abb. 5.16 die normierten Größen T_p/T_{p0} sowie M_p/M_{p0} über T_{N2}/T_N aufgetragen, wobei T_{p0} und M_{p0} die Peaktime T_p bzw. die maximale Überschwingung für $T_{N2} = 0$ bezeichnen, d. h. T_{p0} folgt aus (5.76), und $M_{p0} = h_{kZ}(T_{p0}) - 1$ mit $h_{kZ}(t)$ aus (5.75).

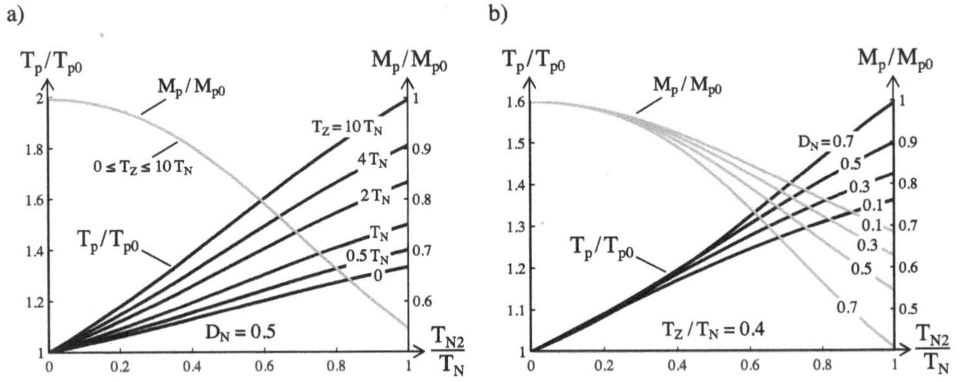

Abb. 5.16 Normierte Darstellung der charakteristischen Größen T_p und M_p bezogen auf ihre Werte T_{p0} und M_{p0} bei $T_{N2} = 0$ abhängig vom Verhältnis T_{N2}/T_N; Einfluss einer variablen Nullstelle mit T_Z im Bereich $0 \le T_Z \le 10\,T_N$ für $D_N = 0{,}5$ (**a**), und Einfluss des Dämpfungsgrades D_N, der im Bereich $0{,}1 \le D_N \le 0{,}7$ variiert wurde für $T_Z/T_N = 0{,}4$ (**b**)

In (a) wurde T_Z im Bereich $0 \le T_Z \le 10\,T_N$ variiert für ein konstantes $D_N = 0{,}5$. Man erkennt, dass die maximale Überschwingung mit zunehmendem T_{N2} deutlich abnimmt, dass aber eine Nullstelle in der Übertragungsfunktion keine Auswirkung auf das Verhältnis M_p/M_{p0} hat, obwohl die absolute maximale Überschwingung M_p sehr wohl von T_Z abhängt, siehe Abb. 5.9. Die relative Verzögerung des Maximums zeigt dagegen eine deutliche Abhängigkeit von der Lage der Nullstelle, wobei die Verschiebung um so ausgeprägter auftritt, je größer T_Z wird. Bei $T_Z = 10\,T_N$ und $T_{N2} = T_N$ ist z. B. T_p ungefähr doppelt so groß wie T_{p0}, während bei $T_Z = 0$ die Zunahme lediglich ca. 30 % beträgt.

Teilgrafik (b) zeigt T_p/T_{p0} und M_p/M_{p0} in Abhängigkeit vom Dämpfungsgrad D_N für ein konstantes $T_Z = 0{,}4\,T_N$. Man erkennt einen zunehmenden Einfluss von D_N auf M_p und T_p für zunehmende Werte von T_{N2}, sobald ungefähr $T_{N2} > 0{,}3 \cdot T_N$ gilt. Ein größerer Dämpfungsgrad erhöht dabei die Peaktime, während gleichzeitig M_p abnimmt. Konkret vergrößert sich T_p für $D_N = 0{,}7$ bei $T_{N2} = T_N$ um ca. 60 % gegenüber T_{p0}, und M_p verringert sich gleichzeitig um nahezu denselben Prozentsatz gegenüber M_{p0}.

Insgesamt können wir bezüglich Dominanz konjugiert komplexer Polpaare festhalten:

Dominante Polpaare: Stabile Systeme mit einem konjugiert komplexen Polpaar werden durch dieses Polpaar dominiert, zeigen also abhängig vom Dämpfungsgrad D_N und von der Zeitkonstanten T_N ein typisches Einschwingverhalten, das durch Angabe der Einschwingzeit T_s, der Überschwingzeit T_p sowie der maximalen Überschwingung M_p gekennzeichnet wird, solange für eine zusätzliche reelle Polstelle an der Stelle s_{N2} entweder die Bedingung $s_{N2} \leq -1/T_N$ erfüllt ist oder aber diese durch eine in ihrer Nähe liegende Nullstelle kompensiert wird. Sind diese Voraussetzungen erfüllt, zeigen T_p und M_p eine deutliche Abhängigkeit von der Lage der zusätzlichen Polstelle, während die Einschwingzeit T_s durch die zusätzliche Polstelle nur unwesentlich beeinflusst wird.

5.5 Zusammenfassung

In diesem Kapitel wurde die Übertragungsfunktion $G(s)$ eingeführt als abstrakte Beschreibung von LTI-Systemen im Laplace-Bereich. Ausführlich wurden Verfahren zur Umwandlung verschiedener Systembeschreibungen behandelt, insbesondere zwischen Übertragungsfunktionen und Zustandsformen. Grundlegende Aussagen zu den Systemeigenschaften wie Stabilität und Globalverhalten können sehr einfach aus der Übertragungsfunktion gewonnen werden, wozu lediglich algebraische Umformungen von $G(s)$ erforderlich sind. Darüber hinaus können auch die transienten Eigenschaften, d. h. das Zeitverhalten von Systemen direkt nach Aufschalten eines Eingangssignals, anhand der Sprungantwort analytisch beschrieben werden, falls $G(s)$ nur einzelne Pol- und Nullstellen enthält oder aber dominante Polstellen vorhanden sind. Besonderes Augenmerk lag auf der Untersuchung der transienten Systemeigenschaften, wenn Schwingungen des Ausgangssignals auftreten. Diese werden in der Übertragungsfunktion durch die Existenz konjugiert komplexer Polstellenpaare angezeigt, wobei zusätzliche Pol- und Nullstellen die Schwingungseigenschaften maßgeblich beeinflussen können.

6 Der Frequenzgang von LTI-Systemen

Wir wollen uns jetzt ausführlich mit einer Beschreibungsform von LTI-Systemen beschäftigen, die wir bereits im Zusammenhang mit der Fourier-Transformation kennengelernt hatten. Dort wurde anhand von Abb. 3.1 und Gl. (3.4) deutlich, dass die Fourier-Transformierte $G(\omega)$ der Stoßantwort $g(t)$ anschaulich interpretiert werden kann: Sie gibt an, wie Amplitude und Phase von eingeschwungenen, sinusförmigen Signalen bei Übertragung über ein System verändert werden, während die Signalform und auch die Frequenz erhalten bleiben[1].

$G(\omega)$ wird auch als *Frequenzgang* bezeichnet, und seine Analyse vertieft unser Verständnis von Systemen, indem wir diese anschaulich als Filter betrachten, die bestimmte Frequenzanteile im Eingangssignal verstärken oder dämpfen sowie eine Phasenverschiebung bewirken können.

Anhand dieser Betrachtungsweise werden wir außerdem verstehen, wie sich Signale durch sogenannte *Mischung* im Frequenzbereich verschieben lassen, um statt hochfrequenter Bandpass-Signale äquivalente Tiefpass-Signale zu betrachten, was sowohl die praktische Signalverarbeitung wesentlich erleichtert, als auch auch eine elegante mathematische Beschreibung ermöglicht.

Kennen wir die Übertragungsfunktion $G(s)$ eines Systems, so lässt sich auch daraus der Frequenzgang bestimmen, wodurch wir in der Lage sind, komplizierte Systeme als Überlagerung einfacher Teilsysteme im sogenannten *Bodediagramm* übersichtlich darzustellen.

[1] *Eingeschwungen* bedeutet hierbei, dass kein Schaltvorgang auftreten darf, sondern dass Eingangssignale als unendlich ausgedehnte Sinus- bzw. Cosinus-Funktionen angenommen werden, mit Spektren nach (3.39) bzw. (3.40).

V. Sommer, *Grundlagen der Systemtheorie und Signalverarbeitung*,
https://doi.org/10.1007/978-3-662-72126-1_6

6.1 Existenz und Interpretation des Frequenzgangs

Damit wir den Frequenzgang als komplexe Funktion abhängig von ω angeben und anschaulich interpretieren können, müssen wir natürlich die Existenz von $G(\omega)$ voraussetzen, also die Konvergenz des Fourier-Integrals entsprechend (3.3) für eine gegebene Stoßantwort $g(t)$. Der Betrag $|G(\omega)|$ lässt sich dazu mit der Dreiecksungleichung wie folgt nach oben begrenzen

$$|G(\omega)| = \left| \int_{-\infty}^{\infty} g(t) \cdot \mathrm{e}^{-j\omega t} dt \right| \leq \int_{-\infty}^{\infty} \left| g(t) \cdot \mathrm{e}^{-j\omega t} \right| dt = \int_{-\infty}^{\infty} |g(t)| \, dt \, . \tag{6.1}$$

Das letzte Integral über den Betrag der Stoßantwort hatten wir bereits im Abschn. 2.2.8 betrachtet und dort erkannt, dass seine Konvergenz über die Stabilität eines LTI-Systems entscheidet. Bei stabilen Systemen gilt demnach für beliebige ω immer, dass die Fourier-Transformierte der Stoßantwort existiert. Gl. (6.1) definiert allerdings nur eine hinreichende Bedingung an die Stoßantwort für die Existenz der Fourier-Transformierten. In den Abschn. 3.3.6 und 3.3.7 konnten wir zusätzlich auch Frequenzgänge bestimmter nicht stabiler Systeme berechnen, indem wir einzelne Dirac-Stöße bzw. Ableitungen davon im Spektralbereich zuließen. Dies gilt z. B. für Systeme, deren Stoßantwort durch die Sprung-, Rampenfunktion oder durch ein eingeschaltetes sinusförmiges Signal gegeben ist, oder allgemeiner für alle Stoßantworten, die nicht exponentiell ansteigen. Eine anschauliche Interpretation des Frequenzgangs als Filter, das die Amplitude und Phasenlage sinusförmiger Eingangssignale verändert, ist natürlich nur für solche Kreisfrequenzen zulässig, bei denen $G(\omega)$ beschränkt ist. Wir halten also fest:

Existenz und anschauliche Interpretation des Frequenzgangs: Der Frequenzgang $G(\omega)$ als Fourier-Transformierte der Stoßantwort $g(t)$ kann in geschlossener Form für alle Systeme angegeben werden, deren Stoßantworten nicht exponentiell gegen $\pm\infty$ ansteigen bzw. fallen. Für alle Kreisfrequenzen ω, bei denen keine Polstellen oder Dirac-Stöße in $G(\omega)$ auftreten, beschreibt der Frequenzgang anschaulich die Veränderung eines sinusförmigen Eingangssignals der Kreisfrequenz ω in Amplitude und Phasenlage bei Übertragung über ein LTI-System.

Auch aus der im letzten Kapitel behandelten Übertragungsfunktion lässt sich zunächst formal ein Frequenzgang bestimmen, indem das Argument s auf $j\omega$ beschränkt wird, so dass statt der gesamten komplexen Ebene jetzt nur noch Werte auf der imaginären Achse betrachtet werden[2]

$$G(j\omega) = G(s)|_{s=j\omega} . \tag{6.2}$$

Da die Übertragungsfunktion jedoch durch Anwendung der Laplace-Transformation gewonnen wird und nicht mittels Fourier-Transformation der Stoßantwort, müssen wir für die Gültigkeit von $G(\omega) = G(j\omega)$ die Stabilität von Systemen beachten. Nach den Ergebnissen von Abschn. 5.3 liegt eine exponentiell gegen $\pm\infty$ strebende Stoßantwort vor, falls $G(s)$ mindestens eine Polstelle s_N mit positivem Realteil enthält. Ist für alle Polstellen hingegen die Bedingung $\text{Re}\{s_N\} \leq 0$ erfüllt, so entspricht die aus $G(s)$ gewonnene Funktion $G(j\omega)$ dem Frequenzgang $G(\omega)$ entweder für alle ω, falls das System mit $\text{Re}\{s_N\} < 0$ stabil ist, oder im Fall von $\text{Re}\{s_N\} = 0$ zumindest für alle Kreisfrequenzen, an denen keine Polstelle von $G(\omega)$ liegt. Damit erhalten wir folgendes Kriterium für die Bestimmung von $G(\omega)$ aus $G(s)$:

Frequenzgang und Übertragungsfunktion: Ist die Übertragungsfunktion $G(s)$ eines Systems bekannt, so lässt sich auch daraus durch einfache Substitution mit $G(j\omega) = G(s)|_{s=j\omega}$ formal ein Frequenzgang bestimmen. Die Identität $G(\omega) = G(j\omega)$ ist allerdings nur gegeben, sofern für den Realteil sämtlicher Polstellen s_N von $G(s)$ die Bedingung $\text{Re}\{s_N\} \leq 0$ erfüllt ist, und auch nur für Kreisfrequenzen ω, an denen keine Polstelle von $G(j\omega)$ existiert.

Als Beispiel für eine Übertragungsfunktion mit einer Polstelle auf der imaginären Achse betrachten wir einen Integrator, für den sich aus (3.105) als Frequenzgang $G(s = j\omega) = \frac{1}{j\omega} = -\frac{j}{\omega}$ ergibt. Vergleicht man dieses Ergebnis mit der Fourier-Transformierten der Sprungfunktion entsprechend (3.78), so liefern beide Ausdrücke für alle Frequenzen bis auf die Polstelle bei $\omega = 0$ identische Werte. In diesem Fall ist es also zulässig und auch einfacher, $G(\omega)$ aus $G(s)$ zu ermitteln, wobei der Dirac-Stoß von $G(\omega = 0)$ ohnehin nicht anschaulich interpretiert werden kann.

Den Frequenzgang eines Integrators können wir auch messtechnisch erfassen, indem wir ein eingeschwungenes Sinussignal variabler Frequenz $\omega = \omega_0 \neq 0$ auf das System geben und dann die Amplitude sowie die Phase des Ausgangssignals messen. Allerdings sind eingeschwungene Signale nicht kausal und daher nicht realisierbar. Ein reales eingeschaltetes Sinussignal weist immer ein Spektrum entsprechend (3.82) auf und enthält daher neben ω_0 auch andere Frequenzen sowie einen Gleichanteil, d. h. einen Anteil für $\omega = 0$, so dass als

[2] Durch die Schreibweise mit dem Argument $j\omega$ drücken wir aus, dass in diesem Fall der Frequenzgang durch formale Substitution aus $G(s)$ gebildet wird, und daher die Identität $G(j\omega) = G(\omega)$ nicht für alle Systeme gelten muss.

Ausgangssignal ebenfalls kein reines Sinussignal aufträte. Für die praktische Messung des Frequenzgangs von Systemen mit Polstellen auf der imaginären Achse muss daher ein Filter am Systemausgang vorhanden sein, das sämtliche Frequenzanteile unterdrückt, bei denen Polstellen im Frequenzgang auftreten[3].

Im folgenden beschränken wir uns auf Systeme, die entweder stabil sind, so dass der Frequenzgang für alle Frequenzen der Fourier-Transformierten der Stoßantwort entspricht, oder wir werden nur Frequenzbereiche betrachten, in denen keine Polstellen des Frequenzgangs liegen, so dass auch hier $G(j\omega) = G(\omega)$ gilt und beide Schreibweisen damit austauschbar sind.

6.2 Komplexe Zerlegung von Frequenzgängen

Wie jede komplexe Größe kann auch der Frequenzgang in Real- und Imaginärteil bzw. in Betrag und Phase zerlegt werden

$$\mathrm{G}(\omega) = \mathrm{Re}\{\mathrm{G}(\omega)\} + j \cdot \mathrm{Im}\{\mathrm{G}(\omega)\} = |\mathrm{G}(\omega)| \cdot \mathrm{e}^{\,j\varphi\{\mathrm{G}(\omega)\}} \,. \tag{6.3}$$

Hierbei definiert $G(\omega)$ bei einer festen Kreisfrequenz ω einen Punkt in der komplexen Ebene, der in kartesischen Koordinaten durch seinen Real- und Imaginärteil eindeutig festgelegt ist, siehe Abb. 6.1. Alternativ kann dieser Punkt auch in Polarkoordinaten durch seinen Betrag $|G(\omega)|$ und seine Phase $\varphi\{G(\omega)\}$ beschrieben werden. Der Betrag bezeichnet den Abstand des Punktes vom Koordinatenursprung, während die Phase den Winkel von der positiven reellen Achse zur Verbindungslinie vom Koordinatenursprung zum Punkt $G(\omega)$ angibt. Real- und Imaginärteil lassen sich über das rechtwinklige Dreieck in Abb. 6.1a aus Betrag und Phase berechnen

$$\mathrm{Re}\{\mathrm{G}(\omega)\} = |G(\omega)| \cdot \cos(\varphi\{G(\omega)\}) \tag{6.4}$$

$$\mathrm{Im}\{\mathrm{G}(\omega)\} = |G(\omega)| \cdot \sin(\varphi\{G(\omega)\}) \,. \tag{6.5}$$

Auch umgekehrt sind Betrag und Phase des Frequenzgangs, die als *Amplitudengang* und *Phasengang* bezeichnet werden, abhängig von Real- und Imaginärteil eindeutig festgelegt

[3] Nähme man als Eingangssignal statt Sinus ein eingeschaltetes Cosinussignal, so enthielte dies nach (3.81) theoretisch keinen Gleichanteil, was die Messung des Frequenzgang von Systemen mit Polstellen bei $\omega = 0$ erleichtert.

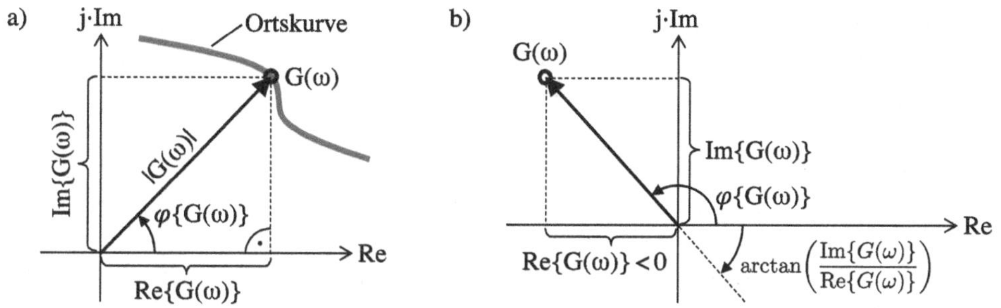

Abb. 6.1 Darstellung des Frequenzgangs $G(\omega)$ als Ortskurve in der komplexen Ebene abhängig von der Kreisfrequenz ω, wobei der Zusammenhang zwischen Real- und Imaginärteil mit Betrag und Phase über das rechtwinklige Dreieck hergestellt wird (**a**); bei negativem Realteil weicht der mit $\arctan\left(\frac{\text{Im}\{G(\omega)\}}{\text{Re}\{G(\omega)\}}\right)$ berechnete Phasenwinkel um $\pm\pi$ von der Phase des Frequenzgangs ab (**b**)

$$|G(\omega)| = \sqrt{(\text{Re}\{\text{G}(\omega)\})^2 + (\text{Im}\{\text{G}(\omega)\})^2} \tag{6.6}$$

$$\varphi\{G(\omega)\} = \arctan\left(\frac{\text{Im}\{\text{G}(\omega)\}}{\text{Re}\{\text{G}(\omega)\}}\right) + \varphi_0$$

$$\text{mit:} \quad \varphi_0 = \begin{cases} \pm\pi & \text{falls Re}\{\text{G}(\omega)\} < 0 \\ 0 & \text{sonst} \end{cases} \quad . \tag{6.7}$$

Bei der Berechnung der Phase $\varphi\{G(\omega)\}$ aus Real- und Imaginärteil muss entsprechend (6.7) beachtet werden, dass die Funktion arctan() nur Winkel im Bereich von $-\pi/2$ bis $+\pi/2$ bzw. von $-90°$ bis $+90°$ liefert[4]. Falls der Realteil von $G(\omega)$ negativ ist, liegt die Phase aber außerhalb dieses Bereiches. Um dies auszugleichen, muss bei negativem Realteil ein zusätzlicher konstanter Phasenwinkel $\varphi_0 = \pm\pi$ bzw. $\pm 180°$ addiert werden, wie in Abb. 6.1b verdeutlicht ist[5,6].

Variiert man die Kreisfrequenz ω, so nimmt $G(\omega)$ in der komplexen Ebene unterschiedliche Punkte an, die auf einer beliebigen Kurve liegen können. Diese Kurve wird *Ortskurve* genannt, siehe Abb. 6.1a, und sie ermöglicht eine präzise Beurteilung des Frequenzganges

---

[4] Die Winkel $-\pi/2$ sowie $+\pi/2$ werden von arctan() im Grenzfall $\text{Re}\{\text{G}(\omega)\} \rightarrow 0$ abhängig vom Vorzeichen des Imaginärteils angenommen, so dass diese Randwerte in (6.7) nicht explizit erwähnt werden.

[5] Da die Phase 2π-periodisch ist, dürfen zu φ beliebige Vielfache von 2π addiert oder subtrahiert werden ohne die Phase zu verändern. Üblicherweise beschränkt man den Phasenverlauf auf den Bereich $-\pi \leq \varphi \leq \pi$, so dass das Vorzeichen von φ_0 entsprechend gewählt werden muss.

[6] Viele Computerprogramme bieten statt arctan() Funktionen zur Winkelberechnung, bei denen getrennt die x- und y-Koordinate oder eine komplexe Zahl $z = x + jy$ übergeben werden, z. B. atan2() in C++ oder angle() in Matlab, und dadurch die Fallunterscheidung automatisch berücksichtigt wird.

von Systemen, da für jede Frequenz Betrag und Phase bzw. Real- und Imaginärteil einfach abgelesen werden können. Allerdings ist die Konstruktion von Ortskurven mathematisch i. Allg. anspruchsvoll und nur für einfache Systeme in geschlossener Form möglich. Außerdem erfordern bereits geringfügige Änderungen der Übertragungsfunktion – z. B. durch Hinzunahme einer zusätzlichen Polstelle – aufwändige Neukonstruktionen, so dass man bei Systemen höherer Ordnung auf Simulationen angewiesen ist, oder die Ortskurve nur punktweise konstruiert werden kann. Wir werden daher diese Darstellung des Frequenzgangs hier nicht weiter vertiefen, sondern stattdessen die getrennte Auftragung von Betrag und Phase als Funktionen von ω betrachten. Um den Frequenzgang entsprechend zu zerlegen, verwenden wir folgenden Hilfssatz für die Multiplikation und Division komplexer Zahlen in Polarkoordinaten

$$G_1 = |G_1| \cdot \mathrm{e}^{\varphi_1} , \qquad G_2 = |G_2| \cdot \mathrm{e}^{\varphi_2} , \qquad G_3 = |G_3| \cdot \mathrm{e}^{\varphi_3}$$
$$\Rightarrow \quad G = \frac{G_1}{G_2 \cdot G_3} = \frac{|G_1|}{|G_2| \cdot |G_3|} \cdot \mathrm{e}^{j(\varphi_1 - \varphi_2 - \varphi_3)} = |G| \cdot \mathrm{e}^{\varphi} . \tag{6.8}$$

Interpretieren wir G_1, G_2 und G_3 als die einzelnen Zähler- und Nennerterme eines Frequenzgangs in Produktform, so dürfen wir nach (6.8) die Beträge dieser Terme durch Multiplikation bzw. Division zum Gesamtbetrag $|G|$ kombinieren, während sich die Gesamtphase φ als Summe bzw. Differenz der Einzelphasen ergibt. Diese Vorgehensweise vereinfacht die Betrags- und Phasenbestimmung erheblich, da auf die Bildung von Real- und Imaginärteil des Gesamtsystems verzichtet werden kann. Als Beispiel zerlegen wir den Frequenzgang folgenden Systems, wobei wir Zähler und Nenner mit (6.6) und (6.7) jeweils getrennt in Betrag und Phase aufteilen. Die negative reelle Zahl -4 weist hierbei den Betrag 4 und die Phase 180° bzw. $-180°$ auf.

$$G(\omega) = \frac{-4 \cdot (1 + j\omega \cdot 3)}{(1 + j\omega \cdot 10)} = |G(\omega)| \cdot \mathrm{e}^{j\varphi\{G(\omega)\}} \tag{6.9}$$
$$\text{mit} \quad |G(\omega)| = \frac{4 \cdot \sqrt{1 + 9\omega^2}}{\sqrt{1 + 100\omega^2}} \quad \text{und} \quad \varphi\{G(\omega)\} = \pm 180 + \arctan(3\omega) - \arctan(10\omega) .$$

In Abb. 6.2 ist dieser Frequenzgang getrennt nach Betrag Abb. 6.2a und Phase Abb. 6.2b über der Kreisfrequenz ω dargestellt. Wie wir bereits bei der Fourier-Transformation für reelle Zeitsignale allgemein gezeigt haben und daher auch für den Frequenzgang von Systemen mit reellen Stoßantworten gilt, ist der Betrag stets eine gerade und die Phase eine ungerade Funktion.

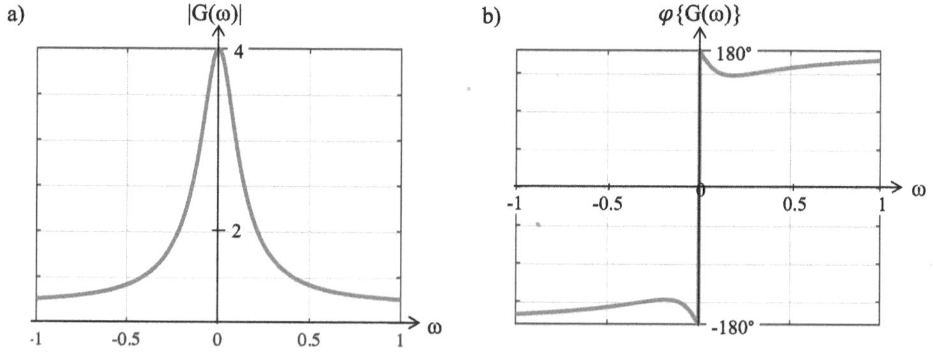

Abb. 6.2 Darstellung des Frequenzgangs entsprechend Gl. (6.9) getrennt nach Betrag (**a**) und Phase (**b**) über der Kreisfrequenz ω

6.3 Phasenlaufzeit und Gruppenlaufzeit

Bislang haben wir bei der Interpretation des Frequenzgangs nur jeweils ein einzelnes sinusförmiges Eingangssignal der Kreisfrequenz ω_0 betrachtet und bereits in Kap. 3 anhand (3.4) festgestellt, dass sich aus dem Phasengang eine frequenzabhängige Verzögerung des Ausgangssignals ablesen lässt, wenn wir die Phase durch ω_0 teilen und das Vorzeichen vertauschen. Diese Zeitverschiebung bezeichnen wir als sogenannte *Phasenlaufzeit* t_{ph} eines Übertragungssystems

$$t_{ph}(\omega_0) \;=\; -\frac{\varphi\{G(\omega_0)\}}{\omega_0}\,. \tag{6.10}$$

Zusätzlich wollen wir jetzt auch die Übertragung von Signalen betrachten, welche aus mehreren benachbarten Frequenzanteilen bestehen, die zusammen eine sogenannte Frequenzgruppe bzw. ein Frequenzband bilden, ohne einen Gleichanteil bei $\omega = 0$ zu enthalten. Eine solche Gruppe besteht wegen der Symmetrie der Fourier-Transformation immer aus zwei Teilgruppen gespiegelt zum Nullpunkt bzw. zur Geraden $\omega = 0$ im positiven und negativen Frequenzbereich.

Derartige Signale werden Bandpass-Signale (BP-Signale) genannt, und wir hatten im Abschn. 3.3.4 bereits gesehen, dass sich diese erzeugen lassen, wenn wir niederfrequente Signale – sogenannte Tiefpass-Signale (TP-Signale) – mit einem hochfrequenten sinusförmigen Trägersignal multiplizieren. Als Beispiel für ein BP-Signal $s_{BP}(t)$ ist in Abb. 6.3 ein Gauß-Impuls $s(t)$ dargestellt, der mit einem Cosinus-Signal der Frequenz ω_0 – dem sogenannten Träger – multipliziert wird. Der Gauß-Impuls ist in der Darstellung nur hellgrau angedeutet, denn er ist in dem resultierenden Zeitsignal nur noch als sogenannte *Hüllkurve* enthalten, d. h. er beschreibt die Veränderung der Amplitude des Trägersignals über der Zeit.

Übertragen wir das Signal über einen sogenannten Allpass, siehe Abschn. 6.4.5, der die Amplitude sinusförmiger Signale beliebiger Frequenz nicht verändert und dessen Amplitu-

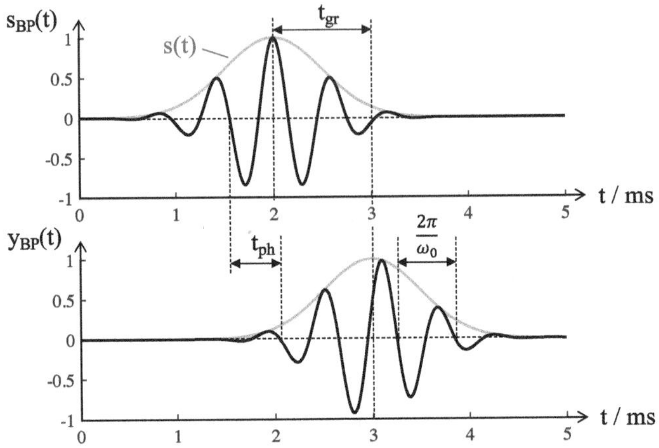

Abb. 6.3 Übertragung eines Bandpass-Signals $s_{BP}(t)$, das aus einem mit einem Cosinus-Signal der Frequenz ω_0 multiplizierten Gauß-Impuls besteht, über ein System mit $|G(\omega)| = 1$; das Ausgangssignal $y_{BP}(t)$ weist im Vergleich zu $s_{BP}(t)$ eine Veränderung der Phasenlage des Trägers um die Phasenlaufzeit t_{ph} und der Einhüllenden des Impulses um die Gruppenlaufzeit t_{gr} auf

dengang $|G(\omega)|$ daher den konstanten Wert eins aufweist, so beobachten wir am Ausgangssignal $y_{BP}(t)$ i. Allg. zwei Veränderungen gegenüber $s_{BP}(t)$: Zum einen können wir aus der Verschiebung der Nulldurchgänge des Trägersignals dessen Phasenlaufzeit t_{ph} ablesen, die in Abb. 6.3 eine halbe Millisekunde beträgt. Daneben erkennen wir anhand der Maximalwerte der Gauß-Impulse im Ein- und Ausgangssignal aber auch eine Verschiebung der Einhüllenden des BP-Signals hier um eine Millisekunde, die sogenannte *Gruppenlaufzeit* t_{gr} des Systems. Im folgenden werden wir zeigen, dass sich t_{gr} als negative Ableitung des Phasengangs nach ω an der Kreisfrequenz ω_0 bestimmen lässt

$$t_{gr}(\omega_0) = -\left.\frac{d\varphi\{G(\omega)\}}{d\omega}\right|_{\omega=\omega_0} . \tag{6.11}$$

Diese Gruppenlaufzeit unterscheidet sich i. Allg. von t_{ph}, und nicht jedes System weist abhängig vom Eingangssignal überhaupt eine konstante Gruppenlaufzeit auf. Um (6.11) zu verstehen, betrachten wir den Phasengang eines LTI-Systems entsprechend Abb. 6.4 und bestimmen seine Tangenten $\varphi_1(\omega)$ und $\varphi_2(\omega)$ bei den Frequenzen $-\omega_0$ sowie $+\omega_0$ mittels Taylor-Reihe analog zu (4.63). Wegen der Punktsymmetrie des Phasengangs muss $\varphi_1(\omega) = -\varphi_2(-\omega)$ gelten. Beide Geraden haben also dieselbe Steigung, und diese haben wir nach (6.11) als negative Gruppengeschwindigkeit definiert, wobei wir verkürzt $\varphi(\omega_0) := \varphi_0$ und $t_{gr}(\omega_0) := t_{gr}$ setzen

$$\varphi_1(\omega) = -\varphi_0 - (\omega + \omega_0) \cdot t_{gr} \quad \text{für} \quad \omega < 0 , \tag{6.12}$$

$$\varphi_2(\omega) = \varphi_0 - (\omega - \omega_0) \cdot t_{gr} \quad \text{für} \quad \omega > 0 . \tag{6.13}$$

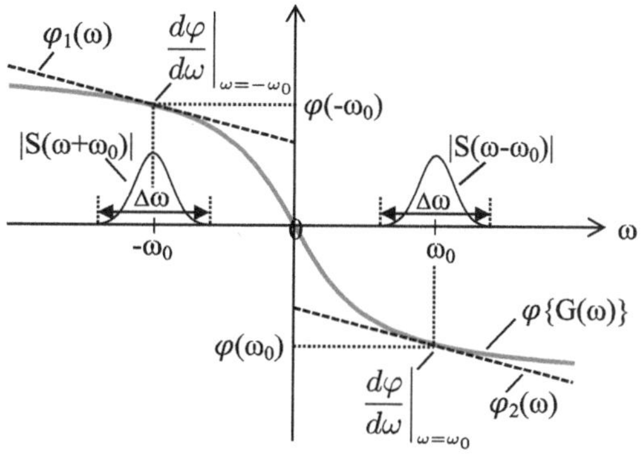

Abb. 6.4 Linearisierung des Phasengangs eines Systems an den Kreisfrequenzen $\omega = \pm\omega_0$ durch die Tangenten $\varphi_1(\omega)$ und $\varphi_2(\omega)$, sowie Darstellung des Betragsspektrums eines Bandpass-Signals mit seinen beiden Frequenzbändern $|S(\omega + \omega_0)|$ sowie $|S(\omega - \omega_0)|$ der Bandbreite $\Delta\omega$

Im Zeitbereich ist das Eingangssignal $s_{BP}(t)$ abhängig von $s(t)$, das auch als Hüllkurve bezeichnet wird und die Bedingung $s(t) \geq 0$ erfüllen soll, und dem Trägersignal wie folgt gegeben

$$s_{BP}(t) = s(t) \cdot \cos(\omega_0 t) , \tag{6.14}$$

und das Ausgangssignal $y_{BP}(t)$ erhalten wir durch Faltung mit der Stoßantwort $g(t)$

$$y_{BP}(t) = s_{BP}(t) * g(t) = [s(t) \cdot \cos(\omega_0 t)] * g(t) . \tag{6.15}$$

Für die Fourier-Transformierte $Y_{BP}(\omega)$ des Ausgangssignals erhält man mit (3.39) sowie dem Multiplikations- und Faltungstheorem abhängig vom Amplituden- und Phasengang des Systems

$$\begin{aligned} Y_{BP}(\omega) &= S_{BP}(\omega) \cdot G(\omega) = \tfrac{1}{2\pi} \left[S(\omega) * \pi(\delta(\omega + \omega_0) + \delta(\omega - \omega_0))\right] \cdot G(\omega) \\ &= \tfrac{1}{2}\Big[S(\omega + \omega_0) \cdot \mathrm{e}^{j\varphi\{G(\omega)\}} + S(\omega - \omega_0) \cdot \mathrm{e}^{j\varphi\{G(\omega)\}}\Big] \cdot |G(\omega)| . \end{aligned} \tag{6.16}$$

Wir nehmen an, dass die verschobenen Spektren $S(\omega + \omega_0)$ und $S(\omega - \omega_0)$ nur in einem Bereich $\Delta\omega$ um die Trägerfrequenzen $\pm\omega_0$ von null verschieden sind, wie auch Abb. 6.4 entnehmbar ist[7]. In diesem Frequenzbereich ersetzen wir mit (6.12) und (6.13) den Phasengang näherungsweise durch seine Tangenten und transformieren $Y_{BP}(\omega)$ anschließend zurück in den Zeitbereich. Dazu betrachten wir zunächst nur den ersten Summanden in der eckigen Klammer von (6.16) und setzen $\varphi_1(\omega)$ aus (6.12) ein. Mit (3.54), dem Verschiebungstheorem (3.60) für den Dirac-Stoß und mit (2.56) für die Faltung mit dem verschobenen Dirac-Stoß erhalten wir

[7] Man beachte, dass nach (3.87) der hier beispielhaft für $s(t)$ verwendete Gauß-Impuls ein ebenfalls gauß-förmiges Spektrum aufweist.

$$
\begin{aligned}
&S(\omega+\omega_0)\cdot \mathrm{e}^{j(-\varphi_0-(\omega+\omega_0)\cdot t_{gr})} = \\
&S(\omega+\omega_0)\cdot \mathrm{e}^{-j(\varphi_0+\omega_0\cdot t_{gr})}\cdot \mathrm{e}^{-j\omega\cdot t_{gr}} \quad \bullet\!\!-\!\!\circ \quad \left[s(t)\cdot \mathrm{e}^{-j\omega_0 t}\cdot \mathrm{e}^{-j(\varphi_0+\omega_0\cdot t_{gr})}\right] * \delta(t-t_{gr}) \\
&\qquad = s(t-t_{gr})\cdot \mathrm{e}^{-j\omega_0(t-t_{gr})}\cdot \mathrm{e}^{-j(\varphi_0+\omega_0\cdot t_{gr})} \\
&\qquad = s(t-t_{gr})\cdot \mathrm{e}^{-j(\omega_0 t+\varphi_0)} \,. \qquad (6.17)
\end{aligned}
$$

Der Term $\mathrm{e}^{-j(\varphi_0+\omega_0\cdot t_{gr})}$ entspricht hierbei einer komplexen Konstanten, die bei der Rücktransformation in den Zeitbereich unverändert erhalten bleibt. Für den zweiten Summanden in der eckigen Klammer erhalten wir entsprechend nach Einsetzen von (6.13)

$$
S(\omega-\omega_0)\cdot \mathrm{e}^{j(\varphi_0-(\omega-\omega_0)\cdot t_{gr})} \quad \bullet\!\!-\!\!\circ \quad s(t-t_{gr})\cdot \mathrm{e}^{j(\omega_0 t+\varphi_0)} \,. \qquad (6.18)
$$

Mit den Korrespondenzen (6.17) und (6.18) können wir jetzt anhand (6.16) für $|G(\omega)| = 1$ das Ausgangssignal im Zeitbereich angeben, wobei wir die Phasenlaufzeit nach (6.10) einsetzen

$$
y_{BP}(t) = \tfrac{1}{2}\cdot s(t-t_{gr})\cdot\left[\mathrm{e}^{-j(\omega_0 t+\varphi_0)} + \mathrm{e}^{j(\omega_0 t+\varphi_0)}\right] = s(t-t_{gr})\cdot \cos(\omega_0(t-t_{ph})) \,. \qquad (6.19)
$$

Dieses Ergebnis bestätigt die zuvor getroffene Annahme, dass bei einem Allpass mit einem linearen Phasengang, d. h. mit einer konstanten Gruppengeschwindigkeit, lediglich eine zeitliche Verschiebung der Einhüllenden des Eingangssignals auftritt, aber kein Auseinanderfließen des Impulses, welches bei einem nichtlinearen Phasengang zu beobachten wäre. Diese Systemeigenschaft ist in der Nachrichtentechnik sehr wichtig, z. B. wenn die Signalform der Einhüllenden Informationen enthält, die in einem Empfänger möglichst fehlerfrei detektiert werden sollen.

Damit die Übertragung verzerrungsfrei erfolgt, muss der Phasengang im gesamten Frequenzband $\Delta\omega$ des Eingangssignals $s_{BP}(t)$ linear sein. Das System muss aber kein Allpassverhalten zeigen, sondern es genügt, wenn die Bedingung $|G(\omega)| = 1$ ebenfalls nur innerhalb des Frequenzbandes von $s_{BP}(t)$ erfüllt ist. Falls außerhalb dieses Frequenzbereichs $|G(\omega)| = 0$ gilt, spricht man von einem idealen BP-System, mit dem es gelingt, $s_{BP}(t)$ aus einem breitbandigen Signal herauszufiltern [26]. Weicht der Amplitudengang $|G(\omega)|$ innerhalb von $\Delta\omega$ von eins ab, so tritt nach (6.16) eine Veränderung des Betrages von $Y(\omega)$ auf, so dass sich auch bei konstanter Gruppenlaufzeit die Einhüllenden von $s_{BP}(t)$ und $y(t)$ unterscheiden.

Sowohl $t_{ph}(\omega)$ als auch $t_{gr}(\omega)$ können je nach Phasenverlauf und Frequenz positive wie negative Werte annehmen, wobei sich beide Laufzeiten genau dann entsprechen, wenn die Tangenten Ursprungsgeraden sind. Für $t_{gr} < 0$ eilt die Einhüllende von $y(t)$ der Einhüllenden von $s_{BP}(t)$ voraus, dies stellt jedoch keinen Widerspruch zum Kausalitätsprinzip dar, da wir nur eingeschwungene sinusförmige Signale betrachten, aus denen sich $s_{BP}(t)$ zusammensetzt. Schalten wir $s_{BP}(t)$ erst zu einem Zeitpunkt t_0 auf ein System, so ist auch bei einer negativen Gruppenlaufzeit das Ausgangssignal $y(t)$ für $t < t_0$ identisch null, allerdings weichen in diesem Fall die Einhüllenden von $s_{BP}(t)$ und $y(t)$ während des Einschwingvorgangs voneinander ab.

6.4 Darstellung von Frequenzgängen im Bode-Diagramm

Wir hatten bereits anhand von Abb. 6.2 erkannt, dass sich der Frequenzgang getrennt nach Betrag und Phase abhängig von ω übersichtlich auftragen lässt. Allerdings kann die Darstellung in dieser Form nur punktweise bzw. mittels Rechnersimulation erfolgen. Außerdem sind die einzelnen Teilsysteme einer Übertragungsfunktion darin nicht unterscheidbar, und bereits geringfügige Veränderungen von $G(\omega)$ können erhebliche Auswirkungen auf die Funktionsverläufe haben.

Eine wesentliche Vereinfachung insbesondere für Systeme mit konzentrierten Energiespeichern, für die Zustandsformen aufgestellt werden können, ist durch die Verwendung sogenannter *Bode-Diagramme*[8] möglich. Dazu wird die ω-Achse auf positive Frequenzen beschränkt und logarithmisch geteilt, wobei man die Änderung der Frequenz um den Faktor zehn als eine Dekade bezeichnet. Der Betrag wird ebenfalls logarithmisch angegeben, was in der Elektrotechnik ursprünglich zur Kennzeichnung der Leistungsverstärkung V_P als Verhältnis der Ausgangsleistung P_2 zur Eingangsleistung P_1 von Verstärkungs- bzw. Dämpfungsgliedern diente. Die Betragslogarithmierung bietet den Vorteil, dass große Zahlenbereiche überschaubar eingegrenzt werden, und dass bei Hintereinanderschaltung mehrerer Systeme statt Multiplikationen lediglich Summen gebildet werden müssen, was auch eine schnelle Berechnung ohne Computer ermöglicht.

Für den mit zehn multiplizierten Zehnerlogarithmus von V_P wird dabei die Pseudoeinheit Dezibel (abgekürzt dB) eingeführt, so dass z. B. $V_P = 1000$ als logarithmisches Maß 30 dB und $V_P = \frac{1}{1000}$ gerade −30 dB entspricht

$$V_P = \frac{P_2}{P_1} = 10 \cdot \log_{10}\left(\frac{P_2}{P_1}\right) dB \ . \tag{6.20}$$

Gehen wir von einem elektrotechnischen System mit identischem Eingangs- und Ausgangswiderstand R aus, können wir auch das Verhältnis aus Strömen oder Spannungen in dB angeben, indem wir die Leistung als Strom mal Spannung schreiben und das ohmsche Gesetz anwenden

[8] Benannt nach Hendrik Wade Bode, einem US-amerikanischer Elektrotechniker, der diese Diagramme bei seinen Arbeiten in den Bell Laboratories in den 1930er Jahren entwickelte, und die bis heute als wichtiges Analysewerkzeug für Signale und lineare Systeme eingesetzt werden.

$$\log_{10}\left(\frac{P_2}{P_1}\right) = \log_{10}\left(\frac{u_2^2/R}{u_1^2/R}\right) = 2 \cdot \log_{10}\left(\frac{u_2}{u_1}\right) \quad \Rightarrow \quad V_P = 20 \cdot \log_{10}\left(\frac{u_2}{u_1}\right) dB \, . \tag{6.21}$$

Diese Definition von V_P gilt verallgemeinernd für jedes Amplitudenverhältnis aus Ausgangs- zu Eingangssignal eines Systems unabhängig von einer elektrotechnischen Realisierung, so dass wir beliebige Verstärkungsfaktoren in dB angeben bzw. V_{dB} auch wieder in eine lineare Skalierung zurückrechnen können

$$V_{dB} = 20 \cdot \log_{10}(V) \quad \Leftrightarrow \quad V = 10^{\left(\frac{V_{dB}}{20}\right)} \, . \tag{6.22}$$

Die Logarithmierung lässt sich nicht nur auf Konstanten, sondern auch auf Funktionen und damit auch auf Frequenzgänge $G(\omega)$ anwenden, und wir erhalten mit den logarithmischen Rechenregeln die Summe aus dem logarithmierten Amplitudengang und dem linearen Phasengang

$$\begin{aligned} \log_{10}(G(\omega)) &= \log_{10}\left(|G(\omega)| \cdot e^{j\varphi\{G(\omega)\}}\right) \\ &= \log_{10}|G(\omega)| + j \cdot \log_{10}(e) \cdot \varphi\{G(\omega)\} \, . \end{aligned} \tag{6.23}$$

Der entscheidende Vorteil der Logarithmierung wird deutlich, wenn wir Systeme in faktorisierter Form betrachten, bei denen der Frequenzgang aus einem Produkt mehrerer Teilsysteme besteht

$$\begin{aligned} &\log_{10}(G_1(\omega) \cdot G_2(\omega)) \\ &= \log_{10}|G_1(\omega)| + \log_{10}|G_2(\omega)| \; + \; j \cdot \log_{10}(e) \cdot (\varphi\{G_1(\omega)\} + \varphi\{G_2(\omega)\}) \, . \end{aligned} \tag{6.24}$$

Dieses Ergebnis erlaubt uns, nicht nur den Phasengang eines Systems, sondern ebenfalls seinen Amplitudengang als Summe einzelner Teilsysteme zu bilden, wozu lediglich die Amplituden- und Phasengänge dieser Teilsysteme – sogenannter Elementarsysteme – bekannt sein müssen[9].

Für die Darstellung eines allgemeinen Frequenzganges im Bode-Diagramm, der entsprechend (6.2) mit $G(\omega) = G(s)|_{s=j\omega}$ gebildet wird, verwenden wir die in Abschn. 5.2.2 eingeführte V-Normalform der Übertragungsfunktion. Für die Herleitung können wir uns jeweils auf ein Teilsystem erster und zweiter Ordnung im Zähler sowie Nenner beschränken. Außerdem ersetzen wir die in $G(s)$ enthaltenen Zeitkonstanten durch ihren jeweiligen Kehrwert, d. h. durch charakteristische Kennfrequenzen ω_{k1} bis ω_{k4}

[9] Für die getrennte Darstellung von Amplituden- und Phasengang ist die Konstante $j \cdot \log_{10}(e)$ irrelevant, da sie nur deren mathematische Verknüpfung zum Frequenzgang kennzeichnet.

$$G(\omega) = \frac{V}{(j\omega)^r} \cdot \frac{\left(1 + \frac{j\omega}{\omega_{k1}}\right) \cdot \left(1 + 2D_Z \cdot \frac{j\omega}{\omega_{k2}} + \left(\frac{j\omega}{\omega_{k2}}\right)^2\right)}{\left(1 + \frac{j\omega}{\omega_{k3}}\right) \cdot \left(1 + 2D_N \cdot \frac{j\omega}{\omega_{k4}} + \left(\frac{j\omega}{\omega_{k4}}\right)^2\right)} \cdot \mathrm{e}^{-j\omega T_t} \,. \tag{6.25}$$

Die Terme im Zähler von $G(\omega)$ werden Vorhalteglieder genannt, da sie bei sinusförmigem Eingangssignal eine vorauseilende Phase des Ausgangssignals bewirken, während Nennerterme auch Verzögerungsglieder heißen, da sie zum Nacheilen der Phase des Ausgangssignals führen. Außerdem haben wir in dieser allgemeinen Form des Frequenzgangs noch einen Exponentialterm entsprechend (5.3) hinzugefügt, durch den ein Totzeitverhalten berücksichtigt wird.

Wir wollen nun die in (6.25) enthaltenen Elementarsysteme einzeln betrachten und jeweils ihre Amplituden- sowie Phasengänge konstruieren, so dass wir in der Lage sind, beliebige Frequenzgänge aus wenigen bekannten Teilfrequenzgängen modular zusammenzusetzen[10].

6.4.1 Verstärkungsglieder, Integratoren und Differentiatoren

Zunächst wollen wir ein statisches System, also ein System nur mit einem Verstärkungsfaktor V, im Bode-Diagramm darstellen. Die Zerlegung in Amplitudengang in dB und Phasengang liefert

$$|G(\omega)|_{dB} = 20 \cdot \log_{10} |V| \quad \text{und} \quad \varphi\{G(\omega)\} = \begin{cases} 0 & \text{für} \quad V \geq 0 \\ \pm 180^\circ & \phantom{\text{für}} \quad V < 0 \end{cases} . \tag{6.26}$$

Beachtet werden muss, dass Verstärkungsfaktoren auch negativ sein können und die Phase dann wegen $-|V| = |V| \cdot \mathrm{e}^{\pm j\pi}$ plus oder minus 180° bzw. $\pm\pi$ beträgt.

Abb. 6.5 zeigt für $V = 100 = 40\,\text{dB}$, dass bei einem reinen Verstärkungsglied sowohl Amplituden- wie auch Phasengang horizontal verlaufen, d. h. keine Frequenzabhängigkeit aufweisen.

Als nächstes betrachten wir den Frequenzgang des Teilsystems $G(\omega) = \frac{1}{(j\omega)^r}$ mit r ganzzahlig, das wir mit $j = \mathrm{e}^{j\pi/2}$ auch in Polarkoordinaten schreiben können

$$G(\omega) = \frac{1}{\mathrm{e}^{j \cdot \frac{\pi}{2} \cdot r} \omega^r} = \frac{1}{\omega^r} \cdot \mathrm{e}^{-j \cdot \frac{\pi}{2} \cdot r} \,. \tag{6.27}$$

Umwandlung des Betrages in dB und Ablesen des Phasenwinkels ergibt

$$|G(\omega)|_{dB} = -r \cdot 20 \cdot \log_{10}(\omega) \quad \text{und} \quad \varphi\{G(\omega)\} = -r \cdot \frac{\pi}{2} = -r \cdot 90^\circ \,. \tag{6.28}$$

[10] Die Realisierbarkeitsbedingung, dass der Zählergrad eines Systems dessen Nennergrad nicht übersteigen darf, muss dabei nur für das Gesamtsystem erfüllt sein, denn auch nicht-realisierbare Teilsysteme lassen sich im Bode-Diagramme darstellen.

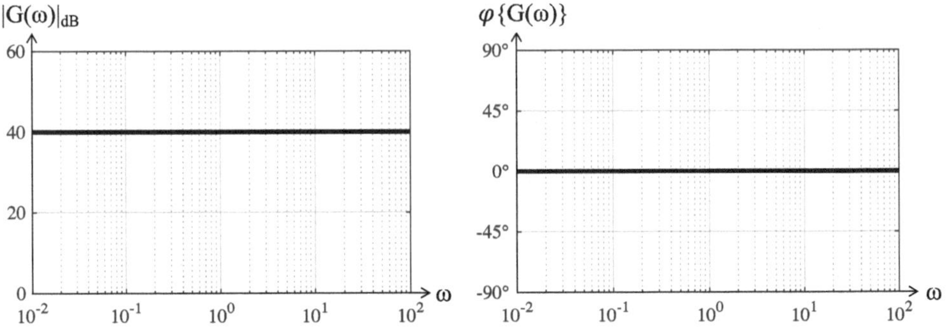

Abb. 6.5 Bode-Diagram bestehend aus Amplitudengang und Phasengang für ein reines Verstärkungsglied mit $G(\omega) = V$ für V = 100 = 40 dB

Für $r \geq 1$ entspricht dieses Teilsystem einem einfachen oder mehrfachen Integrator. Das Bode-Diagramm eines einfachen Integrators ($r = 1$) zeigt Abb. 6.6. Während die Verstärkung über den gesamten Frequenzbereich mit 20 db/Dekade sinkt, nimmt die Phase konstant den Wert $-90°$ an, d. h. bei sinusförmiger Anregung eilt das Ausgangssignal um 90° nach.

Ein gegensätzliches Verhalten weist das Teilsystem für $r \leq -1$ auf. In diesem Fall steht ω im Zähler, und wir nennen das System einen Differentiator vom Grad r. Ein einfacher Differentiator ($r = -1$) ist in Abb. 6.7 im Bode-Diagramm dargestellt. Hier sehen wir über den gesamten Frequenzbereich einen Anstieg der Verstärkung mit 20 dB/Dekade, während die Ausgangsphase unabhängig von ω um 90° gegenüber der Phase des Eingangssignals angehoben wird.

Neben der konstanten Steigung des Amplitudengangs abhängig vom Grad r läuft bei reinen Integratoren und Differentiatoren der Amplitudengang – wie in den Abb. 6.6 und 6.7 durch gestrichelte Linien angedeutet – auch immer durch den Punkt ($10^0 = 1$; 0 dB).

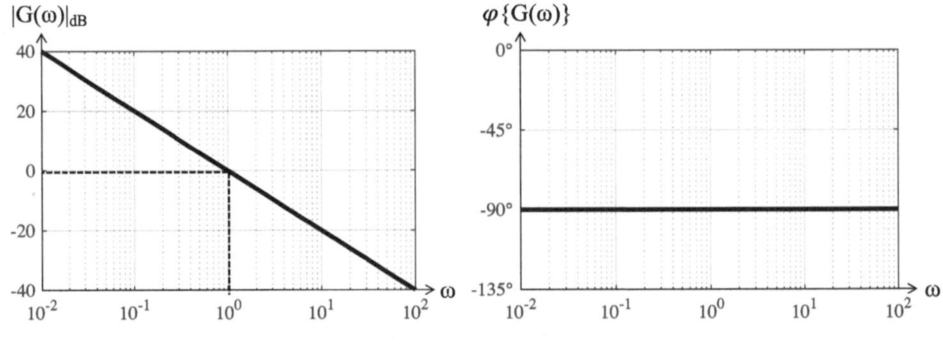

Abb. 6.6 Bode-Diagram eines Integrators mit $r = 1$; der Amplitudengang fällt über den gesamten Frequenzbereich mit -20 dB/Dekade, während der Phasengang den konstanten Wert $-90°$ aufweist

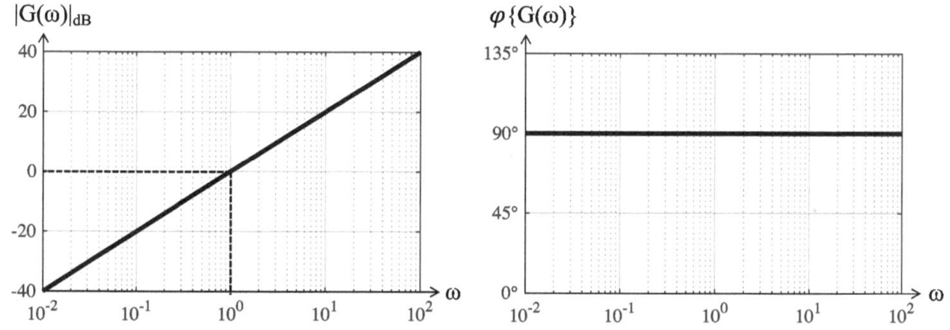

Abb. 6.7 Bode-Diagram eines Differentiators mit $r = -1$; der Amplitudengang steigt über den gesamten Frequenzbereich mit 20 dB/Dekade an, während die Phase über alle Frequenzen 90° beträgt

6.4.2 Vorhalte- und Verzögerungsglieder erster Ordnung

Wir wollen nun zeigen, dass sich auch Systeme erster Ordnung mit einer Kennfrequenz ω_k im Bode-Diagramm mit wenig Aufwand und hoher Genauigkeit darstellen lassen. Dazu betrachten wir zunächst ein Vorhalteglied erster Ordnung und stellen dessen Amplituden- sowie Phasengang dar, wobei wir die Kennfrequenz zunächst positiv annehmen

$$G(\omega) = 1 + j \cdot \frac{\omega}{\omega_k} . \tag{6.29}$$

Bestimmen wir den Betrag und rechnen diesen in Dezibel um, so erhalten wir

$$|G(\omega)|_{dB} = 20 \cdot \log_{10} \sqrt{1 + \left(\frac{\omega}{\omega_k}\right)^2} . \tag{6.30}$$

Um den Amplitudengang näherungsweise durch Geradenstücke, sogenannte Asymptoten, zu ersetzen, betrachten wir die Grenzfälle sehr kleiner und sehr großer Frequenzen, wobei wir für $\omega \gg \omega_k$ die Konstante 1 in der Wurzel vernachlässigen können

$$\lim_{\omega \to 0} |G(\omega)|_{dB} = 20 \cdot \log(1) = 0 , \tag{6.31}$$

$$\lim_{\omega \to \infty} |G(\omega)|_{dB} = 20 \cdot \log_{10} \sqrt{\left(\frac{\omega}{\omega_k}\right)^2} = 20 \cdot \log_{10} \left(\frac{\omega}{\omega_k}\right) . \tag{6.32}$$

Während (6.31) einer horizontalen Asymptoten mit 0 dB Verstärkung entspricht, können wir (6.32) durch eine ansteigende Asymptote ersetzen, da wir die x-Achse ja logarithmisch teilen, also nicht ω sondern $\log_{10}(\omega/\omega_k)$ auftragen. Beide Geraden sind in Abb. 6.8 eingetragen, und man erkennt, dass der tatsächliche, grau gezeichnete Verlauf von $|G(\omega)|_{dB}$ bis auf Frequenzen in der Nähe von ω_k sehr gut durch die beiden Asymptoten abgedeckt wird.

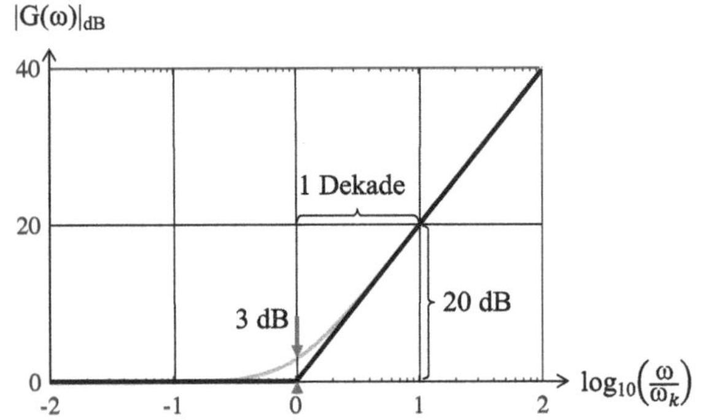

Abb. 6.8 Amplitudengangs eines Vorhalteglieds 1. Ordnung im Bode-Diagramm für $\omega_k > 0$; in schwarz ist der asymptotische Verlauf dargestellt, während die graue Kurve den exakten Verlauf zeigt

Aufgrund der doppelt logarithmischen Darstellung vergrößert sich im Bereich des konstanten Anstiegs die Verstärkung bei Erhöhung von ω um den Faktor zehn – also um eine Dekade – um 20 dB, weshalb man die Steigung hier mit 20 dB pro Dekade bezeichnet, die typisch für Systeme erster Ordnung ist. Der maximale Fehler durch die Asymptoten tritt bei $\omega = \omega_k$ auf und ergibt sich durch Einsetzen in (6.30) zu $|G(\omega = \omega_k)|_{dB} = 20 \cdot \log_{10} \sqrt{2} = 3$ dB bzw. $|G(\omega = \omega_k)| = \sqrt{2}$. Dieser Fehler ist für fast alle Anwendungen unerheblich, weshalb der asymptotische Verlauf eine schnell zu zeichnende und gute Näherung des Amplitudengangs darstellt.

Für den Phasengang des Systems 1. Ordnung erhalten wir aus (6.29)

$$\varphi\{G(\omega)\} = \arctan\left(\frac{\omega}{\omega_k}\right) . \tag{6.33}$$

Zur Auftragung des Phasengangs im Bode-Diagramm wollen wir zunächst dessen Symmetrie untersuchen. Dazu können wir aus dem in Abb. 6.9a dargestellten rechtwinkligen Dreieck folgende trigonometrische Beziehung entnehmen

$$\tan(\varphi) = \frac{\omega_k}{\omega} \quad \Rightarrow \quad \varphi = \arctan\left(\frac{\omega_k}{\omega}\right) \qquad \text{und analog} \qquad 90^\circ - \varphi = \arctan\left(\frac{\omega}{\omega_k}\right)$$

$$\Rightarrow \quad 90^\circ - \arctan\left(\frac{\omega_k}{\omega}\right) = \arctan\left(\frac{\omega}{\omega_k}\right) . \tag{6.34}$$

Den Phasengang tragen wir mit linearer Skalierung des Winkels aber wieder über einer logarithmisch geteilten Frequenzachse auf, siehe Abb. 6.9b. Diese Achse ist hier zusätzlich unten im Bild entlogarithmiert aber dafür dekadisch geteilt dargestellt, wobei beide Auftragungen identisch sind. Anhand dieser zweiten Frequenzachse wird deutlich, dass die inversen Argumente ω/ω_k und ω_k/ω symmetrisch zum Wert 1 angeordnet sind (z. B. haben die Werte 10 und 1/10 bei dekadischer Teilung denselben Abstand von 1). Zeichnet man in dieses Diagramm den Phasengang entsprechend (6.33) ein, so folgt aus (6.34) ein symmetrischer Verlauf zum Punkt ($\omega = \omega_k$, $\varphi = 45^\circ$). Den exakten grau gezeichneten Verlauf können wir wieder durch Asymptoten approximieren, wozu wir innerhalb der beiden Deka-

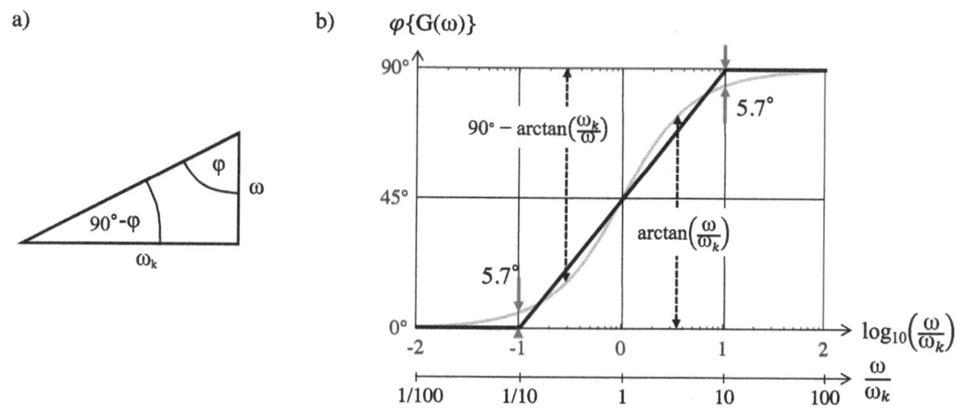

Abb. 6.9 Rechtwinkliges Dreieck mit Katheten der Länge ω und ω_k zur Betrachtung der Symmetrie von arctan() (**a**), und Phasengang eines Vorhalteglieds 1. Ordnung im Bode-Diagramm für $\omega_k > 0$, wobei in schwarz bzw. grau jeweils der asymptotische bzw. exakte Verlauf dargestellt ist (**b**)

den um die Kennfrequenz eine Gerade mit der Steigung 45° pro Dekade und außerhalb davon jeweils eine horizontale Asymptote verwenden, d. h. mit der Steigung null, wie auch aus Abb. 6.9b ersichtlich ist. Insgesamt erkennen wir bei Veränderung von ω eine maximale Phasendrehung um 90°, was ebenfalls charakteristisch für Systeme erster Ordnung ist. Die größte Abweichung zwischen exaktem und asymptotischem Verlauf tritt genau eine Dekade unterhalb und oberhalb der Kennfrequenz ω_k auf und kann durch Einsetzen dieser Kreisfrequenzen in (6.33) zu $\varphi(\omega = 0{,}1 \cdot \omega_k) = \arctan(0{,}1) = 5{,}7°$ bestimmt werden. Auch dieser Fehler kann in den meisten Anwendungen ignoriert werden.

Bei bestimmten Systemen können auch negative Kennfrequenzen auftreten. Da wir im Bode-Diagramm auf der x-Achse aber nur positive ω auftragen, müssen wir daher in diesem Fall den Betrag von ω_k als Kennfrequenz verwenden. Während diese Betragsbildung nach (6.30) keine Auswirkung auf den Amplitudengang hat, erhalten wir nach (6.33) bei negativen Kennfrequenzen einen um die 0° Linie gespiegelten Phasengang, da arctan() eine ungerade Funktion ist

$$\varphi\,\{G(\omega)\} \;=\; -\arctan\left(\frac{\omega}{|\omega_k|}\right) \qquad \text{für} \qquad \omega_k < 0\,. \tag{6.35}$$

Abb. 6.10 zeigt beispielhaft das Bode-Diagramm eines Vorhalteglieds erster Ordnung für eine negative Kennfrequenz $\omega_k = -2$. Wie erwartet steigt die Amplitude ab dem Betrag der Kennfrequenz wie bei positivem ω_k mit 20 dB/Dekade an, während die Phase jetzt in den beiden Dekaden um $|\omega_k|$ um insgesamt 90° abnimmt.

Möchten wir ein Verzögerungsglied erster Ordnung im Bode-Diagramm darstellen, so können wir ausnutzen, dass dieses exakt dem Kehrwert eines Vorhaltegliedes 1. Ordnung mit derselben Kennfrequenz entspricht, und dass daher bei Logarithmierung beide Frequenzgänge bis auf einen Vorzeichenwechsel identisch sind

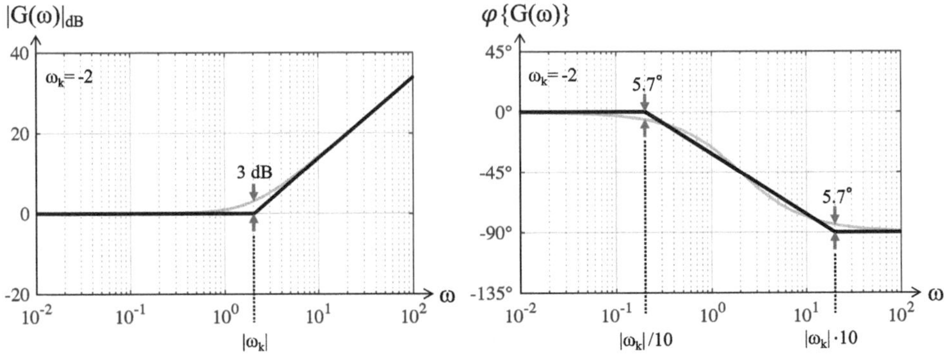

Abb. 6.10 Exakter (grau) und asymptotischer Verlauf (schwarz) des Frequenzgangs eines Vorhaltegliedes erster Ordnung im Bode-Diagramm mit negativer Kennfrequenz $\omega_k = -2$

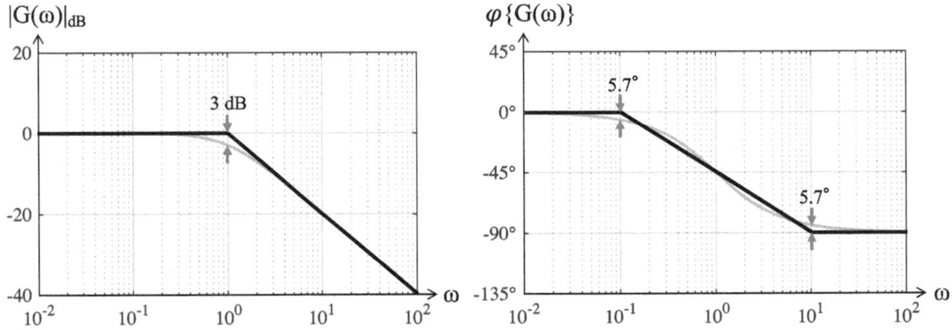

Abb. 6.11 Exakter (grau) und asymptotischer Verlauf (schwarz) des Frequenzgangs eines Verzögerungsgliedes erster Ordnung im Bode-Diagramm mit $\omega_k = 1$

$$G(\omega) = \frac{1}{1 + j \cdot \frac{\omega}{\omega_k}} \quad \Rightarrow \quad \log_{10}(G(\omega)) = -\log_{10}\left(1 + j \cdot \frac{\omega}{\omega_k}\right) . \tag{6.36}$$

Wir erhalten also sowohl einen an der 0 dB Linie gespiegelten Amplitudengang als auch einen an der 0° Linie gespiegelten Phasengang eines Vorhaltegliedes 1. Ordnung mit derselben Kennfrequenz. Der resultierende Frequenzgang eines Verzögerungsgliedes 1. Ordnung mit $\omega_k = 1$ ist in Abb. 6.11 dargestellt.

Verzögerungsglieder mit positiven Kennfrequenzen sind realisierbar und stabil. Sie werden auch als Tiefpassfilter 1. Ordnung bezeichnet, da sie niedrige Frequenzen bis zur Kennfrequenz ω_k quasi ungedämpft passieren lassen, bei größeren Frequenzen aber eine zunehmende Dämpfung auftritt.

Für Verzögerungsglieder mit negativen Kennfrequenzen gelten dieselben Aussagen wie für Vorhalteglieder. Auch hier ist der Amplitudengang unabhängig vom Vorzeichen von ω_k, und der Phasengang eines entsprechenden Verzögerungsglieds mit identischer positiver Kennfrequenz muss an der 0° Linie gespiegelt werden. Zu beachten ist allerdings, dass

Verzögerungsglieder mit negativen Kennfrequenzen zu Übertragungsfunktionen mit Polstellen in der positiven komplexen Ebene korrespondieren und daher nicht stabil sind, so dass der Frequenzgang nicht anschaulich als Filter interpretiert werden kann.

6.4.3 Vorhalte- und Verzögerungsglieder 2. Ordnung

Als nächstes Teilsystem wollen wir den Frequenzgang eines Vorhaltegliedes zweiter Ordnung aus (6.25) im Bode-Diagramm darstellen und teilen diesen dazu zunächst in Real- und Imaginärteil auf, wobei wir die Kennfrequenz zunächst wieder auf positive Werte beschränken und allgemein als ω_k bezeichnen

$$G(\omega) = 1 + 2D_Z \cdot \frac{j\omega}{\omega_k} + \left(\frac{j\omega}{\omega_k}\right)^2 = \underbrace{1 - \left(\frac{\omega}{\omega_k}\right)^2}_{\text{Re}\{G(\omega)\}} + j \cdot \underbrace{2D_Z \cdot \frac{\omega}{\omega_k}}_{\text{Im}\{G(\omega)\}} . \tag{6.37}$$

Betrachten wir den Grenzfall sehr kleiner Frequenzen mit $\omega \ll \omega_k$, so läuft der Realteil gegen 1, während der Imaginärteil verschwindet, so dass wir auch hier den Betrag von $G(\omega)$ durch eine horizontale Asymptote bei 0 dB annähern können. Für $\omega \gg \omega_k$ dominiert hingegen der quadratische Ausdruck, so dass wir den Betrag wie folgt approximieren dürfen

$$\lim_{\omega \to \infty} |G(\omega)|_{dB} = 20 \cdot \log_{10}\left(\frac{\omega}{\omega_k}\right)^2 = 40 \cdot \log_{10}\left(\frac{\omega}{\omega_k}\right) . \tag{6.38}$$

Die beiden Asymptoten sind in Abb. 6.12 links für $\omega_k = 1$ durch gepunktete Linien markiert. Die maximal auftretende Steigung von 40 dB/Dekade ist ein typisches Erkennungsmerkmal eines Systems 2. Ordnung anhand seines Amplitudengangs. Im Frequenzbereich um die Kennfrequenz ist die asymptotische Näherung allerdings bei kleinem Dämpfungs-

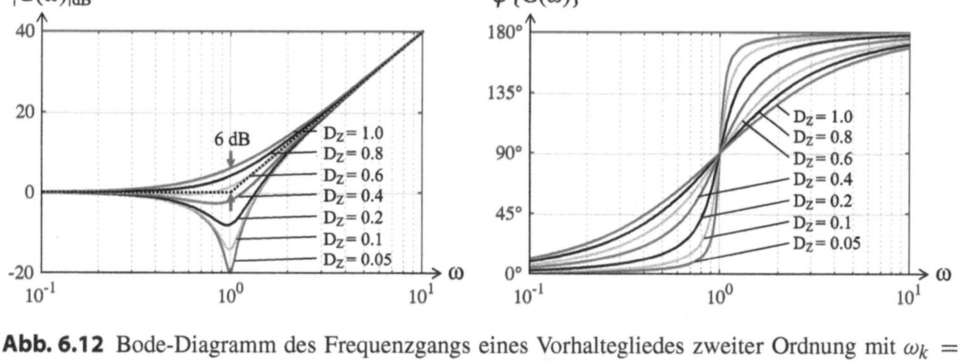

Abb. 6.12 Bode-Diagramm des Frequenzgangs eines Vorhaltegliedes zweiter Ordnung mit $\omega_k = 1$ und variablem Dämpfungsgrad D_Z; im linken Diagramm ist gepunktet auch der asymptotische Verlauf eingetragen, von dem der Amplitudengang mit $D_N = 1$ bei ω_k exakt um 6 dB abweicht

grad D_Z sehr ungenau, denn es tritt ein deutliches Unterschwingen auf, d.h. Signale in diesem Frequenzbereich werden durch das System stark gedämpft. Für $D_Z = 0$ wird die Frequenz $\omega = \omega_k$ sogar vollständig geblockt, wie durch Einsetzen in (6.37) deutlich wird, weshalb man dieses auch Bandsperre genanntes System verwendet, um schmalbandige Störsignale aus einem Eingangssignal herauszufiltern. Für $D_Z = 1$ lässt sich das System mit der ersten binomischen Formel in zwei identische Vorhalteglieder 1. Ordnung zerlegen, deren Amplitudengang jeweils durch Abb. 6.8 beschrieben wird

$$G(\omega) = 1 + 2 \cdot \frac{j\omega}{\omega_k} + \left(\frac{j\omega}{\omega_k}\right)^2 = \left(1 + \frac{j\omega}{\omega_k}\right)^2 . \tag{6.39}$$

Die maximale Abweichung zwischen exaktem und asymptotischem Amplitudengang eines Systems 2. Ordnung beträgt daher an der Stelle $\omega = \omega_k$ für diesen Spezialfall $2 \cdot 3$ dB = 6 dB.

Auch der Phasenverlauf kann anhand (6.37) abgeschätzt werden: Für sehr kleine Frequenzen nimmt die Phase aufgrund des verschwindenden Imaginärteils und des gegen eins laufenden Realteils den Wert 0° an. Für große Frequenzen läuft der Realteil quadratisch gegen minus unendlich und dominiert den nur linear ansteigenden Imaginärteil, was bei einer Darstellung in der komplexen Ebene im Grenzfall $\omega \to \infty$ einer Phase von 180° entspricht. Der Phasengang ist auf der rechten Seite von Abb. 6.12 dargestellt, und auch hier zeigt sich eine deutliche Abhängigkeit von D_Z, so dass keine asymptotische Näherung sinnvoll ist: Der Phasenverlauf ist umso steiler, je kleiner der Dämpfungsgrad ist und springt im Grenzfall $D_Z = 0$ an der Stelle $\omega = \omega_k$ abrupt von null auf 180°.

Zur Darstellung des Frequenzgangs von Verzögerungsgliedern 2. Ordnung im Bode-Diagramm können wir wieder ausnutzen, dass die Logarithmierung des Kehrwertes eines Bruches lediglich einen Vorzeichenwechsel bewirkt

$$\begin{aligned} G(\omega) &= \frac{1}{1 + 2D_N \cdot \frac{j\omega}{\omega_k} + \left(\frac{j\omega}{\omega_k}\right)^2} \\ \Rightarrow \quad \log_{10}(G(\omega)) &= -\log_{10}\left(1 + 2D_N \cdot \frac{j\omega}{\omega_k} + \left(\frac{j\omega}{\omega_k}\right)^2\right) . \end{aligned} \tag{6.40}$$

Wir erhalten also auch hier als Amplituden- und Phasengang jeweils den an der 0 dB bzw. 0° Linie gespiegelten Amplituden- bzw. Phasengang eines entsprechenden Vorhalteglieds 2. Ordnung, siehe Abb. 6.13. Im Unterschied zum Vorhalteglied 2. Ordnung tritt hier für kleine Dämpfungsgrade D_N bei Frequenzen um ω_k ein deutliches Überschwingen auf. Verzögerungsglieder 2. Ordnung mit $\omega_k > 0$ können daher als schmalbandige BP-Filter eingesetzt werden, um z. B. in einem Radio einen gewünschten Sender in einem breitbandigen über die Antenne empfangenen Signalgemisch zu selektieren. Im Abschn. 6.5.3 werden wir mit dem unbelasteten komplexen Spannungsteiler ein elektrotechnisches System mit diesem Frequenzgang kennenlernen.

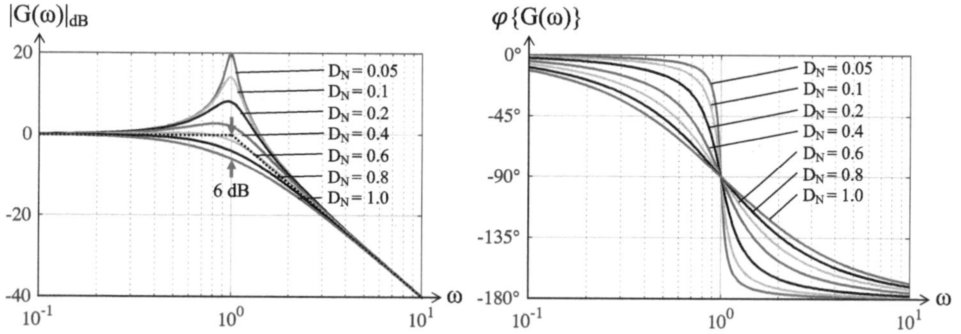

Abb. 6.13 Bode-Diagramm des Frequenzgangs eines Verzögerungsgliedes zweiter Ordnung mit $\omega_k = 1$ und variablem Dämpfungsgrad D_N; im linken Diagramm ist gepunktet auch der asymptotische Verlauf eingetragen, von dem der Amplitudengang mit $D_N = 1$ bei ω_k exakt um 6 dB abweicht

Auch Verzögerungsglieder 2. Ordnung sind ohne Hinzunahme weiterer Übertragungsterme realisierbar, und eine häufige Ausprägung sind sogenannte *Butterworth* TP-Filter, bei denen $D_N = \frac{1}{\sqrt{2}} \approx 0{,}71$ gewählt wird. Mit diesem Dämpfungsgrad folgt für den Amplitudengang

$$|G(\omega)| = \frac{1}{\left|1+\sqrt{2}\cdot\frac{j\omega}{\omega_k}+\left(\frac{j\omega}{\omega_k}\right)^2\right|} = \frac{1}{\sqrt{\left(1-\left(\frac{\omega}{\omega_k}\right)^2\right)^2+2\left(\frac{\omega}{\omega_k}\right)^2}} = \frac{1}{\sqrt{1+\left(\frac{\omega}{\omega_k}\right)^4}}. \tag{6.41}$$

Die Variable ω tritt unter der Wurzel nur in der vierten Potenz auf, wodurch der Amplitudengang über einen großen Frequenzbereich quasi konstant verläuft, ohne dass ein Maximum entsteht. Für $\omega = \omega_k$ beträgt die Dämpfung gerade $\frac{1}{\sqrt{2}} = -3\,\text{dB}$ und fällt danach mit 40 dB/Dekade.

Butterworth TP-Filter können mit beliebiger Ordnung n realisiert werden und bestehen für $n > 2$ im Nenner aus einem Produkt von Systemen 1. und 2. Ordnung mit geeigneten Koeffizienten, siehe z. B. [51]. Durch Ausmultiplizieren und Betragsbildung entspricht der Amplitudengang jeweils dem Term rechts in (6.41), wobei statt 4 die Potenz $2n$ auftritt, so dass die Dämpfung bei der Kennfrequenz ω_k immer 3 dB beträgt. Ebenso sind Butterworth-Filter mit Hochpass-Charakteristik möglich, indem im Zähler der Term $\left(\frac{j\omega}{\omega_k}\right)^n$ ergänzt wird.

Auch Systeme 2. Ordnung können negative Kennfrequenzen aufweisen. Nach (6.37) bleibt hierbei der Realteil gegenüber einem System mit identischer positiver Kennfrequenz gleich, während der Imaginärteil sein Vorzeichen wechselt. Dies führt wie bei entsprechenden Systemen 1. Ordnung dazu, dass der Amplitudengang unverändert bleibt, der Phasengang hingegen an der 0° Linie gespiegelt werden muss. Auch hier ist zu beachten, dass Verzögerungsglieder 2. Ordnung mit $\omega_k < 0$ instabilen Systemen entsprechen und nicht als Filter einsetzbar sind.

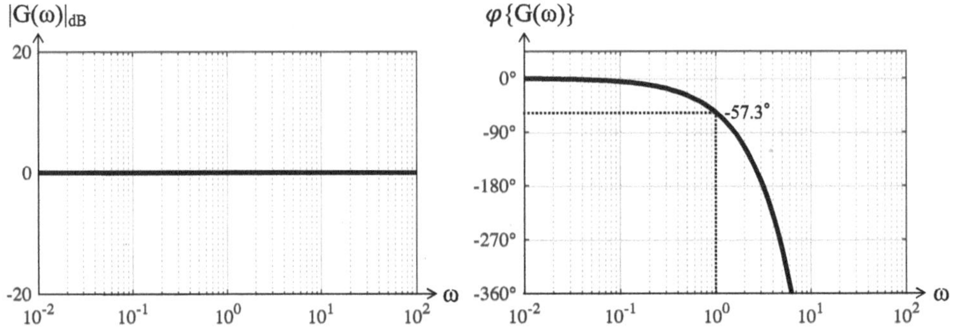

Abb. 6.14 Bode-Diagramm des Frequenzgangs eines Totzeitglieds mit $T_t = 1$; während Totzeitglieder keine Auswirkung auf den Amplitudengang haben, zeigt der Phasengang im Bode-Diagramm wegen der logarithmisch geteilten Frequenzachse einen exponentiellen Abfall

6.4.4 Totzeitglieder

Als letztes Elementarsystem wollen wir im Bode-Diagramm den Frequenzgang eines Totzeitgliedes darstellen. Die Zerlegung in Betrag und Phase bereitet keine Schwierigkeiten, und wir erhalten einen konstanten Amplitudengang mit 0 dB und einen linear abfallenden Phasengang

$$G(\omega) = e^{-j\omega T_t} \quad \Rightarrow \quad |G(\omega)|_{dB} = 0 \quad \text{und} \quad \varphi\{G(\omega)\} = -\omega T_t \,. \tag{6.42}$$

Ein Totzeitglied hat somit keine Auswirkung auf die Verstärkung eines Systems, siehe Abb. 6.14. Bei der Darstellung des Phasengangs im Bode-Diagramm muss allerdings die logarithmische Teilung der ω-Achse beachtet werden, weshalb ein exponentieller Abfall der Kurve auftritt und der Phasengang nicht asymptotisch approximiert werden kann. Obwohl sich Totzeitglieder über einer linear geteilten Frequenzachse wesentlich einfacher darstellen lassen, ist die Auftragung im Bode-Diagramm erforderlich, falls solch ein Teilsystem in Kombination mit anderen Elementarsystemen als Bestandteil einer Übertragungsfunktion auftritt. In diesem Fall muss der Phasengang eines Totzeitglieds abhängig von der Verzögerungszeit T_t punktweise konstruiert werden.

6.4.5 Kombinationen aus Elementarsystemen

Nachdem wir einen Überblick über die Elementarsysteme gewonnen und diese einzeln im Bode-Diagramm dargestellt haben, wollen wir nun beispielhaft die Kombination mehrerer Teilsysteme zu einem Frequenzgang betrachten. Als erstes sei folgendes System durch seine Übertragungsfunktion gegeben, die wir zunächst in die V-Normalform umwandeln, siehe Abschn. 5.2.2

$$G(s) = \frac{(2+s)}{s \cdot (0{,}2+2s)} = 10 \cdot \frac{(1+0{,}5 \cdot s)}{s \cdot (1+10s)} \,. \tag{6.43}$$

Durch Austausch von s durch $j\omega$ ergibt sich der Frequenzgang, und diesen spalten wir in die vier darin enthaltenen Elementarsysteme Verstärkungsglied, Integrator, sowie jeweils ein Vorhalte- und Verzögerungsglied 1. Ordnung auf, die wir mit $G_1(\omega)$ bis $G_4(\omega)$ bezeichnen

$$G(\omega) = 10 \cdot \tfrac{1}{j\omega} \cdot \frac{1}{(1+\frac{j\omega}{0{,}1})} \cdot (1+\tfrac{j\omega}{2}) = G_1(\omega) \cdot G_2(\omega) \cdot G_3(\omega) \cdot G_4(\omega) \,. \tag{6.44}$$

Die in dem Vorhalte- und Verzögerungsglied enthaltenen Zeitkonstanten haben wir hierbei durch Kehrwertbildung in die beiden Kennfrequenzen $\omega_{k1} = 0{,}1$ und $\omega_{k2} = 2$ umgewandelt. Im Bode-Diagramms sollte die Frequenzachse so festgelegt werden, dass die niedrigste dargestellte Frequenz mindestens eine Dekade unterhalb der kleinsten Kennfrequenz und die höchste Frequenz mindestens eine Dekade oberhalb der größten Kennfrequenz liegt. Der dargestellte Amplituden- und Phasenbereich ist schwieriger zu bestimmen. Hier hilft oft nur eine anfängliche Skizze, aus der die optimale Skalierung der Achsen entnommen werden kann.

Jetzt tragen wir die Amplituden- und Phasengänge der vier Teilsysteme einzeln in das Bode-Diagramm ein und nutzen dazu die Erkenntnisse der vorherigen Abschnitte: Den Amplitudengang von $G_1(\omega)$ wandeln wir mit $V_{dB} = 20 \cdot \log_{10}(10) = 20$ in Dezibel um und tragen die horizontale Asymptote in Abb. 6.15 ein, während der Phasengang konstant 0° beträgt, siehe Abb. 6.16. Den Integrator $G_2(\omega)$ stellen wir im Amplitudengang als Gerade mit der Steigung −20 dB/Dekade dar, sein Phasengang besteht aus einer horizontalen Asymptote bei −90°. Das Verzögerungsglied $G_3(\omega)$ weist im Amplitudengang bis zur Kennfrequenz ω_{k1} eine horizontale Asymptote bei 0 dB auf, und ab dieser Frequenz eine mit 20 dB/Dekade fallende Gerade. Der Phasengang beginnt im niedrigen Frequenzbereich bei 0°, fällt dann in den beiden Dekaden um die Kennfrequenz linear auf −90° und behält diese Phasenlage bei großen Frequenzen bei. Ein genau inverses Verhalten zeigt das Vorhalteglied erster Ordnung $G_4(\omega)$. Hier steigt der Amplitudengang ab der Kennfrequenz ω_{k2} mit 20 dB/Dekade an während der Phasengang in den beiden Dekaden um ω_{k2} von 0° auf 90° zunimmt und danach konstant bleibt.

Anschließend werden die asymptotischen Frequenzgänge der Teilsysteme zu $G(\omega)$ aufsummiert. Beim Amplitudengang beschränken wir uns auf die kleinste und größte im Diagramm dargestellte Frequenz sowie auf die Kennfrequenzen als Stützstellen, da der Verlauf dazwischen linear ist. Dazu verwenden wir folgende Formel, um die bei einer Steigung von ± 20 db/Dekade zwischen zwei Kreisfrequenzen ω_1 und ω_2 auftretende Amplitudendifferenz A_{dB} zu berechnen

$$A_{dB} = \pm 20 \cdot \log_{10}\left(\frac{\omega_2}{\omega_1}\right) \,. \tag{6.45}$$

Für den Amplitudengang an den Stützstellen ergeben sich damit folgende Werte

$$\begin{aligned}
|G(10^{-3})|_{dB} &= |G_1(10^{-3})|_{dB} + |G_2(10^{-3})|_{dB} + |G_3(10^{-3})|_{dB} + |G_4(10^{-3})|_{dB} \\
&= 20 + 60 + 0 + 0 = 80\,, \\
|G(10^{-1})|_{dB} &= |G_1(10^{-1})|_{dB} + |G_2(10^{-1})|_{dB} + |G_3(10^{-1})|_{dB} + |G_4(10^{-1})|_{dB} \\
&= 20 + 20 + 0 + 0 = 40\,, \\
|G(2)|_{dB} &= |G_1(2)|_{dB} + |G_2(2)|_{dB} + |G_3(2)|_{dB} + |G_4(2)|_{dB} \\
&= 20 - 20 \cdot \log_{10}\left(\tfrac{2}{1}\right) - 20 \cdot \log_{10}\left(\tfrac{2}{0{,}1}\right) + 0 = -12\,, \\
|G(10^{2})|_{dB} &= |G_1(10^{2})|_{dB} + |G_2(10^{2})|_{dB} + |G_3(10^{2})|_{dB} + |G_4(10^{2})|_{dB} \\
&= 20 - 40 - 60 + 20 \cdot \log_{10}\left(\tfrac{100}{2}\right) = -46\,.
\end{aligned}$$

Der resultierende Amplitudengang von $G(\omega)$ ist ebenfalls in Abb. 6.15 eingetragen, und man erkennt ein Tiefpassverhalten, da niedrige Frequenzen verstärkt und hohe Frequenzen gedämpft werden.

Zur Bestimmung des Phasengangs des Gesamtsystems beschränken wir uns wieder auf die Randwerte des Diagramms und auf Frequenzen, an denen Asymptoten sich berühren. Bei einer Steigung von $\pm 45°$/Dekade können wir dazu die zwischen zwei Frequenzen ω_1 und ω_2 auftretende Phasendifferenz $\Delta\varphi$ durch folgende Formel ermitteln

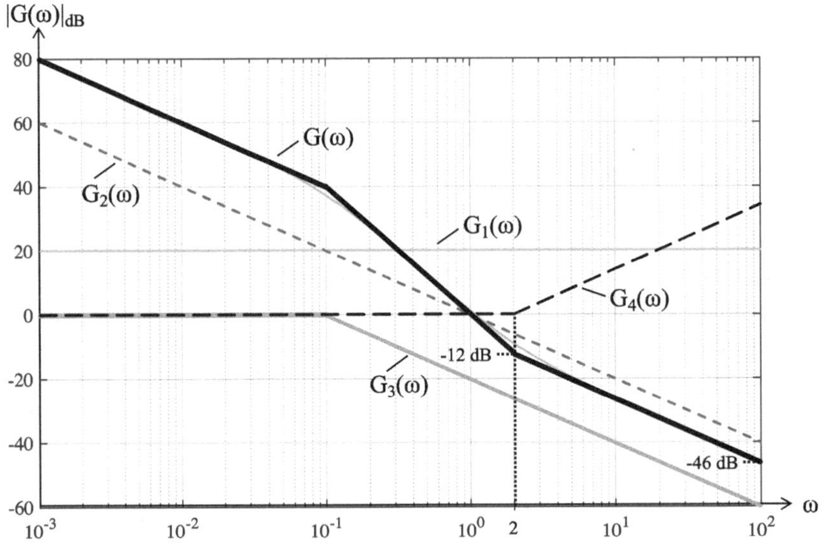

Abb. 6.15 Konstruktion des Amplitudengangs eines aus mehreren Elementarsystemen $G_1(\omega)$, $G_2(\omega)$, $G_3(\omega)$ und $G_4(\omega)$ bestehenden Systems $G(\omega)$ im Bode-Diagramm; der asymptotische Amplitudengang des Gesamtsystems ist schwarz dargestellt, während die glatte, dünn in grau gezeichnete Kurve den exakten Verlauf zeigt

$$\Delta\varphi = \pm 45^\circ \cdot \log_{10}\left(\frac{\omega_2}{\omega_1}\right) . \tag{6.46}$$

Für den Phasengang von $G(\omega)$ ergeben sich damit folgende Werte

$$\begin{aligned}
\varphi\left\{G(10^{-3})\right\} &= \varphi\left\{G_1(10^{-3})\right\} + \varphi\left\{G_2(10^{-3})\right\} + \varphi\left\{G_3(10^{-3})\right\} + \varphi\left\{G_4(10^{-3})\right\} \\
&= 0^\circ \ - \ 90^\circ \ + \ 0^\circ \ + \ 0^\circ \ = \ -90^\circ , \\
\varphi\left\{G(10^{-2})\right\} &= \varphi\left\{G_1(10^{-2})\right\} + \varphi\left\{G_2(10^{-2})\right\} + \varphi\left\{G_3(10^{-2})\right\} + \varphi\left\{G_4(10^{-2})\right\} \\
&= 0^\circ \ - \ 90^\circ \ + \ 0^\circ \ + \ 0^\circ \ = \ -90^\circ , \\
\varphi\left\{G(0{,}2)\right\} &= \varphi\left\{G_1(0{,}2)\right\} + \varphi\left\{G_2(0{,}2)\right\} + \varphi\left\{G_3(0{,}2)\right\} + \varphi\left\{G_4(0{,}2)\right\} \\
&= 0^\circ \ - \ 90^\circ \ - \ 45^\circ \cdot \log_{10}\left(\tfrac{0{,}2}{0{,}01}\right) \ + \ 0^\circ \ = \ -149^\circ , \\
\varphi\left\{G(1)\right\} &= \varphi\left\{G_1(1)\right\} + \varphi\left\{G_2(1)\right\} + \varphi\left\{G_3(1)\right\} + \varphi\left\{G_4(1)\right\} \\
&= 0^\circ \ - \ 90^\circ \ - \ 90^\circ \ + \ 45^\circ \cdot \log_{10}\left(\tfrac{1}{0{,}2}\right) \ = \ -149^\circ , \\
\varphi\left\{G(20)\right\} &= \varphi\left\{G_1(20)\right\} + \varphi\left\{G_2(20)\right\} + \varphi\left\{G_3(20)\right\} + \varphi\left\{G_4(20)\right\} \\
&= 0^\circ \ - \ 90^\circ \ - \ 90^\circ \ + \ 90^\circ \ = \ -90^\circ , \\
\varphi\left\{G(10^{2})\right\} &= \varphi\left\{G_1(10^{2})\right\} + \varphi\left\{G_2(10^{2})\right\} + \varphi\left\{G_3(10^{2})\right\} + \varphi\left\{G_4(10^{2})\right\} \\
&= 0^\circ \ - \ 90^\circ \ - \ 90^\circ \ + \ 90^\circ \ = \ -90^\circ .
\end{aligned}$$

Auch der Phasengang des Gesamtsystems $G(\omega)$ ist in Abb. 6.16 eingetragen, und man erkennt eine maximale Phasenverschiebung von -149° im Frequenzbereich $0{,}2 < \omega < 1$. An diesem Beispiel wird deutlich, dass es durch geeignete Kombination von Elementarsystemen möglich ist einen nahezu beliebigen Amplituden- und Phasengang zu realisieren.

Als zweites Beispiel betrachten wir einen sogenannten Allpass, der ein sinusförmiges Signal beliebiger Frequenz mit der konstanten Verstärkung $V_{dB} = 0$ überträgt und nur die Phasenlage frequenzabhängig verändert, weshalb er auch Phasenschieber genannt wird. Dieses System ist durch folgende Übertragungsfunktion gegeben, aus deren V-Normalform wir wieder den Frequenzgang für die Darstellung im Bode-Diagramm ermitteln

$$G(s) = \frac{300 - s}{300 + s} = \frac{1 - \frac{s}{300}}{1 + \frac{s}{300}} \quad \Rightarrow \quad G(\omega) = \frac{1 - \frac{j\omega}{300}}{1 + \frac{j\omega}{300}} . \tag{6.47}$$

$G(\omega)$ besteht aus der Kombination eines Vorhalte- und eines Verzögerungsgliedes mit betragsmäßig identischer Kennfrequenz, wobei die Kennfrequenz des Vorhaltegliedes jedoch negativ ist[11]. Das Bode-Diagramm in Abb. 6.17 entsteht durch Überlagerung der Frequenzgänge aus den Abb. 6.10 und 6.11 jeweils mit $|\omega_k| = 300$. Die beiden Amplitudengänge

[11] Zu beachten ist hierbei, dass Übertragungsterme mit negativen Kennfrequenzen nur im Zähler auftreten dürfen, da andernfalls das System instabil wäre und nicht als frequenzabhängiges Filter verwendet werden könnte.

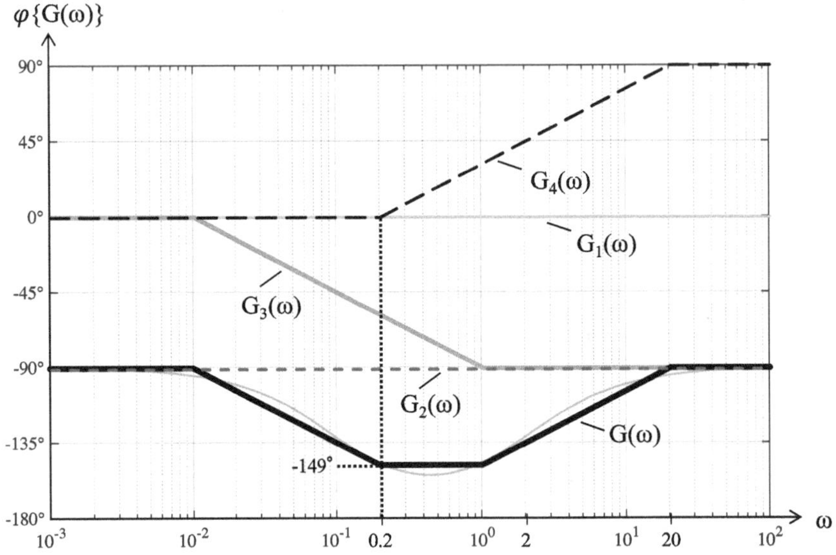

Abb. 6.16 Konstruktion des Phasengangs eines aus mehreren Elementarsystemen $G_1(\omega)$, $G_2(\omega)$, $G_3(\omega)$ und $G_4(\omega)$ bestehenden Systems $G(\omega)$ im Bode-Diagramm; der asymptotische Phasengang des Gesamtsystems ist schwarz dargestellt, während die glatte Kurve den exakten Verlauf zeigt

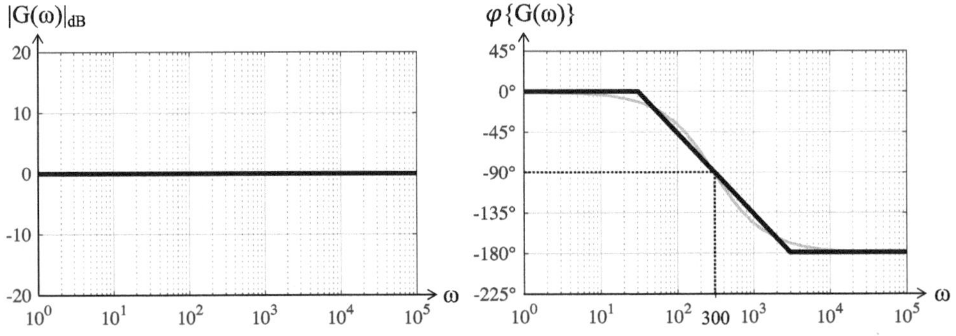

Abb. 6.17 Bode-Diagramm eines Allpasses bzw. Phasenschiebers mit $V_{dB} = 0$ und $\omega_k = 300$; der asymptotische Phasengang im rechten Bild ist schwarz dargestellt, während die graue Kurve den exakten Verlauf zeigt

heben sich auf, da der Anstieg des Vorhaltegliedes ab der Kennfrequenz durch den dazu inversen Abfall des Verzögerungsgliedes kompensiert wird. Die Phasengänge beider Teilsysteme sind hingegen identisch, so dass sich insgesamt in den beiden Dekaden um die Kennfrequenz ein Abfall der Phase von $0°$ auf $-180°$ ergibt. Derartige Systeme können zur Erzeugung von um $90°$ zueinander verschobener Trägersignale verwendet werden, die zur

Frequenzverschiebung in elektronischen Mischern dienen, siehe Abschn. 6.5.1. Eine weitere Anwendung besteht darin, die Phasenlage der Sende- oder Empfangssignale in *Smart Antennas* zu verändern, vgl. Abb. 1.5, und durch Überlagerung einer Vielzahl von Einzelsignalen eine Antenne elektronisch auszurichten.

Als letztes Beispiel wollen wir den umgekehrten Weg gehen und aus einem gegebenen Bode-Diagramm das zugehörige System identifizieren. Häufig liegt dazu nur der Amplitudengang vor, z. B. aus einer Messung mit einem Spektrumanalysator. Der erfasste Amplitudengang ist links in Abb. 6.18 dargestellt und zeigt einen konstanten Anstieg von 20 dB/Dekade bis zu einer Kennfrequenz, die als Schnittpunkt der Asymptoten bei $\omega_k = 50$ abgelesen werden kann. Ab dieser Frequenz bleibt die Verstärkung konstant bei 20 dB. Versucht man diesen Amplitudengang aus den in den Abschn. 6.4.1, 6.4.2, 6.4.3 und 6.4.4 vorgestellten Elementarsystemen zusammenzusetzen, so benötigt man hierzu einen Differentiator und ein Verzögerungsglied erster Ordnung. Der Differentiator sorgt für den konstanten Anstieg mit 20 dB/Dekade über den gesamten Frequenzbereich, und das Verzögerungsglied kompensiert diesen Anstieg ab der Kennfrequenz ω_k, weshalb ein derartiges System als Hochpass 1. Ordnung bezeichnet wird

$$G(\omega) = V \cdot \frac{j\omega}{1 + \frac{j\omega}{\omega_k}} . \tag{6.48}$$

Um den Phasengang eindeutig angeben und zeichnen zu können, müssen wir diesen als minimalphasig annehmen. Minimalphasige Systeme weisen einen positiven Verstärkungsfaktor auf, und ihre Frequenzgänge enthalten keine Vorhalteglieder mit negativen Kennfrequenzen auf. Ohne diese Voraussetzung besäße der Phasengang für $V < 0$ nach (6.26) einen zusätzlichen Offset von $\pm 180°$. Außerdem könnten beliebig viele Allpässe analog zu (6.47)

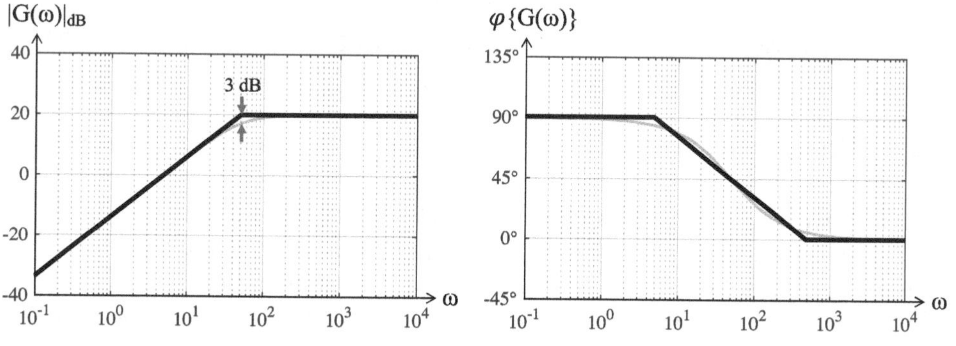

Abb. 6.18 Gemessener Amplitudengang eines Hochpasssystems und daraus ermittelter Phasengang, unter der Voraussetzung, dass ein minimalphasiges System vorliegt; der asymptotische Frequenzgang ist schwarz dargestellt, während die grauen Kurven den exakten Verlauf zeigen

in $G(\omega)$ ergänzt werden, da diese nach Abb. 6.17 keine Auswirkungen auf den Amplitudengang haben[12]

Mit (6.48) können wir den Phasengang als Summe der Phasengänge eines Differentiators und eines Verzögerungsgliedes 1. Ordnung entsprechend der Abb. 6.7 und 6.11 im Bode-Diagramm zeichnen, siehe rechte Seite von Abb. 6.18.

Zur Bestimmung von V stehen zwei Alternativen zur Verfügung: Die erste Variante besteht darin, den Grenzwert für sehr kleine oder große Frequenzen zu betrachten, sofern einer dieser Grenzwerte existiert. In diesem Beispiel tritt für $\omega \to \infty$ eine konstante Verstärkung von 20 dB auf, so dass wir diesen Grenzwert für den Amplitudengang auch aus (6.48) bestimmen können, um V zu berechnen. Hierbei nutzen wir aus, dass für $\omega \to \infty$ die Konstante 1 im Nenner des Bruches vernachlässigt werden darf, so dass sich als Folge davon $j\omega$ kürzen lässt

$$\lim_{\omega\to\infty} |G(\omega)| = \lim_{\omega\to\infty} \left| \frac{V \cdot j\omega}{1 + \frac{j\omega}{50}} \right| = V \cdot 50 \overset{!}{=} 20\,\text{dB} \quad \Rightarrow \quad V = \frac{10^{\left(\frac{20}{20}\right)}}{50} = \frac{1}{5}\,. \tag{6.49}$$

Weist das zu identifizierende System weder für kleine noch für große Frequenzen eine konstante Verstärkung auf, wie z. B. das System aus Abb. 6.15, so betrachten wir zur Bestimmung von V den Amplitudengang an einer Kennfrequenz, in diesem Fall bei $\omega_k = 50$. An dieser Stelle müssen wir allerdings den tatsächlichen Wert ablesen und dürfen nicht die Asymptoten betrachten, so dass die gemessene Verstärkung hier $20\,\text{dB} - 3\,\text{dB} = 10/\sqrt{2}$ beträgt. Aus (6.48) folgt

$$|G(\omega = \omega_k)| = \left| \frac{V \cdot j\omega_k}{1 + \frac{j\omega_k}{\omega_k}} \right| = \frac{V \cdot |j\,50|}{|1 + j|} = \frac{V \cdot 50}{\sqrt{2}} \overset{!}{=} \frac{10}{\sqrt{2}}\,. \tag{6.50}$$

Für V erhalten wir daraus dasselbe Ergebnis wie mit der Grenzwertbetrachtung.

6.5 Komplexe Signale und Systeme im Zeit- und Frequenzbereich

Wir sind gewohnt, Frequenzgänge bzw. Signalspektren komplex darzustellen, um die darin enthaltenen unabhängigen Sinus- und Cosinus-Anteile bzw. das Betrags- und Phasenspektrum gemeinsam zu beschreiben, was deren mathematische Handhabung deutlich vereinfacht. Hingegen wurden Zeitsignale bisher stets als physikalisch messbare und damit rein reelle Größen angenommen. Betrachtet man allerdings Bandpass-Signale, so werden wir im folgenden Abschnitt sehen, dass sich diese im Zeitbereich mathematisch durch komplexe

[12] Falls die Minimalphasigkeit eines Systems nicht angenommen werden kann, muss zur eindeutigen Identifikation von $G(\omega)$ neben dem Amplitudengang auch der Phasengang aus einer Messung vorliegen.

Tiefpass-Signale ersetzen lassen. Dieser Ansatz erlaubt eine einfache Signaldarstellung sowie Realisierung von Bandpassfiltern, und auch die komplexe Wechselstromrechnung in der Elektrotechnik nutzt dieses Konzept.

6.5.1 Beschreibung von Bandpass-Signalen durch äquivalente Tiefpass-Signale

Ausgangspunkt ist ein BP-Signal $s_{BP}(t)$, das aus einem Cosinus-Signal als sogenannter Träger besteht, der mit dem Betrag eines TP-Signals $s(t)$ multipliziert wird, den wir als Hüllkurve bezeichnen. Zusätzlich kann auch die Zeitlage des Trägers durch einen i. Allg. zeitabhängigen Phasenwinkel $\varphi_s(t)$ verändert werden[13]

$$s_{BP}(t) \;=\; |s(t)| \cdot \cos(\omega_0 t + \varphi_s(t)) \,. \tag{6.51}$$

BP-Signale werden häufig zur Übertragung von Nachrichten verwendet, wobei die Information – z. B. ein Musiksignal oder digitale Daten – entweder die Amplitude der Hüllkurve oder den Phasenwinkel beeinflussen. Der erste Fall wird *Amplitudenmodulation* genannt, während man letzteres als *Winkelmodulation* bezeichnet. Winkelmodulation umfasst wiederum die beiden Varianten *Phasenmodulation*, bei der $\varphi_s(t)$ proportional zum Informationssignal verändert wird, und *Frequenzmodulation*, bei der das zu übertragende Signal der zeitlichen Ableitung der Phase und damit einer Veränderung der Trägerfrequenz proportional zum Nutzsignal entspricht. Phasenmodulation – oft in Kombination mit Amplitudenmodulation – wird insbesondere bei digitalen Übertragungsverfahren verwendet, vergleiche Abschn. 10.2.3, während Frequenzmodulation z. B. im analogen UKW-Bereich zum Einsatz kommt[14] [20].

Gl. (6.51) wird nun durch komplexe Schreibweise derart umgeformt, dass sich die Hüllkurve $|s(t)|$ und der Winkel $\varphi_s(t)$ zu einem komplexen Signal $s(t)$ zusammenfassen lassen

$$\begin{aligned} s_{BP}(t) &= \operatorname{Re}\left\{|s(t)| \cdot \mathrm{e}^{j(\omega_0 t + \varphi_s(t))}\right\} = \operatorname{Re}\left\{|s(t)| \cdot \mathrm{e}^{j\varphi_s(t)} \cdot \mathrm{e}^{j\omega_0 t}\right\} \\ &= \operatorname{Re}\left\{s(t) \cdot \mathrm{e}^{j\omega_0 t}\right\} \quad \text{mit} \quad s(t) = |s(t)| \cdot \mathrm{e}^{j\varphi_s(t)} \,. \end{aligned} \tag{6.52}$$

Man nennt $s(t)$ das äquivalente TP-Signal von $s_{BP}(t)$, denn es enthält bis auf die konstante Trägerfrequenz sämtliche Informationen von $s_{BP}(t)$. Das Signal $s(t)$ kann in Real- und Imaginärteil zerlegt werden, die als $I_s(t)$ und $Q_s(t)$ definiert und Basisbandsignale genannt

[13] Die Betragsbildung führt hierbei zu keinem Informationsverlust, da negative Werte äquivalent durch einen zusätzlichen Phasenwinkel von $+\pi$ oder $-\pi$ berücksichtigt werden können.

[14] Eine Verbindung aus Amplituden- und Phasenmodulation kommt z. B. im Mobilfunk als sogenannte *Quadratur-Amplitudenmodulation* (QAM) zum Einsatz, wobei aufeinander folgende Bits Symbole bilden, die mit der Baudrate übertragen werden und jeweils eindeutig einer Kombination aus Phasenwinkel und Amplitude zugeordnet sind.

werden, wobei $I_s(t)$ als In-Phase-Komponente und $Q_s(t)$ als Quadraturkomponente bezeichnet wird[15]

$$\begin{aligned} s(t) &= \text{Re}\{s(t)\} + j\,\text{Im}\{s(t)\} \\ &= |s(t)| \cdot \cos(\varphi_s(t)) + j\,|s(t)| \cdot \sin(\varphi_s(t)) \;:=\; I_s(t) + j\,Q_s(t)\,. \end{aligned} \tag{6.53}$$

Mit der eulerschen Formel lässt sich damit $s_{BP}(t)$ als Summe zweier reeller Signale darstellen

$$\begin{aligned} s_{BP}(t) &= \text{Re}\{(I_s(t) + j\,Q_s(t)) \cdot (\cos(\omega_0 t) + j\sin(\omega_0 t))\} \\ &= I_s(t) \cdot \cos(\omega_0 t) - Q_s(t) \cdot \sin(\omega_0 t)\,. \end{aligned} \tag{6.54}$$

Diese Zerlegung hat große technische Bedeutung, denn sie erlaubt eine einfache Realisierung von BP-Signalen aus den Basisbandsignalen, die jeweils mit zwei um 90° zueinander verschobenen Trägersignalen multipliziert werden. $I_s(t)$ und $Q_s(t)$ können dabei direkt vorgegeben werden, oder sie lassen sich aus gewünschter Hüllkurve und Phasenwinkel nach (6.53) erzeugen.

Abb. 6.19a zeigt ein entsprechendes System zur Erzeugung des BP-Signals $s_{BP}(t)$ mit der Trägerkreisfrequenz $\omega_0 = 2\pi f_0$ aus den Basisbandsignalen $I_s(t)$ und $Q_s(t)$, die dem Real- und Imaginärteil eines vorgegebenen komplexen TP-Signals $s(t)$ entsprechen. Dazu werden $I_s(t)$ und $Q_s(t)$ jeweils mit dem Trägersignal $\cos(\omega_0 t)$ bzw. $-\sin(\omega_0 t)$ multipliziert und diese Teilsignale dann aufaddiert. Die Verschiebung von Signalen in einen höheren Frequenzbereich durch Multiplikation mit Trägersignalen wird elektronische Mischung in Aufwärtsrichtung genannt.

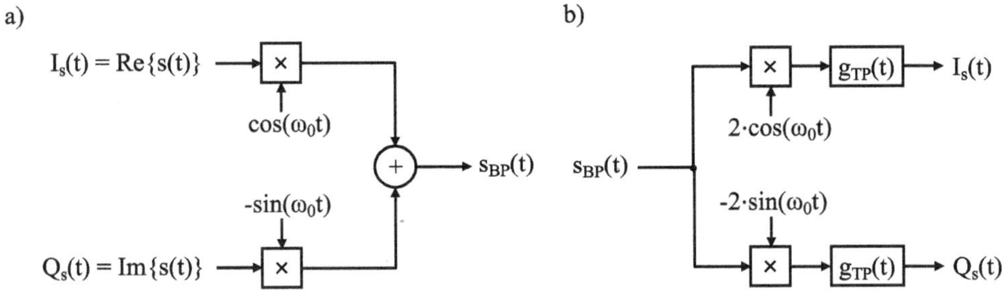

Abb. 6.19 Realisierung eines Bandpass-Signals $s_{BP}(t)$ aus seinen Basisbandsignalen $I_s(t)$ und $Q_s(t)$ durch Multiplikation mit Trägersignalen (**a**); Erzeugung der Basisbandsignale aus einem Bandpass-Signal durch Multiplikation mit Trägersignalen und anschließender TP-Filterung

[15] Man beachte, dass die Basisbandsignale im Gegensatz zu anderen Zeitsignalen – wie auch in der Literatur üblich – mit großen Buchstaben bezeichnet werden.

Eine Mischung kann auch in Abwärtsrichtung erfolgen, um die Basisbandsignale bzw. das komplexe TP-Signal $s(t)$ mit den darin enthaltenen Informationen zurückzugewinnen. Dazu erfolgt eine Multiplikation von $s_{BP}(t)$ mit denselben Trägersignalen, wie in Abb. 6.19b dargestellt ist. Zwei zusätzliche Tiefpassfilter mit der Stoßantwort $g_{TP}(t)$ dienen hierbei nach der Mischung zur Unterdrückung von störenden Signalanteilen mit der doppelten Trägerfrequenz.

Um dies zu verstehen, multiplizieren wir zunächst $s_{BP}(t)$ nach (6.54) mit $\cos(\omega_0 t)$ und $\sin(\omega_0 t)$

$$s_{BP}(t) \cdot \cos(\omega_0 t) = I_s(t) \cdot \cos^2(\omega_0 t) - Q_s(t) \cdot \sin(\omega_0 t) \cos(\omega_0 t) \,, \tag{6.55}$$

$$s_{BP}(t) \cdot \sin(\omega_0 t) = I_s(t) \cdot \sin(\omega_0 t) \cos(\omega_0 t) - Q_s(t) \cdot \sin^2(\omega_0 t) \,. \tag{6.56}$$

und wenden die folgenden Additionstheoreme mit $\alpha = \omega_0 t$ an

$$\cos^2(\alpha) = \tfrac{1}{2}(1 - \cos(2\alpha)) \qquad \sin(\alpha)\cos(\alpha) = \tfrac{1}{2}\sin(2\alpha) \qquad \sin^2(\alpha) = \tfrac{1}{2}(1 + \cos(2\alpha)) \,.$$

Die Terme mit 2α fallen aufgrund der angenommenen Tiefpassfilterung, d. h. durch Faltung mit $g_{TP}(t)$ weg, so dass wir für die Basisbandsignale $I_s(t)$ und $Q_s(t)$ erhalten

$$I_s(t) = 2 \cdot [s_{BP}(t) \cdot \cos(\omega_0 t)] * g_{TP}(t) \,, \tag{6.57}$$

$$Q_s(t) = -2 \cdot [s_{BP}(t) \cdot \sin(\omega_0 t)] * g_{TP}(t) \,. \tag{6.58}$$

Für das äquivalente TP-Signal gilt damit

$$s(t) = I_s(t) + j\, Q_s(t) = 2 \cdot \left[s_{BP}(t) \cdot \mathrm{e}^{-j\omega_0 t} \right] * g_{TP} \,. \tag{6.59}$$

Die Umwandlung von $s_{BP}(t)$ in die Basisbandsignale und deren Zusammenhang mit dem äquivalenten komplexen TP-Signal $s(t)$ lässt sich auch übersichtlich im Frequenzbereich darstellen. Abb. 6.20a zeigt dazu zunächst das zu einem Bandpasssignal $s_{BP}(t)$ korrespondierende Spektrum $S_{BP}(\omega)$ mit der Bandbreite $\Delta\omega$, aufgeteilt in Real- und Imaginärteil. Da $s_{BP}(t)$ ein reelles Zeitsignal ist, folgt nach (3.11), dass der Realteil des Spektrums immer eine gerade und der Imaginärteil eine ungerade Funktion ist. Aus (6.57) erhalten wir mit (3.55) und dem Faltungstheorem direkt das Spektrum $I_s(\omega)$ von $I_s(t)$, wobei $G_{TP}(\omega)$ zu $g_{TP}(t)$ korrespondiert

$$I_s(t) \circ\!\!-\!\!\bullet\; I_s(\omega) = [S_{BP}(\omega + \omega_0) + S_{BP}(\omega - \omega_0)] \cdot G_{TP}(\omega) \,. \tag{6.60}$$

Für die Fourier-Transformation von $Q_s(t)$ in (6.58) verwenden wir das Multiplikationstheorem (3.53), das bekannte Spektrum von $\sin(\omega_0 t)$ nach (3.40), sowie (2.56) im Frequenzbereich

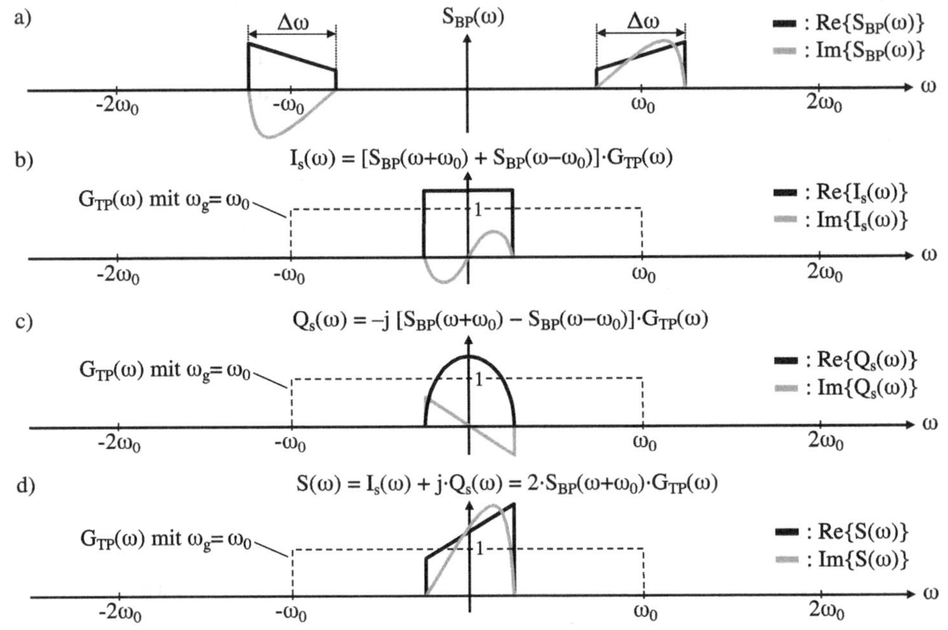

Abb. 6.20 Darstellung der Real- und Imaginärteile der Spektren von Signalen, die bei der Verarbeitung eines BP-Signals $s_{BP}(t)$ auftreten; Spektrum $S_{BP}(\omega)$ des Signals mit der Bandbreite $\Delta\omega$ und Trägerkreisfrequenz ω_0 (**a**); Spektren der Basisbandsignale $I_s(\omega)$ (**b**) und $Q_s(\omega)$ (**c**) sowie Spektrum des äquivalenten TP-Signals $S(\omega)$ (**d**), jeweils nach Tiefpassfilterung mit $G_{TP}(\omega)$

$$
\begin{aligned}
Q_s(t) \circ\!\!-\!\!\bullet\; Q_s(\omega) &= \left[-2\cdot\tfrac{1}{2\pi}\cdot S_{BP}(\omega) * j\pi\cdot(\delta(\omega+\omega_0) - \delta(\omega-\omega_0))\right]\cdot G_{TP}(\omega)\\
&= -j\cdot\left[S_{BP}(\omega+\omega_0) - S_{BP}(\omega-\omega_0)\right]\cdot G_{TP}(\omega)\,. \qquad (6.61)
\end{aligned}
$$

In den Teilgrafiken 6.20b und c sind die Spektren $I_s(\omega)$ und $Q_s(\omega)$ dargestellt, die sich nach (6.60) und (6.61) aus den beiden um $\pm\omega_0$ verschobenen und anschließend addierten bzw. subtrahierten Frequenzbändern von $S_{BP}(\omega)$ zusammensetzen. Durch die gestrichelt eingetragenen Frequenzgänge $G_{TP}(\omega)$ der beiden Tiefpässe werden die durch die Mischung und dadurch bedingte Frequenzverschiebung zunächst entstehenden Frequenzbänder bei $\pm 2\omega_0$ herausgefiltert und sind daher nicht dargestellt. Diese Tiefpässe müssen dazu eine Grenzfrequenz von $\omega_g = \omega_0$ aufweisen, um eine Überlappung dieser hochfrequenten Signalanteile mit dem TP-Signal auch bei der maximalen Bandbreite $\Delta\omega = 2\omega_0$ zu verhindern[16]. Die Letzte Teilgrafik Abb. 6.20d zeigt $S(\omega)$, das Spektrum des äquivalenten TP-Signals $s(t)$, das

[16] Für die Unterdrückung von Signalanteilen mit doppelter Trägerfrequenz nehmen wir nach der Abwärtsmischung ideale Tiefpässe entsprechend (3.51) mit $G_{TP}(|\omega| \leq \omega_g) = 1$ an; für Tiefpässe mit endlicher Flankensteilheit muss ω_g abhängig von der Filterordnung so festgelegt werden, dass alle Anteile mit $|\omega| \geq \omega_0$ hinreichend gedämpft sind.

sich durch Transformation von (6.53) und Einsetzen von (6.60) sowie (6.61) mit $j^2 = -1$ ergibt

$$\begin{aligned} S(\omega) &= I_s(\omega) + j\,Q_s(\omega) \\ &= (S_{BP}(\omega+\omega_0) + S_{BP}(\omega-\omega_0) - j^2 \cdot [S_{BP}(\omega+\omega_0) - S_{BP}(\omega-\omega_0)]) \cdot G_{TP}(\omega) \\ &= 2 \cdot S_{BP}(\omega+\omega_0) \cdot G_{TP}(\omega)\,. \end{aligned} \tag{6.62}$$

$S(\omega)$ entspricht damit dem mit Faktor zwei skalierten oberen Frequenzband des Bandpass-Signals und enthält damit bis auf die Trägerfrequenz dieselben Informationen wie $S_{BP}(\omega)$. Real- und Imaginärteil von $S(\omega)$ sind allerdings nicht symmetrisch, was eine gleichwertige Aussage zu der Definition von $s(t)$ in (6.53) als komplexes Zeitsignal ist.

6.5.2 Realisierung von Bandpass-Systemen im Tiefpassbereich

Die Möglichkeit, BP-Signale durch äquivalente TP-Signale darzustellen, legt es nahe, auch die Filterung von BP-Signalen im Tiefpassbereich durchzuführen, und die dabei entstehenden Ausgangssignale durch anschließende Aufwärtsmischung wieder in den BP-Bereich zu verschieben. Dazu können wir ein BP-System mit der reellen Stoßantwort $g_{BP}(t)$ ebenfalls durch sein äquivalentes TP-Signal $g(t)$ ersetzen, das sich analog zu (6.53), (6.57) und (6.58) aus den beiden Basisbandsignalen $I_g(t)$ und $Q_g(t)$ zusammensetzt und aus $g_{BP}(t)$ bestimmt werden kann

$$g(t) = I_g(t) + j\,Q_g(t) = 2 \cdot [g_{BP}(t) \cdot \cos(\omega_0 t) - j \cdot g_{BP}(t) \cdot \sin(\omega_0 t)] * g_{TP}(t)\,. \tag{6.63}$$

Umgekehrt kann auch aus $I_g(t)$ und $Q_g(t)$ entsprechend (6.54) die Stoßantwort des BP-Filters ermittelt werden

$$g_{BP}(t) = I_g(t) \cdot \cos(\omega_0 t) - Q_g(t) \cdot \sin(\omega_0 t)\,. \tag{6.64}$$

Für den Frequenzgang des äquivalenten Filters im TP-Bereich, d. h. für das Spektrum $G(\omega)$ gilt dann abhängig vom Frequenzgang $G_{BP}(\omega)$ des BP-Filters analog zu (6.62)

$$G(\omega) = 2 \cdot G_{BP}(\omega+\omega_0) \cdot G_{TP}(\omega)\,. \tag{6.65}$$

Anstatt also ein BP-Signal $s_{BP}(t)$ über einen Bandpass mit der Stoßantwort $g_{BP}(t)$ zu übertragen, wodurch am Ausgang $y_{BP}(t)$ entsteht, bestimmen wir das zu $y_{BP}(t)$ äquivalente TP-Signal $y(t)$, und bilden daraus $y_{BP}(t)$ analog zu Abb. 6.19a.

$$y_{BP}(t) = s_{BP}(t) * g_{BP}(t) = \mathrm{Re}\left\{y(t) \cdot \mathrm{e}^{j\omega_0 t}\right\}\,. \tag{6.66}$$

Hierbei ergibt sich $y(t)$ durch Faltung von $s(t)$ mit $g(t)$, bzw. das Spektrum $Y(\omega)$ durch Multiplikation von $S(\omega)$ mit $G(\omega)$, jeweils mit einem zusätzlichen Faktor $\frac{1}{2}$ multipliziert

$$y(t) = \tfrac{1}{2}\, s(t) * g(t) \quad \circ\!\!-\!\!\bullet \quad Y(\omega) = \tfrac{1}{2}\, S(\omega) \cdot G(\omega)\,. \tag{6.67}$$

Dieser Faktor erklärt sich durch folgende Überlegung: Möchte man ein ideales Bandpassfilter realisieren, so muss dieses im Bereich $\Delta\omega$ um $\pm\omega_0$ den Frequenzgang $G_{BP}(\omega) = 1$ aufweisen, damit $Y_{BP}(\omega) = S_{BP}(\omega) \cdot G_{BP}(\omega) = S_{BP}(\omega)$ gilt. Zu diesem System korrespondiert aber nach (6.65) und mit $G_{TP}(\omega) = 1$ der Frequenzgang $G(\omega) = 2$. Damit eine Realisierung im Tiefpassbereich äquivalent ist, muss auch $Y(\omega) = S(\omega)$ gelten und daher in (6.67) der Wert $\frac{1}{2}$ ergänzt werden, der aufgrund der Linearität der Faltung auch für beliebige andere Systeme gültig ist.

Zerlegen wir die Signale $s(t)$ und $g(t)$ in ihre Basisbandsignale $I_s(t)$, $I_g(t)$, $Q_s(t)$ und $Q_g(t)$, so können wir mit (6.67) auch $I_y(t)$ und $Q_y(t)$ durch reelle mathematische Operationen, d. h. mit physikalisch realisierbaren Filtern bestimmen. Dazu teilen wir das Faltungsprodukt in vier einzelne Faltungsprodukte auf und trennen dann Real- und Imaginärteil voneinander, die jeweils $I_y(t)$ bzw. $Q_y(t)$ entsprechen

$$\begin{aligned} y(t) &= \tfrac{1}{2}\,[I_s(t) + j\,Q_s(t)] \, * \, [I_g(t) + j\,Q_g(t)] \\ &= \underbrace{[\tfrac{1}{2}\,I_s(t) * I_g(t) - \tfrac{1}{2}\,Q_s(t) * Q_g(t)]}_{I_y(t)} \; + \; j\,\underbrace{[\tfrac{1}{2}\,I_s(t) * Q_g(t) + \tfrac{1}{2}\,Q_s(t) * I_g(t)]}_{Q_y(t)}\,. \end{aligned} \tag{6.68}$$

Abb. 6.21 zeigt die Realisierung eines BP-Filters im TP-Bereich mit einer beliebig wählbaren Stoßantwort $g_{BP}(t)$. Die durch Abwärtsmischung von $s_{BP}(t)$ und TP-Filterung gebildeten Basisbandsignale $I_s(t)$ und $Q_s(t)$ werden entsprechend (6.68) mit $I_g(t)$ und $Q_g(t)$ gefaltet,

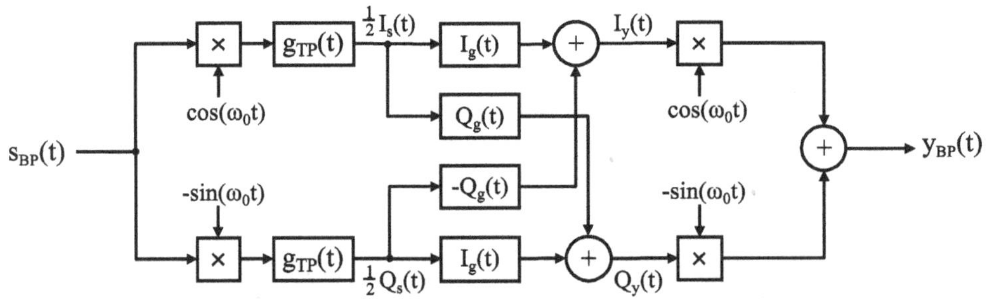

Abb. 6.21 Realisierung eines Bandpassfilters im Tiefpassbereich. Das Eingangssignal $s_{BP}(t)$ wird dazu in seine Basisbandsignale $I_s(t)$ und $Q_s(t)$ zerlegt und diese mit den Stoßantworten $I_g(t)$ und $Q_g(t)$ des Filters gefaltet; anschließend werden die daraus gebildeten Basisbandsignale $I_y(t)$ und $Q_y(t)$ durch Aufwärtsmischung und Addition in das Bandpasssignal $y_{BP}(t)$ gewandelt

und nach Bildung der Basisbandsignale $I_y(t)$ und $Q_y(t)$ ergibt dann eine Aufwärtsmischung das Ausgangssignal $y_{BP}(t)$[17].

Die gewünschte Charakteristik des Bandpassfilters kann im TP-Bereich durch Vorgabe von $G(\omega)$ beliebig eingestellt werden, und die zugehörigen Stoßantworten $I_g(t)$ und $Q_g(t)$ werden dann durch inverse Fourier-Transformation von $G(\omega)$ und anschließender Zerlegung in Real- und Imaginärteil gebildet[18]. Dabei kann auf die zusätzlichen TP-Filter mit $G_{TP}(\omega)$ verzichtet werden, falls die Bedingung $G(|\omega| \geq \omega_0) = 0$ erfüllt ist.

Der Realisierungsaufwand eines Bandpassfilters im TP-Bereich verringert sich deutlich, sofern das gewünschte BP-Spektrum $G_{BP}(\omega)$ symmetrisch zu ω_0 ist und damit Real- bzw. Imaginärteil von $G(\omega)$ eine gerade bzw. ungerade Funktion bilden. In diesem Fall ist $g(t)$ rein reell, so dass nach (6.63) die Signalpfade in Abb. 6.21 mit der Quadraturkomponente $Q_g(t)$ entfallen.

Die Realisierung von Bandpassfiltern im Tiefpassbereich bietet den wesentlichen Vorteil, dass durch Variation der Trägerfrequenz der Durchlassbereich des Filters sehr einfach verändert werden kann, um z. B. mit einem Radioempfänger einen gewünschten Sender aus einem Breitbandspektrum auszublenden, ohne das äquivalente TP-System zu verändern, das dadurch in hoher Güte ausgeführt werden kann. Wir werden später sehen, dass sich dieses Konzept im Digitalbereich besonders einfach umsetzen lässt, da dort komplexe Signale verarbeitet werden können.

Als Anwendungsbeispiel wollen wir ein äquivalentes TP-System $g(t)$ angeben, welches das in Abb. 6.3 gezeigte BP-Signal $y_{BP}(t)$ aus dem dort ebenfalls dargestellten Eingangssignal $s_{BP}(t)$ erzeugt. Letzteres wird durch Gl. (6.14) beschrieben, und wir können daraus mit (6.52) das äquivalente TP-Signal zu $s(t) = |s(t)|$ entnehmen. Das Ausgangssignal $y_{BP}(t)$ nach (6.19) entspricht $s_{BP}(t)$ bis auf eine Verzögerung der Hüllkurve um t_{gr} und des Trägers um t_{ph}, so dass wir auch dessen äquivalentes TP-Signal angeben können, das sich aber nach (6.67) auch als Faltungsprodukt aus $s(t)$ mit $g(t)$ darstellen lässt

$$y(t) \;=\; s(t - t_{gr}) \cdot \mathrm{e}^{-j\omega_0 \cdot t_{ph}} \;=\; \tfrac{1}{2}\, s(t) * g(t)\;. \tag{6.69}$$

Da sich die verschobene Hüllkurve als Faltungsprodukt mit $s(t - t_{gr}) = s(t) * \delta(t - t_{gr})$ schreiben lässt, folgt aus (6.69) unmittelbar die gesuchte Stoßantwort $g(t)$ als verschobener Dirac-Stoß mit komplexem Gewicht

$$g(t) \;=\; 2 \cdot \delta(t - t_{gr}) \cdot \mathrm{e}^{-j\omega_0 \cdot t_{ph}}\;. \tag{6.70}$$

---

[17] Der bei der Faltung auftretende Faktor $\frac{1}{2}$ kompensiert dabei die Konstante 2 bei der Abwärtsmischung nach (6.57) und (6.58), so dass bei einer Realisierung des Filters nach Abb. 6.21 beide Multiplikationen entfallen können.

[18] Insbesondere lassen sich auch unsymmetrische Frequenzgänge $G(\omega)$ realisieren, so dass z. B. alle negativen Frequenzanteile eines TP-Signals $S(\omega)$ gesperrt werden und $Y_{BP}(\omega)$ dann nur im Frequenzbereich $|\omega| \geq \omega_0$ existiert; man spricht in diesem Fall von Einseitenbandmodulation, die besonders spektrum- und energieeffizient ist [42].

Dieses System entspricht einem idealen Laufzeitglied für BP-Signale, das gleichzeitig die Phasenlage des Trägers verändert. Derartige Systeme werden in der Nachrichtentechnik verwendet, um die Übertragung elektromagnetischer Wellen zwischen Sende- und Empfangsantenne über einen sogenannten Kanal zu modellieren. Die hochfrequenten Signale erreichen dabei den Empfänger wegen fehlender Sichtverbindung häufig nur über Reflexionen, z. B. an Häusern oder Bäumen, wobei jeweils ein Phasensprung des Trägers auftreten kann. Reale Kanäle bestehen dann aus einer Vielzahl zueinander verschobener Dirac-Stöße mit jeweils individuellem Gewicht, wobei aufgrund der phasenverschobenen Überlagerungen ortsabhängig Interferenzen entstehen, die lokal zu Auslöschungen – umgangssprachlich Funkschatten oder Funklöchern – führen können.

6.5.3 Komplexe Wechselstromrechnung und Frequenzgang

In der Elektrotechnik wird die komplexe Wechselstromrechnung verwendet, um bei Einprägung eingeschwungener sinusförmiger Spannungen oder Ströme in lineare elektrische Netzwerke sämtliche im Netzwerk auftretenden Ströme und Spannungen mit geringem Aufwand zu bestimmen, ohne Differentialgleichungen lösen zu müssen. Grundlage dieses Ansatzes ist die Definition komplexer Wechselgrößen $u_c(t)$ und $i_c(t)$, wobei die physikalisch wirkenden reellen Größen $u(t)$ und $i(t)$ so erweitert werden, dass sie sich mittels komplexer e-Funktionen schreiben lassen[19]

$$u_c(t) = \sqrt{2} \cdot U_{eff} \cdot [\cos(\omega t + \varphi_u) + j \cdot \sin(\omega t + \varphi_u)] = \sqrt{2} \cdot U_{eff} \cdot e^{j\varphi_u} \cdot e^{j\omega t} , \tag{6.71}$$

$$i_c(t) = \sqrt{2} \cdot I_{eff} \cdot [\cos(\omega t + \varphi_i) + j \cdot \sin(\omega t + \varphi_i)] = \sqrt{2} \cdot I_{eff} \cdot e^{j\varphi_i} \cdot e^{j\omega t} . \tag{6.72}$$

Jede komplexe Wechselgröße wird in diesen Gleichungen durch ihren Effektivwert U_{eff} bzw. I_{eff} und ihre Phasenlage φ_u bzw. φ_i charakterisiert, weshalb wir diese Werte zu sogenannten komplexen Strom- bzw. Spannungszeigern zusammenfassen[20]

$$U = U_{eff} \cdot e^{j\varphi_u} , \tag{6.73}$$

$$I = I_{eff} \cdot e^{j\varphi_i} . \tag{6.74}$$

[19] In der komplexen Wechselstromrechnung zeigt üblicherweise ein Unterstrich komplexe Größen an. Wir verzichten hier auf diese spezielle Kennzeichnung, um eine Verwechslung mit vektoriellen Größen zu vermeiden.

[20] Der Effektivwert eines sinusförmigen Signals mit dem $\hat{s}$ folgt aus (2.8), denn er entspricht der Wurzel aus der mittleren Leistung, also $\hat{s}$ geteilt durch $\sqrt{2}$ und damit einem äquivalenten Gleichsignal derselben Leistung; Effektivwerte müssen daher mit $\sqrt{2}$ multipliziert werden, um die Scheitelwerte zu erhalten.

Diese Zeiger enthalten keine Zeitabhängigkeit und definieren quasi den eingefrorenen Zustand zum Zeitpunkt $t = 0$ aller im Netz auftretenden Ströme und Spannungen, da dann $e^{j\omega t} = 1$ gilt. Mit den Ergebnissen aus Abschn. 6.5.1 können wir komplexe Zeiger auch als äquivalente komplexe TP-Signale von BP-Signalen interpretieren, die eine konstante Einhüllende aufweisen.

Die physikalisch wirkenden Wechselspannungen bzw. -ströme erhalten wir dann als Imaginärteile der komplexen Größen abhängig von den komplexen Zeigern und der Kreisfrequenz ω

$$u(t) = \sqrt{2} \cdot U \cdot \sin(\omega t + \varphi_u)] = \mathrm{Im}\{u_c(t)\} = \mathrm{Im}\left\{\sqrt{2} \cdot U \cdot e^{j\omega t}\right\}, \tag{6.75}$$

$$i(t) = \sqrt{2} \cdot I \cdot \sin(\omega t + \varphi_i)] = \mathrm{Im}\{i_c(t)\} = \mathrm{Im}\left\{\sqrt{2} \cdot I \cdot e^{j\omega t}\right\}. \tag{6.76}$$

Mit diesen Definitionen können wir jetzt die in linearen Ersatzschaltbildern vorkommenden ohmschen Widerstände R, Spulen mit der Induktivität L sowie Kondensatoren mit der Kapazität C durch komplexe Widerstände Z_R, Z_L und Z_C ersetzen. Bei einem ohmschen Widerstand R gilt für beliebige Zeitverläufe von Strom und Spannung immer das ohmsche Gesetz, so dass sich als komplexer Widerstand ebenfalls R ergibt (Abb. 6.22)

$$u(t) = R \cdot i(t) = \mathrm{Im}\{\sqrt{2} \cdot \underbrace{R \cdot I}_{U} \cdot e^{j\omega t}\} \quad \Rightarrow \quad Z_R = \frac{U}{I} = R\,. \tag{6.77}$$

Bei einer idealen Spule folgt aus den magnetischen Feldgleichungen, dass die an ihr abfallende Spannung proportional zur Ableitung des durch sie fließenden Stromes nach der Zeit ist mit der Induktivität L als Proportionalitätsfaktor, so dass wir Z_L durch Ableitung von $i(t)$ nach (6.76) erhalten, indem wir durch Vergleich mit (6.75) die Identität $U = j\omega L \cdot I$ ablesen

$$\begin{aligned} u(t) &= L \cdot \frac{di(t)}{dt} = \frac{d}{dt}\,\mathrm{Im}\{\sqrt{2} \cdot L \cdot I \cdot e^{j\omega t}\} \\ &= \mathrm{Im}\{\sqrt{2} \cdot \underbrace{j\omega L \cdot I}_{U} \cdot e^{j\omega t}\} \quad \Rightarrow \quad Z_L = \frac{U}{I} = j\omega L\,. \end{aligned} \tag{6.78}$$

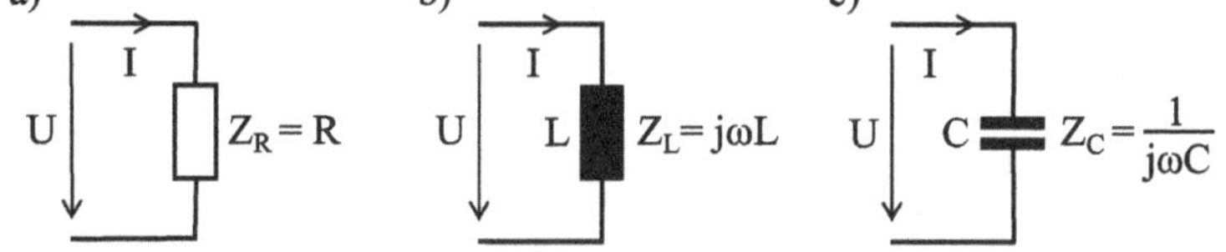

Abb. 6.22 Ohmscher Widerstand R (**a**), Spule mit Induktivität L (**b**) sowie Kondensator mit Kapazität C (**c**), wobei in komplexer Schreibweise das verallgemeinerte ohmsche Gesetz $U = I \cdot Z$ gilt mit den komplexen Widerständen $Z = Z_R$, $Z = Z_L$ oder $Z = Z_C$

Für einen idealen Kondensator ergibt sich durch Anwendung der elektrischen Feldgleichungen, dass der durch ihn fließende Strom proportional zur zeitlichen Änderung der an ihm abfallenden Spannung ist mit der Kapazität C als Proportionalitätsfaktor, woraus mit (6.75) für Z_C folgt

$$\begin{aligned} i(t) &= C \cdot \frac{du(t)}{dt} = \frac{d}{dt}\,\mathrm{Im}\{\sqrt{2} \cdot C \cdot U \cdot \mathrm{e}^{j\omega t}\} \\ &= \mathrm{Im}\{\sqrt{2} \cdot \underbrace{j\omega C \cdot U}_{I} \cdot \mathrm{e}^{j\omega t}\} \quad \Rightarrow \quad Z_C = \frac{U}{I} = \frac{1}{j\omega C}\,. \end{aligned} \tag{6.79}$$

Damit können wir in der komplexen Schreibweise Spulen und Kondensatoren durch ein verallgemeinertes ohmsches Gesetz mit komplexen Widerständen entsprechend (6.78) und (6.79) äquivalent berücksichtigen. Außerdem ersetzen wir alle im Netzwerk auftretenden Ströme und Spannungen einschließlich der mit Strom- und Spannungsquellen eingeprägten Größen durch komplexe Zeiger wie oben definiert, wobei die Zeitabhängigkeit ignoriert werden darf. Anschließend können wir die abhängigen Ströme und Spannungen bestimmen, wobei sämtliche für Gleichstromnetze bekannten Berechnungsverfahren anwendbar sind, siehe z. B. [48]. Benötigen wir den zeitlichen Verlauf einer beliebigen Wechselgröße im Netzwerk, der immer sinusförmig ist, weil das System linear ist und die Quellen nur sinusförmige Ströme bzw. Spannungen einprägen, so können wir diese Zeitsignale aus dem zugehörigen komplexen Zeiger U bzw. I mittels (6.75) bzw. (6.76) ermitteln[21]. Bei der komplexen Wechselstromrechnung wie auch beim Frequenzgang setzen wir eingeschwungene sinusförmige Signale voraus. Deshalb können wir den Frequenzgang und damit die Übertragungsfunktion eines beliebigen Systems, welches durch ein lineares Ersatzschaltbild gegeben ist, mit wenig Aufwand direkt im Frequenzbereich bestimmen ohne vorherige Modellbildung im Zeitbereich, d. h. ohne Aufstellung von Differenzialgleichungen. Dazu definieren wir jeweils einen der auftretenden Strom- bzw. Spannungszeiger als Ein- und Ausgangssignal und ermitteln einen Ausdruck für den Quotienten aus beiden abhängig von ω, der definitionsgemäß dem Frequenzgang des betrachteten Systems entspricht.

Als Beispiel für die Anwendung der komplexen Wechselstromrechnung betrachten wir die in Abb. 6.23 dargestellte Schaltung. Als Ausgangssignal wählen wir die Spannung U_2, die wir abhängig von der Eingangsspannung U_1 berechnen wollen. Das Verhältnis beider Spannungen, die sogenannte Spannungsverstärkung V_U als Funktion der Kreisfrequenz ω, können wir mit der Spannungsteilerregel als Verhältnis der komplexen Widerstände angeben, an denen die Spannungen U_1 bzw. U_2 jeweils abfallen

[21] Hierbei ist zu beachten, dass sämtliche gleichzeitig eingeprägten Ströme und Spannungen bei komplexer Rechnung immer dieselbe Frequenz aufweisen müssen. Sind in einem Netzwerk Quellen unterschiedlicher Frequenz enthalten, muss die komplexe Lösung einzeln für jede Frequenz erfolgen, und die jeweils ermittelten Ströme bzw. Spannungen dürfen erst nach Rückumwandlung in den Zeitbereich überlagert werden.

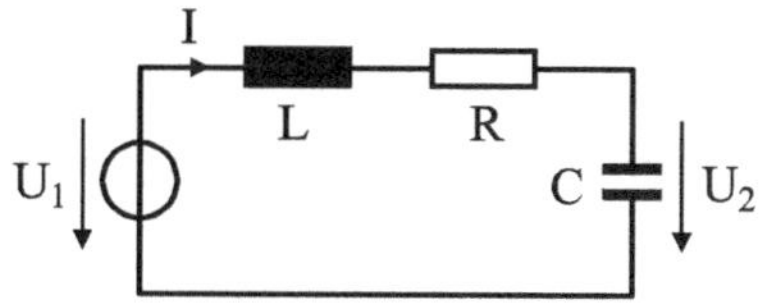

Abb. 6.23 Unbelasteter komplexer Spannungsteiler als Beispiel zur Bestimmung des Frequenzgangs eines Systems mittels komplexer Wechselstromrechnung

$$V_U(\omega) = \frac{U_2(\omega)}{U_1(\omega)} = \frac{1/(j\omega C)}{1/(j\omega C) + R + j\omega L} = \frac{1}{1 + j\omega RC + (j\omega)^2 LC}, \tag{6.80}$$

und für die zugehörige Übertragungsfunktion erhalten wir daraus

$$V_U(s) = V_U(\omega)|_{j\omega=s} = \frac{1}{1 + sRC + s^2 LC}. \tag{6.81}$$

Anhand von $V_U(s)$ lassen sich wie im Kap. 5 gezeigt die Systemeigenschaften ablesen oder Ausgangssignale auch bei Übertragung beliebiger nicht-sinusförmiger Eingangssignale berechnen. Als Übertragungsfunktion kann dabei ein beliebiges Verhältnis zweier Signale definiert werden. Aus Abb. 6.23 lässt sich z. B. auch der Strom I abhängig von U_1 ablesen, so dass man in diesem Fall als Übertragungsfunktion den Leitwert $Y(s)$ erhält

$$Y(s) = \frac{I(s)}{U_1(s)} = \frac{1}{1/(s\,C) + R + sL} = \frac{s\,C}{1 + sRC + s^2 LC}. \tag{6.82}$$

Enthält ein Ersatzschaltbild nicht-lineare Bauelemente, wie z. B. Thermistoren, Varistoren, Dioden oder Transistoren, so müssen deren Kennlinien im gewünschten Arbeitspunkt zunächst linearisiert werden, bevor der Frequenzgang und die Übertragungsfunktion ermittelt werden kann. Im Abschn. 7.5 wird dazu eine Schaltung mit einem Bipolartransistor vorgestellt.

6.6 Zusammenfassung

In diesem Kapitel haben wir uns mit dem Frequenzgang von LTI-Systemen beschäftigt, der für stabile Systeme der Fourier-Transformierten der Stoßantwort entspricht und sich aus einer Übertragungsfunktion durch eine einfache Substitution bilden lässt. Der Frequenzgang erlaubt uns, LTI-Systeme als Filter zu interpretieren, die Betrag und Phase sinusförmiger Eingangssignale verändern. Hierzu wird der Frequenzgang in Amplituden- und Phasengang zerlegt, wobei sich aus dem Phasengang neben der Phasenlaufzeit auch die Gruppenlaufzeit ermitteln lässt, die für Bandpass-Signale eine wichtige Kenngröße darstellt. Besondere Bedeutung als Analysewerkzeug erhält der Frequenzgang durch die Möglichkeit, ihn mit wenig Aufwand im Bode-Diagramm asymptotisch darstellen zu können, wodurch sich die Frequenzgänge von Systemen höherer Ordnung aus wenigen Elementarfrequenzgängen modular und übersichtlich zusammensetzen lassen. Weiterhin haben wir Bandpass-Signale im Zeitbereich durch äquivalente Tiefpass-Signale komplex beschrieben, was die Realisierung von Bandpass-Systemen wesentlich vereinfacht. Äquivalente komplexe Zeitsignale werden auch in der Elektrotechnik zur Berechnung von Wechselstromnetzen häufig angewandt. Liegt ein System in Form eines elektrischen Ersatzschaltbildes vor, so kann damit direkt dessen Frequenzgang bestimmt werden, ohne zuvor eine Übertragungsfunktion aus einer Zustandsform bilden zu müssen.

7 Gekoppelte Übertragungssysteme

Bei den bisherigen Betrachtungen von Systemen haben wir angenommen, dass ein System eine Einheit bildet mit mindestens einem Eingang und Ausgang, und wir haben das Übertragungsverhalten von Systemen durch verschiedene Sichtweisen im Zeit-, Frequenz- und Laplace-Bereich betrachtet, um die Wirkung auf zu übertragende Signale mathematisch zu erfassen. Reale Systemanordnungen bestehen jedoch häufig aus miteinander gekoppelten Übertragungsblöcken, wobei Ausgangssignale von Teilsystemen als Eingangssignale anderer Teilsysteme mit beliebigen Signalführungen wirken können.

Hierbei stellen sich zwei unterschiedliche Aufgaben, die jeweils eine spezifische Herangehensweise erfordern: Zum einen werden wir uns damit beschäftigen, ein als Verknüpfung aus einer Vielzahl von Teilsystemen vorliegendes Gesamtsystem durch einen einzelnen Systemblock äquivalent zu beschreiben. Diesen können wir dann mit den zuvor eingeführten Methoden analysieren, um z. B. dessen Sprungantwort anzugeben, die Stabilität zu bestimmen oder ein Bode-Diagramm zu zeichnen. Häufig stellt sich aber auch die umgekehrte Aufgabe, nämlich ein durch seine Übertragungsfunktion oder auch Zustandsform gegebenes Gesamtsystem zu modularisieren, d. h. so in Teilsysteme zu zerlegen, dass die wesentlichen Wirkzusammenhänge und Signalflüsse deutlich werden und eine möglichst einfache Realisierung erfolgen kann.

7.1 Strukturbildelemente für LTI-Systeme

Zur Modellierung gekoppelter Systeme werden sogenannte *Strukturbilder* verwendet, die auch als *Blockschaltbilder* bezeichnet werden. Beschränken wir uns hierbei auf LTI-Systeme, so benötigen wir dazu nur vier Grundelemente, die in Abb. 7.1 dargestellt sind.

V. Sommer, *Grundlagen der Systemtheorie und Signalverarbeitung*,
https://doi.org/10.1007/978-3-662-72126-1_7

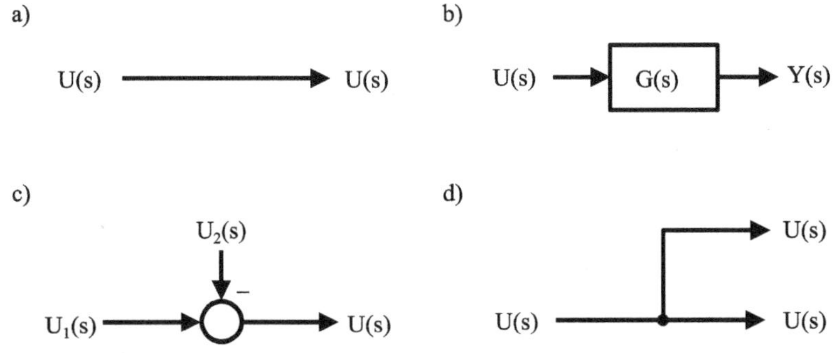

Abb. 7.1 Strukturbildelemente linearer Übertragungssysteme: Wirkungslinie (**a**), Übertragungsglied mit $Y(s) = U(s) \cdot G(s)$ (**b**), Summationsstelle mit $U(s) = U_1(s) - U_2(s)$ (**c**), Verzweigungsstelle (**d**)

Diese Strukturbildelemente sind uns grundsätzlich bekannt, denn wir haben sie in früheren Kapiteln bereits verwendet. Die in (a) abgebildete *Wirkungslinie* markiert dabei immer eine eindeutige Signalrichtung, die durch eine Pfeilspitze gekennzeichnet wird, und ein Signal kann immer nur in Pfeilrichtung übertragen werden. Damit unterscheidet sich eine Wirkungslinie wesentlich von einem Zweig in einem elektrischen Ersatzschaltbild, in dem ein Strom fließen kann. Jeder Zweig wird darin zwar auch durch eine Pfeil markiert, dabei handelt es sich aber um sogenannte Zählpfeile, die lediglich die Stromrichtung bei positivem Vorzeichen angeben, während Ströme auch negativ sein können und dann entgegen der angenommenen Pfeilrichtung fließen. Teilgrafik (b) zeigt ein Übertragungsglied, durch welches ein am Eingang anliegendes Signal in ein Ausgangssignal umgewandelt wird. Häufig werden Übertragungsglieder und Signale im Laplace-Bereich dargestellt, da sich dann die Wirkung eines linearen Systemblocks auf die Multiplikation des Eingangssignals $U(s)$ mit einer Übertragungsfunktion $G(s)$ beschränkt, was die mathematische Behandlung wesentlich vereinfacht. In (c) ist eine sogenannte *Summationsstelle* dargestellt, die auch als *Summationsglied* oder *Summationspunkt* bezeichnet wird, mit der Signale addiert bzw. voneinander subtrahiert werden können, wobei immer genau eine Wirkungslinie aus der Summationsstelle herausführen muss. Negativ eingekoppelte Signale werden durch Minuszeichen gekennzeichnet, so dass sich in dem Beispiel die Beziehung $U(s) = U_1(s) - U_2(s)$ ablesen lässt[1]. Teilgrafik (d) zeigt schließlich eine sogenannte *Verzweigungsstelle*, mit der ein Signal vervielfacht werden kann[2]. Diese darf nicht mit einem Knotenpunkt in einem elektrischen Ersatzschaltbild verwechselt werden, in dem ja immer gilt, dass die Summe aller Ströme null ergeben muss.

---

[1] Manchmal werden zur Verdeutlichung von Summationspunkten diese auch mit einem zusätzlichen Pluszeichen innerhalb des Kreises dargestellt, siehe z. B. die Abb. 6.19 und 6.21.

[2] Verzweigungsstellen sollten immer mit einem Punkt an der Stelle der Abzweigung gekennzeichnet werden, um sie eindeutig von Kreuzungsstellen, an denen keine Signalverbindung auftritt, zu unterscheiden.

7.2 Grundverknüpfungen von Übertragungssystemen

Mit den zuvor eingeführten Strukturbildelementen können drei Grundverknüpfungsformen beschrieben werden, welche die Grundlage sämtlicher, möglicher Kopplungen bilden.

7.2.1 Reihenschaltung

Zunächst betrachten wir die Reihenschaltung von n Übertragungsgliedern, siehe Abb. 7.2. Hierbei wird eine beliebige Anzahl linearer Systemblöcke seriell verknüpft, so dass das Ausgangssignal eines Übertragungsgliedes als Eingangssignal des darauf folgenden Gliedes wirkt. Diese Verkettung von Teilsystemen soll durch einen einzelnen Systemblock äquivalent repräsentiert werden, wozu wir vom Ausgangssignal $Y(s)$ der Kette ausgehen und sukzessiv die Signale ersetzen, bis wir beim Eingangssignal $U(s)$ angelangt sind

$$\begin{aligned} Y(s) &= Y_n(s) = U_n(s) \cdot G_n(s) = Y_{n-1}(s) \cdot G_n(s) = U_{n-1}(s) \cdot G_{n-1}(s) \cdot G_n(s) \\ &= U(s) \cdot G_1(s) \cdot G_2(s) \cdot \dots \cdot G_{n-1}(s) \cdot G_n(s) \,. \end{aligned} \tag{7.1}$$

Daraus folgt, dass wir die verketteten Teilsysteme durch einen einzelnen Systemblock mit der Übertragungsfunktion $G(s)$ ersetzen dürfen, wenn dieser als Produkt aus sämtlichen Übertragungsfunktionen gebildet wird. Damit gilt für die Reihenschaltung von LTI-Systemen

$$G(s) = \frac{Y(s)}{U(s)} = \prod_{i=1}^{n} G_i(s) \,. \tag{7.2}$$

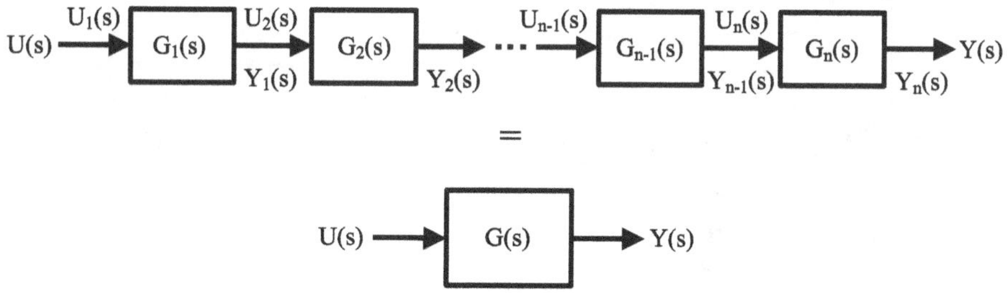

Abb. 7.2 Ersetzen der Reihenschaltung von n Übertragungssystemen mit $G_i(s)$ und $i = 1 \dots n$ durch ein einzelnes Gesamtsystem mit der Übertragungsfunktion $G(s) = G_1(s) \cdot G_2(s) \cdot \dots \cdot G_n(s)$

7.2.2 Parallelschaltung

Als zweite Grundschaltung betrachten wir die Parallelschaltung von n linearen Teilsystemen, siehe Abb. 7.3, die wir wieder durch ein einzelnes System $G(s)$ ersetzen wollen. Bei der Parallelschaltung erhalten alle Teilsysteme über Verzweigungsglieder dasselbe Eingangssignal $U(s)$, während die jeweiligen Ausgangssignale über Summationsstellen zu einem einzigen Signal $Y(s)$ zusammengeführt werden. Zur Bestimmung von $G(s)$ gehen wir von dieser Summenbildung aus und ersetzen die Ausgangssignale der einzelnen Systeme jeweils durch das Produkt aus der jeweiligen Teilübertragungsfunktion mit $U(s)$, wobei wir $U(s)$ vor die Summe ziehen können

$$\begin{aligned} Y(s) &= Y_1(s) + Y_2(s) + \cdots + Y_{n-1}(s) + Y_n(s) \\ &= U_1(s) \cdot G_1(s) + U_2(s) \cdot G_2(s) + \cdots + U_{n-1}(s) \cdot G_{n-1}(s) + U_n(s) \cdot G_n(s) \\ &= U(s) \cdot (G_1(s) + G_2(s) + \cdots + G_{n-1}(s) + G_n(s)) . \end{aligned} \tag{7.3}$$

Damit erhalten wir für eine Parallelschaltung von Systemen die Gesamtübertragungsfunktion $G(s)$ als Summe der einzelnen Teilübertragungsfunktionen

$$G(s) = \frac{Y(s)}{U(s)} = \sum_{i=1}^{n} G_i(s) . \tag{7.4}$$

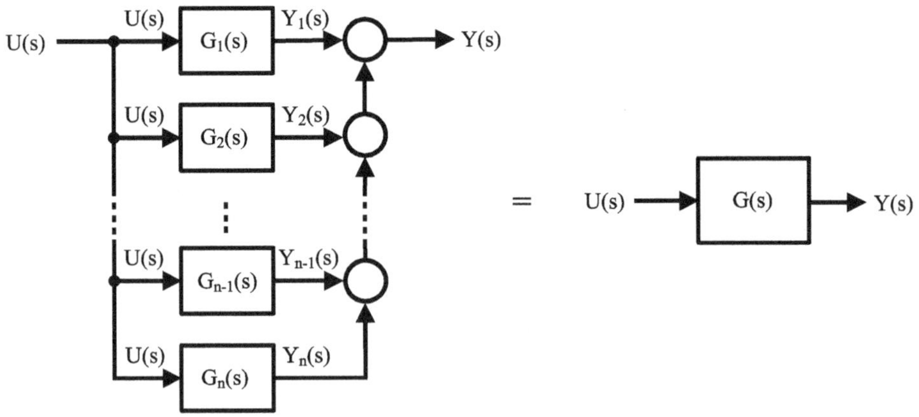

Abb. 7.3 Ersetzen der Parallelschaltung von n Übertragungssystemen mit $G_i(s)$ und $i = 1 \ldots n$ durch ein einzelnes Gesamtsystem mit der Übertragungsfunktion $G(s) = G_1(s) + G_2(s) + \cdots + G_n(s)$

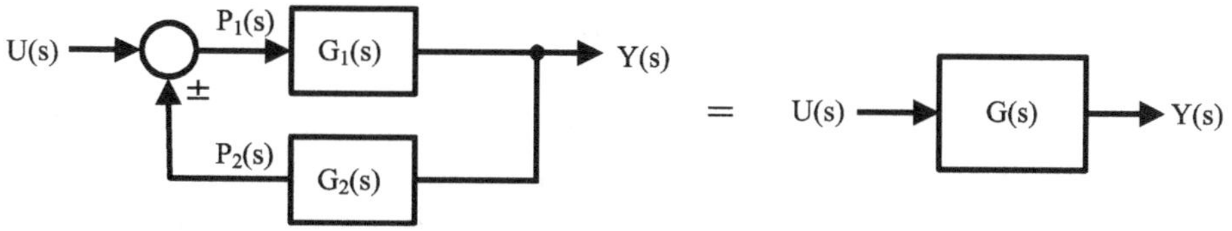

Abb. 7.4 Ersetzen der Kreisschaltung aus zwei Übertragungssystemen $G_1(s)$ und $G_2(s)$ durch ein einzelnes Gesamtsystem mit der Übertragungsfunktion $G(s)$. Die positive Rückführung von $Y(s)$ wird Mitkopplung genannt, während man bei einem Minuszeichen von einer Gegenkopplung spricht

7.2.3 Kreisschaltung

Die dritte Grundverknüpfung wird durch die sogenannte Kreisschaltung gebildet, wie sie in Abb. 7.4 dargestellt ist. Hier wird das Eingangssignal durch ein erstes Teilsystem $G_1(s)$ übertragen, wobei das Ausgangssignal mittels eines Verzweigungsglieds abgegriffen und über ein zweites Teilsystem $G_2(s)$ rückgeführt und zum Eingangssignal addiert bzw. von diesem subtrahiert wird. Bei einer positiven Rückführung von $Y(s)$ spricht man von einer sogenannten Mitkopplung, während die Rückführung mit negativem Vorzeichen als Gegenkopplung bezeichnet wird. Zur Ermittlung der Gesamtübertragungsfunktion $G(s)$ verwenden wir die in der Darstellung eingetragenen internen Signale $P_1(s)$ und $P_2(s)$, so dass wir für das Ausgangssignal schreiben können[3]

$$
\begin{aligned}
Y(s) &= P_1(s) \cdot G_1(s) = (U(s) \pm P_2(s)) \cdot G_1(s) = (U(s) \pm Y(s) \cdot G_2(s)) \cdot G_1(s) \\
\Leftrightarrow \quad & Y(s) \mp Y(s) \cdot G_1(s) \cdot G_2(s) = U(s) \cdot G_1(s) \,. \qquad (7.5)
\end{aligned}
$$

Damit haben wir einen Zusammenhang zwischen $U(s)$, $Y(s)$ und den beiden Teilsystemen gefunden, und wir können daraus durch Ausklammern von $Y(s)$ und Bildung des Quotienten $Y(s)/U(s)$ die gesuchte Übertragungsfunktion für die Kreisschaltung ermitteln

$$
G(s) = \frac{Y(s)}{U(s)} = \frac{G_1(s)}{1 \mp G_1(s) \cdot G_2(s)} \,. \qquad (7.6)
$$

Man erkennt, dass im Zähler von (7.6) ausschließlich das in Vorwärtsrichtung vom Eingang auf den Ausgang wirkende Teilsystem auftritt, während im Nenner das Produkt beider Teilsysteme zu berücksichtigen ist. Weiterhin muss beachtet werden, dass sich durch die Äquivalenzumformung die Vorzeichen vertauscht haben, so dass das Minuszeichen im Nenner jetzt eine Mitkopplung und das Pluszeichen eine Gegenkopplung anzeigt.

[3] Man beachte, dass es sich bei den Signalen $P_1(s)$ und $P_2(s)$ nur um Hilfsgrößen handelt, die nicht mit Zustandsgrößen verwechselt werden dürfen.

7.3 Vereinfachen von Blockschaltbildern

In diesem Abschnitt wollen wir Verfahren kennenlernen, um Blockschaltbilder, die aus beliebig vermaschten Teilsystemen bestehen können, systematisch zu vereinfachen, mit dem Ziel sie durch eine einzige Übertragungsfunktion äquivalent zu beschreiben.

7.3.1 Kombinationen von Grundverknüpfungen

Allein mithilfe der drei Grundverknüpfungen Reihen-, Parallel- und Kreisschaltung kann bereits die Gesamtübertragungsfunktion vieler Systemanordnungen ermittelt werden. Abb. 7.5 zeigt dazu ein Beispiel. Das oben im Bild dargestellte Blockschaltbild besteht aus vier beliebigen Systemblöcken $G_1(s)$ bis $G_4(s)$, die mittels Wirkungslinien sowie Verzweigungs- und Summationsstellen gekoppelt sind. Man erkennt, dass $G_1(s)$ und $G_3(s)$ mittels Kreisschaltung zu einem System $G_{13}(s)$ verknüpft sind, während $G_2(s)$ und $G_4(s)$ eine Parallelschaltung bilden, die mit $G_{24}(s)$ bezeichnet wird. Für $G_{13}(s)$ und $G_{24}(s)$ erhalten wir durch Anwendung der Grundverknüpfungen

$$G_{13}(s) = \frac{G_1(s)}{1 + G_1(s) \cdot G_3(s)} \quad \text{und} \quad G_{24}(s) = G_2(s) + G_4(s)\,. \tag{7.7}$$

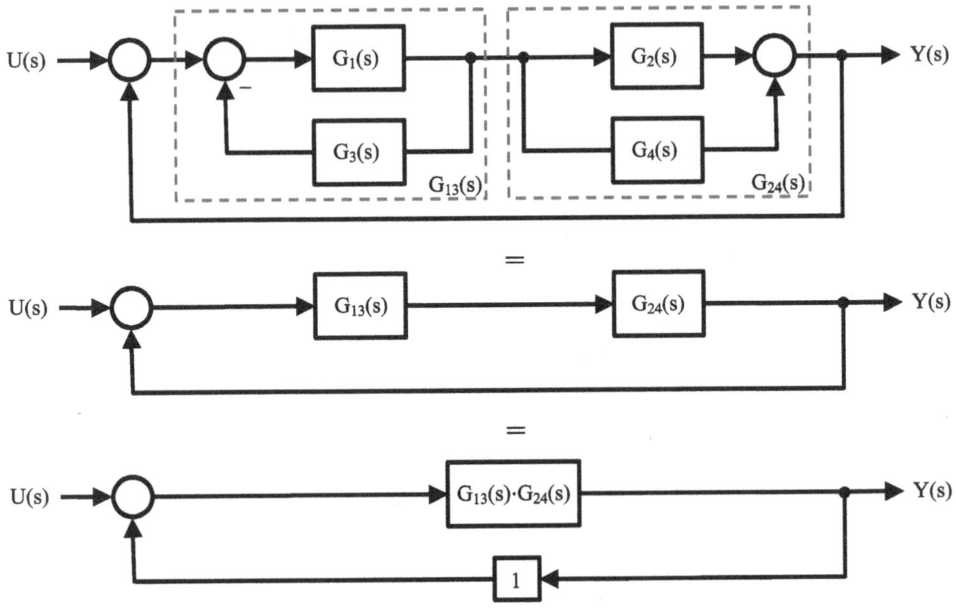

Abb. 7.5 Beispiel für die Vereinfachung eines Systems durch Zusammensetzung aus Grundverknüpfungen

Die mittlere Grafik in Abb. 7.5 zeigt, dass $G_{13}(s)$ und $G_{24}(s)$ miteinander verkettet sind, und dass diese Reihenschaltung die Vorwärtsrichtung einer äußeren Kreisschaltung bildet, während in Rückwärtsrichtung kein weiterer Systemblock wirkt. Damit erhalten wir die Gesamtübertragungsfunktion $G(s)$ aus einer Kreisschaltung wie unten im Bild dargestellt, wobei im Rückkoppelzweig ein ideales System mit der Übertragungsfunktion 1 wirkt, und wir in der Formel den entstehenden Doppelbruch durch Erweitern mit dem Nenner von $G_{13}(s)$ zu einen einfachen Bruch reduzieren können

$$\begin{aligned} G(s) &= \frac{G_{13}(s) \cdot G_{24}(s)}{1 - G_{13}(s) \cdot G_{24}(s)} = \frac{\frac{G_1(s)}{1+G_1(s) \cdot G_3(s)} \cdot (G_2(s) + G_4(s))}{1 - \frac{G_1(s)}{1+G_1(s) \cdot G_3(s)} \cdot (G_2(s) + G_4(s))} \\ &= \frac{G_1(s) \cdot (G_2(s) + G_4(s))}{1 + G_1(s) \cdot G_3(s) - G_1(s) \cdot (G_2(s) + G_4(s))} . \end{aligned} \tag{7.8}$$

Man erkennt an diesem Beispiel, dass sich durch Kombination von Teilsystemen insbesondere über Kreisschaltungen neue Systeme mit nahezu beliebig veränderten Pol- und Nullstellen erzeugen lassen. Dies stellt die Grundlage der Regelungstechnik dar, die sich damit beschäftigt, dynamische Eigenschaften und die Stabilität gegebener Systeme durch Rückkopplung und Modifikation von Signalen gezielt zu beeinflussen [13].

7.3.2 Analytische Bestimmung von Übertragungsfunktionen aus Blockschaltbildern

Nicht aus jedem Strukturbild lässt sich durch direkte Anwendung von Grundverknüpfungen eine Gesamtübertragungsfunktion $G(s)$ ablesen. Dies wird anhand des in Abb. 7.6 dargestellten Beispiels deutlich, bei dem zwar zwei Rückführungen analog zu Kreisschaltungen erkennbar sind, diese aber durch jeweils eine Summations- und Verzweigungsstelle miteinander gekoppelt werden, so dass die Formel für eine Kreisschaltung nicht angewandt werden darf. In diesem Fall kann eine analytische Berechnung erfolgen, indem zunächst interne Hilfssignale definiert werden, und mittels dieser ein funktionaler Zusammenhang zwischen Eingangs- und Ausgangssignal hergeleitet wird, woraus sich dann $G(s)$ ergibt. Wir hatten dies bereits bei der Herleitung der Kreisschaltung durchgeführt, und für eine

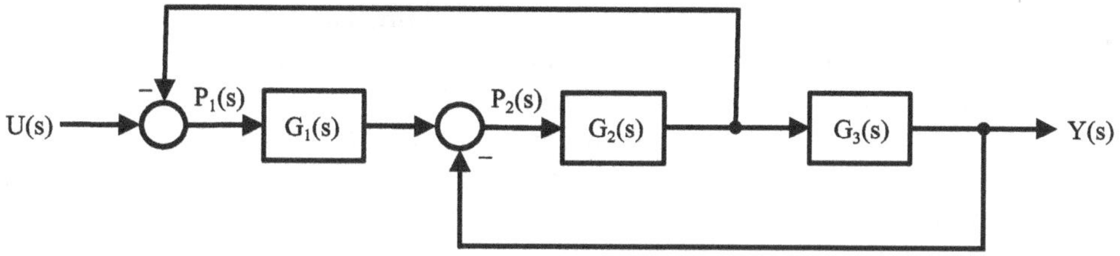

Abb. 7.6 Beispiel für ein Blockschaltbild, das aufgrund interner Kopplungen nicht direkt aus Grundverknüpfungen zusammengesetzt werden kann

systematische Lösung empfiehlt es sich als interne Signale die aus Summationspunkten herausführenden Signale zu definieren, die in Abb. 7.6 wieder als $P_1(s)$ und $P_2(s)$ bezeichnet sind. Für jede Summationsstelle kann eine Gleichung aufgestellt werden, außerdem lässt sich das Ausgangssignal als Linearkombination der internen Signale und i. Allg. des Eingangssignals schreiben, wobei wir für unmittelbar verkettete bzw. parallel geschaltete Teilsysteme direkt das Produkt bzw. die Summe ihrer Teilübertragungsfunktionen bilden. In diesem Beispiel erhalten wir damit folgende drei Gleichungen aus dem Strukturbild

$$P_1(s) = U(s) - P_2(s) \cdot G_2(s) \,, \tag{7.9}$$

$$P_2(s) = P_1(s) \cdot G_1(s) - Y(s) \,, \tag{7.10}$$

$$Y(s) = P_2(s) \cdot G_2(s) \cdot G_3(s) \,. \tag{7.11}$$

Setzen wir (7.9) in (7.10) ein, und verwenden dann $P_2(s)$ aus (7.11), so erhalten wir nach dem Ausmultiplizieren eine Gleichung, in der neben den Teilsystemen nur noch die Signale $U(s)$ und $Y(s)$ enthalten sind

$$\begin{aligned} & P_2(s) = (U(s) - P_2(s) \cdot G_2(s)) \cdot G_1(s) - Y(s) \\ \Rightarrow \quad & \frac{Y(s)}{G_2(s) \cdot G_3(s)} = \left(U(s) - \frac{Y(s)}{G_2(s) \cdot G_3(s)} \cdot G_2(s) \right) \cdot G_1(s) - Y(s) \\ \Leftrightarrow \quad & Y(s) = U(s) \cdot G_1(s) \cdot G_2(s) \cdot G_3(s) - Y(s) \cdot (G_1(s) \cdot G_2(s) + G_2(s) \cdot G_3(s)) \,. \end{aligned} \tag{7.12}$$

Hieraus ergibt sich die Übertragungsfunktion des Gesamtsystems

$$G(s) = \frac{Y(s)}{U(s)} = \frac{G_1(s) \cdot G_2(s) \cdot G_3(s)}{1 + G_1(s) \cdot G_2(s) + G_2(s) \cdot G_3(s)} \,. \tag{7.13}$$

7.3.3 Verschieben und Vertauschen von Strukturbildelementen

Durch äquivalente grafische Umformungen von Strukturbildern kann der Aufwand für die Berechnung von $G(s)$ häufig erheblich verringert werden. Zunächst betrachten wir die Verschiebung von Verzweigungsstellen entsprechend Abb. 7.7. Teilgrafik (a) zeigt die Verschiebung einer hinter einem Systemblock mit der Übertragungsfunktion $G(s)$ liegenden Verzweigung vor das System. In diesem Fall muss ein zweiter identischer Systemblock eingefügt werden, damit das abgegriffene Signal gleich bleibt. Wollen wir hingegen ein Signal statt vor einem Systemblock hinter diesem abgreifen, wie in (b) dargestellt, so müssen wir das inverse System $1/G(s)$ in dem abgezweigten Signalweg zusätzlich einfügen, um den Einfluss von $G(s)$ zu kompensieren.

Analog dazu können auch Summationsstellen verschoben werden, wie in Abb. 7.8 anhand von vier Blockdiagrammen dargestellt ist, bei denen sich jeweils das Ausgangssignal $Y(s)$ über die Beziehung $Y(s) = U_1(s) \cdot G(s) + U_2(s)$ aus den beiden Eingangssignalen $U_1(s)$

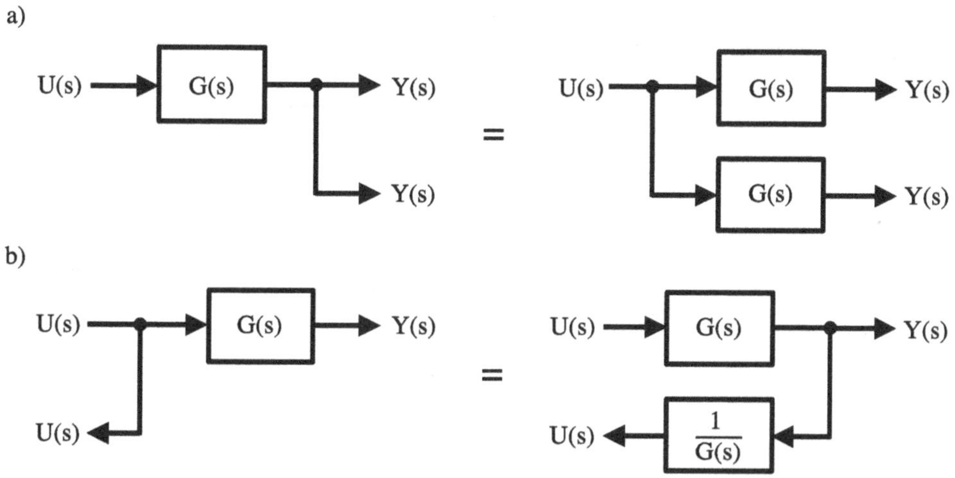

Abb. 7.7 Äquivalenzumformung von Strukturbildern durch Verschiebung von Verzweigungsstellen vor einen Systemblock (**a**) und hinter einen Systemblock (**b**)

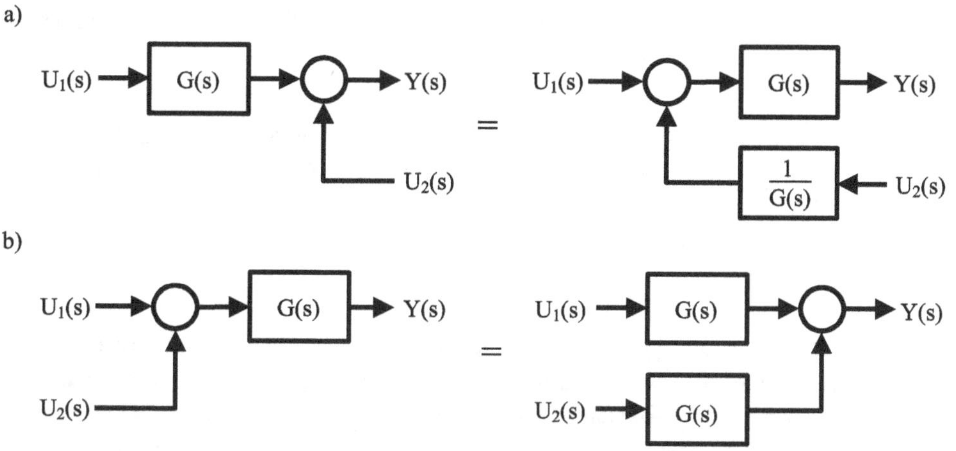

Abb. 7.8 Äquivalenzumformung von Strukturbildern durch Verschiebung von Summationsstellen vor einen Systemblock (**a**) und hinter einen Systemblock (**b**)

und $U_2(s)$ ergibt. (a) zeigt die Verschiebung eines Summenpunktes vor einen Systemblock. In diesem Fall muss ein zusätzlicher Systemblock mit dem Kehrwert von $G(s)$ in den Signalpfad von $U_2(s)$ eingefügt werden, um die Wirkung von $G(s)$ auf $U_2(s)$ zu kompensieren. Wird eine vor einem Systemblock liegende Summationsstelle hingegen hinter diesen Systemblock verschoben, wie in (b) dargestellt, so muss $G(s)$ im Signalpfad von $U_2(s)$ ergänzt werden, damit $Y(s)$ gleich bleibt.

Eine weitere Äquivalenzumformung von Blockschaltbildern besteht in der Vertauschung der Reihenfolge identischer, direkt aufeinander folgender Strukturbildelemente. Abb. 7.9a zeigt zunächst, dass zwei verkettete Systemblöcke mit den Teilübertragungsfunktionen

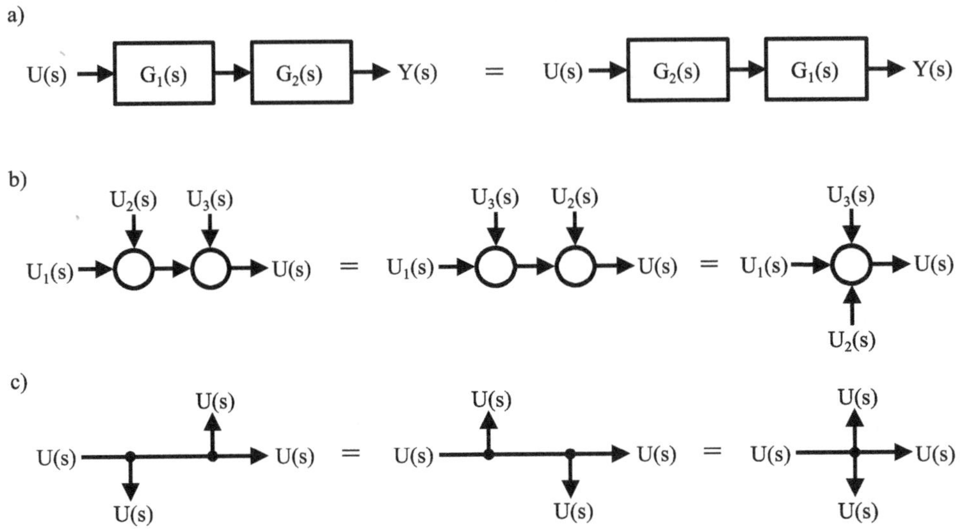

Abb. 7.9 Äquivalenzumformung von Strukturbildern durch Vertauschung von linearen Teilsystemen (**a**), Vertauschung bzw. Zusammenfassung von Summationsstellen (**b**) und Vertauschung sowie Zusammenfassung von Verzweigungsstellen (**c**)

$G_1(s)$ und $G_2(s)$ auch in umgekehrter Reihenfolge aneinandergereiht werden dürfen[4]. Zur Vereinfachung von Strukturbildern können verkettete Systemblöcke nach (7.2) auch zu einem Block zusammengefasst werden, vgl. Abb. 7.5 unten, in den dann das Produkt der Teilübertragungsfunktionen eingetragen wird. Auch bei unmittelbar aufeinanderfolgenden Summationsstellen, wie in Abb. 7.9b dargestellt, ist die Reihenfolge unerheblich. Häufig werden aufeinanderfolgende Summationsglieder auch zusammengefasst, wie ganz rechts dargestellt. Bei mehr als drei Eingangssignalen ist dann allerdings keine rechtwinklige Signalführung mehr möglich, weshalb man in diesen Fällen meistens mehrere Summationsglieder beibehält. Der Vollständigkeit halber zeigt Teilgrafik (c) auch die Austauschbarkeit bzw. Verschiebbarkeit von Verzweigungsstellen. Grundsätzlich sollte zur Erhöhung der Übersichtlichkeit von Strukturbildern versucht werden, Wirkungslinien möglichst kreuzungsfrei zu führen, was allerdings nicht immer möglich ist.

Mit diesen Äquivalenzumformungen sind wir in der Lage, das in Abb. 7.6 gegebene Blockschaltbild ohne Aufstellung eines Gleichungssystems rein grafisch zu einem einzelnen Block zusammenzufassen. Dazu verschieben wir zunächst die Verzweigungsstelle zwischen $G_2(s)$ und $G_3(s)$ über den Systemblock $G_3(s)$ nach rechts, wie in Abb. 7.10a dargestellt,

---

[4] Dies gilt nur, solange die Teilsysteme linear sind, was hier aber vorausgesetzt wird, da Übertragungsfunktionen nur für lineare Systeme definiert sind. Bei der Verkettung nichtlinearer Systeme hängt das Übertragungsverhalten hingegen i. A. von deren Reihenfolge ab. Betrachten wir z. B. die beiden statischen nichtlinearen Systeme $y_1 = u^2$ und $y_2 = \sin(u)$, so wird deutlich, dass $y_1(y_2) = \sin^2(u) \neq y_2(y_1) = \sin(u^2)$ gilt.

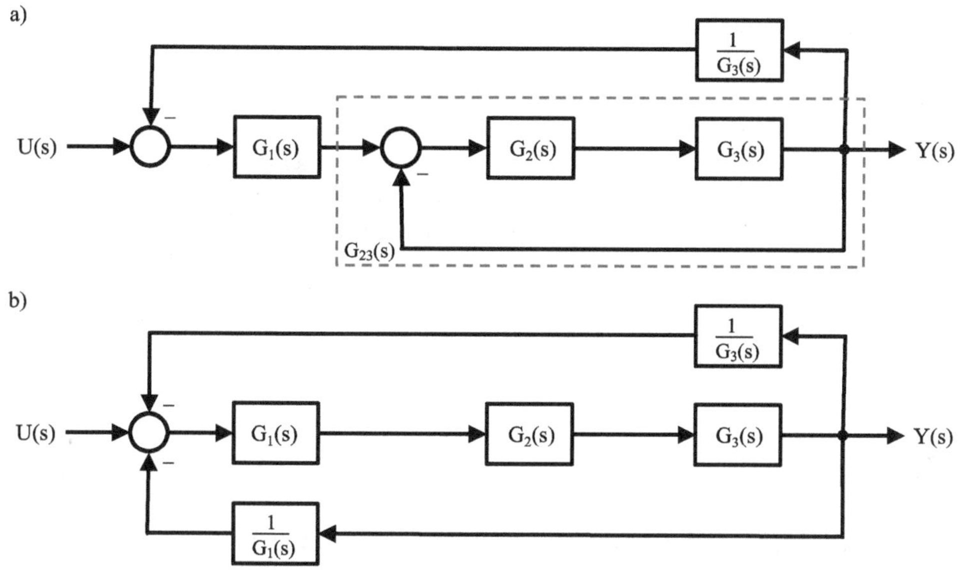

Abb. 7.10 Entkopplung des Strukturbildes aus Abb. 7.6 durch Verschiebung der linken Verzweigungsstelle hinter $G_3(s)$ (**a**) und zusätzlich durch Verschiebung der rechten Summationsstelle vor $G_1(s)$ (**b**), wodurch eine einzelne Kreisschaltung mit zwei parallelen Rückkoppelzweigen entsteht

wodurch wir zusätzlich den inversen Block $1/G_3(s)$ in den abzweigenden Signalweg einfügen müssen[5]. Damit löst sich die Vermaschung auf, so dass wir das durch die gestrichelte Linie eingerahmte und als $G_{23}(s)$ bezeichnete Teilsystem über die Formel für eine Kreisschaltung bestimmen können

$$G_{23}(s) = \frac{G_2(s) \cdot G_3(s)}{1 + G_2(s) \cdot G_3(s)} . \tag{7.14}$$

Diese Kreisschaltung liegt jetzt in Reihe mit $G_1(s)$ im Vorwärtszweig einer weiteren Kreisschaltung, während der Rückkopplungszweig durch $1/G_3(s)$ gebildet wird, so dass wir insgesamt für $G(s)$ dasselbe Ergebnis wie in (7.13) erhalten, wenn wir wieder den Doppelbruch durch Erweitern mit dem Nenner von $G_{23}(s)$ eliminieren

$$G(s) = \frac{G_1(s) \cdot G_{23}(s)}{1 + \frac{G_1(s) \cdot G_{23}(s)}{G_3(s)}} = \frac{\frac{G_1(s) \cdot G_2(s) \cdot G_3(s)}{1 + G_2(s) \cdot G_3(s)}}{1 + \frac{G_1(s) \cdot G_2(s)}{1 + G_2(s) \cdot G_3(s)}} = \frac{G_1(s) \cdot G_2(s) \cdot G_3(s)}{1 + G_1(s) \cdot G_2(s) + G_2(s) \cdot G_3(s)} . \tag{7.15}$$

[5] Alternativ wäre auch eine Verschiebung dieser Verzweigung nach links bzw. eine Verschiebung der Verzweigung ganz rechts oder einer der beiden Summationsstellen möglich, was auch jeweils auf dasselbe Ergebnis führt.

Wir können die Berechnung noch weiter vereinfachen, wenn wir eine weitere Äquivalenzumformung an dem Strukturbild vornehmen, indem wir die rechte Summationsstelle über $G_1(s)$ nach links verschieben, wie Abb. 7.10b zeigt, und dazu den Systemblock $1/G_1(s)$ im Rückkoppelzweig ergänzen. Außerdem fassen wir die beiden dann direkt hintereinander liegenden Summationspunkte nach Abb. 7.9b zusammen. Die beiden Rückkoppelzweige liegen jetzt parallel, und wir können nach (7.4) die beiden Teilsysteme $1/G_3(s)$ und $1/G_1(s)$ addieren. Insgesamt haben wir damit das Blockschaltbild auf eine einzelne Kreisschaltung reduziert, deren Übertragungsfunktion wir direkt ablesen können

$$G(s) = \frac{G_1(s)\cdot G_2(s)\cdot G_3(s)}{1 + G_1(s)\cdot G_2(s)\cdot G_3(s)\left(\frac{1}{G_3(s)} + \frac{1}{G_1(s)}\right)} = \frac{G_1(s)\cdot G_2(s)\cdot G_3(s)}{1 + G_1(s)\cdot G_2(s) + G_2(s)\cdot G_3(s)}\,. \tag{7.16}$$

7.3.4 Äquivalente Umformungen von Kreisschaltungen

Falls in einem Blockschaltbild Kreisschaltungen enthalten sind, dürfen die darin enthaltenen Systemblöcke bei gleichzeitiger Invertierung zwischen Vorwärts- und Rückwärtszweig ausgetauscht werden, siehe Abb. 7.11. Zur Erklärung werde zunächst eine Kreisschaltung mit Gegenkopplung entsprechend Teilgrafik (a) betrachtet, aus der sich die Identität sofort ergibt, wenn in der Formel für die Kreisschaltung Zähler und Nenner durch $G_1(s)$ und $G_2(s)$ geteilt werden

$$G(s) = \frac{G_1(s)}{1 + G_1(s)\cdot G_2(s)} = \frac{\frac{1}{G_2(s)}}{\frac{1}{G_1(s)\cdot G_2(s)} + 1}\,. \tag{7.17}$$

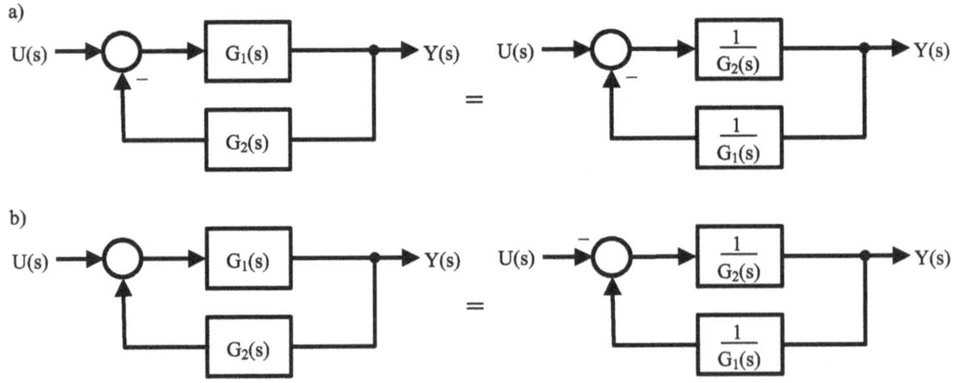

Abb. 7.11 Invertierung und Vertauschung der Systemblöcke einer Kreisschaltung für Gegenkopplung (**a**) und Mitkopplung (**b**)

Für den Fall der in (b) dargestellten Mitkopplung, erkennbar an der Rückkopplung mit positivem Vorzeichen bzw. am Minuszeichen im Nenner der Formel, führt die Invertierung der Systemblöcke zusätzlich zu einer negativen Einkopplung des Eingangssignals $U(s)$

$$G(s) = \frac{G_1(s)}{1 - G_1(s) \cdot G_2(s)} = \frac{\frac{1}{G_2(s)}}{\frac{1}{G_1(s) \cdot G_2(s)} - 1} = -\frac{\frac{1}{G_2(s)}}{1 - \frac{1}{G_1(s) \cdot G_2(s)}} . \quad (7.18)$$

Falls mehrere Systemblöcke im Vorwärts- oder Rückwärtszweig der Kreisschaltung liegen, sollten diese zunächst jeweils zu einem einzelnen Block $G_1(s)$ bzw. $G_2(s)$ zusammengefasst werden.

Besonders nützlich ist diese Äquivalenzumformung, falls in der Kreisschaltung entweder nur $G_1(s)$ oder $G_2(s)$ enthalten ist, da dieser Systemblock dann alternativ entweder im Vorwärts- oder im Rückwärtszweig der Kreisschaltung berücksichtigt werden kann. Eine weitere Anwendung besteht darin, nicht realisierbare Systemblöcke durch realisierbare Blöcke zu ersetzen.

7.4 Modularisierung von realisierbaren Systemen

Nachdem wir bisher ausführlich die Zusammenfassung eines aus mehreren Strukturbildelementen bestehenden Blockschaltbildes behandelt haben, wollen wir jetzt die umgekehrte Aufgabenstellung betrachten, nämlich die Zerlegung eines Gesamtsystems in Teilsysteme. Das Gesamtsystem liege hierbei als realisierbare Übertragungsfunktion vor, so dass der Zählergrad von s den Nennergrad nicht übersteigt, vgl. Abschn. 5.1. Falls die Teilsysteme einzeln realisiert werden sollen, müssen auch diese die Bedingung bzgl. ihres Zähler- und Nennergrades erfüllen. Die Zerlegung komplizierter technischer Systeme in einfacher zu realisierende Komponenten ist eine der wesentlichen Aufgaben eines Ingenieurs, wobei die Herausforderung häufig darin liegt, die Schnittstellen zwischen den Teilsystemen geeignet festzulegen, um so die Gesamtkomplexität und Kosten zu minimieren.

7.4.1 Modularisierung von Systemen in Reihen- und Parallelschaltung

Eine besonders einfache Modularisierung ergibt sich, wenn wir ausnutzen, dass sich nach Abschn. 7.2.1 die Übertragungsfunktion einer Reihenschaltung von Teilsystemen als Produkt der Teilübertragungsfunktionen schreiben lässt. Umgekehrt bedeutet dies, dass die Produktform einer Übertragungsfunktion direkt als Reihenschaltung von Teilsystemen realisiert werden kann.

Genauso einfach stellt die Parallelschaltung von Systemen immer die Realisierung der Partialbruchzerlegung einer Übertragungsfunktion dar, weil eine Summe von Teilsystemen nach Abschn. 7.2.2 einer Parallelschaltung entspricht.

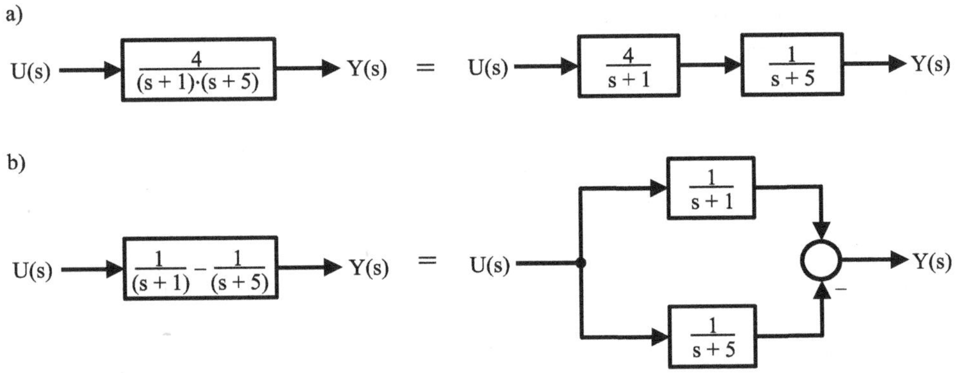

Abb. 7.12 Zerlegung eines Systems 2. Ordnung in Teilsysteme erster Ordnung als Reihenschaltung (**a**) und als Parallelschaltung (**b**)

Diese Zusammenhänge sind in Abb. 7.12 für die Zerlegung in eine Reihenschaltung (a) und eine Parallelschaltung (b) anhand eines Systems mit zwei Verzögerungsgliedern erster Ordnung verdeutlicht.

7.4.2 Modularisierung von Systemen mittels Kreisschaltungen

Möchte man die in einem Blockschaltbild auftretenden Verzögerungsglieder erster und zweiter Ordnung noch weiter zerlegen, so dass als Strukturbildelemente ausschließlich Integratoren, Multiplikatoren mit Konstanten sowie Summations- und Verzweigungspunkte auftreten, ist dies durch Rückführung auf Kreisschaltungen möglich. Betrachten wir zunächst ein Verzögerungsglied erster Ordnung mit der Konstanten a, so lässt sich der Bruch wie folgt umformen

$$G(s) = \frac{1}{s+a} = \frac{\frac{1}{s}}{1+\frac{a}{s}} \,. \tag{7.19}$$

Man erhält eine Kreisschaltung in Gegenkopplung mit einem Integrator im Vorwärts- und der Konstanten a im Rückwärtszweig, siehe Abb. 7.13a.

Ein Verzögerungsglied zweiter Ordnung mit dem Nennerterm $bs^2 + as + 1$ und konjugiert komplexen Polstellen kann nicht in Verzögerungsglieder erster Ordnung faktorisiert werden, um diese entsprechend (7.19) in Kreisschaltungen umzuformen, da dann komplexe Konstanten aufträten und keine Realisierung durch ein physikalisches System möglich wäre. Stattdessen müssen wir in diesem Fall das System zweiter Ordnung direkt umwandeln, was in drei Schritten gelingt: Zunächst teilen wir Zähler und Nenner durch $bs^2 + as$, klammern dann aus den entstehenden Brüchen im Zähler und Nenner $\frac{1}{s}$ aus, und kürzen diese anschließend durch den Term $b \cdot s$

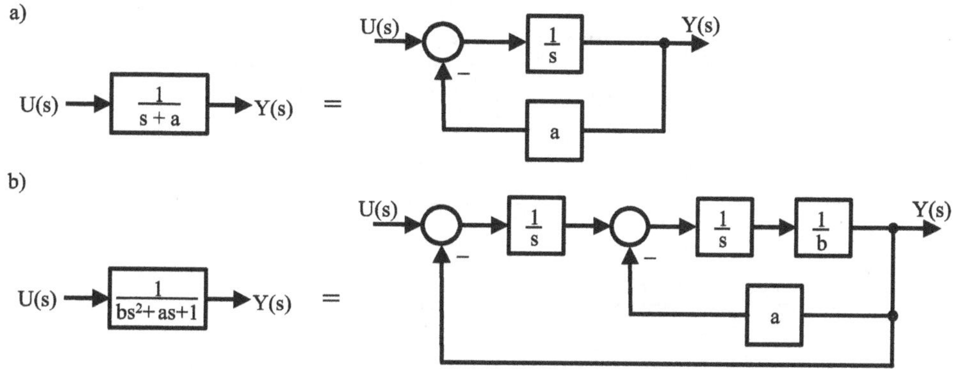

Abb. 7.13 Zerlegung von Systemen erster Ordnung (**a**) und zweiter Ordnung (**b**) in Kreisschaltungen

$$G(s) = \frac{1}{bs^2 + as + 1} = \frac{\frac{1}{bs^2+as}}{1 + \frac{1}{bs^2+as}} = \frac{\frac{1}{s(bs+a)}}{1 + \frac{1}{s(bs+a)}} = \frac{\frac{1}{s} \cdot \frac{\frac{1}{bs}}{1+\frac{a}{bs}}}{1 + \frac{1}{s} \cdot \frac{\frac{1}{bs}}{1+\frac{a}{bs}}} . \tag{7.20}$$

Man erhält ein Strukturbild mit reellen Konstanten und einer äußeren Kreisschaltung, in derem Vorwärtszweig sich ein Integrator und eine weitere Kreisschaltung befindet, siehe Abb. 7.13b.

7.4.3 Realisierung von Zustandsformen als Strukturbilder

Ein Strukturbild, das ausschließlich Integratoren, Multiplikatoren sowie Summations- und Verzweigungspunkte enthält, entspricht unmittelbar einer Zustandsform. Dazu zeigt Abb. 7.14a nochmals dasselbe System wie Abb. 7.13b, allerdings jetzt nicht mehr im Laplace-, sondern im Zeitbereich, d. h. statt $U(s)$ und $Y(s)$ treten jetzt die Zeitsignale $u(t)$ und $y(t)$ auf, außerdem werden die Integratoren im Zeitbereich anschaulich durch Integralzeichen gekennzeichnet. Die Integratoren korrespondieren zu Energiespeichern und deren Ausgangssignale definieren wir daher als Zustandsgrößen, hier $x_1(t)$ und $x_2(t)$, so dass am Eingang der Integratoren definitionsgemäß deren Ableitungen $\dot{x}_1(t)$ und $\dot{x}_2(t)$ auftreten. Damit erhalten wir direkt eine Zustandsform des dargestellten Systems, indem wir für $\dot{x}_1(t)$, $\dot{x}_2(t)$ und $y(t)$ jeweils eine Gleichung aufstellen

$$\dot{x}_1(t) = -\frac{1}{b} \cdot x_2(t) + u(t) \qquad \dot{x}_2(t) = x_1(t) - \frac{a}{b} \cdot x_2(t) \qquad y(t) = \frac{1}{b} \cdot x_2(t) . \tag{7.21}$$

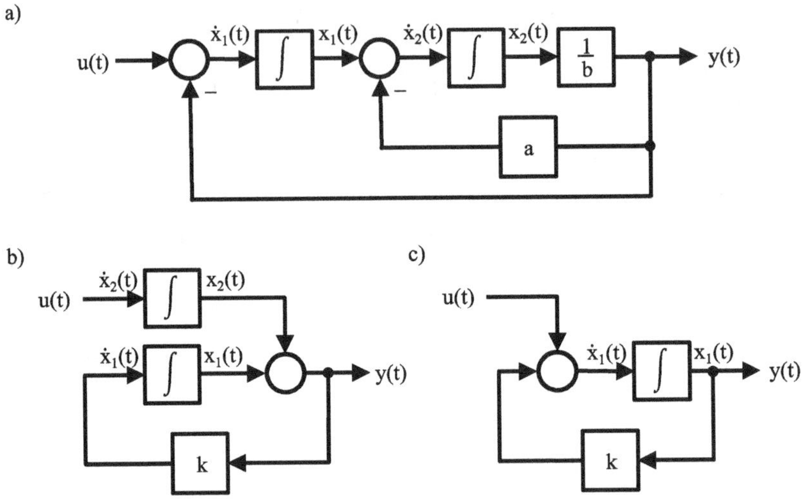

Abb. 7.14 Darstellung des Systems aus Abb. 7.13b im Zeitbereich mit Festlegung von Zustandsvariablen $x_1(t)$ und $x_2(t)$ jeweils am Ausgang der beiden Integratoren (**a**); System 1. Ordnung mit zwei Integratoren (**b**) und dazu äquivalentes System mit nur einem Integrator (**c**)

Hieraus können die Zustandsparameter abgelesen werden, siehe Abschn. 4.1

$$\underline{A} = \begin{bmatrix} 0 & -1/b \\ 1 & -a/b \end{bmatrix} \quad \underline{b} = \begin{bmatrix} 1 \\ 0 \end{bmatrix} \quad \underline{c} = \begin{bmatrix} 0 & 1/b \end{bmatrix} \quad d = 0\,. \tag{7.22}$$

Die Anzahl von Integratoren in einem Strukturbild entspricht aber nicht in jedem Fall der Systemordnung n, sondern n kann auch geringer sein. Dazu zeigt Abb. 7.14b ein System mit zwei Integratoren, so dass wir wieder zwei Zustandsgleichungen und eine Ausgangsgleichung entsprechend der Festlegung von $x_1(t)$ und $x_2(t)$ ablesen können

$$\dot{x}_1(t) = k \cdot (x_1(t) + x_2(t)) \qquad \dot{x}_2(t) = u(t) \qquad y(t) = x_1(t) + x_2(t)\,, \tag{7.23}$$

mit den folgenden Zustandsparametern

$$\underline{A} = \begin{bmatrix} k & k \\ 0 & 0 \end{bmatrix} \quad \underline{b} = \begin{bmatrix} 0 \\ 1 \end{bmatrix} \quad \underline{c} = \begin{bmatrix} 1 & 1 \end{bmatrix} \quad d = 0\,. \tag{7.24}$$

Dieses System ist aber identisch zu dem in 7.14c dargestellten Strukturbild, denn verschiebt man in (b) den Summationspunkt nach links über den unteren Integrator, so muss im oberen Zweig nach Abb. 7.8a zusätzlich das inverse System – also ein Differentiator – eingefügt werden, der die Wirkung des oberen Integrators kompensiert[6]. Für dieses System 1. Ordnung

[6] Wir hatten die Verschiebungsregeln nur im Laplace-Bereich eingeführt, aber natürlich gelten sie auch im Zeitbereich, da man einen Integrator durch seine Laplace-Transformierte $\frac{1}{s}$ ersetzen kann.

gelten dann die folgenden Beziehungen

$$\begin{aligned} \dot{x}_1(t) &= k \cdot x_1(t) + u(t) \qquad y(t) = x_1(t) \\ &\Rightarrow \quad \underline{A} = k \quad \underline{b} = 1 \quad \underline{c} = 1 \quad d = 0\,. \end{aligned} \tag{7.25}$$

Die Identität der beiden Systeme können wir auch dadurch zeigen, dass wir aus (7.24) und (7.25) mit (5.10) und (5.11) die Übertragungsfunktionen bestimmen, die ein System eindeutig kennzeichnen, und die sich in beiden Fällen zu $G(s) = \frac{1}{s-k}$ ergeben. Allgemein können wir die Ordnung n eines durch ein Strukturbild gegebenes System bestimmen, indem wir analytisch oder mit Hilfe der in diesem Kapitel vorgestellten grafischen Regeln die Übertragungsfunktion aufstellen, wobei n derem Nennergrad entspricht. Liegt uns für das System bereits eine Zustandsform vor, so können wir alternativ auch daraus n ablesen, indem wir den sogenannten *Rang* der Systemmatrix $\underline{A}$ ermitteln, d. h. die Anzahl unabhängiger Spalten- oder Zeilenvektoren in $\underline{A}$. Die Unabhängigkeit dieser Vektoren ist unmittelbar mit der Unabhängigkeit der Energiespeicher eines System verbunden, die wir ja bereits bei der Einführung der Zustandsform im Abschn. 4.1 betrachtet hatten. In unserem Beispiel können wir aus (7.24) erkennen, dass $\underline{A}$ nur einen unabhängigen Spaltenvektor bzw. Zeilenvektor enthält, womit sich die Systemordnung zu $n = 1$ ergibt[7].

Auch lineare Zustandsformen beliebiger Ordnung n können wir übersichtlich in einem Strukturbild darstellen. Abb. 7.15 zeigt dies für ein System, das nach Abschn. 4.1 durch (4.17) bis (4.20) beschrieben wird. Hierbei treten sogenannte Multiplexsignale auf, die aus n einzelnen Signalen bestehen und jeweils parallel und unabhängig voneinander zwischen Systemblöcken übertragen werden, die als MIMO-Systeme wirken. In Abb. 7.15 sind Multiplexsignale durch fett gezeichnete Pfeile gekennzeichnet, und die vektorielle Zustandsgleichung $\underline{\dot{x}}(t) = \underline{A} \cdot \underline{x}(t) + \underline{b} \cdot u(t)$ kann am linken Summationspunkt abgelesen werden,

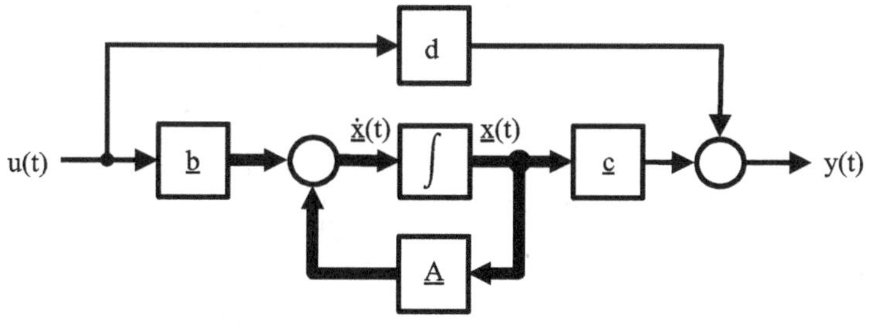

Abb. 7.15 Allgemeine Darstellung der Zustandsform als Blockschaltbild. Die fett gezeichneten Wirkungslinien kennzeichnen Multiplexsignale, die jeweils n unabhängige Komponenten entsprechend der Ordnung des Systems enthalten

[7] In diesem Beispiel sind die Spaltenvektoren sogar identisch, was allerdings nicht erforderlich ist. Für allgemeine mathematische Verfahren zur Bestimmung des Rangs einer Matrix siehe z. B. [36].

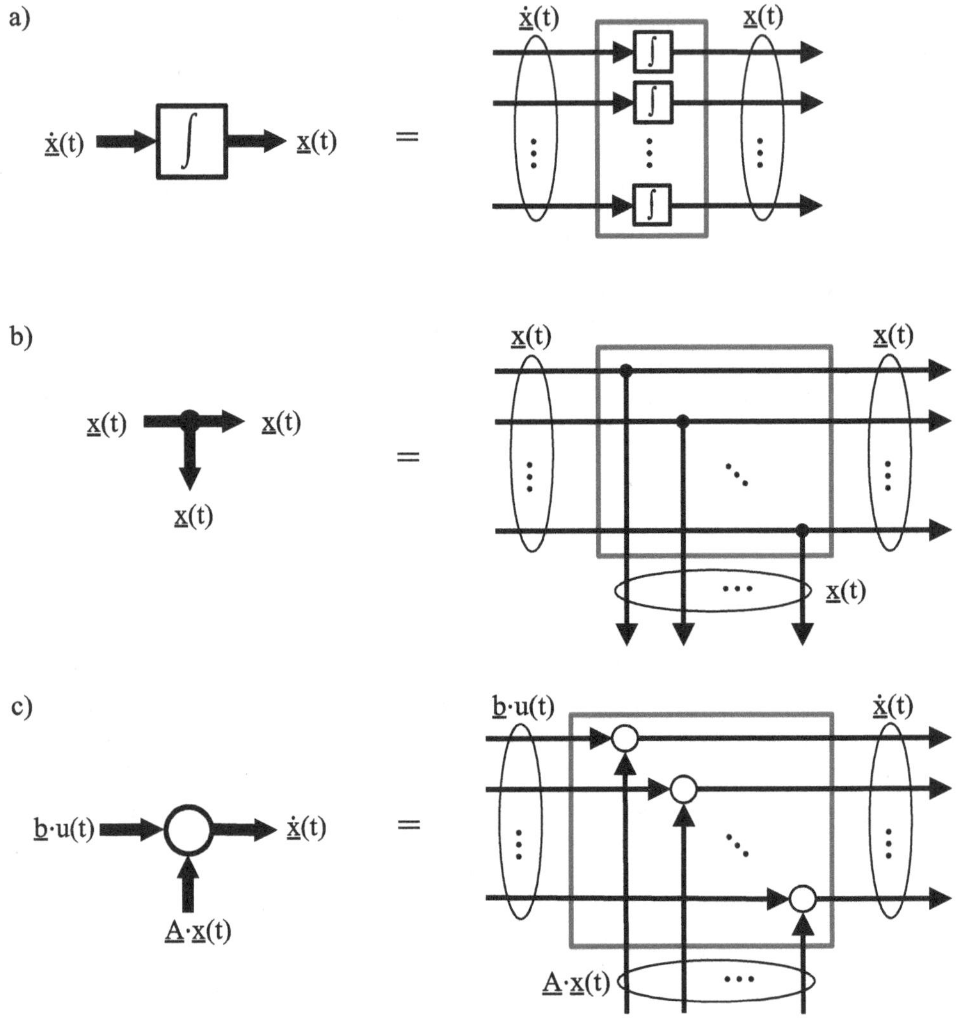

Abb. 7.16 Detaillierte Darstellung des Integratorblocks (**a**) sowie der Verzweigungsstelle (**b**) und der Summationsstelle (**c**) für die Multiplexsignale in Abb. 7.15

während sich die skalare Ausgangsgleichung $y(t) = \underline{c} \cdot \underline{x}(t) + d \cdot u(t)$ am Ausgang des rechten Summationspunktes ergibt.

Der interne Aufbau der über Multiplexsignale verknüpften Komponenten ist in den Abb. 7.16 und 7.17 dargestellt, wobei Signalverzweigungen durch Punkte markiert sind, an den Kreuzungsstellen der Wirkungslinien die Signale sich jedoch nicht beeinflussen. Der Integrationsblock besteht nach Abb. 7.16a intern aus n Integratoren, die jeweils nur auf eine Komponente des Multiplexsignals wirken. Auch die in (b) und (c) dargestellten Verzweigungs- sowie Summationsstellen für Multiplexsignale enthalten jeweils n unabhängige Verzweigungen bzw. Additionen immer für eine Komponente des Multiplexsignals.

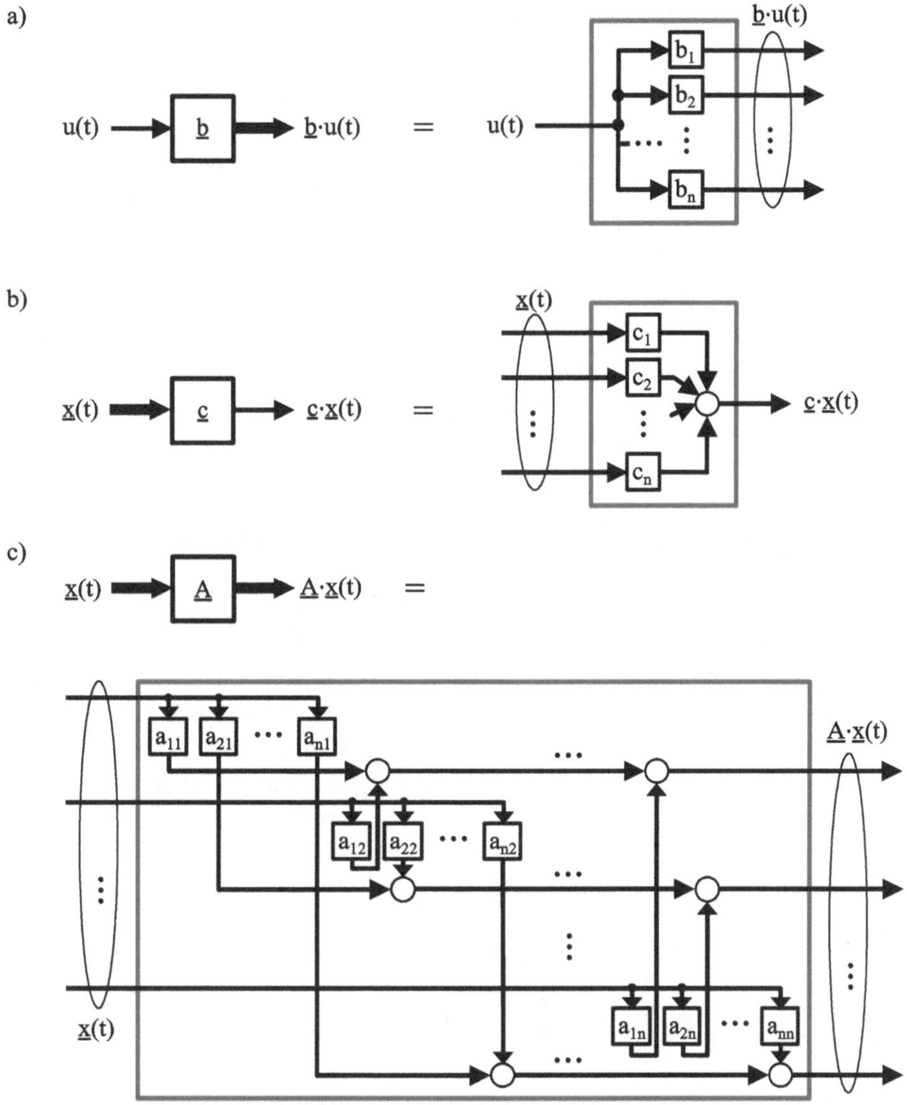

Abb. 7.17 Detaillierte Darstellung der Blöcke aus Abb. 7.15 zur Multiplikation des Eingangsvektors $\underline{b}$ mit dem Eingangssignal $u(t)$ (**a**), zur Multiplikation des Ausgangsvektors $\underline{c}$ mit dem Zustandsvektor $\underline{x}(t)$ (**b**) und zur Multiplikation der Systemmatrix $\underline{A}$ mit dem Zustandsvektor (**c**)

Abb. 7.17a und b detaillieren die statischen Systemblöcke zur Multiplikation des Eingangssignals $u(t)$ mit dem Eingangsvektor $\underline{b}$ und zur Multiplikation des Zustandsvektors $\underline{x}(t)$ mit dem Ausgangsvektor $\underline{c}$, während (c) die interne Struktur des statischen Blocks zeigt, um die Systemmatrix $\underline{A}$ mit $\underline{x}(t)$ zu multiplizieren.

7.5 Strukturbilder und Ersatzschaltbilder

Wir hatten bereits in Abschn. 6.5.3 gesehen, dass sich ohmsche Widerstände, Induktivitäten und Kapazitäten durch einfache komplexe Widerstände äquivalent beschreiben lassen. Während wir dort erst nach Zusammenfassung verknüpfter Ersatzschaltbildelemente zu einem Gesamtsystem dessen Frequenzgang und Übertragungsfunktion bestimmt haben, wollen wir nun bereits jedes Ersatzschaltbildelement für sich als einzelnes Übertragungssystem interpretieren. Abb. 7.18 zeigt die dabei möglichen sechs unterschiedlichen Elementarsysteme als Proportionalglieder, d. h. statische Systeme, Differentiatoren oder Integratoren. Ob eine Induktivität oder Kapazität dabei als Integrator oder Differentiator wirkt, hängt von der vorgegebenen Eingangsgröße als Spannung oder Strom ab. Mittels dieser Teilsysteme ist es möglich, entweder vorgegebene Strukturbilder durch Ersatzschaltbilder zu realisieren, oder aber ein gegebenes Ersatzschaltbild in ein Strukturbild umzuwandeln.

7.5.1 Umwandlungen zwischen Ersatzschaltbildern und Strukturbildern

Zunächst wollen wir untersuchen, wie sich ein gegebenes Ersatzschaltbild systematisch in ein Strukturbild umformen lässt, ohne zunächst durch Anwendung von Maschen- und Knotengleichungen entsprechend der Kirchhoffschen Regeln den Zusammenhang zwischen Ausgangs- und Eingangssignal zu ermitteln. Dazu ist es empfehlenswert von der gewünschten Ausgangsspannung bzw. dem Ausgangsstrom auszugehen, und dieses Signal durch Verknüpfung der in Abb. 7.18 dargestellten Teilsysteme mittels Summations- und Verzweigungsstellen schrittweise in die Eingangsgröße, d. h. die eingeprägte Spannung bzw. den vorgegebenen Strom umzuwandeln. Als Beispiel betrachten wir den komplexen Spannungsteiler in Abb. 7.19a, der schrittweise in das Strukturbild entsprechend (b) umgeformt

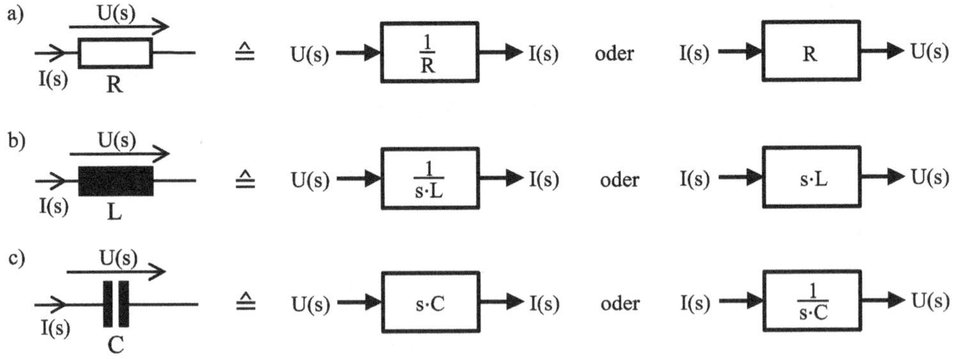

Abb. 7.18 Zusammenhang zwischen linearen Ersatzschaltbildelementen und Blockschaltbildern abhängig vom Eingangssignal für ohmsche Widerstände (**a**), Induktivitäten (**b**) und Kapazitäten (**c**)

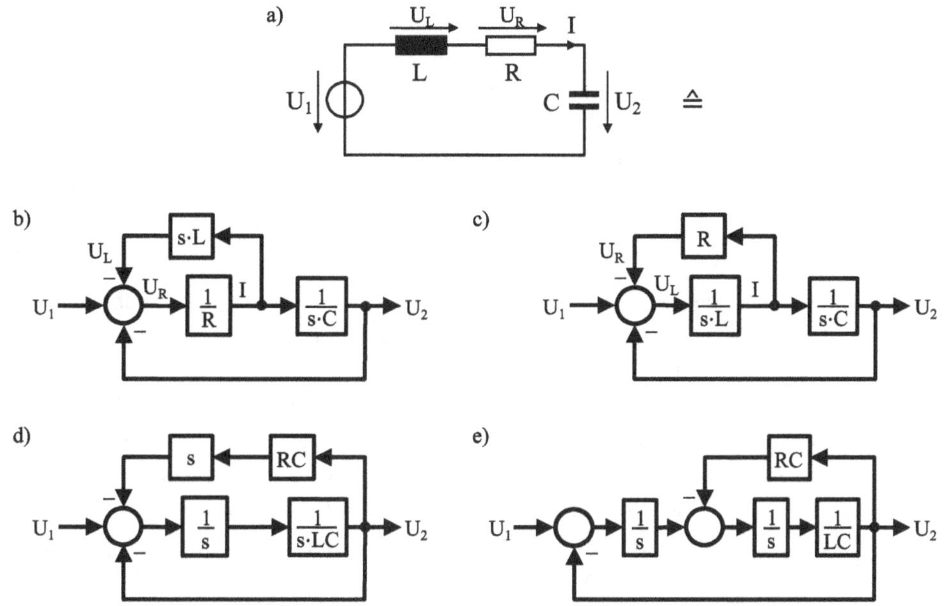

Abb. 7.19 Systematische Umwandlung eines vorgegebenen Ersatzschaltbildes (**a**) in ein äquivalentes Strukturbild (**b**), und schrittweise Äquivalenzumformung dieses Strukturbildes (**c**)–(**e**)

werden soll[8]. Da als Ausgangssignal hier die Spannung U_2 am Kondensator C vorgegeben ist, gehen wir von einem Systemblock aus, der einen Kondensator als Integrator modelliert. Damit liegt als Eingangssignal dieses Blockes der durch den Kondensator fließende Strom I fest, der seinerseits über einen Systemblock mit dem Verstärkungsfaktor $V = 1/R$ von der am Widerstand R anliegenden Spannung U_R abhängig ist. Da der Strom I ebenfalls durch die Induktivität L fließt, greifen wir ihn über eine Verzweigungsstelle ab, und wandeln ihn durch einen Systemblock, der eine Induktivität als Differentiator beschreibt, in die Spannung U_L um. Zuletzt bestimmen wir die benötigte Spannung U_R über die Maschengleichung $U_R = U_1 - U_L - U_2$ und fügen dazu eine Summationsstelle ein, so dass wir das Strukturbild in (b) erhalten. Den Differentiator in der Kreisschaltung können wir nach Abschn. 7.3.4 durch Vertauschung von Vorwärts- und Rückwärtszweig bei gleichzeitiger Invertierung der Funktionsblöcke eliminieren, wobei dieser Vorgang im Ersatzschaltbild einer Vertauschung von L und R entspricht. Damit haben wir entsprechend 7.19c bereits ein Strukturbild erzeugt, aus dem sich nach Abschn. 7.4.3 eine Zustandsform ablesen lässt, da als dynamische Teilsysteme nur zwei Integratorblöcke enthalten sind, die aber zusätzlich jeweils eine Konstante L bzw. C enthalten.

---

[8] Zur Verkürzung der Schreibweise verzichten wir hier wie auch bei den folgenden Systemen auf die explizite Kennzeichnung der Signale als Funktion einer Variablen, schreiben also z. B. statt $U(s)$ nur U.

Durch Verschiebung der Verzweigungsstelle nach rechts können wir die beiden Konstanten R und C im Rückkoppelzweig nach Abschn. 7.3.3 zu einem Block zusammenfassen, müssen dort aber auch einen zusätzlichen Differentiator einfügen. Wenn wir jetzt die Konstante $\frac{1}{L}$ zwischen den beiden in Reihe geschalteten Blöcken $\frac{1}{s \cdot L}$ und $\frac{1}{s \cdot C}$ austauschen, erhalten wir das in (d) dargestellte Strukturbild. Zuletzt verschieben wir noch die Summation des Ausgangssignals des Differentiators über den Integrator nach rechts, wodurch der Differentiator durch einen in Reihe geschalteten Integrator kompensiert wird, und erhalten das in Abb. 7.19e dargestellte Strukturbild. Dieses entspricht mit $a = RC$ und $b = LC$ exakt Abb. 7.13b, welches nach (6.80) und (6.81) ebenfalls einen komplexen Spannungsteiler repräsentiert, allerdings aus der Übertragungsfunktion des Gesamtsystems durch Rückführung auf Kreisschaltungen ermittelt wurde.

Ein Strukturbild, das ausschließlich aus Integratoren, Differentiatoren, Multiplikatoren mit Konstanten sowie Summations- und Verzweigungsstellen besteht, kann mittels der in Abb. 7.18 dargestellten Zusammenhänge auch schrittweise in ein Ersatzschaltbild (ESB) umgewandelt werden. Das Strukturbild muss dazu zunächst durch das Verschieben von Blöcken so modifiziert werden, dass sämtliche Integratoren bzw. Differenzierer zusätzlich zu s eine Konstante enthalten, die dann als Kapazität C bzw. Induktivität L interpretiert wird. Außerdem muss festgelegt werden, welche elektrischen Größen als Eingangs- und Ausgangssignal dienen sollen, bevor das Ersatzschaltbild ausgehend vom Eingangs- oder Ausgangssignal entwickelt werden kann.

Diese Schritte werden anhand des in Abb. 7.20 gezeigten Beispiels erläutert: In (a) ist ein Strukturbild 1. Ordnung dargestellt mit dem Eingangs- und Ausgangssignal U und Y sowie zwei internen Signalen P_1 und P_2. Zunächst soll dieses System durch ein ESB realisiert werden, bei dem sowohl U als auch Y als elektrische Spannung vorliegen sollen. Aus der Festlegung von Y als Spannung folgt, dass der Integrator hier durch einen Kondensator mit der Kapazität $C = b$ gebildet wird, und dass P_1 dem Strom durch diesen Kondensator und wegen $I_a = 0$ dem Eingangsstrom I_e entspricht. Da $U = U_e$ gilt, muss auch das Signal P_2 eine Spannung sein und daher die Konstante a einem Leitwert, also dem Kehrwert eines ohmschen Widerstandes R entsprechen. Zuletzt muss noch der Summationspunkt schaltungstechnisch als Maschengleichung umgesetzt werden, indem $P_2 = U_R$ als Differenz $U_e - U_a$ gebildet wird, und man erhält den in Teilgrafik (b) dargestellten RC-Spannungsteiler.

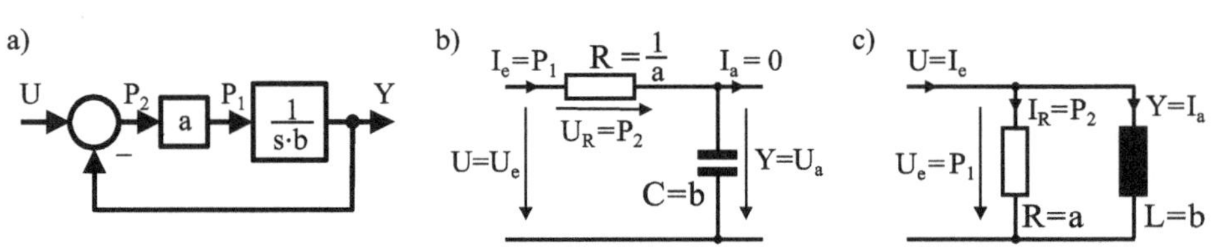

Abb. 7.20 Realisierung eines als Strukturbild gegebenen Systems 1. Ordnung (**a**) durch elektrische Ersatzschaltbilder. In (**b**) wird als Eingangs- und Ausgangssignal jeweils eine elektrische Spannung verwendet, während in (**c**) Ströme das Eingangs- und Ausgangssignal bilden

Eine alternative ESB-Realisierung ergibt sich, wenn man sowohl Ausgangs- als auch Eingangssignal als Ströme realisieren möchte. Da Y jetzt die Einheit eines Stromes aufweist, muss der Integrator in diesem Fall nach Abb. 7.18b als Spule realisiert werden mit der Induktivität $L = b$. Damit steht P_1 als Spannung fest, die Konstante a repräsentiert einen ohmschen Widerstand R und P_2 entspricht dem Strom durch diesen Widerstand. Ein Summationsglied kann immer nur Signale derselben Einheit verknüpfen, hier also Ströme, und muss daher schaltungstechnisch durch eine Knotengleichung repräsentiert werden, bei der die Differenz aus Eingangs- und Ausgangsstrom den Strom durch R bilden. Damit ergibt sich als äquivalente Umsetzung des Strukturbildes die in Teilgrafik (c) dargestellte Parallelschaltung aus L und R.

Durch alle drei Varianten des betrachteten Systems wird dabei bezüglich des jeweils festgelegten Ein- und Ausgangssignals ein Verzögerungsglied erster Ordnung beschrieben

$$G(s) = \frac{Y(s)}{U(s)} = \frac{U_a(s)}{U_e(s)} = \frac{I_a(s)}{I_e(s)} = \frac{1}{1 + s \cdot T} \quad \text{mit} \quad T = \frac{b}{a} = RC = \frac{L}{R} . \tag{7.26}$$

7.5.2 Rückwirkungen zwischen gekoppelten Systemen

Während man Teilsysteme in Form von Strukturbildern beliebig verketten bzw. parallel schalten kann, und die Kopplungen dann durch (7.2) und (7.4) beschrieben werden, muss beachtet werden, dass bei analogen elektrotechnischen Systemen sogenannte Rückwirkungen – also gegenseitige Beeinflussungen – auftreten können.

Um dies zu verdeutlichen, werde in Abb. 7.21 die Verkettung zweier RC-Spannungsteiler nach Abb. 7.20b mit R_1 und C_1 bzw. R_2 und C_2 betrachtet. Teilgrafik (a) zeigt das sich ergebende ESB, bei dem die Ausgangsspannung U_{a1} des ersten RC-Gliedes als Eingangsspannung U_{e2} des zweiten Teilsystems wirkt. Für die Umwandlung dieser Verkettung in ein Strukturbild gehen wir zunächst von der Reihenschaltung zweier Systeme gemäß Abb. 7.20a aus, die eine Übertragungsfunktion $G_R(s)$ entsprechend dem Quadrat von $G(s)$ aus (7.26) aufweist, wobei wir identische Zeitkonstanten $T_1 = R_1C_1$ und $T_2 = R_2C_2$ mit $T_1 = T_2 = T$ annehmen

$$G_R(s) = \frac{1}{(1 + s \cdot T_1) \cdot (1 + s \cdot T_2)} = \frac{1}{(1 + s \cdot T)^2} = (G(s))^2 . \tag{7.27}$$

Vergleichen wir allerdings diese Reihenschaltung zweier Verzögerungsglieder erster Ordnung mit der realisierten Verkettung der RC-Glieder, so stellen wir fest, dass der Knoten K im ESB bisher keine Berücksichtigung im Strukturbild findet. Dieser Knoten entsteht dadurch, dass der Eingangsstrom des zweiten RC-Gliedes I_{e2} als Ausgangsstrom I_{a1} des ersten RC-Gliedes wirkt und damit den Strom durch dessen Kondensator reduziert, der nun nicht mehr I_{e1} entspricht. Man spricht hierbei auch von einer Belastung des ersten RC-Gliedes durch das zweite System. Die Wirkung des Knotens lässt sich jedoch im Struk-

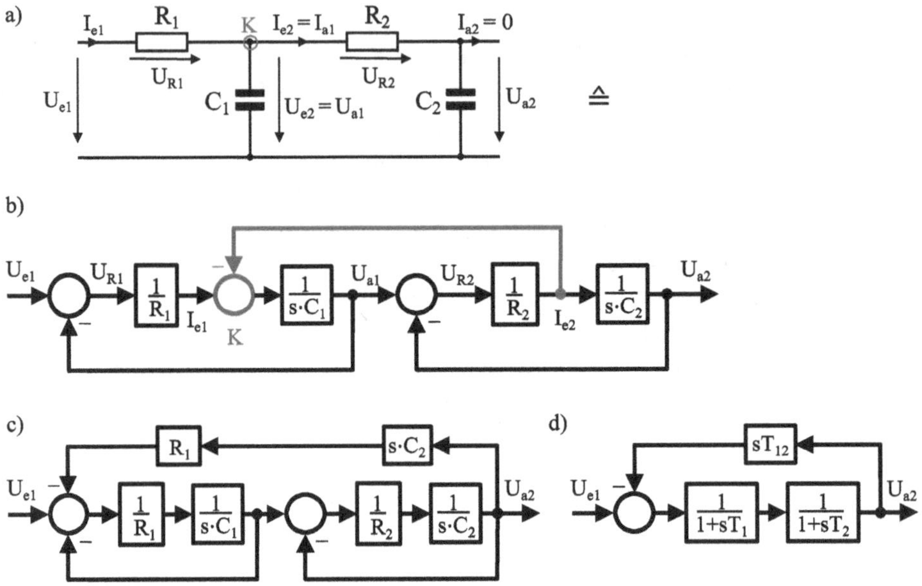

Abb. 7.21 Verkettung von zwei RC-Gliedern als elektrisches Ersatzschaltbild (**a**), äquivalentes Strukturbild einschließlich der durch I_{e2} im Knoten K bewirkten Rückwirkung (**b**) sowie Vereinfachung des Strukturbildes (**c**)–(**d**) mit $T_1 = R_1 C_1$, $T_2 = R_2 C_2$ und $T_{12} = R_1 C_2$

turbild mit wenig Aufwand ergänzen, indem wir einen zusätzlichen Summationspunkt vor dem Integrator des ersten RC-Gliedes einfügen und dort den Strom I_{e2}, den wir vor dem Integrator des zweiten RC-Gliedes abgreifen können, mit negativem Vorzeichen addieren. Insgesamt ergibt sich dadurch das in Abb. 7.21b gegebene Strukturbild, wobei die Rückführung von I_{e2} in grau dargestellt ist. Durch diese im Strukturbild sehr deutlich erkennbare Rückwirkung wird das Übertragungsverhalten des ersten RC-Gliedes verändert, so dass auch die Gesamtübertragungsfunktion $G_{ges}(s)$ von $G_R(s)$ abweicht.

Die Berechnung von $G_{ges}(s)$ kann im Strukturbild mit weniger Aufwand als im ESB durchgeführt werden, da wir sämtliche Vereinfachungen aus Abschn. 7.3 verwenden können und kein Aufstellen von Knoten- und Maschengleichungen mit anschließender Lösung eines Gleichungssystem erforderlich ist. Konkret gehen wir so vor, dass wir den zusätzlichen Summationspunkt nach links und die Verzweigungsstelle nach rechts verschieben und als Folge davon die Übertragungsblöcke mit R_1 und $s \cdot C_2$ im oberen Rückkoppelzweig einfügen müssen, wie in Teilgrafik (c) dargestellt ist. Dadurch entkoppeln wir die beiden Systeme 1. Ordnung, die wir nun jeweils durch ihre Teilübertragungsfunktion $G(s)$ entsprechend (7.26) ersetzen können, so dass sich mit $T_{12} = R_1 C_2$ insgesamt das Strukturbild in Teilgrafik (d) ergibt. Aus diesem können wir dann $G_{ges}(s)$ mit der Formel für eine Kreisschaltung bestimmen, wieder unter der Annahme identischer Zeitkonstanten, d. h. $T_1 = T_2 = T$

$$G_{ges}(s) = \frac{U_{a2}(s)}{U_{e1}(s)} = \frac{\frac{1}{(1+sT_1)(1+sT_2)}}{1+\frac{sT_{12}}{(1+sT_1)(1+sT_2)}} = \frac{1}{(1+sT)^2 + sT_{12}} \,. \tag{7.28}$$

Zum Vergleich zwischen den Übertragungsfunktionen $G_R(s)$ und $G_{ges}(s)$ betrachten wir das Bode-Diagramm der Frequenzgänge beider Systeme in Abb. 7.22, wobei wir hier $R_1 = R_2$ und $C_1 = C_2$ annehmen, so dass auch für die Zeitkonstante im Rückkoppelzweig $T_{12} = R_1C_2 = T$ gilt. In schwarz ist $G_R(\omega)$ dargestellt mit $\omega_k = 1/T$ für $T = 1s$, und man erkennt den für Verzögerungsglieder zweiter Ordnung typischen Abfall der Verstärkung um 40 dB/Dekade ab der Kennfrequenz, sowie eine Phasendrehung von 0° auf −180°. Zur Analyse von $G_{ges}(s)$ faktorisieren wir dessen Nenner und bilden die V-Normalform. Man erkennt, dass die Verkettung der beiden RC-Glieder auf ein System 2. Ordnung mit zwei unterschiedlichen Zeitkonstanten führt

$$(1+sT)^2 + sT = 1 + 3sT + (sT)^2 = 0 \quad\Rightarrow\quad sT_{p1,2} = -\frac{3}{2} \pm \sqrt{\left(\frac{3}{2}\right)^2 - 1}$$

$$\Rightarrow \quad sT_{p1} \approx 0{,}382 \quad \text{und} \quad sT_{p2} \approx 2{,}618$$

$$\Rightarrow \quad G_{ges}(s) = \frac{1}{(sT+0{,}382)(sT+2{,}618)} = \frac{1}{(1+2{,}618\cdot sT)(1+0{,}382\cdot sT)} \,. \tag{7.29}$$

Die Kennfrequenzen des Frequenzgangs liegen damit bei $\omega_{k1} \approx 0{,}382 \cdot \omega_k$ und $\omega_{k2} \approx 2{,}618 \cdot \omega_k$, und wegen $\omega_{k1} \cdot \omega_{k2} = 1$ im Bode-Diagramm symmetrisch zu ω_k. Das System mit $G_{ges}(s)$ ist in Abb. 7.22 grau dargestellt und zeigt grundsätzlich dasselbe Verhalten wir $G_R(s)$, jedoch ist der Übergang aufgrund der Rückwirkung im Bereich der Kennfrequenz flacher, was in den meisten Fällen ein unerwünschter Effekt ist, denn bei einem Einsatz als Filter ist die Flankensteilheit und damit die Filterwirkung weniger ausgeprägt.

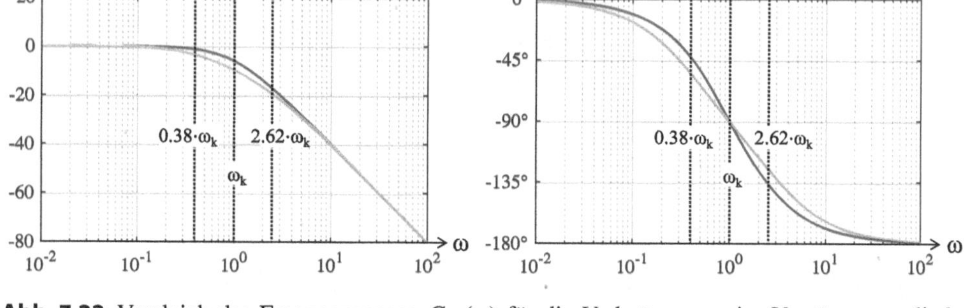

Abb. 7.22 Vergleich des Frequenzganges $G_R(\omega)$ für die Verkettung zweier Verzögerungsglieder 1. Ordnung und des Frequenzganges $G_{ges}(\omega)$, der sich aus der Reihenschaltung zweier identischer RC-Glieder 1. Ordnung ergibt mit $T = 1s$ und $\omega_k = 1/T$

7.5.3 Entkopplung von Teilsystemen mit Transistoren

Die im letzten Abschnitt auftretende Rückwirkung kann vernachlässigt werden, falls der Eingangsstrom des zweiten RC-Gliedes I_{e2} klein gegenüber dem Strom I_{e1} ist, da dann der Knoten K ignoriert werden kann und I_{e1} quasi vollständig durch den Kondensator des ersten RC-Gliedes fließt. Eine einfache Möglichkeit dies zu erreichen besteht darin, den ohmschen Widerstand $R_2 \gg R_1$ zu wählen und damit $C_2 = T/R_2 \ll C_1$, um identische Zeitkonstanten $T_1 = T_2 = T$ beizubehalten. Dadurch verringert sich die Zeitkonstante $T_{12} = R_1 C_2$, so dass jetzt $T_{12} \ll T$ gilt, als Folge der Term sT_{12} in (7.28) vernachlässigt werden darf und $G_{ges}(s)$ sich $G_R(s)$ angleicht.

Diese Art der Entkopplung ist allerdings auf Reihenschaltungen von wenigen Teilsystemen beschränkt und erzwingt außerdem einen Neuentwurf der zu koppelnden Systeme. In der Praxis verwendet man daher meist sogenannte *Impedanzwandler* zwischen einzelnen Teilsystemen, die dafür sorgen, dass keine Belastungen auftreten. Derartige Systeme können z. B. mit Bipolartransistoren realisiert werden, und Abb. 7.23a zeigt ein entsprechendes Ersatzschaltbild, wobei der Transistor durch das kreisförmige Symbol mit den drei Anschlüssen Basis (B), Emitter (E) und Kollektor (C) repräsentiert wird[9].

Ein Bipolartransistor ist ein nichtlineares elektronisches Bauelement, dessen Eigenschaften in guter Näherung durch die in (b) abgebildeten idealisierten Kennlinien beschrieben werden. Aufgrund des nichtlinearen Verhaltens müssen wir zunächst einen Arbeitspunkt (AP) festlegen, wozu wir konstante Ströme und Spannungen erkennbar an einem hochgestelltes A einprägen. Diesem Arbeitspunkt überlagern wir durch Δ-Symbole gekennzeich-

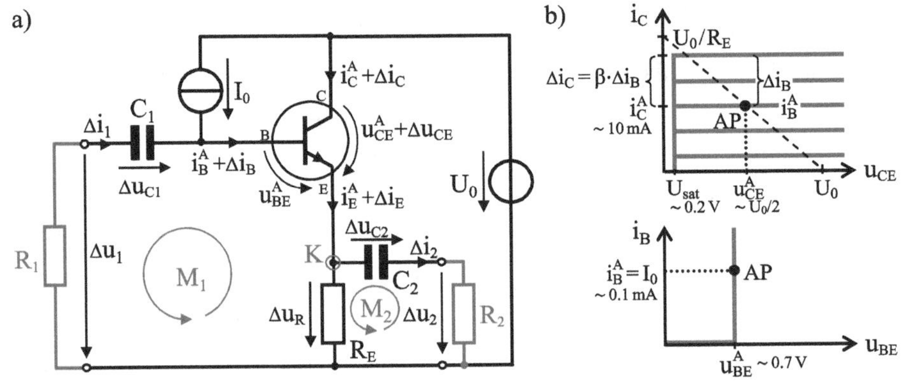

Abb. 7.23 Elektrisches Ersatzschaltbild eines Bipolartransistors in Kollektorschaltung als Realisierung eines Impedanzwandlers und Spannungsfolgers (**a**), in (**b**) oben das idealisierte Ausgangskennlinienfeld und unten die idealisierte Eingangskennlinie des Transistors

[9] In diesem Fall wird ein sogenannter npn-Transistor verwendet, bei dem der Strom in positiver Richtung von der Basis bzw. vom Kollektor zum Emitter fließt, daran erkennbar, dass am Emitter ein Pfeil nach außen zeigt.

nete Kleinsignalgrößen, die zur Bestimmung der Übertragungseigenschaften der Schaltung in diesem Arbeitspunkt dienen.

Im Eingangskreis zwischen Basis und Emitter wirkt der Transistor wie eine Diode, deren idealisierte Kennlinie unten in 7.23b dargestellt ist. Damit der Transistor als lineares System wirkt, muss diese Diode in Durchlassrichtung betrieben werden, und die Basis-Emitter Spannung u_{BE}^{A} im Arbeitspunkt weist dann einen nahezu konstanten Wert von ca. $0{,}7\,V$ unabhängig vom Basisstrom auf. Dazu wird mittels einer Konstantstromquelle ein kleiner Strom $I_0 \approx 0{,}1\,mA$ als Basisstrom im Arbeitspunkt i_B^A eingeprägt, wobei der Koppelkondensator C_1 dafür sorgt, dass I_0 vollständig in den Transistor fließt und eingangsseitig dessen Arbeitspunkt einprägt[10].

Anhand der in (b) oben ebenfalls idealisiert dargestellten Ausgangskennlinien des Transistors, die den Kollektorstrom i_C als Funktion der Spannung u_{CE} zwischen Kollektor und Emitter mit i_B als variablem Parameter beschreiben, ist erkennbar, dass i_C keine Abhängigkeit von u_{CE} zeigt, sofern u_{CE} die sogenannte Sättigungsspannung $U_{sat} \approx 0{,}2\,V$ übersteigt. Abhängig vom kleinen Basisstrom i_B^A fließt dann ein wesentlich größerer Kollektorstrom $i_C^A \approx 10\,mA$, und der Bipolartransistor verhält sich in diesem Bereich als sogenannte stromgesteuerte Stromquelle.

Mit bekanntem i_C^A ist auch $u_{CE}^A = U_0 - i_C^A \cdot R_E$ über die Maschengleichung im Ausgangskreis abhängig von der Versorgungsspannung U_0 und dem Emitterwiderstand R_E festgelegt. Auf dieser sogenannten Arbeitsgeraden, die in das Kennlinienfeld gestrichelt eingetragen ist, sollte ein Wert $u_{CE}^A \approx U_0/2$ ungefähr in der Mitte des Kennlinienfeldes gewählt werden, damit sich das System in einem möglichst großen Aussteuerbereich Δi_B um den Arbeitspunkt linear verhält. Der Kondensator C_2 sorgt dafür, dass im Knoten K kein Gleichstrom über den möglicherweise variablen Lastwiderstand R_2 abfließt und dadurch den Arbeitspunkt verschiebt.

Wird der Transistor im Arbeitspunkt als lineares System betrieben, so interessiert ausschließlich das Kleinsignalverhalten, also die Veränderung der Ströme und Spannungen gegenüber ihren konstanten Werten im Arbeitspunkt. Fließt kleinsignalmäßig ein Basisstrom Δi_B in den Transistor, so tritt eine hierzu proportionale Änderung des Kollektorstroms um $\beta \cdot \Delta i_C$ auf, mit der sogenannten Stromverstärkung $\beta \approx 100$. Die ideale Stromquelle I_0 besitzt einen unendlich großen Innenwiderstand und muss daher kleinsignalmäßig nicht beachtet werden. Die konstanten Spannungen U_0 und u_{BE}^A entsprechen hingegen idealen Spannungsquellen mit dem Innenwiderstand null und sind bezüglich ihres Kleinsignalverhaltens durch einen Kurzschluss zu ersetzen. Daher ist bei dem gewählten Anschluss von Eingangs- und Ausgangsspannung Δu_1 und Δu_2 deren gemeinsamer Bezugspunkt kleinsignalmäßig mit dem Kollektor verbunden, weshalb diese spezielle Schaltung eines Bipolartransistor als *Kollektorschaltung* bezeichnet wird.

---

[10] Die Stromquelle kann auch durch einen hochohmigen Widerstand oder Spannungsteiler ersetzt werden, wodurch die Berechnung etwas komplizierter wird, ohne dass diese Widerstände die Eigenschaften signifikant beeinflussen.

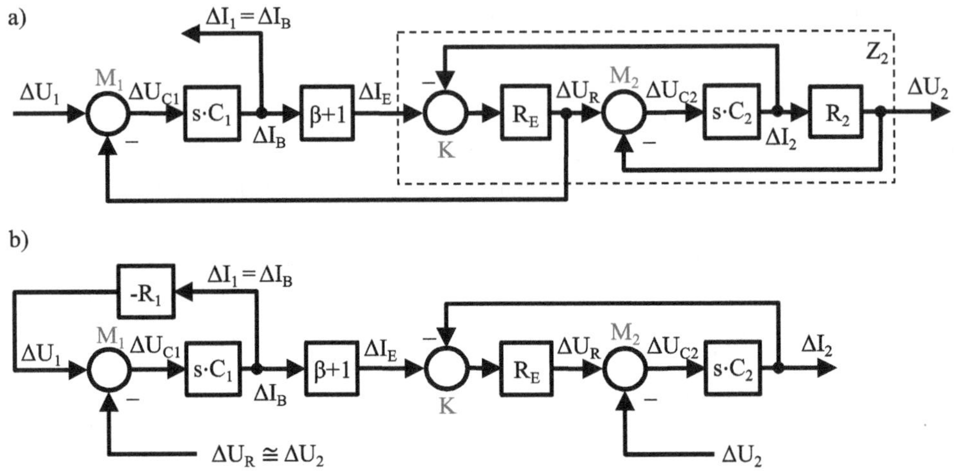

Abb. 7.24 Äquivalente kleinsignalmäßige Darstellung eines Bipolartransistors in Kollektorschaltung durch ein Strukturbild bei Abschluss des Ausgangs mit einem Widerstand R_2 zur Bestimmung der Spannungsverstärkung und des Eingangswiderstandes (**a**), und bei Abschluss des Eingangs mit einem Widerstand R_1 zur Berechnung des Ausgangswiderstandes (**b**)

Zunächst wollen wir die Spannungsverstärkung $V_U = \frac{\Delta U_2}{\Delta U_1}$ der Kollektorschaltung bestimmen, wozu wir alle Kleinsignalgrößen im Laplace-Bereich betrachten und das in Abb. 7.24a dargestellte Strukturbild aus dem Ersatzschaltbild herleiten[11]. Wir beginnen mit der Ausgangsspannung ΔU_2, die am Ausgang eines Systemblocks mit dem Widerstand R_2 auftritt. Das Eingangssignal dieses Blockes, also der Strom ΔI_2 durch R_2 entsteht seinerseits durch Multiplikation der Spannung ΔU_{C2} am Kondensator C_2 mit dessen Leitwert $s \cdot C_2$. Hierbei entspricht ΔU_{C2} über die Masche M_2 der Differenz $\Delta U_R - \Delta U_2$, und dieser Zusammenhang wird im Strukturbild als Summationspunkt berücksichtigt. Die Spannung ΔU_R entsteht am Ausgang des Blockes R_E, über den die Differenz der Ströme $\Delta I_E - \Delta I_2$ übertragen wird, wozu ein weiterer Summationspunkt verwendet wird. Insgesamt tritt also zwischen ΔI_E und ΔU_2 das gestrichelt umrandete Teilsystem auf, das einem komplexen Widerstand entspricht und in Abb. 7.24a mit Z_2 bezeichnet ist.

Der Strom ΔI_E als Eingangssignal von Z_2 berechnet sich über den Transistor als Summe aus ΔI_B und ΔI_C, so dass der Zusammenhang $\Delta I_E = \Delta I_B + \Delta I_C = (\beta+1) \cdot \Delta I_B$ gilt. ΔI_E tritt daher am Ausgang eines weiteren statischen Systems mit der Konstanten $\beta+1$ auf, dessen Eingangssignal durch den Strom ΔI_B gebildet wird, der wegen des unendlich großen Innenwiderstandes der Stromquelle I_0 gleichzeitig ΔI_1 entspricht. Dieser Strom berechnet

[11] Man beachte, dass im Laplace-Bereich große Buchstaben für die dem Arbeitspunkt überlagerten Kleinsignale verwendet werden, also $\Delta U(s)$ und $\Delta I(s)$ statt der in Abb. 7.23 enthaltenen Zeitsignale $\Delta u(t)$ und $\Delta i(t)$, wobei zur verkürzten Schreibweise die explizite Angabe der Variablen s bzw. t entfällt.

sich wiederum aus der Kondensatorspannung ΔU_{C1} am Eingang des Blockes mit der Übertragungsfunktion $s \cdot C_1$. Zuletzt betrachten wir noch die Masche M_1 im Eingangskreis des Transistors, aus der $\Delta U_{C1} = \Delta U_1 - \Delta U_R$ folgt, und berücksichtigen diese Gleichung durch einen weiteren Summationspunkt von dem Differentiator mit negativer Rückführung der Spannung ΔU_R.

Zur Berechnung von V_U bestimmen wir zunächst Z_2, wobei wir die Analogie zu Abb. 7.6 ausnutzen können mit $G_1(s) = R_E$, $G_2(s) = s \cdot C_2$ und $G_3(s) = R_2$, so dass aus (7.13) folgt

$$Z_2 = \frac{\Delta U_2}{\Delta I_E} = \frac{R_E\, R_2 \cdot s \cdot C_2}{1 + (R_E + R_2) \cdot s \cdot C_2} = \frac{R_E R_2}{R_E + R_2} \cdot \frac{(R_E + R_2) \cdot s \cdot C_2}{1 + (R_E + R_2) \cdot s \cdot C_2}$$
$$= R_E||R_2 \cdot \frac{s \cdot \tau_2}{1 + s \cdot \tau_2} \quad \text{mit} \quad \tau_2 = (R_E + R_2) \cdot C_2 \,. \tag{7.30}$$

Z_2 wirkt als Hochpass, wobei C_2 so groß gewählt werden sollte, dass für Betriebsfrequenzen ω der Schaltung immer $\omega \gg 1/\tau_2$ gilt. Wir dürfen dann die 1 im Nenner von (7.30) vernachlässigen und $s \cdot \tau_2$ kürzen, woraus $Z_2 = R_E||R_2$ folgt. Für dieses Z_2 gilt auch $\Delta U_R = \Delta U_2$, was durch Betrachtung der mittleren Summationsstelle in Abb. 7.24a folgt

$$\Delta U_R = (\Delta I_E - \Delta I_2) \cdot R_E = \left(\frac{\Delta U_2}{Z_2} - \frac{\Delta U_2}{R_2}\right) \cdot R_E = \Delta U_2 \cdot \left(\frac{R_E + R_2}{R_2} - \frac{R_E}{R_2}\right) = \Delta U_2 \,. \tag{7.31}$$

Wir dürfen also statt ΔU_R auch ΔU_2 zum Eingang zurückführen und erhalten damit eine direkte Kreisschaltung zwischen ΔU_1 und ΔU_2 aus der V_U bestimmt werden kann. Hierbei ergibt sich für $Z_2 = R_E||R_2$ ebenfalls ein Hochpass erster Ordnung, jetzt mit der Zeitkonstanten τ_1

$$V_U = \frac{\Delta U_2}{\Delta U_1} = \frac{s \cdot C_1 \cdot (\beta+1) \cdot Z_2}{1 + s \cdot C_1 \cdot (\beta+1) \cdot Z_2} = \frac{s \cdot \tau_1}{1 + s \cdot \tau_1} \quad \text{mit} \quad \tau_1 = C_1 \cdot (\beta+1) \cdot R_E||R_2 \,. \tag{7.32}$$

Wenn wir nur Betriebsfrequenzen der Schaltung zulassen, für die $\omega \gg 1/\tau_1$ gilt, und dazu den Kondensator C_1 groß genug dimensionieren, folgt $V_U = 1$. Aus dieser Eigenschaft erklärt sich die Bezeichnung der Schaltung als *Spannungsfolger*, da die Ausgangsspannung in Betrag und Phasenlage identisch zur Eingangsspannung ist.

Aus V_U kann mit wenig Aufwand auch der Eingangswiderstand Z_{in} der Schaltung bestimmt werden, der als Quotient $\frac{\Delta U_1}{\Delta I_1}$ definiert ist. Zur Berechnung von Z_{in} lesen wir aus Abb. 7.24a den Zusammenhang $\Delta U_2 = \Delta I_1 \cdot (\beta + 1) \cdot Z_2$ ab und erhalten damit für Z_{in}, wenn wir $Z_2 = R_E||R_2$ und $V_U = 1$ einsetzen

$$Z_{in} = \frac{\Delta U_1}{\Delta I_1} = \frac{\Delta U_1}{\Delta U_2} \cdot (\beta+1) \cdot Z_2 = (\beta+1) \cdot R_E||R_2 \,. \tag{7.33}$$

Der Eingangswiderstand einer Kollektorschaltung kann recht groß werden, und unter der Annahme $R_E = R_2 = 1\,k\Omega$ sowie $\beta = 100$ weist Z_{in} einen typischen Wert von $50\,k\Omega$ auf, was gegenüber einem direkten Anschluss eines Systems mit dem Eingangswiderstand R_2 einen um den Faktor 50 reduzierten Laststrom bedeutet.

Eine weitere charakteristische Eigenschaft der Kollektorschaltung wird aus dem Ausgangswiderstand Z_{out} deutlich, den ein dem Spannungsfolger nachfolgendes System sieht, wenn am Eingang ein Widerstand R_1 liegt. Dazu betrachten wir das in Abb. 7.24b dargestellte Strukturbild, das sich aus Abb. 7.23a ergibt, wenn wir am Eingang der Schaltung R_1 berücksichtigen, so dass im Strukturbild die Signale ΔI_1 und ΔU_1 durch den Systemblock $-R_1$ gekoppelt sind, da aufgrund der Zählpfeile ein positives ΔI_1 ein negatives ΔU_1 bewirkt.

Am Ausgang prägen wir jetzt ΔU_2 ein, so dass wir den Widerstand R_2 entfernen können, und bestimmen abhängig von ΔU_2 den Strom ΔI_2, so dass sich bei der gewählten Richtung von ΔI_2 in Abb. 7.23a der Ausgangswiderstand zu $Z_{out} = -\frac{\Delta U_2}{\Delta I_2}$ ergibt. Zunächst lesen wir mit $\Delta U_R = \Delta U_2$ über die Kreisschaltung links in Abb. 7.24b den Zusammenhang zwischen ΔU_2 und $\Delta I_B = \Delta I_1$ ab, wobei beachtet werden muss, dass das Minuszeichen an der Summationsstelle nicht im Rückkoppelzweig, sondern am Eingang der Kreisschaltung liegt

$$\Delta I_B = -\frac{s \cdot C_1}{1 + s \cdot R_1 \cdot C_1} \cdot \Delta U_2 = -\frac{s \cdot \tau_1'}{1 + s \cdot \tau_1'} \cdot \frac{\Delta U_2}{R_1} \quad \text{mit} \quad \tau_1' = R_1 \cdot C_1 \,. \tag{7.34}$$

Auch hier gehen wir davon aus, dass wir die Schaltung bei Frequenzen $\omega \gg 1/\tau_1'$ betreiben, so dass die eins im Nenner vernachlässigbar ist und der Zusammenhang $\Delta I_B = -\Delta U_2/R_1$ folgt.

Aus der Kreisschaltung auf der rechten Seite lesen wir jetzt ΔI_2 abhängig von ΔI_E und ΔU_2 ab, indem wir zuvor ΔU_2 über R_E nach links verschieben

$$\Delta I_2 = (\Delta I_E - \frac{\Delta U_2}{R_E}) \cdot \frac{s \cdot \tau_2'}{1 + s \cdot \tau_2'} \quad \text{mit} \quad \tau_2' = R_E \cdot C_2 \,, \tag{7.35}$$

wobei auch hier $\omega \gg 1/\tau_2'$ angenommen wird. Mit $\Delta I_E = (\beta + 1) \cdot \Delta I_B$ und $\Delta I_B = -\Delta U_2/R_1$ erhalten wir aus (7.35) zunächst den Kehrwert von Z_{out}

$$\frac{1}{Z_{out}} = -\frac{\Delta I_2}{\Delta U_2} = -\left((\beta+1) \cdot \frac{\Delta I_B}{\Delta U_2} - \frac{1}{R_E}\right) = (\beta+1) \cdot \frac{1}{R_1} + \frac{1}{R_E} \,. \tag{7.36}$$

Daraus ergibt sich Z_{out} als Parallelschaltung von $R_1/(\beta+1)$ und R_E

$$Z_{out} = \frac{1}{(\beta+1) \cdot \frac{1}{R_1} + \frac{1}{R_E}} = \frac{R_1}{\beta+1} \,||\, R_E \,. \tag{7.37}$$

Nehmen wir für R_1 ebenfalls $1\,k\Omega$ an, so erhalten wir aus (7.37) einen Ausgangswiderstand von $Z_{out} \approx 10\,\Omega$. Dieser sehr geringe Ausgangswiderstand, dessen Wert hier um den Faktor 5000 niedriger liegt als der Eingangswiderstand, ist ebenfalls typisch für eine Kollektorschaltung, und erklärt deren Bezeichnung als Impedanzwandler und Eignung als Treiberstufe von Systemkomponenten mit niedrigem Eingangswiderstand wie z. B. Lautsprechern[12].

7.5.4 Realisierung entkoppelter Systeme mit Operationsverstärkern

Trotz der guten Eignung einer Kollektorschaltung zur Entkopplung von Systemkomponenten setzt man dafür heutzutage meistens sogenannte Operationsverstärker (OPV oder OP von der engl. Abkürzung *OpAmp*) ein. Dies sind quasi ideale Differenzverstärker in integrierter Form, die intern aus einer Vielzahl von Transistoren bestehen und in zahlreichen elektronischen Schaltungen zum Einsatz kommen.

Abb. 7.25a zeigt die Schaltung eines OP als Spannungsfolger. Hierbei ist dessen Ausgang mit seinem invertierenden Eingang ($-$) verbunden, und der OP verhält sich aufgrund der dadurch bewirkten Gegenkopplung innerhalb des durch die Versorgungsspannungen $+U_0$ und $-U_0$ begrenzten Bereichs als lineares System. Mit dieser Gegenkopplung kann die Differenzspannung U_d zwischen den beiden Eingängen wegen des nahezu unendlich großen Verstärkungsfaktors eines OP zu null angekommen werden. Da am positiven Eingang ($+$) die Eingangsspannung anliegt, folgt über die Maschengleichung $U_1 = U_2 - U_d = U_2$ die Eigenschaft der Schaltung als Spannungsfolger. Der Eingangswiderstand moderner OP liegt an beiden Eingängen im $G\Omega$-Bereich und kann quasi als unendlich groß angenommen werden, so dass keine Belastung des vorherigen Systems auftritt und die Schaltung durch das rechts dargestellte Strukturbild mit $G(s) = 1$ beschrieben wird. Durch Anordnung dieses Spannungsfolgers zwischen elektrotechnischen Baugruppen können Rückwirkungen quasi vollständig verhindert werden, wobei der Ausgang eines OP wie bei der Kollektorschaltung ebenfalls sehr niederohmig ist. Für große Lastströme werden spezielle Leistungs-OP angeboten oder es können am OP-Ausgang komplementäre Transistoren in Kollektorschaltung hinzugefügt werden, siehe [46].

Als weitere Grundschaltung eines OP zur Entkopplung von Teilsystemen ist in Abb. 7.25b ein invertierender Verstärker mit mehreren Eingängen dargestellt, der eine rückwirkungsfreie Verstärkung und Addition von Spannungen ermöglicht, in diesem Fall von U_1 und U_2. Die Eingangsspannungen sind dazu jeweils über einen komplexen Widerstand Z_1 bzw. Z_2 mit dem invertierenden Eingang verbunden, während dieser ebenfalls mit dem Ausgang des OP über den komplexen Widerstand Z_3 verknüpft ist. Damit dürfen wir wieder $U_d = 0$ voraussetzen, so dass der invertierende Eingang auf Massepotential liegt, und wir aus der

[12] Dazu lässt sich zeigen, dass die zwischen zwei Teilsystemen übertragene Leistung maximal wird, wenn der Ausgangswiderstand des speisenden Systems dem konjugiert komplexen Eingangswiderstand des verbrauchenden Systems entspricht; man bezeichnet diesen Fall als sogenannte Leistungsanpassung, vgl. [48] und Abschn. 4.3.

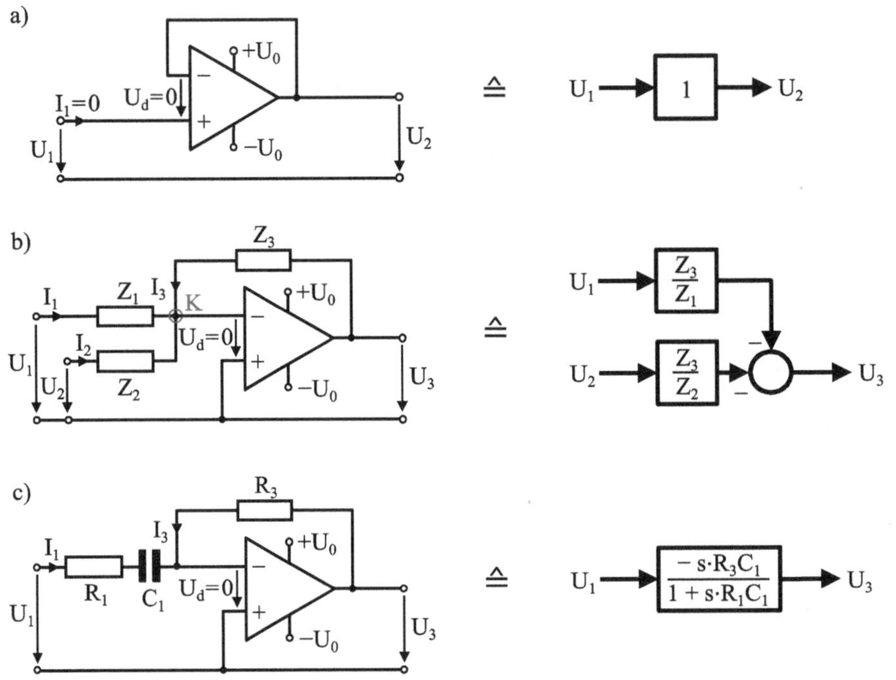

Abb. 7.25 Schaltung eines Operationsverstärkers als idealer Spannungsfolger (**a**) sowie als invertierender Verstärker zur gewichteten Summation von Spannungen, sofern Z_1, Z_2 und Z_3 ohmsche Widerstände sind (**b**), jeweils mit äquivalentem Blockschaltbild. Schaltung (**c**) entspricht (**b**) mit nur einem Eingang, $Z_3 = R_3$ und dem komplexen Widerstand $Z_1 = R_1 + \frac{1}{s\,C_1}$, wodurch die unten rechts dargestellte Übertragungsfunktion eines Hochpasses realisiert wird

Gleichung für den Knoten K den gesuchten Zusammenhang zwischen den Spannungen erhalten

$$I_1 + I_2 + I_3 = \frac{U_1}{Z_1} + \frac{U_2}{Z_2} + \frac{U_3}{Z_3} = 0 \quad \Rightarrow \quad U_3 = -\frac{Z_3}{Z_1} \cdot U_1 - \frac{Z_3}{Z_2} \cdot U_2 \,. \quad (7.38)$$

Zunächst nehmen wir an, dass die drei Widerstände reell sind, also rein ohmsche Wirkwiderstände. Durch geeignete Wahl kann dann ein individueller Verstärkungsfaktor $V_1 = \frac{Z_3}{Z_1}$ sowie $V_2 = \frac{Z_3}{Z_2}$ für jede Eingangsspannung realisiert werden, und für $Z_1 = Z_2 = Z_3$ wirkt die Schaltung als reines Summationsglied, allerdings mit negativem Vorzeichen. Der Eingangswiderstand jedes Eingangs beträgt wegen der virtuellen Masse jeweils Z_1 bzw. Z_2, weshalb diese Widerstände groß genug im hohen $k\Omega$-Bereich gewählt werden sollten, damit keine Belastung der vorherigen Teilsysteme auftritt, aber gleichzeitig deutlich niedriger als die Eingangswiderstände des OP, um dessen Eingangsströme vernachlässigen zu können, da nur dann (7.38) gilt. Natürlich kann die Schaltung auch nur mit einem Eingang betrieben werden, und wirkt dann als invertierender Verstärker[13].

Verwendet man komplexe Widerstände, können quasi beliebige Übertragungsfunktionen realisiert werden. Setzen wir z. B. $Z_1 = R$ und $Z_3 = \frac{1}{sC}$, so erhalten wir einen Integrator und wir erkennen, dass dieser immer mit einer Zeitkonstante $\tau = RC$ verbunden ist

$$G(s) = \frac{U_3}{U_1} = -\frac{Z_3}{Z_1} = -\frac{1}{R \cdot sC} = -\frac{1}{s\tau}. \tag{7.39}$$

Ein weiteres Beispiel zeigt Teilgrafik (c); hier sind $Z_1 = R_1 + \frac{1}{sC_1}$ und $Z_3 = R_3$ gewählt, so dass $G(s)$ als Hochpassfilter erster Ordnung wirkt

$$G(s) = -\frac{Z_3}{Z_1} = -\frac{R_3}{R_1 + \frac{1}{sC_1}} = -\frac{s \cdot R_3 C_1}{1 + s \cdot R_1 C_1}. \tag{7.40}$$

Auch hier muss selbstverständlich die Realisierungsbedingung erfüllt sein, d. h. der Zählergrad darf den Nennergrad nicht übersteigen, damit der OP als idealer Verstärker wirkt und die vorgegebene Übertragungsfunktion tatsächlich umsetzbar ist.

Eine gründliche Einführung in Operationsverstärker und ein guter Überblick über die Vielzahl ihrer Anwendungen in elektronischen Schaltungen kann z. B. [12] entnommen werden.

7.6 Zusammenfassung

In diesem Kapitel haben wir gelernt, wie sich ein Gesamtsystem als Strukturbild aus einer Vielzahl einzelner Komponenten zusammensetzen lässt. Die Übertragungsfunktion des Gesamtsystems kann dabei analytisch, aber häufig einfacher durch Zurückführung auf Grundverknüpfungen mittels grafischer Äquivalenzumformungen ermittelt werden. Umgekehrt lässt sich eine beliebige Übertragungsfunktion in einfache Teilsysteme zerlegen, woraus sich nach Zurückführung auf Integratoren, Multiplikatoren mit Konstanten sowie Summations- und Verzweigungsstellen direkt Zustandsformen ablesen lassen. Strukturbilder und Ersatzschaltbilder sind durch diese Modularisierung ineinander umwandelbar, und wir können damit einerseits das Übertragungsverhalten elektronischer Schaltungen berechnen, aber auch umgekehrt ein System mit gewünschten Eigenschaften durch Verknüpfung elektrotechnischer Komponenten realisieren. Durch Entkopplungsschaltungen auf Basis von Transistoren oder Operationsverstärkern lassen sich hierbei auftretende Rückwirkungen vermeiden.

[13] Durch Verkettung zweier invertierender Verstärker entsteht ein nichtinvertierender Verstärker; dieser kann aber auch mit einem einzelnen OP realisiert werden, siehe z. B. [12].

Zeitdiskrete Signale und Systeme 8

Bereits im ersten Kapitel hatten wir erkannt, welche enormen Vorteile die Digitalisierung von Signalen und der dadurch mögliche Einsatz von getakteten Systemen bietet, und wir wollen jetzt die Erkenntnisse der analogen Systemtheorie in die digitale Welt übertragen. Hierbei sind gewisse Ergänzungen erforderlich, aber wir werden sehen, dass der mathematische Aufwand im zeitdiskreten Bereich an vielen Stellen deutlich geringer als bei der Behandlung zeitkontinuierlicher Signale und Systeme ist.

Im nächsten Abschnitt betrachten wir zunächst ausschließlich zeitdiskrete Signale und untersuchen deren Eigenschaften. Anschließend werden wir die Signalübertragung über zeitdiskrete LTI-Systeme behandeln und dazu analoge Systeme zeitdiskret approximieren.

Die Attribute zeitdiskret und digital verwenden wir hier synonym, obwohl zeitdiskrete Signale genau genommen einen kontinuierlichen Wertebereich aufweisen und erst nach der Quantisierung zu digitalen Signalen werden. Das entscheidende Merkmal digitaler Signale liegt aber in ihrer Zeitdiskretisierung, während die Diskretisierung der Werte aufgrund der hohen Auflösungen moderner Quantisierer für die meisten Anwendungen irrelevant ist.

8.1 Zeitdiskrete Signale

Zeitdiskrete Signale entstehen meistens durch Abtastung kontinuierlicher Signale zu äquidistanten Zeitpunkten $t = k \cdot T$ mit der Variablen $k \in \mathbb{Z}$ und der konstanten Abtastzeit T, die wir hier als bekannt annehmen. Abb. 8.1 zeigt am Beispiel eines Exponentialimpulses auf der linken Seite ein solches zeitdiskretes Signal $s(kT)$ über der Zeitachse. Zeitdiskrete Signale sind ausschließlich zu den Abtastzeitpunkten definiert, d. h. dazwischen sind diese Signale nicht etwa null, sondern existieren dort gar nicht. Für die Darstellung verwendet

V. Sommer, *Grundlagen der Systemtheorie und Signalverarbeitung*,
https://doi.org/10.1007/978-3-662-72126-1_8

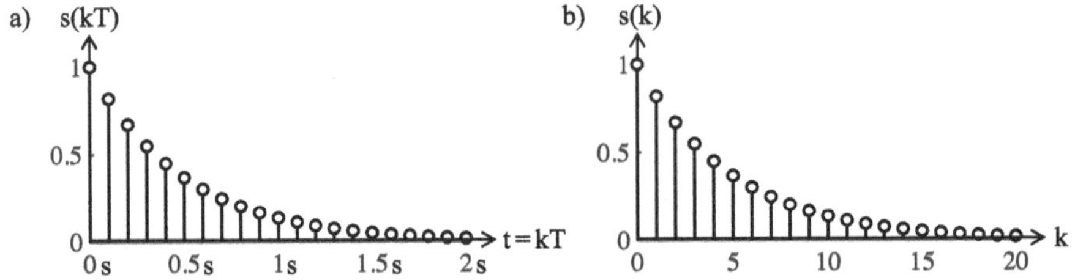

Abb. 8.1 Darstellung des Exponentialimpulses $s(t) = \exp(-2 \cdot t)$ als zeitdiskretes Signal zu den Abtastzeitpunkten $t = k \cdot T$ mit $T = 0{,}1\,s$ (**a**) und Abbildung desselben Impulses als mathematische Zahlenfolge bzw. Sequenz über k (**b**)

man üblicherweise senkrechte Striche zu den Vielfachen der Abtastzeit kT, die jeweils durch einen Kreis abgeschlossen werden, dessen Mittelpunkt den jeweiligen Signalwert markiert.

Jeder Signalwert entspricht in einem digitalen System – z. B. einem Computer – einer Zahl, die in einem vorgegebenen Datenformat in Hard- oder Software gespeichert wird. Die Abtastzeitpunkte interessieren nur im Moment der Erzeugung eines digitalen Signals in einem A/D-Wandler oder bei Ausgabe eines äquivalenten analogen Signals mittels eines D/A-Wandlers. Innerhalb des digitalen Systems ist lediglich die Abfolge der gespeicherten Werte relevant, weshalb man digitale Signale häufig nur abhängig von k angibt. Dies ist auf der rechten Seite von Abb. 8.1 dargestellt, wobei $s(k)$ und $s(kT)$ bei Kenntnis von T gleichwertig und für $T = 1$ auch formal identisch sind. Signale, die nicht mehr explizit von der Zeit, sondern lediglich von einem Index k abhängen, sind nicht mehr messbar, sondern existieren nur als mathematische *Zahlenfolgen*[1].

Auch digitale Signale können auf der k-Achse nach links oder rechts verschoben werden, indem zum variablen Index k ein weiterer Index $i \in \mathbb{Z}$ addiert wird. Darüber hinaus sind wie in Abschn. 2.1.1 auch Spiegelungen oder Dehnungen möglich, indem das Argument eines digitalen Signals mit einer positiven oder negativen Konstanten multipliziert wird.

Bei der Abtastung periodischer analoger Signale, deren Periodendauer wir mit T_P bezeichnen, muss beachtet werden, dass das entstehende zeitdiskrete Signal i. A. eine Periodendauer $T_{P,d} \geq T_P$ erhält, und die Gleichheit nur gilt, falls T_P einem ganzzahligen Vielfachen der Abtastzeit T entspricht. Ist dies nicht der Fall, so berechnet sich $T_{P,d}$ als kleinstes gemeinsames Vielfaches (kgV) von T_P und T, und die Periodenlänge N_P, d. h. die Anzahl der innerhalb von $T_{P,d}$ liegenden Abtastwerte, entspricht dann dem Quotienten aus $T_{P,d}$ und der Abtastzeit[2]

$$T_{P,d} = \mathrm{kgV}(T_P\,;\ T) \quad \text{und} \quad N_P = \frac{T_{P,d}}{T}\,. \tag{8.1}$$

[1] Für Zahlenfolgen sind auch die Bezeichnungen *Folgen* oder *Sequenzen* üblich.

[2] Da das kgV nur für ganze Zahlen definiert ist, müssen T_P und T ggf. durch Erweitern mit einer Zahl z ganzzahlig gemacht und das kgV anschließend durch z gekürzt, bzw. T_P und T ganzzahlig in ms oder μs eingesetzt werden.

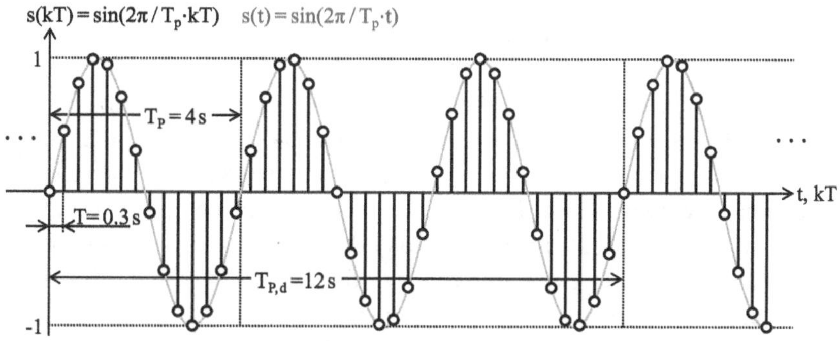

Abb. 8.2 Sinussignal s(t) mit der Periodendauer $T_P = 4\,s$, und das daraus mit der Abtastzeit von $T = 0{,}3\,s$ erzeugte zeitdiskrete Signal s(kT). Die Periodendauer $T_{P,d}$ von s(kT) berechnet sich als kleinstes gemeinsames Vielfaches von T und T_P, wobei in diesem Zeitfenster genau $N_P = T_{P,d}/T$ Abtastwerte liegen. In dem hier gezeigten Beispiel gilt $T_{P,d} = \frac{1}{10} \cdot \text{kgV}(4 \cdot 10; 0{,}3 \cdot 10) = 12\,s$ und $N_P = 40$

Abb. 8.2 stellt dazu als Beispiel ein sinusförmiges Signal mit $T_P = 4\,s$ dar, welches mit $T = 0{,}3\,s$ abgetastet wird. In diesem Fall ergibt sich eine Periodizität des abgetasteten Signals von $T_{P,d} = \frac{1}{10} \cdot \text{kgV}(4 \cdot 10;\ 0{,}3 \cdot 10) = 12\,s$, und in dem periodisch wiederholten Fenster der Länge $T_{P,d}$ sind dann $N_P = T_{P,d}/T = 40$ Abtastwerte enthalten.

8.1.1 Zeitdiskrete Elementarsignale

Vergleichbar zu zeitkontinuierlichen Elementarsignalen definiert man auch in der zeitdiskreten Welt einfache Sequenzen, die als Eingangssignale oder – wie wir noch sehen werden – für die Zerlegung und Verschiebung beliebiger zeitdiskreter Signale verwendet werden. Abb. 8.3 zeigt die beiden wichtigsten zeitdiskreten Elementarsignale. In (a) ist der Einheitsimpuls $\delta(k)$ dargestellt, der für $k \neq 0$ den Wert null annimmt, während sein Wert für $k = 0$ eins beträgt

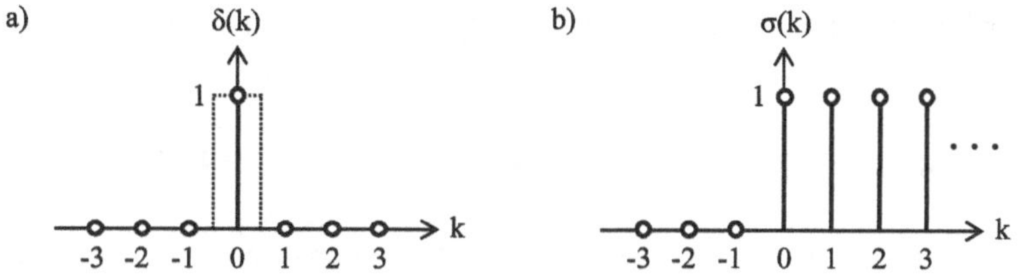

Abb. 8.3 Zeitdiskrete Elementarsignale Einheitsimpuls $\delta(k)$ (**a**) sowie Sprungfunktion $\sigma(k)$ (**b**)

$$\delta(k) = \begin{cases} 1 \text{ für } & k = 0 \\ 0 \text{ für } & k \neq 0 \end{cases} . \tag{8.2}$$

Zwar erinnert $\delta(k)$ an den kontinuierlichen Dirac-Stoß $\delta(t)$, allerdings strebt dessen Signalwert für $t = 0$ gegen unendlich. Der Unterschied erklärt sich dadurch, dass wir in Abschn. 2.2.1 das Signal $\delta(t)$ als Grenzwert eines normierten Rechteckimpulses $u_0(t)$, der eine Breite von T_0, eine Höhe von $1/T_0$ und damit eine Fläche von 1 aufweist, für $T_0 \to 0$ definiert hatten. Dieser Grenzübergang ist bei $\delta(k)$ aber nicht erforderlich, denn jeder Abtastwert repräsentiert bei zeitdiskreten Signalen ein Zeitintervall der Abtastzeit T, das wir weiter oben formal auf eins gesetzt hatten, so dass mit $\delta(k = 0) = 1$ der zeitdiskrete Einheitsimpuls ebenfalls eine Fläche von eins repräsentiert. Dies wird auch aus dem in Abb. 8.3a eingetragenen Rechteck an der Stelle $k = 0$ deutlich, und wir werden sehen, dass dadurch die mathematische Behandlung von Sequenzen gegenüber zeitkontinuierlichen Signalen wesentlich vereinfacht wird.

Abb. 8.3b zeigt als weiteres Elementarsignal die zeitdiskrete Sprungfunktion $\sigma(k)$. Diese entspricht exakt der mit $T = 1$ abgetasteten kontinuierlichen Sprungfunktion $\sigma(t)$, die ja im Gegensatz zu $\delta(t)$ ebenfalls amplitudenbeschränkt ist

$$\sigma(k) = \begin{cases} 1 \text{ für } & k \geq 0 \\ 0 \text{ für } & k < 0 \end{cases} . \tag{8.3}$$

Wir können $\sigma(k)$ auch abhängig von $\delta(k)$ darstellen, indem wir das Signal als unendliche Summe jeweils um $i \geq 0$ verschobener zeitdiskreter Einheitsimpulse schreiben, und diese Summe durch die Substitution $i = k - j$ und Vertauschen der Reihenfolge der Summation weiter umformen

$$\sigma(k) = \sum_{j=0}^{\infty} \delta(k-j) = \sum_{i=k}^{-\infty} \delta(i) = \sum_{i=-\infty}^{k} \delta(i) . \tag{8.4}$$

Umgekehrt lässt sich der Einheitsimpuls $\delta(k)$ als Differenz zweier Sprungfunktionen angeben

$$\delta(k) = \sigma(k) - \sigma(k-1) . \tag{8.5}$$

Die beiden Gl. (8.4) sowie (8.5) repräsentieren die zeitdiskrete Form von (2.63), wobei die Summe zur Integration und die Differenzbildung zur Ableitung korrespondiert.

8.1.2 Energie, Leistung und Korrelation zeitdiskreter Signale

Auch von einem beliebigen digitalen Signal $s(k)$ kann analog zu (2.3) eine Energie $E_{s,d}$ als Summe über die quadrierten Abtastwerte berechnet werden, wobei der Index k über den gesamten Existenzbereich des Signals läuft, und die unendlichen Grenzen entsprechend anzupassen sind[3]

$$E_{s,d} = \sum_{k=-\infty}^{\infty} s^2(k) \,. \tag{8.6}$$

Die so definierte Energie ist nur eine abstrakte Größe und physikalisch nicht messbar. Falls $s(k)$ den Abtastwerten eines zeitkontinuierlichen Signals $s(t)$ entspricht, hängt $E_{s,d}$ von der Gesamtzahl der Abtastwerte und somit von der Abtastzeit T ab. Daher sind die mit (8.6) berechneten Energien verschiedener Signale nur vergleichbar, sofern die Abtastzeiten identisch sind.

Da jeder Abtastwert eine Zeitdauer T des Analogsignals $s(t)$ repräsentiert, lässt sich die Energie E_s von $s(t)$ für kleine T approximieren, indem wir $s(t) \approx \overline{s}(t)$ annehmen. Das Signal $\overline{s}(t)$ besteht aus Rechteckimpulsen der Breite T, jeweils symmetrisch zu den Zeitpunkten kT und mit der Amplitude $s(kT)$, siehe Abb. 8.4a. Ein Impuls bei $t = kT$ liefert die Energie $s^2(k) \cdot T$, und die Gesamtenergie entspricht der Summe der Teilenergien, so dass zwischen $E_{s,d}$ und E_s gilt

$$E_s = \int_{-\infty}^{\infty} s^2(t)\,dt \approx \int_{-\infty}^{\infty} \overline{s}^2(t)\,dt = \sum_{k=-\infty}^{\infty} s^2(k) \cdot T = T \cdot E_{s,d} \qquad \text{für kleine } T. \tag{8.7}$$

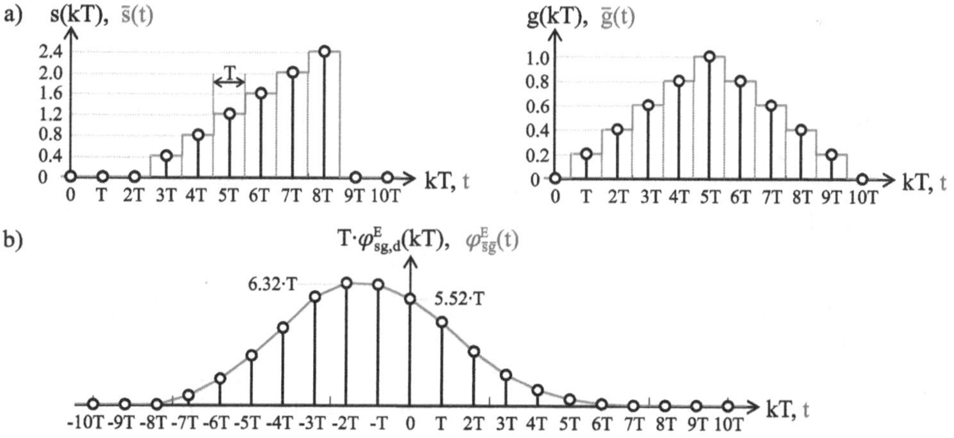

Abb. 8.4 Zeitdiskrete Signale $s(k)$ und $g(k)$ sowie zugeordnete Analogsignale $\overline{s}(t)$ und $\overline{g}(t)$ als Folgen von Rechteckimpulsen der Breite T, jeweils symmetrisch zu $t = kT$ und mit den Amplituden $s(kT)$ und $g(kT)$ (**a**); die Energiekorrelation $\varphi^E_{\overline{s}\,\overline{g}}(t)$ entspricht zu den Zeitpunkten $t = kT$ der mit T multiplizierten zeitdiskreten Energiekorrelation $T \cdot \varphi^E_{sg,d}(k)$ aus den Sequenzen $s(k)$ und $g(k)$ (**b**)

[3] Der tiefgestellte Index d zeigt an, dass eine Größe aus diskreten Signalwerten berechnet wird.

Besteht ein zeitdiskretes Signal $s(k)$ aus quasi unendlich vielen Werten, so können wir keine Gesamtenergie angeben. In diesem Fall wird $s(k)$ durch seine mittlere Leistung $P_{s,d}$ charakterisiert, die sich in einem Fenster aus N Signalwerten berechnen lässt, wobei N groß sein sollte

$$P_{s,d} = \frac{1}{N}\sum_{k=0}^{N-1} s^2(k) \qquad \text{für große } N. \tag{8.8}$$

Ist $s(k)$ eine periodische Sequenz mit der Periodenlänge N_P, sollte $N = N_P$ gewählt werden, da dann die Signalleistung $P_{s,d}$ unabhängig von einer beliebigen Verschiebung des Fensters wird.

Ist $s(k)$ durch Abtastung eines Analogsignals $s(t)$ mit $t = kT$ entstanden, so approximiert $P_{s,d}$ für große N im Zeitfenster von null bis $(N-1)\cdot T$ dessen mittlere Leistung P_s nach (2.5)[4]

$$P_s \approx \frac{1}{N\cdot T}\sum_{k=0}^{N-1} s^2(k)\cdot T = P_{s,d} \qquad \text{für große } N. \tag{8.9}$$

Mit Korrelationsfunktionen kann wie bei kontinuierlichen Signalen die Ähnlichkeit zeitdiskreter Signale untersucht werden, wobei statt Integralen wieder Reihensummen auftreten. Ist die Länge mindestens eines der beiden Signale beschränkt, kann die diskrete Energiekorrelation abhängig von k angegeben werden. Die Variable k kennzeichnet hier die Verschiebung der beiden Signale zueinander, während die Summe jetzt über den Laufindex i gebildet wird[5]

$$\varphi^E_{sg,d}(k) = \sum_{i=-\infty}^{\infty} s(i)\cdot g(k+i)\ . \tag{8.10}$$

Die unendlichen Summationsgrenzen werden dabei auf den Bereich begrenzt, in dem das Produkt beider Signale ungleich null ist. Für $g = s$ definiert (8.10) die Energieautokorrelation $\varphi^E_{ss,d}(k)$, und daraus erhalten wir an der Stelle $k = 0$ wie bei zeitkontinuierlichen Signalen die Energie

$$\varphi^E_{ss,d}(0) = E_{s,d}\ . \tag{8.11}$$

Mit (8.10) kann zu den Zeitpunkten $t = kT$ die analoge Energiekorrelation $\varphi^E_{sg}(t)$ nach (2.12) approximiert werden, falls $s(k)$ und $g(k)$ die Abtastwerte von $s(t)$ und $g(t)$ repräsentieren. Dazu nehmen wir für kleine T näherungsweise $s(t) \approx \overline{s}(t)$ und $g(t) \approx \overline{g}(t)$ an, wobei die Signale $\overline{s}(t)$ und $\overline{g}(t)$ wie vorher aus Rechteckimpulsen der Breite T zusammengesetzt sind, jeweils symmetrisch zu den Zeitpunkten kT und mit den Amplituden $s(kT)$

[4] Eine Ausnahme bilden lediglich periodische Analogsignale mit einer Periodendauer T_P, für die der Zusammenhang mit der Abtastzeit $T = n\cdot\frac{T_P}{2}$ mit $n \in \mathbb{N}$ gilt, wie im Anhang A.12 gezeigt wird.

[5] Man beachte den Unterschied zwischen $\varphi^E_{sg,d}(k)$ und $\varphi^E_{sg}(k)$: Während $\varphi^E_{sg,d}(k)$ aus den Sequenzen $s(k)$ und $g(k)$ berechnet wird, entsteht $\varphi^E_{sg}(k)$ durch Abtastung der analogen Korrelation $\varphi^E_{sg}(t)$ zu den Zeitpunkten $t = kT$.

bzw. $g(kT)$, siehe Abb. 8.4a. Dann können wir die Korrelation $\varphi_{sg}^{E}(t)$ näherungsweise durch $\varphi_{\overline{s}\,\overline{g}}^{E}(t)$ ersetzen, wobei $\varphi_{\overline{s}\,\overline{g}}^{E}(t)$ für $t = kT$ der diskreten Korrelation nach (8.10) multipliziert mit T entspricht, da für diese Verschiebungen die Rechteckimpulse in $\overline{s}(t)$ und $\overline{g}(t)$ jeweils vollständig überlappen

$$\varphi_{sg}^{E}(t) = \int_{-\infty}^{\infty} s(\tau) \cdot g(t+\tau)\, d\tau \approx \int_{-\infty}^{\infty} \overline{s}(\tau) \cdot \overline{g}(t+\tau)\, d\tau = \varphi_{\overline{s}\,\overline{g}}^{E}(t) \qquad \text{für kleine } T \tag{8.12}$$

$$\varphi_{sg}^{E}(kT) \approx \varphi_{\overline{s}\,\overline{g}}^{E}(kT) = \sum_{k=-\infty}^{\infty} s(i) \cdot g(k+i) \cdot T = T \cdot \varphi_{sg,d}^{E}(k)\,. \tag{8.13}$$

Abb. 8.4b zeigt das Ergebnis der Korrelation des in (a) dargestellten Sägezahn- und Dreieckimpuls. Der Wert von $\varphi_{sg,d}^{E}(k)$ für $k = 0$ ergibt sich durch Multiplikation der jetzt von i abhängigen Werte $s(i)$ mit $g(i)$ im Überlappungsbereich $3 \le i \le 8$ sowie anschließender Addition

$$\varphi_{sg,d}^{E}(0) = 0{,}4 \cdot 0{,}6 + 0{,}8 \cdot 0{,}8 + 1{,}2 \cdot 1{,}0 + 1{,}6 \cdot 0{,}8 + 2{,}0 \cdot 0{,}6 + 2{,}4 \cdot 0{,}4 = 5{,}52\,. \tag{8.14}$$

Das Maximum tritt bei einer Verschiebung von $g(k)$ um 2 nach rechts auf, also für $k = -2$

$$\varphi_{sg,d}^{E}(-2) = 0{,}4 \cdot 0{,}2 + 0{,}8 \cdot 0{,}4 + 1{,}2 \cdot 0{,}6 + 1{,}6 \cdot 0{,}8 + 2{,}0 \cdot 1{,}0 + 2{,}4 \cdot 0{,}8 = 6{,}32\,. \tag{8.15}$$

Diese diskreten Werte multipliziert mit T entsprechen der kontinuierlichen Korrelation $\varphi_{\overline{s}\,\overline{g}}^{E}(t)$ der treppenförmigen Signale $\overline{s}(t)$ und $\overline{g}(t)$ jeweils für $t = 0$ und $t = -2T$. Zwischen den diskreten Zeitpunkten $t = kT$ zeigt $\varphi_{\overline{s}\,\overline{g}}^{E}(t)$ jeweils einen linearen Verlauf, wie wir bereits im Abschn. 2.1.3 bei der Korrelation von Rechteckimpulsen festgestellt hatten.

Sind $s(k)$ und $g(k)$ quasi unendlich ausgedehnt, so berechnen wir statt (8.10) die Leistungskorrelation $\varphi_{sg,d}(k)$. Näherungsweise erhalten wir diese aus jeweils N Abtastwerten innerhalb eines Fensters der Länge N, in dem beide Signale überlappen. Die Summe teilen wir durch N, damit das Ergebnis für große N quasi unabhängig von der Fenstergröße wird[6]

$$\varphi_{sg,d}(k) = \frac{1}{N} \cdot \sum_{i=0}^{N-1} s(i) \cdot g(k+i) \qquad \text{für große } N\,. \tag{8.16}$$

[6] Falls von beiden Signalen jeweils genau N Abtastwerte vorliegen, verringert sich der Überlappungsbereich und damit die effektive Fenstergröße abhängig von $|k|$, so dass durch $N - |k|$ statt durch N geteilt werden muss. Für die maximale Verschiebung k_{max} muss dann $k_{max} \ll N$ gelten, damit das Fenster immer genügend Abtastwerte enthält.

Vergleichbar zu (8.9) approximiert diese Summe für große N die analoge Leistungskorrelation $\varphi_{sg}(t)$ zu den Zeitpunkten $t = kT$, siehe Fußnote 4

$$\varphi_{sg}(t = kT) \approx \frac{1}{N \cdot T} \cdot \sum_{i=0}^{N-1} s(iT) \cdot g((k+i)T) \cdot T = \varphi_{sg,d}(k) \qquad \text{für große } N. \tag{8.17}$$

Sind $s(k)$ und $g(k)$ periodische Sequenzen mit der Periodenlänge N_P, so ist die Korrelation ebenfalls periodisch mit der Periodenlänge N_P. In diesem Fall genügen zu deren exakter Berechnung von jedem Signal genau N_P Abtastwerte[7]. Der Zugriff auf das um k verschobene Signal erfolgt dann zyklisch mittels der Modulo-Operation, um die Periodizität zu berücksichtigen, was durch den kleinen Kreis über dem Symbol φ angezeigt wird

$$\mathring{\varphi}_{sg,d}(k) = \frac{1}{N_P} \cdot \sum_{i=0}^{N_P-1} s(i) \cdot g([k+i] \bmod N_P) \ . \tag{8.18}$$

Die durch Gl. (8.16) und (8.18) festgelegten Korrelationen werden Leistungskorrelationen genannt, denn für $g = s$ folgt hieraus die Autokorrelation (AKF) $\varphi_{ss,d}(k)$, die wie bei analogen Signalen für $k = 0$ der Leistung entspricht

$$\varphi_{ss,d}(0) = \mathring{\varphi}_{ss,d}(0) = P_{s,d} \ . \tag{8.19}$$

Abb. 8.5 zeigt ein Beispiel zur AKF periodischer Signale. In (a) ist ein Sägezahnsignal dargestellt, dessen Periodizität mit $N_P = 16$ anhand des gestrichelt eingetragenen Fensters verdeutlicht ist. In (b) ist dasselbe Signal um $k = 5$ nach links verschoben abgebildet, und man erkennt, dass die links aus dem Fenster herausfallenden Abtastwerte von rechts identisch nachrücken, so dass das Fenster für jedes k immer genau dieselben Abtastwerte umfasst, allerdings in veränderter Reihenfolge. Der Abtastwert des verschobenen Signals an der Stelle i ist dabei identisch zu dem Abtastwert des nicht verschobenen Signals an der Stelle $[k + i] \bmod N_P$. Die resultierende AKF zeigt Teilgrafik (c). Bei einer Verschiebung des zweiten Signals um Vielfache von N_P entspricht dieses dem nicht verschobenen Signal, so dass die AKF ebenfalls periodisch zu N_P wird.

[7] Sind die Periodenlängen N_{P_s} und N_{P_g} unterschiedlich, so gilt $N_P = \mathrm{kgV}(N_{P_s}\,;\ N_{P_g})$.

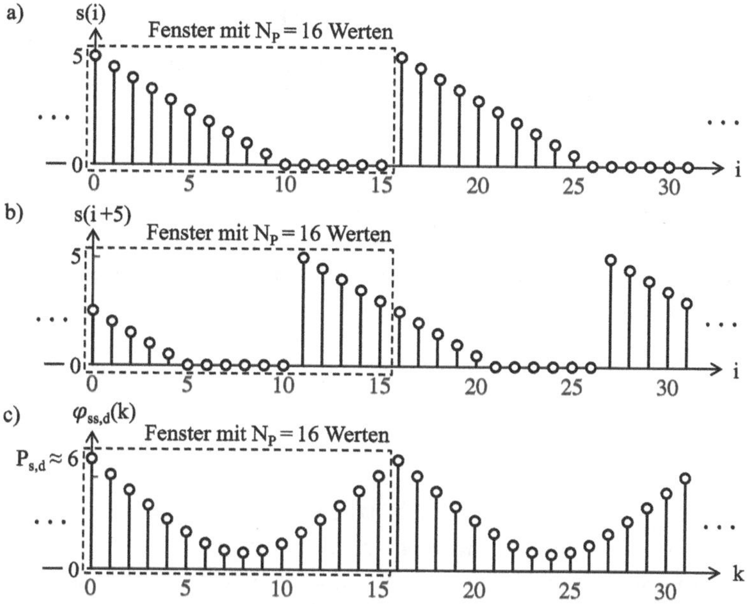

Abb. 8.5 Periodischer Sägezahnimpuls $s(i)$ mit der Periodenlänge $N_P = 16$ (**a**); dasselbe Signal, aber um $k = 5$ nach links verschoben (**a**) und Darstellung der Autokorrelation $\varphi_{ss,d}(k)$, die ebenfalls periodisch mit der Periodenlänge N_P ist und bei $k = 0$ der Leistung $P_{s,d}$ des Signals entspricht (**c**)

8.2 Zeitdiskrete Systeme

Zur Übertragung und Filterung digitaler Signale dienen zeitdiskrete Systeme, für die es wie in der analogen Welt verschiedene Systemmodelle gibt. Wir werden uns dabei auf lineare und zeit-invariante Systeme beschränken, die häufig als Filter zum Einsatz kommen, und wir werden kontinuierliche Systeme in äquivalente zeitdiskrete Beschreibungen überführen.

8.2.1 Übertragung zeitdiskreter Signale mit LSI-Systemen

Zunächst wollen wir die Übertragung eines beliebigen digitalen Eingangssignals $u(k)$ mit einem zeitdiskreten System mathematisch beschreiben, so dass wir das Ausgangssignal $y(k)$ als Abbildung von $u(k)$ abhängig von einer noch unbekannten Systemfunktion Φ mit $y(k) = \Phi\{u(k)\}$ berechnen können, siehe Abb. 8.6. Dabei setzen wir lediglich die LTI-Eigenschaft voraus, wobei zeitdiskrete LTI-Systeme häufig auch als LSI-Systeme bezeichnet

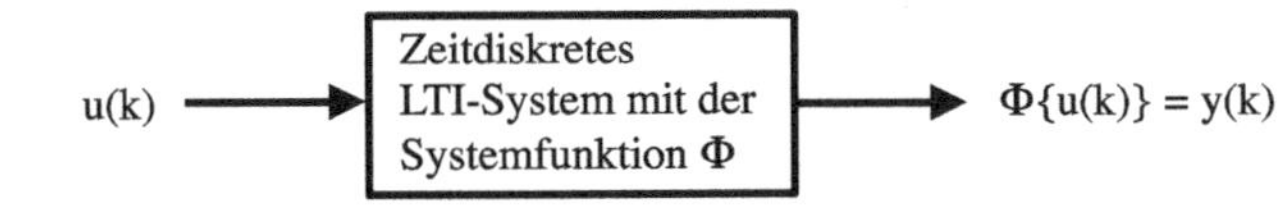

Abb. 8.6 Allgemeine Darstellung eines zeitdiskreten LTI-Systems mit der Systemfunktion Φ, die eine beliebige lineare und zeitinvariante Abbildung des Eingangs- auf das Ausgangssignal beschreibt

werden[8]. Damit muss Φ nach Abschn. 1.2.7 die folgenden Bedingungen erfüllen, mit den Konstanten $a_1, a_2 \in \mathbb{R}$ und $k_0 \in \mathbb{Z}$

$$\Phi\{a_1 \cdot u_1(k) + a_2 \cdot u_2(k)\} = a_1 \cdot \Phi\{u_1(k)\} + a_2 \cdot \Phi\{u_2(k)\} = a_1 \cdot y_1(k) + a_2 \cdot y_2(k) , \tag{8.20}$$

$$\Phi\{u(k - k_0)\} = y(k - k_0) . \tag{8.21}$$

Zur Bestimmung von Φ benötigen wir zusätzlich noch eine spezielle Zerlegung des Eingangssignals, wozu wir Abb. 8.7 betrachten. Der dort in der oberen Zeile dargestellte Impuls $s(k)$ kann auch als Summe zeitdiskreter Einheitsimpulse interpretiert werden, wenn wir diese entsprechend verschieben und mit der jeweiligen Amplitude von s skalieren

$$s(k) = 0{,}5 \cdot \delta(k) + 1 \cdot \delta(k-1) + 0{,}5 \cdot \delta(k-2) .$$

Offensichtlich ist diese Zerlegung für jedes zeitdiskrete Signal möglich, so dass sich ein beliebiges und i. Allg. unendlich ausgedehntes Eingangssignal ebenfalls als Summe

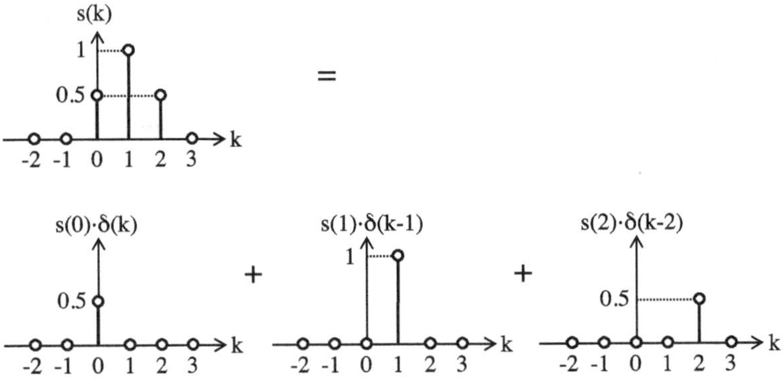

Abb. 8.7 Zerlegung eines zeitdiskreten Signals $s(k)$ in eine Summe von verschobenen Einheitsimpulsen, die jeweils mit den Signalamplituden gewichtet sind, so dass sich $s(k)$ schreiben lässt als $s(k) = s(0) \cdot \delta(k) + s(1) \cdot \delta(k-1) + s(2) \cdot \delta(k-2)$ mit $s(0) = 0{,}5$, $s(1) = 1$ und $s(2) = 0{,}5$

[8] LSI steht englisch für *Linear and Shift-Invariant* und drückt aus, dass eine Zeitverzögerung bei digitalen Systemen lediglich der Verschiebung einer Zahlenfolge in einem Datenfeld entspricht.

verschobener und skalierter Einheitsimpulse schreiben lässt. Dabei ist in der Schreibweise mit dem Summenzeichen die Laufvariable i nur innerhalb der Summe definiert, nach außen ist das Signal ausschließlich vom zeitdiskreten Index k abhängig

$$\begin{aligned} u(k) &= \cdots + u(0) \cdot \delta(k) + u(1) \cdot \delta(k-1) + u(2) \cdot \delta(k-2) + \cdots \\ &= \sum_{i=-\infty}^{\infty} u(i) \cdot \delta(k-i) = u(k) * \delta(k) \,. \end{aligned} \tag{8.22}$$

Vergleicht man diese Darstellung mit (2.30), so fällt eine große Übereinstimmung auf. Zeitkontinuierliche Signale konnten wir darstellen, indem wir sie mit verschobenen Dirac-Stößen multiplizierten und darüber integrierten, wobei die Integration auch als Summenbildung unendlich schmaler Impulse beschreibbar ist. Hieraus folgt, dass wir (8.22) ebenfalls als Faltung, und zwar als zeitdiskrete Faltung von $u(k)$ mit dem zeitdiskreten Einheitsimpuls $\delta(k)$ interpretieren dürfen, wozu wir wieder symbolisch den Operator $*$ verwenden. Die zeitdiskrete Faltung ist dabei von der kontinuierlichen Faltung anhand der Variablen k der verknüpften Signale unterscheidbar, und $\delta(k)$ wirkt als neutrales Element dieser Faltung.

Setzen wir die Zerlegung von $u(k)$ nach (8.22) in die Gleichung für das Ausgangssignal abhängig von Φ ein und beachten die Linearität des Systems nach (8.20), so erhalten wir

$$y(k) = \Phi\{u(k)\} = \Phi\left\{\sum_{i=-\infty}^{\infty} u(i) \cdot \delta(k-i)\right\} = \sum_{i=-\infty}^{\infty} u(i) \cdot \Phi\{\delta(k-i)\} \,. \tag{8.23}$$

Der Ausdruck $\Phi\{\delta(k)\}$ definiert das Ausgangssignal des Systems für $u(k) = \delta(k)$ und damit gerade dessen zeitdiskrete Impulsantwort, die wir mit $g(k)$ bezeichnen. Daher beschreibt $\Phi\{\delta(k-i)\}$ aufgrund der nach (8.21) vorausgesetzten Zeit- bzw. Verschiebungsinvarianz die um i verschobene Impulsantwort $g(k-i)$, und $y(k)$ entsteht durch Überlagerung dieser verschobenen und mit jeweils einem Wert des Eingangssignals gewichteten Impulsantworten. Die Verknüpfung von $u(k)$ und $g(k)$ erfolgt analog zu (8.22), so dass wir hier ebenfalls den Faltungsoperator $*$ verwenden können

$$y(k) = \sum_{i=-\infty}^{\infty} u(i) \cdot g(k-i) = u(k) * g(k) \,. \tag{8.24}$$

LSI-Systeme werden also genauso wie LTI-Systeme vollständig durch ihre Impulsantwort $g(k)$ gekennzeichnet, und durch zeitdiskrete Faltung von $u(k)$ mit $g(k)$ erhalten wir die Ausgangssequenz $y(k)$ des Systems für eine beliebige Eingangssequenz.

Als Beispiel für die Anwendung von (8.24) betrachten wir die in Abb. 8.8a dargestellte Faltung der Signale $u(k)$ und $g(k)$. Dazu sind in den Grafiken (b)–(e) für vier verschiedene Werte von k die beiden Signale $u(i)$ und $g(k-i)$ über i abgebildet: Zum Zeitpunkt $k = 0$ in (b) überlappt $g(k-i)$ nicht mit $u(i)$, so dass sich das Ausgangssignal $y(0) = 0$ ergibt. Bei der in (c) dargestellten Verschiebung um $k = 4$ tritt eine Überlappung im Bereich

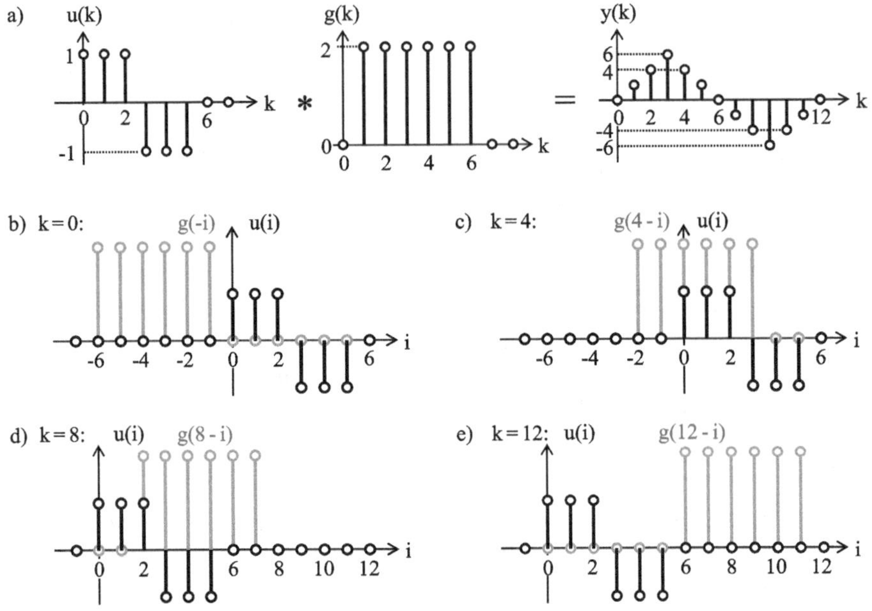

Abb. 8.8 Beispiel für die zeitdiskrete Faltung eines Eingangssignals $u(k)$ mit der Impulsantwort $g(k)$ eines LSI-Systems (**a**). Die Teilgrafiken (**b**)–(**e**) zeigen $u(i)$ und das gespiegelte sowie verschobene Signal $g(k-i)$ für verschiedene Verschiebungsindizes k

$0 \leq i \leq 3$ auf, und das Ergebnis der Multiplikation und Summation beträgt jetzt $y(4) = 1 \cdot 2 + 1 \cdot 2 + 1 \cdot 2 - 1 \cdot 2 = 4$. Dieselbe Betrachtung ergibt für $k = 8$ entsprechend Teilgrafik (d) im jetzt auftretenden Überlappungsbereich $2 \leq i \leq 5$ das Ergebnis $y(8) = 1 \cdot 2 - 1 \cdot 2 - 1 \cdot 2 - 1 \cdot 2 = -4$, während für $k = 12$ keine Überlappung der Signale mehr auftritt, so dass $y(12) = 0$ folgt.

Durch zeitdiskrete Faltung können wir eine beliebige Sequenz $u(k)$ auch linear interpolieren, wie in Abb. 8.9 dargestellt ist. Dazu werden in $u(k)$ zwischen zwei Abtastwerten zunächst jeweils $m-1$ Nullen (hier: $m = 4$) eingefügt, wodurch sich die Anzahl der Abtastwerte um den Faktor m erhöht. Wird dieses Signal mit einem Rechtecksignal $g(k)$ gefaltet, das die Amplitude 1 und die Länge m aufweist, so erhält man nach (8.24) ein Signal $y(k)$, in dem jeder Abtastwert von $u(k)$ m-fach wiederholt auftritt (a). Wird $y(k)$ erneut mit einem Rechtecksignal derselben Länge m aber mit der Amplitude $1/m$ gefaltet, entspricht das Ausgangssignal $y_1(k)$ wie gewünscht $u(k)$ mit linear interpolierten Zwischenwerten (b). Aufgrund der Assoziativität der Faltung erhalten wir dasselbe Ergebnis aber auch in nur einem Schritt, wenn wir $u(k)$ mit dem Dreiecksignal $g_1(k)$ falten, das sich als Faltung der beiden Rechteckimpulse ergibt (c)

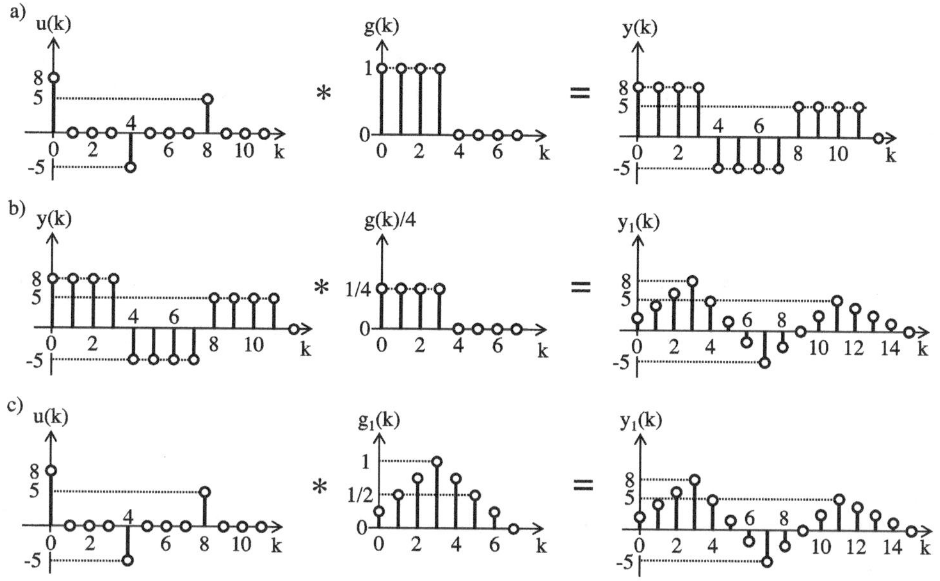

Abb. 8.9 Lineare Interpolation eines Signals $u(k)$, das zwischen benachbarten Abtastwerten jeweils $m-1$ Nullen aufweist (hier: $m=4$), so dass die Faltung mit einem Rechteck $g(k)$ der Länge m zu einer m-fachen Wiederholung der Abtastwerte führt (**a**); eine weitere Faltung mit $g(k)/m$ ergibt die gewünschte Interpolation (**b**); dasselbe Ergebnis erhält man, wenn $u(k)$ mit dem Dreiecksignal $g_1(k)$ gefaltet wird, wobei $g_1(k) = g(k) * g(k)/m$ gilt (**c**)

$$y_1(k) = y(k) * g(k)/m = [u(k) * g(k)] * g(k)/m = u(k) * \underbrace{g(k) * g(k)/m}_{g_1(k)} . \tag{8.25}$$

Treten Ausdrücke mit mehreren zeitdiskreten Signalen auf, die durch Faltungsoperatoren, Summationen und Multiplikationen mit Konstanten verknüpft sind, so gelten wie im Analogbereich das Kommutativ-, das Distributiv- sowie die Assoziativgesetze, vgl. (2.48) bis (2.51).

Weiterhin kann ein um n Abtastwerte verschobenes zeitdiskretes Signal äquivalent durch Faltung des nicht verschobenen Signals mit einem um n verschobenen Einheitsimpuls ersetzt werden, entsprechend (2.56) für analoge Signale. Dies folgt aus (8.22) mit der Substitution $i - n = j$, wodurch sich die unendlichen Summengrenzen nicht ändern

$$s(k-n) = \sum_{i=-\infty}^{\infty} s(i-n) \cdot \delta(k-i) \overset{j=i-n}{=} \sum_{j=-\infty}^{\infty} s(j) \cdot \delta(k-n-j) = s(k) * \delta(k-n) . \tag{8.26}$$

Ein zeitdiskreter Integrator summiert alle vergangenen Werte des Eingangssignal bis zum aktuellen Index k auf, wobei wir die Reihenfolge der Additionen vertauschen dürfen. Wenn wir den Summenindex j durch $i = k - j$ substituieren und die Grenzen entsprechend umsetzen, können wir daher mit (8.26) und (8.4) die Summe auch äquivalent als zeitdiskrete Faltung des Eingangssignals mit der Sprungfunktion $\sigma(k)$ schreiben, entsprechend zu (2.66) für analoge Signale

$$y(k) = \sum_{j=-\infty}^{k} u(j) = \sum_{j=k}^{-\infty} u(j) \overset{\text{i=k-j}}{=} \sum_{i=0}^{\infty} u(k-i) = u(k) * \sum_{i=0}^{\infty} \delta(k-i) = u(k) * \sigma(k) \,. \tag{8.27}$$

Außerdem gilt zwischen zeitdiskreter Faltung und Korrelation wie in (2.59) der Zusammenhang

$$\varphi^E_{sg,d}(k) = \sum_{i=-\infty}^{\infty} s(i) \cdot g(k+i) \overset{j=-i}{=} \sum_{j=\infty}^{-\infty} s(-j) \cdot g(k-j) = s(-k) * g(k) \,, \tag{8.28}$$

so dass wir – wie für die Korrelation in (8.13) gezeigt – die kontinuierliche Faltung (2.31) ebenfalls zeitdiskret approximieren können. Dazu ersetzen wir auch hier die analogen Signale $u(t)$ und $g(t)$ näherungsweise durch $\overline{u}(t)$ und $\overline{g}(t)$, die aus schmalen Rechteckimpulsen der Breite T bestehen, jeweils symmetrisch zu den Zeitpunkten kT und mit den Amplituden $u(kT)$ bzw. $g(kT)$, vgl. Abb. 8.4a. Die diskrete Faltung $u(k) * g(k)$ multipliziert mit T entspricht dann exakt dem Faltungsprodukt $\overline{u}(t) * \overline{g}(t)$ zu den Zeitpunkten kT und für kleine T näherungsweise auch $y(t)$

$$\begin{aligned} y(t)|_{t=kT} &= [u(t) * g(t)]_{t=kT} \\ &\approx [\overline{u}(t) * \overline{g}(t)]_{t=kT} = \sum_{k=-\infty}^{\infty} u(i) \cdot g(k-i) \cdot T = T \cdot y(k) \qquad \text{für kleine } T\,. \end{aligned} \tag{8.29}$$

Um also durch zeitdiskrete Faltung aus den Abtastwerten $u(k)$ eines Eingangssignals $u(t)$ eine Ausgangssequenz $y(k)$ zu erzeugen, die zu den Abtastzeitpunkten $t = kT$ dem analogen Ausgangssignal $y(t) = u(t) * g(t)$ näherungsweise entspricht, müssen wir eine Impulsantwort $g_{IT}(k)$ verwenden, bei der die Abtastwerte der Stoßantwort $g(t)$ zusätzlich mit T skaliert werden[9]

$$g_{IT}(k) = T \cdot g(t)|_{t=kT} \,. \tag{8.30}$$

[9] Der Index IT steht für *Impulsinvarianz-Transformation,* die in den Abschn. 10.4.2 und 10.4.3 vertieft wird.

Die Abtastzeit T sollte hierbei möglichst klein gewählt werden, da nur unter dieser Bedingung beliebige analoge Signale $u(t)$ und $g(t)$ mit hinreichender Genauigkeit den treppenförmigen Signalen $\overline{u}(t)$ und $\overline{g}(t)$ entsprechen.

8.2.2 Die zeitdiskrete Zustandsform

Digitale Systeme lassen sich neben der Impulsantwort auch durch zeitdiskrete Zustandsformen beschreiben, die wir aus kontinuierlichen Zustandsformen herleiten können, z. B. um das Verhalten eines realen physikalischen Systems auf einem Rechner zu simulieren. Dazu gehen wir von den Gl. (4.17) und (4.18) aus und diskretisieren diese. Während wir die Signale $u(t)$, $\underline{x}(t)$ und $y(t)$ wie zuvor einfach durch ihre Werte zu den Abtastzeitpunkten $t = kT$ ersetzen können, stoßen wir auf die Schwierigkeit, die in (4.17) enthaltenen Ableitungen der Zustandsgrößen zeitdiskret zu beschreiben. Ein erster heuristischer Ansatz besteht darin, diese Ableitungen für eine hinreichend kleine Abtastzeit T durch Differenzenquotienten zu approximieren

$$\dot{x}\,(t) = \frac{dx(t)}{dt} = \lim_{\Delta t \to 0} \frac{x\,((k+1)\cdot \Delta t) - x\,(k \cdot \Delta t)}{\Delta t} \approx \frac{x\,((k+1)\cdot T) - x\,(k \cdot T)}{T} \,. \tag{8.31}$$

Setzen wir diese Differenzenquotienten in (4.17) statt der Ableitungen ein, so erhalten wir

$$\begin{aligned} \tfrac{x_1((k+1)T)-x_1(kT)}{T} &= a_{11}x_1(kT) + a_{12}x_2(kT) + \cdots + a_{1n}x_n(kT) + b_1u(kT) \\ \tfrac{x_2((k+1)T)-x_2(kT)}{T} &= a_{21}x_1(kT) + a_{22}x_2(kT) + \cdots + a_{2n}x_n(kT) + b_2u(kT) \\ &\vdots \\ \tfrac{x_n((k+1)T)-x_n(kT)}{T} &= a_{n1}x_1(kT) + a_{n2}x_2(kT) + \cdots + a_{nn}x_n(kT) + b_nu(kT) \,. \end{aligned} \tag{8.32}$$

Durch Auflösen nach den n Zustandsgrößen zum Zeitpunkt $(k+1)\cdot T$ erhalten wir hieraus ein rekursives Gleichungssystem, wobei wir zur vereinfachten Schreibweise wieder die diskrete Zeitvariable in den Signalen durch den Indexwert k bzw. $k+1$ ersetzen

$$\left.\begin{aligned} x_1(k+1) &= x_1(k) + T\cdot[a_{11}x_1(k) + a_{12}x_2(k) + \cdots + a_{1n}x_n(k) + b_1u(k)] \\ x_2(k+1) &= x_2(k) + T\cdot[a_{21}x_1(k) + a_{22}x_2(k) + \cdots + a_{2n}x_n(k) + b_2u(k)] \\ &\vdots \\ x_n(k+1) &= x_n(k) + T\cdot[a_{n1}x_1(k) + a_{n2}x_2(k) + \cdots + a_{nn}x_n(k) + b_nu(k)] \end{aligned}\right. \,. \tag{8.33}$$

Auch dieses lineare Gleichungssystem lässt sich übersichtlich als Matrizengleichung darstellen

$$\underline{x}(k+1) = \underline{A}_d \cdot \underline{x}(k) + \underline{b}_d \cdot u(k) \,, \tag{8.34}$$

und durch Vergleich mit (8.33) können wir die Parameter der zeitdiskreten Systemmatrix $\underline{A}_d$ und des zeitdiskreten Eingangsvektors $\underline{b}_d$ für diese einfache Approximation ablesen

$$\underline{A}_d = \begin{bmatrix} 1+T\cdot a_{11} & T\cdot a_{12} & \dots & T\cdot a_{1n} \\ T\cdot a_{21} & 1+T\cdot a_{22} & \dots & T\cdot a_{2n} \\ \vdots & \vdots & \ddots & \vdots \\ T\cdot a_{n1} & T\cdot a_{n2} & \dots & 1+T\cdot a_{nn} \end{bmatrix} \qquad \underline{b}_d = \begin{bmatrix} T\cdot b_1 \\ T\cdot b_2 \\ \vdots \\ T\cdot b_n \end{bmatrix}, \tag{8.35}$$

was sich auch mit der Matrix $\underline{A}$, dem Vektor $\underline{b}$ und der Einheitsmatrix $\underline{E}$ schreiben lässt

$$\underline{A}_d = \underline{E} + T\cdot\underline{A} \qquad \underline{b}_d = T\cdot\underline{b}\ . \tag{8.36}$$

Die Ausgangsgleichung der zeitdiskreten Zustandsform entspricht zu den Zeitpunkten $t = kT$ exakt dem analogen System nach (4.18), da hier keine Ableitungen enthalten sind

$$y(k) = \underline{c}\cdot\underline{x}(k) + d\cdot u(k)\ . \tag{8.37}$$

Damit sind wir in der Lage aus der kontinuierlichen Zustandsform eines LTI-Systems ein zeitdiskretes Modell zu ermitteln, und mit (8.34) sowie (8.37) haben wir auch bereits deren allgemeine mathematische Form als rekursives Gleichungssystem gefunden. Dieses ist dadurch gekennzeichnet, dass der jeweilige Folgezustand eines Systems $\underline{x}(k+1)$ und ebenfalls das Ausgangssignal $y(k)$ nur vom aktuellen Zustand $\underline{x}(k)$ und vom aktuellen Eingangswert $u(k)$ abhängen, nicht aber von vergangenen Signalwerten. Wie bei der Zustandsform zeitkontinuierlicher Systeme muss für jede Zustandsgröße analog zu (4.21) ein Anfangswert bekannt sein, der dem Inhalt der jeweiligen Speicherzelle für $k = 0$ entspricht und von dem die Folgezustände abhängen[10]

$$\underline{x}(0) = \begin{bmatrix} x_1(k=0) \\ x_2(k=0) \\ \vdots \\ x_n(k=0) \end{bmatrix} \tag{8.38}$$

Abb. 8.10a zeigt das Strukturbild zeitdiskreter Zustandsformen beliebiger Ordnung n, die durch (8.34) und (8.37) beschrieben werden. Wie bei dem entsprechenden Strukturbild für analoge Zustandsformen nach Abb. 7.15 treten auch hier Multiplexsignale auf, die aus n einzelnen Signalen bestehen und jeweils parallel und unabhängig voneinander zwischen

[10] Zeitdiskrete Systeme beschreiben einen mathematischen Algorithmus, weshalb den Werten der Zustandsgrößen keine physikalische Energie entspricht; stattdessen lassen sie sich als die in einem System gespeicherte Information interpretieren, wobei bestimmte Übereinstimmungen zwischen Energie und Information bestehen, siehe [31].

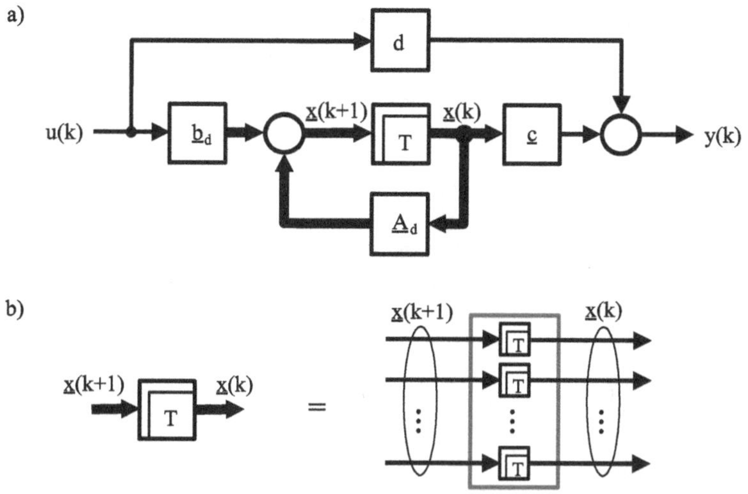

Abb. 8.10 Strukturbild für ein lineares zeitdiskretes System beliebiger Ordnung n (**a**), wobei die fett gedruckten Wirkungslinien Multiplexsignale mit n Signalkomponenten enthalten und die mit $\underline{A}_d$, $\underline{b}_d$ und c markierten Blöcke sowie die Summations- und Verzweigungsglieder in ihrem internen Aufbau den Bildern 7.16 (**b**) und (**c**) sowie 7.17 (**a**)–(**c**) entsprechen; (**b**) zeigt den internen Aufbau des zentralen mit T markierten Blocks, der aus n parallelen Verzögerungsgliedern besteht, die jeweils eine Zustandsgröße um eine Takt- bzw. Abtastzeit T verzögern

den Systemblöcken übertragen werden. Bis auf den zentralen Block mit dem Symbol T sind sämtliche Blöcke intern identisch zu den Abb. 7.16b und c sowie 7.16a–c aufgebaut, wobei statt $\underline{A}$ die Systemmatrix $\underline{A}_d$ und statt $\underline{b}$ der Eingangsvektor $\underline{b}_d$ verwendet werden, und die übertragenen Signale jetzt zeitdiskret sind. Stellt man die Gleichungen für die Ausgangssignale der beiden Summationsglieder in Abb. 8.10a auf, so lassen sich (8.34) und (8.37) direkt ablesen. Der mittlere mit T und dem zusätzlichen Rahmen gekennzeichnete Block repräsentiert n Verzögerungsglieder und ist in Abb. 8.10b detailliert dargestellt: Jedes dieser Verzögerungsglieder entspricht einer Speicherzelle für eine der Zustandsvariablen x_i mit $1 \leq i \leq n$ zur Taktzeit $k+1$, die zu dem Vektor $\underline{x}(k+1)$ zusammengefasst sind, und am Ausgang tritt jeweils die um eine Taktzeit verzögerte Zustandsgröße $x_i(k)$ bzw. insgesamt der Vektor $\underline{x}(k)$ auf.

Die Parameter zeitdiskreter Zustandsformen in der Systemmatrix $\underline{A}_d$, im Eingangs- und Ausgangsvektor $\underline{b}_d$ bzw. $\underline{c}$, sowie der skalare Durchgangsfaktor d müssen nicht aus einer kontinuierlichen Zustandsform gewonnen werden, sondern können prinzipiell beliebig vorgegeben werden, auch wenn häufig zunächst eine analoge Modellbildung erfolgt.

Als Beispiel für die Diskretisierung betrachten wir einen entlang der x-Achse reibungsfrei bewegten Körper. Auf den Körper wirke die Beschleunigung $a_x(t)$, so dass der Zusammenhang mit der Geschwindigkeit $v_x(t)$ und der Wegstrecke $s_x(t)$ durch folgende DGLs beschrieben wird

$$\dot{v}_x(t) = a_x(t) \quad \text{und} \quad \dot{s}_x(t) = v_x(t) . \tag{8.39}$$

Aus den Gleichungen erhalten wir in ein analoges Zustandsmodell, indem wir als Zustandsvektor $\underline{x}(t) = (s_x(t)\ v_x(t))^T$, als Eingangssignal $u(t) = a_x(t)$ und am Ausgang $y(t) = s_x(t)$ festlegen

$$\underline{\dot{x}}(t) = \begin{bmatrix} 0 & 1 \\ 0 & 0 \end{bmatrix} \cdot \underline{x}(t) + \begin{bmatrix} 0 \\ 1 \end{bmatrix} \cdot u(t) \quad \text{und} \quad y(t) = \begin{bmatrix} 1 & 0 \end{bmatrix} \cdot \underline{x}(t) , \tag{8.40}$$

mit den Zustandsparametern

$$\underline{A} = \begin{bmatrix} 0 & 1 \\ 0 & 0 \end{bmatrix} , \quad \underline{b} = \begin{bmatrix} 0 \\ 1 \end{bmatrix} , \quad \underline{c} = \begin{bmatrix} 1 & 0 \end{bmatrix} \quad \text{und} \quad d = 0 . \tag{8.41}$$

Daraus können wir mit (8.35) die zeitdiskreten Zustandsparameter in $\underline{A}_d$ und $\underline{b}_d$ bestimmen

$$\underline{A}_d = \begin{bmatrix} 1 & T \\ 0 & 1 \end{bmatrix} \quad \text{und} \quad \underline{b}_d = \begin{bmatrix} 0 \\ T \end{bmatrix} , \tag{8.42}$$

und erhalten für $\underline{x}(k) = (s_x(k)\ v_x(k))^T$, $u(k) = a_x(k)$ und $y(k) = s_x(k)$ das zeitdiskrete Modell

$$\underline{x}(k+1) \approx \begin{bmatrix} 1 & T \\ 0 & 1 \end{bmatrix} \cdot \underline{x}(k) + \begin{bmatrix} 0 \\ T \end{bmatrix} \cdot u(k) \quad \text{und} \quad y(k) = \begin{bmatrix} 1 & 0 \end{bmatrix} \cdot \underline{x}(k) . \tag{8.43}$$

Zu beachten ist natürlich, dass ein gegebenes analoges System durch $\underline{A}_d$ und $\underline{b}_d$ nach (8.35) bzw. (8.36) nur für kleine Abtastzeiten hinreichend genau repräsentiert wird. Diese unscharfe Festlegung von T ist für viele Anwendungen unzureichend, weshalb wir im nächsten Abschnitt einen Algorithmus zur exakten Diskretisierung von Zustandsmodellen kennenlernen werden.

Zunächst bestimmen wir für das vorherige Beispiel eine weitere zeitdiskrete Zustandsform, diesmal ohne zuvor eine zeitkontinuierliche Zustandsform aufzustellen. Dazu berechnen wir die Geschwindigkeit $v_x(t)$, indem wir ausgehend von einem beliebigen Startzeitpunkt t_0 die linke Gleichung in (8.39) integrieren. Hierbei nehmen wir eine Anfangsgeschwindigkeit $v_x(t_0)$ und im Zeitbereich von t_0 bis t eine konstante Beschleunigung $a_x(t_0)$ an, so dass gilt

$$v_x(t) = \int_{t_0}^{t} a_x(t_0)dt + v_x(t_0) = a_x(t_0) \cdot (t - t_0) + v_x(t_0) . \tag{8.44}$$

Aus dieser Gleichung erhalten wir den aktuellen Ort $s_x(t)$ des Körpers, wenn wir unter Berücksichtigung von $\dot{s}_x(t) = v_x(t)$ nochmals integrieren und zum Zeitpunkt t_0 den Ort $s_x(t_0)$ annehmen

$$s_x(t) = \int_{t_0}^{t} v_x(t)dt + s_x(t_0) = a_x(t_0) \cdot \tfrac{1}{2}(t-t_0)^2 + v_x(t_0) \cdot (t-t_0) + s_x(t_0) \,. \tag{8.45}$$

Diese beiden Gleichungen diskretisieren wir, indem wir die Abtastzeit $T = t - t_0$ und die Zeitvariable $t = (k+1)T$ setzen, so dass mit $t_0 = t - T = kT$ folgt

$$\begin{aligned} s_x((k+1)T) &= s_x(kT) + v_x(kT) \cdot T + a_x(kT) \cdot \tfrac{1}{2}T^2 \\ v_x((k+1)T) &= v_x(kT) + a_x(kT) \cdot T \,. \end{aligned} \tag{8.46}$$

Damit haben wir eine weitere zeitdiskrete Zustandsform für das System gefunden, die wir ebenfalls in Matrizenform schreiben können

$$\underline{x}(k+1) = \begin{bmatrix} 1 & T \\ 0 & 1 \end{bmatrix} \cdot \underline{x}(k) + \begin{bmatrix} \frac{1}{2}T^2 \\ T \end{bmatrix} \cdot u(k) \quad \text{und} \quad y(k) = \begin{bmatrix} 1 & 0 \end{bmatrix} \cdot \underline{x}(k) \,. \tag{8.47}$$

Die Zustandsparameter sind bis auf b_1 identisch zu (8.42), wobei für kleine Abtastzeiten beide Zustandsmodelle ineinander übergehen.

$$\underline{A}_d = \begin{bmatrix} 1 & T \\ 0 & 1 \end{bmatrix}, \quad \underline{b}_d = \begin{bmatrix} \frac{1}{2}T^2 \\ T \end{bmatrix}, \quad \underline{c} = \begin{bmatrix} 1 & 0 \end{bmatrix} \quad \text{und} \quad d = 0 \,. \tag{8.48}$$

Das so aufgestellte zeitdiskrete Zustandsmodell ist exakt, und die damit ermittelten Werte der Zustandsgrößen $s_x(k)$ und $v_x(k)$ entsprechen zu den Abtastzeitpunkten $t = kT$ präzise den entsprechenden kontinuierlichen Zustandsgrößen $s_x(t)$ und $v_x(t)$. Voraussetzung ist allerdings eine konstante Beschleunigung jeweils während eines Abtastintervals T, denn dies hatten bei der Herleitung des Modells in (8.44) ja angenommen. Wir werden im nächsten Kapitel sehen, das derartige treppenförmige Eingangssignale häufig auftreten, wenn analoge Systeme durch zeitdiskrete Signale über D/A-Wandler angesteuert werden.

8.2.3 Exaktes zeitdiskretes Zustandsmodell für treppenförmige Eingangssignale

Wir wollen jetzt für ein beliebiges analoges LTI-System, das durch ein Zustandsmodell beschrieben wird, ein äquivalentes zeitdiskretes Modell bestimmen, dessen Signale den analogen Signalwerten zu den Abtastzeitpunkten exakt entsprechen. Auch hier setzen wir wieder ein treppenförmiges Eingangssignal $u(t)$ voraus, das jeweils für die Dauer einer Abtastzeit konstant bleibt.

Ausgangspunkt für die Herleitung ist die explizite Zeitabhängigkeit der Zustandsgrößen abhängig von der Transitionsmatrix $\underline{\psi}(t)$ nach (4.33), aus der für $t = kT$ folgt

$$\underline{x}(kT) = \underline{\psi}(kT) \cdot \underline{x}(0) + \int_0^{kT} \underline{\psi}(kT - \tau) \cdot \underline{b} \cdot u(\tau)\, d\tau . \tag{8.49}$$

Für den jeweils folgenden Abtastzeitpunkt $(k+1)T = kT + T$ ergibt sich hieraus ein Ausdruck, dessen Integral sich in zwei Teilintegrale von 0 bis kT und von kT bis $kT + T$ aufteilen lässt

$$\begin{aligned} \underline{x}((k+1)T) &= \underline{\psi}(kT+T) \cdot \underline{x}(0) + \int_0^{kT+T} \underline{\psi}(kT+T-\tau) \cdot \underline{b} \cdot u(\tau)\, d\tau \\ &= \underline{\psi}(kT+T) \cdot \underline{x}(0) + \int_0^{kT} \underline{\psi}(kT+T-\tau) \cdot \underline{b} \cdot u(\tau)\, d\tau \\ &\quad + \int_{kT}^{kT+T} \underline{\psi}(kT+T-\tau) \cdot \underline{b} \cdot u(\tau)\, d\tau . \end{aligned} \tag{8.50}$$

In der mittleren Zeile können wir jetzt mit der Eigenschaft der Transitionsmatrix entsprechend (4.36) den Term $\underline{\psi}(T)$ ausklammern; weiterhin berücksichtigen wir, dass im letzten Integral das Eingangssignal zwischen kT und $kT + T$ aufgrund des vorausgesetzten treppenförmigen Verlaufs den konstanten Wert $u(\tau) = u(kT)$ aufweist; außerdem substituieren wir dort die Integrationsvariable τ durch $t = kT + T - \tau$ und erhalten mit $dt = -d\tau$ und nach Verschiebung der Integrationsgrenzen insgesamt aus (8.50)

$$\begin{aligned} \underline{x}((k+1)T) &= \underline{\psi}(T) \cdot \left[\underline{\psi}(kT) \cdot \underline{x}(0) + \int_0^{kT} \underline{\psi}(kT-\tau) \cdot \underline{b} \cdot u(\tau)\, d\tau \right] \\ &\quad - u(kT) \cdot \int_T^0 \underline{\psi}(t) \cdot \underline{b}\, dt . \end{aligned} \tag{8.51}$$

Der Ausdruck in der eckigen Klammer entspricht nach (8.49) gerade $\underline{x}(kT)$, so dass wir nach Vertauschung der Integrationsgrenzen und Vorzeichenwechsel eine rekursive Zustandsgleichung erhalten, in der wir wieder die diskrete Zeitvariable kT durch den Index k ersetzen

$$\underline{x}(k+1) = \underline{\psi}(T) \cdot \underline{x}(k) + u(k) \cdot \int_0^T \underline{\psi}(t) \cdot \underline{b}\, dt . \tag{8.52}$$

Daraus können wir durch Vergleich mit (8.34) die Parameter $\underline{A}_d$ und $\underline{b}_d$ ablesen, wobei wir zur Berechnung der Matrix $\underline{\psi}(t)$ die Laplace-Transformation mit der Korrespondenz (4.31) nutzen

$$\underline{A}_d = \mathcal{L}^{-1}\left\{ \left(s \cdot \underline{E} - \underline{A}\right)^{-1} \right\}_{t=T} , \qquad \underline{b}_d = \int_0^T \mathcal{L}^{-1}\left\{ \left(s \cdot \underline{E} - \underline{A}\right)^{-1} \right\} \cdot \underline{b}\, dt . \tag{8.53}$$

Als Beispiel für die Anwendung dieser Gleichungen wollen wir aus den Parametern $\underline{A}$ und $\underline{b}$ des analogen Zustandsmodells nach (8.41) die äquivalenten zeitdiskreten Parameter $\underline{A}_d$ und $\underline{b}_d$ ermitteln. Zunächst bestimmen wir mit (5.9) die Inverse der Matrix $s \cdot \underline{E} - \underline{A}$

$$\left(s \cdot \underline{E} - \underline{A}\right)^{-1} = \begin{bmatrix} s & -1 \\ 0 & s \end{bmatrix}^{-1} = \frac{1}{s^2} \cdot \begin{bmatrix} s & 1 \\ 0 & s \end{bmatrix} = \begin{bmatrix} \frac{1}{s} & \frac{1}{s^2} \\ 0 & \frac{1}{s} \end{bmatrix} . \tag{8.54}$$

Anschließend ergibt die komponentenweise inverse Laplace-Transformation der letzten Matrix mit Tab. B.3 für $t = T$ die diskrete Systemmatrix, wenn wir $\sigma(T > 0) = 1$ berücksichtigen

$$\underline{A}_d = \begin{bmatrix} \mathscr{L}^{-1}\left\{\frac{1}{s}\right\} & \mathscr{L}^{-1}\left\{\frac{1}{s^2}\right\} \\ \mathscr{L}^{-1}\{0\} & \mathscr{L}^{-1}\left\{\frac{1}{s}\right\} \end{bmatrix}_{t=T} = \begin{bmatrix} \sigma(t) & t \cdot \sigma(t) \\ 0 & \sigma(t) \end{bmatrix}_{t=T} = \begin{bmatrix} 1 & T \\ 0 & 1 \end{bmatrix} . \tag{8.55}$$

Für den Vektor $\underline{b}_d$ erhalten wir durch Multiplikation der Transitionsmatrix mit $\underline{b}$ und komponentenweiser Integration

$$\underline{b}_d = \int_0^T \begin{bmatrix} \sigma(t) & t \cdot \sigma(t) \\ 0 & \sigma(t) \end{bmatrix} \cdot \begin{bmatrix} 0 \\ 1 \end{bmatrix} dt = \int_0^T \begin{bmatrix} t \cdot \sigma(t) \\ \sigma(t) \end{bmatrix} dt = \begin{bmatrix} \frac{1}{2}T^2 \\ T \end{bmatrix} . \tag{8.56}$$

Es ergeben sich dieselben Parameter wie bei der direkten Modellierung im zeitdiskreten Bereich nach (8.48), und wir sind damit in der Lage beliebige analoge Zustandsformen fehlerfrei in zeitdiskrete Modelle umzuwandeln, sofern wir ein treppenförmiges analoges Eingangssignal annehmen können. Der mathematische Aufwand bei der Anwendung dieses Algorithmus' ist allerdings beträchtlich, weshalb wir im Abschn. 10.4.2 eine wesentlich einfachere Vorgehensweise für Systeme mit nur einem Eingangs- und Ausgangssignal kennenlernen werden.

8.2.4 Rekursive und nicht-rekursive Differenzengleichungen

Sollen zeitdiskrete Systeme mit nur einem Ein- und Ausgangssignal realisiert werden, ist es in den meisten Fällen einfacher, statt des Zustandsmodells einen direkten Zusammenhang zwischen $y(k)$ und $u(k)$ ohne Zustandsgrößen zu verwenden, da dann nur skalare Berechnungen erforderlich sind. Diese Beziehung finden wir, wenn wir die zeitdiskrete Zustandsform für verschiedene Werte von k auswerten, so dass sich aus den dabei ergebenden Gleichungen die Werte der Zustandsgrößen eliminieren lassen. Wir betrachten zunächst die Zustandsform eines Systems erster Ordnung, d. h. mit nur einer Zustandsvariablen $x(k)$

$$x(k+1) = A_d \cdot x(k) + b_d \cdot u(k) \tag{8.57}$$

$$y(k) = c \cdot x(k) + d \cdot u(k) . \tag{8.58}$$

Diese zwei Gleichungen enthalten mit $y(k)$, $x(k)$ und $x(k+1)$ drei Unbekannte, so dass $y(k)$ ohne Kenntnis des Zustands nicht bestimmt werden kann. Betrachten wir jedoch zusätzlich den Indexwert $k-1$, so erhalten wir wieder zwei Gleichungen, aber mit $x(k-1)$ nur eine weitere Unbekannte, denn das vorherige Ausgangssignal $y(k-1)$ ist als Messgröße bekannt

$$x(k) = A_d \cdot x(k-1) + b_d \cdot u(k-1) \tag{8.59}$$

$$y(k-1) = c \cdot x(k-1) + d \cdot u(k-1) \,. \tag{8.60}$$

Für die Auflösung des Gleichungssystems wird (8.57) nicht benötigt, denn die drei Gl. (8.58)–(8.60) enthalten nur drei Unbekannte, so dass wir daraus $y(k)$ unabhängig vom Zustand berechnen können. Dazu setzen wir (8.59) in (8.58) ein und anschließend $x(k-1)$ aus (8.60)

$$y(k) = A_d \cdot y(k-1) + (c \cdot b_d - A_d \cdot d) \cdot u(k-1) + d \cdot u(k) \,. \tag{8.61}$$

Ein entsprechender Lösungsansatz ist auch für Systeme beliebiger Ordnung n möglich, indem die Zustandsform für die Zeitindizes k bis $k-n$ ausgewertet und $\underline{x}$ eliminiert wird [11]. Man erhält dann eine Gleichung der folgenden allgemeinen Form, in der die Koeffizienten α_i und β_i in komplizierter aber eindeutiger Form von den Parametern in $\underline{A}_d$, $\underline{b}_d$, $\underline{c}$ und von d abhängen[12]

$$y(k) = \sum_{i=1}^{n} (-\alpha_i) \cdot y(k-i) + \sum_{i=0}^{n} \beta_i \cdot u(k-i) \,. \tag{8.62}$$

Derartige Ausdrücke werden *rekursive Differenzengleichungen* genannt, und diese korrespondieren abhängig von α_i und β_i zu gewöhnlichen oder partiellen Differentialgleichungen (GDGL, PDGL) im zeitkontinuierlichen Bereich, die bereits im ersten Kapitel eingeführt wurden.

Rekursive Differenzengleichungen gestatten eine sehr aufwandsgünstige Systemrealisierung, z. B. kann mit einem Softwareprogramm in einer Schleife der jeweils aktuelle Ausgangswert eines Systems aus vergangenen Ausgangswerten sowie dem aktuellen und vergangenen Werten des Eingangssignals berechnet werden. Dazu müssen neben dem Eingangssignal lediglich die ersten n Werte von $y(k)$ als Startwerte der Rekursion bekannt sein.

[11] In (8.37) treten mit $y(k)$ und $\underline{x}(k)$ gerade $n+1$ unbekannte Signalwerte auf, und für jeden weiteren Index $k-i$ mit $1 \leq i \leq n$ liefert das Zustandsmodell $n+1$ zusätzliche Gleichungen, die mit $\underline{x}(k-i)$ aber nur n weitere Unbekannte enthalten, insgesamt also $1 + n(n+1)$ Unbekannte; dies entspricht aber der Anzahl an Gleichungen, so dass sich alle Zustandsgrößen eliminieren lassen und $y(k)$ nur abhängig $y(k-i)$, $u(k-i)$ sowie $u(k)$ angegeben werden kann.

[12] Für Systeme höherer Ordnung werden wir die Parameter α_i und β_i nicht wie gezeigt im Zeitbereich bestimmen, sondern dazu im Kap. 10 einen geschlossen darstellbaren Algorithmus auf Basis der z-Transformation kennenlernen.

Die Ordnung n einer rekursiven Differenzengleichung entspricht der maximalen Signalverzögerung des Eingangs- oder des Ausgangssignals, je nachdem, welche größer ist, wobei für den entsprechenden Koeffizienten natürlich $\alpha_n \neq 0$ bzw. $\beta_n \neq 0$ gelten muss.

Da in rekursiven Differenzengleichungen der aktuelle Wert des Ausgangssignals von früheren Ausgangswerten abhängt, also eine Rückkopplung auftritt, besitzen diesen i. Allg. eine unendlich lange Impulsantwort $g(k)$, weshalb derartige Systeme auch als IIR-Filter (engl.: *Infinite Impulse Response*) bezeichnet werden.

Als Beispiel betrachten wir folgende rekursive Differenzengleichung erster Ordnung ($n = 1$) mit $\alpha_1 = -0{,}5$, $\beta_0 = 1$ und $\beta_1 = 0$

$$y(k) = 0{,}5 \cdot y(k-1) + u(k) \,. \tag{8.63}$$

Zur Bestimmung der Impulsantwort $y(k) = g(k)$ dieses Systems wählen wir als Eingangssignal den zeitdiskreten Einheitsimpuls, also $u(k) = \delta(k)$, woraus $y(0) = u(0) = 1$ folgt, wenn wir die Signale als kausal mit $u(k < 0) = 0$ und $y(k < 0) = 0$ annehmen und somit $y(-1) = 0$ setzen. Für die numerische Berechnung von $y(k)$ verwenden wir eine Tabelle, deren erste Zeile den Index k hier im Bereich $0 \leq k \leq 4$ enthält, die zweite Zeile $u(k)$, und die dritte Zeile das mit (8.63) und dem Startwert $y(0)$ rekursiv berechnete Ausgangssignal.

k	0	1	2	3	4
u(k)	1	0	0	0	0
y(k)	1	0,5	0,25	0,125	0,0625

Man erkennt, dass in diesem Beispiel die Impulsantwort offensichtlich unendlich ausgedehnt ist und für große k gegen null strebt, wie auch anhand von Abb. 8.11a deutlich wird[13].

Wissen wir, dass für $k \to \infty$ ein Grenzwert $y(k \to \infty) = y_\infty$ existiert, wozu das System stabil sein muss, so können wir diesen Grenzwert für ein konstantes Eingangssignal $u(k \to \infty) = u_\infty$ berechnen[14]. Dazu ersetzen wir in (8.62) die Werte $y(k)$ sowie $y(k-i)$ durch y_∞ und $u(k-i)$ durch u_∞ und lösen die Gleichung nach y_∞ auf. Für das Beispiel in (8.63) ergibt sich mit $u_\infty = 0$

$$y_\infty = 0{,}5 \cdot y_\infty + u_\infty \quad \Rightarrow \quad y_\infty = 2 \cdot u_\infty = 0 \,. \tag{8.64}$$

[13] Nicht jedes durch eine rekursive Differenzengleichung beschriebene System besitzt eine unendlich ausgedehnte Impulsantwort; für das System $y(k) = y(k-1) + u(k) - u(k-1)$ ergibt sich z. B. für $u(k) = \delta(k)$ ebenfalls $y(k) = \delta(k)$, wie sich durch Aufstellen einer entsprechenden Tabelle leicht überprüfen lässt.

[14] In Kap. 10 werden wir Kriterien für die Stabilität zeitdiskreter Systeme mit Hilfe der z-Transformation festlegen.

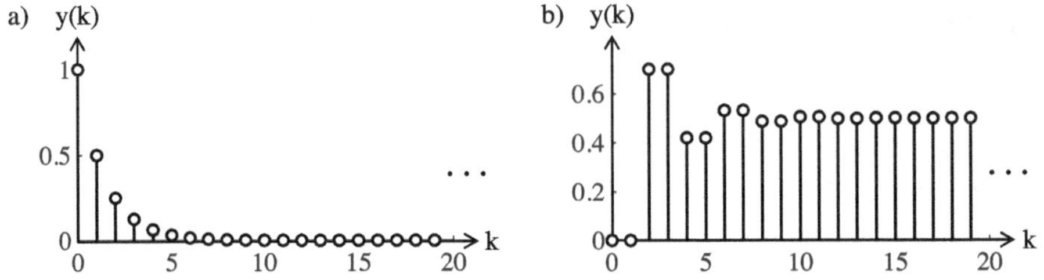

Abb. 8.11 Darstellung der jeweils ersten 20 Werte der mit (8.63) berechneten Impulsantwort (**a**) sowie der mit (8.65) berechneten Sprungantwort (**b**)

Als weiteres Beispiel berechnen wir die Sprungantwort folgenden Systems zweiter Ordnung

$$y(k) = 0{,}7 \cdot u(k-2) - 0{,}4 \cdot y(k-2) . \tag{8.65}$$

Auch hier stellen wir wieder eine Tabelle auf mit $0 \leq k \leq 7$, die in der zweiten Zeile wegen $u(k) = \sigma(k)$ nur Einsen enthält, wobei wir wieder kausale Signale voraussetzen und sich daher die Startwerte $y(0)$ sowie $y(1)$ zu null ergeben.

k	0	1	2	3	4	5	6	7
u(k)	1	1	1	1	1	1	1	1
y(k)	0	0	0,7	0,7	0,42	0,42	0,532	0,532

Abb. 8.11b zeigt die ersten 20 Werte der Sprungantwort, und man erkennt ebenfalls ein offensichtlich konvergentes Verhalten, wobei zusätzlich eine Schwingung auftritt. Falls der Grenzwert $y(k \to \infty) = y_\infty$ existiert, können wir analog zum ersten Beispiel in der Gleichung $y(k)$ und $y(k-2)$ durch y_∞, sowie $u(k-2)$ durch eins ersetzen, und dann nach y_∞ auflösen

$$y_\infty = 0{,}7 - 0{,}4 \cdot y_\infty \quad \Rightarrow \quad y_\infty = \frac{0{,}7}{1{,}4} = 0{,}5 . \tag{8.66}$$

Differenzengleichungen lassen sich auch übersichtlich als Strukturbilder darstellen, und Abb. 8.12 zeigt die direkte Umsetzung von Gl. (8.62) in der sogenannten Direktform 1. Das Strukturbild enthält oben eine Kette von n Verzögerungsgliedern, die ein Schieberegister bilden und von links nach rechts die letzten n Eingangssignalwerte $u(k-i)$ mit $1 \leq i \leq n$ speichern. Unten im Bild ist eine weitere Kette von Verzögerungsgliedern von rechts nach links zur Speicherung der letzten n Ausgangssignalwerte $y(k-i)$ dargestellt. Die verzögerten Werte werden jeweils mit den Koeffizienten α_i bzw. β_i multipliziert und dann in n Summationsgliedern vorzeichenrichtig addiert. Die Summe daraus plus dem aktuellen Eingangssignal $u(k)$ multipliziert mit β_0 ergibt das jeweils aktuelle Ausgangssignal $y(k)$.

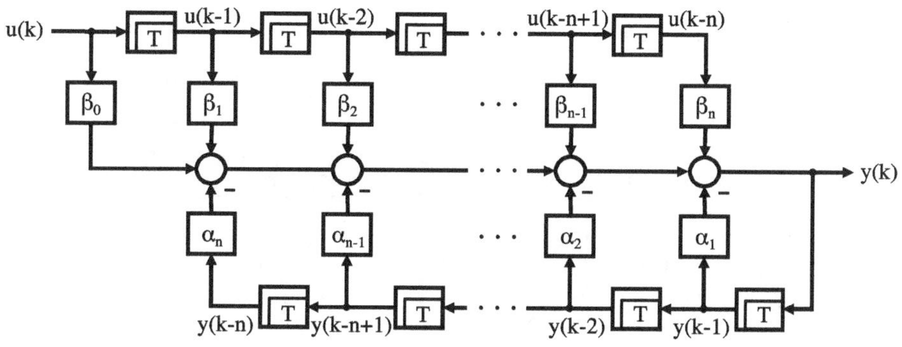

Abb. 8.12 Rekursive Differenzengleichung als Strukturbild in Direktform 1; über jeweils n Verzögerungsglieder werden die letzten n Signalwerte $u(k-i)$ und $y(k-i)$ mit $1 \leq i \leq n$ gespeichert und jeweils mit den Koeffizienten α_i und β_i multipliziert; der aktuelle Wert des Ausgangssignals wird daraus als Summe/Differenz plus dem aktuellen Eingangswert multipliziert mit β_0 gebildet

Eine alternative Realisierung rekursiver Differenzengleichungen ist in Direktform 2 möglich. Diese leiten wir aus (8.62) her, indem wir den Fall $i = 0$ aus der zweiten Summe herausziehen und anschließend die beiden Summen zu einer Summe zusammenfassen. Die Verzögerung der Signale ersetzen wir dann nach (8.26) durch Faltung mit einem verschobenen Einheitsimpuls

$$\begin{aligned} y(k) &= \sum_{i=1}^{n} [\beta_i \cdot u(k-i) - \alpha_i \cdot y(k-i)] + \beta_0 \cdot u(k) \\ &= \sum_{i=1}^{n} [\beta_i \cdot u(k) - \alpha_i \cdot y(k)] * \delta(k-i) + \beta_0 \cdot u(k) . \end{aligned} \tag{8.67}$$

Wir können damit zur Berechnung von $y(k)$ auch zunächst die Linearkombinationen in der eckigen Klammer bilden, diese jeweils um Vielfache der Taktzeit verzögern und dann aufsummieren. Abb. 8.13 zeigt das entsprechende Strukturbild. In diesem Fall ist nur ein einzelnes Schieberegister erforderlich, in das Signalwerte nach Bildung der Linearkombinationen immer um eine Taktzeit zueinander verzögert eingespeist werden, wobei ganz rechts zusätzlich der unverzögerte Signalwert $\beta_0 \cdot u(k)$ addiert wird. Diese Implementierung kommt mit einer minimalen Anzahl an Verzögerungsgliedern aus, die immer der Ordnung des Systems entspricht[15].

Abb. 8.14 zeigt in (a) und (b) jeweils die Strukturbilder der durch (8.63) und (8.65) beschriebenen IIR-Filter. Bei jedem zeitdiskreten Strukturbild entsprechen die Ausgangs-

[15] In praktischen Anwendungen werden IIR-Filter höherer Ordnung meistens durch Reihenschaltung (Kaskadierung) von IIR-Filtern zweiter Ordnung gebildet, um numerische Ungenauigkeiten zu reduzieren, siehe z. B. [21]. Diese sind ihrerseits in Direktform 1 oder 2 aufgebaut, was als *Second Order Structure* (SOS) bezeichnet wird.

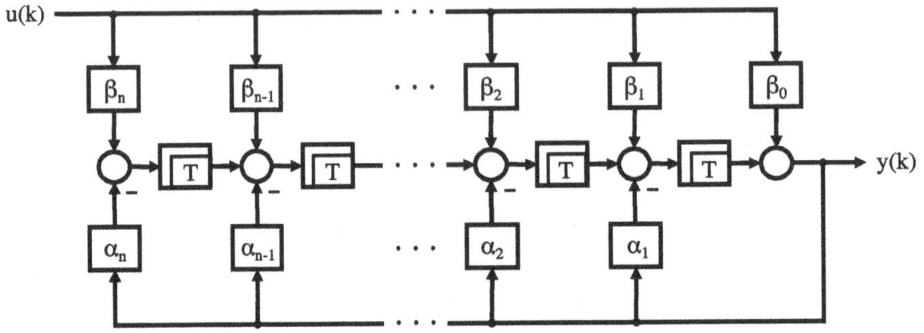

Abb. 8.13 Rekursive Differenzengleichung als Strukturbild in Direktform 2; der jeweils aktuelle Wert des Ein- und Ausgangssignals wird mit den Koeffizienten β_i und α_i mit $1 \leq i \leq n$ multipliziert und voneinander subtrahiert; der aktuelle Wert des Ausgangssignals entsteht als Summe dieser um jeweils i Taktzeiten verzögerter Werte plus dem aktuellen Eingangswert multipliziert mit β_0

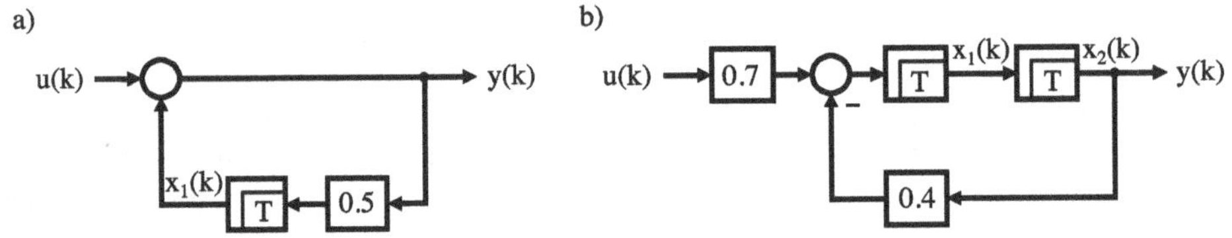

Abb. 8.14 Strukturbilder für die rekursiven Differenzengleichungen in (8.63)a sowie (8.65)b; die Ausgangssignale der Verzögerungsglieder entsprechen jeweils Zustandsvariablen $x_1(k)$ bzw. $x_2(k)$, so dass sich aus den Strukturbildern direkt Zustandsformen ablesen lassen

signale der Verzögerungsglieder analog zu Abb. 8.10 jeweils einer Zustandsgröße, so dass sich daraus direkt Zustandsformen entnehmen lassen. Für das in (a) dargestellt System erster Ordnung erhält man

$$x_1(k+1) = 0{,}5 \cdot x_1(k) + 0{,}5 \cdot u(k) \qquad y(k) = x_1(k) + u(k)\,, \tag{8.68}$$

und für das rechts in (b) dargestellte System zweiter Ordnung können wir ablesen

$$x_1(k+1) = -0{,}4 \cdot x_2(k) + 0{,}7 \cdot u(k) \qquad x_2(k+1) = x_1(k) \qquad y(k) = x_2(k)\,. \tag{8.69}$$

Jede dieser Zustandsgrößen weist für $k = 0$ entsprechend (8.38) einen Anfangswert auf, von dem die Folgezustände und damit auch $y(k)$ abhängen. Häufig werden sämtliche Speicherzellen und damit die Zustandsgrößen für $k = 0$ auf null gesetzt, und dies wurde auch bei der rekursiven Berechnung der Impuls- bzw. Sprungantwort in obigen Beispielen angenommen.

Lässt man auf der rechten Seite von Gl. (8.62) die Terme mit α_i weg, so enthält das System keine Rückkopplung mehr, und wir erhalten eine nicht-rekursive Differenzengleichung, bei der $y(k)$ nur vom aktuellen Eingangssignal $u(k)$ und von dessen vergangenen Werten abhängt

$$y(k) = \sum_{i=0}^{n} \beta_i \cdot u(k-i) . \tag{8.70}$$

Die Impulsantwort $g(k)$ dieses Systems entspricht einer Summe verzögerter und gewichteter Einheitsimpulse, wie durch Einsetzen von $u(k) = \delta(k)$ ersichtlich wird

$$g(k) = \sum_{i=0}^{n} \beta_i \cdot \delta(k-i) . \tag{8.71}$$

Derartige Systeme weisen also immer eine begrenzte Impulsantwort mit der Länge $n+1$ auf, wobei n die Systemordnung angibt, weshalb sie als FIR-Filter (engl.: *Finite Impulse Response*) bezeichnet werden[16]. Die beiden Strukturbilder in 8.12 und 8.13 repräsentieren auch FIR-Filter, wenn jeweils der untere Teil mit der Rückführung von $y(k)$ weggelassen wird.

FIR-Filter weisen gegenüber IIR-Filtern den Vorteil auf, dass sich mit ihnen eine gewünschte zeitdiskrete Impulsantwort $g(k)$ sehr einfach erzeugen lässt, denn nach (8.71) entsprechen die Filterkoeffizienten β_i den Werten von $g(k)$. Wir können also z. B. ein Verzögerungsglied durch einen verschobenen Einheitsimpuls implementieren aber auch ein quasi ideales TP-Filter, indem wir dessen im Abschn. 3.3.5 hergeleitete kontinuierliche Stoßantwort (3.66) diskretisieren und die Abtastwerte als Koeffizienten β_i wählen [38]. Da derartige Systeme im Analogbereich mit PDGL beschrieben werden und dort wenn überhaupt nur durch komplizierte Wirkanordnungen realisierbar sind, unterstreicht diese Flexibilität die Vorteile der digitalen Signalverarbeitung.

Dabei sind FIR-Filter im Unterschied zu IIR-Filtern wegen fehlender Rückkopplung immer stabil, und falls als Impulsantwort ein gerades oder ungerades Signal verwendet wird, das beliebig verschoben sein darf, tritt analog zu (3.69) bzw. (**??**) ein linearer Phasengang auf, was für viele Anwendungen angestrebt wird, vgl. Abschn. 6.3.

Nachteilig kann sich bei FIR-Filtern hingegen die auf die Filterordnung plus eins beschränkte Länge der Impulsantwort auswirken, so dass zur Umsetzung langer Impulsantworten viele Speicherzellen und Multiplikatoren erforderlich sind, was eine Hardware-Implementierung aufwändiger macht, sofern das zu realisierende Filter überhaupt eine endliche Impulsantwort aufweist.

Eine hohe Filterordnung n führt darüber hinaus zu einer signifikanten Signalverzögerung um $n \cdot T$, die als Latenz bezeichnet wird, weshalb FIR-Filter in bestimmten Echtzeitanwendungen nicht einsetzbar sind. Außerdem werden in jedem Zeittakt $n+1$ Multiplikationen

[16] Die Ordnung n von FIR-Filtern ist daher in den meisten Fällen bedeutend größer als diejenige von IIR-Filtern, deren Filterordnung ja nicht der Länge der Impulsantwort entspricht.

berechnet, wodurch der Energieverbrauch und bei einer SW-Implementierung auch die Prozessorlast steigt.

8.2.5 Vektorielle Darstellung der Signalübertragung mit FIR-Filtern

Die Signalübertragung mit FIR-Filtern lässt sich besonders übersichtlich darstellen, wenn wir die Signalwerte in Vektoren zusammenfassen. Dazu definieren wir einen Spaltenvektor $\underline{u}(k)$, der die jeweils letzten n Werte des Eingangssignals $u(k)$ enthält. Außerdem fassen wir die Werte der Impulsantwort $g(k)$ zum Spaltenvektor $\underline{g}$ ebenfalls der Länge n zusammen, wobei dieser Vektor durch den identischen Vektor der Filterkoeffizienten $\underline{\beta}$ ersetzt werden kann[17]

$$\underline{u}(k) = \begin{bmatrix} u(k) \\ u(k-1) \\ \vdots \\ u(k-n+1) \end{bmatrix} \qquad \underline{g} = \begin{bmatrix} g(0) \\ g(1) \\ \vdots \\ g(n-1) \end{bmatrix} = \underline{\beta} = \begin{bmatrix} \beta_0 \\ \beta_1 \\ \vdots \\ \beta_{n-1} \end{bmatrix} . \tag{8.72}$$

Das Ausgangssignal des Filters nach (8.70) ergibt sich damit als Skalarprodukt aus $\underline{u}(k)$ mit $\underline{\beta}$ [18]

$$\begin{aligned} y(k) &= \sum_{i=0}^{n-1} \beta_i \cdot u(k-i) = u(k) \cdot \beta_0 + u(k-1) \cdot \beta_1 + \cdots + u(k-n+1) \cdot \beta_{n-1} \\ &= \underline{u}(k)^T \cdot \underline{\beta} = \underline{\beta}^T \cdot \underline{u}(k) \, . \end{aligned} \tag{8.73}$$

Diese Schreibweise ist für eine Software-basierte Realisierung von FIR-Filtern vorteilhaft, da viele Programmiersprachen Vektoren als Datentypen unterstützen und die Filterung so gegenüber einer skalaren Berechnung erheblich beschleunigt werden kann. Außerdem ermöglicht diese Darstellung eine signalangepasste Bestimmung der Filterkoeffizienten mit sogenannten adaptiven Filtern, die z. B. zur Entzerrung oder Rauschunterdrückung eingesetzt werden, siehe Kap. 11.

Digitale Filter können aufgrund der fehlenden Rückwirkung – siehe Abschn. 7.5.2 – auch sehr effizient in Hardware realisiert werden, was insbesondere sinnvoll ist, wenn hohe Taktraten benötigt werden oder ein geringer Energieverbrauch angestrebt wird. Hierzu werden in integrierten Halbleiterstrukturen Flipflops, Multiplikatoren und Summationspunkte

---

[17] Ab sofort werden wir für die Länge einer begrenzten Impulsantwort den Parameter n verwenden; ein Vektor $\underline{\beta}$ der Länge n korrespondiert somit zu einem FIR-Filter mit $n-1$ Verzögerungsgliedern, d. h. der Ordnung $n-1$.

[18] Das Skalarprodukt ist kommutativ, wobei das hochgestellte T die Transponierung kennzeichnet, um bei Anwendung der Matrizenmultiplikation sicherzustellen, dass der erste Vektor im Skalarprodukt ein Zeilenvektor ist.

durch fotolithografische Verfahren als sogenannte ASICs *(Application Specific Integrated Circuits)* hergestellt. Alternativ verwendet man FPGAs *(Field Programmable Gate Arrays)*, mit denen eine gewünschte Schaltungsstruktur aus integrierten Grundbausteinen und Logikgattern programmgesteuert zusammengesetzt werden kann [9].

8.3 Zusammenfassung

In diesem Kapitel sind wir zeitdiskreten Signalen begegnet, die nicht mehr physikalisch existieren, sondern ausschließlich mathematisch als Zahlenfolgen vorliegen. Auch für derartige Signale lassen sich Energie und Leistung angeben sowie Ähnlichkeiten bestimmen, wobei statt Integralen Reihensummen auftreten. Außerdem wurde gezeigt, dass die Übertragung dieser Signale über zeitdiskrete lineare Systeme wie in der analogen Welt durch eine Faltungsoperation beschrieben werden kann, abhängig von der zeitdiskreten Impulsantwort. Zustandsformen lassen sich ebenfalls für zeitdiskrete Signale angeben, und wir sind in der Lage, deren Parameter aus kontinuierlichen Zustandsformen für stückweise konstante Eingangssignale präzise zu ermitteln. Alternativ können auch rekursive und nicht-rekursive Differenzengleichungen, die keine Zustandsgrößen benötigen, zur Realisierung digitaler Systeme verwendet werden, wobei insbesondere FIR-Filter für viele Anwendungen der Signalverarbeitung vorteilhaft sind.

Wandlungen zwischen analogen und digitalen Signalen

9

Im vorherigen Kapitel haben wir erkannt, dass analoge Systeme durch zeitdiskrete Systeme mit quasi identischen Eigenschaften ersetzt werden können, und dass die Verarbeitung digitaler Signale mittels rekursiver Algorithmen mit geringem Aufwand möglich ist. Jetzt wollen wir uns der zentralen Frage zuwenden, ob und wenn ja wie die Digitalisierung analoger Signale und auch deren Rückumwandlung ohne Informationsverlust erfolgen kann. Dazu lernen wir im nächsten Abschnitt ein physikalisches System zur Diskretisierung von Signalen kennen, und leiten aus dem so erhaltenen Abtastsignal eine individuelle Grenze für die maximal zulässige Abtastzeit her. Anschließend betrachten wir Bandpass-Signale und die Auswirkung der Abtastung auf Energie und Leistung. Im Abschn. 9.2 geht es um die Umwandlung digitaler in analoge Signale mit klassischen Digital-Analog-Wandlern, wobei auch verschiedene Verfahren zur Signalglättung behandelt werden. Abschn. 9.3 beschäftigt sich schließlich mit der Quantisierung analoger Signale und den dabei entstehenden Fehlern. Außerdem wird dort mit dem 1-Bit-ADC bzw. -DAC ein modernes System zur aufwandsgünstigen und gleichzeitig exakten Signalwandlung vorgestellt.

9.1 Diskretisierung analoger Signale

Abb. 9.1a zeigt den grundsätzlichen Aufbau eines A/D-Wandlers mit den beiden wesentlichen Teilsystemen Abtast- & Halteglied sowie Quantisierer. Zusätzlich ist in den meisten Fällen noch ein Tiefpass vorgeschaltet, auf den wir im Abschn. 9.1.3 eingehen werden. In Teilgrafik (b) sind am Beispiel eines sinusförmigen Analogsignals $s(t)$ das ebenfalls analoge Ausgangssignal $s_h(t)$ des Halteglieds sowie das zeit- und wertdiskrete Signal $s(k)$ am Ausgang des Quantisierers dargestellt. Während das Abtast- & Halteglied sicherstellt, dass ein

V. Sommer, *Grundlagen der Systemtheorie und Signalverarbeitung*, https://doi.org/10.1007/978-3-662-72126-1_9

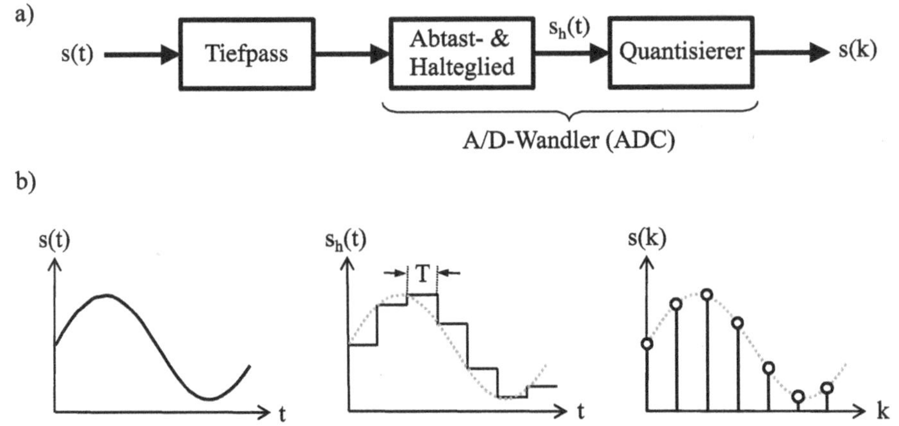

Abb. 9.1 A/D-Wandler mit den beiden Subsystemen Abtast- & Halteglied und Quantisierer sowie einem optional vorgeschalteten Tiefpass (**a**), und Darstellung des analogen Eingangssignals $s(t)$, des analogen Haltesignals $s_h(t)$ und des Digitalsignals $s(k)$ am Beispiel eines Sinussignals (**b**)

anliegendes Signal in regelmäßigen Zeitpunkten erfasst und dann für jeweils eine Abtastzeit T konstant gehalten wird, hat der Quantisierer die Aufgabe, diese konstante Messgröße beliebiger Amplitude auf einen festen Zahlenwert aus einer Anzahl möglicher Werte abzubilden. Diese Zahlenwerte lassen sich äquivalent durch binäre Datenworte vorgegebener Bitlänge darstellen, so dass ein Digitalrechner sie als Variablen z. B. vom Datentyp *Integer* oder *Double* speichern und verarbeiten kann. Die Auflösung variiert dabei je nach Einsatzgebiet zwischen 8 Bit bei schnellen Digital-Oszilloskopen und 24 Bit für hochwertige Audiosignale.

Zur Quantisierung existieren zahlreiche elektronische Schaltungen basierend auf Zähl- bzw. Wägeverfahren oder Parallelwandlung, jeweils mit individuellen Vor-und Nachteilen, siehe z. B. [46]. Bei den Zähl- und Wägeverfahren wird eine Referenzspannung stufenweise erhöht oder iterativ variiert, bis sie der Ausgangsspannung s_h des Halteglieds mit der gewünschten Genauigkeit und damit dem zu bestimmenden Datenwort entspricht. Diese sogenannten Approximationsverfahren sind sehr genau und ermöglichen eine hohe Bitbreite, allerdings benötigen Sie eine vergleichsweise lange Quantisierungszeit T_q. Bei parallelen Verfahren wird stattdessen s_h über Komparatoren gleichzeitig mit einer Vielzahl verschiedener Referenzspannungen verglichen. Diese Verfahren sind wesentlich schneller, benötigen jedoch zahlreiche Hardwarekomponenten, weshalb die Auflösung, d. h. die erzielbare Bitbreite, geringer ist.

Mit entsprechendem Aufwand lässt sich bei der Quantisierung eine nahezu beliebig feine Auflösung erreichen, so dass die quantisierten Werte den analogen Signalamplituden zu den Abtastzeitpunkten quasi entsprechen, was wir hier zunächst annehmen. Im Abschn. 9.3 werden wir den sogenannten *Delta-Sigma-Modulator* kennenlernen, der eine Quantisierung mit nur zwei Amplitudenstufen ermöglicht, und in diesem Zusammenhang auch die bei der Quantisierung von Signalen entstehenden Fehler diskutieren.

9.1.1 Abtast- und Halteglieder

Abb. 9.2a zeigt den vereinfachten Aufbau eines Abtast- & Halteglieds mit der Eingangsspannung $u(t)$. Der Feldeffekttransistor (FET) oben links wirkt als elektronischer Schalter, der durch die periodische Steuerspannung $u_s(t)$ während der Ladezeit T_l geöffnet und während der Haltedauer T_h geschlossen wird.

Das Zeitverhalten der eingetragenen Spannungen ist in (b) dargestellt, wobei hier eine ansteigende Spannung $u(t)$ angenommen wird. Sobald der FET durchschaltet, ist die Spannungsquelle mit dem Kondensator verbunden, und es fließt ein Strom, der den Kondensator C auf die anliegende Signalspannung $u(t)$ auflädt. Der Reihenwiderstand R_R modelliert hierbei den Kanalwiderstand des durchgeschalteten FET und den Innenwiderstand der Signalquelle, wodurch der Ladevorgang exponentiell mit einer Zeitkonstante $\tau_R = R_R C$ erfolgt[1]. Wenn wir $u(t)$ während T_l näherungsweise als konstant annehmen, können wir den Umladevorgang identisch zu dem im Abschn. 3.6.3 behandelten RC-Glied beschreiben, wobei U_0 jeweils der Eingangsspannung zu den Zeitpunkten $t = kT + T_l$ mit $k \in \mathbb{Z}$ und $u_C(0)$ dem Ladezustand des Kondensators am Ende des vorherigen Ladezyklus' entspricht[2]. Sobald der FET schließt, endet der Ladevorgang, so dass wir mit (3.132) für $u_C(t)$ jeweils am Ende der Ladezeit erhalten

$$u_C(kT + T_l) = u(kT + T_l) \cdot (1 - \mathrm{e}^{-\frac{T_l}{\tau_R}}) + u_C((k-1)T + T_l) \cdot \mathrm{e}^{-\frac{T_l}{\tau_R}} . \qquad (9.1)$$

Anhand dieser rekursiven Gleichung wird deutlich, dass die Kondensatorspannung am Ende der Ladezeit grundsätzlich von der eine Abtastzeit zurückliegenden Ladespannung abhängt, wodurch ein unerwünschtes Tiefpassverhalten auftritt. Um dies zu vermeiden, muss die Bedingung $\tau_R \ll T_l$ gelten, so dass die exponentiellen Terme sehr klein werden, und die

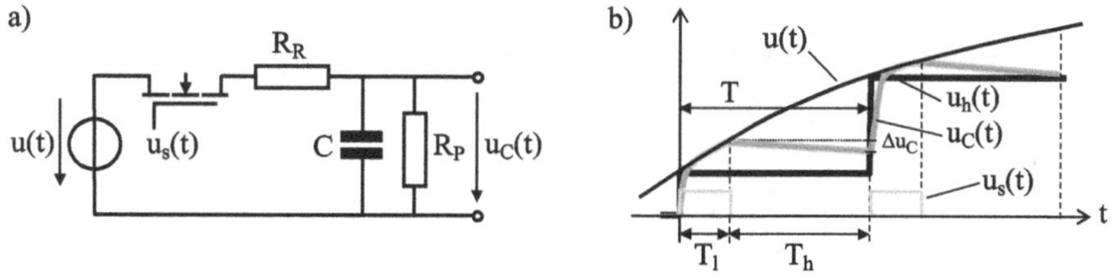

Abb. 9.2 Schematischer Aufbau eines Abtast- und Halteglieds bestehend aus einem Feldeffekttransistor und einem Kondensator mit zwei parasitären Widerständen R_R sowie R_P (**a**), und Darstellung der Spannungen (**b**). Die Abtastzeit T ergibt sich als Summe aus Lade- und Haltezeit T_l und T_h

---

[1] Der Widerstand R_p weist Werte im $M\Omega$- bis $G\Omega$-Bereich auf und beeinflusst daher den Ladevorgang über den im $m\Omega$- bis Ω-Bereich liegenden Reihenwiderstand R_R nicht.

[2] Bei abnehmender Spannung $u(t)$ fließt bei geöffnetem FET im Gegensatz zum in 9.2b dargestellten ansteigenden Flankenverlauf ein Entladestrom, da in diesem Fall bei Öffnung des Schalters $u(t) < u_C(t)$ gilt und sich $u_C(t)$ während T_l verringert.

Kondensatorspannung jeweils der Eingangsspannung am Ende der Ladezeit entspricht. Falls wir $\tau_R \approx 0$ annehmen dürfen, können wir die Ladezeit T_l nahezu beliebig kurz wählen und uns $u_s(t)$ als Folge von Dirac-Stößen vorstellen, so dass keine Verzögerung um T_l berücksichtigt werden muss.

Wenn der FET sperrt und damit die Verbindung zwischen $u(t)$ und Kondensator unterbricht, tritt während der Haltezeit T_h bei genauer Betrachtung eine geringfügige, ebenfalls exponentielle Entladung des Kondensators über den Widerstand R_P um Δu_C auf mit der Zeitkonstanten $\tau_P = R_P C$. Hierbei modelliert R_P die nichtideale Isolation der Kondensatorelektroden sowie den Eingangswiderstand des nachfolgenden Quantisierers. Damit dieser Spannungsabfall die Genauigkeit der Quantisierung nicht beeinträchtigt, die während der Quantisierungszeit T_q eine konstante Kondensatorspannung voraussetzt, muss die Bedingung $\tau_P \gg T_h$ erfüllt sein. Die erforderliche Wandlungszeit T_q im Quantisierer stellt hierbei eine untere Grenze für T_h dar.

Unter den Voraussetzungen $\tau_R \to 0$ und $\tau_P \to \infty$, die mit hoher Genauigkeit auch von realen Abtast- und Halteglieder erfüllt werden, geht $u_C(t)$ in das Haltesignal $u_h(t)$ mit exakt treppenförmigem Verlauf über, siehe Abb. 9.2b, welches jeweils nach Ablauf einer Abtastzeit auf einen neuen Signalwert $u(kT)$ springt.

9.1.2 Beschreibung abgetasteter Signale im Zeit- und Frequenzbereich

Abb. 9.3a zeigt beispielhaft ein Analogsignal $s(t)$ am Eingang eines idealen Abtast- und Halteglieds. Dieses liefert ausgangsseitig das treppenförmige Haltesignal $s_h(t)$, welches zu den Abtastzeitpunkten $k \cdot T$ mit $k \in \mathbb{Z}$ dem Signal $s(t)$ exakt entspricht. Das Haltesignal kann als Summe um $k \cdot T$ verschobener Sprungfunktionen beschrieben werden, jeweils mit der Differenz aufeinander folgender Abtastwerte als Sprunghöhe. Anhand von Teilgrafik (b) wird deutlich, dass sich $s_h(t)$ alternativ auch als Summe jeweils um Vielfache von T verschobener Rechtecksignale der Breite T darstellen lässt, die mit dem Signalwert an der Stelle $t = kT$ gewichtet werden.

$$s_h(t) = \sum_{k=-\infty}^{\infty} [s(kT) - s((k-1)T)] \cdot \sigma(t - kT) \tag{9.2}$$

$$= \sum_{k=-\infty}^{\infty} s(kT) \cdot [\sigma(t - kT) - \sigma(t - kT - T)] \, . \tag{9.3}$$

Wir wollen jetzt untersuchen, unter welcher Bedingung sich aus $s_h(t)$ das ursprüngliche Analogsignal $s(t)$ fehlerfrei zurückgewinnen lässt. Dazu drücken wir in (9.3) die Verschiebung der beiden Sprungfunktionen um kT nach (2.56) äquivalent als Faltung des Rechtecksignals $g_h(t) = \sigma(t) - \sigma(t - T) = \mathrm{rect}\left(\frac{1}{T} \cdot \left(t - \frac{T}{2}\right)\right)$ mit einer Summe verschobener Dirac-Stöße aus. Die Stoßantwort $g_h(t)$ modelliert die Wirkung des Halteglieds, siehe Abb. 9.3c, wobei

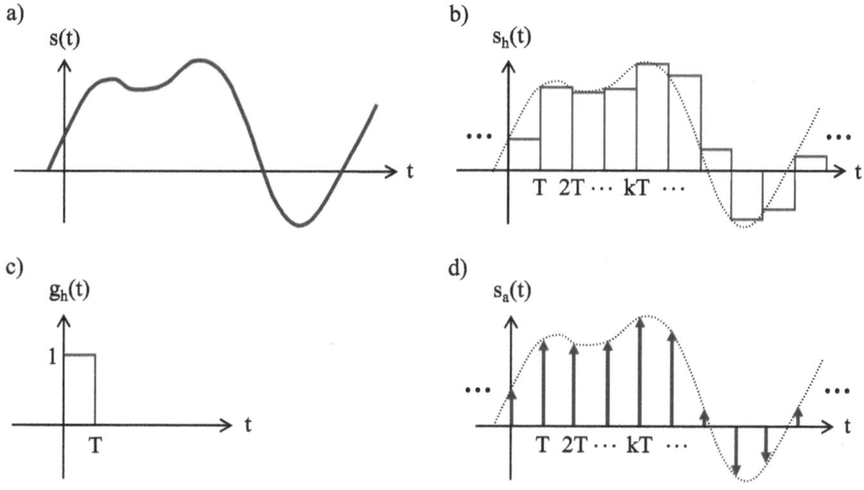

Abb. 9.3 Analoges Signal $s(t)$ am Eingang eines Abtast- und Haltegliedes (**a**); an dessen Ausgang liegt das Haltesignal $s_h(t)$ als Summe verschobener und skalierter Rechteckimpulse (**b**), das sich als Faltung des Rechteckimpulses $g_h(t)$ (**c**) mit dem idealen Abtastsignal $s_a(t)$ (**d**) beschreiben lässt

wir die Faltung mit $g_h(t)$ vor die Summe der Dirac-Stöße ziehen können, da diese nicht von k abhängt

$$\begin{aligned} s_h(t) &= \sum_{k=-\infty}^{\infty} s(kT) \cdot \delta(t-kT) * [\sigma(t) - \sigma(t-T)] \\ &= \operatorname{rect}\left(\frac{t-\frac{T}{2}}{T}\right) * \sum_{k=-\infty}^{\infty} s(kT) \cdot \delta(t-kT) = g_h(t) * s_a(t) \,. \end{aligned} \tag{9.4}$$

Die Summe in (9.4) definiert das sogenannte ideale Abtastsignal $s_a(t)$ als um Vielfache von T verschobene Dirac-Stöße, die jeweils das Gewicht $s(kT)$ erhalten. Auch $s_a(t)$ ist ein analoges Signal, siehe Abb. 9.3d, das für beliebige Zeiten definiert ist und zwischen den Dirac-Stößen jeweils den Wert null annimmt. Abb. 9.4 zeigt die Strukturbilder eines idealen Abtastgliedes (a), eines Haltegliedes (b), sowie deren Verkettung (c) zu einem Abtast- und Halteglied (d)[3].

Zur Klärung der Frage, ob bzw. wann $s_h(t)$ sämtliche Informationen von $s(t)$ enthält, ist die Faltung mit dem Rechtecksignal $g_h(t)$ unerheblich, denn nachdem wir die zeitdiskreten Abtastwerte $s(kT)$ bestimmt haben, können wir direkt $s_a(t)$ angeben und versuchen hieraus $s(t)$ zurückzugewinnen. Daher beschränken wir uns auf das ideale Abtastsignal $s_a(t)$ und ersetzen aufgrund der Siebeigenschaft von $\delta(t)$ nach (2.45) die Gewichtung der Dirac-Stöße

[3] Ideale Abtastglieder dienen zur mathematischen Modellierung des Abtastvorgangs, sind aber im Unterschied zu Abtast- und Haltegliedern wegen der darin enthaltenen Dirac-Stöße nicht realisierbar.

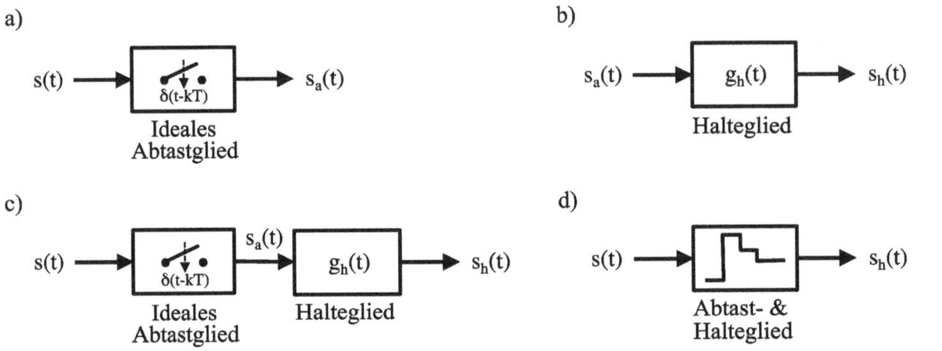

Abb. 9.4 Strukturbild eines idealen Abtastgliedes (**a**) sowie eines Haltegliedes mit der Stoßantwort $g_h(t)$ (**b**); die in (**c**) gezeigte Verkettung dieser beiden Systemblöcke kann durch das in (**d**) dargestellte Strukturbild eines Abtast- und Haltegliedes ersetzt werden

mit den Abtastwerten $s(kT)$ durch das Produkt mit dem analogen Signal $s(t)$, das wir vor die Summe ziehen

$$s_a(t) = \sum_{k=-\infty}^{\infty} s(kT) \cdot \delta(t - kT) = s(t) \cdot \sum_{k=-\infty}^{\infty} \delta(t - kT) \,. \tag{9.5}$$

Für die weitere Analyse des Abtastsignal wird im Anhang A.11 gezeigt, dass wir die Summe der um Vielfache von T verschobenen Dirac-Stöße äquivalent durch eine Summe von cos-Funktionen ersetzen dürfen

$$\sum_{k=-\infty}^{\infty} \delta(t - kT) = \frac{1}{T} \cdot \sum_{k=-\infty}^{\infty} \cos\left(\frac{2\pi k}{T} \cdot t\right) . \tag{9.6}$$

Dieser mathematische Zusammenhang ist anschaulich auch anhand von Abb. 9.5 nachvollziehbar. Teilgrafik (a) zeigt dazu die Überlagerung der Funktionen $\cos(k \cdot t \cdot 2\pi/T)$ mit $1 \leq k \leq N$ und $N = 4$, wobei die Periodendauer $T = 0.2$ beträgt. Man erkennt, dass alle cos-Funktionen ihren Maximalwert bei Vielfachen von T annehmen, während sich dazwischen die einzelnen Amplituden teilweise kompensieren. Bildet man die Summe der Funktionen, wie in (b) dargestellt, so entstehen deutliche Peaks mit den Werten N bei Vielfachen von T, wobei dieser Effekt für große N immer ausgeprägter auftritt.

Mit (9.6) können wir jetzt $s_a(t)$ weiter umformen, indem wir die cos-Funktion nach Anhang A.1 durch zwei komplexe e-Funktionen ersetzen und diese aufgrund des zu null symmetrischen Verlaufs von k zusammenfassen. Hierbei führen wir die sogenannte Abtastfrequenz bzw. Abtastrate $f_T = \frac{1}{T}$ und die Abtastkreisfrequenz $\omega_T = 2\pi f_T$ ein

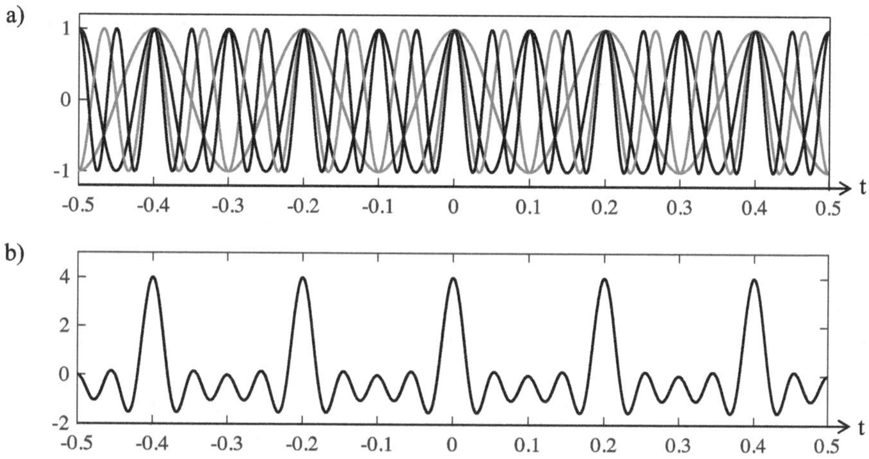

Abb. 9.5 Darstellung überlagerter Cosinus-Funktionen der Periodendauer $0.2s/k$ mit $1 \leq k \leq 4$ (**a**) und deren Summe (**b**) zur Veranschaulichung des Zusammenhangs mit einer Summe von Dirac-Stößen

$$s_a(t) = s(t) \cdot \frac{1}{T} \cdot \sum_{k=-\infty}^{\infty} \frac{e^{j \cdot k \cdot \omega_T \cdot t} + e^{-j \cdot k \cdot \omega_T \cdot t}}{2} = s(t) \cdot \frac{1}{T} \cdot \sum_{k=-\infty}^{\infty} e^{j \cdot k \cdot \omega_T \cdot t} . \tag{9.7}$$

Im nächsten Schritt bilden wir mit (3.8) die Fourier-Transformierte von $s_a(t)$, d. h. das Abtastspektrum $S_a(\omega)$, wobei wir Integration und Summenbildung vertauschen dürfen

$$\begin{aligned} S_a(\omega) &= \frac{1}{T} \cdot \int_{-\infty}^{\infty} s_a(t) \cdot e^{-j\omega \cdot t} dt = \frac{1}{T} \cdot \int_{-\infty}^{\infty} \left[s(t) \cdot \sum_{k=-\infty}^{\infty} e^{j \cdot k \cdot \omega_T \cdot t} \right] \cdot e^{-j\omega \cdot t} dt \\ &= \frac{1}{T} \cdot \sum_{k=-\infty}^{\infty} \left[\int_{-\infty}^{\infty} s(t) \cdot e^{-j(\omega - k \cdot \omega_T) \cdot t} \, dt \right] . \end{aligned} \tag{9.8}$$

Der Ausdruck in der eckigen Klammer der letzten Zeile entspricht der Fourier-Transformierten des analogen Signals $s(t)$, aber nicht abhängig von ω sondern abhängig von der um $k \cdot \omega_T$ verschobenen Kreisfrequenz. Damit beschreibt $S_a(\omega)$ ein periodisches Spektrum, welches für $k = 0$ das analoge Spektrum $S(\omega)$ enthält, und darüber hinaus aus einer Vielzahl verschobener Spektren $S(\omega - k \cdot \omega_T)$ besteht, jeweils skaliert mit $\frac{1}{T}$. Diese Summe der Teilspektren können wir mit (2.56) auch als Faltung von $S(\omega)$ mit einer Dirac-Stoßfolge ausdrücken

$$S_a(\omega) = \frac{1}{T} \cdot \sum_{k=-\infty}^{\infty} S(\omega - k \cdot \omega_T) = S(\omega) * \frac{1}{T} \cdot \sum_{k=-\infty}^{\infty} \delta(\omega - k \cdot \omega_T) . \tag{9.9}$$

Im Sonderfall $s(t) = 1$ und mit (3.5) sowie (3.48) folgt $S(\omega) = 2\pi \cdot \delta(\omega)$, so dass sich durch Wahl von $T = 1$ aus (9.5) und (9.9) eine weitere Korrespondenz der Fourier-Transformation ergibt

$$Ш(t) = \sum_{k=-\infty}^{\infty} \delta(t-k) \quad \circ\!\!-\!\!\bullet \quad Ш(\omega) = 2\pi \cdot \sum_{k=-\infty}^{\infty} \delta(\omega - k \cdot 2\pi)\,. \tag{9.10}$$

Zur Kennzeichnung einer unendlichen Folge äquidistanter Dirac-Stöße verwenden wir das kyrillische Symbol Ш (dieses ähnelt einer Impulsfolge und wird *„schah"* gesprochen), und man erkennt, dass sowohl im Zeit- wie im Frequenzbereich die Ш-Funktion auftritt. Das Spektrum rechts in (9.10) lässt sich übersichtlicher schreiben, wenn wir als Variable die Frequenz f statt ω verwenden und die Dehnung des Dirac-Stoßes nach (2.43) berücksichtigen

$$Ш(f) = 2\pi \cdot \sum_{k=-\infty}^{\infty} \delta(2\pi f - k \cdot 2\pi) = \sum_{k=-\infty}^{\infty} \delta(f-k)\,. \tag{9.11}$$

Mit der Korrespondenz 3.59 für die Verschiebung $t_0 = 0$ erhalten wir aus der linken Seite von (9.10) mit $b = \frac{1}{T}$ die skalierte und gedehnte Ш-Funktion sowie mit (9.11) deren Spektrum

$$\frac{1}{T} \cdot Ш\left(\frac{t}{T}\right) = \frac{1}{T} \cdot \sum_{k=-\infty}^{\infty} \delta\left(\frac{t}{T} - k\right) = \frac{1}{T} \cdot \sum_{k=-\infty}^{\infty} \delta\left(\frac{1}{T}(t-kT)\right) = \sum_{k=-\infty}^{\infty} \delta(t-kT) \tag{9.12}$$

$$\circ\!\!-\!\!\bullet$$

$$Ш(fT) = 2\pi \cdot \sum_{k=-\infty}^{\infty} \delta(2\pi(fT-k)) = \sum_{k=-\infty}^{\infty} \delta(fT-k) = \frac{1}{T} \cdot \sum_{k=-\infty}^{\infty} \delta\left(f - \frac{k}{T}\right). \tag{9.13}$$

Ein ideal abgetastetes Signal $s_a(t)$ und sein Spektrum $S_a(f)$ stehen damit in der Schreibweise mit Ш-Funktionen wie folgt über die Fourier-Transformation in Beziehung

$$s_a(t) = s(t) \cdot \frac{1}{T} \cdot Ш\left(\frac{t}{T}\right) \quad \circ\!\!-\!\!\bullet \quad S_a(f) = S(f) * Ш(fT)\,. \tag{9.14}$$

Unter Verwendung der Ш-Funktion lässt sich auch die LTI-Eigenschaft idealer Abtastglieder einfach überprüfen: Tastet man die Summe zweier jeweils mit a und b skalierter Analogsignale $s_1(t)$ und $s_2(t)$ ideal ab, so entspricht dieses Signal der entsprechend skalierten Summe der Abtastsignale $s_{a1}(t)$ und $s_{a2}(t)$, weshalb die ideale Abtastung eine lineare Operation ist

$$[a \cdot s_1(t) + b \cdot s_2(t)] \cdot \frac{1}{T} \cdot \text{Ш}\left(\frac{t}{T}\right) = a \cdot s_{a1}(t) + b \cdot s_{a2}(t)\,. \tag{9.15}$$

Betrachtet man ein um t_0 verschobenes Signal $s(t-t_0)$ und tastet dieses ideal ab, so entspricht das Ausgangssignal nur dann dem um t_0 verschobenen Abtastsignal $s_a(t-t_0)$, sofern für t_0 ein ganzzahliges Vielfaches der Abtastzeit gewählt wird, denn die Funktion $\text{Ш}\left(\frac{t}{T}\right)$ ist periodisch mit T. Abtastglieder sind daher nur unter dieser Voraussetzung zeitinvariante Systeme

$$s(t-t_0) \cdot \frac{1}{T} \cdot \text{Ш}\left(\frac{t}{T}\right) = \left[s(t) \cdot \frac{1}{T} \cdot \text{Ш}\left(\frac{t+t_0}{T}\right)\right] * \delta(t-t_0) \overset{t_0=kT}{=} s_a(t-t_0)\,. \tag{9.16}$$

Da das ideale Abtastsignal $s_a(t)$ und die Folge der diskreten Abtastwerte $s(kT)$ über (9.5) eindeutig miteinander verknüpft sind, dürfen wir $s(kT)$ dasselbe Spektrum wie $s_a(t)$ zuordnen

$$s(kT) \quad \circ\!\!-\!\!\bullet \quad S_a(f)\,. \tag{9.17}$$

Den exakten mathematischen Zusammenhang zwischen $s(kT)$ und $S_a(f)$, den in diesem Fall das Hantelsymbol ausdrückt, werden wir im Kap. 10 kennenlernen und ausführlich untersuchen.

9.1.3 Abtasttheorem und Anti-Aliasing-Filterung

Auch für die folgenden Überlegungen wollen wir mit (9.13) und (9.14) die Spektren abgetasteter Signale abhängig von f betrachten mit der Abtastfrequenz $f_T = \frac{1}{T}$

$$S_a(f) = S(f) * \text{Ш}(fT) = \frac{1}{T} \cdot \sum_{k=-\infty}^{\infty} S(f - k \cdot f_T)\,. \tag{9.18}$$

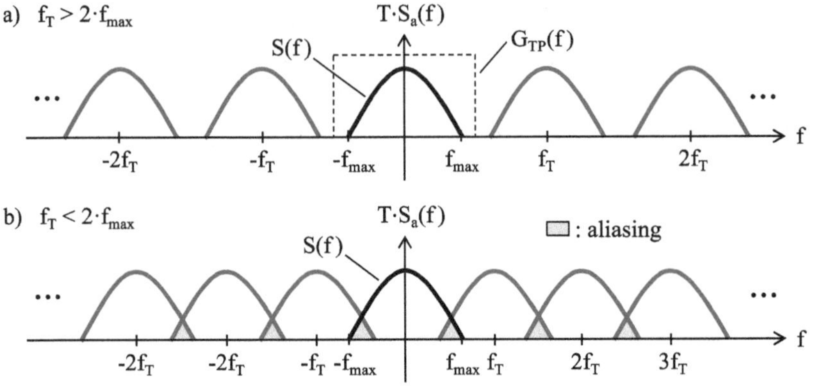

Abb. 9.6 Darstellung des mit T skalierten Spektrums eines ideal abgetasteten Signals für die beiden Fälle Überabtastung mit $f_T > 2 \cdot f_{max}$ (**a**) und Unterabtastung mit $f_T < 2 \cdot f_{max}$ (**b**). Bei Überabtastung kann das analoge Signal durch Tiefpassfilterung mit $G_{TP}(f)$ fehlerfrei zurückgewonnen werden, während bei Unterabtastung Aliasing mit Informationsverlust auftritt

Dieses Abtastspektrum multipliziert mit T ist in Abb. 9.6 für zwei verschiedene Abtastfrequenzen abgebildet. Teilgrafik (a) zeigt den Fall der sogenannten *Überabtastung* mit $f_T > 2 \cdot f_{max}$, wobei f_{max} die maximale Signalfrequenz des schwarz gezeichneten Spektrums $S(f)$ eines analogen Signals $s(t)$ bezeichnet[4]. Bei Überabtastung sind die verschobenen Teilspektren in $S_a(f)$, die auch als Spiegelspektren bezeichnet werden, überlappungsfrei, so dass das $S(f)$ vollständig darin enthalten ist und durch ein Tiefpassfilter mit der Übertragungsfunktion $G_{TP}(f)$, welches gestrichelt angedeutet ist, zurückgewonnen werden kann. Da $S(f)$ und $s(t)$ äquivalente Signaldarstellungen sind, gilt für $f_T > 2 \cdot f_{max}$ also immer, dass $s(t)$ aus $s_a(t)$ und damit auch aus den Abtastwerten $s(kT)$ eindeutig zurückgewonnen werden kann, worauf wir im Abschn. 9.2 eingehen werden.

Teilgrafik (b) zeigt das Ergebnis der Abtastung desselben Signals, allerdings mit einer Abtastrate $f_T < 2 \cdot f_{max}$. In diesem Fall der sogenannten *Unterabtastung* überlappen die Teilspektren, und in den grau markierten Bereichen tritt sogenanntes *Aliasing* auf[5]. Die Überlagerung von Spektren durch Aliasing führt zu Informationsverlust, der nicht rückgängig gemacht werden kann, da durch die Summenbildung bzw. Überlappung der Teilspektren das ursprüngliche Analogsignal nicht rekonstruiert werden kann. Um dies zu verdeutlichen, zeigt Abb. 9.7a–d die identischen Abtastspektren von vier unterschiedlichen Analogsignalen.

[4] Das Spektrum $S(f)$ bzw. $S(\omega)$ wird hier wegen der einfacheren Darstellungsmöglichkeit als rein reell angenommen. Falls $S(\omega)$ auch einen Imaginärteil aufweist, gelten dafür dieselben Überlegungen wie für den Realteil.

[5] Die Bezeichnung Aliasing geht auf den lateinischen Begriff *Alias* = *anders* zurück und drückt aus, dass ein Teil des gewünschten Signals durch überlagerte andere Signalanteile verändert wird.

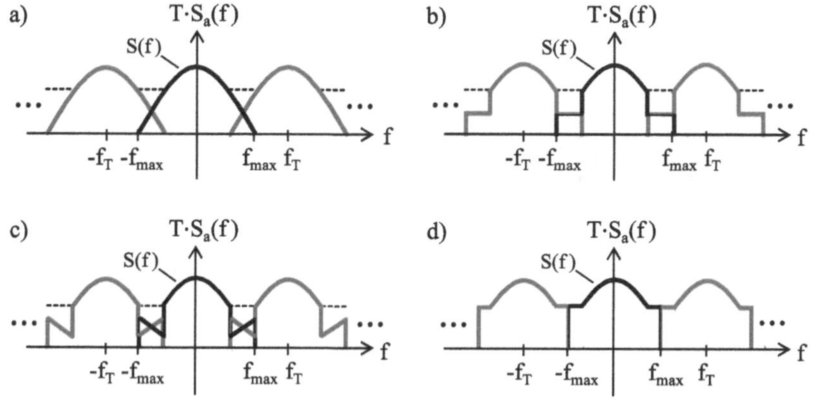

Abb. 9.7 Abtastspektren (**a**) bis (**c**) verschiedener Analogsignale bei Unterabtastung mit $f_T < 2f_{max}$. Die Analogspektren (schwarz) weisen in den Überlappungsbereichen unterschiedliche Verläufe auf, dennoch sind deren Abtastspektren nicht unterscheidbar. Teilgrafik (**d**) zeigt ein weiteres Signal für $f_T = 2f_{max}$ ebenfalls mit demselben Abtastspektrum, obwohl hier kein Aliasing auftritt

Aus diesen Überlegungen folgt das *Abtasttheorem* der Nachrichtentechnik nach *Nyquist* und *Shannon,* das in der neueren Literatur auch *WKS-Abtasttheorem* genannt wird[6]:

Abtastung analoger Signale: Sämtliche Informationen eines analogen Signals, dessen maximale Signalfrequenz f_{max} beträgt, bleiben nach einer idealen Abtastung in den diskreten Abtastwerten, die exakt den analogen Signalwerten zu Vielfachen der Abtastzeit T entsprechen, erhalten, wenn die Abtastrate $f_T = \frac{1}{T}$ größer als die doppelte maximale Signalfrequenz gewählt wird, falls also die Bedingung $f_T > 2 \cdot f_{max}$ erfüllt ist.

Um sicherzustellen, dass diese Bedingung auch bei vorhandenen hochfrequenten Störsignalen oder breitbandigem Rauschen erfüllt ist, sollte grundsätzlich ein analoges Tiefpassfilter vor dem Abtastglied eingefügt werden, siehe Abb. 9.1, das auch als Anti-Aliasing-Filter bezeichnet wird. Die Wirkung dieses Filters ist in Abb. 9.8 dargestellt. Teilgrafik (a) zeigt ein breitbandiges Signal $S(f)$, das die Abtastbedingung $f_{max} < f_T/2$ nicht erfüllt. Der ebenfalls eingetragene Frequenzgang eines Tiefpasses mit $G_{TP}(f)$, den wir hier als nicht ideal annehmen, soll daher die hohen Frequenzanteile aus $G(f)$ herausfiltern und muss so bemessen sein, dass bei der Frequenz $f_T/2$ eine gewünschte Sperrdämpfung erreicht wird,

[6] Der Amerikaner Claude Shannon hat als Begründer der Informationstheorie das Theorem hergeleitet und 1948 publiziert, während der Russe Wladimir Kotelnikow sowie die Briten Edmund und John Whittaker wesentliche Vorarbeiten beitrugen; der Schwede Harry Nyquist postulierte das Theorem bereits 1928 anhand von Messungen.

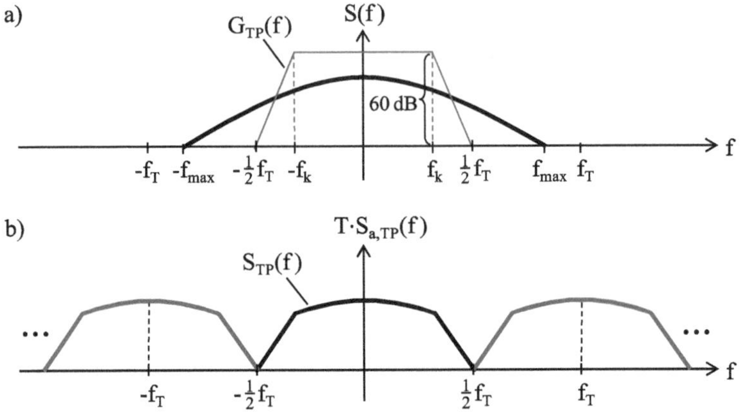

Abb. 9.8 Analoges Signalspektrum $S(f)$ sowie Frequenzgang $G_{TP}(f)$ eines als Anti-Aliasing-Filter eingesetzten Tiefpasses mit der Kennfrequenz f_k zur Reduktion der Bandbreite des abzutastenden Signals (**a**); Spektrum des gefilterten Signals $S_{TP}(f)$ sowie das Abtastspektrum $T \cdot S_{a,TP}(f)$ (**b**)

die dem soeben noch zulässigen Aliasing entspricht. Dies wird aus Teilgrafik (b) mit dem Abtastspektrum deutlich, denn aufgrund der fallenden Filterflanke tritt immer bei der halben Abtastfrequenz maximales Aliasing auf.

Als Beispiel nehmen wir ein Filter zweiter Ordnung analog zu (7.27) an mit $s = j2\pi f$ und der Kennfrequenz $f_k = \frac{\omega_k}{2\pi} = 3$ kHz. Fordern wir zusätzlich eine gegenüber dem Nutzsignal um mindestens 60 dB gedämpfte Störung durch Aliasing, so lässt sich aus dem Betrag des Frequenzganges die minimal erforderliche Abtastrate berechnen

$$G_{TP}(f) = \frac{1}{\left(1 + j\frac{f}{f_k}\right)^2} \quad \Rightarrow \quad \left|G_{TP}\left(\frac{f_T}{2}\right)\right| = \frac{1}{1 + \left(\frac{f_T}{2f_k}\right)^2} \stackrel{!}{=} -60\,\text{dB} = \frac{1}{1000}$$

$$\Rightarrow \quad f_T = \sqrt{999} \cdot 2 f_k \approx 190\,\text{kHz}\,. \tag{9.19}$$

In der Praxis verwendet man möglichst Abtastraten, die deutlich oberhalb der doppelten Grenzfrequenz analoger Signale liegen. Diese bewusste Überabtastung, die auch mit dem englischen Begriff *Oversampling* bezeichnet wird, führt zu einer verbesserten Störunterdrückung und reduziert die Anforderungen an die Flankensteilheit des verwendeten Anti-Aliasing-Filters.

9.1.4 Energie und Leistung aus idealen Abtastspektren

Das quadrierte Betragsspektrum $|S_a(f)|^2$ eines mit T abgetasteten Energiesignals $s(t)$ wird als dessen Energiedichte bezeichnet. Aus dieser lässt sich die Energie E_s von $s(t)$ bestimmen, allerdings nur, falls das Abtasttheorem erfüllt ist. In diesem Fall entspricht $|S_a(f)|^2$

skaliert mit T^2 im Frequenzbereich zwischen $-\frac{1}{2}f_T$ und $\frac{1}{2}f_T$ der Energiedichte $|S(f)|^2$ des analogen Signals, siehe Abb. 9.6a, so dass mit (3.94) gilt[7]

$$E_s = T^2 \cdot \int\limits_{-\frac{1}{2}f_T}^{\frac{1}{2}f_T} |S_a(f)|^2 \, df \quad \text{falls} \quad f_T > 2 \cdot f_{max} \quad \text{von} \quad S(f) \,. \tag{9.20}$$

Anhand dieser Formel und Abb. 9.6b ist ersichtlich, dass aus unterabgetasteten Energiesignalen deren Energie nicht ermittelt werden kann, denn durch Aliasing überlagern sich die Spiegelspektren nach (9.18) innerhalb des Integrationsbereichs von $-\frac{f_T}{2}$ bis $\frac{f_T}{2}$, so dass sich dort das Betragsquadrat $|S_a(f)|^2$ nichtlinear ändert. Auch im Zeitbereich ist dies verständlich, denn liegen von einem Energiesignal zu wenig Abtastwerte vor, lässt sich aus diesen E_s nicht bestimmen, wie wir bereits an Formel (8.7) erkannt hatten.

Betrachten wir ein Leistungssignal $s(t)$, so erhalten wir im Frequenzbereich mit (3.99) dessen Leistung P_s durch Integration der Leistungsdichte (LDS) $\Phi_{ss}(f)$, die nach (3.97) über die Fourier-Transformation mit der Autokorrelationsfunktion (AKF) $\varphi_{ss}(t)$ verknüpft ist.

In Kap. 2 hatten wir anhand von (2.24) gezeigt, dass $\varphi_{ss}(t)$ eines sinusförmigen Signals $s(t)$ beliebiger Periodendauer T_P durch eine Cosinus-Funktion ebenfalls mit T_P gebildet wird, deren Amplitude der Signalleistung entspricht. Durch Abtastung der analogen AKF erhalten wir die Abtastwerte $\varphi_{ss}(kT)$ und diese korrespondieren im Frequenzbereich mit (9.17) und (9.18) zur periodischen Überlagerung des analogen LDS. Dieselben Werte $\varphi_{ss}(kT)$ erhalten wir, falls wir das sinusförmige Signal zunächst abtasten und dann aus den Abtastwerten $s(kT)$ die zeitdiskrete AKF $\varphi_{ss,d}(kT)$ bilden, wie im Anhang A.12 gezeigt wird, wobei lediglich für spezielle Periodendauern $\tilde{T}_P$, für die $T = \tilde{T}_P \cdot n/2$ mit $n \in \mathbb{N}$ gilt, eine Abweichung auftritt.

Auch für nicht-sinusförmige Leistungssignale $s(t)$ sind damit $\varphi_{ss}(kT)$ und $\varphi_{ss,d}(kT)$ i. Allg. identisch, denn nach (3.98) und (3.102) besteht deren analoge AKF aus einer Überlagerung von Cosinus-Funktionen sämtlicher Frequenzen, die in $s(t)$ enthalten sind[8]. Hieraus folgt mit (9.17) und (9.18), dass das LDS eines Abtastsignals $s_a(t)$ durch periodische Überlagerung des um Vielfache von f_T verschobenen LDS des Analogsignals $s(t)$ gebildet wird

$$\Phi_{s_a s_a}(f) = \frac{1}{T} \cdot \sum_{k=-\infty}^{\infty} \Phi_{ss}(f - k \cdot f_T) \,. \tag{9.21}$$

---

[7] Aufgrund der Periodizität des Abtastspektrum darf das Integrationsintervall der Länge f_T auch beliebig auf der Frequenzachse verschoben werden, ohne das Ergebnis zu verändern.

[8] Eine Ausnahme bilden lediglich periodische Analogsignale mit der speziellen Periodendauer $\tilde{T}_P$, da diese immer eine Grundschwingung ebenfalls mit $\tilde{T}_P$ enthalten, die einen signifikanten Anteil der Signalleistung transportiert.

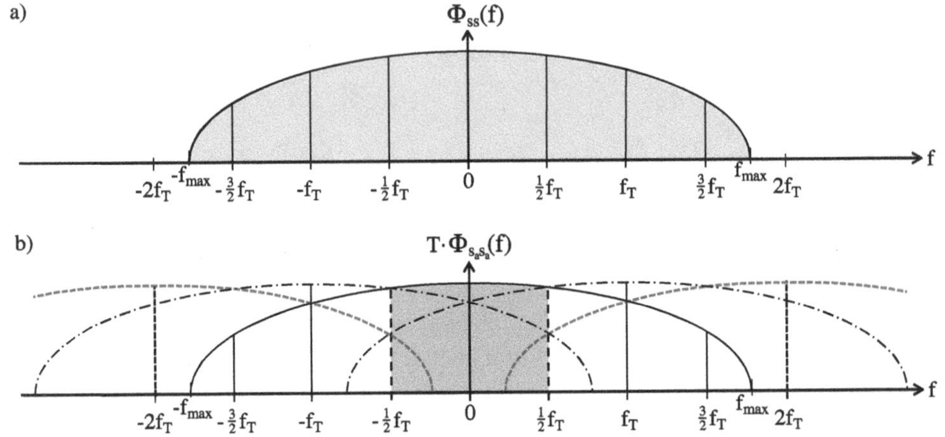

Abb. 9.9 LDS eines breitbandigen analogen Signals $s(t)$ mit der maximalen Frequenz f_{max} (**a**) und das zugehörige mit T skalierte LDS des mit $f_T < 2f_{max}$ unterabgetasteten Signals $s_a(t)$ (**b**), das der Summe des periodisch um f_T verschobenen analogen LDS entspricht; durch Integration im Frequenzbereich von $-f_T/2$ bis $f_T/2$ erhält man daraus die analoge Signalleistung P_s

Die Signalleistung entspricht der Fläche unter $\Phi_{s_a s_a}(f)$ im Frequenzbereich von $-\frac{f_T}{2}$ bis $\frac{f_T}{2}$

$$P_s = T \cdot \int_{-\frac{1}{2}f_T}^{\frac{1}{2}f_T} \Phi_{s_a s_a}(f)\,df \,. \tag{9.22}$$

Hierbei ist es unerheblich, mit welcher Abtastrate abgetastet wird, so dass im Gegensatz zur Gültigkeit von (9.20) das Abtasttheorem nicht erfüllt sein muss. Dazu betrachten wir Abb. 9.9, welches in (a) das LDS eines analogen Signals $s(t)$ mit der maximalen Frequenz f_{max} zeigt. In (b) ist das zugehörige mit T skalierte LDS des mit $f_T < 2f_{max}$ unterabgetasteten Signals $s_a(t)$ entsprechend (9.21) dargestellt. Summiert man im Frequenzbereich von $-\frac{f_T}{2}$ bis $\frac{f_T}{2}$ alle in $T \cdot \Phi_{s_a s_a}(f)$ enthaltenen Spiegelspektren $\Phi_{ss}(f - k \cdot f_T)$ auf (hier: $k = 0,\ 1$ und 2), so entspricht deren Gesamtfläche – und damit die Leistung – exakt der Fläche unter $\Phi_{ss}(f)$.

Dies können wir auch mathematisch zeigen, indem wir (9.21) in (9.22) einsetzen, Integration und Summenbildung vertauschen und dann $\tilde{f} = f - k \cdot f_T$ substituieren. Dadurch erhalten wir eine unendliche Summe über k von Teilintegralen des analogen LDS jeweils im Frequenzband von $k \cdot f_T - f_T/2$ bis $k \cdot f_T + f_T/2$, die dem Integral über das gesamte analoge LDS und damit nach (3.99) der Signalleistung entspricht

$$P_s = T \cdot \int_{-\frac{1}{2}f_T}^{\frac{1}{2}f_T} \frac{1}{T} \cdot \sum_{k=-\infty}^{\infty} \Phi_{ss}(f - k \cdot f_T)\, df = \sum_{k=-\infty}^{\infty} \int_{-\frac{1}{2}f_T}^{\frac{1}{2}f_T} \Phi_{ss}(f - k \cdot f_T)\, df$$

$$= \sum_{k=-\infty}^{\infty} \int_{kf_T-\frac{1}{2}f_T}^{kf_T+\frac{1}{2}f_T} \Phi_{ss}(\tilde{f})\, d\tilde{f} = \int_{-\infty}^{\infty} \Phi_{ss}(f)\, df\,. \tag{9.23}$$

9.1.5 Natürliche Abtastung mit Torschaltung

Abtastglieder dienen üblicherweise als Bestandteil von Analog-/Digitalwandlern (ADC) zur Umwandlung eines analogen Signals $s(t)$ in eine Sequenz von Abtastwerten $s(k)$, siehe Abb. 9.1a. Sie werden für diesen Zweck stets in Kombination mit einem Halteglied eingesetzt, um das Analogsignal während der anschließenden Quantisierung konstant zu halten. Das treppenförmige Ausgangssignal des Halteglieds hat dabei keine Auswirkung auf das Ergebnis der A/D-Wandlung, und wir können den Abtastvorgang durch ein ideales Abtastsignal $s_a(t)$ entsprechend (9.5) exakt beschreiben. Dieses Signal ist über die Abtastzeit T eindeutig mit $s(k)$ verknüpft, und im Frequenzbereich korrespondieren sowohl $s_a(t)$ als auch $s(k)$ zum idealen Abtastspektrum $S_a(f)$.

Analoge Signale können aber auch abgetastet werden, ohne sie anschließend zu quantisieren und zu digitalisieren. In diesem Fall muss das Abtastsignal einem realisierbaren Analogsignal entsprechen, dem ebenfalls ein Abtastspektrum zugeordnet werden kann.

Zunächst betrachten wir ein Abtast- und Halteglied, dessen Ausgangssignal $s_h(t)$ nach (9.4) als Faltung der Stoßantwort $g_h(t)$ des Halteglieds mit $s_a(t)$ beschrieben wird. Derartige Haltesignale entstehen ebenfalls am Ausgang von Digital-/Analogwandlern (DAC), auf die wir im Abschn. 9.2 eingehen, und das Spektrum von $s_h(t)$ ergibt sich entsprechend (9.32) als Produkt des Abtastspektrums $S_a(f)$ mit einer si-Funktion, siehe Abb. 9.18. Die Multiplikation mit der si-Funktion führt zwar insbesondere zur Dämpfung der Spiegelspektren in $S_a(f)$, allerdings wird dadurch auch das darin enthaltene analoge Spektrum verzerrt, was unerwünscht ist.

Alternativ kann die sogenannte natürliche Abtastung mittels einer Torschaltung realisiert werden, siehe Abb. 9.10. Im Unterschied zum Abtast- und Halteglied enthält diese keinen Kondensator, sondern lediglich zwei Widerstände und einen Transistor, der bei positiver Steuerspannung $u_s(t)$ jeweils während Δt öffnet. Die beiden Widerstände R_R und R_P bilden einen Spannungsteiler mit $R_P \gg R_R$, so dass das Abtastsignal $u_{na}(t)$ während der Öffnungszeiten dem Eingangssignal $u(t)$ entspricht und sonst null ist. Das Signal $u_{na}(t)$ entsteht daher als Produkt von $u(t)$ mit einer Summe verschobener Rechteckfunktionen, die wir als Faltung einer rect-Funktion mit einer Folge von Dirac-Stößen schreiben und mit (9.12) auch durch eine III-Funktion ausdrücken können

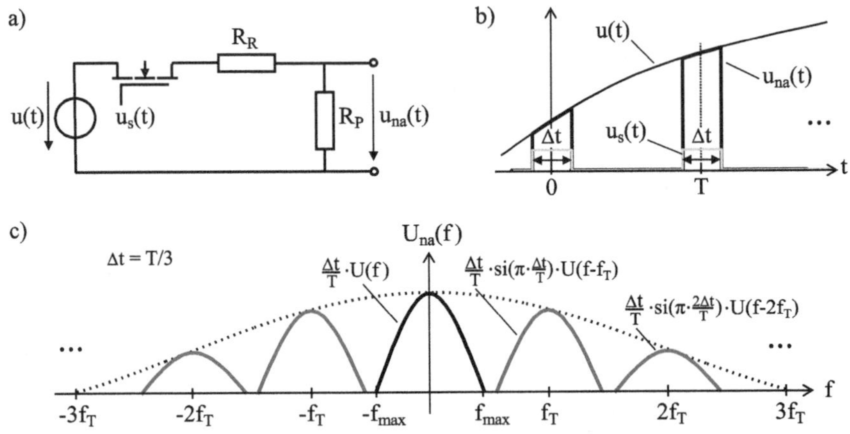

Abb. 9.10 Schematischer Aufbau einer Torschaltung bestehend aus einem Transistor als Schalter und zwei Widerständen R_R sowie $R_P \gg R_R$ (**a**); bei positiver Steuerspannung $u_s(t)$ öffnet der Transistor, so dass das natürliche Abtastsignal $u_{na}(t)$ während Δt um die Abtastzeitpunkte der Eingangsspannung $u(t)$ entspricht und sonst null ist (**b**); resultierendes Spektrum $U_{na}(f)$ für $\Delta t = \frac{T}{3}$ (**c**)

$$\begin{aligned} u_{na}(t) &= u(t)\cdot\sum_{k=-\infty}^{\infty}\text{rect}\left(\frac{t-kT}{\Delta t}\right) = u(t)\cdot\left[\text{rect}\left(\frac{t}{\Delta t}\right) * \sum_{k=-\infty}^{\infty}\delta(t-kT)\right] \\ &= u(t)\cdot\left[\text{rect}\left(\frac{t}{\Delta t}\right) * \frac{1}{T}\cdot\text{III}\left(\frac{t}{T}\right)\right]. \end{aligned} \tag{9.24}$$

Mit (9.13) und der Siebeigenschaft des Dirac-Stoßes erhalten wir das zugehörige Abtastspektrum

$$\begin{aligned} U_{na}(f) &= U(f) * [\Delta t\cdot\text{si}(\pi\cdot\Delta t\cdot f)\cdot\text{III}(f\cdot T)] \\ &= U(f) * \left[\frac{\Delta t}{T}\cdot\sum_{k=-\infty}^{\infty}\text{si}\left(\pi\cdot k\cdot\frac{\Delta t}{T}\right)\cdot\delta\left(f-\frac{k}{T}\right)\right] \\ &= \frac{\Delta t}{T}\cdot\sum_{k=-\infty}^{\infty}\text{si}\left(\pi\cdot k\cdot\frac{\Delta t}{T}\right)\cdot U\left(f-\frac{k}{T}\right). \end{aligned} \tag{9.25}$$

Das natürliche Abtastspektrum $U_{na}(f)$ besteht somit aus einer periodischen Wiederholung des Analogspektrums $U(f)$ im Abstand von Vielfachen der Abtastfrequenz $f_T = \frac{1}{T}$, wobei für jede Spiegelfrequenz mit Index k jeweils ein konstanter Skalierungsfaktor auftritt, siehe Abb. 9.10c.

Im Unterschied zum idealen Abtastspektrum werden dadurch die Spiegelspektren abhängig von k in ihrer Amplitude reduziert, allerdings entsteht anders als bei einem Abtast- und

Halteglied keine Verzerrung der Teilspektren, so dass insbesondere für $k = 0$ das analoge Signalspektrum skaliert mit dem Faktor $\frac{\Delta t}{T}$ unverändert in $U_{na}(f)$ enthalten ist.

Die natürlich Abtastung ist für den Einsatz in Analog-/Digitalwandlern ungeeignet, da die variable Amplitude keine exakte Quantisierung ermöglicht; sie kann aber alternativ zum Einsatz von Mischern verwendet werden, um analoge Signale im Frequenzbereich zu verschieben.

9.1.6 Abtastung und Filterung von BP-Signalen mittels äquivalenter TP-Signale

Wir hatten im Abschn. 6.5.1 Bandpass-Signale (BP) durch äquivalente Tiefpass-Signale (TP) beschrieben und in 6.5.2 erkannt, dass dieses Konzept eine aufwandsgünstige Realisierung von BP-Filtern erlaubt. Derartige Systeme sind auch in Verbindung mit Digitalfiltern umsetzbar, mit dem Vorteil, dass im Digitalbereich komplexwertige Zeitsignale verarbeitet werden können, was sehr einfach die Realisierung beliebiger Stoßantworten ermöglicht. Abb. 9.11 zeigt die digitale Implementierung eines Filters für ein analoges BP-Signal $s_{BP}(t)$ dessen Spektrum in Abb. 6.20a dargestellt ist, mit der Bandbreite $\Delta f = \frac{\Delta\omega}{2\pi}$ und der Trägerfrequenz $f_0 = \frac{\omega_0}{2\pi}$. Zunächst werden wie bei einem entsprechenden Analogfilter nach Abb. 6.21 durch Abwärtsmischung von $s_{BP}(t)$ und anschließender TP-Filterung dessen Basisbandsignale, d. h. die In-Phase-Komponente $I_s(t)$ und die Quadraturkomponente $Q_s(t)$ gebildet. Wir nehmen an, dass die Bandbreite von $s_{BP}(t)$ symmetrisch zur Trägerfrequenz liegt, so dass die Basisbandsignale symmetrisch zu $f = 0$ liegen und nur Spektralanteile bis zur maximalen Frequenz $f_{max} = \frac{1}{2}\Delta f$ enthalten.

Die beiden TP-Filter sollten ebenfalls eine Grenzfrequenz $f_g = f_{max}$ aufweisen, damit sie die bei der Mischung entstehenden Signalanteile mit der doppelten Trägerfrequenz unterdrücken und gleichzeitig als möglichst schmalbandige Anti-Aliasing Filter für $I_s(t)$ und $Q_s(t)$ dienen. Die anschließende A/D-Wandlung kann dann mit einer Abtastrate f_T erfol-

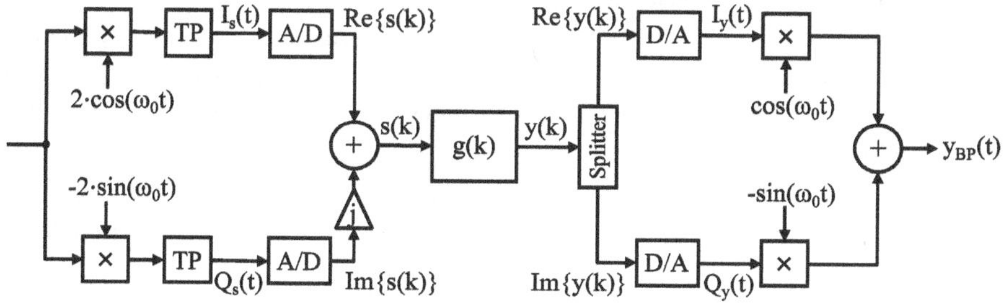

Abb. 9.11 Digitalfilter für ein BP-Signals $s_{BP}(t)$ durch Bildung des äquivalenten TP-Signals $s(k)$, das mit der i. Allg. komplexen Impulsantwort $g(k)$ gefaltet wird; wegen der Frequenzverschiebung genügt es, die Abtastrate im ADC und DAC entsprechend der Bandbreite von $s_{BP}(t)$ zu wählen

gen, die das Abtasttheorem $f_T > 2f_{max} = \Delta f$ soeben erfüllt und wesentlich geringer als die Trägerfrequenz f_0 ist.

Anschließend werden Real- und Imaginärteil zum komplexen TP-Signal $s(k)$ kombiniert und über ein digitales System mit der i. Allg. ebenfalls komplexen Stoßantwort $g(k)$ übertragen, das als FIR- oder IIR-Filter ausgeführt sein kann, siehe Abschn. 8.2.4.

Das Signal $y(k)$ am Ausgang des Filters wird dann wieder in seinen Real- und Imaginärteil gesplittet, so dass sich nach getrennter D/A-Wandlung – siehe Abschn. 9.2 – und Aufwärtsmischung in Summe das BP-Signal $y_{BP}(t)$ am Ausgang des Filters ergibt.

Als Beispiel betrachten wir ein BP-System mit einem digitalen Filter, dessen komplexe Stoßantwort $g(k) = \delta(k - k_0) \cdot e^{-j\varphi_0}$ lautet mit $k_0 = \lfloor t_{gr}/T \rfloor$ und $\varphi_0 = \lfloor t_{ph} \cdot \omega_0 \rfloor$. In diesem Fall ist die Hüllkurve des Ausgangssignals $y_{BP}(t)$ identisch zur Einhüllenden des Eingangssignals $s_{BP}(t)$, allerdings um die Gruppenlaufzeit t_{gr} verzögert; außerdem tritt bei der Übertragung eine Verzögerung des Trägersignals um die Phasenlaufzeit t_{ph} auf.

9.1.7 Verallgemeinertes Abtasttheorem für Bandpass-Signale

Bisher sind wir bei der Abtastung davon ausgegangen, dass das abzutastende analoge Signal ein zusammenhängendes Spektrum um die Frequenz $f = 0$ aufweist und in vielen Fällen auch einen Gleichanteil enthält, der dem Realteil des Spektrums bei $f = 0$ entspricht. Auch bei der im vorherigen Abschnitt behandelten Abtastung von Bandpass-Signalen hatten wir diese durch Abwärtsmischung zunächst in ein äquivalentes TP-Signal umgewandelt, so dass auch hier das WKS-Abtasttheorem gilt. Ohne diese Abwärtsmischung, die wegen der Bereitstellung der Trägersignale und Multiplikatoren einen zusätzlichen Hardwareaufwand erfordert, und auch Verzerrungen sowie Rauschen bewirken kann, müssten wir nach dem WKS-Theorem eine wesentlich höhere Abtastrate für Bandpass-Signale wählen. Diese hinge von der maximalen Frequenz f_{max} des Bandpass-Signals ab und wäre für hohe Trägerfrequenzen technisch kaum realisierbar.

Da Bandpass-Signale jedoch kein zusammenhängendes Spektrum aufweisen, ist es grundsätzlich möglich, diese auch ohne Mischung mit einer deutlich niedrigeren Rate abzutasten und dennoch eine Überlappung der Spiegelspektren und damit Aliasing zu vermeiden. Abb. 9.12a zeigt ein allgemeines Bandpass-Signal, dessen Spektrum nur im Frequenzbereich zwischen f_{min} und f_{max} existiert, so dass für die Bandbreite $\Delta f = f_{max} - f_{min}$ gilt[9]. Derartige Signale dürfen wir mit einer Abtastrate $f_T < 2 \cdot f_{max}$ unterabtasten, sofern für die Bandbreite die Bedingung $\Delta f < f_{min}$ gilt. Teilgrafik (b) zeigt als Beispiel das Abtastspektrum für die Rate $f_T = f_{min}$, wodurch beide Frequenzbänder um Vielfache von f_{min}

[9] Natürlich enthalten die Spektren reeller Bandpass-Signale aufgrund der Symmetrie der Fourier-Transformation auch negative Frequenzanteile zwischen $-f_{max}$ und $-f_{min}$, wobei wir hier o. B. d. A. wieder nur den Realteil betrachten, der immer eine gerade Funktion darstellt. Zum leichteren Nachvollziehen der folgenden Überlegungen stellen wir das Teilspektrum von $S_{BP}(f)$ mit $f > 0$ dunkel, und das Frequenzband mit $f < 0$ hell dar.

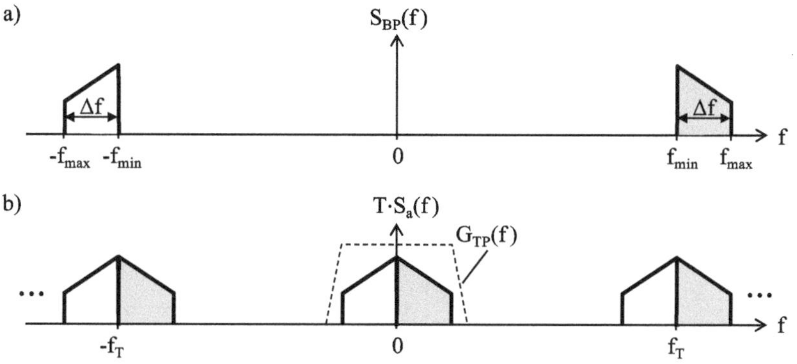

Abb. 9.12 Spektrum eines Bandpasssignal mit der minimalen und maximalen Frequenz f_{min} und f_{max} (**a**) sowie dessen Abtastspektren für die Abtastrate $f_T = f_{min}$ mit eingetragenem Frequenzgang G_{TP} eines Tiefpasses zur Rückgewinnung des analogen Signals (**b**)

nach links und rechts verschoben werden ohne dabei zu überlappen, so dass trotz Unterabtastung kein Aliasing und damit auch kein Informationsverlust auftritt. Aufgrund der mit der Abtastung verbundenen Frequenzverschiebung haben wir darüber hinaus die Möglichkeit, durch Filterung von $S_a(f)$ mit $G_{TP}(f)$, das analoge Signal direkt im niedrigen Frequenzbereich zu erfassen, ohne zuvor das Bandpass-Signal in den Tiefpassbereich herunterzumischen. Diese Möglichkeit, Frequenzverschiebungen von Bandpass-Signalen ohne analoge Mischung nur durch Unterabtastung zu erzielen, gestattet eine hohe Flexibilität bei gleichzeitiger Kostenreduktion und ist die Voraussetzung zur Einführung des sogenannten *Software-Defined-Radio* (SDR), siehe [15]. Abb. 9.13 zeigt dazu ein Beispiel im Zeitbereich. In (a) ist ein Tiefpass-Signal $s(t)$ dargestellt, das mit der Abtastrate $f_T = \frac{1}{T}$ unter Erfüllung des WKS-Abtasttheorems ideal abgetastet wurde, so dass am Ausgang des Halteglieds das Signal $s_h(t)$ auftritt. Teilgrafik (b) zeigt das Bandpass-Signal $s_{BP}(t) = s(t) \cdot \cos(2\pi f_0 t)$, das durch Modulation mit einem Trägersignal der Frequenz $f_0 = f_T$ aus $s(t)$ erzeugt wurde. Wird $s_{BP}(t)$ ebenfalls ideal mit f_T abgetastet, was einer Unterabtastung entspricht, so entsteht ein Haltesignal $s_{h,BP}(t)$, das identisch zu $s_h(t)$ ist. Da sich die Amplitude des hochfrequenten Bandpass-Signals schnell ändert, sind bei Unterabtastung von $s_{BP}(t)$ allerdings die Anforderungen an das Abtastglied gegenüber der Abtastung des TP-Signals $s(t)$ erhöht, vergleiche Abschn. 9.1.1.

Für eine allgemeine Regel zur Festlegung der Abtastrate bei Bandpass-Signalen bestimmen wir zunächst eine natürliche Zahl n_{max}, die angibt, wie oft Δf in den freien Frequenzbereich zwischen $f = 0$ und $f = f_{min}$ passt, wozu wir f_{min} durch Δf teilen und das Ergebnis abrunden

$$n_{max} = \left\lfloor \frac{f_{min}}{\Delta f} \right\rfloor = \left\lfloor \frac{f_{min}}{f_{max} - f_{min}} \right\rfloor . \tag{9.26}$$

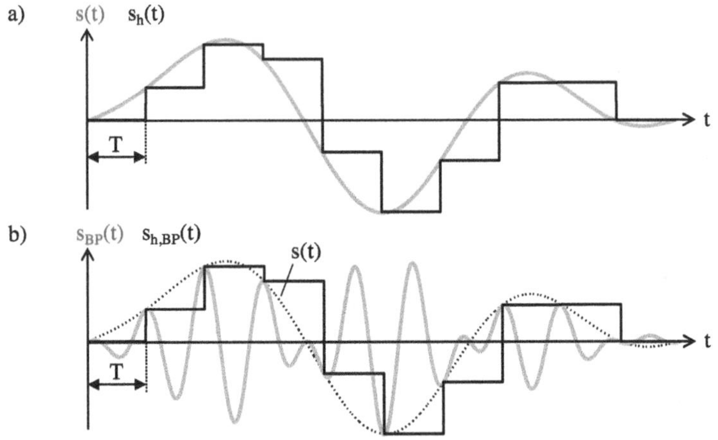

Abb. 9.13 Ideale Abtastung eines Tiefpass-Signals $s(t)$ mit der Abtastzeit T und dabei entstehendes Haltesignal $s_h(t)$ (**a**); zugehöriges Bandpass-Signal $s_{BP}(t)$, das durch Modulation mit der Trägerfrequenz $f_0 = 1/T$ aus $s(t)$ erzeugt wurde. Wird dieses Signal ideal mit T unterabgetastet, so entsteht am Ausgang exakt dasselbe Haltesignal, also $s_{h,BP}(t) = s_h(t)$

Für jedes n mit $1 \leq n \leq n_{max}$ können wir dann einen Bereich für f_T festlegen, in dem kein Aliasing auftritt. Hierzu betrachten wir Abb. 9.14, dem wir am Beispiel des Bandpass-Signals aus 9.12a für verschiedene Werte von n jeweils den zulässigen Bereich von f_T entnehmen können und dazu den Frequenzbereich von $-f_{min}$ bis f_{min} betrachten, in dem jeweils n-mal das helle und das dunkle Teilspektrum ohne Überlappungen liegen müssen. In 9.14a gilt $n = 1$, dass heißt, bei periodischer Verschiebung der Teilspektren muss zwischen $-f_{min}$ und f_{min} genau eine Kopie beider Teilspektren liegen. Aus dem oberen Spektrum folgt daraus $f_{T,max} = 2f_{min}$, da sonst Aliasing aufträte, während die untere Skizze $f_{T,min}$ auf f_{max} festlegt, denn bei kleineren Abtastraten würde ebenfalls Aliasing auftreten oder $n = 1$ wäre nicht mehr erfüllt. Damit gilt

$$f_{max} < f_T < 2f_{min} \quad \Leftrightarrow \quad \frac{2f_{max}}{2} < f_T < \frac{2f_{min}}{1} \quad \text{für} \quad n = 1 \,. \tag{9.27}$$

Teilgrafik (b) zeigt die Situation für $n = 2$, so dass jetzt zwischen $-f_{min}$ und f_{min} jeweils zwei helle und dunkle Teilspektren liegen müssen. Daraus folgt $f_{T,max} = f_{min}$, da für größere f_T Aliasing aufträte oder $n < 2$ gälte. Weiterhin gilt $f_{T,min} = 2f_{max}/3$ und damit insgesamt die Ungleichung

$$\frac{2f_{max}}{3} < f_T < f_{min} \quad \Leftrightarrow \quad \frac{2f_{max}}{3} < f_T < \frac{2f_{min}}{2} \quad \text{für} \quad n = 2 \,. \tag{9.28}$$

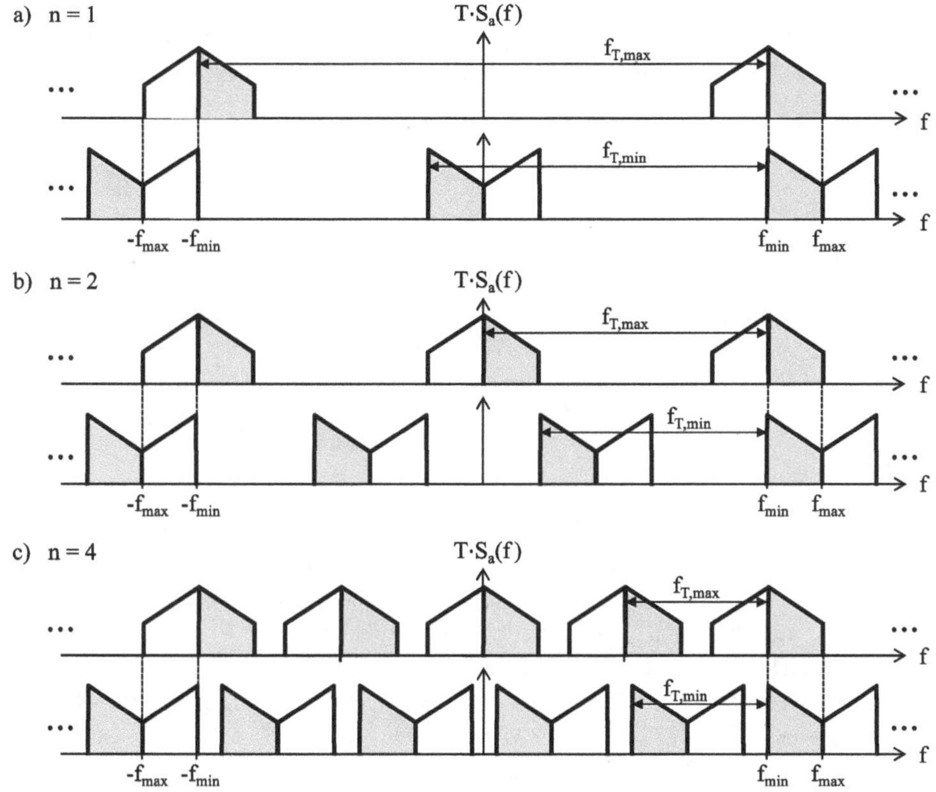

Abb. 9.14 Abtastspektrum eines Bandpass-Signals mit Angabe der jeweils minimalen und maximalen Abtastfrequenz $f_{T,min}$ und $f_{T,max}$ für $n = 1$ (**a**), $n = 2$ (**b**) und $n = 4$ (**c**), wobei n angibt, wie oft die Bandbreite $\Delta f = f_{max} - f_{min}$ im freien Frequenzbereich $0 < f < f_{min}$ liegt

Zuletzt betrachten wir den in (c) dargestellten Fall mit $n = 4$. Jetzt beträgt die maximale periodische Verschiebung für dieses n und ohne Aliasing $f_{T,max} = f_{min}/2$, während bei minimaler Abtastrate innerhalb des Frequenzbereiches $2f_{max}$ genau $5f_T$ liegen müssen, also

$$\frac{2f_{max}}{5} < f_T < \frac{f_{min}}{2} \quad \Leftrightarrow \quad \frac{2f_{max}}{5} < f_T < \frac{2f_{min}}{4} \qquad \text{für} \quad n = 4\,. \tag{9.29}$$

Die Gl. (9.27)–(9.29) können für beliebiges n zusammengefasst werden, woraus sich das folgende verallgemeinerte Abtasttheorem ergibt:

Unterabtastung analoger Bandpass-Signale: Bei Bandpass-Signalen mit der minimalen und maximalen Frequenz f_{min} und f_{max} kann eine Unterabtastung mit $f_T < 2 \cdot f_{max}$ erfolgen, ohne dass Aliasing auftritt, wenn die Abtastrate f_T folgende Bedingung erfüllt

$$f_{T,min} < f_T < f_{T,max} \quad \text{mit} \quad f_{T,min} = \frac{2 f_{max}}{n+1} \quad \text{und} \quad f_{T,max} = \frac{2 f_{min}}{n}.$$

$$\text{Hierbei gilt} \quad 1 \leq n \leq n_{max} \quad \text{und} \quad n_{max} = \left\lfloor \frac{f_{min}}{f_{max} - f_{min}} \right\rfloor \geq 1\,.$$

Der Parameter n gibt an, wie oft die Bandbreite $\Delta f = f_{max} - f_{min}$ des analogen Signals nach der Abtastung innerhalb des freien Frequenzbereiches $0 \leq f < f_{min}$ liegt.

Für ungerade n treten die jeweils niederfrequentesten Teilspektren in der sogenannten Kehrlage, d.h. gespiegelt zueinander auf, wie man am Beispiel $n = 1$ in Abb. 9.14a erkennt. Die Rückgewinnung der Informationen aus $s_a(t)$ ist dadurch aufwändiger, was sich durch Verwendung ausschließlich gerader Werte für n vermeiden lässt [16].

Die minimale Abtastrate ergibt sich bei $n = n_{max}$. Nehmen wir als Beispiel für ein Bandpass-Signal den UKW-Bereich mit $f_{min} = 87.5\,\text{MHz}$ und $f_{max} = 108\,\text{MHz}$ an, so folgt hieraus $n_{max} = 4$, $f_{T,min} = 43.2\,\text{MHz}$ und $f_{T,max} = 43.75\,\text{MHz}$. Dies ist gegenüber $2 \cdot f_{max} = 216\,\text{MHz}$ nach dem WKS-Abtasttheorem eine deutliche Reduktion um den Faktor fünf, so dass ein entsprechend langsamerer und preisgünstigerer A/D-Wandler verwendbar wäre.

Allerdings muss das Signal vor der Abtastung durch einen analogen Bandpass gefiltert werden, um sicherzustellen, dass keine Frequenzanteile außerhalb der gewünschten Bandbreite enthalten sind, die zur Überlappung der Spektren und damit zu Aliasing führen würden. Um die Anforderungen an die Flankensteilheit dieses Filters zu reduzieren, kann es sinnvoll sein, $n < n_{max}$ und f_T als Mittelwert aus $f_{T,min}$ und $f_{T,max}$ zu wählen, damit die Teilspektren im Abtastsignal einen hinreichend großen Abstand voneinander aufweisen.

Für $n_{max} = 0$ ist keine Unterabtastung des Signals ohne Aliasing möglich, und dieser Fall gilt auch für alle Tiefpass-Signale. Das verallgemeinerte Abtasttheorem geht dann in das WKS-Theorem über, wobei die obere Grenze für f_T gegen unendlich strebt.

9.2 Umwandlung von Digitalsignalen in analoge Signale

Wir hatten bereits im Zusammenhang mit der idealen Abtastung von Signalen erkannt, wie sich ein analoges Signal $s(t)$ fehlerfrei aus seinen Abtastwerten zurückgewinnen ließe, nämlich durch Einsatz eines Tiefpass-Filters, der im Frequenzbereich anschaulich das analoge

Spektrum aus dem Abtastspektrum ausblendet. Um dies für alle Signale, die das Abtasttheorem erfüllen, fehlerfrei auszuführen, wäre ein idealer Tiefpass $G_{TP}(f)$ erforderlich wie wir ihn im Abschn. 3.3.3 eingeführt haben mit der Grenzfrequenz $f_g = \frac{\omega_g}{2\pi} = \frac{f_T}{2}$. Die Multiplikation mit dem Abtastspektrum ergibt dann das analoge Signal im Frequenzbereich

$$S(f) = S_a(f) \cdot G_{TP}(f) = \frac{1}{T} \cdot \sum_{k=-\infty}^{\infty} S(f - k \cdot f_T) \cdot \operatorname{rect}\left(\frac{f}{f_T}\right). \tag{9.30}$$

Die Stoßantwort der rect-Funktion entspricht einer si-Funktion und ist durch Korrespondenz 15 in Tab. B.2 im Anhang mit $f_T = \frac{1}{T} = 2f_g$ gegeben, so dass wir mit (9.5) das Zeitsignal $s(t)$ als Summe von si-Funktionen mit Nulldurchgängen bei Vielfachen der Abtastzeit T darstellen können, jeweils verschoben um Vielfache von T und skaliert mit dem Abtastwert $s(kT)$

$$\begin{aligned} s(t) = s_a(t) * g_{TP}(t) &= \sum_{k=-\infty}^{\infty} s(kT) \cdot \delta(t - kT) * \operatorname{si}\left(\pi \cdot \frac{t}{T}\right) \\ &= \sum_{k=-\infty}^{\infty} s(kT) \cdot \operatorname{si}\left(\pi \cdot \frac{t - kT}{T}\right). \end{aligned} \tag{9.31}$$

Abb. 9.15 zeigt diese ideale Rekonstruktion, bei der sich die skalierten si-Funktionen zu jedem Zeitpunkt t zum Analogsignal $s(t)$ aufsummieren, natürlich nur, sofern die Abtastwerte unter Erfüllung des Abtasttheorems aus $s(t)$ gewonnen wurden.

Allerdings eignet sich der so definierte ideale D/A-Wandler nicht für die praktische Umsetzung, denn si-Funktionen sind auch im negativen Zeitbereich unendlich ausgedehnt und damit akausal, vgl. Abschn. 3.3.3. Zwar ließe sich durch Verschiebung und Beschränkung der Stoßantwort – wie im Abschn. 3.3.5 gezeigt – eine kausale si-Funktion näherungsweise realisieren, diese würde aber bei akzeptabler Latenz einem idealen Tiefpass nur unzureichend entsprechen. Hinzu kommt, dass si-Funktionen nicht durch analoge Systeme

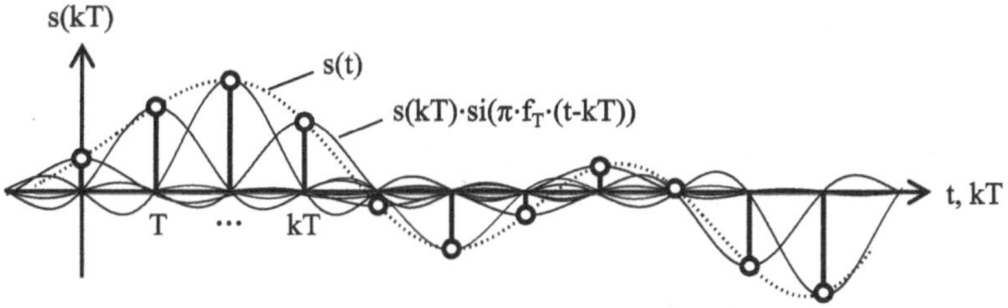

Abb. 9.15 Ideale Rekonstruktion eines Analogsignals $s(t)$ aus seinen Abtastwerten $s(kT)$ bei Erfüllung des Abtasttheorems durch Überlagerung von um Vielfache k der Abtastzeit T verschobenen und mit $s(kT)$ gewichteten si-Funktionen

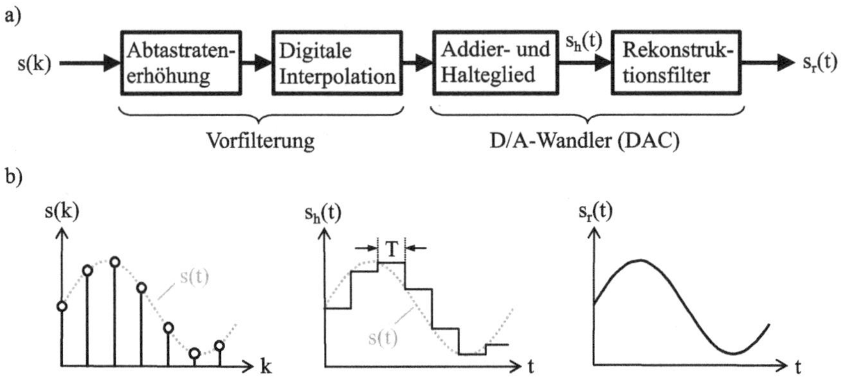

Abb. 9.16 D/A-Wandler mit den beiden Subsystemen Halteglied und Rekonstruktionsfilter sowie optional einer vorgeschalteten Abtastratenerhöhung mit digitaler Interpolation (**a**); Darstellung des Digitalsignals $s(k)$ und des Haltesignals $s_h(k)$ jeweils mit optimal interpoliertem Analogsignal $s(t)$, sowie des rekonstruierten Signals $s_r(k)$ am Beispiel eines sinusförmigen Signals (**b**)

mit einer endlichen Anzahl von Energiespeichern realisierbar sind, denn im Abschn. 5.3.1 hatten wir durch Partialbruchzerlegung der Übertragungsfunktion allgemein gezeigt, dass die Stoßantworten derartiger Systeme immer Exponentialfunktionen enthalten[10].

In der Praxis werden daher D/A-Wandler eingesetzt, deren Struktur Abb. 9.16 zeigt. Die wesentliche Komponente ist ein Addier- und Halteglied mit einem nachgeschalteten Rekonstruktionsfilter, um aus einem Digitalsignal $s(k)$ ein Analogsignal $s_r(t)$ zu erzeugen, das dem optimal interpolierten Signal $s(t)$ möglichst nahe kommt. Zusätzlich kann optional eine Vorfilterung erfolgen, die aus Abtastratenerhöhung und digitaler Interpolation besteht, und auf die wir im Abschn. 9.2.2 eingehen.

Für die Realisierung von Addier- und Haltegliedern werden meistens Operationsverstärker eingesetzt, die wir bereits im Abschn. 7.5.4 kennengelernt hatten. Abb. 9.17a zeigt den inneren Aufbau eines Addier- und Halteglieds für 4 Bit mit den logischen Steuerspannungen $u_1(t)$, $u_2(t)$, $u_4(t)$ und $u_8(t)$, die jeweils den einzelnen Bit-Werten von $s(k)$ zugeordnet sind und vom Datenbus eines Rechners synchron getaktet geliefert werden. Diese Spannungen öffnen bzw. schließen jeweils einen als elektronischen Schalter dienenden FET, und bei geöffnetem Schalter wird die Referenzspannung u_{ref} verstärkt mit der Wertigkeit des Bits am Ausgang des OP als Spannung $u(t)$ ausgegeben. Durch die Summenbildung der vier verstärkten Binärsignale entspricht der Quotient $u(t)/u_{ref}$ dem zu $s(k)$ korrespondierenden analogen Haltesignal $s_h(t)$. In (b) sind beispielhaft vier aufeinander folgende Werte des Digitalsignals in Dezimal- und Binärformat sowie der Zeitverlauf der Eingangssignale gegeben, und das resultierende Signal $s_h(t)$ zeigt 9.17c.

[10] Eine analoge Realisierung wäre zwar grundsätzlich mit Laufzeitgliedern bzw. CCD basierten Transversalfiltern möglich, siehe [23], jedoch ist dies sehr aufwändig und auch nur approximativ möglich; durch Fortschritte in der digitalen Signalverarbeitung wird diese Technologie überdies inzwischen nicht mehr weiterverfolgt.

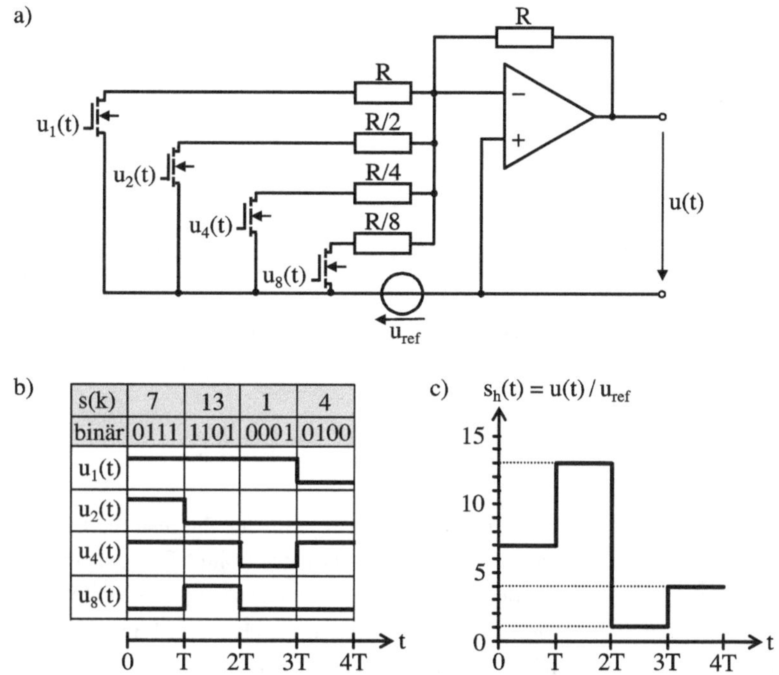

Abb. 9.17 Prinzip eines Digital-Analog-Wandlers mit einer Auflösung von 4 Bit (**a**), Ansteuerung der elektronischen Schalter abhängig von den getakteten Bit-Werten des Digitalsignals $s(k)$ (**b**), Analoges Haltesignal $s_h(t) = u(t)/u_{ref}$ als gewichtete Summe der Bit-Werte, die synchron auf die Eingänge des Addierers geschaltet werden (**c**)

Mathematisch wird dieses Signal identisch zum Ausgangssignal $s_h(t)$ des Abtast- und Halteglieds entsprechend (9.4) und Abb. 9.3 beschrieben. Während allerdings im A/D-Wandler das Halteglied lediglich dazu dient, das Signal während der Quantisierung konstant zu halten, es systemtheoretisch aber irrelevant ist, da bei Erfüllung des Abtasttheorems das analoge Signal vollständig durch sein Abtastsignal $s_a(t)$ bzw. die Abtastwerte $s(k)$ repräsentiert wird, bewirkt das Halteglied bei der D/A-Wandlung eine signifikante Verzerrung. Diese ist im Zeitbereich anhand des gestuften Signals $s_h(t)$, das sich deutlich von $s(t)$ unterscheidet und durch Faltung von $s_a(t)$ mit der rechteckförmigen Stoßantwort $g_h(t)$ des Halteglieds entsteht, sofort offensichtlich. Auch im Frequenzbereich ist diese Verzerrung verständlich, denn $g_h(t)$ korrespondiert zu einer si-Funktion, mit der das Abtastspektrum multipliziert wird

$$s_h(t) = s_a(t) * \underbrace{\mathrm{rect}\left(\frac{t - \frac{T}{2}}{T}\right)}_{g_h(t)} \quad \circ\!\!-\!\!\bullet \quad S_h(f) = S_a(f) \cdot \underbrace{T \cdot \mathrm{si}(\pi f T) \cdot \mathrm{e}^{-j2\pi f T}}_{G_h(f)} \; . \tag{9.32}$$

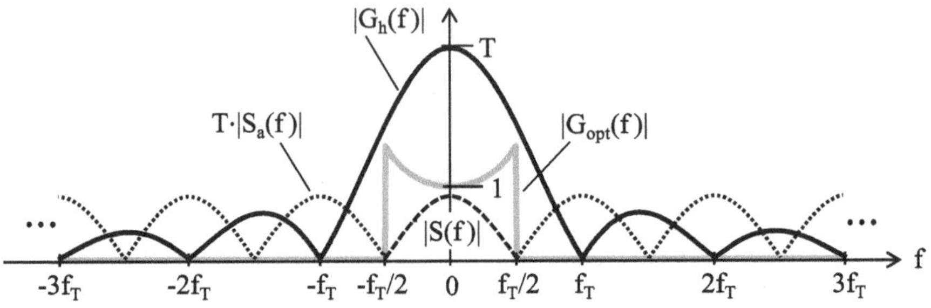

Abb. 9.18 Amplitudengänge des Signalspektrums $S(f)$ (gestrichelt), des Abtastspektrum $S_a(f)$ (punktiert), des im D/A-Wandler verwendeten Halteglieds $G_h(f)$ (schwarz) sowie des optimalen Rekonstruktionsfilters $G_{opt}(f)$ (grau)

Das Betragsspektrum von $G_h(f)$ ist in Abb. 9.18 schwarz dargestellt. Der Verlauf von $|G_h(f)|$ bewirkt eine unerwünschte Abschwächung der hohen Frequenzen im analogen Spektrum $|S(f)|$, da der Amplitudengang des Halteglieds für $|f| \leq \frac{f_T}{2}$ nicht flach verläuft. Spiegelfrequenzen in $|S_a(f)|$ mit $|f| > \frac{f_T}{2}$ werden durch die si-Funktion zwar deutlich gedämpft, aber nicht vollständig unterdrückt, so dass auch hohe Frequenzen in $s_h(t)$ enthalten bleiben. Dennoch verzichtet man in der Regelungstechnik, wo es auf schnelle Reaktionen ankommt, auf eine Filterung und verwendet direkt das Haltesignal am DAC-Ausgang zur Ansteuerung nachfolgender analoger Komponenten. Hierdurch erhält man die geringstmögliche Signalverzögerung (Latenz), überdies weisen viele Systeme ein Tiefpassverhalten auf und dämpfen daher bereits hohe Signalfrequenzen.

9.2.1 Glättung der Ausgangssignale von Haltegliedern

Um diese Verzerrung für andere Anwendungen auszugleichen, könnte ein optimales Rekonstruktionsfilter mit $G_{opt}(f)$ hinter das Addier-/Halteglied geschaltet werden, das für Frequenzen $-\frac{f_T}{2} < f < \frac{f_T}{2}$ einen zu $G_h(f)$ inversen Frequenzgang aufweist und außerhalb dieses Bereiches sperrt, wie es in Abb. 9.18 grau dargestellt ist

$$G_{opt}(f) = \frac{T}{G_h(f)} \cdot \text{rect}\left(\frac{f - \frac{f_T}{2}}{f_T}\right) = \frac{e^{j2\pi fT}}{\text{si}(\pi fT)} \cdot \text{rect}\left(\frac{f - \frac{f_T}{2}}{f_T}\right), \tag{9.33}$$

und mit diesem optimalen Filter entspräche das Signal $s_r(t)$ am DAC-Ausgang exakt $s(t)$

$$S_a(f) \cdot G_h(f) \cdot G_{opt}(f) = S(f) \quad \bullet\!\!-\!\!\circ \quad s(t) = s_a(t) * g_h(t) * g_{opt}(t)\,. \tag{9.34}$$

Allerdings ist es unmöglich, ein analoges Filter mit exakt dem gewünschten Frequenzgang zu realisieren, denn $G_{opt}(f)$ ist durch Kombination von elementaren Frequenzgängen, wie sie im Kap. 6 vorgestellt wurden, nur näherungsweise erreichbar. Hier tritt dasselbe Problem wie bei der Rekonstruktion analoger Signale mit si-Funktionen auf, siehe Fußnote 10 auf S. 286.

Häufig verwendet man daher statt des optimalen Rekonstruktionsfilters Verzögerungsglieder n-ter Ordnung als Tiefpassfilter mit der Stoßantwort $g_n(t)$ nach (5.55) und mit exponentiell ansteigender Sprungantwort $h_n(t)$ entsprechend Abb. 5.3, um die Sprünge des Haltesignals zu glätten. Für das Signal am Ausgang dieses Filters erhalten wir ausgehend von $s_h(t)$ nach (9.3) eine Summe verschobener und gewichteter Sprungantworten, wenn wir berücksichtigen, dass die Faltung der Stoßantwort mit $\sigma(t)$ die Sprungantwort $h_n(t)$ ergibt

$$\begin{aligned} s_n(t) &= s_h(t) * g_n(t) = \sum_{k=-\infty}^{\infty} [s(kT) - s((k-1)T)] \cdot \sigma(t-kT) * g_n(t) \\ &= \sum_{k=-\infty}^{\infty} [s(kT) - s((k-1)T)] \cdot h_n(t-kT) \,. \end{aligned} \tag{9.35}$$

Dazu betrachten wir Abb. 9.19a, das ein Analogsignal $s(t)$ zeigt, welches mit der Abtastzeit $T = 10$ ideal abgetastet wurde. Aus den digitalen Signalwerten wird dann mit einen D/A-Wandler das analoge Haltesignal $s_h(t)$ gebildet. Anschließend erfolgt eine Glättung mit $h_n(t)$ nach (9.35) und (5.57), wobei hier alternativ ein Tiefpassfilter zweiter und sechster Ordnung mit $T_N = 1$ zum Einsatz kommt, wodurch die Signale $s_2(t)$ sowie $s_6(t)$ entstehen. Man erkennt, dass selbst bei der hohen Filterordnung $n = 6$ das geglättete Signal noch deutlich von $s(t)$ abweicht.

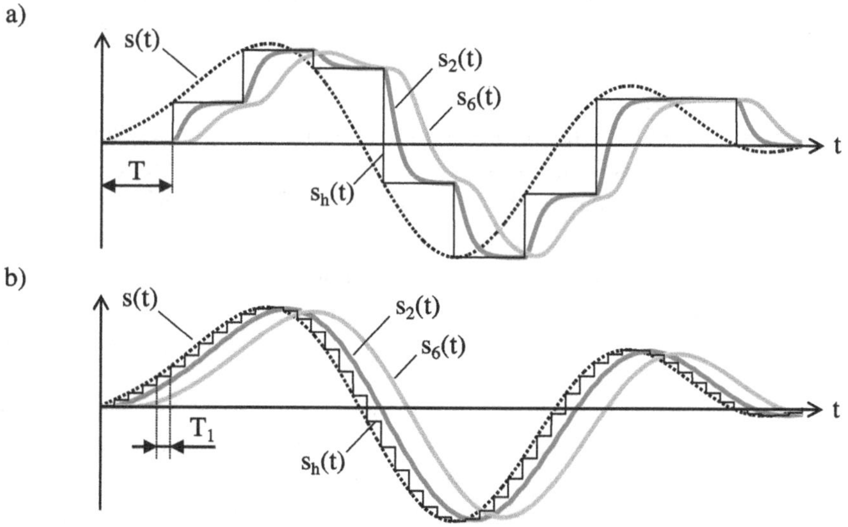

Abb. 9.19 Darstellung eines Analogsignals $s(t)$, des dazu korrespondierenden Haltesignals am Ausgang eines DAC und die durch zwei Tiefpass-Filter mit $G_n(s) = 1/(1 + T_N \cdot s)^n$ der Ordnung $n = 2$ und $n = 6$ mit $T_N = 1$ geglätteten Signale $s_2(t)$ und $s_6(t)$ für $T = 10$ (**a**) und $T_1 = 2$ (**b**)

Außerdem tritt eine merkliche Latenz durch den langsamen Anstieg der Sprungantwort $h_n(t)$ abhängig von n und der Zeitkonstanten T_N auf. Die Latenz entspricht der Sättigungszeit t_{nS} nach (5.59), und mit den gegebenen Werten erhalten wir in guter Übereinstimmung mit Abb. 9.19

$$t_{nS} \approx T_N \cdot (1.25 \cdot n + 1.5) \quad \Rightarrow \quad t_{2\,S} \approx 4 \quad \text{und} \quad t_{6\,S} \approx 9\,. \tag{9.36}$$

Eine hohe Filterordnung bewirkt nach dieser Gleichung eine zunehmende Latenz des gewandelten Analogsignals, was je nach Anwendung beachtet werden muss. Eine Vergrößerung von T_N verbessert zwar die Signalglättung, führt jedoch zu einer zusätzlichen Latenz und verringert außerdem die Grenzfrequenz des Filters, so dass hohe Frequenzanteile des Signals verloren gehen.

9.2.2 Überabtastung und Abtastratenerhöhung

Als effiziente Methode zur Reduzierung der Verzerrung durch das Halteglied kann die A/D-Wandlung mit einer deutlichen Überabtastung erfolgen, so dass die Spiegelfrequenzen im hohen Frequenzbereich liegen und bereits durch Tiefpassfilter niedriger Ordnung und damit geringer Latenz wirkungsvoll unterdrückt werden. Außerdem ist für $f_T \gg f_{max}$ die Verzerrung von $S(f)$ durch $G_h(f)$ kaum ausgeprägt, denn bis zu f_{max} ist dann der Amplitudengang von $G_h(f)$ noch hinreichend flach. Die Wirkung dieser Überabtastung zeigt Abb. 9.19b. Dort sind dieselben Signale wie in (a), jedoch für eine fünffach kleinere Abtastzeit T_1 dargestellt. Man erkennt, dass die Abweichung zwischen $s(t)$ und $s_h(t)$ nun deutlich geringer ist, und bereits das mit einem Tiefpass zweiter Ordnung gefilterte Signal $s_2(t)$ kommt $s(t)$ bei geringer Latenz sehr nahe.

Um die Vorteile einer hohen Abtastrate bei der D/A-Wandlung zu nutzen, ist es nicht erforderlich, bereits bei der Digitalisierung im ADC eine hohe Überabtastung zu verwenden, denn dazu müssen sehr schnelle Abtastglieder und Quantisierer zur Verfügung stehen, und die Verarbeitung der digitalen Signale im Rechner benötigt hohe Taktraten und viel Speicherplatz. Stattdessen genügt es, erst direkt vor der D/A-Wandlung die Abtastrate zu erhöhen, indem zunächst jeweils zwischen zwei digitalen Signalwerten $m-1$ Nullwerte eingefügt werden, und sich die Abtastzeit so auf $T_1 = \frac{T}{m}$ verringert. Man spricht hierbei von einer Abtastratenerhöhung, die meistens mit dem englischen Begriff *Upsampling* bezeichnet wird.

Abb. 9.20 zeigt dazu in (a) ein analoges Signal $s(t)$, das mit der Abtastzeit T abgetastet wird, wodurch das diskrete Signal $s(kT)$ entsteht. Hierbei muss natürlich das Abtasttheorem erfüllt sein, so dass $s(kT)$ alle Informationen von $s(t)$ enthält. In (b) ist das Signal $s_0(kT_1)$ dargestellt, das bis auf jeweils zwischen zwei Stützstellen eingefügten 3 Nullwerten (hier: $m = 4$) identisch zu $s(kT)$ ist. Anschließend werden z. B. im Zeitbereich durch Faltung von $s_0(kT_1)$ mit einer geeigneten Impulsantwort, die Zwischenwerte so festgelegt, dass ein hinreichend glatter Signalverlauf entsteht. Teilgrafik (c) zeigt das Ergebnis für eine lineare Interpolation, siehe Abb. 8.9, bei der die $m-1$ Zwischenwerte jeweils auf einer

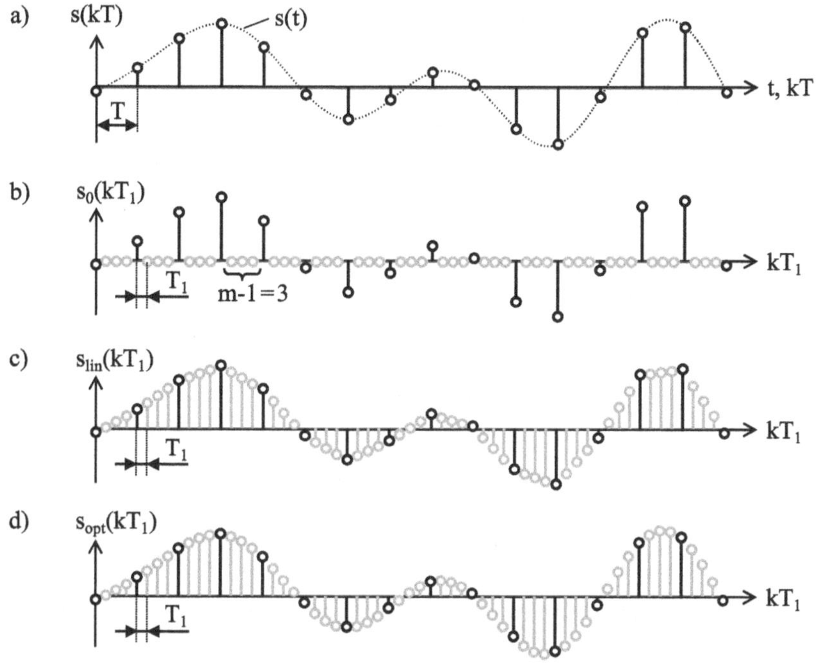

Abb. 9.20 Upsampling des mit T abgetasteten Digitalsignals $s(kT)$ (**a**) durch Einfügen von $m-1$ Nullwerten jeweils zwischen benachbarte Abtastwerte, wodurch das Signal $s_0(kT_1)$ mit $T_1 = \frac{T}{m}$ entsteht (**b**). Durch lineare Interpolation folgt daraus das Signal $s_{lin}(kT_1)$ (**c**), während das optimal interpolierte Signal $s_{opt}(kT_1) \approx s(kT_1)$ quasi dem überabgetasteten Analogsignal entspricht (**d**)

Geraden durch die benachbarten Stützstellen liegen. Das so erzeugte Signal $s_{lin}(kT_1)$ wird direkt dem DAC zugeführt, der daraus ein Haltesignal mit der Stufenlänge T_1 erzeugt, das anschließend noch durch ein analoges Rekonstruktionsfilter geglättet werden kann. In (d) ist das Ergebnis $s_{opt}(kT_1)$ einer optimalen Interpolation abgebildet, mit der das überabgetastete analoge Signal $s(kT_1)$ quasi fehlerfrei zurückgewonnen wird. Diese Interpolation kann durch Faltung von $s_0(kT_1)$ mit einer diskreten si-Funktion erfolgen, vergleichbar zur idealen Rekonstruktion in Abb. 9.15. Besonders effektiv ist diese optimale Interpolation aber im Frequenzbereich möglich, wie wir im Abschn. 10.2.1 sehen werden.

Im Unterschied zur bereits im A/D-Wandler durchgeführten Überabtastung tritt beim Upsampling mit Interpolation eine zusätzliche Signalverzögerung auf, die umso größer ist, je genauer sich die zeitdiskrete Zahlenfolge dem analogen Signal $s(t)$ angleichen soll[11]. Bei der linearen Interpolation beträgt diese Latenz T, denn die Geradensteigung und damit die Zwischenwerte können erst berechnet werden, wenn der jeweils folgende Abtastwert von $s(kT)$ vorliegt. Bei der optimalen Interpolation tritt eine deutlich größere Latenz auf, was deren Verwendung in bestimmten Echtzeitanwendungen ausschließt.

[11] Zur besseren Vergleichbarkeit der Signale sind in Abb. 9.17c und d diese Verzögerungen von $s_{lin}(kT_1)$ und $s_{opt}(kT_1)$ gegenüber $s(kT)$ und $s_0(kT_1)$ nicht dargestellt.

9.3 Delta-Sigma-Wandler

In diesem Abschnitt werden wir uns mit einem alternativen Wandlerprinzip beschäftigen, das eine besonders einfache und damit kostengünstige aber gleichzeitig auch exakte Realisierung von ADC sowie DAC ermöglicht und erstaunlicherweise mit einer Quantisierung von nur einem Bit auskommt. Zuvor müssen wir uns mit der Wirkung der Quantisierung auf das dabei entstehende Fehlersignal beschäftigen und hierbei auch den Einfluss der Abtastung berücksichtigen, bevor wir anschließend den sogenannten *Delta-Sigma-Modulator* und dessen Anwendung für ADC- sowie DAC-Implementierungen kennenlernen.

9.3.1 Quantisierung analoger Signale

Bei der Quantisierung analoger Signale tritt aufgrund der endlichen Anzahl möglicher diskreter Amplitudenwerte ein zeitabhängiger Fehler auf, den wir mit $e(t)$ bezeichnen. Dazu betrachten wir Abb. 9.21, in dem gestrichelt ein Ausschnitt eines analogen Signals $u(t)$ dargestellt ist, dessen Amplitudenwerte im Bereich $-A \leq u \leq A$ liegen. Dieses Signal soll in ein wertdiskretes d. h. quantisiertes Signal $u_q(t)$ gewandelt werden, wozu ein Quantisierungsintervall Δ abhängig von A und einer Bitbreite b bestimmt wird, die die Anzahl der möglichen Amplitudenwerte festlegt

$$\Delta = \frac{A}{2^{b-1}} \quad \text{mit} \quad b \geq 1\,. \tag{9.37}$$

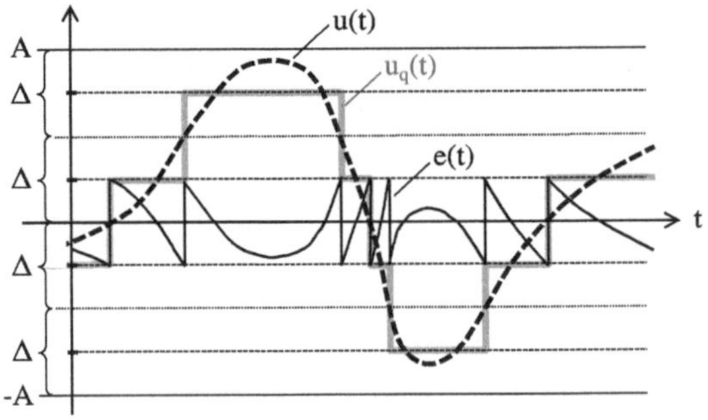

Abb. 9.21 Erzeugung eines wertdiskreten Signals $u_q(t)$ aus einem analogen Signal $u(t)$ durch Quantisierung mit der Intervalbreite Δ abhängig von der maximalen Amplitude A von $u(t)$ und einer vorgegebenen Anzahl von hier vier Diskretisierungsintervallen; dabei tritt ein quasi zufälliges Fehlersignal $e(t)$ auf, das sogenannte Quantisierungsrauschen, mit der maximalen Amplitude $\frac{\Delta}{2}$

Die maximale Signalamplitude wird dazu in 2^{b-1} Intervalle der Breite Δ unterteilt, und die diskreten Amplitudenwerte von $u_q(t)$ werden jeweils in der Mitte der Quantisierungsintervalle festgelegt, so dass sich $u_q(t)$ als treppenförmiges Signal mit der Stufenhöhe Δ ergibt. Im dargestellten Beispiel gilt $b = 2$ Bit, so dass $\Delta = \frac{A}{2}$ folgt und für das quantisierte grau gezeichnete Signal $u_q(t)$ vier verschiedene diskrete Werte in der sogenannten *mid-rise* Quantisierung möglich sind[12].

Das Fehlersignal entsteht aus der Abweichung zwischen $u(t)$ und $u_q(t)$ bzw. als deren Differenzsignal und ist ebenfalls in Abb. 9.21 eingetragen

$$e(t) = u_q(t) - u(t) . \tag{9.38}$$

Dieses Signal weist einen quasi zufälligen Verlauf zwischen seinen Maximalwerten $\pm\frac{\Delta}{2}$ auf, weshalb es auch als Quantisierungsrauschen bezeichnet wird.

Der Zusammenhang zwischen dem Signal $u(t)$, das Werte im Bereich $\pm A$ annehmen kann, und dem quantisierten Signal $u_q(t)$ wird exakt durch eine Kennlinie beschrieben, wie sie in Abb. 9.22a dargestellt ist. Die Bitbreite beträgt hier $b = 4$ Bit, so dass 16 Stufen für u_q unterschieden werden können und nach (9.37) das Quantisierungsinterval $\Delta = \frac{A}{8}$ beträgt.

Die Quantisierung von Signalen ist ein nichtlinearer Vorgang, da die gestufte Kennlinie keiner Geraden entspricht, weshalb die Summe einzeln quantisierter Signale i. Allg. ein anderes Ergebnis liefert, als die Quantisierung des Summensignals, vgl. Abschn. 1.2.7. Sofern darüber hinaus keine zusätzlichen arbeitspunktabhängigen Signalverzerrungen entstehen und auch kein Offset auftritt, wie übertrieben in Abb. 9.22b dargestellt ist, bezeichnen wir

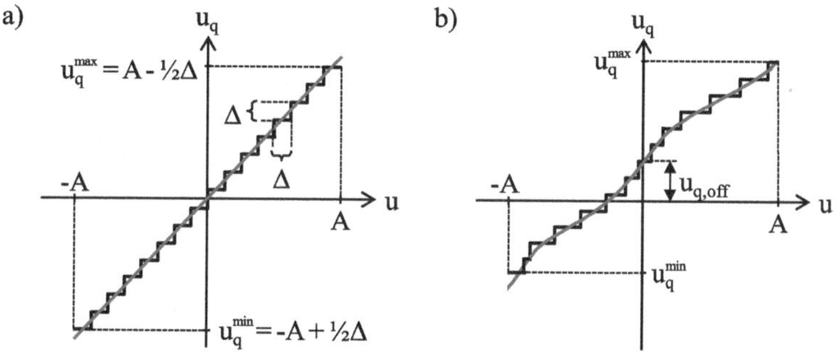

Abb. 9.22 Ideale *mid-rise* Quantisierungskennlinie mit $b = 4$ Bit und der Auflösung $\Delta = \frac{A}{8}$ (**a**) sowie übertrieben dargestellte reale Kennlinie mit einem Offset $u_{q,off}$ sowie nichtlinearen Verzerrungen

[12] Wir beschränken uns hier auf die meistens verwendete *mid-rise* Quantisierung, die symmetrisch ist, da im positiven wie negativen Amplitudenbereich gleich viele Quantisierungsstufen liegen, bei der u_q allerdings nicht den Wert null annehmen kann; daneben gibt es das *mid-treat* Verfahren mit einer Quantisierungsstufe bei $u_q = 0$, das jedoch unsymmetrisch ist, sofern die Anzahl der Quantisierungsintervalle wie üblich einer Zweierpotenz entspricht.

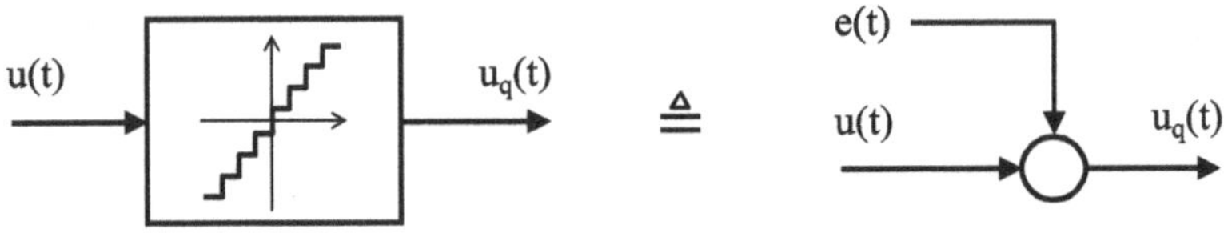

Abb. 9.23 Äquivalente Darstellung der idealen Quantisierung durch Addition eines Rauschsignals $e(t)$

die Quantisierung als ideal. In diesem Fall lässt sich über die Kennlinie eine Ursprungsgerade legen, wie in (a) gezeigt, und sämtliche Quantisierungsintervalle Δ liegen symmetrisch dazu[13]. Da Quantisierer analoge Bauteile mit Toleranzen enthalten, ist die Realisierung präziser Mehrstufenwandler großer Bitbreite allerdings aufwändig, wobei häufig eine Kalibrierung bzw. Trimmung erforderlich ist. Für hochauflösende Wandler ab $b = 16$ Bit kommen sukzessive Approximationsverfahren zum Einsatz, die jedoch nur geringe Wandlungsraten bieten.

Für die folgenden Betrachtungen nehmen wir eine ideale Quantisierung an und beschreiben diese nach Umstellung von (9.38) äquivalent durch Addition des Rauschsignals $e(t)$ zum Analogsignal $u(t)$, siehe Abb. 9.23.

Wir wollen jetzt für ein konstantes Δ die Eigenschaften von $e(t)$ bestimmen, und betrachten zunächst dessen Leistung P_e: Da die aktuelle Amplitude und das Vorzeichen von $e(t)$ ausschließlich davon abhängen, wieweit $u(t)$ jeweils von der am nächsten liegenden Quantisierungsstufe abweicht, können wir in guter Näherung davon ausgehen, dass innerhalb des Amplitudenbereichs $-\frac{\Delta}{2} \le e \le \frac{\Delta}{2}$ alle Werte von $e(t)$ gleichhäufig vorkommen. Die Signalleistung hängt aber ausschließlich von der Häufigkeit ab, mit der unterschiedliche Amplituden auftreten, weshalb wir P_e aus einem beliebigen anderen Signal mit ebenfalls gleichförmig verteilten Werten berechnen können. Dazu zeigt Abb. 9.24a das Fehlersignal $e(t)$ und (b) ein periodisches Sägezahnsignal $r(t)$ beliebiger Periodendauer T_P mit ebenfalls gleichmäßiger Amplitudenverteilung im Bereich $\pm\frac{\Delta}{2}$, für dessen Leistung P_r und damit auch für P_e wir mit (2.7) und $t_0 = 0$ erhalten[14]

$$P_r = \frac{1}{T_P}\int_0^{T_P} r^2(t)\,dt = \frac{1}{T_P}\int_0^{T_P}\left[\frac{\Delta}{T_P}\left(t - \frac{T_P}{2}\right)\right]^2 dt = \frac{\Delta^2}{T_P^3}\cdot\frac{2}{3}\cdot\left(\frac{T_P}{2}\right)^3 = \frac{\Delta^2}{12} = P_e\,. \quad (9.39)$$

Damit sind wir in der Lage, das sogenannte Signal-Rausch-Verhältnis SNR (engl.: *Signal-Noise-Ratio*) anzugeben, das als Quotient der Leistung P_u des Nutzsignals $u(t)$ zu P_e defi-

[13] Wir nehmen eine Steigung der Kennlinie von eins an, so dass bei der Wandlung keine Verstärkung auftreten soll; dabei darf das Quantisierungsintervall Δ durchaus variieren, um z. B. unterschiedliche Genauigkeiten abhängig von der Signalamplitude zu erzielen, solange jede Quantisierungsstufe mittig auf der Geraden liegt.

[14] Alternativ lässt sich die Leistung P_e aus der Varianz von $e(t)$ bestimmen, indem $e(t)$ als stationärer, gleichverteilter und mittelwertsfreier stochastischer Prozess modelliert wird, siehe (11.107) und (11.36) mit $\mu_{\mathbf{x}} = 0$ und $A = \Delta$.

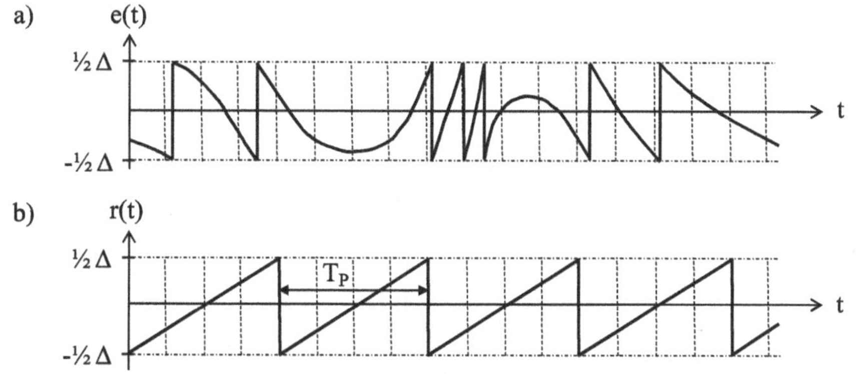

Abb. 9.24 Der Quantisierungsfehler $e(t)$ nimmt mit guter Genauigkeit sämtliche Amplitudenwerte im Bereich $-\frac{\Delta}{2} \leq e(t) \leq \frac{\Delta}{2}$ gleichhäufig an (**a**), genauso wie ein sägezahnförmiges Referenzsignal $r(t)$ mit den Maximalwerten $\pm\frac{\Delta}{2}$ (**b**), das daher eine identische Leistung $P_r = P_e$ aufweist

niert ist. Als Nutzsignal nehmen wir dazu vereinfachend ein Sinussignal mit dem Scheitelwert A an, dessen Leistung nach (2.8) gerade $P_u = \frac{A^2}{2}$ beträgt[15]. Mit Δ aus (9.37) folgt für das SNR

$$SNR = \frac{P_u}{P_e} = \frac{A^2}{2} \cdot \frac{12}{\Delta^2} = 6 \cdot 2^{2(b-1)} = 1{,}5 \cdot 2^{2b}\,. \tag{9.40}$$

Üblicherweise wird das SNR in dB angegeben, so dass wir mit (6.20) erhalten

$$SNR = 10 \cdot \log_{10}\left(1,5 \cdot 2^{2b}\right)\, dB = 6{,}0\, dB \cdot b + 1{,}8\, dB\,. \tag{9.41}$$

Man erkennt, dass sich bei Mehrstufen-ADC das SNR durch Vergrößerung der Bitbreite b effizient steigern lässt, da jedes weitere Bit das SNR um 6 dB erhöht. Während für Sprachübertragung im Telefonnetz eine Auflösung mit $b = 8$ Bit und damit $SNR \approx 50$ dB genügt, werden für Musiksignale oder präzise Messdaten 12 oder 16 Bit mit einem SNR von 74 dB bzw. 98 dB verwendet.

9.3.2 Leistungsdichte des Quantisierungsrauschens

Im vorherigen Abschnitt haben wir gesehen, dass der Quantisierungsfehler bzw. das dadurch bewirkte Rauschen ausschließlich von der Auflösung Δ und damit von der Bitbreite abhängt. Da die Realisierung hochauflösender und gleichzeitig schneller Wandler aber mit großem Aufwand und damit auch Kosten verbunden ist, wollen wir untersuchen, wie sich das SNR

[15] Falls die maximale Amplitude u_{max} des analogen Signals von A abweicht, sollte das Signal vor der Quantisierung mit dem Faktor A/u_{max} skaliert werden, damit für $u_{max} > A$ keine Signalanteile verloren gehen bzw. für $u_{max} < A$ die maximale Auflösung des Quantisierers genutzt werden kann.

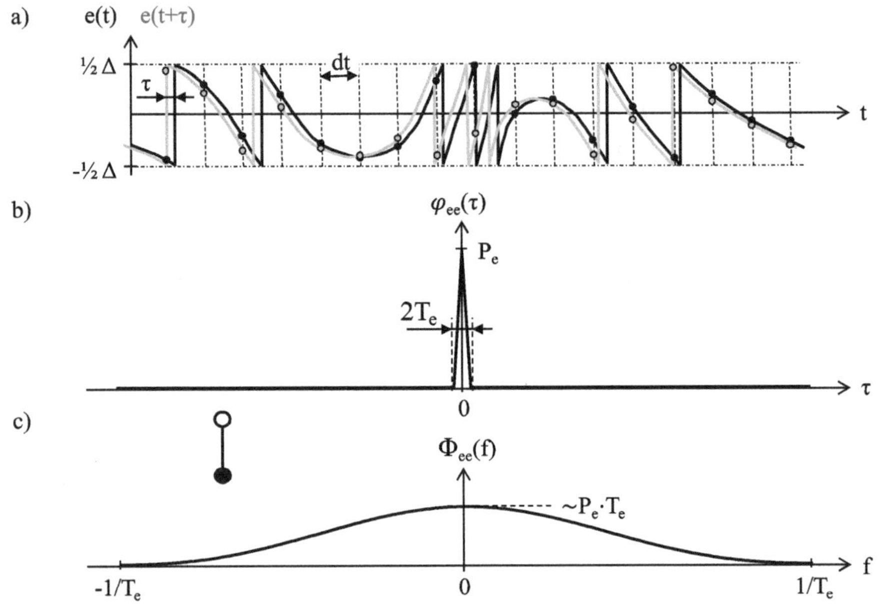

Abb. 9.25 Ausschnitt eines Quantisierungsrauschens $e(t)$ und des um ein geringes τ verschobenen Signals $e(t+\tau)$ (**a**); das Produkt dieser Signale zu beliebigen um dt auseinander liegenden Zeitpunkten nimmt wegen der Sprünge quasi zufällig positive oder negative Werte an, so dass dass die AKF als Mittelwert darüber null wird. Lediglich für $|\tau| < T_e$ tritt wegen einer geringfügigen Umladezeit T_e bei Erreichen einer Quantisierungsstufe eine Abhängigkeit benachbarter Signalwerte auf, so dass die AKF näherungsweise einen dreieckförmigen Verlauf aufweist (**b**); das LDS ergibt sich daraus gemäß Gl. (3.45), wobei die kleinen Nebenmaxima nicht dargestellt sind (**c**)

nach der Quantisierung auch ohne Vergrößerung der Bitbreite erhöhen lässt. Hierzu benötigen wir die Leistungsdichte (LDS) von $e(t)$, also die spektrale Verteilung der Rauschleistung im Frequenzbereich. Für die LDS-Bestimmung gehen wir von der Autokorrelationsfunktion (AKF) des Rauschsignal $e(t)$ entsprechend (2.21) mit $s(t) = g(t) = e(t)$ aus

$$\varphi_{ee}(\tau) = \lim_{t_0 \to \infty} \frac{1}{2t_0} \cdot \int_{-t_0}^{t_0} e(t) \cdot e(t+\tau)\, dt\,. \tag{9.42}$$

Abb. 9.25a zeigt dazu in schwarz einen Ausschnitt von $e(t)$ sowie in grau nochmals denselben Ausschnitt verschoben um τ. Für $\tau = 0$ sind beide Signale identisch und wir erhalten nach (2.23) die Leistung $P_e = \varphi_{ee}(0)$. Sobald τ jedoch auch nur geringfügig von null abweicht, nimmt $\varphi_{ee}(\tau)$ sehr kleine Werte an und konvergiert für $t_0 \to \infty$ gegen null.

Um dies zu verdeutlichen, sind in dem Bild für jeweils um dt getrennte Zeitpunkte die Funktionswerte von $e(t)$ und $e(t+\tau)$ durch dunkle bzw. helle Punkte markiert, die nach (9.42) miteinander multipliziert und dann integriert, d. h. aufaddiert werden müssen. Man erkennt, dass aufgrund der quasi zufällig auftretenden Sprünge im Quantisierungsrauschen und wegen dessen Mittelwertes Null jeweils zum selben Zeitpunkt t gehörende Funktionswerte von $e(t)$ bzw. $e(t+\tau)$ regellos oberhalb oder unterhalb der Zeitachse liegen. Deren Produkt schwankt daher ebenfalls zufällig um den Nullpunkt, und das Integral darüber – also der Mittelwert – läuft für große t_0 gegen null.

Sprünge im Quantisierungsrauschen können allerdings nicht beliebig schnell auftreten, sondern aufgrund physikalischer Umladungen nur mit einer – wenn auch sehr kurzen – Zeitkonstanten T_e, vergleichbar zu Abschn. 9.1.1, weshalb für sehr kleine τ eine Abhängigkeit zwischen benachbarten Signalwerten von $e(t)$ zu beachten ist[16]. Wir können daher $\varphi_{ee}(\tau)$ näherungsweise durch einen schmalen Dreieckimpuls modellieren, wie in Abb. 9.25b dargestellt, der für $|\tau| < T_e$ von P_e auf null abfällt.

Kennen wir die AKF von $e(t)$, können wir auch das gesuchte LDS $\Phi_{ee}(f)$ angeben, denn nach (3.97) sind beide über die Fourier-Transformation verknüpft. Das Spektrum eines Dreiecksignals hatten wir in (3.45) berechnet, siehe Abb. 3.9, und ersetzen wir das Maximum des Signals durch P_e und die Breite durch $2T_e$, so ergibt sich das in Abb. 9.25c dargestellte Spektrum $\Phi_{ee}(f)$. Dabei beschränken wir uns auf den Frequenzbereich zwischen den ersten beiden Nullstellen bei $\pm\frac{1}{T_e}$, da hier nahezu die gesamte Rauschleistung übertragen wird. Wegen der sehr kleinen Zeitkonstanten T_e weist $\Phi_{ee}(f)$ ein breitbandiges Spektrum auf, dessen Fläche der Leistung P_e entspricht, so dass die maximale Amplitude sehr gering ist und $\sim P_e \cdot T_e$ beträgt.

Zur Bestimmung der Leistungsdichte von $u_q(t)$ müssen wir die Ähnlichkeit zwischen dem Quantisierungsrauschen $e(t)$ und dem Nutzsignal $u(t)$ betrachten, die beide in Abb. 9.26 dargestellt sind, wobei $u(t)$ für eine bessere Vergleichbarkeit auf die maximale Amplitude von $e(t)$ skaliert ist. Die Ähnlichkeit dieser beiden Signale beurteilen wir anhand ihrer Kreuzkorrelation (KKF), wozu auch hier jeweils gleichzeitig auftretende Signalwerte zu beliebig um dt getrennten Zeitpunkten durch kleine Kreise markiert sind. Man erkennt, dass aufgrund der zufälligen Sprünge von $e(t)$ keine Ähnlichkeit zwischen beiden Signalen besteht, da positive und negative Werte in quasi zufälligen Kombinationen auftreten. Hieraus dürfen wir folgern, dass die KKF als Mittelwert über das Produkt der

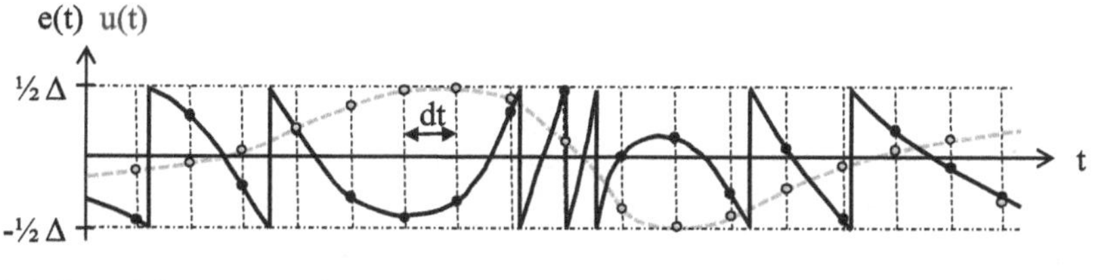

Abb. 9.26 Quantisierungsrauschen $e(t)$ und das auf die maximale Amplitude von $e(t)$ skalierte Nutzsignal $u(t)$; die jeweils zum selben Zeitpunkt auftretenden durch Kreise markierten Signalwerte zeigen keine Ähnlichkeit, weshalb für die Korrelation $\varphi_{ue}(\tau) = \varphi_{eu}(\tau) = 0$ für beliebige τ gilt

[16] Die extrem kurze Umladezeit T_e an den Sprungstellen ist beim Rauschsignal $e(t)$ in Abb. 9.25a nicht dargestellt.

Signale auch für beliebige Verschiebungen von $u(t)$ bzw. $e(t)$ um τ immer null ergibt, also $\varphi_{ue}(\tau) = \varphi_{eu}(\tau) = 0$ gilt[17].

Damit können wir die AKF des quantisierten Signals $u_q(t) = u(t) + e(t)$ angeben

$$\begin{aligned}\varphi_{u_q u_q}(\tau) &= \lim_{t_0\to\infty} \frac{1}{2t_0} \cdot \int_{-t_0}^{t_0} [u(t) + e(t)] \cdot [u(t+\tau) + e(t+\tau)]\, dt \\ &= \lim_{t_0\to\infty} \frac{1}{2t_0} \cdot \int_{-t_0}^{t_0} [u(t) \cdot u(t+\tau) + e(t) \cdot e(t+\tau) + u(t) \cdot e(t+\tau) + e(t) \cdot u(t+\tau)]\, dt \\ &= \varphi_{uu}(\tau) + \varphi_{ee}(\tau) + \varphi_{ue}(\tau) + \varphi_{eu}(\tau) \;=\; \varphi_{uu}(\tau) + \varphi_{ee}(\tau)\,. \end{aligned} \tag{9.43}$$

Das LDS $\Phi_{u_q u_q}(f)$ erhalten wir daraus als Summe der LDS von $u(t)$ und $e(t)$

$$\Phi_{u_q u_q}(f) \;=\; \Phi_{uu}(f) + \Phi_{ee}(f)\,. \tag{9.44}$$

Tasten wir das Signal $u_q(t)$ zusätzlich ab, so können wir die Wirkung der Abtastung wegen (9.43) bzw. (9.44) für die Teilsignale $u(t)$ und $e(t)$ getrennt untersuchen. Dazu zeigt Abb. 9.27a nochmals den Quantisierungsfehler $e(t)$, während in (b) und (c) die mit zwei

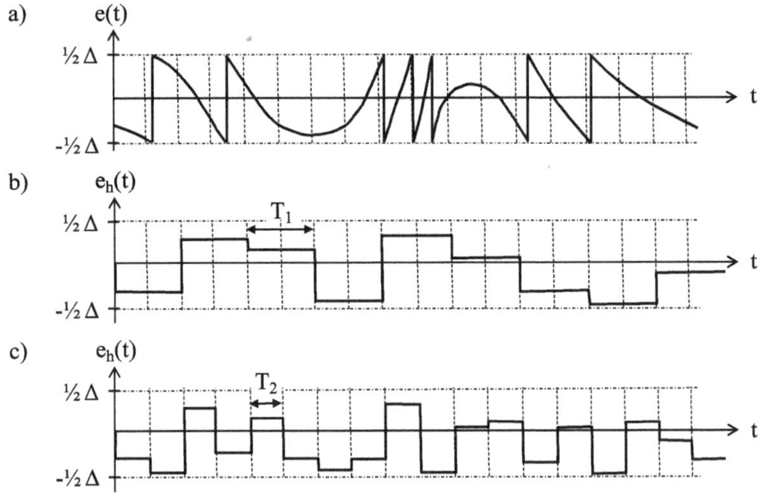

Abb. 9.27 Bei der Quantisierung entstehendes Rauschsignals $e(t)$ (**a**) und Ausgangssignale eines Abtast- und Halteglieds $e_h(t)$ für eine Abtastzeit T_1 (**b**) und eine Abtastzeit $T_2 = \frac{1}{2}T_1$ (**c**); die Rauschleistung ändert sich durch die Abtastung nicht, sie wird aber abhängig von der Abtastzeit auf verschiedene Frequenzbereiche verteilt

[17] Zwei Signale, deren Kreuzkorrelation null ist, werden als unkorreliert oder orthogonal bezeichnet.

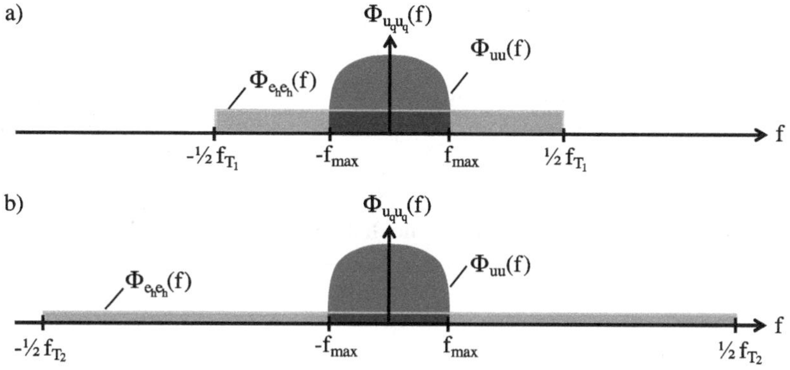

Abb. 9.28 LDS des Nutzsignals $\Phi_{uu}(f) \approxeq \Phi_{u_h u_h}(f)$ und des Quantisierungsrauschens $\Phi_{e_h e_h}(f)$ nach dem Abtast- und Halteglied für eine Abtastrate $f_{T_1} > 2f_{max}$ (**a**) und eine Abtastrate $f_{T_2} = 2f_{T_1}$ (**b**), begrenzt auf Frequenzen bis zur halben Abtastrate, in denen die gesamte Leistung übertragen wird; bei hohen Abtastraten verteilt sich $\Phi_{e_h e_h}(f)$ über einen großen Frequenzbereich und kann durch ein digitales Tiefpassfilter mit der Grenzfrequenz f_{max} weitgehend entfernt werden

unterschiedlichen Abtastzeiten T_1 und T_2 gebildeten Haltesignale $e_h(t)$ dargestellt sind. Da diese Signale wie $e(t)$ eine gleichmäßige Amplitudenverteilung aufweisen, bleibt die Leistung P_e des Rauschsignals auch nach der Abtastung erhalten. Allerdings verteilt sich P_e auf unterschiedliche Frequenzbereiche, denn das zur kürzeren Abtastzeit T_2 korrespondierende $e_h(t)$ enthält mehr und größere Sprünge und damit deutlich höhere Frequenzanteile als das mit T_1 abgetastete Fehlersignal.

Um dies genauer zu analysieren, betrachten wir das LDS des abgetasteten und gehaltenen Signals $u_{q,h}(t) = u_h(t) + e_h(t)$. Abb. 9.28a zeigt für eine Abtastzeit $T_1 = \frac{1}{f_{T_1}}$ dessen Teilspektren $\Phi_{u_h u_h}(f)$ und $\Phi_{e_h e_h}(f)$ im Frequenzbereich von $-\frac{1}{2}f_{T_1}$ bis $\frac{1}{2}f_{T_1}$, in dem nach (9.22) die vollständige Leistung übertragen wird. Bei Einhaltung des Abtasttheorems bleiben in $u_{q,h}(t)$ sämtliche Informationen des Nutzsignals $u(t)$ erhalten, so dass bei Vernachlässigung der geringfügigen Verzerrung durch das Halteglied, die durch ein Filter kompensiert werden kann, $\Phi_{u_h u_h}(f) \approxeq \Phi_{uu}(f)$ gilt. Hingegen führt nach (9.21) und Abb. 9.9 die Unterabtastung des breitbandigen Quantisierungsrauschens zu zahlreichen Überlagerungen von $\Phi_{ee}(f)$, verschoben jeweils um Vielfache von f_{T_1}. Das daraus entstehende LDS des abgetasteten und gehaltenen Rauschsignals $\Phi_{e_h e_h}(f)$ kann näherungsweise über alle Frequenzen als konstant angenommen werden. Da die Fläche des hellgrauen Balkens der gesamten Rauschleistung P_e entspricht, folgt daraus für die Rauschleistungsdichte mit $f_T = f_{T_1}$

$$\Phi_{e_h e_h}(f) = \frac{P_e}{f_T} \,. \tag{9.45}$$

Betrachten wir Teilgrafik (b), die bis auf eine höhere Abtastrate $f_{T_2} = 2f_{T_1}$ Bild (a) entspricht, so ist ersichtlich, dass sich die gleichbleibende Rauschleistung jetzt über einen größeren Frequenzbereich verteilt, wodurch die Leistungsdichte proportional zur Abtastrate sinkt[18].

Erfolgt daher nach der Quantisierung und Abtastung mit f_T eine Filterung mit einem digitalen Tiefpass, der alle Frequenzen außerhalb der maximalen Signalfrequenz f_{max} von $u(t)$ sperrt, kann das Quantisierungsrauschen reduziert werden. Wir führen hierzu als Maß für die Überabtastung den Faktor $OSR = \frac{f_T}{2 f_{max}}$ (engl.: *Oversampling Ratio*) mit $f_T > 2 f_{max}$ ein, so dass hinter dem TP-Filter nur noch die Rauschleistung P_e / OSR auftritt. Damit erhalten wir mit $\log_{10}(x) = \log_{10}(2) \cdot \log_2(x) = 0{,}3 \cdot \log_2(x)$ für das Signal-Rausch-Verhältnis

$$SNR = 1{,}5 \cdot 2^{2b} \cdot OSR = 6{,}0\,\text{dB} \cdot b + 3{,}0\,\text{dB} \cdot \log_2(OSR) + 1{,}8\,\text{dB}\,. \tag{9.46}$$

Man erkennt, dass der Einfluss einer reinen Überabtastung auf das Quantisierungsrauschen relativ gering ist, denn eine Verdopplung der Abtastrate bewirkt lediglich eine SNR-Erhöhung um 3 dB, d. h. eine hohe Überabtastung um den Faktor $OSR = 64 = 2^6$ verbessert das SNR nur um $6 \cdot 3\,\text{dB} = 18\,\text{dB}$. Allein durch Erhöhung der Abtastrate lässt sich das Quantisierungsrauschen daher deutlich weniger effektiv verringern, als durch Erhöhung der Auflösung b des Quantisierers.

9.3.3 Delta-Sigma-Modulatoren

Eine wesentliche Verbesserung des SNR wird durch eine spezielle Systemanordnung erreicht, den sogenannten *Delta-Sigma-Modulator*, dessen grundsätzlichen Aufbau Abb. 9.29a zeigt. Dieses Strukturbild besteht aus einer Kreisschaltung mit Gegenkopplung, vgl. Abschn. 7.2.3, in deren Vorwärtszweig sich die Reihenschaltung aus einem Integrator mit der Zeitkonstanten τ, einem Abtast- & Halteglied mit anschließendem Quantisierer sowie ein Verstärkungsglied mit dem Faktor V befindet[19]. Wie wir im vorherigen Abschnitt gesehen haben und in Teilgrafik (b) dargestellt ist, kann die Quantisierung und Abtastung des Fehlersignals äquivalent durch Addition einer Rauschquelle $e_h(t)$ berücksichtigt werden.

Zum Verständnis der Wirkung des Modulators wollen wir zunächst nur die Reihenschaltung des Integrators mit dem Abtast- & Halteglieds betrachten. Wenn als Eingangssignal $u_\Delta(t)$ dieses Teilsystems ein Sprung $\sigma(t)$ gewählt wird, tritt als Ausgangssignal $u_\Sigma(t)$ definitionsgemäß die Sprungantwort $h(t)$ auf. Der Integrator mit der Zeitkonstanten τ liefert

---

[18] Eine theoretische Untergrenze wird nach Abb. 9.25 durch die Leistungsdichte $P_e \cdot T_e$ gebildet, diese würde jedoch aufgrund der sehr kurzen Zeitkonstanten T_e des Quantisierers erst bei extrem hohen Abtastraten mit $f_T \approx \frac{1}{T_e}$ erreicht.

[19] Die Bezeichnung *Delta-Sigma-* oder alternativ auch *Sigma-Delta-*Wandler ergibt sich aus dieser Struktur, da auf ein Differenzglied, in dem ein Delta (Δ) gebildet wird, ein Integrator bzw. bei zeitdiskreter Implementierung ein Summationsglied folgt, die durch Faltung mit der σ-Funktion bzw. durch das Symbol Sigma (Σ) beschrieben wird.

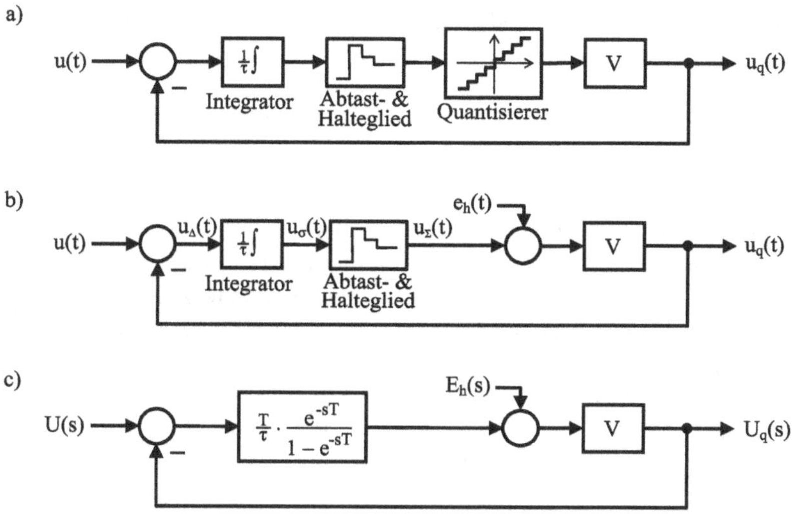

Abb. 9.29 Der Modulator eines Delta-Sigma Wandlers wird durch eine Kreisschaltung gebildet, in deren Vorwärtszweig ein Integrator, ein Abtast- & Halteglied, ein Quantisierer sowie ein Verstärkungsglied liegen (**a**); das durch den Quantisierer erzeugte Rauschsignal wird äquivalent durch ein Summationsglied modelliert (**b**); Darstellung des Modulators im Laplace-Bereich (**c**)

in diesem Fall ein linear ansteigendes Ausgangssignal $u_\sigma(t) = \frac{t}{\tau}$, und dieses wird durch das Abtast- & Halteglied für jeweils eine Abtastzeit konstant gehalten. Damit entspricht $h(t) = u_\Sigma(t)$ dem in Abb. 9.30 rechts dargestellten Signal, wobei wir die Treppenfunktion mathematisch durch eine Summe von Rechteckimpulsen mit linear ansteigender Amplitude beschreiben können

$$u_\Sigma(t) = h(t) = \frac{T}{\tau} \cdot \sum_{k=0}^{\infty} k \cdot [\sigma(t - kT) - \sigma(t - kT - T)] \,. \tag{9.47}$$

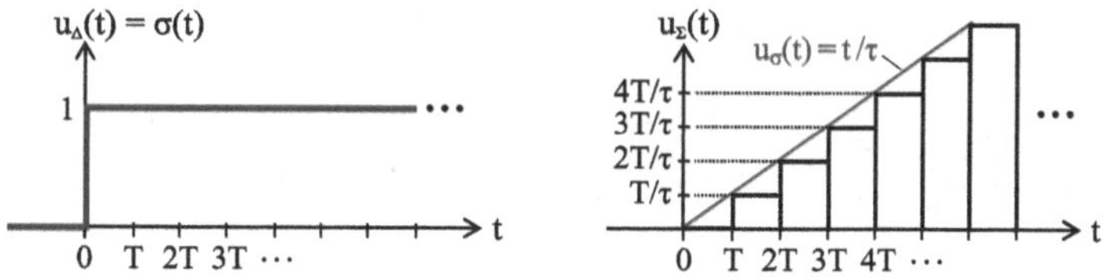

Abb. 9.30 Die Reihenschaltung eines Integrators mit der Zeitkonstanten τ sowie eines Abtast- & Halteglieds bewirkt bei einem sprungförmigen Eingangssignal $u_\Delta(t) = \sigma(t)$ als Ausgangssignal $u_\Sigma(t)$ eine treppenförmig ansteigende Sprungantwort, die für $T \to 0$ in das Signal $u_\sigma(t) = \frac{t}{\tau}$ übergeht

Durch Laplace-Transformation erhalten wir hieraus $H(s)$, wobei wir alle nicht von k abhängigen Terme aus der Summe herausziehen können

$$H(s) = \frac{T}{\tau} \cdot \sum_{k=0}^{\infty} k \cdot \left[\frac{1}{s} \cdot \mathrm{e}^{-skT} - \frac{1}{s} \cdot \mathrm{e}^{-skT} \cdot \mathrm{e}^{-sT} \right] = \frac{T}{\tau \cdot s} \cdot \left(1 - \mathrm{e}^{-sT}\right) \cdot \sum_{k=0}^{\infty} k \cdot \mathrm{e}^{-skT} . \tag{9.48}$$

Die Reihe lässt sich in eine geschlossene Form bringen, indem wir die Funktion $f(s) = \frac{1}{T} \cdot \mathrm{e}^{-skT}$ definieren und den Term in der Summe von (9.48) als Ableitung $\frac{df(s)}{ds} = k \cdot \mathrm{e}^{-skT}$ schreiben; die Ableitung dürfen wir dann vor die Summe ziehen, so dass diese einer geometrischen Reihe entspricht, die für $|\mathrm{e}^{-sT}| < 1$ konvergiert, was für hinreichend kleine T immer erfüllt ist

$$\sum_{k=0}^{\infty} k \cdot \mathrm{e}^{-skT} = \frac{1}{T} \cdot \frac{d}{ds} \sum_{k=0}^{\infty} \mathrm{e}^{-skT} = \frac{1}{T} \cdot \frac{d}{ds} \sum_{k=0}^{\infty} \left(\mathrm{e}^{-sT}\right)^k = \frac{1}{T} \cdot \frac{d}{ds} \frac{1}{1 - \mathrm{e}^{-sT}} . \tag{9.49}$$

Setzen wir (9.49) in (9.48) ein, so folgt nach Bildung der Ableitung für die Übertragungsfunktion $G(s)$ des Teilsystems nach (5.49)

$$G(s) = s \cdot H(s) = \frac{T}{\tau} \cdot \left(1 - \mathrm{e}^{-sT}\right) \cdot \frac{1}{T} \cdot \frac{d}{ds} \frac{1}{1 - \mathrm{e}^{-sT}} = \frac{T}{\tau} \cdot \frac{\mathrm{e}^{-sT}}{1 - \mathrm{e}^{-sT}} . \tag{9.50}$$

Zur Plausibilisierung dieses Ergebnisses betrachten wir den Fall $T \to 0$. In diesem Fall geht nach Abb. 9.30 die Treppenfunktion in die grau gezeichnete Anstiegsgerade über, und wir erhalten für $G(s)$ wenn wir die e-Funktion durch ihre lineare Approximation $\mathrm{e}^{-sT} \approx 1 - sT$ ersetzen erwartungsgemäß die Übertragungsfunktion eines kontinuierlichen Integrators

$$\lim_{T \to 0} G(s) = \lim_{T \to 0} \left(\frac{T}{\tau} \cdot \frac{1 - sT}{1 - (1 - sT)} \right) = \frac{1}{s\,\tau} . \tag{9.51}$$

Wir wollen jetzt im Laplace-Bereich die Wirkung des Delta-Sigma-Modulators auf $U(s)$ und $E_h(s)$ entsprechend Abb. 9.29c analysieren. Aufgrund der Orthogonalität der Signale dürfen wir die beiden Übertragungsfunktionen $G_u(s)$ und $G_{e_h}(s)$ getrennt ermitteln, wobei wir zunächst $E_h(s)$ null setzen und für $G_u(s)$ mit (7.6) erhalten

$$G_u(s) = \left.\frac{U_q(s)}{U(s)}\right|_{E_h(s)=0} = \frac{V \cdot \frac{T}{\tau} \cdot \frac{\mathrm{e}^{-sT}}{1-\mathrm{e}^{-sT}}}{1 + V \cdot \frac{T}{\tau} \cdot \frac{\mathrm{e}^{-sT}}{1-\mathrm{e}^{-sT}}} = \frac{\mathrm{e}^{-sT}}{\frac{\tau}{V \cdot T}(1 - \mathrm{e}^{-sT}) + \mathrm{e}^{-sT}} . \tag{9.52}$$

Für hinreichend kleine Abtastzeiten setzen wir im Nenner wieder $\mathrm{e}^{-sT} \approx 1 - sT$, so dass folgt

$$G_u(s) \approx \frac{\mathrm{e}^{-sT}}{\frac{\tau}{V \cdot T} \cdot sT + (1 - sT)} = \frac{1}{1 + s \cdot (\frac{\tau}{V} - T)} \cdot \mathrm{e}^{-sT} . \tag{9.53}$$

Unter der Voraussetzung, dass das Abtasttheorem erfüllt ist, verhält sich das System daher bezüglich des Nutzsignals für $\frac{\tau}{V} > T$ wie ein Tiefpass kombiniert mit einem Verzögerungsglied um die Abtastzeit T. Für $\frac{\tau}{V} = T$ bewirkt es ausschließlich eine Signalverzögerung, während das System für $\frac{\tau}{V} < T$ wegen des dann negativen Realteils der Polstelle instabil wird[20].

Da der Modulator für das Nutzsignal nach (9.53) eine Gesamtverstärkung von eins aufweist, lässt sich hieraus der optimale Wert für den Verstärkungsfaktor V bestimmen. Der größtmögliche Ausgangswert $A - \Delta/2$ des Quantisierers skaliert mit V sollte nämlich auf die maximale Amplitude u_{max} des zu wandelnden Eingangssignals skaliert werden, damit über den gesamten Amplitudenbereich von $u(t)$ ein Vorzeichenwechsel am Ausgang der Summationsstelle auftreten kann. Aus dieser Überlegung folgt für V mit der Bitbreite b und (9.37)

$$V = \frac{u_{max}}{A - \frac{\Delta}{2}} = \frac{2 \cdot u_{max}}{\Delta \cdot (2^b - 1)} . \tag{9.54}$$

Die Übertragungsfunktion $G_e(s)$ für das Fehlersignal $E_h(s)$ erhalten wir, indem wir jetzt $U(s) = 0$ setzen und $E_h(s)$ berücksichtigen. Dazu verschieben wir die Einkopplung dieses Signals nach links über den Integrator und das Abtast- & Halteglied mit der Übertragungsfunktion $G(s)$ entsprechend (9.50). Hierdurch tritt nach Abb. 7.8a dieselbe Übertragungsfunktion $G_u(s)$ auf, die allerdings zusätzlich mit $\frac{1}{G(s)}$ multipliziert werden muss

$$G_e(s) = \left.\frac{U_q(s)}{E_h(s)}\right|_{U(s)=0} = \frac{\tau}{T} \cdot \frac{1 - e^{-sT}}{e^{-sT}} \cdot G_u(s) = \frac{\frac{\tau}{T}(1 - e^{-sT})}{\frac{\tau}{V \cdot T}(1 - e^{-sT}) + e^{-sT}} . \tag{9.55}$$

Auch hier können wir für kleine T die e-Funktion linear approximieren, um zu erkennen, dass der Modulator für das Fehlersignal als Hochpass 1. Ordnung wirkt, vgl. Abschn. 6.4

$$G_e(s) \approx V \cdot \frac{s \cdot \frac{\tau}{V}}{1 + s \cdot (\frac{\tau}{V} - T)} . \tag{9.56}$$

Diese unterschiedliche Wirkung auf das Nutz- und das Fehlersignal ist das entscheidende Merkmal des Modulators, denn abhängig von T, τ und V wird das Nutzsignal bei der Übertragung nicht beeinflusst, während das Quantisierungsrauschen im Frequenzbereich des Nutzsignals effektiv unterdrückt werden kann. Der optimale Fall tritt für $\tau = V \cdot T$ auf, da dann das Nutzsignal lediglich abgetastet und nach (9.52) um T verzögert wird, während der Hochpass das Rauschsignal im unteren Frequenzbereich maximal dämpft, aber das

---

[20] Aufgrund der Sättigung des Quantisierers wächst allerdings auch für $\frac{\tau}{V} < T$ das Ausgangssignal nicht unbegrenzt an, sondern schwankt zwischen den Maximalwerten $\pm(A - \frac{\Delta}{2})$, so dass der Quantisierer nur noch eine Bitbreite von 1 Bit mit $\Delta' = 2 \cdot (A - \frac{\Delta}{2})$ aufweist und die Rauschleistung nach (9.39) auf $P_e = \frac{1}{12}(\Delta')^2 = \frac{1}{3}(A - \frac{\Delta}{2})^2$ ansteigt.

System noch nicht instabil wird. Der Frequenzgang $G_e(f)$ ergibt sich für dieses τ aus (9.55) mit $s = j2\pi f$

$$\begin{aligned} G_e(f) &= V \cdot (1 - \mathrm{e}^{-j2\pi fT}) = V \cdot \mathrm{e}^{-j\pi fT} \cdot \left(\mathrm{e}^{+j\pi fT} - \mathrm{e}^{-j\pi fT}\right) \\ &= 2j \cdot V \cdot \mathrm{e}^{-j\pi fT} \cdot \sin(\pi fT) \ . \end{aligned} \tag{9.57}$$

Nun können wir das LDS des Quantisierungsrauschens am Ausgang des Modulators angeben, das sich nach der im Anhang A.13 hergeleiteten *Wiener-Lee-Beziehung* als Produkt aus $\Phi_{e_h e_h}(f)$ aus (9.45) mit dem Betragsquadrat von $G_e(f)$ berechnet

$$\Phi_{e_h e_h}^{\Delta\Sigma}(f) = \Phi_{e_h e_h}(f) \cdot |G_e(f)|^2 = \frac{P_e}{f_T} \cdot 4 \cdot V^2 \cdot \sin^2(\pi fT) \ . \tag{9.58}$$

Abb. 9.31 stellt in (a) das LDS des Nutzsignals sowie das durch Abtastung und Quantisierung bewirkte konstante Rausch-LDS im Frequenzbereich $|f| < \frac{f_T}{2}$ dar, während (b) die LDS hinter dem Modulator zeigt. Durch die sogenannte Rauschformung (engl.: *Noise Shaping*) wird $\Phi_{e_h e_h}^{\Delta\Sigma}$ für Frequenzen innerhalb des Nutzsignals deutlich reduziert und außerhalb davon verstärkt.

Um dies zu quantifizieren, berechnen wir die am Ausgang des Modulators im Frequenzbereich des Nutzsignals auftretende Rauschleistung $P_e^{\Delta\Sigma}$, wozu wir das Rausch-LDS für $-f_{max} \le f \le f_{max}$ integrieren. Wegen der bei Delta-Sigma-Wandlern verwendeten hohen Überabtastung mit $f_{max} \ll f_T$ ist das Argument der Sinusfunktion $x = \pi fT$ klein, so dass $\sin(x) \approx x$ gilt

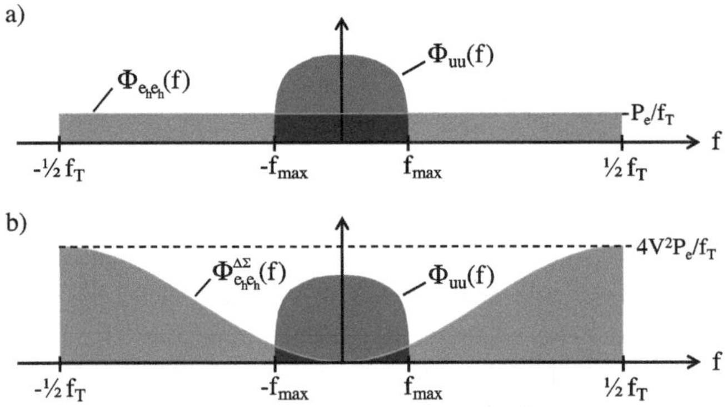

Abb. 9.31 LDS des Nutzsignals $\Phi_{uu}(f)$ und des Quantisierungsrauschens $\Phi_{e_h e_h}(f)$ nach der Abtastung im Frequenzbereich $|f| \le f_T/2$ (**a**); der Modulator im Delta-Sigma-Wandler bewirkt das sogenannte *Noise Shaping,* wodurch das Quantisierungsrauschen in den hohen Frequenzbereich verschoben wird (**b**); dieser Effekt ist umso ausgeprägter, je höher die Abtastrate gewählt wird

$$P_e^{\Delta\Sigma} = \int_{-f_{max}}^{f_{max}} \Phi_{e_h e_h}^{\Delta\Sigma}(f)\,df = \int_{-f_{max}}^{f_{max}} \frac{P_e}{f_T} \cdot 4 \cdot V^2 \cdot \sin^2(\pi f T)\,df \tag{9.59}$$
$$= \frac{8V^2 P_e}{f_T} \cdot \int_0^{f_{max}} \sin^2\left(\pi \frac{f}{f_T}\right) df \approx \frac{8\pi^2 V^2 P_e}{f_T{}^3} \cdot \int_0^{f_{max}} f^2 df = \frac{8\pi^2 V^2 P_e}{3} \cdot \left(\frac{f_{max}}{f_T}\right)^3 .$$

Bilden wir das SNR am Ausgang des Delta-Sigma-Modulators, wieder mit $OSR = \frac{f_T}{2 f_{max}}$, so wird deutlich, dass jede Verdopplung der Abtastrate das $SNR^{\Delta\Sigma}$ sehr effektiv um 9 dB verbessert

$$SNR^{\Delta\Sigma} = \frac{P_u}{P_e^{\Delta\Sigma}} = \frac{P_u}{P_e} \cdot \frac{3}{\pi^2 V^2} \cdot \left(\frac{f_T}{2 f_{max}}\right)^3 = 1{,}5 \cdot 2^{2b} \cdot \frac{3}{\pi^2 V^2} \cdot OSR^3$$
$$= 6{,}0\,\text{dB} \cdot b + 9{,}0\,\text{dB} \cdot \log_2(OSR) - 3{,}4\,\text{dB} - V_{dB} . \tag{9.60}$$

Der Verstärkungsfaktor V wird hierbei entsprechend (9.54) an den Quantisierer und die Amplitude des Nutzsignals angepasst. Bei größeren Werten für V wird der Quantisierer nicht vollständig ausgesteuert und das SNR sinkt nach (9.60). Kleinere Werte für V führen hingegen zur Übersteuerung des Quantisierers, so dass dieser nur noch seine Maximalwerte $\pm(A - \frac{\Delta}{2})$ ausgibt und das SNR aufgrund des dann deutlich größeren Quantisierungsrauschens ebenfalls abnimmt.

Die Unterdrückung des Rauschens kann durch Delta-Sigma-Modulatoren höherer Ordnung weiter verbessert werden. Ein Modulator zweiter Ordnung mit zwei Integratoren erhöht das SNR um 15 dB pro Verdopplung der Abtastrate und ist wie Abb. 7.13b aufgebaut, wobei hinter dem rechten Integrator das Abtast- & Halteglied sowie der Quantisierer liegen, siehe [18] und [32].

9.3.4 1-Bit ADC und DAC mit Delta-Sigma Modulator

Besonders einfach wird der Aufbau des Modulators, wenn ein Quantisierer mit nur einem Bit Auflösung – ein sogenannter 1-Bit-Wandler – verwendet wird. Dieser enthält einen Komparator mit der Schaltschwelle null, der zwei feste Ausgangswerte abhängig vom Vorzeichen des Eingangssignals liefert[21]. Da nur ein Quantisierungsintervall existiert, können hierbei im Unterschied zu Mehrstufenquantisierern keine nichtlinearen Verzerrungen auftreten.

Abb. 9.32 zeigt den Aufbau eines entsprechenden Delta-Sigma-Wandlers als ADC. Falls der Komparator wie angenommen alle Eingangswerte mit $u_\Sigma(t) \geq 0$ auf den Wert $+1$ und alle negativen Werte auf -1 abbildet und damit $\Delta = 2$ sowie $b = 1$ gilt, muss als Verstärkungsfaktor nach (9.54) die maximale Amplitude u_{max} des zu wandelnden Nutzsignals gewählt werden. Die Zeitkonstante τ des Integrators bestimmt zwar den Wertebereich von

[21] Komparatoren enthalten typisch einen nicht rückgekoppelten OP, dessen Ausgang entweder die positive oder negative Betriebsspannung abhängig vom Vorzeichen der Spannung zwischen den Differenzeingängen annimmt.

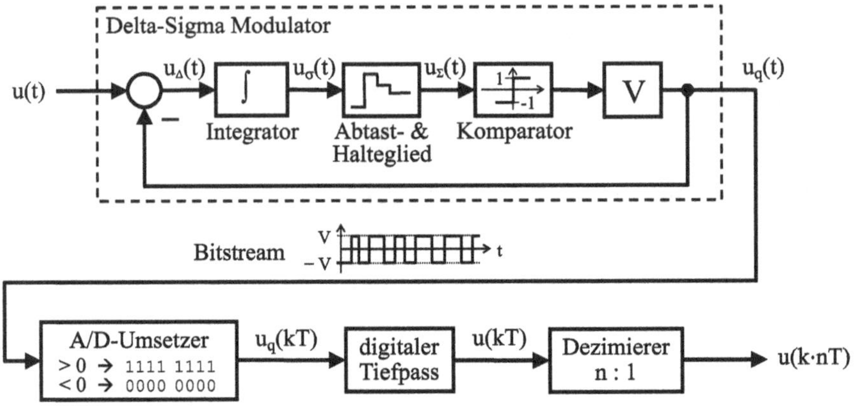

Abb. 9.32 Strukturbild eines Delta-Sigma ADC; das Signal wird vor dem Komparator n-fach gegenüber der Abtastung in einem herkömmlichen ADC überabgetastet; der analoge Bitstream mit den Amplituden $\pm V$ wird in ein binäres Digitalsignal mit der gewünschten Auflösung (hier 8 Bit) umgesetzt, anschließend erfolgt eine TP-Filterung und eine Reduzierung der Datenrate um n

$u_\Sigma(t)$, hat aber beim 1-Bit-Wandler sonst keinen Einfluss auf das Ergebnis, da die Wirkung des Komparators einem übersteuerten Mehrstufenquantisierer entspricht.

Im Zeitbereich wird die Funktion eines Modulators mit 1-Bit Quantisierung verständlich, wenn wir die Wandlung eines konstantes Eingangssignals $u(t) = u_0 = 0{,}6 \cdot u_{max}$ betrachten, wie in Abb. 9.33 dargestellt ist: Zum Zeitpunkt $t = 0$ sei das Ausgangssignal des Integrators $u_\sigma(0) = u_\Sigma(0)$ positiv, so dass $u_q(t)$ – der sogenannte *Bitstream* – den Wert $V = +u_{max}$ aufweist. Damit gilt für das Eingangssignal des Integrators $u_\Delta = u_0 - u_{max} < 0$, mit der Folge, dass $u_\sigma(t)$ für $t > 0$ mit konstanter Rate sinkt und $u_\Sigma(t)$ wie gezeigt einer abnehmenden Treppenfunktion entspricht. Sobald $u_\Sigma(t)$ zum Zeitpunkt $t = 4T$ negativ wird, wechselt der Komparatorausgang sein Vorzeichen, so dass jetzt $u_q(t) = -u_{max}$ gilt und somit u_Δ den positiven Wert $u_0 + u_{max}$ annimmt, der betragsmäßig größer als der vorherige negative

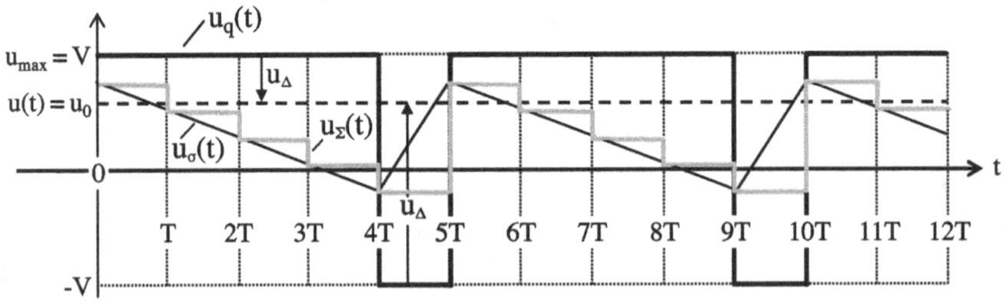

Abb. 9.33 Darstellung des zeitlichen Verlaufs der Signale u_Δ, u_σ, u_Σ sowie des Bitstreams $u_q^{\Delta\Sigma}$ für ein konstantes Eingangssignal $u(t) = u_0$

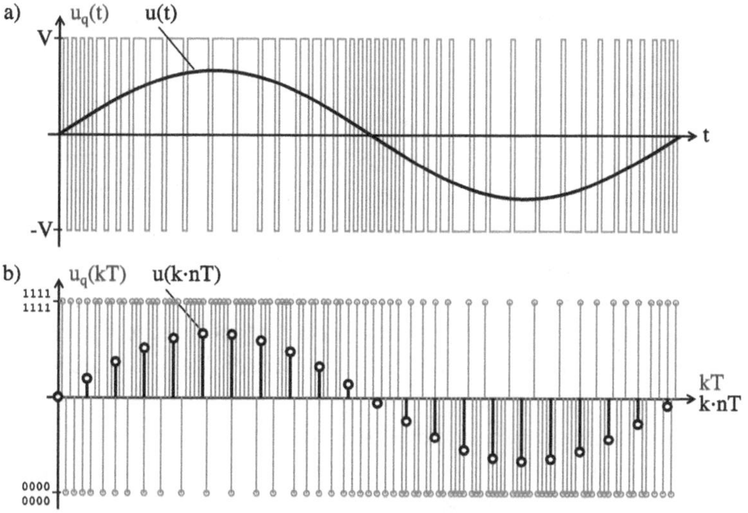

Abb. 9.34 Sinusförmiges Eingangssignal $u(t)$ eines Delta-Sigma ADC und korrespondierender Bitstream $u_q(t)$, der das Analogsignal $u(t)$ als lokalen Mittelwert enthält (**a**); daraus gebildeter digitaler Bitstream $u_q(kT)$ mit einer Auflösung von hier 8 Bit, aus dem durch digitale TP-Filterung und Dezimierung der Abtastwerte um n das gewünschte Digitalsignal $u(k \cdot nT)$ entsteht (**b**)

Wert ist. Der Integratorausgang $u_\sigma(t)$ steigt daher wieder an, und zwar deutlich schneller als er während der Abstiegsphase gefallen ist, so dass bereits zum Zeitpunkt $t = 5T$ das Signal $u_\Sigma(t)$ wieder positiv wird und als Folge $u_q(t)$ auf den positiven Wert $+u_{max}$ springt. Damit verringert sich $u_\sigma(t)$ erneut und es tritt eine periodische Wiederholung der Spannungsverläufe auf, wobei der Mittelwert von u_q identisch zur Eingangsspannung u_0 ist[22].

Auch bei zeitabhängigen Eingangssignalen $u(t)$ entspricht der lokale Mittelwert des Bitstreams immer der aktuellen Amplitude des Signals $u(t)$, sofern für dessen maximale Frequenz $f_{max} \ll \frac{1}{T}$ gilt, also eine deutliche Überabtastung erfolgt. Dies ist in Abb. 9.34a anhand eines sinusförmigen Signals dargestellt. Der Bitstream ist dabei ein analoges Signal, und erst in einem anschließenden 1-Bit ADC erfolgt entsprechend Abb. 9.32 die Umsetzung in ein Digitalsignal $u_q(kT)$. Die beiden Spannungswerte $\pm V$ des Bitstreams sind hier mit

[22] In diesem Beispiel entspricht wegen $0{,}6 \cdot u_{max} + u_{max} = 4 \cdot |0{,}6 \cdot u_{max} - u_{max}|$ die positive Steigung von u_σ exakt dem Vierfachen des Betrages der negativen Steigung, so dass $u_\sigma(0) = u_\sigma(5T)$ gilt und der Bitstream periodisch mit $5T$ ist. Bei beliebigem u_0 stellt sich i. Allg. eine größere Periodendauer ein, während der $u_q(t)$ mehrfach das Vorzeichen wechseln kann, wobei aber immer der Mittelwert des Bitstreams der Eingangsspannung gleicht.

8 Bit codiert, wobei die Bitzahl an die Rauschunterdrückung des Modulators angepasst werden sollte[23].

Das Signal $u_q(kT)$ wird ebenfalls als Bitstream bezeichnet, wie in Abb. 9.34b für das Sinussignal dargestellt ist. Dieses Signal enthält neben dem Nutzsignal natürlich das Quantisierungsrauschen, das allerdings aufgrund der Rauschformung überwiegend im hohen Frequenzbereich liegt und daher durch einen digitalen Tiefpass weitestgehend entfernt werden kann. Dieser Tiefpass sollte eine hohe Ordnung aufweisen, um das Nutzsignal nicht zu beeinflussen aber alle Frequenzen mit $f > f_{max}$ zu unterdrücken, und er wird üblicherweise als FIR-Filter mit linearem Phasengang realisiert, vgl. Abschn. 8.2.4.

Nach der Filterung enthält das Signal nur noch Frequenzanteile bis zu f_{max}, weshalb die hohe Überabtastung des Modulators reduziert werden kann und auch sollte, um den Speicher- und Verarbeitungsaufwand zu verringern. Dies geschieht in einem sogenannten *Dezimierer*, an dessem Ausgang nur noch jeder n-te Abtastwert auftritt. Damit hierbei kein Aliasing entsteht, darf der Wert n maximal dem OSR des Modulators entsprechen.

Delta-Sigma-Wandler werden als ADC in zahlreichen technischen Anwendungen eingesetzt, da sich mit ihnen bei geringem Aufwand nahezu beliebig viele Quantisierungsstufen realisieren lassen, ohne dass nichtlineare Verzerrungen auftreten. Aufgrund der hohen Überabtastung kann dabei auch ein dem Wandler vorgeschaltetes analoges Anti-Aliasing Filter sehr einfach aufgebaut sein. In sensiblen Anwendungen wie der Mess- oder Medizintechnik wirkt sich die hohe Abtastrate aber auch nachteilig aus, denn durch den Modulator entstehen hochfrequente Störsignale, die gut abgeschirmt werden müssen. Darüber hinaus muss die vergleichsweise große Latenz durch das digitale Filter beachtet werden, was den Einsatz von Delta-Sigma-Wandlern in der Regelungstechnik häufig ausschließt.

Auch für DAC mit hoher Auflösung können Delta-Sigma-Modulatoren verwendet werden, z. B. um Verzerrungen bei der Wandlung entsprechend Abb. 9.13 aufgrund von Toleranzen der ohmschen Widerstände zu vermeiden, und die Grundstruktur eines 1-Bit DAC zeigt Abb. 9.35. Zunächst ist auch hier eine Überabtastung erforderlich, wozu in einem Interpolator jeweils zwischen zwei Abtastwerten $n - 1$ Werte eingefügt werden, vgl. Abschn. 9.2.2, was einer Verringerung der Abtastzeit um den Faktor n entspricht. Das Signal $u(kT/n)$ wird anschließend auf den Modulator gegeben, der in diesem Fall rein digital realisiert wird, wobei der Integrator nach (8.26) durch eine Summenbildung ersetzt wird. Auch der Bitstream $u_q(kT/n)$ ist jetzt ein digitales Signal, das anschließend in einem D/A-Umsetzer in eine breitbandige analoge Spannung mit gewünschter Amplitude transformiert wird. Hieraus formt dann ein analoger Tiefpass das Nutzsignal $u(t)$, indem die hochfrequenten Rauschanteile entfernt werden. Die Anforderungen an diesen Tiefpass bezüglich Flankensteilheit sind dabei umso geringer, je höher n gewählt wird.

[23] In praktischen Realisierungen von Delta-Sigma-Wandlern ist der 1-Bit ADC häufig in den Komparator integriert. In diesem Fall muss ein zusätzlicher 1-Bit DAC, der wie der 1-Bit ADC sehr einfach aufgebaut ist, im Rückkoppelzweig des Modulators vorgesehen werden, um die analoge Spannung $u_q(t)$ von $u(t)$ subtrahieren zu können.

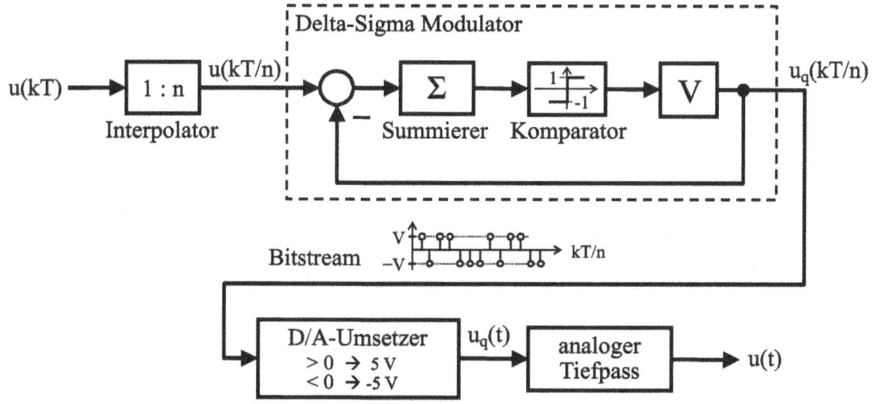

Abb. 9.35 Strukturbild eines Delta-Sigma DAC: Vor dem digital ausgeführten Modulator wird die Abtastrate um den Faktor n erhöht, so dass der Bitstream in diesem Fall ein digitales Signal darstellt; dieses wird in ein Analogsignal mit gewünschtem Amplitudenbereich umgesetzt und anschließend die Rauschanteile mit einem Tiefpass entfernt

9.4 Zusammenfassung

Wesentliche Voraussetzung für den Einsatz von Computern zur Signalverarbeitung ist die Äquivalenz analoger und digitaler Signale. Diese ist bei Einhaltung des Abtasttheorems garantiert, das wir für Tiefpass- wie für Bandpass-Signale hergeleitet haben, wobei auch die Energie und Leistung abgetasteter Signale sowie die natürliche Abtastung betrachtet wurde. Die Erzeugung bzw. Wiederherstellung analoger Signale aus digitalen Zahlenfolgen ist durch Halteglieder in Verbindung mit Rekonstruktionsfiltern mit geringer Verzerrung möglich, da sich durch Überabtastung oder Abtastratenerhöhung die Anforderungen an ein solches Filter wesentlich reduzieren lassen. Darüber hinaus haben wir uns mit der Quantisierung analoger Signale und den dabei entstehenden Fehlern beschäftigt. Hierauf aufbauend wurde mit dem Delta-Sigma-Wandler ein effizientes System eingeführt, das als ADC wie auch DAC in vielen Anwendungen zum Einsatz kommt, da durch die sogenannte Rauschformung eine verzerrungsfreie Quantisierung mit nur einem Bit Auflösung erfolgen kann.

10 Transformationen zeitdiskreter Signale und Systeme

Diskrete Signale und Systeme haben wir bisher weitgehend im Zeitbereich betrachtet, auch wenn durch Anwendung der Fourier- bzw. Laplace-Transformation auf Folgen von Dirac-Stößen bzw. auf treppenförmige Signale bereits die Wirkung der Abtastung im Frequenz- bzw. s-Bereich deutlich wurde. In diesem Kapitel werden wir die Diskrete Fourier-Transformation kennenlernen, welche die Möglichkeiten der digitalen Signalverarbeitung erheblich erweitert, sowie die z-Transformation, die eine einfache Analyse und Synthese zeitdiskreter Systeme ermöglicht.

10.1 Die Diskrete Fourier-Transformation

Im Abschn. 9.1.2 haben wir ideal abgetastete Signale, die mathematisch als Folgen von mit den Abtastwerten zu Vielfachen der Abtastzeit T gewichteten Dirac-Stößen beschrieben werden, in den Fourier-Bereich transformiert, um das Abtasttheorem herzuleiten. Dazu ersetzten wir die Summe äquidistanter Dirac-Stöße durch cos-Funktionen und konnten zeigen, dass das Spektrum $S_a(f)$ eines idealen Abtastsignals $s_a(t)$ nach (9.18) aus periodisch mit $f_T = \frac{1}{T}$ wiederholten Spektren $S(f)$ des Analogsignals $s(t)$ besteht.

Dasselbe Spektrum $S_a(f)$ erhalten wir viel einfacher durch direkte Anwendung der Fourier-Transformation auf das Abtastsignal, wozu wir in (9.5) das bekannte Spektrum des Dirac-Stoßes $\mathscr{F}\{\delta(t)\} = 1$ einsetzen. Mit dem Verschiebungs- und dem Linearitätstheorem folgt $S_a(f)$ dann als gewichtete Summe komplexer e-Funktionen

$$s_a(t) = \sum_{k=-\infty}^{\infty} s(k) \cdot \delta(t - kT) \quad \circ\!\!-\!\!\bullet \quad S_a(f) = \sum_{k=-\infty}^{\infty} s(k) \cdot \mathrm{e}^{-j2\pi f \cdot kT} . \qquad (10.1)$$

V. Sommer, *Grundlagen der Systemtheorie und Signalverarbeitung*, https://doi.org/10.1007/978-3-662-72126-1_10

Das kontinuierliche Abtastspektrum $S_a(f)$ kann damit auch unmittelbar aus den Abtastwerten, also aus der Sequenz $s(k)$ bestimmt werden, ohne das ideale Abtastsignal $s_a(t)$ zu betrachten, und dieser Zusammenhang lässt sich auch umkehren, wie im Anhang A.14 gezeigt wird[1]

$$s(k) = T \cdot \int_{-\frac{1}{2T}}^{\frac{1}{2T}} S_a(f) \cdot e^{j2\pi f \cdot kT} df \, . \tag{10.2}$$

Man erhält hierdurch eine eindeutige Korrespondenz zwischen $s(k)$ und $S_a(f)$, die als *Fourier-Transformation zeitdiskreter Signale* oder abgekürzt als DTFT (engl. *Discrete Time Fourier Transform*) bezeichnet wird [26]. Diese Transformation hat für theoretische Analysen Bedeutung, sie erlaubt aber keine rechnergestützte Verarbeitung zeitdiskreter Signale im Frequenzbereich, da das Spektrum weiterhin analog ist.

Um auch das Spektrum zu diskretisieren, beschränken wir das zeitdiskrete Signal auf N Abtastwerte mit $0 \leq k \leq N-1$. Außerdem legen wir ein Frequenzinkrement F so fest, dass innerhalb des Bereiches $0 \leq f < f_T$ ebenfalls N diskrete Spektralwerte liegen; aus $N \cdot F = f_T$ folgt dann

$$F = \frac{f_T}{N} = \frac{1}{N \cdot T} \, . \tag{10.3}$$

Die rechte Seite von (10.1) wird damit zur sogenannten *Diskreten Fourier-Transformation* (DFT), die das Spektrum $S_a(f = \mu F) = S(\mu F) = S(\mu)$ an diskreten Stützstellen mit $\mu \in \mathbb{Z}$ liefert[2]

$$S(\mu) = \sum_{k=0}^{N-1} s(k) \cdot e^{-j\,2\pi \cdot \mu \cdot k/N} \, . \tag{10.4}$$

Aus dem diskreten Spektrum lässt sich mit der *inversen Diskreten Fourier-Transformation* (iDFT) das diskrete Zeitsignal zurückgewinnen. Im Unterschied zur DFT tritt ein Vorfaktor $\frac{1}{N}$ sowie ein positives Vorzeichen im Exponenten auf, und wir werden die iDFT im Abschn. 10.1.1 herleiten

$$s(k) = \frac{1}{N} \cdot \sum_{\mu=0}^{N-1} S(\mu) \cdot e^{j\,2\pi \cdot \mu \cdot k/N} \, . \tag{10.5}$$

---

[1] Der Integrationsbereich von $-\frac{f_T}{2}$ bis $\frac{f_T}{2}$ mit $f_T = \frac{1}{T}$ kann aufgrund der Periodizität des Integranden auch beliebig auf der Frequenzachse verschoben werden.

[2] Man beachte, dass $S(\mu F)$ bzw. $S(\mu)$ das diskrete Abtastspektrum und nicht etwa das diskrete Analogspektrum bezeichnen, auch wenn wir auf ein tiefgestelltes a verzichten; wie bei zeitdiskreten Signalen geben wir auch DFT-Spektren meistens nur abhängig vom Index μ an und interpretieren sie als Sequenzen komplexer Zahlenwerte.

Den Zusammenhang zwischen $s(k)$ und $S(\mu)$ bzw. zwischen DFT und iDFT angewandt auf diese Signale kennzeichnen wir wie bei den anderen Transformationen durch das Hantelsymbol

$$S(\mu) = \mathrm{DFT}\{s(k)\} \quad \bullet\!\!-\!\!\circ \quad s(k) = \mathrm{iDFT}\{S(\mu)\} \, . \tag{10.6}$$

Die DFT zusammen mit der iDFT gestattet die Berechnung und Speicherung von Spektren in Computern, bzw. deren Rückumwandlung in zeitdiskrete Signale. Damit kann diese Transformation nicht nur zur theoretischen Analyse verwendet werden, sondern sie gestattet ebenfalls die Filterung numerisch vorliegender Signale. Dies erweitert die Einsatzmöglichkeiten der digitalen Signalverarbeitung erheblich, insbesondere, da mit der *Fast Fourier Transformation* (FFT), auf die wir im Abschn. 10.1.2 eingehen, ein höchst effizienter Algorithmus zur Verfügung steht.

Als Beispiel für die Anwendung von DFT und iDFT betrachten wir die Transformation des Elementarsignals $\delta(k)$ aus Abschn. 8.1.1. Der Einheitsimpuls blendet aus der DFT-Summe nur den Term mit $k = 0$ aus, so dass das Spektrum für alle Frequenzindizes μ den Wert eins annimmt

$$\delta(k) \quad \circ\!\!-\!\!\bullet \quad \sum_{k=0}^{N-1} \delta(k) \cdot \mathrm{e}^{-j\,2\pi \cdot \mu \cdot k/N} = \mathrm{e}^{-j\,2\pi \cdot \mu \cdot 0/N} = 1 \, . \tag{10.7}$$

Wenden wir hierauf die iDFT an, so erhalten wir den diskreten Einheitsimpuls zurück

$$1 \quad \bullet\!\!-\!\!\circ \quad \frac{1}{N} \cdot \sum_{\mu=0}^{N-1} 1 \cdot \mathrm{e}^{j\,2\pi \cdot k \cdot \mu/N} = \delta(k) \, , \tag{10.8}$$

denn für $k = 0$ wird N-mal der Term $\mathrm{e}^0 = 1$ geteilt durch N aufaddiert, während wir für k im Bereich $1 \le k \le N-1$ die Summe als endliche geometrische Reihe schreiben können; diese ergibt jeweils null, da der Zähler mit $\mathrm{e}^{j2\pi \cdot k} = 1$ null wird, während der Nenner endlich bleibt

$$\frac{1}{N} \cdot \sum_{\mu=0}^{N-1} \left(\mathrm{e}^{j\,2\pi \cdot k/N}\right)^{\mu} = \frac{1}{N} \cdot \frac{1 - \mathrm{e}^{j\,2\pi \cdot k \cdot N/N}}{1 - \mathrm{e}^{j\,2\pi \cdot k/N}} = 0 \quad \text{für} \quad 1 \le k \le N-1 \, . \tag{10.9}$$

Anhand von Abb. 10.1 wollen wir jetzt die Wirkung der DFT und iDFT genauer betrachten. Dazu nehmen wir ein zeitdiskretes Signal $s(kT)$ mit N Abtastwerten im Bereich $0 \le k \le N-1$ an, das oben in der Grafik schwarz dargestellt ist. Wenden wir auf das Abtastsignal die Fourier-Transformation an, so erhalten wir das in der unteren Grafik dargestellte kontinuierliche und periodische Spektrum $S_a(f)$, während die DFT auf die diskreten Spektralwerte $S(\mu F)$ führt. Auch die DFT liefert ein periodisches Spektrum, was wir einfach mit (10.4) zeigen können, indem wir zum Frequenzindex μ einen Offset $m \cdot N$ mit $m \in \mathbb{Z}$ hinzufügen

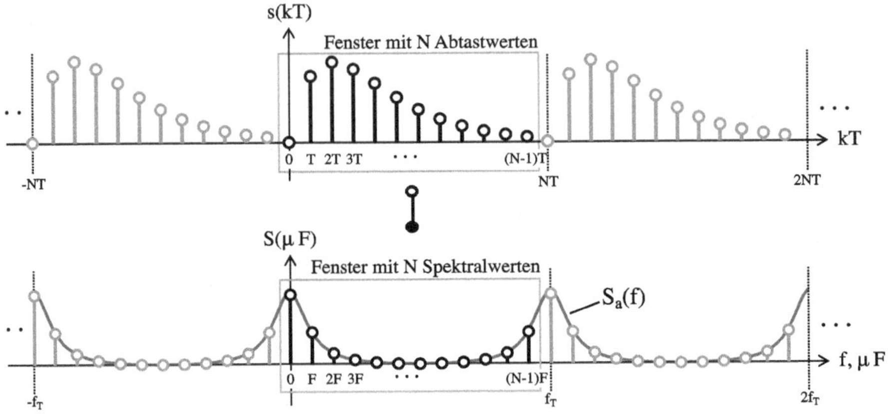

Abb. 10.1 Bei der DFT werden aus N Abtastwerten eines Zeitsignals ebenfalls N Spektralwerte im Abstand $F = \frac{1}{N \cdot T}$ bestimmt, die aufgrund der Abtastung mit der Frequenz $N \cdot F = f_T$ periodisch wiederholt werden. Dieses diskrete Spektrum korrespondiert zu einem ebenfalls periodischen Zeitsignal mit der Periodendauer $N \cdot T$

$$S(\mu + m \cdot N) = \sum_{k=0}^{N-1} s(k) \cdot \mathrm{e}^{-j\,2\pi \cdot \frac{(\mu + m\,N) \cdot k}{N}} = \sum_{k=0}^{N-1} s(k) \cdot \mathrm{e}^{-j\,2\pi \cdot \frac{\mu \cdot k}{N}} \cdot \underbrace{\mathrm{e}^{-j\,2\pi \cdot m \cdot k}}_{=1} = S(\mu)\,. \tag{10.10}$$

Während wir kontinuierliche Spektren immer symmetrisch zur Frequenz $f = 0$ dargestellt haben, beschränken wir uns bei Darstellungen von DFT-Spektren aufgrund ihrer Periodizität grundsätzlich auf das Frequenzfenster $0 \leq \mu \cdot F \leq (N-1) \cdot F$; dies entspricht dem Frequenzbereich $0 \leq f < f_T$ von analogen Signalen[3].

Interessant ist die Auswirkung der Frequenzdiskretisierung auf das Zeitsignal: Kennen wir die N Werte eines diskreten Spektrums, so können wir daraus mittels (10.5) das zugehörige Zeitsignal berechnen. Dieses Signal ist aber jetzt ebenfalls periodisch, was sich leicht zeigen lässt, indem wir zum Zeitindex k einen Offset $m \cdot N$ mit $m \in \mathbb{Z}$ addieren

$$s(k + m \cdot N) = \frac{1}{N} \sum_{\mu=0}^{N-1} S(\mu) \cdot \mathrm{e}^{j\,2\pi \cdot \frac{\mu \cdot (k + m\,N)}{N}} = \frac{1}{N} \sum_{\mu=0}^{N-1} S(\mu) \cdot \mathrm{e}^{j\,2\pi \cdot \frac{\mu \cdot k}{N}} \cdot \underbrace{\mathrm{e}^{j\,2\pi \cdot \mu \cdot m}}_{=1} = s(k)\,. \tag{10.11}$$

Diese Eigenschaft der iDFT hat wichtige Konsequenzen, denn daraus folgt, dass ein DFT-Spektrum immer ein periodisch mit $N \cdot T$ fortgesetztes Zeitsignal beschreibt, auch wenn

[3] Wie im vorherigen Kapitel nehmen wir das DFT-Spektrum $S(\mu)$ zur Vereinfachung der Darstellung als rein reell an; für den i. Allg. ebenfalls vorhandenen Imaginärteil gilt dieselbe Periodizität wie für den Realteil.

das ursprüngliche Zeitsignal gar nicht periodisch ist. Im Abschn. 10.1.5 werden wir darauf genauer eingehen.

Nimmt man das zeitdiskrete Signal $s(k)$ als reell an, so weist das DFT-Spektrum wichtige Symmetrieeigenschaften auf, denn $S(\mu)$ und $S(-\mu)$ sind dann zueinander konjugiert komplex

$$S(-\mu) = \sum_{k=0}^{N-1} s(k) \cdot e^{+j\,2\pi\cdot\mu\cdot k/N} = S^*(\mu)\,, \quad \text{falls } s(k) \text{ reell}\,. \tag{10.12}$$

Der Realteil des DFT-Spektrums und auch sein Betrag sind damit stets gerade, während Imaginärteil und Phase ungerade sind, vergleiche Abb. 3.2

$$\mathrm{Re}\{S(\mu)\} = \mathrm{Re}\{S(-\mu)\} \quad \text{und} \quad \mathrm{Im}\{S(\mu)\} = -\mathrm{Im}\{S(-\mu)\}\,. \tag{10.13}$$

Mittels iDFT (10.5) bestimmen wir das diskrete Zeitsignal und zerlegen dazu $S(\mu)$ sowie die komplexe e-Funktion jeweils in Real- und Imaginärteil. Die imaginären Produkte aus $\mathrm{Re}\{S(\mu)\}$ und Sinus sowie $\mathrm{Im}\{S(\mu)\}$ und Cosinus entfallen dabei, da $s(k)$ nach Voraussetzung reell ist

$$s(k) = \frac{1}{N} \cdot \sum_{\mu=0}^{N-1} \left(\mathrm{Re}\{S(\mu)\} \cdot \cos\left(\frac{2\pi\, k \cdot \mu}{N}\right) - \mathrm{Im}\{S(\mu)\} \cdot \sin\left(\frac{2\pi\, k \cdot \mu}{N}\right)\right). \tag{10.14}$$

Da der Zeitindex k nur in der geraden cos- bzw. ungeraden sin-Funktion auftritt, folgt aus (10.14), dass ein rein reelles DFT-Spektrum immer zu einem geraden und ein rein imaginäres DFT-Spektrum immer zu einem ungeraden diskreten Zeitsignal korrespondiert. Die Symmetrieeigenschaften der DFT entsprechen damit denen der Fourier-Transformation:

DFT-Spektren reeller Abtastsequenzen: Wird von einem reellwertigen zeitdiskreten Signal $s(k)$ das DFT-Spektrum $S(\mu)$ gebildet, so gelten folgende allgemeine Aussagen:

- Der Realteil $\mathrm{Re}\{S(\mu)\}$ und der Betrag $|S(\mu)|$ sind gerade Sequenzen
- Der Imaginärteil $\mathrm{Im}\{S(\mu)\}$ und die Phase $\varphi\{S(\mu)\}$ sind ungerade Sequenzen
- Ist $s(k)$ eine reelle und gerade Sequenz, so ist auch sein Spektrum $S(\mu)$ reell und gerade
- Ist $s(k)$ reell und ungerade, so ist $S(\mu)$ imaginär und ungerade

10.1.1 DFT und iDFT in Matrizenform

Die DFT und ihre Umkehrung lassen sich auch übersichtlich mit linearer Algebra darstellen, wozu wir den nur von N abhängigen Phasenfaktor w_N definieren und diesen in die DFT einsetzen

$$S(\mu) = \sum_{k=0}^{N-1} s(k) \cdot {w_N}^{-\mu \cdot k} \quad \text{mit} \quad w_N = \mathrm{e}^{j\frac{2\pi}{N}} . \tag{10.15}$$

Jetzt fassen wir die N diskreten Signalwerte im Zeit- und Spektralbereich jeweils zu den Spaltenvektoren $\underline{s}_N$ bzw. $\underline{S}_N$ zusammen

$$\underline{s}_N = \begin{bmatrix} s(0) \\ s(1) \\ \vdots \\ s(N-1) \end{bmatrix}, \quad \underline{S}_N = \begin{bmatrix} S(0) \\ S(1) \\ \vdots \\ S(N-1) \end{bmatrix}, \tag{10.16}$$

und definieren die DFT-Matrix $\underline{W}_N$, die in jeder Zeile den Term ${w_N}^{-\mu \cdot k}$ für ein konstantes μ und in jeder Spalte diesen Term für ein konstantes k enthält

$$\underline{W}_N = \begin{bmatrix} {w_N}^{-0\cdot 0} & {w_N}^{-0\cdot 1} & \dots & {w_N}^{-0\cdot(N-1)} \\ {w_N}^{-1\cdot 0} & {w_N}^{-1\cdot 1} & \dots & {w_N}^{-1\cdot(N-1)} \\ \vdots & \vdots & \ddots & \vdots \\ {w_N}^{-(N-1)\cdot 0} & {w_N}^{-(N-1)\cdot 1} & \dots & {w_N}^{-(N-1)\cdot(N-1)} \end{bmatrix} . \tag{10.17}$$

Einen beliebigen Spektralwert mit Index μ im Vektor $\underline{S}_N$ erhalten wir durch skalare Multiplikation des μ-ten Zeilenvektors von $\underline{W}_N$ mit dem Vektor $\underline{s}_N$, was exakt der Berechnung nach (10.15) entspricht. Damit gilt zwischen $\underline{S}_N$ und $\underline{s}_N$ über $\underline{W}_N$ eine einfache Matrizengleichung, die sich durch Bildung der inversen Matrix auch umkehren lässt

$$\underline{S}_N = \underline{W}_N \cdot \underline{s}_N \quad \Leftrightarrow \quad \underline{s}_N = \underline{W}_N^{-1} \cdot \underline{S}_N . \tag{10.18}$$

Im Anhang A.15 wird gezeigt, dass die Invertierung der DFT-Matrix immer möglich ist, und dass die inverse DFT-Matrix der konjugiert komplexen DFT-Matrix geteilt durch N entspricht, so dass wir mit $\left({w_N}^{-\mu \cdot k}\right)^* = {w_N}^{\mu \cdot k}$ erhalten

$$\underline{W}_N^{-1} = \frac{1}{N} \cdot \underline{W}_N^* = \frac{1}{N} \cdot \begin{bmatrix} {w_N}^{0\cdot 0} & {w_N}^{0\cdot 1} & \dots & {w_N}^{0\cdot(N-1)} \\ {w_N}^{1\cdot 0} & {w_N}^{1\cdot 1} & \dots & {w_N}^{1\cdot(N-1)} \\ \vdots & \vdots & \ddots & \vdots \\ {w_N}^{(N-1)\cdot 0} & {w_N}^{(N-1)\cdot 1} & \dots & {w_N}^{(N-1)\cdot(N-1)} \end{bmatrix} . \tag{10.19}$$

Setzen wir diese Matrix für $\underline{W}_N^{-1}$ rechts in (10.18) ein und multiplizieren einzeln jede Zeile mit dem Vektor $\underline{S}_N$, so erhalten wir die iDFT in skalarer Schreibweise entsprechend (10.5).

10.1.2 Die schnelle Fourier-Transformation

Die DFT und ihre Umkehrung zählen zu den wichtigsten Algorithmen der digitalen Signalverarbeitung. Dennoch ist ihre Berechnung nach (10.4) aufwändig, da für jeden der N Spektralwerte $S(\mu)$ mit $0 \leq \mu < N$ jeweils N Multiplikationen der N Abtastwerte mit den komplexen Phasenfaktoren $\mathrm{e}^{-j\,2\pi\cdot\mu\cdot k/N} = w_N{}^{-\mu\cdot k}$ erforderlich sind. Insgesamt benötigen wir für die Transformation von N Werten also $M_{DFT} = N^2$ Multiplikationen, und hieran ändert auch die im letzten Abschnitt eingeführte Schreibweise mit der DFT-Matrix nichts.

Eine wesentliche Reduzierung des Berechnungsaufwandes ermöglicht die *schnelle Fourier-Transformation* (engl. *Fast Fourier Transformation*), die meistens nach ihrer Abkürzung FFT benannt wird, und die dasselbe Spektrum wie die DFT liefert[4]. Die wesentliche Idee der FFT besteht darin, durch geschickte Zusammenfassung der Terme in der DFT-Formel und Ausnutzen ihrer Periodizität die Anzahl der Multiplikationen zu verringern. Dazu setzen wir ein gerades N voraus und teilen die Summe über alle N Abtastwerte in zwei Teilsummen mit jeweils geraden sowie ungeraden Indizes k auf, die beide $\frac{N}{2}$ Werte des zeitdiskreten Signals $s(k)$ enthalten

$$\begin{aligned} S(\mu) &= \sum_{k=0}^{\frac{N}{2}-1} s(2k)\cdot w_N{}^{-2k\cdot\mu} + \sum_{k=0}^{\frac{N}{2}-1} s(2k+1)\cdot w_N{}^{-(2k+1)\cdot\mu} \\ &= \sum_{k=0}^{\frac{N}{2}-1} s(2k)\cdot w_{\frac{N}{2}}{}^{-k\cdot\mu} + w_N{}^{-\mu}\cdot\sum_{k=0}^{\frac{N}{2}-1} s(2k+1)\cdot w_{\frac{N}{2}}{}^{-k\cdot\mu}\,. \end{aligned} \tag{10.20}$$

In der zweiten Zeile haben wir die Identität $w_N{}^2 = w_{\frac{N}{2}}$ verwendet, die direkt aus der Definition von w_N in (10.15) folgt, so dass auch $w_N{}^{-2k\cdot\mu} = w_{\frac{N}{2}}{}^{-k\cdot\mu}$ und $w_N{}^{-(2k+1)\cdot\mu} = w_N{}^{-\mu}\cdot w_{\frac{N}{2}}{}^{-k\cdot\mu}$ gilt; außerdem ziehen wir den nicht von k abhängigen Term $w_N{}^{-\mu}$ aus der zweiten Summe heraus.

Die beiden Summen in (10.20) über die geraden bzw. ungeraden Werte von $s(k)$ multipliziert mit Potenzen von $w_{\frac{N}{2}}$ definieren wir als Teilspektren $S_0^{(2)}(\mu)$ und $S_1^{(2)}(\mu)$

$$S_0^{(2)}(\mu) = \sum_{k=0}^{\frac{N}{2}-1} s(2k)\cdot w_{\frac{N}{2}}{}^{-k\cdot\mu} \quad \text{und} \quad S_1^{(2)}(\mu) = \sum_{k=0}^{\frac{N}{2}-1} s(2k+1)\cdot w_{\frac{N}{2}}{}^{-k\cdot\mu}\,, \tag{10.21}$$

[4] Der grundlegende FFT-Algorithmus wurde 1965 von James Cooley und John W. Tukey veröffentlicht, er geht aber auf viele Vorarbeiten zurück und wurde prinzipiell bereits von Gauß beschrieben [7].

so dass wir für $S(\mu)$ schreiben können

$$S(\mu) = S_0^{(2)}(\mu) + w_N{}^{-\mu} \cdot S_1^{(2)}(\mu) \quad \text{mit} \quad 0 \le \mu < N \,. \tag{10.22}$$

Wir wollen jetzt die Gesamtzahl der notwendigen Multiplikationen zur Berechnung von (10.22) ermitteln und betrachten dazu die Periodizität des in den Summen enthaltenen Terms $w_{\frac{N}{2}}{}^{-k\cdot\mu}$

$$w_{\frac{N}{2}}{}^{-k\cdot(\mu+\frac{N}{2})} = \mathrm{e}^{-j\,2\pi\cdot k\cdot(\mu+\frac{N}{2})/\frac{N}{2}} = \mathrm{e}^{-j\,2\pi\cdot k\cdot\mu/\frac{N}{2}} = w_{\frac{N}{2}}{}^{-k\cdot\mu}\,, \tag{10.23}$$

so dass aus (10.21) für die Periodizität der Teilspektren $S_0^{(2)}(\mu)$ und $S_1^{(2)}(\mu)$ ebenfalls folgt

$$S_0^{(2)}(\mu + \tfrac{N}{2}) = S_0^{(2)}(\mu) \quad \text{und} \quad S_1^{(2)}(\mu + \tfrac{N}{2}) = S_1^{(2)}(\mu)\,. \tag{10.24}$$

Da zur Berechnung von $S_0^{(2)}(\mu)$ für ein einzelnes μ nach (10.21) genau $\frac{N}{2}$ Multiplikationen auftreten, benötigen wir für alle μ im Bereich $0 \le \mu < \frac{N}{2}$ insgesamt $\frac{N}{2} \cdot \frac{N}{2} = \left(\frac{N}{2}\right)^2$ Multiplikationen. Dieser Wert entspricht auch bereits dem Gesamtaufwand für $S_0^{(2)}(\mu)$, denn wegen (10.24) ist das Teilspektrum für die Frequenzen $\frac{N}{2} \le \mu < N$ identisch zum Bereich $0 \le \mu < \frac{N}{2}$.

Derselbe Aufwand entsteht nochmals für die Berechnung von $S_1^{(2)}(\mu)$, wobei hier nach (10.22) für jedes μ zusätzlich eine Multiplikation mit dem Term $w_N{}^{-\mu}$ erfolgen muss; insgesamt beträgt damit die Anzahl der Multiplikationen M_2 bei Aufspaltung in zwei Teilsummen

$$M_2 = \left(\tfrac{N}{2}\right)^2 + \left(\tfrac{N}{2}\right)^2 + N = 2 \cdot \left(\tfrac{N}{2}\right)^2 + N\,.$$

Diese Idee können wir ein zweites Mal anwenden, vorausgesetzt, dass $\frac{N}{2}$ gerade ist, indem wir die beiden Reihen über $\frac{N}{2}$ Summanden jeweils in zwei Reihen mit je $\frac{N}{4}$ Summanden aufteilen, wodurch sich die Zahl der Multiplikationen in jeder dieser Summen von $\left(\frac{N}{2}\right)^2$ auf $2 \cdot \left(\frac{N}{4}\right)^2 + \frac{N}{2}$ verringert. Damit reduziert sich die Gesamtzahl der Multiplikationen auf

$$M_4 = 2 \cdot \left(2 \cdot \left(\tfrac{N}{4}\right)^2 + \tfrac{N}{2}\right) + N = 4 \cdot \left(\tfrac{N}{4}\right)^2 + 2 \cdot N\,.$$

Falls auch $\frac{N}{4}$ gerade ist, lassen sich die Summen erneut teilen in insgesamt 8 Reihensummen mit jeweils $\frac{N}{8}$ Summanden, was eine weitere Verringerung der Anzahl der Multiplikationen bewirkt

$$M_8 = 2 \cdot \left(2 \cdot \left(\tfrac{N}{8}\right)^2 + \tfrac{N}{4}\right) + 2 \cdot N = 8 \cdot \left(\tfrac{N}{8}\right)^2 + 3 \cdot N\,.$$

Aus dieser Systematik können wir eine allgemeine Regel für die Anzahl der durchzuführenden Multiplikationen abhängig von der Anzahl der Teilsummen m ablesen, wenn wir m als Zweierpotenz und N als ganzzahliges Vielfaches von m wählen

$$M_m = m \cdot \left(\tfrac{N}{m}\right)^2 + \log_2(m) \cdot N \,. \qquad (10.25)$$

Die m Teilspektren bzw. Teilsummen $S_i^{(m)}(\mu)$ aus jeweils $\frac{N}{m}$ Werten des zeitdiskreten Signals $s(k)$ im Abstand von m erhalten wir analog zu (10.21). Hierbei ist jedes Teilspektrum durch einen Index i gekennzeichnet mit $0 \leq i < m$; zusätzlich führen wir einen Offset $o_m[i]$ beim Zugriff auf $s(k)$ ein, um das anschließende Zusammenfassen der Teilspektren zu erleichtern

$$S_i^{(m)}(\mu) = \sum_{k=0}^{\frac{N}{m}-1} s(m \cdot k + o_m[i]) \cdot w_{\frac{N}{m}}{}^{-k\cdot\mu} \quad \text{für} \quad 0 \leq \mu < \tfrac{N}{m} \,. \qquad (10.26)$$

Wegen der Periodizität von $w_{\frac{N}{m}} = \mathrm{e}^{j\,2\pi\cdot m/N}$ müssen wir für jedes i nur die ersten $\frac{N}{m}$ Spektralwerte mit (10.26) berechnen und können die übrigen Werte wie in (10.24) periodisch ergänzen

$$S_i^{(m)}(\mu + j \cdot \tfrac{N}{m}) = S_i^{(m)}(\mu) \quad \text{für} \quad 0 \leq \mu < \tfrac{N}{m} \quad \text{und} \quad 1 \leq j < m \,. \qquad (10.27)$$

Insgesamt entspricht damit die Anzahl der erforderlichen Multiplikationen zur Berechnung der m Teilspektren dem ersten Summanden in (10.25)

Die Verschiebungen $o_m[i]$ in (10.26) bilden wir durch sogenannte Bitumkehr, abhängig von der Anzahl der Teilspektren m und vom Index i. Diese ist so definiert, dass alle i mit $0 \leq i < m$ als Binärcode der Länge $\log_2(m)$ notiert und dann gespiegelt werden; die Abfolge dieser Zahlenwerte bestimmt dann den jeweiligen Offset $o_m[i]$, siehe [43]. Als Beispiel betrachten wir den Fall $m = 8$: Aus der Sequenz $i = \{0\ 1\ 2\ 3\ 4\ 5\ 6\ 7\}$ d. h. binär $\{000\ 001\ 010\ 011\ 100\ 101\ 110\ 111\}$ wird nach Bitumkehr $\{000\ 100\ 010\ 110\ 001\ 101\ 011\ 111\}$ und damit die neue Reihenfolge $o_8[i] = \{0\ 4\ 2\ 6\ 1\ 5\ 3\ 7\}$. Für $m = 2$, d. h. bei einer Zerlegung in zwei Teilspektren, nimmt i nur die Werte 0 und 1 an, und wir erhalten mit $o_2[0] = 0$ und $o_2[1] = 1$ dieselben Verschiebungen wie in (10.21).

Nachdem die m Teilspektren jeweils der Länge N bestimmt wurden, wechseln wir auf die Stufe darüber, indem wir $m := \frac{m}{2}$ setzen. Für dieses neue m berechnen wir analog zu (10.22) durch Zusammenfassen jeweils benachbarter Teilspektren der Stufe darunter die neuen Teilspektren

$$S_i^{(m)}(\mu) = S_{2i}^{(2\,m)}(\mu) + w_{\frac{N}{m}}{}^{-\mu} \cdot S_{2i+1}^{(2\,m)}(\mu) \quad \text{für} \quad 0 \leq i < m \,. \qquad (10.28)$$

Dieses Vorgehen wiederholen wir, bis $m = 1$ erreicht wird, und für diesen Wert geht die Gleichung mit $S_0^{(1)}(\mu) := S(\mu)$ in (10.22) über, so dass wir das gesuchte DFT-Spektrum erhalten.

Hierbei benötigen wir wegen der Periodizität der Teilspektren für jedes i nur $\frac{N}{m}$ Multiplikationen mit $w_{\frac{N}{m}}{}^{-\mu}$, so dass für alle m Teilspektren einer Stufe genau N Multiplikationen anfallen.

Die Permutation der Indexwerte durch den Term $o_m[i]$ in (10.26) sorgt beim Zusammenfassen mit (10.28) dafür, dass auf einer Stufe stets zwei Teilspektren mit den Indizes $2i$ sowie $2i+1$ hintereinander stehen, die auf denselben Werten von $s(k)$ beruhen, aus denen auch das Teilspektrum auf der Stufe darüber mit Index i berechnet wird.

Um die Gesamtzahl der Multiplikationen zu minimieren, beginnen wir mit einer Zerlegung in $m = \frac{N}{2}$ Teilspektren, was voraussetzt, dass auch N eine Zweierpotenz ist[5]. Für dieses m basiert jedes Teilspektrum nur auf zwei Werten von $s(k)$; außerdem müssen wir die Teilspektren nach (10.26) auch lediglich für $\mu = 0$ und $\mu = 1$ berechnen und können diese dann periodisch ergänzen. Da der Faktor w_2 nur die Werte 1 oder -1 annimmt, sind keine Multiplikationen erforderlich

$$S_i^{(N/2)}(\mu) = \sum_{k=0}^{1} s(\tfrac{N}{2}\cdot k + o_{N/2}[i]) \cdot \underbrace{e^{-j\pi\cdot k\cdot\mu}}_{w_2} = \begin{cases} s(o_{N/2}[i]) + s(\frac{N}{2} + o_{N/2}[i]) & \mu = 0 \\ & \text{für} \\ s(o_{N/2}[i]) - s(\frac{N}{2} + o_{N/2}[i]) & \mu = 1 \end{cases} \tag{10.29}$$

Damit entfällt für $m = \frac{N}{2}$ der erste Summand in (10.25), und wir erhalten die bei Anwendung des FFT-Algorithmus' minimale Anzahl von Multiplikationen, die sich aus der Anzahl der Stufen $\log_2\left(\frac{N}{2}\right)$ ergibt, auf denen mit (10.28) jeweils N Multiplikationen zu berechnen sind

$$M_{min} = \log_2\left(\tfrac{N}{2}\right) \cdot N = (\log_2(N) - 1) \cdot N\,. \tag{10.30}$$

Dies soll anhand des in Abb. 10.2 oben dargestellten aus $N = 8$ Abtastwerten bestehenden Signals $s(k)$ beispielhaft verdeutlicht werden. Auf der untersten Stufe mit $m = \frac{N}{2} = 4$ bestimmen wir zunächst nach 10.29 ohne Multiplikationen die vier Teilspektren $S_i^{(4)}(\mu)$ mit $0 \le i < 4$, jeweils bestehend aus 8 Werten, wobei wir deren Periodizität ausnutzen

$$\begin{aligned} S_i^{(4)}(0) = S_i^{(4)}(2) = S_i^{(4)}(4) = S_i^{(4)}(6) &= s(o_4[i]) + s(4 + o_4[i]) \\ S_i^{(4)}(1) = S_i^{(4)}(3) = S_i^{(4)}(5) = S_i^{(4)}(7) &= s(o_4[i]) - s(4 + o_4[i]) \end{aligned}$$

Aus den Indizes $i = \{0\ 1\ 2\ 3\} = \{00\ 01\ 10\ 11\}$ folgt durch Bitumkehr die Sequenz der Offset-Werte $o_4[i] = \{00\ 10\ 01\ 11\} = \{0\ 2\ 1\ 3\}$. Die vier Teilsignale von $s(k)$ mit jeweils zwei Werten und dem Offset $o_4[i]$, aus denen die vier Teilspektren $S_i^{(4)}(\mu)$ hervorgehen, zeigt Abb. 10.2 unten.

---

[5] Falls N keiner Zweierpotenz entsprechen sollte, können Nullen an $s(k)$ angefügt werden, siehe Abschn. 10.2.1.

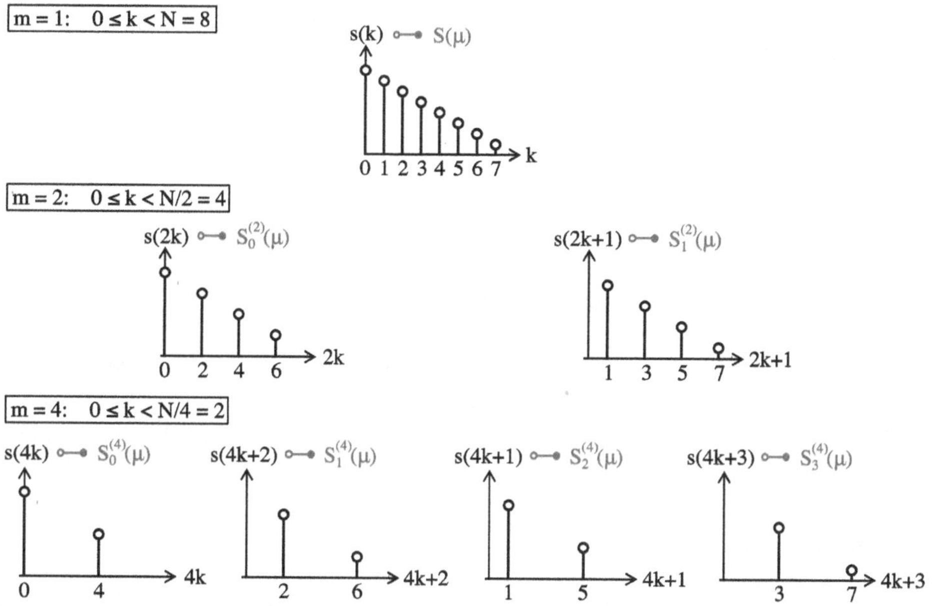

Abb. 10.2 FFT-Verarbeitungsschritte für ein aus $N = 8$ Abtastwerten bestehendes Signal; dieses wird in $m = 4$ Teilsignale mit jeweils zwei Abtastwerten zerlegt, aus denen die Teilspektren $S_i^{(4)}(\mu)$ mit $0 \leq i < \frac{N}{2}$ ohne Multiplikationen bestimmt werden können; jeweils zwei benachbarte Spektren ergeben ein Spektrum auf der mittleren Stufe für $m = 2$ mit $2 \cdot \frac{N}{2}$ Multiplikationen; diese Teilspektren werden dann zu $S(\mu)$ kombiniert, wobei erneut N Multiplikationen anfallen

Mit (10.28) berechnen wir daraus die beiden Teilspektren der mittleren Stufe $m = 2$ für $i = 0$ und $i = 1$, wobei in jeder Gleichung mit $0 \leq \mu < 4$ vier Multiplikationen mit $w_4{}^{-\mu}$ auftreten

$$S_0^{(2)}(\mu) \;=\; S_0^{(4)}(\mu) + w_4{}^{-\mu} \cdot S_1^{(4)}(\mu) \qquad \text{und} \qquad S_1^{(2)}(\mu) \;=\; S_2^{(4)}(\mu) + w_4{}^{-\mu} \cdot S_3^{(4)}(\mu)\,.$$

Diese beiden Teilspektren basieren jeweils auf vier Abtastwerten, die sich aus den beiden Teilsignalen der Stufe darunter zusammensetzen, was durch den von i abhängigen Offset sichergestellt wird. Jetzt können wir aus $S_0^{(2)}(\mu)$ und $S_1^{(2)}(\mu)$ das resultierende Spektrum auf der obersten Stufe mit $m = 1$ berechnen, wozu wegen $0 \leq \mu < 8$ acht Multiplikationen mit $w_8{}^{-\mu}$ benötigt werden

$$S(\mu) \;=\; S_0^{(1)}(\mu) \;=\; S_0^{(2)}(\mu) \;+\; w_8{}^{-\mu} \cdot S_1^{(2)}(\mu)\,.$$

Statt $8^2 = 64$ Multiplikationen mit der DFT reduziert sich deren Zahl mit dem FFT-Algorithmus auf $(\log_2(8) - 1) \cdot 8 = 16$ Multiplikationen an, also um den Faktor vier[6], [7].

10.1.3 Theoreme der Diskreten Fourier-Transformation

Die DFT kann als Sonderfall der allgemeinen Fourier-Transformation für abgetastete und periodisch im Zeit- und Frequenzbereich wiederholte Signale betrachtet werden, so dass die Theoreme der Fourier-Transformation grundsätzlich übertragbar sind, auch wenn die konkreten Regeln sich teilweise unterscheiden. Wir wollen hier nur einige dieser Theoreme vorstellen, um das Verständnis zu vertiefen, denn DFT und iDFT dienen nicht vorrangig der theoretischen Analyse, sondern kommen überwiegend zur numerischen Verarbeitung digitaler Signale zum Einsatz.

Auch für die DFT gilt analog zu (3.36) der Linearitätssatz, nach dem sich im Zeit- und Spektralbereich dieselben Linearkombinationen ergeben

$$s(k) = a_1 \cdot s_1(k) + a_2 \cdot s_2(k) \quad \circ\!\!-\!\!\bullet \quad S(\mu) = a_1 \cdot S_1(\mu) + a_2 \cdot S_2(\mu)\,. \tag{10.31}$$

Betrachten wir ein gespiegeltes mit N periodisches Signal $s(-k)$, so können wir ebenfalls das für analoge Signale geltende Theorem (3.61) unverändert übernehmen, wie sich durch Einsetzen in die DFT-Summe überprüfen lässt

$$s(-k) \quad \circ\!\!-\!\!\bullet \quad S(-\mu) \quad [= \; S^*(\mu)\,, \text{ falls } s(k) \text{ reell }]\,. \tag{10.32}$$

Auch das Verschiebungstheorem (3.60) ist für die DFT gültig, wobei wir die Periodizität des Zeitsignals durch die Modulo-Operation berücksichtigen[8]

$$s([k-n] \bmod N) \quad \circ\!\!-\!\!\bullet \quad S(\mu) \cdot \mathrm{e}^{-j2\pi \cdot n \cdot \mu / N}\,. \tag{10.33}$$

Angewandt auf den zyklisch verschobenen diskreten Einheitsimpuls, führt dies mit (10.7) auf

---

[6] Die mit der FFT erzielbare Einsparung ist umso größer, je länger ein Signal ist; bei $N = 2^9 = 512$ Abtastwerten wird z. B. die Anzahl der Multiplikationen von 512^2 auf $8 * 512$, also um den Faktor 64 reduziert.

[7] Der FFT-Algorithmus kann aufgrund der Symmetrie zwischen (10.4) und (10.5) natürlich auch für die inverse DFT angewandt werden; bei der iFFT wird statt des Zeitsignals $s(k)$ das Spektrum $S(\mu)$ aufgeteilt, außerdem muss das umgekehrte Vorzeichen in den Phasenfaktoren und zusätzlich der Vorfaktor $\frac{1}{N}$ berücksichtigt werden.

[8] Durch die Verwendung des Modulo-Operators greifen wir bei verschobenen Signalen immer auf identische Werte im Bereich $0 \leq k < N$ zu; bei gespiegelten Signalen verzichten wir auf diese Schreibweise, wobei wegen der Periodizität auch hier $s(-k) = s(N-k) = s([-k] \bmod N)$ bzw. $S(-\mu) = S(N-\mu) = S([-\mu] \bmod N)$ gilt.

$$\delta([k-n] \bmod N) \quad \circ\!\!-\!\!\bullet \quad \mathrm{e}^{-j2\pi \cdot n \cdot \mu / N} \, . \tag{10.34}$$

Das Faltungstheorem (3.43) kann ebenfalls für diskrete Zeitsignale $s_1(k)$, $s_2(k)$ und deren DFT-Spektren $S_1(\mu)$, $S_2(\mu)$ angegeben werden, sofern auch hier die Periodizität berücksichtigt wird

$$s_1(k) \circledast s_2(k) \quad \circ\!\!-\!\!\bullet \quad S_1(\mu) \cdot S_2(\mu) \, . \tag{10.35}$$

Das Symbol $\circledast$ kennzeichnet dabei die sogenannte zyklische Faltung und weist darauf hin, dass das gespiegelte und verschobene Signal periodisch mit N fortgesetzt werden muss, wozu auch hier der Modulo-Operator dient[9]

$$s_1(k) \circledast s_2(k) = \sum_{i=0}^{N-1} s_1(i) \cdot s_2([k-i] \bmod N) \, . \tag{10.36}$$

Für duale Sequenzen lässt sich analog zu Abschn. 3.3.3 ein Symmetrie-Theorem herleiten, indem wir zunächst die iDFT für negative k betrachten und dann die Variable k mit μ tauschen

$$s(-k) = \frac{1}{N} \cdot \sum_{\mu=0}^{N-1} S(\mu) \cdot \mathrm{e}^{-j\,2\pi \cdot \mu \cdot k/N} \quad \overset{k \leftrightarrow \mu}{\Rightarrow} \quad s(-\mu) = \frac{1}{N} \cdot \sum_{k=0}^{N-1} S(k) \cdot \mathrm{e}^{-j\,2\pi \cdot \mu \cdot k/N} \, . \tag{10.37}$$

Interpretieren wir daher ein DFT-Spektrum als Zeitsignal $S(k)$, so korrespondiert dazu ein Spektrum, das dem gespiegelten und mit N multiplizierten ursprünglichen Zeitsignal entspricht

$$S(k) \quad \circ\!\!-\!\!\bullet \quad N \cdot s(-\mu) \, . \tag{10.38}$$

Angewandt auf (10.34) können wir das DFT-Spektrum der komplexen e-Funktion bestimmen, wobei wir zusätzlich ausnutzen, dass der diskrete Einheitsimpuls eine gerade Sequenz ist

$$\mathrm{e}^{-j2\pi \cdot n \cdot k/N} \quad \circ\!\!-\!\!\bullet \quad N \cdot \delta([-\mu - n] \bmod N) = N \cdot \delta([\mu + n] \bmod N) \, . \tag{10.39}$$

Durch zweifache Anwendung von (10.38) auf das Faltungstheorem (10.35) erhalten wir

$$\begin{aligned} \mathrm{DFT}\{S_1(k) \cdot S_2(k)\} &= N \cdot [s_1(-\mu) \circledast s_2(-\mu)] = \frac{1}{N} \cdot [N \cdot s_1(-\mu) \circledast N \cdot s_2(-\mu)] \\ &= \frac{1}{N} \cdot [\mathrm{DFT}\{S_1(k)\} \circledast \mathrm{DFT}\{S_2(k)\}] \, . \end{aligned} \tag{10.40}$$

[9] Auch für die zyklische Faltung gilt das Kommutativ-, Assoziativ- sowie das Distributivgesetz, vgl. Abschn. 2.2.4.

Die beliebig wählbaren zeitdiskreten Signale $S_1(k)$ und $S_2(k)$ bezeichnen wir wieder als $s_1(k)$ sowie $s_2(k)$ und erhalten analog zu (3.53) das Multiplikationstheorem der DFT, wobei wir wegen der zyklischen Faltung den Modulo-Operator hier im Spektralbereich verwenden

$$s_1(k) \cdot s_2(k) \quad \circ\!\!-\!\!\bullet \quad \tfrac{1}{N}\, S_1(\mu) \circledast S_2(\mu) \;=\; \tfrac{1}{N}\sum_{i=0}^{N-1} S_1(i) \cdot S_2([\mu - i] \bmod N)\,. \tag{10.41}$$

Damit können wir z. B. eine Frequenzverschiebung im zeitdiskreten Bereich beschreiben, indem wir für $s_2(k)$ die komplexe e-Funktion aus (10.39) einsetzen und berücksichtigen, dass die Faltung mit einem verschobenen Einheitsimpuls eine entsprechend verschobene Sequenz ergibt

$$s(k) \cdot \mathrm{e}^{-j2\pi \cdot n \cdot k/N} \quad \circ\!\!-\!\!\bullet \quad \tfrac{1}{N}\, S(\mu) \circledast N \cdot \delta([\mu + n] \bmod N) \;=\; S([\mu + n] \bmod N)\,. \tag{10.42}$$

Tab. B.4 im Anhang enthält Rechenregeln der DFT und deren Anwendung auf einige Signale.

10.1.4 Energie- und Leistungsberechnung im diskreten Spektralbereich

Für die Berechnung der Energie eines Signals $s(k)$ aus seinem DFT-Spektrum der Länge N definieren wir zunächst dessen zyklische Energie-Autokorrelationsfunktion (AKF) analog zu (8.18)

$$\mathring{\varphi}^{E}_{ss,d}(k) \;=\; \sum_{i=0}^{N-1} s(i) \cdot s([k + i] \bmod N)\,, \tag{10.43}$$

wobei aufgrund der Periodizität $\mathring{\varphi}^{E}_{ss,d}(k) = \mathring{\varphi}^{E}_{ss,d}(k \bmod N)$ für beliebige $k \in \mathbb{Z}$ gilt.

Die Signalenergie $E_{s,d}$ entspricht nach (8.12) dem Wert der Energie-AKF an der Stelle $k = 0$, und auch $\mathring{\varphi}^{E}_{ss,d}(0)$ liefert für $k = 0$ die Energie, da $s([i] \bmod N) = s(i)$ gilt[10]

$$E_{s,d} \;=\; \sum_{i=0}^{N-1} s^2(i) \;=\; \varphi^{E}_{ss,d}(0) \;=\; \mathring{\varphi}^{E}_{ss,d}(0)\,. \tag{10.44}$$

Die Reihenfolge der Additionen in (10.43) darf beliebig vertauscht werden, so dass wir die Laufvariable i durch $N - v$ substituieren, und v für $0 \le i \le N - 1$ alle Werte von 1 bis N annimmt. Wegen der Periodizität von $s(k)$ dürfen wir v auch von 0 bis $N - 1$ laufen

---

[10] Man beachte, dass die Energie-AKF und die zyklische Energie-AKF für nicht N-periodische Signale bis auf den Wert an der Stelle $k = 0$ i. Allg. unterschiedliche Werte liefern.

lassen und in der Summe die Verschiebung der Signale um N ignorieren, vgl. Fußnote 8 im Abschn. 10.1.3

$$\mathring{\varphi}_{ss,d}^{E}(k) = \sum_{v=1}^{N} s(N - v) \cdot s([k + N - v] \bmod N) = \sum_{v=0}^{N-1} s(-v) \cdot s([k - v] \bmod N) \ . \tag{10.45}$$

Damit lässt sich die zyklische AKF als zyklische Faltung schreiben und mit den Theoremen (10.32) sowie (10.35) in den Spektralbereich transformieren

$$\mathring{\varphi}_{ss,d}^{E}(k) \;=\; s(-k) \circledast s(k) \quad \circ\!\!-\!\!\bullet \quad S^*(\mu) \cdot S(\mu) \;=\; |S(\mu)|^2 \ . \tag{10.46}$$

Wenn wir N mindestens doppelt so groß wie die Länge N_s des Energiesignals $s(k)$ wählen und das Fenster mit Nullen auffüllen, entspricht das Ergebnis der zyklischen Korrelation im Bereich 0 bis $N_s - 1$ der nicht-zyklischen Korrelation $\varphi_{ss,d}^{E}(k)$. Daher liefert in diesem Fall auch die iDFT angewandt auf $|S(\mu)|^2$ für $0 \leq k < N_s$ die Werte der Korrelation $\varphi_{ss,d}^{E}(k)$, so dass auch gilt

$$\varphi_{ss,d}^{E}(k) \;=\; s(-k) * s(k) \quad \circ\!\!-\!\!\bullet \quad S^*(\mu) \cdot S(\mu) \;=\; |S(\mu)|^2 \quad \text{für} \quad N \geq 2N_s \ . \tag{10.47}$$

Das Betragsquadrat des Spektrums wird als diskrete Energiedichte oder Energiedichtespektrum (EDS) von $s(k)$ bezeichnet, denn die iDFT darauf angewandt liefert $\mathring{\varphi}_{ss,d}^{E}(k)$ und für $k = 0$ die Signalenergie $E_{s,d}$ als Summe über $|S(\mu)|^2$ geteilt durch N

$$E_{s,d} \;=\; \mathring{\varphi}_{ss,d}^{E}(k=0) \;=\; \frac{1}{N} \cdot \sum_{\mu=0}^{N-1} |S(\mu)|^2 \cdot \mathrm{e}^{j2\pi \cdot \mu \cdot k/N} \bigg|_{k=0} \;=\; \frac{1}{N} \cdot \sum_{\mu=0}^{N-1} |S(\mu)|^2 \ . \tag{10.48}$$

Hieraus können wir auch die Energie E_s des zu $s(k)$ korrespondierenden Analogsignals $s(t)$ ermitteln. Um dies zu zeigen, approximieren wir in (9.20) für kleine F das Integral durch eine Summe; die Abtastzeit T muss dazu natürlich das Abtasttheorem bezüglich $s(t)$ erfüllen[11]

$$E_s \;=\; T^2 \cdot \int_0^{f_T} |S_a(f)|^2 \, df \;\approx\; T \cdot \frac{1}{N \cdot F} \cdot \sum_{\mu=0}^{N-1} |S(\mu)|^2 \cdot F \;=\; T \cdot E_{s,d} \ . \tag{10.49}$$

Liegt ein quasi unendlich ausgedehntes Signal $s(k)$ vor, und wollen wir dessen Leistung aus N Abtastwerten im Spektralbereich bestimmen, so gehen wir von der AKF periodischer

[11] Das Abtastspektrum $S_a(f)$ ist bei den Frequenzen $f = \mu F$ identisch zum DFT-Spektrum, und das Integrationsintervall in (9.20) darf wegen der Periodizität des Spektrums beliebig auf der Frequenzachse verschoben werden.

Signale entsprechend (8.18) mit $N_P = N$ aus, die wir wie in (10.46) als zyklische Faltung schreiben

$$\mathring{\varphi}_{ss,d}(k) = \frac{1}{N} \cdot \sum_{i=0}^{N-1} s(i) \cdot s([k+i] \bmod N) = \frac{1}{N} \cdot s(-k) \circledast s(k) . \tag{10.50}$$

Wenden wir darauf die DFT an, so ergibt sich die diskrete Leistungsdichte $\Phi_{ss,d}(\mu)$, die auch als Leistungsdichtespektrum (LDS) bezeichnet wird

$$\mathring{\varphi}_{ss,d}(k) \quad \circ\!\!-\!\!\bullet \quad \Phi_{ss,d}(\mu) = \frac{1}{N} \cdot |S(\mu)|^2 . \tag{10.51}$$

Die Bezeichnung Leistungsdichte erklärt sich dadurch, dass wir nach (8.17) die Signalleistung $P_{s,d}$ erhalten, wenn wir $\Phi_{ss,d}(\mu)$ über alle Frequenzindizes aufaddieren und durch N teilen[12]

$$P_{s,d} = \mathring{\varphi}_{ss,d}(k=0) = \text{iDFT}\{\Phi_{ss,d}(\mu)\}\big|_{k=0} = \frac{1}{N} \cdot \sum_{\mu=0}^{N-1} \Phi_{ss,d}(\mu) . \tag{10.52}$$

Die diskrete Leistung $P_{s,d}$ approximiert für kleine F die Leistung P_s des Analogsignals im Zeitfenster $N \cdot T$; dies wird deutlich, wenn wir in (9.22) wegen der Periodizität des LDS das Integrationsintervall äquivalent auf den Bereich von 0 bis f_T verschieben und mit $\Phi_{s_a s_a}(\mu F) = \Phi_{ss,d}(\mu)$ das Integral näherungsweise durch eine Summe ersetzen

$$P_s = T \cdot \int_0^{f_T} \Phi_{s_a s_a}(f)\, df \approx \frac{1}{N \cdot F} \cdot \sum_{\mu=0}^{N-1} \Phi_{ss,d}(\mu) \cdot F = P_{s,d} . \tag{10.53}$$

Allerdings ist zu beachten, dass sich Spektren von Leistungssignalen und mit (10.51) auch deren LDS aus N Abtastwerten innerhalb eines Fensters i. Allg. nur ungenau bestimmen lassen und stark schwanken. Dies liegt daran, dass aufgrund der Periodizität der DFT immer das Spektrum des periodisch wiederholten Fenstersignals ermittelt wird, welches das gesamte Leistungssignal nur unzureichend repräsentiert, es sei denn, das Leistungssignal ist ebenfalls periodisch mit N.

Um die Verlässlichkeit des LDS zu verbessern, müssen für die Berechnung mehr Abtastwerte verwendet werden, indem z. B. die Fensterlänge N vergrößert wird. Allerdings nimmt dann wegen $F = \frac{1}{NT}$ auch die Frequenzauflösung zu, d. h. die Anzahl der Spektralwerte erhöht sich, so dass diese weiterhin unpräzise sind. Um diese Schwankung zu verringern, könnte eine Mittelung über benachbarte Spektralwerte erfolgen, was in den Randbereichen aber zu Ungenauigkeiten führt. Stattdessen ist es besser, das Zeitsignal in mehreren Zeit-

[12] Bis auf den Faktor $\frac{1}{N}$ sind die mit der DFT bestimmte Energie- und Leistungsdichte identisch, da bei Leistungssignalen mit der DFT immer die Leistungsdichte eines periodisch wiederholten Energiesignals berechnet wird.

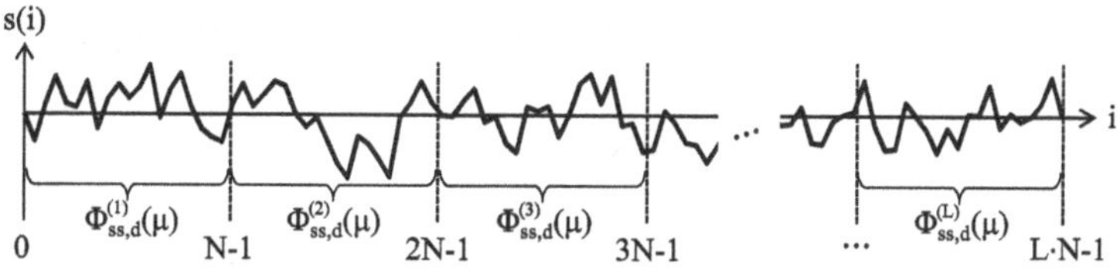

Abb. 10.3 Zur genaueren Bestimmung von Leistungsdichtespektren (LDS) werden von einem Signal L Zeitfenster der Länge N gebildet, in jedem Zeitfenster jeweils ein einzelnes LDS aus N Spektralwerten berechnet, und anschließend die Teilspektren gemittelt

fenstern getrennt auszuwerten und den Mittelwert über alle Zeitfenster zu bilden. Dazu zeigt Abb. 10.3 einen Ausschnitt von $L \cdot N$ Abtastwerten eines Signals $s(i)$, das in L Zeitfenster der Länge N aufgeteilt ist. In jedem Zeitfenster mit Index ℓ wird entsprechend (10.51) ein LDS $\Phi^{(\ell)}_{ss,d}(\mu)$ gebildet und dann gemittelt

$$\overline{\Phi}_{ss,d}(\mu) = \frac{1}{L}\sum_{\ell=1}^{L}\Phi^{(\ell)}_{ss,d}(\mu) = \frac{1}{L}\sum_{\ell=1}^{L}\left(\frac{1}{N}\left|\sum_{k=0}^{N-1} s(i+\ell\cdot N)\cdot \mathrm{e}^{-j\,2\pi\cdot\mu\cdot(i/N+\ell)}\right|^2\right). \tag{10.54}$$

Dabei korrespondiert $\overline{\Phi}_{ss,d}(\mu)$ entsprechend (10.51) zu einer ebenfalls über L Zeitfenster gemittelten zyklischen AKF des Signals, die periodisch zu N ist

$$\overline{\mathring{\varphi}}_{ss,d}(k) = \frac{1}{L}\sum_{\ell=1}^{L}\mathring{\varphi}^{(\ell)}_{ss,d}(k) = \frac{1}{L}\sum_{\ell=1}^{L}\left(\frac{1}{N}\sum_{i=0}^{N-1} s(i+\ell\cdot N)\cdot s([k+i+\ell\cdot N] \bmod N)\right). \tag{10.55}$$

Die Formel approximiert für $L \gg 1$ die nicht-zyklische AKF entsprechend (8.16) mit $g = s$, wenn wir dort ebenfalls $L \cdot N$ Abtastwerte verwenden, so dass die Berechnung mittels FFT erfolgen kann. Diese Näherung ist allerdings wegen der Periodizität von $\overline{\mathring{\varphi}}_{ss,d}(k)$ nur für $|k| < \frac{N}{2}$ gültig[13]

$$\varphi_{ss,d}(k) \overset{|k|<\frac{N}{2}}{\approx} \overline{\mathring{\varphi}}_{ss,d}(k) \quad \circ\!\!-\!\!\bullet \quad \overline{\Phi}_{ss,d}(\mu)\,. \tag{10.56}$$

Auch wenn mit (10.54) eine für viele Anwendungen hinreichend genaue Schätzung des LDS aus einem begrenzten Signalausschnitt mittels DFT möglich ist, muss beachtet werden, das bei der Auswertung von unendlich ausgedehnten Signalen in einem oder mehreren Zeitfenstern i. Allg. spektrale Verzerrungen auftreten, die wir im folgenden Abschnitt betrachten.

[13] Der Gültigkeitsbereich lässt sich auf $|k| < N$ erweitern, indem zur Berechnung von $\mathring{\varphi}^{(\ell)}_{ss,d}(k)$ jeweils Zeitfenster der Länge $2N$ verwendet werden, wodurch die Anzahl L der zur Mittelung verfügbaren Fenster allerdings halbiert wird.

10.1.5 Leckeffekt bei Anwendung der DFT auf Leistungssignale

Wir wollen untersuchen, wie sich die Spektren von quasi unendlich ausgedehnten analogen Zeitsignalen, die wir als Leistungssignale bezeichnen, möglichst genau bestimmen lassen, auch wenn von diesen lediglich N mit der Abtastzeit T aufgenommene diskrete Werte in einem Zeitfenster der Dauer $N \cdot T$ vorliegen. Wir werden sehen, dass dazu bei periodischen Signalen das Zeitfenster einem positiv ganzzahligen Vielfachen der Periodendauer T_P entsprechen sollte mit

$$N \cdot T \;=\; n \cdot T_P \qquad \text{mit} \qquad n \in \mathbb{N}\,. \tag{10.57}$$

Um dies zu verstehen, diskretisieren wir ein sinusförmiges Analogsignal $s(t)$, verschoben um ein beliebiges t_0, mit $t = kT$ und bilden Teilsignale $s_N(k)$ der Länge N

$$s_N(k) \;=\; \cos\!\left(\tfrac{2\pi}{T_P}(kT - t_0)\right) \qquad \text{mit} \qquad 0 \leq k \leq N-1\,. \tag{10.58}$$

Abb. 10.4a zeigt in schwarz ein erstes Signal $s_{N1}(k)$ bestehend aus $N_1 = 30$ Abtastwerten, für das (10.57) erfüllt ist mit $n = 2$. Dadurch entspricht $s_{N1}(k)$ zusammen mit seinen hellgrau dargestellten periodischen Fortsetzungen, die durch die DFT entstehen, einem reinen sinusförmigen Signal $s_1(k)$. In (b) wurde aus $s(t)$ mit derselben Abtastzeit ein zweites Signal $s_{N2}(k)$ diesmal mit $N_2 = 23$ Werten gebildet, dessen Länge $N_2 \cdot T$ dem 1,53-fachen der Periodendauer T_P entspricht. In diesem Fall ist (10.57) nicht erfüllt, und das durch periodische Fortsetzung von $s_{N2}(k)$ gebildete Signal $s_2(k)$ weicht von einem sinusförmigen Verlauf ab.

Zur Analyse des Einflusses von N auf das DFT-Spektrum, bilden wir zunächst mit einer Rechteckfunktion das auf ein Fenster der Dauer $N \cdot T$ beschränkte und zu $s_N(k)$ korrespondierende Analogsignal $s_r(t)$ als Ausschnitt von $s(t)$. Die rect()-Funktion muss dazu um $(N-1)\frac{T}{2}$ verschoben sein, damit die Abtastwerte von $s_N(k)$ mittig im durch rect() definierten Zeitfenster liegen und dadurch keine Zeit- bzw. Phasenverschiebung zwischen $s_N(kT)$ und $s_r(t)$ zu beachten ist[14]

$$s_r(t) \;=\; \cos\left(\tfrac{2\pi}{T_P}(t - t_0)\right) \cdot \operatorname{rect}\left(\frac{t - (N-1)\frac{T}{2}}{NT}\right)\,. \tag{10.59}$$

Aus $s_r(t)$ bestimmen wir durch Fourier-Transformation mit den Korrespondenzen in Tab. B.2 und der Siebeigenschaft des Dirac-Stoßes (2.45) dessen Spektrum $S_r(f)$, das aus zwei um $\pm\frac{1}{T_P}$ verschobenen mit einem Phasenfaktor multiplizierten si-Funktionen besteht

---

[14] Ein beliebiges zeitdiskretes Signal $s(kT)$ der Länge N mit $0 \leq k \leq N-1$ korrespondiert zu einem Analogsignal $s(t)$ innerhalb des in Abb. 10.4 dargestellten Zeitfensters von $-\frac{T}{2}$ bis $(N-\frac{1}{2}) \cdot T$, denn nach (9.31) und Abb. 9.15 ergibt sich $s(t)$ als Summe von si-Funktionen, jeweils verschoben um kT und gewichtet mit dem Signalwert $s(kT)$; jede si-Funktion liegt symmetrisch zum Zeitpunkt kT, daher muss auch $s(t)$ symmetrisch zum Signal $s(kT)$ liegen.

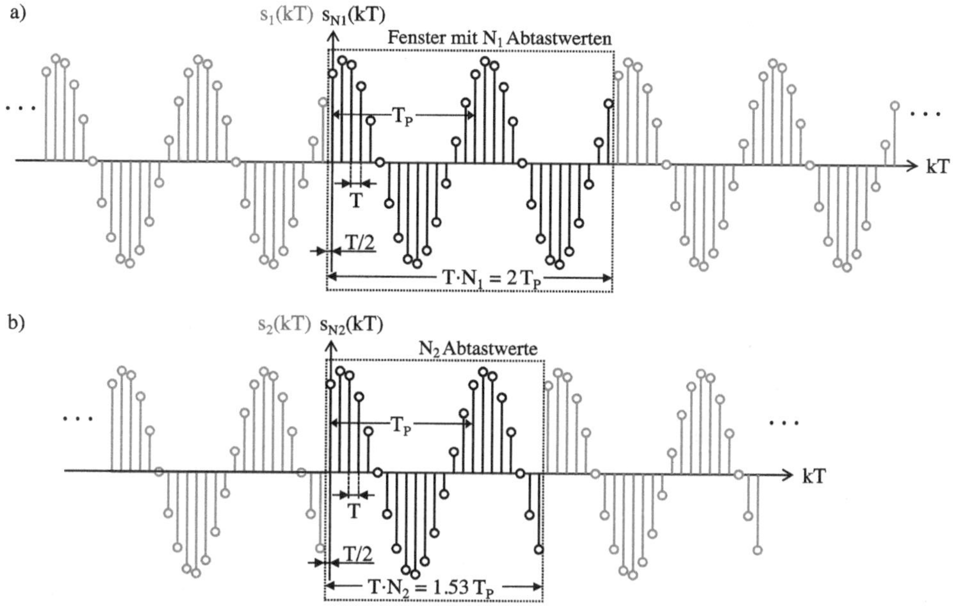

Abb. 10.4 Abgetastetes sinusförmiges Signal mit der Periodendauer $T_P = 15\,T$; in (**a**) enthält das Signal $s_{N1}(kT)$ gerade $N_1 = 30$ Abtastwerte, so dass die Fensterlänge $N_1 \cdot T$ hier exakt $2 \cdot T_P$ entspricht, und die bei Berechnung der DFT angenommene periodische Fortsetzung ein rein sinusförmiges Signal ergibt. In (**b**) enthält das Signal $s_{N2}(kT)$ nur $N_2 = 23$ Abtastwerte, so dass für das Zeitfenster $N_2 \cdot T \approx 1{,}53 \cdot T_P$ gilt und das periodisch fortgesetzte Signal nicht rein sinusförmig ist

$$
\begin{aligned}
S_r(f) &= \tfrac{1}{2}\left[\left(\delta(f+\tfrac{1}{T_P}) + \delta(f-\tfrac{1}{T_P})\right)\cdot \mathrm{e}^{-j2\pi f t_0}\right] * \left[NT \cdot \mathrm{si}(\pi f NT)\cdot \mathrm{e}^{-j\pi f(N-1)T}\right] \\
&= \tfrac{NT}{2}\left[\delta(f+\tfrac{1}{T_P})\cdot \mathrm{e}^{j\pi\frac{2t_0}{T_P}} + \delta(f-\tfrac{1}{T_P})\cdot \mathrm{e}^{-j\pi\frac{2t_0}{T_P}}\right] * \left[\mathrm{si}(\pi f NT)\cdot \mathrm{e}^{-j\pi f(N-1)T}\right] \\
&= \tfrac{NT}{2}\cdot \mathrm{e}^{-j\pi f(N-1)T}\cdot\left[\mathrm{si}(\pi(f+\tfrac{1}{T_P})NT)\cdot \mathrm{e}^{j\varphi_0} + \mathrm{si}(\pi(f-\tfrac{1}{T_P})NT)\cdot \mathrm{e}^{-j\varphi_0}\right],
\end{aligned}
\tag{10.60}
$$

$$
\text{mit} \quad \varphi_0 = \pi\left(\tfrac{2t_0}{T_P} - (N-1)\tfrac{T}{T_P}\right). \tag{10.61}
$$

Das zu $s_r(t)$ korrespondierende Abtastsignal $s_a(t)$ und damit auch das zeitdiskrete Signal $s_N(k)$ entsprechend (10.58) weisen ein kontinuierliches Spektrum $S_a(f)$ auf, das nach (9.18) der Summe periodisch um Vielfache von $f_T = \frac{1}{T}$ verschobener Spektren $S_r(f)$ entspricht

$$
s_N(k) \quad \circ\!\!-\!\!\bullet \quad S_a(f) = \tfrac{1}{T}\sum_{i=-\infty}^{\infty} S_r(f - \tfrac{i}{T}). \tag{10.62}
$$

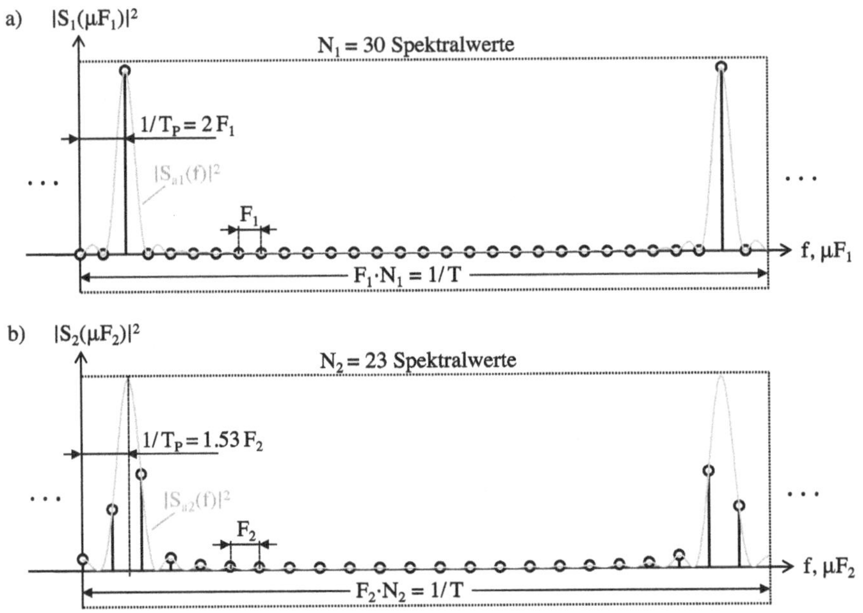

Abb. 10.5 Kontinuierliche Abtastspektren (hellgrau) der Signale $s_{N1}(kT)$ und $s_{N2}(kT)$ aus Abb. 10.4, bestehend aus überlagerten periodisch wiederholten si-Funktionen: Bei der in (**a**) gewählten Fenstergröße liegen die Maxima und die Nullstellen des Abtastspektrums $|S_{a1}(f)|^2$ exakt bei Vielfachen von F, so dass das DFT-Spektrum nur bei der Frequenz $1/T_P$ einen Wert ungleich null enthält; im Fall (**b**) korrespondiert die Frequenz $1/T_P$ des sinusförmigen Analogsignals nicht zu Vielfachen von F, so dass benachbarte diskrete Werte $|S_{a2}(\mu F_2)|^2$ das DFT-Spektrum bilden

Das Betragsquadrat dieses Abtastspektrums ist in Abb. 10.5a und b für die beiden Fensterlängen $T \cdot N_1$ und $T \cdot N_2$ jeweils im Frequenzbereich von 0 bis f_T hellgrau dargestellt.

Aus $S_a(f)$ erhalten wir für $f = \mu \cdot F$ das DFT-Spektrum $S(\mu)$ mit $F = \frac{1}{NT}$. Dieses korrespondiert zu $s(k)$, das wir als periodische Wiederholung von $s_N(k)$ durch eine Modulo-Operation beschreiben können

$$S(\mu) = \frac{1}{T} \sum_{i=-\infty}^{\infty} S_r(\mu - i \cdot N) \quad \bullet\!\!-\!\!\circ \quad s(k) = \cos\Big(\frac{2\pi}{T_P}[(k \bmod N)T - t_0]\Big) \qquad (10.63)$$

$$\text{mit} \quad S_r(\mu) = \frac{NT}{2} \cdot \mathrm{e}^{-j\pi\frac{\mu}{N}(N-1)} \cdot \Big[\mathrm{si}(\pi(\mu + \tfrac{NT}{T_P})) \cdot \mathrm{e}^{j\varphi_0)} + \mathrm{si}(\pi(\mu - \tfrac{NT}{T_P})) \cdot \mathrm{e}^{-j\varphi_0)}\Big].$$

Das DFT-Spektrum ist ebenfalls in Abb. 10.5a und b in die beiden Frequenzfenster mit N_1 bzw. N_2 Werten eingetragen, jeweils mit den zugehörigen Frequenzinkrementen F_1 und F_2.

In (a) liegt die im analogen Signal $s(t)$ enthaltene Schwingungsfrequenz $1/T_P$ bei $2F_1$, während $S_{a1}(f)$ bei allen übrigen Vielfachen von F_1 den Wert null annimmt; das DFT-Spektrum enthält also nur eine einzelne Spektrallinie und entspricht damit wie gewünscht dem abgetasteten, unendlich ausgedehnten sinusförmigen Signal $s(t)$. Aus (b) ist hingegen ersichtlich, dass weder die Signalfrequenz $1/T_P$ noch die Nullstellen von $S_{a2}(f)$ zu Vielfachen von F_2 korrespondieren. In Folge dessen entsteht ein verbreitertes DFT-Spektrum mit Amplituden entsprechend den überlagerten si-Funktionen; man spricht in diesem Fall vom sogenannten *Leckeffekt* (engl.: *Leakage-Effect*), da die Spektrallinien quasi zerfließen.

Wir können auch analytisch zeigen, dass die iDFT angewandt auf $S(\mu)$ aus (10.63) ein reines sinusförmiges Signal ergibt, sofern (10.57) erfüllt ist. In diesem Fall nimmt das Argument der beiden si-Funktionen in $S_r(\mu)$ nur ganzzahlige Vielfache von π an. Daher dürfen wir diese Funktionen durch zwei verschobene diskrete Einheitsimpulse $\delta(\mu+n)$ sowie $\delta(\mu-n)$ ersetzen, da eine si-Funktion an der Stelle null den Wert eins, und bei Vielfachen von π stets den Wert null annimmt, vgl. Abb. 3.4. Nach Einsetzen von φ_0 aus (10.61) und Zusammenfassen der Exponenten folgt mit der Siebeigenschaft des Einheitsimpulses

$$\begin{aligned} S_r(\mu) &= \tfrac{NT}{2} \cdot \mathrm{e}^{-j\pi\mu\cdot\frac{N-1}{N}} \cdot \left[\delta(\mu+n)\cdot \mathrm{e}^{j\pi\left(\frac{2t_0}{T_P}-n\cdot\frac{N-1}{N}\right)} + \delta(\mu-n)\cdot \mathrm{e}^{-j\pi\left(\frac{2t_0}{T_P}-n\cdot\frac{N-1}{N}\right)}\right] \\ &= \tfrac{NT}{2}\left[\delta(\mu+n)\cdot \mathrm{e}^{j\pi\left(\frac{2t_0}{T_P}-(\mu+n)\cdot\frac{N-1}{N}\right)} + \delta(\mu-n)\cdot \mathrm{e}^{-j\pi\left(\frac{2t_0}{T_P}-(\mu-n)\cdot\frac{N-1}{N}\right)}\right] \\ &= \tfrac{NT}{2}\left[\delta(\mu+n)\cdot \mathrm{e}^{j\pi\frac{2t_0}{T_P}} + \delta(\mu-n)\cdot \mathrm{e}^{-j\pi\frac{2t_0}{T_P}}\right]. \end{aligned} \tag{10.64}$$

Bilden wir damit entsprechend (10.63) das DFT-Spektrum, so können wir die Summe mit der periodischen überlagerung von $S_r(\mu)$ durch eine Modulo-Operation ersetzen, da die aus den verschobenen Einheitsimpulsen bestehenden Teilspektren nicht überlappen

$$\begin{aligned} S(\mu) &= \sum_{i=-\infty}^{\infty} \tfrac{N}{2}\left[\delta(\mu+n-i\cdot N)\cdot \mathrm{e}^{j\pi\frac{2t_0}{T_P}} + \delta(\mu-n-i\cdot N)\cdot \mathrm{e}^{-j\pi\frac{2t_0}{T_P}}\right] \\ &= \tfrac{N}{2}\left[\delta([\mu+n] \bmod N)\cdot \mathrm{e}^{j\pi\frac{2t_0}{T_P}} + \delta([\mu-n] \bmod N)\cdot \mathrm{e}^{-j\pi\frac{2t_0}{T_P}}\right]. \end{aligned} \tag{10.65}$$

Wenn wir die mit dem Phasenfaktor multiplizierten Einheitsimpulse mit (10.39) in den zeitdiskreten Bereich zurücktransformieren, erhalten wir erwartungsgemäß ein rein sinusförmiges zeitdiskretes Signal und damit die Bestätigung unserer Annahme

$$S(\mu) \;\bullet\!\!-\!\!\circ\; \tfrac{1}{2}\left[\mathrm{e}^{-j2\pi(\frac{k\cdot n}{N}-\frac{t_0}{T_P})} + \mathrm{e}^{j2\pi(\frac{k\cdot n}{N}-\frac{t_0}{T_P})}\right] = \cos\!\Big(2\pi\left(\tfrac{k\cdot n}{N}-\tfrac{t_0}{T_P}\right)\Big). \tag{10.66}$$

Zur Vermeidung von Leckeffekten sollte bei Abtastung periodischer Analogsignale und anschließender DFT neben dem Abtasttheorem auch immer (10.57) erfüllt sein. Die Signalform ist dabei unerheblich, denn jedes Zeitsignal mit einer festen Periodendauer T_P lässt sich als überlagerung sinusförmiger Signale darstellen, deren Frequenzen ganzzahligen Vielfachen von $1/T_P$ entsprechen.

Ist das Signal nicht periodisch oder ist T_P nicht bekannt bzw. variabel, ist es vorteilhaft einen möglichst langen Signalausschnitt für die DFT-Berechnung zu verwenden, also $N \cdot T$ groß zu wählen. In diesem Fall werden die si-Funktionen in (10.60) schmal und es tritt nur ein geringer Leckeffekt auf, allerdings verbunden mit höherem Aufwand für die DFT[15].

Häufig werden auch statt des rechteckförmigen Fensters alternative Fensterfunktionen $w(k)$ verwendet, um die Abtastwerte im Zeitbereich zu gewichten und so Sprünge der Signalamplituden an den Rändern der periodisch wiederholten Fenster zu vermeiden, siehe z. B. [44]. Im Frequenzbereich wird dann statt mit einer si-Funktion mit der Fourier-Transformierten von $w(k)$ gefaltet, die weniger hohe Frequenzanteile enthält, deren Hauptmaximum im Vergleich zur si-Funktion aber etwas verbreitert ist. Somit wird zwar die spektrale Verschmierung durch den Leckeffekt verringert, allerdings gleichzeitig die Auflösung des Spektrums geringfügig reduziert.

Die Wirkung einer Fensterfunktion wird in Abb. 10.6 anhand eines sinusförmigen Signals deutlich. Auf der linken Seite Abb. 10.6a ist hellgrau das Abtastsignal $s_N(k)$ abgebildet. Da N keinem Vielfachen der Periodenlänge entspricht, enthält das in Abb. 10.6b dargestellte DFT-Spektrum keine einzelne Spektrallinie, sondern es tritt ein Leckeffekt auf. Durch Gewichtung mit der Fensterfunktion $w(k)$ entsteht, wie in Abb. 10.6a schwarz dargestellt, ein modifiziertes Signal $s_w(k)$, dessen Abtastwerte an den Rändern des Zeitfensters nur mit

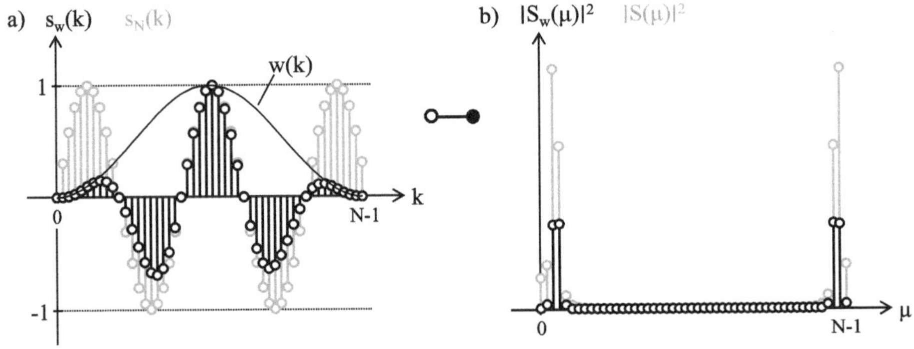

Abb. 10.6 Wirkung der Anwendung einer Fensterfunktion $w(k)$ im Zeitbereich und auf das DFT-Spektrum am Beispiel des Hann-Fensters; (**a**) zeigt $w(k)$, das durch Multiplikation mit $w(k)$ gedämpfte Zeitsignal $s_w(k)$ (schwarz) sowie das ungedämpfte Signal $s_N(k)$ (grau); anhand der Spektren in (**b**) wird deutlich, dass durch $w(k)$ der Leckeffekt zwar abnimmt, allerdings im Vergleich zum Rechteckfenster das Hauptmaximum leicht verbreitert und in der Amplitude reduziert wird

[15] Zusätzlich kann bei nicht periodischen Signalen eine Mittelung über mehrere Fenster erfolgen, siehe Abschn. 10.1.4, wodurch der Leckeffekt allerdings nicht vermindert wird.

reduzierter Amplitude in die DFT eingehen. Hierdurch werden die bei periodischer Fortsetzung auftretenden Sprünge vermieden, und der Leckeffekt nimmt ab, wodurch allerdings das im Spektrum auftretende Maximum etwas verbreitert wird. Die dazu in Abb. 10.6 für $w(k)$ angewandte Fensterfunktion wird *Hann*-Fenster genannt mit[16]

$$w(k) = \tfrac{1}{2}\left[1 - \cos\left(2\pi \cdot \tfrac{k}{N-1}\right)\right] . \tag{10.67}$$

Durch Skalierung der Fensterfunktion mit einem Faktor V_w kann die durch $w(k)$ verringerte Amplitude des Signalspektrums kompensiert werden. Dazu betrachten wir ein Signal $s(k)$, dessen DFT-Spektrum ohne Fensterfunktion nur eine einzige Spektrallinie bei μ_0 mit der Amplitude eins enthalte und daher durch $S(\mu) = \delta(\mu - \mu_0)$ beschrieben wird. Wenden wir die Fensterfunktion auf $s(k)$ an und transformieren das Produkt aus $w(k)$ und $s(k)$ in den diskreten Frequenzbereich, so erhalten wir mit (10.41) das um μ_0 verschobene Spektrum der Fensterfunktion

$$w(k) \cdot s(k) \quad \circ\!\!-\!\!\bullet \quad \tfrac{1}{N} \cdot W(\mu) \circledast S(\mu) = \tfrac{1}{N} \cdot W(\mu - \mu_0) . \tag{10.68}$$

Für $\mu = \mu_0$ liefert die DFT gerade den Gleichanteil von $w(k)$

$$W(0) = \sum_{k=0}^{N-1} w(k) \cdot \mathrm{e}^{-j\,2\pi \cdot \frac{\mu \cdot k}{N}} \Bigg|_{\mu=0} = \sum_{k=0}^{N-1} w(k) = \sum_{k=0}^{N-1} \tfrac{1}{2}\left[1 - \cos\left(\tfrac{2\pi \cdot k}{N-1}\right)\right] = \frac{N}{2} , \tag{10.69}$$

wobei die Summe über exakt eine Periodenlänge der cos-Funktion null ergibt. Soll daher die Amplitude der Grundfrequenz $\mu = \mu_0$ mit Fensterfunktion gerade $S(\mu = \mu_0)$ entsprechen, so muss $V_w \cdot \frac{1}{N} \cdot W(0) = 1$ erfüllt sein, woraus ein Skalierungsfaktor $V_w = 2$ folgt.

Die Festlegung des Skalierungsfaktors ist nicht eindeutig, und statt wie zuvor auf den Mittelwert der periodisch wiederholten Fensterfunktion können wir auch auf die Wurzel der mittlerer Leistung normieren, die aus (8.8) mit der Fensterlänge N folgt. Damit erhalten wir für das Hann-Fenster, wenn wir $\cos^2(\alpha) = \frac{1}{2}[1 + \cos(2\alpha)]$ einsetzen und wie zuvor berücksichtigen, dass die Summen der Cosinus-Funktionen über Vielfache der Periodenlängen null ergeben

[16] Daneben wurden zahlreiche alternative Fensterfunktionen vorgeschlagen wie z. B. *Hamming*- oder *Blackmann*-Fenster, jeweils mit unterschiedlichem Kompromiss zwischen Abschwächung der Nebenmaxima und Verbreiterung des Hauptmaximums, die jeweils für bestimmte Signale geringfügige Vorteile bieten.

$$\begin{aligned}
P_{w,d} &= \frac{1}{N} \cdot \sum_{k=0}^{N-1} \left(\tfrac{1}{2}\left[1 - \cos\left(2\pi \cdot \tfrac{k}{N-1}\right)\right]\right)^2 \\
&= \frac{1}{4N} \cdot \sum_{k=0}^{N-1} \left(1 - 2\cos\left(2\pi \cdot \tfrac{k}{N-1}\right) + \cos^2\left(2\pi \cdot \tfrac{k}{N-1}\right)\right) \\
&= \frac{1}{4N} \cdot \sum_{k=0}^{N-1} \left(1 - 2\cos\left(2\pi \cdot \tfrac{k}{N-1}\right) + \tfrac{1}{2}\left[1 + \cos\left(2\pi \cdot \tfrac{2k}{N-1}\right)\right]\right) \\
&= \frac{1}{4N} \cdot \left(1 + \tfrac{1}{2}\right) = \frac{1}{N} \cdot \frac{3}{8} \,. \qquad (10.70)
\end{aligned}$$

Da für das Rechteckfenster $P_{w,d} = 1$ gilt, ergibt sich ein Skalierungsfaktor $V_w = \sqrt{8/3} = 1{,}63$[17].

Natürlich ist die Verwendung einer von einem Rechteck abweichenden Fensterfunktion nur bei nicht-periodischen Leistungssignalen sinnvoll, oder falls bei periodischen Signalen die Bedingung (10.57) nicht eingehalten werden kann, um den dann auftretenden Leckeffekt zu verringern.

10.2 Spezielle Anwendungen der Diskreten Fourier-Transformation

Da die DFT und ihre Umkehrung mit Computern implementiert werden können und mit der FFT überdies ein sehr effizienter Algorithmus zur Verfügung steht, sind mit Hilfe dieser Transformation Signalmanipulationen realisierbar, die die Möglichkeiten der digitalen Signalverarbeitung wesentlich erweitern, wie wir in diesem Abschnitt sehen werden.

10.2.1 Interpolation von Signalen im Zeit- und Frequenzbereich

Wenden wir auf zeitdiskrete Signale die Fourier-Transformation an, so erhalten wir nach (10.1) ein kontinuierliches und mit $f_T = \frac{1}{T}$ periodisches Spektrum. Die DFT entsprechend (10.4) diskretisiert den Frequenzbereich mit dem Frequenzinkrement $F = \frac{1}{NT}$, wobei N der Länge des zeitdiskreten Signals entspricht. Damit liegen im Frequenzbereich zwischen 0 und f_T ebenfalls N Werte, so dass das DFT-Spektrum dieselbe Länge wie das Zeitsignal aufweist.

Natürlich können wir Anzahl und Abstand der diskreten Frequenzen beliebig variieren. Soll das Spektrum statt N jetzt N_1 Werte enthalten, so korrespondiert dazu der Frequenzabstand $F_1 = \frac{1}{N_1 T}$. Auch dieses Spektrum können wir weiterhin mit (10.4) berechnen, wenn wir im Exponenten der e-Funktion N durch N_1 ersetzen, allerdings unterscheidet sich jetzt die Anzahl der periodisch wiederholten Spektralwerte von der des Zeitsignals.

[17] Man beachte, dass der Skalierungsfaktor von der gewählten Fensterfunktion abhängt.

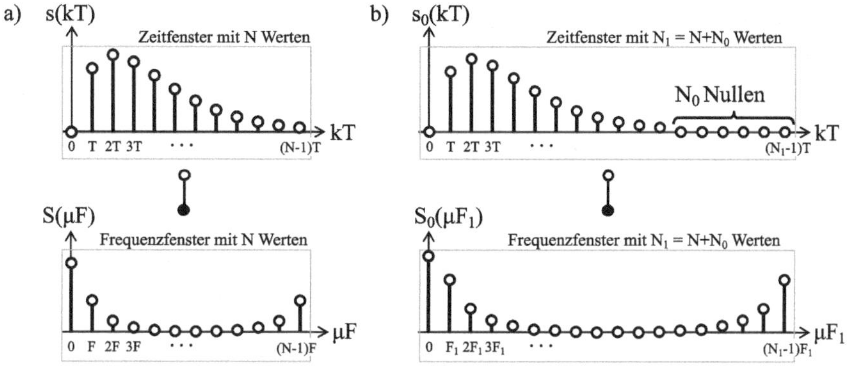

Abb. 10.7 Interpolation im Frequenzbereich mittels DFT: Anstatt ein Zeitsignal der Länge N direkt zu transformieren (**a**), werden zunächst rechts $N_0 = N_1 - N$ Nullen ergänzt, so dass das daraus resultierende DFT-Spektrum eine höhe Frequenzauflösung mit $F_1 = \frac{1}{N_1 T}$ aufweist (**b**)

Beschränken wir uns auf den Fall $N_1 > N$, möchten wir die Anzahl der Spektralwerte also durch Interpolation erhöhen, so können wir weiterhin identische Signallängen N_1 im Zeit- und Frequenzbereich verwenden, wenn wir das zeitdiskrete Signal am Ende mit Nullen auffüllen. Diese zusätzlichen Nullen beeinflussen die Berechnung des Spektrums nicht, ermöglichen aber die Verwendung eines Standard DFT- bzw. FFT-Algorithmus'.

Diese Vorgehensweise zeigt Abb. 10.7. Anstatt das Zeitsignal der Länge N wie links dargestellt direkt zu transformieren, werden zunächst $N_0 = N_1 - N$ Nullen am Ende des Zeitsignals eingefügt, siehe rechts im Bild, so dass das Spektrum $S_0(\mu F_1) = S(\mu F_1)$ nach Anwendung der DFT eine feinere Frequenzauflösung erhält und die gewünschte Länge N_1 aufweist.

Angewandt wird diese Interpolation zur flexiblen Darstellung von DFT-Spektren, um z. B. in einen interessanten Bereich hinein zu zoomen. Soll eine Filterung von Signalen im Frequenzbereich erfolgen, siehe 10.4.2, so kann überdies durch Erhöhung der Frequenzauflösung eine präzisere Vorgabe des gewünschten Frequenzgangs des Filters erfolgen.

Mit DFT und iDFT kann auch ein beliebiges zeitdiskretes Signal $s(kT)$ interpoliert werden, z. B. zur Abtastratenerhöhung (Upsampling) in einem D/A-Wandler, vgl. Abschn. 9.2.2. Um dies zu verstehen, bilden wir zunächst aus N Werten von $s(kT)$ das Signal $s_0(kT_1)$, indem wir jeweils zwischen zwei Abtastwerten $m - 1$ Nullen mit $m \in \mathbb{N}$ einfügen. Hierdurch wird die Abtastzeit auf $T_1 = \frac{T}{m}$ verringert, während sich die Anzahl der Signalwerte auf $N_1 = m \cdot N$ erhöht. In Abb. 10.8a ist $s_0(kT_1)$ für das in 10.7 oben links gezeigte Signal $s(kT)$ mit $m = 2$ dargestellt. Mathematisch beschreiben wir $s_0(kT_1)$ als Summe jeweils um Vielfache von T verschobener und mit $s(i\,T)$ gewichteter Einheitsimpulse für $0 \leq i < N$, wobei der Zeitindex k im Bereich $0 \leq k < N_1$ liegt

$$s_0(kT_1) = \sum_{i=0}^{N-1} s(i\,T) \cdot \delta(kT_1 - i\,T) \,. \tag{10.71}$$

Berechnen wir für diesen Ausdruck die DFT, so folgt mit dem Frequenzinkrement $F_1 = \frac{1}{N_1 T_1} = F$ und für $0 \leq \mu \leq N_1 - 1$ das zugehörige Spektrum

$$\begin{aligned} S_0(\mu F) &= \sum_{k=0}^{N_1-1} s_0(kT_1) \cdot \mathrm{e}^{-j\,2\pi \cdot \frac{\mu \cdot k}{N_1}} = \sum_{k=0}^{N_1-1} \sum_{i=0}^{N-1} s(i\,T) \cdot \delta(kT_1 - i\,T) \cdot \mathrm{e}^{-j\,2\pi \cdot \frac{\mu \cdot k}{N_1}} \\ &= \sum_{i=0}^{N-1} s(i\,T) \cdot \sum_{k=0}^{N_1-1} \delta(kT_1 - i\,T) \cdot \mathrm{e}^{-j\,2\pi \cdot \frac{\mu \cdot kT_1}{N_1 T_1}} \\ &= \sum_{i=0}^{N-1} s(i\,T) \cdot \mathrm{e}^{-j\,2\pi \cdot \frac{\mu \cdot i\,T}{N_1 T_1}} = \sum_{i=0}^{N-1} s(i\,T) \cdot \mathrm{e}^{-j\,2\pi \cdot \frac{\mu \cdot i}{N}} \,. \end{aligned} \quad (10.72)$$

Hierbei haben wir in der zweiten Zeile die Reihenfolge der beiden Summen vertauscht, so dass wir $s(i\,T)$ aus der Summe über k herausziehen können, sowie im Exponenten der e-Funktion mit T_1 erweitert. In der letzten Zeile haben wir dann zunächst die Siebeigenschaft der um $i\,T$ verschobenen Einheitsimpulse angewandt und anschließend $\frac{T}{N_1 T_1} = \frac{1}{N}$ eingesetzt.

Aus (10.72) ist ersichtlich, dass das Spektrum $S_0(\mu F)$ exakt dem Spektrum $S(\mu F)$ von $s(kT)$ entspricht, allerdings in dem um den Faktor m größeren Frequenzbereich m-fach wiederholt auftritt. Dies zeigt auch Abb. 10.8b im Vergleich zum Spektrum unten links in Abb. 10.7.

Auf $S_0(\mu F)$ können wir einen idealen Tiefpass der Grenzfrequenz $\frac{f_T}{2} = \frac{1}{2T}$ anwenden, was sich im DFT-Bereich sehr einfach ausführen lässt, indem die $N_0 = (m-1) \cdot N$ Werte von $S_0(\mu F)$ mit den Indizes $\frac{N}{2} \leq \mu < N_1 - \frac{N}{2}$ auf Null gesetzt werden, wie in Abb. 10.8c dargestellt ist[18].

Dieses Spektrum $S_1(\mu F)$ besitzt die Periodizität $N_1 F = m \cdot NF$ und korrespondiert zum zeitdiskreten Signal $s_1(kT_1) = s(kT_1)$, also dem gegebenen Signal $s(kT)$ mit der reduzierten Abtastzeit $T_1 = \frac{T}{m}$ und $N_1 = m \cdot N$ Abtastwerten. Dies ist aber das gewünschte interpolierte Signal, das wir somit durch iDFT von $S_1(\mu F)$ erhalten.

Dieselbe Interpolation zeitdiskreter Signale erhalten wir wesentlich einfacher, indem wir direkt aus $s(kT)$ das DFT-Spektrum $S(\mu F)$ ermittelt und mit m multiplizieren. Anschließend setzen wir in dieses Spektrum mittig N_0 Nullwerte ein und transformieren das so modifizierte Spektrum mittels iDFT in den diskreten Zeitbereich zurück. Die Anzahl N_0 der eingefügten Nullwerte muss dabei keinem Vielfachen der ursprünglichen Signallänge N entsprechen, so dass abhängig von N_0 ein interpoliertes Signal beliebiger Länge $N_1 = N + N_0$ erzeugt werden kann[19].

---

[18] Das Signal muss außerdem mit dem Faktor m skaliert werden, da der Tiefpass durch das Nullsetzen der Spektralwerte nach (10.48) eine Reduzierung der Signalenergie um den Faktor m bewirkt.

[19] In diesem Fall entsteht allerdings ein interpoliertes Signal mit der neuen Abtastzeit $T_1 = T \cdot N/(N + N_0)$, das abhängig von N_0 die ursprünglichen Abtastzeitpunkte kT nicht oder nur noch teilweise enthält.

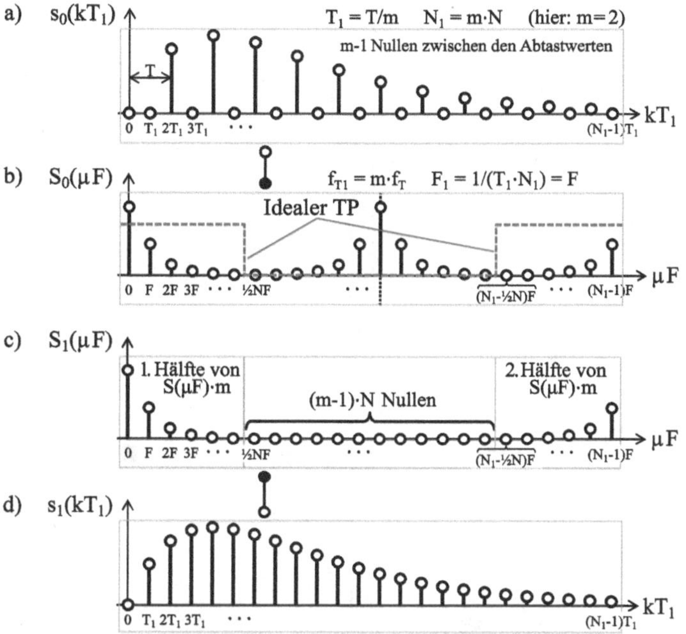

Abb. 10.8 Interpolation im Zeitbereich mit DFT und iDFT: Aus einem Signal $s(kT)$ wird durch Einfügen von $m-1$ Nullen jeweils zwischen zwei der N Abtastwerte das Signal $s_0(kT_1)$ erzeugt (**a**); die DFT führt dann zu einer Wiederholung des Spektrums (**b**); eine Tiefpassfilterung entspricht dem Einfügen von $(m-1)\cdot N$ Nullen mittig im ursprünglichen Spektrum (**c**); die iDFT erzeugt daraus ein m-fach höher aufgelöstes Zeitsignal (**d**), sofern $s(kT)$ das Abtasttheorem erfüllt

Damit die interpolierten Werte exakt sind, also zu den Zeitpunkten kT_1 dem Analogsignal $s(t)$ entsprechen, muss das Abtasttheorem bei der Bildung von $s(kT)$ aus $s(t)$ erfüllt sein, siehe Abschn. 9.1.3. Nur unter dieser Voraussetzung ist $s(kT)$ äquivalent zu $s(t)$, so dass eine exakte Interpolation zu den neuen Abtastzeitpunkten kT_1 erfolgen kann. Die Einhaltung dieser Bedingung ist sichergestellt, falls bereits das Betragsspektrum $|S(\mu F)|$ mittig Nullwerte enthält, so dass durch das Einfügen der zusätzlichen Nullen keine Sprünge im Spektrum auftreten.

10.2.2 Segmentierte und schnelle Faltung

Anstatt ein diskretes Signal im Zeitbereich über ein FIR-System mit einer Impulsantwort fester Länge zu übertragen, siehe Abschn. 8.2.4, kann diese Filterung auch im Frequenzbereich erfolgen. Hierzu ist eine Aufteilung des Signals in Segmente fester Länge erforderlich, was alternativ in zwei Varianten möglich ist, wobei wir zunächst das Verfahren *Overlapp-Add* (OA) kennenlernen.

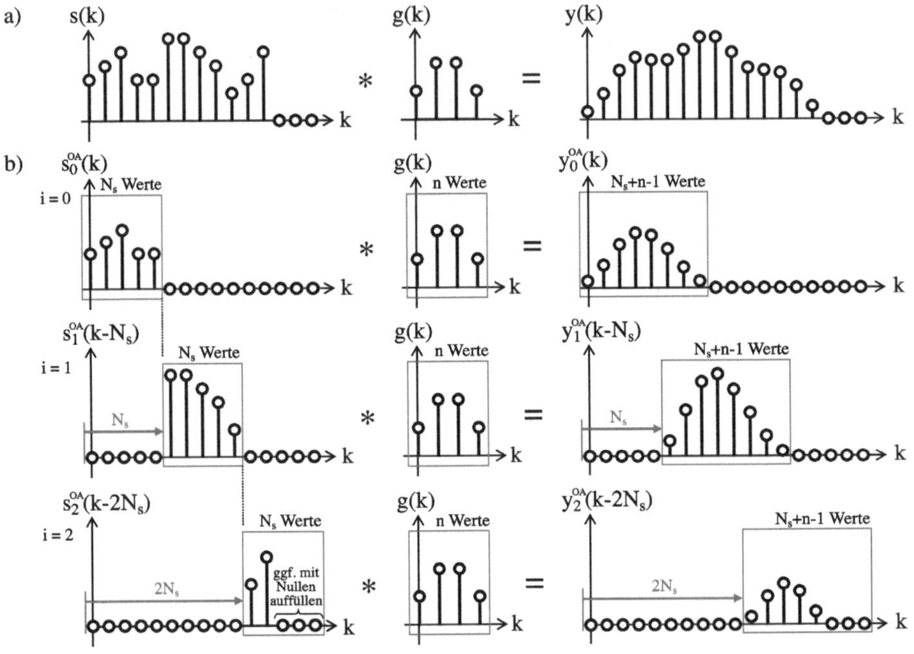

Abb. 10.9 Bei der Overlap-Add genannten Segmentierung wird die in (**a**) gezeigte Faltung eines Signals $s(k)$ mit der Impulsantwort $g(k)$ durch die Summe der Faltung von Teilsignalen $s_i^{OA}(k-i\cdot N_s)$ der Länge N_s ersetzt, die sich nicht überdecken (**b**); das Ausgangssignal $y(k)$ entsteht dann als Summe der ebenfalls um $i \cdot N_s$ verschobenen aber sich überlappenden Segmente $y_i^{OA}(k - i \cdot N_s)$

Dazu betrachten wir Abb. 10.9a, das ein Signal $s(k)$ zeigt, welches mit der Impulsantwort $g(k)$ gefaltet wird, so dass das Ausgangssignal $y(k) = s(k) * g(k)$ entsteht. Aufgrund der Linearität der Faltung erhalten wir dasselbe Ergebnis, wenn wir $s(k)$ in nicht überlappende Teilsignale beliebiger Länge N_s aufteilen, und diese Segmente $s_i^{OA}(k)$ mit $i = 0, 1, 2, \ldots$ getrennt mit $g(k)$ der Länge n falten, wie Abb. 10.9b für drei Segmente zeigt[20].

Jedes Teilsignal, verschoben um $i \cdot N_s$, können wir mathematisch durch Multiplikation von $s(k)$ mit einem verschobenen Rechtecksignal beschreiben

$$s_i^{OA}(k - iN_s) \;=\; s(k) \cdot [\sigma(k - i\,N_s) - \sigma(k - (i+1)N_s)] \;. \qquad (10.73)$$

Damit erhalten wir $y(k)$, wenn wir $s(k)$ als Summe der verschobenen Teilsignale notieren, die Faltung mit $g(k)$ in die Summe ziehen, und die Verschiebung der Teilsignale jeweils durch Faltung mit einem verschobenen Einheitsimpuls äquivalent berücksichtigen

[20] Falls die Länge von $s(k)$ keinem ganzzahligen Vielfachen von N_s entspricht, wird das letzte Segment mit Nullen auf die Länge N_s aufgefüllt.

$$y(k) = g(k) * s(k) = g(k) * \sum_i s_i^{OA}(k - i\, N_s) = \sum_i g(k) * s_i^{OA}(k) * \delta(k - i\, N_s)\,. \tag{10.74}$$

Wegen der Distributivität der Faltung ermitteln wir zunächst die Teilausgangssignale

$$y_i^{OA}(k) = s_i^{OA}(k) * g(k)\,, \tag{10.75}$$

und $y(k)$ wird anschließend als Summe der verschobenen Teilausgangssignale gebildet

$$y(k) = \sum_i y_i^{OA}(k) * \delta(k - i\, N_s) = \sum_i y_i^{OA}(k - i\, N_s)\,. \tag{10.76}$$

Da hierbei eine überlappung der um $i \cdot N_s$ verschobenen Teilausgangssignale jeweils um $n - 1$ Werte auftritt, wird diese Form der segmentierten Faltung als *Overlap-Add* (OA) bezeichnet.

Alternativ ist auch eine segmentierte Faltung möglich, bei der das Ausgangssignal als Aneinanderreihung nicht überlappender Ausgangssegmente entsteht, siehe Abb. 10.10. In

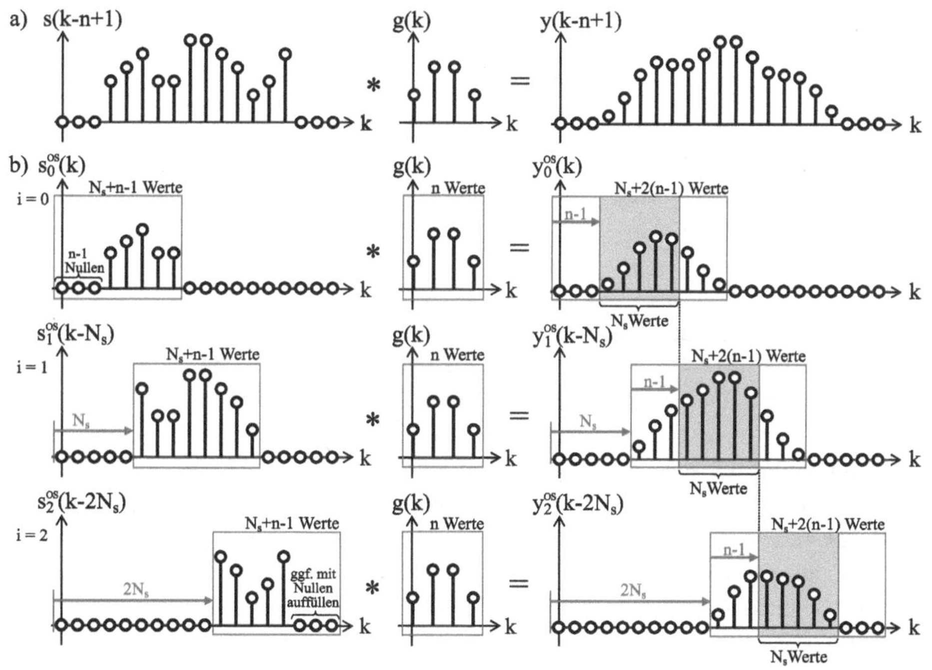

Abb. 10.10 Bei der als Overlap-Save bezeichneten Segmentierung wird die in (**a**) gezeigte Faltung eines verschobenen Signals $s(k - n + 1)$ mit der Impulsantwort $g(k)$ durch die Summe der Faltung von Teilsignalen $s_i^{OS}(k - i \cdot N_s)$ der Länge $N_s + n - 1$ ersetzt, die sich um $n - 1$ überdecken (**b**); das Ausgangssignal $y(k - n + 1)$ entsteht dann als Summe der ebenfalls um $i \cdot N_s$ verschobenen aber sich nicht überlappenden Teilsignale $y_i^{OS}(k - i \cdot N_s) \cdot [\sigma(k - i\, N_s - n) - \sigma(k - (i + 1)N_s - n)]$

diesem Fall teilen wir das Eingangssignal $s(k)$ in Blöcke der Länge $N_s + n - 1$ auf, die sich um $n - 1$ Werte überlappen. Da hierbei die Überlappungsbereiche für das jeweils folgende Segment gespeichert werden können, nennt sich diese Variante *Overlap-Save* (OS). Um die Segmente zu bilden, verschieben wir das Eingangssignal um $n - 1$ Werte nach rechts, so dass wir durch Faltung mit $g(k)$ ein verschobenes Ausgangssignal $y(k - n + 1) = s(k - n + 1) * g(k)$ erhalten, siehe Abb. 10.10a.

Die Teilsignale blenden wir wieder durch verschobene Rechtecksignale aus $s(k-n+1)$) aus[21]

$$s_i^{OS}(k - i\,N_s) = s(k - n + 1) \cdot [\sigma(k - i\,N_s) - \sigma(k - (i + 1)N_s - n)] \,. \qquad (10.77)$$

Die zugeordneten Ausgangssegmente $y_i^{OS}(k - i\,N_s)$ der Länge $N_s + 2(n - 1)$ ergeben sich daraus durch Faltung mit der Impulsantwort, wobei wir die Verschiebung wieder durch Faltung mit einem verschobenen Einheitsimpuls ausdrücken, siehe Abb. 10.10b für $i = 0, 1$ und 2

$$y_i^{OS}(k - i\,N_s) = g(k) * s_i^{OS}(k) * \delta(k - i\,N_s) = y_i^{OS}(k) * \delta(k - i\,N_s) \,. \qquad (10.78)$$

Zur Bildung von $y(k - n + 1)$ werden nur die mittleren N_s Werte mit $n \le k < N_s + n$ von jedem Segment $y_i^{OS}(k)$ verwendet, in Abb. 10.10b grau dargestellt, und überlappungsfrei verkettet

$$\begin{aligned} y(k - n + 1) &= \sum_i \Big(y_i^{OS}(k) \cdot [\sigma(k - n) - \sigma(k - N_s - n)]\Big) * \delta(k - i\,N_s) \\ &= \sum_i y_i^{OS}(k - i\,N_s) \cdot [\sigma(k - i\,N_s - n) - \sigma(k - (i + 1)N_s - n)] \,. \end{aligned} \qquad (10.79)$$

Diese Auswahl wird dadurch verständlich, dass in den grau markierten Abschnitten mit k im Bereich $n + i\,N_s \le k < (i + 1)N_s + n$ die Faltungssummen $g(k) * s(k - n + 1)$ und $g(k) * s_i^{OS}(k)$ dasselbe Ergebnis liefern, denn bei der Berechnung von $g(k) * s(k - n + 1)$ wird nur auf Werte von $s(k)$ zugegriffen, die auch in dem Segment $s_i^{OS}(k)$ enthalten sind, vgl. Beispiel in Abb. 8.8.

Die Bedeutung der Segmentierung liegt darin, dass sich die Teilausgangssignale sowohl bei OA als auch bei OS durch den FFT-Algorithmus effektiv berechnen lassen, was als schnelle Faltung bezeichnet wird. Dazu müssen wir allerdings zunächst die Faltung der jeweiligen Segmente durch eine zyklische Faltung ersetzen, und auch die Blocklängen müssen identisch sein.

Bei Overlapp-Add erweitern wir zu diesem Zweck die Eingangssignalsegmente $s_i^{OA}(k)$ durch Anfügen von $n - 1$ Nullen auf der Länge $N_s + n - 1$, wodurch das Signal $s_{i0}^{OA}(k)$

---

[21] Das erste Segment mit $i = 0$ enthält dadurch zu Beginn $n - 1$ Nullwerte und beim letzten Segment wird analog zu OA ggf. mit Nullen auf die Länge $N_s + n - 1$ aufgefüllt.

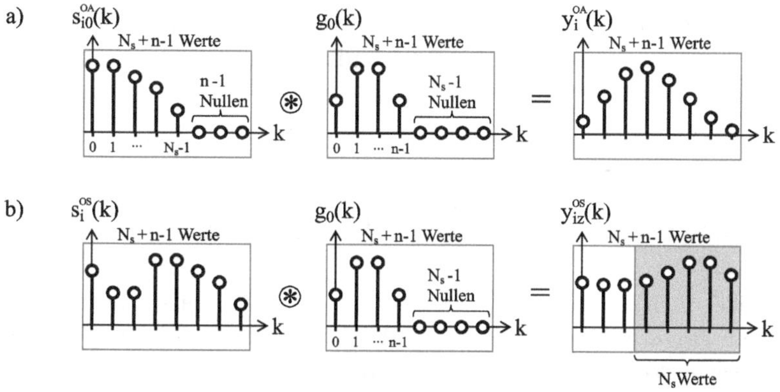

Abb. 10.11 Nach der Segmentierung muss die Faltung der Teilsignale durch zyklische Faltungen ersetzt werden, damit eine Berechnung im DFT-Bereich möglich wird; bei Overlap-Add werden dazu Eingangssegmente und Impulsantwort durch Anfügen von Nullen auf die Länge $N_s + n - 1$ gebracht (**a**), während bei Overlap-Save aufgrund der Nutzung nur des grau gekennzeichneten Teilsignals keine Anpassung der Eingangssegmente erforderlich ist

entsteht, siehe Abb. 10.11a. Analog erzeugen wir aus $g(k)$ durch Anfügen von $N_s - 1$ Nullen das Signal $g_0(k)$ derselben Länge. Die Nullen bewirken, dass die zyklische Faltung beider Signale jeweils dasselbe Teilausgangssignal $y_i^{OA}(k)$ wie (10.75) liefert. Anschließend dürfen wir nach (10.35) die zyklische Faltung durch DFT, Produktbildung und anschließende iDFT ersetzen

$$y_i^{OA}(k) = s_{i0}^{OA}(k) \circledast g_0(k) = iDFT\Big\{DFT\{s_{i0}^{OA}(k)\} \cdot DFT\{g_0(k)\}\Big\}. \qquad (10.80)$$

Bei Overlap-Save können wir direkt das jeweilige Eingangssegment $s_i^{OA}(k)$ verwenden und dieses zyklisch mit $g_0(k)$ falten, woraus das Teilausgangssignal $y_{iz}^{OS}(k)$ entsteht, siehe Abb. 10.11b, und auch dieses lässt sich im DFT-Bereich berechnen

$$y_{iz}^{OS}(k) = s_i^{OS}(k) \circledast g_0(k) = iDFT\Big\{DFT\{s_i^{OS}(k)\} \cdot DFT\{g_0(k)\}\Big\}. \qquad (10.81)$$

Wegen der zyklischen Fortsetzung von $s_i^{OS}(k)$ ist $y_{iz}^{OS}(k)$ zwar nicht identisch zu $y_i^{OS}(k)$, allerdings unterscheiden sich beide Signale nur in den ersten $n - 1$ Werten. Da diese jedoch nicht benötigt werden, kann die Bildung des Ausgangssignals nach (10.79) auch mit dem grau markierten Teilsegment von $y_{iz}^{OS}(k)$ erfolgen.

Die vorgestellten Verfahren der schnellen Faltung reduzieren den Rechenaufwand gegenüber dem Einsatz eines FIR-Filters erheblich, und zwar umso mehr, je größer bei vorgegebener Länge der Impulsantwort n die Segmentlänge N_s gewählt wird. Hierbei liegt ein kleiner zusätzlicher Vorteil von OS gegenüber OA darin, dass weniger Nullen eingefügt werden müssen und wegen der fehlenden Überlappung der Ausgangssegmente auch weniger Additionen erforderlich sind.

Als Nachteil beider Verfahren muss allerdings die Latenz der Verarbeitung abhängig vom Produkt aus N_s und der Abtastzeit T beachtet werden, da das Ausgangssignal nur in Blöcken der Länge N_s zur Verfügung steht, was den maximalen Wert von N_s je nach Anwendung beschränkt.

10.2.3 Orthogonales Frequenzmultiplexverfahren

Die DFT bildet auch die Grundlage des Übertragungsverfahrens OFDM (engl.: *Orthogonal Frequency Division Multiplexing,* das z. B. im Mobilfunk der 4. und 5. Generation (4G und 5G) oder bei WiFi zum Einsatz kommt. Bei OFDM werden N sinusförmige zeitdiskrete Signale $c_\mu(k)$ unterschiedlicher Frequenz verwendet, die als Träger oder engl. *Carrier* bezeichnet werden, um Informationen als variable Amplituden A_μ und Phasenlagen φ_μ dieser Signale vom Sender zum Empfänger zu übertragen

$$c_\mu(k) \;=\; A_\mu \cdot \cos\left(\tfrac{2\pi}{N}\mu \cdot k - \varphi_\mu\right) \tag{10.82}$$

Die Frequenzen der Träger betragen jeweils $\mu \cdot F = \frac{\mu}{N \cdot T}$ mit dem Frequenzinkrement F, der Abtastzeit T und $0 \leq \mu < N$, so dass innerhalb eines Zeitfensters der sogenannten Symboldauer $T_S = N \cdot T$ immer ein ganzzahliges Vielfaches der jeweiligen Periodendauer T_P liegt. Damit erfüllt jeder Träger Gl. (10.57) mit $\mu = n$ und es tritt kein Leckeffekt auf, siehe Abschn. 10.1.5.

Die Träger werden als *Multi-Carrier*-Signal $s(k) = \sum_{\mu=0}^{N-1} c_\mu(k)$ gleichzeitig übertragen, so dass das korrespondierende kontinuierliche Spektrum aus einer Überlagerung von si-Funktionen im Frequenzabstand F besteht, von denen zwei mit $\mu = 2$ und $\mu = 28$ beispielhaft für $N = N_1 = 30$ und $F = F_1$ in Abb. 10.5a dargestellt sind[22]. Ohne Leckeffekt liegen die Nulldurchgänge der si-Funktionen exakt bei Vielfachen von F, so dass keine Überlappung der DFT-Teilspektren auftritt, die bei OFDM als ICI (engl: *Inter-Carrier-Interference*) bezeichnet wird. Damit sind die Träger orthogonal zueinander, d. h. sie stören sich nicht gegenseitig.

Im Sender wird $s(k)$ abschnittsweise erzeugt, indem jeweils zunächst den N Trägerfrequenzen $\mu \cdot F$ die während T_S zu übertragenden Daten D_i mit dem Symbolindex i als N komplexe Spektralwerte $S_i(\mu)$ zugewiesen werden. Abhängig von der Anzahl der verwendeten unterschiedlichen Amplitudenwerte und Phasenverschiebungen lassen sich so mit jedem Träger während T_S mehrere Bits übertragen. Da allerdings der Empfänger auch bei gestörtem Übertragungskanal die Daten zuverlässig detektieren können muss, ist die maximal mögliche Bit-Anzahl pro Träger beschränkt und abhängig von den Übertragungsbedingungen[23].

---

[22] Das Signal mit $\mu = 0$ entspricht dem Gleichanteil des Summensignals.

[23] Sind z. B. wegen Rauschens nur zwei verschiedene Amplituden- und vier Phasenwerte im Empfänger sicher unterscheidbar, so kann jeder Träger $\log_2(2 \cdot 4) = 3$ Bits während T_S transportieren, und jedes Symbol enthält $3N$ Bits.

Anschließend wird $S_i(\mu)$ mittels iDFT in das zeitdiskrete *Multi-Carrier*-Teilsignal $s_i(k)$ der Länge N und Übertragungsdauer T_S transformiert, wobei $s_i(k)$ als Symbol bezeichnet wird, und aus einer Überlagerung der Träger jeweils mit individueller Amplitude und Phasenlage besteht. Die Verkettung dieser jeweils um Vielfache von N verschobenen Symbole bildet das Signal $s(k)$

$$s(k) = \sum_{i=1}^{\infty} s_i(k - i \cdot N) . \tag{10.83}$$

Abb. 10.12a zeigt einen Ausschnitt eines *Multi-Carrier*-Signals $s(kT)$ über der Zeitachse mit zwei Symbolen $s_i(kT)$ und $s_{i+1}(kT)$, deren Übertragungsdauer jeweils $T_S = N \cdot T$ beträgt. Die Symbole entstehen als Überlagerung der N Träger mit ihren individuellen Amplituden und Phasenverschiebungen durch iFFT der Daten D_i und D_{i+1} mit jeweils N komplexen Werten[24].

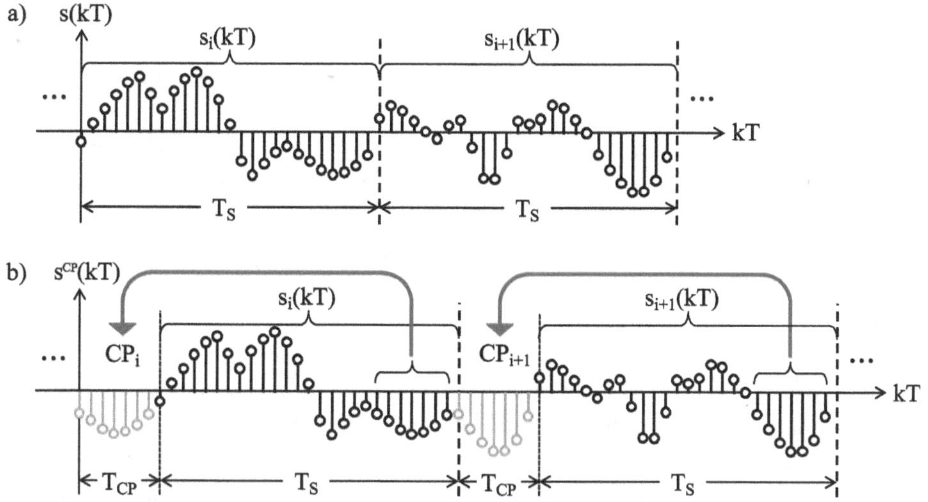

Abb. 10.12 Darstellung des *Multi-Carrier*-Signals $s(kT)$ bei OFDM als Aneinanderreihung von Symbolen $s_i(kT)$ der Dauer T_S (**a**); in (**b**) wurde jedem Symbol ein *Cyclic Prefix* als Kopie des jeweiligen Symbolendes vorangestellt, um ISI zu vermeiden und für eine einfache Entzerrung des Kanals, wodurch die Übertragungszeit jeweils um T_{CP} verlängert wird und das Signal $s^{CP}(kT)$ entsteht

[24] Da ein Spektrum abhängig von den Daten i. Allg. nicht symmetrisch ist, sind die durch iDFT erhaltenen Symbole und damit auch $s(k)$ grundsätzlich komplexe Signale, die in der Darstellung aber reellwertig angenommen werden.

Die übertragung von $s(k)$ über einen analogen Kanal erfolgt üblicherweise nach einer Frequenzverschiebung um die Trägerfrequenz f_0 wie in Abb. 9.11 rechts dargestellt, mit $y(k) = s(k)$. Dazu wird $s(k)$ in seinen Real- und Imaginärteil gesplittet, jeweils D/A-gewandelt und anschließend über eine Mischstufe in ein hochfrequentes Bandpasssignal umgeformt, um dieses z. B. als Radiosignal über eine Antenne abzustrahlen. Der Empfänger erzeugt aus dem dort ankommenden BP-Signal $s_{BP}(t)$, wie auf der linken Seite von Abb. 9.11 gezeigt, durch eine erneute Mischung wieder das Digitalsignal $s(k)$. Dieses wird anschließend in die Symbole $s_i(k)$ segmentiert, und durch deren DFT lassen sich die N Spektralwerte und damit die Daten zurückgewinnen.

Ein zuverlässiger Datenempfang ist so allerdings nur möglich, falls der übertragungskanal ausschließlich eine Signalverzögerung bewirkt, d. h. als verlustfreie Leitung modelliert werden kann, die mit ihrem Wellenwiderstand abgeschlossen ist, siehe Abschn. 4.3. Bei den meisten Kanälen und insbesondere bei der drahtlosen übertragung im Mobilfunk treten hingegen durch Reflexionen Signalverzerrungen auf, die sich mathematisch durch Faltung von $s(k)$ mit der Impulsantwort $g(k)$ des Kanals beschreiben lassen. Würden wir über einen solchen Kanal das in Abb. 10.12a gezeigte Signal $s(k)$ übertragen, so erhielten wir ein Empfangssignal $y(k)$, das aus der überlagerung aufeinander folgender Symbole $s_i(k)$ und $s_{i+1}(k)$ jeweils gefaltet mit $g(k)$ der Länge n bestünde, genauso, wie es in Abb. 10.9b für die segmentierte Faltung dargestellt ist.

Dieser unerwünschte Effekt wird als ISI (engl: *Inter-Symbol-Interference*) bezeichnet und führt dazu, dass die den Empfänger erreichenden Trägersignale nicht mehr rein sinusförmig sind, denn aufgrund der durch die Faltung verlängerten und sich dadurch überlappenden Symbole mit unterschiedlichen Daten treten während T_S jeweils Amplituden- und Phasensprünge auf. Dadurch entstehen Leckeffekte bzw. ICI, und die Orthogonalität zwischen den Trägern geht verloren.

Trotz der Signalverzerrung durch den Kanal lassen sich die Datensymbole im Empfänger fehlerfrei zurückgewinnen. Dazu wird auf der Sendeseite die Übertragungszeit für jedes Symbol verlängert, so dass sich im Empfänger während T_S die Symbole nicht überlagern.

Zusätzlich muss für eine fehlerfreie Übertragung die Faltung mit $g(k)$ kompensiert werden, um die unverzerrten Träger vor der DFT im Empfänger zurückzuerhalten. Diese Entzerrung lässt sich besonders einfach durchführen, falls im Sender die jeweils letzten Abtastwerte von $s_i(k)$ nochmals vor dem Symbol eingefügt werden. Diese zyklische Erweiterung von $s_i(kT)$ wird als CP (engl.: *Cyclic Prefix*) bezeichnet und ist in Abb. 10.12b dargestellt, wodurch das Signal $s^{CP}(kT)$ entsteht. Die übertragungszeit für jedes Symbol verlängert sich dadurch um T_{CP}, wobei T_{CP} an die Zeitdauer $n \cdot T$ der Kanalimpulsantwort $g(k)$ angepasst werden sollte, um durch den CP möglichst wenig übertragungskapazität zu verlieren.

Im Empfänger erhalten wir nach Abwärtsmischung und Diskretisierung jeweils während T_S ein Teilsignal $y_i(k)$, das sich wegen des CP als zyklische Faltung von $s_i(k)$ mit $g(k)$ entsprechend (10.36) schreiben lässt und über die DFT zum Produkt der Spektren korrespondiert. Die Spektralwerte $S_i(\mu)$ mit den Daten können daher leicht zurückgewonnen werden, indem das DFT-Spektrum $Y_i(\mu)$ von $y_i(k)$ durch den Frequenzgang $G(\mu)$ des Kanals geteilt wird[25]

$$y_i(k) = s_i(k) \circledast g(k) \quad \circ\!\!-\!\!\bullet \quad Y_i(\mu) = S_i(\mu) \cdot G(\mu) \quad \Rightarrow \quad S_i(\mu) = \frac{Y_i(\mu)}{G(\mu)} . \qquad (10.84)$$

Eine wesentliche Stärke von OFDM gegenüber anderen Multiplexverfahren wie Zeit-, Frequenz- oder Codemultiplex liegt darin, dass aufgrund der vielen orthogonal zueinander liegenden Trägerfrequenzen eine sehr gute Nutzung der verfügbaren Bandbreite möglich ist. Hierbei kann die übertragung sehr effizient an Störsignale angepasst werden, denn da derartige Störungen häufig nur schmalbandig auftreten, werden auf den betroffenen Trägerfrequenzen einfach keine Daten übertragen. Hinzu kommt – wie wir gesehen haben – die mit geringem Aufwand mögliche Kompensation von Verzerrungen durch den übertragungskanal; außerdem ist das Verfahren technisch einfach umsetzbar, da mit Ausnahme der analogen Mischstufen eine rein digitale Signalverarbeitung mit dem FFT-Algorithmus erfolgen kann.

Ein gewisser Nachteil des Verfahrens besteht darin, dass das Signal $s(k)$ und damit auch das analoge Sendesignal eine maximale Leistung annimmt, die deutlich von dessen mittlerer Leistung abweicht, wobei dieses Verhältnis als PAPR (engl.: *Peak-to-Average Power Ratio*) bezeichnet wird. Das hohe PAPR wird dadurch verständlich, dass sich die N Träger nur bei bestimmten Phasenverschiebungen abhängig von den übertragenen Daten konstruktiv überlagern, während meistens durch destruktive Interferenz eine zumindest teilweise gegenseitige Auslöschung auftritt. Um die Orthogonalität der Träger zu garantieren, muss der Sendeverstärker über den gesamten Amplitudenbereich eine lineare Kennlinie aufweisen und auf die maximale Amplitude ausgelegt werden. Dies erfordert höheren technischen Aufwand und ist mit einem geringeren Wirkungsgrad verbunden, was die Erzeugung des Sendesignals in mobilen Endgeräten erschwert.

Weitere Details zu OFDM und verwandten Übertragungsverfahren finden sich z. B. in [34].

10.3 Die z-Transformation

Die Diskrete Fourier-Transformation hat sich in den vorherigen Abschnitten als sehr nützlich erwiesen, um zeitdiskrete Signale im Computer zu verarbeiten, da so direkte und mit der FFT auch sehr schnelle Signalmanipulationen im Frequenzbereich möglich sind. Zur Analyse und Synthese zeitdiskreter Systeme sind hingegen keine diskreten Signalspektren

[25] Der Frequenzgang des Kanals wird bei OFDM im Empfänger ermittelt, indem einige Spektralwerte $S_i(\mu_K)$ für bestimmte Frequenzen $\mu_K F$ keine Daten enthalten, sondern fest vorgegeben sind, so dass man $G(\mu_K)$ als Quotient aus $Y_i(\mu_K)$ und $S_i(\mu_K)$ bestimmen kann; die übrigen Werte des Frequenzgangs ergeben sich daraus durch Interpolation.

erforderlich; stattdessen benötigen wir eine Transformation, die es ermöglicht, Systemeigenschaften wie im Analogbereich anhand einer abstrakten Darstellung zu bestimmen, und die übertragung zeitdiskreter Signale mit wenig Aufwand zu beschreiben. Während die Anschauung hierbei nicht im Vordergrund steht, ist ein gegenüber der Fourier-Transformation erweiterter Konvergenzbereich wichtig, weshalb zunächst die Anwendung der Laplace-Transformation nahe liegt.

Um auf ein ideales Abtastsignal $f_a(t)$ die Laplace-Transformation anzuwenden, führen wir wie im Abschn. 3.5 die komplexe Variable $s = \gamma + j\omega$ ein und betrachten nur kausale Sequenzen $f(k)$ mit $f(k) = 0$ für $k < 0$, so dass wir analog zu (10.1) erhalten

$$f_a(t) = \sum_{k=0}^{\infty} f(k) \cdot \delta(t - kT) \quad \circ\!\!-\!\!\bullet \quad F_a(s) = \sum_{k=0}^{\infty} f(k) \cdot \mathrm{e}^{-s \cdot kT} \,. \qquad (10.85)$$

Die Laplace-Transformation liefert dabei wie die Fourier-Transformation immer eine periodische Bildfunktion $F_a(s)$, was deutlich wird, wenn wir ganzzahlige Vielfache von $j\frac{2\pi}{T}$ zu s addieren

$$F_a\left(s + m \cdot j \cdot \tfrac{2\pi}{T}\right) = \sum_{k=0}^{\infty} f(k) \cdot \mathrm{e}^{-(s \cdot kT + j2\pi \cdot m \cdot k)} = F_a(s) \quad \text{für} \quad m \in \mathbb{Z} \,. \qquad (10.86)$$

Die rechte Seite von (10.85) beschreibt einen direkten Zusammenhang zwischen den zeitdiskreten Signalwerten $f(k)$ und der Laplace-Transformierten $F_a(s)$, der wie die DTFT eine eigene Transformation definiert, vgl. Abschn. 10.1. Um die unhandlichen e-Funktionen bei der Berechnung von $F_a(s)$ zu vermeiden, führen wir zusätzlich eine Abbildung der komplexen Variablen s auf eine neue komplexe Variable z ein, nur abhängig von der Abtastzeit T

$$z = \mathrm{e}^{sT} \,. \qquad (10.87)$$

Damit erhalten wir eine vereinfachte Variante der Laplace-Transformation, die als sogenannte *z-Transformation* bezeichnet wird und eine Sequenz $f(k)$ in eine Potenzreihe $F(z)$ mit negativen ganzzahligen Exponenten abbildet, jeweils gewichtet mit den Signalwerten[26]

$$F(z) = \sum_{k=0}^{\infty} f(k) \cdot z^{-k} = f(0) + f(1) \cdot z^{-1} + f(2) \cdot z^{-2} + \cdots \,. \qquad (10.88)$$

[26] Exakter wäre es, die z-Transformierte als $F_a(z)$ zu bezeichnen, da sie mit (10.87) identische Werte wie $F_a(s)$ annimmt; aufgrund der Kennzeichnung durch die Variable z verzichten wir darauf, vgl. Fußnote 2 auf Seite 312.

$F(z)$ wird auch als Bildfunktion bezeichnet, und wir verwenden ein geschwungenes großes $\mathscr{Z}$ bzw. $\mathscr{Z}^{-1}$, um die Anwendung der Transformation sowie ihrer Inversen zu symbolisieren. Das Hantelsymbol dient dazu den Wechsel zwischen k- und z-Bereich anzuzeigen[27]

$$F(z) = \mathscr{Z}\{f(k)\} \quad \bullet\!\!-\!\!\circ \quad \mathscr{Z}^{-1}\{F(z)\} = f(k)\,. \tag{10.89}$$

Die z-Transformation dient wie die Laplace-Transformation nicht der Anschauung, sondern als nützliches Werkzeug zur analytischen Beschreibung zeitdiskreter Signale und Systeme. Im Unterschied zur DFT ist sie auch auf unendlich ausgedehnte Sequenzen anwendbar, und sie liefert kontinuierliche Bildfunktionen, weshalb keine periodische Wiederholung der Sequenzen im Zeitbereich beachtet werden muss.

Zunächst wollen wir einige einfache zeitdiskrete Signale transformieren, um die Anwendung der z-Transformation kennenzulernen. Für den Einheitsimpuls $\delta(k)$ ergibt sich dasselbe Ergebnis wie mit der DFT, da $\delta(k)$ für alle $k \neq 0$ den Wert null annimmt

$$\delta(k) \quad \circ\!\!-\!\!\bullet \quad \sum_{k=0}^{\infty} \delta(k) \cdot z^{-k} = z^{-0} = 1\,. \tag{10.90}$$

Die z-Transformierte des zeitdiskreten Einheitssprungs $\sigma(k)$ erhalten wir, indem wir die Formel für eine geometrische Reihe anwenden; diese konvergiert nur, falls die Bedingung $|z^{-1}| < 1$ bzw. $|z| > 1$ erfüllt ist, wodurch der Konvergenzbereich festgelegt wird

$$\sigma(k) \quad \circ\!\!-\!\!\bullet \quad \sum_{k=0}^{\infty} 1 \cdot z^{-k} = \sum_{k=0}^{\infty} \left(z^{-1}\right)^k = \frac{1}{1 - z^{-1}} = \frac{z}{z-1}\,. \tag{10.91}$$

Die geometrische Folge $q^k \cdot \sigma(k)$ mit der i. Allg. komplexen Konstanten q transformieren wir ebenfalls mit der geometrischen Reihe, wobei der Konvergenzbereich jetzt $|z| > |q|$ beträgt

$$q^k \cdot \sigma(k) \quad \circ\!\!-\!\!\bullet \quad \sum_{k=0}^{\infty} \left(q \cdot z^{-1}\right)^k = \frac{1}{1 - q \cdot z^{-1}} = \frac{z}{z-q}\,. \tag{10.92}$$

10.3.1 Theoreme der z-Transformation

Im folgenden lernen wir Rechenregeln für die z-Transformation kennen, um Signale auch ohne Anwendung der Definition (10.88) im z-Bereich beschreiben zu können.

---

[27] Da die inverse z-Transformation Kenntnisse der Funktionentheorie erfordert, die wir hier nicht voraussetzen, verzichten wir auf die Rücktransformation und verwenden stattdessen wie im Laplace-Bereich Tabelleneinträge.

Wir beginnen mit dem Linearitätstheorem, das auch für die z-Transformation gilt, da wir analog zu Integralen auch Reihensummen über mehrere Sequenzen in Teilsummen zerlegen dürfen

$$f(k) = a_1 \cdot f_1(k) + a_2 \cdot f_2(k) \quad \circ\!\!-\!\!\bullet \quad F(z) = a_1 \cdot F_1(z) + a_2 \cdot F_2(z)\,. \tag{10.93}$$

Wählen wir in (10.92) eine komplexe Konstante mit $q = \mathrm{e}^{-(a-jb)}$ und $a, b \in \mathbb{R}$, so können wir unter Ausnutzung der Linearität auch eingeschaltete und gedämpfte Sinus- bzw. Cosinusfolgen transformieren, die wir als Real- und Imaginärteil von $f(k)$ erhalten

$$f(k) = \mathrm{e}^{-(a-jb)k} \cdot \sigma(k) = \mathrm{e}^{-ak} \cdot \cos(bk) \cdot \sigma(k) + j\,\mathrm{e}^{-ak} \cdot \sin(bk) \cdot \sigma(k)\,. \tag{10.94}$$

Die zu diesem $f(k)$ korrespondierende z-Transformierte entsprechend (10.92) können wir durch konjugiert komplexe Erweiterung ebenfalls in Real- und Imaginärteil aufteilen, wobei wir reelle Werte für z annehmen und im Nenner $\cos(b)^2 + \sin(b)^2 = 1$ einsetzen

$$\begin{aligned} F(z) &= \frac{z}{z - \mathrm{e}^{-(a-jb)}} \\ &= \frac{z}{z - \mathrm{e}^{-a} \cdot \cos(b) - j\,\mathrm{e}^{-a} \cdot \sin(b)} = \frac{z \cdot \left(z - \mathrm{e}^{-a} \cdot \cos(b) + j\,\mathrm{e}^{-a} \cdot \sin(b)\right)}{(z - \mathrm{e}^{-a} \cdot \cos(b))^2 + \mathrm{e}^{-2a} \cdot \sin^2(b)} \\ &= \frac{z^2 - z \cdot \mathrm{e}^{-a} \cdot \cos(b)}{z^2 - 2z \cdot \mathrm{e}^{-a} \cdot \cos(b) + \mathrm{e}^{-2a}} + j\,\frac{z \cdot \mathrm{e}^{-a} \cdot \sin(b)}{z^2 - 2z \cdot \mathrm{e}^{-a} \cdot \cos(b) + \mathrm{e}^{-2a}}\,. \end{aligned} \tag{10.95}$$

Damit haben wir durch Zuordnung der Real- und Imaginärteile im k- und z-Bereich mit (10.94) die gesuchten Korrespondenzen gefunden, die für $a = 0$ auch den Fall ungedämpfter Schwingungen enthalten

$$\mathrm{e}^{-ak} \cdot \cos(bk) \cdot \sigma(k) \quad \circ\!\!-\!\!\bullet \quad \frac{z \cdot \left(z - \mathrm{e}^{-a} \cdot \cos(b)\right)}{z^2 - 2z \cdot \mathrm{e}^{-a} \cdot \cos(b) + \mathrm{e}^{-2a}} \tag{10.96}$$

$$\mathrm{e}^{-ak} \cdot \sin(bk) \cdot \sigma(k) \quad \circ\!\!-\!\!\bullet \quad \frac{z \cdot \mathrm{e}^{-a} \cdot \sin(b)}{z^2 - 2z \cdot \mathrm{e}^{-a} \cdot \cos(b) + \mathrm{e}^{-2a}}\,. \tag{10.97}$$

Auch das Faltungstheorem der Laplace-Transformation nach (3.108) können wir im z-Bereich formulieren, wobei für die Faltung zeitdiskreter Signale (8.24) gilt. Aufgrund der vorausgesetzten Kausalität der Signale setzen wir die untere Grenze der Summe auf null, da $f_1(k < 0) = 0$ gilt, und die obere Grenze auf k, da für $i > k$ das Signal $f_2(k - i)$ null wird.

$$f_1(k) * f_2(k) = \sum_{i=0}^{k} f_1(i) \cdot f_2(k - i) \quad \circ\!\!-\!\!\bullet \quad F_1(z) \cdot F_2(z)\,. \tag{10.98}$$

Dieses Theorem bildet die Grundlage für die Beschreibung von Signalübertragungen mit LSI-Systemen im z-Bereich, und es ermöglicht eine alternative Interpretation der zeitdiskreten Faltung. Dazu betrachten wir das Signal $y(k) = u(k) * g(k)$ und nehmen die Signallängen von $u(k)$ und $g(k)$ zu N_u bzw. N_g an. Im z-Bereich setzen wir für $U(z)$ und $G(z)$ die Definitionsgleichung der z-Transformation (10.88) ein, wodurch wir $Y(z)$ als Produkt zweier Polynome in z erhalten

$$Y(z) = U(z) \cdot G(z) = \left(\sum_{k=0}^{N_u-1} u(k) \cdot z^{-k} \right) \cdot \left(\sum_{k=0}^{N_g-1} g(k) \cdot z^{-k} \right) . \tag{10.99}$$

Diese können wir ausmultiplizieren, wobei hier beispielhaft $N_u = N_g = 3$ angenommen sei

$$\begin{aligned} Y(z) &= \left(u(0) + u(1) \cdot z^{-1} + u(2) \cdot z^{-2}\right) \cdot \left(g(0) + g(1) \cdot z^{-1} + g(2) \cdot z^{-2}\right) \\ &= u(0)g(0) + u(0)g(1)z^{-1} + u(0)g(2)z^{-2} \\ &\quad + u(1)g(0)z^{-1} + u(1)g(1)z^{-2} + u(1)g(2)z^{-3} \\ &\quad\quad + u(2)g(0)z^{-2} + u(2)g(1)z^{-3} + u(2)g(2)z^{-4} . \end{aligned} \tag{10.100}$$

Fassen wir die letzten drei Zeilen zusammen, so ergibt sich für $Y(z)$ ein Polynom der Länge $N_u + N_g - 1 = 5$, dessen Koeffizienten die Signalwerte $y(k)$ abhängig von $u(k)$ und $g(k)$ bilden

$$\begin{aligned} Y(z) &= y(0) + y(1)z^{-1} + y(2)z^{-2} + y(3)z^{-3} + y(4)z^{-4} = \sum_{k=0}^{N_u+N_g-1} y(k) \cdot z^{-k} \\ \text{mit:} \quad & y(0) = u(0)g(0) \quad y(1) = u(0)g(1) + u(1)g(0) \\ & y(2) = u(0)g(2) + u(1)g(1) + u(2)g(0) \\ & y(3) = u(1)g(2) + u(2)g(1) \quad y(4) = u(2)g(2) . \end{aligned} \tag{10.101}$$

Allgemein gilt, dass die Koeffizienten einer Sequenz $y(k)$ der Länge $N_u + N_g - 1$, die durch Faltung zweier zeitdiskreter Sequenzen $u(k)$ und $g(k)$ der Längen N_u und N_g gebildet wird, mittels Polynommultiplikation berechnet werden können. Da in vielen Programmiersprachen Polynome wie Signale als Vektoren gespeichert werden, und auch Funktionen zur Polynommultiplikation vorhanden sind, lässt sich die zeitdiskrete Faltung sehr kompakt ausführen[28]. Allerdings muss beachtet werden, dass hierdurch der Rechenaufwand im Gegensatz zu der im Abschn. 10.2.2 vorgestellten schnellen Faltung nicht sinkt.

[28] In MATLAB© können die Koeffizienten von Polynomen mit eckigen Klammern als Vektoren eingegeben werden, z. B. $p1 = [1, 0, 2]$ und $p2 = [5, 3, 2, 7]$; die Multiplikation erfolgt mit der Funktion $p = \text{conv}(p1, p2)$ und liefert das Polynom $p = [5, 3, 12, 13, 4, 14]$, was der Faltung $p(z) = p_1(z) * p_2(z)$ entspricht mit den von z abhängigen Polynomen $p_1(z) = 1 + 2z^{-2}$, $p_2(z) = 5 + 3z^{-1} + 2z^{-2} + 7z^{-3}$ und $p(z) = 5 + 3z^{-1} + 12z^{-2} + 13z^{-3} + 4z^{-4} + 14z^{-5}$.

Als nächstes betrachten wir verschobene zeitdiskrete Signale im z-Bereich. Dazu wenden wir die z-Transformation zunächst auf eine um $n \in \mathbb{N}$ verzögerte Sequenz $f(k-n)$ an und substituieren in der Summe $k-n=i$. Hierdurch verändert sich die untere Grenze auf $i=-n$, und wir können den nicht von i abhängigen Term z^{-n} vor die Summe ziehen

$$\mathscr{Z}\{f(k-n)\} = \sum_{k=0}^{\infty} f(k-n)\cdot z^{-k} = z^{-n}\cdot \sum_{i=-n}^{\infty} f(i)\cdot z^{-i} = z^{-n}\cdot \sum_{i=0}^{\infty} f(i)\cdot z^{-i}\,. \tag{10.102}$$

In der letzten Summe wurde die untere Grenze wieder auf null gesetzt ohne die Summe zu verändern, da aufgrund der Kausalität der Signale $f(i<0)=0$ gilt. Damit entspricht diese Summe $F(z)$, und wir erhalten für eine Rechtsverschiebung, d. h. für verzögerte Sequenzen

$$f(k-n) \quad \circ\!\!-\!\!\bullet \quad z^{-n}\cdot F(z) \quad \text{mit} \quad n \geq 0\,. \tag{10.103}$$

Bei einer Linksverschiebung betrachten wir $f(k+n)$ und erhalten mit derselben Substitution eine Summe mit der unteren Grenze $i=n$, wobei wir jetzt den Term z^n vor die Summe ziehen. Damit die Summe wieder bei $i=0$ beginnt und damit $F(z)$ entspricht, ergänzen wir die ersten n Summenglieder und ziehen diese in einer getrennten Summe wieder ab

$$\mathscr{Z}\{f(k+n)\} = z^n\cdot \sum_{i=n}^{\infty} f(i)\cdot z^{-i} = z^n\cdot\left(\sum_{i=0}^{\infty} f(i)\cdot z^{-i} - \sum_{i=0}^{n-1} f(i)\cdot z^{-i}\right)\,. \tag{10.104}$$

Damit gilt für die Linksverschiebung einer Sequenz im z-Bereich

$$f(k+n) \quad \circ\!\!-\!\!\bullet \quad z^n\cdot F(z) - \sum_{i=0}^{n-1} f(i)\cdot z^{n-i} \quad \text{mit} \quad n>0\,. \tag{10.105}$$

und für $n=1$ erhalten wir

$$f(k+1) \quad \circ\!\!-\!\!\bullet \quad z\cdot(F(z)-f(0))\,. \tag{10.106}$$

Eine weitere Regel finden wir durch Bildung der Ableitung der Bildfunktion $F(z)$ nach z. Diese dürfen wir in die Summe ziehen, sofern die Reihe für $F(z)$ konvergiert, was wir voraussetzen; anschließend erweitern wir mit z, wodurch die Summe der z-Transformierten von $k\cdot f(k)$ entspricht

$$\frac{d\,F(z)}{dz} = \sum_{k=0}^{\infty} f(k)\cdot\frac{d}{dz}z^{-k} = \sum_{k=0}^{\infty}(-k)\cdot f(k)\cdot z^{-k-1} = \frac{(-1)}{z}\cdot\sum_{k=0}^{\infty} k\cdot f(k)\cdot z^{-k}\,. \tag{10.107}$$

Damit können wir eine beliebige mit k multiplizierte Sequenz $f(k)$, deren Transformierte $F(z)$ bekannt ist, im z-Bereich beschreiben

$$k \cdot f(k) \quad \circ\!\!-\!\!\bullet \quad (-z) \cdot \frac{d\,F(z)}{dz} \,. \tag{10.108}$$

Als Beispiel für dieses Theorem transformieren wir die Folge $k \cdot q^k \cdot \sigma(k)$ mit $f(k) = q^k \cdot \sigma(k)$ und $F(z)$ aus (10.92), wobei wir die Ableitung mittels der Quotientenregel bilden

$$k \cdot q^k \cdot \sigma(k) \quad \circ\!\!-\!\!\bullet \quad (-z) \cdot \frac{d}{dz} \frac{z}{z-q} = \frac{q \cdot z}{(z-q)^2} \,. \tag{10.109}$$

(10.108) kann auch mehrfach angewandt werden, um das Produkt aus einer Sequenz $f(k)$ und einer beliebigen Potenzfolge k^n mit $n \in \mathbb{N}$ zu transformieren; für das Produkt einer quadratischen Potenzfolge mit einer geometrischen Folge erhalten wir mit (10.109)

$$k^2 \cdot q^k \cdot \sigma(k) = k \cdot (k \cdot q^k \cdot \sigma(k)) \quad \circ\!\!-\!\!\bullet \quad (-z) \cdot \frac{d}{dz} \frac{q \cdot z}{(z-q)^2} = \frac{q \cdot z \cdot (q+z)}{(z-q)^3} \,. \tag{10.110}$$

Für $q = 1$ beinhalten (10.109) und (10.110) auch die z-Transformierten der linearen und quadratischen Anstiegsfolge $k \cdot \sigma(k)$ und $k^2 \cdot \sigma(k)$. In Tab. B.5 im Anhang sind häufig verwendete Korrespondenzen der z-Transformation zusammengefasst.

10.3.2 Grenzwertsätze der z-Transformation

Auch für die z-Transformation existieren Grenzwertsätze analog zu (3.124) und (3.126) bei der Laplace-Transformation, um das Verhalten von Sequenzen für $k = 0$ sowie $k \to \infty$ im z-Bereich zu bestimmen. Zunächst untersuchen wir das Verhalten einer Bildfunktion $F(z)$ für $z \to \infty$

$$\lim_{z\to\infty} F(z) = \lim_{z\to\infty} \sum_{k=0}^{\infty} f(k) \cdot z^{-k} = \lim_{z\to\infty} \left(f(0) + \frac{f(1)}{z} + \frac{f(2)}{z^2} + \cdots \right) . \tag{10.111}$$

Offensichtlich bleibt für $z \to \infty$ in der Summe nur der Wert $f(k = 0)$ übrig, so dass wir den sogenannten Anfangswertsatz der z-Transformation erhalten

$$f(0) = \lim_{z\to\infty} F(z) \,. \tag{10.112}$$

Analog ergibt die z-Transformierte einer um n nach links verschobenen Sequenz $f(k+n)$ im Grenzfall $z \to \infty$ gerade $f(n)$, da auch hier in der Summe nur der Term mit $k = 0$ übrig bleibt

$$\lim_{z \to \infty} \mathscr{Z}\{f(k+n)\} = \lim_{z \to \infty} \sum_{k=0}^{\infty} f(k+n) \cdot z^{-k} = f(n) \,. \tag{10.113}$$

Daher können wir mit dem Verschiebungssatz (10.105) rekursiv auch beliebige Werte einer Sequenz $f(k)$ anhand ihrer z-Transformierten bestimmen

$$f(n) = \lim_{z \to \infty} \mathscr{Z}\{f(k+n)\} = \lim_{z \to \infty} \left(z^n \cdot F(z) - \sum_{i=0}^{n-1} f(i) \cdot z^{n-i} \right) \quad \text{für} \quad n > 0 \,. \tag{10.114}$$

Betrachtet man nur die linke und die rechte Seite dieser Gleichung, die nicht von der Variablen k abhängen, so können wir statt n auch k verwenden, so dass wir eine rekursive Bestimmungsgleichung der Abtastwerte einer Sequenz $f(k)$ erhalten

$$f(k) = \lim_{z \to \infty} \left(z^k \cdot F(z) - \sum_{i=0}^{k-1} f(i) \cdot z^{k-i} \right) \quad \text{für} \quad k > 0 \,. \tag{10.115}$$

Für $k = 1$ folgt daraus

$$f(1) = \lim_{z \to \infty} \left(z \cdot F(z) - z \cdot f(0) \right) \,. \tag{10.116}$$

Als Beispiel berechnen wir aus der z-Transformierten der geometrischen Folge entsprechend (10.92) die beiden Anfangswerte; die Subtraktion der Konstanten q können wir dabei im Grenzfall $z \to \infty$ gegenüber z vernachlässigen, und wir erhalten dasselbe Ergebnis wie im Zeitbereich

$$f(0) = \lim_{z \to \infty} \left(\frac{z}{z-q} \right) = \lim_{z \to \infty} \left(\frac{z}{z} \right) = 1 \tag{10.117}$$

$$f(1) = \lim_{z \to \infty} \left(z \cdot \frac{z}{z-q} - z \cdot 1 \right) = \lim_{z \to \infty} \left(\frac{z \cdot q}{z-q} \right) = \lim_{z \to \infty} \left(\frac{z \cdot q}{z} \right) = q \,. \tag{10.118}$$

Einen Grenzwertsatz für $k \to \infty$ leiten wir her, indem wir das Differenzsignal $f(k+1) - f(k)$ transformieren und dazu den Verschiebungssatz nach links (10.105) mit $n = 1$ anwenden

$$\mathscr{Z}\{f(k+1) - f(k)\} = z \cdot F(z) - z \cdot f(0) - F(z) = (z-1) \cdot F(z) - z \cdot f(0) \,. \tag{10.119}$$

Anschließend bilden wir den Grenzwert für $z \to 1$

$$\lim_{z \to 1} \left(\mathscr{Z}\{f(k+1) - f(k)\} \right) = \lim_{z \to 1} (z-1) \cdot F(z) - f(0) \,. \tag{10.120}$$

Alternativ können wir das Differenzsignal auch durch Einsetzen in (10.88) transformieren, wobei wir die Summe von $k = 0$ bis $N - 1$ laufen lassen und den Grenzfall $N \to \infty$ betrachten

$$\mathscr{Z}\{f(k+1) - f(k)\} = \lim_{N\to\infty} \sum_{k=0}^{N-1} (f(k+1) - f(k)) \cdot z^{-k} . \tag{10.121}$$

Bilden wir von diesem Ausdruck zusätzlich den Grenzübergang $z \to 1$, so dürfen wir unter der Voraussetzung, dass $f(k \to \infty)$ existiert, die beiden Grenzwerte über N und z vertauschen. Den Grenzwert über z erhalten wir dann direkt durch Einsetzen von $z = 1$, und anschließend heben sich in der Summe über $f(k+1) - f(k)$ alle Werte bis auf den ersten und letzten Wert auf

$$\lim_{z\to 1} (\mathscr{Z}\{f(k+1) - f(k)\}) = \lim_{N\to\infty} \lim_{z\to 1} \sum_{k=0}^{N-1} (f(k+1) - f(k)) \cdot z^{-k} \tag{10.122}$$

$$= \lim_{N\to\infty} \sum_{k=0}^{N-1} (f(k+1) - f(k)) = \lim_{N\to\infty} (f(k=N) - f(0)) = \lim_{k\to\infty} f(k) - f(0) .$$

Der Endwertsatz der z-Transformation folgt durch Gleichsetzen von (10.120) und (10.122)

$$\lim_{k\to\infty} f(k) = \lim_{z\to 1} (z-1) \cdot F(z) . \tag{10.123}$$

Als Beispiel betrachten wir wieder die geometrische Folge und ihre z-Transformierte

$$\lim_{k\to\infty} q^k \cdot \sigma(k) = \lim_{z\to 1} (z-1) \cdot \frac{z}{z-q} = \begin{cases} 1 \text{ für } & q = 1 \\ 0 \text{ für } & q \neq 1 \end{cases} .$$

Für $q = 1$ entspricht $f(k)$ der Sprungfunktion, und wir erhalten für $z \to 1$ mit (10.123) den Wert eins, den auch $\sigma(k)$ für $k \to \infty$ annimmt. Im Bereich $|q| < 1$ konvergiert die geometrische Sequenz gegen null, und auch mit dem Endwertsatz ergibt sich dieses Ergebnis. Für $q = \mathrm{e}^{j\varphi}$ mit $\varphi \neq 0$, also bei einer Lage auf dem Einheitskreis, laufen alle Sequenzwerte $f(k) = \mathrm{e}^{j\varphi \cdot k}$ auf dem Einheitskreis entlang ohne zu konvergieren, während die Folge für $|q| > 1$ divergiert. Der Endwertsatz liefert in diesen beiden Fällen falsche Ergebnisse, daher muss vor dessen Anwendung die Konvergenz einer Sequenz sichergestellt sein

10.3.3 Die z-übertragungsfunktion

Analog zur Übertragungsfunktion $G(s)$ bei LTI-Systemen lässt sich für LSI-Systeme, siehe Abschn. 8.2.1, eine sogenannte *z-Übertragungsfunktion* $G(z)$ angeben, die als Quotient der z-Transformierten des Ausgangs- und des Eingangssignals definiert ist. Neben zeitdiskreten Impulsantworten, Zustandsformen sowie Differenzengleichungen stellt $G(z)$ ein weiteres

Systemmodell dar, das zwar unanschaulich ist, jedoch die Analyse und Synthese zeitdiskreter Systeme erheblich vereinfacht.

Zwischen $G(z)$ und der Impulsantwort $g(k)$ besteht derselbe Zusammenhang wie im Analogbereich zwischen $G(s)$ und $g(t)$, der sich aus (8.24) und dem Faltungssatz (10.98) ergibt

$$y(k) = u(k) * g(k) \quad \circ\!\!-\!\!\bullet \quad Y(z) = U(z) \cdot G(z) \quad \Rightarrow \quad g(k) \quad \circ\!\!-\!\!\bullet \quad G(z)\,. \tag{10.124}$$

Zur Herleitung eines mathematischen Modells für $G(z)$ gehen wir von einer rekursiven Differenzengleichung entsprechend (8.62) aus, die wir im Abschn. 8.2.4 aus der Zustandsform gewonnen hatten, und transformieren diese mit den Theoremen (10.93) sowie (10.103) in den z-Bereich

$$\begin{aligned} y(k) &= \sum_{i=1}^{n} (-\alpha_i) \cdot y(k-i) + \sum_{i=0}^{n} \beta_i \cdot u(k-i) \\ \circ\!\!-\!\!\bullet \quad Y(z) &= \sum_{i=1}^{n} (-\alpha_i) \cdot Y(z) \cdot z^{-i} + \sum_{i=0}^{n} \beta_i \cdot U(z) \cdot z^{-i}\,. \end{aligned} \tag{10.125}$$

Die Gleichung formen wir um, indem wir zunächst die erste Summe auf die linke Seite bringen und anschließend auf beiden Seiten jeweils $Y(z)$ bzw. $U(z)$ ausklammern

$$Y(z) \cdot \left(1 + \sum_{i=1}^{n} \alpha_i \cdot z^{-i}\right) = U(z) \cdot \sum_{i=0}^{n} \beta_i \cdot z^{-i}\,. \tag{10.126}$$

Jetzt können wir die z-übertragungsfunktion $G(z)$ angeben, wobei die Summenzeichen aufgelöst wurden, um deutlich zu machen, dass $G(z)$ wie $G(s)$ eine rationale Funktion ist

$$G(z) = \frac{Y(z)}{U(z)} = \frac{\beta_0 + \beta_1 z^{-1} + \beta_2 z^{-2} + \cdots + \beta_{n-1} z^{-(n-1)} + \beta_n z^{-n}}{1 + \alpha_1 z^{-1} + \alpha_2 z^{-2} + \cdots + \alpha_{n-1} z^{-(n-1)} + \alpha_n z^{-n}}\,. \tag{10.127}$$

Allerdings treten hier zunächst negative Exponenten von z auf; diese lassen sich in positive Exponenten umwandeln, indem wir den Bruch mit z^n erweitern

$$G(z) = \frac{\beta_0 z^n + \beta_1 z^{n-1} + \beta_2 z^{n-2} + \cdots + \beta_{n-1} z + \beta_n}{z^n + \alpha_1 z^{n-1} + \alpha_2 z^{n-2} + \cdots + \alpha_{n-1} z + \alpha_n}\,. \tag{10.128}$$

Damit entspricht $G(z)$ der Polynomform von $G(s)$ nach (5.12), und aus dieser können wir wie bei zeitkontinuierlichen Systemen durch Faktorisierung die Produktform bilden, so dass wir auch zeitdiskrete Systeme im Pol-/Nullstellenplan darstellen können, vergleiche Abschn. 5.2.1

$$G(z) = K \cdot \frac{(z - z_{Z1}) \cdot (z - z_{Z2}) \cdot \;\cdots\; \cdot (z - z_{Zm})}{(z - z_{N1}) \cdot (z - z_{N2}) \cdot \;\cdots\; \cdot (z - z_{Nn})}\,. \tag{10.129}$$

Auch eine Partialbruchzerlegung ist möglich, wie in Abschn. 5.2.3 gezeigt, um Systeme höherer Ordnung in den k-Bereich zurücktransformieren zu können[29].

Als erstes Beispiel betrachten wir die rekursive Differenzengleichung (8.63) und transformieren diese zunächst in den z-Bereich

$$y(k) \;=\; 0{,}5 \cdot y(k-1) + u(k) \quad \circ\!\!-\!\!\bullet \quad Y(z) \;=\; 0{,}5 \cdot z^{-1} \cdot Y(z) + U(z) \tag{10.130}$$

Durch algebraische Umformung bestimmen wir $G(z)$ und daraus durch inverse z-Transformation mit (10.92) und $q = 0{,}5$ die Impulsantwort $g(k)$

$$G(z) \;=\; \frac{Y(z)}{U(z)} \;=\; \frac{1}{1 - 0{,}5 \cdot z^{-1}} \;=\; \frac{z}{z - 0{,}5} \quad \bullet\!\!-\!\!\circ \quad g(k) \;=\; 0{,}5^{k} \cdot \sigma(k)\,. \tag{10.131}$$

Dies entspricht exakt dem Ergebnis, das wir aus (8.63) numerisch durch rekursives Einsetzen mit einer Tabelle erhalten hatten. Im Gegensatz dazu stellt (10.131) eine analytische Lösung dar, die es gestattet, Werte der Sequenz $g(k)$ für beliebige k direkt anzugeben[30].

Als weiteres Beispiel betrachten wir die rekursive Differenzengleichung in (8.65) zweiten Grades, die wir ebenfalls in den z-Bereich transformieren

$$\begin{aligned} y(k) \;&=\; 0{,}7 \cdot u(k-2) - 0{,}4 \cdot y(k-2) \\ \circ\!\!-\!\!\bullet \quad Y(z) \;&=\; 0{,}7 \cdot z^{-2} \cdot U(z) - 0{,}4 \cdot z^{-2} \cdot Y(z)\,. \end{aligned} \tag{10.132}$$

Dies führt auf die z-übertragungsfunktion

$$G(z) \;=\; \frac{0{,}7 \cdot z^{-2}}{1 + 0{,}4 \cdot z^{-2}} \;=\; \frac{0{,}7}{z^2 + 0{,}4}\,. \tag{10.133}$$

Sind wir an der Sprungantwort $h(k) = \sigma(k) * g(k)$ dieses Systems interessiert, so multiplizieren wir $G(z)$ mit der z-Transformierten des Einheitssprungs entsprechend (10.91). Dann zerlegen wir $H(z)$ in Partialbrüche mit den Konstanten $A = 0{,}5$, $B = -0{,}5$ und $C = 0{,}2$, vgl. Abschn. 5.2.3

$$H(z) \;=\; \frac{z}{z-1} \cdot G(z) \;=\; \frac{z \cdot 0{,}7}{(z-1) \cdot (z^2 + 0{,}4)} \;=\; \frac{A}{z-1} + \frac{B \cdot z + C}{z^2 + 0{,}4}\,. \tag{10.134}$$

---

[29] Eine V-Normalform benötigen wir im z-Bereich nicht, da wir keine Analysen anhand von Pol- und Nullstellen, und auch keine grafische Konstruktion von Frequenzgängen, die im Abschn. 10.3.5 betrachtet werden, durchführen.

[30] Die numerische und analytische Lösung sind nur dann identisch, falls für $k = 0$ alle Verzögerungsglieder ungeladen, d. h. die Zustandsgrößen null sind, da dies bei der Aufstellung von $G(z)$ vorausgesetzt wird, vgl. Abschn. 5.

Den ersten Partialbruch erweitern wir zusätzlich mit z, so dass wir die Korrespondenz (10.91) zusammen mit dem Verschiebungssatz (10.103) anwenden können. Für den zweiten Partialbruch verwenden wir die Korrespondenz (10.97), wobei $b = \frac{\pi}{2}$ sowie $\mathrm{e}^{-2a} = 0{,}4$ bzw. $\mathrm{e}^{-a} = \sqrt{0{,}4}$ gelten muss, damit die Nenner identisch sind. Diesen Partialbruch teilen wir in zwei Teilbrüche, und erweitern den letzten Term ebenfalls mit z, so dass wir im k-Bereich erhalten

$$A \cdot z^{-1} \cdot \frac{z}{z-1} \quad \bullet\!\!-\!\!\circ \quad A \cdot \sigma(k-1) \tag{10.135}$$

$$B \cdot \frac{z}{z^2 + 0{,}4} \quad \bullet\!\!-\!\!\circ \quad B \cdot (\sqrt{0{,}4})^{k-1} \cdot \sin\left(k \cdot \tfrac{\pi}{2}\right) \cdot \sigma(k) \tag{10.136}$$

$$C \cdot z^{-1} \frac{z}{z^2 + 0{,}4} \quad \bullet\!\!-\!\!\circ \quad C \cdot (\sqrt{0{,}4})^{k-2} \cdot \sin\left((k-1) \cdot \tfrac{\pi}{2}\right) \cdot \sigma(k-1)\,. \tag{10.137}$$

Die Summe der drei Terme rechts von den Hantelsymbolen bildet die analytische Lösung der Sprungantwort $h(k)$, deren Werte wir bereits im Abschn. 8.2.4 aus der rekursiven Differenzengleichung (8.65) numerisch berechnet hatten.

Liegt eine zeitdiskrete Zustandsform vor, so kann auch aus dieser $G(z)$ bestimmt werden. Dazu transformieren wir die Zustandsform mit dem Verschiebungssatz (10.106) in den z-Bereich

$$\underline{x}(k+1) = \underline{A}_d \cdot \underline{x}(k) + \underline{b}_d \cdot u(k) \quad \circ\!\!-\!\!\bullet \quad z \cdot \left(\underline{X}(z) - \underline{x}(0)\right) = \underline{A}_d \cdot \underline{X}(z) + \underline{b}_d \cdot U(z) \tag{10.138}$$

$$y(k) = \underline{c} \cdot \underline{x}(k) + d \cdot u(k) \quad \circ\!\!-\!\!\bullet \quad Y(z) = \underline{c} \cdot \underline{X}(z) + d \cdot U(z)\,. \tag{10.139}$$

Dieses Ergebnis ist vergleichbar zu (5.5) und (5.6), und wie bei der Definition von $G(s)$ nach (5.8) muss auch bei der Bestimmung von $G(z)$ der Anfangszustand $\underline{x}(0)$ null, d. h. alle Verzögerungsglieder für $k = 0$ ungeladen sein, um die Kausalität von $y(k)$ sicherzustellen. Der weitere Rechenweg entspricht dem bei der Aufstellung von $G(s)$, und wir können wie in (5.10) die z-Übertragungsfunktion als Matrizengleichung abhängig von den Zustandsparametern angeben, wobei für eine Systemordnung $n \leq 2$ eine skalare Darstellung die Anwendung erleichtert

$$\begin{aligned} G(z) &= \left.\frac{Y(z)}{U(z)}\right|_{\underline{x}(0)=0} = \underline{c} \cdot \left(z \cdot \underline{E} - \underline{A}_d\right)^{-1} \cdot \underline{b}_d + d \\ &\overset{n \leq 2}{=} \frac{(c_1 b_1 + c_2 b_2)\, z \; + \; b_1\,(c_2 a_{21} - c_1 a_{22}) \; + \; b_2\,(c_1 a_{12} - c_2 a_{11})}{z^2 \; - \; (a_{11} + a_{22})\, z \; + \; a_{11} a_{22} \; - \; a_{12} a_{21}} + d\,. \end{aligned} \tag{10.140}$$

Als Beispiel bestimmen wir die z-übertragungsfunktion des gleichförmig beschleunigten Systems, dessen zeitdiskrete Zustandsform wir im Abschn. 8.2.2 und 8.2.3 aufgestellt hatten. Die Zustandsparameter sind in (8.48) gegeben, so dass wir für $G(z)$ erhalten

$$G(z) \;=\; \frac{\left(\frac{T^2}{2}+0\right)z+\frac{T^2}{2}\cdot(0-1)+T\cdot(T-0\cdot 1)}{z^2\;-\;(1+1)\,z\;+\;1\cdot 1\;-\;T\cdot 0}+0 \;=\; \frac{T^2\cdot(z+1)}{2\cdot(z-1)^2}\,. \qquad (10.141)$$

Strukturbilder von zeitdiskreten Systemen können statt im k- auch im z-Bereich dargestellt werden. Während Verstärkungs-, Summations- und Verzweigungsglieder dabei unverändert bleiben, müssen Verzögerungsglieder in den z-Bereich überführt werden. Dazu transformieren wir ein Teilsystem, das lediglich eine Verzögerung um eine Abtastzeit bewirkt

$$y(k)=u(k-1) \quad \circ\!\!-\!\!\bullet \quad Y(z)=z^{-1}\cdot U(z) \quad \Rightarrow \quad G(z)=z^{-1}\,. \qquad (10.142)$$

Ein Verzögerungsglied wird also im z-Bereich zu einem Multiplikator mit z^{-1}, wie Abb. 10.13a verdeutlicht, während in Abb. 10.13b das zu Abb. 8.14b korrespondierende Strukturbild im z-Bereich dargestellt ist. Da durch übertragungsfunktionen beschreibbare Systeme linear und verschiebungsinvariant sind, gelten sämtliche im Kap. 7 vorgestellten Manipulationen an Strukturbildern auch für zeitdiskrete Systeme. Die Darstellung sollte im z-Bereich erfolgen, wenn Verschiebungen über Verzögerungsglieder durchzuführen sind, da ein zu z^{-1} inverses System im z-Bereich leicht gebildet werden kann, im k-Bereich dazu aber kein Strukturbildelement existiert.

Auch bei zeitdiskreten Systemen lässt sich die Systemordnung n aus der höchsten Potenz von z im Nenner von $G(z)$ in der Variante mit positiven Exponenten entsprechend (10.128) ablesen. Voraussetzung dafür ist, dass $G(z)$ ein kausales System repräsentiert, wozu wie bei analogen Systemen der Zählergrad den Nennergrad nicht übersteigen darf.

Um diese Bedingung zu plausibilisieren, betrachten wir als Beispiel die übertragungsfunktion eines Systems mit Zählergrad zwei sowie Nennergrad eins. Den Bruch kürzen wir durch z^2, damit Potenzen von z mit negativen Exponenten entstehen

$$G(z) \;=\; \frac{2\,z^2+1}{z+5} \;=\; \frac{2+z^{-2}}{z^{-1}+5\,z^{-2}} \;=\; \frac{Y(z)}{U(z)}\,,$$

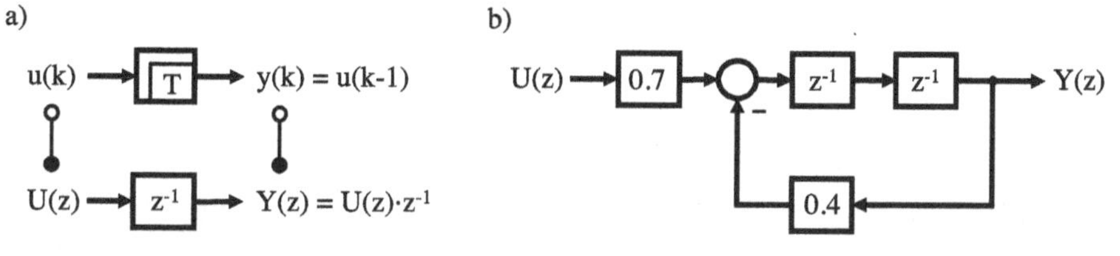

Abb. 10.13 Äquivalente Darstellung eines Verzögerungsgliedes im z-Bereich (**a**) und Übertragung des Strukturbildes aus Abb. 8.14b in den z-Bereich (**b**)

und nach über-Kreuz-Multiplikation sowie Auflösen der Klammern erhalten wir durch inverse z-Transformation die zugehörige rekursive Differenzengleichung

$$\begin{aligned} Y(z) \cdot \left(z^{-1} + 5\,z^{-2}\right) &= U(z) \cdot \left(2 + z^{-2}\right) \\ \Leftrightarrow \quad Y(z) \cdot z^{-1} + 5\,Y(z) \cdot z^{-2} &= 2\,U(z) + U(z) \cdot z^{-2} \\ \bullet\!\!-\!\!\circ \quad y(k-1) + 5\,y(k-2) &= 2\,u(k) + u(k-2)\;. \end{aligned}$$

Lösen wir nach $y(k-1)$ auf und erhöhen den Zeitindex k um eins, so wird deutlich, dass zur Berechnung des aktuellen Ausgangssignals der zukünftige Eingangswert $u(k+1)$ benötigt wird

$$y(k) = -5\,y(k-1) + 2\,u(k+1) + u(k-1)\;.$$

Nicht-kausale Systeme lassen sich auch im zeitdiskreten Bereich nicht realisieren, da hierfür die Wirkung $y(k)$ vor der Ursache $u(k)$ bekannt sein müsste.

10.3.4 Stabilität und Globalverhalten zeitdiskreter Systeme im z-Bereich

Im Abschn. 5.3.1 hatten wir die Stabilität zeitkontinuierlicher Systeme untersucht und dazu eine Bedingung für die Lage von Polstellen der Übertragungsfunktion $G(s)$ hergeleitet.

Dieses Kriterium können wir mit wenig Aufwand auf zeitdiskrete Systeme übertragen, indem wir den Zusammenhang zwischen den Variablen s und z beachten, den wir bei der Einführung der z-Transformation mit $F(z) = F_a(s)$ definiert hatten, siehe Abschn. 10.3, wobei $F_a(s)$ die Laplace-Transformierte des idealen Abtastsignals $f_a(t)$ bezeichnet.

Dieselbe Identität besteht auch zwischen $G(z)$ und $G_a(s)$, weshalb die z-Übertragungsfunktion $G(z)$ genau dann ein stabiles zeitdiskretes System beschreibt, sofern alle Polstellen von $G_a(s)$ in der linken komplexen s-Halbebene liegen, also einen negativen Realteil γ aufweisen.

Dieser Stabilitätsbereich wird durch die komplexe Funktion $z = \mathrm{e}^{sT}$ auf das Innere des Einheitskreises in der z-Ebene mit $z = Re\{z\} + j\,Im\{z\}$ abgebildet. Dies wird deutlich, wenn man die Funktion nach Einsetzen der komplexen Variable $s = \gamma + j\omega$ in Betrag und Phase zerlegt und dann die Ortskurven betrachtet, also die Abhängigkeit der komplexen Variablen s und z jeweils von einem der reellen Parameter γ und ω

$$z = \mathrm{e}^{sT} = \mathrm{e}^{(\gamma + j\omega)T} = \mathrm{e}^{\gamma T} \cdot \mathrm{e}^{j\omega T}. \tag{10.143}$$

Betrachten wir in der s-Ebene eine horizontale Gerade mit variablem Realteil γ und festem Imaginärteil ω, so entspricht der Term $\mathrm{e}^{\gamma T}$ einem variablen Radius, während $\mathrm{e}^{j\omega T}$ einen festen Winkel ωT von z angibt. Daher werden horizontale Geraden in der s-Ebene auf Ursprungsgeraden in der z-Ebene abgebildet, siehe Abb. 10.14. Andererseits beschreibt der Term $\mathrm{e}^{j\omega T}$ bei variablem ω den Einheitskreis, weshalb eine beliebige senkrechte Gerade

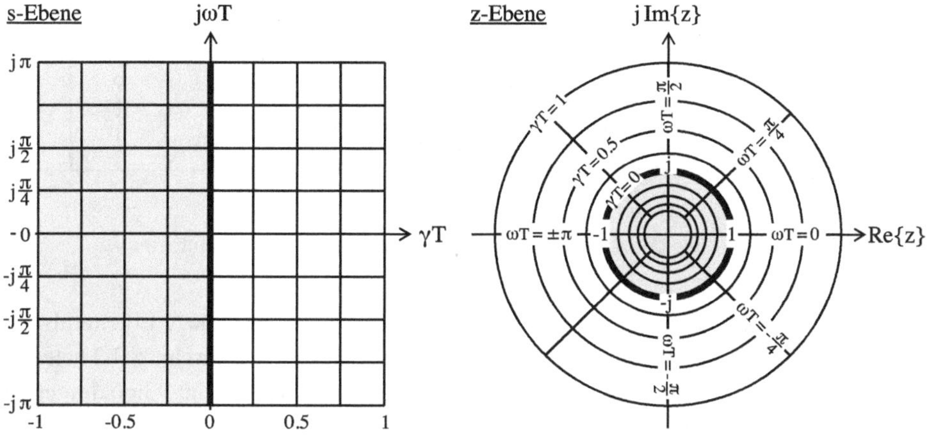

Abb. 10.14 Veranschaulichung der komplexen Funktion $z = e^{sT}$, die Punkte aus der s- in die z-Ebene abbildet, anhand von Ortskurven; aus horizontalen Linien mit konstantem ω entstehen dabei in der z-Ebene Ursprungsgeraden, deren Winkel ωT entspricht, während vertikale Linien mit festem γ in der z-Ebene auf Kreise um den Ursprung mit Radius $e^{\gamma T}$ abgebildet werden; dabei korrespondieren die hellgrau dargestellten Stabilitätsbereiche im s- und z-Bereich zueinander

in der s-Ebene mit einem festen γ zu einem Kreis um den Nullpunkt in der z-Ebene mit Radius $e^{\gamma T}$ korrespondiert. Insbesondere entsprechen sich die hellgrau dargestellten Flächen im z- und s-Bereich[31]. Damit eine z-Übertragungsfunktion ein stabiles zeitdiskretes System beschreibt, müssen daher ihre Polstellen z_N im Inneren des Einheitskreises liegen und somit $|z_N| < 1$ gelten. Wir halten fest:

Stabilität von LSI-Systemen abhängig von Polstellen: Ein LSI-System ist genau dann BIBO- und asymptotisch stabil, reagiert also auf ein beliebiges amplitudenbegrenztes Eingangssignal mit einem amplitudenbegrenzten Ausgangssignal und zeigt eine für $k \to \infty$ gegen eine Konstante konvergierende Sprungantwort, falls sämtliche Polstellen z_N seiner z-Übertragungsfunktion im Inneren des Einheitskreises liegen, ihr Betrag also kleiner eins ist.

---

[31] In der Mathematik gehört die komplexe Funktion $z = e^{sT}$ zu den sogenannten *konformen Abbildungen,* da sie Winkel im Schnittpunkt von sich in der s-Ebene kreuzenden Linien in der z-Ebene nicht verändert, siehe [5].

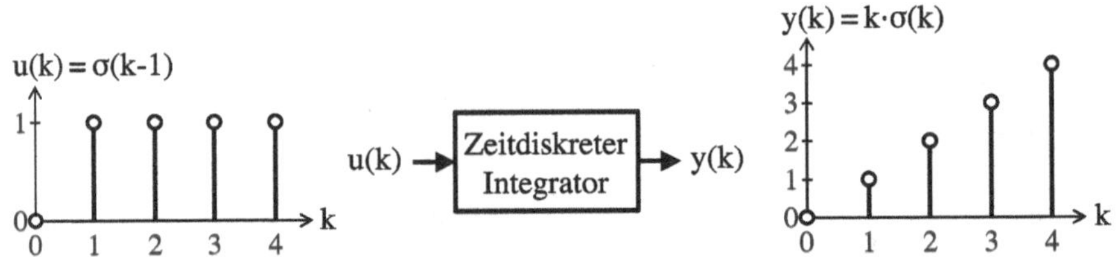

Abb. 10.15 Zur Herleitung der z-Übertragungsfunktion eines zeitdiskreten Integrators

Betrachten wir jetzt das Globalverhalten, so können wir ebenfalls unsere Erkenntnisse für zeitkontinuierliche Systeme in die zeitdiskrete Welt übertragen. Im Abschn. 5.3.2 hatten wir erkannt, dass jedes stabile System global proportionales Verhalten zeigt. Global integrales Verhalten liegt hingegen vor, falls ein System mindestens einen Integrator enthält, sonst aber stabil ist. Da diese Aussage auch für zeitdiskrete Systeme gilt, ermitteln wir die z-Übertragungsfunktion eines Integrators, um daraus ein Kriterium für das Integralverhalten herzuleiten.

Die Wirkung eines zeitdiskreten Integrators, der sämtliche Werte des Eingangssignals $u(k)$ aus der Vergangenheit bis zum jeweils aktuellen Index k aufsummiert und als Ausgangssignal $y(k)$ ausgibt, zeigt Abb. 10.15. Wählen wir $u(k) = \sigma(k-1)$, also die um eins verschobene Sprungfunktion, so ergibt sich als Ausgangssignal die Anstiegsgerade $y(k) = k \cdot \sigma(k)$. Nach Transformation dieser Signale in den z-Bereich mit (10.91), (10.103) und (10.108) erhalten wir $G(z)$

$$U(z) = \mathscr{Z}\{\sigma(k-1)\} = \frac{z}{z-1} \cdot z^{-1} \quad \text{und} \quad Y(z) = \mathscr{Z}\{k \cdot \sigma(k)\} = \frac{z}{(z-1)^2}$$

$$\Rightarrow \quad G(z) = \frac{Y(z)}{U(z)} = \frac{z}{z-1}\,. \tag{10.144}$$

Die z-Übertragungsfunktion eines Integrators enthält also eine Polstelle bei $z = 1$ und entspricht der z-Transformierten der Sprungfunktion. Dieses Ergebnis konnten wir erwarten, denn in (8.27) hatten wir bereits erkannt, dass $\sigma(k)$ die Impulsantwort des zeitdiskreten Integrators darstellt.

Da jede z-übertragungsfunktion in Partialbrüche zerlegt werden kann, folgt aus diesem Ergebnis, das eine ein- oder mehrfache Polstelle an der Stelle $z = 1$ global integrales Verhalten eines zeitdiskreten Systems anzeigt, sofern etwaig vorhandene weitere Polstellen im Inneren des Einheitskreises liegen, das System also nur aufgrund des Integrators instabil wird. Damit gilt:

Globalverhalten von LSI-Systemen abhängig von Polstellen: Jedes stabile LSI-System wirkt global proportional, d. h. ein konstantes Eingangssignal führt für $k \to \infty$ zu einem ebenfalls konstanten Ausgangssignal. Dagegen zeigt eine ein- oder mehrfache Polstelle der z-übertragungsfunktion an der Stelle $z = 1$ global integrales Verhalten an, sofern andere etwaig vorhandene Polstellen innerhalb des Einheitskreises liegen, d. h. ein solches System wirkt für große k abhängig vom Grad der Polstelle bei $z = 1$ wie ein ein- oder mehrfacher Integrator.

10.3.5 Der Frequenzgang zeitdiskreter Systeme

Im Kap. 6 hatten wir für analoge Systeme aus der Übertragungsfunktion $G(s)$ den Frequenzgang $G(j\omega)$ bestimmt, indem wir den Realteil γ der Laplace-Variablen $s = \gamma + j\omega$ zu null setzten. Auch für zeitdiskrete Systeme lässt sich aus der z-übertragungsfunktion $G(z)$ für $\gamma = 0$ der Frequenzgang $G_a(j\omega)$ angeben, und wegen des Zusammenhangs $z(\gamma = 0) = \mathrm{e}^{sT}\big|_{\gamma=0} = \mathrm{e}^{j\omega T}$ nimmt z dabei nur Werte auf dem Einheitskreis mit $|z| = 1$ an[32]

$$G_a(j\omega) = G(z)|_{z=\mathrm{e}^{j\omega T}} \,. \tag{10.145}$$

Bei analogen Systemen sind nach Abschn. 6.1 Frequenzgang und die zur Stoßantwort $g(t)$ korrespondierende Fourier-Transformierte $G(\omega)$ identisch, falls alle Polstellen s_N von $G(s)$ die Bedingung $\mathrm{Re}\{s_N\} \leq 0$ erfüllen. Unter dieser Voraussetzung beschreibt $G(j\omega)$ – mit Ausnahme ggf. vorhandener Polstellen bei bestimmten ω-Werten – die Filterwirkung eines Systems, das bei Übertragung sinusförmiger Signale deren Amplitude und Zeitlage abhängig von ω beeinflusst.

Sämtliche Werte von s mit $\mathrm{Re}\{s\} \leq 0$ werden nach Abschn. 10.3.4 in der z-Ebene auf und in den Einheitskreis abgebildet. Für alle Polstellen z_N von $G(z)$ muss daher die Bedingung $|z_N| \leq 1$ erfüllt sein, damit der Frequenzgang $G_a(j\omega)$ – mit Ausnahme etwaiger Polstellen – der Fourier-Transformierten $G_a(\omega)$ des Abtastsignals $g_a(t)$ bzw. der DTFT angewandt auf die Abtastwerte $g(k)$ der Stoßantwort entspricht, siehe Abschn. 10.1. Auch zeitdiskrete Systeme wirken dann als Filter, wobei Betrag und Phase von $G_a(j\omega) = G_a(\omega)$ angeben, wie sich Amplitude und Zeitlage sinusförmiger Sequenzen bei der Übertragung verändern; wir halten fest:

[32] Wir verwenden hier wieder das tiefgestellte a, um den Frequenzgang zeitdiskreter Systeme vom Frequenzgang kontinuierlicher Systeme zu unterscheiden, und als variable Größe die Kreisfrequenz $\omega = 2\pi f$ statt der Frequenz f.

Frequenzgang zeitdiskreter Systeme: Aus der z-übertragungsfunktion $G(z)$, die zur Sequenz $g(k)$ korrespondiert, lässt sich durch Beschränkung von z auf den Einheitskreis der Frequenzgang $G_a(j\omega) = G(z)|_{z=e^{j\omega T}}$ angeben. $G_a(j\omega)$ ist mit der Fourier-Transformierten $G_a(\omega)$ des idealen Abtastsignals $g_a(t)$ identisch, die der DTFT angewandt auf $g(k)$ entspricht, falls sämtliche Polstellen z_N von $G(z)$ die Bedingung $|z_N| \leq 1$ erfüllen, und auch nur für Kreisfrequenzen ω, an denen keine Polstelle von $G_a(j\omega)$ liegt. Unter dieser Voraussetzung beschreibt der Betrag $|G_a(\omega)|$ die Skalierung der Amplitude bei übertragung sinusförmiger Sequenzen abhängig von ω, während $\varphi\{G_a(\omega)\}$ die Verschiebung der Phasenlage angibt.

Jedes durch eine rekursive Differenzengleichung und damit auch durch $G(z)$ beschreibbare System weist daher folgenden allgemeinen Frequenzgang auf, wenn wir in (10.128) die Variable z durch $e^{j\omega T}$ ersetzen

$$\begin{aligned} G_a(\omega) &= |G_a(\omega)| \cdot e^{j\varphi(\omega)} \\ &= \frac{\beta_0 \, e^{jn\omega T} + \beta_1 \, e^{j(n-1)\omega T} + \beta_2 \, e^{j(n-2)\omega T} + \cdots + \beta_{n-1} \, e^{j\omega T} + \beta_n}{e^{jn\omega T} + \alpha_1 \, e^{j(n-1)\omega T} + \alpha_2 \, e^{j(n-2)\omega T} + \cdots + \alpha_{n-1} \, e^{j\omega T} + \alpha_n} \, . \end{aligned} \tag{10.146}$$

Wie $G(z)$ ist auch $G_a(\omega)$ wegen der Periodizität der komplexen e-Funktionen eine periodische Funktion, für die mit der Abtastkreisfrequenz $\omega_T = 2\pi f_T = \frac{2\pi}{T}$ gilt

$$G_a(\omega + m \cdot \omega_T) = G_a(\omega) \qquad \text{mit} \quad m \in \mathbb{Z} \tag{10.147}$$

Wenn wir den Frequenzgang im Bode-Diagramm darstellen, wird diese Periodizität aufgrund der logarithmisch geteilten ω-Achse für hohe Frequenzen gestaucht abgebildet. Abb. 10.16

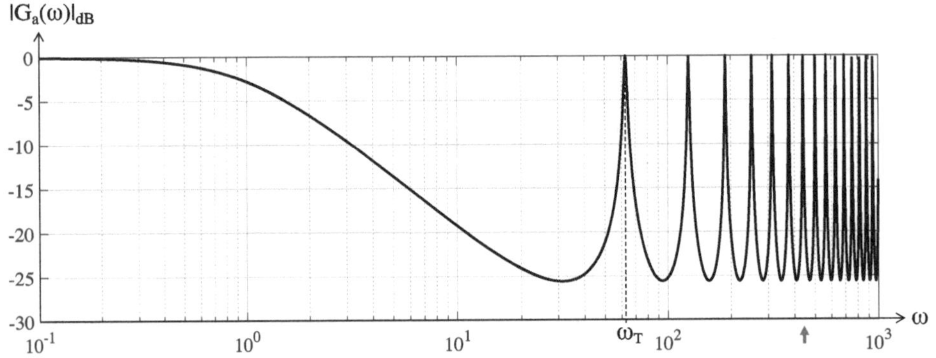

Abb. 10.16 Darstellung des periodischen Amplitudengangs der z-Übertragungsfunktion $G(z) = \frac{0.1}{z-0.9}$ für $T = 0{,}1$; die erste Wiederholung des Spektrums tritt bei $\omega_T = \frac{2\pi}{T} = 62{,}83 \; s^{-1}$ auf

zeigt als Beispiel den Amplitudengang $|G_a(\omega)|$ des zeitdiskreten Systems $G(z) = \frac{0{,}1}{z-0{,}9}$ für $T = 0{,}1$, und wir erkennen die Periodizität anhand der auftretenden Spitzen bei Vielfachen von ω_T. Für $|G_a(\omega)|$ erhalten wir mit der Eulerschen Formel nach Betragsbildung im Zähler und Nenner

$$\begin{aligned} |G_a(\omega)| &= \left|\frac{0{,}1}{\mathrm{e}^{j\omega T} - 0{,}9}\right| = \frac{0{,}1}{\sqrt{(\cos(\omega T) - 0{,}9)^2 + (\sin(\omega T))^2}} \\ &= \frac{0{,}1}{\sqrt{1{,}81 - 1{,}80 \cdot \cos(\omega T)}} \end{aligned} \quad (10.148)$$

Digitale Filter werden üblicherweise entworfen, indem zunächst ein analoges System mit gewünschten Eigenschaften festgelegt und anschließend diskretisiert wird, worauf wir in den Abschn. 10.4.3 und 10.4.4 ausführlich eingehen werden. Dabei ist darauf zu achten, dass digitale Filter aufgrund der Periodizität des Filterverlaufs mit ω_T nur für Signale im Frequenzbereich $\omega < \frac{\omega_T}{2}$ bzw. $f < \frac{f_T}{2}$ einem vorgegebenen Frequenzgang eines analogen Systems entsprechen.

10.4 Diskretisierung analoger Systeme mittels z-Transformation

Bei der Einführung zeitdiskreter Systeme im Abschn. 8.2 hatten wir bereits den Zusammenhang mit kontinuierlichen Systemen betrachtet, um für bestimmte Eingangssignale zumindest näherungsweise dieselben Ausgangssignale zu erhalten.

Wir wollen jetzt zeitkontinuierliche Systeme, die durch ihre Stoßantwort bzw. übertragungsfunktion gegeben sind, mit Hilfe der z-Transformation durch zeitdiskrete Systeme ersetzen, um dadurch die analogen Ausgangssignale mit möglichst geringem Fehler nachzubilden.

Dazu steuern wir analoge Systeme zunächst mit idealen Abtastsignalen an, und leiten dann unter Beachtung der Impulsantworten zwei Diskretisierungs-Transformationen her. Für bestimmte Eingangssignale lassen sich damit äquivalente zeitdiskrete Systeme erzeugen, deren Ausgangssequenzen den Ausgangssignalen kontinuierlicher Systeme zu den Abtastzeitpunkten entsprechen.

Anschließend betrachten wir die übertragung beliebiger Signale über Analogsysteme. In diesem Fall ist keine fehlerfreie Diskretisierung möglich. Jedoch können wir durch Approximation der übertragungsfunktion stabile zeitdiskrete Systeme bestimmen, die vorgegebene Analogsysteme in guter Näherung nachbilden und insbesondere als Digitalfilter Verwendung finden.

10.4.1 Äquivalente zeitkontinuierliche und zeitdiskrete Systeme

Zunächst betrachten wir die übertragung eines ideal abgetasteten Signals $u_a(t)$, das aus einer Folge gewichteter Dirac-Stöße besteht, über ein analoges System mit der Stoßantwort $g(t)$. Das Ausgangssignal $y(t)$ erhalten wir durch das Faltungsintegral nach (2.31), in das wir $u_a(t)$ entsprechend (9.5) einsetzen

$$y(t) = \int_{-\infty}^{\infty} u_a(\tau) \cdot g(t-\tau)\, d\tau = \int_{-\infty}^{\infty} \left[\sum_{i=-\infty}^{\infty} u(iT) \cdot \delta(\tau - iT) \right] \cdot g(t-\tau)\, d\tau \,. \tag{10.149}$$

Die eckige Klammer kann entfallen, und das Integral dürfen wir in die Summe ziehen, so dass sich mit der Siebeigenschaft der Dirac-Stöße nach (2.42) für $y(t)$ eine Summe verschobener Stoßantworten ergibt, die mit den diskreten Eingangswerten gewichtet sind

$$y(t) = \sum_{i=-\infty}^{\infty} u(iT) \cdot \int_{-\infty}^{\infty} \delta(\tau - iT) \cdot g(t-\tau)\, d\tau = \sum_{i=-\infty}^{\infty} u(iT) \cdot g(t - iT) \,. \tag{10.150}$$

Jetzt tasten wir $y(t)$ ideal ab, wie Abb. 10.17a zeigt, so dass wir $y_a(t)$ erhalten

$$y_a(t) = y(t) \cdot \sum_{k=-\infty}^{\infty} \delta(t - kT) = \sum_{i=-\infty}^{\infty} u(iT) \cdot g(t - iT) \cdot \sum_{k=-\infty}^{\infty} \delta(t - kT) \,. \tag{10.151}$$

Ziehen wir die Summe über k nach vorn, was dem Ausmultiplizieren des Produktes der beiden Summen entspricht, so können wir die Siebeigenschaft erneut anwenden. Damit erhalten wir einen direkten Zusammenhang zwischen der Ausgangssequenz $y(kT)$, der Eingangssequenz $u(kT)$ und der zeitdiskreten Impulsantwort $g(kT)$

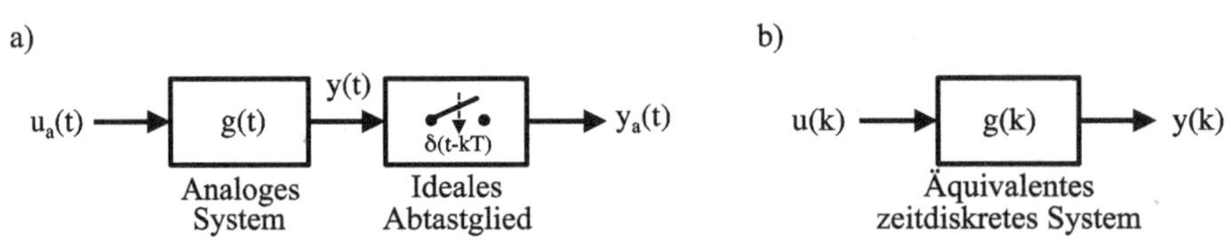

Abb. 10.17 übertragung eines Abtastsignals $u_a(t)$ über ein analoges System mit der Stoßantwort $g(t)$ (**a**); dieses liefert zu den Abtastzeitpunkten $t = kT$ identische Ausgangswerte $y(k)$ wie ein zeitdiskretes System mit der Impulsantwort $g(k)$ bei Übertragung der Sequenz $u(k)$ (**b**)

$$y_a(t) = \sum_{k=-\infty}^{\infty} \sum_{i=-\infty}^{\infty} u(iT) \cdot g(t - iT) \cdot \delta(t - kT) = \sum_{k=-\infty}^{\infty} \sum_{i=-\infty}^{\infty} u(iT) \cdot g((k-i)T) \cdot \delta(t - kT)$$
$$= \sum_{k=-\infty}^{\infty} [u(kT) * g(kT)] \cdot \delta(t - kT) = \sum_{k=-\infty}^{\infty} y(kT) \cdot \delta(t - kT) \, . \tag{10.152}$$

Das Ergebnis zeigt, dass sich die diskreten Werte $y(k)$, die ein idealer A/D-Wandler am Ausgang des Analogsystems liefert, durch diskrete Faltung entsprechend (8.24) von $u(k)$ mit $g(k)$ berechnen lassen, wobei $g(k)$ den Abtastwerten der analogen Stoßantwort entspricht

$$g(k) = g(t)|_{t=kT} \, . \tag{10.153}$$

Die Identität der Ausgangswerte $y(t) = y(k)$ für $t = kT$ gilt mit (10.153) allerdings nur dann, falls mit $u(t) = u_a(t)$ das analoge Eingangssignal einer gewichteten Folge von Dirac-Stößen entspricht. Da Dirac-Stöße nicht bzw. nur näherungsweise realisierbar sind und sich die Ausgangssignale $y(t = kT)$ und $y(k)$ für andere Eingangssignale i. Allg. deutlich unterscheiden, ist die durch 10.153 erhaltene Systemdiskretisierung für die meisten Anwendungen ungeeignet.

Um ein analoges System für ein realisierbares Eingangssignal $u(t)$ durch ein digitales System nachzubilden, müssen wir zusätzlich die Wirkung des Digital-/Analogwandlers (DAC) berücksichtigen, mit dem $u(t)$ erzeugt wird. Diesen DAC modellieren wir als Halteglied, das ein treppenförmiges, jeweils für die Zeitdauer T konstantes Haltesignal $u_h(t)$ liefert.

Nach (9.4) lässt sich ein Haltesignal durch Faltung eines Rechtecksignals mit einem idealen Abtastsignal äquivalent darstellen

$$u_h(t) = [\sigma(t) - \sigma(t - T)] * \sum_{k=-\infty}^{\infty} u(kT) \cdot \delta(t - kT) = g_h(t) * u_a(t) \, . \tag{10.154}$$

Geben wir daher $u_h(t)$ auf ein analoges System mit der Stoßantwort $g(t)$, so können wir diese Signalübertragung gleichwertig dadurch beschreiben, dass wir ein ideales Abtastsignal $u_a(t)$ auf ein Halteglied mit $g_h(t)$, und dessen Ausgangssignal anschließend auf das analoge System geben, siehe Abb. 10.18. Dessen Ausgangssignal $y(t)$ tasten wir wieder ab, so dass sich wie zuvor ein äquivalentes zeitdiskretes System angeben lässt, das identische Ausgangswerte $y(k)$ liefert wie die Verkettung von $g_h(t)$ mit $g(t)$, die wir als $g^*(t)$ bezeichnen, zu den Abtastzeitpunkten. Die Impulsantwort $g^*(k)$ dieses zeitdiskreten Systems muss dazu den Abtastwerten des Signals $g^*(t)$ entsprechen, das durch Faltung von $g_h(t)$ mit $g(t)$ gebildet wird

$$g^*(k) = g^*(t)|_{t=kT} = [g_h(t) * g(t)]_{t=kT} \, . \tag{10.155}$$

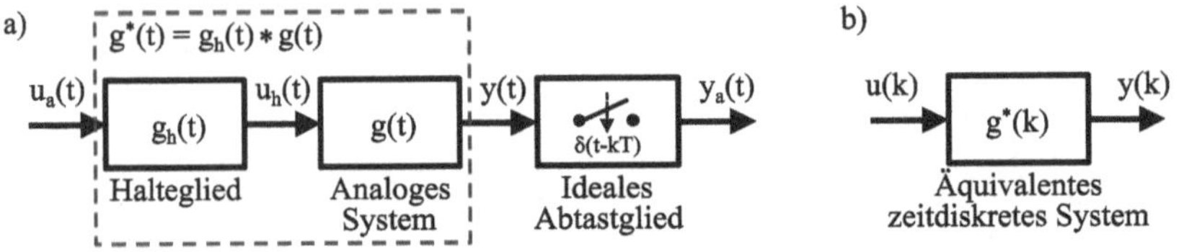

Abb. 10.18 Die übertragung eines Haltesignals $u_h(t)$ über ein analoges System mit der Stoßantwort $g(t)$ entspricht der übertragung des Abtastsignals $u_a(t)$ über ein Halteglied mit der Stoßantwort $g_h(t)$ verkettet mit $g(t)$ (**a**); das abgetastete Ausgangssignal $y_a(t)$ ist damit äquivalent zum Ausgangssignal $y(k)$ eines zeitdiskreten Systems mit dem Eingangssignal $u(k)$, dessen Impulsantwort $g^*(k)$ die Werte $g^*(t) = g_h(t) * g(t)$ zu den Zeitpunkten $t = kT$ enthält (**b**)

Enthält der DAC zusätzlich zum Halteglied ein weiteres analoges Teilsystem zur Signalglättung, siehe Abschn. 9.2.1, so muss dessen Stoßantwort als Bestandteil von $g(t)$ berücksichtigt werden, damit zu den Abtastzeitpunkten das analoge und digitale System identische Werte liefern.

10.4.2 Impulsinvarianz- und Sprunginvarianz-Transformation

Im vorherigen Abschnitt haben wir Zusammenhänge zwischen analogen und zeitdiskreten Systemen anhand ihrer Impulsantworten analysiert. Mit diesen Ergebnissen können wir nun für eine gegebene Übertragungsfunktion $G(s)$ äquivalente z-übertragungsfunktionen $G(z)$ ermitteln, die zu den Abtastzeitpunkten für bestimmte Eingangssignale identische Ausgangssignale liefern.

Die sogenannte *Impulsinvarianz-Transformation* (IT) nutzt den Zusammenhang (10.153) im Transformationsbereich, wobei das analoge System durch $G(s)$ statt $g(t)$ beschrieben wird. Daraus erhalten wir $G_{IT}(z)$ durch Anwendung der inversen Laplace-Transformation, gefolgt von der Diskretisierung der Stoßantwort $g(t)$ mit $t = kT$ und anschließender z-Transformation

$$G_{IT}(z) = T \cdot \mathscr{Z}\left\{\mathscr{L}^{-1}\{G(s)\}|_{t=kT}\right\} . \tag{10.156}$$

Zusätzlich tritt bei der IT die Abtastzeit T als Vorfaktor auf, um zu berücksichtigen, dass über analoge Systeme zumeist keine kurzen Impulsfolgen übertragen werden, wie wir bei der Herleitung von (10.153) vorausgesetzt hatten. Durch die Hinzunahme von T entspricht (10.156) einem Zusammenhang zwischen der kontinuierlichen und zeitdiskreten Faltung, den wir bereits am Ende von Abschn. 8.2.1 kennengelernt hatten.

Dort wurde in (8.30) die zu (10.156) korrespondierende Impulsantwort $g_{IT}(k)$ eines zu $g(t)$ bzw. $G(s)$ äquivalenten zeitdiskreten System festgelegt mit zu den Abtastzeitpunkten näherungsweise identischen Ausgangssignalen. Eine exakte Übereinstimmung tritt dann auf, wenn entweder sowohl das Eingangssignal $u(t)$ als auch die Stoßantwort $g(t)$ treppenförmig

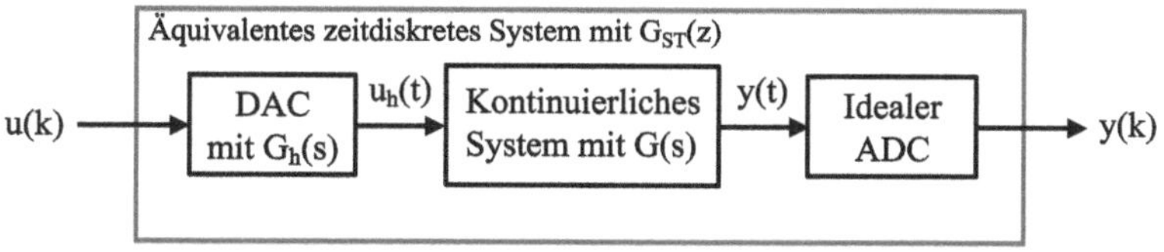

Abb. 10.19 Für ein zeitkontinuierliches System mit der Übertragungsfunktion $G(s)$, das über einen als Halteglied mit $G_h(s)$ ausgeführten DAC sowie einen idealen ADC in eine zeitdiskrete Umgebung eingebunden wird, kann mittels der Sprunginvarianz-Transformation ein äquivalentes zeitdiskretes Systems mit $G_{ST}(z)$ ermittelt werden

mit der Stufenbreite T verlaufen, siehe Abschn. 8.2.1, oder alternativ bei Einhaltung des Abtasttheorems durch $u(t)$ und $g(t)$, worauf wir im Abschn. 10.4.3 eingehen.

Diese Einschränkungen gelten nicht für die sogenannte *Sprunginvarianz-Transformation* (ST), die auf (10.155) basiert. Mit dieser kann für beliebige Übertragungsfunktionen $G(s)$ und Abtastzeiten T ein äquivalentes zeitdiskretes System mit $G_{ST}(z)$ ermittelt werden, das identische Ausgangswerte wie das analoge System zu den Abtastzeiten liefert. Allerdings muss dazu, wie in Abb. 10.19 dargestellt, das analoge System über einen als Halteglied ausgeführten DAC mit einer beliebigen Eingangssequenz $u(k)$ angesteuert werden, und das analoge Ausgangssignal $y(t)$ wird anschließend mit einem idealen ADC zu $y(k)$ diskretisiert. Die Übertragungsfunktion $G_h(s)$ des Halteglieds erhalten wir durch Transformation von $g_h(t)$, siehe (10.154)

$$g_h(t) = \sigma(t) - \sigma(t-T) \quad \circ\!\!-\!\!\bullet \quad G_h(s) = \frac{1}{s} - \frac{1}{s} \cdot \mathrm{e}^{-sT} = \frac{1-\mathrm{e}^{-sT}}{s} . \tag{10.157}$$

Jetzt können wir $G_{ST}(z)$ angeben, indem wir in (10.155) das Faltungsprodukt der Stoßantworten durch die inverse Laplace-Transformierte des Produktes $G_h(s) \cdot G(s)$ ersetzen[33].

$$\begin{aligned} G_{ST}(z) &= \mathscr{Z}\left\{g^*(kT)\right\} = \mathscr{Z}\left\{\mathscr{L}^{-1}\{G_h(s)\cdot G(s)\}|_{t=kT}\right\} \\ &= \mathscr{Z}\left\{\mathscr{L}^{-1}\left\{\frac{G(s)}{s} - \frac{G(s)}{s}\cdot \mathrm{e}^{-sT}\right\}\bigg|_{t=kT}\right\} . \end{aligned} \tag{10.158}$$

Nach (5.49) entspricht der Term $\frac{G(s)}{s}$ der Laplace-Transformierten $H(s)$ der Sprungantwort $h(t)$ des Systems, und es folgt mit den Verschiebungssätzen der Laplace- und z-Transformation

[33] Enthält der DAC nach dem Halteglied ein Filter zur Glättung des treppenförmigen Signals, siehe Abschn. 9.2.1, so beschreibt $G(s)$ das Produkt der Übertragungsfunktionen dieses Filters und des gegebenen analogen Systems.

$$\begin{aligned} G_{ST}(z) &= \mathscr{Z}\Big\{\mathscr{L}^{-1}\Big\{H(s) - H(s)\cdot \mathrm{e}^{-sT}\Big\}\Big|_{t=kT}\Big\} = \mathscr{Z}\big\{h(t) - h(t-T)|_{t=kT}\big\} \\ &= \mathscr{Z}\{h(kT) - h((k-1)T)\} = H(z) - H(z)\cdot z^{-1} = H(z)\cdot \frac{z-1}{z} . \end{aligned} \tag{10.159}$$

Damit haben wir den gesuchten Zusammenhang gefunden

$$G_{ST}(z) = \frac{z-1}{z}\cdot \mathscr{Z}\Big\{\mathscr{L}^{-1}\Big\{\frac{G(s)}{s}\Big\}\Big|_{t=kT}\Big\} . \tag{10.160}$$

Weist das analoge System zusätzlich ein Totzeitverhalten auf, so definieren wir $G_t(s)$ als Produkt von $G(s)$ mit der Übertragungsfunktion eines Totzeitgliedes e^{-sT_t} entsprechend (5.3). Die Totzeit T_t approximieren wir durch ein ganzzahliges Vielfaches d der Abtastzeit T, wozu wir d durch Abrundung aus dem Quotienten T_t/T bestimmen[34]

$$G_t(s) = G(s)\cdot \mathrm{e}^{-sT_t} \approx G(s)\cdot \mathrm{e}^{-s\cdot d\cdot T} \quad \text{mit} \quad d = \left\lfloor \frac{T_t}{T} + 0{,}5 \right\rfloor . \tag{10.161}$$

Das Totzeitglied ersetzen wir mit (10.87) durch den Term z^{-d}, und ziehen diesen in (10.160) vor die Anwendung der z-Transformation[35]. Die Sprunginvarianz-Transformation liefert damit insgesamt folgende z-Übertragungsfunktion eines äquivalenten, zeitdiskreten Systems

$$G_{ST}(z) = \frac{z-1}{z}\cdot z^{-d}\cdot \mathscr{Z}\Big\{\mathscr{L}^{-1}\Big\{\frac{G(s)}{s}\Big\}\Big|_{t=kT}\Big\} = \frac{z-1}{z}\cdot z^{-d}\cdot \mathbf{Z}\{F(s)\} . \tag{10.162}$$

Für eine übersichtliche Schreibweise haben wir die neue Transformation $\mathbf{Z}\{F(s)\}$ eingeführt. Diese fasst die Anwendung der inversen Laplace-Transformation, die Diskretisierung der Zeit mit $t = kT$ und die anschließende z-Transformation zusammen. Zur Kennzeichnung verwenden wir das Symbol $\mathbf{Z}$ (gesprochen: *lateinisch* Z), das die Abbildung einer Funktion $F(s)$ im Laplace-Bereich auf eine Funktion $F(z)$ im z-Bereich beschreibt

$$F(z) = \mathbf{Z}\{F(s)\} = \mathscr{Z}\big\{\mathscr{L}^{-1}\{F(s)\}|_{t=kT}\big\} . \tag{10.163}$$

Die $\mathbf{Z}$-Korrespondenzen bestimmen wir im folgenden für einige konkrete Übertragungsterme durch Nutzen der Laplace- und z-Korrespondenzen aus den Tab. B.3 und B.5 im Anhang mit $q = e^{-aT}$. Für die Laplace-Transformierte einer eingeschalteten Exponentialfunktion erhalten wir

---

[34] Eine Totzeit ist wegen der Rundungsoperation nur relevant, sofern sie mindestens der halben Abtastzeit entspricht, wobei in T_t auch Latenzen berücksichtigt werden können, die bei der Wandlung im DAC oder ADC entstehen.

[35] Dies ist zulässig, da der Term z^{-d} für die inverse Laplace- wie für die z-Transformation eine Konstante darstellt.

$$F(s)=\frac{1}{s+a} \bullet\!\!-\!\!\circ\ \mathrm{e}^{-at}\cdot\sigma(t) \quad\Rightarrow\quad F(z)=\mathscr{Z}\left\{\mathrm{e}^{-aT\cdot k}\cdot\sigma(k)\right\}=\frac{z}{z-\mathrm{e}^{-aT}}\,, \tag{10.164}$$

während das Produkt aus Exponentialfunktion mit t bzw. $\frac{t^2}{2}$ auf folgende Terme führt

$$\begin{aligned} F(s)=\frac{1}{(s+a)^2} \bullet\!\!-\!\!\circ\ t\cdot\mathrm{e}^{-at}\cdot\sigma(t) \quad\Rightarrow\quad F(z) &= \mathscr{Z}\left\{T\cdot k\cdot\mathrm{e}^{-aT\cdot k}\cdot\sigma(k)\right\} \\ &= \frac{T\cdot z\cdot\mathrm{e}^{-aT}}{\left(z-\mathrm{e}^{-aT}\right)^2}\,, \end{aligned} \tag{10.165}$$

$$\begin{aligned} F(s)=\frac{1}{(s+a)^3} \bullet\!\!-\!\!\circ\ \frac{t^2}{2}\cdot\mathrm{e}^{-at}\cdot\sigma(t) \quad\Rightarrow\quad F(z) &= \mathscr{Z}\left\{\frac{T^2}{2}\cdot k^2\cdot\mathrm{e}^{-aT\cdot k}\cdot\sigma(k)\right\} \\ &= \frac{T^2\cdot z\cdot\mathrm{e}^{-aT}\left(z+\mathrm{e}^{-aT}\right)}{2\left(z-\mathrm{e}^{-aT}\right)^3}\,. \end{aligned} \tag{10.166}$$

Für $a=0$ folgen aus (10.164) bis (10.166) die Zusammenhänge

$$F(s)=\frac{1}{s} \quad\Rightarrow\quad F(z)=\frac{z}{z-1}\,, \tag{10.167}$$

$$F(s)=\frac{1}{s^2} \quad\Rightarrow\quad F(z)=\frac{T\cdot z}{(z-1)^2}\,, \tag{10.168}$$

$$F(s)=\frac{1}{s^3} \quad\Rightarrow\quad F(z)=\frac{T^2\cdot z\cdot(z+1)}{2\,(z-1)^3}\,. \tag{10.169}$$

Tab. B.6 im Anhang enthält häufig vorkommende Korrespondenzen der **Z**-Transformation.

Als Beispiel für die Anwendung der Sprunginvarianz-Transformation bestimmen wir die äquivalente z-Übertragungsfunktion $G_{ST}(z)$ für den in Abschn. 8.2.2 betrachteten reibungsfrei beschleunigten Körper. Die Bewegung wird durch die beiden Differentialgleichungen (DGL) in (8.39) beschrieben, die wir in das analoge Zustandsmodell (8.40) überführt hatten. Durch Zusammenfassen der beiden DGL ergibt sich daraus mit den Anfangswerten $s_x(0)=0$ sowie $v_x(0)=0$ und mit Korrespondenz 7 aus Tab. B.3 im Anhang zunächst die Übertragungsfunktion $G(s)$

$$\begin{aligned} a_x(t) = \ddot{s}_x(t) \ \circ\!\!-\!\!\bullet\ & \mathscr{L}\left\{\ddot{s}_x(t)\right\}\big|_{s_x(0)=0,\,v_x(0)=0} = \mathscr{L}\left\{s_x(t)\right\}\cdot s^2 \\ \Rightarrow\quad G(s) = & \left.\frac{\mathscr{L}\left\{s_x(t)\right\}}{\mathscr{L}\left\{a_x(t)\right\}}\right|_{s_x(0)=0,\,v_x(0)=0} = \frac{1}{s^2}\,. \end{aligned} \tag{10.170}$$

Mit hier $d=0$ folgt dann aus (10.162) und (10.169) die äquivalente z-Übertragungsfunktion

$$G_{ST}(z) = \frac{z-1}{z}\cdot\mathbf{Z}\left\{\frac{G(s)}{s}\right\} = \frac{z-1}{z}\cdot\mathbf{Z}\left\{\frac{1}{s^3}\right\} = \frac{T^2\cdot(z+1)}{2\,(z-1)^2}\,. \tag{10.171}$$

Dieses Ergebnis ist identisch zu $G(z)$ in (10.141) aus dem zeitdiskreten Zustandsmodell der gleichmäßig beschleunigten Bewegung. Dieses hatten wir im Abschn. 8.2.3 mittels der Transitionsmatrix aus der analogen Zustandsform (8.40) berechnet, ebenfalls unter Annahme eines treppenförmigen Eingangssignals[36].

Als weiteres Beispiel wollen wir folgendes System, das über einen als Halteglied ausgeführten DAC angesteuert werde, durch ein äquivalentes zeitdiskretes System ersetzen

$$G(s) = \frac{1}{s(s+1)} \tag{10.172}$$

Da $G(s)$ keine Totzeit enthält, gilt wieder $d = 0$, und wir erhalten aus (10.162)

$$G_{ST}(z) = \frac{z-1}{z} \cdot \mathbf{Z}\left\{\frac{1}{s^2(s+1)}\right\} = \frac{z-1}{z} \cdot \mathbf{Z}\left\{\frac{1}{s^2} - \frac{1}{s} + \frac{1}{s+1}\right\} . \tag{10.173}$$

Dabei wurde zusätzlich eine Partialbruchzerlegung durchgeführt, um anschließend die Korrespondenzen 1, 2 und 4 aus Tab. B.6 anwenden zu können. Dies führt mit $a = 1$ auf

$$G_{ST}(z) = \frac{z-1}{z} \cdot \left(\frac{T \cdot z}{(z-1)^2} - \frac{z}{z-1} + \frac{z}{z-\mathrm{e}^{-aT}}\right) = \frac{T}{z-1} - 1 + \frac{z-1}{z-\mathrm{e}^{-T}} . \tag{10.174}$$

Bringen wir die Terme auf den Hauptnenner, können wir $G_{ST}(z)$ in der Polynomform angeben

$$G_{ST}(z) = \frac{T \cdot (z-\mathrm{e}^{-T}) - (z-1) \cdot (z-\mathrm{e}^{-T}) + (z-1)^2}{(z-1) \cdot (z-\mathrm{e}^{-T})} = \frac{\beta_1 \cdot z + \beta_2}{z^2 + \alpha_1 \cdot z + \alpha_2} \tag{10.175}$$

$$\text{mit} \quad \alpha_1 = -(1+\mathrm{e}^{-T}) \approx -1{,}819 \qquad \alpha_2 = \mathrm{e}^{-T} \approx 0{,}819$$
$$\beta_1 = T + \mathrm{e}^{-T} - 1 \approx 18{,}73 \cdot 10^{-3} \qquad \beta_2 = 1 - \mathrm{e}^{-T}(1+T) \approx 17{,}52 \cdot 10^{-3} .$$

Hiermit können wir das zeitdiskrete Ausgangssignal $y_{ST}(k)$ für beliebige Eingangssequenzen $u(k)$ numerisch ermitteln, indem wir aus (10.175) die zugehörige rekursive Differenzengleichung aufstellen. Alternativ wäre es nach z-Transformation von $u(k)$ möglich, mit (10.174) zunächst $Y_{ST}(z) = U(z) \cdot G_{ST}(z)$ und daraus durch inverse z-Transformation eine analytische Lösung für $y_{ST}(k)$ zu bestimmen, siehe Abschn. 10.3.3.

Als Eingangssequenz wählen wir

$$u(k) = 10 \cdot kT \cdot \mathrm{e}^{-kT/0{,}4} \cdot \sigma(k) . \tag{10.176}$$

[36] Die Diskretisierung mittels Sprunginvarianz-Transformation ist insbesondere bei Systemen höherer Ordnung deutlich einfacher als durch Invertierung der Transitionsmatrix; eine Ausnahme bilden MIMO-Systeme, siehe Abschn. 1.2.2, da bei diesen zwischen jedem Ein- und Ausgang eine Übertragungsfunktion aufgestellt werden müsste.

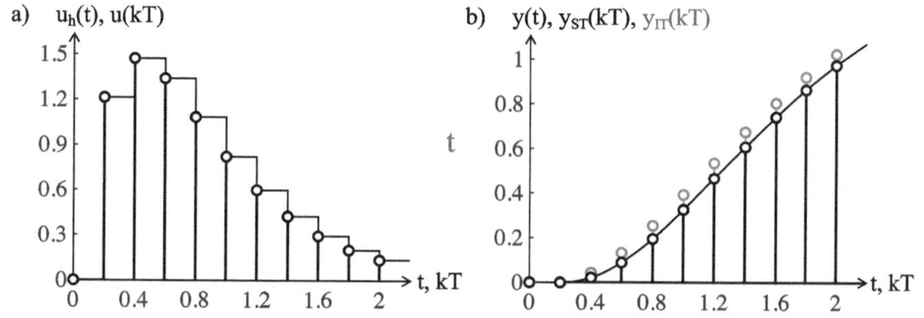

Abb. 10.20 Erzeugen wir aus einer Eingangssequenz $u(k)$ mit einem DAC das Haltesignal $u_h(t)$ eines analogen Systems mit der Übertragungsfunktion $G(s)$ (**a**) und bestimmen mittels Sprunginvarianz-Transformation ein zu $G(s)$ äquivalentes zeitdiskretes System mit $G_{ST}(z)$, so sind zu den Abtastzeitpunkten $t = kT$ die Ausgangssignale $y_{ST}(k)$ und $y(t)$ unabhängig von T identisch, während die Impulsinvarianz-Transformation ein abweichendes Signal $y_{IT}(k)$ liefert (**b**)

Abb. 10.20a zeigt $u(k)$ für $T = 0{,}2$ sowie das daraus durch einen DAC mit Halteglied erzeugte treppenförmige Eingangssignal $u_h(t)$ des analogen Systems mit $G(s)$. In (b) ist die Ausgangssequenz $y_{ST}(k)$ sowie das analoge Ausgangssignal $y(t)$ dargestellt, und man erkennt, dass mit der Sprunginvarianz-Transformation beide Signale zu den Abtastzeitpunkten $t = kT$ identisch sind[37].

Zum Vergleich diskretisieren wir das System auch mit der Impulsinvarianz-Transformation nach (10.156) und berechnen $G_{IT}(z)$. Die **Z**-Korrespondenzen aus Tab. B.6 sind auch für die IT anwendbar, wenn wir $F(s) = G(s)$ setzen, und auch eine Totzeit entsprechend (10.161) könnten wir in $G_{IT}(z)$ berücksichtigen. Mit $G(s)$ aus (10.172) und Korrespondenz 5 aus der Tabelle folgt

$$G_{IT}(z) = T \cdot \mathbf{Z}\left\{\frac{1}{s(s+1)}\right\} = \frac{T \cdot z \cdot (1 - \mathrm{e}^{-T})}{(z-1) \cdot (z - \mathrm{e}^{-T})} \,. \tag{10.177}$$

Die IT liefert eine z-Übertragungsfunktion mit denselben Nennerkoeffizienten wie die ST, während für das gewählte Beispiel jetzt $\beta_1 = T \cdot (1 - \mathrm{e}^{-T}) \approx 36{,}25 \cdot 10^{-3}$ und $\beta_2 = 0$ gilt.

In Abb. 10.20b ist auch das Ausgangssignal $y_{IT}(k)$ eingetragen, das wir für dieselbe Eingangssequenz $u(k)$ mit der IT erhalten, und man erkennt eine deutliche Abweichung zu $y(t)$. Diese entsteht dadurch, dass in dem Beispiel $u_h(t)$ und $g(t)$ nicht beide treppenförmig verlaufen, und auch das Abtasttheorem insbesondere durch das Eingangssignal $u_h(t)$ nicht erfüllt wird.

[37] Da $u_h(t)$ aus überlagerten und jeweils um kT verschobenen Sprüngen der Amplitude $\Delta u_k = u(k) - u(k-1)$ besteht, ergibt sich $y(t) = \sum_{k=0}^{\infty} \Delta u_k \cdot h(t - kT)$ als Summe jeweils entsprechend verschobener und skalierter Sprungantworten $h(t)$, wobei $h(t)$ mit Tab. B.3 durch inverse Laplace-Transformation von $H(s) = G(s)/s$ gebildet wird.

10.4.3 Die Tustin-Approximation

Im vorherigen Abschnitt haben wir analoge Systeme betrachtet, die über einen als Halteglied ausgeführten DAC mit einer Eingangssequenz $u(k)$ angesteuert und deren Ausgangssignale $y(t)$ mittels ADC zu $y(k)$ diskretisiert werden. Die Sprunginvarianz-Transformation liefert uns dann für beliebige Abtastzeiten ein äquivalentes zeitdiskretes System mit zu den Abtastzeitpunkten identischen Ausgangswerten $y(k) = y(t)|_{t=kT}$. Somit sind wir in der Lage, Kopplungen zwischen analogen und zeitdiskreten Systemen, die z. B. in der Regelungstechnik auftreten, exakt zu beschreiben, und dadurch hybride Systeme bestehend aus analogen und digitalen Komponenten im z-Bereich einheitlich zu modellieren.

Jetzt lassen wir statt Haltesignalen beliebige Eingangssignale $u(t)$ zu, diese müssen allerdings für eine vorgegebene Abtastzeit T das Abtasttheorem erfüllen. Unter dieser Voraussetzung wollen wir für ein analoges System wieder ein äquivalentes zeitdiskretes System bestimmen, das aus der mit einem ADC gewonnenen Eingangssequenz $u(k)$ eine Ausgangssequenz $\tilde{y}(k)$ erzeugt, die dem analogen Ausgangssignal $y(t)$ zu den Abtastzeitpunkten möglichst nahe kommt, siehe Abb. 10.21. Diese Aufgabe stellt sich häufig in der Signalverarbeitung, wenn statt eines analogen Filters ein Digitalfilter zum Einsatz kommen soll.

Für diese Anwendung ist die Sprunginvarianz-Transformation (ST) nicht sinnvoll, da kein DAC und somit auch kein Halteglied vorhanden ist, wodurch unnötige Abweichungen auftreten. Die Impulsinvarianz-Transformation (IT) ist in diesem Fall zwar grundsätzlich anwendbar, allerdings nur unter der Voraussetzung, dass die Stoßantwort $g(t)$ des zu diskretisierenden analogen Systems für die gewählte Abtastzeit T das Abtasttheorem mit hinreichender Genauigkeit erfüllt.

Falls überhaupt kein Aliasing bei der Abtastung von $g(t)$ auftritt, liefert die IT sogar exakt übereinstimmende Ausgangssignale $y_{IT}(kT)$ und $y(t)$ zu den Abtastzeitpunkten. Dies setzt allerdings Tiefpass- oder Bandpass-Systeme sowie kleine Abtastzeiten voraus, denn nur unter dieser Bedingung sind im Bereich $-\frac{\omega_T}{2} \leq \omega \leq \frac{\omega_T}{2}$ die Frequenzgänge $G(\omega)$ und $G_{IT}(\omega)$ identisch.

Im Beispiel (10.172) entspricht $G(s)$ einem Tiefpass zweiter Ordnung mit der Kennfrequenz $\omega_k = 1$, vgl. Abschn. 6.4. Für $T = 0{,}2$ ist die Energiedichte im Frequenzbereich

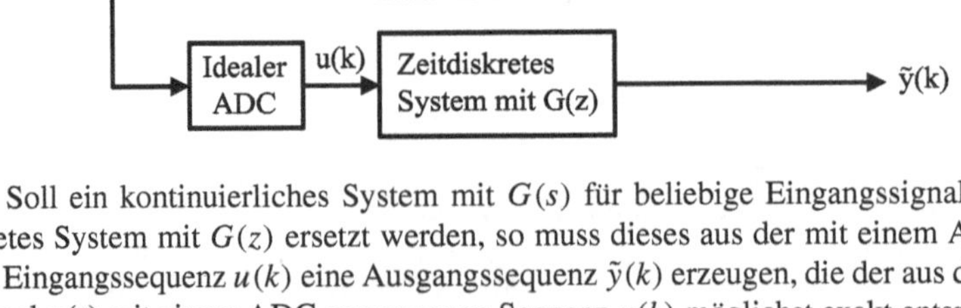

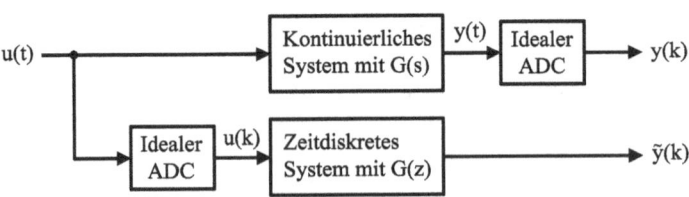

Abb. 10.21 Soll ein kontinuierliches System mit $G(s)$ für beliebige Eingangssignale $u(t)$ durch ein zeitdiskretes System mit $G(z)$ ersetzt werden, so muss dieses aus der mit einem ADC aus $u(t)$ gewonnenen Eingangssequenz $u(k)$ eine Ausgangssequenz $\tilde{y}(k)$ erzeugen, die der aus dem analogen Ausgangssignal $y(t)$ mit einem ADC gewonnenen Sequenz $y(k)$ möglichst exakt entspricht

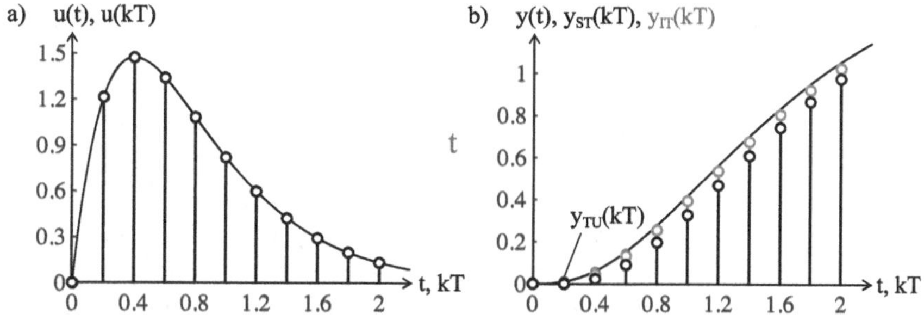

Abb. 10.22 Geben wir die aus einem Signal $u(t)$ mit einem ADC erzeugte Sequenz $u(k)$ auf ein zeitdiskretes System, das durch Impulsinvarianz-Transformation aus einem analogen System mit $G(s)$ bzw. $g(t)$ bestimmt wurde, und erfüllen sowohl $u(t)$ als auch $g(t)$ hinreichend genau das Abtasttheorem, so liegt die Ausgangssequenz $y_{IT}(k)$ ähnlich nahe am Ausgangssignal $y(t)$ wie die mit der Tustin-Approximation berechnete Sequenz $y_{TU}(k)$, während die mittels Sprunginvarianz-Transformation ermittelte Sequenz $y_{ST}(k)$ deutliche Abweichungen zeigt

oberhalb der halben Abtastkreisfrequenz $\frac{\omega_T}{2} = \frac{\pi}{T} = 15{,}71 \gg \omega_k$ gering, weshalb nur wenig Aliasing auftritt.

Als Eingangssignal $u(t)$ wählen wir das zu $u(k)$ in (10.176) mit $t = kT$ korrespondierende Analogsignal, siehe Abb. 10.22a, dessen Abtastung mit $T = 0{,}2$ ebenfalls kaum Aliasing bewirkt

$$u(t) = 10 \cdot t \cdot \mathrm{e}^{-t/0{,}4} \cdot \sigma(t) \, . \tag{10.178}$$

Daher zeigt Abb. 10.22b eine gute Übereinstimmung zwischen $y(t)$ und $y_{IT}(k)$, vergleichbar dem erst später diskutierten Signal $y_{TU}(k)$, während $y_{ST}(k)$ deutlich von $y(t)$ abweicht[38].

Die Impulsinvarianz-Transformation führt allerdings bei der Diskretisierung breitbandiger Analogsysteme zu großen Abweichungen, und sie ist für Hochpassfilter gar nicht anwendbar, was wir im Frequenzbereich anhand von Abb. 10.23 verdeutlichen wollen: In schwarz ist dort fett das dreieckförmig angenommene Betragsspektrum eines analogen Systems dargestellt. Das Spektrum weist eine maximale Kreisfrequenz $\omega_{max} > \frac{\omega_T}{2}$ auf, so dass das Abtasttheorem nicht erfüllt ist. Tasten wir die Stoßantwort dennoch mit ω_T ab, so entstehen überlappende Spiegelspektren bei Vielfachen von ω_T, und das grau dargestellte Spektrum $G_{IT}(\omega) = T \cdot G_a(\omega)$ weicht im Frequenzbereich $\omega_{min} \leq \omega \leq \omega_{max}$ bzw. $-\omega_{max} \leq \omega \leq -\omega_{min}$ wesentlich von $G(\omega)$ ab.

Eine optimale Übereinstimmung des analogen und digitalen Systems würde sich ergeben, wenn wir für Kreisfrequenzen im Bereich $-\frac{\omega_T}{2} \leq \omega \leq \frac{\omega_T}{2}$ die Identität $G(z) = G(s)$

[38] Um $y(t)$ analytisch zu bestimmen, wird zunächst mit Tab. B.3 die Laplace-Transformierte $U(s)$ von $u(t)$ ermittelt; $Y(s) = U(s) \cdot G(s)$ kann dann nach einer Partialbruchzerlegung in den Zeitbereich zurücktransformiert werden.

erzwingen. Dazu lösen wir die Definition von $z = e^{sT}$ nach $s = \frac{1}{T} \cdot \ln(z)$ auf und erhalten folgende Vorschrift

$$G_{opt}(z) = G(s)|_{s=\frac{1}{T}\cdot\ln(z)} . \tag{10.179}$$

Den daraus folgenden Zusammenhang zwischen den Frequenzgängen $G(\omega)$ und $G_{opt}(\omega)$ leiten wir her, indem wir zunächst die Logarithmus-Funktion in Real- und Imaginärteil zerlegen. Dazu schreiben wir z in Polarform und lesen mit (10.143) aus $z = |z| \cdot e^{j\omega T} = e^{(\gamma + j\tilde{\omega})T}$ die Zusammenhänge zwischen γ und $|z|$ sowie zwischen $\tilde{\omega}$ und ω ab, wobei die Periodizität der komplexen e-Funktion mit 2π beachtet werden muss[39]

$$|z| = e^{\gamma T} \quad \Rightarrow \quad \gamma = \frac{1}{T} \ln |z| \quad \text{und} \quad \tilde{\omega} = \omega + m \cdot \frac{2\pi}{T} , \qquad m \in \mathbb{Z} . \tag{10.180}$$

Jetzt können wir Real- und Imaginärteil der Laplace-Variablen s abhängig von $|z|$ und ω angeben

$$s = \frac{1}{T} \ln(z) = \gamma + j\tilde{\omega} = \frac{1}{T} \ln |z| + j(\omega + m \cdot \omega_T) , \qquad m \in \mathbb{Z} . \tag{10.181}$$

Betrachten wir die Frequenzgänge, indem wir $\gamma = 0$ setzen bzw. z mit $|z| = 1$ auf den Einheitskreis beschränken, siehe Abschn. 10.3.5, so erhalten wir aus (10.179) durch Einsetzen von (10.181) folgenden Zusammenhang zwischen $G_{opt}(\omega)$ und $G(\omega)$

$$G_{opt}(\omega) = G(\omega + m \cdot \omega_T) , \qquad m \in \mathbb{Z} . \tag{10.182}$$

Der Frequenzgang der nach (10.179) definierten z-Übertragungsfunktion entspricht damit einer periodischen Wiederholung des analogen Frequenzgangs mit Vielfachen von ω_T. In Abb. 10.23 ist $G_{opt}(\omega)$ als gestrichelte Linie dargestellt, und man erkennt im Bereich $-\frac{\omega_T}{2} \leq \omega \leq \frac{\omega_T}{2}$ eine exakte Übereinstimmung mit $G(\omega)$, ohne dass Aliasing auftritt.

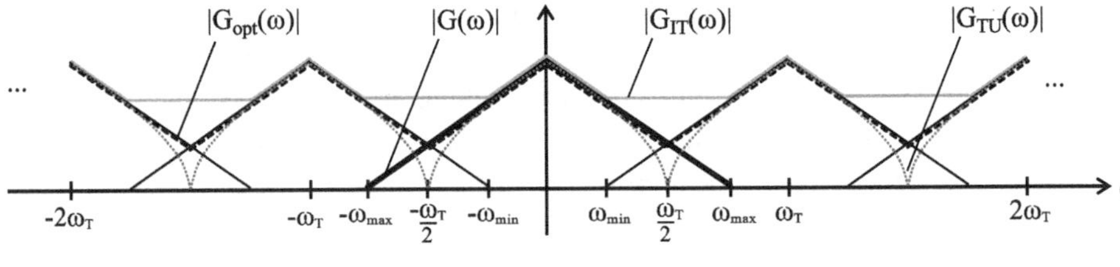

Abb. 10.23 Dreieckförmig angenommenes Betragsspektrum $|G(\omega)|$ (fett) von $g(t)$ und daraus durch Abtastung entstehende Spiegelspektren verschoben um Vielfache von ω_T (schwarz); $|G_{IT}(\omega)|$ (grau) entsteht als deren Summe und zeigt wegen $\omega_{max} > \frac{\omega_T}{2}$ deutliches Aliasing; das optimale diskrete Spektrum $|G_{opt}(\omega)|$ (gestrichelt) entspricht für $|\omega| < \frac{\omega_T}{2}$ exakt $|G(\omega)|$, und die Tustin-Approximation liefert ein nur leicht verzerrtes Spektrum $|G_{TU}(\omega)|$ (punktiert)

[39] Den Imaginärteil von s haben wir mit $\tilde{\omega}$ bezeichnet, um ihn von der Kreisfrequenz ω im z-Bereich zu unterscheiden.

Allerdings enthält $G_{opt}(z)$ Logarithmen und ist daher keine rationale Funktion von z, so dass auch keine Realisierung z. B. als rekursive Differenzengleichung erfolgen kann, vgl. Abschn. 10.3.3. Wir müssen uns daher mit einer Näherungslösung begnügen, die einen Frequenzgang $G_{TU}(\omega)$ liefert, der im Bereich um $\frac{\omega T}{2}$ von $G_{opt}(\omega)$ abweicht, siehe die gepunktete hellgraue Linie in Abb. 10.23, worauf wir im Abschn. 10.4.4 näher eingehen. Die Näherung erhalten wir mit wenig Aufwand, indem wir die e-Funktion für kleine Argumente $\frac{sT}{2} \to 0$ linearisieren[40]

$$z = \mathrm{e}^{sT} = \frac{\mathrm{e}^{sT/2}}{\mathrm{e}^{-sT/2}} \approx \frac{1 + sT/2}{1 - sT/2} \quad \text{und nach s aufgelöst} \quad s \approx \frac{2}{T} \cdot \frac{z-1}{z+1} \,. \tag{10.183}$$

Diese gebrochen lineare Abbildung zwischen s und z wird als *Tustin-Approximation*[41] oder auch als *bilineare Transformation* bezeichnet. Sie ermöglicht es, eine z-Übertragungsfunktion $G_{TU}(z)$ aus $G(s)$ unter Vermeidung von Aliasing zu bestimmen, wozu wir lediglich in $G(s)$ die Variable s entsprechend (10.183) ersetzen müssen. Auch umgekehrt können wir $G(z)$ in ein analoges System mit $G_{TU}(s)$ umwandeln, um z. B. den Frequenzgang des zu $G(z)$ korrespondierenden zeitkontinuierlichen Systems asymptotisch im Bode-Diagramm zu zeichnen, siehe Abschn. 6.4

$$G_{TU}(z) = G(s)\big|_{s=\frac{2}{T}\cdot\frac{z-1}{z+1}} \quad \text{bzw.} \quad G_{TU}(s) = G(z)\big|_{z=\frac{1+sT/2}{1-sT/2}} \,. \tag{10.184}$$

Mit der Tustin-Approximation werden horizontale und vertikale Geraden in der s-Ebene auf Kreise in der z-Ebene abgebildet, wie Abb. 10.24 zeigt und im Anhang A.17 hergeleitet wird. Dabei korrespondiert der grau gekennzeichnete Stabilitätsbereich in der s-Ebene mit $\gamma < 0$ zum Inneren des Einheitskreises mit $|z| < 1$ in der z-Ebene. Hieraus folgt nach Abschn. 10.3.4, dass aus stabilen Analogsystemen mittels der Tustin-Approximation immer stabile zeitdiskrete Systeme hervorgehen, was den Entwurf von Digitalfiltern erheblich erleichtert.

Zur Vertiefung des Verständnisses ist im Anhang A.18 zusätzlich eine alternative Herleitung der Tustin-Approximation angegeben. Dazu nutzen wir die Erkenntnis aus den Abschn. 7.4.2 und 7.4.3, dass jedes dynamische System aus Integratoren aufgebaut werden kann, und wir ersetzen analoge Integratoren näherungsweise durch entsprechende zeitdiskrete Systeme.

[40] Die hier vorgenommene Linearisierung der e-Funktion nach Aufspaltung in einen Bruch ist genauer, als die übliche Approximation $\mathrm{e}^{sT} \approx 1 + sT$ für kleine Argumente. Eine präzise Herleitung einschließlich Abschätzung des Fehlers ermöglicht eine Reihenentwicklung der natürlichen Logarithmus-Funktion, wie im Anhang A.16 gezeigt wird.

[41] Nach dem britischen Ingenieur Arnold Tustin, der Mitte des 20. Jahrhunderts wesentliche Beiträge im Bereich der elektrischen Maschinen und zur Regelungstechnik geleistet hat.

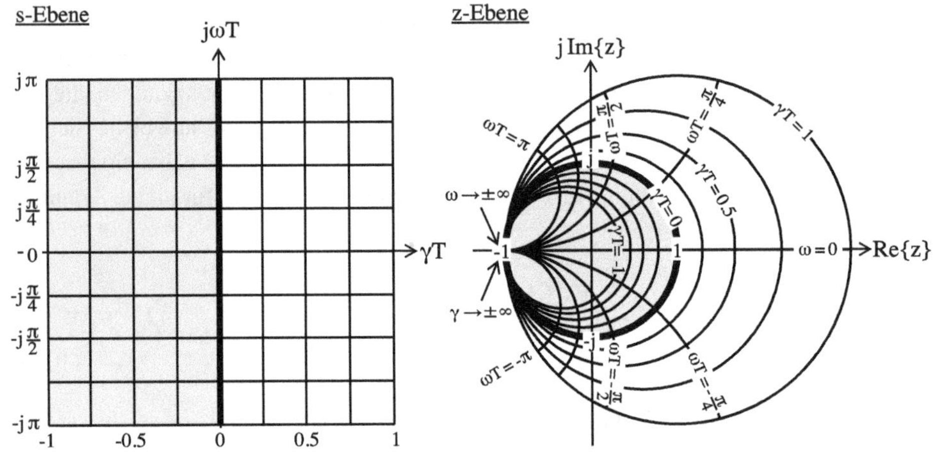

Abb. 10.24 Veranschaulichung der komplexen Funktion $z = \frac{1+sT/2}{1-sT/2}$, die Punkte aus der s- in die z-Ebene abbildet, anhand von Ortskurven; aus horizontalen Linien mit festem ω entstehen hierbei Kreise entlang der Geraden $z = -1$ durch den Punkt (-1,0), während vertikale Linien mit festem γ in Kreise entlang der reellen Achse ebenfalls durch den Punkt (-1,0) übergehen; dabei korrespondieren die hellgrau dargestellten Stabilitätsbereiche im s- und z-Bereich zueinander

Die praktische Anwendung der Transformation nach Tustin entsprechend (10.184) zeigen wir zunächst anhand desselben Systems (10.172), das wir im vorherigen Abschnitt mit der IT und ST diskretisiert haben, wobei wir auch hier $T = 0{,}2$ annehmen

$$\begin{aligned} G_{TU}(z) &= \left.\frac{1}{s(1+s)}\right|_{s=\frac{2}{T}\cdot\frac{z-1}{z+1}} = \frac{1}{\frac{2}{T}\cdot\frac{z-1}{z+1}\left(1+\frac{2}{T}\cdot\frac{z-1}{z+1}\right)} = \frac{T^2(z+1)^2}{2(z-1)(T(z+1)+2(z-1))} \\ &= \frac{T^2(z^2+2z+1)}{(4+2T)z^2-8z+4-2T} = \frac{\beta_0\cdot z^2+\beta_1\cdot z+\beta_2}{z^2+\alpha_1\cdot z+\alpha_2} \qquad (10.185) \\ &\text{mit } \alpha_1 = -\tfrac{8}{4+2T} \approx -1{,}818 \quad \alpha_2 = \tfrac{4-2T}{4+2T} \approx 0{,}818 \\ &\beta_0 = \beta_2 = \tfrac{T^2}{4+2T} \approx 9{,}091\cdot 10^{-3} \quad \beta_1 = \tfrac{2T^2}{4+2T} \approx 18{,}18\cdot 10^{-3}\,. \end{aligned}$$

Das mit diesen Werten für $u(k)$ nach (10.176) berechnete Ausgangssignal $y_{TU}(k)$ entspricht bis auf geringe Abweichungen bei den ersten Signalwerten quasi $y_{IT}(k)$, siehe Abb. 10.22. Dies liegt daran, dass in diesem Beispiel auch die IT eine gute Systemdiskretisierung ermöglicht, da kaum Aliasing vorhanden ist, wohingegen mit der Tustin-Approximation Verzerrungen bei hohen Frequenzen nicht zu vermeiden sind, worauf wir im nächsten Abschnitt eingehen.

Deutliche Unterschiede werden allerdings sichtbar, wenn wir folgendes System diskretisieren

$$G(s) = \frac{s}{(s+a)^2} \tag{10.186}$$

In diesem Fall führt die ST mit Korrespondenz 6 aus Tab. B.6 im Anhang auf

$$G_{ST}(z) = \frac{z-1}{z} \cdot \mathbf{Z}\left\{\frac{G(s)}{s}\right\} = \frac{z-1}{z} \cdot \frac{z \cdot T \cdot \mathrm{e}^{-aT}}{\left(z - \mathrm{e}^{-aT}\right)^2} = \frac{z \cdot T \cdot \mathrm{e}^{-aT} - T \cdot \mathrm{e}^{-aT}}{z^2 - z \cdot 2\mathrm{e}^{-aT} + \mathrm{e}^{-2aT}} . \tag{10.187}$$

Für die Berechnung mit der IT schreiben wir $G(s)$ als Differenz zweier Brüche, nutzen die Korrespondenzen 4 und 6 aus Tab. B.6, und bringen die Terme anschließend auf den Hauptnenner

$$\begin{aligned} G_{IT}(z) &= T \cdot \mathbf{Z}\{G(s)\} = T \cdot \mathbf{Z}\left\{\frac{s+a}{(s+a)^2} - \frac{a}{(s+a)^2}\right\} = T \cdot \mathbf{Z}\left\{\frac{1}{s+a} - \frac{a}{(s+a)^2}\right\} \\ &= T \cdot \left(\frac{z}{z - \mathrm{e}^{-aT}} - \frac{z \cdot aT \cdot \mathrm{e}^{-aT}}{\left(z - \mathrm{e}^{-aT}\right)^2}\right) = \frac{z^2 \cdot T - z \cdot T \cdot (1 + aT) \cdot \mathrm{e}^{-aT}}{z^2 - z \cdot 2\mathrm{e}^{-aT} + \mathrm{e}^{-2aT}} . \end{aligned} \tag{10.188}$$

Als dritte Variante erhalten wir mit der Approximation von Tustin nach Erweiterung des Bruches mit dem Term $T^2 \cdot (z+1)^2$ und Sortieren nach den Potenzen von z

$$\begin{aligned} G_{TU}(z) &= \left.\frac{s}{(s+a)^2}\right|_{s=\frac{2}{T}\cdot\frac{z-1}{z+1}} = \frac{2T \cdot (z-1) \cdot (z+1)}{T^2 \cdot \left(\frac{2}{T} \cdot (z-1) + a \cdot (z+1)\right)^2} \\ &= \frac{z^2 \cdot 2T - 2T}{z^2 \cdot (2+aT)^2 - z \cdot 2(4 - a^2T^2) + (2-aT)^2} . \end{aligned} \tag{10.189}$$

Für einen Vergleich der drei Varianten wählen wir als Eingangssignale wieder $u(k)$ und $u(t)$ entsprechend (10.176) und (10.177) mit $T = 0{,}2$, wie in Abb. 10.22a dargestellt. Geben wir $u(k)$ auf die drei mit T diskretisierten Systeme, wobei jeweils $a = 2$ gilt, so erhalten wir die in Abb. 10.25a gezeigten Ausgangssequenzen $y_{ST}(k)$, $y_{IT}(k)$ und $y_{TU}(k)$. Außerdem enthält die Grafik das Ausgangssignal $y(t)$, das bei Übertragung von $u(t)$ über das analoge System mit der Übertragungsfunktion $G(s)$ auftritt.

Deutlich erkennbar ist die sehr gute Überstimmung von $y_{TU}(k)$ mit $y(t)$, während bei $y_{ST}(k)$, aber insbesondere bei $y_{IT}(k)$ deutliche Abweichungen zum analogen Ausgangssignal auftreten.

Der große Fehler von $y_{IT}(k)$ wird dadurch verständlich, dass bei der Abtastung mit $T = 0{,}2$ und $a = 2$ erhebliches Aliasing entsteht, das im Bereich $-\frac{\omega_T}{2} \leq \omega \leq \frac{\omega_T}{2}$ den Frequenzgang $G_{IT}(\omega)$ gegenüber $G(\omega)$ stark verzerrt, vgl. Abb. 10.23. Dieser Effekt ist

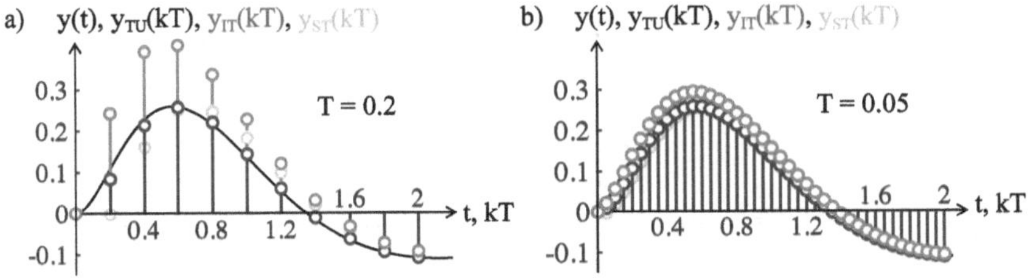

Abb. 10.25 Geben wir die aus einem Signal $u(t)$ unter Beachtung des Abtasttheorems erzeugte Sequenz $u(k)$ auf ein zeitdiskretes System, das durch die Tustin-Approximation aus einem breitbandigen analogen System mit $G(s)$ erzeugt wurde, so stimmt die Ausgangssequenz $y_{TU}(k)$ wesentlich besser mit dem Ausgangssignal $y(t)$ überein, als $y_{IT}(k)$ bzw. $y_{ST}(k)$, bei denen die Diskretisierung mit Impulsinvarianz- bzw. Sprunginvarianz-Transformation erfolgte (**a**); eine Verringerung der Abtastzeit T reduziert die Unterschiede zu $y(t)$ bei allen Verfahren (**b**)

umso ausgeprägter, je größer a gewählt wird, da dieser Parameter die Kennfrequenz von $G(\omega)$ und damit die Bandbreite bestimmt, siehe Abschn. 6.4.

Bei $y_{ST}(k)$ ist der Fehler kleiner, da hier $G(s)$ vor Anwendung der **Z**-Transformation durch s geteilt wird, was einer zusätzlichen Integration entspricht. Hierdurch wird die Bandbreite reduziert, siehe Abschn. 6.4.1, und so das Aliasing vermindert.

Verringern wir die Abtastzeit auf $T = 0{,}05$, wie Abb. 10.25b zeigt, so gleichen sich die Ausgangssequenzen immer besser dem analogen Ausgangssignal an. Bei der Tustin-Approximation folgt dies aus (10.183), da die Näherung der e-Funktion für $T \to 0$ immer exakter wird. Bei IT und ST verschieben sich für kleinere T die Spiegelspektren zu höheren Frequenzen, so dass immer weniger Aliasing auftritt; dies gilt allerdings nur unter der Voraussetzung, dass der Amplitudengang von $G(s)$ für $\omega \to \infty$ gegen null läuft, also ein Tiefpassverhalten zeigt.

10.4.4 Digitale Filter mit Vorverzerrung

Wir wollen jetzt die Tustin-Approximation zur Realisierung von Digitalfiltern anwenden, die eine zu Analogfiltern vergleichbare Filterwirkung aufweisen. Den Frequenzgang dieser Filter erhalten wir, indem wir wieder $s = j\omega$ setzen, so dass $z = \mathrm{e}^{j\omega T}$ gilt. Damit können wir $G_{TU}(\omega)$ abhängig von der analogen Übertragungsfunktion $G(s)$ angeben und dann im Zähler und Nenner den Term $\mathrm{e}^{\frac{j\omega T}{2}}$ ausklammern, um ihn anschließend zu kürzen

$$G_{TU}(\omega) = G\left(s = \frac{2}{T} \cdot \frac{\mathrm{e}^{j\omega T} - 1}{\mathrm{e}^{j\omega T} + 1}\right) = G\left(s = \frac{2}{T} \cdot \frac{\mathrm{e}^{\frac{j\omega T}{2}}}{\mathrm{e}^{\frac{j\omega T}{2}}} \cdot \frac{\mathrm{e}^{\frac{j\omega T}{2}} - \mathrm{e}^{-\frac{j\omega T}{2}}}{\mathrm{e}^{\frac{j\omega T}{2}} + \mathrm{e}^{-\frac{j\omega T}{2}}}\right) . \tag{10.190}$$

Mit (A.5) aus Anhang A.1 folgt daraus

$$G_{TU}(\omega) = G\left(s = \frac{2j}{T} \cdot \frac{\sin\left(\frac{\omega T}{2}\right)}{\cos\left(\frac{\omega T}{2}\right)}\right) = G(s)\Big|_{s=\frac{2j}{T}\cdot\tan\left(\frac{\omega T}{2}\right)} . \tag{10.191}$$

Den Frequenzgang eines beliebigen LSI-Systems können wir nun mit (5.12) explizit angeben

$$G_{TU}(\omega) = \frac{k_m \cdot \left(\frac{2j}{T}\cdot\tan\left(\frac{\omega T}{2}\right)\right)^m + k_{m-1}\cdot\left(\frac{2j}{T}\cdot\tan\left(\frac{\omega T}{2}\right)\right)^{m-1} + \cdots + k_0}{\left(\frac{2j}{T}\cdot\tan\left(\frac{\omega T}{2}\right)\right)^n + l_{n-1}\cdot\left(\frac{2j}{T}\cdot\tan\left(\frac{\omega T}{2}\right)\right)^{n-1} + \cdots + l_0} . \tag{10.192}$$

Die zu Vielfachen von π periodische Tangens-Funktion bewirkt dabei wegen $\frac{\omega T}{2} = \frac{\omega}{\omega_T}\cdot\pi$ eine Periodizität von $G_{TU}(\omega)$ mit der Abtastkreisfrequenz ω_T, siehe Abb. 10.23.

Das Bild zeigt auch, dass die Frequenzgänge analoger und daraus nach Tustin berechneter Digitalfilter für niedrige Frequenzen wegen $\tan(\frac{\omega T}{2}) \approx \frac{\omega T}{2}$ quasi identisch sind, während bei größeren Frequenzen eine zunehmende Stauchung von $G_{TU}(\omega)$ auftritt. Der Wert $G_{TU}(\omega = \frac{\omega_T}{2})$ entspricht dabei dem analogen Frequenzgang $G(\omega)$ im Grenzfall $\omega \to \infty$, da die tan-Funktion für $\omega \to \frac{\omega_T}{2}$ gegen unendlich läuft. Dieser Effekt ist auch aus Abb. 10.24 ablesbar, denn die gesamte positive imaginäre Achse in der s-Ebene mit $\omega \geq 0$ und $\gamma = 0$ wird durch die Tustin-Approximation in der z-Ebene verzerrt auf die obere Hälfte des Einheitskreises abgebildet.

Diese Eigenschaft verbessert die Flankensteilheit und ist so gesehen ein zusätzlicher Vorteil der Tustin-Approximation, denn die mit Analogfiltern erst asymptotisch erreichbare maximale Verstärkung bzw. Dämpfung tritt bei nach Tustin bestimmten Digitalfiltern bereits bei der halben Abtastfrequenz auf, wobei dies ebenfalls für die maximale Phasendrehung gilt.

Allerdings führt diese Frequenzverzerrung auch dazu, dass die Kennfrequenzen analoger Filter, bei denen eine gewünschte Verstärkung bzw. Phasendrehung auftritt, verschoben werden, wodurch die Filtercharakteristik im Digitalbereich abweicht, was häufig unerwünscht ist.

Um dies zu kompensieren, betrachten wir den Frequenzgang $G(\omega)$ eines analogen Tiefpasses 1. Ordnung nach (6.36), für den wir $G_{TU}(\omega)$ entsprechend (10.191) bestimmen. Dabei berücksichtigen wir einen zusätzlichen Dehnungsfaktor k_p im jetzt $G_{TUp}(\omega)$ genannten Frequenzgang

$$G(\omega) = \frac{1}{1+\frac{j\omega}{\omega_k}} \quad \Rightarrow \quad G_{TUp}(\omega) = \frac{1}{1+\frac{2j}{\omega_k T}\cdot\tan\left(\frac{\omega T}{2}\right)\cdot k_p} . \tag{10.193}$$

Den Faktor k_p legen wir fest, indem wir für eine beliebige Kreisfrequenz $\omega_p < \frac{\omega_T}{2}$ identische Werte von $G(\omega_p)$ und $G_{TUp}(\omega_p)$ fordern, so dass aus (10.193) folgt

$$\frac{2}{T} \cdot \tan\left(\frac{\omega_p T}{2}\right) \cdot k_p \overset{!}{=} \omega_p \quad \Rightarrow \quad k_p = \frac{\omega_p T}{2} \cdot \cot\left(\frac{\omega_p T}{2}\right) . \tag{10.194}$$

Die Berücksichtigung von k_p wird Vorverzerrung oder engl. *Prewarping* genannt, und wir können mit (10.184) für beliebige analoge Systeme ein korrespondierendes digitales System $G_{TUp}(z)$ bestimmen, das bei $\omega = \omega_p$ identische Werte im Amplituden- und Phasengang aufweist. Dazu müssen wir lediglich k_p als zusätzlichen Faktor in der Tustin-Approximation ergänzen

$$G_{TUp}(z) = G(s)\Big|_{s=k_p \cdot \frac{2}{T} \cdot \frac{z-1}{z+1}} = G(s)\Big|_{s=\omega_p \cdot \cot\left(\frac{\omega_p T}{2}\right) \cdot \frac{z-1}{z+1}} . \tag{10.195}$$

Enthält ein analoges System nur eine einzige Kennfrequenz ω_k, wird üblicherweise $\omega_p = \omega_k$ gesetzt. Für den Tiefpass 1. Ordnung nach (6.36) erhalten wir

$$G(s) = \frac{1}{1 + \frac{s}{\omega_k}} \quad \Rightarrow \quad G_{TUp}(z) = \frac{1}{1 + \cot\left(\frac{\omega_k T}{2}\right) \cdot \frac{z-1}{z+1}} . \tag{10.196}$$

Um $G_{TUp}(z)$ als digitales Filter zu realisieren, müssen wir die z-Übertragungsfunktion in die Form (10.127) oder (10.128) bringen, damit wir bei einem System 1. Ordnung die Koeffizienten β_0, β_1 und α_1 erhalten; mit $c := \cot\left(\frac{\omega_k T}{2}\right)$ und nach Erweitern des Bruches mit $z + 1$ ergibt sich

$$\begin{aligned} G_{TUp}(z) &= \frac{z+1}{z+1+c\cdot(z-1)} = \frac{z+1}{z\cdot(1+c)+1-c} = \frac{1}{1+c} \cdot \frac{z+1}{z+\frac{1-c}{1+c}} \\ &= \frac{\beta_0 z + \beta_1}{z + \alpha_1} . \end{aligned} \tag{10.197}$$

Hieraus können wir die Parameter $\beta_0 = \beta_1 = \frac{1}{1+c}$ und $\alpha_1 = \frac{1-c}{1+c}$ ablesen und damit ein IIR-Filter nach Abb. 8.12 oder 8.13 aufbauen. Den Frequenzgang $G_{TUp}(\omega)$ dieses Filters nach (10.193) zeigt Abb. 10.26 im Vergleich zu $G(\omega)$ für $\omega_k = 100$ und mit $T = 0{,}01$, d. h. $\omega_T = \frac{2\pi}{T} \approx 628$. Auf der linken Seite sind die Amplituden- und Phasengänge im linearen Maßstab aufgetragen, und man erkennt eine sehr gute Übereinstimmung des analogen und digitalen Filters bis zur Frequenz $\omega_p = \omega_k$, bei der aufgrund des *Prewarpings* identische Werte auftreten. Anschließend und bis $\frac{\omega_T}{2}$ weist das mit der Tustin-Approximation ermittelte Digitalfilter eine deutlich steilere Flanke im Amplitudengang, und damit bessere TP-Wirkung als das Analogfilter auf. Dies wird auch aus dem Bode-Diagramm rechts deutlich, wobei hier ω auf den Bereich $10 \leq \omega \leq 300$ beschränkt ist, um die im logarithmischen Maßstab unendlich hohe Dämpfung bei $\frac{\omega_T}{2}$ zu vermeiden.

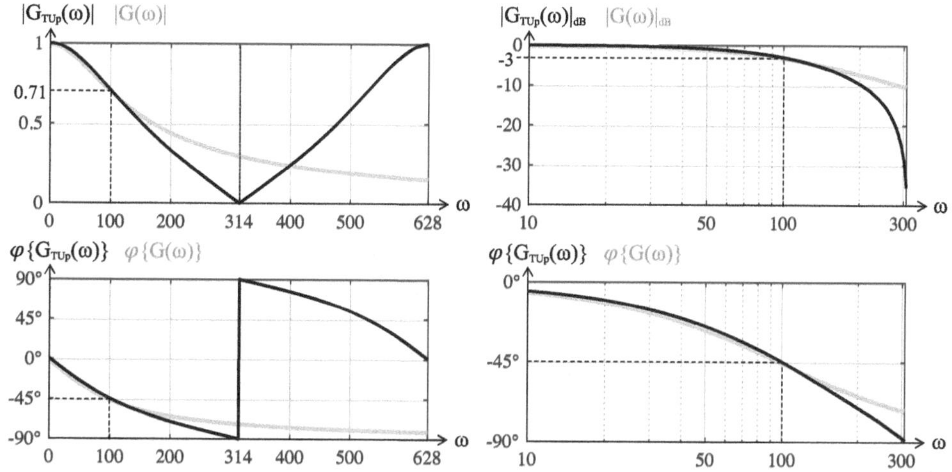

Abb. 10.26 Frequenzgang eines analogen TP-Filters 1. Ordnung (grau) mit $\omega_k = 100$ und eines daraus mittel Tustin-Approximation für $\omega_T \approx 628$ bestimmten Digitalfilters (schwarz), links im linearen Maßstab und rechts im Bode-Diagramm dargestellt; bei der *Prewarping*-Kreisfrequenz $\omega_p = \omega_k$ weisen beide Filter dieselbe Dämpfung und Phasendrehung auf, während der Flankenverlauf des Digitalfilters für $\omega_p \leq \omega \leq \frac{\omega_T}{2}$ deutlich steiler als der des Analogfilters verläuft

Wählen wir $c = \cot\left(\frac{\omega_k T}{2}\right) = 1$, so folgt $\frac{\omega_k T}{2} = \frac{\pi}{4}$ und damit $\omega_k = \frac{2\pi}{4T} = \frac{\omega_T}{4} \approx 157$. Für diese Kennfrequenz gilt $\alpha_1 = 0$, wodurch das Filter eine FIR-Struktur ohne Rückkopplung annimmt und wegen $\beta_0 = \beta_1$ eine symmetrische Impulsantwort aufweist, vgl. Abschn. 8.2.4. Der Frequenzgang des Analog- und Digitalfilters für $\omega_k = 157$ und $\omega_T \approx 628$ ist in Abb. 10.27 aufgetragen. Die Übereinstimmung ist zwar etwas schlechter als in 10.26, da das Verhältnis $\frac{\omega_k}{\omega_T}$ größer geworden ist, allerdings tritt beim Digitalfilter jetzt ein linearer Phasengang auf, wie die Teilgrafik unten links zeigt. Damit verbunden ist eine konstante Gruppenlaufzeit, siehe Abschn. 6.3, so dass impulsförmige Signale bei der Übertragung nicht zerfließen, was für viele Anwendungen vorteilhaft ist.

Als letztes Beispiel betrachten wir einen Hochpass 1. Ordnung mit $V = 0{,}2$ und $\omega_k = 50$ entsprechend (6.48). Auch hier verwenden wir die Tustin-Approximation mit Vorverzerrung und $\omega_p = \omega_k$ entsprechend (10.195), und erhalten aus $G(s)$ die z-Übertragungsfunktion $G_{TUp}(z)$

$$G(s) = \frac{V \cdot s}{1 + \frac{s}{\omega_k}} \quad \Rightarrow \quad G_{TUp}(z) = \frac{V \cdot \omega_k \cdot \cot\left(\frac{\omega_k T}{2}\right) \cdot \frac{z-1}{z+1}}{1 + \cot\left(\frac{\omega_k T}{2}\right) \cdot \frac{z-1}{z+1}} . \tag{10.198}$$

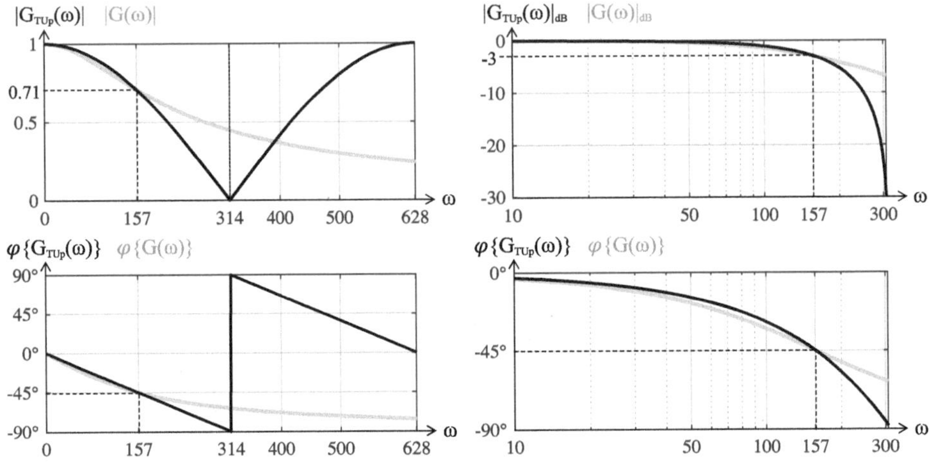

Abb. 10.27 Frequenzgang eines analogen TP-Filters 1. Ordnung (grau) mit $\omega_k = 157$ und eines daraus mittel Tustin-Approximation für $\omega_T \approx 628$ bestimmten Digitalfilters (schwarz) mit der *Prewarping*-Kreisfrequenz $\omega_p = 157$, links im linearen Maßstab und rechts im Bode-Diagramm dargestellt; für dieses ω_k nimmt das Digitalfilter eine FIR-Struktur an, woraus wegen der Symmetrie der Impulsantwort ein linearer Phasengang resultiert, wie unten links erkennbar ist

Zur Bestimmung der Filterparameter formen wir $G_{TUp}(z)$ wieder mit $c := \cot\left(\frac{\omega_k T}{2}\right)$ um

$$G_{TUp}(z) = \frac{V \cdot \omega_k \cdot c \cdot (z-1)}{(z+1) + c \cdot (z-1)} = \frac{V \cdot \omega_k \cdot c}{1+c} \cdot \frac{z-1}{z + \frac{1-c}{1+c}}, \qquad (10.199)$$

so dass wir $\beta_0 = \frac{V \cdot \omega_k \cdot c}{1+c}$, $\beta_1 = -\beta_0$ und wie oben $\alpha_1 = \frac{1-c}{1+c}$ ablesen können. Die Frequenzgänge $G(\omega)$ sowie $G_{TUp}(\omega)$ für $z = e^{j\omega T}$ zeigt Abb. 10.28, wieder auf der linken Seite im linearen Maßstab und rechts im Bode-Diagramm dargestellt. Da die Kennfrequenz hier nur halb so groß ist wie in Abb. 10.26, zeigt sich eine sehr gute Übereinstimmung insbesondere des analogen und digitalen Amplitudengangs über den gesamten Frequenzbereich $0 \leq \omega \leq \frac{\omega_T}{2}$.

Auch wenn wir uns hier auf Systeme erster Ordnung beschränkt haben, ist die Anwendung der Tustin-Approximation mit oder ohne Prewarping natürlich für Filter beliebiger Ordnung möglich, wodurch sich lediglich der Rechenaufwand zur Bestimmung der Filterkoeffizienten erhöht.

Voraussetzung für den Einsatz digitaler Filter ist die Einhaltung des Abtasttheorems durch das Eingangssignal $u(t)$, das keine Spektralkomponenten mit $\omega > \frac{\omega_T}{2}$ enthalten darf, wozu ggf. ein zusätzliches analoges TP-Filter vor dem ADC vorgesehen werden muss, vgl. Abschn. 9.1.3.

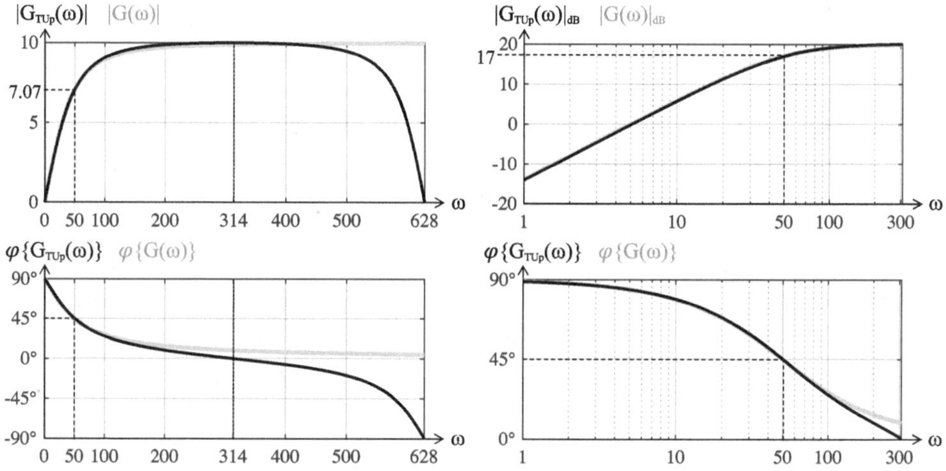

Abb. 10.28 Frequenzgang eines analogen HP-Filters 1. Ordnung (grau) mit $\omega_k = 50$ und $V = 0{,}2$ und eines daraus mittel Tustin-Approximation für $\omega_T \approx 628$ bestimmten Digitalfilters (schwarz) mit $\omega_p = \omega_k$, links im linearen Maßstab und rechts im Bode-Diagramm dargestellt; bei ω_p weisen beide Filter dieselbe Verstärkung und Phasendrehung auf, wobei die Frequenzgänge wegen $\omega_k \ll \omega_T$ im gesamten Bereich $0 \le \omega \le \frac{\omega_T}{2}$ eine sehr gute Übereinstimmung zeigen

Neben der Tustin-Approximation existieren noch weitere Verfahren, um Übertragungsfunktionen analoger Filter zeitdiskret zu approximieren, die vergleichbare Ergebnisse liefern. Beim *Pole-Zero Mapping* wird $G(z)$ durch Transformation der Pol- und Nullstellen von $G(s)$ gebildet, während Optimierungsansätze auf der Minimierung des Fehlers zwischen den Frequenzgängen analoger und zeitdiskreter Systeme beruhen, siehe z. B. [43] oder [39].

10.5 Zusammenfassung

Im ersten Teil dieses Kapitels haben wir die DTFT zur Bestimmung kontinuierlicher Spektren von zeitdiskreten Signalen eingeführt, und uns dann ausführlich mit der Diskreten Fourier-Transformation (DFT) und ihren Anwendungen befasst. Die DFT erzeugt aus zeitdiskreten Signalen ebenfalls diskrete Spektren und ist ein zentrales Werkzeug zur Verarbeitung numerisch vorliegender Signale, wozu mit der schnellen Fourier-Transformation (FFT) ein höchsteffizienter Algorithmus zur Verfügung steht. Theoreme erleichtern den Umgang mit diskreten Spektren, und auch Energie- und Leistungsberechnungen sind im diskreten Frequenzbereich möglich, wobei die Periodizität der Signale beachtet werden muss. Mit der DFT ist es möglich, Signale mit wenig Aufwand zu interpolieren oder mit FIR-Systemen zu filtern. Eine andere wichtige Anwendung liegt in der Nachrichtentechnik zur effizienten Informationsübertragung mittels OFDM.

Der zweite Teil des Kapitels beschäftigte sich mit der z-Transformation, einer Variante der Laplace-Transformation, die insbesondere zur Analyse und Synthese zeitdiskreter Systeme zum Einsatz kommt. Damit lassen sich z-Übertragungsfunktionen aufstellen und daraus die Eigenschaften von Systemen ablesen. Eine wichtige Anwendung dieser Transformation liegt in der Diskretisierung analoger Systeme. Neben der Impulsinvarianz-Transformation, die nur für treppenförmige Signale oder bei Erfüllung des Abtasttheorems exakte Ergebnisse liefert, haben wir die Sprunginvarianz-Transformation kennengelernt, mit der über Digital-Analog-Wandler (DAC) angesteuerte Analogsysteme äquivalent zeitdiskret beschreibbar sind. Mit der Tustin-Approximation lassen sich überdies beliebige analoge Filter durch Digitalfilter mit nahezu identischen Eigenschaften ersetzen, wobei *Prewarping* die Vorgabe von Kennfrequenzen ermöglicht.

11 Adaptive Filter

Bereits in vorherigen Kapiteln haben wir Filter verwendet, um Eingangssignale gezielt zu verändern. Diese Filter wiesen immer feste Parameter und somit einen vorgegebenen Frequenzgang auf, und wirkten z. B. als Tiefpass-, Hochpass- oder Bandpassfilter.

Jetzt wollen wir Filter entwerfen, die ihre Parameter automatisch während der Laufzeit variieren bzw. optimieren und keine manuelle Einstellung erfordern. Diese sogenannten *adaptiven Filter* lassen sich nur als digitale Systeme realisieren, da zur Umsetzung der Filteralgorithmen Computer benötigt werden. Sie werden auch als lernfähige Systeme bezeichnet, da sie sich zur Laufzeit automatisch an unbekannte oder sich ändernde Signale anpassen.

Der grundsätzliche Aufbau adaptiver Systeme ist in Abb. 11.1 dargestellt. Diese bestehen intern aus einem Digitalfilter zur Berechnung des Ausgangssignals $y(k)$ abhängig von einem Eingangssignal $u(k)$. Hierzu werden meistens FIR-Filter verwendet, vor allem deshalb, weil sie für beliebige Parameter immer stabil sind, vgl. Abschn. 8.2.4. Deren Koeffizienten werden mit einem Algorithmus so festgelegt, dass der Fehler zwischen $y(k)$ und einem vorgegebenen Ziel- bzw. Referenzsignal $r(k)$ ein Minimum annimmt. Dieser Algorithmus verursacht die wesentliche Komplexität adaptiver Filter, wobei die Berechnung der Filterparameter je nach Anforderungen entweder nicht-rekursiv oder rekursiv erfolgen kann[1]. Hierauf werden wir in den Abschn. 11.3 und 11.4 ausführlich eingehen, nachdem wir im Abschn. 11.2 die dafür benötigten Grundlagen der Stochastik behandelt haben. Zunächst wollen wir aber die wesentlichen Anwendungen adaptiver Filter kennenlernen und dazu sogenannte Basisstrukturen betrachten.

---

[1] Im Unterschied zu anderen Autoren verwenden wir den Begriff *Adaptive Filter* für rekursive wie für nicht-rekursive LSI-Systeme, die sich selbständig optimieren, da sie auf denselben stochastischen Grundlagen beruhen, vgl. [27].

V. Sommer, *Grundlagen der Systemtheorie und Signalverarbeitung*,
https://doi.org/10.1007/978-3-662-72126-1_11

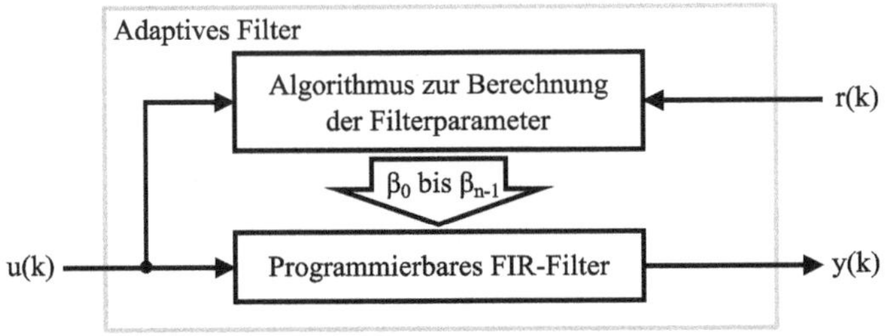

Abb. 11.1 Interner Aufbau eines adaptiven Filters, bestehend aus einer FIR-Filterstruktur und einem Algorithmus zur Bestimmung der n Koeffizienten β_0 bis β_{n-1}, mit dem Ziel, das Ausgangssignal $y(k)$ mit minimalem Fehler an ein Referenzsignal $r(k)$ anzupassen

11.1 Basisstrukturen

Unter Basisstrukturen verstehen wir spezielle Anordnungen adaptiver Filter zur Erfüllung vorgegebener Aufgaben der Signalverarbeitung. Dabei können adaptive Filter entweder in Reihe oder parallel zu vorhandenen Systemen geschaltet werden, mit dem Ziel, unbekannte Systeme nachzubilden oder deren Wirkung zu kompensieren. Häufig liegt das Ziel darin, Störsignale zu eliminieren, oder deren Wirkung zumindest zu verringern, während in anderen Anwendungen der zukünftige Verlauf von Signalen geschätzt werden soll.

11.1.1 Systemidentifikation

In dieser Basisstruktur geht es um die möglichst exakte Nachbildung eines Systems, dessen Impulsantwort $g(k)$ unbekannt ist, siehe Abb. 11.2. Dabei liegt das adaptive Filter parallel zum unbekannten System und erhält dasselbe Eingangssignal $u(k)$, während das Ausgangssignal als Referenzsignal des Zielsystems dient mit $r(k) = y(k)$. Bei optimaler Bestimmung der Filterparameter liefert das adaptive Filter ein Schätzsignal $\hat{y}(k)$, das weitgehend $y(k)$ entspricht.

Diese Anordnung tritt in vielen Anwendungen auf, z. B. bei der Analyse von Systemen, der Überwachung von Systemparametern oder für die Regelung zeitabhängiger bzw. nicht-

Abb. 11.2 Bei der Systemidentifikation wird ein adaptives Filter einem unbekannten System parallelgeschaltet mit $r(k) = y(k)$, um dessen Impulsantwort $g(k)$ möglichst exakt nachzubilden

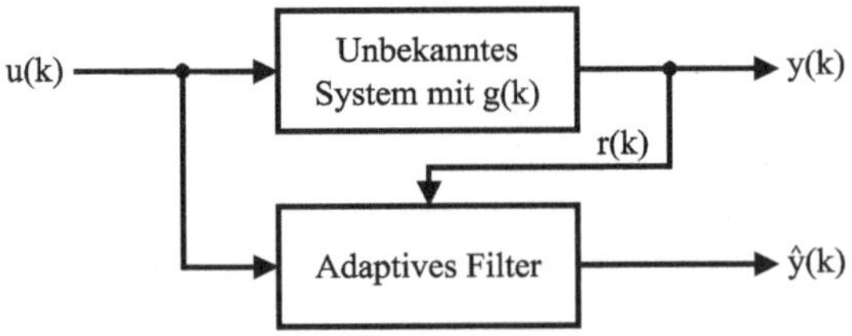

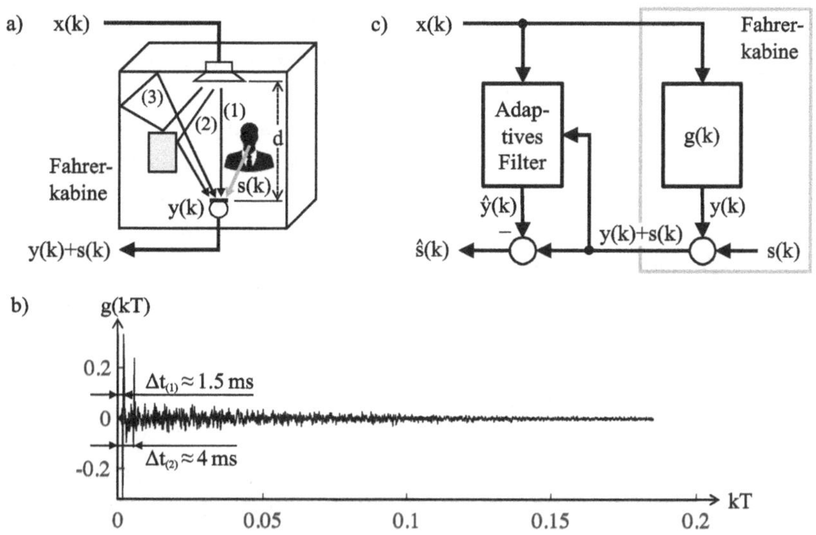

Abb. 11.3 Zeitdiskretes Modell einer Freisprechanlage in einer Fahrerkabine mit Echo; das entfernte Signal $x(k)$ wird über einen Lautsprecher abgestrahlt, und das lokale Sprachsignal $s(k)$ über ein Mikrofon aufgenommen, wobei über mehrere Signalpfade (1)–(3) das Störsignal $y(k)$ aus $x(k)$ entsteht (**a**); die Überlagerung der Pfade entspricht einem verzerrenden System mit der Impulsantwort g(k) (**b**), und zur Kompensation der Störung dient ein adaptives Filter mit $g_{AF}(k) \approx g(k)$, um das Echo durch Subtraktion des gefilterten Signals $\hat{y}(k)$ zu reduzieren (**c**)

linearer Systeme. Abb. 11.3 zeigt eine weitere Anwendung, nämlich die Kompensation von Echos, die z. B. bei einer Freisprechanlage in einem Fahrzeug auftreten. Teilgrafik (a) stellt dazu in abstrakter Form eine Fahrerkabine dar, in die über einen Lautsprecher oben das Signal $x(k)$ eines entfernten Teilnehmers eingekoppelt wird, während das lokale Sprachsignal $s(k)$ des Fahrers über das unten abgebildete Mikrofon aufgenommen wird. In der Realität nimmt das Mikrofon allerdings neben $s(k)$ mit $y(k)$ auch einen Teil von $x(k)$ auf, da an den Wänden der Fahrerkabine oder darin befindlichen Gegenständen Reflexionen mit unterschiedlicher Laufzeit und Intensität entstehen, die im Bild durch die Pfeile (1) bis (3) verdeutlicht werden. Die Fahrerkabine kann daher als System mit einer Impulsantwort $g(k)$ modelliert werden, wie sie beispielhaft in (b) dargestellt ist. Würden wir auf den Lautsprecher einen einzelnen Impuls mit $x(k) = \delta(k)$ geben, so könnten wir wegen $y(k) = \delta(k) * g(k) = g(k)$ die Impulsantwort direkt messen. Der Direktschall (1) tritt in diesem Beispiel nach $\Delta t_{(1)} \approx 1{,}5\,ms$ auf, woraus sich mit der Schallgeschwindigkeit $v \approx 1000\,\frac{km}{h} = 278\,\frac{m}{s}$ die Entfernung zwischen Lautsprecher und Mikrofon $d = v \cdot \Delta t \approx 0{,}42\,m$ berechnen lässt. Ein weiterer signifikanter Impuls tritt bei $\Delta t_{(2)} \approx 4\,ms$ und korrespondiert zur Reflexion (2) an dem grauen rechteckigen Objekt. Alle weiteren Anteile von $g(k)$ werden als diffuser Schall bezeichnet und entsprechen Mehrfachreflexionen (3) in der Fahrerkabine, wodurch die Laufzeiten zu- und die Amplituden exponentiell abnehmen.

Das System $g(k)$ bewirkt für den entfernten Teilnehmer ein $s(k)$ überlagertes und verzerrtes Echo $y(k)$ seines eigenen Sprachsignals, so dass die Kommunikation erheblich gestört wird. Dieses Echo lässt sich durch ein parallel geschaltetes adaptives Filter unterdrücken, wie Teilgrafik (c) zeigt. Das Filter ermittelt aus $x(k)$ und dem Summensignal $y(k) + s(k)$ mit der Impulsantwort $g_{AF}(k) = \hat{g}(k)$ eine Schätzung der unbekannten und i. Allg. zeitvariablen Impulsantwort $g(k)$, so dass eine Nachbildung $\hat{y}(k)$ des Echosignals $y(k)$ erfolgen kann. Dieses Signal wird hinter dem Mikrofon subtrahiert und kompensiert weitgehend das Echo, wodurch der entfernte Teilnehmer nur das Signal $\hat{s}(k)$ hört, das nahezu vollständig dem lokalen Sprachsignal $s(k)$ entspricht.

11.1.2 Inverse Modellierung

Ein weitere Basisstruktur bildet die inverse Modellierung, siehe Abb. 11.4a. Hierbei liegt ein adaptives Filter mit $g_{AF}(k)$ in Reihe zu einem unbekannten System mit der Impulsantwort $g(k)$ und soll dessen verzerrende Wirkung auf ein Signal $u(k)$ kompensieren. Das Filter erhält dazu als Referenzsignal eine um n Abtastwerte verzögerte Version $u(k - n)$ des Eingangssignals und wandelt das verzerrte Signal $y(k) = u(k) * g(k)$ in eine möglichst exakte Kopie $\hat{u}(k - n)$ des Referenzsignals[2]. Falls $g(k)$ bekannt ist, lässt sich diese Aufgabe analytisch leicht lösen

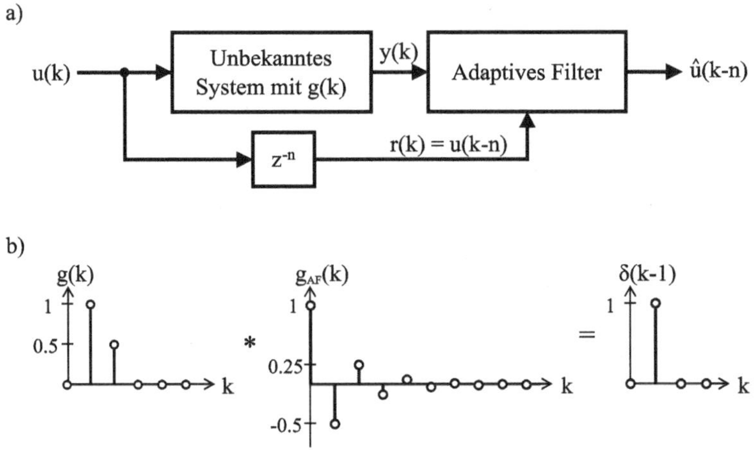

Abb. 11.4 Bei der inversen Modellierung liegt ein adaptives Filter in Reihe zu einem unbekannten System mit $g(k)$ und ermittelt aus dem verzerrten Signal $y(k)$ und dem als Referenzsignal vorliegenden verzögerten Eingangssignal $u(k - n)$ eine Impulsantwort $g_{AF}(k)$, welche die Wirkung von $g(k)$ kompensiert (**a**); die Verkettung der beiden Systeme mit $g(k) * g_{AF}(k) = \delta(k - n)$ entspricht einer reinen Signalverzögerung, wie in (**b**) anhand des in Text behandelten Beispiels dargestellt ist

[2] Die Verzögerung um n muss mindestens der Latenz des verzerrenden Systems entsprechen, damit $g_{AF}(k)$ kausal ist.

$$u(k) * g(k) * g_{AF}(k) \stackrel{!}{=} u(k-n) \quad \Rightarrow \quad g(k) * g_{AF}(k) \stackrel{!}{=} \delta(k-n)$$
$$\circ\!\!-\!\!\bullet \quad G(z) \cdot G_{AF}(z) \stackrel{!}{=} z^{-n} \quad \Rightarrow \quad G_{AF}(z) = \frac{z^{-n}}{G(z)} \,. \tag{11.1}$$

Als Beispiel betrachten wir ein System mit $g(k) = \delta(k-1) + \frac{1}{2} \cdot \delta(k-2)$ im z-Bereich und berechnen die Übertragungsfunktion $G_{AF}(Z)$ des dazu inversen Systems

$$G(z) = z^{-1} + \tfrac{1}{2} \cdot z^{-2} \quad \Rightarrow \quad G_{AF}(z) = \frac{z^{-n}}{z^{-1} + \frac{1}{2} \cdot z^{-2}} \,. \tag{11.2}$$

$G_{AF}(z)$ beschreibt nur dann ein kausales System, falls $n \geq 1$ gilt, siehe Abschn. 10.3.3, und für die geringste Latenz wählen wir $n = 1$. Mit Korrespondent 11 in Tabelle B.5 erhalten wir dann

$$G_{AF}(z) \; = \; \frac{z}{z - \left(-\frac{1}{2}\right)} \quad \bullet\!\!-\!\!\circ \quad g_{AF}(k) \; = \; \left(-\tfrac{1}{2}\right)^k \cdot \sigma(k) \,. \tag{11.3}$$

Abb. 11.4b zeigt die Faltung der beiden Impulsantworten $g(k)$ und $g_{AF}(k)$ zu $\delta(k-1)$, wobei die Entzerrung mit einem FIR-Filter immer eine endliche Länge von $g_{AF}(k)$ voraussetzt[3].

Eine wichtige Anwendung findet die inverse Modellierung im Mobilfunk zur Entzerrung des Übertragungskanals zwischen Sende- und Empfangsantenne. Vergleichbar zu der in Abb. 11.3b dargestellten akustischen Impulsantwort einer Fahrerkabine treten hier Reflexionen der Radiowellen z. B. an Häusern oder Bäumen auf, so dass das Eingangssignal $u(k)$ durch Mehrwegeausbreitung erheblich verzerrt wird[4]. Ein adaptives Filter hinter dem Empfänger muss daher den Übertragungskanal invertieren, damit das in $u(k)$ enthaltene Informationssignal $s(k)$ fehlerfrei decodiert werden kann, siehe Abb. 11.5a. Wie zuvor beschrieben, erfordert die Berechnung der Filterparameter sowohl das verzerrte Eingangssignal als auch eine unverzerrte Kopie davon als Referenzsignal. Dazu wird ein Teil des Sendesignals $u(k)$ für ein sogenanntes Pilotsignal $p(k)$ reserviert, das eine feste Sequenz von Bits enthält, die im Empfänger bekannt ist. Außerdem wird das Signal $u(k)$ in kurze Abschnitte unterteilt, sogenannte Zeitschlitze der Zeitdauer $T_{slot} \approx 1\,\text{ms}$, und das Pilotsignal jeweils vor $s(k)$ zu Beginn eines Zeitschlitzes übertragen, siehe Abb. 11.5b. Aus der bekannten Sequenz $p(k)$ und dem zugehörigen Empfangssignal $p(k) * g(k)$ berechnet das adaptive Filter $g_{AF}(k)$, und da das System während T_{slot} als zeitinvariant angenommen werden kann, ermöglicht die Faltung $y(k) * g_{AF}(k)$ auch die Entzerrung von $s(k)$.

[3] Für $g(k) = \delta(k) + \delta(k-1)$ ergäbe sich z. B. mit $g_{AF}(k) = (-1)^k \cdot \sigma(k)$ eine unendlich lange und nicht gegen null konvergierende Impulsantwort für die Entzerrung, die nur mit einem IIR-Filter realisiert werden kann.

[4] Da im Mobilfunk Bandpass-Signale übertragen werden, die durch äquivalente Tiefpass-Systeme verarbeitet werden, ist die Impulsantwort allerdings i. Allg. komplex, vgl. Abschn. 6.5.2 und 9.1.6.

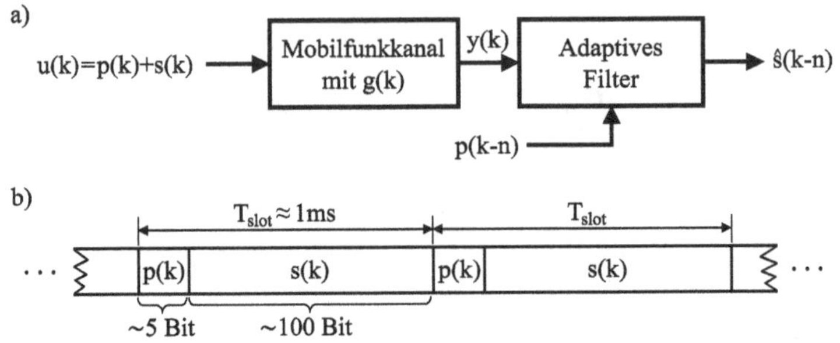

Abb. 11.5 Zur Kanalschätzung im Mobilfunk liegt ein adaptives Filter im Empfänger in Reihe mit dem verzerrenden Mobilfunkkanal (**a**); dazu wird ein bekanntes Pilotsignal $p(k)$ zusammen mit dem Nutzsignal $s(k)$ übertragen, so dass durch Vergleich von $p(k-n)$ mit der empfangenen Sequenz die Impulsantwort $g_{AF}(k)$ des Filters ermittelt und damit auch $s(k)$ entzerrt werden kann (**b**)

11.1.3 Kompensation von Störsignalen

Durch Kombination der beiden zuvor vorgestellten Basisstrukturen erhalten wir eine Anordnung, bei der adaptive Filter ebenfalls Systeme identifizieren bzw. invertieren, allerdings mit dem Ziel Störsignale zu kompensieren, siehe Abb. 11.6. Ein Nutzsignal $s(k)$ wird dabei durch ein unerwünschtes Störsignal $b(k)$ überlagert, das zuvor mit einem ersten System $g_1(k)$ übertragen wurde. Um die Wirkung dieser Störung zu kompensieren, wird $b(k)$ mit einem weiteren System – z. B. bei einem akustischen Signal ein Mikrofon – mit der Impulsantwort $g_2(k)$ erfasst und als Eingangssignal $y_2(k)$ einem adaptiven Filter zugeführt. Dessen Impulsantwort $g_{AF}(k)$ soll nach Faltung mit $y_2(k)$ ein Signal $\hat{y}_1(k) \approx y_1(k)$ erzeugen, das anschließend vom Summensignal $s(k) + y_1(k)$ subtrahiert wird, um ein möglichst unverfälschtes Signal $\hat{s}(k)$ zurückzuerhalten. Die Herausforderung liegt auch hier darin, die Teilsysteme aus den messbaren Signalen zu schätzen, denn falls $g_1(k)$ und $g_2(k)$ bekannt sind,

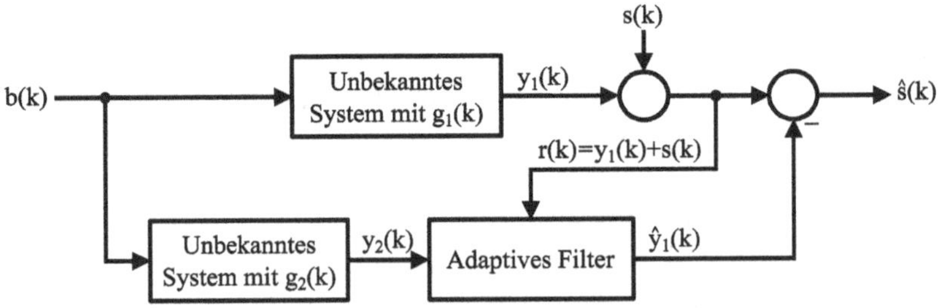

Abb. 11.6 Bei der Störsignalkompensation wird ein mit $g_1(k)$ gefaltetes und dem Nutzsignal $s(k)$ überlagertes Störsignal $b(k)$ eliminiert, indem $b(k)$ über ein System $g_2(k)$ unabhängig von $s(k)$ nochmals erfasst und mit einem adaptiven Filter modifiziert wird, so dass durch Subtraktion des gefilterten Signals die Wirkung des Störsignals kompensiert werden kann

ist die Bestimmung von $g_{AF}(k)$ zur Entstörung von $s(k)$ leicht möglich: Die Verkettung von $g_2(k)$ mit $g_{AF}(k)$ muss dann dem System $g_1(k)$ entsprechen, so dass im z-Bereich $G_1(z) = G_2(z) \cdot G_{AF}(z)$ bzw. $G_{AF}(z) = \frac{G_1(z)}{G_2(z)}$ folgt.

Eine Kompensation von Störsignalen im medizinischen Bereich zeigt Abb. 11.7a. Ziel ist die Messung des Elektrokardiogramms (EKG) eine ungeborenen Kindes, dessen schwaches Signal $s(k)$ durch die Herztöne $b(k)$ der Mutter überdeckt werden. Zur Erfassung des gewünschten EKG-Signals dient ein erstes Mikrofon, das möglichst nahe am Kind auf der Bauchdecke der Mutter platziert wird, allerdings nimmt dieses Mikrofon ebenfalls die über das Teilsystem $g_1(k)$ verzerrten Herztöne der Mutter auf. Um die Störung zu kompensieren, misst ein zweites Mikrofon das Signal $u(k)$ am Oberkörper der Mutter, das dem Signal $b(k)$ nach Durchlaufen der Gewebeschichten entspricht und als Faltung von $b(k)$ mit $g_2(k)$ beschrieben werden kann. Mittels eines adaptiven Filters kann nun aus $u(k)$ ein Signal erzeugt werden, dessen Subtraktion vom Signal $r(k)$ des ersten Mikrofons das quasi unverfälschte EKG-Signal $\hat{s}(k)$ des Kindes liefert.

Genau genommen ist die in Abschn. 11.1.1 vorgestellte Echokompensation ebenfalls ein Beispiel für diese Anwendung, wenn wir das Signal des entfernten Teilnehmers als Störsignal betrachten, auch wenn in diesem Fall kein Teilsystem in Reihe zum adaptiven Filter liegt.

Als weiteres Beispiel ist in Abb. 11.7b die sogenannte *Active Noise Cancellation* (ANC) dargestellt. Diese Technologie war früher professionellen Nutzern z. B. im Cockpit von Flugzeugen vorbehalten, um passiven Gehörschutz zu ersetzen, sie kommt heute aber auch im

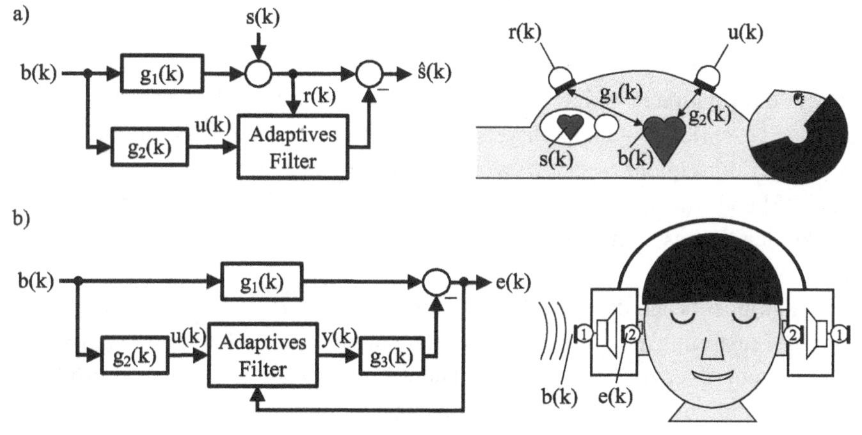

Abb. 11.7 Um das schwache EKG-Signal $s(k)$ eines ungeborenen Kindes aufzunehmen, wird mit einem ersten Mikrofon möglichst nahe am Kind das Signal $r(k)$ gemessen, das allerdings auch Anteile vom Herzsignal $b(k)$ der Mutter enthält, wobei dieses Störsignal als Signal $u(k)$ erfasst und durch ein adaptives Filter kompensiert werden kann (**a**); beim ANC-Verfahren werden Umgebungsgeräusche $b(k)$ durch ein externes Mikrofon (1) erfasst und einem adaptiven Filter zugeführt; dieses formt daraus ein Signal $y(k)$, das nach Übertragung mit einem Lautsprecher das vom Mikrofon (2) aufgenommene akustische Störsignal am Gehöreingang kompensiert (**b**)

Consumer-Bereich zum Einsatz. Die rechte Seite zeigt schematisch den Aufbau eines solchen Systems, das auf jeder Kopfseite außer dem Lautsprecher zwei Mikrofone enthält. Das äußere Mikrofon (1), dessen Eigenschaften durch das System $g_2(k)$ beschrieben werden, erfasst das Signal $u(k)$ als Faltung des Störsignals $b(k)$ mit $g_2(k)$, während Mikrofon (2) innen und möglichst nahe am Ohr das Fehlersignal $e(k)$ als Referenzsignal aufnimmt. Ein adaptives Filter erhält beide Mikrofonsignale und erzeugt aus $u(k)$ das Eingangssignal $y(k)$ für den Lautsprecher, wobei der elektro-akustische Signalweg zwischen Lautsprechereingang und dem Mikrofon (2) als System $g_3(k)$ bezeichnet wird. Bei optimaler Einstellung entspricht die Verkettung des Filters mit $g_2(k)$ und $g_3(k)$ gerade dem akustischen System $g_1(k)$ zwischen den beiden Mikrofoneingängen, so dass Störungen weitgehend unterdrückt werden[5]. Zusätzlich kann der Lautsprecher auch ein vom Störsignal unabhängiges Musiksignal ausgeben, ohne die Kompensation der Störung zu beeinflussen.

11.1.4 Störungsreduktion

Die zuvor beschriebene Störkompensation setzt voraus, dass das Störsignal $b(k)$ unabhängig vom Nutzsignal $s(k)$ gemessen werden kann. Häufig steht allerdings nur ein Summensignal zur Verfügung, das einen Nutz- und Störanteil enthält, wobei wir hier ebenfalls unabhängige Signale voraussetzen, worauf wir in Abschn. 11.3 eingehen. In diesem Fall kann ein adaptives Entstörfilter verwendet werden, siehe Abb. 11.8, das als Eingangssignal das Summensignal $u(k) = s(k) + b(k)$ erhält und am Ausgang ein Signal liefert, das möglichst weitgehend $s(k)$ entspricht.

Als Referenzsignal dient das Nutzsignal $s(k)$, um geeignete Filterparameter zu bestimmen. Diese Informationen könnten – wie im Abschn. 11.1.2 bei der Entzerrung von Mobilfunkkanälen beschrieben – dadurch verfügbar gemacht werden, dass ein Teil von $s(k)$ für eine bekannte Pilotsequenz reserviert wird, so dass die Einstellung des Filters durch Auswertung von $u(k)$ und $p(k)$ möglich ist. Häufiger erfolgt diese jedoch auf Basis der statistischen bzw. spektralen Eigenschaften des Nutz- und Störsignals, wie wir im Abschn. 11.3.4 sehen werden.

Allerdings muss beachtet werden, dass selbst bei optimaler Wahl der Filterparameter eine vollständige Entstörung mit dieser Basisstruktur nur möglich ist, falls Nutz- und Störsignal in verschiedenen Frequenzbereichen liegen. Diese Einschränkung ist leicht begründbar, denn jedes LTI-System wird durch seinen Frequenzgang eindeutig beschrieben und kann nicht spektrale Störanteile sperren, während es identische Frequenzen des Nutzsignals passieren lässt.

[5] Dies gelingt insbesondere für tieffrequente, kontinuierliche Störungen; die Kompensation hochfrequenter sowie impulsartiger Störsignale erfordert zusätzliche Mikrofone zur präzisen Einstellung der Phasenlage.

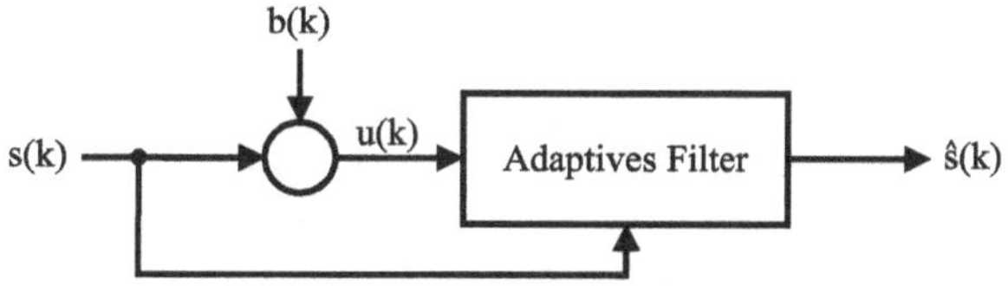

Abb. 11.8 Bei der Störungsreduktion tritt die Summe aus einem Nutzsignal $s(k)$ und einem Störsignal $b(k)$ am Eingang eines adaptiven Filters auf, das daraus eine möglichst gute Schätzung $\hat{s}(k)$ des Nutzsignals erzeugen soll, wozu $s(k)$ als Referenzsignal verwendet wird

11.1.5 Prädiktion

Als letzte Basisstruktur betrachten wir die sogenannte Prädiktion, mit der ein zukünftiger Signalverlauf vorhergesagt werden kann, wie in Abb. 11.9a verdeutlicht wird. Ab einem Zeitindex k_0 werden aus dem bisherigen Signalverlauf die Schätzwerte $\hat{s}(k_0 + 1)$, $\hat{s}(k_0 + 2)$ und $\hat{s}(k_0 + 3)$ extrapoliert, und durch Vergleich mit den tatsächlichen Abtastwerten wird deutlich, dass dabei die Zuverlässigkeit sinkt, je weiter wir in die Zukunft blicken.

Prädiktion basiert darauf, dass die Abtastwerte der meisten Signale nicht unabhängig voneinander sind, sondern zwischen ihnen statistische Bindungen bestehen. Beispielsweise entstehen Sprachsignale durch schwingende Stimmbänder mit variabler Frequenz und Amplitude. Diese harmonischen Schwingungen werden im Kehlkopf zur Stimme geformt, unterstützt von Zunge und Lippen. Dieser Erzeugungsprozess lässt sich nicht beliebig schnell verändern, denn jede Muskelbewegung benötigt Zeit, so dass aufeinander folgende Signalwerte sich ähneln, siehe [22].

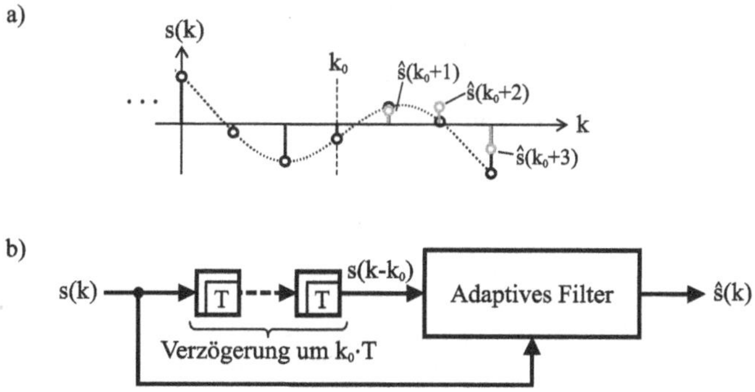

Abb. 11.9 Prädiktion bedeutet Extrapolation eines bekannten Signalverlaufs ab einem Index k_0, wobei die Genauigkeit der vorhergesagten Werte mit zunehmendem Abstand zu k_0 sinkt (**a**); ein adaptives Filter erhält dazu das um $k_0 \cdot T$ verzögerte Signal und stellt mit $s(k)$ als Referenzsignal seine Koeffizienten β so ein, dass eine möglichst gute Approximation $\hat{s}(k)$ aus $s(k - k_0)$ entsteht (**b**)

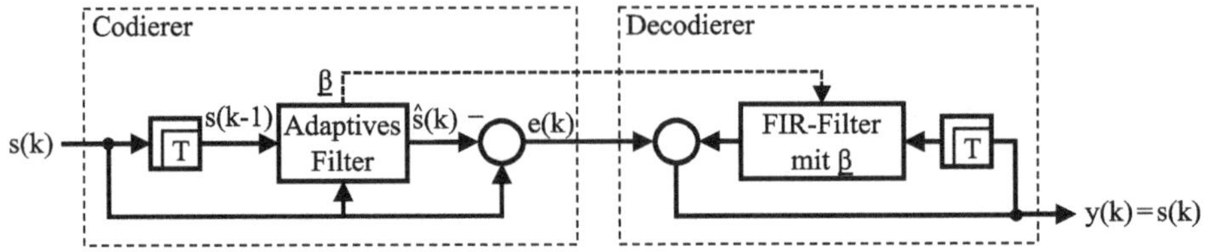

Abb. 11.10 Beim *Linear Predictive Coding* (LPC) werden im Kodierer aus einem Sprachsignal $s(k)$ Schätzwerte $\hat{s}(k)$ und die hierzu gehörenden Filterkoeffizienten $\underline{\beta}$ mit einem adaptiven Filter ermittelt; übertragen werden dann mit geringer Datenrate das Fehlersignal $e(k) = s(k) - \hat{s}(k)$ sowie die Filterkoeffizienten, woraus der Dekodierer das Sprachsignal zurückgewinnen kann

Abb. 11.9b zeigt ein adaptives Prädiktionsfilter, das ein um k_0 Abtastwerte verzögertes Signal $s(k - k_0)$ als Eingangssignal erhält und daraus jeweils den aktuellen Signalwert $\hat{s}(k)$ schätzen soll. Um seine Parameter optimal an ein gegebenes Signal anzupassen, benötigt das Filter abhängig von der Implementierung entweder zusätzlich den jeweils aktuellen Abtastwert oder alternativ statistische Informationen über $s(k)$, worauf wir im Abschn. 11.3.3 eingehen.

Eine wichtige Anwendung hat die Prädiktion im Mobilfunk bei der Sprachkodierung. Die dort verwendete *Adaptive Multi-Rate* Kodierung (AMR) gestattet eine Reduktion der Datenrate von üblichen 64 kBit/s im Festnetz auf eine variable Rate zwischen 4,75 kBit/s und 12,2 kBit/s, je nach Qualität der Radioverbindung zwischen der Mobil- und Basisstation.

Die wesentliche Komponente von AMR ist das *Linear Predictive Coding* (LPC), das Abb. 11.10 verdeutlicht, wobei links der Codierer im Sender abgebildet ist. Dieser enthält ein adaptives FIR-Filter der Ordnung $n-1$, das jeweils aus den letzten n Werten des um einen Abtastwert verzögerten Sprachsignals $s(k-1)$ und mit Kenntnis des aktuellen Abtastwertes $s(k)$ seine Filterkoeffizienten β_0 bis β_n optimiert, um einen möglichst exakten Schätzwert $\hat{s}(k)$ zu ermitteln. Zum rechts dargestellten Dekodierer wird dann statt $s(k)$ das Fehlersignal $e(k) = s(k) - \hat{s}(k)$ übertragen, was mit deutlich reduzierter Datenrate erfolgen kann, da $e(k)$ nur eine geringe Leistung und kaum statistische Bindungen zwischen den Abtastwerten aufweist.

Zusätzlich zu $e(k)$ müssen die vom adaptiven Filter bestimmten β-Koeffizienten regelmäßig übermittelt werden, damit auch bei veränderlichem Sprachsignal das Fehlersignal kleine Werte beibehält, wofür jedoch nur ein geringer Anteil der Übertragungsrate benötigt wird. Der Dekodierer kann aus $e(k)$ und den Filterkoeffizienten das ursprüngliche Sprachsignal fehlerfrei zurückgewinnen. Dazu beschreiben wir zunächst das adaptive Filter durch seine Impulsantwort $g_{AF}(k)$ bzw. Übertragungsfunktion $G_{AF}(z)$ abhängig von $\underline{\beta}$

$$g_{AF}(k) = \sum_{i=0}^{n-1} \beta_i \cdot \delta(k-i) \quad \circ\!\!-\!\!\bullet \quad G_{AF}(z) = \sum_{i=0}^{n-1} \beta_i \cdot z^{-i} \,. \tag{11.4}$$

Für das im Kodierer erzeugte Fehlersignal $e(k)$ gilt dann entsprechend Abb. 11.10 im z-Bereich

$$E(z) = S(z) - \hat{S}(z) = S(z) - S(z) \cdot z^{-1} \cdot G_{AF}(z) = S(z) \cdot (1 - z^{-1} \cdot G_{AF}(z)) . \tag{11.5}$$

Die Wirkung der Dekodierung modellieren wir ebenfalls im z-Bereich unter Berücksichtigung der Kreisschaltung, siehe Abschn. 7.2.3. Nach Einsetzen von $E(z)$ aus (11.5) entspricht die z-Transformierte $Y(z)$ des Ausgangssignals exakt $S(z)$, so dass auch $y(k) = s(k)$ gilt

$$Y(z) = E(z) \cdot \frac{1}{1 - z^{-1} \cdot G_{AF}(z)} = S(z) . \tag{11.6}$$

Beim AMR-Verfahren wird zusätzlich zur Anwendung von LPC die Datenrate weiter verringert, indem nicht die einzelnen Abtastwerte von $e(k)$ übertragen werden, sondern das Fehlersignal synthetisch aus einer Grundfrequenz überlagert mit Rauschsignalen gebildet wird, die der Sender dem Empfänger aus einem bekannten Codebuch abhängig vom jeweiligen Sprachsignal mitteilt. Dieses Verfahren wird als *Code-Excited Linear Prediction* (CELP) bezeichnet, siehe [49]; es bietet eine gute Sprachqualität und hat zur schnellen Verbreitung des Mobilfunks beigetragen.

11.2 Grundlagen der Stochastik

Die Stochastik als Teilgebiet der Mathematik beschäftigt sich mit der Modellierung zufälliger Vorgänge und umfasst die Bereiche Wahrscheinlichkeitslehre, Kombinatorik und Statistik. Da diese Themen im Curriculum vieler ingenieurwissenschaftlicher Studiengänge entweder gar nicht oder für unsere Anforderungen nicht ausführlich genug vermittelt werden, die Umsetzung der vorgestellten Anwendungen aber insbesondere statistische Beschreibungen von Zufallssignalen erfordert, wollen wir im folgenden ein Verständnis der dafür benötigten Grundlagen schaffen.

11.2.1 Ereignisse und Wahrscheinlichkeiten

Von Zufällen beeinflussten Ereignissen begegnen wir häufig auch im täglichen Leben, z. B. bei der Wettervorhersage, beim Auftreten bestimmter Erkrankungen oder beim Spielen. Auch in Technik und Naturwissenschaften sind insbesondere bei Messungen häufig keine exakten Aussagen möglich. Elementare Prinzipien der Atom- und Quantenphysik basieren auf einer Beschreibung mit Wahrscheinlichkeiten, und da makroskopische Wirkungen auf mikroskopischen Effekten beruhen, liegt es nahe, auch diese mit stochastischen Methoden zu modellieren. In anderen Fällen sind Kausalzusammenhänge äußerst komplex oder ein Ergebnis hängt bei chaotischen Systemen von minimalen Änderungen der Randbedingun-

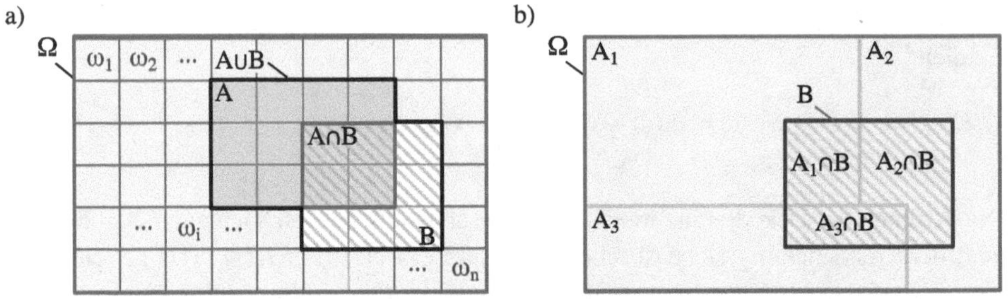

Abb. 11.11 Venn-Diagramme zur Darstellung von Ereignissen als Mengen; (**a**) zeigt zwei Teilmengen A und B des Ereignisraums Ω, der wiederum in Elementarereignisse ω_i mit $1 \leq i \leq n$ aufgeteilt ist, wobei auch die Vereinigungsmenge $A \cup B$ und der Schnittmenge $A \cap B$ dargestellt sind; in (**b**) bilden die Teilmengen A_1, A_2 und A_3 eine vollständige Ereignisdisjunktion, so dass sich B als Vereinigung der Schnittmengen $A_1 \cap B$, $A_2 \cap B$ sowie $A_3 \cap B$ zusammensetzen lässt

gen ab, so dass eine deterministische Beschreibung zwar grundsätzlich möglich, aber mit vertretbarem Aufwand nicht praktikabel ist.

Um den Begriff der Wahrscheinlichkeit konkret zu fassen, betrachten wir zunächst Ereignisse, siehe Abb. 11.11a. Der sogenannte Ereignisraum $\Omega = \omega_1 \cup \omega_2 \cup \cdots \cup \omega_i \cup \cdots \cup \omega_n$ besteht aus der Vereinigungsmenge sämtlicher n Elementarereignisse ω_i mit $1 \leq i \leq n$, die bei einem Zufallsexperiment auftreten können. Diese sind immer *disjunkt* zueinander, d. h. überlappungsfrei, da jede Ausführung eines Experimentes immer genau ein Elementarereignis liefert, und sie können daher nicht gleichzeitig auftreten. Die leere Menge $\varnothing$ enthält keine Ereignisse, so dass immer $\varnothing = \omega_i \cap \omega_j$ für $i \neq j$ gilt. Durch Zusammenfassung von Elementarereignissen können außerdem beliebige Ereignisse A und B gebildet werden, und diese dürfen sich auch überschneiden. Die Vereinigungsmenge $A \cup B$ definiert dabei das Ereignis, dass entweder A oder B auftritt, während die Schnittmenge $A \cap B$ dem Ereignis entspricht, dass sowohl A als auch B auftreten.

Mengen und Ereignisse

$\varnothing$	: Leere Menge
ω_i, ω_j	: Elementarereignisse mit $1 \leq i, j \leq n$ und $\omega_i \cap \omega_j = \varnothing$ für $i \neq j$
Ω	: Ereignisraum mit $\Omega = \omega_1 \cup \omega_2 \cup \cdots \cup \omega_i \cup \cdots \cup \omega_n$
$A,\ B$	: Ereignisse als beliebige Teilmengen von Ω mit $A = A \cap \Omega$ und $B = B \cap \Omega$
$A \cup B$	: Vereinigungsmenge der Ereignisse A und B
$A \cap B$	: Schnittmenge der Ereignisse A und B

Als Beispiel betrachten ein Würfelexperiment, bei dem sechs Elementarereignisse $\omega_1 =$ ⚀, $\omega_2 =$ ⚁, $\omega_3 =$ ⚂, $\omega_4 =$ ⚃, $\omega_5 =$ ⚄ und $\omega_6 =$ ⚅ möglich sind. Außerdem legen wir zwei weitere Ereignisse fest: Das Ereignis A bezeichnet das Werfen eines Symbols mit weniger als fünf Augen, während B dem Würfeln einer geraden Augenanzahl entspricht, so dass für die Vereinigungsmenge $A \cup B =$ ⚀ $\cup$ ⚁ $\cup$ ⚂ $\cup$ ⚃ $\cup$ ⚅ und für die Schnittmenge $A \cap B =$ ⚁ $\cup$ ⚃ gilt.

Während Elementarereignisse definitionsgemäß immer disjunkt sind, lassen sich auch andere disjunkte Ereignisse A_i, A_j mit $A_i \cap A_j = \varnothing$ für $i \neq j$ definieren. Entspricht die Vereinigungsmenge von m Ereignissen A_i, die jeweils paarweise disjunkt sind, mit $A_1 \cup A_2 \cup \ldots \cup A_m = \Omega$ dem Ereignisraum, so bilden die Mengen $A_1, A_2, \ldots, A_m$ eine sogenannte vollständige Ereignisdisjunktion, wie Abb. 11.11b anhand von A_1, A_2 und A_3 zeigt.

Unter dieser Voraussetzung können wir ein beliebiges Ereignis B desselben Ereignisraums als Summe der Schnittmengen schreiben, was für $m = 3$ ebenfalls im Bild dargestellt ist, so dass gilt

$$B = B \cap \Omega = B \cap \left(\bigcup_{i=1}^{m} A_i \right) = \bigcup_{i=1}^{m} (B \cap A_i) \,. \tag{11.7}$$

Basierend auf diesen Definitionen ist die Wahrscheinlichkeit P eines beliebigen Ereignisses nach Kolmogorov[6] durch folgende drei einfachen Axiome vollständig und eindeutig festgelegt. Dabei beschränkt das erste Axiom den Wertebereich von Wahrscheinlichkeiten, während das zweite Axiom die maximale Wahrscheinlichkeit dem Ereignisraum zuschreibt und damit eine Normierung bewirkt. Das dritte Axiom legt die Wahrscheinlichkeit für das Auftreten zweier disjunkter Ereignisse als Summe von deren Einzelwahrscheinlichkeiten fest, so dass insbesondere die Wahrscheinlichkeit eines beliebigen Ereignisses der Summe der Wahrscheinlichkeiten der darin enthaltenen Elementarereignisse entspricht:

Axiomatische Definition von Wahrscheinlichkeiten

1. Für ein beliebiges Ereignis A gilt $0 \leq P(A) \leq 1$
2. Das sichere Ereignis hat die Wahrscheinlichkeit eins, es gilt also $P(\Omega) = 1$
3. Für zwei disjunkte Ereignisse A und B mit $A \cap B = \varnothing$ gilt $P(A \cup B) = P(A) + P(B)$

[6] Andrei Nikolajewitsch Kolmogorov (1903–1987) war ein bekannter sowjetischer Mathematiker, der herausragende Beiträge auf den Gebieten der Wahrscheinlichkeitstheorie und der Topologie geleistet hat.

Für das zuvor betrachtete Beispiel gelten die folgenden Wahrscheinlichkeiten: Bei einem fairen Würfel fällt jedes Symbol mit der Wahrscheinlichkeit $P = \frac{1}{6}$, so dass wir für die beiden Ereignisse jeweils die Wahrscheinlichkeit $P(A) = \frac{4}{6} = \frac{2}{3}$ und $P(B) = \frac{3}{6} = \frac{1}{2}$ erhalten

Obwohl die Venn-Diagramme in Abb. 11.11 eine gute Veranschaulichung der Beziehungen zwischen Ereignissen bieten, und eine beliebige Teilfläche darin eine feste Wahrscheinlichkeit repräsentiert, dürfen wir Wahrscheinlichkeiten nur dann proportional zu den dargestellten Flächen annehmen, falls alle Elementarereignisse dieselbe Wahrscheinlichkeit aufweisen, was bei vielen Zufallsexperimenten – z. B. beim Werfen eines Würfels mit inhomogener Gewichtsverteilung – nicht gilt.

Die Teilmenge $A \cap B$ umfasst sämtliche Elementarereignisse, die sowohl zu A als auch B gehören, weshalb $P(A \cap B)$ die Wahrscheinlichkeit für das gemeinsame Auftreten beider Ereignisse festlegt und identisch ist zur Summe der Wahrscheinlichkeiten der in $A \cap B$ enthaltenen Elementarereignisse. Damit können wir die sogenannte bedingte Wahrscheinlichkeit $P(A|B)$ definieren als Wahrscheinlichkeit für das Auftreten von A unter der Voraussetzung, dass wir bereits wissen, dass B eingetreten ist. Das Ereignis B übernimmt hier quasi die Rolle von Ω, so dass wir $P(A \cap B)$ durch $P(B)$ teilen müssen, um sicherzustellen, dass $P(A|B) = 1$ für $A = B$ gilt, mit $B \cap B = B$

$$P(A|B) = \frac{P(A \cap B)}{P(B)} \,. \tag{11.8}$$

Hängt die Wahrscheinlichkeit für das Auftreten von A nicht davon ab, ob wir Vorwissen über das Auftreten von B haben, gilt also $P(A) = P(A|B)$, so nennen wir die beiden Ereignisse *stochastisch unabhängig* voneinander. Dies gilt für viele Ereignisse; würfeln wir z. B. zweimal und betrachten als Ereignis jeweils das Auftreten des Symbols ⚀, so lassen sich vom Ergebnis des erstens Wurfes keinerlei Rückschlüsse auf den zweiten Wurf ziehen.

Für zwei stochastisch unabhängige Ereignisse A und B können wir die Wahrscheinlichkeit für das Auftreten beider Ereignisse $P(A \cap B)$ berechnen. Dazu formen wir (11.8) nach $P(A \cap B)$ um und setzen die Definition der stochastischen Unabhängigkeit ein

$$P(A|B) = P(A) \quad \Rightarrow \quad P(A \cap B) = P(A|B) \cdot P(B) = P(A) \cdot P(B) \,. \tag{11.9}$$

Die Gesamtwahrscheinlichkeit für das gemeinsame Auftreten stochastisch unabhängiger Ereignisse ergibt sich somit als Produkt der Einzelwahrscheinlichkeiten[7]. Beim Würfeln tritt das Symbol ⚀ mit Wahrscheinlichkeit $\frac{1}{6}$ auf, so dass mit der Wahrscheinlichkeit $\frac{1}{36}$ zweimal dasselbe Symbol hintereinander fällt. Auch für das oben betrachtete Beispiel können wir die beiden Ereignisse auf stochastische Unabhängigkeit überprüfen. Da $P(A \cap B) = \frac{2}{6} = P(A) \cdot P(B) = \frac{2}{3} \cdot \frac{1}{2}$ gilt, sind A und B unabhängig voneinander.

[7] Dies gilt auch für beliebig viele unabhängige Ereignisse, wie sich durch vollständige Induktion beweisen ließe.

Zum Schluss leiten wir noch die *Bayessche Formel* her, die Bedingungen zwischen Ereignissen vertauscht, und zahlreiche Anwendungen hat[8]. Analog zu (11.8) definieren wir dazu die bedingte Wahrscheinlichkeit $P(B|A_k) = \frac{P(A_k \cap B)}{P(A_k)}$ und stellen nach $P(A_k \cap B)$ um. Wenn wir diese Wahrscheinlichkeit in (11.8) einsetzen und das Ereignis A in A_k umbenennen, erhalten wir

$$P(A_k|B) = \frac{P(A_k \cap B)}{P(B)} = \frac{P(B|A_k) \cdot P(A_k)}{P(B)} . \tag{11.10}$$

Mit (11.7) können wir $P(B)$ ebenfalls auf bedingte Wahrscheinlichkeiten zurückführen, sofern die Ereignisse A_i eine vollständige Ereignisdisjunktion beschreiben

$$P(B) = \sum_{i=1}^{m} P(B \cap A_i) = \sum_{i=1}^{m} P(B|A_i) \cdot P(A_i) . \tag{11.11}$$

Setzen wir (11.11) in (11.10) ein, so ergibt sich die Bayessche Formel

$$P(A_k|B) = \frac{P(A_k \cap B)}{P(B)} = \frac{P(B|A_k) \cdot P(A_k)}{\sum\limits_{i=1}^{m} P(B|A_i) \cdot P(A_i)} \quad \text{mit} \quad 1 \leq i,\, k \leq m . \tag{11.12}$$

Als Beispiel betrachten wir die Lokalisierung eines Roboters, der sich anfangs alternativ in zwei Räumen A_1 und A_2 befindet, jeweils mit der Wahrscheinlichkeit $P(A_1) = 0{,}7$ und $P(A_2) = 0{,}3$. Der Roboter enthält einen Sensor, der mit der Wahrscheinlichkeit $P = 0{,}8$ ein Hindernis im Raum A_1 und mit $P = 0{,}1$ im Raum A_2 erkennt. Wir können jetzt die Wahrscheinlichkeit bestimmen, dass sich der Roboter in Raum A_1 befindet, nachdem ein Hindernis gemeldet wurde, wozu wir das Melden eines Hindernisses als Ereignis B definieren. Dann gilt $P(B|A_1) = 0{,}8$ und $P(B|A_2) = 0{,}1$, und wir erhalten mit (11.12) die gesuchte Wahrscheinlichkeit $P(A_1|B) = \frac{0{,}8 \cdot 0{,}7}{0{,}8 \cdot 0{,}7 + 0{,}1 \cdot 0{,}3} = 0{,}95$.

11.2.2 Zufallsvariablen und deren statistische Beschreibung

Da es unhandlich ist, beliebigen Zufallsereignissen Wahrscheinlichkeiten zuzuordnen, verwendet man sogenannte *Zufallsvariablen,* die eine Abbildung der Elementarereignisse eines Zufallsexperimentes auf reelle Zahlen festlegen. Die Elementarereignisse sind damit mathematisch beschreibbar, und beliebige Ereignisse werden durch Zahlenbereiche repräsentiert.

[8] Thomas Bayes (1701–1761) war ein englischer Mathematiker, Statistiker, Philosoph und presbyterianischer Pfarrer.

Für die Kennzeichnung von Zufallsvariablen verwenden wir kleine Buchstaben in Fettschrift, um sie von anderen Variablen zu unterscheiden, die immer konkrete Zahlenwerte annehmen[9].

Grundsätzlich sind beliebig viele Abbildungen desselben Experimentes auf Zahlen möglich. Beim Werfen eines Würfels liegt es nahe, den einzelnen Symbolen jeweils eine natürliche Zahl entsprechend der Augenzahl zuzuweisen, und diese Zufallsvariable nennen wir $\mathbf{x}_1$. Alternativ können wir aber auch eine Zufallsvariable $\mathbf{x}_{1a}$ definieren, mit der das Elementarereignis ⚅ auf die Zahl 1, und die übrigen fünf Elementarereignisse auf den Wert 0 abgebildet werden.

Nachdem eine Zufallsvariable $\mathbf{x}$ definiert wurde, verstehen wir darunter eine Variable, die auf Basis zufälliger Ereignisse verschiedene Zahlenwerte annehmen kann. Diese sind grundsätzlich unvorhersehbar, so dass deren Auftreten nur mit Wahrscheinlichkeiten beschrieben werden kann.

Zunächst beschränken wir uns auf diskrete Zufallsvariablen, bei denen n die Anzahl der unterschiedlichen Werte von $\mathbf{x}$ bezeichnet. Die Werte einer diskreten Zufallsvariablen sind immer zählbar, allerdings ist auch der Fall $n \to \infty$ möglich. Die Auftragung der Wahrscheinlichkeiten für sämtliche Werte wird *diskrete Wahrscheinlichkeitsverteilung* oder *Wahrscheinlichkeitsfunktion* genannt, und in Abb. 11.12a und b sind die Wahrscheinlichkeitsfunktionen $P(\mathbf{x}_1)$ und $P(\mathbf{x}_{1a})$ der zuvor festgelegten Zufallsvariablen $\mathbf{x}_1$ und $\mathbf{x}_{1a}$ dargestellt.

Jede diskrete Zufallsvariable $\mathbf{x}$ wird durch ihre Wahrscheinlichkeitsfunktion vollständig gekennzeichnet. Die Summe der Wahrscheinlichkeiten ihrer n unterschiedlichen Werte $\mathbf{x}^{(i)} \in \mathbb{R}$ mit $1 \leq i \leq n$ und $P(\mathbf{x}^{(i)}) > 0$ muss immer eins ergeben, da jedes Elementarereignis des durch $\mathbf{x}$ abgebildeten Zufallsexperimentes eindeutig einem dieser n Werte zugewiesen ist

$$\sum_{i=1}^{n} P(\mathbf{x}^{(i)}) = 1 \,. \tag{11.13}$$

Teilgrafik (c) zeigt die Wahrscheinlichkeitsfunktion der Zufallsvariablen $\mathbf{x}_2$, die das Werfen von zwei Würfeln beschreibt, wenn wir $\mathbf{x}_2$ die Summe der gewürfelten Augen zuweisen. Insgesamt gibt es 36 Kombinationen der beiden Würfel, und der kleinste Wert 2 tritt auf, falls beide Würfel ⚀ zeigen, während der größte Wert 12 zum Elementarereignis {⚅⚅} korrespondiert, wobei jeweils die Wahrscheinlichkeit $P = \frac{1}{36}$ beträgt. Auch die Wahrscheinlichkeiten der übrigen Werte von $\mathbf{x}_2$ lassen sich angeben, wenn wir jeweils die Anzahl der möglichen Kombination ermitteln. Die größte Wahrscheinlichkeit mit $P = \frac{1}{6}$ hat die 7, da dieser Wert für sechs Kombinationen {⚀⚅}, {⚁⚄}, {⚂⚃}, sowie {⚅⚀}, {⚄⚁}, {⚃⚂} angenommen wird.

---

[9] Die fetten Buchstaben repräsentieren anschaulich die Unschärfe von Zufallsvariablen, deren Notation wird aber in der Literatur nicht eindeutig gehandhabt; häufig werden stattdessen Großbuchstaben verwendet, mit denen wir allerdings transformierte Größen anzeigen, was zu Mehrdeutigkeiten führt.

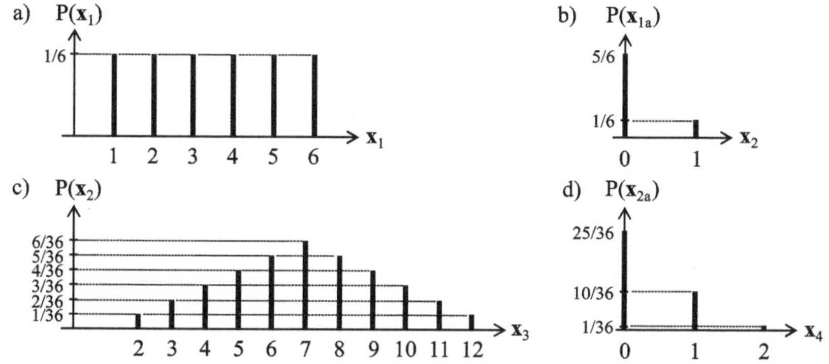

Abb. 11.12 Wahrscheinlichkeitsfunktionen von vier diskreten Zufallsvariablen; $\mathbf{x}_1$ (**a**) und $\mathbf{x}_{1a}$ (**b**) beschreiben ein einfaches Würfelexperiment, wobei $\mathbf{x}_1$ die geworfene Augenzahl auf die Zahlenwerte 1 bis 6 abbildet, die jeweils mit der Wahrscheinlichkeit $P = \frac{1}{6}$ angenommen werden, während $\mathbf{x}_{1a}$ dem Symbol ⚅ den Wert 1 und den übrigen Augenzahlen den Wert 0 zuordnet, so dass hier die Wahrscheinlichkeiten $P(0) = \frac{5}{6}$ und $P(1) = \frac{1}{6}$ betragen; $\mathbf{x}_2$ (**c**) bildet den Wurf zweier Würfel auf die Anzahl der geworfenen Augen, und $\mathbf{x}_{2a}$ (**d**) dasselbe Experiment auf die Häufigkeit des Symbols ⚅ ab, wobei für jede diskrete Zufallsvariable die Summe der Wahrscheinlichkeiten ihrer n Werte $\mathbf{x}^{(i)}$ mit $1 \leq i \leq n$ und $P(\mathbf{x}^{(i)}) > 0$ immer eins ergeben muss

Eine ebenfalls auf das Werfen von zwei Würfeln bezogene Zufallsvariable $\mathbf{x}_{2a}$ zeigt Teilgrafik (d). Diese Zufallsvariable beschreibt die Anzahl der geworfenen Symbole ⚅, weshalb $\mathbf{x}_{2a}$ nur die Werte $\mathbf{x}_{2a}^{(1)} = 0$, $\mathbf{x}_{2a}^{(2)} = 1$ oder $\mathbf{x}_{2a}^{(3)} = 2$ annehmen kann. Auch hier ließen sich die Wahrscheinlichkeiten wieder aus den 36 Kombinationen der zwei Würfel entnehmen. Alternativ können wir die beiden Würfe aber auch als getrennte Zufallsexperimente betrachten, in denen jeweils das Ereignis ⚅ mit der Wahrscheinlichkeit $P = \frac{1}{6}$ auftritt. Da beide Ereignisse unabhängig voneinander sind, folgt für die Wahrscheinlichkeit, dass $\mathbf{x}_{2a}$ den Wert 2 annimmt $P(\mathbf{x}_{2a} = 2) = \frac{1}{6} \cdot \frac{1}{6} = \frac{1}{36}$. Genauso können wir die Wahrscheinlichkeit $P(\mathbf{x}_{2a} = 0)$ ermitteln, denn jeder der beiden unabhängigen Würfe liefert ein von ⚅ abweichendes Symbol mit der Wahrscheinlichkeit $P = \frac{5}{6}$, so dass $P(\mathbf{x}_{2a} = 0) = \frac{5}{6} \cdot \frac{5}{6} = \frac{25}{36}$ folgt. Für die Berechnung von $P(\mathbf{x}_{2a} = 1)$ verwenden wir (11.13), woraus $P(\mathbf{x}_{2a} = 1) = 1 - \frac{1}{36} - \frac{25}{36} = \frac{10}{36}$ folgt.

Als letztes Beispiel betrachten wir eine Zufallsvariable $\mathbf{x}_3$, die angibt, wie oft ein Würfel geworfen werden muss, bis das Symbol ⚅ erstmalig auftritt, und für die $n_{\mathbf{x}_3} \to \infty$ gilt. Die Wahrscheinlichkeit, dass das Symbol bereits beim ersten Wurf auftritt, beträgt $P = \frac{1}{6}$, während für ein erstmaliges Auftreten im zweiten Wurf $P(\mathbf{x}_3 = 2) = (1 - P) \cdot P$ gilt, denn im ersten Wurf darf das Symbol dann nicht gefallen sein. Allgemein erhalten wir für die Wahrscheinlichkeit, dass im i-ten Wurf erstmalig das Symbol auftritt $P(\mathbf{x}_3^{(i)}) = (1 - P)^{(i-1)} \cdot P$. Auch hier muss (11.13) erfüllt sein, was wir mit der Formel für eine geometrische Reihe überprüfen können

$$\sum_{i=1}^{\infty} P(\mathbf{x}_3^{(i)}) = P \cdot \sum_{i=1}^{\infty} (1-P)^{(i-1)} = P \cdot \sum_{i=0}^{\infty} (1-P)^i = P \cdot \frac{1}{1-(1-P)} = 1 . \tag{11.14}$$

Ist die Wahrscheinlichkeitsfunktion einer Zufallsvariablen $\mathbf{x}$ unbekannt, so können wir aus einer Stichprobe mit N Ergebnissen von $\mathbf{x}$ eine Häufigkeitsfunktion $h(\mathbf{x})$ bilden, indem wir für jedes $\mathbf{x}^{(i)}$ die Anzahl $N^{(i)}$ ermitteln, mit der $\mathbf{x}^{(i)}$ in der Stichprobe enthalten ist. Der Quotient $\frac{N^{(i)}}{N}$ beschreibt die relative Häufigkeit $h(\mathbf{x}^{(i)})$, und für große N stellt $h(\mathbf{x})$ eine Näherung von $P(\mathbf{x})$ dar.

Betrachten wir als Beispiel wieder die Zufallsvariable $\mathbf{x}_1$, für die uns $N = 10$ Würfelergebnisse mit $x_1 = \{3, 6, 4, 3, 2, 5, 1, 3, 2, 4\}$ vorliegen, so ergeben sich für die sechs Werte von $\mathbf{x}_1$ die relativen Häufigkeiten $h(\mathbf{x}_1) = \{\frac{1}{10}, \frac{2}{10}, \frac{3}{10}, \frac{2}{10}, \frac{1}{10}, \frac{1}{10}\}$, die allerdings aufgrund der hier viel zu kleinen Stichprobe die Wahrscheinlichkeitsfunktion $P(\mathbf{x}_1)$ nur sehr ungenau repräsentieren[10].

Anstatt durch $P(\mathbf{x})$ bzw. $h(\mathbf{x})$ lassen sich Zufallsvariablen deutlich weniger aufwändig mit statistischen Kennwerten charakterisieren. Den wichtigsten Kennwert bildet der sogenannte *Erwartungswert* $\mathrm{E}(\mathbf{x})$ einer Zufallsvariablen $\mathbf{x}$, der auch als $\mu_{\mathbf{x}}$ bezeichnet wird und dem arithmetischen Mittelwert $\overline{x}$ einer Stichprobe von $\mathbf{x}$ entspricht, wenn deren Größe N gegen unendlich strebt

$$\mathrm{E}(\mathbf{x}) = \mu_{\mathbf{x}} = \lim_{N\to\infty} \overline{x} = \lim_{N\to\infty} \left(\frac{1}{N} \sum_{k=0}^{N-1} x(k) \right) . \tag{11.15}$$

$\mathrm{E}(\mathbf{x})$ entspricht anschaulich dem Schwerpunkt der Wahrscheinlichkeitsfunktion und kann beliebige reelle Werte auch außerhalb des Wertebereiches von $\mathbf{x}$ annehmen.

Im Unterschied zum Erwartungswert ist der aus Stichproben begrenzter Länge N berechnete Mittelwert $\overline{\mathbf{x}}$ ebenfalls eine Zufallsvariable, die je nach betrachteter Stichprobe unterschiedliche Werte annehmen kann und eine Schätzung von $\mathrm{E}(\mathbf{x})$ darstellt. Bilden wir mit (11.15) den Erwartungswert $\mathrm{E}(\overline{\mathbf{x}})$, indem wir eine Vielzahl von Mittelwerten $\overline{x}$ jeweils aus N Werten berechnen, und über diese erneut mitteln, so erhalten wir mit $\mathrm{E}(\overline{\mathbf{x}}) = \mathrm{E}(\mathbf{x})$ den Erwartungswert von $\mathbf{x}$. Diese Eigenschaft des Mittelwertes wird als *erwartungstreu* bezeichnet, und sie stellt allgemein ein wichtiges Gütemaß von Algorithmen zur Schätzung statistischer Parameter dar.

Aus (11.15) lässt sich auch eine alternative Formel für den Erwartungswert herleiten, indem wir die Ergebnisse $x(k)$ der Stichprobe nach den n diskreten Werten $\mathbf{x}^{(i)}$ der Zufallsvariablen sortieren, die jeweils mit der Anzahl $N^{(i)}$ in der Stichprobe enthalten sind; wie vorher streben dabei die relativen Häufigkeiten $h(\mathbf{x}^{(i)}) = \frac{N^{(i)}}{N}$ für $N \to \infty$ gegen die Wahrscheinlichkeiten $P(\mathbf{x}^{(i)})$

[10] Man beachte, dass zur Kennzeichnung der konkreten Ergebnisse einer Stichprobe keine fetten Symbole verwendet werden, da es sich nicht um Zufallsvariablen, sondern um feste Zahlenwerte handelt.

$$\mathrm{E}(\mathbf{x}) = \lim_{N\to\infty} \left(\frac{1}{N} \sum_{i=1}^{n} \mathbf{x}^{(i)} \cdot N^{(i)} \right) = \sum_{i=1}^{n} \mathbf{x}^{(i)} \cdot \lim_{N\to\infty} \frac{N^{(i)}}{N} = \sum_{i=1}^{n} \mathbf{x}^{(i)} \cdot P(\mathbf{x}^{(i)}) \,. \tag{11.16}$$

Damit erhalten wir unabhängig von einer Stichprobe den Erwartungswert einer Zufallsvariablen aus deren Wahrscheinlichkeitsfunktion, und für $\mathbf{x}_1$ folgt mit $n_1 = 6$, $\mathbf{x}_1^{(i)} = i$ und $P(\mathbf{x}_1^{(i)}) = \frac{1}{6}$

$$\mathrm{E}(\mathbf{x}_1) = \mu_{\mathbf{x}_1} = \tfrac{1}{6} \cdot \sum_{1}^{6} i = 3{,}5 \,. \tag{11.17}$$

Aus der zuvor betrachteten Stichprobe $x_1(k)$ von $\mathbf{x}_1$ folgt als konkretes Ergebnis der Zufallsvariablen $\overline{\mathbf{x}}_1$ der Schätzwert $\overline{x}_1 = \frac{1}{10}(3+6+4+3+2+5+1+3+2+4) = 3{,}3$, und würden wir über zahlreiche Stichproben mitteln, erhielten wir wegen der Erwartungstreue des Mittelwerts $\mathrm{E}(\mathbf{x}_1)$.

Für Erwartungswerte gelten einfache Rechenregeln: Bilden wir den Erwartungswert einer Summe aus mehreren Zufallsvariablen $\mathbf{x}$ und $\mathbf{y}$, so addieren sich die einzelnen Erwartungswerte

$$\mathrm{E}(\mathbf{x}+\mathbf{y}) = \lim_{N\to\infty} \frac{1}{N} \sum_{k=0}^{N-1} (x(k) + y(k)) = \mathrm{E}(\mathbf{x}) + \mathrm{E}(\mathbf{y}) \,, \tag{11.18}$$

während sich der Erwartungswert einer mit $a, b \in \mathbb{R}$ skalierten und verschobenen Zufallsvariablen $\mathbf{x}$ auch als identisch skalierter und verschobener Erwartungswert $\mathrm{E}(\mathbf{x})$ berechnen lässt

$$\mathrm{E}(a\,\mathbf{x}+b) = \sum_{i=1}^{n} (a\,\mathbf{x}^{(i)} + b) \cdot P(\mathbf{x}^{(i)}) = a \cdot \sum_{i=1}^{n} \mathbf{x}^{(i)} \cdot P(\mathbf{x}^{(i)}) + b \cdot \sum_{i=1}^{n} P(\mathbf{x}^{(i)}) = a \cdot \mathrm{E}(\mathbf{x}) + b \,. \tag{11.19}$$

Die alleinige Angabe des Erwartungswertes genügt meistens nicht zur Charakterisierung einer Zufallsvariablen, denn dieser enthält keine Informationen über deren Streuung, obwohl z.B. die Verlässlichkeit von Messwerten entscheidend davon abhängt, ob diese dicht um ihren Mittelwert liegen, oder stark davon abweichen.

Daher führen wir mit der *Varianz* $\mathrm{var}(\mathbf{x})$ eine weitere statistische Kenngröße ein, die auch mit $\sigma_{\mathbf{x}}^2$ bezeichnet wird und als mittlere quadratische Abweichung zwischen $\mathbf{x}$ und $\mathrm{E}(\mathbf{x})$ definiert ist. Dabei muss wieder $N \to \infty$ gelten, so dass der Mittelwert dem Erwartungswert entspricht

$$\mathrm{var}(\mathbf{x}) = \sigma_{\mathbf{x}}^2 = \lim_{N\to\infty} \left(\frac{1}{N} \sum_{k=0}^{N-1} [x(k) - \mathrm{E}(\mathbf{x})]^2 \right) = \mathrm{E}([\mathbf{x} - \mathrm{E}(\mathbf{x})]^2) \,. \tag{11.20}$$

Die Varianz ist klein, falls alle Werte einer Zufallsvariablen $\mathbf{x}$ dicht um den Erwartungswert liegen, und nimmt mit Größe und Anzahl der Abweichungen zu, erfasst also die Streuung von $\mathbf{x}$.

Wenn wir die Varianz einer mit a skalierten und um b verschobenen Zufallsvariablen $\mathbf{x}$ berechnen, also eine neue Zufallsvariable $\mathbf{y} = a\,\mathbf{x} + b$ bilden, so hat b keine Wirkung auf $\mathrm{var}(\mathbf{y})$, während a quadratisch eingeht

$$\begin{aligned}\mathrm{var}(\mathbf{y}) \;=\; \mathrm{var}(a\,\mathbf{x}+b) \;&=\; \mathrm{E}\left([(a\,\mathbf{x}+b)-\mathrm{E}(a\,\mathbf{x}+b)]^2\right) \;=\; \mathrm{E}\left([a(\mathbf{x}-\mathrm{E}(\mathbf{x}))+b-b]^2\right)\\ &= \mathrm{E}\left(a^2[\mathbf{x}-\mathrm{E}(\mathbf{x})]^2\right) = a^2\cdot\mathrm{var}(\mathbf{x})\,. \end{aligned} \tag{11.21}$$

Mit (11.20) lässt sich aus einer endlichen Stichprobe auch ein Schätzwert $\hat{\sigma}_{\mathbf{x}}^2$ der Varianz ermitteln, den wir mit einem Dach kennzeichnen. Für die zuvor betrachtete Stichprobe von $\mathbf{x}_1$ mit $N = 10$ und $\mathrm{E}(\mathbf{x}_1) = 3{,}5$ erhalten wir das Ergebnis $\hat{\sigma}_{\mathbf{x}_1}^2 = \frac{1}{10}\cdot\sum_{k=0}^{9}[x_1(k)-3{,}5]^2 = 2{,}05$.

Mittels binomischer Formel können wir den quadratischen Ausdruck in (11.20) zerlegen, dann mit (11.18) sowie (11.19) den Erwartungswert auf die einzelnen Summanden anwenden und die Konstanten herausziehen. Damit lässt sich die Varianz auch als Erwartungswert der quadrierten Zufallsvariablen abzüglich des quadrierten Erwartungswertes schreiben

$$\mathrm{var}(\mathbf{x}) \;=\; \mathrm{E}([\mathbf{x}-\mathrm{E}(\mathbf{x})]^2) \;=\; \mathrm{E}(\mathbf{x}^2-2\mathrm{E}(\mathbf{x})\cdot\mathbf{x}+[\mathrm{E}(\mathbf{x})]^2) \;=\; \mathrm{E}(\mathbf{x}^2)-[\mathrm{E}(\mathbf{x})]^2\,. \tag{11.22}$$

wobei $\mathrm{E}(\mathbf{x}^2)$ dem Mittelwert über die quadrierten Werte einer Stichprobe mit $N \to \infty$ entspricht

$$\mathrm{var}(\mathbf{x}) \;=\; \lim_{N\to\infty}\left(\frac{1}{N}\sum_{k=0}^{N-1}[x(k)]^2\right) - [\mathrm{E}(\mathbf{x})]^2\,. \tag{11.23}$$

Um die Varianz einer Zufallsvariablen $\mathbf{x}$ aus einer Stichprobe begrenzter Länge N zu ermitteln, dürfen wir nicht (11.23) verwenden, da die Herleitung (11.22) nur für $N \to \infty$ gilt. Formel (11.20) liefert zwar erwartungstreue Ergebnisse, allerdings muss dazu $\mathrm{E}(\mathbf{x})$ bekannt sein, was meistens nicht der Fall ist. Verwenden wir stattdessen den Mittelwert $\overline{x}$ aus derselben Stichprobe, so ist die Schätzung $\hat{\sigma}_{\mathbf{x}}^2$ im Mittel zu niedrig und damit nicht erwartungstreu, denn die Werte einer Stichprobe weisen von ihrem eigenen Mittelwert immer die geringstmögliche mittlere Abweichung auf. Im Anhang A.19 wird gezeigt, dass die folgende Formel eine erwartungstreue Schätzung ermöglicht, die bei hinreichend vielen Stichproben im Mittel der exakten Varianz $\sigma_{\mathbf{x}}^2$ entspricht[11]

[11] Zum Verständnis der Herleitung sollten die Ergebnisse aus den Abschn. 11.2.4 und 11.3.1 bekannt sein.

$$\hat{\sigma}_{\mathbf{x}}^2 = \frac{1}{N-1}\sum_{k=0}^{N-1}[x(k)-\overline{x}]^2 \quad \text{mit} \quad \overline{x} = \frac{1}{N}\sum_{k=0}^{N-1}x(k)\,. \tag{11.24}$$

Analog zu (11.16) können wir die Varianz auch aus einer Wahrscheinlichkeitsfunktion berechnen, indem wir in (11.23) die Stichprobe $x(k)$ nach den n diskreten Werten $\mathbf{x}^{(i)}$ der Zufallsvariablen sortieren, die jeweils mit der Anzahl $N^{(i)}$ in der Stichprobe enthalten sind; auch hier streben die relativen Häufigkeiten $h(\mathbf{x}^{(i)}) = \frac{N^{(i)}}{N}$ für $N \to \infty$ gegen die Wahrscheinlichkeiten $P(\mathbf{x}^{(i)})$.

$$\begin{aligned}\mathrm{var}(\mathbf{x}) &= \lim_{N\to\infty}\left(\frac{1}{N}\sum_{i=1}^{n}\left[\mathbf{x}^{(i)}\right]^2\cdot N^{(i)}\right) - [\mathrm{E}(\mathbf{x})]^2 = \left(\sum_{i=1}^{n}\left[\mathbf{x}^{(i)}\right]^2\cdot \lim_{N\to\infty}\frac{N^{(i)}}{N}\right) - [\mathrm{E}(\mathbf{x})]^2\\ &= \left(\sum_{i=1}^{n}\left[\mathbf{x}^{(i)}\right]^2\cdot P(\mathbf{x}^{(i)})\right) - [\mathrm{E}(\mathbf{x})]^2\,. \end{aligned}\tag{11.25}$$

Für $\mathbf{x}_1$ erhalten wir daraus mit $n = 6$, $\mathbf{x}_1^{(i)} = i$, $P(\mathbf{x}_1^{(i)}) = \frac{1}{6}$ und $\mathrm{E}(\mathbf{x}_1) = \mu_{\mathbf{x}_1} = 3{,}5$.

$$\mathrm{var}(\mathbf{x}_1) = \frac{1}{6}\cdot\sum_{1}^{6} i^2 - 3{,}5^2 = 2{,}92\,. \tag{11.26}$$

Kann eine diskrete Zufallsvariable sehr viele Werte $\mathbf{x}^{(i)}$ annehmen, so tritt davon jeder einzelne nur mit geringer Wahrscheinlichkeit auf, und im Grenzfall einer beliebig fein gestuften Zufallsvariablen $\mathbf{x}$ kann wegen $P(\mathbf{x}^{(i)}) \to 0$ für $n \to \infty$ gar keine Wahrscheinlichkeitsfunktion $P(\mathbf{x})$ angegeben werden. Daher erweitern wir den Definitionsbereich einer beliebigen Zufallsvariablen $\mathbf{x}$ auf die gesamte reelle Achse und führen die *Verteilungsfunktion* $P_C(\mathbf{x})$ ein, die für jeden Wert von $\mathbf{x} \in \mathbb{R}$ die kumulierte (engl.: *cumulative*) Wahrscheinlichkeit liefert, dass $\mathbf{x}$ maximal diesen Wert annimmt. Die Abbildung einer diskreten Wahrscheinlichkeitsfunktion $P(\mathbf{x})$ mit n Werten auf die Verteilungsfunktion $P_C(\mathbf{x})$ erfolgt mittels der analogen Sprungfunktion $\sigma(\mathbf{x})$

$$P_C(\mathbf{x}) = \sum_{i=1}^{n} P(\mathbf{x}^{(i)})\cdot\sigma(\mathbf{x}-\mathbf{x}^{(i)})\,. \tag{11.27}$$

Abb. 11.13a zeigt die Verteilungsfunktion $P_C(\mathbf{x}_1)$, die einer gleichmäßigen Treppenfunktion entspricht, da sie für jeden Wert $\mathbf{x}_1^{(i)}$ mit $1 \le i \le 6$ um die Wahrscheinlichkeit $P(\mathbf{x}_1^{(i)}) = \frac{1}{6}$ springt.

Leiten wir die Verteilungsfunktion ab, so erhalten wir aus (11.27) mit (2.63) eine Folge von Dirac-Stößen jeweils an der Stelle $\mathbf{x}^{(i)}$ mit dem Gewicht $P(\mathbf{x}^{(i)})$. Diese Ableitung bezeichnen wir als *Wahrscheinlichkeitsdichte, Wahrscheinlichkeitsdichtefunktion, Verteilungsdichtefunktion* oder auch nur als *Verteilungsdichte* und kennzeichnen sie mit einem kleinen Buchstaben als $p(\mathbf{x})$

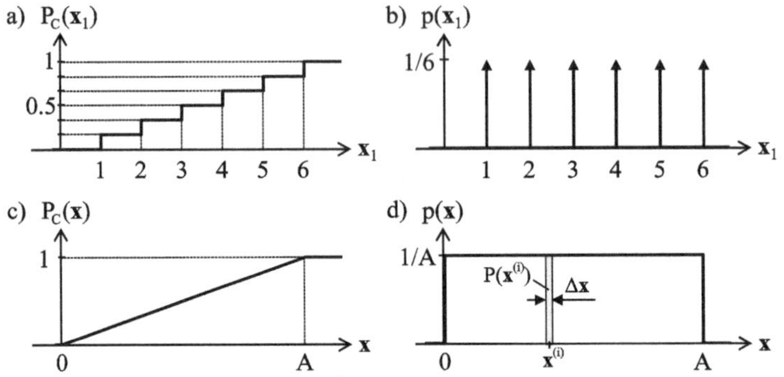

Abb. 11.13 Verteilungsfunktion $P_C(\mathbf{x}_1)$ der diskreten Zufallsvariablen $\mathbf{x}_1$ aus Abb. 11.12 (**a**) und daraus durch Ableitung gebildete Verteilungsdichte $p(\mathbf{x}_1)$ (**b**); in (**c**) kontinuierliche Verteilungsfunktion $P_C(\mathbf{x})$ einer Zufallsvariablen $\mathbf{x}$, deren rechteckförmige Verteilungsdichte $p(\mathbf{x})$ (**d**) zeigt

$$p(\mathbf{x}) = \sum_{i=1}^{n} P(\mathbf{x}^{(i)}) \cdot \delta(\mathbf{x} - \mathbf{x}^{(i)}) . \tag{11.28}$$

Abb. 11.13b zeigt die Verteilungsdichte von $p(\mathbf{x}_1)$, die aus sechs Dirac-Stößen besteht, jeweils mit dem Gewicht $\frac{1}{6}$. Allgemein besteht zwischen $P_C(\mathbf{x})$ und $p(\mathbf{x})$ der folgende Zusammenhang

$$p(\mathbf{x}) = \frac{d P_C(\mathbf{x})}{d\mathbf{x}} \quad \text{bzw.} \quad P_C(\mathbf{x}) = \int_{-\infty}^{\mathbf{x}} p(\tilde{\mathbf{x}})\, d\tilde{\mathbf{x}} . \tag{11.29}$$

Da $P_C(\mathbf{x})$ definitionsgemäß für $\mathbf{x} \to \infty$ gegen eins läuft, muss analog zu (11.13) für $p(\mathbf{x})$ gelten

$$\int_{-\infty}^{\infty} p(\mathbf{x})\, d\mathbf{x} = 1 . \tag{11.30}$$

Indem wir die Integrationsgrenzen auf feste Werte setzen, lässt sich auch die Wahrscheinlichkeit ermittelt, dass eine Zufallsvariable $\mathbf{x}$ innerhalb dieser Grenzen liegt, und als Beispiel berechnen wir mit (2.42) die Wahrscheinlichkeit für $0 \leq \mathbf{x}_1 \leq 3$

$$\int_0^3 p(\mathbf{x}_1)\, d\mathbf{x}_1 = \frac{1}{6} \cdot \int_0^3 (\delta(\mathbf{x}_1 - 1) + \delta(\mathbf{x}_1 - 2) + \delta(\mathbf{x}_1 - 3))\, d\mathbf{x}_1 = \frac{1}{6} \cdot 3 = \frac{1}{2} . \tag{11.31}$$

Durch die Einführung von Verteilungsfunktionen und Verteilungsdichten ist es möglich, auch kontinuierliche Zufallsvariablen zu betrachten. Teilgrafik (c) von Abb. 11.13 zeigt dazu die von 0 bis A linear ansteigende Verteilungsfunktion einer Zufallsvariable $\mathbf{x}$, deren Verteilungsdichte $p(\mathbf{x})$ damit durch eine Rechteckfunktion mit der Amplitude $\frac{1}{A}$ gegeben ist, siehe (d). Die Wahrscheinlichkeit $P(\mathbf{x}^{(i)})$ entspricht dabei näherungsweise der Fläche unter $p(\mathbf{x})$ in einem schmalen Intervall $\Delta\mathbf{x}$ um $\mathbf{x}^{(i)}$ mit $P(\mathbf{x}^{(i)}) \approx p(\mathbf{x}^{(i)}) \cdot \Delta\mathbf{x}$.

Wollen wir aus Verteilungsdichten den Erwartungswert sowie die Varianz von kontinuierlichen Zufallsvariablen berechnen, so müssen wir in (11.16) und (11.25) den Grenzfall betrachten, dass unendlich viele Werte $\mathbf{x}^{(i)}$ mit $n \to \infty$ auftreten. Die Summen gehen dann wegen $p(\mathbf{x}^{(i)}) \to p(\mathbf{x})$, $\Delta\mathbf{x} \to d\mathbf{x}$ und $\mathbf{x}^{(i)} \to \mathbf{x}$ in Integrale über

$$\sum_{i=1}^{n} \mathbf{x}^{(i)} \cdot P(\mathbf{x}^{(i)}) \approx \sum_{i=1}^{n} \mathbf{x}^{(i)} \cdot p(\mathbf{x}^{(i)}) \cdot \Delta\mathbf{x} \xrightarrow[p(\mathbf{x}^{(i)}) \to p(\mathbf{x})]{\mathbf{x}^{(i)} \to \mathbf{x},\ \Delta\mathbf{x} \to d\mathbf{x}} \int_{-\infty}^{\infty} \mathbf{x} \cdot p(\mathbf{x})\, d\mathbf{x} \qquad (11.32)$$

$$\sum_{i=1}^{n} [\mathbf{x}^{(i)}]^2 \cdot P(\mathbf{x}^{(i)}) \approx \sum_{i=1}^{n} [\mathbf{x}^{(i)}]^2 \cdot p(\mathbf{x}^{(i)}) \cdot \Delta\mathbf{x} \xrightarrow[p(\mathbf{x}^{(i)}) \to p(\mathbf{x})]{\mathbf{x}^{(i)} \to \mathbf{x},\ \Delta\mathbf{x} \to d\mathbf{x}} \int_{-\infty}^{\infty} \mathbf{x}^2 \cdot p(\mathbf{x})\, d\mathbf{x}\,, \qquad (11.33)$$

und wir erhalten für Erwartungswert und Varianz in integraler Form

$$\mathrm{E}(\mathbf{x}) = \int_{-\infty}^{\infty} \mathbf{x} \cdot p(\mathbf{x})\, d\mathbf{x} \quad \text{und} \quad \mathrm{var}(\mathbf{x}) = \int_{-\infty}^{\infty} \mathbf{x}^2 \cdot p(\mathbf{x})\, d\mathbf{x} - (\mathrm{E}(\mathbf{x}))^2\,. \qquad (11.34)$$

Damit lassen sich $\mathrm{E}(\mathbf{x})$ und $\mathrm{var}(\mathbf{x})$ auch für kontinuierliche Zufallsvariablen mit wenig Aufwand berechnen, was wir am Beispiel der in Abb. 11.13d dargestellten Gleichverteilung zeigen

$$\mathrm{E}(\mathbf{x}) = \int_{0}^{A} \mathbf{x} \cdot \frac{1}{A}\, d\mathbf{x} = \frac{1}{2A} \cdot \mathbf{x}^2 \Big|_0^A = \frac{A}{2} \qquad (11.35)$$

$$\mathrm{var}(\mathbf{x}) = \int_{0}^{A} \mathbf{x}^2 \cdot \frac{1}{A}\, d\mathbf{x} - \frac{A^2}{4} = \frac{1}{3A} \cdot \mathbf{x}^3 \Big|_0^A - \frac{A^2}{4} = \frac{A^2}{3} - \frac{A^2}{4} = \frac{A^2}{12}\,. \qquad (11.36)$$

11.2.3 Binomial- und Normalverteilung

In diesem Abschnitt lernen wir die wichtigste Wahrscheinlichkeitsverteilung kennen, die sehr viele Zufallsvariablen beschreibt. Dazu betrachten wir zunächst ein einfaches Zufallsexperiment, bei dem ein Ereignis A mit der Wahrscheinlichkeit $P(A) = P_A$ auftritt, bzw. mit $1 - P_A$ nicht auftritt. Führen wir dieses Experiment insgesamt n-mal durch und betrachten die Ereignisse als unabhängig voneinander, so können wir mit (11.9) die Wahrscheinlichkeiten dafür angeben, dass bei den n Versuchen genau i-mal das Ereignis A aufgetreten ist, indem wir die Einzelwahrscheinlichkeiten miteinander multiplizieren. Während hieraus $P(i = n) = {P_A}^n$ und $P(i = 0) = (1 - P_A)^n$ sofort folgt, müssen wir für andere Werte von i berücksichtigen, dass jeweils verschiedene Kombinationen der Ergebnisse der einzelnen Zufallsexperimente möglich sind. Führen wir das Experiment z. B. viermal durch, d. h. $n = 4$, und sind an der Wahrscheinlichkeit interessiert, dass genau einmal A auftritt und dreimal nicht, so gilt $P(i = 1) = 4 \cdot {P_A}^1 \cdot (1 - P_A)^3$, denn es gibt vier Alternativen dafür. Diese Anzahl von Möglichkeiten, eine ungeordnete Anzahl i aus einer Gesamtheit n auszuwählen, wird für beliebige Werte von $n, i \in \mathbb{N}$ mit $i \leq n$ durch den Binomialkoeffizienten $\binom{n}{i}$ festgelegt. Damit lässt sich für eine Zufallsvariable $\mathbf{x}$, die jeden Wert i im Bereich $0 \leq i \leq n$ annehmen kann, die binomialverteilte Wahrscheinlichkeitsfunktion $P_b(\mathbf{x} = i)$ angeben

$$P_b(\mathbf{x} = i) = \binom{n}{i} \cdot {P_A}^i \cdot (1 - P_A)^{n-i} = \frac{n!}{(n-i)! \cdot i!} \cdot {P_A}^i \cdot (1 - P_A)^{n-i}. \qquad (11.37)$$

Auch die in Abb. 11.12d dargestellte Zufallsvariable $\mathbf{x}_{2a}$, welche die Anzahl des Symbols $\omega_6 =$ ⚅ beim Werfen zweier Würfel angibt, ist binomialverteilt mit $n = 2$ und $P_A = \frac{1}{6}$. Diese Zufallsvariable kann alternativ auch als Summe von zwei unabhängigen Zufallsvariablen $\mathbf{x}_{1a}$ entsprechend Abb. 11.12b betrachtet werden, wobei $\mathbf{x}_{1a}$ nur die Werte 0 und 1 annimmt, jeweils mit der Wahrscheinlichkeit $1 - P_A = \frac{5}{6}$ bzw. $P_A = \frac{1}{6}$, und als *Bernoulli-Zufallsvariable* $\mathbf{x}_B$ bezeichnet wird[12].

Der Erwartungswert $\mathrm{E}(\mathbf{x}_{2a})$ lässt sich dann entweder aus $P(\mathbf{x}_{2a})$ nach (11.16) bestimmen oder alternativ entsprechend (11.18) mit $\mathrm{E}(\mathbf{x}_{2a}) = 2 \cdot \mathrm{E}(\mathbf{x}_{1a})$ aus $P(\mathbf{x}_{1a})$

$$\mathrm{E}(\mathbf{x}_{2a}) = 0 \cdot \frac{25}{36} + 1 \cdot \frac{10}{36} + 2 \cdot \frac{1}{36} = 2 \cdot \left(0 \cdot \frac{5}{6} + 1 \cdot \frac{1}{6}\right) = \frac{1}{3}. \qquad (11.38)$$

Dies gilt ebenfalls für die Berechnung der Varianz mit (11.25), wobei hier wegen der Unabhängigkeit der einzelnen Würfe $\mathrm{var}(\mathbf{x}_{2a}) = 2 \cdot \mathrm{var}(\mathbf{x}_{1a})$ gilt, wie im Abschn. 11.2.4 gezeigt wird

$$\mathrm{var}(\mathbf{x}_{2a}) = 0^2 \cdot \frac{25}{36} + 1^2 \cdot \frac{10}{36} + 2^2 \cdot \frac{1}{36} - \frac{1}{3^2} = 2 \cdot \left(0^2 \cdot \frac{5}{6} + 1^2 \cdot \frac{1}{6} - \frac{1}{6^2}\right) = \frac{5}{18}. \qquad (11.39)$$

[12] Jakob Bernoulli (1654–1705) hat wesentlich zu den frühen Grundlagen der Wahrscheinlichkeitstheorie beigetragen.

Diese Zerlegung in n Bernoulli-Zufallsvariablen $\mathbf{x}_B$ mit der Grundwahrscheinlichkeit P_A ist für jede binomialverteilte Zufallsvariable $\mathbf{x}$ möglich, so dass für Erwartungswert und Varianz folgt[13]

$$\mu_\mathbf{x} = \mathrm{E}(\mathbf{x}) = n \cdot \mathrm{E}(\mathbf{x}_B) = n \cdot P_A \,, \tag{11.40}$$

$$\sigma_\mathbf{x}^2 = \mathrm{var}(\mathbf{x}) = n \cdot \mathrm{var}(\mathbf{x}_B) = n \cdot \left(1^2 \cdot P_A - {P_A}^2\right) = n \cdot P_A\,(1 - P_A) \,. \tag{11.41}$$

Abb. 11.14a zeigt als Beispiel die Wahrscheinlichkeitsfunktion $P_b(\mathbf{x})$ mit $n = 20$ Versuchen und $P_A = 0{,}7$, deren Werte im Bereich $0 \le i \le 20$ liegen mit dem Erwartungswert $\mu_\mathbf{x} = 20 \cdot 0{,}7 = 14$ und der Varianz $\sigma_\mathbf{x}^2 = 20 \cdot 0{,}7 \cdot 0{,}3 = 4{,}2$. Statt der Varianz wird häufig deren Quadratwurzel angegeben, die als *Standardabweichung* $\sigma_\mathbf{x} = \sqrt{\mathrm{var}(\mathbf{x})} \approx 2{,}05$ bezeichnet wird und als Intervall $2\sigma_\mathbf{x}$ um den Erwartungswert eingetragen ist, wobei $P(\mathbf{x})$ hier wegen $P_A \neq 0{,}5$ nicht exakt symmetrisch zu $\mu_\mathbf{x}$ verläuft. Weiterhin fällt auf, dass $P_b(\mathbf{x})$ nur für $|\mathbf{x} - \mu_\mathbf{x}| \lesssim 3\sigma_\mathbf{x}$ signifikant von null abweicht. Erhöhen wir n auf 80 bzw. 320, wie in (b) und (c) mit $\mu_\mathbf{x} = 56$ und $\sigma_\mathbf{x} \approx 4{,}10$ bzw. $\mu_\mathbf{x} = 224$ und $\sigma_\mathbf{x} \approx 8{,}20$ dargestellt ist, so wird das Verhältnis $\frac{\sigma_\mathbf{x}}{\mu_\mathbf{x}}$ immer geringer.

Gleichzeitig wird die Wahrscheinlichkeitsfunktion bei großem n immer besser durch die hellgrau eingezeichnete Verteilungsdichte $p_g(\mathbf{x})$ approximiert, die als (gaußsche) Normalverteilung oder Gauß-Verteilung bezeichnet und durch die folgende Formel beschrieben

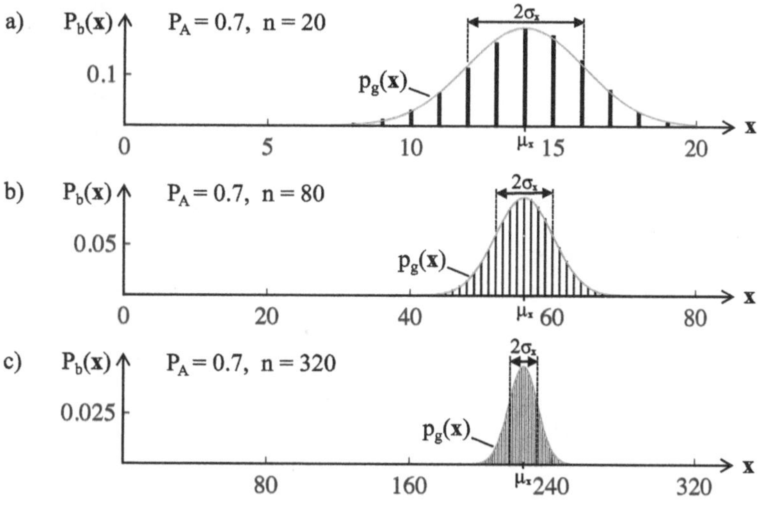

Abb. 11.14 Wahrscheinlichkeitsfunktionen $P_b(\mathbf{x})$ von drei binomialverteilten Zufallsvariablen $\mathbf{x}$, jeweils mit $P_A = 0{,}7$ und alternativ $n = 20$ (**a**), $n = 80$ (**b**) sowie $n = 320$ Versuchen (**c**), wobei für die Erwartungswerte $\mu_\mathbf{x} = n \cdot P_A$ und für die Standardabweichungen $\sigma_\mathbf{x} = \sqrt{n \cdot P_A \cdot (1 - P_A)}$ gilt; mit zunehmendem n wird die Binomialverteilung immer exakter durch die jeweils hellgrau eingetragene Gauß-Verteilung $p_g(\mathbf{x})$ repräsentiert, und das Verhältnis $\frac{\sigma_\mathbf{x}}{\mu_\mathbf{x}}$ wird immer geringer

[13] Wird die Wahrscheinlichkeit P_A sehr klein, die Anzahl n der Versuche aber sehr groß mit $n \cdot P_A = \lambda$, so nehmen $\mu_\mathbf{x}$ und $\sigma_\mathbf{x}^2$ denselben Wert $\mu_\mathbf{x} = \sigma_\mathbf{x}^2 = \lambda$ an, und die Binomialverteilung geht in die sogenannte *Poisson-Verteilung* über.

wird, siehe Anhang A.20, wenn wir für $\mu_{\mathbf{x}}$ und $\sigma_{\mathbf{x}}^2$ jeweils die Werte der binomialverteilten Zufallsvariablen einsetzen

$$p_g(\mathbf{x}) = \frac{1}{\sqrt{2\pi} \cdot \sigma_{\mathbf{x}}} \cdot e^{-\frac{1}{2} \cdot \left(\frac{\mathbf{x}-\mu_{\mathbf{x}}}{\sigma_{\mathbf{x}}}\right)^2}. \tag{11.42}$$

Eine gaußverteilte Zufallsvariable ist in Abb. 11.15 dargestellt. Wie binomialverteilte Zufallsvariablen wird diese durch ihren Erwartungswert $\mu_{\mathbf{x}}$ sowie ihre Varianz $\sigma_{\mathbf{x}}^2$ vollständig beschrieben, während dies für beliebige Wahrscheinlichkeitsfunktionen oder Wahrscheinlichkeitsdichten i. Allg. nicht gilt. Außerdem wird ihre Wahrscheinlichkeitsdichte $p_g(\mathbf{x})$ bei $\mu_{\mathbf{x}}$ maximal, und für eine Gauß-verteilte Zufallsvariable $\mathbf{x}$ gilt auch immer, dass ihre Werte für beliebiges $\sigma_{\mathbf{x}}$ mit der Wahrscheinlichkeit $P \approx 0{,}7$ innerhalb des Intervalls $\pm\sigma_{\mathbf{x}}$ um $\mu_{\mathbf{x}}$ liegen. Um dies zu verdeutlichen, substituieren wir $\mathbf{x}$ durch die normierte Zufallsvariable $\tilde{\mathbf{x}} = \frac{\mathbf{x}-\mu_{\mathbf{x}}}{\sigma_{\mathbf{x}}}$ mit $\mu_{\tilde{\mathbf{x}}} = 0$ und $\sigma_{\tilde{\mathbf{x}}} = 1$, so dass für P mit $d\mathbf{x} = \sigma_{\mathbf{x}} \cdot d\tilde{\mathbf{x}}$ und Verschiebung der Integrationsgrenzen folgt[14]

$$P = \int_{\mu_{\mathbf{x}}-\sigma_{\mathbf{x}}}^{\mu_{\mathbf{x}}+\sigma_{\mathbf{x}}} \frac{1}{\sqrt{2\pi} \cdot \sigma_{\mathbf{x}}} \cdot e^{-\frac{1}{2} \cdot \left(\frac{\mathbf{x}-\mu_{\mathbf{x}}}{\sigma_{\mathbf{x}}}\right)^2} d\mathbf{x} = \int_{-1}^{1} \frac{1}{\sqrt{2\pi}} \cdot e^{-\frac{1}{2} \cdot \tilde{\mathbf{x}}^2} d\tilde{\mathbf{x}} \approx 0{,}7\,. \tag{11.43}$$

Die äquivalente Darstellung einer binomialverteilten Zufallsvariablen als Summe von n Bernoulli-Zufallsvariablen, aus der wir Erwartungswert und Varianz entsprechend (11.40) und (11.41) berechnen konnten, lässt es plausibel erscheinen, dass Gauß-Verteilungen immer dann auftreten, wenn eine Vielzahl voneinander unabhängiger Zufallsvariablen addiert werden, was die Aussage des zentralen Grenzwertsatzes der Stochastik ist. Diese Voraussetzung

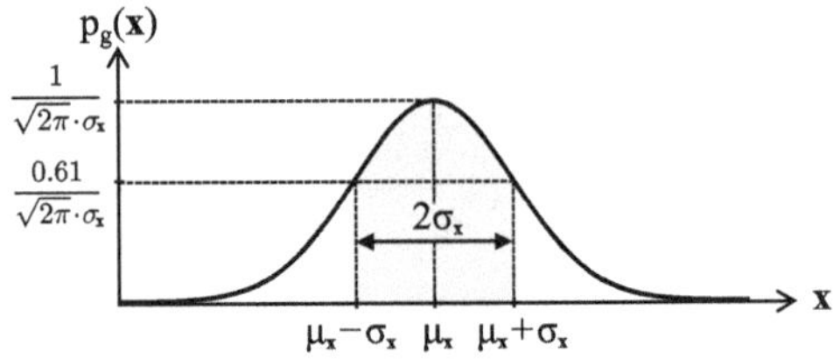

Abb. 11.15 Verteilungsdichte $p_g(\mathbf{x})$ einer gauß- bzw. normalverteilten Zufallsvariablen $\mathbf{x}$ mit Erwartungswert $\mu_{\mathbf{x}}$ und Standardabweichung $\sigma_{\mathbf{x}}$, die aufgrund des zentralen Grenzwertsatzes viele Messgrößen beschreibt, die auf einer Überlagerung einer Vielzahl unabhängiger Effekte beruhen; die grau markierte Fläche im Bereich $\mu_{\mathbf{x}}-\sigma_{\mathbf{x}} \leq \mathbf{x} \leq \mu_{\mathbf{x}}+\sigma_{\mathbf{x}}$ umfasst ca. 70 % aller Werte von $\mathbf{x}$

[14] Das Integral kann allerdings nicht in geschlossener Form, sondern nur numerisch gelöst werden.

ist für viele Messgrößen erfüllt, denn nahezu alle Erscheinungen basieren auf einer Überlagerung zahlreicher Einzelwirkungen, oft im mikroskopischen Maßstab. Zum Beispiel entsteht der elektrische Strom durch Bewegung einer unüberschaubaren Anzahl freier Elektronen, die aufgrund von thermischer Anregung oder Zusammenstößen untereinander bzw. mit Gitteratomen sehr unregelmäßig erfolgt, so dass die Überlagerung ihrer elektrischen Felder und damit die von außen messbare Spannung gaußförmig um einen Mittelwert streut.

Die fundamentale Gültigkeit des zentralen Grenzwertsatzes wird auch anhand eines einfachen Würfelexperimentes deutlich. Abb. 11.16 zeigt dazu als graue Balken die Wahrscheinlichkeitsfunktionen der Zufallsvariablen $\mathbf{x}_k$ mit $k = 1, 2, 3$ und 6, die das Werfen von einem, zwei, drei und sechs Würfeln beschreiben, wenn jeweils als Zufallsvariable die Summe der geworfenen Augen betrachtet wird mit $k \leq \mathbf{x}_k \leq 6k$. In die Grafiken sind zusätzlich Normalverteilungen $p_g(\mathbf{x})$ eingetragen, jeweils mit demselben Erwartungswert und derselben Varianz wie von den Zufallsvariablen $\mathbf{x}_k$. Diese erhalten wir mit (11.17) und (11.26) zu $\mu_{\mathbf{x}_k} = k \cdot 3{,}5$ sowie $\sigma^2_{\mathbf{x}_k} = k \cdot 2{,}92$, da wir bei einer Summe von Zufallsvariablen deren Erwartungswerte addieren dürfen, was auch für die Varianz der Summe gilt, sofern die Zufallsvariablen unabhängige Zufallsexperimente beschreiben, wie wir im nächsten Abschnitt anhand (11.56) zeigen werden.

Aus den Grafiken wird deutlich, dass bereits bei $k = 3$ eine gute Übereinstimmung auftritt und bei $k = 6$ kaum noch Abweichungen zu erkennen sind. Diese Erkenntnis kann verwendet werden, um normalverteilte Zufallsvariablen zu erzeugen: Die meisten Computerprogramme bieten Funktionen zur Berechnung gleichverteilter Pseudo-Zufallsvariablen vom Datentyp *float* oder *double* mit Werten zwischen null und eins an, deren Erwartungs-

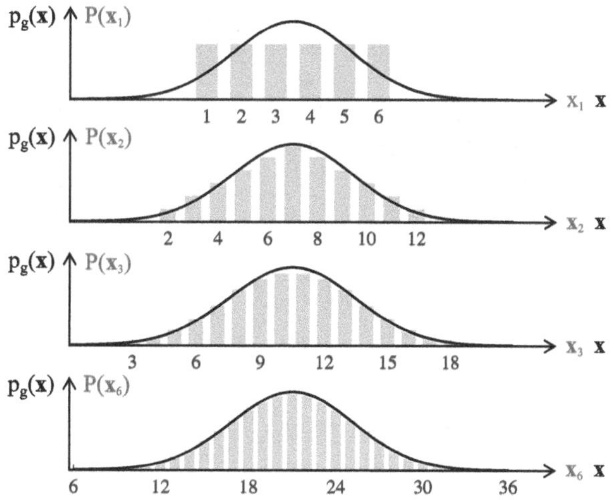

Abb. 11.16 Darstellung der Wahrscheinlichkeitsfunktionen $P(\mathbf{x}_k)$ mit $k = 1, 2, 3$ und 6, die jeweils beim Werfen von k Würfeln auftreten mit $\mu_{\mathbf{x}_k} = k \cdot 3{,}5$ sowie $\sigma^2_{\mathbf{x}_k} = k \cdot 2{,}92$; jeweils überlagert sind die Verteilungsdichten $p_g(\mathbf{x})$ normalverteilter Zufallsvariablen $\mathbf{x}$ mit $\mu_{\mathbf{x}} = \mu_{\mathbf{x}_k}$ und $\sigma^2_{\mathbf{x}} = \sigma^2_{\mathbf{x}_k}$, wobei sich für $k \geq 3$ nur noch geringe Abweichungen zwischen den Verteilungen zeigen

wert und Varianz nach (11.35) und (11.36) für $A = 1$ gerade $\frac{1}{2}$ bzw. $\frac{1}{12}$ betragen[15]. Werden 12 dieser Zufallszahlen summiert und davon der Zahlenwert $12 \cdot \frac{1}{2} = 6$ subtrahiert, so erhält man mit hoher Genauigkeit eine normalverteilte Zufallsvariable mit $\mu = 0$ und $\sigma^2 = 1$ im Wertebereich ± 6.

11.2.4 Verbundverteilungen und Kovarianzen

Nachdem wir bislang nur einzelne Zufallsvariablen betrachtet haben, wollen wir nun den Zusammenhang zwischen zwei Zufallsvariablen untersuchen. Dazu sind in Abb. 11.17 die beiden diskreten Zufallsvariablen $\mathbf{x}_1$ und $\mathbf{x}_2$ in einem Koordinatensystem aufgetragen, die jeweils Werte im Bereich $\mathbf{x}_1^{(1)} \leq \mathbf{x}_1^{(i)} \leq \mathbf{x}_1^{(n_1)}$ und $\mathbf{x}_2^{(1)} \leq \mathbf{x}_2^{(j)} \leq \mathbf{x}_2^{(n_2)}$ annehmen können. Der Ereignisraum Ω setzt sich dann aus Elementarereignissen zusammen, die Zellen mit den Koordinaten $(\mathbf{x}_1^{(i)}, \mathbf{x}_2^{(j)})$ und der Fläche $\Delta\mathbf{x}_1 \cdot \Delta\mathbf{x}_2$ entsprechen. Ein einzelner Wert $\mathbf{x}_1^{(i)}$ bzw. $\mathbf{x}_2^{(j)}$ korrespondiert zu einem Ereignis, das durch einen vertikalen bzw. horizontalen Streifen darstellbar ist, so dass jedes Elementarereignis der Schnittmenge $\mathbf{x}_1^{(i)} \cap \mathbf{x}_2^{(j)}$ entspricht. Analog zu (11.9) sind die beiden Ereignisse $\mathbf{x}_1^{(i)}$ und $\mathbf{x}_2^{(j)}$ stochastisch unabhängig, falls die Wahrscheinlichkeit ihres gemeinsamen Auftretens gleich dem Produkt ihrer Wahrscheinlichkeiten ist, so dass gelten muss

$$P(\mathbf{x}_1^{(i)} \cap \mathbf{x}_2^{(j)}) = P(\mathbf{x}_1^{(i)}, \mathbf{x}_2^{(j)}) = P(\mathbf{x}_1^{(i)}) \cdot P(\mathbf{x}_2^{(j)}) . \tag{11.44}$$

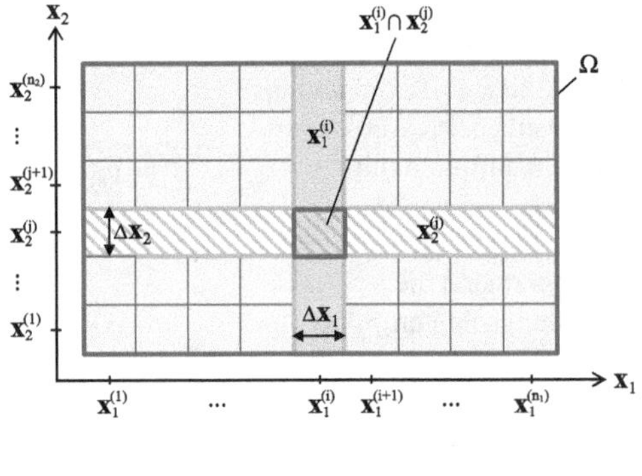

Abb. 11.17 Zwei diskrete Zufallsvariablen $\mathbf{x}_1$ und $\mathbf{x}_2$ spannen eine Fläche auf, in der jede Kombination $(\mathbf{x}_1^{(i)}, \mathbf{x}_2^{(j)})$ als Ereignis auftreten kann, die auch der Schnittmenge der Ereignisse $\mathbf{x}_1^{(i)} \cap \mathbf{x}_2^{(j)}$ entspricht, womit die stochastische Unabhängigkeit von $\mathbf{x}_1$ und $\mathbf{x}_2$ definiert werden kann

[15] Pseudo bedeutet in diesem Zusammenhang, dass die Zufallszahlen durch IIR-Systeme hoher Ordnung erzeugt werden, siehe Abschn. 8.2.4, vom Anfangszustand abhängen und damit nicht wirklich zufällig sind [29].

Damit haben wir die sogenannte *Verbundwahrscheinlichkeitsfunktion* $P(\mathbf{x}_1, \mathbf{x}_2) = P(\mathbf{x}_1^{(i)}, \mathbf{x}_2^{(j)})$ der diskreten Zufallsvariablen $\mathbf{x}_1$ und $\mathbf{x}_2$ definiert, die jeder Kombination $\mathbf{x}_1^{(i)}$ und $\mathbf{x}_2^{(j)}$ eine Eintrittswahrscheinlichkeit zuweist. Zwei diskrete Zufallsvariablen sind genau dann stochastisch unabhängig, wenn (11.44) für beliebige i, j im Bereich $1 \leq i \leq n_1$ und $1 \leq j \leq n_2$ erfüllt ist, wobei analog zu (11.13) die Summe aller Wahrscheinlichkeiten den Wert eins ergeben muss

$$\sum_{i=1}^{n_1} \sum_{j=1}^{n_2} P(\mathbf{x}_1^{(i)}, \mathbf{x}_2^{(j)}) = 1 . \tag{11.45}$$

Erweitern wir die Betrachtung auf kontinuierliche Zufallsvariablen, die durch Verteilungsdichten beschrieben werden, so erhalten wir die Wahrscheinlichkeiten $P(\mathbf{x}_1^{(i)})$ bzw. $P(\mathbf{x}_2^{(j)})$ durch Integration der Dichten, die wir für schmale Streifen näherungsweise durch Multiplikation der Dichten bei $\mathbf{x}_1^{(i)}$ bzw. $\mathbf{x}_2^{(j)}$ mit den Streifenbreiten $\Delta\mathbf{x}_1$ bzw. $\Delta\mathbf{x}_2$ ersetzen können, so dass gilt

$$P(\mathbf{x}_1^{(i)}) \approx p(\mathbf{x}_1^{(i)}) \cdot \Delta\mathbf{x}_1 \quad \text{und} \quad P(\mathbf{x}_2^{(j)}) \approx p(\mathbf{x}_2^{(j)}) \cdot \Delta\mathbf{x}_2 . \tag{11.46}$$

Wir führen jetzt die zweidimensionale Dichtefunktion $p(\mathbf{x}_1, \mathbf{x}_2)$ ein, die jedem Punkt der durch $\mathbf{x}_1$ und $\mathbf{x}_2$ aufgespannten Ebene eine Wahrscheinlichkeitsdichte zuweist, und die als *Verbundwahrscheinlichkeitsdichte* oder *Verbundverteilungsdichte* bezeichnet wird. Abb. 11.18 zeigt verschiedene Darstellungsmöglichkeiten von $p(\mathbf{x}_1, \mathbf{x}_2)$, entweder als dreidimensionale Grafik (a), oder zweidimensional in Aufsicht von oben (b) mit Unterscheidung verschiedener Dichten durch variable Grauwerte. In (c) wird ebenfalls zweidimensional die Verbundverteilungsdichte wie in topologischen Karten durch ‚Höhenlinien' veranschaulicht, wobei sämtliche Punkte einer zusammenhängenden Kontur dieselbe Dichte aufweisen.

Analog zu (11.30) muss für beliebige Zufallsvariablen $\mathbf{x}_1$ und $\mathbf{x}_2$ das Integral der Verbundverteilungsdichte über die gesamte von $\mathbf{x}_1$ und $\mathbf{x}_2$ aufgespannte Fläche eins ergeben

$$\int_{-\infty}^{\infty} \int_{-\infty}^{\infty} p(\mathbf{x}_1, \mathbf{x}_2)\, d\mathbf{x}_1 d\mathbf{x}_2 = 1 , \tag{11.47}$$

und die Integration über eine beliebige Teilfläche liefert die Wahrscheinlichkeit dafür, dass $\mathbf{x}_1$ und $\mathbf{x}_2$ Werte innerhalb dieser Teilfläche annehmen. Daher ergibt die Integration von $p(\mathbf{x}_1, \mathbf{x}_2)$ über die in Abb. 11.17 dargestellte Schnittmenge $\mathbf{x}_1^{(i)} \cap \mathbf{x}_2^{(j)}$ mit der Fläche $\Delta\mathbf{x}_1 \cdot \Delta\mathbf{x}_2$ die Wahrscheinlichkeit $P(\mathbf{x}_1^{(i)} \cap \mathbf{x}_2^{(j)})$, die wir analog zu (11.46) durch Multiplikation von $p(\mathbf{x}_1^{(i)}, \mathbf{x}_2^{(j)})$ mit $\Delta\mathbf{x}_1 \cdot \Delta\mathbf{x}_2$ approximieren können

$$P(\mathbf{x}_1^{(i)}, \mathbf{x}_2^{(j)}) \approx p(\mathbf{x}_1^{(i)}, \mathbf{x}_2^{(j)}) \cdot \Delta\mathbf{x}_1 \cdot \Delta\mathbf{x}_2 . \tag{11.48}$$

Im Grenzfall $\Delta\mathbf{x}_1 \rightarrow 0$ sowie $\Delta\mathbf{x}_2 \rightarrow 0$ können wir in (11.46) und (11.48) die diskreten Werte $\mathbf{x}_1^{(i)}$ und $\mathbf{x}_2^{(j)}$ durch $\mathbf{x}_1$ bzw. $\mathbf{x}_2$ ersetzen, und wir erhalten durch Einsetzen in (11.44) eine Bedingung, die für beliebige Werte stochastisch unabhängiger Zufallsvariablen erfüllt sein muss

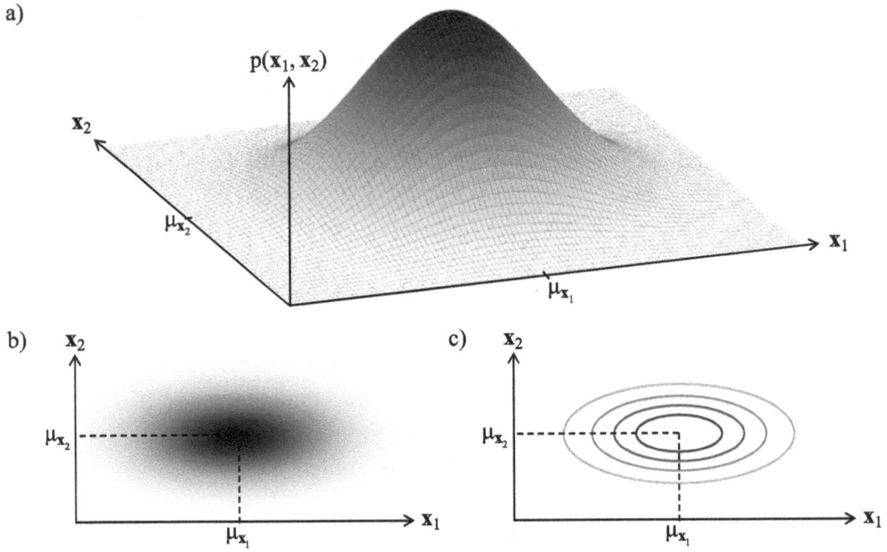

Abb. 11.18 Gaußförmige Verbundverteilungsdichte als 3D-Plot (**a**), der jedem Punkt $(\mathbf{x}_1, \mathbf{x}_2)$ in der xy-Ebene die Wahrscheinlichkeitsdichte $p(\mathbf{x}_1, \mathbf{x}_2)$ auf der z-Achse zuordnet; alternativ in **b** und **c** zweidimensionale Darstellung in der xy-Ebene, in der unterschiedliche Grauwerte den Wert der Wahrscheinlichkeitsdichte darstellen (**b**), oder Punkte mit identischer Wahrscheinlichkeitsdichte analog zu Höhenlinien durch zusammenhängende Konturen repräsentiert werden

$$p(\mathbf{x}_1, \mathbf{x}_2) = p(\mathbf{x}_1) \cdot p(\mathbf{x}_2) \,. \tag{11.49}$$

Zwei Zufallsvariablen $\mathbf{x}_1$ und $\mathbf{x}_2$ sind somit genau dann stochastisch unabhängig, falls sich ihre Verbundwahrscheinlichkeitsdichte als Produkt zweier Funktionen schreiben lässt, die jeweils nur von einer der beiden Zufallsvariablen abhängen und gerade den beiden Wahrscheinlichkeitsdichten entsprechen. Damit haben wir die stochastische Unabhängigkeit einzelner Ereignisse aus Abschn. 11.2.1 auf Zufallsvariablen erweitert. Anschaulich bedeutet diese Eigenschaft, dass sich aus dem bekannten Wert einer der beiden Zufallsvariablen keinerlei Aussagen über den Wert der anderen Zufallsvariablen ableiten lassen.

Als Beispiel betrachten wir eine gaußförmige Verbundverteilungsdichte, die sich in zwei eindimensionale Gauß-Verteilungen faktorisieren lässt, und die demnach zwei unabhängige Zufallsvariablen mit den Erwartungswerten $\mu_{\mathbf{x}_1}$, $\mu_{\mathbf{x}_2}$ und den Varianzen $\sigma^2_{\mathbf{x}_1}$, $\sigma^2_{\mathbf{x}_2}$ beschreibt

$$\begin{aligned} p(\mathbf{x}_1, \mathbf{x}_2) &= \frac{1}{2\pi \cdot \sigma_{\mathbf{x}_1} \cdot \sigma_{\mathbf{x}_2}} \cdot \mathrm{e}^{-\frac{1}{2}\cdot\left(\left(\frac{\mathbf{x}_1-\mu_{\mathbf{x}_1}}{\sigma_{\mathbf{x}_1}}\right)^2+\left(\frac{\mathbf{x}_2-\mu_{\mathbf{x}_2}}{\sigma_{\mathbf{x}_2}}\right)^2\right)} \\ &= \frac{1}{\sqrt{2\pi} \cdot \sigma_{\mathbf{x}_1}} \cdot \mathrm{e}^{-\frac{1}{2}\cdot\left(\frac{\mathbf{x}_1-\mu_{\mathbf{x}_1}}{\sigma_{\mathbf{x}_1}}\right)^2} \cdot \frac{1}{\sqrt{2\pi} \cdot \sigma_{\mathbf{x}_2}} \cdot \mathrm{e}^{-\frac{1}{2}\cdot\left(\frac{\mathbf{x}_2-\mu_{\mathbf{x}_2}}{\sigma_{\mathbf{x}_2}}\right)^2} = p_g(\mathbf{x}_1) \cdot p_g(\mathbf{x}_2). \end{aligned} \tag{11.50}$$

Diese Verbundwahrscheinlichkeitsdichte $p(\mathbf{x}_1, \mathbf{x}_2)$ mit $\sigma_{\mathbf{x}_1} = 2\sigma_{\mathbf{x}_2}$ ist auch in Abb. 11.18 dargestellt, was insbesondere aus Teilgrafik (c) deutlich wird, da der Exponent in (11.50) einer Ellipse in Hauptachsenform mit dem Mittelpunkt $(\mu_{\mathbf{x}_1},\ \mu_{\mathbf{x}_2})$ entspricht, so dass sämtliche Punkte mit identischer Wahrscheinlichkeitsdichte auf einer Ellipse parallel zum Koordinatensystem liegen.

Verbundverteilungsdichten enthalten eine Fülle von Informationen, die in vielen Fällen durch wenige Parameter ersetzbar sind. Dazu führen wir mit der Kovarianz $\mathrm{cov}(\mathbf{x}_1, \mathbf{x}_2)$, die auch als $\sigma_{\mathbf{x}_1\mathbf{x}_2}$ bezeichnet wird, einen weiteren statistischen Kennwert ein, der die Abhängigkeit zwischen Zufallsvariablen erfasst, und der für normalverteilte Zufallsvariablen zusammen mit Erwartungswert und Varianz die Verbundwahrscheinlichkeitsdichte äquivalent beschreibt.

Die Kovarianz $\mathrm{cov}(\mathbf{x}_1, \mathbf{x}_2)$ ist definiert als Erwartungswert des Produktes zweier Zufallsvariablen $\mathbf{x}_1, \mathbf{x}_2$, jeweils verringert um ihren Erwartungswert, wobei $\mathrm{cov}(\mathbf{x}_1, \mathbf{x}_1) = \mathrm{var}(\mathbf{x}_1)$ gilt. Sie lässt sich aus einer großen Stichprobe mit $N \to \infty$ ermitteln, wobei die Werte $x_1(k)$ und $x_2(k)$ jeweils aus demselben k-ten Ergebnis der Stichprobe gewonnen werden müssen

$$\begin{aligned} \mathrm{cov}(\mathbf{x}_1, \mathbf{x}_2) = \sigma_{\mathbf{x}_1\mathbf{x}_2} &= \mathrm{E}([\mathbf{x}_1 - \mathrm{E}(\mathbf{x}_1)] \cdot [\mathbf{x}_2 - \mathrm{E}(\mathbf{x}_2)]) \\ &= \lim_{N\to\infty} \left(\frac{1}{N} \sum_{k=0}^{N-1} [x_1(k) - \mathrm{E}(\mathbf{x}_1)] \cdot [x_2(k) - \mathrm{E}(\mathbf{x}_2)] \right). \end{aligned} \tag{11.51}$$

Zur Schätzung der Kovarianz aus einer begrenzten Stichprobe mit N Werten und Verwendung der Mittelwerte $\overline{x}_1$ und $\overline{x}_2$ aus derselben Stichprobe anstelle der Erwartungswerte sollte wie in (11.24) eine korrigierte Formel verwendet werden, die erwartungstreue Schätzwerte liefert

$$\begin{aligned} \hat{\sigma}_{\mathbf{x}_1\mathbf{x}_2} &= \frac{1}{N-1} \sum_{k=0}^{N-1} [x_1(k) - \overline{x}_1] \cdot [x_2(k) - \overline{x}_2] \\ \text{mit} \quad \overline{x}_1 &= \frac{1}{N} \sum_{k=0}^{N-1} x_1(k) \quad \text{und} \quad \overline{x}_2 = \frac{1}{N} \sum_{k=0}^{N-1} x_2(k) \,. \end{aligned} \tag{11.52}$$

Mittels der *Cauchy-Schwarz*-Ungleichung lässt sich der Wertebereich der Kovarianz eingrenzen

$$-\sqrt{\mathrm{var}(\mathbf{x}_1)} \cdot \sqrt{\mathrm{var}(\mathbf{x}_2)} \le \mathrm{cov}(\mathbf{x}_1, \mathbf{x}_2) \le \sqrt{\mathrm{var}(\mathbf{x}_1)} \cdot \sqrt{\mathrm{var}(\mathbf{x}_2)} \,, \tag{11.53}$$

weshalb für statistische Analysen meistens der sogenannte *Korrelationskoeffizient* verwendet wird, der aufgrund des auf ± 1 beschränkten Wertebereiches einfacher interpretierbar ist

$$r_{\mathbf{x}_1\mathbf{x}_2} = \frac{\mathrm{cov}(\mathbf{x}_1, \mathbf{x}_2)}{\sqrt{\mathrm{var}(\mathbf{x}_1)} \cdot \sqrt{\mathrm{var}(\mathbf{x}_2)}} = \frac{\sigma_{\mathbf{x}_1\mathbf{x}_2}}{\sigma_{\mathbf{x}_1} \cdot \sigma_{\mathbf{x}_2}} \quad \text{mit} \quad -1 \le r_{\mathbf{x}_1\mathbf{x}_2} \le 1 \,. \tag{11.54}$$

Zur Veranschaulichung zeigt Abb. 11.19 für $\sigma_{\mathbf{x}_1} = 2\sigma_{\mathbf{x}_2}$ und verschiedene Werte ihres Korrelationskoeffizienten die Verbundverteilungsdichte normalverteilter Zufallsvariablen $\mathbf{x}_1$ und $\mathbf{x}_2$, die wir im Abschn. 11.2.5 exakt beschreiben werden. Für $r_{\mathbf{x}_1\mathbf{x}_2} = 0{,}5$ (a) existiert eine

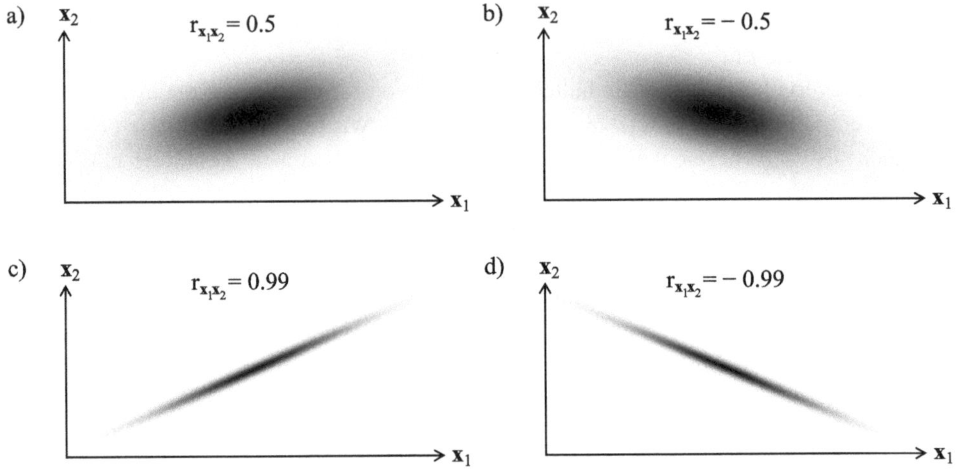

Abb. 11.19 Veranschaulichung der Abhängigkeit zwischen zwei Zufallsvariablen $\mathbf{x}_1$ und $\mathbf{x}_2$ für verschiedene Werte des Korrelationskoeffizienten und normalverteilte Verbundverteilungsdichten mit $\sigma_{\mathbf{x}_1} = 2\sigma_{\mathbf{x}_2}$; hierbei zeigen (**a**) und (**b**) jeweils eine mittlere positive und negative Korrelation mit $r_{\mathbf{x}_1\mathbf{x}_2} = \pm 0{,}5$, während (**c**) und (**d**) zu einer sehr ausgeprägten positiven bzw. negativen Abhängigkeit korrespondieren mit $r_{\mathbf{x}_1\mathbf{x}_2} = \pm 0{,}99$, so dass die Werte quasi auf Geraden liegen

mittlere positive Kovarianz, so dass große Werte von $\mathbf{x}_1$ gehäuft mit großen Werten von $\mathbf{x}_2$ auftreten, während in (b) mit $r_{\mathbf{x}_1\mathbf{x}_2} = -0{,}5$ große Werte von $\mathbf{x}_1$ eher mit kleinen Werten von $\mathbf{x}_2$ verbunden sind.

Eine positive Kovarianz besteht z. B. zwischen der Motorleistung und dem Gewicht von PKW, da schwere Fahrzeuge häufig über mehr Leistung verfügen, während eine negative Kovarianz zwischen den Zufallsvariablen Zigarettenkonsum und Lebenserwartung auftritt.

Die Darstellungen (c) und (d) repräsentieren mit $r_{\mathbf{x}_1\mathbf{x}_2} = 0{,}99$ bzw. $r_{\mathbf{x}_1\mathbf{x}_2} = -0{,}99$ sehr starke Abhängigkeiten zwischen den Zufallsvariablen. Die Werte liegen dann quasi auf Geraden und sind eng gekoppelt, so dass ein bekannter Wert von $\mathbf{x}_1$ oder $\mathbf{x}_2$ mit hoher Wahrscheinlichkeit auf den Wert der jeweils anderen Zufallsvariablen schließen lässt.

Betrachten wir zwei Zufallsvariablen $\mathbf{x}$ und $\mathbf{y} = a\,\mathbf{x} + b$, zwischen denen über a und b eine feste Beziehung besteht, so erhalten wir den Maximalwert der Kovarianz und damit $r_{\mathbf{xy}} = 1$

$$\begin{aligned} \mathrm{cov}(\mathbf{x},\mathbf{y}) &= \mathrm{cov}(\mathbf{x}, a\,\mathbf{x} + b) = \mathrm{E}\left([\mathbf{x} - \mathrm{E}(\mathbf{x})] \cdot [(a\,\mathbf{x} + b) - \mathrm{E}(a\,\mathbf{x} + b)]\right) \\ &= a \cdot \left(\mathrm{E}\,[\mathbf{x} - \mathrm{E}(\mathbf{x})]^2\right) = a \cdot \mathrm{var}(\mathbf{x}) = \sqrt{\mathrm{var}(\mathbf{x})} \cdot \sqrt{\mathrm{var}(\mathbf{y})}\,. \end{aligned} \tag{11.55}$$

Wir können auch die Varianz der Summe zweier beliebiger Zufallsvariablen $\mathbf{x}_1$ und $\mathbf{x}_2$ bestimmen. Diese entspricht nur dann der Summe der beiden Varianzen, falls die Kovarianz null ist

$$\begin{aligned}
\mathrm{var}(\mathbf{x}_1+\mathbf{x}_2) &= \mathrm{E}\left([(\mathbf{x}_1+\mathbf{x}_2)-\mathrm{E}(\mathbf{x}_1+\mathbf{x}_2)]^2\right) = \mathrm{E}\left([(\mathbf{x}_1-\mathrm{E}(\mathbf{x}_1)+(\mathbf{x}_2-\mathrm{E}(\mathbf{x}_2)]^2\right)\\
&= \mathrm{E}\left([\mathbf{x}_1-\mathrm{E}(\mathbf{x}_1)]^2\right)+\mathrm{E}\left([\mathbf{x}_2-\mathrm{E}(\mathbf{x}_2)]^2\right)+2\cdot\mathrm{E}\left([\mathbf{x}_1-\mathrm{E}(\mathbf{x}_1)]\cdot[\mathbf{x}_2-\mathrm{E}(\mathbf{x}_2)]\right)\\
&= \mathrm{var}(\mathbf{x}_1) + \mathrm{var}(\mathbf{x}_2) + 2\cdot\mathrm{cov}(\mathbf{x}_1,\mathbf{x}_2)\,. \qquad (11.56)
\end{aligned}$$

Aus der Verbundwahrscheinlichkeitsfunktion $P(\mathbf{x}_1^{(i)}, \mathbf{x}_2^{(j)})$ von zwei Zufallsvariablen $\mathbf{x}_1$ und $\mathbf{x}_2$ können wir ebenfalls deren Kovarianz berechnen, wozu wir zunächst (11.51) ausmultiplizieren und mit (11.18) sowie (11.19) umformen

$$\begin{aligned}
\sigma_{\mathbf{x}_1\mathbf{x}_2} &= \mathrm{E}(\mathbf{x}_1\cdot\mathbf{x}_2-\mathbf{x}_1\cdot\mathrm{E}(\mathbf{x}_2)-\mathrm{E}(\mathbf{x}_1)\cdot\mathbf{x}_2+\mathrm{E}(\mathbf{x}_1)\cdot\mathrm{E}(\mathbf{x}_2))\\
&= \mathrm{E}(\mathbf{x}_1\cdot\mathbf{x}_2)-\mathrm{E}(\mathbf{x}_1\cdot\mathrm{E}(\mathbf{x}_2))-\mathrm{E}(\mathrm{E}(\mathbf{x}_1)\cdot\mathbf{x}_2)+\mathrm{E}(\mathrm{E}(\mathbf{x}_1)\cdot\mathrm{E}(\mathbf{x}_2))\\
&= \mathrm{E}(\mathbf{x}_1\cdot\mathbf{x}_2)-\mathrm{E}(\mathbf{x}_1)\cdot\mathrm{E}(\mathbf{x}_2)\,. \qquad (11.57)
\end{aligned}$$

Anschließend ersetzen wir $\mathrm{E}(\mathbf{x}_1\cdot\mathbf{x}_2)$ durch den Mittelwert über eine unendlich große Stichprobe

$$\sigma_{\mathbf{x}_1\mathbf{x}_2} = \lim_{N\to\infty}\left(\frac{1}{N}\sum_{k=0}^{N-1}x_1(k)\cdot x_2(k)\right) - \mu_{\mathbf{x}_1}\cdot\mu_{\mathbf{x}_2}\,. \qquad (11.58)$$

Wie in (11.25) sortieren wir die N Ergebnisse der Stichprobe $x_1(k)\cdot x_2(k)$ nach dem Auftreten der n_1 bzw. n_2 unterschiedlichen Werte der Zufallsvariablen $\mathbf{x}_1^{(i)}$ und $\mathbf{x}_2^{(j)}$, wobei jede Kombination mit der Anzahl $N^{(i,j)}$ in der Stichprobe enthalten ist; auch hier streben die relativen Häufigkeiten $h(\mathbf{x}_1^{(i)}, \mathbf{x}_2^{(j)}) = \frac{N^{(i,j)}}{N}$ für $N\to\infty$ gegen die Wahrscheinlichkeiten $P(\mathbf{x}_1^{(i)}, \mathbf{x}_2^{(j)})$

$$\begin{aligned}
\sigma_{\mathbf{x}_1\mathbf{x}_2} &= \lim_{N\to\infty}\left(\frac{1}{N}\sum_{i=1}^{n_1}\sum_{j=1}^{n_2}\mathbf{x}_1^{(i)}\cdot\mathbf{x}_2^{(j)}\cdot N^{(i,j)}\right) - \mu_{\mathbf{x}_1}\cdot\mu_{\mathbf{x}_2}\\
&= \sum_{i=1}^{n_1}\sum_{j=1}^{n_2}\mathbf{x}_1^{(i)}\cdot\mathbf{x}_2^{(j)}\cdot\lim_{N\to\infty}\frac{N^{(i,j)}}{N} - \mu_{\mathbf{x}_1}\cdot\mu_{\mathbf{x}_2}\\
&= \sum_{i=1}^{n_1}\sum_{j=1}^{n_2}\mathbf{x}_1^{(i)}\cdot\mathbf{x}_2^{(j)}\cdot P(\mathbf{x}_1^{(i)}, \mathbf{x}_2^{(j)}) - \mu_{\mathbf{x}_1}\cdot\mu_{\mathbf{x}_2}\,. \qquad (11.59)
\end{aligned}$$

Wenn wir die Verbundwahrscheinlichkeitsfunktion mit $P(\mathbf{x}_1^{(i)}, \mathbf{x}_2^{(j)}) \approx p(\mathbf{x}_1^{(i)}, \mathbf{x}_2^{(j)})\cdot\Delta x_1\cdot\Delta x_2$ näherungsweise durch die Verbundverteilungsdichte ersetzen, so können wir analog zu (11.34) für $\Delta\mathbf{x}_1\to d\mathbf{x}_1$ und $\Delta\mathbf{x}_2\to d\mathbf{x}_2$ auch die Kovarianz in Integralform angeben

$$\sigma_{\mathbf{x}_1\mathbf{x}_2} = \int_{-\infty}^{\infty}\int_{-\infty}^{\infty}\mathbf{x}_1\cdot\mathbf{x}_2\cdot p(\mathbf{x}_1,\mathbf{x}_2)\,d\mathbf{x}_1 d\mathbf{x}_2 - \mu_{\mathbf{x}_1}\cdot\mu_{\mathbf{x}_2}\,. \qquad (11.60)$$

Stochastisch unabhängige Zufallsvariablen, wie z. B. in Abb. 11.18 dargestellt, weisen immer die Kovarianz null auf und werden *unkorreliert* genannt. Dies zeigen wir, indem wir in (11.60) die Bedingung (11.49) für stochastische Unabhängigkeit einsetzen und anschließend die nicht von $\mathbf{x}_2$ abhängigen Terme aus dem inneren Integral herausziehen, so dass wir mit (11.34) die Integrale durch das Produkt der Erwartungswerte $\mu_{\mathbf{x}_1}$ und $\mu_{\mathbf{x}_2}$ ersetzen können

$$\sigma_{\mathbf{x}_1\mathbf{x}_2} = \int_{-\infty}^{\infty}\int_{-\infty}^{\infty} \mathbf{x}_1 \cdot \mathbf{x}_2 \cdot p(\mathbf{x}_1) \cdot p(\mathbf{x}_2)\, d\mathbf{x}_1 d\mathbf{x}_2 - \mu_{\mathbf{x}_1} \cdot \mu_{\mathbf{x}_2} \tag{11.61}$$

$$= \int_{-\infty}^{\infty} \mathbf{x}_1 \cdot p(\mathbf{x}_1)\, d\mathbf{x}_1 \int_{-\infty}^{\infty} \mathbf{x}_2 \cdot p(\mathbf{x}_1)\, d\mathbf{x}_2 - \mu_{\mathbf{x}_1} \cdot \mu_{\mathbf{x}_2} = \mu_{\mathbf{x}_1} \cdot \mu_{\mathbf{x}_2} - \mu_{\mathbf{x}_1} \cdot \mu_{\mathbf{x}_2} = 0 .$$

Umgekehrt kann aus dem Wert null für die Kovarianz aus einer Stichprobe zweier Zufallsvariablen i. Allg. nicht auf deren stochastische Unabhängigkeit geschlossen werden, so dass letztere eine wesentlich stärkere Aussage darstellt. Falls die Verbundverteilungsdichte unbekannt ist, lässt sich die Unabhängigkeit von Zufallsvariablen i. Allg. nur dadurch belegen, dass eine gemeinsame Ursache der ihnen zugrunde liegenden Zufallsereignisse ausgeschlossen werden kann.

11.2.5 Lineare Abbildungen von Zufallsvektoren

Zur übersichtlichen gemeinsamen Beschreibung von n Zufallsvariablen $\mathbf{x}_1$ bis $\mathbf{x}_n$ schreiben wir diese in einen sogenannten Zufallsvektor $\underline{\mathbf{x}}$ der Dimension $n \times 1$, so dass wir die Erwartungswerte der Zufallsvariablen ebenfalls als Vektor $\mathrm{E}(\underline{\mathbf{x}}) = \underline{\mu}_{\mathbf{x}}$ angeben können

$$\underline{\mathbf{x}} = \begin{bmatrix} \mathbf{x}_1 \\ \mathbf{x}_2 \\ \vdots \\ \mathbf{x}_n \end{bmatrix} \quad \text{mit} \quad \mathrm{E}(\underline{\mathbf{x}}) = \underline{\mu}_{\mathbf{x}} = \begin{bmatrix} \mathrm{E}(\mathbf{x}_1) \\ \mathrm{E}(\mathbf{x}_2) \\ \vdots \\ \mathrm{E}(\mathbf{x}_n) \end{bmatrix} . \tag{11.62}$$

Außerdem fassen wir die Varianzen und Kovarianzen der Zufallsvariablen von $\underline{\mathbf{x}}$ in einer Matrix zusammen, die wir als *Autokovarianzmatrix* $\underline{\mathrm{Cov}}(\underline{\mathbf{x}}, \underline{\mathbf{x}}) = \underline{\Sigma}_{\mathbf{x}}$ bezeichnen

$$\underline{\mathrm{Cov}}(\underline{\mathbf{x}}, \underline{\mathbf{x}}) = \underline{\Sigma}_{\mathbf{x}} = \begin{bmatrix} \mathrm{var}(\mathbf{x}_1) & \mathrm{cov}(\mathbf{x}_1, \mathbf{x}_2) & \cdots & \mathrm{cov}(\mathbf{x}_1, \mathbf{x}_n) \\ \mathrm{cov}(\mathbf{x}_2, \mathbf{x}_1) & \mathrm{var}(\mathbf{x}_2) & \cdots & \mathrm{cov}(\mathbf{x}_2, \mathbf{x}_n) \\ \vdots & \vdots & \ddots & \vdots \\ \mathrm{cov}(\mathbf{x}_n, \mathbf{x}_1) & \mathrm{cov}(\mathbf{x}_n, \mathbf{x}_2) & \cdots & \mathrm{var}(\mathbf{x}_n) \end{bmatrix} . \tag{11.63}$$

Die Autokovarianzmatrix ist wegen $\text{cov}(\mathbf{x}_i, \mathbf{x}_j) = \text{cov}(\mathbf{x}_j, \mathbf{x}_i)$ mit $1 \leq i, j \leq n$ eine symmetrische $(n \times n)$-Matrix und enthält auf der Hauptdiagonalen die Varianzen der Zufallsvariablen und auf den Nebendiagonalen deren Kovarianzen. Nach Einsetzen der Definition der Kovarianz entsprechend (11.51) in die Autokovarianzmatrix kann diese in vektorieller Form angegeben werden, indem die Bildung des äußeren Erwartungswertes aus der Matrix herausgezogen, und dann die verbleibende Matrix als Produkt eines Spalten- und eines Zeilenvektors geschrieben wird

$$\underline{\Sigma}_{\mathbf{x}} = \begin{bmatrix} \text{E}([\mathbf{x}_1\text{-E}(\mathbf{x}_1)]\cdot[\mathbf{x}_1\text{-E}(\mathbf{x}_1)]) & \text{E}([\mathbf{x}_1\text{-E}(\mathbf{x}_1)]\cdot[\mathbf{x}_2\text{-E}(\mathbf{x}_2)]) & \cdots & \text{E}([\mathbf{x}_1\text{-E}(\mathbf{x}_1)]\cdot[\mathbf{x}_n\text{-E}(\mathbf{x}_n)]) \\ \text{E}([\mathbf{x}_2\text{-E}(\mathbf{x}_2)]\cdot[\mathbf{x}_1\text{-E}(\mathbf{x}_1)]) & \text{E}([\mathbf{x}_2\text{-E}(\mathbf{x}_2)]\cdot[\mathbf{x}_2\text{-E}(\mathbf{x}_2)]) & \cdots & \text{E}([\mathbf{x}_2\text{-E}(\mathbf{x}_2)]\cdot[\mathbf{x}_n\text{-E}(\mathbf{x}_n)]) \\ \vdots & \vdots & \ddots & \vdots \\ \text{E}([\mathbf{x}_n\text{-E}(\mathbf{x}_n)]\cdot[\mathbf{x}_1\text{-E}(\mathbf{x}_1)]) & \text{E}([\mathbf{x}_n\text{-E}(\mathbf{x}_n)]\cdot[\mathbf{x}_2\text{-E}(\mathbf{x}_2)]) & \cdots & \text{E}([\mathbf{x}_n\text{-E}(\mathbf{x}_n)]\cdot[\mathbf{x}_n\text{-E}(\mathbf{x}_n)]) \end{bmatrix}$$

$$= \text{E}\left(\begin{bmatrix} [\mathbf{x}_1\text{-E}(\mathbf{x}_1)]\cdot[\mathbf{x}_1\text{-E}(\mathbf{x}_1)] & [\mathbf{x}_1\text{-E}(\mathbf{x}_1)]\cdot[\mathbf{x}_2\text{-E}(\mathbf{x}_2)] & \cdots & [\mathbf{x}_1\text{-E}(\mathbf{x}_1)]\cdot[\mathbf{x}_n\text{-E}(\mathbf{x}_n)] \\ [\mathbf{x}_2\text{-E}(\mathbf{x}_2)]\cdot[\mathbf{x}_1\text{-E}(\mathbf{x}_1)] & [\mathbf{x}_2\text{-E}(\mathbf{x}_2)]\cdot[\mathbf{x}_2\text{-E}(\mathbf{x}_2)] & \cdots & [\mathbf{x}_2\text{-E}(\mathbf{x}_2)]\cdot[\mathbf{x}_n\text{-E}(\mathbf{x}_n)] \\ \vdots & \vdots & \ddots & \vdots \\ [\mathbf{x}_n\text{-E}(\mathbf{x}_n)]\cdot[\mathbf{x}_1\text{-E}(\mathbf{x}_1)] & [\mathbf{x}_n\text{-E}(\mathbf{x}_n)]\cdot[\mathbf{x}_2\text{-E}(\mathbf{x}_2)] & \cdots & [\mathbf{x}_n\text{-E}(\mathbf{x}_n)]\cdot[\mathbf{x}_n\text{-E}(\mathbf{x}_n)] \end{bmatrix}\right)$$

$$= \text{E}\left(\begin{bmatrix} [\mathbf{x}_1\text{-E}(\mathbf{x}_1)] \\ [\mathbf{x}_2\text{-E}(\mathbf{x}_2)] \\ \vdots \\ [\mathbf{x}_n\text{-E}(\mathbf{x}_n)] \end{bmatrix} \cdot \begin{bmatrix} [\mathbf{x}_1\text{-E}(\mathbf{x}_1)] & [\mathbf{x}_2\text{-E}(\mathbf{x}_2)] & \cdots & [\mathbf{x}_n\text{-E}(\mathbf{x}_n)] \end{bmatrix}\right)$$

$$= \text{E}\left([\underline{\mathbf{x}} - \text{E}(\underline{\mathbf{x}})] \cdot [\underline{\mathbf{x}} - \text{E}(\underline{\mathbf{x}})]^T\right) . \tag{11.64}$$

Jetzt betrachten wir eine lineare Abbildung des Zufallsvektors $\underline{\mathbf{x}}$ mit einer $(m \times n)$-Matrix $\underline{A}$ auf einen Zufallsvektor $\underline{\tilde{\mathbf{x}}}$, der dadurch m Zufallsvariablen $\tilde{\mathbf{x}}_1$ bis $\tilde{\mathbf{x}}_m$ enthält

$$\underline{\tilde{\mathbf{x}}} = \underline{A} \cdot \underline{\mathbf{x}} \quad \text{mit} \quad \underline{\tilde{\mathbf{x}}} = \begin{bmatrix} \tilde{\mathbf{x}}_1 \\ \tilde{\mathbf{x}}_2 \\ \vdots \\ \tilde{\mathbf{x}}_m \end{bmatrix} \quad \text{und} \quad \underline{A} = \begin{bmatrix} a_{11} & a_{12} & \cdots & a_{1n} \\ a_{21} & a_{22} & \cdots & a_{2n} \\ \vdots & \vdots & \ddots & \vdots \\ a_{m1} & a_{m2} & \cdots & a_{mn} \end{bmatrix} . \tag{11.65}$$

Für den Vektor $\underline{\mu}_{\tilde{\mathbf{x}}} = \text{E}(\underline{\tilde{\mathbf{x}}})$ mit den Erwartungswerten von $\underline{\tilde{\mathbf{x}}}$ gilt dann

$$\mathrm{E}(\underline{\tilde{\mathbf{x}}}) = \mathrm{E}(\underline{A} \cdot \underline{\mathbf{x}}) = \mathrm{E}\left(\begin{bmatrix} a_{11} \cdot \mathbf{x}_1 + a_{12} \cdot \mathbf{x}_2 + \cdots + a_{1n} \cdot \mathbf{x}_n \\ a_{21} \cdot \mathbf{x}_1 + a_{22} \cdot \mathbf{x}_2 + \cdots + a_{2n} \cdot \mathbf{x}_n \\ \vdots \\ a_{m1} \cdot \mathbf{x}_1 + a_{m2} \cdot \mathbf{x}_2 + \cdots + a_{mn} \cdot \mathbf{x}_n \end{bmatrix}\right)$$

$$= \begin{bmatrix} a_{11} \cdot \mathrm{E}(\mathbf{x}_1) + a_{12} \cdot \mathrm{E}(\mathbf{x}_2) + \cdots + a_{1n} \cdot \mathrm{E}(\mathbf{x}_n) \\ a_{21} \cdot \mathrm{E}(\mathbf{x}_1) + a_{22} \cdot \mathrm{E}(\mathbf{x}_2) + \cdots + a_{2n} \cdot \mathrm{E}(\mathbf{x}_n) \\ \vdots \\ a_{m1} \cdot \mathrm{E}(\mathbf{x}_1) + a_{m2} \cdot \mathrm{E}(\mathbf{x}_2) + \cdots + a_{mn} \cdot \mathrm{E}(\mathbf{x}_n) \end{bmatrix} = \underline{A} \cdot \mathrm{E}(\underline{\mathbf{x}}) \,. \qquad (11.66)$$

Der Vektor $\underline{\tilde{\mathbf{x}}}$ wird analog zu (11.63) durch folgende $(m \times m)$-Autokovarianzmatrix beschrieben

$$\underline{\mathrm{Cov}(\tilde{\mathbf{x}}, \tilde{\mathbf{x}})} = \underline{\Sigma}_{\tilde{\mathbf{x}}} = \begin{bmatrix} \mathrm{var}(\tilde{\mathbf{x}}_1) & \mathrm{cov}(\tilde{\mathbf{x}}_1, \tilde{\mathbf{x}}_2) & \cdots & \mathrm{cov}(\tilde{\mathbf{x}}_1, \tilde{\mathbf{x}}_m) \\ \mathrm{cov}(\tilde{\mathbf{x}}_2, \tilde{\mathbf{x}}_1) & \mathrm{var}(\tilde{\mathbf{x}}_2) & \cdots & \mathrm{cov}(\tilde{\mathbf{x}}_2, \tilde{\mathbf{x}}_m) \\ \vdots & \vdots & \ddots & \vdots \\ \mathrm{cov}(\tilde{\mathbf{x}}_m, \tilde{\mathbf{x}}_1) & \mathrm{cov}(\tilde{\mathbf{x}}_m, \tilde{\mathbf{x}}_2) & \cdots & \mathrm{var}(\tilde{\mathbf{x}}_m) \end{bmatrix}. \qquad (11.67)$$

Diese Autokovarianzmatrix lässt sich aus $\underline{\Sigma}_{\mathbf{x}}$ und $\underline{A}$ berechnen, wozu wir von der Definition der Matrix $\underline{\Sigma}_{\tilde{\mathbf{x}}}$ ausgehen und die Identität mit $[\underline{A} \cdot \underline{B}]^T = \underline{B}^T \cdot \underline{A}^T$ sowie (11.66) berücksichtigen

$$\begin{aligned} \underline{\Sigma}_{\tilde{\mathbf{x}}} &= \mathrm{E}\left([\underline{\tilde{\mathbf{x}}} - \mathrm{E}(\underline{\tilde{\mathbf{x}}})] \cdot [\underline{\tilde{\mathbf{x}}} - \mathrm{E}(\underline{\tilde{\mathbf{x}}})]^T\right) = \mathrm{E}\left([\underline{A} \cdot \underline{\mathbf{x}} - \mathrm{E}(\underline{A} \cdot \underline{\mathbf{x}})] \cdot [\underline{A} \cdot \underline{\mathbf{x}} - \mathrm{E}(\underline{A} \cdot \underline{\mathbf{x}})]^T\right) \\ &= \mathrm{E}\left([\underline{A} \cdot (\underline{\mathbf{x}} - \mathrm{E}(\underline{\mathbf{x}}))] \cdot [\underline{A} \cdot (\underline{\mathbf{x}} - \mathrm{E}(\underline{\mathbf{x}}))]^T\right) \\ &= \underline{A} \cdot \mathrm{E}\left([\underline{\mathbf{x}} - \mathrm{E}(\underline{\mathbf{x}})] \cdot [\underline{\mathbf{x}} - \mathrm{E}(\underline{\mathbf{x}})]^T\right) \cdot \underline{A}^T \,. = \underline{A} \cdot \underline{\Sigma}_{\mathbf{x}} \cdot \underline{A}^T \,. \end{aligned} \qquad (11.68)$$

Als Beispiel betrachten wir die Zufallsvariable $\tilde{\mathbf{x}} = 2\mathbf{x}_1 - 5\mathbf{x}_2$ mit $\sigma_{\mathbf{x}_1}^2 = 10$, $\sigma_{\mathbf{x}_2}^2 = 20$ und $\sigma_{\mathbf{x}_1\mathbf{x}_2} = 12$. Die Autokovarianzmatrix $\underline{\Sigma}_{\tilde{\mathbf{x}}}$ hat hier die Dimension 1×1 mit der Varianz $\sigma_{\tilde{\mathbf{x}}}^2$, so dass gilt

$$\underline{\Sigma}_{\mathbf{x}} = \begin{pmatrix} 10 & 12 \\ 12 & 20 \end{pmatrix}, \quad \underline{A} = \begin{pmatrix} 2 & -5 \end{pmatrix} \;\Rightarrow\; \sigma_{\tilde{\mathbf{x}}}^2 = \underline{A} \cdot \underline{\Sigma}_{\mathbf{x}} \cdot \underline{A}^T = 300 \,. \qquad (11.69)$$

Addieren oder subtrahieren wir zwei Zufallsvektoren $\underline{\tilde{\mathbf{x}}}$ und $\underline{\tilde{\mathbf{y}}}$ der Dimension $m \times 1$, so folgt

$$\mathrm{E}(\underline{\tilde{\mathbf{x}}} \pm \underline{\tilde{\mathbf{y}}}) = \mathrm{E}\left(\begin{bmatrix} \tilde{\mathbf{x}}_1 \pm \tilde{\mathbf{y}}_1 \\ \tilde{\mathbf{x}}_2 \pm \tilde{\mathbf{y}}_2 \\ \vdots \\ \tilde{\mathbf{x}}_m \pm \tilde{\mathbf{y}}_m \end{bmatrix}\right) = \begin{bmatrix} \mathrm{E}(\tilde{\mathbf{x}}_1) \pm \mathrm{E}(\tilde{\mathbf{y}}_1) \\ \mathrm{E}(\tilde{\mathbf{x}}_2) \pm \mathrm{E}(\tilde{\mathbf{y}}_2) \\ \vdots \\ \mathrm{E}(\tilde{\mathbf{x}}_m) \pm \mathrm{E}(\tilde{\mathbf{y}}_m) \end{bmatrix} = \mathrm{E}(\underline{\tilde{\mathbf{x}}}) \pm \mathrm{E}(\underline{\tilde{\mathbf{y}}}) \,. \qquad (11.70)$$

Für die Autokovarianzmatrix der Summe der Zufallsvektoren ergibt sich mit (11.64)

$$\begin{aligned}
\underline{\mathrm{Cov}}(\tilde{\underline{\mathbf{x}}}+\tilde{\underline{\mathbf{y}}},\tilde{\underline{\mathbf{x}}}+\tilde{\underline{\mathbf{y}}}) &= \mathrm{E}\left(\left[(\tilde{\underline{\mathbf{x}}}+\tilde{\underline{\mathbf{y}}})-\mathrm{E}(\tilde{\underline{\mathbf{x}}}+\tilde{\underline{\mathbf{y}}})\right]\cdot\left[(\tilde{\underline{\mathbf{x}}}+\tilde{\underline{\mathbf{y}}})-\mathrm{E}(\tilde{\underline{\mathbf{x}}}+\tilde{\underline{\mathbf{y}}})\right]^T\right)\\
&= \mathrm{E}\left(\left[(\tilde{\underline{\mathbf{x}}}-\mathrm{E}(\tilde{\underline{\mathbf{x}}}))+(\tilde{\underline{\mathbf{y}}}-\mathrm{E}(\tilde{\underline{\mathbf{y}}}))\right]\cdot\left[(\tilde{\underline{\mathbf{x}}}-\mathrm{E}(\tilde{\underline{\mathbf{x}}}))+(\tilde{\underline{\mathbf{y}}}-\mathrm{E}(\tilde{\underline{\mathbf{y}}}))\right]^T\right)\\
&= \mathrm{E}\left([\tilde{\underline{\mathbf{x}}}-\mathrm{E}(\tilde{\underline{\mathbf{x}}})]\cdot[\tilde{\underline{\mathbf{x}}}-\mathrm{E}(\tilde{\underline{\mathbf{x}}})]^T\right)+\mathrm{E}\left([\tilde{\underline{\mathbf{y}}}-\mathrm{E}(\tilde{\underline{\mathbf{y}}})]\cdot[\tilde{\underline{\mathbf{y}}}-\mathrm{E}(\tilde{\underline{\mathbf{y}}})]^T\right)\\
&\quad +2\cdot\mathrm{E}\left([\tilde{\underline{\mathbf{x}}}-\mathrm{E}(\tilde{\underline{\mathbf{x}}})]\cdot[\tilde{\underline{\mathbf{y}}}-\mathrm{E}(\tilde{\underline{\mathbf{y}}})]^T\right) &(11.71)\\
&= \underline{\mathrm{Cov}}(\tilde{\underline{\mathbf{x}}},\tilde{\underline{\mathbf{x}}}) + \underline{\mathrm{Cov}}(\tilde{\underline{\mathbf{y}}},\tilde{\underline{\mathbf{y}}}) + 2\cdot\underline{\mathrm{Cov}}(\tilde{\underline{\mathbf{x}}},\tilde{\underline{\mathbf{y}}})\,, &(11.72)
\end{aligned}$$

während wir für deren Differenz erhalten

$$\begin{aligned}
\underline{\mathrm{Cov}}(\tilde{\underline{\mathbf{x}}}-\tilde{\underline{\mathbf{y}}},\tilde{\underline{\mathbf{x}}}-\tilde{\underline{\mathbf{y}}}) &= \mathrm{E}\left(\left[(\tilde{\underline{\mathbf{x}}}-\tilde{\underline{\mathbf{y}}})-\mathrm{E}(\tilde{\underline{\mathbf{x}}}-\tilde{\underline{\mathbf{y}}})\right]\cdot\left[(\tilde{\underline{\mathbf{x}}}-\tilde{\underline{\mathbf{y}}})-\mathrm{E}(\tilde{\underline{\mathbf{x}}}-\tilde{\underline{\mathbf{y}}})\right]^T\right)\\
&= \mathrm{E}\left(\left[(\tilde{\underline{\mathbf{x}}}-\mathrm{E}(\tilde{\underline{\mathbf{x}}}))-(\tilde{\underline{\mathbf{y}}}-\mathrm{E}(\tilde{\underline{\mathbf{y}}}))\right]\cdot\left[(\tilde{\underline{\mathbf{x}}}-\mathrm{E}(\tilde{\underline{\mathbf{x}}}))-(\tilde{\underline{\mathbf{y}}}-\mathrm{E}(\tilde{\underline{\mathbf{y}}}))\right]^T\right)\\
&= \underline{\mathrm{Cov}}(\tilde{\underline{\mathbf{x}}},\tilde{\underline{\mathbf{x}}}) + \underline{\mathrm{Cov}}(\tilde{\underline{\mathbf{y}}},\tilde{\underline{\mathbf{y}}}) - 2\cdot\underline{\mathrm{Cov}}(\tilde{\underline{\mathbf{x}}},\tilde{\underline{\mathbf{y}}})\,. &(11.73)
\end{aligned}$$

Hierbei haben wir die $(m \times m)$-Kovarianzmatrix $\underline{\mathrm{Cov}}(\tilde{\underline{\mathbf{x}}},\tilde{\underline{\mathbf{y}}})$ eingeführt, die sämtliche Kovarianzen zwischen den Zufallsvariablen in $\tilde{\underline{\mathbf{x}}}$ und $\tilde{\underline{\mathbf{y}}}$ enthält

$$\underline{\mathrm{Cov}}(\tilde{\underline{\mathbf{x}}},\tilde{\underline{\mathbf{y}}}) = \begin{bmatrix} \mathrm{cov}(\tilde{\mathbf{x}}_1,\tilde{\mathbf{y}}_1) & \mathrm{cov}(\tilde{\mathbf{x}}_1,\tilde{\mathbf{y}}_2) & \cdots & \mathrm{cov}(\tilde{\mathbf{x}}_1,\tilde{\mathbf{y}}_m)\\ \mathrm{cov}(\tilde{\mathbf{x}}_2,\tilde{\mathbf{y}}_1) & \mathrm{cov}(\tilde{\mathbf{x}}_2,\tilde{\mathbf{y}}_2) & \cdots & \mathrm{cov}(\tilde{\mathbf{x}}_2,\tilde{\mathbf{y}}_m)\\ \vdots & \vdots & \ddots & \vdots\\ \mathrm{cov}(\tilde{\mathbf{x}}_m,\tilde{\mathbf{y}}_1) & \mathrm{cov}(\tilde{\mathbf{x}}_m,\tilde{\mathbf{y}}_2) & \cdots & \mathrm{cov}(\tilde{\mathbf{x}}_m,\tilde{\mathbf{y}}_m) \end{bmatrix}. \tag{11.74}$$

Die Darstellung von $\underline{\mathrm{Cov}}(\tilde{\underline{\mathbf{x}}},\tilde{\underline{\mathbf{y}}})$ als Erwartungswert in (11.71) können wir ausmultiplizieren

$$\begin{aligned}
\underline{\mathrm{Cov}}(\tilde{\underline{\mathbf{x}}},\tilde{\underline{\mathbf{y}}}) &= \mathrm{E}\left([\tilde{\underline{\mathbf{x}}}-\mathrm{E}(\tilde{\underline{\mathbf{x}}})]\cdot[\tilde{\underline{\mathbf{y}}}-\mathrm{E}(\tilde{\underline{\mathbf{y}}})]^T\right)\\
&= \mathrm{E}(\tilde{\underline{\mathbf{x}}}\cdot\tilde{\underline{\mathbf{y}}}^T)-\mathrm{E}(\tilde{\underline{\mathbf{x}}}\cdot\mathrm{E}(\tilde{\underline{\mathbf{y}}}^T))-\mathrm{E}(\,\mathrm{E}(\tilde{\underline{\mathbf{x}}})\cdot\tilde{\underline{\mathbf{y}}}^T)+\mathrm{E}(\,\mathrm{E}(\tilde{\underline{\mathbf{x}}})\cdot\mathrm{E}(\tilde{\underline{\mathbf{y}}}^T))\\
&= \mathrm{E}(\tilde{\underline{\mathbf{x}}}\cdot\tilde{\underline{\mathbf{y}}}^T)-\mathrm{E}(\tilde{\underline{\mathbf{x}}})\cdot\mathrm{E}(\tilde{\underline{\mathbf{y}}}^T)-\mathrm{E}(\tilde{\underline{\mathbf{x}}})\cdot\mathrm{E}(\tilde{\underline{\mathbf{y}}}^T)+\mathrm{E}(\tilde{\underline{\mathbf{x}}})\cdot\mathrm{E}(\tilde{\underline{\mathbf{y}}}^T)\\
&= \mathrm{E}(\tilde{\underline{\mathbf{x}}}\cdot\tilde{\underline{\mathbf{y}}}^T)-\mathrm{E}(\tilde{\underline{\mathbf{x}}})\cdot\mathrm{E}(\tilde{\underline{\mathbf{y}}}^T)\,, &(11.75)
\end{aligned}$$

und dieselbe Zerlegung ist mit $\tilde{\underline{\mathbf{y}}}=\tilde{\underline{\mathbf{x}}}=\underline{\mathbf{x}}$ auch für die Autokovarianzmatrix entsprechend (11.64) möglich

$$\underline{\mathrm{Cov}}(\underline{\mathbf{x}},\underline{\mathbf{x}}) = \underline{\Sigma}_{\mathbf{x}} = \mathrm{E}(\underline{\mathbf{x}}\cdot\underline{\mathbf{x}}^T)-\mathrm{E}(\underline{\mathbf{x}})\cdot\mathrm{E}(\underline{\mathbf{x}}^T)\,. \tag{11.76}$$

Jetzt betrachten wir erneut die lineare Abbildung $\underline{\tilde{\mathbf{x}}} = \underline{A} \cdot \underline{\mathbf{x}}$ nach (11.65), und erzeugen analog dazu den $(m \times 1)$-Vektor $\underline{\tilde{\mathbf{y}}}$ durch Abbildung eines $(p \times 1)$-Vektors $\underline{\mathbf{y}}$ mit einer $(m \times p)$-Matrix $\underline{B}$

$$\underline{\tilde{\mathbf{y}}} = \underline{B} \cdot \underline{\mathbf{y}} \quad \text{mit} \quad \underline{\mathbf{y}} = \begin{bmatrix} \tilde{\mathbf{y}}_1 \\ \tilde{\mathbf{y}}_2 \\ \vdots \\ \tilde{\mathbf{y}}_p \end{bmatrix} \quad \text{und} \quad \underline{B} = \begin{bmatrix} b_{11} & b_{12} & \cdots & b_{1p} \\ b_{21} & b_{22} & \cdots & b_{2p} \\ \vdots & \vdots & \ddots & \vdots \\ b_{m1} & b_{m2} & \cdots & b_{mp} \end{bmatrix}. \tag{11.77}$$

Die Kovarianzmatrix $\underline{\mathrm{Cov}}(\underline{\tilde{\mathbf{x}}}, \underline{\tilde{\mathbf{y}}})$ lässt sich dann mit (11.75) und $(\underline{B} \cdot \underline{\mathbf{y}})^T = \underline{\mathbf{y}}^T \cdot \underline{B}^T$ abhängig von der Kovarianzmatrix $\underline{\mathrm{Cov}}(\underline{\mathbf{x}}, \underline{\mathbf{y}})$ und den Matrizen $\underline{A}$ sowie $\underline{B}$ angeben

$$\begin{aligned}
\underline{\mathrm{Cov}}(\underline{\tilde{\mathbf{x}}}, \underline{\tilde{\mathbf{y}}}) = \underline{\mathrm{Cov}}(\underline{A} \cdot \underline{\mathbf{x}}, \underline{B} \cdot \underline{\mathbf{y}}) &= \mathrm{E}(\underline{A} \cdot \underline{\mathbf{x}} \cdot (\underline{B} \cdot \underline{\mathbf{y}})^T) - \mathrm{E}(\underline{A} \cdot \underline{\mathbf{x}}) \cdot \mathrm{E}((\underline{B} \cdot \underline{\mathbf{y}})^T) \\
&= \mathrm{E}(\underline{A} \cdot \underline{\mathbf{x}} \cdot \underline{\mathbf{y}}^T \cdot \underline{B}^T) - \mathrm{E}(\underline{A} \cdot \underline{\mathbf{x}}) \cdot \mathrm{E}(\underline{\mathbf{y}}^T \cdot \underline{B}^T) \\
&= \underline{A} \cdot \left[\mathrm{E}(\underline{\mathbf{x}} \cdot \underline{\mathbf{y}}^T) - \mathrm{E}(\underline{\mathbf{x}}) \cdot \mathrm{E}(\underline{\mathbf{y}}^T)\right] \cdot \underline{B}^T = A \cdot \underline{\mathrm{Cov}}(\underline{\mathbf{x}}, \underline{\mathbf{y}}) \cdot \underline{B}^T.
\end{aligned} \tag{11.78}$$

Die Kovarianzmatrix $\underline{\mathrm{Cov}}(\underline{\mathbf{x}}, \underline{\mathbf{y}})$ der Dimension $n \times p$ ist dabei wie folgt definiert

$$\begin{aligned}
\underline{\mathrm{Cov}}(\underline{\mathbf{x}}, \underline{\mathbf{y}}) &= \mathrm{E}\left([\underline{\mathbf{x}} - \mathrm{E}(\underline{\mathbf{x}})] \cdot [\underline{\mathbf{y}} - \mathrm{E}(\underline{\mathbf{y}})]^T\right) \qquad (11.79) \\
&= \mathrm{E}\left(\begin{bmatrix} [\mathbf{x}_1\text{-}\mathrm{E}(\mathbf{x}_1)] \\ [\mathbf{x}_2\text{-}\mathrm{E}(\mathbf{x}_2)] \\ \vdots \\ [\mathbf{x}_n\text{-}\mathrm{E}(\mathbf{x}_n)] \end{bmatrix} \cdot \begin{bmatrix} [\mathbf{y}_1\text{-}\mathrm{E}(\mathbf{y}_1)] & [\mathbf{y}_2\text{-}\mathrm{E}(\mathbf{y}_2)] & \cdots & [\mathbf{y}_n\text{-}\mathrm{E}(\mathbf{y}_p)] \end{bmatrix}\right) \\
&= \mathrm{E}\left(\begin{bmatrix} [\mathbf{x}_1\text{-}\mathrm{E}(\mathbf{x}_1)]\cdot[\mathbf{y}_1\text{-}\mathrm{E}(\mathbf{y}_1)] & [\mathbf{x}_1\text{-}\mathrm{E}(\mathbf{x}_1)]\cdot[\mathbf{y}_2\text{-}\mathrm{E}(\mathbf{y}_2)] & \cdots & [\mathbf{x}_1\text{-}\mathrm{E}(\mathbf{x}_1)]\cdot[\mathbf{y}_p\text{-}\mathrm{E}(\mathbf{y}_p)] \\ [\mathbf{x}_2\text{-}\mathrm{E}(\mathbf{x}_2)]\cdot[\mathbf{y}_1\text{-}\mathrm{E}(\mathbf{y}_1)] & [\mathbf{x}_2\text{-}\mathrm{E}(\mathbf{x}_2)]\cdot[\mathbf{y}_2\text{-}\mathrm{E}(\mathbf{y}_2)] & \cdots & [\mathbf{x}_2\text{-}\mathrm{E}(\mathbf{x}_2)]\cdot[\mathbf{y}_p\text{-}\mathrm{E}(\mathbf{y}_p)] \\ \vdots & \vdots & \ddots & \vdots \\ [\mathbf{x}_n\text{-}\mathrm{E}(\mathbf{x}_n)]\cdot[\mathbf{y}_1\text{-}\mathrm{E}(\mathbf{y}_1)] & [\mathbf{x}_n\text{-}\mathrm{E}(\mathbf{x}_n)]\cdot[\mathbf{y}_2\text{-}\mathrm{E}(\mathbf{y}_2)] & \cdots & [\mathbf{x}_n\text{-}\mathrm{E}(\mathbf{x}_n)]\cdot[\mathbf{y}_p\text{-}\mathrm{E}(\mathbf{y}_p)] \end{bmatrix}\right)
\end{aligned}$$

$$\Rightarrow \underline{\mathrm{Cov}}(\underline{\mathbf{x}}, \underline{\mathbf{y}}) = \begin{bmatrix} \mathrm{cov}(\mathbf{x}_1, \mathbf{y}_1) & \mathrm{cov}(\mathbf{x}_1, \mathbf{y}_2) & \cdots & \mathrm{cov}(\mathbf{x}_1, \mathbf{y}_p) \\ \mathrm{cov}(\mathbf{x}_2, \mathbf{y}_1) & \mathrm{cov}(\mathbf{x}_2, \mathbf{y}_2) & \cdots & \mathrm{cov}(\mathbf{x}_2, \mathbf{y}_p) \\ \vdots & \vdots & \ddots & \vdots \\ \mathrm{cov}(\mathbf{x}_n, \mathbf{y}_1) & \mathrm{cov}(\mathbf{x}_n, \mathbf{y}_2) & \cdots & \mathrm{cov}(\mathbf{x}_n, \mathbf{y}_p) \end{bmatrix}. \tag{11.80}$$

Damit können wir auch für eine beliebige Linearkombination $\underline{\mathbf{z}}$ der beiden Zufallsvektoren $\underline{\mathbf{x}}$ und $\underline{\mathbf{y}}$ mit den Matrizen $\underline{A}$ und $\underline{B}$ die Erwartungswerte sowie die Autokovarianzmatrix angeben

$$\underline{\mathbf{z}} = \underline{A} \cdot \underline{\mathbf{x}} \pm \underline{B} \cdot \underline{\mathbf{y}} \quad \Rightarrow \tag{11.81}$$

$$\mathrm{E}(\underline{\mathbf{z}}) = \underline{A} \cdot \mathrm{E}(\underline{\mathbf{x}}) \pm \underline{B} \cdot \mathrm{E}(\underline{\mathbf{y}}) \tag{11.82}$$

$$\underline{\Sigma}_{\mathbf{z}} = \underline{\mathrm{Cov}}(\underline{\mathbf{z}}, \underline{\mathbf{z}}) = \underline{A} \cdot \underline{\Sigma}_{\mathbf{x}} \cdot \underline{A}^T + \underline{B} \cdot \underline{\Sigma}_{\mathbf{y}} \cdot \underline{B}^T \pm 2 \cdot A \cdot \underline{\mathrm{Cov}}(\underline{\mathbf{x}}, \underline{\mathbf{y}}) \cdot \underline{B}^T. \tag{11.83}$$

Die Autokovarianzmatrix $\underline{\Sigma}_{\mathbf{z}}$ hängt damit in Verallgemeinerung von (11.56) von der Kovarianzmatrix $\underline{\mathrm{Cov}}(\underline{\mathbf{x}}, \underline{\mathbf{y}})$ ab, sofern die Zufallsvektoren $\underline{\mathbf{x}}$ und $\underline{\mathbf{y}}$ nicht unabhängig voneinander sind.

11.2.6 Verbundverteilungsdichten normalverteilter Zufallsvariablen

Als Anwendung der vektoriellen Schreibweise von Zufallsvariablen wollen wir Verbundverteilungsdichten für zwei normalverteilte Zufallsvariablen darstellen, die beliebig voneinander abhängen. Dazu gehen wir von zwei mittelwertfreien und stochastisch unabhängigen Zufallsvariablen $\tilde{\mathbf{x}}_1$ und $\tilde{\mathbf{x}}_2$ aus, die durch $p(\tilde{\mathbf{x}}_1, \tilde{\mathbf{x}}_2)$ entsprechend (11.50) beschrieben werden mit $\mu_{\tilde{\mathbf{x}}_1} = \mu_{\tilde{\mathbf{x}}_2} = 0$. Aus der Unabhängigkeit folgt $\sigma_{\tilde{\mathbf{x}}_1\tilde{\mathbf{x}}_2} = 0$, so dass nur die Hauptdiagonale derAutokovarianzmatrix $\underline{\Sigma}_{\tilde{\mathbf{x}}}$ besetzt ist und die beiden Varianzen $\sigma^2_{\tilde{\mathbf{x}}_1}$ und $\sigma^2_{\tilde{\mathbf{x}}_2}$ enthält. Der Exponent von $p(\tilde{\mathbf{x}}_1, \tilde{\mathbf{x}}_2)$ definiert eine Ellipse im Koordinatenursprung, die parallel zu den Koordinatenachsen $\tilde{\mathbf{x}}_1$ und $\tilde{\mathbf{x}}_2$ ausgerichtet ist, wie Abb. 11.20 mit den Halbachsen der Länge $\sigma_{\tilde{\mathbf{x}}_1}$ und $\sigma_{\tilde{\mathbf{x}}_2}$ zeigt. Die Ellipse können wir mit $\underline{\Sigma}_{\tilde{\mathbf{x}}}$ und dem Vektor $\underline{\tilde{\mathbf{x}}} = (\tilde{\mathbf{x}}_1 \;\; \tilde{\mathbf{x}}_2)^T$ auch als *quadratische Form* $Q(\underline{\tilde{\mathbf{x}}}) = \underline{\tilde{\mathbf{x}}}^T \cdot \underline{\Sigma}_{\tilde{\mathbf{x}}}^{-1} \cdot \underline{\tilde{\mathbf{x}}}$ darstellen, was sich durch Ausmultiplizieren überprüfen lässt

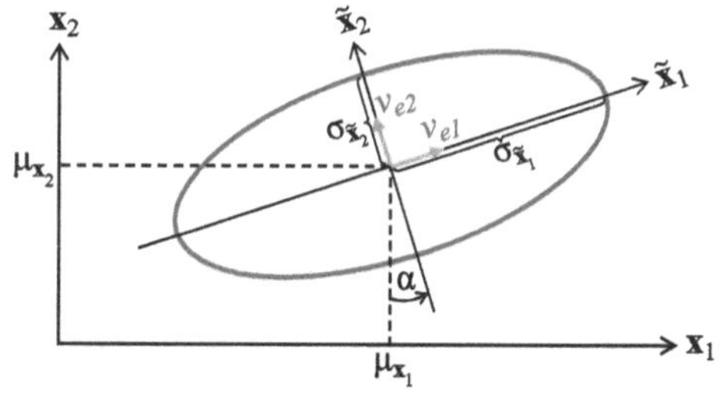

Abb. 11.20 Die Autokovarianzmatrix von zwei mittelwertfreien und unkorrelierten Zufallsvariablen $\tilde{\mathbf{x}}_1$ und $\tilde{\mathbf{x}}_2$ wird durch eine Ellipse in Hauptachsenform mit den Halbachsen $\sigma_{\tilde{\mathbf{x}}_1}$ und $\sigma_{\tilde{\mathbf{x}}_2}$ im Ursprung des Koordinatensystems $(\tilde{\mathbf{x}}_1, \tilde{\mathbf{x}}_2)$ repräsentiert; diese kann auch abhängig von den Zustandsvariablen $\mathbf{x}_1$ und $\mathbf{x}_2$ angegeben werden, die durch Koordinatentransformation entstehen und korreliert sind, was die Drehung der Ellipse um α im Koordinatensystem $(\mathbf{x}_1, \mathbf{x}_2)$ anzeigt

$$p(\tilde{\mathbf{x}}_1, \tilde{\mathbf{x}}_2) = \frac{1}{2\pi \cdot \sigma_{\tilde{\mathbf{x}}_1} \cdot \sigma_{\tilde{\mathbf{x}}_2}} \cdot \mathrm{e}^{-\frac{1}{2}\cdot\left(\left(\frac{\tilde{\mathbf{x}}_1}{\sigma_{\tilde{\mathbf{x}}_1}}\right)^2 + \left(\frac{\tilde{\mathbf{x}}_2}{\sigma_{\tilde{\mathbf{x}}_2}}\right)^2\right)} = \frac{1}{2\pi \cdot \sigma_{\tilde{\mathbf{x}}_1} \cdot \sigma_{\tilde{\mathbf{x}}_2}} \cdot \mathrm{e}^{-\frac{1}{2}\cdot \underline{\tilde{\mathbf{x}}}^T \cdot \underline{\Sigma}_{\tilde{\mathbf{x}}}^{-1} \cdot \underline{\tilde{\mathbf{x}}}} \tag{11.84}$$

$$\text{mit} \quad \underline{\Sigma}_{\tilde{\mathbf{x}}}^{-1} = \begin{bmatrix} \sigma_{\tilde{\mathbf{x}}_1}^2 & 0 \\ 0 & \sigma_{\tilde{\mathbf{x}}_2}^2 \end{bmatrix}^{-1} = \begin{bmatrix} \frac{1}{\sigma_{\tilde{\mathbf{x}}_1}^2} & 0 \\ 0 & \frac{1}{\sigma_{\tilde{\mathbf{x}}_2}^2} \end{bmatrix}.$$

Jetzt führen wir mit der orthogonalen Rotationsmatrix $\underline{R}$ und dem Verschiebungsvektor $\underline{\mu}_{\mathbf{x}}$ eine Koordinatentransformation auf zwei neue Zufallsvariablen im Vektor $\underline{\mathbf{x}} = (\mathbf{x}_1 \quad \mathbf{x}_2)^T$ durch

$$\underline{\mathbf{x}} = \underline{R} \cdot \underline{\tilde{\mathbf{x}}} + \underline{\mu}_{\mathbf{x}} \quad \text{mit} \quad \underline{R} = \begin{bmatrix} \cos(\alpha) & -\sin(\alpha) \\ \sin(\alpha) & \cos(\alpha) \end{bmatrix}, \quad \underline{\mu}_{\mathbf{x}} = \begin{bmatrix} \mu_{\mathbf{x}_1} \\ \mu_{\mathbf{x}_2} \end{bmatrix}. \tag{11.85}$$

Mit (11.68) können wir die Autokovarianzmatrix $\underline{\Sigma}_{\mathbf{x}}$ der neuen Zufallsvariablen in $\underline{\mathbf{x}}$ berechnen, wobei die Verschiebung um den Vektor $\underline{\mu}_{\mathbf{x}}$ analog zu (11.21) keinen Einfluss hat

$$\underline{\Sigma}_{\mathbf{x}} = \underline{R} \cdot \underline{\Sigma}_{\tilde{\mathbf{x}}} \cdot \underline{R}^T = \begin{bmatrix} \sigma_{\mathbf{x}_1}^2 & \sigma_{\mathbf{x}_1\mathbf{x}_2} \\ \sigma_{\mathbf{x}_1\mathbf{x}_2} & \sigma_{\mathbf{x}_2}^2 \end{bmatrix}. \tag{11.86}$$

Die beiden Spaltenvektoren $\underline{v}_{e1} = \begin{bmatrix}\cos(\alpha) & \sin(\alpha)\end{bmatrix}^T$ und $\underline{v}_{e2} = \begin{bmatrix}-\sin(\alpha) & \cos(\alpha)\end{bmatrix}^T$ in der Matrix $\underline{R} = \begin{bmatrix}\underline{v}_{e1} & \underline{v}_{e2}\end{bmatrix}$ repräsentieren die Eigenvektoren von $\underline{\Sigma}_{\mathbf{x}}$. Dies folgt aus deren Definitionsgleichung $\underline{\Sigma}_{\mathbf{x}} \cdot \underline{v}_{e1} = \lambda_1 \cdot \underline{v}_{e1}$ bzw. $\underline{\Sigma}_{\mathbf{x}} \cdot \underline{v}_{e2} = \lambda_2 \cdot \underline{v}_{e2}$ mit $\underline{R}^T \cdot \underline{R} = \underline{E}$ für orthogonale Matrizen, wenn wir (11.86) von rechts mit $\underline{R}$ multiplizieren, da $\underline{\Sigma}_{\tilde{\mathbf{x}}}$ wegen $\sigma_{\tilde{\mathbf{x}}_1\tilde{\mathbf{x}}_2} = 0$ einer Diagonalmatrix entspricht

$$\underline{\Sigma}_{\mathbf{x}} \cdot \underline{R} = \begin{bmatrix}\underline{\Sigma}_{\mathbf{x}} \cdot \underline{v}_{e1} & \underline{\Sigma}_{\mathbf{x}} \cdot \underline{v}_{e2}\end{bmatrix} = \begin{bmatrix}\lambda_1 \cdot \underline{v}_{e1} & \lambda_2 \cdot \underline{v}_{e2}\end{bmatrix} = \underline{R} \cdot \begin{bmatrix} \lambda_1 & 0 \\ 0 & \lambda_2 \end{bmatrix} = \underline{R} \cdot \underline{\Sigma}_{\tilde{\mathbf{x}}}. \tag{11.87}$$

Aus dieser Gleichung können wir die Eigenwerte $\lambda_1 = \sigma_{\tilde{\mathbf{x}}_1}^2$ und $\lambda_2 = \sigma_{\tilde{\mathbf{x}}_2}^2$ durch Vergleich mit der Diagonalmatrix $\underline{\Sigma}_{\tilde{\mathbf{x}}}$ ablesen. In Abb. 11.20 sind neben den neuen Koordinatenachsen $\mathbf{x}_1$ und $\mathbf{x}_2$ auch die Eigenvektoren eingetragen, und aus der Darstellung ist ersichtlich, dass die lineare Abbildung von $\underline{\tilde{\mathbf{x}}}$ auf $\underline{\mathbf{x}}$ eine Verschiebung der Ellipse um den Vektor $\underline{\mu}_{\mathbf{x}}$ mit den Erwartungswerten, sowie eine Drehung um den Winkel α aufgrund der Kovarianz $\sigma_{\mathbf{x}_1\mathbf{x}_2}$ bewirkt.

Den Winkel α ermitteln wir, indem wir (11.86) nach $\underline{\Sigma}_{\tilde{\mathbf{x}}}$ auflösen und die Matrizen einsetzen

$$\begin{aligned} \underline{\Sigma}_{\tilde{\mathbf{x}}} &= \underline{R}^T \cdot \underline{\Sigma}_{\mathbf{x}} \cdot \underline{R} \\ &= \begin{bmatrix} \cos(\alpha) & \sin(\alpha) \\ -\sin(\alpha) & \cos(\alpha) \end{bmatrix} \cdot \begin{bmatrix} \sigma_{\mathbf{x}_1}^2 & \sigma_{\mathbf{x}_1\mathbf{x}_2} \\ \sigma_{\mathbf{x}_1\mathbf{x}_2} & \sigma_{\mathbf{x}_2}^2 \end{bmatrix} \cdot \begin{bmatrix} \cos(\alpha) & -\sin(\alpha) \\ \sin(\alpha) & \cos(\alpha) \end{bmatrix}. \end{aligned} \tag{11.88}$$

Die Matrizenmultiplikation ergibt eine Kovarianz $\sigma_{\tilde{\mathbf{x}}_1\tilde{\mathbf{x}}_2}$ abhängig von α, die allerdings null sein muss, da die Zufallsvariablen $\tilde{\mathbf{x}}_1$ und $\tilde{\mathbf{x}}_2$ unkorreliert angenommen wurden

$$\sigma_{\tilde{\mathbf{x}}_1\tilde{\mathbf{x}}_2} = \left(\cos^2(\alpha) - \sin^2(\alpha)\right) \cdot \sigma_{\mathbf{x}_1\mathbf{x}_2} - \cos(\alpha) \cdot \sin(\alpha) \cdot \left(\sigma^2_{\mathbf{x}_1} - \sigma^2_{\mathbf{x}_1}\right) \stackrel{!}{=} 0\,. \tag{11.89}$$

Daher lässt sich aus dieser Gleichung der Winkel bestimmen. Wir verwenden die Identitäten $\cos(\alpha) \cdot \sin(\alpha) = \frac{1}{2} \cdot \sin(2\alpha)$ sowie $\cos^2(\alpha) - \sin^2(\alpha) = \cos(2\alpha)$, die aus den Additionstheoremen für Sinus und Cosinus sowie dem Satz des Pythagoras folgen, so dass wir für α erhalten[16]

$$\alpha = \frac{1}{2} \cdot \arctan\left(\frac{2\sigma_{\mathbf{x}_1\mathbf{x}_2}}{\sigma^2_{\mathbf{x}_1} - \sigma^2_{\mathbf{x}_2}}\right) = \frac{1}{2} \cdot \arctan\left(\frac{2r_{\mathbf{x}_1\mathbf{x}_2}}{\frac{\sigma_{\mathbf{x}_1}}{\sigma_{\mathbf{x}_2}} - \frac{\sigma_{\mathbf{x}_2}}{\sigma_{\mathbf{x}_1}}}\right) \quad \text{für} \quad \sigma^2_{\mathbf{x}_1} \neq \sigma^2_{\mathbf{x}_2}\,. \tag{11.90}$$

Somit können wir eine beliebige (2×2)-Autokovarianzmatrix $\underline{\Sigma}_{\mathbf{x}}$ durch eine Ellipse veranschaulichen, indem wir zunächst α, daraus $\underline{R}$ und mit (11.88) die Eigenwerte $\sigma^2_{\tilde{\mathbf{x}}_1}$ sowie $\sigma^2_{\tilde{\mathbf{x}}_2}$ ermitteln, deren Wurzeln den Halbachsen der Ellipse in Hauptachsenform entsprechen. Anschließend berechnen wir die Ellipse in Parameterform mit $\tilde{\mathbf{x}}_1(\gamma) = \sigma_{\tilde{\mathbf{x}}_1} \cdot \cos(\gamma)$ und $\tilde{\mathbf{x}}_2(\gamma) = \sigma_{\tilde{\mathbf{x}}_2} \cdot \sin(\gamma)$, wobei der Parameter γ den Bereich $0 \leq \gamma < 2\pi$ durchläuft. Die so ermittelte Ellipse kann dann punktweise mit 11.85 in das Koordinatensystem $(\mathbf{x}_1, \mathbf{x}_2)$ übertragen und gezeichnet werden.

Für zwei normalverteilte Zufallsvariablen transformieren wir jetzt deren Verbundverteilungsdichte $p(\underline{\tilde{\mathbf{x}}})$ in das neue Koordinatensystem. Dazu gilt in Verallgemeinerung der Substitutionsregel für eindimensionale Integrale bei der Integration von Funktionen mehrerer Veränderlichen folgender Transformationssatz, falls wie in (11.85) eine lineare Abbildung von $\underline{\tilde{\mathbf{x}}}$ auf $\underline{\mathbf{x}}$ erfolgt. Das Gebiet G im Vektorraum $\underline{\mathbf{x}}$ entsteht durch Anwendung der Abbildung auf ein beliebig vorgegebenes Gebiet $\tilde{G}$ im Vektorraum $\underline{\tilde{\mathbf{x}}}$, und für orthogonale Matrizen ist $\det(\underline{R}) \neq 0$ immer erfüllt

$$\iint_{\tilde{G}} p(\underline{\tilde{\mathbf{x}}})\, d\underline{\tilde{\mathbf{x}}} = \frac{1}{|\det(\underline{R})|} \cdot \iint_{G} p\Big(\underline{R}^T \cdot \big(\underline{\mathbf{x}} - \underline{\mu}_{\mathbf{x}}\big)\Big)\, d\underline{\mathbf{x}}\,. \tag{11.91}$$

Die Gleichung gilt auch für ein beliebig kleines Gebiet $\tilde{G}\Delta$ der Größe $\Delta\tilde{\mathbf{x}}_1 \cdot \Delta\tilde{\mathbf{x}}_2$ an der Stelle $\underline{\tilde{\mathbf{x}}}$, das auf ein Gebiet $G\Delta$ der Größe $\Delta\mathbf{x}_1 \cdot \Delta\mathbf{x}_2$ um $\underline{\mathbf{x}}$ abgebildet wird, woraus folgt

$$p(\underline{\tilde{\mathbf{x}}}) \cdot \Delta\tilde{\mathbf{x}}_1 \cdot \Delta\tilde{\mathbf{x}}_2 = \frac{1}{|\det(\underline{R})|} \cdot p\left(\underline{R}^T \cdot \left(\underline{\mathbf{x}} - \underline{\mu}_{\mathbf{x}}\right)\right) \cdot \Delta\mathbf{x}_1 \cdot \Delta\mathbf{x}_2\,. \tag{11.92}$$

[16] Der ausgeschlossene Fall ist irrelevant, da die Ellipse für $\sigma^2_{\mathbf{x}_1} = \sigma^2_{\mathbf{x}_2}$ zum Kreis wird und damit kein Winkel existiert.

Die linke Seite gibt die Wahrscheinlichkeit an, dass die Zufallsvariablen $\tilde{\mathbf{x}}_1$ und $\tilde{\mathbf{x}}_2$ innerhalb von $\tilde{G}\Delta$ liegen, während die rechte Seite der gleich großen Wahrscheinlichkeit $p(\underline{\mathbf{x}}) \cdot \Delta\mathbf{x}_1 \cdot \Delta\mathbf{x}_2$ entspricht, dass $\mathbf{x}_1$ und $\mathbf{x}_2$ Werte innerhalb von $G\Delta$ annehmen. Mit $p(\underline{\tilde{\mathbf{x}}})$ aus (11.84) erhalten wir daraus für die Verbundverteilungsdichte $p(\underline{\mathbf{x}})$

$$p(\underline{\mathbf{x}}) = \frac{1}{2\pi \cdot \sigma_{\tilde{\mathbf{x}}_1} \cdot \sigma_{\tilde{\mathbf{x}}_2} \cdot |\det(\underline{R})|} \cdot \mathrm{e}^{-\frac{1}{2}\left(\underline{R}^T \cdot \left(\underline{\mathbf{x}}-\underline{\mu}_{\mathbf{x}}\right)\right)^T \cdot \underline{\Sigma}_{\tilde{\mathbf{x}}}^{-1} \cdot \left(\underline{R}^T \cdot \left(\underline{\mathbf{x}}-\underline{\mu}_{\mathbf{x}}\right)\right)} . \quad (11.93)$$

Wegen $(\underline{A}\,\underline{B})^T = \underline{B}^T \underline{A}^T$ sowie $(\underline{A}\,\underline{B})^{-1} = \underline{B}^{-1}\underline{A}^{-1}$ für beliebige Matrizen und $\underline{R}^{-1} = \underline{R}^T$ für orthogonale Matrizen können wir mit (11.86) die quadratische Form im Exponenten vereinfachen

$$\begin{aligned}\left(\underline{R}^T \cdot \left(\underline{\mathbf{x}}-\underline{\mu}_{\mathbf{x}}\right)\right)^T \cdot \underline{\Sigma}_{\tilde{\mathbf{x}}}^{-1} \cdot \left(\underline{R}^T \cdot \left(\underline{\mathbf{x}}-\underline{\mu}_{\mathbf{x}}\right)\right) &= \left(\underline{\mathbf{x}}-\underline{\mu}_{\mathbf{x}}\right)^T \cdot \underline{R} \cdot \underline{\Sigma}_{\tilde{\mathbf{x}}}^{-1} \cdot \underline{R}^T \cdot \left(\underline{\mathbf{x}}-\underline{\mu}_{\mathbf{x}}\right) \\ &= \left(\underline{\mathbf{x}}-\underline{\mu}_{\mathbf{x}}\right)^T \cdot \underline{\Sigma}_{\mathbf{x}}^{-1} \cdot \left(\underline{\mathbf{x}}-\underline{\mu}_{\mathbf{x}}\right) \quad (11.94)\end{aligned}$$

$$\text{mit} \quad \underline{R} \cdot \underline{\Sigma}_{\tilde{\mathbf{x}}}^{-1} \cdot \underline{R}^T = \underline{R} \cdot (\underline{\Sigma}_{\tilde{\mathbf{x}}}^{-1} \cdot \underline{R}^{-1}) = (\underline{R}^T)^{-1} \cdot (\underline{R} \cdot \underline{\Sigma}_{\tilde{\mathbf{x}}})^{-1} = (\underline{R} \cdot \underline{\Sigma}_{\tilde{\mathbf{x}}} \cdot \underline{R}^T)^{-1} = \underline{\Sigma}_{\mathbf{x}}^{-1} .$$

Auch den Nenner in (11.93) können wir mit $\det(\underline{A}) = \det(\underline{A}^T)$, $\det(\underline{A}\,\underline{B}) = \det(\underline{A}) \cdot \det(\underline{B})$ und $\det(\underline{\Sigma}_{\tilde{\mathbf{x}}}) = \sigma_{\tilde{\mathbf{x}}_1}^2 \cdot \sigma_{\tilde{\mathbf{x}}_2}^2$ umschreiben

$$\begin{aligned}\sigma_{\tilde{\mathbf{x}}_1} \cdot \sigma_{\tilde{\mathbf{x}}_2} \cdot |\det(\underline{R})| &= \sqrt{\det(\underline{R}) \cdot \sigma_{\tilde{\mathbf{x}}_1}^2 \cdot \sigma_{\tilde{\mathbf{x}}_2}^2 \cdot \det(\underline{R}^T)} = \sqrt{\det(\underline{R} \cdot \underline{\Sigma}_{\tilde{\mathbf{x}}} \cdot \underline{R}^T)} = \sqrt{\det(\underline{\Sigma}_{\mathbf{x}})} \\ &= \sqrt{\sigma_{\mathbf{x}_1}^2 \cdot \sigma_{\mathbf{x}_2}^2 - \sigma_{\mathbf{x}_1\mathbf{x}_2}^2} = \sigma_{\mathbf{x}_1} \cdot \sigma_{\mathbf{x}_2} \cdot \sqrt{1 - r_{\mathbf{x}_1\mathbf{x}_2}^2} , \quad (11.95)\end{aligned}$$

so dass sich die Verbundverteilungsdichte $p(\underline{\mathbf{x}})$ nur abhängig von $\underline{\mathbf{x}}$ und $\underline{\Sigma}_{\mathbf{x}}$ angeben lässt

$$p(\underline{\mathbf{x}}) = \frac{1}{2\pi \cdot \sigma_{\mathbf{x}_1} \cdot \sigma_{\mathbf{x}_2} \cdot \sqrt{1 - r_{\mathbf{x}_1\mathbf{x}_2}^2}} \cdot \mathrm{e}^{-\frac{1}{2}\left(\underline{\mathbf{x}}-\underline{\mu}_{\mathbf{x}}\right)^T \cdot \underline{\Sigma}_{\mathbf{x}}^{-1} \cdot \left(\underline{\mathbf{x}}-\underline{\mu}_{\mathbf{x}}\right)} . \quad (11.96)$$

Die quadratische Form $Q(\underline{\mathbf{x}}) = \left(\underline{\mathbf{x}}-\underline{\mu}_{\mathbf{x}}\right)^T \cdot \underline{\Sigma}_{\mathbf{x}}^{-1} \cdot \left(\underline{\mathbf{x}}-\underline{\mu}_{\mathbf{x}}\right)$ im Exponenten der e-Funktion, die eine um α gedrehte und verschobene Ellipse definiert, können wir auch in skalarer Form schreiben, indem wir zunächst die Matrix $\underline{\Sigma}_{\mathbf{x}}$ invertieren

$$\underline{\Sigma}_{\mathbf{x}}^{-1} = \frac{1}{\sigma_{\mathbf{x}_1}^2 \cdot \sigma_{\mathbf{x}_2}^2 - \sigma_{\mathbf{x}_1\mathbf{x}_2}^2} \cdot \begin{bmatrix} \sigma_{\mathbf{x}_1}^2 & -\sigma_{\mathbf{x}_1\mathbf{x}_2} \\ -\sigma_{\mathbf{x}_1\mathbf{x}_2} & \sigma_{\mathbf{x}_2}^2 \end{bmatrix} , \quad (11.97)$$

woraus für $Q(\underline{\mathbf{x}})$ folgt

$$\begin{aligned} Q(\underline{\mathbf{x}}) &= \left(\underline{\mathbf{x}} - \underline{\mu}_{\mathbf{x}}\right)^T \cdot \underline{\Sigma}_{\mathbf{x}}^{-1} \cdot \left(\underline{\mathbf{x}} - \underline{\mu}_{\mathbf{x}}\right) \\ &= \frac{1}{1-r_{\mathbf{x}_1\mathbf{x}_2}^2} \cdot \left(\frac{\left(\mathbf{x}_1 - \mu_{\mathbf{x}_1}\right)^2}{\sigma_{\mathbf{x}_1}^2} - \frac{2\sigma_{\mathbf{x}_1\mathbf{x}_2} \cdot \left(\mathbf{x}_1 - \mu_{\mathbf{x}_1}\right) \cdot \left(\mathbf{x}_2 - \mu_{\mathbf{x}_2}\right)}{\sigma_{\mathbf{x}_1}^2 \cdot \sigma_{\mathbf{x}_2}^2} + \frac{\left(\mathbf{x}_2 - \mu_{\mathbf{x}_2}\right)^2}{\sigma_{\mathbf{x}_2}^2} \right) \\ &= \frac{1}{1-r_{\mathbf{x}_1\mathbf{x}_2}^2} \cdot \left(\left(\frac{\mathbf{x}_1 - \mu_{\mathbf{x}_1}}{\sigma_{\mathbf{x}_1}}\right)^2 - 2r_{\mathbf{x}_1\mathbf{x}_2} \cdot \left(\frac{\mathbf{x}_1 - \mu_{\mathbf{x}_1}}{\sigma_{\mathbf{x}_1}}\right) \cdot \left(\frac{\mathbf{x}_2 - \mu_{\mathbf{x}_2}}{\sigma_{\mathbf{x}_2}}\right) + \left(\frac{\mathbf{x}_2 - \mu_{\mathbf{x}_2}}{\sigma_{\mathbf{x}_2}}\right)^2 \right). \end{aligned} \tag{11.98}$$

In Abb. 11.19 sind normalverteilte Zufallsvariablen $\mathbf{x}_1$ und $\mathbf{x}_2$ mit $\sigma_{\mathbf{x}_1} = 2\sigma_{\mathbf{x}_2}$ entsprechend (11.96) für verschiedene Werte des Korrelationskoeffizienten dargestellt. Mit (11.90) kann der jeweils auftretende Neigungswinkel berechnet werden, und wir erhalten für $r_{\mathbf{x}_1\mathbf{x}_2} = \pm 0{,}5$ die Werte $\alpha = \pm 16{,}87°$, während sich für $r_{\mathbf{x}_1\mathbf{x}_2} = \pm 0{,}99$ die Winkel $\alpha = \pm 26{,}57°$ ergeben.

Falls die Kovarianz Gauß-verteilter Zufallsvariablen null ist, geht (11.96) in die Form (11.50) über, für die wir die stochastische Unabhängigkeit der Zufallsvariablen gezeigt haben. Somit sind Gauß-verteilte Zufallsvariablen, die unkorreliert sind, auch immer stochastisch unabhängig.

Die Verbundverteilungsdichte von zwei Gauß-verteilten Zufallsvariablen $\mathbf{x}_1$ und $\mathbf{x}_2$ weist auf einer Ellipse, deren Größe durch ein konstantes Q vorgegeben werden kann, einen festen Wert auf. Die Wahrscheinlichkeit P, dass $\mathbf{x}_1$ und $\mathbf{x}_2$ innerhalb einer Ellipse liegen, kann durch Integration der Verbundverteilungsdichte über das Gebiet der Ellipse berechnet werden. Da die Größe der Ellipse nicht von einer Koordinatentransformation entsprechend (11.85) abhängt, dürfen wir die Integration in Hauptachsenform entsprechend (11.84) durchführen. Außerdem betrachten wir den Fall $Q = 1$, bestimmen also die Wahrscheinlichkeit, dass die Zufallsvariablen innerhalb einer Ellipse in Hauptachsenform mit den Standardabweichungen $\sigma_{\tilde{\mathbf{x}}_1}$ und $\sigma_{\tilde{\mathbf{x}}_2}$ liegen. Da die gesuchte Wahrscheinlichkeit analog zu (11.43) nicht von den Varianzen abhängt, setzen wir beide Zahlenwerte auf eins, so dass das Gebiet in den Einheitskreis (EK) übergeht. Die Berechnung erfolgt in Polarkoordinaten, wie im Anhang A.13 für einen Gauß-Impuls gezeigt, wobei wir wegen des Einheitskreises das Integral über den Radius im Bereich von 0 bis 1 bilden müssen

$$\begin{aligned} P &= \iint_{EK} \frac{1}{2\pi} \cdot \mathrm{e}^{-\frac{1}{2}\cdot(\tilde{x}_1^2+\tilde{x}_2^2)}\, d\tilde{x}_1\, d\tilde{x}_2 = \int_0^{2\pi}\int_0^1 \frac{1}{2\pi} \cdot r \cdot \mathrm{e}^{-\frac{1}{2}\cdot r^2}\, dr\, d\varphi \\ &= \int_0^1 r \cdot \mathrm{e}^{-\frac{1}{2}\cdot r^2}\, dr = -\mathrm{e}^{-\frac{1}{2}\cdot r^2}\Big|_0^1 = 1 - \mathrm{e}^{-\frac{1}{2}} = 0{,}395 \approx 0{,}4\,. \end{aligned} \tag{11.99}$$

Zwei gaußverteilte Zufallsvariablen liegen also mit ca. 40 % Wahrscheinlichkeit in der durch ihre Standardabweichungen in Hauptachsenform aufgespannten Ellipse um die Erwartungswerte.

11.3 Stochastische Prozesse

Bislang haben wir ausschließlich Zufallsvariablen betrachtet, die sich zeitabhängig nicht verändern. Wollen wir z. B. ein einfaches Würfelexperiment statistisch erfassen, so können wir entweder mehrere Würfel gleichzeitig werfen, und eine Stichprobe über die Ergebnisse sämtlicher Würfel bilden, wir können dazu aber auch einen einzelnen Würfel mehrfach werfen und die aufeinander folgenden Ergebnisse auswerten.

Jetzt wollen wir uns mit sogenannten *Stochastischen Prozessen* oder *Zufallsprozessen* beschäftigen, worunter wir mathematische Modelle für zusammengehörige, zufällige und zeitlich geordnete Vorgänge verstehen. Diese lassen sich auf viele Signale anwenden, die z. B. durch Rauschphänomene beeinflusst werden oder Informationen wie Musik oder Sprache enthalten.

Anschaulich können wir uns einen stochastischen Prozess als zeitliche Abfolge beliebiger Zufallsvariablen vorstellen, wobei wir uns auf zeitdiskrete stochastische Prozesse beschränken, die zu Vielfachen k der Abtastzeit T jeweils durch eine Zufallsvariable $\mathbf{x}(kT) = \mathbf{x}(k)$ beschrieben werden. Wollen wir den Prozess als Ganzes bezeichnen, so verwenden wir große Buchstaben in Fettschrift, so dass für einen Prozess $\mathbf{X}$ der Länge N gilt

$$\mathbf{X} = \{\mathbf{x}(0), \mathbf{x}(1), \mathbf{x}(2), \ldots, \mathbf{x}(N-1)\} = \{\mathbf{x}(k) |\, 0 \leq k < N,\ k, N \in \mathbb{N}\}\,. \tag{11.100}$$

Um einen stochastischer Prozess vollständig zu charakterisieren, müssten die gegenseitigen Abhängigkeiten der darin enthaltenen N Zufallsvariablen bekannt sein, d. h. die N-dimensionale Verbundverteilungsdichte $p(\mathbf{x}(0), \mathbf{x}(1), \ldots \mathbf{x}(N-1))$, was praktisch unmöglich ist.

Da vielfach nur begrenzte Abhängigkeiten bestehen, lassen sich die meisten stochastischen Prozesse stattdessen durch statistische Kennwerte hinreichend genau beschreiben, was wir im nächsten Abschnitt untersuchen werden.

Besonders einfache stochastische Prozesse enthalten überhaupt keine Abhängigkeiten zwischen den darin enthaltenen Zufallsvariablen, und jedes wiederholt ausgeführte Zufallsexperiment kann nach Abbildung auf einen Zahlenbereich als ein solcher Prozess angesehen werden.

11.3.1 Statistische Beschreibung zeitdiskreter Zufallsprozesse

Einzelne, nicht zeitabhängige Zufallsvariablen können wir charakterisieren, indem wir ein Experiment N-mal wiederholen, und aus der so ermittelten Stichprobe statistische Kennwerte oder Häufigkeitsfunktionen bzw. Verteilungsdichten ermitteln.

Diese Vorgehensweise ist für stochastische Prozesse i. Allg. nicht zulässig, denn zu jedem Zeitpunkt $k \cdot T$ repräsentiert das Ergebnis in der Stichprobe eine andere Zufallsvariable mit einer grundsätzlich individuellen Verteilungsdichte, wobei zusätzlich auch Abhängigkeiten zwischen den Zufallsvariablen existieren können.

Um daher einen beliebigen stochastischen Prozess statistisch auszuwerten, ist es erforderlich, zu jedem Zeitpunkt die jeweilige Zufallsvariable $\mathbf{x}(k)$ durch eine Vielzahl von Ergebnissen zu beschreiben, so dass eine Stichprobe für eine einzelne Zufallsvariable des Prozesses nicht über die Zeit aufgenommen werden darf. Natürlich können wir von dem gesamten Zufallsprozess auch eine Stichprobe über die Zeit aufnehmen, die einem konkreten Signal $x(k)$ entspricht, und dieses Signal bezeichnen wir als *Musterfunktion* des Prozesses. Eine Musterfunktion enthält dabei allerdings für jede Zufallsvariable nur jeweils ein einzelnes Ergebnis, weshalb i. Allg. zahlreiche Musterfunktionen benötigt werden, um ein verlässliches Modell des Prozesses zu bilden.

Als einführendes Beispiel betrachten wir einen einfachen Zufallsprozess, der als *Random Walk* bezeichnet wird. Dieser Prozess $\mathbf{X}_{RW}$ wird durch folgendes mathematisches Modell beschrieben, das einer Differenzengleichung mit überlagerten Rauschprozess $\mathbf{Z}$ entspricht

$$\mathbf{x}_{RW}(k) \;=\; \mathbf{x}_{RW}(k-1) \;+\; \mathbf{z}(k) \qquad \text{mit} \qquad \mathbf{x}_{RW}(0) = 0\,. \tag{11.101}$$

Hierbei sind die Zufallsvariablen $\mathbf{z}(k)$ im Prozess $\mathbf{Z}$ voneinander unabhängig und weisen jeweils eine konstante Verteilungsdichte $p(z) = 1$ im Bereich $-0{,}5 \le \mathbf{z}(k) \le 0{,}5$ auf.

Abb. 11.21 zeigt zehn Musterfunktionen des Prozesses $\mathbf{X}_{RW}$, die wir erhalten, indem wir ausgehend vom Anfangszustand $\mathbf{x}_{RW}(0) = 0$ für jedes k ein zufälliges Ergebnis der Zufallsvariablen $\mathbf{z}(k)$ addieren. Jede dieser verschiedenen Musterfunktionen ist charakteristisch für den stochastischen Prozess $\mathbf{x}_{RW}$ und die Gesamtheit der Musterfunktionen wird als Schar bezeichnet.

Um $\mathbf{X}_{RW}$ zu charakterisieren, berechnen wir Erwartungswert und Varianz, die bei einem Zufallsprozess i. Allg. vom Index k abhängen. Da uns das mathematische Modell des Prozesses vorliegt, können wir die statistischen Größen daraus ermitteln, ohne Musterfunktionen auswerten zu müssen, wozu wir zunächst (11.101) in nicht-rekursiver Form angeben

$$\begin{aligned}
\mathbf{x}_{RW}(k) &= \mathbf{x}_{RW}(k-1) \;+\; \mathbf{z}(k) \;=\; [\mathbf{x}_{RW}(k-2) + \mathbf{z}(k-1)] \;+\; \mathbf{z}(k)\\
&= \mathbf{x}_{RW}(k-2) \;+\; [\mathbf{z}(k-1) + \mathbf{z}(k)]\\
&= \mathbf{x}_{RW}(k-3) \;+\; [\mathbf{z}(k-2) + \mathbf{z}(k-1) + \mathbf{z}(k)] \;=\; \mathbf{x}_{RW}(0) \;+\; \sum_{i=1}^{k} \mathbf{z}(i)\,.
\end{aligned} \tag{11.102}$$

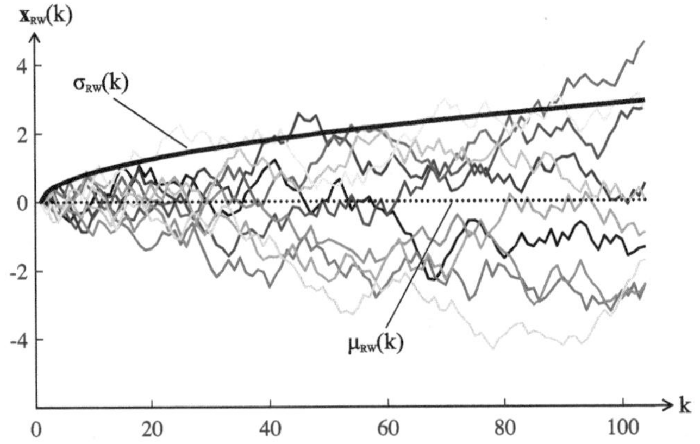

Abb. 11.21 Schar von Musterfunktionen des *Random Walk*-Zufallsprozesses $\mathbf{X}_R W$, der aus den Zufallsvariablen $\mathbf{x}_R W(k)$ besteht, die durch Addition gleichverteilter und mittelwertfreier Zufallsvariablen in jedem Schritt k gebildet werden; während der Erwartungswert $\mu_{RW}(k)$ null beträgt, zeigt die zunehmende Standardabweichung $\sigma_{RW}(k) = \sqrt{k/12}$ einen nichtstationären Prozess an

Mit (11.34) erhalten wir für Erwartungswert und Varianz der Zufallsvariablen $\mathbf{z}(k)$ die Werte $\mathrm{E}(\mathbf{z}(k)) = 0$ sowie $\mathrm{var}(\mathbf{z}(k)) = \frac{1}{12}$, so dass für $\mu_{RW}(k)$ und $\sigma^2_{RW}(k)$ folgt

$$\mu_{RW}(k) = \mathrm{E}\left(\mathbf{x}_{RW}(0) + \sum_{i=1}^{k} \mathbf{z}(i)\right) = \mathrm{E}(\mathbf{x}_{RW}(0)) + \sum_{i=1}^{k} \mathrm{E}(\mathbf{z}(i)) = 0 \tag{11.103}$$

$$\sigma^2_{RW}(k) = \mathrm{var}\left(\mathbf{x}_{RW}(0) + \sum_{i=1}^{k} \mathbf{z}(i)\right) = \mathrm{var}(\mathbf{x}_{RW}(0)) + \sum_{i=1}^{k} \mathrm{var}(\mathbf{z}(i)) = \frac{k}{12}\,. \tag{11.104}$$

In Abb. 11.21 sind der Erwartungswert $\mu_{RW}(k) = 0$ und die ansteigende Standardabweichung $\sigma_{RW}(k) = \sqrt{k/12}$ des Prozesses $\mathbf{X}_{RW}$ eingetragen, was auch an der zunehmenden Divergenz der Musterfunktionen erkennbar ist und einen nichtstationären Prozess anzeigt.

Im Unterschied zu dem betrachteten Beispiel ist das mathematische Modell eines stochastischen Prozesses meistens unbekannt, und die Aufgabe besteht darin, dieses aus Musterfunktionen zu ermitteln. Dazu benötigen wir i. Allg. eine große Anzahl von Musterfunktionen, aus denen wir abhängig vom Zeitindex k sogenannte Scharmittelwerte bilden[17]. Die Scharmittelwerte approximieren den Erwartungswert $\mathrm{E}(\mathbf{x}(k))$ und die Varianz $\mathrm{var}(\mathbf{x}(k))$ einer in einem Prozess $\mathbf{X}$ enthaltenen Zufallsvariablen $\mathbf{x}(k)$, während ein zusätzlicher Parameter m die zeitliche Verschiebung einer zweiten Zufallsvariablen $\mathbf{x}(k + m)$

[17] Der Begriff Scharmittelwert ist dabei nicht auf den linearen Mittelwert beschränkt, sondern schließt auch Varianzen, Kovarianzen und Momente höherer Ordnung wie Schiefe und Wölbung mit ein, siehe [35].

anzeigt, um die Kovarianz $\text{cov}(\mathbf{x}(k), \mathbf{x}(k+m))$ zu berechnen. Da beide Zufallsvariablen zum selben Prozess gehören, wird diese Kovarianz auch als *Autokovarianz* bezeichnet, wobei $\text{cov}(\mathbf{x}(k), \mathbf{x}(k)) = \text{var}(\mathbf{x}(k))$ gilt und mit (11.57) folgt

$$\text{cov}(\mathbf{x}(k), \mathbf{x}(k+m)) = \text{E}(\mathbf{x}(k) \cdot \mathbf{x}(k+m)) - \text{E}(\mathbf{x}(k)) \cdot \text{E}(\mathbf{x}(k+m))\,. \tag{11.105}$$

Ist ein stochastischer Prozess durch sein mathematisches Modell gegeben, so lassen sich wie in obigem Beispiel beliebig viele Musterfunktionen erzeugen, indem wir die Simulation ausgehend von einem vorgegeben Anfangszustand wiederholt starten, den Zeitindex $k = 0$ also immer wieder neu festlegen. Besteht die Aufgabe alternativ darin, Rauschprozesse z. B. an einer Serie von Halbleiterbauelementen zu untersuchen, können wir ebenfalls eine hinreichende Anzahl Musterfunktionen erzeugen, indem wir genügend viele Bauelemente auswählen, und daran mit festgelegten Randbedingungen jeweils Messungen vornehmen. Diese Vorgehensweise ist allerdings aufwändig, und in vielen Fällen wie bei den im Abschn. 11.1 betrachteten Signalübertragungen mit zeitvariablen Systemen ist es mit vertretbarem Aufwand kaum möglich, genügend Musterfunktionen aufzunehmen, um daraus verlässliche Scharmittelwerte zu bilden.

Eine vereinfachte Vorgehensweise ist möglich, wenn wir sogenannte stationäre stochastische Prozesse betrachten, wie Abb. 11.22 am Beispiel von fünf Musterfunktionen zeigt. Im Unterschied zum *Random Walk* Prozess sind sämtliche aus Musterfunktionen berechneten Scharmittelwerte bei stationären Zufallsprozessen unabhängig vom Beobachtungs-

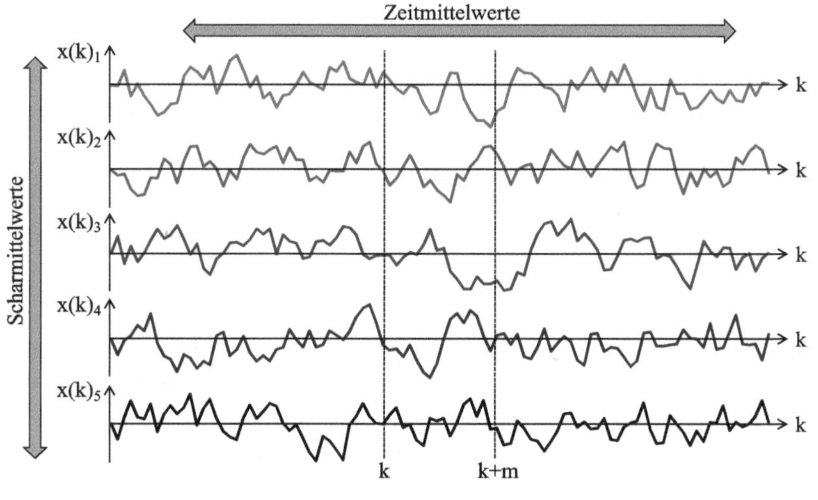

Abb. 11.22 Zur Beschreibung von Zufallsprozessen dienen Musterfunktionen, wozu aus einer Schar von hier fünf Musterfunktionen Scharmittelwerte abhängig von einem Zeitindizes k und einem Verschiebungsparameter m gebildet werden; kann der Prozess als stationär angenommen werden, so sind die Scharmittelwerte unabhängig vom Index k; ist der Prozess zusätzlich ergodisch, so entsprechen die Scharmittelwerte den Zeitmittelwerten einer beliebigen Musterfunktion

zeitpunkt[18]. Wir dürfen daher in (11.105) zur Berechnung der Kovarianz einen beliebigen Zeitindex k verwenden, so dass nur noch ein variabler Parameter m auftritt, der den zeitlichen Abstand zweier Zufallsvariablen angibt. Mit $\mathrm{E}(\mathbf{x}(k+m)) = \mathrm{E}(\mathbf{x}(k)) = \mu_{\mathbf{x}}$ für die Erwartungswerte stationärer Prozesse gilt dann

$$\begin{aligned}\operatorname{cov}(\mathbf{x}(k), \mathbf{x}(k+m)) &= \mathrm{E}(\mathbf{x}(k)\cdot\mathbf{x}(k+m)) \;-\; [\mathrm{E}(\mathbf{x}(k))]^2 \qquad \text{für beliebiges } k \\ &= \varphi_{\mathbf{xx}}(m) \;-\; \mu_{\mathbf{x}}^2\,. \end{aligned} \tag{11.106}$$

Hierbei haben wir die Prozess-Autokorrelation $\varphi_{\mathbf{xx}}(m)$ definiert als Erwartungswert des Produktes zweier Zufallsvariablen an beliebiger Stelle k im stationären Prozess $\mathbf{X}$, die zueinander um m Abtastwerte verschoben sind. Für $m = 0$ erhalten wir den Zusammenhang der Varianz eines stationären Prozesses mit der Leistung $P_{\mathbf{x}}$ und dem Erwartungswert

$$\operatorname{var}(\mathbf{x}(k)) \;=\; \sigma_{\mathbf{x}}^2 \;=\; \varphi_{\mathbf{xx}}(0) \;-\; \mu_{\mathbf{x}}^2 \;=\; P_{\mathbf{x}} \;-\; \mu_{\mathbf{x}}^2\,. \tag{11.107}$$

Zur übersichtlichen Beschreibung eines stationären Zufallsprozesses $\mathbf{X}$ fassen wir n aufeinander folgende Zufallsvariablen mit den Indizes k bis $k-n+1$ zum Vektor $\underline{\mathbf{x}}(k)$ zusammen, wobei die Erwartungswerte der Komponenten von $\underline{\mathbf{x}}(k)$ wegen der Stationarität jeweils identisch sind

$$\underline{\mathbf{x}}(k) = \begin{bmatrix} \mathbf{x}(k) \\ \mathbf{x}(k-1) \\ \vdots \\ \mathbf{x}(k-n+1) \end{bmatrix} \qquad \text{mit} \qquad \mathrm{E}(\underline{\mathbf{x}}(k)) = \begin{bmatrix} \mu_{\mathbf{x}} \\ \mu_{\mathbf{x}} \\ \vdots \\ \mu_{\mathbf{x}} \end{bmatrix} = \underline{\mu}_{\mathbf{x}}\,. \tag{11.108}$$

Außerdem definieren wir die *Autokorrelationsmatrix* $\underline{\varphi}_{\mathbf{xx}}$ der Ordnung $n \times n$, in der die Werte der Korrelationen zwischen den in $\underline{\mathbf{x}}(k)$ enthaltenen Zufallsvariablen zusammengefasst sind

$$\underline{\varphi}_{\mathbf{xx}} = \begin{bmatrix} \varphi_{\mathbf{xx}}(0) & \varphi_{\mathbf{xx}}(1) & \cdots & \varphi_{\mathbf{xx}}(n-1) \\ \varphi_{\mathbf{xx}}(1) & \varphi_{\mathbf{xx}}(0) & \cdots & \varphi_{\mathbf{xx}}(n-2) \\ \vdots & \vdots & \ddots & \vdots \\ \varphi_{\mathbf{xx}}(n-1) & \varphi_{\mathbf{xx}}(n-2) & \cdots & \varphi_{\mathbf{xx}}(0) \end{bmatrix}. \tag{11.109}$$

Die Matrix weist nur n unterschiedliche Einträge auf und hat eine symmetrische Toeplitz-Struktur, was bedeutet, dass auf jeder Diagonalen sämtliche Elemente jeweils mit demselben Wert besetzt sind und außerdem $\underline{\varphi}_{\mathbf{xx}} = \underline{\varphi}_{\mathbf{xx}}^T$ gilt. Dies wird deutlich, wenn wir die Definition der Autokorrelation des Prozesses entsprechend (11.106) in die Matrix einsetzen

[18] Bei *schwach* stationären Prozessen wird dies nur für Erwartungswert, Varianz und die Kovarianzen erwartet, was für alle praktischen Anwendungen genügt, so dass wir auf diese Unterscheidung nicht weiter eingehen werden.

$$\underline{\varphi}_{\mathbf{xx}} = \begin{bmatrix} \mathrm{E}(\mathbf{x}(k)\cdot\mathbf{x}(k)) & \mathrm{E}(\mathbf{x}(k)\cdot\mathbf{x}(k+1)) & \cdots & \mathrm{E}(\mathbf{x}(k)\cdot\mathbf{x}(k+n-1)) \\ \mathrm{E}(\mathbf{x}(k)\cdot\mathbf{x}(k+1)) & \mathrm{E}(\mathbf{x}(k)\cdot\mathbf{x}(k)) & \cdots & \mathrm{E}(\mathbf{x}(k)\cdot\mathbf{x}(k+n-2)) \\ \vdots & \vdots & \ddots & \vdots \\ \mathrm{E}(\mathbf{x}(k)\cdot\mathbf{x}(k+n-1)) & \mathrm{E}(\mathbf{x}(k)\cdot\mathbf{x}(k+n-2)) & \cdots & \mathrm{E}(\mathbf{x}(k)\cdot\mathbf{x}(k)) \end{bmatrix} . \tag{11.110}$$

Aufgrund der Stationarität von **X** hängen die Autokorrelationen nur von der Differenz der Indizes der jeweils miteinander multiplizierten Zufallsvariablen ab, sind aber unabhängig von einer gemeinsamen Verschiebung und Vertauschung beider Zufallsvariablen. Außerdem dürfen wir die Bildung des Erwartungswertes der einzelnen Komponenten vor die Matrix ziehen, so dass gilt

$$\begin{aligned} \underline{\varphi}_{\mathbf{xx}} &= \begin{bmatrix} \mathrm{E}(\mathbf{x}(k)\cdot\mathbf{x}(k)) & \mathrm{E}(\mathbf{x}(k)\cdot\mathbf{x}(k-1)) & \cdots & \mathrm{E}(\mathbf{x}(k)\cdot\mathbf{x}(k-n+1)) \\ \mathrm{E}(\mathbf{x}(k-1)\cdot\mathbf{x}(k)) & \mathrm{E}(\mathbf{x}(k-1)\cdot\mathbf{x}(k-1)) & \cdots & \mathrm{E}(\mathbf{x}(k-1)\cdot\mathbf{x}(k-n+1)) \\ \vdots & \vdots & \ddots & \vdots \\ \mathrm{E}(\mathbf{x}(k-n+1)\cdot\mathbf{x}(k)) & \mathrm{E}(\mathbf{x}(k-n+1)\cdot\mathbf{x}(k-1)) & \cdots & \mathrm{E}(\mathbf{x}(k-n+1)\cdot\mathbf{x}(k-n+1)) \end{bmatrix} \\ &= \mathrm{E}\left(\begin{bmatrix} \mathbf{x}(k)\cdot\mathbf{x}(k) & \mathbf{x}(k)\cdot\mathbf{x}(k-1) & \cdots & \mathbf{x}(k)\cdot\mathbf{x}(k-n+1) \\ \mathbf{x}(k-1)\cdot\mathbf{x}(k) & \mathbf{x}(k-1)\cdot\mathbf{x}(k-1) & \cdots & \mathbf{x}(k-1)\cdot\mathbf{x}(k-n+1) \\ \vdots & \vdots & \ddots & \vdots \\ \mathbf{x}(k-n+1)\cdot\mathbf{x}(k) & \mathbf{x}(k-n+1)\cdot\mathbf{x}(k-1) & \cdots & \mathbf{x}(k-n+1)\cdot\mathbf{x}(k-n+1) \end{bmatrix}\right) . \end{aligned} \tag{11.111}$$

Die Matrix entspricht jetzt dem Produkt von $\underline{\mathbf{x}}(k)$ mit $\underline{\mathbf{x}}(k)^T$, so dass wir schreiben können

$$\underline{\varphi}_{\mathbf{xx}} = \mathrm{E}\left(\underline{\mathbf{x}}(k)\cdot\underline{\mathbf{x}}(k)^T\right) . \tag{11.112}$$

Alternativ können wir entsprechend (11.63) auch die Autokovarianzmatrix von $\underline{\mathbf{x}}(k)$ aufstellen[19]

$$\underline{\Sigma}_{\mathbf{x}} = \begin{bmatrix} \mathrm{var}(\mathbf{x}(k)) & \mathrm{cov}(\mathbf{x}(k)\cdot\mathbf{x}(k+1)) & \cdots & \mathrm{cov}(\mathbf{x}(k)\cdot\mathbf{x}(k+n-1)) \\ \mathrm{cov}(\mathbf{x}(k)\cdot\mathbf{x}(k+1)) & \mathrm{var}(\mathbf{x}(k)) & \cdots & \mathrm{cov}(\mathbf{x}(k)\cdot\mathbf{x}(k+n-2)) \\ \vdots & \vdots & \ddots & \vdots \\ \mathrm{cov}(\mathbf{x}(k)\cdot\mathbf{x}(k+n-1)) & \mathrm{cov}(\mathbf{x}(k)\cdot\mathbf{x}(k+n-2)) & \cdots & \mathrm{var}(\mathbf{x}(k)) \end{bmatrix} . \tag{11.113}$$

[19] Man beachte den Unterschied, dass der Vektor $\underline{\mathbf{x}}(k)$ aus n aufeinanderfolgenden Zufallsvariablen im Zufallsprozess **X** besteht, während in (11.63) der Vektor $\underline{\mathbf{x}}$ aus n beliebigen Zufallsvariablen zusammengesetzt sein kann.

Vergleichen wir diese mit der Autokorrelationsmatrix in (11.109) und beachten (11.106) sowie (11.107), so unterscheiden sich die einzelnen Einträge nur durch das bei stationären Prozessen konstante Quadrat der Erwartungswerte, das durch die Matrix $\underline{\mu}_{\mathbf{x}} \cdot \underline{\mu}_{\mathbf{x}}^T$ mit $\underline{\mu}_{\mathbf{x}}$ aus (11.108) berücksichtigt werden kann. Zwischen $\underline{\varphi}_{\mathbf{xx}}$ und $\underline{\Sigma}_{\mathbf{x}}$ gilt damit folgender Zusammenhang

$$\underline{\underline{\mathrm{Cov}}}(\underline{\mathbf{x}}(k), \underline{\mathbf{x}}(k)) = \underline{\Sigma}_{\mathbf{x}} = \underline{\varphi}_{\mathbf{xx}} - \underline{\mu}_{\mathbf{x}} \cdot \underline{\mu}_{\mathbf{x}}^T . \quad (11.114)$$

Auch für die Auswertung stationärer Prozesse müssen i. Allg. genügend Musterfunktionen zur Verfügung stehen, um verlässliche Scharmittelwerte zu bilden. Aus diesem Grund definiert man einen Zufallsprozess zusätzlich als *ergodisch,* falls zur Bestimmung von $\varphi_{\mathbf{xx}}(m)$ und $\mu_{\mathbf{x}}$ eine einzige Musterfunktion $x(k)$ genügt, da deren Zeitmittelwerte den Scharmittelwerten entsprechen[20].

Die Annahme eines ergodischen Zufallsprozesses ist in vielen Fällen eine notwendige Voraussetzung dafür, einen Prozess überhaupt statistisch beschreiben zu können, denn oft liegt nur eine einzelne Musterfunktion vor. Daher kann meistens auch keine Überprüfung der Ergodizität erfolgen, allerdings sollte vor der Auswertung einer einzelnen Musterfunktion kritisch hinterfragt werden, ob diese wirklich repräsentativ für einen stochastischen Prozess ist.

Zunächst sollte anhand der Musterfunktion die Stationarität des Prozesses verifiziert werden, indem in aufeinander folgenden Zeitfenstern Mittelwerte bestimmt werden, die tendenziell weder zu- noch abnehmen dürfen.

Weiterhin ist es sinnvoll, bei der Analyse von Rauschprozessen an elektronischen Bauteilen anhand von Voruntersuchungen zu überprüfen, ob innerhalb der Serie deutlich voneinander abweichende Messergebnisse auftreten, bevor ein einzelnes Bauelement ausgewählt wird, denn ein derartiger Prozess wäre bei starken Abweichungen zwischen den an verschiedenen Bauelementen gemessenen Rauschsignalen nicht ergodisch, obwohl er durchaus stationär sein könnte. Verwenden wir in einer anderen Anwendung ein einzelnes Mikrofonsignal zur Beschreibung eines Prozesses, so sollte außerdem überprüft werden, ob dieses Signal ungewöhnliche Signalanteile enthält, die möglicherweise auf ein defektes Mikrofon oder andere Störungen schließen lassen.

Liegt ein ergodischer Zufallsprozess vor, so dürfen wir als Stichprobe zur Bildung der Erwartungswerte in (11.106) aufeinander folgende Abtastwerte einer einzelnen Musterfunktion $x(k)$ verwenden und dazu einen beliebigen Startindex festlegen, den wir mit $k = 0$ bezeichnen

---

[20] Wir benötigen nur die Eigenschaft der *schwachen* Ergodizität, die lediglich identische Erwartungswerte, Varianzen und Kovarianzen fordert, werden aber wie bei stationären Prozessen diesen Unterschied nicht weiter beachten.

$$\varphi_{\mathbf{xx}}(m) = \mathrm{E}(\mathbf{x}(k)\cdot\mathbf{x}(k+m)) = \lim_{N\to\infty}\left(\frac{1}{N}\sum_{k=0}^{N-1} x(k)\cdot x(k+m)\right) = \varphi_{xx,d}(m)\,. \tag{11.115}$$

$$\mu_{\mathbf{x}} = \mathrm{E}(\mathbf{x}(k)) = \lim_{N\to\infty}\left(\frac{1}{N}\sum_{k=0}^{N-1} x(k)\right) = \mu_x\,. \tag{11.116}$$

Die Autokovarianz des diskreten ergodischen Prozesses **X** entspricht damit der diskreten AKF einer Musterfunktion $x(k)$ abzüglich deren quadrierten Erwartungswertes[21]

$$\mathrm{cov}(\mathbf{x}(k), \mathbf{x}(k+m)) = \varphi_{xx,d}(m) - \mu_x^2\,. \tag{11.117}$$

Betrachten wir den Spezialfall $m = 0$, so erhalten wir den Zusammenhang zwischen Varianz eines ergodischen Prozesses und Leistung $P_{x,d}$ sowie Erwartungswert einer seiner Musterfunktionen

$$\mathrm{var}(\mathbf{x}(k)) = \sigma_{\mathbf{x}}^2 = \varphi_{xx,d}(0) - \mu_x^2 = P_{x,d} - \mu_x^2 = \sigma_x^2\,. \tag{11.118}$$

Für ergodische Prozesse können wir auch deren Autokorrelationsmatrix (11.109) mit (11.115) durch die aus einer einzelnen Musterfunktion berechnete AKF-Matrix $\underline{\varphi}_{xx,d}$ ersetzen

$$\underline{\varphi}_{\mathbf{xx}} = \underline{\varphi}_{xx,d} = \begin{bmatrix} \varphi_{xx,d}(0) & \varphi_{xx,d}(1) & \cdots & \varphi_{xx,d}(n-1) \\ \varphi_{xx,d}(1) & \varphi_{xx,d}(0) & \cdots & \varphi_{xx,d}(n-2) \\ \vdots & \vdots & \ddots & \vdots \\ \varphi_{xx,d}(n-1) & \varphi_{xx,d}(n-2) & \cdots & \varphi_{xx,d}(0) \end{bmatrix}. \tag{11.119}$$

Bisher haben wir nur einzelne stochastische Prozesse betrachtet. In vielen Anwendungen adaptiver Filter geht es jedoch darum, den statistischen Zusammenhang zwischen zwei stochastischen Prozessen **X** und **Y** zu ermitteln, wobei **Y** ebenfalls als Folge von Zufallsvariablen $\mathbf{y}(k)$ definiert ist. Zur Ermittlung der Kovarianz zwischen einer Zufallsvariablen $\mathbf{y}(k)$ und einer dazu verschobenen Zufallsvariablen $\mathbf{x}(k+m)$ benötigen wir dann i. Allg. eine Vielzahl von Musterfunktionen beider Prozesse, um daraus die Scharmittelwerte zu bestimmen

$$\mathrm{cov}(\mathbf{y}(k), \mathbf{x}(k+m)) = \mathrm{E}(\mathbf{y}(k)\cdot\mathbf{x}(k+m)) - \mathrm{E}(\mathbf{y}(k))\cdot\mathrm{E}(\mathbf{x}(k+m))\,. \tag{11.120}$$

Auch in diesem Fall vereinfacht sich die Berechnung, wenn beide Prozesse als stationär angenommen werden können, da dann die Erwartungswerte nicht vom Index k abhängen

---

[21] Man beachte, dass $\varphi_{\mathbf{xx}}(m)$ und $\mu_{\mathbf{x}}$ aus Zufallsvariablen $\mathbf{x}(k)$ des Prozesses zu bilden sind, während $\varphi_{xx,d}(m)$ und μ_x ein einzelnes Signal $x(k)$ beschreiben, was an den unterschiedlichen, tiefgestellten Indizes deutlich wird.

$$\begin{aligned}\operatorname{cov}(\mathbf{y}(k),\mathbf{x}(k+m)) &= \mathrm{E}(\mathbf{y}(k)\cdot\mathbf{x}(k+m)) \;-\; \mathrm{E}(\mathbf{x}(k))\cdot\mathrm{E}(\mathbf{y}(k)) \qquad \text{für beliebiges } k\\ &= \varphi_{\mathbf{yx}}(m) \;-\; \mu_{\mathbf{x}}\cdot\mu_{\mathbf{y}}\,. \end{aligned} \tag{11.121}$$

Hier haben wir die Kreuzkorrelation $\varphi_{\mathbf{yx}}(m)$ der Prozesse $\mathbf{X}$ und $\mathbf{Y}$ definiert als Erwartungswerte des Produktes einer Zufallsvariablen $\mathbf{y}(k)$ mit einer verschobenen Zufallsvariablen $\mathbf{x}(k+m)$ abhängig von m, und $\mu_{\mathbf{y}}$ als Erwartungswert einer beliebigen Zufallsvariablen $\mathbf{y}(k)$ in $\mathbf{Y}$.

Zur späteren Verwendung führen wir für stationäre Prozesse den sogenannten *Kreuzkorrelationsvektor* $\underline{\varphi}_{\mathbf{yx}}(m)$ der Größe $n\times 1$ ein, der n benachbarte Werte der Kreuzkorrelation zwischen $\mathbf{X}$ und $\mathbf{Y}$ ausgehend vom Verschiebungsindex m enthält[22]

$$\underline{\varphi}_{\mathbf{yx}}(m) = \begin{bmatrix} \varphi_{\mathbf{yx}}(m)\\ \varphi_{\mathbf{yx}}(m-1)\\ \vdots\\ \varphi_{\mathbf{yx}}(m-n+1)\end{bmatrix} = \begin{bmatrix} \mathrm{E}(\mathbf{y}(k)\cdot\mathbf{x}(k+m))\\ \mathrm{E}(\mathbf{y}(k)\cdot\mathbf{x}(k+m-1))\\ \vdots\\ \mathrm{E}(\mathbf{y}(k)\cdot\mathbf{x}(k+m-n+1))\end{bmatrix} = \mathrm{E}\left(\mathbf{y}(k)\cdot\underline{\mathbf{x}}(k+m)\right)\,. \tag{11.122}$$

Die beiden Prozesse bezeichnen wir als *orthogonal,* falls $\varphi_{\mathbf{yx}}(m) = 0$ gilt, so dass der Kreuzkorrelationsvektor $\underline{\varphi}_{\mathbf{yx}}(m)$ dem Nullvektor entspricht.

Sind beide Prozesse ergodisch, so dürfen wir zur Bildung der Erwartungswerte aufeinander folgende Abtastwerte jeweils eine Musterfunktion $x(k)$ und $y(k)$ der Prozesse $\mathbf{X}$ und $\mathbf{Y}$ auswerten

$$\varphi_{\mathbf{yx}}(m) = \mathrm{E}(\mathbf{y}(k)\cdot\mathbf{x}(k+m)) = \lim_{N\to\infty}\left(\frac{1}{N}\sum_{k=0}^{N-1} y(k)\cdot x(k+m)\right) = \varphi_{yx,d}(m) \tag{11.123}$$

$$\mu_{\mathbf{y}} = \mathrm{E}(\mathbf{y}(k)) = \lim_{N\to\infty}\left(\frac{1}{N}\sum_{k=0}^{N-1} y(k)\right) = \mu_y\,. \tag{11.124}$$

Die Kovarianz nach (11.121) zwischen zwei ergodischen Prozesses $\mathbf{Y}$ und $\mathbf{X}$ entspricht damit der Korrelation der Signale $y(k)$ und $x(k)$ abzüglich dem Produkt ihrer Erwartungswerte, und auch den Kreuzkorrelationsvektor der Prozesse ersetzen wir durch den KKF-Vektor $\underline{\varphi}_{yx,d}(m)$

[22] Wir verwenden ausnahmsweise für die AKF-Matrix und den KKF-Vektor dasselbe Symbol $\underline{\varphi}$; diese lassen sich aber eindeutig voneinander unterscheiden, da der KKF-Vektor von einem Verschiebungsparameter m abhängt.

$$\operatorname{cov}(\mathbf{y}(k), \mathbf{x}(k+m)) = \varphi_{yx,d}(m) - \mu_x \cdot \mu_y \tag{11.125}$$

$$\underline{\varphi}_{\mathbf{yx}}(m) = \underline{\varphi}_{yx,d}(m) = \begin{bmatrix} \varphi_{yx,d}(m) \\ \varphi_{yx,d}(m-1) \\ \vdots \\ \varphi_{yx,d}(m-n+1) \end{bmatrix}. \tag{11.126}$$

Die Annahme ergodischer Prozesse vereinfacht die Bestimmung von deren Autokorrelationsmatrix und Kreuzkorrelationsvektor erheblich, da wir lediglich mit zwei Signalen als Musterfunktionen eine Autokorrelationsfunktion und eine Kreuzkorrelationsfunktion berechnen müssen. Allerdings muss hierbei die Länge der Zeitfenster beachtet werden, in denen die Signale ausgewertet werden. In (11.115) und (11.123) haben wir den Grenzfall $N \to \infty$ angenommen, um sicherzustellen, dass die Zeitmittelwerte den Erwartungswerten entsprechen, denn aus einer zu geringen Anzahl von Messwerten lassen sich keine stabilen Kennwerte ermitteln. In der Praxis darf N aber auch nicht zu groß gewählt werden, da sonst zu große Latenzen entstehen. Außerdem muss die Stationarität der Zufallsprozesse über das gesamte Zeitfenster gegeben sein, was für viele Prozesse ebenfalls eine Beschränkung von dessen Länge erzwingt.

11.3.2 Spezielle stochastische Prozesse

Abb. 11.23a zeigt die ersten 5000 Werte einer Musterfunktion $w(k)$ eines ergodischen, gaußförmigen Rauschprozesses mit dem Erwartungswert $\mu_w = 0$ und der Varianz $\sigma_w^2 = 1$. Bereits am Zeitverlauf ist zu erkennen, dass kleine Signalamplituden überwiegen, während große Signalwerte eher selten auftreten. Deutlicher wird dies anhand der in (b) dargestellten Häufigkeitsverteilung $H(w)$, in der die Anzahl der Abtastwerte angegeben sind, die jeweils innerhalb von aneinander grenzenden Intervallen der Breite $\Delta w = 0{,}2$ liegen, die auch als Häufigkeitsklassen bezeichnet werden[23]. In das Histogramm wurden 50.000 Werte von $w(k)$ eingetragen, und es zeichnet sich die typische Form einer Gauß-Verteilung ab.

Oft wird ein ergodischer Rauschprozess betrachtet, der unabhängig von seiner Amplitudenverteilung ein spezielles Frequenzspektrum aufweist, und der als *weißes* Rauschen bezeichnet wird. Dazu zeigt Abb. 11.24a einen Ausschnitt mit 100 Abtastwerten von $w(k)$, und es ist erkennbar, dass diese quasi zufällig zwischen verschiedenen Amplituden springen. Aus dem Wert an einer Stelle k ist daher keine Aussage über die Amplitude an einer beliebigen anderen Stelle $k+m$ möglich, weshalb die Autokovarianzen $\operatorname{cov}(\mathbf{w}(k), \mathbf{w}(k+m))$ für $m \neq 0$ null sind.

[23] Histogramme können entweder wie hier absolute Häufigkeiten H oder relative Häufigkeiten h angeben, vgl. Abschn. 11.2.2, wobei letztere auf die Größe der Stichprobe – also auf die Anzahl der Abtastwerte – bezogen sind.

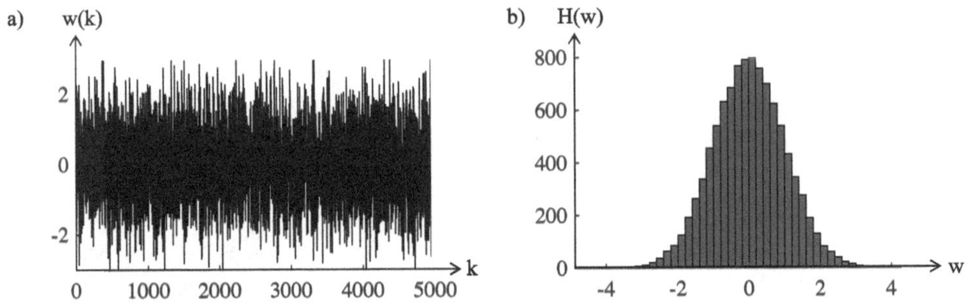

Abb. 11.23 Darstellung einer Musterfunktion $w(k)$ von gaußförmigem Rauschen (**a**), und Auftragung von 50.000 Werten von $w(k)$ in einem Histogramm mit Häufigkeitsklassen der Breite $\Delta w = 0{,}2$ (**b**)

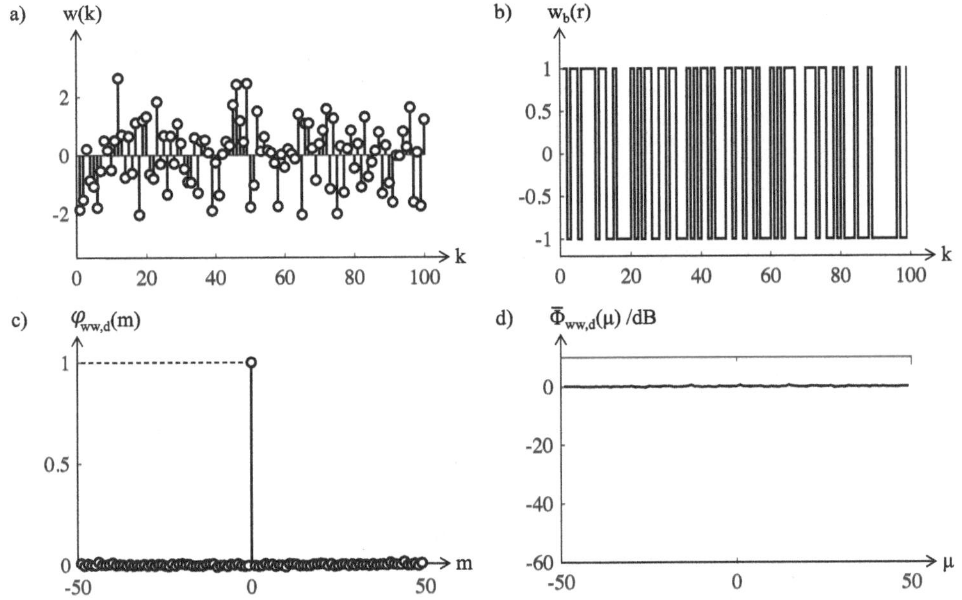

Abb. 11.24 Ausschnitt von gaußförmigem Rauschen ohne statistischen Bindungen zwischen den Abtastwerten (**a**) und ein binäres Rauschsignal, das zufällig zwischen den Werten ± 1 springt (**b**); die aus $w(k)$ berechnete und in (**c**) dargestellte AKF in Form eines Einheitsimpulses weist ein konstantes LDS (**d**) auf, und derartige Rauschprozesse werden als *weißes Rauschen* bezeichnet

Nach (11.117) entsprechen die Autokovarianzen des Prozesses wegen $\mu_w = 0$ der in Teilgrafik (c) dargestellten Autokorrelationsfunktion $\varphi_{ww,d}(m)$, die daher ebenfalls null ist, außer für $m = 0$, da hier nach (11.118) die Signalleistung $P_w = 1$ auftritt[24]. Dies ist auch anschaulich verständlich, da zur Bildung der AKF das Signal mit einer verschobenen Version desselben Signals multipliziert und darüber gemittelt wird. Stehen die Abtastwerte

[24] Wir verwenden hier statt $P_{w,d}$ die Leistung des zugehörigen Analogsignals, da beide nach (8.9) quasi identisch sind.

miteinander in keinem Zusammenhang, so erhält man für jede Verschiebung $m \neq 0$ den Wert null und für $m = 0$ stets die Signalleistung. Die dargestellte AKF wurde aus 50.000 Werten des Signals $w(k)$ berechnet, um stabile Werte zu erhalten, und man erkennt in guter Näherung einen zeitdiskreten Einheitsimpuls, siehe Abschn. 8.1.1. Die Anwendung der DFT ergibt nach (10.7) ein konstantes Spektrum mit der Amplitude $1 = 0\,dB$, das nach (10.56) der gemittelten und in (d) dargestellten Leistungsdichte (LDS) des Rauschsignals entspricht. Die Bezeichnung *weißes Rauschen* erklärt sich in Analogie zum weißen Licht mit einer ebenfalls annähernd konstanten Leistungsdichte über alle Farbanteile.

Weiße Rauschprozesse müssen nicht gaußförmig sein, und Abb. 11.24b zeigt ein binäres Signal $w_b(k)$, das zufällig zwischen ± 1 wechselt, ebenfalls mit der Leistung $P_{w_b} = 1$. Das Signal ist mittelwertfrei, weshalb die Häufigkeitsverteilung nur zwei gleich große Werte bei ± 1 enthält. Auch bei diesem Signal bestehen keine statistischen Bindungen zwischen den Abtastwerten, und es korrespondiert daher ebenfalls zu der AKF und dem LDS entsprechend (c) und (d).

Häufig tritt Rauschen mit gaußförmiger Amplitudenverteilung und zumindest näherungsweise weißem Leistungsdichtespektrum auf, das sich einem Nutzsignal additiv überlagert und überdies mittelwertfrei ist. Derartige Rauschprozesse werden auf englisch als *Additive White Gaussian Noise* bzw. AWGN bezeichnet, und diese Abkürzung ist auch international üblich.

Auch das im Abschn. 9.3 betrachtete Quantisierungsrauschen stellt einen ergodischen Zufallsprozess dar, allerdings einen zeitkontinuierlichen, der zu jedem beliebigen Zeitpunkt t mit einer Zufallsvariablen beschrieben werden kann, und der durch Abtastung in einen zeitdiskreten Prozess übergeht. Dessen AKF haben wir im Abschn. 9.3.2 durch einen schmalen Dreieckimpuls approximiert, und es ergab sich ebenfalls ein breitbandiges Spektrum, obwohl wir den Zusammenhang mit der Statistik des Prozesses noch nicht beachtet hatten.

Als weiteres Beispiel für Zufallsprozesse betrachten wir Sprachsignale. Dazu zeigt Abb. 11.25a eine Musterfunktion, die in einem Zeitfenster der Länge $2\,s$ mit der Abtastrate $f_T = 11.025\,s^{-1}$ aufgenommen wurde, wobei deutlich einzelne Silben unterscheidbar sind, die durch kurze Sprachpausen innerhalb von Worten oder Sätzen getrennt werden, siehe [22].

Grundsätzlich entsteht menschliche Sprache dadurch, dass zunächst unsere Stimmbänder bestimmte Grundschwingungen einschließlich Oberwellen erzeugen, deren Amplitude von der Stärke des Luftstroms abhängt. Diese Schwingungen werden anschließend im Kehlkopf und Mund artikuliert, wodurch typische Laute entstehen, mit denen wir kommunizieren. Insbesondere die Grundfrequenz aber auch die durch Muskeln bewirkte Artikulation sind dabei nicht beliebig schnell veränderbar, weshalb Abhängigkeiten zwischen benachbarten Abtastwerten existieren, die durch die Autokorrelation erfasst werden können, vgl. Abschn. 11.1.5.

Auch die in (b) dargestellte Amplitudenverteilung des Signals unterscheidet sich deutlich von einem gaußförmigen sowie binären Verlauf, wobei auffällt, dass aufgrund der Pausen im Signal viele Abtastwerte mit geringer Amplitude existieren. Bei der AKF des Signals, die in (c) über der Verschiebung τ dargestellt ist, fällt insbesondere die Frequenz der Grundschwingung auf, die in diesem Beispiel mit einer Männerstimme etwa $f = 250\,Hz$ beträgt. Außerdem zeigt die AKF eine starke Korrelation benachbarter Abtastwerte, da sie im Unterschied

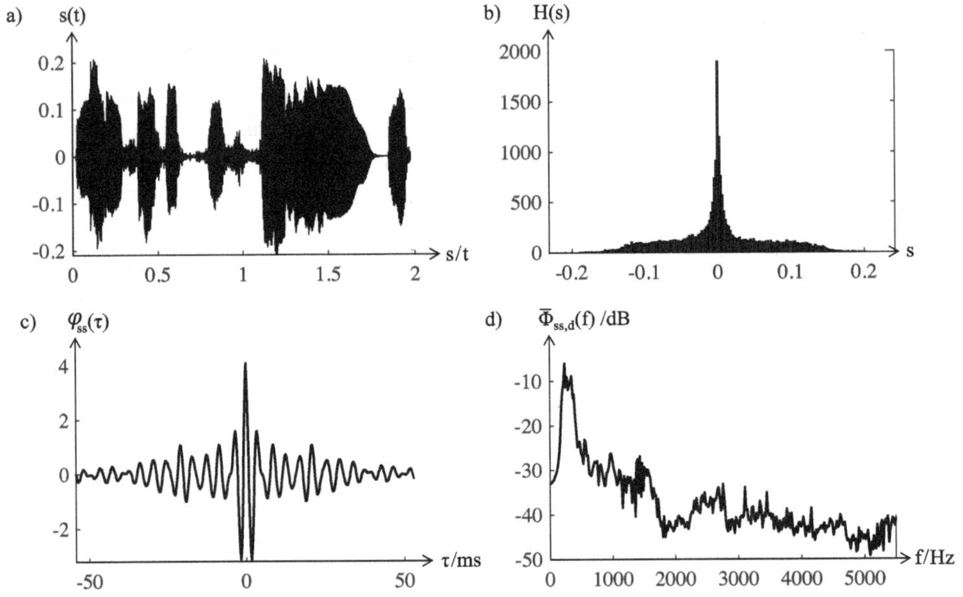

Abb. 11.25 Ausschnitt eines Sprachsignals in einem Zeitfenster der Länge $2\,s$ (**a**), und Darstellung von dessen Amplitudenverteilung (**b**), während (**c**) und (**d**) die charakteristische Autokorrelationsfunktion und die dazu äquivalente Leistungsdichte zeigen

zur AKF vom weißen Rauschen bis zu einer Signalverschiebung von ungefähr $\tau = \pm 30\,ms$ deutlich von null abweicht. Auch das LDS in (d) zeigt abhängig von der Frequenz charakteristische Merkmale. Hier tritt ein Maximum auf, das der Grundfrequenz entspricht, und für höhere Frequenzen ist ein deutlicher Abfall der Leistungsdichte erkennbar, so dass für $f > 4\,kHz$ keine Spektralanteile mehr enthalten sind, die für das Sprachverständnis relevant sind. Um Sprache für das Telefonnetz zu digitalisieren, verwendet man daher eine Abtastrate von $8\,kHz$ sowie 8 Bit für die Quantisierung mit 256 Amplitudenstufen, vgl. Abschn. 9.3.1,so dass für eine gute Sprachqualität eine Datenrate von $64\,kBit/s$ ausreicht[25].

Sprachsignale repräsentieren allerdings nur näherungsweise ergodische Prozesse, da die Signalstatistik aufgrund der unterschiedlichen Informationen, die übertragen werden, zeitabhängig variiert. Dazu zeigt Abb. 11.26a eine weitere Musterfunktion desselben Sprachsignals, die einige Sekunden später aufgenommen wurde. Die Teilgrafiken (b), (c) und (d) enthalten die entsprechende Amplitudenverteilung, die AKF und das LDS, wobei bestimmte Unterschiede zu Abb. 11.25 auffallen, wesentliche Eigenschaften wie die Grundfrequenz oder die Bandbreite des Signals aber erhalten bleiben. Dies muss bei der Festlegung des Zeitfensters zur Berechnung der AKF beachtet werden: Einerseits darf das Fenster nicht zu kurz sein, um die Signalcharakteristik hinreichend genau zu erfassen, andererseits aber auch

[25] Dieser Wert wird im Mobilfunk deutlich unterschritten, indem eine Kodierung erfolgt wie im Abschn. 11.1.5 beschrieben wird, während die Datenrate von unkomprimierter Musik auf CDs bei einer Abtastrate von $44{,}1\,kHz$ und mit 16 Bit Quantisierung $705{,}6\,kBit/s$ pro Stereokanal beträgt.

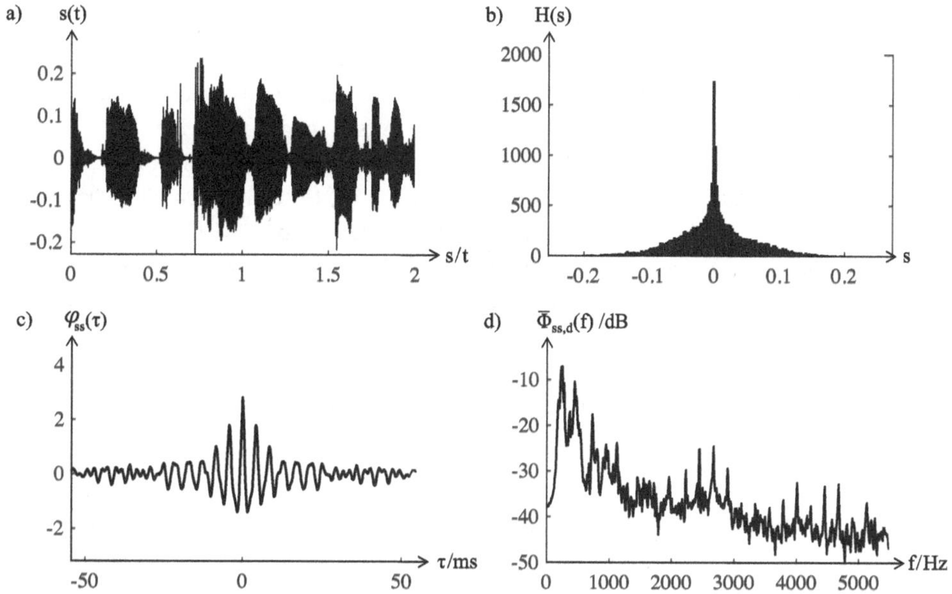

Abb. 11.26 Darstellung einer anderen Musterfunktion desselben Sprachsignals wie in Abb. 11.25 allerdings aufgenommen in einem um 4 s zeitlich verschobenen Zeitfenster (**a**), ebenfalls mit Amplitudenverteilung (**b**), Autokorrelation (**c**) sowie Leistungsdichte (**d**), wobei bestimmte Unterschiede auffallen, wesentliche Signaleigenschaften jedoch erhalten bleiben

nicht zu lang, um Veränderungen des Prozesses durch Auswertung von Musterfunktionen in sequentiellen Zeitfenstern folgen zu können.

11.3.3 Übertragung stationärer Zufallsprozesse mit LSI-Systemen

Nachdem wir stochastische Prozesse und statistische Methoden zu deren Beschreibung kennengelernt haben, wollen wir nun die Übertragung diskreter stationärer Zufallsprozesse mit LSI-Systemen analysieren. Die Systeme werden dazu durch ihre Impulsantwort $g(k)$ oder durch die Übertragungsfunktion $G(z)$ bzw. ihren Frequenzgang $G(\mu)$ beschrieben, wobei diese Systemmodelle von festen Parametern abhängen und für den Beobachtungszeitraum als zeitinvariant angenommen werden. Außerdem betrachten wir nur stabile Systeme, deren Ausgangssignale für beliebige amplitudenbeschränkte Eingangssignale ebenfalls amplitudenbeschränkt sind, woraus folgt, das auch stationäre bzw. ergodische Zufallsprozesse bei der Übertragung immer stationär bzw. ergodisch bleiben[26].

[26] Umgekehrt entstehen nicht-stationäre Zufallsprozesse durch Übertragung stationärer Prozesse mit instabilen Systemen, und der durch (11.101) beschriebene *Random Walk* Prozess wurde aus einem stationären, gleichverteilten und weißen Rauschprozess durch Übertragung mit dem instabilen Systems $G(z) = \frac{z}{z-1}$ erzeugt, siehe Abschn. 10.3.4.

Abhängig vom konkreten System ändern sich bei der Übertragung eines stochastischen Prozesses dessen statistische Kennwerte, wobei $\mathbf{U}$ den Eingangsprozess mit den Zufallsvariablen $\mathbf{u}(k)$ bezeichnet und $\mathbf{Y}$ den Ausgangsprozess mit den Zufallsvariablen $\mathbf{y}(k)$.

Zunächst bestimmen wir den Erwartungswert des Ausgangsprozesses $\mathrm{E}(\mathbf{y}(k))$, wozu wir für $\mathbf{y}(k)$ das Faltungsprodukt aus $\mathbf{u}(k)$ mit der Impulsantwort $g(k)$ des Systems einsetzen. Die Länge der Impulsantwort betrage hierbei n, und da $g(k)$ feste Werte enthält, können wir mit (11.18) und (11.19) die Bildung des Erwartungswertes auf $\mathbf{u}(k)$ beschränken und in die Summe hineinziehen. Wegen der Stationarität von $\mathbf{U}$ hängt der Erwartungswert auch nicht von i ab, weshalb wir ihn als $\mu_{\mathbf{u}}$ vor die Summe schreiben können

$$\begin{aligned} E(\mathbf{y}(k)) = E\left(\mathbf{u}(k) * g(k)\right) &= \mathrm{E}\left(\sum_{i=0}^{n-1} g(i)\cdot\mathbf{u}(k-i)\right) = \sum_{i=0}^{n-1} g(i)\cdot\mathrm{E}\left(\mathbf{u}(k-i)\right) \\ &= \mathrm{E}(\mathbf{u}(k))\cdot\sum_{i=0}^{n-1} g(i) = \mu_{\mathbf{u}}\cdot\sum_{i=0}^{n-1} g(i)\cdot e^{-j2\pi\cdot\mu\cdot k/n}\Bigg|_{\mu=0} = \mu_{\mathbf{u}}\cdot G(0)\,. \end{aligned} \tag{11.127}$$

Außerdem haben wir die Summe über $g(i)$ mit (10.4) durch die DFT von $g(k)$ ersetzt, wodurch sich die Summe wegen der Beschränkung auf den Frequenzindex $\mu = 0$ nicht ändert, das Ergebnis mit (10.4) aber der diskreten Fourier-Transformierten $G(\mu = 0)$ entspricht, also dem Frequenzgang des Systems für die Frequenz null. Der Ausgangsprozess eines LSI-Systems ist also mittelwertfrei, falls entweder der Eingangsprozess den Erwartungswert null aufweist, oder das System ein Hochpassverhalten zeigt und damit Gleichanteile bei der Übertragung unterdrückt.

Wir können auch die Autokorrelation des Ausgangsprozesses bestimmen, wobei wir deren Symmetrie ausnutzen, für $\mathbf{y}(k)$ wieder das Faltungsprodukt einsetzen, und anschließend die von i abhängigen Terme in die Summe über j ziehen, das Produkt der Summen also ausmultiplizieren

$$\begin{aligned} \varphi_{\mathbf{yy}}(m) &= \varphi_{\mathbf{yy}}(-m) = \mathrm{E}\left(\mathbf{y}(k)\cdot\mathbf{y}(k-m)\right) \\ &= \mathrm{E}\left(\sum_{i=-\infty}^{\infty} g(i)\cdot\mathbf{u}(k-i)\cdot\sum_{j=-\infty}^{\infty} g(j)\cdot\mathbf{u}(k-m-j)\right) \\ &= \mathrm{E}\left(\sum_{i=-\infty}^{\infty}\sum_{j=-\infty}^{\infty} g(i)\cdot g(j)\cdot\mathbf{u}(k-i)\cdot\mathbf{u}(k-m-j)\right)\,. \end{aligned} \tag{11.128}$$

Jetzt beschränken wir wie vorher die Bildung des Erwartungswertes auf das Produkt der Zufallsvariablen. Wenn wir $\mathbf{u}(k)$ als mittelwertfrei mit $\mu_{\mathbf{u}} = 0$ annehmen, entspricht dieser nach (11.106) gerade der Prozess-Autokorrelation $\varphi_{\mathbf{uu}}(m + j - i)$, wobei die AKF wegen der Stationarität von $\mathbf{u}(k)$ nur von der Differenz der Indizes $(k - i) - (k - m - j)$ beider Zufallsvariablen abhängt

$$\begin{aligned}\varphi_{\mathbf{yy}}(m) &= \sum_{i=-\infty}^{\infty} \sum_{j=-\infty}^{\infty} g(i) \cdot g(j) \cdot \mathrm{E}\left(\mathbf{u}(k-i) \cdot \mathbf{u}(k-m-j)\right) \\ &= \sum_{i=-\infty}^{\infty} \sum_{j=-\infty}^{\infty} g(i) \cdot g(j) \cdot \varphi_{\mathbf{uu}}(m+j-i) \,. \end{aligned} \tag{11.129}$$

Im nächsten Schritt substituieren wir i durch $v = i - j$, so dass die Summe über i in eine Summe über v übergeht, wir $\varphi_{\mathbf{uu}}(m-v)$ aus der Summe über j herausziehen können, und diese dann nach (8.10) der diskreten Energieautokorrelation der Impulsantwort $\varphi^E_{gg,d}(v)$ entspricht

$$\varphi_{\mathbf{yy}}(m) = \sum_{v=-\infty}^{\infty} \varphi_{\mathbf{uu}}(m-v) \cdot \sum_{j=-\infty}^{\infty} g(j+v) \cdot g(j) = \sum_{v=-\infty}^{\infty} \varphi_{\mathbf{uu}}(m-v) \cdot \varphi^E_{gg,d}(v) \,. \tag{11.130}$$

Die letzte Summe definiert aber gerade der Faltung der beiden Korrelationsfunktionen, so dass wir eine einfache Formel zur Berechnung der Autokorrelation des Ausgangsprozesses erhalten

$$\varphi_{\mathbf{yy}}(m) = \varphi_{\mathbf{uu}}(m) * \varphi^E_{gg,d}(m) \,. \tag{11.131}$$

Dieses Ergebnis wird als *Wiener-Lee-Beziehung* für diskrete stationäre Zufallsprozesse bezeichnet. Für ergodische Prozesse können wir statt $\varphi_{\mathbf{yy}}(m)$ und $\varphi_{\mathbf{uu}}(m)$ die AKF einer Musterfunktion einsetzen, und das Ergebnis auch im Frequenzbereich angeben, wobei nach (10.47) und (10.56) die Energie-AKF zur Energiedichte und die AKF zur gemittelten Leistungsdichte korrespondiert

$$\varphi_{yy,d}(m) = \varphi_{uu,d}(m) * \varphi^E_{gg,d}(m) \quad \circ\!\!-\!\!\bullet \quad \overline{\Phi}_{yy,d}(\mu) = \overline{\Phi}_{uu,d}(\mu) \cdot |G(\mu)|^2 \,. \tag{11.132}$$

Im Anhang A.13 hatten wir bereits einen identischen Zusammenhang für die Übertragung analoger Leistungssignale über LTI-Systeme hergeleitet, ohne die Zufälligkeit der Signale zu beachten.

Wenn wir einen stationären Zufallsprozess über ein LSI-System übertragen, können wir mit (11.121) auch die Kovarianzen zwischen Eingangs- und Ausgangsprozess bestimmen, und dazu die Multiplikation mit $\mathbf{u}(k)$ sowie die Bildung des Erwartungswertes in die Faltungssumme hineinziehen

$$\varphi_{\mathbf{uy}}(m) = \mathrm{E}\left(\mathbf{u}(k)\cdot\mathbf{y}(k+m)\right) = \mathrm{E}\left(\mathbf{u}(k)\cdot\sum_{i=-\infty}^{\infty} g(i)\cdot\mathbf{u}(k+m-i)\right)$$
$$= \sum_{i=-\infty}^{\infty} g(i)\cdot\mathrm{E}\left(\mathbf{u}(k)\cdot\mathbf{u}(k+m-i)\right) = \sum_{i=-\infty}^{\infty} g(i)\cdot\varphi_{\mathbf{uu}}(m-i)\,. \qquad (11.133)$$

Die letzte Summe entspricht gerade der Faltung der Impulsantwort des Systems mit der Autokorrelation von **U**, und für ergodische Prozesse dürfen wir die Korrelationen der Zufallsvariablen durch zeitliche Korrelationen von zwei Musterfunktionen $u(k)$ und $y(k)$ ersetzen

$$\varphi_{\mathbf{uy}}(m) = g(m) * \varphi_{\mathbf{uu}}(m) \quad \Leftrightarrow \quad \varphi_{uy,d}(m) = g(m) * \varphi_{uu,d}(m)\,. \qquad (11.134)$$

Dieses Ergebnis ermöglicht es, die Impulsantwort eines stabilen Systems zu ermitteln, indem wir einen ergodischen Zufallsprozess übertragen und sowohl die AKF des Eingangssignals, als auch die KKF zwischen Eingangs- und Ausgangssignal bestimmen.

Würden wir stattdessen versuchen, $g(k)$ direkt über die Faltung $y(k) = u(k) * g(k)$ zu erfassen, wie es z. B. durch Messung der Sprungantwort möglich ist, so führt dieser Ansatz bei Zufallssignalen zu großen Ungenauigkeiten: Zum einen müssten die oft sehr kleinen Signalamplituden innerhalb eines beschränkten Zeitfensters exakt bekannt sein, und hinzu kommt die Problematik, dass $u(k)$ und $y(k)$ aufgrund von Störsignalen häufig nicht vollständig korreliert zueinander sind.

Als erste Anwendung betrachten wir die Identifikation eines unbekannten Systems durch Übertragung von weißem Rauschen $w(k)$ der Leistung P_w, dessen AKF einem Einheitsimpuls gewichtet mit P_w entspricht, wie wir im Abschn. 11.3.2 gezeigt haben. Für die Kreuzkorrelation folgt dann mit der Neutralitätseigenschaft des Einheitsimpulses (8.22)

$$\varphi_{wy}(m) = g(m) * \varphi_{ww}(m) = g(m) * P_w \cdot \delta(k) = P_w \cdot g(m) * \delta(k) = P_w \cdot g(m)\,. \qquad (11.135)$$

Falls das zu identifizierende System eine Impulsantwort $g(k)$ der Länge n aufweist, müssen wir daher $\varphi_{wy}(m)$ im Bereich $0 \leq m < n$ berechnen und durch die Rauschleistung teilen

$$g(m) = \frac{\varphi_{wy}(m)}{P_w}\,. \qquad (11.136)$$

Die Systemidentifikation mit weißen Rauschen ist auch möglich bei gleichzeitiger Übertragung eines weiteren stochastischen Prozesses $\mathbf{s}(k)$ über das System, siehe Abb. 11.27, sofern dieser orthogonal zu $\mathbf{w}(k)$ ist. In diesem Fall gilt $\varphi_{\mathbf{ws}}(m) = 0$, und wir erhalten mit $\mathbf{u}(k) = \mathbf{s}(k) + \mathbf{w}(k)$ für die Kreuzkorrelation $\varphi_{\mathbf{wy}}(m)$ dasselbe Ergebnis wie zuvor

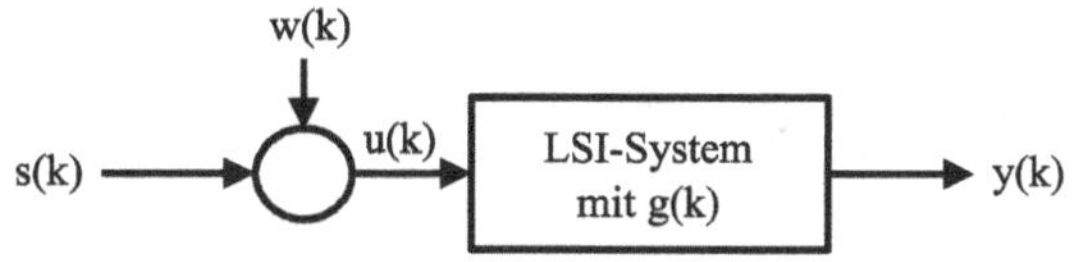

Abb. 11.27 Wenn dem Eingangssignal $s(k)$ eines stabilen LSI-Systems ein weißes Rauschsignal $w(k)$ überlagert wird, lässt sich durch Messung der Kreuzkorrelation $\varphi_{wy}(m)$ zwischen Ausgangs- und Rauschsignal die Impulsantwort $g(k)$ des Systems bestimmen

$$\begin{aligned}\varphi_{\mathbf{wy}}(m) &= \mathrm{E}\left(\mathbf{w}(k)\cdot\mathbf{y}(k+m)\right) = \mathrm{E}\left(\mathbf{w}(k)\cdot\sum_{i=-\infty}^{\infty} g(i)\cdot[\mathbf{s}(k+m-i)+\mathbf{w}(k+m-i)]\right)\\ &= \sum_{i=-\infty}^{\infty} g(i)\cdot[\mathrm{E}\left(\mathbf{w}(k)\cdot\mathbf{s}(k+m-i)\right)+\mathrm{E}\left(\mathbf{w}(k)\cdot\mathbf{w}(k+m-i)\right)]\\ &= \sum_{i=-\infty}^{\infty} g(i)\cdot[\varphi_{\mathbf{ws}}(m-i)+\varphi_{\mathbf{ww}}(m-i)] = g(m)*[\varphi_{\mathbf{ws}}(m)+\varphi_{\mathbf{ww}}(m)]\\ &= g(m)*\varphi_{\mathbf{ww}}(m) = P_w\cdot g(m)\,. \end{aligned} \tag{11.137}$$

Wir haben damit die Möglichkeit, ein unbekanntes oder zeitvariables System quasi unmerklich im Betrieb zu überwachen, indem wir ein weißes Rauschsignal mit niedriger Leistung P_w als AWGN-Prozess überlagern, und kontinuierlich die Kreuzkorrelation $\varphi_{\mathbf{wy}}(m)$ bestimmen.

Allerdings ist diese Systemidentifikation bisher nur für weißes Rauschen als Eingangssignal möglich, weil dann in (11.135) keine Faltung auftritt. Dies schränkt die Anwendungsmöglichkeiten erheblich ein, weshalb wir im nächsten Abschnitt eine Verallgemeinerung auf beliebige Eingangssignale vornehmen werden.

11.3.4 Wiener Filter

Um aus (11.134) die unbekannte Impulsantwort eines LSI-Systems für beliebige Eingangssignale zu bestimmen, besteht eine naheliegende Lösung darin, die Gleichung in den diskreten Frequenzbereich zu transformieren, da dann die Faltung in eine Multiplikation übergeht. Wir gehen von ergodischen Prozessen aus, die durch zwei Musterfunktionen $u(k)$ und $y(k)$ vollständig repräsentiert werden, und beachten den Zusammenhang zwischen Autokorrelation und Leistungsdichtespektrum entsprechend (10.51), wobei wir den Zeitindex wie üblich mit k bezeichnen

$$\mathring{\varphi}_{uy,d}(k) = g(k)*\mathring{\varphi}_{uu,d}(k) \quad \circ\!\!-\!\!\bullet \quad \Phi_{uy,d}(\mu) = G(\mu)\cdot\Phi_{uu,d}(\mu)\,. \tag{11.138}$$

Hierbei haben wir die sogenannte *Kreuzleistungsdichte* $\Phi_{uy,d}(\mu)$ eingeführt, die über die DFT mit der zyklischen Kreuzkorrelation $\mathring{\varphi}_{uy,d}(k)$ verbunden ist

$$\Phi_{uy,d}(\mu) \quad \bullet\!\!-\!\!\circ \quad \mathring{\varphi}_{uy,d}(k) \;=\; \frac{1}{N} \cdot \sum_{i=0}^{N-1} u(i) \cdot y([k+i] \operatorname{mod} N). \tag{11.139}$$

Die zyklische Kreuzkorrelation können wir entsprechend (10.50) als zyklische Faltung schreiben, so dass mit den Theoremen 4 und 8 der DFT aus Tabelle B.4 im Anhang die Kreuzleistungsdichte auch direkt aus den Signalspektren berechnet werden kann

$$\mathring{\varphi}_{uy,d}(k) \;=\; \frac{1}{N} \cdot u(-k) \circledast y(k) \quad \circ\!\!-\!\!\bullet \quad \Phi_{uy,d}(\mu) \;=\; \frac{1}{N} \cdot U^*(\mu) \cdot Y(\mu)\,. \tag{11.140}$$

Bei der Anwendung der DFT auf N Abtastwerte eines Zeitsignals muss beachtet werden, dass das Spektrum immer zu einem periodisch mit N fortgesetzten Signal korrespondiert. Daher gilt der Zusammenhang (11.138) zunächst nur für die zyklischen Korrelationen $\mathring{\varphi}_{uu,d}(k)$ und $\mathring{\varphi}_{uy,d}(k)$.

Damit $\mathring{\varphi}_{uu,d}(k)$ der gesuchten nicht-zyklischen AKF $\varphi_{uu,d}(k)$ weitgehend entspricht, hatten wir im Abschn. 10.1.4 erkannt, dass wir mit (10.54) für $s = u$ den Mittelwert $\overline{\Phi}_{uu,d}(\mu)$ der Leistungsdichte über $L \gg 1$ Fenster der Länge N bilden müssen. Wegen der Periodizität der DFT und Symmetrie der AKF muss die Anzahl N der Abtastwerte pro Fenster mindestens doppelt so groß sein wie die Länge n der gesuchten Impulsantwort. Gleiches gilt auch für die Kreuzleistungsdichte, deren Mittelwert $\overline{\Phi}_{uy,d}(\mu)$ wir aus (11.140) analog zu (10.54) bilden

$$\overline{\Phi}_{uy,d}(\mu) \;=\; \frac{1}{L} \sum_{\ell=1}^{L} \Phi_{uy,d}^{(\ell)}(\mu) \tag{11.141}$$

$$\text{mit} \quad \Phi_{uy,d}^{(\ell)}(\mu) \;=\; \frac{1}{N} \left(\sum_{k=0}^{N-1} u(i+\ell \cdot N) \cdot \mathrm{e}^{+j\,2\pi \cdot \mu \cdot (i/N+\ell)} \right) \cdot \left(\sum_{k=0}^{N-1} y(i+\ell \cdot N) \cdot \mathrm{e}^{-j\,2\pi \cdot \mu \cdot (i/N+\ell)} \right).$$

Wir können jetzt (11.134) für ergodische Prozesse im diskreten Frequenzbereich angeben, wobei wir im Frequenzbereich wegen des Leckeffektes trotz Mittelung nur eine Näherung erhalten

$$\varphi_{uy,d}(k) \;=\; g(k) * \varphi_{uu,d}(k) \quad \circ\!\!-\!\!\bullet \quad \overline{\Phi}_{uy,d}(\mu) \;\approx\; G(\mu) \cdot \overline{\Phi}_{uu,d}(\mu)\,. \tag{11.142}$$

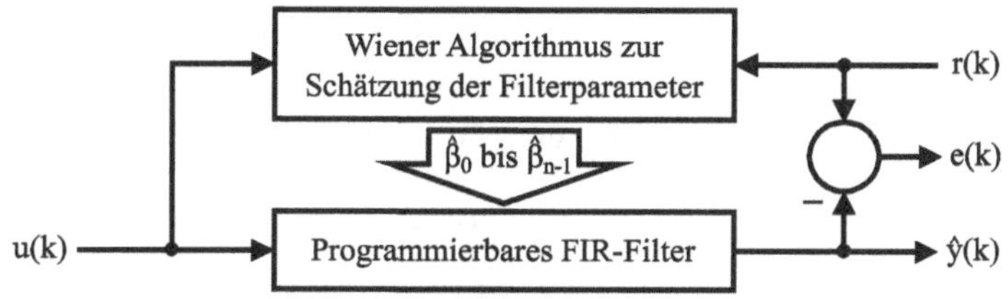

Abb. 11.28 Als Wiener-Filter bezeichnet man einen Algorithmus, um ein Eingangssignal $u(k)$ eines FIR-Filters durch Schätzung von n Filterkoeffizienten $\hat{\beta}_0$ bis $\hat{\beta}_{n-1}$ in ein Ausgangssignal $\hat{y}(k)$ zu wandeln, das möglichst exakt einem vorgegebenen Referenzsignal $r(k)$ entspricht, wobei als Gütekriterium der mittlere quadratische Fehler $\overline{e^2(k)}$ mit $e(k) = r(k) - \hat{y}(k)$ minimiert wird

Damit lässt sich eine erste Lösung für die im Abschn. 11.1 vorgestellten Anwendungen adaptiver Filter angeben. Diesen ist gemeinsam, ein vorgegebenes Referenzsignal $r(k)$ durch Filterung eines Eingangssignals $u(k)$ nachzubilden, wozu die Koeffizienten eines FIR-Filters $\hat{\beta}_0$ bis $\hat{\beta}_{n-1}$ geschätzt werden, um $u(k)$ in das Signal $\hat{y}(k) \approx r(k)$ zu wandeln, siehe Abb. 11.28.

Wir gehen zunächst davon aus, dass es gelingt, den Fehler $e(k) = r(k) - \hat{y}(k)$ auf null zu bringen, so dass wir $r(k) = \hat{y}(k)$ annehmen können. Aus (11.138) erhalten wir dann den geschätzten Frequenzgang $\hat{G}(\mu)$ des gesuchten Systems als Quotienten aus der gemittelten Kreuzleistungs- und Leistungsdichte, die nach (10.54) und (11.141) in $L \gg 1$ Fenstern der Länge $N = 2n$ aus den Signalen $u(k)$ und $r(k)$ berechnet werden. Mittels iDFT erhalten wir daraus $\hat{g}(k)$, und nach (8.72) entsprechen die ersten n Werte der Impulsantwort den Koeffizienten des FIR-Filters

$$\hat{G}(\mu) = \frac{\overline{\Phi}_{ur,d}(\mu)}{\overline{\Phi}_{uu,d}(\mu)} \quad \bullet\!\!-\!\!\circ \quad \hat{g}(k) = \hat{\beta}_k \quad \text{für} \quad 0 \leq k < n\,. \tag{11.143}$$

Dieser Algorithmus, der als *Wiener-Filter im Frequenzbereich* bezeichnet wird, lässt sich mittels FFT schnell berechnen, weist aber zwei Nachteile auf: Zum einen muss über viele Fenster gemittelt werden, um hinreichend verlässliche Leistungsdichtespektren zu ermitteln, was große Latenzen erzeugt und die Anpassung der Filterkoeffizienten an veränderliche Zufallsprozesse oder zeitvariable Systeme erschwert. Außerdem ist trotz der Mittelung die Schätzung der benötigten Leistungsdichtespektren aufgrund des im Abschn. 10.1.5 beschriebenen Leckeffektes mit Verzerrungen verbunden. Diese lassen sich durch Verwendung von Fensterfunktionen reduzieren aber nicht vollständig vermeiden, so dass die ermittelten Filterkoeffizienten unpräzise sind.

Daher wollen wir jetzt eine bessere Lösung herleiten, indem wir die Filterkoeffizienten direkt aus den Korrelationsfunktionen im Zeitbereich bestimmen. Dazu formen wir zunächst die Kreuzkorrelation $\varphi_{\mathbf{yu}}(-m)$ zwischen den stationären Prozessen **R** und **U** um

$$\varphi_{\mathbf{yu}}(-m) = \operatorname{cov}(\mathbf{y}(k), \mathbf{u}(k-m)) = \operatorname{cov}(\mathbf{u}(k), \mathbf{y}(k+m)) = \varphi_{\mathbf{uy}}(m) . \tag{11.144}$$

Jetzt ersetzen wir die Kreuzkorrelation durch (11.134) und schreiben analog zu 8.72 und 8.73 die kommutative Faltungsoperation äquivalent als Skalarprodukt der Vektoren $\underline{\varphi}_{\mathbf{uu}}(m)$ und $\underline{\beta}$

$$\varphi_{\mathbf{yu}}(-m) = \varphi_{\mathbf{uu}}(m) * g(m) = \underline{\varphi}_{\mathbf{uu}}(m)^T \cdot \underline{\beta} \qquad \text{mit} \quad \underline{\beta} = \begin{bmatrix} \beta_0 \\ \beta_1 \\ \vdots \\ \beta_{n-1} \end{bmatrix}$$

$$\text{und} \quad \underline{\varphi}_{\mathbf{uu}}(m)^T = [\varphi_{\mathbf{uu}}(m) \;\; \varphi_{\mathbf{uu}}(m-1) \;\; \cdots \;\; \varphi_{\mathbf{uu}}(m-n+1)] . \tag{11.145}$$

Wenn wir das Skalarprodukt n-mal berechnen mit m im Bereich $0 \leq m \leq n-1$ und untereinander schreiben, so erhalten wir auf der linken Seite des Gleichheitszeichen die Werte der Kreuzkorrelation $\underline{\varphi}_{\mathbf{yu}}(0)$ bis $\underline{\varphi}_{\mathbf{yu}}(-(n-1))$, die wir als Spaltenvektor zusammenfassen, während rechts die Zeilenvektoren $\underline{\varphi}_{\mathbf{uu}}(0)^T$ bis $\underline{\varphi}_{\mathbf{uu}}(n-1)^T$ eine Matrix bilden, multipliziert mit $\underline{\beta}$

$$\begin{bmatrix} \varphi_{\mathbf{yu}}(0) \\ \varphi_{\mathbf{yu}}(-1) \\ \vdots \\ \varphi_{\mathbf{yu}}(-n+1) \end{bmatrix} = \begin{bmatrix} \varphi_{\mathbf{uu}}(0) & \varphi_{\mathbf{uu}}(-1) & \cdots & \varphi_{\mathbf{uu}}(1-n) \\ \varphi_{\mathbf{uu}}(1) & \varphi_{\mathbf{uu}}(0) & \cdots & \varphi_{\mathbf{uu}}(2-n) \\ \vdots & \vdots & \ddots & \vdots \\ \varphi_{\mathbf{uu}}(n-1) & \varphi_{\mathbf{uu}}(n-2) & \vdots & \varphi_{\mathbf{uu}}(0) \end{bmatrix} \cdot \begin{bmatrix} \beta_0 \\ \beta_1 \\ \vdots \\ \beta_{n-1} \end{bmatrix} . \tag{11.146}$$

Vergleichen wir dieses Ergebnis mit (11.109) und (11.122), so wird deutlich, dass der links stehende Vektor gerade dem Kreuzkorrelationsvektor $\underline{\varphi}_{\mathbf{yu}}(0)$, und die Matrix auf der rechten Seite der Autokorrelationsmatrix $\underline{\varphi}_{\mathbf{uu}}$ entspricht, so dass wir die Matrizengleichung auch in einer einzelnen Zeile schreiben können. Außerdem ersetzen wir für ergodische Prozesse die Korrelationen der Zufallsvariablen durch Korrelationen der Musterfunktionen $u(k)$ und $y(k)$

$$\underline{\varphi}_{\mathbf{yu}}(0) = \underline{\varphi}_{\mathbf{uu}} \cdot \underline{\beta} \quad \Leftrightarrow \quad \underline{\varphi}_{yu,d}(0) = \underline{\varphi}_{uu,d} \cdot \underline{\beta} . \tag{11.147}$$

Dieser Zusammenhang bietet die Möglichkeit, ein gewünschtes Referenzsignal $r(k)$ für $y(k)$ vorzugeben, und die Filterkoeffizienten im Vektor $\hat{\underline{\beta}}$ aus $\underline{\varphi}_{uu}$ und $\underline{\varphi}_{ru}(0)$ zu berechnen, um $u(k)$ in $r(k)$ zu wandeln, wobei wir auch hier einen möglichen Schätzfehler zunächst ignorieren

$$\underline{\hat{\beta}} = \underline{\varphi}_{\mathbf{uu}}^{-1} \cdot \underline{\varphi}_{\mathbf{ru}}(0) = \underline{\varphi}_{uu,d}^{-1} \cdot \underline{\varphi}_{ru,d}(0) \tag{11.148}$$

$$\text{mit} \quad \underline{\varphi}_{uu,d} = \begin{bmatrix} \varphi_{uu,d}(0) & \varphi_{uu,d}(1) & \cdots & \varphi_{uu,d}(n-1) \\ \varphi_{uu,d}(1) & \varphi_{uu,d}(0) & \cdots & \varphi_{uu,d}(n-2) \\ \vdots & \vdots & \ddots & \vdots \\ \varphi_{uu,d}(n-1) & \varphi_{uu,d}(n-2) & \cdots & \varphi_{uu,d}(0) \end{bmatrix}, \quad \underline{\varphi}_{ru,d}(0) = \begin{bmatrix} \varphi_{ru,d}(0) \\ \varphi_{ru,d}(-1) \\ \vdots \\ \varphi_{ru,d}(-n+1) \end{bmatrix}.$$

Hieraus folgt ein Gleichungssystem mit n skalaren Gleichungen, und diese werden diskrete *Wiener-Hopf* Gleichungen genannt. Durch die vektorielle Formulierung ist es möglich, die gesuchten Filterkoeffizienten in geschlossener Form anzugeben, wozu allerdings die Invertierung der $(n \times n)$-Matrix $\underline{\varphi}_{uu,d}$ erforderlich ist. Würden wir diese mit dem bekannten Gauß-Verfahren berechnen, so wären dazu $\sim n^3$ Multiplikationen erforderlich, was bei einer Filterordnung von $n \approx 100$ bereits einen großen Aufwand erfordert. Wesentlich effizienter ist der rekursive *Levinson-Durbin*-Algorithmus, der Matrizen in Toeplitz-Struktur wie $\underline{\varphi}_{uu,d}$ voraussetzt, aber für deren Invertierung lediglich $\sim n^2$ Multiplikationen benötigt, also um den Faktor n weniger. Im Anhang A.21 ist eine gut nachvollziehbare Herleitung dieses Algorithmus' [3] angegeben.

Entgegen unserer bisherigen Annahme ist es in den meisten Fällen nicht möglich, ein beliebig vorgegebenen Referenzsignal $r(k)$ mit einem LSI-Filter aus dem Eingangssignal zu formen. Stellen wir uns z. B. ein sinusförmiges Eingangssignal vor, so ist es unmöglich, dieses beispielsweise in ein Sprachsignal zu wandeln, weshalb wir uns mit dem Fehler $e(k)$ beschäftigen müssen.

Dazu betrachten wir die Signale wieder als Musterfunktionen ergodischer Prozesse und verwenden als Gütemaß für die Abweichung zwischen $\mathbf{r}(k)$ und $\mathbf{y}(k)$ den mittleren quadratischen Fehler *(englisch: Mean Squared Error)*, der mit MSE abgekürzt wird und von $\underline{\beta}$ abhängt. Hierbei ersetzen wir $\mathbf{y}(k)$ durch das Skalarprodukt $\underline{\mathbf{u}}(k)$ und $\underline{\beta}$ entsprechend (8.73)

$$\mathrm{E}\left(\mathbf{e}(k)^2\right) = \mathrm{E}\left(\left[\mathbf{r}(k) - \mathbf{y}(k)\right]^2\right) = \mathrm{E}\left(\left[\mathbf{r}(k) - \underline{\mathbf{u}}(k)^T \cdot \underline{\beta}\right]^2\right) = MSE\left(\underline{\beta}\right) \tag{11.149}$$

$$\text{mit} \quad \underline{\mathbf{u}}(k) = \begin{bmatrix} \mathbf{u}(k) \\ \mathbf{u}(k-1) \\ \vdots \\ \mathbf{u}(k-n+1) \end{bmatrix} \quad \text{und} \quad \underline{\beta} = \begin{bmatrix} \beta_0 \\ \beta_1 \\ \vdots \\ \beta_{n-1} \end{bmatrix}. \tag{11.150}$$

Den Erwartungswert multiplizieren wir aus und ersetzen dann $\underline{\mathbf{u}}(k)^T \cdot \underline{\beta}$ äquivalent durch $\underline{\beta}^T \cdot \underline{\mathbf{u}}(k)$

$$\begin{aligned} MSE\left(\underline{\beta}\right) &= \mathrm{E}\left(\mathbf{r}(k)^2\right) - \mathrm{E}\left(2 \cdot \mathbf{r}(k) \cdot \underline{\mathbf{u}}(k)^T \cdot \underline{\beta}\right) + \mathrm{E}\left(\left[\underline{\mathbf{u}}(k)^T \cdot \underline{\beta}\right]^2\right) \\ &= \mathrm{E}\left(\mathbf{r}(k)^2\right) - \mathrm{E}\left(2 \cdot \mathbf{r}(k) \cdot \underline{\beta}^T \cdot \underline{\mathbf{u}}(k)\right) + \mathrm{E}\left(\underline{\beta}^T \cdot \underline{\mathbf{u}}(k) \cdot \underline{\mathbf{u}}(k)^T \cdot \underline{\beta}\right). \end{aligned} \tag{11.151}$$

Jetzt ziehen wir wie vorher aus den Erwartungswerten alle nicht zufälligen Größen heraus, wobei wir die skalare Multiplikation $\mathbf{r}(k) \cdot \underline{\beta}^T$ vertauschen dürfen. Die Erwartungswerte in der Mitte und rechts entsprechen dann gerade dem zuvor definierten Kreuzkorrelationsvektor $\underline{\varphi}_{\mathbf{ru}}(0)$ bzw. der Autokorrelationsmatrix $\underline{\varphi}_{\mathbf{uu}}$, so dass sich für MSE ergibt

$$\begin{aligned} MSE\left(\underline{\beta}\right) &= \mathrm{E}\left(\mathbf{r}(k)^2\right) - 2 \cdot \underline{\beta}^T \cdot \mathrm{E}\left(\mathbf{r}(k) \cdot \underline{\mathbf{u}}(k)\right) + \underline{\beta}^T \cdot \mathrm{E}\left(\underline{\mathbf{u}}(k) \cdot \underline{\mathbf{u}}(k)^T\right) \cdot \underline{\beta} \\ &= \mathrm{E}\left(\mathbf{r}(k)^2\right) - 2 \cdot \underline{\beta}^T \cdot \underline{\varphi}_{\mathbf{ru}}(0) + \underline{\beta}^T \cdot \underline{\varphi}_{\mathbf{uu}} \cdot \underline{\beta}\,. \end{aligned} \tag{11.152}$$

Mit MMSE bezeichnen wir den minimalen MSE, der sich für $\underline{\beta} = \underline{\hat{\beta}}$ ergibt, so dass wir das Produkt $\underline{\varphi}_{\mathbf{uu}} \cdot \underline{\hat{\beta}}$ entsprechend (11.148) durch $\underline{\varphi}_{\mathbf{ru}}(0)$ ersetzen können

$$\begin{aligned} MMSE = MSE\left(\underline{\hat{\beta}}\right) &= \mathrm{E}\left(\mathbf{r}(k)^2\right) - 2 \cdot \underline{\hat{\beta}}^T \cdot \underline{\varphi}_{\mathbf{ru}}(0) + \underline{\hat{\beta}}^T \cdot \underline{\varphi}_{\mathbf{uu}} \cdot \underline{\hat{\beta}} \\ &= \mathrm{E}\left(\mathbf{r}(k)^2\right) - \underline{\hat{\beta}}^T \cdot \underline{\varphi}_{\mathbf{ru}}(0)\,. \end{aligned} \tag{11.153}$$

Um MMSE anschaulich interpretieren zu können, schreiben wir $\underline{\varphi}_{\mathbf{ru}}(0)$ als Erwartungswert

$$\begin{aligned} MMSE &= \mathrm{E}\left(\mathbf{r}(k)^2\right) - \underline{\hat{\beta}}^T \cdot \mathrm{E}\left(\mathbf{r}(k) \cdot \underline{\mathbf{u}}(k)\right) \\ &= \mathrm{E}\left(\mathbf{r}(k)^2\right) - \mathrm{E}\left(\mathbf{r}(k) \cdot \underline{\hat{\beta}}^T \cdot \underline{\mathbf{u}}(k)\right) = \mathrm{E}\left(\mathbf{r}(k)^2\right) - \mathrm{E}\left(\mathbf{r}(k) \cdot \hat{\mathbf{y}}(k)\right)\,. \end{aligned} \tag{11.154}$$

Wenn wir uns $\mathbf{r}(k)$ als Summe eines zu $\mathbf{u}(k)$ korrelierten und eines unkorrelierten Prozesses vorstellen, dann beschreibt der zweite Term in (11.153) gerade die zu $\mathbf{u}(k)$ korrelierte Teilleistung von $\mathbf{r}(k)$, da die Kreuzkorrelation zwischen unkorrelierten Prozesse null ist. Folglich entspricht MMSE der zum Eingangssignal unkorrelierten Teilleistung des Referenzsignals. Um dies zu verdeutlichen, betrachten wir den Kreuzkorrelationsvektor zwischen $\mathbf{e}(k)$ und $\underline{\mathbf{u}}(k)$

$$\begin{aligned} \underline{\varphi}_{\mathbf{eu}}(0) &= \mathrm{E}\left(\left[\mathbf{r}(k) - \hat{\mathbf{y}}(k)\right] \cdot \tilde{\mathbf{u}}(k)\right) = \mathrm{E}\left(\mathbf{r}(k) \cdot \tilde{\mathbf{u}}(k)\right) - \mathrm{E}\left(\tilde{\mathbf{u}}(k) \cdot \hat{\mathbf{y}}(k)\right) \\ &= \mathrm{E}\left(\mathbf{r}(k) \cdot \tilde{\mathbf{u}}(k)\right) - \mathrm{E}\left(\tilde{\mathbf{u}}(k) \cdot \underline{\mathbf{u}}(k)^T \cdot \underline{\hat{\beta}}\right) = \underline{\varphi}_{\mathbf{ru}}(0) - \underline{\varphi}_{\mathbf{uu}} \cdot \underline{\hat{\beta}}\,, \end{aligned} \tag{11.155}$$

und nach Einsetzen der Wiener-Hopf-Gleichungen entsprechend (11.148) folgt daraus

$$\underline{\varphi}_{\mathbf{eu}}(0) = \underline{\varphi}_{\mathbf{ru}}(0) - \underline{\varphi}_{\mathbf{ru}}(0) = \underline{0}\,. \tag{11.156}$$

Bei optimaler Einstellung des Wiener-Filters mit $\underline{\beta} = \hat{\underline{\beta}}$ sind die Kreuzkorrelationen zwischen Eingangs- und Fehlerprozess null, beide Prozesse somit orthogonal zueinander, was sich anschaulich begründen lässt: Jedes LSI-System wird durch eine Differenzengleichung beschrieben und enthält ausschließlich feste Parameter und Verzögerungsglieder, siehe Abschn. 8.2.4. Es liefert daher immer einen Ausgangsprozess $\mathbf{y}(k)$, der vollständig korreliert zum Eingangsprozess $\mathbf{u}(k)$ sein muss, so dass der Fehlerprozess $\mathbf{e}(k) = \mathbf{r}(k) - \mathbf{y}(k)$ auch für $\underline{\beta} = \hat{\underline{\beta}}$ weiterhin die zu $\mathbf{u}(k)$ unkorrelierten Anteile von $\mathbf{r}(k)$ enthält, da sich diese durch das Filter nicht entfernen lassen.

Diese allgemeine Erkenntnis wird als *Orthogonalitätsprinzip* bezeichnet, und damit lassen sich auch umgekehrt sehr einfach die Wiener-Hopf-Gleichungen (11.148) herleiten, indem wir von (11.155) ausgehen, die Gleichung null setzen, und dann nach $\hat{\underline{\beta}}$ auflösen.

Abschließend wollen wir das Wiener-Filter auf drei Basisstrukturen anwenden, die bereits im Abschn. 11.1 vorgestellt wurden. Zunächst betrachten wir die in Abb. 11.29 dargestellte Prädiktion eines Signals $s(k)$, vergleiche Abschn. 11.1.5. Das Ziel besteht darin, aus dem um eine Abtastzeit verzögerten Signal $s(k-1)$ mit dem Wiener-Algorithmus einen Schätzwert $\hat{s}(k)$ zu berechnen, der dem Signal $s(k)$ möglichst nahe kommt. Als Referenzsignal wählen wir daher $r(k) = s(k)$, während für das Eingangssignal $u(k) = s(k-1)$ gilt. Damit können wir die AKF und KKF für die ergodischen Prozesse bestimmen

$$\begin{aligned}\varphi_{\mathbf{uu}}(m) &= \mathrm{E}(\mathbf{u}(k)\cdot\mathbf{u}(k+m)) = \mathrm{E}(\mathbf{s}(k-1)\cdot\mathbf{s}(k-1+m)) = \varphi_{ss,d}(m) &(11.157)\\ \varphi_{\mathbf{ru}}(m) &= \mathrm{E}(\mathbf{r}(k)\cdot\mathbf{u}(k+m)) = \mathrm{E}(\mathbf{s}(k)\cdot\mathbf{s}(k-1+m)) = \varphi_{ss,d}(m-1)\,. &(11.158)\end{aligned}$$

Für den Kreuzkorrelationsvektor $\underline{\varphi}_{\mathbf{ru}}(0) = \underline{\varphi}_{ss,d}(-1) = \underline{\varphi}_{ss,d}(1)$ und die Autokorrelationsmatrix $\underline{\underline{\varphi}}_{\mathbf{uu}} = \underline{\underline{\varphi}}_{ss,d}$ erhalten wir entsprechend (11.109) und (11.122)

$$\underline{\varphi}_{ss,d}(1) = \begin{bmatrix}\varphi_{ss,d}(1)\\ \varphi_{ss,d}(2)\\ \vdots\\ \varphi_{ss,d}(n)\end{bmatrix},\quad \underline{\underline{\varphi}}_{ss,d} = \begin{bmatrix}\varphi_{ss,d}(0) & \varphi_{ss,d}(1) & \cdots & \varphi_{ss,d}(n-1)\\ \varphi_{ss,d}(1) & \varphi_{ss,d}(0) & \cdots & \varphi_{ss,d}(n-2)\\ \vdots & \vdots & \ddots & \vdots\\ \varphi_{ss,d}(n-1) & \varphi_{ss,d}(n-2) & \vdots & \varphi_{ss,d}(0)\end{bmatrix}, \tag{11.159}$$

und die geschätzten Koeffizienten des Prädiktionsfilters berechnen sich zu $\hat{\underline{\beta}} = \underline{\underline{\varphi}}_{ss,d}^{-1}\cdot\underline{\varphi}_{ss,d}(1)$.

In einer weiteren Anwendung entstören wir ein durch ein additives Störsignal $b(k)$ verfälschtes Nutzsignal $s(k)$, wobei nur das Summensignal messbar ist, siehe Abschn. 11.1.4. Die ergodischen Prozesse seien unkorreliert und mittelwertfrei, so dass für ihre Kreuzkorrelation gilt

$$\varphi_{\mathbf{sb}}(m) = \mathrm{E}(\mathbf{s}(k)\cdot\mathbf{b}(k+m)) = \mathrm{E}(\mathbf{s}(k))\cdot\mathrm{E}(\mathbf{s}(k)) = 0\,. \tag{11.160}$$

Aus Abb. 11.30 lesen wir $\mathbf{u}(k) = \mathbf{s}(k) + \mathbf{b}(k)$ und $\mathbf{r}(k) = \mathbf{s}(k)$ ab, so dass wir erhalten

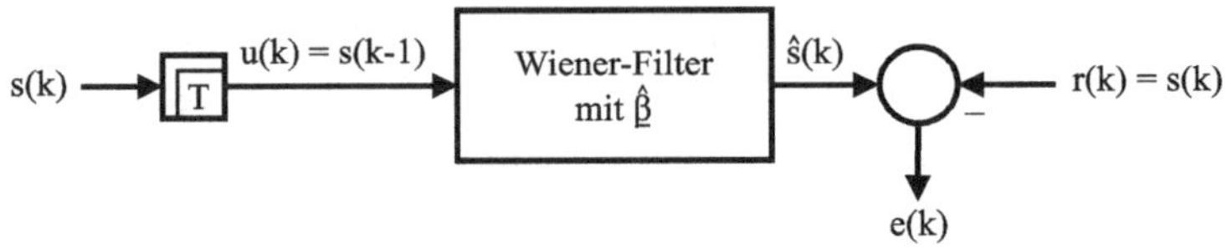

Abb. 11.29 Beim Einsatz eines Wiener-Filters zur Prädiktion soll ein Signal $\hat{s}(k)$ aus dem um eine Abtastzeit verzögerten Signal $s(k-1)$ bei minimalem Fehler $e(k)$ geschätzt werden, wozu als Eingangssignal $u(k) = s(k-1)$ und als Referenzsignal $r(k) = s(k)$ gewählt wird

$$\begin{aligned}\varphi_{\mathbf{uu}}(m) &= \mathrm{E}(\mathbf{u}(k)\cdot\mathbf{u}(k+m)) \;=\; \mathrm{E}([\mathbf{s}(k)+\mathbf{b}(k)]\cdot[\mathbf{s}(k+m)+\mathbf{b}(k+m)])\\ &= \mathrm{E}(\mathbf{s}(k)\cdot(\mathbf{s}(k+m)+\mathbf{b}(k)\cdot(\mathbf{b}(k+m)) \;=\; \varphi_{ss,d}(m)+\varphi_{bb,d}(m)\,. \qquad (11.161)\\ \varphi_{\mathbf{ru}}(m) &= \mathrm{E}(\mathbf{r}(k)\cdot\mathbf{u}(k+m)) \;=\; \mathrm{E}(\mathbf{s}(k)\cdot[\mathbf{s}(k+m)+\mathbf{b}(k+m)]) \;=\; \varphi_{ss,d}(m)\,. \qquad (11.162)\end{aligned}$$

Der Wiener-Algorithmus liefert uns die Koeffizienten des Filters, wobei wir zusätzlich den Frequenzgang des Filters entsprechend (11.143) abhängig von den Leistungsdichtspektren des Nutz- und Störsignals $\Phi_{ss}(\mu)$ und $\Phi_{bb}(\mu)$ angeben, um das Verhalten des Filters zu analysieren

$$\underline{\hat{\beta}} = \left(\underline{\varphi}_{ss,d}+\underline{\varphi}_{bb,d}\right)^{-1}\cdot\underline{\varphi}_{ss,d}(0) \quad \circ\!\!-\!\!\bullet \quad \hat{G}(\mu) = \frac{\overline{\Phi}_{ss,d}(\mu)}{\overline{\Phi}_{ss,d}(\mu)+\overline{\Phi}_{bb,d}(\mu)}\,. \qquad (11.163)$$

Abb. 11.31 zeigt für drei Fälle jeweils die Leistungsdichte des Nutz- und Störsignals sowie den ermittelten Frequenzgang des Filters über der Frequenz $f = \mu \cdot F$: In (a) liegen $\overline{\Phi}_{ss}(f)$ und $\overline{\Phi}_{bb}(f)$ in unterschiedlichen Frequenzbereichen. Der Wiener-Algorithmus liefert in diesem Fall ein ideales Bandpass-Filter, da aus (11.163) für alle Frequenzen mit $\overline{\Phi}_{ss}(f) = 0$ auch $\hat{G}(f)$ null wird, während für $\overline{\Phi}_{bb}(f) = 0$ der Frequenzgang $\hat{G}(f) = 1$ folgt[27]. Teilgrafik (b) zeigt ein schmalbandiges aber starkes Störsignal innerhalb des Spektrums von

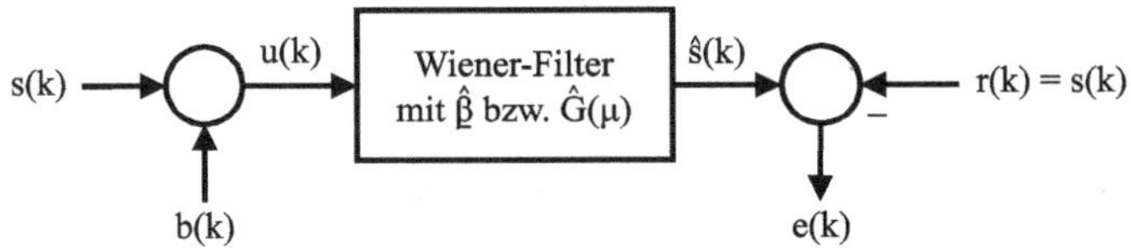

Abb. 11.30 Beim Einsatz eines Wiener-Filters zur Störungsreduktion liegt das durch $b(k)$ gestörte Nutzsignal $s(k)$ als Eingangssignal an, und $s(k)$ dient als Referenzsignal, wobei sowohl von $b(k)$ als auch von $s(k)$ die Autokorrelationsfunktion bekannt sein muss, um $e(k)$ zu minimieren

[27] $\overline{\Phi}_{bb}(f)$ wird in der Praxis niemals exakt null, so dass $\hat{G}(f)$ für alle Frequenzen angegeben werden kann.

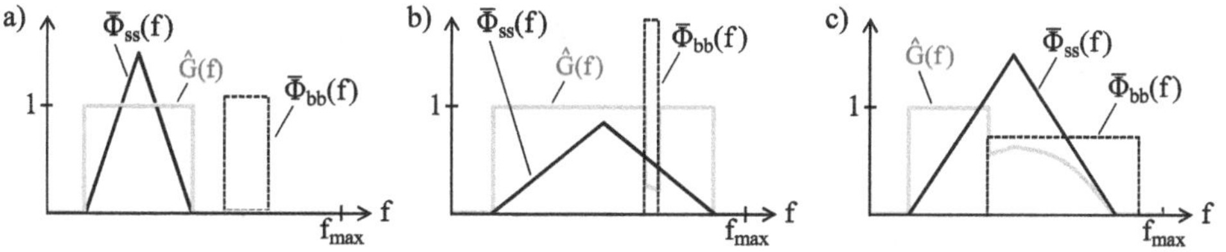

Abb. 11.31 Wirkung des Wiener-Filters zur Störungsreduktion im Frequenzbereich; während bei nicht überlappenden Spektren (**a**) oder schmalbandigen Störungen (**b**) eine gute Wirkung erzielt wird, ist bei breitbandigen Störsignalen wie Rauschen kaum eine Reduzierung möglich (**c**)

$s(k)$. In diesem Fall stellt sich quasi eine Bandsperre ein, wobei im Frequenzbereich, in dem beide Signale übertragen werden, eine Wichtung entsprechend der Leistungsdichten erfolgt. In (c) ist der Fall dargestellt, dass beide Signale einen ähnlichen Frequenzbereich aufweisen. Das Filter überträgt dann im Überlappungsbereich beide Signale, wobei für $\overline{\Phi}_{ss}(f) = \overline{\Phi}_{bb}(f)$ gerade $\hat{G}(f) = 0{,}5$ gilt. Während das Wiener-Filter für die Fälle (a) und (b) eine gute Störungsreduktion bietet, sind bei starken spektralen Überlappungen der Signale (c) wie bei breitbandigem Rauschen nur geringe Effekte erzielbar.

Eine wesentlich bessere Entstörung ist mit der in Abb. 11.32 gezeigten Basisstruktur möglich, vergleiche Abschn. 11.1.3, allerdings muss dazu das Störsignal $b(k)$ getrennt vom Nutzsignal $s(k)$ erfassbar, und außerdem mittelwertfrei sowie unkorreliert zu $s(k)$ sein.

Wie vorher überlagert sich das Störsignal additiv dem Nutzsignal. Dieses Summensignal können wir messen und verwenden es als Referenzsignal $r(k) = b(k) + s(k)$ für das Wiener-Filter.

Zusätzlich erfassen wir $b(k)$ über ein unbekanntes System $g(k)$. Wenn wir $b(k)$ beispielsweise als akustisches Signal annehmen, modelliert $g(k)$ ein Mikrofon kombiniert mit einem Verzögerungsglied, um die Laufzeit und Verzerrung des Störsignals zu berücksichtigen. Das Ausgangssignal des Systems nennen wir $u(k)$, und es bildet das Eingangssignal des adaptiven Filters.

Damit können wir abhängig von $u(k)$ und $r(k)$ mit den Wiener-Hopf-Gleichungen die optimalen Filterkoeffizienten ermitteln, um das Störsignal zu kompensieren, so dass das Ausgangssignal $\hat{s}(k)$ möglichst identisch zum Nutzsignal $s(k)$ wird.

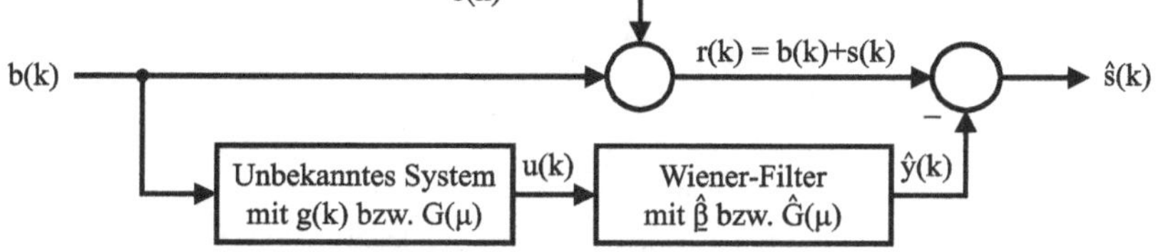

Abb. 11.32 Beim Einsatz eines Wiener-Filters zur Kompensation von Störsignalen wird das durch ein unbekanntes System $g(k)$ verzerrte Störsignal $b(k)$ als Eingangssignal des adaptiven Filters verwendet, während die Summe aus Nutzsignal $s(k)$ und $b(k)$ als Referenzsignal $r(k)$ dient

Um die Wirkung des Filters nachzuvollziehen, betrachten wir auch hier den Frequenzbereich. Dazu bestimmen wir mit der Wiener-Lee-Beziehung (11.132) die AKF des Eingangssignals $u(k)$ abhängig von $b(k)$ und $g(k)$, woraus direkt die Leistungsdichten folgen

$$\varphi_{uu,d}(m) = \varphi_{bb,d}(m) * \varphi^E_{gg}(m) \quad \circ\!\!-\!\!\bullet \quad \overline{\Phi}_{uu,d}(\mu) = \overline{\Phi}_{bb,d}(\mu) \cdot |G(\mu)|^2 \,. \tag{11.164}$$

Als nächstes ermitteln wir die Kreuzkorrelation zwischen Eingangs- und Referenzprozess und zerlegen die Bildung des Erwartungswertes in zwei Terme, wobei $\varphi_{\mathbf{ub}}(m)$ aufgrund der Stationarität der Prozesse gerade $\varphi_{\mathbf{bu}}(-m)$ entspricht, während der zweite Erwartungswert nach Einsetzen des Faltungsproduktes für $\mathbf{u}(k)$ wegen (11.160) entfällt

$$\begin{aligned}\varphi_{\mathbf{ur}}(m) &= \mathrm{E}(\mathbf{u}(k) \cdot [\mathbf{b}(k+m) + \mathbf{s}(k+m)) = \mathrm{E}(\mathbf{u}(k) \cdot \mathbf{b}(k+m)) + \mathrm{E}(\mathbf{u}(k) \cdot \mathbf{s}(k+m)) \\ &= \mathrm{E}(\mathbf{b}(k) \cdot \mathbf{u}(k-m)) + g(k) * \mathrm{E}(\mathbf{b}(k) \cdot \mathbf{s}(k+m)) = \varphi_{\mathbf{bu}}(-m) \,.\end{aligned} \tag{11.165}$$

Die Kreuzkorrelation $\varphi_{\mathbf{bu}}(-m)$ können wir mit (11.134) als Faltungsprodukt schreiben und dabei die Symmetrie der Autokorrelation ausnutzen, wobei wir wieder ergodische Prozesse annehmen. Anschließend transformieren wir die Gleichung mit (10.56) und (10.32) in den Frequenzbereich

$$\varphi_{ur,d}(m) = \varphi_{bb,d}(m) * g(-m) \quad \circ\!\!-\!\!\bullet \quad \Phi_{ur,d}(\mu) = \Phi_{bb,d}(\mu) \cdot G(\mu)^* \,. \tag{11.166}$$

Damit ergibt sich nach (11.143) für den geschätzten Frequenzgang $\hat{G}(\mu)$ des adaptiven Filters

$$\hat{G}(\mu) = \frac{\Phi_{ur,d}(\mu)}{\Phi_{uu,d}(\mu)} = \frac{\Phi_{bb,d}(\mu) \cdot G(\mu)^*}{\Phi_{bb,d}(\mu) \cdot |G(\mu)|^2} = \frac{1}{G(\mu)} \,. \tag{11.167}$$

Wir erhalten also das gewünschte Ergebnis, dass sich das adaptive Filter reziprok zum System $g(k) \circ\!\!-\!\!\bullet\, G(\mu)$ einstellt, und dieses unbekannte System wird mit dem Wiener-Algorithmus automatisch anhand der messbaren Signale $u(k)$ und $r(k)$ identifiziert[28].

Damit die Kompensation des Störsignals vollständig gelingen kann, ist es erforderlich, dass $b(k)$ und $s(k)$ unkorreliert zueinander sind, da sonst der zweite Term in (11.165) nicht entfällt. Daher muss bei der Platzierung des Mikrofons zur Messung des Störsignals sorgfältig darauf geachtet werden, möglichst keine Anteile des Nutzsignals zu erfassen.

[28] Ein weiteres System $g_1(k)$, das im Abschn. 11.1.3 zur Berücksichtigung einer Verzerrung von $b(k)$ vor Überlagerung mit $s(k)$ vorhanden ist, beeinflusst die Entstörung nicht, denn nach Abschn. 7.3.3 kann der linke Verzweigungspunkt über dieses verschoben werden, wodurch lediglich eine Modifikation von $b(k)$ und $g(k)$ auftritt.

11.4 Rekursive Estimation

Im letzten Abschnitt haben wir das Wiener-Filter kennengelernt, das für viele Anwendungen präzise Schätzwerte unbekannter Signale und Systemparameter liefert. Dazu wurden ergodische Prozesse vorausgesetzt, die immer auch stationär sind und durch einzelne Musterfunktionen beschrieben werden können, aus denen sich durch statistische Auswertung die Filterkoeffizienten bestimmen lassen. Viele Zufallsprozesse sind allerdings nicht, oder zumindest nur eingeschränkt stationär, z. B. bei Übertragung eines stationären Prozesses über ein zeitvariables System. Für diese Fälle benötigen wir rekursive Algorithmen, die veränderlichen Prozessen folgen können und in der Lage sind, bereits vorhandene Schätzungen durch aktuelle Messwerte zu verbessern.

Als einführendes Beispiel bestimmen wir den Mittelwert einer Stichprobe von $N = 50$ Messwerten $y(k)$ mit $0 \leq k < N$, die in Abb. 11.33 durch Pluszeichen markiert sind. Jeder Messwert repräsentiert eine im Bereich $0 < \mathbf{y} < 1$ gleichverteilte Zufallsvariable $\mathbf{y}$. Der Mittelwert $\overline{m}_y$ der Stichprobe ist als horizontale Linie eingetragen, und für $N \to \infty$ würde sich dieser dem durch eine punktierte Linie gekennzeichneten Erwartungswert $E(\mathbf{y}) = 0{,}5$ annähern.

Wir suchen eine rekursive Lösung, die in jedem Zeittakt k einen Schätzwert liefert, den wir mit $\hat{x}(k)$ bezeichnen. Ein naheliegender Ansatz besteht darin, den aktuellen Schätzwert als gewichtetes Mittel aus dem jeweils vorherigen Schätzwert $\hat{x}(k-1)$ und dem aktuellen Messwert $y(k)$ zu berechnen, abhängig von einem Parameter K und mit dem Startwert $\hat{x}(0) = y(0)$

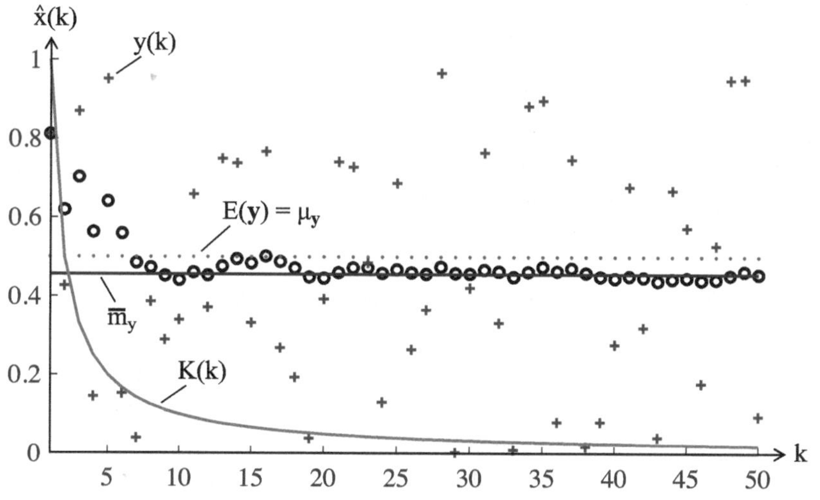

Abb. 11.33 Rekursive Mittelung von 50 Messwerten $y(k)$ (+) als Stichprobe einer gleichverteilten Zufallsvariablen $\mathbf{y}$ mit dem Erwartungswert $E(\mathbf{y}) = 0{,}5$; der Verlauf des Schätzwertes $\hat{x}(k)$ (o) nähert sich abhängig vom variablen Parameter $K(k)$ schnell dem Mittelwert $\overline{m}_y$ der Stichprobe an

$$\hat{x}(k) = (1-K)\cdot\hat{x}(k-1) + K\cdot y(k) \qquad \text{für} \quad 1 \le k < N \qquad \text{mit} \quad \hat{x}(0) = y(0)\,. \tag{11.168}$$

Sinnvolle Werte für K liegen im Bereich $0 \le K \le 1$, wobei $K = 0$ bedeutet, dass die Schätzung konstant dem ersten Schätzwert $y(0)$ entspricht, während für $K = 1$ ebenfalls keine Mittelung erfolgt, da dann $\hat{x}(k) = y(k)$ gilt. Um den optimalen Wert für K festzulegen, vergleichen wir das Ergebnis von (11.168) mit einer nicht-rekursiven Mittelung entsprechend (11.15) mit $N = k+1$

$$\hat{x}(k) = \tfrac{1}{k+1}\cdot\sum_{i=0}^{k} y(i) \qquad \text{für} \qquad k \ge 0\,. \tag{11.169}$$

Sollen beide Formeln identische Schätzwerte liefern, so folgt für $k = 1$

$$\begin{aligned}\hat{x}(1) &= (1-K_1)\cdot\hat{x}(0) + K_1\cdot y(1) = (1-K_1)\cdot y(0) + K_1\cdot y(1)\\ &\overset{!}{=} \tfrac{1}{2}\cdot[y(0)+y(1)] \qquad \Rightarrow \qquad K_1 = \tfrac{1}{2}\,.\end{aligned} \tag{11.170}$$

Betrachten wir den Fall $k = 2$, so erhalten wir

$$\begin{aligned}\hat{x}(2) &= (1-K_2)\cdot\hat{x}(1) + K_2\cdot y(2) = (1-K_2)\cdot\tfrac{1}{2}\cdot[y(0)+y(1)] + K_2\cdot y(2)\\ &\overset{!}{=} \tfrac{1}{3}\cdot[y(0)+y(1)+y(2)] \qquad \Rightarrow \qquad K_2 = \tfrac{1}{3}\,.\end{aligned} \tag{11.171}$$

Hieraus können wir für beliebiges k den optimalen Parameter $K_k = \frac{1}{k+1}$ erraten, so dass wir eingesetzt in (11.168) die Formel zur rekursiven Mittelung erhalten

$$\hat{x}(k) = \tfrac{k}{k+1}\cdot\hat{x}(k-1) + \tfrac{1}{k+1}\cdot y(k) \qquad \text{für} \qquad k \ge 0\,. \tag{11.172}$$

Abb. 11.33 zeigt durch Kreise markiert den Verlauf des Schätzwertes, und man erkennt, dass sich dieser bereits für $k \approx 10$ gut dem Mittelwert den Stichprobe annähert. Der schnell gegen null konvergierende Parameter K führt dazu, dass Messwerte für großes k das Ergebnis der rekursiven Mittelung nur noch geringfügig beeinflussen.

11.4.1 Prädiktion und Korrektur von Systemzuständen

Das vorherige Beispiel entspricht bereits einer rekursiven Zustandsschätzung, wenn wir $\mathbf{x}$ als Zufallsvariable und gleichzeitig als Zustandsgröße eines statischen Systems betrachten, z. B. als Entfernung eines Roboters von einer Wand, so dass wir diesen Zustand exakt bestimmen können, obwohl die einzelnen Abstandsmessungen ungenau sind.

Um auch von dynamischen LSI-Systemen beliebiger Ordnung einen unbekannten und sich zeitlich ändernden Systemzustand rekursiv zu schätzen, steht uns mit der diskreten Zustandsform ein geeignetes Systemmodell zur Verfügung, das durch (8.34) und (8.37)

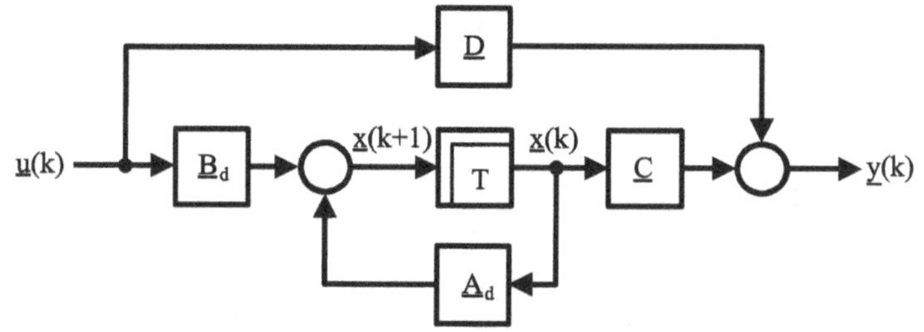

Abb. 11.34 Strukturbild eines zeitdiskreten Zustandsmodells der Ordnung n, das p Eingangssignale im Vektor $\underline{u}(k)$ und m Ausgangssignale im Vektor $\underline{y}(k)$ enthält, so dass jetzt neben der $(n \times n)$-Systemmatrix $\underline{A}$ die $(n \times p)$-Eingangsmatrix $\underline{B}$, die $(m \times n)$-Ausgangsmatrix $\underline{C}$, sowie die $(m \times p)$-Durchgangsmatrix $\underline{D}$ auftreten, und alle Verbindungslinien Multiplexsignale übertragen

beschrieben wird. Wie in Abschn. 4.1.1 verallgemeinern wir das Zustandsmodell, indem wir statt nur eines p Eingangssignale zulassen, die wir im Eingangsvektor $\underline{u}(k)$ der Dimension $p \times 1$ zusammenfassen. Ebenso dürfen auch m Ausgangssignale auftreten, die wir im Vektor $\underline{y}(k)$ der Dimension $m \times 1$ bündeln. Diese Signalerweiterung führt im Zustandsmodell lediglich dazu, dass statt des Eingangsvektors $\underline{b}_d$ jetzt die $(n \times p)$-Eingangsmatrix $\underline{B}_d$, statt des Ausgangsvektors $\underline{c}_d$ die $(m \times n)$-Ausgangsmatrix $\underline{C}$ und anstelle von d die Durchgangsmatrix $\underline{D}$ der Dimension $m \times p$ auftreten

$$\underline{x}(k+1) = \underline{A}_d \cdot \underline{x}(k) + \underline{B}_d \cdot \underline{u}(k) \tag{11.173}$$

$$\underline{y}(k) = \underline{C} \cdot \underline{x}(k) + \underline{D} \cdot \underline{u}(k)\ . \tag{11.174}$$

Abb. 11.34 zeigt das Strukturbild des Zustandsmodells, in dem alle Verbindungslinien Multiplexsignale repräsentieren, auch wenn sie im Unterschied zu Abb. 8.10 nicht fett gezeichnet sind. Auf Basis dieses Zustandsmodells wollen wir einen rekursiven Algorithmus entwickeln, der als *Kalman-Filter* (KF) bezeichnet wird, und der uns in jedem Zeitschritt optimale Schätzwerte des unbekannten Systemzustandes $\underline{x}(k)$ liefert, wozu wir die Parameter in den Matrizen $\underline{A}_d$, $\underline{B}_d$ und $\underline{C}$ als bekannt voraussetzen. Eine direkte Kopplung zwischen Eingang und Ausgang darf dabei nicht auftreten, siehe Fußnote 31 in diesem Abschnitt, weshalb wir $\underline{D} = 0$ annehmen.

Sämtliche Signale betrachten wir als Musterfunktionen stochastischer Prozesse, die für jeden Zeitindex k durch Zufallsvariablen in den Vektoren $\underline{\mathbf{x}}(k)$, $\underline{\mathbf{u}}(k)$ und $\underline{\mathbf{y}}(k)$ beschrieben werden[29]. Außerdem nehmen wir an, dass uns für den gesuchten Systemzustand $\underline{\mathbf{x}}(k)$ bereits eine Schätzung $\hat{\underline{\mathbf{x}}}(k)$ vorliegt, aus der wir zunächst nur durch Berücksichtigung der Eingangssignale $\underline{\mathbf{u}}(k)$ neue Schätzwerte für den Zeitindex $k+1$ ermitteln. Dazu nutzen wir

[29] Man beachte, dass Zufallsvektoren hier jeweils mehrere Zufallsvariablen zu einem Zeitpunkt k zusammenfassen, während sie im Abschn. 11.3 aufeinander folgende Zufallsvariablen von Zufallsprozessen repräsentieren.

den linearen Zusammenhang in (11.173), der nach (11.82) auch für die Erwartungswerte der Zufallsvektoren gilt

$$\underline{\hat{\mathbf{x}}}^{-}(k+1) \;=\; \underline{A}_d \cdot \underline{\hat{\mathbf{x}}}(k) + \underline{B}_d \cdot \underline{\mathbf{u}}(k)\;. \tag{11.175}$$

Diese *Prädiktionsschritt* genannte Vorhersage der Zustände, die auch als *Zeit-Update* bezeichnet wird, hängt von den vorherigen Schätzwerten $\underline{\hat{\mathbf{x}}}(k)$ über die Systemmatrix $\underline{A}_d$ ab, und von den Eingangssignalen $\underline{\mathbf{u}}(k)$ über die Eingangsmatrix $\underline{B}_d$. Die neuen Schätzwerte sind mit einem hochgestellten Minuszeichen versehen, um anzuzeigen, dass diese Schätzung für den Zeitindex $k+1$ noch nicht die aktuellen Messwerte am Ausgang des Systems berücksichtigt.

Die Varianzen und Kovarianzen der Zufallsvariablen in den Zufallsvektoren werden in jedem Zeitschritt k durch Autokovarianzmatrizen beschrieben, auf die wir später genauer eingehen. Aus $\underline{\Sigma}_{\hat{\mathbf{x}}}(k)$ sowie $\underline{\Sigma}_{\mathbf{u}}(k)$ von $\underline{\hat{\mathbf{x}}}(k)$ bzw. $\underline{\mathbf{u}}(k)$ folgt mit (11.175) und (11.83) die Autokovarianzmatrix $\underline{\Sigma}_{\hat{\mathbf{x}}^{-}}(k+1)$ von $\underline{\hat{\mathbf{x}}}^{-}(k+1)$, wobei im Prädiktionsschritt die Varianzen der Schätzwerte zunehmen

$$\underline{\Sigma}_{\hat{\mathbf{x}}^{-}}(k+1) \;=\; \underline{A}_d \cdot \underline{\Sigma}_{\hat{\mathbf{x}}}(k) \cdot \underline{A}_d^T \;+\; \underline{B}_d \cdot \underline{\Sigma}_{\mathbf{u}}(k) \cdot \underline{B}_d^T\;. \tag{11.176}$$

Für die Gültigkeit dieser Gleichung haben wir vorausgesetzt, dass die Zufallsvektoren $\underline{\hat{\mathbf{x}}}(k)$ und $\underline{\mathbf{u}}(k)$ unkorreliert zueinander sind, so dass ihre Kovarianzmatrix $\underline{\mathrm{Cov}}(\underline{\hat{\mathbf{x}}}(k), \underline{\mathbf{u}}(k))$, die analog zu (11.80) sämtliche Kovarianzen von $\underline{\hat{\mathbf{x}}}(k)$ und $\underline{\mathbf{u}}(k)$ enthält, der Nullmatrix entspricht und deshalb in (11.176) nicht berücksichtigt werden muss. Da die Zustände $\underline{\hat{\mathbf{x}}}^{-}(k+1)$ über $\underline{B}_d$ mit $\underline{\mathbf{u}}(k)$ korreliert sind, und somit auch $\underline{\mathbf{u}}(k-1)$ mit $\underline{\hat{\mathbf{x}}}^{-}(k)$, von dem wiederum $\underline{\hat{\mathbf{x}}}(k)$ abhängt, ist diese Forderung gleichbedeutend mit der Annahme eines weißen Rauschprozesses am Systemeingang. Zufallsbedingte Abweichungen der Eingangssignale von ihren Erwartungswerten zwischen aufeinander folgenden Abtastzeiten müssen daher unkorreliert sein

$$\underline{\mathrm{Cov}}(\underline{\mathbf{u}}(k), \underline{\mathbf{u}}(k-1)) = \underline{0}\;. \tag{11.177}$$

Um die prädizierte Schätzung $\underline{\hat{\mathbf{x}}}^{-}(k)$ durch die zum selben Index k vorliegenden m Messwerte in $\underline{\mathbf{y}}(k)$ zu verbessern, bilden wir analog zu unserem einführenden Beispiel einen gewichteten Mittelwert aus den prädizierten Zuständen und den Messwerten abhängig von dem Parameter K. Nach diesem sogenannten *Korrekturschritt,* auch als *Mess-Update* bezeichnet, fließen sämtliche Informationen bis einschließlich zum Zeitpunkt k in die Schätzung von $\underline{\hat{\mathbf{x}}}(k)$ ein

$$\underline{\hat{\mathbf{x}}}(k) \;=\; (1-K) \cdot \underline{\hat{\mathbf{x}}}^{-}(k) \;+\; K \cdot \underline{\mathbf{y}}(k) \;=\; \underline{\hat{\mathbf{x}}}^{-}(k) \;+\; K \cdot [\,\underline{\mathbf{y}}(k) - \underline{\hat{\mathbf{x}}}^{-}(k)]\;. \tag{11.178}$$

Diese Darstellung ist allerdings nur für $m = n$ mathematisch zulässig, so dass für jeden Zustand des Systems eine Messung vorliegen muss. Für den allgemeinen Fall $m \neq n$ können wir die Gleichung aber mit wenig Aufwand anpassen, indem wir die Ausgangsmatrix $\underline{C}$

berücksichtigen, die auch als Messmatrix bezeichnet wird, um die prädizierten Ausgangswerte $\underline{\hat{\mathbf{y}}}^-(k)$ aus den prädizierten Zuständen $\underline{\hat{\mathbf{x}}}^-(k)$ zu berechnen

$$\underline{\hat{\mathbf{x}}}(k) = \underline{\hat{\mathbf{x}}}^-(k) + \underline{K} \cdot [\underline{\mathbf{y}}(k) - \underline{C} \cdot \underline{\hat{\mathbf{x}}}^-(k)] = \underline{\hat{\mathbf{x}}}^-(k) + \underline{K} \cdot [\underbrace{\underline{\mathbf{y}}(k) - \underline{\hat{\mathbf{y}}}^-(k)}_{\underline{\boldsymbol{\nu}}(k)}] . \tag{11.179}$$

Den Vektor in der eckigen Klammer, also die Differenz zwischen den tatsächlichen und den vom Filter prädizierten Messwerten, bezeichnen wir als *Innovation* $\underline{\boldsymbol{\nu}}(k)$ (der griechische Buchstabe ν wird *„nü"* gesprochen). Für die Gültigkeit der Gleichung muss dieser Vektor der Dimension $m \times 1$ auf den Zustandsvektor der Dimension $n \times 1$ abgebildet werden, woraus folgt, dass anstelle eines skalaren Parameters K jetzt eine $(n \times m)$-Matrix auftritt, der sogenannte *Kalman-Gain*[30].

Die Erweiterung in (11.179) durch Berücksichtigung der Matrix $\underline{C}$ zur Abbildung der Zustände auf die Ausgangsgrößen setzt allerdings die sogenannte Beobachtbarkeit des Systems voraus. Anschaulich bedeutet dies, dass sich sämtliche Zustände eines Systems auf die Messgrößen, d. h. die Ausgangssignale auswirken. Ist dies nicht der Fall, lassen sich nicht für alle Zustände Schätzwerte bestimmen und damit auch kein Kalman-Filter einsetzen. Im Anhang 22 zeigen wir, dass die Beobachtbarkeit eines Systems von den Matrizen $\underline{A}_d$ und $\underline{C}$ abhängt. Dazu muss die sogenannte Beobachtbarkeitsmatrix $\underline{\mathcal{O}}$ der Dimensionen $m \cdot n \times n$ aufgestellt und deren Rang bestimmt werden. Entspricht der Rang der Systemordnung n, sind also die n Spaltenvektoren oder n von den $m \cdot n$ Zeilenvektoren von $\underline{\mathcal{O}}$ linear unabhängig, so ist das System beobachtbar

$$\underline{\mathcal{O}} = \begin{bmatrix} \underline{C} \\ \underline{C}\,\underline{A}_d \\ \vdots \\ \underline{C}\,\underline{A}_d^{n-1} \end{bmatrix} . \quad \text{Falls} \quad \text{Rang}(\underline{\mathcal{O}}) = n \quad \Rightarrow \quad \text{System ist beobachtbar} \tag{11.180}$$

Die Überprüfung dieser Voraussetzung zeigen wir an zwei Beispielen. Zunächst betrachten wir das durch (8.69) gegebene und in Abb. 8.14b dargestellte System. Hieraus lesen wir die Systemparameter ab, so dass wir die Beobachtbarkeitsmatrix aufstellen können

$$\underline{A}_d = \begin{bmatrix} 0 & -0{,}4 \\ 1 & 0 \end{bmatrix}, \quad \underline{C} = \begin{bmatrix} 0 & 1 \end{bmatrix} \quad \Rightarrow \quad \underline{\mathcal{O}} = \begin{bmatrix} \underline{C} \\ \underline{C}\,\underline{A}_d \end{bmatrix} = \begin{bmatrix} 0 & 1 \\ 1 & 0 \end{bmatrix} . \tag{11.181}$$

[30] Rudolf Emil Kálmán (1930–2016) war ein amerikanische Elektroingenieur ungarischer Abstimmung; er schuf wesentliche Beiträge zur Beschreibung von Systemen im Zustandsraum und war maßgeblich an der Entwicklung des ihm zu Ehren *Kalman-Filter* genannten, rekursiven Algorithmus' für die Schätzung von Systemzuständen beteiligt, der u. a. die erfolgreichen Mondlandungen im Rahmen des Apollo-Programms der NASA ermöglichte.

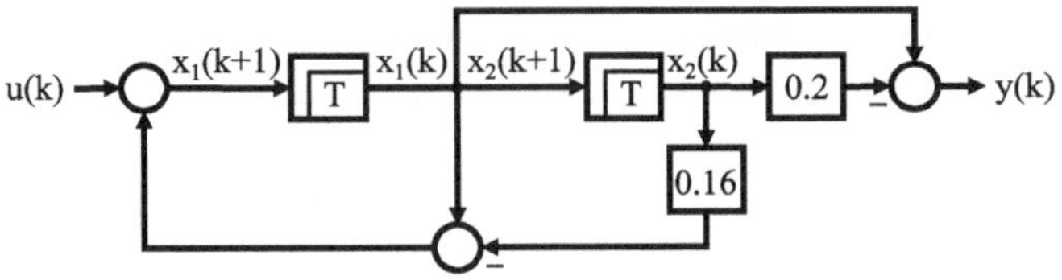

Abb. 11.35 Beispiel eines nicht beobachtbaren Systems der Ordnung $n = 2$ mit einer Eingangs- und einer Ausgangsgröße, d. h. $m = p = 1$

Die Matrix $\underline{\mathcal{O}}$ ist wegen $m = 1$ quadratisch und enthält zwei unabhängige Vektoren, das System ist also beobachtbar. Nicht beobachtbare Systeme sind häufig daran zu erkennen, dass einzelne Zustandsgrößen keine Verbindung zum Systemausgang haben. Allerdings ist dies nicht immer so offensichtlich, was wir an dem System in Abb. 11.35 zeigen. Mit den Systemgleichungen $x_1(k+1) = x_1(k) - 0{,}16 \cdot x_2(k) + u(k)$, $x_2(k+1) = x_1(k)$ und $y(k) = x_1(k) - 0{,}2 \cdot x_2(k)$ folgt

$$\underline{A}_d = \begin{bmatrix} 1 & -0{,}16 \\ 1 & 0 \end{bmatrix}, \quad \underline{C} = \begin{bmatrix} 1 & -0{,}2 \end{bmatrix} \quad \Rightarrow \quad \underline{\mathcal{O}} = \begin{bmatrix} \underline{C} \\ \underline{C}\,\underline{A}_d \end{bmatrix} = \begin{bmatrix} 1 & -0{,}2 \\ 0{,}8 & -0{,}16 \end{bmatrix}. \quad (11.182)$$

In diesem Fall wieder mit $m = 1$ sind die Vektoren in $\underline{\mathcal{O}}$ linear abhängig, was sich bei einer quadratischen Matrix, die für $m = 1$ auftritt, auch an der Determinante $\det(\underline{\mathcal{O}}) = 0$ ablesen lässt, so dass hier ein nicht beobachtbares System vorliegt.

Das vollständige Strukturbild eines Kalman-Filters zeigt Abb. 11.36 unten. Das Filter liegt parallel zu dem oben dargestellten System, dessen unbekannte Zustände $\underline{\mathbf{x}}(k)$ bestimmt werden sollen. Die bekannten Eingangsgrößen in $\underline{\mathbf{u}}(k)$ unterscheiden sich vom Eingangsvektor $\underline{\tilde{\mathbf{u}}}(k)$ des Systems aufgrund des Eingangsrauschens, und auch der Ausgangsvektor $\underline{\mathbf{y}}(k)$ enthält aufgrund des Messrauschens zufällige Anteile. Das Filter prädiziert in jedem Zeittakt entsprechend (11.175) aus den jeweils aktuellen Schätzwerten $\underline{\hat{\mathbf{x}}}(k)$ und dem Eingangsvektor $\underline{\mathbf{u}}(k)$ mit $\underline{B}_d$ und $\underline{A}_d$ vorläufige Schätzwerte $\underline{\hat{\mathbf{x}}}^-(k+1)$ der Zustände. Dazu wird $\underline{\hat{\mathbf{x}}}(k)$ aus den um einen Zeitindex verzögerten prädizierten Schätzwerten $\underline{\hat{\mathbf{x}}}^-(k)$ gebildet, indem entsprechend (11.179) die Innovation, die der rechte Summationspunkt aus $\underline{\mathbf{y}}(k)$ und $\underline{\hat{\mathbf{y}}}^-(k) = \underline{C} \cdot \underline{\hat{\mathbf{x}}}^-(k)$ bildet, multipliziert mit $\underline{K}$ addiert wird.

Um auch den Einfluss der Korrektur auf die Genauigkeit der Schätzung zu erfassen, formen wir (11.179) äquivalent um, so dass mit der Einheitsmatrix $\underline{E}$ folgt

$$\underline{\hat{\mathbf{x}}}(k) = \underline{\hat{\mathbf{x}}}^-(k) + \underline{K} \cdot \left[\underline{\mathbf{y}}(k) - \underline{C} \cdot \underline{\hat{\mathbf{x}}}^-(k)\right] = (\underline{E} - \underline{K} \cdot \underline{C}) \cdot \underline{\hat{\mathbf{x}}}^-(k) + \underline{K} \cdot \underline{\mathbf{y}}(k)\,. \quad (11.183)$$

In dieser Darstellung können wir mit (11.83) die Autokovarianzmatrix der geschätzten Systemzustände nach dem Korrekturschritt bestimmen

$$\underline{\Sigma}_{\hat{\mathbf{x}}}(k) = (\underline{E} - \underline{K} \cdot \underline{C}) \cdot \underline{\Sigma}_{\hat{\mathbf{x}}^-}(k) \cdot (\underline{E} - \underline{K} \cdot \underline{C})^T + \underline{K} \cdot \underline{\Sigma}_{\mathbf{y}}(k) \cdot \underline{K}^T\,. \quad (11.184)$$

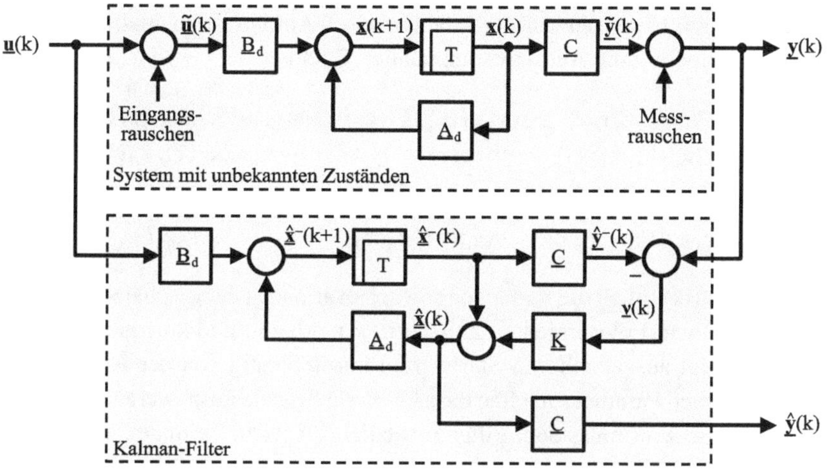

Abb. 11.36 Das Kalman-Filter liegt parallel zu einem System, dessen Parameter in $\underline{A}_d$, $\underline{B}_d$ und $\underline{C}$ bekannt sind und dessen Zustandsvektors $\underline{\mathbf{x}}(k)$ geschätzt werden soll, wobei die Eingangs- und Ausgangsprozesse $\underline{\mathbf{u}}(k)$ und $\underline{\mathbf{y}}(k)$ durch das Eingangs- und Messrauschen überlagert werden; das Filter prädiziert aus $\hat{\underline{\mathbf{x}}}(k)$ und $\underline{\mathbf{u}}(k)$ den Zustandsvektor $\hat{\underline{\mathbf{x}}}^-(k+1)$; dabei wird $\hat{\underline{\mathbf{x}}}(k)$ aus den prädizierten Schätzwerten $\hat{\underline{\mathbf{x}}}^-(k)$ im vorherigen Zeittakt gebildet, indem die Innovation $\underline{\boldsymbol{\nu}}(k) = \underline{\mathbf{y}}(k) - \hat{\underline{\mathbf{y}}}^-(k)$ multipliziert mit dem Kalman-Gain $\underline{K}$ zu $\hat{\underline{\mathbf{x}}}^-(k)$ hinzuaddiert wird

Analog zu (11.176) nehmen wir hierbei an, dass zufällige Abweichungen der prädizierten Zustände im Vektor $\hat{\underline{\mathbf{x}}}^-(k)$ sowie der Messgrößen im Vektor $\underline{\mathbf{y}}(k)$ jeweils von ihren Erwartungswerten unabhängig voneinander auftreten. Nur unter dieser Voraussetzung müssen wir in (11.184) nicht zusätzlich die Kovarianzmatrix $\underline{\mathrm{Cov}}(\hat{\underline{\mathbf{x}}}^-(k), \underline{\mathbf{y}}(k))$ berücksichtigen, wie durch Vergleich mit (11.83) deutlich wird. Da aus Abb. 11.36 eine direkte Kopplung von $\underline{\mathbf{y}}(k)$ über $\underline{K}$ und $\underline{A}_d$ mit $\hat{\underline{\mathbf{x}}}^-(k+1)$ erkennbar ist, und somit $\hat{\underline{\mathbf{x}}}^-(k)$ von $\underline{\mathbf{y}}(k-1)$ abhängt, müssen wir also auch am Systemausgang weiße Rauschprozesse annehmen, so dass zeitlich aufeinander folgende Zufallsvariablen in $\underline{\mathbf{y}}(k)$ unkorreliert zueinander sind[31]

$$\underline{\mathrm{Cov}}(\underline{\mathbf{y}}(k), \underline{\mathbf{y}}(k-1)) = \underline{0}\,. \tag{11.185}$$

Die wesentliche Stärke des Kalman-Filters liegt darin, trotz der überlagerten Rauschprozesse präzise Schätzungen der Zustände zu liefern. Dazu werden die aktuellen Ungenauig-

[31] Wir können jetzt auch begründen, warum bei Anwendung eines Kalman-Filters keine direkte Verbindung zwischen Ein- und Ausgang des Systems über die Durchgangsmatrix $\underline{D}$ existieren darf: In diesem Fall hingen die prädizierten Ausgangssignale über $\hat{\underline{\mathbf{y}}}^-(k) = \underline{C}\cdot\hat{\underline{\mathbf{x}}}^-(k) + \underline{D}\cdot\underline{\mathbf{u}}(k)$ auch von $\underline{\mathbf{u}}(k)$ ab, so dass wir statt (11.179) im Korrekturschritt $\hat{\underline{\mathbf{x}}}(k) = \hat{\underline{\mathbf{x}}}^-(k) + \underline{K}\cdot[\underline{\mathbf{y}}(k) - \underline{C}\cdot\hat{\underline{\mathbf{x}}}^-(k) - \underline{D}\cdot\underline{\mathbf{u}}(k)]$ schreiben müssten. Um aus dieser Gleichung die Autokovarianzmatrix $\underline{\Sigma}_{\hat{\mathbf{x}}}(k)$ entsprechend (11.83) zu berechnen, benötigten wir die unbekannte Kovarianzmatrix $\underline{\mathrm{Cov}}(\underline{\mathbf{y}}(k), \underline{\mathbf{u}}(k))$ zwischen Eingangs- und Ausgangssignalen, die wegen $\underline{D}$ ungleich null ist.

keiten und Abhängigkeiten der Zufallsvariablen durch Autokovarianzmatrizen beschrieben. Zunächst betrachten wir die Autokovarianzmatrix $\underline{\Sigma}_{\hat{\mathbf{x}}}(k)$

$$\underline{\Sigma}_{\hat{\mathbf{x}}}(k) = \begin{bmatrix} \text{var}(\hat{\mathbf{x}}_1(k)) & \text{cov}(\hat{\mathbf{x}}_1(k), \hat{\mathbf{x}}_2(k)) & \cdots & \text{cov}(\hat{\mathbf{x}}_1(k), \hat{\mathbf{x}}_n(k)) \\ \text{cov}(\hat{\mathbf{x}}_2(k), \hat{\mathbf{x}}_1(k)) & \text{var}(\hat{\mathbf{x}}_2(k)) & \cdots & \text{cov}(\hat{\mathbf{x}}_2(k), \hat{\mathbf{x}}_n(k)) \\ \vdots & \vdots & \ddots & \vdots \\ \text{cov}(\hat{\mathbf{x}}_n(k), \hat{\mathbf{x}}_1(k)) & \text{cov}(\hat{\mathbf{x}}_n(k), \hat{\mathbf{x}}_2(k)) & \cdots & \text{var}(\hat{\mathbf{x}}_n(k)) \end{bmatrix}. \quad (11.186)$$

Diese $(n \times n)$-Matrix enthält die Varianzen sowie Kovarianzen der geschätzten Zustände, und sie wird vom Kalman-Filter in jedem Zeitschritt k prädiziert und korrigiert. Ihre rekursive Berechnung erfolgt ausgehend von Startwerten nur abhängig von der Ausgangsmatrix $\underline{C}$ und von statistischen Parametern, ohne dass konkrete Signale ausgewertet werden müssten.

Im Prädiktionsschritt muss dem Filter zusätzlich für jeden Zeitindex k die Autokovarianzmatrix $\underline{\Sigma}_{\mathbf{u}}(k)$ der Eingangssignale vorgegeben werden

$$\underline{\Sigma}_{\mathbf{u}}(k) = \begin{bmatrix} \text{var}(\mathbf{u}_1(k)) & \text{cov}(\mathbf{u}_1(k), \mathbf{u}_2(k)) & \cdots & \text{cov}(\mathbf{u}_1(k), \mathbf{u}_p(k)) \\ \text{cov}(\mathbf{u}_2(k), \mathbf{u}_1(k)) & \text{var}(\mathbf{u}_2(k)) & \cdots & \text{cov}(\mathbf{u}_2(k), \mathbf{u}_p(k)) \\ \vdots & \vdots & \ddots & \vdots \\ \text{cov}(\mathbf{u}_p(k), \mathbf{u}_1(k)) & \text{cov}(\mathbf{u}_p(k), \mathbf{u}_2(k)) & \cdots & \text{var}(\mathbf{u}_p(k)) \end{bmatrix}. \quad (11.187)$$

Diese $(p \times p)$-Matrix enthält die Varianzen und Kovarianzen der p Eingangssignale im Vektor $\underline{\mathbf{u}}(k)$, die das Filter zur Prädiktion der Zustände verwendet, da sich diese Signale aufgrund des Eingangsrauschens von den im System wirkenden Eingangsgrößen $\underline{\tilde{\mathbf{u}}}(k)$ unterscheiden.

Für den Korrekturschritt muss außerdem die $(m \times m)$-Autokovarianzmatrix $\underline{\Sigma}_{\mathbf{y}}(k)$ der Ausgangsgrößen bekannt sein, in der die Varianzen und Kovarianzen der Ausgangssignale abhängig vom Messrauschen des Systems enthalten sind

$$\underline{\Sigma}_{\mathbf{y}}(k) = \begin{bmatrix} \text{var}(\mathbf{y}_1(k)) & \text{cov}(\mathbf{y}_1(k), \mathbf{y}_2(k)) & \cdots & \text{cov}(\mathbf{y}_1(k), \mathbf{y}_m(k)) \\ \text{cov}(\mathbf{y}_2(k), \mathbf{y}_1(k)) & \text{var}(\mathbf{y}_2(k)) & \cdots & \text{cov}(\mathbf{y}_2(k), \mathbf{y}_m(k)) \\ \vdots & \vdots & \ddots & \vdots \\ \text{cov}(\mathbf{y}_m(k), \mathbf{y}_1(k)) & \text{cov}(\mathbf{y}_m(k), \mathbf{y}_2(k)) & \cdots & \text{var}(\mathbf{y}_m(k)) \end{bmatrix}. \quad (11.188)$$

Insbesondere für die Varianzen auf den Hauptdiagonalen von $\underline{\Sigma}_{\mathbf{u}}(k)$ und $\underline{\Sigma}_{\mathbf{y}}(k)$ sollten in jedem Zeitschritt verlässliche Werte vorliegen, während die Kovarianzen ggf. durch Nullwerte ersetzt werden können. Damit das Filter erwartungstreue Schätzwerte liefert, muss darüber hinaus sowohl das Eingangs- als auch das Messrauschen mittelwertfrei sein, so dass für die Erwartungswerte $\text{E}(\underline{\tilde{\mathbf{u}}}(k)) = \text{E}(\underline{\mathbf{u}}(k))$ sowie $\text{E}(\underline{\tilde{\mathbf{y}}}(k)) = \text{E}(\underline{\mathbf{y}}(k))$ gilt, siehe Abb. 11.36.

11.4.2 Bestimmung des Kalman-Gains

Bisher haben wir die Struktur des Kalman-Filters hergeleitet, allerdings noch ohne den Kalman-Gain für möglichst zuverlässige Zustandsschätzungen zu kennen. Um $\underline{K}$ zu bestimmen, betrachten wir zunächst den Sonderfall eines Systems mit nur einem Zustand und einer Messgröße, also $n = m = 1$. Alle Vektoren und Matrizen in (11.179) gehen dann in skalare Größen über, wobei wir auch $\underline{C} = 1$ annehmen, so dass der Zustand direkt gemessen werden kann

$$\hat{\mathbf{x}}(k) = (1 - K) \cdot \hat{\mathbf{x}}^-(k) + K \cdot \mathbf{y}(k) \qquad \text{für} \quad n = m = 1 \,. \tag{11.189}$$

Aus dieser Gleichung erhalten wir mit (11.21) und (11.56) die Varianz von $\hat{\mathbf{x}}(k)$, sofern keine Abhängigkeit zwischen $\hat{\mathbf{x}}^-(k)$ und $\mathbf{y}(k)$ existiert, wir also $\text{cov}(\mathbf{y}(k), \mathbf{y}(k-1)) = 0$ annehmen können, siehe Abschn. 11.4.1

$$\text{var}(\hat{\mathbf{x}}(k)) = (1 - K)^2 \cdot \text{var}(\hat{\mathbf{x}}^-(k)) + K^2 \cdot \text{var}(\mathbf{y}(k)) \,. \tag{11.190}$$

Für eine möglichst gute Schätzung sollte die Varianz $\text{var}(\hat{\mathbf{x}}(k))$ abhängig von K möglichst gering sein, daher leiten wir 11.190 nach K ab und bestimmen die Nullstelle der Ableitung, wozu wir wegen der besseren Übersichtlichkeit die Abhängigkeit vom Zeitindex k nicht darstellen

$$\frac{d\,\text{var}(\hat{\mathbf{x}})}{dK} = -2(1-K) \cdot \text{var}(\hat{\mathbf{x}}^-) + 2K \cdot \text{var}(\mathbf{y}) = 0 \quad \Rightarrow \quad K = \frac{\text{var}(\hat{\mathbf{x}}^-)}{\text{var}(\hat{\mathbf{x}}^-) + \text{var}(\mathbf{y})} \,. \tag{11.191}$$

Um das Ergebnis zu verifizieren, bestimmen wir zusätzlich die zweite Ableitung. Diese ist immer positiv, so dass der gefundene Wert für K wie gewünscht einem Minimum von $\text{var}(\hat{\mathbf{x}})$ entspricht

$$\frac{d^2\,\text{var}(\hat{\mathbf{x}})}{dK^2} = 2 \cdot \text{var}(\hat{\mathbf{x}}^-) + 2 \cdot \text{var}(\mathbf{y}) > 0 \,. \tag{11.192}$$

Für $\text{var}(\mathbf{y})$ folgt hieraus $\text{var}(\mathbf{y}) = \frac{1-K}{K} \cdot \text{var}(\hat{\mathbf{x}}^-)$, und eingesetzt in (11.190) erhalten wir einen direkten Zusammenhang zwischen $\text{var}(\hat{\mathbf{x}})$ und $\text{var}(\hat{\mathbf{x}}^-)$

$$\begin{aligned} \text{var}(\hat{\mathbf{x}}) &= (1 - K)^2 \cdot \text{var}(\hat{\mathbf{x}}^-) + K^2 \cdot \frac{1 - K}{K} \cdot \text{var}(\hat{\mathbf{x}}^-) \\ &= (1 - 2K + K^2 + K - K^2) \cdot \text{var}(\hat{\mathbf{x}}^-) \\ &= (1 - K) \cdot \text{var}(\hat{\mathbf{x}}^-) = \frac{\text{var}(\hat{\mathbf{x}}^-) \cdot \text{var}(\mathbf{y})}{\text{var}(\hat{\mathbf{x}}^-) + \text{var}(\mathbf{y})} \,. \end{aligned} \tag{11.193}$$

Der letzte Term entspricht der Formel für die Parallelschaltung von Widerständen, woraus folgt, dass die Varianz des Schätzwertes nach dem Korrekturschritt sowohl die prädizierte Varianz als auch die Varianz der Messgröße unterschreitet.

Die Wirkung des Kalman-Gains in einem beliebigen Zeitschritt k veranschaulicht Abb. 11.37: Der vorausgehende Prädiktionsschritt liefert einen Schätzwert der Zufallsvariablen $\hat{\mathbf{x}}^-$ mit gaußförmiger Verteilungsdichte, wie später begründet wird, und mit relativ großer Varianz. Zusätzlich liegt eine Messung der Zufallsvariablen $\mathbf{y}$ vor, die hier ebenfalls gaußförmig angenommen wird, wobei diese Verteilung schmaler als diejenige von $\hat{\mathbf{x}}^-$ ist, weshalb $\mathbf{y}$ eine geringere Varianz als $\hat{\mathbf{x}}^-$ aufweist. Im Korrekturschritt erfolgt mit (11.189) und 11.191 eine gewichtete Mittelung zwischen $\hat{\mathbf{x}}^-$ und $\mathbf{y}$, wodurch die geschätzte Zustandsvariable $\hat{\mathbf{x}}$ eine Varianz $\mathrm{var}(\hat{\mathbf{x}}) < \mathrm{var}(\mathbf{y})$ erhält und einen Erwartungswert, der wegen $\mathrm{var}(\mathbf{y}) < \mathrm{var}(\hat{\mathbf{x}}^-)$ näher an $\mathrm{E}(\mathbf{y})$ als an $\mathrm{E}(\hat{\mathbf{x}}^-)$ liegt.

Wiederholen wir die Schätzung rekursiv in aufeinander folgenden Zeitschritten, so konvergiert die Varianz von $\hat{\mathbf{x}}$ nach (11.193) gegen null, sofern die Zunahme der Varianz im Prädiktionsschritt deren Abnahme im Korrekturschritt nicht übersteigt. Auch K nimmt wegen 11.191 für große k immer kleinere Werte an, während der Erwartungswert $\mathrm{E}(\hat{\mathbf{x}})$ dem Erwartungswert $\mathrm{E}(\mathbf{y})$ zustrebt.

Soweit verstehen wir zwar die grundsätzliche Funktionsweise des Kalman-Filters, jedoch benötigen wir eine Lösung, die auch für Systeme beliebiger Ordnung n und mit beliebig vielen Messgrößen m optimale Werte für den Kalman-Gain als $(n \times m)$-Matrix $\underline{K}$ liefert.

In der Literatur wird dazu meistens das Minimum der sogenannten *Spur* der Autokovarianzmatrix $\underline{\Sigma}_{\hat{\mathbf{x}}}(k)$ abhängig von $\underline{K}$ ermittelt. Dieser Ansatz erfordert allerdings Kenntnisse der Vektoranalysis, die wir nicht voraussetzen, und trägt überdies wenig zum Verständnis bei. Wir werden stattdessen den optimalen Kalman-Gain mittels des Orthogonalitätsprin-

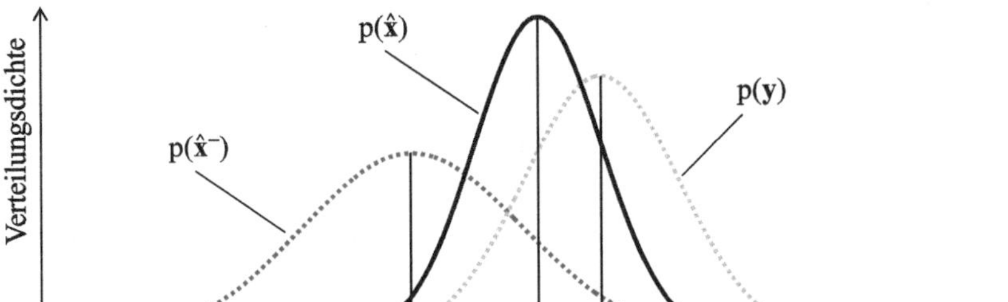

Abb. 11.37 Veranschaulichung des Korrekturschrittes bei einem Kalman-Filter für ein System 1. Ordnung mit $n = m = 1$; die gaußförmig verteilte Zufallsvariable $\hat{\mathbf{x}}^-$ wird mit der hier ebenfalls gaußförmig angenommenen Messgröße $\mathbf{y}$ so kombiniert, dass die resultierende Zufallsvariable $\hat{\mathbf{x}}$ eine möglichst geringe Varianz aufweist, wozu eine Wichtung umgekehrt proportional zu den Varianzen von $\hat{\mathbf{x}}^-$ und $\mathbf{y}$ erfolgt und der Erwartungswert $\mathrm{E}(\hat{\mathbf{x}})$ zwischen $\mathrm{E}(\hat{\mathbf{x}}^-)$ und $\mathrm{E}(\mathbf{y})$ liegt

zips herleiten, wozu lediglich algebraische Umformungen erforderlich sind, und das wir im Abschn. 11.3.4 beim Wiener-Filter bereits kennengelernt haben.

Orthogonalitätsprinzip: Jedes lineare Filter erzeugt aus einem Zufallsprozess am Eingang einen Ausgangsprozess, bestehend aus eine Abfolge von Zufallsvariablen $\mathbf{y}(k)$, der vollständig korreliert zum Eingangsprozess des Filters ist. Soll daher mit einem Filter ein gewünschter Referenzprozess nachgebildet werden, bestehend aus den Zufallsvariablen $\mathbf{r}(k)$, so enthält bei optimaler Einstellung der Filterparameter der Fehler zwischen Ausgangs- und Referenzprozess $\mathbf{e}(k) = \mathbf{r}(k) - \mathbf{y}(k)$ nur noch Signalanteile, die unkorreliert zum Eingangs- und damit auch zum Ausgangsprozess sind. Die Filterparameter lassen sich daher aus folgender Bestimmungsgleichung herleiten: $\mathrm{cov}(\mathbf{y}(k), \mathbf{e}(k)) = \mathrm{E}\,(\mathbf{y}(k) \cdot [\mathbf{r}(k) - \mathbf{y}(k)]) = 0$.

In unserem Fall treten m Ausgangssignale des Filters als geschätzter Vektor $\underline{\hat{\mathbf{y}}}(k)$ auf, während als Referenzsignale die ebenfalls m Messwerte im Vektor $\underline{\mathbf{y}}(k)$ dienen, so dass statt einer einzelnen Kovarianz hier $m \times m$ Kovarianzen in der Matrix $\underline{\mathrm{Cov}}(\underline{\hat{\mathbf{y}}}(k), \underline{\mathbf{e}}(k))$ null werden müssen

$$\underline{\mathrm{Cov}}(\underline{\hat{\mathbf{y}}}(k), \underline{\mathbf{e}}(k)) = \begin{pmatrix} \mathrm{cov}(\hat{\mathbf{y}}_1, \mathbf{e}_1) & \mathrm{cov}(\hat{\mathbf{y}}_1, \mathbf{e}_2) & \cdots & \mathrm{cov}(\hat{\mathbf{y}}_1, \mathbf{e}_m) \\ \mathrm{cov}(\hat{\mathbf{y}}_2, \mathbf{e}_1) & \mathrm{cov}(\hat{\mathbf{y}}_2, \mathbf{e}_2) & \cdots & \mathrm{cov}(\hat{\mathbf{y}}_2, \mathbf{e}_m) \\ \vdots & \vdots & \ddots & \vdots \\ \mathrm{cov}(\hat{\mathbf{y}}_m, \mathbf{e}_1) & \mathrm{cov}(\hat{\mathbf{y}}_m, \mathbf{e}_2) & \cdots & \mathrm{cov}(\hat{\mathbf{y}}_m, \mathbf{e}_m) \end{pmatrix}_k = \underline{0}\,. \tag{11.194}$$

Entsprechend (11.75) können wir die Matrix auch als Erwartungswerte von Vektoren schreiben, wobei wir ein erwartungstreues Filter mit $\mathrm{E}\left(\underline{\mathbf{y}}\right) = \mathrm{E}\left(\underline{\hat{\mathbf{y}}}\right)$ fordern, weshalb $\mathrm{E}\left(\underline{\mathbf{e}}^T\right) = 0$ gelten muss. Wie vorher, ignorieren wir für die Herleitung von $\underline{K}$ die Abhängigkeit vom Zeitindex k

$$\underline{\mathrm{Cov}}(\underline{\hat{\mathbf{y}}}, \underline{\mathbf{e}}) = \mathrm{E}\left(\underline{\hat{\mathbf{y}}} \cdot \underline{\mathbf{e}}^T\right) - \mathrm{E}\left(\underline{\hat{\mathbf{y}}}\right) \cdot \mathrm{E}\left(\underline{\mathbf{e}}^T\right) = \mathrm{E}\left(\underline{\hat{\mathbf{y}}} \cdot [\underline{\mathbf{y}} - \underline{\hat{\mathbf{y}}}]^T\right) = \underline{0}\,. \tag{11.195}$$

Als nächstes ersetzen wir die vom Filter geschätzten Ausgangssignale durch $\underline{\hat{\mathbf{y}}} = \underline{C} \cdot \underline{\hat{\mathbf{x}}}$, und multiplizieren aus, so dass wir die Erwartungswerte getrennt für beide Summanden bilden können

$$\mathrm{E}\left(\underline{C} \cdot \underline{\hat{\mathbf{x}}} \cdot [\underline{\mathbf{y}} - \underline{C} \cdot \underline{\hat{\mathbf{x}}}]^T\right) = \underline{0} \quad \Rightarrow \quad \mathrm{E}\left(\underline{\hat{\mathbf{x}}} \cdot \underline{\mathbf{y}}^T\right) = \mathrm{E}\left(\underline{\hat{\mathbf{x}}} \cdot \underline{\hat{\mathbf{x}}}^T\right) \cdot \underline{C}^T. \tag{11.196}$$

Die vom Filter geschätzten Zustände nach dem Korrekturschritt erhalten wir aus Gl. (11.183), womit wir $\underline{\hat{\mathbf{x}}}$ auf der linken Seite von (11.196) ersetzen

$$\begin{aligned} &\mathrm{E}\left([(\underline{E} - \underline{K} \cdot \underline{C}) \cdot \underline{\hat{\mathbf{x}}}^- + \underline{K} \cdot \underline{\mathbf{y}}] \cdot \underline{\mathbf{y}}^T\right) = \mathrm{E}\left(\underline{\hat{\mathbf{x}}} \cdot \underline{\hat{\mathbf{x}}}^T\right) \cdot \underline{C}^T \\ \Leftrightarrow\; &(\underline{E} - \underline{K} \cdot \underline{C}) \cdot \mathrm{E}\left(\underline{\hat{\mathbf{x}}}^- \cdot \underline{\mathbf{y}}^T\right) + \underline{K} \cdot \mathrm{E}\left(\underline{\mathbf{y}} \cdot \underline{\mathbf{y}}^T\right) = \mathrm{E}\left(\underline{\hat{\mathbf{x}}} \cdot \underline{\hat{\mathbf{x}}}^T\right) \cdot \underline{C}^T. \end{aligned} \tag{11.197}$$

Als wichtige Voraussetzung für den Einsatz eines Kalman-Filters müssen der Prädiktions- und Korrekturschritt unabhängig voneinander sein, so dass die Kovarianzen zwischen den prädizierten Zustanden $\underline{\hat{\mathbf{x}}}^-$ und den Messwerten $\underline{\mathbf{y}}$ null sind, vgl. (11.185). Mit (11.75) folgt dann

$$\begin{aligned} \underline{\mathrm{Cov}(\hat{\mathbf{x}}^-, \mathbf{y})} &= \mathrm{E}\left(\underline{\hat{\mathbf{x}}}^- \cdot \underline{\mathbf{y}}^T\right) - \mathrm{E}\left(\underline{\hat{\mathbf{x}}}^-\right) \cdot \mathrm{E}\left(\underline{\mathbf{y}}^T\right) = \underline{0} \\ \Rightarrow \quad \mathrm{E}\left(\underline{\hat{\mathbf{x}}}^- \cdot \underline{\mathbf{y}}^T\right) &= \mathrm{E}\left(\underline{\hat{\mathbf{x}}}^-\right) \cdot \mathrm{E}\left(\underline{\mathbf{y}}^T\right) . \end{aligned} \tag{11.198}$$

Die beiden anderen Erwartungswerte in (11.197) ersetzen wir mit (11.76) durch die Autokovarianzmatrizen $\underline{\Sigma}_{\mathbf{y}}$ bzw. $\underline{\Sigma}_{\hat{\mathbf{x}}}$ zuzüglich dem jeweiligen Produkt der Erwartungswerte

$$\mathrm{E}\left(\underline{\mathbf{y}} \cdot \underline{\mathbf{y}}^T\right) = \underline{\Sigma}_{\mathbf{y}} + \mathrm{E}\left(\underline{\mathbf{y}}\right) \cdot \mathrm{E}\left(\underline{\mathbf{y}}^T\right) \quad \text{und} \quad \mathrm{E}\left(\underline{\hat{\mathbf{x}}} \cdot \underline{\hat{\mathbf{x}}}^T\right) = \underline{\Sigma}_{\hat{\mathbf{x}}} + \mathrm{E}\left(\underline{\hat{\mathbf{x}}}\right) \cdot \mathrm{E}\left(\underline{\hat{\mathbf{x}}}^T\right) . \tag{11.199}$$

Einsetzen von (11.198) und (11.199) in (11.197) führt auf

$$\begin{aligned} &(\underline{E} - \underline{K} \cdot \underline{C}) \cdot \mathrm{E}\left(\underline{\hat{\mathbf{x}}}^-\right) \cdot \mathrm{E}\left(\underline{\mathbf{y}}^T\right) + \underline{K} \cdot \left[\underline{\Sigma}_{\mathbf{y}} + \mathrm{E}\left(\underline{\mathbf{y}}\right) \cdot \mathrm{E}\left(\underline{\mathbf{y}}^T\right)\right] \\ &= \left[\underline{\Sigma}_{\hat{\mathbf{x}}} + \mathrm{E}\left(\underline{\hat{\mathbf{x}}}\right) \cdot \mathrm{E}\left(\underline{\hat{\mathbf{x}}}^T\right)\right] \cdot \underline{C}^T . \end{aligned} \tag{11.200}$$

Bilden wir von (11.183) auf beiden Seiten den Erwartungswert und stellen um, erhalten wir

$$(\underline{E} - \underline{K} \cdot \underline{C}) \cdot \mathrm{E}\left(\underline{\hat{\mathbf{x}}}^-\right) = \mathrm{E}\left(\underline{\hat{\mathbf{x}}}\right) - \underline{K} \cdot \mathrm{E}\left(\underline{\mathbf{y}}\right) . \tag{11.201}$$

Ersetzen wir damit den Term links in (11.200) und multiplizieren aus, folgt daraus

$$\mathrm{E}\left(\underline{\hat{\mathbf{x}}}\right) \cdot \mathrm{E}\left(\underline{\mathbf{y}}^T\right) + \underline{K} \cdot \underline{\Sigma}_{\mathbf{y}} = \underline{\Sigma}_{\hat{\mathbf{x}}} \cdot \underline{C}^T + \mathrm{E}\left(\underline{\hat{\mathbf{x}}}\right) \cdot \mathrm{E}\left(\underline{\hat{\mathbf{x}}}^T\right) \cdot \underline{C}^T . \tag{11.202}$$

Aus der geforderten Erwartungstreue folgt $\mathrm{E}\left(\underline{\mathbf{y}}^T\right) = \mathrm{E}\left(\underline{\hat{\mathbf{y}}}^T\right) = \mathrm{E}\left([\underline{C} \cdot \underline{\hat{\mathbf{x}}}]^T\right) = \mathrm{E}\left(\underline{\hat{\mathbf{x}}}^T\right) \cdot \underline{C}^T$ und damit die gesuchte Bestimmungsgleichung für $\underline{K}$

$$\underline{K} \cdot \underline{\Sigma}_{\mathbf{y}} = \underline{\Sigma}_{\hat{\mathbf{x}}} \cdot \underline{C}^T . \tag{11.203}$$

Allerdings benötigen wir in dieser Gleichung die geschätzte Autokovarianzmatrix nach dem Korrekturschritt, die wir noch nicht kennen. Diese können wir aber auf die prädizierte Autokovarianzmatrix zurückführen, wenn wir (11.203) in (11.184) einsetzen

$$\begin{aligned} \underline{\Sigma}_{\hat{\mathbf{x}}} &= (\underline{E} - \underline{K} \cdot \underline{C}) \cdot \underline{\Sigma}_{\hat{\mathbf{x}}^-} \cdot (\underline{E} - \underline{K} \cdot \underline{C})^T + \underline{K} \cdot \underline{\Sigma}_{\mathbf{y}} \cdot \underline{K}^T \\ &= (\underline{E} - \underline{K} \cdot \underline{C}) \cdot \underline{\Sigma}_{\hat{\mathbf{x}}^-} \cdot (\underline{E} - \underline{K} \cdot \underline{C})^T + \underline{\Sigma}_{\hat{\mathbf{x}}} \cdot \underline{C}^T \cdot \underline{K}^T \\ \Leftrightarrow \quad \underline{\Sigma}_{\hat{\mathbf{x}}} \cdot (\underline{E} - \underline{C}^T \cdot \underline{K}^T) &= (\underline{E} - \underline{K} \cdot \underline{C}) \cdot \underline{\Sigma}_{\hat{\mathbf{x}}^-} \cdot (\underline{E} - \underline{C}^T \cdot \underline{K}^T) \\ \Rightarrow \quad \underline{\Sigma}_{\hat{\mathbf{x}}} &= (\underline{E} - \underline{K} \cdot \underline{C}) \cdot \underline{\Sigma}_{\hat{\mathbf{x}}^-} . \end{aligned} \tag{11.204}$$

Berücksichtigen wir dies in (11.203), erhalten wir schließlich für den Kalman-Gain

$$\begin{aligned} \underline{K} \cdot \underline{\Sigma}_{\mathbf{y}} &= (\underline{E} - \underline{K} \cdot \underline{C}) \cdot \underline{\Sigma}_{\hat{\mathbf{x}}^-} \cdot \underline{C}^T \\ \Leftrightarrow \quad \underline{K} \cdot (\underline{\Sigma}_{\mathbf{y}} + \underline{C} \cdot \underline{\Sigma}_{\hat{\mathbf{x}}^-} \cdot \underline{C}^T) &= \underline{\Sigma}_{\hat{\mathbf{x}}^-} \cdot \underline{C}^T \\ \Rightarrow \quad \underline{K} &= \underline{\Sigma}_{\hat{\mathbf{x}}^-} \cdot \underline{C}^T \cdot (\underline{\Sigma}_{\mathbf{y}} + \underline{C} \cdot \underline{\Sigma}_{\hat{\mathbf{x}}^-} \cdot \underline{C}^T)^{-1}] \,. \end{aligned} \tag{11.205}$$

Der von k abhängige Kalman-Gain hängt ausschließlich von der Ausgangsmatrix und den Autokovarianzmatrizen ab, weshalb er unabhängig von konkreten Signalen angegeben werden kann.

11.4.3 Anwendung des Kalman-Filters

In diesem Abschnitt stellen wir den konkreten Einsatz des Kalman-Filters vor. Dazu fassen wir zunächst die Voraussetzungen für dessen Anwendung zusammen:

Voraussetzungen für den Einsatz eines Kalman-Filters

- Das System muss als lineare zeitdiskrete Zustandsform vorliegen mit den Matrizen $\underline{A}_d$, $\underline{B}_d$ und $\underline{C}$, wobei $\underline{D} = \underline{0}$ gelten muss, siehe Fußnote 31 im Abschn. 11.4.1.
- Die zu schätzenden Zustände des Systems müssen beobachtbar sein.
- Die Rauschprozesse müssen mittelwertfrei und weiß sein, so dass $\mathrm{E}(\underline{\tilde{\mathbf{u}}}(k)) = \mathrm{E}(\underline{\mathbf{u}}(k))$ und $\mathrm{E}(\underline{\tilde{\mathbf{y}}}(k)) = \mathrm{E}(\underline{\mathbf{y}}(k))$, sowie $\underline{\mathrm{Cov}}(\underline{\mathbf{u}}(k), \underline{\mathbf{u}}(k-1)) = \underline{\mathrm{Cov}}(\underline{\mathbf{y}}(k), \underline{\mathbf{y}}(k-1)) = \underline{0}$ gelten.
- Die Autokovarianzmatrizen der Eingangssignale und der Ausgangssignale $\underline{\Sigma}_{\mathbf{u}}(k)$ sowie $\underline{\Sigma}_{\mathbf{y}}(k)$ müssen in jedem Zeitschritt k vorgegeben werden.
- Für die zu schätzenden Systemzustände und für deren Autokovarianzmatrix müssen Anfangswerte $\underline{\hat{\mathbf{x}}}(k = 0)$ sowie $\underline{\Sigma}_{\hat{\mathbf{x}}}(k = 0)$ vorliegen.

Hierzu die folgenden Anmerkungen:

Das Kalman-Filter lässt sich auch auf nichtlineare Systeme erweitern, worauf wir im Abschn. 11.4.5 eingehen, allerdings liefert es dann nicht mehr optimale Schätzwerte.

Die Beobachtbarkeit ist eine fundamentale Systemeigenschaft und kann vor Anwendung des Kalman-Filters anhand der Systemmatrix $\underline{A}_d$ und der Ausgangsmatrix $\underline{C}$ mit (11.180) überprüft werden. Falls ein System zunächst nicht beobachtbar sein sollte, ist es vielfach möglich eine zusätzliche Messgröße hinzuzunehmen.

Entgegen der in der Literatur häufig vertretenen Meinung müssen die Rauschprozesse am Eingang- und Ausgang des Systems nicht gaußförmig verteilt und auch nicht voneinander unabhängig sein, denn dies wird bei der Herleitung der Filtergleichungen nicht vorausgesetzt. Damit allerdings die vom Filter ermittelten statistischen Parameter hinreichend aussagekräftig sind, sollten die geschätzten Zustände sehr wohl eine gaußförmige Verbundverteilung aufweisen, die durch $E(\underline{\hat{\mathbf{x}}})$ und $\underline{\Sigma}_{\hat{\mathbf{x}}}$ äquivalent beschrieben wird. Diese Annahme ist allerdings aufgrund des zentrales Grenzwertsatzes auch für nicht gaußförmiges Eingangs- und Ausgangsrauschen erfüllt, da im Verlauf der Filterung eine Vielzahl unabhängiger Zufallsvariablen aufsummiert wird.

In den vorgegebenen Autokovarianzmatrizen $\underline{\Sigma}_{\mathbf{u}}(k)$ und $\underline{\Sigma}_{\mathbf{y}}(k)$ sollten zumindest für die Varianzen auf den Hauptdiagonalen hinreichend verlässliche Werte vorliegen, wobei diese häufig konstant, d. h. unabhängig von k sind. Sind die Kovarianzen auf den Nebendiagonalen unbekannt, so können diese durch Nullwerte ersetzt werden.

Die Vorgabe der Startwerte für die Zustände ist unkritisch, denn es tritt eine schnelle Konvergenz auf die korrekten Werte auf, auch wenn die Anfangswerte deutlich abweichen. Damit die Messwerte allerdings anfangs die geschätzten Zustände mit hinreichendem Gewicht beeinflussen können, müssen die Varianzen in $\underline{\Sigma}_{\hat{\mathbf{x}}}(k = 0)$ groß genug gewählt werden. Als Faustformel sollten diese daher mindestens den quadrierten Werten der maximal möglichen Fehler der gewählten Anfangszustände entsprechen.

Basierend auf diesen Voraussetzungen können wir eine Abfolge von Verarbeitungsschritten angeben, um mit dem Kalman-Filter in jedem Zeitschritt k optimale Werte für die gesuchten Zustände zu schätzen. Dabei treten in den Gleichungen keine Zufallsvariablen mehr auf, sondern jeweils die konkret vorliegenden Signalwerte. Außerdem enthält die Schrittfolge zwei Modifikationen gegenüber den bisherigen Betrachtungen:

Zum einen verwenden wir für die Prädiktion der Autokovarianzmatrix des Systems einen zusätzlichen empirischen Parameter λ mit $0 < \lambda \leq 1$, der deren gezielte Vergrößerung in jedem oder einzelnen Prädiktionsschritten erlaubt und insbesondere zur Berücksichtigung von Ungenauigkeiten bei der Systemmodellierung dient. Dieser Parameter verhindert, dass die Varianzen in $\underline{\Sigma}_{\hat{\mathbf{x}}}$ aufgrund der Korrekturschritte zu schnell abnehmen, wodurch neue Messwerte die Schätzwerte kaum noch beeinflussen würden. Mit dieser Erweiterung kann das Filter auch dann präzise Schätzwerte liefern, wenn sich die Eingangssignale oder Systemparameter in den Matrizen $\underline{A}_d$ bzw. $\underline{B}_d$ durch unbekannte Einflüsse ändern. Das Konvergenzverhalten wird damit insgesamt robuster, allerdings auch geringfügig verlangsamt. Es empfiehlt sich daher, zunächst $\lambda = 1$ zu setzen, und den Parameter anschließend in kleinen Schritten zu verringern.

Die zweite Modifikation betrifft den Zeitindex für den Korrekturschritt. Während die Korrektur bisher für k erfolgte, führen wir diese jetzt für den Index $k + 1$ durch. Dadurch korrigieren wir immer die zuvor prädizierten Zustände $\underline{\hat{x}}^-(k+1)$ mit den neuen Messwerten $(k + 1)$, wodurch sich die Filtergleichungen nicht ändern, die Schätzung aber um eine Abtastzeit aktueller wird.

Wir beginnen mit dem Index $k = 0$ und den Startwerten $\underline{\hat{x}}(k = 0)$ sowie $\underline{\Sigma}_{\hat{\mathbf{x}}}(k = 0)$ und führen die folgenden Schritte wiederholt durch, wobei k bei jedem Durchlauf um eins erhöht wird

Schrittweises Vorgehen beim Einsatz eines Kalman-Filters

1. Prädiktion der Systemzustände für den Zeitindex $k+1$ unter Verwendung der Parameter in $\underline{A}_d$ und $\underline{B}_d$, der aktuellen Eingangssignale $\underline{u}(k)$ und des Systemzustands $\hat{\underline{x}}(k)$

$$\hat{\underline{x}}^-(k+1) = \underline{A}_d \cdot \hat{\underline{x}}(k) + \underline{B}_d \cdot \underline{u}(k)\,. \tag{11.206}$$

2. Prädiktion der Autokovarianzmatrix der Zustände für den Zeitindex $k+1$ auf Basis der Parameter in $\underline{A}_d$ und $\underline{B}_d$ sowie der Autokovarianzmatrizen $\underline{\Sigma}_{\hat{\mathbf{x}}}(k)$ sowie $\underline{\Sigma}_{\mathbf{u}}(k)$, und mit λ

$$\underline{\Sigma}_{\hat{\mathbf{x}}^-}(k+1) = \underline{A}_d \cdot \underline{\Sigma}_{\hat{\mathbf{x}}}(k) \cdot \underline{A}_d^T \cdot \frac{1}{\lambda^2} + \underline{B}_d \cdot \underline{\Sigma}_{\mathbf{u}}(k) \cdot \underline{B}_d^T\,, \qquad 0 < \lambda \leq 1\,. \tag{11.207}$$

3. Berechnung des Kalman-Gains für den Zeitindex $k+1$ abhängig von den Autokovarianzmatrizen $\underline{\Sigma}_{\hat{\mathbf{x}}^-}(k+1)$ und $\underline{\Sigma}_{\mathbf{y}}(k+1)$ sowie von der Ausgangsmatrix $\underline{C}$

$$\underline{K}(k+1) = \underline{\Sigma}_{\hat{\mathbf{x}}^-}(k+1) \cdot \underline{C}^T \cdot \left[\underline{\Sigma}_{\mathbf{y}}(k+1) + \underline{C} \cdot \underline{\Sigma}_{\hat{\mathbf{x}}^-}(k+1) \cdot \underline{C}^T\right]^{-1}. \tag{11.208}$$

4. Korrektur des prädizierten Zustandsvektors für den Zeitschritt $k+1$ mittels Kalman-Gain, der Ausgangsmatrix und der aktuellen Messwerte

$$\hat{\underline{x}}(k+1) = \hat{\underline{x}}^-(k+1) + \underline{K}(k+1) \cdot \left[\underline{y}(k+1) - \underline{C} \cdot \hat{\underline{x}}^-(k+1)\right]. \tag{11.209}$$

5. Korrektur der prädizierten Autokovarianzmatrix der Zustände durch den Kalman-Gain mit der Ausgangsmatrix und der Einheitsmatrix $\underline{E}$

$$\underline{\Sigma}_{\hat{\mathbf{x}}}(k+1) = \left[\underline{E} - \underline{K}(k+1) \cdot \underline{C}\right] \cdot \underline{\Sigma}_{\hat{\mathbf{x}}^-}(k+1)\,. \tag{11.210}$$

Falls im aktuellen Durchlauf keine Messwerte vorliegen, wird der Korrekturschritt übersprungen und es erfolgt nach der Inkrementierung von k direkt eine neue Prädiktion. Zu beachten ist dabei, dass jeder Prädiktionsschritt die Systemvarianzen und damit die Unsicherheit der Schätzung ansteigen lässt, weshalb für verlässliche Schätzwerte genügend Korrekturschritte erforderlich sind.

Als Anwendung des Kalman-Filters betrachten wir ein Fallexperiment, um die Erdbeschleunigung zu bestimmen, deren exakter Wert $g = 9{,}81\,\frac{m}{s^2}$ beträgt. Dazu liegen uns in der folgenden Tabelle 6 Messwerte für die Fallwege $s(kT)$ vor, die im zeitlichen Abstand von jeweils $T = 1\,s$ mit einem Abstandssensor erfasst wurden. Die Messwerte sind durch weißes, mittelwertfreies Rauschen der Varianz $\text{var}(\mathbf{s}) = 5\,m^2$ überlagert, das der verwendete Sensor erzeugt.

t=kT [s]	1	2	3	4	5	6
s(kT) [m]	8,49	20,05	50,65	72,19	129,85	171,56
g(kT) [m/s^2]	16,98	10,03	11,26	9,02	10,39	9,53

Auch ohne Kalman-Filter kann hieraus $\hat{g}$ abhängig vom Zeitindex k geschätzt werden, indem wir die bekannte Formel $s = \frac{1}{2}g \cdot t^2$ nach g umstellen, und damit aus den Messzeitpunkten und den erfassten Wegstrecken jeweils eine Beschleunigung ermitteln. Diese Werte sind ebenfalls in der Tabelle enthalten, und wir berechnen hieraus den Schätzwert $\hat{g}(k)$ als Mittelwert

$$\hat{g}(k) = \frac{1}{k} \cdot \sum_{i=1}^{k} g(i) = \frac{1}{k} \cdot \sum_{i=1}^{k} \frac{2 \cdot s(i)}{(i\,T)^2} \quad \Rightarrow \quad \hat{g}(6) = 11{,}20\,\frac{m}{s^2}\,. \tag{11.211}$$

Dieser Schätzwert weicht deutlich von der exakten Erdbeschleunigung ab, repräsentiert aber nur eine einzelne Stichprobe von Messwerten. Zur Beurteilung der Güte der Schätzung bestimmen wir die Varianz der Zufallsvariablen $\hat{\mathbf{g}}(k)$ abhängig von der Varianz der Fallwege $\mathbf{s}(k)$, die wir ebenfalls als Zufallsvariablen betrachten. Wegen des weißen und stationären Rauschprozesses können wir dazu mit (11.56) die Varianzen der einzelnen Summanden addieren und wegen (11.21) die konstanten Werte aus den Termen quadriert herausziehen

$$\begin{aligned} \text{var}(\hat{\mathbf{g}}(k)) &= \text{var}\left(\frac{1}{k} \cdot \sum_{i=1}^{k} \frac{2 \cdot \mathbf{s}(i)}{(i\,T)^2}\right) = \frac{1}{k^2} \cdot \sum_{i=1}^{k} \text{var}\left(\frac{2 \cdot \mathbf{s}(i)}{(i\,T)^2}\right) \\ &= \frac{4}{k^2 \cdot T^4} \cdot \sum_{i=1}^{k} \frac{1}{i^4} \text{var}(\mathbf{s}(i)) = \text{var}(\mathbf{s}) \cdot \frac{4}{k^2 \cdot T^4} \cdot \sum_{i=1}^{k} \frac{1}{i^4}\,. \end{aligned} \tag{11.212}$$

Zum Vergleich schätzen wir $\hat{g}$ aus denselben Daten mit einem Kalman-Filter. Dazu nutzen wir die Zustandsgleichungen aus (8.46), die wir dort für ein gleichmäßig beschleunigtes System aufgestellt hatten, wobei die Beschleunigung a_x als bekannte Eingangsgröße auftrat. Im Unterschied dazu tritt hier $\hat{g}$ als zusätzliche Zustandsgröße auf, die als Konstante geschätzt werden soll, dafür aber keine Eingangsgröße, so dass wir für die Prädiktion folgende Gleichungen erhalten

$$\hat{s}^-(k+1) = \hat{s}(k) + \hat{v}(k) \cdot T + \hat{g}(k) \cdot \tfrac{1}{2}T^2 \tag{11.213}$$

$$\hat{v}^-(k+1) = \hat{v}(k) + \hat{g}(k) \cdot T \tag{11.214}$$

$$\hat{g}^-(k+1) = \hat{g}(k)\,. \tag{11.215}$$

Zur Anwendung des Kalman-Filters benötigen wir das Gleichungssystem in Matrizenform, wobei hier wegen fehlender Eingangsgröße $\underline{B}_d = \underline{0}$ gilt

$$\hat{\underline{x}}^-(k+1) = \underline{A}_d \cdot \hat{\underline{x}}(k) \qquad \text{mit} \quad \hat{\underline{x}}(k) = \begin{bmatrix} \hat{s}(k) \\ \hat{v}(k) \\ \hat{g}(k) \end{bmatrix} \quad \text{und} \quad \underline{A}_d = \begin{bmatrix} 1 & T & \frac{1}{2}T^2 \\ 0 & 1 & T \\ 0 & 0 & 1 \end{bmatrix}. \tag{11.216}$$

Für die Prädiktion der Autokovarianzmatrix setzen wir $\lambda = 1$, da das Systemmodell präzise ist

$$\underline{\Sigma}_{\hat{x}^-}(k+1) = \underline{A}_d \cdot \underline{\Sigma}_{\hat{\mathbf{x}}}(k) \cdot \underline{A}_d^T . \tag{11.217}$$

Die Autokovarianzmatrix hat dabei wie die Systemmatrix A_d die Dimensionen 3×3

$$\underline{\Sigma}_{\hat{\mathbf{x}}}(k) = \begin{bmatrix} \mathrm{var}(\hat{\mathbf{s}}(k)) & \mathrm{cov}(\hat{\mathbf{s}}(k), \hat{\mathbf{v}}(k)) & \mathrm{cov}(\hat{\mathbf{s}}(k), \hat{\mathbf{g}}(k)) \\ \mathrm{cov}(\hat{\mathbf{s}}(k), \hat{\mathbf{v}}(k)) & \mathrm{var}(\hat{\mathbf{v}}(k)) & \mathrm{cov}(\hat{\mathbf{v}}(k), \hat{\mathbf{g}}(k)) \\ \mathrm{cov}(\hat{\mathbf{s}}(k), \hat{\mathbf{g}}(k)) & \mathrm{cov}(\hat{\mathbf{v}}(k), \hat{\mathbf{g}}(k)) & \mathrm{var}(\hat{\mathbf{g}}(k)) \end{bmatrix}. \tag{11.218}$$

Für den Korrekturschritt liegen nur Messwerte des Weges vor, so dass $\underline{y} = s$ gilt. Die Autokovarianzmatrix des Messwerte $\underline{\Sigma}_{\mathbf{y}}$ ist daher ein Skalar und entspricht gerade der konstanten Varianz der Fallwege mit $\underline{\Sigma}_{\mathbf{y}} = \mathrm{var}(\mathbf{s})$. Die Ausgangsmatrix $\underline{C}$ bildet den Zustandsvektor $\underline{x} = [\,s \quad v \quad g\,]^T$ auf den Messvektor $\underline{y}$ ab und entspricht daher in diesem Beispiel einem Zeilenvektor

$$\underline{y} = s = \underline{C} \cdot \underline{x} \qquad \Rightarrow \qquad \underline{C} = [1 \;\, 0 \;\, 0] \tag{11.219}$$

Damit können wir die Beobachtbarkeitsmatrix $\underline{\mathcal{O}}$ aufstellen, deren Rang der Systemordnung $n = 3$ entspricht, weshalb das System beobachtbar ist

$$\underline{\mathcal{O}} = \begin{bmatrix} \underline{C} \\ \underline{C}\,\underline{A}_d \\ \underline{C}\,\underline{A}_d^2 \end{bmatrix} = \begin{bmatrix} 1 & 0 & 0 \\ 1 & T & \frac{1}{2}T^2 \\ 1 & 2T & 2T^2 \end{bmatrix} \Rightarrow \mathrm{Rang}(\underline{\mathcal{O}}) = 3 . \tag{11.220}$$

Nun können wir den Korrekturschritt durchführen, indem wir zunächst den Kalman-Gain berechnen und damit anschließend die Zustände und die Autokovarianzmatrix updaten

$$\underline{K}(k+1) = \underline{\Sigma}_{\hat{\mathbf{x}}^-}(k+1) \cdot \underline{C}^T \cdot \left[\underline{\Sigma}_{\mathbf{y}}(k+1) + \underline{C} \cdot \underline{\Sigma}_{\hat{\mathbf{x}}^-}(k+1) \cdot \underline{C}^T \right]^{-1} \tag{11.221}$$

$$\Rightarrow \quad \hat{\underline{x}}(k+1) = \hat{\underline{x}}^-(k+1) + \underline{K} \cdot \left[\underline{y}(k+1) - \underline{C} \cdot \hat{\underline{x}}^-(k+1) \right] \tag{11.222}$$

$$\underline{\Sigma}_{\hat{\mathbf{x}}}(k+1) = \left[\underline{E} - \underline{K}(k+1) \cdot \underline{C} \right] \cdot \underline{\Sigma}_{\hat{\mathbf{x}}^-}(k+1) . \tag{11.223}$$

Diese Schritte wiederholen wir rekursiv, ausgehend von $k = 0$ mit den Startwerten

$$\underline{\hat{x}}(k=0) = \begin{bmatrix} 0 \\ 0 \\ 0 \end{bmatrix} \quad \text{und} \quad \underline{\Sigma}_{\hat{\mathbf{x}}}(k=0) = \begin{bmatrix} 0 & 0 & 0 \\ 0 & 0 & 0 \\ 0 & 0 & 100 \end{bmatrix}. \tag{11.224}$$

Dabei haben wir für die Zustände als Startwerte $\hat{s}(0) = \hat{v}(0) = 0$ gewählt, da das System zu Beginn in Ruhe ist, während der Startwert für die zu bestimmende Beschleunigung mit $\hat{g}(0) = 0$ deutlich vom exakten Wert abweicht. Als Anfangswerte für die Autokovarianzmatrix setzen wir $\text{var}(\hat{s}(0)) = \text{var}(\hat{v}(0)) = 0$ wegen der exakt bekannten Werte. Der Startwert der Varianz von $\hat{g}$ weist hingegen mit $\text{var}(\hat{g}(0)) = 100$ einen großen Wert auf, während alle Kovarianzen zu Beginn den Wert null erhalten.

Nun können wir die Ergebnisse vergleichen und betrachten dazu Abb. 11.38. Oben links in (a) ist ein typischer Verlauf der Schätzung anhand einer einzelnen Stichprobe dargestellt. Deutlich ist das Konvergenzverhalten sowohl der Mittelwertbildung als auch des Kalman-Filters gegen die exakte Erdbeschleunigung zu erkennen, wobei das Kalman-Filter für $k = 0$ vom Startwert $\hat{g}(0) = 0$ ausgeht, während die Mittelwertbildung keinen Startwert benötigt. Je nach verwendeter Stichprobe sind die Ergebnisse unterschiedlich, wobei meistens das Kalman-Filter genauere Schätzwerte liefert. Um dies quantitativ zu beurteilen, zeigt Teilgrafik (b) den Verlauf der Standardabweichung für beide Algorithmen. Beim Mittelwertfilter wird diese mit zunehmendem k zwar kleiner, erreicht für $k = 6$ nach (11.212) aber nur den

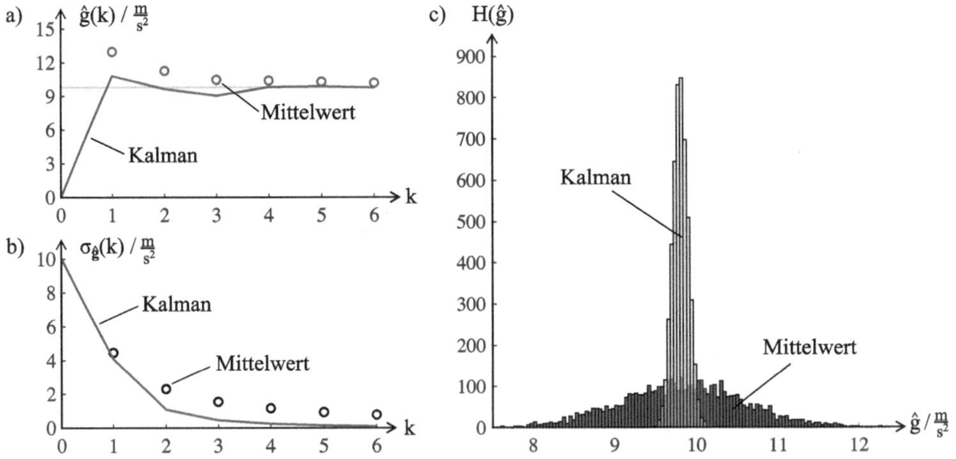

Abb. 11.38 Schätzt man die Erdbeschleunigung $\hat{g}$ aus den gemessenen Fallwegen einer beschleunigten Masse alternativ mit einem Mittelwert- und einem Kalman-Filter, so liefert das Kalman-Filter im Mittel deutlich genauere Schätzwerte, wie (**a**) am Beispiel einer einzelnen Stichprobe zeigt; erkennbar wird dies am Verlauf der Standardabweichung, die beim Kalman-Filter mit zunehmendem k wesentlich kleinere Werte erreicht (**b**), und auch eine aus 5000 Stichproben mit jeweils 6 Messwerten ermittelte Häufigkeitsverteilung bestätigt dieses Ergebnis (**c**)

Wert $\sigma_{\hat{\mathbf{g}}}(6) = 0{,}77\,\frac{m}{s^2}$, d. h., bei einer wiederholten Schätzung aus jeweils sechs Messwerten liefern wegen der gaußförmigen Verteilung 30 % der Stichproben nach (11.43) eine um mehr als diesen Wert fehlerhafte Erdbeschleunigung. Im Vergleich dazu konvergiert die Standardabweichung der vom Kalman-Filter geschätzten Erdbeschleunigung mit zunehmendem k viel schneller gegen null, weitgehend unabhängig vom Startwert $\sigma_{\hat{\mathbf{g}}}(0) = \sqrt{\mathrm{var}(\hat{\mathbf{g}}(0))} = 10$. Für $k = 6$ liefert die rekursive Berechnung mit (11.216), (11.217) sowie (11.221) bereits den sehr kleinen Zahlenwert $\sigma_{\hat{\mathbf{g}}}(6) = 0{,}094\,\frac{m}{s^2}$. Diese theoretischen Ergebnisse werden durch Auswertung von $N = 5000$ Stichproben mit jeweils sechs Messwerten bestätigt. In (c) sind dazu die absoluten Häufigkeiten der mit beiden Algorithmen ermittelten Schätzwerte dargestellt. Auch hier zeigt sich die deutlich geringere Streuung der vom Kalman-Filter geschätzten Beschleunigungen, wobei wegen des großen Anzahl N die aus den Häufigkeiten ermittelten Varianzen mit hoher Genauigkeit den erwarteten Werten entsprechen.

11.4.4 Rekursive Schätzung von FIR-Filterkoeffizienten

Das Kalman-Filter haben wir bisher ausschließlich dazu verwendet, unbekannte Systemzustände zu schätzen, wobei die Systemparameter in $\underline{A}_d$, $\underline{B}_d$ und $\underline{C}$ als bekannt vorausgesetzt wurden. Durch geringfügige Anpassungen erlaubt dieser Algorithmus aber auch die rekursive Schätzung von FIR-Filterkoeffizienten, um adaptive Filter für die im Abschn. 11.1 vorgestellten Basisstrukturen zu realisieren.

Für diesen Zweck definieren wir mit $\hat{\underline{x}}(k) = \hat{\underline{\beta}}(k)$ die gesuchten Filterkoeffizienten als die im Schritt k zu schätzenden Zustände. Da die Filterkoeffizienten weder aufgrund einer Eigendynamik des Systems, noch durch dessen Eingangssignale verändert werden, können wir im Prädiktionsschritt durch Vergleich mit (11.206) die Systemmatrix $\underline{A}_d$ als Einheitsmatrix und die Eingangsmatrix $\underline{B}_d$ als Nullmatrix festlegen

$$\hat{\underline{\beta}}^{-}(k+1) = \hat{\underline{\beta}}(k) \quad \Rightarrow \quad \underline{A}_d = \underline{E} \text{ und } \underline{B}_d = \underline{0}\,. \tag{11.225}$$

Die Prädiktion der Autokovarianzmatrix erfolgt anschließend mit (11.207). Der Faktor λ verhindert dabei, dass die Varianzen gegen null konvergieren, wodurch keine Veränderung der geschätzten Filterkoeffizienten mehr möglich wäre. Damit ist der Algorithmus auch für die Schätzung zeitvariabler Systeme geeignet, weshalb λ auch als Vergessensfaktor bezeichnet wird

$$\underline{\Sigma}^{-}_{\hat{\beta}}(k+1) = \underline{\Sigma}_{\hat{\beta}}(k) \cdot \frac{1}{\lambda^2}\,. \tag{11.226}$$

Für den Korrekturschritt verwenden wir entsprechend 8.72 und 8.73 die Beschreibung der Signalübertragung mit FIR-Filtern als Skalarprodukt, wobei das geschätzte Ausgangssignal beim Kalman-Filter durch Multiplikation der Matrix $\underline{C}$ mit dem Zustandsvektor folgt, siehe Abb. 11.36

$$\hat{y}(k) = \underline{u}^T(k) \cdot \hat{\underline{\beta}}(k) = \underline{C} \cdot \hat{\underline{x}}(k) . \qquad (11.227)$$

Wir erhalten daraus eine zeitvariable Ausgangsmatrix $\underline{C} = \underline{u}^T(k)$, die in jedem Zeitschritt dem transponierten Eingangssignalvektor entspricht. Da nur ein Ausgangssignal auftritt, gilt auch $\underline{\Sigma}_\mathbf{y}(k) = \mathrm{var}(\mathbf{y})$, und aus (11.208) bis (11.210) mit (11.225) sowie (11.226) ergibt sich

$$\underline{K}(k+1) = \frac{\underline{\Sigma}_{\hat{\boldsymbol{\beta}}}(k) \cdot \frac{1}{\lambda^2} \cdot \underline{u}(k+1)}{\mathrm{var}(\mathbf{y}) + \underline{u}^T(k+1) \cdot \underline{\Sigma}_{\hat{\boldsymbol{\beta}}}(k) \cdot \frac{1}{\lambda^2} \cdot \underline{u}(k+1)} \qquad (11.228)$$

$$\hat{\underline{\beta}}(k+1) = \hat{\underline{\beta}}(k) + \underline{K}(k+1) \cdot \Big[\underline{y}(k+1) - \underline{u}^T(k+1) \cdot \hat{\underline{\beta}}(k) \Big] \qquad (11.229)$$

$$\begin{aligned} \underline{\Sigma}_{\hat{\boldsymbol{\beta}}}(k+1) &= \Big[\underline{E} - \underline{K}(k+1) \cdot \underline{u}^T(k+1) \Big] \cdot \underline{\Sigma}_{\hat{\boldsymbol{\beta}}}(k) \cdot \tfrac{1}{\lambda^2} \\ &= \tfrac{1}{\lambda^2} \Big[\underline{\Sigma}_{\hat{\boldsymbol{\beta}}}(k) - \underline{K}(k+1) \cdot \underline{u}^T(k+1) \cdot \underline{\Sigma}_{\hat{\boldsymbol{\beta}}}(k) \Big] . \qquad (11.230) \end{aligned}$$

Nun multiplizieren wir (11.228) auf beiden Seiten mit dem Nenner und lösen nach dem Produkt $\underline{K}(k+1) \cdot \mathrm{var}(\mathbf{y})$ auf, so dass wir rechts (11.230) multipliziert mit $\underline{u}(k+1)$ erhalten

$$\begin{aligned} K(k+1) \cdot \Big[\mathrm{var}(\mathbf{y}) + \underline{u}^T(k+1) \cdot \underline{\Sigma}_{\hat{\boldsymbol{\beta}}}(k) \cdot \tfrac{1}{\lambda^2} \cdot \underline{u}(k+1) \Big] &= \underline{\Sigma}_{\hat{\boldsymbol{\beta}}}(k) \cdot \tfrac{1}{\lambda^2} \cdot \underline{u}(k+1) \\ \Leftrightarrow \quad \underline{K}(k+1) \cdot \mathrm{var}(\mathbf{y}) &= \underline{\Sigma}_{\hat{\boldsymbol{\beta}}}(k) \cdot \tfrac{1}{\lambda^2} \cdot \underline{u}(k+1) - K(k+1) \cdot \underline{u}^T(k+1) \\ &\quad \cdot \underline{\Sigma}_{\hat{\boldsymbol{\beta}}}(k) \cdot \tfrac{1}{\lambda^2} \cdot \underline{u}(k+1) \\ &= \underline{\Sigma}_{\hat{\boldsymbol{\beta}}}(k+1) \cdot \underline{u}(k+1) . \qquad (11.231) \end{aligned}$$

Setzen wir (11.228) in (11.230) und (11.231) geteilt durch var(**y**) in (11.229) ein, so entfällt $\underline{K}(k+1)$ und es ergeben sich zwei Gleichungen zur rekursiven Schätzung der Filterkoeffizienten

$$\underline{\Sigma}_{\hat{\boldsymbol{\beta}}}(k+1) = \frac{1}{\lambda^2} \left[\underline{\Sigma}_{\hat{\boldsymbol{\beta}}}(k) - \frac{\underline{\Sigma}_{\hat{\boldsymbol{\beta}}}(k) \cdot \underline{u}(k+1) \cdot \underline{u}^T(k+1) \cdot \underline{\Sigma}_{\hat{\boldsymbol{\beta}}}(k)}{\mathrm{var}(\mathbf{y}) \cdot \lambda^2 + \underline{u}^T(k+1) \cdot \underline{\Sigma}_{\hat{\boldsymbol{\beta}}}(k) \cdot \underline{u}(k+1)} \right] \qquad (11.232)$$

$$\hat{\underline{\beta}}(k+1) = \hat{\underline{\beta}}(k) + \frac{1}{\mathrm{var}(\mathbf{y})} \underline{\Sigma}_{\hat{\boldsymbol{\beta}}}(k+1) \cdot \underline{u}(k+1) \cdot \Big[y(k+1) - \underline{u}^T(k+1) \cdot \hat{\underline{\beta}}(k) \Big] . \qquad (11.233)$$

Fassen wir diese Gleichungen zusammen, indem wir (11.232) in (11.233) einsetzen, treten var(**y**) und λ^2 nur noch als Produkt auf, so dass wir formal $\mathrm{var}(\mathbf{y}) = 1$ setzen dürfen, und ausschließlich λ^2 als variablen Parameter zur Beeinflussung des Konvergenzverhaltens betrachten.

Wir erhalten damit den sogenannten *Recursive Least Square* (RLS) Algorithmus, der es ausgehend von Startwerten $\hat{\underline{\beta}}(0)$ und $\underline{\Sigma}_{\hat{\boldsymbol{\beta}}}(0)$ gestattet, die Koeffizienten eines FIR-Filters zu bestimmen, um ein gegebenes Eingangssignal durch Minimierung des mittleren quadratischen Fehlers (MSE) möglichst gut in ein beliebiges Referenzsignal $r(k)$ zu wandeln, durch das wir $y(k)$ ersetzen. Die Startwerte sind hierbei unkritisch, allerdings müssen die Varianzen in $\underline{\Sigma}_{\hat{\beta}}(0)$ zu Beginn wie beim Kalman-Filter hinreichend groß gewählt werden, um die Konvergenz zu gewährleisten

$$\underline{\Sigma}_{\hat{\beta}}(k+1) = \frac{1}{\lambda^2}\left[\underline{\Sigma}_{\hat{\beta}}(k) - \frac{\underline{\Sigma}_{\hat{\beta}}(k)\cdot\underline{u}(k+1)\cdot\underline{u}^T(k+1)\cdot\underline{\Sigma}_{\hat{\beta}}(k)}{\lambda^2+\underline{u}^T(k+1)\cdot\underline{\Sigma}_{\hat{\beta}}(k)\cdot\underline{u}(k+1)}\right] \quad (11.234)$$

$$\underline{\hat{\beta}}(k+1) = \underline{\hat{\beta}}(k) + \underline{\Sigma}_{\hat{\beta}}(k+1)\cdot\underline{u}(k+1)\cdot\Big[r(k+1) - \underline{u}^T(k+1)\cdot\underline{\hat{\beta}}(k)\Big]. \quad (11.235)$$

Der Ausdruck in der eckigen Klammer von (11.235), den wir beim Kalman-Filter als Innovation bezeichnet hatten, entspricht dem Fehlersignal $e(k+1)$ zwischen dem Referenzsignal $r(k+1)$ und dem vom Filter geschätzten Ausgangssignal $\hat{y}(k+1)$[32]

$$e(k+1) = r(k+1) - \underline{u}^T(k+1)\cdot\underline{\hat{\beta}}(k) = r(k+1) - \hat{y}(k+1)\,. \quad (11.236)$$

Der Fehler läuft für große k nur dann gegen null, falls $r(k)$ und das Eingangssignal $u(k)$ vollständig miteinander korreliert sind. In allen anderen Fällen enthält der minimale Fehler nach dem Orthogonalitätsprinzip, siehe Abschn. 11.4.2, alle Anteile von $r(k)$, die unkorreliert zu $u(k)$ sind.

Eine vereinfachte RLS-Variante bildet der sogenannte *Least Mean Square* (LMS) Algorithmus. Bei diesem wird die relativ aufwändig zu berechnende Autokovarianzmatrix $\underline{\Sigma}_{\hat{\beta}}$ durch einen empirischen Parameter ersetzt, die sogenannte Schrittweite μ, so dass nur eine Gleichung auftritt

$$\underline{\hat{\beta}}(k+1) = \underline{\hat{\beta}}(k) + \mu\cdot\underline{u}(k+1)\cdot\Big[r(k+1) - \underline{u}^T(k+1)\cdot\underline{\hat{\beta}}(k)\Big]. \quad (11.237)$$

Die Einstellung der Schrittweite ist insbesondere für Eingangssignale mit variabler Leistung schwierig, um ein stabiles Filter zu erhalten, das dennoch schnell konvergiert. Aus diesem Grund wird μ beim *Normalized* LMS (NLMS) Algorithmus auf die aktuelle Energie $E_u(k) = \underline{u}(k)\cdot\underline{u}^T(k)$ im Eingangsvektor bezogen, wobei ein zusätzlicher Parameter α eine zu große effektive Schrittweite für $E_u \approx 0$ verhindert

$$\underline{\hat{\beta}}(k+1) = \underline{\hat{\beta}}(k) + \frac{\mu}{\alpha+\underline{u}(k+1)\cdot\underline{u}^T(k+1)}\cdot\Big[r(k+1) - \underline{u}^T(k+1)\cdot\underline{\hat{\beta}}(k)\Big]. \quad (11.238)$$

Abb. 11.39 zeigt das Strukturbild des RLS- und (N)LMS-Algorithmus. Diese rekursiven Schätzverfahren benötigen im Unterschied zum Wiener-Filter neben dem Eingangssignal

[32] Genau genommen müssten wir das geschätzte Ausgangssignal als $\hat{y}^-(k+1)$ bezeichnen, da es jeweils mit den Filterkoeffizienten aus dem Zeittakt k berechnet wird; zur einheitlichen Darstellung verzichten wir aber darauf.

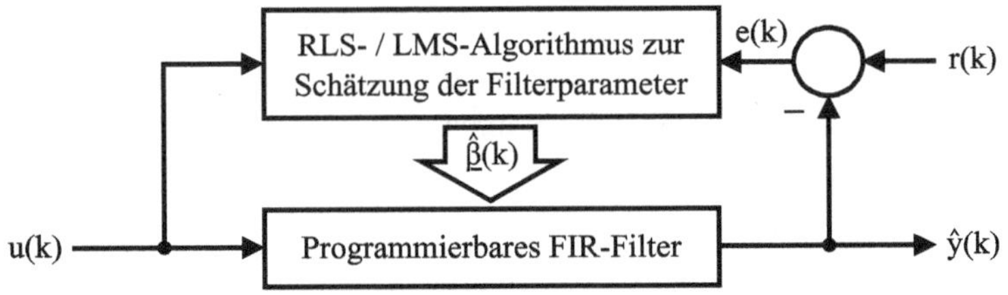

Abb. 11.39 Strukturbild des RLS- und (N)LMS-Algorithmus; diese rekursiven Algorithmen benötigen neben dem Eingangssignal $u(k)$ lediglich das Fehlersignal $e(k)$ aus dem Referenzsignal $r(k)$ und dem aktuell geschätzten Ausgangssignal $\hat{y}(k)$, um in jedem Zeitschritt optimale Filterkoeffizienten im Vektor $\underline{\hat{\beta}}(k)$ zu schätzen, wozu der mittlere quadratische Fehler minimiert wird

nur das Fehlersignal $e(k)$, um das Ausgangssignal $\hat{y}(k)$ optimal an $r(k)$ anzupassen. Dabei liefern sie in jedem Zeitschritt k die Filterkoeffizienten $\hat{\beta}_0(k)$ bis $\hat{\beta}_{n-1}(k)$, wozu als Gütekriterium der mittlere quadratische Fehler (MSE) minimiert wird.

Die Algorithmen können für fast alle Basisstrukturen aus Abschn. 11.1 verwendet werden. Eine Ausnahme bildet lediglich die Störungsreduktion in Abschn. 11.1.4, wenn dort kein explizites Referenzsignal, sondern lediglich dessen AKF zur Verfügung steht, siehe auch zweites Beispiel zum Wiener-Filter im Abschn. 11.3.4.

Wie beim Wiener-Filter ist auch beim RLS- und (N)LMS-Algorithmus für gute Ergebnisse die Vorgabe der Anzahl n der zu schätzenden Filterkoeffizienten wichtig. Diese darf nicht kleiner als die Länge der Impulsantwort des zu schätzenden Systems sein, da sonst keine exakte Nachbildung erfolgen kann[33]. Allerdings sollte n auch nicht unnötig groß gewählt werden, da dann die Genauigkeit der Schätzung sinkt. Falls die Systemordnung nicht bekannt ist, können mehrere Werte für n anhand des Fehlers $e(k)$ als Gütemaß verglichen werden.

Zum Vergleich von RLS- und LMS-Algorithmus betrachten wir als Beispiel eine Systemidentifikation, siehe Abb. 11.40. Dabei ist das adaptive Filter einem System parallelgeschaltet und soll dessen Filterkoeffizienten $\underline{\beta}$ aus dem Eingangssignal $u(k)$ und dem Ausgangssignal $y(k)$, das als Referenzsignal dient, ermitteln, wozu als Eingangssignal weißes, gaußverteiltes Rauschen der Leistung $1 = 0\,dB$ dient[34]. Da die Koeffizienten im Vektor $\underline{\beta}$ bekannt sind, können wir in diesem Fall als weiteres Gütemaß den sogenannten *Systemabstand* $D(k)$ verwenden. Dieser ist definiert als quadratische Abweichung zwischen $\underline{\beta}$ und $\underline{\hat{\beta}}(k)$, hängt also nicht vom Eingangssignal ab, und ermöglicht daher eine noch präzisere Beobachtung des Konvergenzverhaltens

[33] Es existieren auch Verfahren zur Schätzung der Koeffizienten von IIR-Filtern mit unendlich langer Impulsantwort, wozu zwei adaptive FIR-Filter jeweils für den rekursiven und nicht-rekursiven Anteil verwendet werden können, siehe [52, 53].

[34] Aufgrund der konstanten Eingangsleistung liefern LMS- und NLMS-Algorithmus hier identische Ergebnisse.

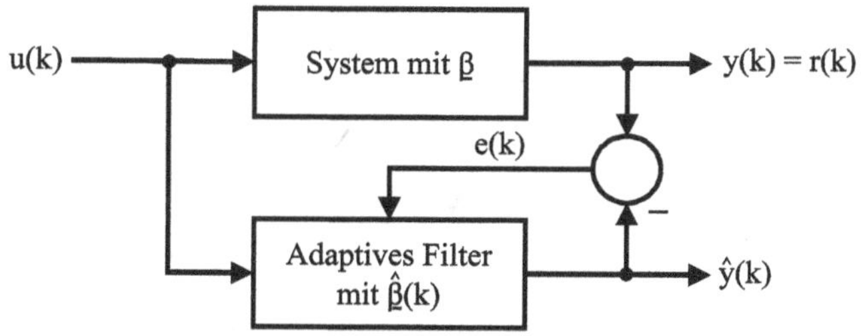

Abb. 11.40 Bei der Anwendung des RLS- bzw. (N)LMS-Algorithmus zur Systemidentifikation liegt das adaptive Filter parallel zu dem unbekannten System und erhält das Eingangssignal $u(k)$ sowie das Fehlersignal $e(k) = y(k) - \hat{y}(k))$, wobei als Referenzsignal $r(k)$ das Ausgangssignal $y(k)$ des zu identifizierenden Systems verwendet wird

$$D(k) = |\underline{\beta} - \underline{\hat{\beta}}(k)|^2 = \sum_{i=0}^{n-1} \Big(\beta_i(k) - \hat{\beta}_i(k)\Big)^2 \qquad (11.239)$$

$$\overset{n=2}{=} \Big(\beta_0 - \hat{\beta}_0(k)\Big)^2 + \Big(\beta_1 - \hat{\beta}_1(k)\Big)^2 .$$

Wir beschränken uns hier auf ein System erster Ordnung mit $n = 2$ und $\beta_0 = \beta_1 = 2$, so dass konstante Werte des Systemabstands Kreise in der $\hat{\beta}_0\hat{\beta}_1$-Ebene beschreiben, und im Mittelpunkt bei $\hat{\beta}_0 = \hat{\beta}_1 = 2$ der Systemabstand $D = 0$ auftritt.

Die Ergebnisse zeigt Abb. 11.41 für verschiedene Werte der Parameter λ beim RLS- und μ beim LMS-Algorithmus, wobei als Startwerte immer $\hat{\beta}_0 = \hat{\beta}_1 = 0$ gewählt wurden: In der linken Spalte ist jeweils die $\hat{\beta}_0\hat{\beta}_1$-Ebene und das Konvergenzverhalten der Filterkoeffizienten dargestellt, während die mittlere und rechte Spalte im logarithmischen Maßstab jeweils die Veränderung des Fehlersignals $e(k)$ bzw. des Systemabstands $D(k)$ zeigt.

Wir betrachten zunächst die Wirkung des RLS-Algorithmus, dessen Ergebnisse schwarz gezeichnet sind. In (a) wurde für λ der relativ kleine Wert 0,8 verwendet, und das linke Diagramm zeigt, dass im linearen Maßstab die optimalen Werte $\hat{\beta}_0 = \hat{\beta}_1 = 2$ bereits nach zwei Schritten erreicht werden. Eine genauere Analyse ermöglichen die logarithmischen Verläufe, und man erkennt, dass nach wenigen Schritten $e(k)$ und $D(k)$ bereits Werte unterhalb von $-100\,dB$ annehmen, und mit zunehmendem k noch deutlich geringere Werte bei $-200\,dB$ erreicht werden. Setzen wir $\lambda = 0{,}9$, so verändert sich das Konvergenzverhalten kaum, jedoch ist die Abnahme von $e(k)$ und $D(k)$ für große k etwas geringer ausgeprägt. Auch für $\lambda = 1$ konvergiert das Filter anfangs sehr gut, für große k tritt allerdings keine wesentliche Verbesserung mehr ein, da das Filter aktuelle Messwerte dann kaum noch berücksichtigt.

Wesentlich empfindlicher reagiert der LMS-Algorithmus auf die Vorgabe der Schrittweite μ, wie die grau dargestellten Ergebnisse verdeutlichen. Mit $\mu = 0{,}05$ in (a) ist die Schrittweite zu klein gewählt, so dass bereits in der $\hat{\beta}_0\hat{\beta}_1$-Ebene erkennbar ist, dass die Konvergenz zu langsam erfolgt, was die logarithmischen Darstellungen bestätigen. Für $\mu = 0{,}5$

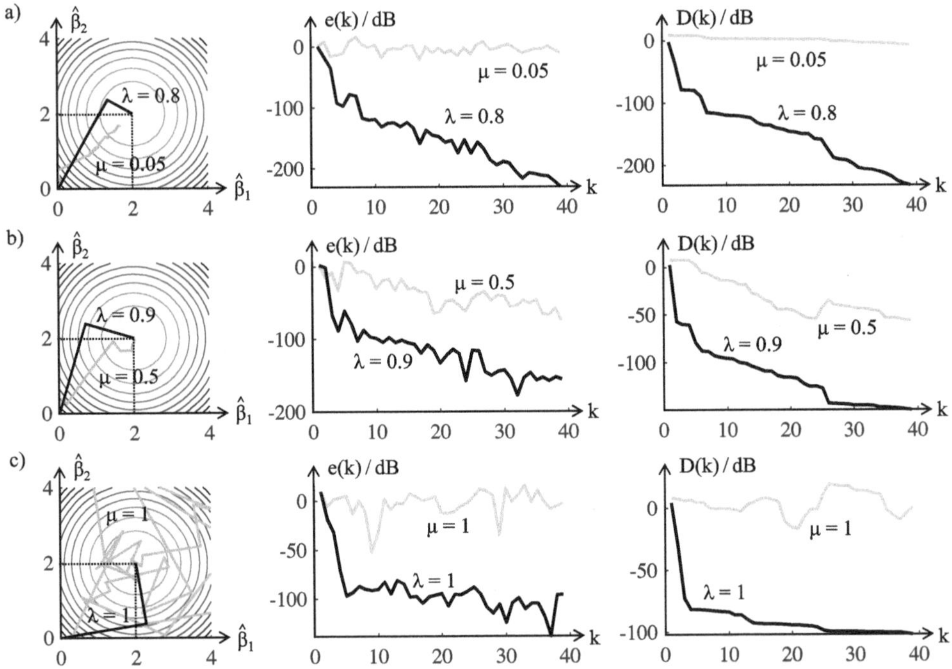

Abb. 11.41 Ergebnisse einer Systemidentifikation mit dem RLS- und LMS-Algorithmus für $n = 2$ und verschiedene Werte der Parameter λ (RLS) bzw. μ (LMS), wobei in (**a**)–(**c**) jeweils die geschätzten Filterkoeffizienten $\underline{\hat{\beta}}(k)$, der Fehler $e(k)$ sowie der Systemabstand $D(k)$ dargestellt sind; während der RLS-Algorithmus (schwarz) nahezu unabhängig von λ ein sehr gutes Konvergenzverhalten zeigt, konvergieren beim LMS-Algorithmus (grau) die geschätzten Koeffizienten deutlich langsamer, wobei auch eine starke Abhängigkeit von μ zu beobachten ist

in (b) ist die Schrittweite für dieses Beispiel quasi optimal eingestellt. Allerdings ist bereits aus dem linken Bild ersichtlich, dass mehr Schritte zur Erreichung der Zielwerte benötigt werden, und die logarithmischen Kurven zeigen deutlich, dass die weitere Verringerung von $e(k)$ und $D(k)$ deutlich schwächer als beim RLS ausfällt. Für den in (c) dargestellten Fall mit $\mu = 1$ tritt beim LMS ein chaotisches Verhalten auf, da die Schrittweite zu groß gewählt wurde, weshalb das über $e(k)$ rückgekoppelte System instabil wird. Die vom Filter geschätzten Koeffizienten schwanken quasi zufällig, wie links erkennbar ist, und es tritt keine Konvergenz von $e(k)$ und $D(k)$ auf.

Insgesamt zeigt sich ein robustes und gleichzeitig schnelles Konvergenzverhalten des RLS-Algorithmus'. Optimale Werte für λ liegen abhängig von den Signalen unterhalb von eins, damit das Filter auch für zeitvariable Systeme mit veränderlichen β-Koeffizienten verwendet werden kann. Im Vergleich dazu konvergiert der (N)LMS-Algorithmus langsamer, wobei zusätzlich eine sorgfältige Einstellung der Schrittweite μ erfolgen muss. Diesen Nachteilen steht zwar ein im Vergleich zum RLS-Algorithmus geringerer Aufwand gegenüber, der sich allerdings beim Einsatz moderner Prozessoren in der Praxis kaum bemerkbar macht, wobei beide Algorithmen aufgrund ihrer rekursiven Struktur im Vergleich zum Wiener Filter deutliche Vorteile bieten.

11.4.5 Erweiterungen des Kalman-Filters

In diesem Abschnitt wollen wir zwei Erweiterungen vorstellen, die es ermöglichen, das Kalman-Filter zur Schätzung unbekannter Systemzustände noch universeller einzusetzen.

Zunächst betrachten wir den Einfluss der in (11.179) definierten Innovation, also der Abweichung zwischen geschätzten und realen Messwerten, auf das Konvergenzverhalten des Filters

$$\underline{\boldsymbol{\nu}} = \underline{\mathbf{y}} - \underline{C} \cdot \underline{\hat{\mathbf{x}}}^- = \underline{\mathbf{y}} - \underline{\hat{\mathbf{y}}}^- . \tag{11.240}$$

Die Wirkung der Korrektur ist in jedem Zeitschritt k proportional zu $\underline{\boldsymbol{\nu}}$, so dass große Innovationen zu erheblichen Abweichungen zwischen korrigierten und prädizierten Systemzuständen führen. Dies kann ein Anzeichen für Messfehler sein, durch die ein Kalman-Filter falsche Schätzwerte liefern würde. Daher ist es bei stark streuenden Messwerten sinnvoll, vor dem Korrekturschritt die maximal zulässige Innovation zu beschränken, indem die Zuverlässigkeit der prädizierten und tatsächlichen Messwerte berücksichtigt wird. Diese Überprüfung der Zuordnung von Messwerten wird üblicherweise mit dem englischen Begriff *Data Association* bezeichnet.

Das Vorgehen zeigen wir anhand von Abb. 11.42 für ein System mit zwei Messwerten. In (a) ist eine Situation zu Beginn der Filterung dargestellt: Die vom Filter prädizierten Messwerte $\hat{y}_1^-$ und $\hat{y}_2^-$ weisen große Schätzfehler auf, die durch die von $\underline{\Sigma}_{\hat{\mathbf{y}}^-} = \underline{C} \cdot \underline{\Sigma}_{\hat{\mathbf{x}}^-} \cdot \underline{C}^T$ abhängige Fehlerellipse beschrieben werden, vergleiche Abschn. 11.2.6. Die tatsächlichen Messwerte y_1 und y_2 sind zwar exakter aber ebenfalls fehlerbehaftet, wie die von $\underline{\Sigma}_{\mathbf{y}}$ abhängige Fehlerellipse anzeigt. Da sich die beiden Fehlerellipsen überschneiden, lassen sich die

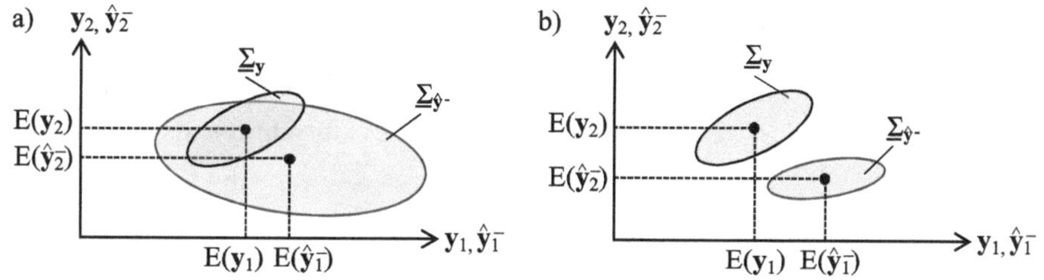

Abb. 11.42 Prüfung der Messdaten vor der Korrektur: in (**a**) weisen die vom Filter prädizierten Messwerte $\hat{\mathbf{y}}_1^-$ und $\hat{\mathbf{y}}_2^-$ große Schätzfehler auf, so dass sich die von $\underline{\Sigma}_{\hat{\mathbf{y}}^-}$ abhängige Fehlerellipse mit der Fehlerellipse der Messwerte $\mathbf{y}_1$ und $\mathbf{y}_2$ überschneidet und eine Korrektur erfolgen kann, während in (**b**) keine Überlappung auftritt, weshalb keine zuverlässige Zuordnung möglich ist

Messwerte mit hoher Sicherheit der Prädiktion zuordnen, und die Korrektur kann erfolgen. Anders sieht die Situation in (b) aus. Hier ist der Fehler der prädizierten Messwerte so klein, dass keine Überlappung der beiden Fehlerellipsen auftritt. Die Wahrscheinlichkeit, dass die tatsächlichen Messwerte zu den prädizierten Werten korrespondieren, ist daher gering, und ein Korrekturschritt sollte unterbleiben. Um dies zu quantifizieren, berechnen wir mit (11.73) unter der Annahme $\underline{\mathrm{Cov}}(\hat{\underline{\mathbf{x}}}^-, \underline{\mathbf{y}}) = 0$ die Autokovarianzmatrix der Innovation

$$\underline{\Sigma}_{\underline{\nu}} = \underline{\Sigma}_{\mathbf{y}} + \underline{C} \cdot \underline{\Sigma}_{\hat{\mathbf{x}}^-} \cdot \underline{C}^T \,. \tag{11.241}$$

Die zugehörige quadratische Form $Q(\underline{\nu}) = \underline{\nu}^T \cdot \underline{\Sigma}_{\nu}^{-1} \cdot \underline{\nu}$ beschreibt nach (11.98) für $m = 2$ eine Ellipse abhängig von $\boldsymbol{\nu}$. Für beliebiges m liegen für $Q(\underline{\nu}) < 1$ alle Komponenten von $\boldsymbol{\nu}$ innerhalb ihrer Standardabweichung in Hauptachsenform. Durch Vorgabe einer festen Schwelle Q_{max} erhalten wir daher ein skalierbares Kriterium unter Berücksichtigung der Varianzen und Kovarianzen, um zu überprüfen, ob mit den aktuellen Messwerten ein Korrekturschritt erfolgen sollte. Dieses Abstandsmaß ist auch unter dem Namen *Mahalanobis-Metrik* bekannt.

Die folgende Aufstellung fasst die Schritte zur Überprüfung der Messwerte zusammen:

Prüfung der Relevanz von Messwerten vor dem Korrekturschritt *(Data Association)*

1. Bestimmung der Innovation aus den Messwerten und dem prädizierten Zustand

$$\underline{\nu}(k+1) = \underline{y}(k+1) - \underline{C} \cdot \hat{\underline{x}}^-(k+1) \,. \tag{11.242}$$

2. Ermittlung der Autokovarianzmatrix der Innovation

$$\underline{\Sigma}_{\nu}(k+1) = \underline{\Sigma}_{\mathbf{y}}(k+1) + \underline{C} \cdot \underline{\Sigma}_{\hat{\mathbf{x}}^-}(k+1) \cdot \underline{C}^T \,. \tag{11.243}$$

3. Berechnung der Größe Q der Innovation bezogen auf die Standardabweichungen ihrer Komponenten in Hauptachsenform

$$Q = \underline{\nu}^T(k+1) \cdot \underline{\Sigma}_{\nu}^{-1}(k+1) \cdot \underline{\nu}(k+1) \,. \tag{11.244}$$

4. Vergleich von Q mit einem Schwellwert $Q_{max} \gtrsim 1$. Falls $Q \leq Q_{max}$ gilt, ist die Zuordnung der Messwerte verlässlich, und der Korrekturschritt kann durchgeführt werden.

Bislang haben wir die Systemparameter in den Matrizen $\underline{A}_d$ und $\underline{B}_d$ als konstant betrachtet. Dies wird aber bei der Herleitung der Filtergleichungen nicht vorausgesetzt, so dass das Kalman-Filter auch für zeitvariable Systeme mit $\underline{A}_d = \underline{A}_d(k)$, $\underline{B}_d = \underline{B}_d(k)$ und $\underline{C} = \underline{C}(k)$ geeignet ist, wobei wir eine zeitvariable Ausgangsmatrix bereits im letzten Abschnitt zugelassen haben.

Dieser Fall tritt insbesondere dann auf, wenn das Kalman-Filter auf nichtlineare Systeme angewandt wird, die wir im Abschn. 4.2 am Beispiel eines Pendels kennengelernt hatten. Zeitdiskrete Systeme können ebenfalls nichtlinear sein. Statt (11.173) tritt dann ein nichtlineares rekursives Gleichungssystem mit den Funktionen $f_{d,1}, f_{d,2}, \ldots, f_{d,n}$ auf, mit dem die n Zustände $\underline{x}(k+1)$ abhängig von $\underline{x}(k)$ und von den p Eingangssignalen $\underline{u}(k)$ beschrieben werden

$$x_1(k+1) = f_{d,1}\left(x_1(k), x_2(k), \ldots, x_n(k), u_1(k), u_2(k), \ldots, u_p(k)\right) \tag{11.245}$$

$$x_2(k+1) = f_{d,2}\left(x_1(k), x_2(k), \ldots, x_n(k), u_1(k), u_2(k), \ldots, u_p(k)\right) \tag{11.246}$$

$$\vdots$$

$$x_n(k+1) = f_{d,n}\left(x_1(k), x_2(k), \ldots, x_n(k), u_1(k), u_2(k), \ldots, u_p(k)\right) . \tag{11.247}$$

Auch die Ausgangsgleichungen können nichtlinear sein, so dass die Matrizengleichung (11.174) durch m skalare Gleichungen mit den Funktionen $g_1, g_2, \ldots, g_m$ abhängig von den n Zuständen $\underline{x}(k)$ ersetzt wird[35]

$$y_1(k) = g_1\left(x_1(k), x_2(k), \ldots, x_n(k)\right) \tag{11.248}$$

$$y_2(k) = g_2\left(x_1(k), x_2(k), \ldots, x_n(k)\right) \tag{11.249}$$

$$\vdots$$

$$y_m(k) = g_m\left(x_1(k), x_2(k), \ldots, x_n(k)\right) . \tag{11.250}$$

Mit den vektoriellen Funktionen $\underline{f}_d = \left(f_{d,1}, f_{d,2}, \ldots f_{d,n}\right)^T$ und $\underline{g} = (g_1, g_2, \ldots g_m)^T$ können (11.245) bis (11.250) auch zu zwei vektoriellen Gleichungen zusammengefasst werden

$$\underline{x}(k+1) = \underline{f}_d\left(\underline{x}(k), \underline{u}(k)\right) \quad \text{und} \quad \underline{y}(k) = \underline{g}\left(\underline{x}(k)\right) . \tag{11.251}$$

Wie in (4.72) und (4.73) lassen sich diese Gleichungen linearisieren, um Veränderungen der Zustände $\Delta\underline{x}(k+1)$ abhängig von $\Delta\underline{x}(k)$ und $\Delta\underline{u}(k)$, sowie Änderungen der Ausgangssignale $\Delta\underline{y}(k)$ proportional zu $\Delta\underline{x}(k)$ zu beschreiben

$$\Delta\underline{x}(k+1) = \underline{A}_d(k) \cdot \Delta\underline{x}(k) + \underline{B}_d(k) \cdot \Delta\underline{u}(k) \quad \text{und} \quad \Delta\underline{y}(k) = \underline{C} \cdot \Delta\underline{x}(k) . \tag{11.252}$$

Die Matrizen $\underline{A}_d(k)$, $\underline{B}_d(k)$ und $\underline{C}(k)$ werden entsprechend zu (4.75) und (4.76) durch partielle Ableitungen gebildet. In diese wird dann der jeweilige Arbeitspunkt eingesetzt, der durch $\underline{\hat{x}}(k)$ und $\underline{u}(k)$ bzw. durch $\underline{\hat{x}}^-(k)$ gegeben ist, um das Kalman-Filter anwenden zu können

[35] Eine mögliche Abhängigkeit von $\underline{u}(k)$ ignorieren wir hier, da wir uns auf den Fall $\underline{D} = \underline{0}$ beschränken.

$$\underline{A}_d(k) = \begin{bmatrix} \frac{df_{d,1}}{dx_1} & \frac{df_{d,1}}{dx_2} & \cdots & \frac{df_{d,1}}{dx_n} \\ \frac{df_{d,2}}{dx_1} & \frac{df_{d,2}}{dx_2} & \cdots & \frac{df_{d,2}}{dx_n} \\ \vdots & \vdots & \ddots & \vdots \\ \frac{df_{d,n}}{dx_1} & \frac{df_{d,n}}{dx_2} & \cdots & \frac{df_{d,n}}{dx_n} \end{bmatrix}_{\hat{\underline{x}}(k),\,\underline{u}(k)} \qquad \underline{B}_d(k) = \begin{bmatrix} \frac{df_{d,1}}{du_1} & \frac{df_{d,1}}{du_2} & \cdots & \frac{df_{d,1}}{du_p} \\ \frac{df_{d,2}}{du_1} & \frac{df_{d,2}}{du_2} & \cdots & \frac{df_{d,2}}{du_p} \\ \vdots & \vdots & \ddots & \vdots \\ \frac{df_{d,n}}{du_1} & \frac{df_{d,n}}{du_2} & \cdots & \frac{df_{d,n}}{du_p} \end{bmatrix}_{\hat{\underline{x}}(k),\,\underline{u}(k)}$$

$$\underline{C}(k) = \begin{bmatrix} \frac{dg_1}{dx_1} & \frac{dg_1}{dx_2} & \cdots & \frac{dg_1}{dx_n} \\ \frac{dg_2}{dx_1} & \frac{dg_2}{dx_2} & \cdots & \frac{dg_2}{dx_n} \\ \vdots & \vdots & \ddots & \vdots \\ \frac{dg_m}{dx_1} & \frac{dg_m}{dx_2} & \cdots & \frac{dg_m}{dx_n} \end{bmatrix}_{\hat{\underline{x}}^-(k)} . \tag{11.253}$$

Jetzt können wir den Erwartungswert des Zufallsvektors $\hat{\underline{\mathbf{x}}}^-(k+1)$ aus den Erwartungswerten der Zufallsvektoren $\hat{\underline{\mathbf{x}}}^-(k)$ und $\underline{\mathbf{u}}(k)$ prädizieren, wozu wir die nichtlineare Funktion $\underline{f}_d$ aus (11.251) verwenden. Hierbei muss allerdings beachtet werden, dass aufgrund der Nichtlinearität die Verteilungsdichten und auch die Erwartungswerte verändert werden, weshalb wir nur eine Näherungslösung erhalten

$$\mathrm{E}\left(\hat{\underline{\mathbf{x}}}^-(k+1)\right) = \mathrm{E}\left(\underline{f}_d\left(\hat{\underline{\mathbf{x}}}(k), \underline{\mathbf{u}}(k)\right)\right) \approx \underline{f}_d\left(\mathrm{E}(\hat{\underline{\mathbf{x}}}(k)), \mathrm{E}(\underline{\mathbf{u}}(k))\right) . \tag{11.254}$$

Dazu betrachten wir Abb. 11.43 mit der skalaren nichtlinearen Funktion f: Durch diese Funktion wird die Verteilungsdichte der auf der x-Achse dargestellten, gaußverteilten

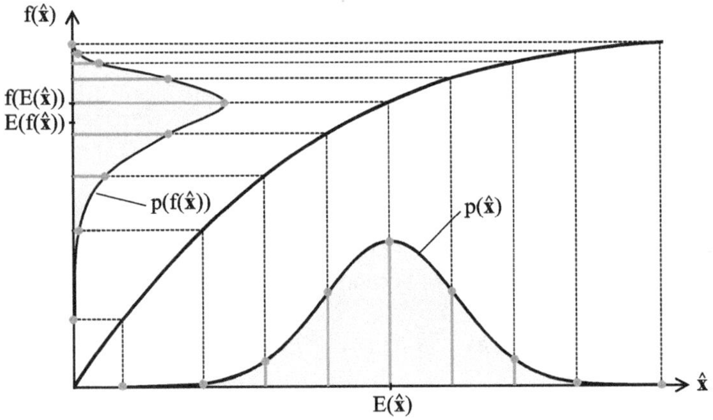

Abb. 11.43 Verzerrung der Verteilungsdichte $p(\hat{\mathbf{x}})$ bei Abbildung einer gaußverteilten Zufallsvariable $\hat{\mathbf{x}}$ mit einer nichtlinearen Funktion $f(\hat{\mathbf{x}})$; die Abbildung des Erwartungswertes $f(\mathrm{E}(\hat{\mathbf{x}}))$ liefert zwar den Wert mit der maximalen Verteilungsdichte, nicht aber den Erwartungswert $\mathrm{E}(f(\hat{\mathbf{x}}))$

Zufallsvariablen $\hat{\mathbf{x}}$ verzerrt abgebildet, so dass die Zufallsvariable $f(\hat{\mathbf{x}})$ keine Normalverteilung mehr aufweist, und sich auch der Erwartungswert wegen (11.254) verschiebt[36].

Um dies etwas genauer zu untersuchen, beachten wir die zu $\underline{f}_d$ korrespondierende Funktion $\underline{f}$, die wir in (4.61) für nichtlineare analoge Systeme definiert hatten. Wenn wir diese Gleichung mit der zu Beginn von Abschn. 8.2.2 vorgestellten Näherung diskretisieren, erhalten wir

$$\begin{aligned} \underline{\dot{x}}(t) &\approx \frac{\underline{x}(k+1) - \underline{x}(k)}{T} \approx \underline{f}\left(\underline{x}(k), \underline{u}(k)\right) \\ \Rightarrow \quad \underline{x}(k+1) &\approx \underline{x}(k) + T \cdot \underline{f}\left(\underline{x}(k), \underline{u}(k)\right) . \end{aligned} \tag{11.255}$$

Der Erwartungswert des prädizierten Zufallsvektors $\underline{\hat{\mathbf{x}}}^-$ für $k+1$ ergibt sich damit bei nichtlinearen zeitdiskreten Systemen näherungsweise als Erwartungswert des vorherigen Zustandes plus dem Wert der nichtlinearen Funktion $\underline{f}$ im Vorzustand multipliziert mit der Abtastzeit T

$$\mathrm{E}(\underline{\hat{\mathbf{x}}}^-(k+1)) \approx \mathrm{E}(\underline{\hat{\mathbf{x}}}(k)) + T \cdot \underline{f}\left(\mathrm{E}(\underline{\hat{\mathbf{x}}}(k)), \mathrm{E}(\underline{\mathbf{u}}(k))\right) . \tag{11.256}$$

Durch Verwendung einer kleinen Abtastzeit kann daher in jedem Prädiktionsschritt der durch die Nichtlinearität des Systems bedingte Fehler verringert werden.

Um im Prädiktionsschritt auch die Autokovarianzmatrix von $\underline{\hat{\mathbf{x}}}^-(k+1)$ zu bestimmen, schreiben wir diesen Vektor als Summe seiner Erwartungswerte $\mathrm{E}(\underline{\hat{\mathbf{x}}}^-(k+1))$ und der stichprobenabhängigen Abweichungen $\Delta\underline{\hat{\mathbf{x}}}^-(k+1)$. Da die Kovarianzen mit den konstanten Erwartungswerten jeweils null ergeben, erhalten wir mit (11.72) für $\underline{\Sigma}_{\hat{\mathbf{x}}^-}(k+1)$

$$\begin{aligned} \underline{\Sigma}_{\hat{\mathbf{x}}^-}(k+1) &= \underline{\mathrm{Cov}}(\underline{\hat{\mathbf{x}}}^-(k+1), \underline{\hat{\mathbf{x}}}^-(k+1)) \\ &= \underline{\mathrm{Cov}}(\mathrm{E}(\underline{\hat{\mathbf{x}}}^-(k+1)) + \Delta\underline{\hat{\mathbf{x}}}^-(k+1),\ \mathrm{E}(\underline{\hat{\mathbf{x}}}^-(k+1)) + \Delta\underline{\hat{\mathbf{x}}}^-(k+1)) \\ &= \underline{\mathrm{Cov}}(\Delta\underline{\hat{\mathbf{x}}}^-(k+1),\ \Delta\underline{\hat{\mathbf{x}}}^-(k+1)) = \underline{\Sigma}_{\Delta\hat{\mathbf{x}}^-}(k+1) . \end{aligned} \tag{11.257}$$

Ersetzen wir $\Delta\hat{\mathbf{x}}^-(k+1)$ aus (11.252), so ergibt sich mit (11.83)

$$\underline{\Sigma}_{\Delta\hat{\mathbf{x}}^-}(k+1) = \underline{A}_d(k) \cdot \underline{\Sigma}_{\Delta\hat{\mathbf{x}}}(k) \cdot \underline{A}_d^T(k) + \underline{B}_d(k) \cdot \underline{\Sigma}_{\Delta\mathbf{u}}(k) \cdot \underline{B}_d^T(k) \tag{11.258}$$

Entsprechend (11.257) können wir auch $\underline{\Sigma}_{\Delta\hat{\mathbf{x}}}(k)$ durch $\underline{\Sigma}_{\hat{\mathbf{x}}}(k)$ sowie $\underline{\Sigma}_{\Delta\mathbf{u}}(k)$ durch $\underline{\Sigma}_{\mathbf{u}}(k)$ ersetzen, so dass bei nichtlinearen Systemen für die Prädiktion der Autokovarianzmatrix gilt

$$\underline{\Sigma}_{\hat{\mathbf{x}}^-}(k+1) = \underline{A}_d(k) \cdot \underline{\Sigma}_{\hat{\mathbf{x}}}(k) \cdot \underline{A}_d^T(k) + \underline{B}_d(k) \cdot \underline{\Sigma}_{\mathbf{u}}(k) \cdot \underline{B}_d^T(k) \tag{11.259}$$

[36] Dieser Effekt ist umso ausgeprägter, je größer die Nichtlinearität der Funktion f und die Varianz von $\hat{\mathbf{x}}$ ist.

Für den Korrekturschritt bilden wir analog zu (11.179) einen gewichteten Mittelwert aus den prädizierten Zuständen und den Messwerten, wobei wir statt der Matrix $\underline{C}$ die nichtlineare Funktion $\underline{g}$ aus (11.251) zur Abbildung der prädizierten Zustände auf die prädizierten Messwerte nutzen

$$\underline{\hat{x}}(k) = \underline{\hat{x}}^-(k) + \underline{K} \cdot \left[\underline{y}(k) - \underline{g}\left(\underline{\hat{x}}^-(k)\right)\right] . \qquad (11.260)$$

Die Funktion $\underline{g}$ bewirkt ebenfalls entsprechend Abb. 11.43 eine Verschiebung der Erwartungswerte, so dass die Schätzung nicht erwartungstreu ist. Auf die Bestimmung des Kalman-Gains hat die Nichtlinearität jedoch keinen Einfluss, da die Herleitung in Abschn. 11.4.2 dasselbe Ergebnis liefert, wenn wir den geschätzten Zustandsvektor mit $\underline{\hat{\mathbf{x}}} = \mathrm{E}(\underline{\hat{\mathbf{x}}}) + \Delta\underline{\hat{\mathbf{x}}}$ durch die Summe seiner konstanten Erwartungswerte und variablen Abweichungen davon ersetzen.

Diese Erweiterungen des Kalman-Filters zur Zustandsschätzung nichtlinearer Systeme wird *Extended Kalman-Filter* (EKF) genannt. Bei der Anwendung des Algorithmus' ist zu beachten, dass das nichtlineare System seinen Arbeitspunkt in jedem Zeitschritt k verändert, weshalb die Parameter in $\underline{A}_d(k)$, $\underline{B}_d(k)$ und $\underline{C}(k)$ jeweils neu berechnet werden müssen. Um Fehler bei der Systemmodellierung zu berücksichtigen, die beim EKF insbesondere durch die Veränderung des Zustands und die Linearisierung entstehen, haben wir für die Prädiktion der Autokovarianzmatrix der geschätzten Zustände ebenfalls den Parameter λ ergänzt.

Darüber hinaus erfolgt auch beim EKF der Korrekturschritt jeweils für den Zeitindex $k+1$, weshalb die Matrix $\underline{C}(k+1)$ für diesen Index abhängig vom zuvor prädizierten Zustandsvektor $\underline{\hat{x}}^-(k+1)$ bestimmt werden muss. Zusätzlich ist zu beachten, dass die im Arbeitspunkt durch partielle Ableitungen der Funktionen $\underline{f}_d$ bzw. $\underline{g}$ erfolgte Systemlinearisierung nur für die Prädiktion und Korrektur der Autokovarianzmatrix der Zustände benötigt werden, während die Prädiktion und Korrektur der Zustände stets mit den nichtlinearen Funktionen $\underline{f}_d$ bzw. $\underline{g}$ erfolgt.

Die folgende Auflistung fasst die einzelnen Schritte des Algorithmus zusammen:

Schrittweises Vorgehen beim Einsatz eines Extended Kalman-Filters (EKF)

1. Prädiktion der Systemzustände für den Zeitindex $k+1$ durch Auswertung der nichtlinearen vektoriellen Funktion $\underline{f}_d = \left(f_{d,1}, f_{d,2}, \ldots f_{d,n}\right)^T$ im Zeitschritt k

$$\underline{\hat{x}}^-(k+1) = \underline{f}_d\left(\underline{\hat{x}}(k), \underline{u}(k)\right) . \qquad (11.261)$$

2. Berechnung der Matrizen $\underline{A}_d(k)$ und $\underline{B}_d(k)$ im Arbeitspunkt $\underline{\hat{x}}(k)$ und $\underline{u}(k)$ entsprechend (11.253), und Prädiktion der Autokovarianzmatrix der Zustände für den Zeitindex $k+1$

$$\underline{\Sigma}_{\hat{\mathbf{x}}^-}(k+1) = \underline{A}_d(k) \cdot \underline{\Sigma}_{\hat{\mathbf{x}}}(k) \cdot \underline{A}_d^T(k) \cdot \frac{1}{\lambda^2} + \underline{B}_d(k) \cdot \underline{\Sigma}_{\mathbf{u}}(k) \cdot \underline{B}_d^T(k) \,. \tag{11.262}$$

3. Ermittlung der Matrix $\underline{C}(k+1)$ entsprechend (11.253) im durch $\hat{\underline{x}}^-(k+1)$ festgelegten Arbeitspunkt und Berechnung der Autokovarianzmatrix der Innovation sowie des Kalman-Gains für $k+1$

$$\underline{\Sigma}_{\boldsymbol{\nu}}(k+1) = \underline{\Sigma}_{\mathbf{y}}(k+1) + \underline{C}(k+1) \cdot \underline{\Sigma}_{\hat{\mathbf{x}}^-}(k+1) \cdot \underline{C}^T(k+1) \tag{11.263}$$

$$\underline{K}(k+1) = \underline{\Sigma}_{\hat{\mathbf{x}}^-}(k+1) \cdot \underline{C}^T(k+1) \cdot \underline{\Sigma}_{\boldsymbol{\nu}}^{-1}(k+1) \,. \tag{11.264}$$

4. Bestimmung der Innovation mit der nichtlinearen Funktion $\underline{g} = (g_1, g_2, \dots g_m)^T$ im Zeitschritt $k+1$, und Korrektur des prädizierten Zustandsvektors mit dem Kalman-Gain

$$\underline{\boldsymbol{\nu}}(k+1) = \underline{y}(k+1) - \underline{g}\left(\hat{\underline{x}}^-(k+1)\right) \tag{11.265}$$

$$\hat{\underline{x}}(k+1) = \hat{\underline{x}}^-(k+1) + \underline{K}(k+1) \cdot \underline{\boldsymbol{\nu}}(k+1) \,. \tag{11.266}$$

5. Korrektur der prädizierten Autokovarianzmatrix der Zustände für den Zeitschritt $k+1$

$$\underline{\Sigma}_{\hat{\mathbf{x}}}(k+1) = \left[\underline{E} - \underline{K}(k+1) \cdot \underline{C}(k+1)\right] \cdot \underline{\Sigma}_{\hat{\mathbf{x}}^-}(k+1) \,. \tag{11.267}$$

Soll beim EKF eine *Data Association* durchgeführt werden, um vor dem Korrekturschritt Ausreißer der Messwerte erkennen und verwerfen zu können, so muss statt (11.242) die Innovation $\underline{\boldsymbol{\nu}}(k+1)$ entsprechend (11.265) verwendet werden, und (11.243) ist durch (11.263) zu ersetzen.

Der EKF hat sich als robuster, universell anwendbarer Algorithmus zur Zustandsschätzung durchgesetzt. Allerdings muss beachtet werden, dass bei nichtlinearen Systemen keine optimalen Ergebnisse garantiert werden können. Dies liegt vor allem an der fehlenden Erwartungstreue, da in (11.261) und (11.265) aufgrund der nichtlinearen Funktionen $\underline{f}_d$ bzw. $\underline{g}$ Schätzfehler auftreten. Um diese Fehler zu reduzieren, sollten die Varianzen der geschätzten Zustände durch viele und möglichst genaue Messungen klein bleiben. Darüber hinaus sollte die Abtastzeit T zwischen aufeinander folgenden Zeitschritten hinreichend kurz gewählt werden, wobei jedoch der Aufwand insbesondere zur Bildung der partiellen Ableitungen ansteigt.

Falls diese Bedingungen nicht eingehalten werden können oder sehr ausgeprägte Nichtlinearitäten auftreten, stellt der sogenannte *Unscented Kalman-Filter* (UKF) eine mögliche Alternative dar, bei dem die Verschiebung der Erwartungswerte kompensiert wird. Dazu wird die verzerrte Verteilungsdichte an einzelnen Stützstellen berechnet, wie in Abb. 11.43 durch hellgraue Linien angedeutet ist, und hieraus Erwartungswert und Varianz einer erneut als gaußförmig angenommenen Verteilung gebildet. Einen universellen Ansatz für die Zustandsschätzung nichtlinearer Systeme bietet darüber hinaus der *Partikelfilter*, mit dem eine beliebige Verbundverteilungsdichte mittels einer großen Anzahl diskreter Zustände – sogenannter Partikel – geschätzt werden kann, der allerdings einen wesentlichen höheren Berechnungsaufwand erfordert [45].

11.4.6 Lokalisierung mobiler Roboter mittels EKF

Als Anwendungsbeispiel des EKF betrachten wir die Lokalisierung eines mobilen Roboters. Dieser besitzt einen sogenannten Differentialantrieb mit zwei unabhängig voneinander angetriebenen Rädern, symmetrisch rechts und links im Abstand b vom Mittelpunkt angeordnet, siehe Abb. 11.44a. Der Mittelpunkt bildet das sogenannte kinematische Zentrum, da bei entgegengesetztem Antrieb beider Räder mit gleicher Geschwindigkeit eine Drehung um diesen Punkt erfolgt. Bei beliebigen Radgeschwindigkeiten v_r und v_l bewegt sich der Roboter mit der Bahngeschwindigkeit v in Vorwärtsrichtung und dreht mit der Winkelgeschwindigkeit ω, wobei gilt

$$v = \frac{v_r + v_l}{2} \quad \text{und} \quad \omega = \frac{v_r - v_l}{2b}\,. \tag{11.268}$$

Zur Plausibilisierung dieser sogenannten *Vorwärtskinematik*[37] nehmen wir zunächst $v_l = v_r$ an, so dass $v = v_r$ und $\omega = 0$ gilt, während für $v_l = -v_r$ die Werte $v = 0$ und $\omega = \frac{v_r}{b}$ folgen.

Als Eingangsgrößen des Systems verwenden wir die während einer Abtastzeit T jeweils auftretenden kleinen Wegstrecken $\boldsymbol{\delta} = T \cdot \boldsymbol{v}$ und Drehwinkel $\boldsymbol{\varphi} = T \cdot \boldsymbol{\omega}$, wobei auch $\boldsymbol{\delta}_r = T \cdot \boldsymbol{v}_r$ und $\boldsymbol{\delta}_l = T \cdot \boldsymbol{v}_l$ gilt. Alle variablen Größen betrachten wir zunächst als

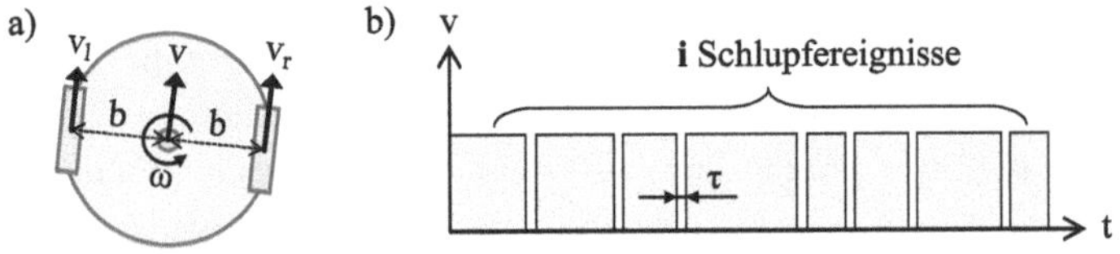

Abb. 11.44 Darstellung eines mobilen Roboters mit Differentialantrieb, bei dem die beiden Räder rechts und links vom Mittelpunkt jeweils mit der Geschwindigkeiten v_r bzw. v_l angetrieben werden, wodurch der Roboter die Bahn- und Winkelgeschwindigkeit v bzw. ω aufweist (**a**); in (**b**) vereinfachte Darstellung zur Herleitung des bei Bewegung des Roboters entstehenden Schlupfes

[37] Die Kinematik umfasst die Lehre der Geschwindigkeiten, wobei die Abhängigkeit der Geschwindigkeiten des Roboters von denen der Räder als Vorwärts- und die umgekehrte Abbildung als Rückwärtskinematik bezeichnet wird.

Zufallsvariablen, außerdem notieren wir (11.268) in vektorieller Form, wozu wir die Matrix $\underline{V}$ definieren

$$\underline{\mathbf{u}} = \underline{V} \cdot \underline{\mathbf{u}}_{rl} \quad \text{mit} \quad \underline{\mathbf{u}} = \begin{bmatrix} \boldsymbol{\delta} \\ \boldsymbol{\varphi} \end{bmatrix}, \quad \underline{\mathbf{u}}_{rl} = \begin{bmatrix} \boldsymbol{\delta}_r \\ \boldsymbol{\delta}_l \end{bmatrix}, \quad \underline{V} = \begin{bmatrix} \frac{1}{2} & \frac{1}{2} \\ \frac{1}{2b} & -\frac{1}{2b} \end{bmatrix}. \tag{11.269}$$

Um die Autokovarianzmatrix $\underline{\Sigma}_{\mathbf{u}}$ von $\underline{\mathbf{u}}$ zu bestimmen, betrachten wir zunächst zufällig auftretende Schwankungen der Wegstrecke $\boldsymbol{\delta}_r$ des rechten Rades, die durch Schlupf entstehen, wenn $\boldsymbol{\delta}_r$ vom Sollweg δ_r^{soll} abweicht, wozu wir vereinfachend entsprechend Abb. 11.44b eine konstante Geschwindigkeit v annehmen. Während der Bewegung tritt eine unbekannte Anzahl $\mathbf{i}$ von Schlupfereignissen auf, die dazu führen, dass jeweils für eine kurze Zeitdauer τ eine Abbremsung auf $v = 0$ erfolgt. Der mittlere Schlupf $s \geq 0$ ist definiert als Differenz zwischen δ_r^{soll} und dem Erwartungswert $\mathrm{E}(\boldsymbol{\delta}_r)$ bezogen auf den Sollweg, und die Abweichung zwischen δ_r^{soll} und $\boldsymbol{\delta}_r$ ist proportional zu $\mathbf{i}$, weshalb wir s auch abhängig vom Erwartungswert $\mathrm{E}(\mathbf{i})$ angeben können

$$\delta_r^{soll} - \boldsymbol{\delta}_r = \mathbf{i} \cdot \tau \cdot v \quad \Rightarrow \quad s = \left| \frac{\delta_r^{soll} - \mathrm{E}(\boldsymbol{\delta}_r)}{\delta_r^{soll}} \right| = \frac{\mathrm{E}(\mathbf{i}) \cdot \tau \cdot |v|}{|\delta_r^{soll}|}. \tag{11.270}$$

Da die Anzahl der Schlupfereignisse sehr groß, die Wahrscheinlichkeit für das Auftreten eines einzelnen Ereignisses zu einem beliebigen Zeitpunkt t aber sehr klein ist, wird die Zufallsvariable $\mathbf{i}$ durch eine Poisson-Verteilung beschrieben mit $\mathrm{var}(\mathbf{i}) = \mathrm{E}(\mathbf{i})$, siehe Fußnote 13 in Abschn. 11.2.3. Damit folgt aus (11.270) die Varianz von $\boldsymbol{\delta}_r$ proportional zum Sollweg, zur Geschwindigkeit und zum Schlupf, wobei wir das Produkt $s \cdot \tau \cdot |v|$ als Konstante k_s definieren

$$\mathrm{var}(\boldsymbol{\delta}_r) = \mathrm{var}(\delta_r^{soll} - \boldsymbol{\delta}_r) = \mathrm{E}(\mathbf{i}) \cdot (\tau \cdot v)^2 = |\delta_r^{soll}| \cdot s \cdot \tau \cdot |v| = k_s \cdot |\delta_r^{soll}|. \tag{11.271}$$

Das Ergebnis übernehmen wir für das linke Rad, so dass wir die Autokovarianzmatrix $\underline{\Sigma}_{\mathbf{u}_{rl}}(k)$ für die im Zeitschritt k auftretenden Wege $\boldsymbol{\delta}_r(k)$ und $\boldsymbol{\delta}_l(k)$ aufstellen können. Diese entspricht einer Diagonalmatrix, da Schlupfereignisse beider Räder stochastisch unabhängig voneinander auftreten, weshalb $\mathrm{cov}(\boldsymbol{\delta}_r(k),\, \boldsymbol{\delta}_l(k)) = 0$ gilt

$$\underline{\Sigma}_{\mathbf{u}_{rl}}(k) = \begin{bmatrix} \mathrm{var}(\boldsymbol{\delta}_r(k)) & \mathrm{cov}(\boldsymbol{\delta}_r(k),\, \boldsymbol{\delta}_l(k)) \\ \mathrm{cov}(\boldsymbol{\delta}_r(k),\, \boldsymbol{\delta}_l(k)) & \mathrm{var}(\boldsymbol{\delta}_l(k)) \end{bmatrix} = k_s \cdot \begin{bmatrix} |\delta_r^{soll}(k)| & 0 \\ 0 & |\delta_l^{soll}(k)| \end{bmatrix}. \tag{11.272}$$

Aufgrund der linearen Abbildung zwischen $\underline{\mathbf{u}}$ und $\underline{\mathbf{u}}_{rl}$ entsprechend (11.269) können wir mit (11.83) aus $\underline{\Sigma}_{\mathbf{u}_{rl}}(k)$ die Autokovarianzmatrix $\underline{\Sigma}_{\mathbf{u}}(k)$ bestimmen

$$\underline{\Sigma}_{\mathbf{u}}(k) = \underline{V} \cdot \underline{\Sigma}_{\mathbf{u}_{rl}}(k) \cdot \underline{V}^T = \begin{bmatrix} \mathrm{var}(\boldsymbol{\delta}(k)) & \mathrm{cov}(\boldsymbol{\delta}(k),\, \boldsymbol{\varphi}(k)) \\ \mathrm{cov}(\boldsymbol{\delta}(k),\, \boldsymbol{\varphi}(k)) & \mathrm{var}(\boldsymbol{\varphi}(k)) \end{bmatrix}. \tag{11.273}$$

Mit $\underline{\Sigma}_{\mathbf{u}_{rl}}(k)$ aus (11.272) und $\underline{V}$ aus (11.269) erhalten wir

$$\underline{\Sigma}_{\mathbf{u}}(k) = k_s \cdot \begin{bmatrix} \frac{1}{4}(|\delta_r^{soll}(k)| + |\delta_l^{soll}(k)| & \frac{1}{4b}(|\delta_r^{soll}(k)| - |\delta_l^{soll}(k)| \\ \frac{1}{4b}(|\delta_r^{soll}(k)| - |\delta_l^{soll}(k)| & \frac{1}{4b^2}(|\delta_r^{soll}(k)| + |\delta_l^{soll}(k)| \end{bmatrix} . \qquad (11.274)$$

Man erkennt, dass beliebige Radbewegungen um δ_r^{soll} bzw. δ_l^{soll} immer mit Varianzen von δ und φ verbunden sind, während eine Kovarianz nur bei unterschiedlichen Wegstrecken auftritt. Außerdem ist der Einfluss des Schlupfes umso kleiner, je größer der Radabstand b gewählt wird. Dabei erhalten wir δ_r^{soll} und δ_l^{soll} durch Invertierung der Matrix $\underline{V}$ in (11.269) aus δ^{soll} und φ^{soll}.

Als konkrete Eingangsgrößen des Systems im Zeitschritt k verwenden wir die Erwartungswerte von $\boldsymbol{\varphi}$ und $\boldsymbol{\delta}$ unter Beachtung des mittleren Schlupfes, damit der Prädiktionsschritt erwartungstreue Schätzwerte liefert. Mit (11.269) und (11.270) erhalten wir

$$\delta(k) = \mathrm{E}(\boldsymbol{\delta}(k)) = \delta^{soll}(k) \cdot (1 - s) , \qquad (11.275)$$

$$\varphi(k) = \mathrm{E}(\boldsymbol{\varphi}(k)) = \varphi^{soll}(k) \cdot (1 - s) . \qquad (11.276)$$

Nachdem die Eingangsgrößen und deren Autokovarianzmatrix bekannt sind, wollen wir nun das Systemmodell aufstellen, das die Veränderung des Roboterzustandes abhängig von δ und φ beschreibt, wozu wir Abb. 11.45 betrachten. Der Roboter wird durch drei Zustandsgrößen $x(k)$, $y(k)$ und $\vartheta(k)$ beschrieben, die für jeden Zeitindex k seinen Ort

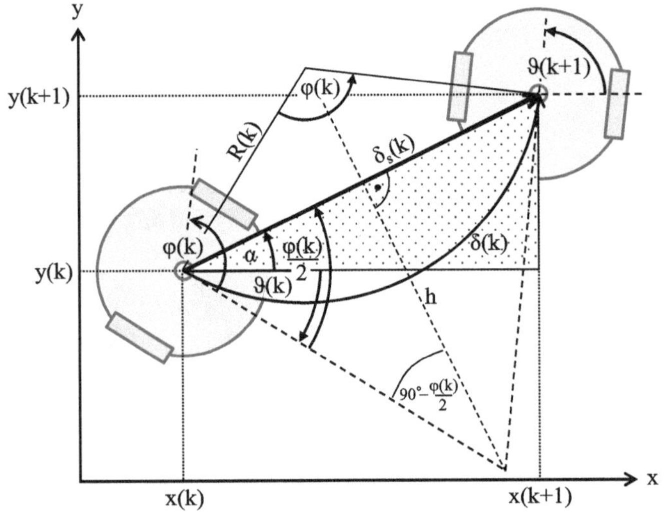

Abb. 11.45 Zur Herleitung des Bewegungsmodells für einen mobilen Roboters, der durch Vorwärtsbewegung um $\delta(k)$ und gleichzeitige Drehung um $\varphi(k)$ seinen Zustand $x(k)$, $y(k)$ und $\vartheta(k)$ verändert; der Roboter bewegt sich dabei auf einem Kreisbogen mit dem Radius $R(k) = \frac{\delta(k)}{\varphi(k)}$, und die Zustandsänderung kann anhand des gepunktet dargestellten Dreiecks aus $\delta_s(k)$, $\vartheta(k)$ und $\varphi(k)$ berechnet werden, wobei für kleine Drehwinkel $\delta_s(k) = \delta(k)$ gilt

und seine Ausrichtung festlegen, und die wir im Vektor $\underline{x}(k) = [x(k) \quad y(k) \quad \vartheta(k)]^T$ zusammenfassen.

Prägen wir im Zustand $\underline{x}(k)$ gleichzeitig $\delta(k)$ und $\varphi(k)$ ein, so bewegt sich der Roboter auf einem Kreisbogen mit dem Radius $R(k) = \frac{\delta(k)}{\varphi(k)}$ in den neuen Zustand $\underline{x}(k+1)$. Diesen können wir berechnen, wenn wir in Abb. 11.45 das punktiert dargestellte, rechtwinklige Dreieck betrachten, das die Hypotenuse δ_s und den Winkel $\alpha = \vartheta(k) + \frac{\varphi(k)}{2}$ aufweist, wobei $\frac{\varphi(k)}{2}$ aus der Winkelsumme von 180° in den beiden symmetrischen Dreiecken mit der gemeinsamen Seite h resultiert.

Wenn wir in jedem Zeitschritt nur sehr kleine Eingangsgrößen δ und φ zulassen, so dürfen wir δ_s mit hoher Genauigkeit durch δ ersetzen. Dies zeigen wir, indem wir aus dem Bild die Beziehung $\delta_s = 2R \cdot \sin\left(\frac{\varphi}{2}\right)$ ablesen und für kleine Argumente die Sinusfunktion durch die ersten beiden Terme ihrer Taylor-Reihenentwicklung ersetzen

$$\delta_s = 2R \cdot \sin\left(\frac{\varphi}{2}\right) \approx 2 \cdot \frac{\delta}{\varphi} \cdot \left(\frac{\varphi}{2} - \frac{1}{3!} \cdot \left(\frac{\varphi}{2}\right)^3\right) = \delta \cdot \left(1 - \frac{\varphi^2}{24}\right) \approx \delta \tag{11.277}$$

Der hierbei entstehende Fehler liegt für typische Drehwinkel $\varphi(k) \approx 1° = \frac{\pi}{180}$ rad bei ca. 10^{-5} und ist damit gegenüber Schlupfeinflüssen irrelevant.

Damit können wir den prädizierten Zustand $\underline{\hat{x}}^-(k+1)$ abhängig von $\underline{\hat{x}}(k)$ und $\underline{u}(k)$ angeben

$$\underline{\hat{x}}^-(k+1) = \begin{bmatrix} \hat{x}^-(k+1) \\ \hat{y}^-(k+1) \\ \hat{\vartheta}^-(k+1) \end{bmatrix} = \begin{bmatrix} \hat{x}(k) + \delta(k) \cdot \cos(\hat{\vartheta}(k) + \frac{\varphi(k)}{2}) \\ \hat{y}(k) + \delta(k) \cdot \sin(\hat{\vartheta}(k) + \frac{\varphi(k)}{2}) \\ \hat{\vartheta}(k) + \varphi(k) \end{bmatrix} = \begin{bmatrix} f_{d,1} \\ f_{d,2} \\ f_{d,3} \end{bmatrix}. \tag{11.278}$$

Das Systemmodell ist statisch, da wir langsame Bewegungen des Roboters annehmen und daher dynamische Effekte vernachlässigen dürfen, die durch Massenträgheit entstehen, so dass hier nur die Eingangssignale Zustandsänderungen bewirken. Allerdings ist das Modell nichtlinear, weshalb für die Prädiktion der Autokovarianzmatrix zunächst eine Linearisierung erfolgen muss, um die arbeitspunktabhängigen Matrizen $\underline{A}_d(k)$ und $\underline{B}_d(k)$ zu bestimmen. Mit (11.253) folgt

$$\underline{A}_d(k) = \begin{bmatrix} \frac{df_{d,1}}{dx} & \frac{df_{d,1}}{dy} & \frac{df_{d,1}}{d\vartheta} \\ \frac{df_{d,2}}{dx} & \frac{df_{d,2}}{dy} & \frac{df_{d,2}}{d\vartheta} \\ \frac{df_{d,3}}{dx} & \frac{df_{d,2}}{dy} & \frac{df_{d,3}}{d\vartheta} \end{bmatrix}_{\underline{\hat{x}}(k),\, \underline{u}(k)} = \begin{bmatrix} 1 & 0 & -\delta(k) \cdot \sin(\hat{\vartheta}(k) + \frac{\varphi(k)}{2}) \\ 0 & 1 & \delta(k) \cdot \cos(\hat{\vartheta}(k) + \frac{\varphi(k)}{2}) \\ 0 & 0 & 1 \end{bmatrix} \tag{11.279}$$

$$\underline{B}_d(k) = \begin{bmatrix} \frac{df_{d,1}}{d\delta} & \frac{df_{d,1}}{d\varphi} \\ \frac{df_{d,2}}{d\delta} & \frac{df_{d,2}}{d\varphi} \\ \frac{df_{d,3}}{d\delta} & \frac{df_{d,3}}{d\varphi} \end{bmatrix}_{\underline{\hat{x}}(k),\, \underline{u}(k)} = \begin{bmatrix} \cos(\hat{\vartheta}(k) + \frac{\varphi(k)}{2}) & -\frac{\delta(k)}{2} \cdot \sin(\hat{\vartheta}(k) + \frac{\varphi(k)}{2}) \\ \sin(\hat{\vartheta}(k) + \frac{\varphi(k)}{2}) & \frac{\delta(k)}{2} \cdot \cos(\hat{\vartheta}(k) + \frac{\varphi(k)}{2}) \\ 0 & 1 \end{bmatrix} \tag{11.280}$$

Damit kann der vollständige Prädiktionsschritt für den Roboter entsprechend (11.261) sowie (11.262) mit $\lambda = 1$ durchgeführt werden. Die Startposition für $k = 0$ wird dabei als bekannt angenommen und mit $\underline{\hat{x}}(0) = \underline{0}$ sowie $\underline{\Sigma}_{\hat{\mathbf{x}}^-}(0) = \underline{0}$ initialisiert.

Für den Korrekturschritt befindet sich im Zentrum des Roboters ein Entfernungssensor, mit dem der Abstand zu umgebenden Objekten gemessen werden kann, deren Position wir als bekannt annehmen, siehe Abb. 11.46.

Zunächst betrachten wir den in (a) dargestellten Fall eines punktförmigen Objektes an festen Koordinaten (x_p, y_p). Der Sensor liefert als Messgrößen den Abstand $\rho_R(k)$ des Objektes und dessen Winkel $\theta_R(k)$ bezogen auf die Position des Roboters, so dass $\underline{y}(k) = [\rho_R(k)\ \theta_R(k)]^T$ gilt.

Für die Autokovarianzmatrix $\underline{\Sigma}_{\mathbf{y}}$ nehmen wir konstante Varianzen $\mathrm{var}(\boldsymbol{\rho}_\mathbf{R})$ und $\mathrm{var}(\boldsymbol{\theta}_\mathbf{R})$ an. Die Zufallsvariablen $\boldsymbol{\rho}_\mathbf{R}$ und $\boldsymbol{\theta}_\mathbf{R}$ seien unabhängig voneinander mit $\mathrm{cov}(\boldsymbol{\rho}_\mathbf{R}, \boldsymbol{\theta}_\mathbf{R}) = 0$, so dass gilt

$$\underline{\Sigma}_{\mathbf{y}}(k) = \underline{\Sigma}_{\mathbf{y}} = \begin{bmatrix} \mathrm{var}(\boldsymbol{\rho}_\mathbf{R}) & 0 \\ 0 & \mathrm{var}(\boldsymbol{\theta}_\mathbf{R}) \end{bmatrix}. \tag{11.281}$$

Zusätzlich sind im Korrekturschritt die prädizierten Messwerte $\underline{\hat{y}}^-(k) = \underline{C}(k) \cdot \underline{\hat{x}}^-(k)$ abhängig vom Zustand des Roboters erforderlich. Aus der Darstellung folgt zunächst für $\rho_R(k)$

$$\rho_R(k) = \sqrt{(x(k) - x_p)^2 + (y(k) - y_p)^2} = g_1(\underline{x}(k)) . \tag{11.282}$$

Den Winkel $\theta_R(k)$ erhalten wir mit einer Fallunterscheidung analog zu Abb. 6.1

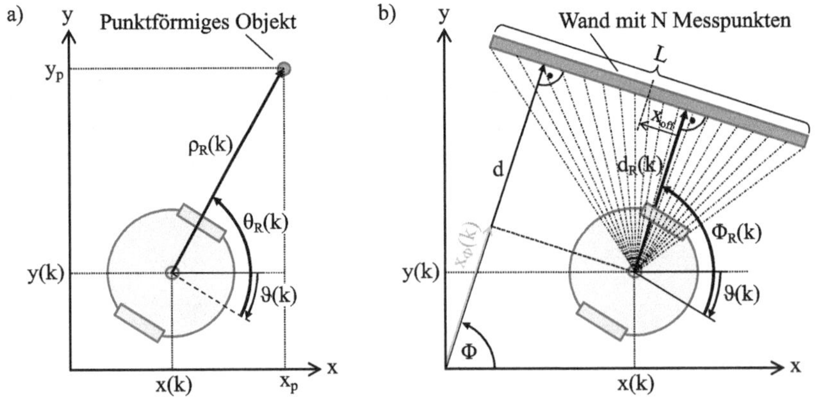

Abb. 11.46 Messmodelle für das Erfassen von Objekten mit einem Entfernungssensor; bei einem punktförmigen Objekt am Ort (x_p, y_p) kann der Roboter von seiner Position aus den Abstand ρ_R und den Winkel θ_R ermitteln (**a**), während bei einer Wand mit dem Normalenabstand d und -winkel Φ aus N einzelnen Messungen vom Roboter aus d_R und Φ_R bestimmbar sind (**b**)

$$\tan(\vartheta(k)+\theta_R(k)) = \frac{y(k)-y_P}{x(k)-x_p} \Rightarrow \theta_R = \arctan\left(\frac{y(k)-y_P}{x(k)-x_p}\right) - \vartheta(k) + \alpha_0 = g_2(\underline{x}(k))$$

$$\text{mit} \quad \alpha_0 = \begin{cases} 0 & \text{für } x(k) \geq x_p \\ \pm\pi & \text{für } x(k) < x_p \end{cases} . \tag{11.283}$$

Jetzt können wir mit (11.253) die Ausgangsmatrix $\underline{C}(k)$ im Zustand $\underline{\hat{x}}^-(k)$ berechnen

$$\underline{C}(k) = \begin{bmatrix} \frac{dg_1}{dx} & \frac{dg_1}{dy} & \frac{dg_1}{d\vartheta} \\ \frac{dg_2}{dx} & \frac{dg_2}{dy} & \frac{dg_2}{d\vartheta} \end{bmatrix}_{\underline{\hat{x}}^-(k)}$$

$$= \begin{bmatrix} \frac{\hat{x}^-(k)-x_p}{\sqrt{(\hat{x}^-(k)-x_p)^2+(\hat{y}^-(k)-y_p)^2}} & \frac{\hat{y}^-(k)-y_p}{\sqrt{(\hat{x}^-(k)-x_p)^2+(\hat{y}^-(k)-y_p)^2}} & 0 \\ \frac{-(\hat{y}^-(k)-y_p)}{(\hat{x}^-(k)-x_p)^2+(\hat{y}^-(k)-y_p)^2} & \frac{\hat{x}^-(k)-x_p}{(\hat{x}^-(k)-x_p)^2+(\hat{y}^-(k)-y_p)^2} & -1 \end{bmatrix} . \tag{11.284}$$

Damit liegen sämtliche Informationen vor, um den Korrekturschritt entsprechend (11.263) bis (11.267) durchführen zu können.

Wir wollen noch ein weiteres Messmodell betrachten, dass immer dann relevant ist, wenn der Roboter mit seinem Entfernungssensor keinen einzelnen Punkt, sondern eine Wand erfasst, die durch ihren bekannten Normalenabstand d vom Koordinatenursprung und den zugehörigen Normalenwinkel Φ beschrieben wird. Dieser Fall ist in Abb. 11.46b dargestellt, wobei von der Wand N Messpunkte auf einer Länge L detektiert werden. Aus den N Messpunkten kann der Roboter durch lineare Regression die Parameter $d_R(k)$ und $\Phi_R(k)$ bestimmen, siehe [41]. Als Messgrößen für den Korrekturschritt legen wir den Vektor $\underline{y}(k) = [x_\Phi(k) \;\; \vartheta(k)]^T$ fest, wobei $x_\Phi(k)$ die x-Koordinate des Roboters in einem um den Winkel Φ gedrehten Koordinatensystem bezeichnet, wie in Abb. 11.46b hellgrau eingetragen ist, so dass wir ablesen können[38]

$$x_\Phi(k) = d \underset{(+)}{-} d_R(k) \qquad \text{und} \qquad \vartheta(k) = \Phi - \Phi_R(k) \; (+\pi) . \tag{11.285}$$

Da d und Φ feste Parameter der Geraden sind, entspricht die Autokovarianzmatrix von $\mathbf{x_\Phi}$ und $\boldsymbol{\vartheta}$ derjenigen von $\mathbf{d_R}$ und $\boldsymbol{\Phi}_\mathbf{R}$. Letztere kann aus der Länge L der Geraden, der Anzahl Messpunkte N sowie der Varianz var($\boldsymbol{\rho}_\mathbf{R}$) in geschlossener Form angegeben werden, wie in [41] gezeigt wird. Hierbei tritt zusätzlich ein positiver oder negativer Offset x_{off} zwischen der vom Roboter bestimmten Normalen und dem Wandmittelpunkt auf. Für $\underline{\Sigma}_\mathbf{y}(k)$ erhält man in guter Näherung

[38] Das Pluszeichen in der Formel für x_Φ ist relevant, falls sich die Wand – wie nicht dargestellt – zwischen Koordinatenursprung und Roboter befindet, und auch der Winkel ϑ muss dann um π vergrößert werden; diese Situation ist daran erkennbar, dass der mit (11.287) prädizierte Abstand $\hat{x}_\Phi^-$ größer als der Normalenabstand d der Wand ist.

$$\underline{\Sigma}_{\mathrm{y}}(k) = \begin{bmatrix} \mathrm{var}(\mathbf{d_R}) & \mathrm{cov}(\mathbf{d_R}, \boldsymbol{\Phi}_\mathbf{R}) \\ \mathrm{cov}(\mathbf{d_R}, \boldsymbol{\Phi}_\mathbf{R}) & \mathrm{var}(\boldsymbol{\Phi}_\mathbf{R}) \end{bmatrix}_k \approx \mathrm{var}(\rho_\mathbf{R}) \cdot \begin{bmatrix} \frac{12 \cdot x_{off}^2}{L^2 \cdot N} + \frac{1}{N} & \frac{-12 \cdot x_{off}}{L^2 \cdot N} \\ \frac{-12 \cdot x_{off}}{L^2 \cdot N} & \frac{12}{L^2 \cdot N} \end{bmatrix}_k , \tag{11.286}$$

wobei i. Allg. in jedem Zeitschritt k unterschiedliche Werte für N, L und x_{off} auftreten.

Man erkennt, dass die Genauigkeit der Messung mit der Anzahl der Messpunkte N aber insbesondere bei Zunahme von L ansteigt. Die Zufallsvariablen $\mathbf{d_R}$ und $\boldsymbol{\Phi}_\mathbf{R}$ sind dabei für $x_{off} \neq 0$ voneinander abhängig, da ein Fehler bei der Bestimmung des Normalenwinkels dann den Normalenabstand beeinflusst.

Auch für dieses Messmodell müssen wir zusätzlich die nach dem Prädiktionsschritt erwarteten Messwerte $\underline{\hat{y}}^-(k) = [\hat{x}_\Phi^-(k) \;\; \hat{\vartheta}^-(k)]^T = \underline{C}(k) \cdot \underline{\hat{x}}^-(k)$ ermitteln, um den Korrekturschritt durchführen zu können. Während $\hat{\vartheta}^-(k)$ direkt der dritten Zustandsvariablen entspricht, können wir $\hat{x}_\Phi^-(k)$ aus $\hat{x}^-(k)$ und $\hat{y}^-(k)$ durch Rotation des Koordinatensystems um Φ bestimmen[39]

$$\hat{x}_\Phi^-(k) = \hat{x}^-(k) \cdot \cos(\Phi) + \hat{y}^-(k) \cdot \sin(\Phi) . \tag{11.287}$$

Wir erhalten damit ein lineares Messmodell und können direkt die Ausgangsmatrix angeben[40]

$$\underline{C}(k) = \underline{C} = \begin{bmatrix} \cos(\Phi) & \sin(\Phi) & 0 \\ 0 & 0 & 1 \end{bmatrix} , \tag{11.288}$$

so dass wir auch mit diesem Messmodell den vollständigen Korrekturschritt durchführen können.

Zur Veranschaulichung der Gleichungen betrachten wir die in Abb. 11.47 dargestellten Simulationsergebnisse für die Bewegung des Roboter bei Verwendung des zweiten Messmodells mit den im Bild angegebenen Parametern.

Der Roboter startet am Punkt (0,0) und bewegt sich zunächst um 4 m in x-Richtung. Zu Beginn erfasst der Sensor noch keine Wand, so dass lediglich Prädiktionsschritte möglich sind, wodurch die Genauigkeit der Positionsschätzung abnimmt. Dies ist an den größer werdenden Fehlerellipsen erkennbar, die entsprechend Abschn. 11.2.6 die Autokovarianzmatrix $\underline{\tilde{\Sigma}}_{\hat{\mathbf{x}}}$ der beiden gaußverteilten Zufallsvariablen $\hat{\mathbf{x}}(k)$ und $\hat{\mathbf{y}}(k)$ als (2×2)-Teilmatrix von $\underline{\Sigma}_{\hat{\mathbf{x}}}$ repräsentieren, wobei der Roboter sich mit einer vorgebbaren Wahrscheinlichkeit innerhalb der Ellipsen aufhält. Durch die Bewegung steigt insbesondere der Positionsfehler in y-Richtung, was daran liegt, dass aufgrund des Fehlermodells (11.274) die Varianz des Win-

---

[39] Zur Verifizierung der Formel betrachte man die Fälle $\Phi = 0$ und $\Phi = 90°$, woraus $\hat{x}_\Phi^- = \hat{x}^-$ bzw. $\hat{x}_\Phi^- = \hat{y}^-$ folgt.

[40] Die Matrix $\underline{C}$ ist konstant, hängt aber über den Normalenvektor Φ von der erfassten Wand ab.

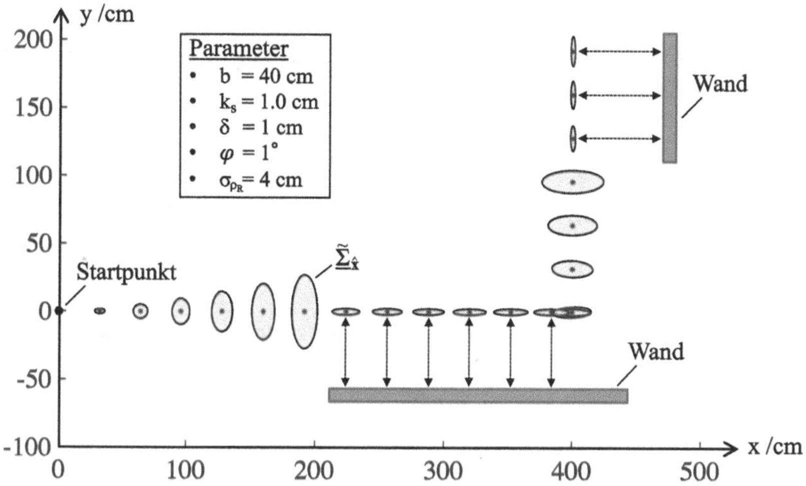

Abb. 11.47 Veranschaulichung der Positionsgenauigkeit eines mobilen Roboters durch Darstellung von Fehlerellipsen für die Koordinaten x und y; ausgehend vom Startpunkt nehmen bei Bewegung ohne Korrektur insbesondere die Fehler senkrecht zur Bewegungsrichtung zu, während bei Erfassung einer Wand der Positionsfehler senkrecht zu dieser kompensiert werden kann

kels proportional zur Wegstrecke zunimmt. Dieser Winkelfehler erzeugt wegen $\sigma_y \approx \delta \cdot \sigma_\varphi$ eine deutliche Abweichung vom Sollweg quer zur Fahrtrichtung, während der Fehler in x-Richtung lediglich proportional zu σ_δ ansteigt. Nach gut 2 m Fahrt erkennt der Roboter eine horizontale Wand, so dass Korrekturschritte möglich sind. Diese führen dazu, dass der Positionsfehler senkrecht zur Wand – also hier in y-Richtung – deutlich abnimmt, während in x-Richtung parallel zur Wand keine Fehlerkorrektur erfolgen kann. Nach 4 m dreht sich der Roboter um 90° nach links, wodurch aufgrund der Raddrehungen die Fehler in x- und y-Richtung geringfügig ansteigt. Die anschließende Bewegung in y-Richtung führt anfangs wegen fehlender Korrekturmöglichkeit wieder zu einer deutlichen Vergrößerung der Fehlerellipsen, bis eine weitere Wand detektiert wird, die diesmal eine Korrektur des Fehlers in x-Richtung gestattet. Obwohl jede einzelne Wand also immer nur eine Teilkorrektur ermöglicht, kann mit diesem Verfahren eine präzise Lokalisierung des Roboter erfolgen, wenn hinreichend viele Wände in unterschiedlicher Ausrichtung vorhanden sind. Diese müssen allerdings vom Roboter eindeutig identifiziert werden, um eine falsche Zuordnung zu vermeiden, die unweigerlich zum Verlust der Position führen würde. Daher sollte vor jedem Korrekturschritt immer eine *Data Association* erfolgen, um aus allen bekannten Wänden diejenige für die Korrektur auszuwählen, deren Abstandsmaß Q entsprechend (11.244) von den Messdaten ein Minimum annimmt, sofern dieses minimale Q eine absolute Schwelle nicht übersteigt.

Um die Gefahr des Positionsverlustes weiter zu verringern und so die Robustheit des Verfahrens zu steigern, kann zusätzlich ein sogenanntes *Multi-Hypothesis-Tracking* (MHT) erfolgen. Dazu werden bei nicht eindeutig zuzuordnenden Messungen mehrere Positionshypothesen parallel verfolgt, indem für jede Hypothese ein eigener Zustandsvektor geschätzt wird. Im Verlauf der weiteren Bewegung des Roboters können dann die meisten dieser Hypothesen verworfen werden, da diese keine hinreichende Übereinstimmung mit neuen Messungen zeigen [19].

Das Verfahren lässt sich auch erweitern, um mobile Roboter in unbekannten Umgebungen zu lokalisieren. Dazu werden die Parameter von detektierten Objekten wie z. B. Wänden, die bei der *Data Association* einen zu großen Abstand Q von bereits bekannten Objekten aufweisen, dem geschätzten Zustandsvektor hinzugefügt, und auch die Autokovarianzmatrix wird entsprechend erweitert. Bei wiederholter Detektion führt jeder Korrekturschritt zur Verringerung der Varianzen und Vergrößerung der Kovarianzen der Zustände, so dass neben der Lokalisierung des Roboters auch eine Umgebungskarte entsteht. Diese Vorgehensweise wird auf englisch als *Simultaneous Localization and Mapping* und mit der Abkürzung SLAM bezeichnet. Neben dem EKF können für SLAM auch andere stochastische Algorithmen verwendet werden [45].

11.5 Zusammenfassung

In diesem abschließenden Kapitel sind wir tief in die Signalverarbeitung mit adaptiven Filtern eingedrungen, die selbständig ihre Parameter einstellen, um vorgegebene Filteraufgaben zu erfüllen. Zunächst wurden die wichtigsten Anwendungen dieser intelligenten Systeme als Basisstrukturen vorgestellt, noch ohne den Zufallscharakter von Signalen zu berücksichtigen. Anschließend haben wir uns ausführlich mit den benötigten Grundlagen der Stochastik beschäftigt, angefangen mit der Beschreibung zufälliger Ereignisse, über die Definition von Zufallsvariablen und deren Charakterisierung mittels Wahrscheinlichkeitsverteilungen sowie statistischer Kennwerte, bis zur Definition von Zufallsvektoren und Kovarianzmatrizen, sowie der Darstellung zweidimensionaler Normalverteilungen. Darauf aufbauend haben wir stochastische Prozesse als Folgen von Zufallsvariablen eingeführt und deren Übertragung mit LSI-Systemen untersucht. Insbesondere ergodische Zufallsprozesse wurden betrachtet, deren statistische Kennwerte aus Korrelationen einzelner Musterfunktionen ermittelt werden können, wobei als konkrete Beispiele Rausch- und Sprachsignale auftraten. Mit dem Wiener-Filter ist es möglich, durch Beobachtung der Eingangssignale und Vorgabe von Referenzsignalen die Impulsantwort bzw. den Frequenzgang von Systemen zu bestimmen. Im letzten Abschnitt haben wir uns mit rekursiven Algorithmen beschäftigt, die deutlich weniger Rechenleistung erfordern, und mit denen auch nicht-stationäre Prozesse verarbeitet werden können. Zentrale Bedeutung hat hierbei das Kalman-Filter, das wir aus dem Orthogonalitätsprinzip abgeleitet haben, und das eine optimale Zustandsschätzung linearer Systeme ermöglicht. Aus dem Kalman-Filter lassen sich mit geringem Aufwand der rekursive RLS- und (N)LMS-Algorithmus herleiten, mit denen die Koeffizienten von FIR-Filtern auch für zeitvariable Systeme berechnet werden können. Als EKF ist das Kalman-Filter ebenfalls für nichtlineare Systeme anwendbar, wie am Beispiel der Lokalisierung mobiler Roboter gezeigt wurde.

A Mathematische Herleitungen und Vertiefungen

A.1 Darstellung von Sinus und Cosinus durch komplexe e-Funktionen

Ausgangspunkt ist die eulersche Formel, die wir aus einer Reihenentwicklung der e-Funktion mit komplexem Exponenten $j\alpha$ herleiten können

$$e^{j\alpha} = \sum_{k=0}^{\infty} \frac{(j\alpha)^k}{k!} = 1 + j\alpha + \frac{(j\alpha)^2}{2!} + \frac{(j\alpha)^3}{3!} + \frac{(j\alpha)^4}{4!} + \frac{(j\alpha)^5}{5!} + \ldots . \qquad \text{(A.1)}$$

Nach Ausmultiplizieren und Sortierung der Reihenglieder in Real- und Imaginärteil erhalten wir

$$e^{j\alpha} = \left(1 - \frac{\alpha^2}{2!} + \frac{\alpha^4}{4!} - \ldots\right) + j \cdot \left(\alpha - \frac{\alpha^3}{3!} + \frac{\alpha^5}{5!} - \ldots\right) . \qquad \text{(A.2)}$$

Die Ausdrücke in den Klammern entsprechen aber gerade den Reihenentwicklungen der cos- und sin- Funktion, so dass wir schreiben können

$$e^{j\alpha} = \cos(\alpha) + j \cdot \sin(\alpha) . \qquad \text{(A.3)}$$

Ersetzen wir in dieser Gleichung α durch $-\alpha$, so ergibt sich mit der Symmetrie der cos- und sin-Funktion

$$e^{-j\alpha} = \cos(\alpha) - j \cdot \sin(\alpha) . \qquad \text{(A.4)}$$

Addieren und subtrahieren wir (A.3) und (A.4), so verschwindet jeweils die sin- bzw. cos-Funktion und wir erhalten für $\cos(\alpha)$ und $\sin(\alpha)$

$$\cos(\alpha) = \frac{e^{j\alpha} + e^{-j\alpha}}{2} , \qquad \sin(\alpha) = \frac{e^{j\alpha} - e^{-j\alpha}}{2j} . \qquad \text{(A.5)}$$

V. Sommer, *Grundlagen der Systemtheorie und Signalverarbeitung*,
https://doi.org/10.1007/978-3-662-72126-1

A.2 Umkehrbarkeit der Transformation zwischen $g(t)$ und $G(\omega)$

Wenn wir eine komplexe Amplitudenfunktion $G(\omega)$ entsprechend (3.3) aus einem Zeitsignal $g(t)$ berechnet haben, so kann hieraus jederzeit $g(t)$ durch Anwendung von (3.6) zurückgewonnen werden. Um dies zu zeigen, setzen wir zunächst (3.3) in (3.6) ein und weisen nach, dass die rechte Seite der Gleichung ebenfalls $g(t)$ entspricht

$$g(t) = \frac{1}{2\pi} \cdot \int_{-\infty}^{\infty} G(\omega) \cdot e^{j\omega t} d\omega = \frac{1}{2\pi} \cdot \int_{-\infty}^{\infty} \left(\int_{-\infty}^{\infty} g(\tau) \cdot e^{-j\omega\tau} d\tau \right) \cdot e^{j\omega t} d\omega \,. \tag{A.6}$$

Dazu ziehen wir den Term $e^{j\omega t}$ in das innere Integral hinein und vertauschen anschließend die Integration über τ und ω, wobei wir die nicht von ω abhängige Funktion $g(\tau)$ aus dem inneren Integral herausziehen dürfen

$$g(t) = \frac{1}{2\pi} \cdot \int_{-\infty}^{\infty} g(\tau) \cdot \int_{-\infty}^{\infty} e^{j\omega(t-\tau)} d\omega \, d\tau \,. \tag{A.7}$$

Zur Trennung der Variablen führen wir jetzt eine Substitution durch, indem wir $t' = t - \tau$ setzen. Hieraus folgt $\tau = t - t'$ und $dt' = -d\tau$, wobei das Minuszeichen durch Vertauschung der Integrationsgrenzen kompensiert wird. Setzen wir dies in (A.7) ein und ziehen den Faktor $\frac{1}{2\pi}$ vor das innere Integral, so ergibt sich

$$g(t) = \int_{-\infty}^{\infty} g(t - t') \cdot \frac{1}{2\pi} \cdot \int_{-\infty}^{\infty} e^{j\omega t'} d\omega \, dt' \,. \tag{A.8}$$

Das innere Integral können wir jetzt mit (3.7) durch den Dirac-Stoß ersetzen

$$g(t) = \int_{-\infty}^{\infty} g(t - t') \cdot \delta(t') \, dt' \,. \tag{A.9}$$

Dieses Integral beschreibt aber gerade die Faltung zwischen $g(t)$ und $\delta(t)$, so dass mit der Neutralitätseigenschaft des Dirac-Stoßes bezüglich der Faltung das gesuchte Ergebnis folgt

$$g(t) = g(t) * \delta(t) = g(t) \,. \tag{A.10}$$

Damit ist gezeigt, dass die Integraltransformationen entsprechend (3.3) und (3.6) zueinander invers sind und die Signale $g(t)$ und $G(\omega)$ eindeutig aufeinander abbilden.

A.3 Berechnung der Fläche unter einem Gauß-Impuls

Entsprechend der Definition der Fourier-Transformation nach (3.8) berechnet sich der Spektralwert bei der Kreisfrequenz $\omega = 0$ als Integral über das zu transformierende Zeitsignal. Für den Gauß-Impuls folgt damit

$$S(0) = \int_{-\infty}^{\infty} \mathrm{e}^{-\pi t^2} \, dt \, . \tag{A.11}$$

Dieses Integral kann eindimensional nicht gelöst werden, weshalb man das Quadrat von $S(0)$ betrachtet, welches als Produkt zweier Integrale über x und y auch zu einem Flächenintegral zusammengefasst werden kann, da alle nur von x abhängigen Terme als Konstanten bezüglich dy in das Integral über y hineingezogen werden dürfen[1]

$$S(0)^2 = \int_{-\infty}^{\infty} \mathrm{e}^{-\pi x^2} \, dx \cdot \int_{-\infty}^{\infty} \mathrm{e}^{-\pi y^2} \, dy = \int_{-\infty}^{\infty} \int_{-\infty}^{\infty} \mathrm{e}^{-\pi (x^2+y^2)} \, dx \, dy \, . \tag{A.12}$$

Statt über x und y kann das Flächenintegral wesentlich einfacher in Polarkoordinaten über den Radius r mit $r^2 = x^2 + y^2$ und den Winkel φ berechnet werden. Hierbei gilt für ein infinitesimales Flächenelement $dx \; dy = r \cdot d\varphi \, dr$, und dieser Zusammenhang zwischen kartesischen und Polarkoordinaten kann alternativ auch über die sogenannte Jacobi-Determinante bestimmt werden. Der Radius läuft von 0 bis ∞, während der Winkel für eine vollständige Flächenabdeckung von 0 bis 2π variiert werden muss. Damit ergibt (A.12) ein Integral, in dem wegen der Unabhängigkeit des Integranden von φ die Integration über φ durch Multiplikation mit 2π ersetzt werden kann

$$S(0)^2 = \int_{0}^{2\pi} \int_{0}^{\infty} r \cdot \mathrm{e}^{-\pi r^2} dr \, d\varphi = 2\pi \cdot \int_{0}^{\infty} r \cdot \mathrm{e}^{-\pi r^2} \, dr \, . \tag{A.13}$$

Für das letzte Integral über r kann die Stammfunktion einfach bestimmt werden, und es folgt nach Einsetzen der Integrationsgrenzen

$$S(0)^2 = 2\pi \cdot \frac{1}{(-2\pi)} \cdot \mathrm{e}^{-\pi r^2} \Big|_0^{\infty} = 1 \quad \Rightarrow \quad S(0) = 1 \, . \tag{A.14}$$

[1] Bzw. alle nur von y abhängigen Terme in das Integral über x, was mathematisch identisch ist.

A.4 Zusammenhang zwischen Autokorrelation und Leistungsdichte

Wir gehen von der Definition der AKF für Leistungssignale nach (2.21) mit $g(\tau) = s(\tau)$ aus, wobei wir statt $s(\tau)$ zunächst das auf den Bereich von $-t_0$ bis t_0 beschränkte Signal $s_0(\tau)$ betrachten

$$s_0(\tau) = \begin{cases} s(\tau) \text{ für } & |\tau| < t_0 \\ 0 & \text{sonst} \end{cases} . \tag{A.15}$$

Die Autokorrelation wird dann durch folgendes Integral bestimmt

$$\varphi_{s_0 s_0}(t) = \frac{1}{2t_0} \cdot \int_{-\infty}^{\infty} s_0(\tau) \cdot s_0(t+\tau)\, d\tau . \tag{A.16}$$

Wenn wir das Spektrum von $\varphi_{s_0 s_0}(t)$ berechnen, konvergiert dieses wegen der Beschränkung von $s_0(t)$ für beliebige ω, wobei wir den konstanten Faktor $\frac{1}{2t_0}$ vor das Fourier-Integral ziehen

$$\mathcal{F}\left\{\varphi_{s_0 s_0}(t)\right\} = \frac{1}{2t_0} \cdot \int_{-\infty}^{\infty} \left[\int_{-\infty}^{\infty} s_0(\tau) \cdot s_0(t+\tau)\, d\tau \right] \cdot \mathrm{e}^{-j\omega t} dt . \tag{A.17}$$

Jetzt vertauschen wir die beiden Integrale, so dass wir zunächst über t integrieren, und ziehen den Term $s_0(\tau)$, der nicht von t abhängt, vor das innere Integral

$$\mathcal{F}\left\{\varphi_{s_0 s_0}(t)\right\} = \frac{1}{2t_0} \cdot \int_{-\infty}^{\infty} s_0(\tau) \cdot \left[\int_{-\infty}^{\infty} s_0(t+\tau) \cdot \mathrm{e}^{-j\omega t} dt \right] d\tau . \tag{A.18}$$

Das Integral in den eckigen Klammern entspricht gerade der Fourier-Transformierten des um τ verschobenen Signals $s_0(t+\tau)$, die wir mit dem Verschiebungstheorem (3.60) bestimmen können

$$\mathcal{F}\left\{\varphi_{s_0 s_0}(t)\right\} = \frac{1}{2t_0} \cdot \int_{-\infty}^{\infty} s_0(\tau) \cdot S_0(\omega) \cdot \mathrm{e}^{j\omega\tau}\, d\tau . \tag{A.19}$$

Den nicht von τ abhängigen Term $S_0(\omega)$ ziehen wir ebenfalls aus dem Integral heraus, so dass das Integral definitionsgemäß gerade der gespiegelten Fourier-Transformierten $S_0(-\omega)$ entspricht, und wir als Ergebnis erhalten

$$\mathcal{F}\left\{\varphi_{s_0 s_0}(t)\right\} = \frac{1}{2t_0} \cdot S_0(\omega) \cdot S_0(-\omega) = \frac{1}{2t_0} \cdot |S_0(\omega)|^2 . \tag{A.20}$$

Wenn wir jetzt den Grenzfall $t_0 \to \infty$ betrachten, so läuft $\varphi_{s_0 s_0}(t)$ gegen $\varphi_{ss}(t)$, denn im Grenzfall mit $t_0 \gg t$ überlappen sich $s_0(\tau)$ und $s_0(t+\tau)$ von $-t_0$ bis t_0, so dass das unendliche Integral über $s_0(\tau) \cdot s_0(t+\tau)$ dem Integral über $s(\tau) \cdot s(t+\tau)$ im Bereich von $-t_0$ bis t_0 entspricht

$$\lim_{t_0\to\infty} \varphi_{s_0 s_0}(t) = \lim_{t_0\to\infty} \frac{1}{2t_0} \cdot \int_{-t_0}^{t_0} s(\tau) \cdot s(t+\tau)\, d\tau = \varphi_{ss}(t) \,. \tag{A.21}$$

Die rechte Seite von (A.20) geht für $t_0 \to \infty$ in das Leistungsdichtespektrum nach (3.96) über

$$\lim_{t_0\to\infty} \frac{1}{2t_0} \cdot |S_0(\omega)|^2 = \lim_{t_0\to\infty} \frac{1}{2t_0} \left| \int_{-t_0}^{t_0} s(t) \cdot \mathrm{e}^{-j\omega\cdot t} dt \right|^2 = \Phi_{ss}(\omega) \,, \tag{A.22}$$

so dass wir insgesamt das *Wiener-Chintschin* Theorem entsprechend (3.97) erhalten.

A.5 Anwendung des Faltungssatzes der Laplace-Transformation auf Matrizenprodukte

Ausgangspunkt ist das Produkt der Matrix $\underline{\Psi}(s)$ mit dem Spaltenvektor $\underline{b} \cdot U(s)$, wobei wir o. B. d. A. ein System zweiter Ordnung annehmen, so dass $\underline{\Psi}(s)$ und $\underline{b} \cdot U(s)$ jeweils die Dimension 2×2 bzw. 2×1 annehmen

$$\begin{aligned} \underline{\Psi}(s) \cdot \underline{b} \cdot U(s) &= \begin{bmatrix} \Psi_{11}(s) & \Psi_{12}(s) \\ \Psi_{21}(s) & \Psi_{22}(s) \end{bmatrix} \cdot \begin{bmatrix} b_1 \cdot U(s) \\ b_2 \cdot U(s) \end{bmatrix} \\ &= \begin{bmatrix} \Psi_{11}(s) \cdot b_1 \cdot U(s) + \Psi_{12}(s) \cdot b_2 \cdot U(s) \\ \Psi_{21}(s) \cdot b_1 \cdot U(s) + \Psi_{22}(s) \cdot b_2 \cdot U(s) \end{bmatrix} . \end{aligned} \tag{A.23}$$

Führen wir mit der Korrespondenz nach (4.31) die Rücktransformation in den Zeitbereich aus, so kann der Faltungssatz der Laplace-Transformation zunächst auf jede Komponente des Vektors einzeln angewendet werden, wodurch sich jeweils ein Faltungsintegral ergibt

$$\begin{aligned} \mathscr{L}^{-1}\left\{\underline{\Psi}(s) \cdot \underline{b} \cdot U(s)\right\} &= \begin{bmatrix} \psi_{11}(t) * (b_1 \cdot u(t)) + \psi_{12}(t) * (b_2 \cdot u(t)) \\ \psi_{21}(t) * (b_1 \cdot u(t)) + \psi_{22}(t) * (b_2 \cdot u(t)) \end{bmatrix} \\ &= \begin{bmatrix} \int_0^t \psi_{11}(t-\tau) \cdot b_1 \cdot u(\tau)\, d\tau + \int_0^t \psi_{12}(t-\tau) \cdot b_2 \cdot u(\tau)\, d\tau \\ \int_0^t \psi_{21}(t-\tau) \cdot b_1 \cdot u(\tau)\, d\tau + \int_0^t \psi_{22}(t-\tau) \cdot b_2 \cdot u(\tau)\, d\tau \end{bmatrix} . \end{aligned} \tag{A.24}$$

Die komponentenweise Integration kann nun vor den Vektor gezogen werden, so dass sich in dem Integral ein Produkt aus einer Matrix und einem Vektor ergibt, die einer Faltung der Transitionsmatrix $\underline{\psi}(t)$ mit dem Vektor $\underline{b} \cdot u(t)$ entspricht

$$
\begin{aligned}
\mathscr{L}^{-1}\left\{\underline{\Psi}(s)\cdot\underline{b}\cdot U(s)\right\} &= \int_0^t \begin{bmatrix} \psi_{11}(t-\tau)\cdot b_1\cdot u(\tau) + \psi_{12}(t-\tau)\cdot b_2\cdot u(\tau) \\ \psi_{21}(t-\tau)\cdot b_1\cdot u(\tau) + \psi_{22}(t-\tau)\cdot b_2\cdot u(\tau) \end{bmatrix} d\tau \\
&= \int_0^t \begin{bmatrix} \psi_{11}(t-\tau) & \psi_{12}(t-\tau) \\ \psi_{21}(t-\tau) & \psi_{22}(t-\tau) \end{bmatrix} \cdot \begin{bmatrix} b_1\cdot u(\tau) \\ b_2\cdot u(\tau) \end{bmatrix} d\tau \\
&= \underline{\psi}(t) * (\underline{b}\cdot u(t)) \,. \qquad \text{(A.25)}
\end{aligned}
$$

Die Herleitung ist unabhängig von der betrachteten Systemordnung, so dass der Faltungssatz (3.43) verallgemeinert auch für Matrizenprodukte gilt. Jede Komponente der Matrix bzw. des Vektors wird hierbei im Laplace- bzw. Zeitbereich durch eine Funktion abhängig von s bzw. von t gebildet, und wir können in Matrizenform schreiben

$$
\underline{\Psi}(s)\cdot\underline{b}\cdot U(s) \quad \bullet\!\!-\!\!\circ \quad \underline{\psi}(t) * (\underline{b}\cdot u(t)) = \int_0^t \underline{\psi}(t-\tau)\cdot\underline{b}\cdot u(\tau)\,d\tau \,. \qquad \text{(A.26)}
$$

A.6 Bestimmung der Regelungsnormalform aus G(s)

Ausgehend von (5.16) kann die Übertragungsfunktion wie folgt geschrieben werden

$$
\begin{aligned}
G(s) &= \frac{k'_{n-1}\,s^{n-1} + k'_{n-2}\,s^{n-2} + \cdots + k'_2\,s^2 + k'_1\,s + k'_0}{s^n + l_{n-1}\,s^{n-1} + l_{n-2}\,s^{n-2} + \cdots + l_2\,s^2 + l_1\,s + l_0} + d \\
&= \tilde{G}(s)\cdot\left(k'_{n-1}\,s^{n-1} + k'_{n-2}\,s^{n-2} + \cdots + k'_2\,s^2 + k'_1\,s + k'_0\right) + d \,. \qquad \text{(A.27)}
\end{aligned}
$$

Hierbei haben wir die Teilübertragungsfunktion $\tilde{G}(s)$ wie folgt definiert

$$
\tilde{G}(s) = \frac{\tilde{Y}(s)}{U(s)} = \frac{1}{s^n + l_{n-1}\,s^{n-1} + l_{n-2}\,s^{n-2} + \cdots + l_2\,s^2 + l_1\,s + l_0} \,. \qquad \text{(A.28)}
$$

Wir stellen jetzt einen Zustandsvektor mit n Zustandsgrößen auf, wobei wir $x_1(t)$ als Ausgangssignal $\tilde{y}(t)$ und $x_2(t)$ bis $x_n(t)$ als Ableitungen von $\tilde{y}(t)$ festlegen, und transformieren $\underline{x}(t)$ mit dem Ableitungssatz (3.114) in den Laplace-Bereich

$$\underline{x}(t) = \begin{bmatrix} x_1(t) \\ x_2(t) \\ \vdots \\ x_{n-1}(t) \\ x_n(t) \end{bmatrix} = \begin{bmatrix} \tilde{y}(t) \\ \frac{d}{dt}\tilde{y}(t) \\ \vdots \\ \frac{d^{(n-2)}}{dt^{n-2}}\tilde{y}(t) \\ \frac{d^{(n-1)}}{dt^{n-1}}\tilde{y}(t) \end{bmatrix} \circ\!\!-\!\!\bullet \; \underline{X}(s) = \begin{bmatrix} X_1(s) \\ X_2(s) \\ \vdots \\ X_{n-1}(s) \\ X_n(s) \end{bmatrix} = \begin{bmatrix} \tilde{Y}(s) \\ \tilde{Y}(s) \cdot s \\ \vdots \\ \tilde{Y}(s) \cdot s^{n-2} \\ \tilde{Y}(s) \cdot s^{n-1} \end{bmatrix} . \tag{A.29}$$

Bei der Anwendung des Ableitungssatzes fallen die Anfangswerte weg, da die Ableitungen den Zustandsgrößen entsprechen, und bei einer Übertragungsfunktion immer $\underline{x}(0) = 0$ vorausgesetzt wird. Bilden wir jetzt den abgeleiteten Zustandsvektors $\dot{\underline{x}}(t)$ unter Beachtung der linken Seite von (A.29), so enthalten dessen erste $n - 1$ Komponenten gerade die Zustandsgrößen $x_2(t)$ bis $x_n(t)$, während $\dot{x}_n(t)$ zur n-ten Ableitung von $\tilde{y}(t)$ korrespondiert

$$\dot{\underline{x}}(t) = \begin{bmatrix} \dot{x}_1(t) \\ \dot{x}_2(t) \\ \vdots \\ \dot{x}_{n-1}(t) \\ \dot{x}_n(t) \end{bmatrix} = \begin{bmatrix} x_2(t) \\ x_3(t) \\ \vdots \\ x_n(t) \\ \frac{d^n}{dt^n}\tilde{y}(t) \end{bmatrix} . \tag{A.30}$$

Dieser Ausdruck entspricht bereits prinzipiell der ersten Gleichung einer Zustandsform, allerdings muss noch der Zusammenhang zwischen der n-ten Ableitung von $\tilde{y}(t)$ und den Zustandsgrößen aus $\tilde{G}(s)$ ermittelt werden, um $\dot{x}_n(t)$ als Linearkombination von $x_1(t)$ bis $x_n(t)$ schreiben zu können. Dazu lösen wir (A.28) nach $U(s)$ auf und setzen dann ab dem zweiten Term die Laplace-Transformierten der Zustandsgrößen aus (A.29) ein

$$\begin{aligned} U(s) &= \tilde{Y}(s) \cdot s^n + l_{n-1} \cdot \tilde{Y}(s) \cdot s^{n-1} + \cdots + l_2 \cdot \tilde{Y}(s) \cdot s^2 + l_1 \cdot \tilde{Y}(s) \cdot s + l_0 \cdot \tilde{Y}(s) \\ &= \tilde{Y}(s) \cdot s^n + l_{n-1} \cdot X_n(s) + \cdots + l_2 \cdot X_3(s) + l_1 \cdot X_2(s) + l_0 \cdot X_1(s) . \end{aligned} \tag{A.31}$$

Der Term $\tilde{Y}(s) \cdot s^n$ entspricht aber gerade der Laplace-Transformierten der n-ten Ableitung von $\tilde{y}(t)$, so dass wir durch Umstellung der Gleichung und inverse Laplace-Transformation einen Ausdruck für $\dot{x}_n(t)$ erhalten

$$\dot{x}_n(t) = \frac{d^n}{dt^n}\tilde{y}(t) = -l_{n-1} \cdot x_n(t) + \cdots - l_2 \cdot x_3(t) - l_1 \cdot x_2(t) - l_0 \cdot x_1(t) + u(t) . \tag{A.32}$$

(A.30) und (A.32) beschreiben zusammen die erste Zustandsgleichung, so dass wir hieraus die Systemmatrix $\underline{A}$ und den Eingangsvektor $\underline{b}$ ablesen können

$$\underline{A} = \begin{bmatrix} 0 & 1 & 0 & \dots & 0 \\ 0 & 0 & 1 & \dots & 0 \\ \vdots & \vdots & \vdots & \ddots & \vdots \\ 0 & 0 & 0 & \dots & 1 \\ -l_0 & -l_1 & -l_2 & \dots & -l_{n-1} \end{bmatrix} \qquad \underline{b} = \begin{bmatrix} 0 \\ 0 \\ \vdots \\ 0 \\ 1 \end{bmatrix} . \tag{A.33}$$

Zur Bestimmung des Ausgangsvektors $\underline{c}$ multiplizieren wir (A.27) mit $U(s)$, um $Y(s)$ zu erhalten, und nutzen den Zusammenhang $\tilde{Y}(s) = U(s) \cdot \tilde{G}(s)$ aus (A.28). Anschließend können wir mit (A.29) die Laplace-Transformierten der Zustandsgrößen einsetzen

$$\begin{aligned} Y(s) &= \tilde{Y}(s) \cdot \left(k'_{n-1}\, s^{n-1} + k'_{n-2}\, s^{n-2} + \dots + k'_1\, s + k_0\right) + U(s) \cdot d \\ &= k'_{n-1}\, \tilde{Y}(s)\, s^{n-1} + k'_{n-2}\, \tilde{Y}(s)\, s^{n-2} + \dots + k'_1\, \tilde{Y}(s)\, s + k'_0\, \tilde{Y}(s) + U(s) \cdot d \\ &= k'_{n-1}\, X_n(s) + k'_{n-2}\, X_{n-1}(s) + \dots + k'_1\, X_2(s) + k'_0\, X_1(s) + U(s) \cdot d\,. \end{aligned} \tag{A.34}$$

Eine inverse Laplace-Transformation führt uns jetzt auf das Ausgangssignal $y(t)$

$$y(t) = k'_{n-1}\, x_n(t) + k'_{n-2}\, x_{n-1}(t) + \dots + k'_1\, x_2(t) + k'_0\, x_1(t) + u(t) \cdot d\,, \tag{A.35}$$

und für den gesuchten Ausgangsvektor lesen wir daraus ab

$$\underline{c} = \left[k'_0\; k'_1\; \dots\; k'_{n-2}\; k'_{n-1}\right] . \tag{A.36}$$

Die Gl. (5.15), (A.33) und (A.36) erlauben die Berechnung der gesuchten Zustandsparameter $\underline{A}$, $\underline{b}$, $\underline{c}$ und d für eine gegebene Übertragungsfunktion $G(s)$. Diese spezielle Zustandsform wird *Regelungsnormalform* genannt.

A.7 Sprungantwort eines Systems mit Polstellenpaar ohne Nullstelle

Die Sprungantwort $h_k(t)$ ergibt sich als Integral über $g_k(t)$. Wir gehen von der linken Seite von (5.63) aus und bestimmen zunächst die Stammfunktion des Produktes aus der Sinus- und der e-Funktion durch zweifache partielle Integration

$$\begin{aligned} \int \mathrm{e}^{-at} \cdot \sin(\omega t)\, dt &= -\frac{1}{a} \cdot \mathrm{e}^{-at} \sin(\omega t) + \int \frac{\omega}{a} \cdot \mathrm{e}^{-at} \cos(\omega t)\, dt \\ &= -\frac{1}{a} \cdot \mathrm{e}^{-at} \sin(\omega t) - \frac{\omega}{a} \cdot \left(\frac{1}{a} \cdot \mathrm{e}^{-at} \cos(\omega t) \right. \\ &\quad \left. + \frac{\omega}{a} \cdot \int \mathrm{e}^{-at} \sin(\omega t)\, dt\right) . \end{aligned}$$

Man erkennt, dass das gesuchte Integral auf der rechten Seite der Gleichung nochmals auftritt, so dass wir beide Integrale zusammenfassen können

$$\left[1+\left(\frac{\omega}{a}\right)^2\right]\cdot\int \mathrm{e}^{-at}\cdot\sin(\omega t)\,dt \;=\; -\mathrm{e}^{-at}\left(\frac{\omega}{a^2}\cos(\omega t)+\frac{1}{a}\sin(\omega t)\right)$$

$$\Rightarrow\quad \int \mathrm{e}^{-at}\cdot\sin(\omega t)\,dt \;=\; -\frac{\mathrm{e}^{-at}}{a^2+\omega^2}\cdot(\omega\cdot\cos(\omega t)+a\cdot\sin(\omega t))\;. \tag{A.37}$$

Damit können wir die Sprungantwort für $t \geq 0$ angeben, wobei $h_k(t<0)=0$ gilt

$$\begin{aligned} h_k(t) &= \int_0^t g(\tau)\,d\tau \;=\; \frac{1}{{T_N}^2\cdot\omega}\cdot\int_0^t \mathrm{e}^{-a\tau}\cdot\sin(\omega\tau)\,d\tau \\ &= -\frac{1}{{T_N}^2\cdot\omega}\cdot\frac{\mathrm{e}^{-a\tau}}{a^2+\omega^2}\cdot(\omega\cdot\cos(\omega\tau)+a\cdot\sin(\omega\tau))\Big|_0^t \\ &= -\frac{1}{{T_N}^2\cdot\omega\cdot(a^2+\omega^2)}\left[\omega-\mathrm{e}^{-a\tau}\cdot(\omega\cdot\cos(\omega\tau)+a\cdot\sin(\omega\tau))\right]\;. \end{aligned} \tag{A.38}$$

Aus (5.62) folgt $T_N\cdot\sqrt{a^2+\omega^2}=1$ bzw. ${T_N}^2\cdot(a^2+\omega^2)=1$, so dass wir $h_k(t)$ umformen können

$$\begin{aligned} h_k(t) &= 1-\frac{\mathrm{e}^{-a\tau}}{{T_N}^2\cdot\omega\cdot(a^2+\omega^2)}\cdot(\omega\cdot\cos(\omega\tau)+a\cdot\sin(\omega\tau)) \\ &= 1-\frac{\mathrm{e}^{-a\tau}}{{T_N}^2\cdot\omega\cdot\sqrt{a^2+\omega^2}}\cdot\left(\frac{\omega}{\sqrt{a^2+\omega^2}}\cdot\cos(\omega\tau)+\frac{a}{\sqrt{a^2+\omega^2}}\cdot\sin(\omega\tau)\right) \\ &= 1-\frac{\mathrm{e}^{-a\tau}}{T_N\cdot\omega}\cdot\left(\frac{\omega}{\sqrt{a^2+\omega^2}}\cdot\cos(\omega\tau)+\frac{a}{\sqrt{a^2+\omega^2}}\cdot\sin(\omega\tau)\right)\;. \end{aligned} \tag{A.39}$$

Interpretieren wir a und ω jeweils als die Länge der An- und Gegenkathete in einem rechtwinkligen Dreieck mit dem Winkel ϕ, definiert der Term $\sqrt{a^2+\omega^2}$ nach Pythagoras gerade die Länge der Hypotenuse, so dass sich $\sin(\phi)$ und $\cos(\phi)$ abhängig von a und ω schreiben lassen

$$\sin(\phi)=\frac{\omega}{\sqrt{a^2+\omega^2}} \qquad \text{und} \qquad \cos(\phi)=\frac{a}{\sqrt{a^2+\omega^2}}\;. \tag{A.40}$$

Verwenden wir zusätzlich das Additionstheorems für Sinus mit $\alpha=\phi$ und $\beta=\omega t$

$$\sin(\alpha\pm\beta) \;=\; \sin(\alpha)\cdot\cos(\beta)\;\pm\;\cos(\alpha)\cdot\sin(\beta)\;, \tag{A.41}$$

so können wir $h_k(t)$ vereinfachen

$$h_k(t)=1-\frac{\mathrm{e}^{-at}}{T_N\cdot\omega}\cdot(\sin\phi\cdot\cos(\omega t)+\cos\phi\cdot\sin(\omega t))=1-\frac{\mathrm{e}^{-at}}{T_N\cdot\omega}\cdot\sin(\omega t+\phi)\;. \tag{A.42}$$

Der Winkel ϕ ergibt sich hierbei aus (A.40) entweder als arcsin- oder arccos-Funktion und nach Ersetzen von a und ω mit (5.62) durch D_N und T_N, wobei T_N gekürzt werden kann

$$\begin{aligned} \phi &= \arcsin\left(\frac{\omega}{\sqrt{a^2+\omega^2}}\right) = \arccos(D_N) \\ &= \arccos\left(\frac{a}{\sqrt{a^2+\omega^2}}\right) = \arcsin(\sqrt{1-D_N{}^2})\ . \end{aligned} \tag{A.43}$$

Damit folgt schließlich aus (A.42) die Sprungantwort.

$$h_k(t) = 1 - \frac{e^{-\frac{D_N}{T_N}t}}{\sqrt{1-D_N{}^2}} \cdot \sin\left(\frac{t}{T_N}\cdot\sqrt{1-D_N{}^2} + \arcsin(\sqrt{1-D_N{}^2})\right)\ . \tag{A.44}$$

A.8 Sprungantwort eines Systems mit Polstellenpaar und Nullstelle

Ausgangspunkt ist die Darstellung der Sprungantwort $h_{kZ}(t)$ nach (5.74), woraus durch Einsetzen von $h_k(t)$ und $g_k(t)$ folgt

$$h_{kZ}(t) = 1 - \frac{e^{-\frac{D_N}{T_N}\cdot t}}{\sqrt{1-D_N{}^2}} \cdot [\sin(\alpha+\beta) - k\cdot\sin(\alpha)] \tag{A.45}$$

mit $\alpha = \frac{t}{T_N}\cdot\sqrt{1-D_N{}^2}$, $\beta = \arccos(D_N) = \arcsin\left(\sqrt{1-D_N{}^2}\right)$ und $k = \frac{T_Z}{T_N}$.

Der Ausdruck in der eckigen Klammer von (A.45) lässt sich mittels des Additionstheorems (A.41) und durch Einsetzen von β umschreiben, wozu wir die Zwischenvariable S definieren

$$S = \sin(\alpha+\beta) - k\cdot\sin(\alpha) = (D_N - k)\cdot\sin(\alpha) + \sqrt{1-D_N{}^2}\cdot\cos(\alpha)\ . \tag{A.46}$$

Werden die Terme $(D_N - k)$ und $\sqrt{1-D_N{}^2}$ jeweils als Länge der An- und Gegenkathete in einem rechtwinkligen Dreieck mit dem Winkel ϕ interpretiert, so hat dessen Hypotenuse die Länge $H = \sqrt{(D_N-k)^2 + 1 - D_N{}^2} = \sqrt{1-2kD_N+k^2}$ und es folgt, wenn wir zunächst $D_N \geq k$ annehmen

$$\begin{aligned} S &= \left[\frac{D_N-k}{\sqrt{1-2kD_N+k^2}}\cdot\sin(\alpha) + \frac{\sqrt{1-D_N{}^2}}{\sqrt{1-2kD_N+k^2}}\cdot\cos(\alpha)\right]\cdot\sqrt{1-2kD_N+k^2} \\ &= \left[\cos(\phi)\sin(\alpha) + \sin(\phi)\cos(\alpha)\right]\cdot H = \sin(\alpha+\phi)\cdot H \end{aligned} \tag{A.47}$$

$$\text{mit} \quad \phi = \arcsin \sqrt{\frac{1 - {D_N}^2}{1 - 2kD_N + k^2}} \,. \tag{A.48}$$

Für $D_N < k$ muss vor $\cos(\phi)$ ein negatives Vorzeichen stehen, so dass wir schreiben können

$$S = -\Big[\cos(\phi)\sin(\alpha) - \sin(\phi)\cos(\alpha)\Big] \cdot H \;=\; -\sin(\alpha - \phi) \cdot H \,. \tag{A.49}$$

Setzen wir S in (A.45) ein, so erhalten wir für die Sprungantwort des Teilsystems abhängig von der betrachteten Fallunterscheidung

$$h_{kZ}(t) \;=\; 1 - \frac{\mathrm{e}^{-\frac{D_N}{T_N} \cdot t}}{F} \cdot \sin\left(\frac{t}{T_N} \cdot \sqrt{1 - {D_N}^2} + \arcsin(F)\right) \tag{A.50}$$

$$\text{mit} \quad F = \mathrm{sgn} \cdot \sqrt{\frac{1 - {D_N}^2}{1 - 2\left(\frac{T_Z}{T_N}\right) D_N + \left(\frac{T_Z}{T_N}\right)^2}} \quad \text{und} \quad \mathrm{sgn} = \begin{cases} +1 & D_N \cdot T_N \geq T_Z \\ & \text{für} \\ -1 & D_N \cdot T_N < T_Z \end{cases} .$$

Die Struktur von (A.50) entspricht der Sprungantwort $h_k(t)$ für ein System mit Polstellenpaar aber ohne Nullstelle nach (A.44), und für $T_Z = 0$ sind beide Gleichungen wie erwartet identisch.

A.9 Überschwingzeit eines Systems mit Polstellenpaar und Nullstelle

Zur Bestimmung der Überschwingzeit T_p müssen wir die zum Maximum von $h_{kZ}(t)$ gehörende Nullstelle der ersten Ableitung finden. Da sich $h_{kZ}(t)$ nach (5.74) als Summe von $h_k(t)$ und $T_Z \cdot g_k(t)$ schreiben lässt, erhalten wir mit (5.63), wenn wir den Term $T_N / \sqrt{1 - {D_N}^2} := T$ setzen

$$\begin{aligned} \frac{dh_{kZ}(t)}{dt} &= g_k(t) + T_Z \cdot \frac{dg_k(t)}{dt} \\ &= \frac{T \cdot \mathrm{e}^{-\frac{D_N}{T_N} \cdot t}}{{T_N}^2} \cdot \left[\left(1 - D_N \cdot \frac{T_Z}{T_N}\right) \cdot \sin\left(\frac{t}{T}\right) + \frac{T_Z}{T} \cdot \cos\left(\frac{t}{T}\right)\right] \overset{!}{=} 0 \,. \end{aligned} \tag{A.51}$$

Der Term in der eckigen Klammer bestimmt die Lage der Nullstelle bei $t = T_p$, woraus folgt

$$\tan\left(\frac{T_p}{T}\right) = \frac{\frac{T_Z}{T}}{D_N \cdot \frac{T_Z}{T_N} - 1} . \tag{A.52}$$

Die Umkehrfunktion arctan() liefert nur Werte im Bereich von $-\pi/2$ bis $\pi/2$, weshalb zum resultierenden Winkel π addiert werden muss, falls der Nenner negativ wird. Einsetzen von T und Auflösen nach T_p ergibt

$$T_p = \frac{T_N}{\sqrt{1 - {D_N}^2}} \cdot \left[\arctan\left(\frac{\sqrt{1 - {D_N}^2} \cdot T_Z}{D_N \cdot T_Z - T_N}\right) + \varphi_0\right] \tag{A.53}$$

$$\text{mit} \quad \varphi_0 = \begin{cases} \pi & \text{für} \quad D_N \cdot T_Z < T_N \\ 0 & \text{sonst} \end{cases} .$$

A.10 Partialbruchzerlegung von Systemen mit konjugiert komplexem Polstellenpaar sowie zusätzlicher Pol- und Nullstelle

Ausgangspunkt ist die Partialbruchzerlegung der Laplace-Transformierten der Sprungantwort eines Systems mit einem konjugiert komplexem Polpaar, einer Nullstelle bei $s_Z = -1/T_Z$ sowie einer zusätzlichen Polstelle bei $s_{N2} = -1/T_{N2}$. Wir erhalten drei Partialbrüche mit den Parametern V_1, T_{Z1} und V_2, wobei wir mittels Zuhaltemethode, siehe Abschn. 5.2.3, für die Zählerkonstante des ersten Partialbruches mit der Polstelle bei $s = 0$ den Wert eins bestimmt haben

$$H(s) = \frac{1 + T_Z \cdot s}{s \cdot (1 + 2D_N T_N \cdot s + {T_N}^2 \cdot s^2) \cdot (1 + T_{N2} \cdot s)} \tag{A.54}$$

$$= \frac{1}{s} + \frac{V_1 \cdot (1 + T_{Z1} \cdot s)}{1 + 2D_N T_N \cdot s + {T_N}^2 \cdot s^2} + \frac{V_2}{1 + T_{N2} \cdot s} = H_1(s) + \frac{V_2}{1 + T_{N2} \cdot s} . \tag{A.55}$$

Der Verstärkungsfaktor V_2 kann ebenfalls mit der Zuhaltemethode direkt abgelesen werden

$$V_2 = H(s) \cdot (1 + T_{N2} \cdot s)\big|_{s=-\frac{1}{T_{N2}}} = \frac{(T_Z - T_{N2}) \cdot {T_{N2}}^2}{{T_{N2}}^2 - 2D_N T_{N2} T_N + {T_N}^2} . \tag{A.56}$$

Die ersten beiden Partialbrüche von $H(s)$ in (A.55) haben wir zu $H_1(s)$ zusammengefasst, und $H_1(s)$ soll jetzt so umgeformt werden, dass die zugehörige Sprungantwort $h_1(t)$ einer bereits bekannten Laplace-Korrespondenz entspricht, wozu wir zunächst $\frac{1}{s}$ ausklammern

$$H_1(s) = \frac{1}{s} \cdot \left[1 + \frac{s \cdot V_1 \cdot (1 + T_{Z1} \cdot s)}{1 + 2D_N T_N \cdot s + {T_N}^2 \cdot s^2}\right] . \tag{A.57}$$

Die beiden Summanden in der eckigen Klammer bringen wir auf ihren Hauptnenner und führen anschließend eine Polynomdivision durch. Deren Ergebnis ergibt eine Konstante V sowie die Übertragungsfunktion eines Systems mit dem Polstellenpaar im Nenner, welches im Zähler jetzt eine Konstante V' sowie einen linearen Term mit einer Zeitkonstanten $T_Z{}'$ enthält. Damit lässt sich $H_1(s)$ als Summe der Laplace-Transformierten eines Sprunges und der Sprungantwort eines Systems zweiter Ordnung schreiben, die wir entsprechend (5.75) bereits kennen

$$H_1(s) = \frac{1}{s} \cdot \left[V + \frac{V' \cdot (1 + T_Z{}' \cdot s)}{1 + 2D_N T_N \cdot s + T_N{}^2 \cdot s^2} \right] = \frac{V}{s} + \frac{V' \cdot (1 + T_Z{}' \cdot s)}{s \cdot (1 + 2D_N T_N \cdot s + T_N{}^2 \cdot s^2)} . \tag{A.58}$$

Die charakteristischen Größen dieses Systems hängen von den Parametern V, V' sowie $T_Z{}'$ ab, die wir durch Vergleich von (A.54) mit (A.58) bestimmen können. Den Zusammenhang zwischen V und V' erhalten wir aus einer Grenzfallbetrachtung: Da die zu $H(s)$ korrespondierende Sprungantwort $h(t)$ für $t \to \infty$ den Wert 1 annimmt, muss dies auch für $h_1(t)$ gelten, denn das zum Partialbruch mit V_2 gehörende Zeitsignal läuft für $t \to \infty$ gegen 0. Nach dem Endwertsatz (3.124) kann dieser Grenzwert auch aus $H_1(s)$ bestimmt werden, woraus V' abhängig von V folgt

$$\lim_{t \to \infty} (h_1(t)) = \lim_{s \to 0} (s \cdot H_1(s)) = V + V' \overset{!}{=} 1 \quad \Rightarrow \quad V' = 1 - V . \tag{A.59}$$

Die Laplace-Transformierte der Sprungantwort des Systems lautet damit

$$H(s) = \frac{V}{s} + \frac{(1 - V) \cdot (1 + T_Z{}' \cdot s)}{s \cdot (1 + 2D_N T_N \cdot s + T_N{}^2 \cdot s^2)} + \frac{V_2}{1 + T_{N2} \cdot s} . \tag{A.60}$$

Nun bringen wir $H(s)$ auf den Hauptnenner

$$\begin{aligned} H(s) &= \frac{V \cdot (1 + 2D_N T_N \cdot s + T_N{}^2 \cdot s^2) \cdot (1 + T_{N2} \cdot s)}{s \cdot (1 + 2D_N T_N \cdot s + T_N{}^2 \cdot s^2) \cdot (1 + T_{N2} \cdot s)} \\ &+ \frac{(1 - V) \cdot (1 + T_Z{}' \cdot s) \cdot (1 + T_{N2} \cdot s)}{s \cdot (1 + 2D_N T_N \cdot s + T_N{}^2 \cdot s^2) \cdot (1 + T_{N2} \cdot s)} \\ &+ \frac{V_2 \cdot s \cdot (1 + 2D_N T_N \cdot s + T_N{}^2 \cdot s^2)}{s \cdot (1 + 2D_N T_N \cdot s + T_N{}^2 \cdot s^2) \cdot (1 + T_{N2} \cdot s)} . \end{aligned} \tag{A.61}$$

Der Zähler kann ausmultipliziert, nach den Potenzen von s sortiert und mit dem Zähler von (A.54) verglichen werden. Zunächst betrachten wir nur Terme mit s^3, die in Summe null ergeben müssen, da diese Potenz im Zähler von (A.54) nicht existiert. Hieraus folgt V

$$V \cdot T_N{}^2 T_{N2} \cdot s^3 + V_2 \cdot T_N{}^2 \cdot s^3 \overset{!}{=} 0 \quad \Rightarrow \quad V = -\frac{V_2}{T_{N2}} = \frac{(T_{N2} - T_Z) \cdot T_{N2}}{T_{N2}{}^2 - 2D_N T_{N2} T_N + T_N{}^2} . \tag{A.62}$$

Jetzt betrachten wir nur Terme in (A.61) mit der Potenz s^2, deren Summe ebenfalls null sein muss

$$V \cdot (T_N{}^2 + 2D_N T_N T_{N2}) \cdot s^2 + (1 - V) \cdot T_Z{}' T_{N2} \cdot s^2 + V_2 \cdot 2D_N T_N \cdot s^2 \stackrel{!}{=} 0\,. \quad \text{(A.63)}$$

Einsetzen von V abhängig von V_2 nach (A.62) ergibt

$$\begin{aligned} 0 &= -\frac{V_2}{T_{N2}} \cdot (T_N{}^2 + 2D_N\, T_N\, T_{N2}) + \left(1 + \frac{V_2}{T_{N2}}\right) \cdot T_Z{}' T_{N2} + V_2 \cdot 2D_N\, T_N \\ &= -\frac{V_2}{T_{N2}} \cdot T_N{}^2 + \left(1 + \frac{V_2}{T_{N2}}\right) \cdot T_Z{}' T_{N2} \;=\; -\frac{V_2}{T_{N2}} \cdot T_N{}^2 + (T_{N2} + V_2) \cdot T_Z{}'\,. \end{aligned} \quad \text{(A.64)}$$

Die Gleichung kann jetzt nach $T_Z{}'$ abhängig von V_2 aufgelöst werden

$$T_Z{}' = \frac{V_2 \cdot T_N{}^2}{T_{N2} \cdot (V_2 + T_{N2})} = \frac{T_N{}^2}{T_{N2}} \cdot \frac{1}{1 + \frac{T_{N2}}{V_2}}\,, \quad \text{(A.65)}$$

und Einsetzen von V_2 aus (A.56) führt auf das gesuchte Ergebnis

$$T_Z{}' = \frac{T_N{}^2}{T_{N2}} \cdot \frac{1}{1 + \frac{T_{N2}{}^2 - 2D_N T_{N2} T_N + T_N{}^2}{(T_Z - T_{N2}) \cdot T_{N2}}} = \frac{(T_Z - T_{N2}) \cdot T_N{}^2}{T_Z T_{N2} - 2D_N T_{N2} T_N + T_N{}^2}\,. \quad \text{(A.66)}$$

Aufgrund der Nennerzerlegung $T_{N2}{}^2 - 2D_N T_{N2} T_N + T_N{}^2 = (T_{N2} - D_N T_N)^2 + T_N{}^2(1 - D_N{}^2) > 0$ nehmen V_2 und V immer endliche Werte an. Beim Parameter $T_Z{}'$ tritt hingegen eine Polstelle auf, da dessen Nenner für $T_Z = 2D_N T_N - \frac{T_N{}^2}{T_{N2}}$ null wird. Dieser Ausdruck eingesetzt in V_2 ergibt

$$V_2 = \frac{(2D_N T_N - \frac{T_N{}^2}{T_{N2}} - T_{N2}) \cdot T_{N2}{}^2}{T_{N2}{}^2 - 2D_N T_{N2} T_N + T_N{}^2} = \frac{2D_N T_N T_{N2} - T_N{}^2 - T_{N2}{}^2}{T_{N2}{}^2 - 2D_N T_{N2} T_N + T_N{}^2} \cdot T_{N2} = -T_{N2}\,. \quad \text{(A.67)}$$

In diesem Sonderfall gilt $T_Z{}' \to \pm\infty$, so dass wir im mittleren Term von (A.60) die zu $T_Z{}' \cdot s$ addierte 1 vernachlässigen und anschließend s kürzen können. Im Zähler dieses Terms tritt dann nur noch eine Konstante $V_0 = (1 - V) \cdot T_Z{}'$ auf, für die sich mit (A.62), (A.65) und (A.67) ergibt

$$V_0 = (1 - V) \cdot T_Z{}' = \left(1 + \frac{V_2}{T_{N2}}\right) \cdot \frac{T_N{}^2}{T_{N2}} \cdot \frac{1}{1 + \frac{T_{N2}}{V_2}} = V_2 \cdot \frac{T_N{}^2}{T_{N2}{}^2} = -\frac{T_N{}^2}{T_{N2}}\,. \quad \text{(A.68)}$$

Mit $V = 1$ folgt dann für die Laplace-Transformierte der Sprungantwort in diesem Sonderfall

$$H(s) = \frac{1}{s} - \frac{\frac{T_N{}^2}{T_{N2}}}{(1 + 2D_N T_N \cdot s + T_N{}^2 \cdot s^2)} - \frac{T_{N2}}{1 + T_{N2} \cdot s}. \tag{A.69}$$

A.11 Identität der Summen von Dirac-Stößen und Cosinus-Funktionen

Ausgangspunkt der Betrachtung ist die mathematische Beschreibung der normierten Rechteckimpulsfolge nach Abb. A.1a als Fourier-Reihe, mit der jedes periodische Signal $f(t)$ der Periodendauer T als Summe von Sinus- und Cosinus-Funktionen dargestellt werden kann

$$\begin{aligned} f(t) &= \frac{a_0}{2} + \sum_{k=1}^{\infty} a_k \cdot \cos\left(\frac{2\pi k}{T} \cdot t\right) + \sum_{k=1}^{\infty} b_k \cdot \sin\left(\frac{2\pi k}{T} \cdot t\right) \\ \text{mit} \quad a_k &= \frac{2}{T} \cdot \int_{-T/2}^{T/2} f(t) \cdot \cos\left(\frac{2\pi k}{T} \cdot t\right) dt \\ b_k &= \frac{2}{T} \cdot \int_{-T/2}^{T/2} f(t) \cdot \sin\left(\frac{2\pi k}{T} \cdot t\right) dt\,. \end{aligned} \tag{A.70}$$

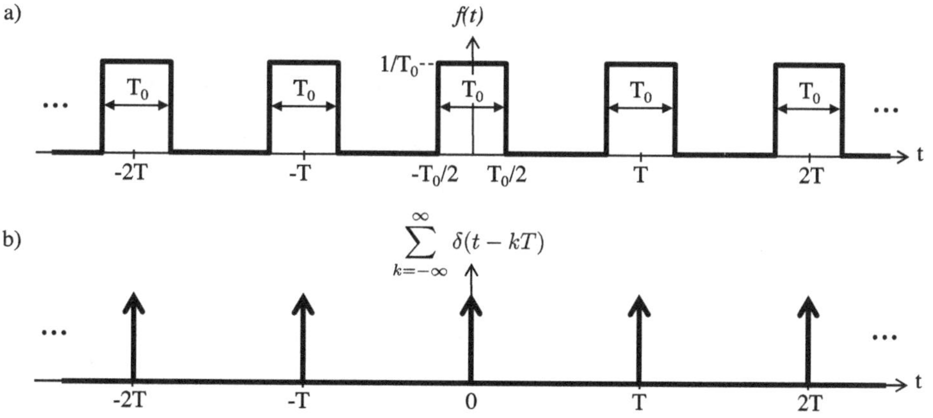

Abb. A.1 Periodische Folge von Rechteckimpulsen der Breite T_0 und Höhe $\frac{1}{T_0}$ im Abstand T (**a**) und daraus im Grenzfall $T_0 \rightarrow 0$ entstehende, ebenfalls periodische Folge um Vielfache von T verschobener Dirac-Stöße (**b**)

Da hier $f(t)$ eine gerade Funktion ist, müssen alle ungeraden Anteile der Reihe und damit alle b_k null sein. Für a_k erhalten wir unter Verwendung der in (3.27) definierten si-Funktion

$$\begin{aligned} a_k &= \frac{2}{T} \cdot \int_{-T_0/2}^{T_0/2} \frac{1}{T_0} \cdot \cos\left(\frac{2\pi k}{T} \cdot t\right) dt = \frac{2}{T} \cdot \frac{1}{T_0} \cdot \frac{T}{2\pi k} \cdot \sin\left(\frac{2\pi k}{T} \cdot t\right)\Bigg|_{-T_0/2}^{T_0/2} \\ &= \frac{2}{T} \cdot \frac{\sin\left(\frac{\pi k T_0}{T}\right)}{\frac{\pi k T_0}{T}} = \frac{2}{T} \cdot \mathrm{si}\left(\frac{\pi k T_0}{T}\right) . \end{aligned} \tag{A.71}$$

Wir hatten bereits im Abschn. 2.2.1 den Dirac-Stoß als Grenzfall eines auf die Breite T_0 und die Höhe $\frac{1}{T_0}$ normierten Rechteckimpulses eingeführt, und diesen Grenzübergang $T_0 \to 0$ betrachten wir jetzt, so dass $f(t)$ in eine Summe von äquidistanten Dirac-Stößen übergeht, siehe Abb. A.1b. Hierzu wählen wir für T_0 eine Zahlenfolge, mit der $k \cdot T_0$ für beliebige k gegen null konvergiert. Nehmen wir z. B. $T_0 = \lim\limits_{n\to\infty}\left(\frac{t_0}{n^2}\right)$ mit konstantem t_0 an, läuft das Argument der si-Funktion in (A.71) auch im Grenzfall $k \to \infty$ gegen null. Damit können wir $\mathrm{si}(0) = 1$ nach (3.28) einsetzen, woraus sich $a_k = \frac{2}{T}$ ergibt und mit (A.70) folgt

$$\sum_{k=-\infty}^{\infty} \delta(t - kT) = \frac{1}{T} + \sum_{k=1}^{\infty} \frac{2}{T} \cdot \cos\left(\frac{2\pi k}{T} \cdot t\right) = \frac{1}{T} \cdot \sum_{k=-\infty}^{\infty} \cos\left(\frac{2\pi k}{T} \cdot t\right) . \tag{A.72}$$

In (A.72) haben wir noch die Symmetrie der cos-Funktion ausgenutzt, die für negative k denselben Beitrag wie für positive k liefert, und auch den Fall $k = 0$ in die Summe eingeschlossen, so dass sich insgesamt die Identität nach (9.6) ergibt.

A.12 Autokorrelation und Leistung abgetasteter Sinussignale

Tasten wir ein Sinussignal der Periodendauer T_P, das zusätzlich einen beliebigen Phasenwinkel φ_0 aufweist, mit der Abtastzeit T ab, so erhalten wir folgende Signalwerte

$$s(kT) = A \cdot \sin\left(\frac{2\pi}{T_P} \cdot T \cdot k + \varphi_0\right) . \tag{A.73}$$

Deren AKF berechnet sich mit (8.18), wobei die Periodenlänge N_P nach (8.1) der Anzahl von Abtastwerten entspricht, die periodisch wiederholt werden[2]. Das Additionstheorem (2.9) erlaubt hierbei die Zerlegung der Produktes in die Differenz von zwei Cosinus-Funktionen

[2] Auf die Modulo-Operation können wir hier verzichten, da die Sinusfunktion ein periodisches Signal beschreibt, weshalb wir statt der zyklischen AKF auch (8.10) mit $N = N_P$ verwenden können.

$$\begin{aligned}
\varphi_{ss,d}(kT) &= \frac{1}{N_P} \cdot \sum_{i=0}^{N_P-1} A \cdot \sin\left(\frac{2\pi}{T_P} \cdot T \cdot i + \varphi_0\right) \cdot A \cdot \sin\left(\frac{2\pi}{T_P} \cdot T \cdot (i+k) + \varphi_0\right) \\
&= \frac{A^2}{N_P} \cdot \sum_{i=0}^{N_P-1} \frac{1}{2}\left[\cos\left(\frac{2\pi}{T_P} \cdot T \cdot k\right) - \cos\left(\frac{2\pi}{T_P} \cdot T \cdot (2i+k) + 2\varphi_0\right)\right] .
\end{aligned} \tag{A.74}$$

Das Argument der ersten Cosinus-Funktion hängt nicht von i ab, weshalb deren Summierung durch eine Multiplikation mit N_P ersetzt werden kann. Die zweite Cosinus-Funktion schreiben wir als Realteil der komplexen e-Funktion und ziehen dann den nicht von i abhängigen Teil aus der Summe heraus

$$\begin{aligned}
\varphi_{ss,d}(kT) &= \frac{A^2}{2} \cdot \cos\left(\frac{2\pi}{T_P} \cdot T \cdot k\right) - \frac{A^2}{2N_P} \cdot \sum_{i=0}^{N_P-1} \mathrm{Re}\left\{\mathrm{e}^{j\frac{2\pi}{T_P} \cdot T \cdot (2i+k) + 2\varphi_0}\right\} \\
&= \frac{A^2}{2} \cdot \cos\left(\frac{2\pi}{T_P} \cdot T \cdot k\right) - \frac{A^2}{2N_P} \cdot \mathrm{Re}\left\{\mathrm{e}^{j\frac{2\pi}{T_P} \cdot T \cdot k + 2\varphi_0} \cdot \sum_{i=0}^{N_P-1} \mathrm{e}^{j\frac{2\pi}{T_P} \cdot T \cdot 2i}\right\} .
\end{aligned} \tag{A.75}$$

Die verbleibende Summe entspricht einer geometrischen Reihe mit $q = \mathrm{e}^{j\frac{4\pi}{T_P} \cdot T}$, so dass gilt

$$\sum_{i=0}^{N_P-1} q^i = \frac{1-q^{N_P}}{1-q} = \frac{1-\mathrm{e}^{j\frac{4\pi}{T_P} \cdot T \cdot N_P}}{1-\mathrm{e}^{j\frac{4\pi}{T_P} \cdot T}} \quad \text{für} \quad q \neq 1 , \tag{A.76}$$

wobei $q \neq 1$ erfüllt ist, solange $4\pi \cdot \frac{T}{T_P} \neq n \cdot 2\pi$ mit $n \in \mathbb{N}$ gilt bzw. $T \neq n \cdot \frac{T_P}{2}$.

Unter dieser Annahme ersetzen wir die Periodenlänge nach (8.1) durch $N_P = \frac{T_{P,d}}{T}$, wobei für die Periodendauer $T_{P,d}$ des zeitdiskreten Signals $T_{P,d} = \mathrm{kgV}(T_P, T) = m \cdot T_P$ mit $m \in \mathbb{N}$ gilt, also $T_{P,d}$ einem ganzzahligen Vielfachen der Periodendauer T_P entspricht. Der Exponent im Zähler von (A.76) nimmt dann immer ein Vielfaches von 4π an, so dass die Reihensumme null wird und für $\varphi_{ss,d}(kT)$ folgt

$$\varphi_{ss,d}(kT) = \frac{A^2}{2} \cdot \cos\left(\frac{2\pi}{T_P} \cdot T \cdot k\right) \quad \text{für} \quad T \neq n \cdot \frac{T_P}{2} \quad \text{mit} \quad n \in \mathbb{N} . \tag{A.77}$$

Vergleichen wir dieses Ergebnis mit der AKF $\varphi_{ss}(t)$ eines analogen Sinussignals entsprechend (2.24) mit $\hat{s}_2 = A$ und $s_2 = s$, so sind beide AKF für $t = kT$ identisch. Ein abgetastetes Sinussignal weist demnach dieselbe AKF auf, die man durch Abtastung der analogen AKF erhält.

Für den Spezialfall $T = n \cdot \frac{T_P}{2}$ wird $q = 1$, so dass die Reihensumme in (A.75) den Wert N_P annimmt. Schreiben wir den Realteil darin als Cosinus, so erhalten wir aus dieser Gleichung

$$\begin{aligned}\varphi_{ss,d}(kT) &= \frac{A^2}{2} \cdot \left(\cos\left(\frac{2\pi}{T_P} \cdot T \cdot k\right) - \cos\left(\frac{2\pi}{T_P} \cdot T \cdot k + 2\varphi_0\right)\right) \\ &= \frac{A^2}{2} \cdot (\cos(\pi \cdot n \cdot k) - \cos(\pi \cdot n \cdot k + 2\varphi_0)) \\ &= \frac{A^2}{2} \cdot (-1)^{n \cdot k} \cdot (1 - \cos(2\varphi_0)) \qquad \text{für} \qquad T = n \cdot \frac{T_P}{2} \quad n \in \mathbb{N} ,\end{aligned} \tag{A.78}$$

wobei wir in der letzten Zeile die Identitäten $\cos(\pi \cdot n \cdot k) = (-1)^{n \cdot k}$ sowie $\cos(\pi \cdot n \cdot k + 2\varphi_0) = (-1)^{n \cdot k} \cdot \cos(2\varphi_0)$ eingesetzt haben. Für die abgetastete AKF eines analogen Sinussignals, die ja immer durch (A.77) beschrieben wird, erhalten wir für diesen Spezialfall

$$\varphi_{ss}(kT) = \frac{A^2}{2} \cdot \cos(\pi \cdot n \cdot k) = \frac{A^2}{2} \cdot (-1)^{n \cdot k} . \tag{A.79}$$

Abhängig von φ_0 tritt eine deutliche Diskrepanz zwischen (A.78) und (A.79) auf. Möchte man daher aus den Abtastwerten eines sinusförmigen Signals dessen Leistung bestimmen, die ja $\varphi_{ss,d}(0)$ entspricht, darf als Abtastzeit nicht das Vielfache der halben Periodendauer gewählt werden.

Diese Aussage gilt auch für beliebige periodische Signale mit einer Periodendauer T_P, denn diese können aus Sinussignalen zusammengesetzt werden und enthalten immer eine Grundschwingung ebenfalls mit T_P, die einen signifikanten Anteil der Signalleistung transportiert.

A.13 AKF von Leistungssignalen nach Übertragung mit LTI-Systemen

Bei Übertragung eines Leistungssignals $u(t)$ über ein LTI-System mit der Stoßantwort $g(t)$ ergibt sich mit (2.31) und (2.48) das Ausgangssignal $y(t)$ zu

$$y(t) = u(t) * g(t) = g(t) * u(t) = \int_{-\infty}^{\infty} g(\tau) \cdot u(t - \tau)\, d\tau . \tag{A.80}$$

Damit folgt für die AKF von $y(t)$ mit (2.21) und $t' = \tau$, wobei die Integrationsvariablen τ_1 und τ_2 benannt wurden

$$\begin{aligned}
\varphi_{yy}(t) &= \varphi_{yy}(-t) = \lim_{t_0\to\infty}\frac{1}{2t_0}\cdot\int_{-t_0}^{t_0} y(t')\cdot y(t'-t)\,dt' \\
&= \lim_{t_0\to\infty}\frac{1}{2t_0}\cdot\int_{-t_0}^{t_0}\left(\int_{-\infty}^{\infty} g(\tau_1)\cdot u(t'-\tau_1)\,d\tau_1\right)\cdot\left(\int_{-\infty}^{\infty} g(\tau_2)\cdot u(t'-t-\tau_2)\,d\tau_2\right)dt' \\
&= \lim_{t_0\to\infty}\frac{1}{2t_0}\cdot\int_{-t_0}^{t_0}\int_{-\infty}^{\infty}\int_{-\infty}^{\infty} g(\tau_1)\cdot g(\tau_2)\cdot u(t'-\tau_1)\cdot u(t'-t-\tau_2)\,d\tau_1\,d\tau_2\,dt' \,.
\end{aligned} \tag{A.81}$$

Die Reihenfolge der Integrationen ist beliebig, weshalb das äußere Integral über t' zuerst berechnet werden kann und dazu alle nicht von t' abhängigen Terme herausgezogen werden dürfen, so dass dieses Integral gerade der AKF von $u(t)$ für die Verschiebung $t+\tau_2-\tau_1$ entspricht

$$\begin{aligned}
\varphi_{yy}(t) &= \int_{-\infty}^{\infty}\int_{-\infty}^{\infty} g(\tau_1)\cdot g(\tau_2)\cdot\left(\lim_{t_0\to\infty}\frac{1}{2t_0}\cdot\int_{-t_0}^{t_0}\cdot u(t'-\tau_1)\cdot u(t'-t-\tau_2)\,dt'\right)d\tau_2\,d\tau_1 \\
&= \int_{\tau_1=-\infty}^{\infty}\int_{\tau_2=-\infty}^{\infty} g(\tau_1)\cdot g(\tau_2)\cdot\varphi_{uu}(t+\tau_2-\tau_1)\,d\tau_2\,d\tau_1 \,.
\end{aligned} \tag{A.82}$$

Jetzt substituieren wir $\tau=\tau_1-\tau_2$, woraus $\tau_1=\tau+\tau_2$ folgt, so dass die Integrationsgrenzen gleich bleiben und die nicht mehr von τ_2 abhängige AKF vor das innere Integral gezogen werden darf

$$\begin{aligned}
\varphi_{yy}(t) &= \int_{\tau=-\infty}^{\infty}\int_{\tau_2=-\infty}^{\infty} g(\tau+\tau_2)\cdot g(\tau_2)\cdot\varphi_{uu}(t-\tau)\,d\tau_2\,d\tau \\
&= \int_{\tau=-\infty}^{\infty}\varphi_{uu}(t-\tau)\cdot\int_{\tau_2=-\infty}^{\infty} g(\tau+\tau_2)\cdot g(\tau_2)\,d\tau_2\,d\tau \,.
\end{aligned} \tag{A.83}$$

Das innere Integral entspricht der Energie-AKF von $g(t)$, und das äußere Integral definiert damit die Faltung zwischen den beiden AKF

$$\varphi_{yy}(t) = \int_{\tau=-\infty}^{\infty}\varphi_{uu}(t-\tau)\cdot\varphi_{gg}^{E}(\tau)\,d\tau = \varphi_{uu}(t)*\varphi_{gg}^{E}(t) \,. \tag{A.84}$$

Diese Gleichung wird *Wiener-Lee-Beziehung* genannt. Durch Transformation in den Frequenzbereich erhalten wir einen einfachen Zusammenhang zwischen dem LDS des Eingangs- und Ausgangssignals eines Systems mit dem Betragsquadrat des Frequenzgangs $G(f)$

$$\varphi_{yy}(t) = \varphi_{uu}(t) * \varphi_{gg}^{E}(t) \quad \circ\!\!-\!\!\bullet \quad \Phi_{yy}(f) = \Phi_{uu}(f) \cdot |G(f)|^2 . \tag{A.85}$$

A.14 Invertierung der DTFT

Um die inverse DTFT entsprechend (10.2) zur Bestimmung eines zeitdiskreten Signals $s(k)$ aus seinem Abtastspektrum $S_a(f)$ herzuleiten, benötigen wir das folgende Hilfsintegral mit $k \in \mathbb{Z}$

$$T \cdot \int_{-\frac{1}{2T}}^{\frac{1}{2T}} \mathrm{e}^{j2\pi f \cdot kT} df = \frac{T}{j2\pi \cdot kT} \cdot \mathrm{e}^{j2\pi f \cdot kT} \Big|_{-\frac{1}{2T}}^{\frac{1}{2T}} = \frac{1}{\pi \cdot k} \cdot \frac{\mathrm{e}^{j\pi k} - \mathrm{e}^{j\pi \cdot k}}{2j} = \frac{\sin(\pi \cdot k)}{\pi \cdot k} \tag{A.86}$$

Der letzte Term entspricht gerade der si-Funktion, für die wir in (3.28) gezeigt hatten, dass sie für das Argument null, also $k = 0$ den Wert eins annimmt. Andere Werte für k führen auf Nullstellen der Sinusfunktion, so dass das Integral dem zeitdiskreten Einheitsimpuls $\delta(k)$ entspricht

$$T \cdot \int_{-\frac{1}{2T}}^{\frac{1}{2T}} \mathrm{e}^{j2\pi f \cdot kT} df = \mathrm{si}(\pi \cdot k) = \delta(k) . \tag{A.87}$$

Nun können wir die inverse DTFT nach (10.2) verifizieren, indem wir für $S_a(f)$ die Summe entsprechend (10.1) einsetzen und darin als Index zur Unterscheidung i statt k verwenden

$$s(k) = T \cdot \int_{-\frac{1}{2T}}^{\frac{1}{2T}} S_a(f) \cdot \mathrm{e}^{j2\pi f \cdot kT} df = T \cdot \int_{-\frac{1}{2T}}^{\frac{1}{2T}} \left(\sum_{i=-\infty}^{\infty} s(i) \cdot \mathrm{e}^{-j2\pi f \cdot iT} \right) \cdot \mathrm{e}^{j2\pi f \cdot kT} df . \tag{A.88}$$

Falls $S_a(f)$ existiert, konvergiert die Summe, so dass wir das Integral in die Summe ziehen können; außerdem fassen wir die beiden Exponenten zusammen

$$s(k) = T \cdot \sum_{i=-\infty}^{\infty} s(i) \cdot \int_{-\frac{1}{2T}}^{\frac{1}{2T}} \mathrm{e}^{j2\pi f \cdot (k-i)T} df = \sum_{i=-\infty}^{\infty} s(i) \cdot \delta(k-i) = s(k) * \delta(k) \,. \tag{A.89}$$

Anschließend haben wir mit (A.87) das Integral ersetzt, das hier den verschobenen Einheitsimpuls $\delta(k-i)$ liefert. Damit erhalten wir als Ergebnis die zeitdiskrete Faltung von $s(k)$ mit $\delta(k)$ und daher mit (8.22) gerade $s(k)$.

A.15 Invertierung der DFT-Matrix

Zum Nachweis der Gültigkeit von (10.19) zeigen wir, dass das Produkt aus $\underline{W}_N$ nach (10.17) und $\frac{1}{N} \cdot \underline{W}_N^*$ nach (10.19) der Einheitsmatrix entspricht, die Matrizen also zueinander invers sind.

Ein beliebiges Element (μ, k) in Zeile $\mu + 1$ und Spalte $k + 1$ dieser Produktmatrix erhalten wir durch Multiplikation der Zeile mit Index μ aus $\underline{W}_N$ und der Spalte mit Index k aus $\frac{1}{N} \cdot \underline{W}_N^*$. Diese skalare Multiplikation zweier Vektoren können wir als Summe über N Produktterme schreiben

$$\left[\underline{W}_N \cdot \tfrac{1}{N} \cdot \underline{W}_N^*\right]_{\mu,k} = \frac{1}{N} \cdot \sum_{i=0}^{N-1} {w_N}^{-\mu \cdot i} \cdot {w_N}^{i \cdot k} = \frac{1}{N} \cdot \sum_{i=0}^{N-1} {w_N}^{i \cdot (k-\mu)} \,. \tag{A.90}$$

Für alle Elemente auf der Hauptdiagonalen mit $\mu = k$ folgt hieraus der Wert eins

$$\left.\frac{1}{N} \cdot \sum_{i=0}^{N-1} {w_N}^{i \cdot (k-\mu)}\right|_{\mu=k} = \frac{1}{N} \cdot N = 1 \,, \tag{A.91}$$

während die Summe für $\mu \neq k$ mit der Formel für endliche geometrische Reihe in geschlossener Form dargestellt werden kann. Diese Reihe ergibt dann jeweils den Wert null, da der Zähler für $\mu \neq k$ null wird, während der Nenner im Bereich $0 \leq \mu, k \leq N-1$ ungleich null bleibt

$$\left.\frac{1}{N} \cdot \sum_{i=0}^{N-1} {w_N}^{i \cdot (k-\mu)}\right|_{\mu \neq k} = \frac{1 - {w_N}^{N \cdot (k-\mu)}}{1 - {w_N}^{(k-\mu)}} = \frac{1 - \mathrm{e}^{j\,2\pi \cdot (k-\mu)}}{1 - \mathrm{e}^{j\frac{2\pi}{N} \cdot (k-\mu)}} = 0 \,. \tag{A.92}$$

A.16 Reihenentwicklung des natürlichen Logarithmus'

Für den Zusammenhang zwischen den komplexen Variablen s und z gilt nach (10.87)

$$z = \mathrm{e}^{sT} \quad \Rightarrow \quad s = \frac{1}{T} \cdot \ln(z) \, . \tag{A.93}$$

Den Logarithmus können wir als Potenzreihe darstellen. Dazu entwickeln wir zunächst die Funktion $f(x) = \ln(1 + x)$ mit $x \in \mathbb{C}$ an der Stelle $x = 0$ in eine Taylor-Reihe

$$\begin{aligned} f(x) &= \ln(1+x) = f(0) + \sum_{k=1}^{\infty} \frac{x^k}{k!} \cdot \left.\frac{d^k f}{dx^k}\right|_{x=0} \qquad \text{mit} \quad \frac{d^k f}{dx^k} = (-1)^{k-1} \cdot \frac{(k-1)!}{(1+x)^k} \\ &= \sum_{k=1}^{\infty} \frac{x^k}{k!} \cdot (-1)^{k-1} \cdot (k-1)! = \sum_{k=1}^{\infty} \frac{x^k \cdot (-1)^{k-1}}{k} \, . \end{aligned} \tag{A.94}$$

Jetzt definieren wir die Funktion $z(x)$ sowie deren eindeutige Umkehrung

$$z = \frac{1+x}{1-x} \quad \Leftrightarrow \quad x = \frac{z-1}{z+1} \, , \tag{A.95}$$

und schreiben für $\ln(z)$

$$\begin{aligned} \ln(z) &= \ln\left(\frac{1+x}{1-x}\right) = \ln(1+x) - \ln(1-x) = \sum_{k=1}^{\infty} \frac{x^k \cdot (-1)^{k-1}}{k} - \sum_{k=1}^{\infty} \frac{(-x)^k \cdot (-1)^{k-1}}{k} \\ &= \sum_{k=1}^{\infty} \frac{x^k}{k} \cdot \left((-1)^{k-1} - (-1)^k \cdot (-1)^{k-1}\right) = \sum_{k=1}^{\infty} \frac{x^k}{k} \cdot \left((-1)^{k-1} + 1\right) \, . \end{aligned} \tag{A.96}$$

Der Ausdruck in der Klammer ergibt für gerade k immer null und für ungerade k stets den Wert zwei, so dass wir k durch $2k - 1$ ersetzen, um nur über ungerade k zu summieren. Dann folgt

$$\ln(z) = 2 \cdot \sum_{k=1}^{\infty} \frac{x^{2k-1}}{2k-1} = 2 \cdot \sum_{k=1}^{\infty} \frac{1}{2k-1} \left(\frac{z-1}{z+1}\right)^{2k-1} \, . \tag{A.97}$$

Diese Reihenentwicklung gestattet es, den natürlichen Logarithmus durch eine Reihe aus gebrochen rationalen Funktionen zu ersetzen. Für $x \approx 0$, d. h. $z \approx 1$ liefert bereits der erste Summand mit $k = 1$ eine gute Näherung, da der Fehler dann durch einen Term dritter Ordnung dominiert wird und hinreichend klein bleibt.

A.17 Ortskurven der Bilinearen Transformation

Die Bilineare Transformation ist durch (10.183) gegeben. Diese komplexe Funktion für z abhängig von s können wir wie folgt vereinfachen und dann $s = \gamma + j\omega$ einsetzen

$$z = \frac{1 + sT/2}{1 - sT/2} = \frac{2 + sT}{2 - sT} = \frac{4}{2 - sT} - 1 = \frac{4}{2 - \gamma T - j\omega T} - 1\,. \tag{A.98}$$

Zunächst wollen wir untersuchen, welche Punkte in der z-Ebene zu senkrechten Geraden in der s-Ebene korrespondieren, mit variablem ω und γ als Parameter, wozu wir äquivalent umformen

$$\begin{aligned} z &= \frac{4}{2 - \gamma T - j\omega T} - \frac{2}{2 - \gamma T} + \frac{2}{2 - \gamma T} - 1 \\ &= \frac{4(2-\gamma T) - 2(2-\gamma T) + j2\omega T}{(2 - \gamma T - j\omega T)\cdot(2 - \gamma T)} + \frac{2}{2-\gamma T} - 1 \\ &= \frac{2}{2-\gamma T}\cdot\frac{2-\gamma T + j\omega T}{2-\gamma T - j\omega T} + \frac{2}{2-\gamma T} - 1 \end{aligned} \tag{A.99}$$

Definieren wir jetzt die neue komplexe Variable $\tilde{s} = 2 - \gamma T + j\omega T$ und schreiben diese in Polarkoordinaten $\tilde{s} = |\tilde{s}|\cdot \mathrm{e}^{j\varphi\{\tilde{s}\}}$, dann ergibt sich z nur abhängig von γ und vom Phasenwinkel $\varphi\{\tilde{s}\}$

$$z = \frac{2}{2-\gamma T}\cdot\frac{|\tilde{s}|\cdot \mathrm{e}^{j\varphi\{\tilde{s}\}}}{|\tilde{s}|\cdot \mathrm{e}^{-j\varphi\{\tilde{s}\}}} + \left(\frac{2}{2-\gamma T} - 1\right) = \frac{2}{2 - \gamma T}\cdot \mathrm{e}^{j\,2\varphi\{\tilde{s}\}} + \left(\frac{2}{2-\gamma T} - 1\right) \tag{A.100}$$

Diese Gleichung beschreibt aufgrund der komplexen e-Funktion Kreisbögen in der z-Ebene abhängig von ω mit dem Radius $\frac{2}{2-\gamma T}$ und einer Verschiebung um $\frac{2}{2-\gamma T} - 1$.

In Abb. A.2a ist der Zusammenhang zwischen $\tilde{s}$ und z für zwei verschiedene Werte von γ dargestellt. Die schwarzen Kurven illustrieren den Fall $\gamma T = 1$, so dass mit $\tilde{s} = 1 + j\omega T$ ein Radius von zwei und eine Verschiebung um eins folgt. Aus der $\tilde{s}$-Ebene ist ersichtlich, dass der Winkel $\varphi\{\tilde{s}\}$ für $\omega = 0$ den Wert 0 annimmt und für $\omega \to \infty$ gegen den Wert $\frac{\pi}{2}$ strebt. Der Exponent der komplexen e-Funktion läuft damit von 0 bis π und in der z-Ebene liegen alle Punkte auf dem schwarz gezeichneten Halbkreis in der positiven imaginären Halbebene.

Betrachten wir den grau gezeichneten Fall $\gamma = 0$, also gerade die Stabilitätsgrenze analoger Systeme, so erhalten wir mit $\tilde{s} = 2 + j\omega T$, Radius eins und Verschiebung null als z-Ortskurve die obere Hälfte des Einheitskreises. Lassen wir auch negative Kreisfrequenzen ω zu, variiert $\varphi\{\tilde{s}\}$ insgesamt im Bereich $-\frac{\pi}{2} < \varphi\{\tilde{s}\} < \frac{\pi}{2}$, so dass in der z-Ebene Vollkreise entstehen.

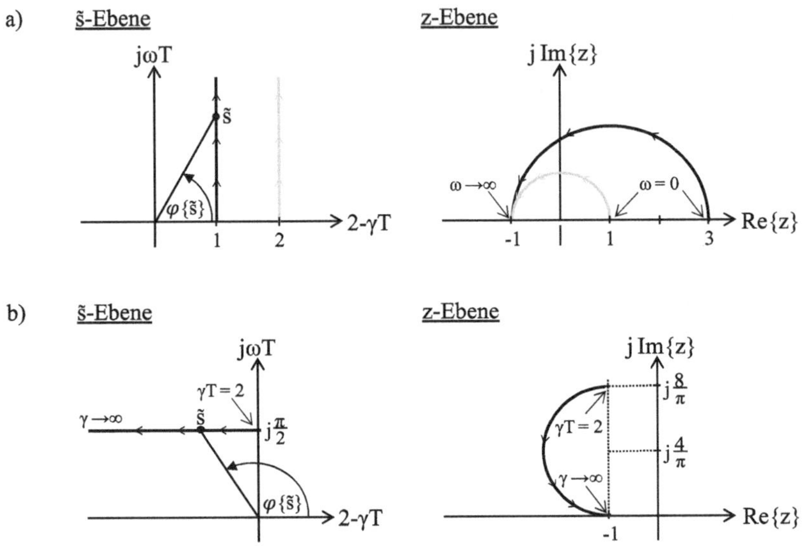

Abb. A.2 Zur Herleitung der Ortskurven der Bilinearen Transformation mit $\tilde{s}\,T = 2 - \gamma\,T + j\omega T$ für vertikale Geraden in der $\tilde{s}$-Ebene (**a**), sowie für horizontale Geraden in der $\tilde{s}$-Ebene (**b**)

Auch für andere γ-Werte können wir mit (A.100) die entsprechenden z-Ortskurven ermitteln: Alle negativen Werte $\gamma < 0$ führen auf Kreise innerhalb des Einheitskreises, während für $\gamma\,T > 2$ Kreise auftreten, die gespiegelt zu $z = -1$ liegen.

Sämtliche z-Ortskurven erreichen unabhängig von γ asymptotisch für $\omega \to \pm\infty$ den Punkt $(-1,\ 0)$, was auch für den Sonderfall $\gamma\,T = 2$ gilt: Mit diesem Wert folgt aus (A.93) die Gleichung $z = \frac{j4}{\omega T} - 1$, was bei variablem ω einer senkrechten Geraden bei $z = -1$ entspricht.

Jetzt betrachten wir horizontale Geraden in der s-, bzw. $\tilde{s}$-Ebene und bestimmen deren Abbildung in die z-Ebene. Dazu formen wir (A.98) durch Addition und Subtraktion des Terms $\frac{2}{j\omega T}$ so um, dass mit $j = \mathrm{e}^{j\pi/2}$ in der z-Ebene Kreisbögen nur abhängig von ω und von $\varphi\{\tilde{s}\}$ auftreten

$$\begin{aligned} z &= \frac{4}{2-\gamma\,T-j\omega T} + \frac{2}{j\omega T} - \frac{2}{j\omega T} - 1 \\ &= \frac{4j\omega T + 2(2-\gamma\,T) - 2j\omega T}{(2-\gamma\,T-j\omega T)\cdot j\omega T} - \frac{2}{j\omega T} - 1 = \frac{2}{j\omega T}\cdot\frac{2-\gamma\,T+j\omega T}{2-\gamma\,T-j\omega T} - \frac{2}{j\omega T} - 1 \\ &= \frac{2j}{\omega T} - 1 - \frac{2j}{\omega T}\cdot\frac{2-\gamma\,T+j\omega T}{2-\gamma\,T-j\omega T} \qquad \text{(A.101)} \\ &= \left(\frac{2j}{\omega T} - 1\right) - \frac{2}{\omega T}\cdot \mathrm{e}^{j(\frac{\pi}{2}+2\varphi\{\tilde{s}\})}\,. \end{aligned}$$

Den Radius und die Verschiebung der Kreisbögen lesen wir hieraus zu $\frac{2}{\omega T}$ bzw. $\frac{2j}{\omega T} - 1$ ab.

Abb. A.2b zeigt links für die feste Kreisfrequenz $\omega T = \frac{\pi}{2}$ die Ortskurve in der $\tilde{s}$-Ebene, die gegenüber der s-Ebene bzgl. γT gespiegelt und um den Wert 2 verschoben ist. Als Radius des Kreisbogens in der z-Ebene erhalten wir für dieses ω gerade $\frac{4}{\pi}$; außerdem tritt eine Verschiebung um denselben Wert $\frac{4}{\pi}$ entlang der imaginären Achse auf, und zusätzlich eine konstante Verschiebung um -1 entlang der reellen Achse.

Für $\gamma T = 2$ schneidet die Ortskurve in der $\tilde{s}$-Ebene gerade die imaginäre Achse; hierzu korrespondiert der Winkel $\varphi\{\tilde{s}\} = \frac{\pi}{2}$ und wir erhalten für z

$$z = \left(\tfrac{4j}{\pi} - 1\right) - \tfrac{4}{\pi} \cdot e^{j(\frac{\pi}{2}+\pi)} = j\tfrac{8}{\pi} - 1 \,, \tag{A.102}$$

während für $\gamma \to \infty$ der Winkel asymptotisch gegen $\varphi\{\tilde{s}\} = \pi$ läuft, so dass für z folgt

$$z = \left(\tfrac{4j}{\pi} - 1\right) - \tfrac{4}{\pi} \cdot e^{j(\frac{\pi}{2}+2\pi)} = -1 \,. \tag{A.103}$$

Der resultierende Halbkreis ist rechts in Abb. A.2b dargestellt. Ein Vollkreis entsteht, sofern wir auch den Bereich $-\infty < \gamma T < 2$ betrachten. Setzen wir für den Parameter ω negative Werte ein, so erhält der Imaginärteil der Verschiebung ein negatives Vorzeichen, so dass identische, jedoch an der reellen Achse gespiegelte Kreise entstehen.

Unabhängig von ω berühren alle Kreise für $\gamma \to \pm\infty$ asymptotisch den Punkt $(-1,\ 0)$. Dies gilt auch für den Sonderfall $\omega = 0$ gilt: Für diesen Wert wird z nach (A.98) rein reell, so dass die z-Ortskurve abhängig von γ der reellen Achse entspricht.

A.18 Herleitung der Tustin-Approximation durch Betrachtung von Integratoren

Zur Herleitung der Tustin'schen Approximation gehen wir davon aus, dass jedes LTI-System aus Integratoren zusammengesetzt werden kann, wie wir in den Abschn. 7.4.2 und 7.4.3 gesehen hatten. Wir können also ein analoges System diskretisieren, indem wir sämtliche darin enthaltenen Integratoren mit der Stoßantwort $g(t) = \sigma(t)$ durch möglichst ähnliche zeitdiskrete Systeme mit der noch unbekannten Impulsantwort $\hat{g}(k)$ ersetzen.

Um $\hat{g}(k)$ bzw. seine z-Übertragungsfunktion $\hat{G}(z)$ zu bestimmen, approximieren wir das Ausgangssignal $y(t)$ des Integrators aus den zeitdiskreten Eingangswerten $u(k) = u(t)|_{t=kT}$, siehe Abb. A.3a. Hierfür betrachten wir $y(t)$ zu den Zeitpunkten $t = kT$ und teilen das Integral in zwei Teilintegrale auf, so dass sich eine rekursive Gleichung ergibt

$$y(t)|_{t=kT} = \int_0^{kT} u(t)\,dt = \int_0^{(k-1)T} u(t)\,dt + \int_{(k-1)T}^{kT} u(t)\,dt = y(t)|_{t=(k-1)T} + \Delta y \,. \tag{A.104}$$

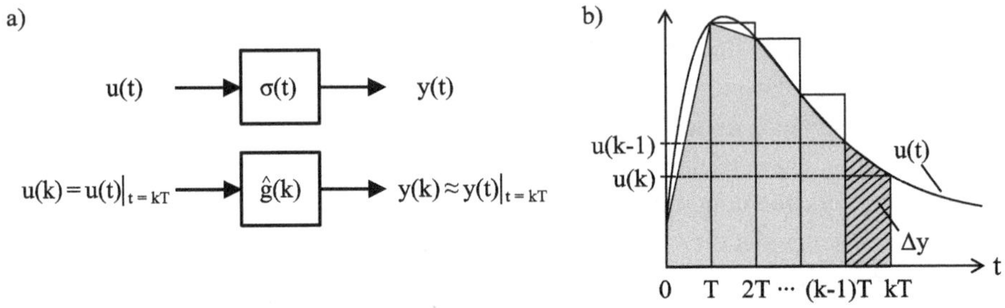

Abb. A.3 Zur Herleitung der Tustin-Approximation wird im Zeitbereich ein LSI-System bestimmt, das aus den Abtastwerten $u(k)$ des Eingangssignals $u(t)$ eines analogen Integrators zu Vielfachen der Abtastzeit kT eine Ausgangssequenz $y(k)$ erzeugt, die das Ausgangssignal $y(t)$ möglichst gut approximiert (**a**); dazu dient die Trapezregel, bei der das Integral über $u(t)$ näherungsweise durch eine Summe von Trapezflächen ersetzt wird (**b**)

Jetzt ersetzen wir, wie in Abb. A.3b gezeigt, die Fläche Δy näherungsweise durch die Fläche des schraffiert dargestellten Trapezes, die sich als Mittelwert der Seitenlängen $\frac{u(k)+u(k-1)}{2}$ multipliziert mit der Breite T berechnet[3]. Dadurch erhalten wir eine zeitdiskrete Approximation des Ausgangssignals als rekursive Differenzengleichung

$$y(t)|_{t=kT} = y(k) \approx y(k-1) + T \cdot \frac{u(k) + u(k-1)}{2} . \tag{A.105}$$

Aus dieser Gleichung können wir durch z-Transformation $\hat{G}(z)$ bestimmen, vgl. Abschn. 10.3.3

$$\begin{aligned} Y(z) &= Y(z) \cdot z^{-1} + \frac{T}{2} \cdot (U(z) + U(z) \cdot z^{-1}) \\ \Rightarrow \quad Y(z) \cdot (1 - z^{-1}) &= U(z) \cdot \frac{T}{2} \cdot (1 + z^{-1}) \quad \Rightarrow \quad \hat{G}(z) = \frac{T}{2} \cdot \frac{1 + z^{-1}}{1 - z^{-1}} . \end{aligned} \tag{A.106}$$

Zu $\hat{G}(z)$ korrespondiert die Impulsantwort $\hat{g}(k)$

$$\begin{aligned} \hat{G}(z) &= \frac{T}{2} \cdot \left(\frac{1}{1 - z^{-1}} + \frac{z^{-1}}{1 - z^{-1}} \right) = \frac{T}{2} \cdot \left(\frac{z}{z-1} + \frac{z}{z-1} \cdot z^{-1} \right) \\ &\bullet\!\!-\!\!\circ \\ \hat{g}(k) &= \frac{T}{2} \cdot (\sigma(k) + \sigma(k-1)) . \end{aligned} \tag{A.107}$$

[3] Diese Näherung ist nur hinreichend genau, falls das Signal $u(t)$ jeweils zwischen benachbarten Abtastzeitpunkten einen weitgehend linearen Verlauf aufweist, was in Abb. A.3 zwischen 0 und T sowie T und $2T$ nicht erfüllt ist; zur Erfüllung dieser Bedingung müssen die Frequenzen der in $u(t)$ enthaltenen sinusförmigen Signale klein gegenüber der Abtastfrequenz sein, so dass auch hier die Abschätzung $\omega T \ll 1$ gilt.

Die Impulsantwort entspricht nicht den Abtastwerten der Stoßantwort $\sigma(t)$ eines analogen Integrators, aber sie liefert aus den diskreten Eingangswerten $u(k)$ und $u(k-1)$ ein zeitdiskretes Ausgangssignal, welches die Bedingung $y(k) \approx y(t)|_{t=kT}$ mit hoher Genauigkeit erfüllt.

Damit gilt auch hier $G(s) \approx \hat{G}(z)$, woraus mit $G(s) = \frac{1}{s}$ dieselbe Abhängigkeit zwischen s und z wie in (10.183) folgt

$$\frac{1}{s} \approx \frac{T}{2} \cdot \frac{1+z^{-1}}{1-z^{-1}} \quad \Rightarrow \quad s \approx \frac{2}{T} \cdot \frac{z-1}{z+1} \quad \text{bzw.} \quad z \approx \frac{1+sT/2}{1-sT/2} . \tag{A.108}$$

Diese Beziehung gilt nicht nur für Integratoren, sondern für beliebige Übertragungsfunktionen, da sich diese wie bereits erwähnt durch Verknüpfung von Integratoren bilden lassen.

A.19 Erwartungstreue Schätzung der Varianz

Zunächst bestimmen wir mit (11.20) einen Schätzwert $\hat{\sigma}_{\mathbf{x}}^2$ der Varianz einer Zufallsvariablen $\mathbf{x}$ aus einer Stichprobe endlicher Größe N, indem wir auf die Grenzwertbildung verzichten und statt des Erwartungswertes $\mathrm{E}(\mathbf{x})$ den Mittelwert $\overline{x} = \hat{\mu}_{\mathbf{x}}$ derselben Stichprobe einsetzen. Auf den quadratischen Term wenden wir dann die zweite binomische Formel an

$$\begin{aligned}\hat{\sigma}_{\mathbf{x}}^2 &= \frac{1}{N} \sum_{k=0}^{N-1} [x(k) - \overline{x}]^2 = \frac{1}{N} \sum_{k=0}^{N-1} \left([x(k)]^2 - 2\,x(k) \cdot \overline{x} + \overline{x}^2\right) \\ &= \frac{1}{N} \sum_{k=0}^{N-1} [x(k)]^2 - \overline{x}^2 = \frac{1}{N} \sum_{k=0}^{N-1} [x(k)]^2 - \frac{1}{N} \left(\sum_{k=0}^{N-1} x(k)\right) \cdot \frac{1}{N} \left(\sum_{l=0}^{N-1} x(l)\right) .\end{aligned} \tag{A.109}$$

Dieser Schätzwert hängt von der verwendeten Stichprobe ab, und er repräsentiert ebenfalls eine Zufallsvariable $\hat{\boldsymbol{\sigma}}_{\mathbf{x}}^2$, die wir beschreiben können, wenn wir die konkreten Werte der Stichprobe durch die Zufallsvariablen $\mathbf{x}(k)$ ersetzen. Er wird als *erwartungstreu* bezeichnet, falls sein Erwartungswert $\mathrm{E}(\hat{\boldsymbol{\sigma}}_{\mathbf{x}}^2)$ der exakten Varianz $\sigma_{\mathbf{x}}^2$ entspricht. Anschaulich bedeutet dies, dass wir nicht nur eine, sondern L Stichproben bilden, die jeweils N Ergebnisse von $\mathbf{x}$ enthalten. Daraus bestimmen wir jeweils einen Schätzwert $\hat{\sigma}_{\mathbf{x}}^2$ und mitteln dann über alle L Schätzwerte mit $L \to \infty$. Hierbei können wir die Bildung des Erwartungswertes wegen (11.18) in die Summen hineinziehen, nachdem wir im zweiten Term das Produkt der beiden Summen ausmultipliziert haben

$$\begin{aligned}\mathrm{E}(\hat{\boldsymbol{\sigma}}_{\mathbf{x}}^2) &= \frac{1}{N}\cdot \mathrm{E}\left(\sum_{k=0}^{N-1}[\mathbf{x}(k)]^2\right) - \frac{1}{N^2}\cdot \mathrm{E}\left(\sum_{k=0}^{N-1}\sum_{l=0}^{N-1}\mathbf{x}(k)\cdot\mathbf{x}(l)\right)\\ &= \frac{1}{N}\cdot\sum_{k=0}^{N-1}\mathrm{E}\big([\mathbf{x}(k)]^2\big) - \frac{1}{N^2}\cdot\sum_{k=0}^{N-1}\sum_{l=0}^{N-1}\mathrm{E}(\mathbf{x}(k)\cdot\mathbf{x}(l))\ . \end{aligned} \tag{A.110}$$

In der ersten Summe entspricht der Erwartungswert $\mathrm{E}\big([\mathbf{x}(k)]^2\big)$ gerade $\mathrm{E}\big(\mathbf{x}^2\big)$, denn alle Zufallsvariablen weisen unabhängig von k denselben Erwartungswert auf. Mit (11.22) können wir dann $\mathrm{E}\big(\mathbf{x}^2\big)$ durch die Summe aus Varianz und quadriertem Erwartungswert ersetzen, die N-mal aufaddiert werden

$$\frac{1}{N}\cdot\sum_{k=0}^{N-1}\mathrm{E}\big([\mathbf{x}(k)]^2\big) = \frac{1}{N}\cdot N\cdot(\sigma_{\mathbf{x}}^2+\mu_{\mathbf{x}}^2) = \sigma_{\mathbf{x}}^2+\mu_{\mathbf{x}}^2\ . \tag{A.111}$$

In der Doppelsumme von (A.110) müssen wir zwei Fälle unterscheiden: Während für $l = k$ dieselbe Betrachtung wie zuvor gilt, sind für $l \neq k$ die Zufallsvariablen $\mathbf{x}(k)$ und $\mathbf{x}(l)$ unkorreliert, da zwischen unterschiedlichen Elementen einer Stichprobe keine statistische Bindung besteht. Weiterhin entsprechen ihre Erwartungswerte jeweils $\mu_{\mathbf{x}}$, so dass aus (11.57) die Identität $\mathrm{E}(\mathbf{x}(k)\cdot\mathbf{x}(l)) = \mu_{\mathbf{x}}^2$ folgt. Die Doppelsumme enthält N^2 Werte, wobei der Fall $l = k$ bzw. $l \neq k$ jeweils N-mal bzw. $N(N-1)$-mal auftritt, so dass gilt

$$\frac{1}{N^2}\cdot\sum_{k=0}^{N-1}\sum_{l=0}^{N-1}\mathrm{E}(\mathbf{x}(k)\cdot\mathbf{x}(l)) = \frac{1}{N^2}\cdot\big(N\cdot(\sigma_{\mathbf{x}}^2+\mu_{\mathbf{x}}^2)+N(N-1)\cdot\mu_{\mathbf{x}}^2\big) = \frac{\sigma_{\mathbf{x}}^2}{N}+\mu_{\mathbf{x}}^2\ . \tag{A.112}$$

Insgesamt erhalten wir damit aus (A.110) für den Erwartungswert der geschätzten Varianz einen zu kleinen Wert, so dass die Schätzung nicht erwartungstreu ist

$$\mathrm{E}(\hat{\boldsymbol{\sigma}}_{\mathbf{x}}^2) = \sigma_{\mathbf{x}}^2 - \frac{\sigma_{\mathbf{x}}^2}{N} = \sigma_{\mathbf{x}}^2\cdot\frac{N-1}{N}\ . \tag{A.113}$$

Diese insbesondere bei kleinen Stichproben störende Ungenauigkeit kann kompensiert werden, indem wir (A.109) mit dem Kehrwert $\frac{N}{N-1}$ multiplizieren, so dass wir die erwartungstreue Schätzung der Varianz entsprechend (11.24) erhalten.

A.20 Zusammenhang zwischen Normal- und Binomialverteilung

Ausgangspunkt ist eine binomialverteilte diskrete Zufallsvariable $\mathbf{x}$ abhängig von der Grundwahrscheinlichkeit P_A, mit der ein Ereignis A auftritt, sowie der Anzahl der Versuche n, so dass für den Erwartungswert $\mu_{\mathbf{x}} = n\cdot P_A$ und für die Varianz $\sigma_{\mathbf{x}}^2 = n\cdot P_A(1-P_A)$ gilt. Die ganzzahligen Werte $0 \leq i \leq n$ von $\mathbf{x}$ werden dann durch die Wahrscheinlichkeitsfunktion (11.37) beschrieben.

Bei großem n weichen die Wahrscheinlichkeiten $P_b(\mathbf{x} = i)$ nur für i in der Nähe von $\mu_\mathbf{x}$ von null ab, siehe Abb. 11.14, und dort gilt dann $0 \ll i \ll n$. Damit nehmen die Fakultäten $i!$, $n!$ und $(n-i)!$ große Werte an, und wir können sie mit der Stirlingformel approximieren

$$\begin{aligned} P_b(\mathbf{x}=i) &\approx \frac{\sqrt{2\pi n}\cdot\left(\frac{n}{e}\right)^n}{\sqrt{2\pi(n-i)}\cdot\left(\frac{n-i}{e}\right)^{n-i}\cdot\sqrt{2\pi i}\cdot\left(\frac{i}{e}\right)^n}\cdot {P_A}^i\cdot(1-P_A)^{n-i} \\ &\approx \frac{\sqrt{n}\cdot n^n}{\sqrt{2\pi(n-i)}\cdot(n-i)^{n-i}\cdot\sqrt{i}\cdot i^n}\cdot {P_A}^i\cdot(1-P_A)^{n-i}. \end{aligned} \qquad \text{(A.114)}$$

Mit $n^n = n^i \cdot n^{n-i}$ und $i^n = i^i \cdot i^{n-i}$ lässt sich die Formel weiter vereinfachen. Außerdem betrachten wir $\mathbf{x}$ jetzt als stetige Zufallsvariable, wobei die Wahrscheinlichkeitsfunktion $P_b(\mathbf{x})$ wegen $P_b(\mathbf{x}) = p_b(\mathbf{x}) \cdot \Delta\mathbf{x}$ und hier $\Delta\mathbf{x} = 1$ für große n in die Wahrscheinlichkeitsdichte $p_b(\mathbf{x})$ übergeht

$$p_b(\mathbf{x}) \approx \sqrt{\frac{n}{2\pi(n-\mathbf{x})\cdot\mathbf{x}}}\cdot\left(\frac{n\cdot P_A}{\mathbf{x}}\right)^{\mathbf{x}}\cdot\left(\frac{n\cdot(1-P_A)}{n-\mathbf{x}}\right)^{n-\mathbf{x}}. \qquad \text{(A.115)}$$

Vom Produkt der letzten beiden Terme bilden wir den natürlichen Logarithmus und entwickeln diesen an der Stelle $\mu_\mathbf{x} = n \cdot P_A$ in eine Taylor-Reihe. Dabei können wir uns auf die erste und zweite Ableitung beschränken, denn $p_b(\mathbf{x})$ weicht für große n nur im Bereich um $\mu_\mathbf{x}$ von null ab

$$\begin{aligned} f(\mathbf{x}) &= \ln\left[\left(\frac{n\cdot P_A}{\mathbf{x}}\right)^{\mathbf{x}}\cdot\left(\frac{n\cdot(1-P_A)}{n-\mathbf{x}}\right)^{n-\mathbf{x}}\right] \\ &= \mathbf{x}\cdot\ln(n\cdot P_A) - \mathbf{x}\cdot\ln(x) + (n-\mathbf{x})\cdot\ln(n\cdot(1-P_A)) - (n-\mathbf{x})\cdot\ln(n-\mathbf{x}), \end{aligned} \qquad \text{(A.116)}$$

$$f'(\mathbf{x}) = \ln(n\cdot P_A) - \ln(\mathbf{x}) - 1 - \ln(n\cdot(1-P_A)) + \ln(n-\mathbf{x}) + 1 = \ln\left(\frac{P_A\cdot(n-\mathbf{x})}{(1-P_A)\cdot\mathbf{x}}\right), \qquad \text{(A.117)}$$

$$f''(\mathbf{x}) = -\frac{1}{\mathbf{x}} - \frac{1}{n-\mathbf{x}} = -\frac{n}{\mathbf{x}\cdot(n-\mathbf{x})}. \qquad \text{(A.118)}$$

Für $\mathbf{x} = \mu_\mathbf{x} = n \cdot P_A$ weist $f(\mathbf{x})$ ein Maximum auf, so dass $f'(\mathbf{x})$ dort null wird, ebenso wie $f(\mathbf{x})$. Die zweite Ableitung nimmt an dieser Stelle den Wert $\frac{-1}{n\cdot P_A(1-P_A)} = -\frac{1}{\sigma_\mathbf{x}^2}$ an, und wir erhalten

$$f(\mathbf{x}) \approx f(\mu_\mathbf{x}) + f'(\mu_\mathbf{x})\cdot(\mathbf{x}-\mu_\mathbf{x}) + \frac{f''(\mu_\mathbf{x})}{2}\cdot(\mathbf{x}-\mu_\mathbf{x})^2 = -\frac{1}{2\sigma_\mathbf{x}^2}\cdot(\mathbf{x}-\mu_\mathbf{x})^2. \qquad \text{(A.119)}$$

Setzen wir dieses Ergebnis in (A.115) ein und bilden den Grenzfall $n \to \infty$, so läuft die Binomialverteilung gegen die Normal- bzw. Gauß-verteilung $p_g(\mathbf{x})$

$$\lim_{n\to\infty} p_b(\mathbf{x}) = \lim_{n\to\infty} \sqrt{\frac{n}{2\pi(n-\mathbf{x})\cdot\mathbf{x}}} \cdot e^{-\frac{(\mathbf{x}-\mu_\mathbf{x})^2}{2\sigma_\mathbf{x}^2}} = \sqrt{\frac{1}{2\pi(1-P_A)\cdot n\cdot P_A}} \cdot e^{-\frac{(\mathbf{x}-\mu_\mathbf{x})^2}{2\sigma_\mathbf{x}^2}}$$
$$= \frac{1}{\sqrt{2\pi}\cdot\sigma_\mathbf{x}} \cdot e^{-\frac{(\mathbf{x}-\mu_\mathbf{x})^2}{2\sigma_\mathbf{x}^2}} = p_g(\mathbf{x})\,. \qquad \text{(A.120)}$$

Hierbei nimmt für große n die e-Funktion nur für $\mathbf{x} \approx \mu_\mathbf{x}$ Werte ungleich null an, weshalb wir in der Wurzel $\mathbf{x}$ durch $\mu_\mathbf{x} = n \cdot P_A$ ersetzt und dann die Varianz $\sigma_\mathbf{x}^2 = (1-P_A)\cdot n\cdot P_A$ eingesetzt haben. Der Faktor vor der e-Funktion ergibt sich auch aus der Bedingung, dass das unendliche Integral über $p_g(\mathbf{x})$ eins betragen muss, was aus (A.11) und (A.14) mit der Substitution $t = \frac{\mathbf{x}-\mu_\mathbf{x}}{\sqrt{2\pi}\sigma_\mathbf{x}}$ folgt

$$\int_{-\infty}^{\infty} p_g(\mathbf{x})\,d\mathbf{x} = \frac{1}{\sqrt{2\pi}\cdot\sigma_\mathbf{x}} \cdot \int_{-\infty}^{\infty} e^{-\frac{(\mathbf{x}-\mu_\mathbf{x})^2}{2\sigma_\mathbf{x}^2}}\,d\mathbf{x} = \frac{1}{\sqrt{2\pi}\cdot\sigma_\mathbf{x}} \cdot \int_{-\infty}^{\infty} e^{-\pi\cdot t^2} \cdot \sqrt{2\pi}\sigma_\mathbf{x}\,dt = 1\,. \qquad \text{(A.121)}$$

A.21 Levinson-Durbin-Algorithmus

Mit diesem Algorithmus können lineare Gleichungssysteme der Form $\underline{\varphi}_n \cdot \underline{\beta}_n = \underline{r}_n$ mit der quadratischen Matrix $\underline{\varphi}_n$ sowie den Spaltenvektoren $\underline{\beta}_n$ und $\underline{r}_n$ jeweils n-ter Ordnung mit vergleichsweise geringem Aufwand gelöst werden, um den Vektor $\underline{\beta}_n$ zu bestimmen. Dazu muss $\underline{\varphi}_n$ eine sogenannte Toeplitz-Struktur aufweisen, bei der sämtliche Diagonalen jeweils denselben Wert enthalten, so dass sich das folgende Gleichungssystem ergibt

$$\begin{bmatrix} \varphi(0) & \varphi(-1) & \varphi(-2) & \cdots & \varphi(1-n) \\ \varphi(1) & \varphi(0) & \varphi(-1) & \ddots & \vdots \\ \varphi(2) & \varphi(1) & \varphi(0) & \ddots & \varphi(-2) \\ \vdots & \ddots & \ddots & \ddots & \varphi(-1) \\ \varphi(n-1) & \cdots & \varphi(2) & \varphi(1) & \varphi(0) \end{bmatrix} \cdot \begin{bmatrix} \beta(0) \\ \beta(1) \\ \beta(2) \\ \vdots \\ \beta(n-1) \end{bmatrix} = \begin{bmatrix} r(0) \\ r(1) \\ r(2) \\ \vdots \\ r(n-1) \end{bmatrix}. \qquad \text{(A.122)}$$

Der Algorithmus arbeitet rekursiv, so dass wir aus $\underline{\beta}_n$ jeweils $\underline{\beta}_{n+1}$ erhalten. Als Startwert verwenden wir $n = 2$, so dass wir $\underline{\beta}_2$ mit der Cramerschen Regel bestimmen können

$$\underline{\beta}_2 = \underline{\varphi}_2^{-1} \cdot \underline{r}_2 \quad \text{mit} \quad \underline{\varphi}_2^{-1} = \frac{1}{\varphi(0)^2 - \varphi(1)\varphi(-1)} \cdot \begin{bmatrix} \varphi(0) & -\varphi(-1) \\ -\varphi(1) & \varphi(0) \end{bmatrix} = \left[\underline{f}_2\ \underline{l}_2\right]. \qquad \text{(A.123)}$$

Hierbei bezeichnen $\underline{f}_2$ und $\underline{l}_2$ die beiden Spaltenvektoren in der inversen Matrix $\underline{\varphi_2}^{-1}$

$$\underline{f}_2 = \frac{1}{\varphi(0)^2-\varphi(1)\varphi(-1)} \cdot \begin{bmatrix} \varphi(0) \\ -\varphi(1) \end{bmatrix} \quad \text{und} \quad \underline{l}_2 = \frac{1}{\varphi(0)^2-\varphi(1)\varphi(-1)} \cdot \begin{bmatrix} -\varphi(-1) \\ \varphi(0) \end{bmatrix}. \tag{A.124}$$

Da definitionsgemäß das Produkt $\underline{\varphi}_2 \cdot \underline{\varphi}_2^{-1}$ die Einheitsmatrix $\underline{E}_2$ ergibt, entspricht jeweils das Produkt von $\underline{\varphi}_2$ mit $\underline{f}_2$ bzw. $\underline{l}_2$ dem Einheitsvektor $\underline{e}_2^{(1)}$ bzw. $\underline{e}_2^{(2)}$ mit $\underline{E}_2 = [\ \underline{e}_2^{(1)}\ \ \underline{e}_2^{(2)}\ ]$

$$\underline{\varphi}_2 \cdot \underline{\varphi}_2^{-1} = \underline{E}_2 = \begin{bmatrix} 1 & 0 \\ 0 & 1 \end{bmatrix} \quad \Rightarrow \quad \underline{\varphi}_2 \cdot \underline{f}_2 = \underline{e}_2^{(1)} = \begin{bmatrix} 1 \\ 0 \end{bmatrix} \quad \text{und} \quad \underline{\varphi}_2 \cdot \underline{l}_2 = \underline{e}_2^{(2)} = \begin{bmatrix} 0 \\ 1 \end{bmatrix}. \tag{A.125}$$

Jetzt betrachten wir den Fall $n = 3$. Analog zu (A.124) bezeichnen wir mit $\underline{f}_3$ und $\underline{l}_3$ jeweils den ersten und letzten Vektor der inversen Matrix $\underline{\varphi}_3^{-1}$. Diese kennen wir noch nicht, allerdings muss auch hier das Produkt von $\underline{\varphi}_3$ mit $\underline{f}_3$ bzw. mit $\underline{l}_3$ den Einheitsvektor $\underline{e}_3^{(1)}$ bzw. $\underline{e}_3^{(3)}$ ergeben

$$\underline{\varphi}_3 = \begin{bmatrix} \varphi(0) & \varphi(-1) & \varphi(-2) \\ \varphi(1) & \varphi(0) & \varphi(-1) \\ \varphi(2) & \varphi(1) & \varphi(0) \end{bmatrix} \quad \text{mit} \quad \underline{\varphi}_3 \cdot \underline{f}_3 = \underline{e}_3^{(1)} = \begin{bmatrix} 1 \\ 0 \\ 0 \end{bmatrix}, \quad \underline{\varphi}_3 \cdot \underline{l}_3 = \underline{e}_3^{(3)} = \begin{bmatrix} 0 \\ 0 \\ 1 \end{bmatrix}. \tag{A.126}$$

Den Vektor $\underline{f}_3$ approximieren wir zunächst durch $\underline{\tilde{f}}_3$, den wir identisch zu $\underline{f}_2$ annehmen mit einer zusätzlichen Null als letzte Komponente. Außerdem verwenden wir die Eigenschaft der Toeplitz-Matrix $\underline{\varphi}_3$, dass diese die Matrix $\underline{\varphi}_2$ als Teilmatrix enthält. Das Produkt $\underline{\varphi}_3 \cdot \underline{\tilde{f}}_3$ ergibt dann einen Vektor $\underline{\tilde{e}}_3^{(1)}$, der sich nur im letzten Eintrag vom gewünschten Einheitsvektor $\underline{e}_3^{(1)}$ unterscheidet[4]

$$\underline{\tilde{f}}_3 = \begin{bmatrix} \underline{f}_2 \\ 0 \end{bmatrix} \quad \Rightarrow \quad \underline{\varphi}_3 \cdot \underline{\tilde{f}}_3 = \left[\begin{array}{cc|c} & & \varphi(-2) \\ & \underline{\varphi}_2 & \varphi(-1) \\ \hline \varphi(2) & \varphi(1) & \varphi(0) \end{array} \right] \cdot \begin{bmatrix} \underline{f}_2 \\ 0 \end{bmatrix} = \begin{bmatrix} 1 \\ 0 \\ \Delta f_2 \end{bmatrix} = \underline{\tilde{e}}_3^{(1)}. \tag{A.127}$$

Analog dazu approximieren wir $\underline{l}_3$ durch $\underline{\tilde{l}}_3$ und definieren diesen identisch zu $\underline{l}_2$, ergänzt durch eine Null als erstes Element. In diesem Fall liefert die blockweise Multiplikation $\boldsymbol{\varphi}_3 \cdot \underline{\tilde{l}}_3$ einen Vektor $\underline{\tilde{e}}_3^{(3)}$, der lediglich im ersten Eintrag von $\underline{e}_3^{(3)}$ abweicht. Dazu ersetzen

[4] Die Matrizenmultiplikation wird dazu blockweise berechnet, wobei die beiden oberen Blöcke von $\underline{\varphi}_3$ multipliziert mit $\underline{\tilde{f}}_3$ den Vektor $\underline{e}_2^{(1)}$ ergeben, während aus der Multiplikation der letzten Zeile von $\underline{\varphi}_3$ mit $\underline{\tilde{f}}_3$ der Skalar Δf_2 folgt.

wir diesmal den Block unten rechts in $\boldsymbol{\varphi}_3$ durch die Matrix $\underline{\varphi}_2$, was ebenfalls aus der Toeplitz-Eigenschaft folgt

$$\underline{\tilde{l}}_3 = \begin{bmatrix} 0 \\ \underline{l}_2 \end{bmatrix} \quad \Rightarrow \quad \underline{\varphi}_3 \cdot \underline{\tilde{l}}_3 = \left[\begin{array}{c|cc} \varphi(0) & \varphi(-1) & \varphi(-2) \\ \hline \varphi(1) & & \\ & & \\ \varphi(2) & & \underline{\varphi_2} \end{array}\right] \cdot \begin{bmatrix} 0 \\ \underline{l}_2 \end{bmatrix} = \begin{bmatrix} \Delta l_2 \\ 0 \\ 1 \end{bmatrix} = \underline{\tilde{e}}_3^{(3)} . \tag{A.128}$$

Für die beiden Abweichungen Δf_2 und Δl_2 erhalten wir jeweils aus (A.127) und (A.128)

$$\Delta f_2 = \begin{bmatrix} \varphi(2) \ \varphi(1) \end{bmatrix} \cdot \underline{f}_2 \quad \text{und} \quad \Delta l_2 = \begin{bmatrix} \varphi(-1) \ \varphi(-2) \end{bmatrix} \cdot \underline{l}_2 \, . \tag{A.129}$$

Da sich die Vektoren $\underline{\tilde{e}}_3^{(1)}$ und $\underline{\tilde{e}}_3^{(3)}$ nur in der letzten bzw. ersten Komponente von den gewünschten Einheitsvektoren $\underline{e}_3^{(1)}$ bzw. $\underline{e}_3^{(3)}$ unterscheiden, schreiben wir den gesuchten Vektor $\underline{f}_3$ als Linearkombination aus $\underline{\tilde{f}}_3$ und $\underline{\tilde{l}}_3$, mit den noch unbekannten Koeffizienten λ_f und μ_f. Wegen der Linearität der Matrizenmultiplikation führt das Produkt $\underline{\varphi}_3 \cdot \underline{f}_3$ auf dieselbe Linearkombination aus $\underline{\tilde{e}}_3^{(1)}$ und $\underline{\tilde{e}}_3^{(3)}$, wobei diese dem Einheitsvektor $\underline{e}_3^{(1)}$ entsprechen soll

$$\underline{f}_3 = \lambda_f \cdot \underline{\tilde{f}}_3 + \mu_f \cdot \underline{\tilde{l}}_3 \quad \Rightarrow \quad \underline{\varphi}_3 \cdot \underline{f}_3 = \lambda_f \cdot \begin{bmatrix} 1 \\ 0 \\ \Delta f_2 \end{bmatrix} + \mu_f \cdot \begin{bmatrix} \Delta l_2 \\ 0 \\ 1 \end{bmatrix} \stackrel{!}{=} \begin{bmatrix} 1 \\ 0 \\ 0 \end{bmatrix} . \tag{A.130}$$

Hieraus lassen sich die Koeffizienten λ_f und μ_f ermitteln, und wir können $\underline{f}_3$ angeben

$$\begin{array}{l} \lambda_f + \mu_f \cdot \Delta l_2 = 1 \\ \lambda_f \cdot \Delta f_2 + \mu_f = 0 \end{array} \quad \Rightarrow \quad \lambda_f = \frac{1}{1 - \Delta f_2 \cdot \Delta l_2} \quad \text{und} \quad \mu_f = \frac{-\Delta f_2}{1 - \Delta f_2 \cdot \Delta l_2} , \tag{A.131}$$

$$\underline{f}_3 = \frac{1}{1 - \Delta f_2 \cdot \Delta l_2} \cdot \left(\begin{bmatrix} \underline{f}_2 \\ 0 \end{bmatrix} - \Delta f_2 \cdot \begin{bmatrix} 0 \\ \underline{l}_2 \end{bmatrix} \right) . \tag{A.132}$$

Genauso lässt sich auch $\underline{l}_3$ als Linearkombination aus $\underline{\tilde{f}}_3$ und $\underline{\tilde{l}}_3$ bilden, diesmal mit den Koeffizienten λ_l und μ_l, wobei hier das Produkt $\underline{\varphi}_3 \cdot \underline{l}_3$ dem Einheitsvektor $\underline{e}_3^{(3)}$ entsprechen soll

$$\underline{l}_3 = \lambda_l \cdot \underline{\tilde{f}}_3 + \mu_l \cdot \underline{\tilde{l}}_3 \quad \Rightarrow \quad \underline{\varphi}_3 \cdot \underline{l}_3 = \lambda_l \cdot \begin{bmatrix} 1 \\ 0 \\ \Delta f_2 \end{bmatrix} + \mu_l \cdot \begin{bmatrix} \Delta l_2 \\ 0 \\ 1 \end{bmatrix} \stackrel{!}{=} \begin{bmatrix} 0 \\ 0 \\ 1 \end{bmatrix} . \tag{A.133}$$

Für die Koeffizienten und den Vektor $\underline{l}_3$ erhalten wir aus den beiden Gleichungen

$$\begin{aligned}\lambda_f + \mu_f \cdot \Delta l_2 &= 0 \\ \lambda_f \cdot \Delta f_2 + \mu_f &= 1\end{aligned} \quad \Rightarrow \quad \lambda_l = \frac{-\Delta l_2}{1 - \Delta f_2 \cdot \Delta l_2} \quad \text{und} \quad \mu_l = \frac{1}{1 - \Delta f_2 \cdot \Delta l_2} \tag{A.134}$$

$$\underline{l}_3 = \frac{1}{1 - \Delta f_2 \cdot \Delta l_2} \cdot \left(\begin{bmatrix} 0 \\ \underline{l}_2 \end{bmatrix} - \Delta l_2 \cdot \begin{bmatrix} \underline{f}_2 \\ 0 \end{bmatrix} \right) . \tag{A.135}$$

Mit bekanntem $\underline{l}_3$ können wir den Ergebnisvektor $\underline{\beta}_3$ ermitteln. Diesen approximieren wir zunächst durch $\underline{\tilde{\beta}}_3$, den wir aus $\underline{\beta}_2$ mit einer zusätzlichen Null als letzte Komponente bilden. Multiplizieren wir die Matrix $\underline{\varphi}_3$ blockweise mit $\underline{\tilde{\beta}}_3$, so erhalten wir einen Vektor $\underline{\tilde{r}}_3$, dessen erste beiden Elemente dem Vektor $\underline{r}_2 = [\, r(0) \quad r(1)\,]^T$ entsprechen, siehe (A.122) für $n = 2$.

$$\underline{\tilde{\beta}}_3 = \begin{bmatrix} \underline{\beta}_2 \\ 0 \end{bmatrix} \quad \Rightarrow \quad \underline{\varphi}_3 \cdot \underline{\tilde{\beta}}_3 = \left[\begin{array}{cc|c} \multicolumn{2}{c|}{\multirow{2}{*}{$\underline{\varphi}_2$}} & \varphi(-2) \\ & & \varphi(-1) \\ \hline \varphi(2) & \varphi(1) & \varphi(0) \end{array} \right] \cdot \begin{bmatrix} \underline{\beta}_2 \\ 0 \end{bmatrix} = \begin{bmatrix} \underline{r}_2 \\ \Delta r_2 \end{bmatrix} = \underline{\tilde{r}}_3 \, . \tag{A.136}$$

Das Ergebnis der Multiplikation der letzten Zeile von $\underline{\varphi}_3$ mit $\underline{\tilde{\beta}}_3$ bezeichnen wir als Δr_2 mit

$$\Delta r_2 = \left[\varphi(2) \; \varphi(1) \right] \cdot \underline{\beta_2} \, . \tag{A.137}$$

Jetzt addieren wir zu $\underline{\tilde{\beta}}_3$ den Vektor $\underline{l}_3$, skaliert mit dem Faktor $(r(2) - \Delta r_2)$. Dadurch erhalten wir als letzte Komponente von $\underline{\tilde{r}}_3$ statt Δr_2 den Wert $r(2)$, und der Vektor $\underline{\tilde{r}}_3$ wird identisch zu $\underline{r}_3$

$$\underline{\varphi}_3 \cdot \left(\underline{\tilde{\beta}}_3 + \underline{l}_3 \cdot (r(2) - \Delta r_2) \right) = \begin{bmatrix} \underline{r}_2 \\ \Delta r_2 \end{bmatrix} + \begin{bmatrix} 0 \\ 0 \\ r(2) - \Delta r_2 \end{bmatrix} = \begin{bmatrix} r(0) \\ r(1) \\ r(2) \end{bmatrix} = \underline{r}_3 \, . \tag{A.138}$$

Somit muss der Vektor rechts von $\underline{\varphi}_3$ dem gesuchten $\underline{\beta}_3$ entsprechen, und wir lesen ab

$$\underline{\beta_3} = \begin{bmatrix} \underline{\beta_2} \\ 0 \end{bmatrix} + \underline{l_3} \cdot (r(2) - \Delta r_2) \, . \tag{A.139}$$

Wir können nun den vollständigen Algorithmus angeben, denn aus (A.122) ist ersichtlich, dass eine Toeplitz-Matrix $\underline{\varphi}_n$ beliebiger Ordnung $n \geq 2$ immer die Matrix $\underline{\varphi}_{n-1}$ als Teilmatrix oben links und unten rechts enthält. In Verallgemeinerung von (A.127) und (A.128) gilt daher

$$\underline{\varphi}_n \cdot \begin{bmatrix} \underline{f}_{n-1} \\ 0 \end{bmatrix} = \begin{bmatrix} \underline{e}_{n-1}^{(1)} \\ \Delta f_{n-1} \end{bmatrix} \quad \text{sowie} \quad \underline{\varphi}_n \cdot \begin{bmatrix} 0 \\ \underline{l}_{n-1} \end{bmatrix} = \begin{bmatrix} \Delta l_{n-1} \\ \underline{e}_{n-1}^{(n-1)} \end{bmatrix} , \tag{A.140}$$

mit $\underline{e}_{n-1}^{(1)}$ und $\underline{e}_{n-1}^{(n-1)}$ als ersten bzw. letzten Vektor in der Einheitsmatrix $\underline{E}_{n-1} = [\ \underline{e}_{n-1}^{(1)} \ \cdots \ \underline{e}_{n-1}^{(n-1)}\ ]$.

Zunächst bestimmen wir als Startwerte aus (A.123) und (A.124) die Vektoren $\underline{f}_2, \underline{l}_2$ sowie $\underline{\beta}_2$, und berechnen anschließend rekursiv mit der Laufvariablen $i = 3 \ldots n$ den Vektor $\underline{\beta}_n$. Für jedes i ermitteln wir dazu analog zu (A.129) und (A.137) die Fehlerwerte Δf_{i-1}, Δl_{i-1} und Δr_{i-1}

$$\Delta f_{i-1} = \big[\varphi(i-1)\ \varphi(i-2)\ \ldots\ \varphi(2)\ \varphi(1)\big] \cdot \underline{f}_{i-1} \tag{A.141}$$

$$\Delta l_{i-1} = \big[\varphi(-1)\ \varphi(-2)\ \ldots\ \varphi(2-i)\ \varphi(1-i)\big] \cdot \underline{l}_{i-1} \tag{A.142}$$

$$\Delta r_{i-1} = \big[\varphi(i-1)\ \varphi(i-2)\ \ldots\ \varphi(2)\ \varphi(1)\big] \cdot \underline{\beta}_{i-1}\ . \tag{A.143}$$

Danach können wir mit (A.132) und (A.135) die Vektoren $\underline{f}_i$ und $\underline{l}_i$ und schließlich mit (A.139) den Vektor $\underline{\beta}_i$ berechnen, wobei wir jeweils die Indizes 2 durch $i-1$ und 3 durch i ersetzen.

Den Aufwand des Levinson-Durbin Algorithmus' schätzen wir durch die Anzahl der benötigen Multiplikationen M_{LD} ab. Die sechs Gleichungen erfordern für jedes i ungefähr i Multiplikationen, so dass wir für $i = 3 \ldots n$ insgesamt erhalten

$$M_{LD} \approx \sum_{i=3}^{n} 6 \cdot i = \sum_{i=1}^{n} 6 \cdot i - 18 = 6 \cdot \frac{n \cdot (n+1)}{2} - 18 = 3n^2 + 3n - 18 \tag{A.144}$$

Für große n skaliert der Algorithmus quadratisch zur Ordnung n. Die Lösung linearer Gleichungssysteme mit Toeplitz-Matrizen ist damit also wesentlich effizienter als die Anwendung des Gaußschen Eliminationsverfahrens, dessen Aufwand proportional zu n^3 steigt.

A.22 Beobachtbarkeit von LSI-Systemen

Unter der Beobachtbarkeit eines Systems der Ordnung n verstehen wir die Möglichkeit, die im Vektor $\underline{x}(k)$ zusammengefassten n Zustandsvariablen zu einem beliebigen Zeitpunkt k durch Messung der Eingangs- und Ausgangssignale $\underline{u}(k)$ und $\underline{y}(k)$ über einen hinreichend langen Zeitraum eindeutig zu bestimmen, wobei die Systemparametern $\underline{A}_d$, $\underline{B}_d$, $\underline{C}$ und $\underline{D}$ ebenfalls bekannt seien.

Ausgangspunkt ist die zeitdiskrete Zustandsform eines Systems n-ter Ordnung entsprechend (11.173). Setzen wir in die linke Gleichung die Indizes $k=0$, $k=1$ und $k=2$ ein, so ergibt sich

$$
\begin{aligned}
\underline{x}(1) &= \underline{A}_d \cdot \underline{x}(0) + \underline{B}_d \cdot \underline{u}(0) \,, \\
\underline{x}(2) &= \underline{A}_d \cdot \underline{x}(1) + \underline{B}_d \cdot \underline{u}(1) \;=\; \underline{A}_d \cdot \big(\underline{A}_d \cdot \underline{x}(0) + \underline{B}_d \cdot \underline{u}(0)\big) + \underline{B}_d \cdot \underline{u}(1) \\
&= \underline{A}_d^2 \cdot \underline{x}(0) + \underline{A}_d \, \underline{B}_d \cdot \underline{u}(0) + \underline{B}_d \cdot \underline{u}(1) \,, \qquad \text{(A.145)} \\
\underline{x}(3) &= \underline{A}_d \cdot \underline{x}(2) + \underline{B}_d \cdot \underline{u}(2) \;=\; \underline{A}_d^3 \cdot \underline{x}(0) + \underline{A}_d^2 \, \underline{B}_d \cdot \underline{u}(0) + \underline{A}_d \, \underline{B}_d \cdot \underline{u}(1) + \underline{B}_d \cdot \underline{u}(2) \,.
\end{aligned}
$$

Aus dieser Systematik lässt sich die allgemeine Lösung für beliebiges k entnehmen

$$
\underline{x}(k) \;=\; \underline{A}_d^k \cdot \underline{x}(0) + \sum_{i=0}^{k-1} \underline{A}_d^{k-1-i} \, \underline{B}_d \cdot \underline{u}(i) \,, \qquad \text{(A.146)}
$$

so dass wir aus (11.174) für $\underline{y}(k)$ erhalten

$$
\underline{y}(k) \;=\; \underline{C} \, \underline{A}_d^k \cdot \underline{x}(0) + \left[\sum_{i=0}^{k-1} \underline{C} \, \underline{A}_d^{k-1-i} \, \underline{B}_d \cdot \underline{u}(i) + \underline{D} \cdot \underline{u}(k) \right] . \qquad \text{(A.147)}
$$

Wenn es gelingt, den Anfangszustand $\underline{x}(0)$ des Systems aus den Ausgangswerten $\underline{y}(k)$ zu ermitteln, so ist dies aufgrund der Linearität des Systems auch für jeden anderen Zustand $\underline{x}(k)$ möglich. Zur Festlegung eines Kriteriums für die Beobachtbarkeit subtrahieren wir zunächst die eckige Klammer in (A.147), die einem Spaltenvektor entspricht und nur bekannte Werte enthält, von den ebenfalls bekannten Ausgangswerten auf der linken Seite, und bezeichnen den resultierenden Vektor als $\underline{\tilde{y}}(k)$. Werten wir die Gleichung anschließend für k im Bereich $0 \leq k \leq n-1$ aus, und schreiben die Ergebnisse untereinander, erhalten wir

$$
\begin{bmatrix} \underline{\tilde{y}}(0) \\ \underline{\tilde{y}}(1) \\ \vdots \\ \underline{\tilde{y}}(n-1) \end{bmatrix} = \begin{bmatrix} \underline{C} \\ \underline{C} \, \underline{A}_d \\ \vdots \\ \underline{C} \, \underline{A}_d^{n-1} \end{bmatrix} \cdot \underline{x}(0) \;=\; \underline{\mathcal{O}} \cdot \underline{x}(0) \,. \qquad \text{(A.148)}
$$

Der Spaltenvektor $\underline{\tilde{y}}$ hat wie $\underline{y}$ die Dimension $m \times 1$, und damit der gesamte Vektor links die Dimension $m \cdot n \times 1$, während die Beobachtbarkeitsmatrix $\underline{\mathcal{O}}$ die Dimensionen $m \cdot n \times n$ aufweist. Damit sich aus diesem Gleichungssystem die n Komponenten von $\underline{x}(0)$ bestimmen lassen, und das System damit beobachtbar ist, muss der Rang der Matrix $\underline{\mathcal{O}}$ gerade n betragen, was sich z. B. dadurch zeigen lässt, dass die n Spaltenvektoren von $\underline{\mathcal{O}}$ linear unabhängig sein müssen.

Transformationstabellen

B

V. Sommer, *Grundlagen der Systemtheorie und Signalverarbeitung*, https://doi.org/10.1007/978-3-662-72126-1

B.1 Korrespondenzen der Fourier-Transformation für die Variable ω

1. Definition:	$s(t) = \frac{1}{2\pi} \cdot \int_{-\infty}^{\infty} S(\omega) \cdot e^{j\omega t} d\omega$	○—●	$S(\omega) = \int_{-\infty}^{\infty} s(t) \cdot e^{-j\omega t} dt$
Theoreme der Fourier-Transformation			
2. Linearität:	$a_1 \cdot s_1(t) + a_2 \cdot s_2(t)$	○—●	$a_1 \cdot S_1(\omega) + a_2 \cdot S_2(\omega)$
3. Faltung im Zeitbereich:	$s_1(t) * s_2(t)$	○—●	$S_1(\omega) \cdot S_2(\omega)$
4. Symmetrie dualer Signale:	$S(t)$	○—●	$2\pi \cdot s(-\omega)$
5. Multiplikation im Zeitbereich:	$s_1(t) \cdot s_2(t)$	○—●	$\frac{1}{2\pi} \cdot S_1(\omega) * S_2(\omega)$
6. Lineare Abbildung der Zeitvariablen:	$s(b \cdot (t - t_0))$	○—●	$\frac{1}{\lvert b\rvert} \cdot e^{-j\omega t_0} \cdot S(\omega/b)$
6.1 Nur Verschiebung:	$s(t - t_0)$	○—●	$e^{-j\omega t_0} \cdot S(\omega)$
6.2 Nur Spiegelung (s(t) reell):	$s(-t)$	○—●	$S(-\omega) = S^*(\omega)$
7. Ableitung im Zeitbereich:	$\frac{d^n}{dt^n} s(t)$	○—●	$(j\omega)^n \cdot S(\omega)$
8. Integration im Zeitbereich:	$\int_{-\infty}^{t} s(\tau) d\tau$	○—●	$\pi \cdot \delta(\omega) \cdot S(0) - \frac{j}{\omega} \cdot S(\omega)$
9. Ableitung im Spektralbereich:	$t^n \cdot s(t)$	○—●	$j^n \cdot \frac{d^n}{d\omega^n} S(\omega)$
Transformationen konkreter Signale			
10. Dirac-Stoß:	$\delta(t)$	○—●	1
11. Rechteckimpuls:	$\text{rect}\left(\frac{t}{2T}\right)$	○—●	$2T \cdot \text{si}(\omega T)$, $T > 0$
12. Exponentialimpuls:	$\sigma(t) \cdot \frac{1}{T} \cdot e^{-\frac{t}{T}}$	○—●	$\frac{1}{1+j\omega T}$
13. Cosinus-Funktion:	$\cos(\omega_0 t)$	○—●	$\pi [\delta(\omega+\omega_0) + \delta(\omega-\omega_0)]$
14. Sinus-Funktion:	$\sin(\omega_0 t)$	○—●	$j\pi [\delta(\omega+\omega_0) - \delta(\omega-\omega_0)]$
15. si-Funktion:	$\frac{\omega_g}{\pi} \cdot \text{si}(t \cdot \omega_g)$	○—●	$\text{rect}\left(\frac{\omega}{2\omega_g}\right)$
16. Vorzeichenfunktion:	$\text{sign}(t)$	○—●	$-j \cdot \frac{2}{\omega}$
17. Sprungfunktion:	$\sigma(t)$	○—●	$\pi \cdot \delta(\omega) - \frac{j}{\omega}$
18. Eingeschaltete Cosinus-Funktion:	$\cos(\omega_0 t) \cdot \sigma(t)$	○—●	$\frac{1}{2}\mathcal{F}\{\cos(\omega_0 t)\} - \frac{j\omega}{\omega^2-\omega_0^2}$
19. Eingeschaltete Sinus-Funktion:	$\sin(\omega_0 t) \cdot \sigma(t)$	○—●	$\frac{1}{2}\mathcal{F}\{\sin(\omega_0 t)\} - \frac{\omega_0}{\omega^2-\omega_0^2}$
20. Rampenfunktion:	$t \cdot \sigma(t)$	○—●	$j\pi \cdot \frac{d}{d\omega}\delta(\omega) - \frac{1}{\omega^2}$
21. Gauß-Impuls:	$e^{-\pi t^2}$	○—●	$e^{-\frac{\omega^2}{4\pi}}$
22. III-Funktion:	$\sum_{k=-\infty}^{\infty} \delta(t-k)$	○—●	$2\pi \cdot \sum_{k=-\infty}^{\infty} \delta(\omega - k \cdot 2\pi)$
Energie und Leistung			
23. $E_s = \varphi_{ss}^E(0) = \frac{1}{2\pi} \int_{-\infty}^{\infty} \lvert S(\omega)\rvert^2 d\omega$	$\varphi_{ss}^E(t)$	○—●	$\lvert S(\omega)\rvert^2$
24. $P_s = \varphi_{ss}(0) = \frac{1}{2\pi} \int_{-\infty}^{\infty} \Phi_{ss}(\omega) d\omega$	$\varphi_{ss}(t)$	○—●	$\Phi_{ss}(\omega)$

B.2 Korrespondenzen der Fourier-Transformation für die Variable f

1. Definition:	$s(t) = \int_{-\infty}^{\infty} S(f) \cdot e^{j2\pi ft} df$	$\circ\!\!-\!\!\bullet \; S(f) = \int_{-\infty}^{\infty} s(t) \cdot e^{-j2\pi ft} dt$
Theoreme der Fourier-Transformation		
2. Linearität:	$a_1 \cdot s_1(t) + a_2 \cdot s_2(t)$	$\circ\!\!-\!\!\bullet \; a_1 \cdot S_1(f) + a_2 \cdot S_2(f)$
3. Faltung im Zeitbereich:	$s_1(t) * s_2(t)$	$\circ\!\!-\!\!\bullet \; S_1(f) \cdot S_2(f)$
4. Symmetrie dualer Signale:	$S(t)$	$\circ\!\!-\!\!\bullet \; s(-f)$
5. Multiplikation im Zeitbereich:	$s_1(t) \cdot s_2(t)$	$\circ\!\!-\!\!\bullet \; S_1(f) * S_2(f)$
6. Lineare Abbildung der Zeitvariablen:	$s\,(b \cdot (t - t_0))$	$\circ\!\!-\!\!\bullet \; \frac{1}{\lvert b\rvert} \cdot e^{-j2\pi f t_0} \cdot S(f/b)$
6.1 Nur Verschiebung:	$s(t - t_0)$	$\circ\!\!-\!\!\bullet \; e^{-j2\pi f t_0} \cdot S(f)$
6.2 Nur Spiegelung (s(t) reell):	$s(-t)$	$\circ\!\!-\!\!\bullet \; S(-f) = S^*(f)$
7. Ableitung im Zeitbereich:	$\frac{d^n}{dt^n}\, s(t)$	$\circ\!\!-\!\!\bullet \; (j2\pi f)^n \cdot S(f)$
8. Integration im Zeitbereich:	$\int_{-\infty}^{t} s(\tau)\, d\tau$	$\circ\!\!-\!\!\bullet \; \frac{1}{2} \cdot \delta(f) \cdot S(0) - \frac{j}{2\pi f} \cdot S(f)$
9. Ableitung im Spektralbereich:	$t^n \cdot s(t)$	$\circ\!\!-\!\!\bullet \; (\frac{j}{2\pi})^n \cdot \frac{d^n}{df^n}\, S(f)$
Transformationen konkreter Signale		
10. Dirac-Stoß:	$\delta(t)$	$\circ\!\!-\!\!\bullet \; 1$
11. Rechteckimpuls:	$\mathrm{rect}\left(\frac{t}{2T}\right)$	$\circ\!\!-\!\!\bullet \; 2T \cdot \mathrm{si}(2\pi fT)\,,\, T > 0$
12. Exponentialimpuls:	$\sigma(t) \cdot \frac{1}{T} \cdot e^{-\frac{t}{T}}$	$\circ\!\!-\!\!\bullet \; \frac{1}{1+j2\pi fT}$
13. Cosinus-Funktion:	$\cos(2\pi f_0 t)$	$\circ\!\!-\!\!\bullet \; \frac{1}{2} \cdot [\delta(f + f_0) + \delta(f - f_0)]$
14. Sinus-Funktion:	$\sin(2\pi f_0 t)$	$\circ\!\!-\!\!\bullet \; \frac{j}{2} \cdot [\delta(f + f_0) - \delta(f - f_0)]$
15. si-Funktion:	$2f_g \cdot si\left(t \cdot 2\pi f_g\right)$	$\circ\!\!-\!\!\bullet \; \mathrm{rect}\left(\frac{f}{2f_g}\right)$
16. Vorzeichenfunktion:	$\mathrm{sign}(t)$	$\circ\!\!-\!\!\bullet \; -j \cdot \frac{1}{\pi f}$
17. Sprungfunktion:	$\sigma(t)$	$\circ\!\!-\!\!\bullet \; \frac{1}{2} \cdot \delta(f) - \frac{j}{2\pi f}$
18. Eingeschaltete Cosinus-Funktion:	$\cos(2\pi f_0 t) \cdot \sigma(t)$	$\circ\!\!-\!\!\bullet \; \frac{1}{2}\mathscr{F}\{\cos(2\pi f_0 t)\} - \frac{j}{2\pi} \cdot \frac{f}{f^2 - f_0^2}$
19. Eingeschaltete Sinus-Funktion:	$\sin(2\pi f_0 t) \cdot \sigma(t)$	$\circ\!\!-\!\!\bullet \; \frac{1}{2}\mathscr{F}\{\sin(2\pi f_0 t)\} - \frac{1}{2\pi} \cdot \frac{f_0}{f^2 - f_0^2}$
20. Rampenfunktion:	$t \cdot \sigma(t)$	$\circ\!\!-\!\!\bullet \; \frac{j}{4\pi} \cdot \frac{d}{df}\delta(f) - \frac{1}{(2\pi f)^2}$
21. Gauß-Impuls:	$e^{-\pi t^2}$	$\circ\!\!-\!\!\bullet \; e^{-\pi f^2}$
22. III-Funktion:	$\sum_{k=-\infty}^{\infty} \delta(t - k)$	$\circ\!\!-\!\!\bullet \; \sum_{k=-\infty}^{\infty} \delta(f - k)$
Energie und Leistung		
23. $E_s = \varphi_{ss}^E(0) = \int_{-\infty}^{\infty} \lvert S(f)\rvert^2\, df$	$\varphi_{ss}^E(t)$	$\circ\!\!-\!\!\bullet \; \lvert S(f)\rvert^2$
24. $P_s = \varphi_{ss}(0) = \int_{-\infty}^{\infty} \Phi_{ss}(f)\, df$	$\varphi_{ss}(t)$	$\circ\!\!-\!\!\bullet \; \Phi_{ss}(f)$

B.3 Korrespondenzen der Laplace-Transformation

1. Definition:	$f(t)$	○—●	$F(s) = \int_0^\infty f(t) \cdot \mathrm{e}^{-st} dt$
Theoreme der Laplace-Transformation			
2. Linearität:	$a_1 \cdot f_1(t) + a_2 \cdot f_2(t)$	○—●	$a_1 \cdot F_1(s) + a_2 \cdot F_2(s)$
3. Faltungssatz:	$f_1(t) * f_2(t)$	○—●	$F_1(s) \cdot F_2(s)$
4. Verschiebungssatz:	$f(t - t_0)$	○—●	$\mathrm{e}^{-st_0} \cdot F(s)$ für: $t_0 > 0$
5. Ähnlichkeitssatz:	$f(b \cdot t)$	○—●	$\frac{1}{b} \cdot F(s/b)$ für: $b > 0$
6. Ableitungssatz:	$\frac{d}{dt} f(t)$	○—●	$s \cdot F(s) - f(0)$
7. Satz für n-te Ableitungen:	$\frac{d^n}{dt^n} f(t)$	○—●	$s^n \cdot F(s) - s^{n-1} \cdot f(0) - \sum_{k=1}^{n-1} s^{n-1-k} \cdot \left.\frac{d^k f(t)}{dt^k}\right\|_{t=0}$
8. Integrationssatz:	$\int_0^t f(\tau)\, d\tau$	○—●	$F(s) \cdot \frac{1}{s}$
9. Dämpfungssatz:	$f(t) \cdot \mathrm{e}^{-at}$	○—●	$F(s + a)$
Transformationen konkreter Signale			
10. Dirac-Stoß:	$\delta(t)$	○—●	1
11. Sprungfunktion:	$\sigma(t)$	○—●	$\frac{1}{s}$
12. Lineare Anstiegsfunktion:	$t \cdot \sigma(t)$	○—●	$\frac{1}{s^2}$
13. Quadratische Anstiegsfunktion:	$t^2 \cdot \sigma(t)$	○—●	$\frac{2}{s^3}$
14. Exponentialfunktion:	$\mathrm{e}^{-at} \cdot \sigma(t)$	○—●	$\frac{1}{s+a}$
15. e-Funktion mit Potenzen:	$\frac{t^{n-1}}{(n-1)!} \cdot \mathrm{e}^{-at} \cdot \sigma(t)$	○—●	$\frac{1}{(s+a)^n}$
16. e-Funktion mit Konstante:	$\left(1 - \mathrm{e}^{-at}\right) \cdot \sigma(t)$	○—●	$\frac{a}{s \cdot (s+a)}$
17. Cosinus-Funktion:	$\cos(b\,t) \cdot \sigma(t)$	○—●	$\frac{s}{s^2+b^2}$
18. Sinus-Funktion:	$\sin(b\,t) \cdot \sigma(t)$	○—●	$\frac{b}{s^2+b^2}$
19. Cosinus mit e-Funktion:	$\cos(b\,t) \cdot \mathrm{e}^{-at} \cdot \sigma(t)$	○—●	$\frac{s+a}{(s+a)^2+b^2}$
20. Sinus mit e-Funktion:	$\sin(b\,t) \cdot \mathrm{e}^{-at} \cdot \sigma(t)$	○—●	$\frac{b}{(s+a)^2+b^2}$
Grenzwertsätze			
21. Anfangswertsatz:	$\lim_{t \to 0} f(t)$	=	$\lim_{s \to \infty} s \cdot F(s)$
22. Endwertsatz:	$\lim_{t \to \infty} f(t)$	=	$\lim_{s \to 0} s \cdot F(s)$

B.4 Korrespondenzen der Diskreten-Fourier-Transformation (DFT)

1. Definition ($N \in \mathbb{N}$):	$s(k) = \frac{1}{N} \cdot \sum_{\mu=0}^{N-1} S(\mu) \cdot e^{j\,2\pi \frac{\mu k}{N}}$	$\circ\!\!-\!\!\bullet\ S(\mu) = \sum_{k=0}^{N-1} s(k) \cdot e^{-j\,2\pi \frac{\mu k}{N}}$
2. Periodizität ($m \in \mathbb{Z}$):	$s(k+m \cdot N) = s(k)$	$\circ\!\!-\!\!\bullet\ S(\mu+m \cdot N) = S(\mu)$
Theoreme der DFT (für $0 \leq k \leq N-1,\ 0 \leq \mu \leq N-1$ und $n \in \mathbb{Z}$)		
3. Linearität:	$a_1 \cdot s_1(k) + a_2 \cdot s_2(k)$	$\circ\!\!-\!\!\bullet\ a_1 \cdot S_1(\mu) + a_2 \cdot S_2(\mu)$
4. Zyklische Faltung im Zeitbereich:	$s_1(k) \circledast s_2(k)$	$\circ\!\!-\!\!\bullet\ S_1(\mu) \cdot S_2(\mu)$
5. Symmetrie dualer Signale:	$S(k)$	$\circ\!\!-\!\!\bullet\ N \cdot s(-\mu)$
6. Multiplikation im Zeitbereich:	$s_1(k) \cdot s_2(k)$	$\circ\!\!-\!\!\bullet\ \frac{1}{N}\, S_1(\mu) \circledast S_2(\mu)$
7. Verschiebung im Zeitbereich:	$s([k-n] \bmod N)$	$\circ\!\!-\!\!\bullet\ S(\mu) \cdot e^{-j 2\pi \cdot n \cdot \mu / N}$
8. Zeitspiegelung ($s(k)$ reell):	$s(-k)$	$\circ\!\!-\!\!\bullet\ S(-\mu) = S^*(\mu)$
9. Verschiebung im Spektralbereich:	$s(k) \cdot e^{j 2\pi \cdot n \cdot k / N}$	$\circ\!\!-\!\!\bullet\ S([\mu - n] \bmod N)$
Transformationen konkreter Signale		
10. Einheitsimpuls:	$\delta(k)$	$\circ\!\!-\!\!\bullet\ 1$
11. Zyklisch verschobener Einheitsimpuls:	$\delta([k-n] \bmod N)$	$\circ\!\!-\!\!\bullet\ e^{-j 2\pi \cdot n \cdot \mu / N}$
12. Komplexe Exponentialfolge:	$e^{-j 2\pi \cdot n \cdot k / N}$	$\circ\!\!-\!\!\bullet\ N \cdot \delta([\mu + n] \bmod N)$
Energie und Leistung		
13. $E_{s,d} = \mathring{\varphi}^E_{ss,d}(0) = \frac{1}{N} \cdot \sum_{i=0}^{N-1} \lvert S(\mu)\rvert^2$	$\mathring{\varphi}^E_{ss,d}(k)$	$\circ\!\!-\!\!\bullet\ \lvert S(\mu)\rvert^2$
14. $P_{s,d} = \mathring{\varphi}_{ss,d}(0) = \frac{1}{N} \cdot \sum_{i=0}^{N-1} \Phi_{ss,d}(\mu)$	$\mathring{\varphi}_{ss,d}(k)$	$\circ\!\!-\!\!\bullet\ \Phi_{ss,d}(\mu) = \frac{1}{N}\, \lvert S(\mu)\rvert^2$

B.5 Korrespondenzen der z-Transformation

1. Definition:	$f(k)$	$\circ\!\!-\!\!\bullet$	$F(z)=\sum\limits_{k=0}^{\infty} f(k)\cdot z^{-k}$
Theoreme der z-Transformation			
2. Linearität:	$a_1\cdot f_1(k)+a_2\cdot f_2(k)$	$\circ\!\!-\!\!\bullet$	$a_1\cdot F_1(z)+a_2\cdot F_2(z)$
3. Faltung im Zeitbereich:	$f_1(k)*f_2(k)$	$\circ\!\!-\!\!\bullet$	$F_1(z)\cdot F_2(z)$
4. Verschiebung nach rechts:	$f(k-n)\,,\quad n\geq 0$	$\circ\!\!-\!\!\bullet$	$z^{-n}\cdot F(z)$
5. Verschiebung nach links:	$f(k+n)\,,\quad n>0$	$\circ\!\!-\!\!\bullet$	$z^{n}\cdot F(z)-\sum\limits_{i=0}^{n-1} f(i)\cdot z^{n-i}$
6. Multiplikation mit k:	$k\cdot f(k)$	$\circ\!\!-\!\!\bullet$	$(-z)\cdot\frac{dF(z)}{dz}$
Transformationen konkreter Signale			
7. Einheitsimpuls:	$\delta(k)$	$\circ\!\!-\!\!\bullet$	1
8. Sprungfolge:	$\sigma(k)$	$\circ\!\!-\!\!\bullet$	$\frac{z}{z-1}$
9. Lineare Anstiegsfolge:	$k\cdot\sigma(k)$	$\circ\!\!-\!\!\bullet$	$\frac{z}{(z-1)^2}$
10. Quadratische Anstiegsfolge:	$k^2\cdot\sigma(k)$	$\circ\!\!-\!\!\bullet$	$\frac{z\cdot(1+z)}{(z-1)^3}$
11. Geometrische Folge:	$q^k\cdot\sigma(k)$	$\circ\!\!-\!\!\bullet$	$\frac{z}{z-q}$
12. Geometrische Folge mit k:	$k\cdot q^k\cdot\sigma(k)$	$\circ\!\!-\!\!\bullet$	$\frac{q\cdot z}{(z-q)^2}$
13. Geometrische Folge mit k^2:	$k^2\cdot q^k\cdot\sigma(k)$	$\circ\!\!-\!\!\bullet$	$\frac{q\cdot z\cdot(q+z)}{(z-q)^3}$
14. Cosinusfolge:	$\cos(bk)\cdot\sigma(k)$	$\circ\!\!-\!\!\bullet$	$\frac{z^2-z\cdot\cos(b)}{z^2-2z\cdot\cos(b)+1}$
15. Sinusfolge:	$\sin(bk)\cdot\sigma(k)$	$\circ\!\!-\!\!\bullet$	$\frac{z\cdot\sin(b)}{z^2-2z\cdot\cos(b)+1}$
16. Exponentielle Cosinusfolge:	$\mathrm{e}^{-ak}\cdot\cos(bk)\cdot\sigma(k)$	$\circ\!\!-\!\!\bullet$	$\frac{z^2-z\cdot\mathrm{e}^{-a}\cos(b)}{z^2-2z\cdot\mathrm{e}^{-a}\cdot\cos(b)+\mathrm{e}^{-2a}}$
17. Exponentielle Sinusfolge:	$\mathrm{e}^{-ak}\cdot\sin(bk)\cdot\sigma(k)$	$\circ\!\!-\!\!\bullet$	$\frac{z\cdot\mathrm{e}^{-a}\sin(b)}{z^2-2z\cdot\mathrm{e}^{-a}\cdot\cos(b)+\mathrm{e}^{-2a}}$
Grenzwertsätze			
18. Anfangswertsatz:	$f(k=0)$	$=$	$\lim\limits_{z\to\infty} F(z)$
19. Endwertsatz:	$\lim\limits_{k\to\infty} f(k)$	$=$	$\lim\limits_{z\to 1}(z-1)\cdot F(z)$

B.6 Korrespondenzen zwischen Laplace- und z-Bereich

Nr.	F(s)	$F(z) = \mathbf{Z}\{F(s)\} = \mathscr{Z}\left\{\mathscr{L}^{-1}\{F(s)\}\vert_{t=kT}\right\}$
1.	$\frac{1}{s}$	$\frac{z}{z-1}$
2.	$\frac{1}{s^2}$	$\frac{T\cdot z}{(z-1)^2}$
3.	$\frac{1}{s^3}$	$\frac{T^2\cdot z\cdot(z+1)}{2(z-1)^3}$
4.	$\frac{1}{s+a}$	$\frac{z}{z-e^{-aT}}$
5.	$\frac{a}{s\cdot(s+a)}$	$\frac{z\cdot\left(1-e^{-aT}\right)}{(z-1)\cdot\left(z-e^{-aT}\right)}$
6.	$\frac{1}{(s+a)^2}$	$\frac{T\cdot z\cdot e^{-aT}}{\left(z-e^{-aT}\right)^2}$
7.	$\frac{1}{(s+a)^3}$	$\frac{T^2\cdot z\cdot e^{-aT}\left(z+e^{-aT}\right)}{2\left(z-e^{-aT}\right)^3}$
8.	$\frac{s}{s^2+b^2}$	$\frac{z^2-z\cdot\cos(bT)}{z^2-2z\cdot\cos(bT)+1}$
9.	$\frac{b}{s^2+b^2}$	$\frac{z\cdot\sin(bT)}{z^2-2z\cdot\cos(bT)+1}$
10.	$\frac{s+a}{(s+a)^2+b^2}$	$\frac{z^2-z\cdot e^{-aT}\cdot\cos(bT)}{z^2-2z\cdot e^{-aT}\cdot\cos(bT)+e^{-2aT}}$
11.	$\frac{b}{(s+a)^2+b^2}$	$\frac{z\cdot e^{-aT}\cdot\sin(bT)}{z^2-2z\cdot e^{-aT}\cdot\cos(bT)+e^{-2aT}}$

Literatur

1. Ameling, Walter: *Grundlagen der Elektrotechnik I.* Nummer ISBN: 3528391499. Vieweg, 1984.
2. Ameling, Walter: *Grundlagen der Elektrotechnik II.* Nummer ISBN: 3528291508. Vieweg, 1984.
3. Appleton, Nick: *Understanding the Levinson-Durbon Algorithm.* https://www.appletonaudio.com, 2023.
4. Bewersdorff, Jörg: *Statistik – Wie und warum sie funktioniert.* Nummer ISBN-13: 978-3834817532. Vieweg und Teubner Verlag, 2011.
5. Bieberbach, Ludwig: *Einführung in die konforme Abbildung.* Nummer ISBN-13: 978-3111013985. De Gruyter, 2019.
6. Boccuzzi, Joseph: *Multiple Access Techniques for 5G Wireless Networks and Beyond.* Nummer ISBN-13: 978-3319920894. Springer International Publishing, 2019.
7. Brigham, E. Oran: *FFT. Schnelle Fourier-Transformation.* Nummer ISBN-13: 978-3486231779. Oldenbourg Wissenschaftsverlag, 1995.
8. Bronstein, I. N. und K. A. Semendjajew: *Taschenbuch der Mathematik.* Nummer ISBN-13: 978-3817120055. Harri Deutsch, 2000.
9. Chandrasetty, Vikram Arkalgud: *VLSI Design: A Practical Guide for FPGA and ASIC Implementations.* Nummer ISDN-13: 978-1461411192. Springer Verlag, 2011.
10. Dodel, Hans und Dieter Häupler: *Satellitennavigation.* Nummer ISBN-13: 978-3540794431. Springer, 2010.
11. Dörrscheidt, Frank und Wolfgang Latzel: *Grundlagen der Regelungstechnik.* Nummer ISBN: 3519164213. Vieweg+Teubner Verlag, 1993.
12. Federau, Joachim: *Operationsverstärker: Lehr- und Arbeitsbuch zu angewandten Grundschaltungen.* Nummer ISBN-13: 978-3658163723. Springer Vieweg, 2017.
13. Föllinger, Otto: *Regelungstechnik.* Nummer ISBN-13: 978-3800742011. VDE Verlag, 2016.
14. Hagmann, Gert: *Grundlagen der Elektrotechnik: Das bewährte Lehrbuch für Studierende der Elektrotechnik und anderer technischer Studiengänge ab 1. Semester.* Nummer ISBN-13: 978-3891047798. Aula, 2013.
15. Heuberger, Albert und Eberhard Gamm: *Software Defined Radio-Systeme für die Telemetrie.* Nummer ISBN-13: 978-3662532331. Springer Vieweg, 2017.
16. Höher, Peter Adam: *Grundlagen der digitalen Informationsübertragung – Von der Theorie zu Mobilfunkanwendungen.* Nummer ISBN-13: 978-3834822147. Springer Vieweg, 2013.

V. Sommer, *Grundlagen der Systemtheorie und Signalverarbeitung*,
https://doi.org/10.1007/978-3-662-72126-1

17. Holbrook, James G.: *Laplace-Transformation.* Nummer ISBN-13: 978-3663018834. Vieweg+Teubner Verlag, Wiesbaden, 1973.
18. Janssen, Erwin und Arthur van Roermund: *Look-Ahead Based Sigma-Delta Modulation (Analog Circuits and Signal Processing).* Nummer ISBN-13: 978-9400713864. Springer, 2011.
19. Jensfelt, P. und S. Kristensen: *Active global localization for a mobile robot using multiple hypothesis tracking,* Band 17(5). IEEE Transactions on Robotics and Automation, 2002.
20. Kammeyer, Karl Dirk: *Nachrichtenübertragung.* Nummer ISBN: 3519161427. Teubner, 1996.
21. Kammeyer, Karl-Dirk: *Digitale Signalverarbeitung.* Nummer ISBN 3835100726. Teubner Verlag, 2006.
22. Kleber, Felicitas: *Phonetik und Phonologie: Ein Lehr- und Arbeitsbuch.* Nummer ISBN-13: 978-3823383376. Narr Francke Attempo, 2023.
23. Knauer, Karl: *Design Centering – experimentelle Untersuchung bei CCD-Transversalfiltern,* Band 35. 1981.
24. Kories, Ralf und Heinz Schmidt-Walter: *Taschenbuch der Elektrotechnik: Grundlagen und Elektronik.* Nummer ISBN-13: 978-3817117345. Harri Deutsch, 2017.
25. Lessing, Gotthold Ephraim: *Hamburgische Dramaturgie.* 1769.
26. Lüke, Hans Dieter und Jens Ohm: *Signalübertragung.* Nummer ISBN-13: 978-3642102004. 2010.
27. Moschytz, Georg und Markus Hofbauer: *Adaptive Filter.* Nummer ISBN 3540676511. Springer, 2000.
28. Münch, Waldemar von: *Einführung in die Halbleitertechnologie.* Nummer ISBN-13: 978-3519061670. Teubner, 1993.
29. Nahrstedt, Harald: *Algorithmen für Ingenieure – realisiert mit Visual Basic.* Nummer ISBN-13: 978-3834890801. Vieweg+Teubner Verlag, 2006.
30. Ottens, Manfred: *Grundlagen der Systemtheorie.* Nummer https://www.yumpu.com/de/document/view/23373229/grundlagen-der-systemtheorie-beuth-hochschule-fur-technik-berlin. Skript zur Vorlesung an der Beuth Hochschule, 2004.
31. Pagel, Lienhard: *Information ist Energie.* Nummer ISBN-13: 978-3658312954. Springer, 2020.
32. Philips, Kathleen und Arthur H. M. van Roermund: *Sigma Delta A/D Conversion for Signal Conditioning,* Kapitel 3. Nummer ISBN-13: 978-1402046797. Springer, 2006.
33. Poularikas, A. D.: *The Transforms and Applications Handbook.* Nummer ISBN-13: 978-0849385957. CRC Press, 2000.
34. Rohling, H. (Herausgeber): *OFDM: Concepts for Future Communication Systems.* Nummer ISBN-13: 978-3642174957. Springer, 2011.
35. Rönz, Bernd und Hans Gerhard Strohe (Herausgeber): *Lexikon Statistik.* Nummer ISBN-13: 978-3409199520. Gabler Verlag Wiesbaden, 1994.
36. Ruhrländer, Michael: *Lineare Algebra für Naturwissenschaftler und Ingenieure.* Nummer ISBN-13: 978-3868942712. 2017.
37. Ryzhik, Gradshteyn und et al.: *Table of Integrals, Series and Products.* Nummer ISBN-13: 978-0123849335. Academic Press, 2015.
38. Schlichthärle, Dietrich: *Digital Filters – Basics and Design.* Nummer ISBN-13: 978-3642143243. Springer Berlin, Heidelberg, 2011.
39. Schüßler, Hans W.: *Digitale Signalverarbeitung 2: Entwurf diskreter System.* Nummer ISBN-13: 978-3642011184. Springer Verlag, 2009.
40. Schweizer, Ben: *Partielle Differentialgleichungen: Eine anwendungsorientierte Einführung.* Nummer ISBN-13: 978-3662566671. Springer, 2013.
41. Sommer, Volker: *A Closed-Form Error Model of Straight Lines for Improved Data Association and Sensor Fusing,* Band 18(4). MDPI Sensors, 2018.
42. Stadler, Erich: *Modulationsverfahren.* Nummer ISBN-13: 978-3802318405. Verlag Vogel, 2000.

43. Stearns, Samuel D. und Don R. Hush: *Digitale Verarbeitung analoger Signale*. Nummer ISBN-13: 978-3486245288. Oldenbourg Wissenschaftsverlag, 1999.
44. Thomä, Reiner: *Fensterfunktionen in der DFT-Spektralanalyse*. Nummer ISBN-13: 978-3980415200. MEDAV Digitale Signalverarbeitung GmbH, 1995.
45. Thrun, Sebastian, Wolfram Burgard und Dieter Fox: *Probabilistic Robotics*. Nummer ISBN-13: 978-0262201629. The MIT Press, 2005.
46. Tietze, Ulrich, Christoph Schenk und Eberhard Gamm: *Halbleiter-Schaltungstechnik*. Nummer ISBN-13: 978-3662485538. Springer Vieweg, 2019.
47. Unbehauen, Heinz: *Regelungstechnik II*. Nummer ISBN-13: 978-3528833480. Vieweg und Teubner, 2009.
48. Unbehauen, R.: *Grundlagen der Elektrotechnik 1*. Nummer ISBN-13: 978-3540660170. Springer, 1999.
49. Vary, P., U. Heute und W. Hess: *Digitale Sprachsignalverarbeitung*. Nummer ISBN-13: 978-3519061656. Teubner Verlag, 1998.
50. Walter, Wolfgang: *Gewöhnliche Differentialgleichungen: Eine Einführung*. Nummer ISBN-13: 978-3540676423. Springer, 2000.
51. Wanhammar, Lars: *Analog Filters using MATLAB*. Nummer ISBN-13: 978-0387927664. Springer, 2009.
52. Werner, Martin: *Digitale Signalverarbeitung mit MATLAB®-Praktikum*. Nummer ISBN-13: 978-3834803931. Vieweg+Teubner Verlag, 2007.
53. Widrow, Bernard und Samuel D. Stearns: *Adaptive Signal Processing*. Nummer ISBN-13: 978-0130040299. Prentice-Hall, 1985.
54. Zinke, Otto und Heinrich Brunswig: *Hochfrequenztechnik 1*. Nummer ISBN-13: 978-3642571312. Springer Verlag, 2000.

Stichwortverzeichnis

V. Sommer, *Grundlagen der Systemtheorie und Signalverarbeitung*, https://doi.org/10.1007/978-3-662-72126-1

Q

R

T

U

V

W

FSC
www.fsc.org
MIX
Papier | Fördert gute Waldnutzung
FSC® C083411

Zeitfracht Medien GmbH
Ferdinand-Jühlke-Straße 7
99095 Erfurt, Deutschland
produktsicherheit@kolibri360.de